Ulrich Paasch
Christian Moritz
Jochem Ottersbach
Klemens Kieslinger
Annette Mörsberger
Hans Martens

Informationen verbreiten

Medien gestalten und herstellen

Fünfte Auflage

Verlag Beruf und Schule

Verlag, Herausgeber und Autor(inn)en machen darauf aufmerksam, dass die in diesem Buch genannten Markennamen und Produktbezeichnungen in der Regel patent- und warenrechtlichem Schutz unterliegen.

Die Veröffentlichung aller Informationen und Abbildungen in diesem Buch geschieht mit größter Sorgfalt; dennoch können Fehler nicht vollständig ausgeschlossen werden. Autor(inn)en, Herausgeber und Verlag übernehmen für fehlerhafte Angaben und deren Folgen weder juristische Verantwortung noch irgendeine Haftung. Sie sind jedoch dankbar für Verbesserungsvorschläge, Ergänzungen und Korrekturen.

Fünfte, erweiterte und aktualisierte Auflage, 2010

Herausgeber: Roland Golpon

www.vbus.de

Druck: Druckhaus „Thomas Müntzer" GmbH, 99947 Bad Langensalza, Germany

ISBN: 978-3-88013-690-8

Bestellnummer für den Buchhandel: VVA 269-00690

Inhaltsverzeichnis

1 Informations- und Kommunikationstechnik

1.1 Computergeschichte

Die Suche nach Rechenhilfen hat seit jeher erstaunliche und faszinierende Erfindungen hervorgebracht. So entstand in China vermutlich schon vor mehr als 2000 Jahren der Abakus, der einfache und auch komplexe Berechnungen bewältigt; er wird in einigen Ländern noch heute benutzt.

Hier eine kleine Auswahl von Meilensteinen der letzten 300 Jahre:

1620: Gunter baut einen Rechenschieber mit logarithmischer Skala.

Ab 1623: Erste Zahnradrechenmaschinen von Pascal und Schickard (nur Addition und Subtraktion).

Um 1680: Gottfried Wilhelm Leibniz entwickelt eine mechanische Rechenmaschine, die alle Grundrechenarten beherrscht. Leibniz gilt auch als geistiger Vater des binären Systems mit nur zwei Ziffern: 0 und 1. Lochkartensteuerung für mechanische Webstühle von Jaquard.

Ab 1820: Mechanische Rechenmaschinen von Charles Babbage unter Mitwirkung von Augusta Ada Byron, Gräfin von Lovelace, Tochter von Lord Byron, der wir grundlegende Gedanken zur Programmierung von Maschinen verdanken. Ihr zu Ehren wurde die Programmiersprache ADA benannt. 1833 konstruiert Babbage eine Rechenmaschine mit Lochkartensteuerung und realisiert das Grundprinzip des speicherorientierten Rechnens.

Um 1840: Der Mathematiker George Boole entwickelt die Boolesche Algebra, Rechenvorschriften für binäre Systeme mit den Werten „wahr" und „falsch" und den darauf aufbauenden Operatoren NICHT, UND, ODER. Boole prägt bis heute die Schaltungslogik von Computern.

1854: Erfindung der Glühbirne durch Edison, Beginn der Nutzung elektrischen Stroms.

Ab 1890: Der 25-jährige Hermann Hollerith baut elektromechanische Lochkartenmaschinen, die etwa doppelt so schnell rechnen können wie ein Mensch. Ein spektakulärer Erfolg ist die Beschleunigung der Auswertung der amerikanischen Volkszählung von sieben Jahren (!) auf vier Wochen. Hollerith gründet eine Firma, aus der 1924 IBM (International Business Machines) hervorgeht.

1936: Der bedeutende englische Mathematiker Alan Turing, der im zweiten Weltkrieg maßgeblich an der Entschlüsselung der Enigma-Codes beteiligt war, beschreibt das abstrakte Modell eines universalen Rechenautomaten, der „Turingmaschine".

Ab 1936: Konrad Zuse wird von vielen als der Erfinder des Computers genannt. Jedenfalls baut er den ersten funktionierenden programmierbaren Binärrechner, den hauptsächlich aus mechanischen Teilen bestehenden „Digitalrechenautomat Z1". Den 16 Speicherzellen mit jeweils 24 Bit kann man noch bei der Arbeit zusehen. Zuse führt auch die Funktionsteilung von Speicher, Rechenwerk und Steuerwerk ein, die sich bis jetzt gehalten hat. Rechen- und Steuerwerk werden heute meist zusammen in einem Mikroprozessor untergebracht.

1941: Die nächsten Zuse-Rechner Z2 und Z3 und die zeitgleich in England und den USA gebauten elektrischen Rechenanlagen arbeiten zuerst mit Relais und später mit Röhren. Die Programmeingabe erfolgt durch Lochstreifen oder Lochkarten.

1944: Erster Großrechner von IBM: „Harvard Mark I"; 2,4 m hoch, 15 m lang, 700 000 Teile, 80 km Leitungen. Er benötigt mit Relais-Technik 6 Sekunden, um zwei zehnstellige Zahlen zu multiplizieren.

1946: John von Neumann entwickelt das Universalrechnerkonzept. Es besagt, dass ein universell einsetzbarer Rechner aus Eingabe-, Ausgabe-, Speicher-, Rechen- und Leitwerk besteht. Eckert und Mauchly bauen den ersten Röhrenrechner ENIAC. Tonnenschwere, mit Lochstreifen gesteuerte Großrechneranlagen mit zehntausenden Röhren und Relais bestimmen die zweite Hälfte der Vierzigerjahre.

1948: Erfindung des Transistors durch Mitarbeiter der Bell Laboratories. Er löst langsam aber sicher die Röhre ab, da er kleiner, schneller und weitgehend verschleißfrei ist. Den Nobelpreis erhalten die Erfinder Shockley, Bardeen und Brattain erst 1956.

Ab 1951: Jetzt werden Daten und Programme zunehmend elektromagnetisch auf Bändern oder Platten gespeichert. Im Vergleich zum elektromechanischen Lochkartenprinzip beansprucht ein Vielfaches an Daten weniger Platz und der Datenzugriff ist erheblich schneller.

Ab 1956: EDV-Anlagen auf Transistorbasis. Entwicklung höherer Programmiersprachen wie Algol und Fortran.

1959: Der erste IC (Integrated Circuit = Integrierter Schaltkreis) von Texas Instruments, maßgeblich entwickelt von Jack Kilby, der erst im Jahr 2000 dafür mit dem Nobelpreis geehrt wurde. Ab jetzt Einstieg in die Chip-Produktion, durch die Verwendung von Chips werden Rechner immer kleiner und leistungsfähiger.

Ab 1963: Die amerikanischen Professoren J. Kemeny und T. Kurz ersinnen die einfache Programmiersprache Basic (beginners all purpose symbolic instruction code = symbolischer Allzweckcode für Anfänger). Für den großen Erfolg sorgen später Bill Gates und seine Firma Microsoft, die Basic weiterentwickeln und vermarkten. Noch heute ist Basic sehr beliebt und weit verbreitet, zum Beispiel das moderne Visual Basic.

Ab 1968: Planung und Realisierung von Arpanet, dem Vorläufer des Internets: Im Auftrag der US-Regierung werden inkompatible Großrechner über kleinere (immer noch kühlschrankgroße) standardisierte Steuerungsrechner, so genannte IMPs, zu einem überregionalen Netzwerk verbunden. Dabei werden die Daten erstmalig in Form kleiner Pakete übertragen, eine Technik, die heute Standard in allen Netzen ist.

1970: Der erste Mikroprozessor 4004 von Intel vereint Steuer- und Rechenwerk auf einem Chip. Technische Daten: 4 Bit breiter Datenbus, 12 Bit Adressbus, 2250 Transistoren, Arbeitstakt 108 kHz. Es folgen 1972 der 8008 und 1974 der 8080 mit 6000 Transistoren und 2 MHz; er wird für rund 180 Dollar verkauft.

1974: Der preiswerte Bausatz-Computer Altair 8800 markiert den Beginn der Mikrocomputer-Ära, die ab 1980 von der PC-Ära abgelöst wird.

1975: Motorola bietet den Mikroprozessor 6502 für 25 Dollar an; er ist der Urahn des Prozessors 68000 der späteren Apple-, Atari- und Amiga-PCs.

Ab 1976: Idee und Beginn der Verwirklichung des „Persönlichen Computers für Alle". Apple II, C 64, PET und TRS-80 heißen erfolgreiche Mikrocomputer, die enorme Verbreitung erreichen. Diese Rechner mit 8 bis 64 KB Arbeitsspeicher kosten 300 bis 700 Dollar. CP/M von Digital Research etabliert sich als Betriebssystem für die 8-Bit-Rechner. Standard-Anwendungsprogramme ermöglichen die Nutzung durch eine breitere Anwenderschaft. Beliebt sind vor allem Textverarbeitung und Tabellenkalkulation. Langsam beginnt sich das Image des Computers zu ändern. Der Rechner wird zunehmend als universell einsetzbares Werkzeug betrachtet. Der Respekt vor der „Priesterschaft" und ihren undurchschaubaren Maschinen geht zurück.

1981: IBM stellt seinen ersten PC (Personal Computer) vor, ausgestattet mit dem Intel-8088-Prozessor (4,77 MHz) und dem Betriebssystem DOS von Microsoft. Innerhalb kurzer Zeit wird IBM für einige Jahre Marktführer im PC-Geschäft; später muss mit anderen Firmen, die kompatible Geräte bauen, geteilt werden.

1982: Die Firma Apple, gegründet von Steve Jobs und Steven Wozniak, bringt mit Lisa den ersten Computer mit grafischer Oberfläche des Betriebssystems und Maussteuerung. Ideen, Grundlagenforschung und erste Realisierung einer grafischen Benutzeroberfläche sind aber Jahre zuvor der Firma Xerox zuzuschreiben, die jedoch mit der Vermarktung scheiterte. Nachfolger von Lisa ist der legendäre Macintosh (1984) oder kurz Mac, ein tragbarer, würfelförmiger Computer mit integriertem Graustufenbildschirm. Für den Mac erscheinen die ersten DTP-Programme (Desktop Publishing) wie Pagemaker und Freehand.

1985: Microsoft unternimmt mit der grafischen Oberfläche Windows als Aufsatz für DOS-PCs einen halbherzigen Konterversuch. Windows hat in der ersten Version noch nicht viel mit dem intuitiven und benutzerfreundlichen Mac-Betriebssystem gemeinsam; außerdem gibt es für DOS-PCs schon die recht brauchbare, vom Atari stammende Oberfläche GEM.

1990: Mit dem erheblich verbesserten Windows in der Version 3.0 schafft Microsoft den Durchbruch. Kombiniert mit DOS, ergibt Windows 3.0 ein fens-

IBM-PC, 1981

Macintosh von Apple, 1984

ter-, menü- und symbolgesteuertes Betriebssystem ohne die DOS-typische Arbeitsspeichergrenze von 640 KB. Noch immer ist das Apple-System ausgereifter und umgänglicher, aber die Vorherrschaft von DOS mit über 85 % Marktanteil und die vergleichsweise hohen Preise für Apple-Rechner bescheren Windows eine rasche Verbreitung.

1991: Tim Berners-Lee entwickelt die Grundlagen des World Wide Web (WWW). Internet-Inhalte können ab jetzt mithilfe der Auszeichnungssprache HTML (HyperText Markup Language) grafisch dargestellt und durch so genannte Links verbunden werden. Die Links ermöglichen das Surfen, also das Springen von einer Webseite zur anderen. Die Geschichte des Internets beginnt zwar schon in den Sechzigerjahren, populär wird es aber erst ab Mitte der Neunzigerjahre durch die WWW-Technik.

1994: Apple bringt einen Computer mit neuartiger Prozessortechnik, den Power-Mac mit RISC-Prozessor. Interessanterweise wurde der neue Prozessor in Zusammenarbeit mit dem alten Rivalen IBM entwickelt, der die gleichen Prozessoren auch in eigenen Workstations und Großrechnern einsetzt. Intel kontert mit dem Pentium-Prozessor, der aufgrund der Verbreitung von Windows-Betriebssystemen rasch zum Marktführer wird.

Ab 1995: Das Betriebssystem Windows 95 löst die alte Kombination von DOS und Windows ab. Damit versucht Microsoft, endlich Anschluss an die bisherige Avantgarde (zum Beispiel Apple, Next, SGI, Sun) zu finden. Aus technischer Sicht werden leider noch einige Altlasten aus DOS-Zeiten mitgeschleppt, was auch für die Modellpflege Windows 98 und Windows ME gilt. Technologisch moderner und vollständig „DOS-frei" sind Windows NT und dessen Nachfolger. Bemerkenswert ist, dass sich ein nicht kommerzielles Betriebssystem namens Linux vorwiegend im Bereich der Netzwerk- und Internet-Server verbreitet.

1997: Der Schachweltmeister Garri Kasparow verliert 2,5 : 3,5 gegen den IBM-Rechner „Deep Blue". Das hat nichts mit künstlicher Intelligenz, sondern mit 32 parallel arbeitenden Prozessoren und guter Programmierung zu tun.

2001: Microsoft und Apple bringen neue Betriebssysteme heraus: Windows XP und Mac OS X. Während Windows XP eine Weiterentwicklung von Windows 2000 ist, stellt Mac OS X eine komplette Neuentwicklung dar: Hinter der neuen Oberfläche steckt Unix-Technik.

2006: Für viele ein Tabubruch: Ab jetzt setzt Apple ausschließlich Intel-Prozessoren ein. Sie haben zwei Kerne und markieren damit einen Trend, der sich für den gesamten PC-Bereich abzeichnet. Microsoft stellt mit Windows Vista das Nachfolgesystem für Windows XP vor.

2007: Der leistungsstärkste Supercomputer der Welt ist in diesem Jahr „BlueGene" von IBM. Mit 212992 Prozessoren bringt er es auf 478 TeraFLOPS. Ein TeraFLOPS steht für 1000 Milliarden Rechenoperationen pro Sekunde (FLOPS = Floating Point Operations Per Second). Zum Vergleich: Ein zu diesem Zeitpunkt aktueller PC leistet ca. 6 GigaFLOPS, also 6 Milliarden Rechenoperationen pro Sekunde.

Digitaldruck, Digitalfotografie, Digitales Video und TV, Internet, Mobiltelefonie, Multimedia und Virtuelle Realität sind einige Schlagworte, die nicht ganz neu sind, sich jedoch gerade in den Jahren ab 1996 mit Inhalten füllen.

Mit der DVD wurde ein preiswertes Speichermedium mit bis zu 17 Gigabyte Kapazität geschaffen, das entspricht 26 herkömmlichen CDs. Der Nachfolger Blu-ray Disc bietet mit 54 GB noch etwas mehr. Die für die Arbeitsgeschwindigkeit von Computern maßgeblichen Prozessor-Taktraten haben die Grenze von einem Gigahertz durchbrochen. Leichte, stromsparende Flachbildschirme lösen die Bildröhren ab und so weiter und so fort – die technische Entwicklung schreitet immer noch schnell voran.

In nicht allzu ferner Zukunft werden uns wahrscheinlich Quantenphysik und Nanotechnologie heute unvorstellbare Speicherkapazitäten und Rechengeschwindigkeiten liefern. Ob es aber jemals für einen Computer reicht, der den Turing-Test besteht und damit beweist, dass er über künstliche Intelligenz verfügt, ist die große Frage. Die Versuchsanordnung des von Alan Turing ersonnenen Tests ist ganz einfach: Ein Mensch stellt einer anonymen Instanz Fragen und muss anhand der auf einem Bildschirm erscheinenden Antworten entscheiden, ob ein Mensch oder eine Maschine antwortet. Bisher wurde jede Maschine schnell entlarvt.

1.2 Daten

1.2.1 Analoge und digitale Daten

Daten repräsentieren Vorgänge und Sachverhalte der Realwelt in abstrakter Form. Sollen Daten mithilfe von EDV (Elektronische Datenverarbeitung) erfasst, bearbeitet und gespeichert werden, müssen sie in einer maschinell verarbeitbaren Form vorliegen.

Ein grundlegender Unterschied besteht zwischen analogen und digitalen Daten. Analoge Daten (analog = entsprechend) werden durch eine physikalische Größe dargestellt, die sich entsprechend den abzubildenden Vorgängen stufenlos ändert. Der Mensch nimmt seine Umwelt durch analoge Sensoren, die Sinnesorgane, wahr. Technisch umgesetzt werden analoge Daten u. a. durch stufenlose Stromspannungen. Beispiele:

- Ein analoges Thermometer stellt durch stufenloses An- und Absteigen einer Quecksilbersäule Temperaturveränderungen dar.
- Eine analoge Uhr visualisiert die Zeit mit kontinuierlich vorrückenden Zeigern.
- Ein analoges Foto oder ein Gemälde zeigt echte (stufenlose) Halbtöne.
- Eine Schallplatte speichert Töne im Gegensatz zur CD als stufenlose Schwingungen.

Digitale Daten (englisch *digit:* Stelle, Ziffer, Zeichen) werden durch Zeichen und somit abgestuft dargestellt. Ein Zeichen ist ein Element aus dem Zeichenvorrat einer zur Darstellung von Information vereinbarten endlichen Menge unterschiedlicher Elemente.

Digital ist aber nicht gleichzusetzen mit binär oder dual, es können also mehr als zwei Zeichen verwendet werden. Richtig ist, dass die technische Umsetzung digitaler Daten in heutigen Computern durch elektrische Impulsfolgen (Strom fließt oder fließt nicht) und daher mit nur zwei Zeichen, also binär, erfolgt. Die Forschung beschäftigt sich aber schon mit Digitalrechnern der nächsten Generation, die mehr als zwei Zeichen verarbeiten und dadurch eine mehrwertige Logik aufbieten können.

Beispiele für digitale Daten:

- Text besteht aus Zeichen (Buchstaben), gehört also zu den digitalen Daten.
- Die Ziffern 0 bis 9 sind die Zeichen des dezimalen Zahlensystems. Alle Zahlen, auch die anderer Zahlensysteme, sind digital.
- Eine Digitaluhr stellt die Zeit mit umspringenden Zahlen dar.
- Ein gescanntes Gemälde oder ein Digitalfoto zeigt keine echten Halbtöne, sondern Punkte (Pixel, Bildelemente) mit abgestuften Anteilen der Farben Rot, Grün und Blau.
- CDs und DVDs speichern beliebige Daten mit nur zwei Zeichen, repräsentiert durch Bereiche mit unterschiedlichen Reflexionseigenschaften.

Analoge Daten müssen digitalisiert und in Binärdaten umgesetzt werden, bevor ein Computer sie bearbeiten kann. Das geschieht zum Beispiel beim Scannen, bei Mausbewegungen und Texteingabe oder bei der Digitalisierung analoger Töne und Filme.

Bei der Speicherung binärer Daten geht es immer um die Festschreibung der zwei Binärzeichen 0 und 1. Dies wurde in der Computerfrühzeit durch zwei Relaisstellungen und Lochstreifen, heute durch elektronische An-Aus-Schalter und magnetisierte oder lichtreflektierende Positionen auf Datenträgern wie Diskette, Festplatte oder CD erreicht.

1.2.2 Zahlensysteme

Das uns geläufige Dezimalsystem verwendet 10 Zeichen: 0 bis 9. Theoretisch sind aber unendlich viele Zahlensysteme mit unterschiedlichem Zeichenumfang denkbar. Alle Digitalrechner arbeiten intern mit dem binären Zahlensystem, das nur die zwei Zeichen 0 und 1 besitzt. Im Binärsystem gelten bestimmte Rechenvorschriften. Für die Addition sind das:

$0 + 0 = 0$
$0 + 1 = 1$
$1 + 0 = 1$
$1 + 1 = 0$ plus Übertrag 1

Additionsbeispiel:

100100 $(= 36_{dec})$
\+ 10110 $(= 22_{dec})$
111010 $(= 58_{dec})$

Da aber Binärzahlen im Vergleich zu Dezimalzahlen sehr lang und in der Notierung unübersichtlich sind, wird in der maschinennahen Programmierung und zur Angabe von Speicheradressen ein weiteres Zahlensystem benutzt. Das Hexadezimalsystem hat 16 Zeichen: 0 bis 9 und A, B, C, D, E, F. Dabei entspricht A der dezimalen 10, B der 11 usw.

Je mehr Zeichen ein Zahlensystem hat, desto kürzer ist die Darstellung großer Zahlen; beispielsweise wird die Dezimalzahl 12 345 678 hexadezimal als BC61 4E und binär als 1011 1100 0110 0001 0100 1110 notiert.

Der entscheidende Vorteil des Hexadezimalsystems ist jedoch ein anderer: Es lässt sich am besten mit dem computerinternen Binärsystem darstellen, denn um die 16 Zeichen zu codieren, genügen 4 Bit ($2^4 = 16$). Ein Hexadezimal-Zeichen kann also durch 4 Bit dargestellt werden, zum Beispiel $A_{hex} = 1010_{bin}$. Und mit der kleinsten adressierbaren Speichereinheit Byte, die aus 8 Bit besteht (siehe nächster Abschnitt), können genau zwei Hexadezimal-Zeichen codiert werden.

Verwechslungen zwischen dezimalen, binären und hexadezimalen Zahlen vermeidet man durch entsprechende Kennzeichnung, zum Beispiel:

831_{dec} (gesprochen: „Achthunderteinunddreißig")
1101_{bin} (gesprochen: „Eins Eins Null Eins")
$1F5_{hex}$ (gesprochen: „Eins Ef Fünf")

Der Zeichenvorrat eines Zahlensystems wird als Basis bezeichnet. Das Dezimalsystem hat also die Basis 10, das Binärsystem die Basis 2 und das Hexadezimalsystem die Basis 16.

Der Wert jeder Zahl lässt sich auch als Summe der Multiplikationsergebnisse der Ziffern und ihrer Positionswerte (Stellenwerte) darstellen. Die Positionswerte sind Potenzen der Basis, dabei wird der jeweilige Exponent der Basis durch die Position der Ziffern links oder rechts vom Komma bestimmt. Die Zählung des Exponenten beginnt links vom Komma mit 0; sie erhöht sich von rechts nach links mit jeder Stelle um Eins und wird von links nach rechts mit jeder Stelle um Eins reduziert. In den folgenden Beispielen sind alle Stellenwerte dezimal notiert:

$528{,}3_{dec} = 5 \cdot 10^2 + 2 \cdot 10^1 + 8 \cdot 10^0 + 3 \cdot 10^{-1}$

$1001_{bin} = 1 \cdot 2^3 + 0 \cdot 2^2 + 0 \cdot 2^1 + 1 \cdot 2^0$

$A5E_{hex} = A \cdot 16^2 + 5 \cdot 16^1 + E \cdot 16^0$

Diese Darstellungsweise ist bei Umrechnungen von binären und hexadezimalen in dezimale Zahlen hilfreich, wie die Beispiele unten auf dieser Seite zeigen. Zum Üben bietet sich jeweils die Gegenprobe an. Viele Taschenrechner, auch der Software-Rechner aus dem Windows-Zubehör, ermöglichen Zahlensystem-Umrechnungen auf Tastendruck.

Umrechnung binär – dezimal: Hier wird die bereits beschriebene Darstellung der Binärzahl als Summe der Multiplikationsergebnisse der Ziffern mit ihren dezimal notierten Positionswerten angewandt.

Beispiel: $101{,}11_{bin} = 5{,}75_{dec}$

$101{,}11_{bin} = 1 \cdot 2^2 + 0 \cdot 2^1 + 1 \cdot 2^0 + 1 \cdot 2^{-1} + 1 \cdot 2^{-2}$

$= 4 + 0 + 1 + 0{,}5 + 0{,}25 = 5{,}75_{dec}$

Umrechnung dezimal – binär: Die einfachste Methode ist die fortgesetzte Division durch 2 und Notierung der ganzzahligen Ergebnisse und Restwerte. Sobald das ganzzahlige Ergebnis Null ist, ergeben die jeweiligen Restwerte 0 oder 1 – von unten nach oben gelesen – die Binärzahl.

Beispiel: $187_{dec} = 10111011_{bin}$

187 : 2 = 93 Rest 1
93 : 2 = 46 Rest 1
46 : 2 =23 Rest 0
23 : 2 = 11 Rest 1
11 : 2 = 5 Rest 1
5 : 2 = 2 Rest 1
2 : 2 = 1 Rest 0
1 : 2 = 0 Rest 1

Umrechnung hexadezimal – dezimal: Vorgehensweise wie bei binär – dezimal.

Beispiel: $4D8_{hex} = 1240_{dec}$

$4D8_{hex} = 4 \cdot 16^2 + D \cdot 16^1 + 8 \cdot 16^0$

= 1024 + 208 + 8 = 1240dec

Umrechnung dezimal – hexadezimal: Bei der fortlaufenden Teilung durch 16 ist zu beachten, dass die Restwerte hexadezimal notiert werden müssen. Diese bilden wieder – von unten nach oben gelesen – das Umrechnungsergebnis:

Beispiel: $2648_{dec} = A58_{hex}$

2648 : 16 = 165 Rest 8
165 : 16 = 10 Rest 5
10 : 16 = 0 Rest A

Umrechnung binär – hexadezimal: Ein hexadezimales Zeichen kann 16 verschiedene Werte darstellen. Dafür benötigt das Binärsystem 4 Zeichen (2^4 = 16). Um eine Binär- in eine Hexadezimalzahl umzurechnen, wird die Binärzahl daher im ersten Schritt in Vierergruppen aufgeteilt, und zwar von rechts nach links. Besteht die letzte Gruppe links nicht aus 4 Zeichen, kann sie links vom letzten Zeichen mit Nullen aufgefüllt werden, was aber nur der Übersichtlichkeit dient. Im zweiten Schritt addiert man für jede Gruppe die Stellenwerte und notiert die Ergebnisse hexadezimal. Sie bilden – von links nach rechts gelesen – die Hexadezimalzahl.

Beispiel: $10\,0111\,1010\,1111\,0001_{bin} = 27AF1_{hex}$

0010	0111	1010	1111	0001
0+0+2+0	0+4+2+1	8+0+2+0	8+4+2+1	0+0+0+1
2	7	A	F	1

Umrechnung hexadezimal – binär: Hier bietet sich wieder das Divisionsverfahren an, das jetzt auf jedes Hexadezimalzeichen einzeln angewendet wird.

Beispiel: $B2C_{hex} = 1011\,0010\,1100_{bin}$

B : 2 = 5 Rest 1
5 : 2 = 2 Rest 1
2 : 2 = 1 Rest 0
1 : 2 = 0 Rest 1
2 : 2 = 1 Rest 0
1 : 2 = 0 Rest 1
C : 2 = 6 Rest 0
6 : 2 = 3 Rest 0
3 : 2 = 1 Rest 1
1 : 2 = 0 Rest 1

Die Binärzeichen für jedes Hexadezimalzeichen ergeben sich wieder aus den Resten, von unten nach oben gelesen. Vollständige binäre Vierergruppen erhält man durch linksseitiges Auffüllen mit Nullen.

B = 1011 2 = 0010 C = 1100

Da jedem Hexadezimalzeichen genau vier Binärzeichen zugeordnet sind, erleichtert folgende Tabelle die Umrechnungen:

binär	hex.	binär	hex.
0000	0	1000	8
0001	1	1001	9
0010	2	1010	A
0011	3	1011	B
0100	4	1100	C
0101	5	1101	D
0110	6	1110	E
0111	7	1111	F

1.2.3 Bit und Byte

Da Computer intern ausschließlich binär, also mit nur zwei Zeichen arbeiten, müssen alle Daten entsprechend codiert werden. Eine bekannte altehrwürdige Form der binären Codierung ist das Morsealphabet mit seinen in Punkten und Strichen notierten kurzen und langen Tönen, zum Beispiel:

a = · – b = – · · · c = – · – · 8 = – – – – · ·

Ein Bit (Binary digit = binäres Zeichen) kann 0 oder 1 sein. Es wird durch An-Aus-Schaltungen realisiert und ist somit die kleinste elektronische Informationseinheit. Bei der rechnerinternen Datenverarbeitung werden jedoch nicht einzelne Bits, sondern Bitfolgen mit einer festgelegten Länge als Einheit betrachtet. Der Grund ist, dass die meisten Daten mehr als zwei Zeichen zur Codierung benötigen. So können beispielsweise mit einem Bit nur schwarz oder weiß, mit 4 Bit dagegen schon 16 Farben unterschieden werden. Außerdem wäre der Verwaltungsaufwand für die Adressierung einzelner Bits im Speicher erheblich größer als bei gruppenweiser Adressierung. Bei fast allen Rechnersystemen beträgt die festgelegte Bitfolgenlänge 8 Bit, diese Einheit wird als Byte bezeichnet. Ein Byte ist die kleinste adressierbare Speichereinheit.

1 Bit = 0 oder 1

1 Byte = 8 Bit, zum Beispiel 1101 0010

Ein Byte ermöglicht durch verschiedene 0/1-Kombinationen seiner 8 Bits 256 verschiedene Codierungen:

1 Bit = 2^1 = 2 (0 oder 1)

2 Bit = 2^2 = 4 (00, 01, 10, 11)

3 Bit = 2^3 = 8 (000, 001, 010, 011, 100, 101, 110, 111)

4 Bit = 2^4 = 16

5 Bit = 2^5 = 32

6 Bit = 2^6 = 64

7 Bit = 2^7 = 128

8 Bit (1 Byte) = 2^8 = 256

Die 256 Kombinationen reichen beispielsweise aus, um das gesamte Alphabet mit Klein- und Großbuchstaben, alle wichtigen Interpunktions- und Sonderzeichen sowie die Ziffern 0 bis 9 zu codieren. Genau das war ja die Anforderung der ersten Computerbenutzer: Text und Zahlen sollten verarbeitet werden, niemand dachte damals an Bilder oder Töne. Doch auch für diese Datentypen erweist sich das Byte als praktikabel: Wird jedem Pixel eines digitalisierten Schwarzweiß-Fotos 1 Byte zugewiesen, können 256 Graustufen gespeichert werden – etwas mehr, als das menschliche Auge unterscheiden kann. Farbbilder werden oft im RGB-Modus mit 3 Byte pro Pixel gespeichert, also 1 Byte pro Grundfarbe. Das ergibt rund 16,7 Millionen Farben (256 × 256 × 256 oder 2^{24}), ebenfalls mehr, als der Mensch differenzieren kann. Daher spricht man in diesem Fall von „Echtfarbe" oder „True Color".

Gängige Einheiten für Speichergrößen sind:

- 1 Byte = 8 Bit
- 1 Kilobyte (KB) = 1024 Byte (2^{10} Byte = 1024 Byte)
- 1 Megabyte (MB) ≈ 1 Million Byte (genau 2^{20} Byte oder 1024 KB = 1 048 576 Byte)
- 1 Gigabyte (GB) ≈ 1 Milliarde Byte (genau 2^{30} Byte oder 1024 MB = 1 073 741 824 Byte)
- 1 Terabyte (TB) ≈ 1 Billion Byte (genau 2^{40} Byte oder 1024 GB = 1 099 511 627 776 Byte)

Es folgen die Einheiten Petabyte (1 PB = 1024 TB) und Exabyte (1 EB = 1024 PB).

Die oben aufgeführten Speichereinheiten entsprechen dem bisher üblichen Sprachgebrauch, sind aber streng genommen nicht korrekt: Die Präfixe Kilo, Mega, Giga, Tera, Peta und Exa stehen laut internationaler Konvention für Dezimal- und nicht für Binär-Potenzen.

Ein Kilobyte (KB) sind demnach genau 1000 Byte (10^3), ein Megabyte (MB) genau eine Million (10^6), ein Gigabyte (GB) genau eine Milliarde (10^9), ein Terabyte (TB) genau eine Billion usw.

Um hier Eindeutigkeit zu schaffen, wurde 1998 ein internationaler Standard für Binär-Präfixe eingeführt, der sich allerdings bis heute nicht überall durchsetzen konnte, obwohl wichtige Standardisierungsinstitutionen (zum Beispiel BIPM, IEC und IEEE) seine Anwendung empfehlen.

Die Binär-Präfixe und ihre Abkürzungen lauten Kibi (Ki), Mebi (Mi), Gibi (Gi), Tebi (Ti), Pebi (Pi) und Exbi (Ei). Computer-Speichereinheiten auf Basis von Binär-Potenzen heißen dann:

- Kibibyte (KiB) = 2^{10} Byte = 1024 Byte
- Mebibyte (MiB) = 2^{20} Byte = 1048576 Byte
- Gibibyte (GiB) = 2^{30} Byte = 1073741824 Byte
- Tebibyte (TiB) = 2^{40} Byte
- Pebibyte (PiB) = 2^{50} Byte
- Exbibyte (EiB) = 2^{60} Byte

Einige Beispiele machen die abstrakten Speichereinheiten etwas anschaulicher:

- Kurze E-Mail: etwa 5 KB
- Webseite ohne Bilder: etwa 15 KB
- Dickes Buch ohne Bilder: 1000 KB bis 2000 KB
- Buntes Bild (RGB) in Bildschirmauflösung, A6-Format: rund 370 KB
- Buntes Bild (CMYK) in Druckauflösung, A4-Format: rund 35 MB
- Adressdatenbank mit einigen hundert Einträgen: etwa 1 MB
- Eine Minute Audio (unkomprimierte CD-Qualität): rund 10 MB
- Eine Minute Video (komprimiert, gute Qualität): rund 300 MB
- Eine Minute Video (unkomprimiert): mehr als 1 GB
- 1,7 Millionen CDs: rund 1 Petabyte

1.2.4 Dateien

Anwendungsprogramme sind die eigentlichen Werkzeuge der Datenverarbeitung. Meistens sind sie spezialisiert für bestimmte Aufgaben, zum Beispiel Text-, Bild-, Grafik-, Musik- und Videobearbeitungsprogramme. Datenbanken wie Adress-, Artikel- oder Bilddatenbanken ermöglichen strukturiertes Speichern und gezieltes Suchen von Daten. Die mit Anwendungsprogrammen erzielten Arbeitsergebnisse werden dauerhaft als Dateien gespeichert.

Dazu gehört die Vergabe eindeutiger Dateinamen. Wie viele und welche Zeichen in einem Dateinamen verwendet werden dürfen, legt das Betriebssystem fest. Unix- und Mac-Systeme kennen schon seit jeher lange Dateinamen, die aussagefähige Namen ermöglichen. Nur DOS- und Windows-User mussten bis 1995 auf diesen Komfort verzichten. Erst die Betriebssystemversion Windows 95 löste die alte DOS-Beschränkung von 8 + 3 Zeichen auf, seitdem sind 255 Zeichen erlaubt.

Neben dem Dateinamen kann eine Datei bestimmte Eigenschaften, so genannte Dateiattribute haben. Typisch sind „Read only" (schreibgeschützt, die Datei ist lesbar, aber nicht veränder- oder löschbar) und „Hidden" (versteckt, die Datei ist in Inhaltsverzeichnissen unsichtbar). Dateiattribute können von Passwörtern abhängig sein, sodass bestimmte Dateien nur für autorisierte Personen sicht- oder veränderbar sind.

Aus DOS-Zeiten stammt die Dateinamenserweiterung, auch Extension oder Suffix genannt. Sie ist ein Hinweis auf den Ursprung oder das Datenformat einer Datei. Ein DOS-Dateiname setzt sich aus dem eigentlichen Namen mit maximal 8 Zeichen plus 3 Zeichen für die Extension zusammen. Name und Extension sind durch einen Punkt getrennt. Beispiel: liesmich.txt (die Erweiterung .txt weist auf eine Textdatei im ASCII-Format hin). Die Anzeige von Extensions lässt sich in aktuellen Windows-Systemen ausblenden. Wichtig sind sie aber nach wie vor, denn die Verknüpfung bestimmter Dateitypen mit Anwendungsprogrammen wird unter Windows durch Extensions geregelt. Beispielsweise kann man festlegen, ob Bilddateien mit den Extensions .bmp, .gif und .jpg grundsätzlich mit Paintshop, Photoshop oder einem beliebigen anderen Bildbearbeitungsprogramm geöffnet werden sollen.

Eine Datei besteht normalerweise aus einem „Header" (Dateikopf), der grundlegende Informationen über die Datei enthält, und dem „Body", der die eigentlichen Nutzdaten enthält. Sichtbar ist diese Aufteilung zum Beispiel in E-Mail-Dateien, die im Header u.a. Sender- und Empfängeradresse, Betreff, Datum sowie Hinweise auf Codierungsart und verwendeten Zeichensatz enthalten:

From: "Firma X" <firma_x@hamburg.de>
To: "Firma Y" <firma_y@frankfurt.de>
Subject: wichtige Information
Date: Mon, 27 Jan 2003 21:06:49 +0200
MIME-Version: 1.0
Content-Type: text/html;
charset="iso-8859-1"
Content-Transfer-Encoding: quoted-printable
X-MimeOLE: Produced By Microsoft MimeOLE V6.00.2600.0000

Auch Webseiten haben einen Header, der mit dem HTML-Befehl <HEAD> eingeleitet und mit </HEAD> beendet wird. Natürlich sind Header nur als Klartext anzeigbar, wenn die Dateien wie zum Beispiel E-Mail, HTML, EPS und RTF in Textcodierung vorliegen, was aber auf die meisten Dateien nicht zutrifft.

Sinnvollerweise erfolgt die Speicherung von Dateien hierarchisch und inhaltlich gegliedert. Vergleichbar den Schränken und Schubladen eines Büros bieten Betriebssysteme die Möglichkeit, Ordner (auch Verzeichnisse genannt) und Unterordner anzulegen. Die oberste Ebene ist in der Regel ein Datenträger, zum Beispiel eine Festplatte. Jeder Ordner auf dieser Ebene kann diverse Unterordner haben, die wiederum eigene Unterordner aufweisen können usw. Die Anzahl der Ebenen, auf denen sich Ordner verschachteln lassen, wird zwar durch das Betriebssystem begrenzt, ist in der Praxis aber meist mehr als ausreichend.

Der genaue Speicherort einer Datei lässt sich durch eine Pfadangabe beschreiben. Der Pfad enthält am Ende den Dateinamen, voran gestellt ist der Name des Ordners und bei verschachtelten Ordnern alle Ordnernamen bis zur obersten Ebene. Die Ordner werden in der Pfadangabe durch definierte Zeichen getrennt, die sich je nach Betriebssystem unterscheiden: Unix-basierte Systeme wie Linux und Mac OS X benutzen einen Schrägstrich (Slash), Windows-Systeme einen umgekehrten Schrägstrich (Backslash) und das Mac Operating System bis zur Version 9 einen Doppelpunkt. Beispiele:

- Windows: C:\Kunden\Rechnungen\Rechnung123 (C: ist der Laufwerksbuchstabe für die Festplatte oder eine Partition)
- Mac OS X: Daten/Kunden/Rechnungen/Rg123
- Linux: /dev/hda1/Kunden/Rechnungen/Rg123 (im Verzeichnis /dev finden sich unter Linux die Festplattenpartitionen, hda1 kann der Name der ersten Partition sein)

Eine bestimmte Folge von Bits muss nicht immer die gleiche Information bedeuten: Ein Byte wie 0010 1101 kann einen Buchstaben genauso wie einen roten Bildpunkt oder das hohe C darstellen. Bevor der Prozessor eines Computers mit der Verarbeitung der Bytes beginnt, braucht er Informationen, wie sie zu interpretie-

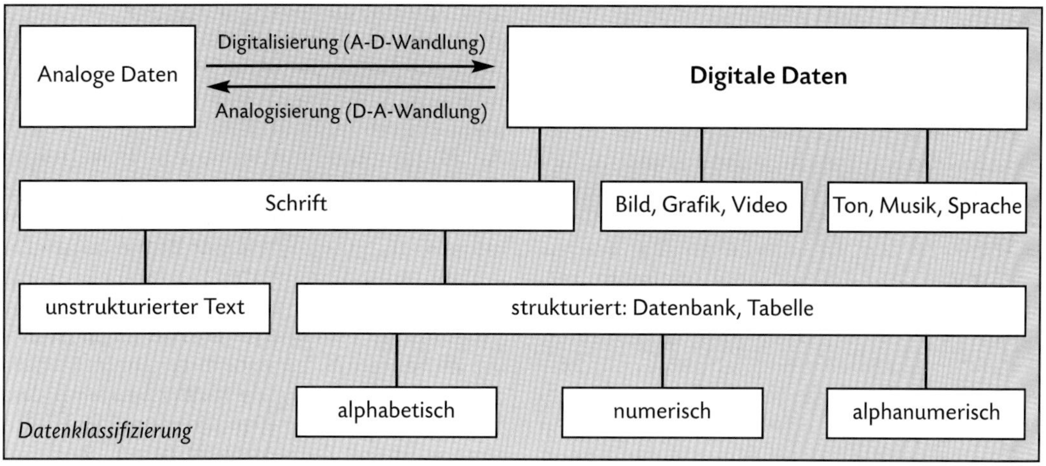

Datenklassifizierung

ren sind. Diese Steuerungsinformationen liefert das jeweilige Anwendungsprogramm; sie finden sich u. a. in den Datei-Headern.

Natürlich arbeiten Textprogramme mit anderen Codierungen als Grafikprogramme. Leider benutzen aber auch Programme für die gleichen Datentypen, zum Beispiel Text, oft je nach Hersteller unterschiedliche Codierungen. Grundsätzlich wird zwischen numerischem Code für Zahlen und alphanumerischem Code für Zahlen und Buchstaben unterschieden.

Sollen Daten so aufbereitet werden, dass die Weiterverarbeitung mit anderen Computertypen oder anderen Programmen möglich ist, müssen sie in einem Format gespeichert werden, das andere Computer bzw. Programme verstehen. Dabei sind sowohl Datenformate als auch Zeichensätze entscheidend.

1.2.5 Zeichensätze

Zeichensätze haben grundsätzlich nur für alphanumerischen Code Bedeutung. Zeichensätze sind Tabellen, die bestimmten Byte-Werten konkrete Zeichen zuordnen. So definiert der wichtige ASCII-Standard den Buchstaben a mit 0110 0001.

Ein Zeichensatz legt nur fest, welcher Code für welches Zeichen steht, er sagt nichts über die Formatierung des Zeichens aus, also ob es mit Attributen wie Schriftart, Schriftgröße, fett, kursiv usw. erscheinen soll. Diese Zusatzinformationen fügt das Programm hinzu, mit dem der Text bearbeitet wird. Wie sie gespeichert werden, bestimmt das Datenformat dieses Programms.

Welche Bedeutung Zeichensätze in der Praxis haben, wird beim Austausch von Textdateien und vor allem im Internet deutlich, wenn man zum Beispiel mit dem voreingestellten Zeichensatz eines deutschen oder englischen Browsers asiatische oder osteuropäische Webseiten aufruft. Im Browser kann allerdings ein passender Zeichensatz gewählt werden, der dem Zeichensalat ein Ende bereitet.

ASCII (American Standard Code for Information Interchange) ist ein traditioneller Zeichensatz von ungebrochener internationaler Bedeutung. Er codiert genau das, was Computer in ihren Anfangsjahren ausschließlich zu verarbeiten hatten: alphanumerischen Text, wichtige Sonder- und diverse Steuerzeichen. ASCII entstand in den Sechzigerjahren und wurde auch für Telexübertragungen (Fernschreiber) verwendet. ASCII-Zeichen wurden ursprünglich mit 7 Bit codiert, von den 256 Codierungsmöglichkeiten eines Bytes nutzt ASCII also nur 128.

Die ASCII-Tabelle definiert das Alphabet mit Klein- und Großbuchstaben, wichtige Interpunktions- und Sonderzeichen sowie die Ziffern 0 bis 9. Deutsche Umlaute und das ß sind nicht enthalten. Dazu kommen 32 nicht darstellbare Steuerzeichen, die zum Beispiel einen Zeilenumbruch, ein akustisches Signal oder einen Zeilenvorschub am Drucker auslösen. Viele dieser Steuerzeichen sind heute überflüssig. Schriftattribute berücksichtigt ASCII nicht, es braucht daher wenig Speicherplatz. Der ASCII-Zeichensatz wird auch in Datenbanken, Programmier- und Seitenbeschreibungssprachen wie PostScript und HTML verwendet.

Natürlich war es naheliegend, die 256 Möglichkeiten eines Bytes voll auszunutzen. So entstanden wichtige Erweiterungen des ursprünglichen ASCII-Zeichensatzes, zum Beispiel der von Microsoft definierte MS-DOS-Zeichensatz und der ANSI-Zeichensatz (vgl. Tabelle auf den folgenden Seiten). Bei beiden stimmen die ersten 128 Zeichen mit ASCII überein, die zweite Hälfte ist jedoch unterschiedlich belegt. Beide Zeichensätze enthalten deutsche Umlaute, das ß und diverse wichtige Sonderzeichen anderer Sprachen sowie

Zeichen aus dem kaufmännischen und wissenschaftlichen Bereich.

Anders als der MS-DOS-Zeichensatz ist ANSI aber eine verbindliche Norm (American National Standards Institute), die sich als Standard in Windows- und Mac-Betriebssystemen etablierte. Andere erweiterte Zeichensätze wurden von der ISO genormt; so gibt es eine Reihe länderspezifischer Zeichensätze der Normserie ISO 8859, die auch als Latin-Zeichensätze bekannt sind. Wie bei MS-DOS- und ANSI-Zeichensatz, entsprechen auch bei ihnen die ersten 128 Zeichen immer dem ASCII-Zeichensatz. Neben ANSI hat ISO 8859-1, auch ISO Latin-1 genannt, die größte Bedeutung. Dieser erweiterte Zeichensatz fasst die wichtigsten Zeichen vieler europäischer Sprachen zusammen.

Unicode entstand Ende der Achtzigerjahre aus dem Wunsch, endlich einen standardisierten internationalen Zeichensatz zu haben, der möglichst alle Zeichen aller Sprachen des Planeten enthält. Langfristig soll Unicode die Vielzahl heutiger Zeichensätze ablösen.

Um eine ausreichende Zeichenanzahl codieren zu können, wurde ursprünglich ein 16-Bit-Code gewählt, der 2^{16} = 65 536 Möglichkeiten ergibt. Aber schon im Jahr 2001 erwies sich dieser Rahmen als zu eng und es wurde zusätzlich eine 32-Bit-Codierung eingeführt, die theoretisch über 4 Milliarden Zeichen erlaubt. In der Unicode-Version 4 von 2003 sind aber „nur" annähernd 100 000 Zeichen definiert.

Die Zeichen sind im Unicode-System nicht wahllos verteilt, sondern in Zeichenbereichen angeordnet, die jeweils eine bestimmte Schriftkultur oder einen Satz von Sonderzeichen enthalten. Die ersten 256 Zeichen entsprechen dem Zeichensatz ISO Latin-1. Überhaupt sind alle Latin-Zeichensätze auch in Unicode abgebil-

ANSI-Zeichensatz

Dez	Hex	Binär	Zeichen	Dez	Hex	Binär	Zeichen	Dez	Hex	Binär	Zeichen	Dez	Hex	Binär	Zeichen
000	00	00000000	NUL	032	20	00100000	SPC	064	40	01000000	@	096	60	01100000	`
001	01	00000001	SOH	033	21	00100001	!	065	41	01000001	A	097	61	01100001	a
002	02	00000010	STX	034	22	00100010	"	066	42	01000010	B	098	62	01100010	b
003	03	00000011	ETX	035	23	00100011	#	067	43	01000011	C	099	63	01100011	c
004	04	00000100	EOT	036	24	00100100	$	068	44	01000100	D	100	64	01100100	d
005	05	00000101	ENQ	037	25	00100101	%	069	45	01000101	E	101	65	01100101	e
006	06	00000110	ACK	038	26	00100110	&	070	46	01000110	F	102	66	01100110	f
007	07	00000111	BEL	039	27	00100111	'	071	47	01000111	G	103	67	01100111	g
008	08	00001000	BS	040	28	00101000	(	072	48	01001000	H	104	68	01101000	h
009	09	00001001	HT	041	29	00101001	)	073	49	01001001	I	105	69	01101001	i
010	0A	00001010	LF	042	2A	00101010	*	074	4A	01001010	J	106	6A	01101010	j
011	0B	00001011	VT	043	2B	00101011	+	075	4B	01001011	K	107	6B	01101011	k
012	0C	00001100	FF	044	2C	00101100	,	076	4C	01001100	L	108	6C	01101100	l
013	0D	00001101	CR	045	2D	00101101	-	077	4D	01001101	M	109	6D	01101101	m
014	0E	00001110	SO	046	2E	00101110	.	078	4E	01001110	N	110	6E	01101110	n
015	0F	00001111	SI	047	2F	00101111	/	079	4F	01001111	O	111	6F	01101111	o
016	10	00010000	DLE	048	30	00110000	0	080	50	01010000	P	112	70	01110000	p
017	11	00010001	DC1	049	31	00110001	1	081	51	01010001	Q	113	71	01110001	q
018	12	00010010	DC2	050	32	00110010	2	082	52	01010010	R	114	72	01110010	r
019	13	00010011	DC3	051	33	00110011	3	083	53	01010011	S	115	73	01110011	s
020	14	00010100	DC4	052	34	00110100	4	084	54	01010100	T	116	74	01110100	t
021	15	00010101	NAK	053	35	00110101	5	085	55	01010101	U	117	75	01110101	u
022	16	00010110	SYN	054	36	00110110	6	086	56	01010110	V	118	76	01110110	v
023	17	00010111	ETB	055	37	00110111	7	087	57	01010111	W	119	77	01110111	w
024	18	00011000	CAN	056	38	00111000	8	088	58	01011000		120	78	01111000	x
025	19	00011001	EM	057	39	00111001	9	089	59	01011001	Y	121	79	01111001	y
026	1A	00011010	SUB	058	3A	00111010	:	090	5A	01011010	Z	122	7A	01111010	z
027	1B	00011011	ESC	059	3B	00111011	;	091	5B	01011011	[	123	7B	01111011	{
028	1C	00011100	FS	060	3C	00111100	<	092	5C	01011100	\	124	7C	01111100	|
029	1D	00011101	GS	061	3D	00111101	=	093	5D	01011101	]	125	7D	01111101	}
030	1E	00011110	RS	062	3E	00111110	>	094	5E	01011110	^	126	7E	01111110	~
031	1F	00011111	US	063	3F	00111111	?	095	5F	01011111	_	127	7F	01111111	DEL

Die Zeichen 000 bis 127 sind identisch mit dem ASCII-Zeichensatz det. Dazu kommen arabische, asiatische, griechische, hebräische, indische, kyrillische Zeichen und sogar tote Sprachen, zum Beispiel Runen.

Den größten Teil aber machen chinesische, japanische und koreanische Zeichen aus, für die im Rahmen von Unicode ein vereinheitlichter Zeichensatz namens CJK definiert wurde. Auch zahlreiche grafische, technische und sonstige Symbole stellt Unicode zur Verfügung, begnügt sich aber mit nur vier Steuerzeichen: je eins für Zeilenende und Absatzende sowie zwei für die Schreibrichtung.

Unicode-Zeichen können in mehreren Codierungen gespeichert und übertragen werden, die sich hinsichtlich ihres Einsatzgebietes und ihres Speicherbedarfs unterscheiden:

- UTF-8 (Universal Transformation Format) ist eine rationelle Codierung für Text mit hohem ASCII-Anteil: sie ist im Internet sehr verbreitet. Bei UTF-8 belegen die Unicode-Zeichen eine variable Anzahl von Bytes: ASCII-Zeichen ein Byte, alle weiteren Zeichen zwei, drei, oder vier Byte. Deshalb belegt ASCII-lastiger Text erheblich weniger Platz als UTF-16 oder UTF-32.
- UTF-16, auch UCS 2 genannt (Universal Character Set 2), hat ebenfalls eine variable Codelänge: Nahezu alle Zeichen der lebenden Sprachen lassen sich mit 16 Bit codieren; diese Ebene wird auch als BMP (Basic Multilingual Plane) bezeichnet. Nur die darüber hinausgehenden Zeichen werden mit 32 Bit codiert.
- UTF-32 (UCS 4) hat immer die gleiche Codelänge von 32 Bit und braucht daher am meisten Speicherplatz, ist also für Text mit hohem ASCII-Anteil unüblich.

ANSI-Zeichensatz (Fortsetzung)

Dez	Hex	Binär	Zeichen	Dez	Hex	Binär	Zeichen	Dez	Hex	Binär	Zeichen	Dez	Hex	Binär	Zeichen
128	80	10000000	€	160	A0	10100000		192	C0	11000000	À	224	E0	11100000	à
129	81	10000001		161	A1	10100001	¡	193	C1	11000001	Á	225	E1	11100001	á
130	82	10000010	‚	162	A2	10100010	¢	194	C2	11000010	Â	226	E2	11100010	â
131	83	10000011	ƒ	163	A3	10100011	£	195	C3	11000011	Ã	227	E3	11100011	ã
132	84	10000100	„	164	A4	10100100	{	196	C4	11000100	Ä	228	E4	11100100	ä
133	85	10000101	…	165	A5	10100101	¥	197	C5	11000101	Å	229	E5	11100101	å
134	86	10000110	†	166	A6	10100110	¦	198	C6	11000110	Æ	230	E6	11100110	æ
135	87	10000111	‡	167	A7	10100111	§	199	C7	11000111	Ç	231	E7	11100111	ç
136	88	10001000	ˆ	168	A8	10101000	¨	200	C8	11001000	È	232	E8	11101000	è
137	89	10001001	‰	169	A9	10101001	©	201	C9	11001001	É	233	E9	11101001	é
138	8A	10001010	Š	170	AA	10101010	ª	202	CA	11001010	Ê	234	EA	11101010	ê
139	8B	10001011	‹	171	AB	10101011	«	203	CB	11001011	Ë	235	EB	11101011	ë
140	8C	10001100	Œ	172	AC	10101100	¬	204	CC	11001100	Ì	236	EC	11101100	ì
141	8D	10001101		173	AD	10101101	-	205	CD	11001101	Í	237	ED	11101101	í
142	8E	10001110	Ž	174	AE	10101110	®	206	CE	11001110	Î	238	EE	11101110	î
143	8F	10001111		175	AF	10101111	¯	207	CF	11001111	Ï	239	EF	11101111	ï
144	90	10010000		176	B0	10110000	°	208	D0	11010000	Ð	240	F0	11110000	ð
145	91	10010001	‘	177	B1	10110001	±	209	D1	11010001	Ñ	241	F1	11110001	ñ
146	92	10010010	’	178	B2	10110010	²	210	D2	11010010	Ò	242	F2	11110010	ò
147	93	10010011	“	179	B3	10110011	³	211	D3	11010011	Ó	243	F3	11110011	ó
148	94	10010100	”	180	B4	10110100	´	212	D4	11010100	Ô	244	F4	11110100	ô
149	95	10010101	•	181	B5	10110101	µ	213	D5	11010101	Õ	245	F5	11110101	õ
150	96	10010110	–	182	B6	10110110	¶	214	D6	11010110	Ö	246	F6	11110110	ö
151	97	10010111	—	183	B7	10110111	·	215	D7	11010111	×	247	F7	11110111	÷
152	98	10011000	˜	184	B8	10111000	¸	216	D8	11011000	Ø	248	F8	11111000	ø
153	99	10011001	™	185	B9	10111001	¹	217	D9	11011001	Ù	249	F9	11111001	ù
154	9A	10011010	š	186	BA	10111010	º	218	DA	11011010	Ú	250	FA	11111010	ú
155	9B	10011011	›	187	BB	10111011	»	219	DB	11011011	Û	251	FB	11111011	û
156	9C	10011100	œ	188	BC	10111100	¼	220	DC	11011100	Ü	252	FC	11111100	ü
157	9D	10011101		189	BD	10111101	½	221	DD	11011101	Ý	253	FD	11111101	ý
158	9E	10011110	ž	190	BE	10111110	¾	222	DE	11011110	Þ	254	FE	11111110	þ
159	9F	10011111	Ÿ	191	BF	10111111	¿	223	DF	11011111	ß	255	FF	11111111	ÿ

Die Zeichen 0 bis 32, 127, 129, 141, 143, 144, 157 und 160 sind Steuerzeichen und sonstige nicht darstellbare Zeichen

1.2.6 Datenformate

Unter einem Datenformat (oder Dateiformat) versteht man eine feste Vereinbarung, wie Daten codiert, d.h. in Nullen und Einsen übersetzt werden. Der Unterschied zwischen Zeichensatz und Datenformat ist, dass Zeichensätze nur für alphanumerischen Code gelten und keine Formatierungsinformationen enthalten.

Eine mit Programm X erstellte Datei kann nur dann mit Programm Y bearbeitet werden, wenn beide „die gleiche Sprache sprechen". Das ist oft nicht der Fall, denn in der Regel hat jedes Programm sein spezielles Datenformat, was zu den bekannten Problemen beim Datenaustausch führt. Viele Programme bieten aber Möglichkeiten, auch in anderen, system- bzw. programmübergreifenden Formaten zu speichern. Es gibt also Standardformate, für die teilweise auch ISO-Normen existieren.

Das Datenformat ist normalerweise an der Dateinamenserweiterung zu erkennen: „bild.psd" verweist auf das Format Photoshop Document, „bild.gif" auf das im Internet verbreitete Format GIF und „bild.jpg" auf das systemübergreifende JPEG-Format. Das Datenformat bestimmt neben dem Datentyp und der zu speichernden Datenmenge maßgeblich den Speicherbedarf einer Datei. Text braucht wenig Speicher, am wenigsten ohne Layout im ASCII-Format (1 Zeichen = 1 Byte). Aber auch Layout-Attribute werden rationell behandelt, beispielsweise liegen die verwendeten Schriften in der Regel außerhalb der Datei, in der nur Verweise auf die Schriften gespeichert werden. Außerdem sind heutige Computerschriften vektororientiert, sodass ihre Skalierung und der Einsatz zusätzlicher Attribute (fett, kursiv usw.) ebenfalls durch einfache Verweise im gespeicherten Dokument erreicht werden.

Bilder, zum Beispiel Fotografien, und Filme, die ja aus Bildfolgen bestehen, werden in Pixelformaten gespeichert. Pixel ist ein Kunstwort, entstanden aus „Picture Element". Pixelformate sind sehr speicherintensiv, denn jeder einzelne Bildpunkt (Pixel) wird mit Position und Farbwerten gespeichert. Bunte Bilder benötigen drei oder vier Byte pro Pixel (RGB bzw. CMYK) – und davon hat eine A4-Seite in guter Druckauflösung rund neun Millionen. Den höchsten Speicherbedarf haben natürlich Filme, die fast immer stark komprimiert werden. Kompressionsmethoden wie MPEG 2 reduzieren die Datenmenge ohne sichtbare Verluste auf etwa ein Fünftel.

Skalieren von Pixelbildern führt immer zu Qualitätsverlust, da Ungenauigkeiten beim Hinzu- oder Herausrechnen von Pixeln nicht zu vermeiden sind. Starke Vergrößerung führt, je nach Berechnungsmethode, zu

Wichtige Datenformate

Textformate

ASCII ist nicht nur ein Zeichensatz, sondern auch ein Datenformat. Reine Textdateien ohne Layout sind an der Dateiendung TXT zu erkennen. Leider weist die Endung aber nicht darauf hin, welcher Zeichensatz verwendet wurde. Es könnte der reine ASCII-Satz oder einer der erweiterten Sätze wie ANSI oder ISO-Latin-1 sein. So kann es durchaus passieren, dass eine TXT-Datei nicht auf allen Rechnern korrekt angezeigt wird. Jedes Zeichen einer ASCII-Datei benötigt 1 Byte Speicherplatz. Eine A4-Seite mit 2000 Buchstaben entspricht etwa einer Schreibmaschinenseite und belegt als reiner Text ohne Layout einen Speicherplatz von 2 Kilobyte.

DOC (Document) ist durch die weite Verbreitung der Textverarbeitung Word von Microsoft zu einem Quasi-Standard geworden. Viele Text- und Layoutprogramme kommen mit diesem Format zurecht. Zu beachten sind aber Versionsunterschiede, denn DOC wird mit jeder neuen Word-Version weiterentwickelt, es ist abwärts- aber nicht aufwärtskompatibel. Wie bei allen Textformaten, die auch Layoutinformationen speichern, ist der Speicherbedarf im Vergleich zu ASCII-Dateien erheblich höher.

DOCX gehört zur Gruppe der von Microsoft entwickelten Office-Open-XML-Formate. Es ist Nachfolger des DOC-Formats, im Gegensatz zu diesem aber ein offener, seit 2008 international genormter Standard (ISO 29500). Weitere Formate dieser Gruppe sind XLSX (Tabellenkalkulation) und PPTX (Präsentationsgrafik). Office-Open-XML-Dateien bestehen aus mehreren Einzelteilen, die in einem ZIP-komprimierten Container gespeichert werden.

RTF (Rich Text Format) hat sich als universelles Textformat bewährt und wird von vielen Programmen unterstützt. Eigentlich ist RTF eine Beschreibungssprache für formatierte Textdokumente. Sie arbeitet ähnlich wie PostScript mit einer Reihe von Befehlen und Parametern, die ausschließlich ASCII-Zeichen verwenden. Man kann also jede RTF-Datei auch als ASCII-Text öffnen, sieht dann aber nur die Beschreibung, nicht die Darstellung des Dokuments. Die Seitenbeschreibung wird von geeigneten Programmen mithilfe eines RTF-Readers interpretiert und in eine les- und druckbare Darstellungsform gebracht.

Pixel-Bildformate

BMP (Bitmap): Im Windows-Bereich verbreitetes Bildformat ohne Kompression mit 1, 4, 8 oder 24 Bit Farbtiefe, also 2, 16, 256 bzw. 16,7 Millionen Farben.

„Treppeneffekten" oder Unschärfe (vgl. Abschnitt 3.6.4). Vektorgrafik wird dagegen durch mathematische Funktionen beschrieben, ein Kreis zum Beispiel durch Koordinatenwerte seines Mittelpunkts, Radius und Linienstärke. Diese Informationen benötigen viel weniger Speicherplatz, als wenn die Grafik durch zahllose Pixel definiert würde. Zudem lässt sich Vektorgrafik verlustfrei skalieren und rotieren.

Audiodaten benötigen aufgrund der großen Informationsmengen sehr viel Speicherplatz, der sich früher nur zu Lasten der Qualität reduzieren ließ. Heute steht mit MP3 eine äußerst effektive Kompressionsmethode zur Verfügung, die erst bei Kompressionsraten über 10 : 1 zu hörbaren Verlusten führt.

In den Kästen unten und auf den folgenden Seiten findet sich eine Auswahl wichtiger Datenformate im Bereich der Print- und Nonprint-Medien. Einige Formate wie TIFF, JPEG und MPEG, die Datenkompression zulassen, werden im Abschnitt 1.3 noch genauer erläutert.

Ein Beispiel für die Problematik beim Umgang mit Datenformaten: Wird ein Bild mit Photoshop bearbeitet und im Format PSD gespeichert, kann es mit Photoshop wieder geöffnet werden. Immerhin ist dabei egal, ob das Programm auf Mac oder Windows-PC läuft. Speichert man jedoch im JPEG- oder TIF-Format, kann die Datei mit verschiedenen Betriebssystemen (Windows, Mac OS, Linux, Solaris...) und Programmen (andere Bildbearbeitungs-, Grafik- und Layoutprogramme) genutzt werden.

Leider garantiert die Verwendung von Standardformaten nicht immer reibungslosen Datenaustausch, zudem muss man einige Einschränkungen akzeptieren. So kann JPEG keine Bildebenen wie das Photoshop-Format PSD speichern. Und EPS-Dateien, ein wichtiger Standard beim Austausch von Grafikdaten, lassen sich zwar anzeigen und ausdrucken, verändert werden kann nachträglich jedoch nur die Größe des Objekts, nicht seine Zusammensetzung (Farben, Linienstärken, Schriftarten usw.). Zudem ist hohe Ausgabequalität bei EPS-Daten ausschließlich mit PostScript-Druckern oder -Belichtern möglich.

Die Wahl eines Datenformats erfolgt meistens über das Menüfeld „Speichern unter" (Windows) oder „Sichern als" (Mac) bzw. das entsprechende Tastaturkürzel. Dieser Befehl führt zu einem Dialogfeld, in dem Dateiname, Ordner und Datenformat gewählt werden können. Einige Programme rufen die Formatauswahl mit dem Befehl „Exportieren" auf oder benutzen die Bezeichnung Datentyp statt Datenformat. Fremde Datenformate werden manchmal mit dem Befehl „Importieren" oder „Öffnen als" eingelesen.

„Bitmap" ist übrigens auch allgemeine Bezeichnung für Pixelbilder, also nicht immer gleichzusetzen mit dem Format BMP. Photoshop versteht unter Bitmap ein schwarzweißes Pixelbild mit 1 Bit Datentiefe.

GIF (Graphics Interchange Format) ist oft im Internet anzutreffen. Es speichert Bilder von höchstens 16000 × 16000 Pixel mit 8 Bit Datentiefe, also maximal 256 Farben. Schon die Farbreduktion sorgt für geringeren Speicherbedarf, zusätzlich sind GIF-Daten mit dem verlustfreien LZW-Algorithmus komprimiert. Es gibt die Varianten GIF87a und GIF89a. Letztere bietet einige Besonderheiten: Der Interlaced-Modus erlaubt einen stufenweisen Bildaufbau, beim Öffnen größerer Bilder sieht man während des Ladevorgangs eine Vorschau, deren Qualität sich zunehmend verbessert. Eine Farbe kann als transparent definiert werden. Bilder können ASCII-Text zum Beispiel für Copyright-Informationen enthalten. Animated GIF ermöglicht einfache Animation aus mehreren GIF-Bildern, die mit wählbarer Geschwindigkeit nacheinander gezeigt werden und sich in einer einzigen Datei speichern lassen.

JPEG (Joint Photographic Experts Group) ist ein weit verbreitetes lizenzfreies Bilddatenformat. Es bietet sehr wirkungsvolle und skalierbare Kompressionsmöglichkeiten, die allerdings bei hohen Graden mit zunehmendem Detailverlust und Artefakten (sichtbaren Bildfehlern) verbunden sind. Zudem hat das Datenformat einige Beschränkungen: Die Datentiefe beträgt immer 24 Bit, Alphakanäle und Transparenz sind nicht möglich. JPEG bietet auf Wunsch wie GIF einen Interlaced-Modus, der sich Progressive JPEG nennt.

JPEG2000 (JP2) ist ein äußerst vielseitiges und leistungsfähiges Bildformat (vgl. Abschnitt 1.3.3.1). Es komprimiert durch Einsatz der Wavelet-Methode um ein Vielfaches stärker als JPEG und ist für alle Bildarten geeignet. Dazu kommen bis zu 38 Bit Datentiefe pro Kanal, Alphakanäle, Metadaten und die Möglichkeit, ausgewählte Bildbereiche unterschiedlich stark zu komprimieren. JPEG2000 wird von Photoshop nicht serienmäßig unterstützt, ist aber als Plug-In von mehreren Herstellern erhältlich.

PNG (Portable Network Graphics) ist ein hauptsächlich für den Onlinebereich entwickeltes Bildformat. Es eignet sich für Graustufen, indizierte Farben und Truecolor. Datentiefen von 1, 2, 3, 4, 8 und 16 Bit pro Farbkanal, also bis zu 48 Bit pro Pixel, sind möglich. Dazu kommen Alpha-Kanäle für transparente Bereiche oder Maskierungen. Beim Speichern erfolgt automatisch verlustfreie LZ77-Kompression.

(Fortsetzung auf der nächsten Seite)

Fortsetzung zu PNG: Interessant ist die Möglichkeit zur automatischen Gammakorrektur, um Darstellungsunterschiede auf unterschiedlichen Systemen auszugleichen. Als Online-Format bietet PNG auch einen Interlaced-Modus. MNG (Multiple-Image Network Graphics), die PNG-Variante für Animationen, konnte sich bisher nicht durchsetzen.

PSD (Photoshop Document), das proprietäre Format des Bildbearbeitungsprogramms Adobe Photoshop, speichert in zahlreichen Datentiefen und Farbmodi, unterstützt Ebenen, änderbaren Text, Pfade und Alpha-Kanäle. Solange ein Bild in Photoshop bearbeitet wird, sollte man im PSD-Format speichern, denn andere Bildformate können zum unwiderruflichen Verlust wichtiger Eigenschaften führen, zum Beispiel der Ebenen. Die Mac- und Windows-Versionen von Photoshop speichern binärkompatibel. Auch einige andere Programme können PSD öffnen, wenn auch nicht immer mit allen Optionen.

RAW (roh) ist ein Oberbegriff für herstellerabhängige Datenformate, die in professionellen oder semiprofessionellen Digitalkameras erzeugt werden. Dabei werden die Bilddaten tatsächlich roh, so wie sie der Bildsensor liefert, gespeichert, also ohne kameraeigene Korrekturen für Belichtung, Datentiefe, Kontrast, Schärfe, Weißabgleich usw. Weil alle ursprünglichen Informationen noch vorhanden sind, spricht man auch vom „Digitalen Negativ". Entsprechend groß ist die Datenmenge und die Speicherzeit im RAW-Format. Eventuell werden die Daten verlustfrei komprimiert, was aber keinerlei qualitätsmindernden Einfluss hat. Die gesamte Bildbearbeitung und Umwandlung in ein gängiges Bildformat erfolgt erst außerhalb der Kamera mit einem geeigneten Computerprogramm. Unbehandelte RAW-Daten sehen auf den ersten Blick zwar enttäuschend aus, bieten dafür aber viel bessere Korrekturmöglichkeiten als automatisch bearbeitete Kamerabilder im JPEG- oder TIF-Format, bei denen entscheidende Bearbeitungsschritte nicht mehr rückgängig zu machen sind. Ärgerlich ist die zunehmende Anzahl inkompatibler RAW-Formate (Beispiele: CRW von Canon, MRW von Minolta, NEF von Nikon, PEF von Pentax). Abhilfe verspricht das RAW-Standardformat DNG.

DNG (Digital Negative) wurde 2004 von Adobe als offener RAW-Standard vorgestellt und fand 2005 die Unterstützung wichtiger Kamerahersteller. Es ist zu hoffen, dass dieser Trend anhält, denn schon allein die zukunftssichere Langzeitarchivierung von RAW-Bildern erfordert ein Standardformat. DNG basiert auf TIFF/EP. Die Sensordaten lassen sich mit oder ohne Farb-Interpolation speichern (Pattern-Interpolation, vgl. Abschnitt 3.5.2). DNG bietet effektive verlustfreie Kompression und kann wie TIFF/EP viele Metadaten aufnehmen, die u.a. von Kameraherstellern genutzt werden, um Profile ihrer Geräte zu hinterlegen. Mit einem kostenlosen Konverter von Adobe lassen sich die meisten herstellereigenen RAW-Formate in DNG umwandeln.

TIFF (Tagged Image File Format) ist ISO-Standard. Das vielseitige Datenformat ist beim Datenaustausch vor allem in der professionellen Bildverarbeitung verbreitet. Es speichert unkomprimiert oder mit auswählbaren Kompressionsmethoden. TIFF beherrscht in der seit 1992 gültigen Version 6 die Farbmodi RGB, CMYK, CIELAB, Graustufen und Schwarzweiß. Die zugehörigen Farbtiefen betragen 1 Bit bis 16 Bit pro Kanal. Alpha-Kanäle erlauben u. a. Speicherung von Vektorpfaden (Beschneidungen) und in Photoshop ab Version 7 auch Ebenen.

TIFF/EP (Electronic Picture) ist eine Variante für digitale Fotos. Es kann umfangreiche Metadaten speichern und ist Basis sowohl diverser herstellereigener RAW-Formate als auch des unabhängigen DNG.

TIFF/IT (Image Technology) wurde als Austausch- und Produktionsdatenformat für die Druckvorstufe entwickelt. Bilder, Grafik und Text werden in mehreren Ebenen mit unterschiedlichen Auflösungen gespeichert.

Vektor-Grafikformate

AI ist das proprietäre Format des Grafikprogramms Adobe Illustrator.

CDR ist das proprietäre Format des Vektorgrafikprogramms Corel Draw.

DXF (Drawing Exchange Format) ist ein freies Austauschformat für 2D- und 3D-Grafik im CAD-Bereich. Es beschreibt grafische Objekte ausschließlich mit ASCII-Zeichen und wird von vielen Programmen unterstützt. Die binäre Variante heißt BXF.

EPS (Encapsulated PostScript) basiert auf der Seitenbeschreibungssprache PostScript und speichert außer Grafik auch Text und Pixeldaten. Im Bereich der zweidimensionalen Vektorgrafik hat EPS besondere Bedeutung, denn hier ist es das einzige programm- und systemübergreifende Austauschformat. EPS-Grafiken lassen sich wie jede Vektorgrafik verlustfrei rotieren, skalieren und in jeder beliebigen Auflösung ausgeben. Jedoch kann pro Datei nur eine Ausgabeseite gespeichert werden und der Aufbau der Grafik ist unveränderbar. Eine genauere Beschreibung einschließlich der EPS-Variante DCS ist in Abschnitt 1.12.3 zu finden.

FH gehört zum Grafikprogramm Freehand. An der Datei-Endung erkennt man die jeweilige Version, zum Beispiel FH9 oder FH11.
SWF (Shockwave Flash) ist ein vor allem im Internet gängiges Format für vektorbasierte Animationen, die mit dem Programm Flash erzeugt werden. SWF unterstützt Interaktion und Ton.
VRML ist eine Scriptsprache und zugleich das wichtigste Austauschformat für 3D-Modelle und -Szenen. Es beschreibt in einer ASCII-Datei Objekte, Licht, Animation und Interaktion. Die dabei entstehende große Datenmenge kann komprimiert werden. Dateiendungen sind .WRL oder .WRZ für Zip-komprimierte Daten.

Audioformate

AIFF (Audio Interchange File Format) ist ein Apple-Audioformat. Als Containerformat unterstützt es unterschiedliche Datentiefen, Samplingraten und Kompressionsmethoden.
AU ist ein im Unix-Bereich verbreitetes Audioformat mit hoher Kompressionsmöglichkeit.
MIDI (Musical Instrument Device Interface) speichert Töne nicht direkt, sondern beschreibt Musik mithilfe von MIDI-Steuerbefehlen für die einzelnen Instrumente. Daher brauchen MIDI-Daten nur sehr wenig Speicherplatz. Die Ausgabequalität hängt vom Synthesizer oder einer MIDI-fähigen Soundkarte ab. Beste Ergebnisse werden mit so genannten Wavetables erzielt; das sind Datensätze aus digitalisierten Klängen echter Instrumente.
MP3 war ursprünglich der Audio-Bestandteil einer Weiterentwicklung des MPEG-Standards mit der genauen Bezeichnung MPEG Audio Layer III. MP3 komprimiert Audiodaten skalierbar und sehr effektiv. Eine Minute unkomprimiertes Audio in CD-Qualität belegt gut 10 MB. MP3 macht daraus ohne hörbare Verluste 1 MB. Erst bei noch höherer Kompression, die bis zum Faktor 1: 264 gehen kann, sind Verluste zu hören. MP3 hat den Austausch von Musik mit sehr guter Qualität über das Internet erst praktikabel gemacht. Auf CD gebrannte MP3-Dateien lassen sich mit geeigneten Abspielgeräten anhören, auch kleine mobile MP3-Player mit Flash-Speicherchips haben sich durchgesetzt.
RA (Real Audio) ist ein im Internet häufig anzutreffendes Audiostreaming-Format der Firma Real Networks. Zum Abspielen wird der RealPlayer benötigt.
WAV (Waveform Audio Format) ist das Windows-Audioformat. Das Containerformat kann unterschiedliche Datentiefen, Samplingraten und Kompressionsmethoden enthalten.
WMA (Windows Media Audio) stammt von Microsoft; es wird vor allem für Streaming-Audio eingesetzt und nutzt ähnliche Kompressionstechnik wie MP3. Variable Bitraten und Surround-Ton werden unterstützt.

Videoformate

AVI (Audio Video Interleaved) ist das Videoformat von Windows, wird aber auch von Macs unterstützt. Wie WAV für Audio ist AVI ein Container-Format, das unterschiedliche Auflösungen, Frameraten und Kompressionsmethoden enthalten kann. Der Name deutet an, dass eine AVI-Datei Audio- und Videodaten enthalten kann.
FLC und **FLI** sind gebräuchliche Formate für Animationsfilme. Die vom Programmhersteller Autodesk definierten Formate sind auf 320 × 200 Pixel Bildgröße und 8 Bit Datentiefe (256 Farben) beschränkt. Audio wird nicht unterstützt.
FLV (Flash-Video) ist ein Container-Format, das sich als Standard auf Internet-Videoportalen wie YouTube, MyVideo u. ä. durchgesetzt hat. Es unterstützt verschiedene Kompressions-Codecs, u. a. MPEG-4 für Video und MP3 für Audio. Zum Abspielen dient der kostenlose Adobe Flash-Player (auch als Browser-Plug-In).
MOV (Movie) ist das Videoformat von Apples Multimedia-Betriebssystemerweiterung Quicktime, die auch für Windows erhältlich ist. Das verbreitete Container-Format wurde mehrfach erweitert; es beherrscht Animation, Film, Ton, virtuelle Umgebungen, Streaming und Interaktion. Zum Abspielen genügt der Quicktime-Player.
MPEG ist ein systemübergreifender Standard für komprimierte Video- und Audiodaten. Zu unterscheiden sind die Versionen MPEG-1, MPEG-2 und MPEG-4. Während MPEG-1 veraltet ist, wird MPEG-2 bei Film-DVD und digitalem Fernsehen eingesetzt. Populär sind vor allem die aus MPEG hervorgegangenen Entwicklungen MP3, AAC und DivX. DivX ist ein auf MPEG-4 basierender Video-Codec für höchst effektive Videokomprimierung; die Tonspur wird meist mit MP3 codiert. Verpackt sind DivX-Daten normalerweise in einem Containerformat wie AVI oder MP4, welches das offizielle MPEG-4-Containerformat ist. Eine frei verfügbare Open-Source-Version heißt ironischerweise XviD.
RV (Real Video) ist ein im Internet häufig anzutreffendes Videostreaming-Format der Firma Real Networks. Zum Abspielen wird der RealPlayer benötigt.

(Fortsetzung auf der nächsten Seite)

WMV (Windows Media Video) stammt von Microsoft. Es wird vor allem für Streaming-Video benutzt. WMV unterstützt DRM (Digital Rights Management) und somit Kopierschutzfunktionen.

Sonstige Datenformate

ASF (Advanced Streaming Format), von Microsoft entwickeltes Containerformat für Streaming-Daten; enthält meistens WMA- oder WMV-Daten.

DBF (Data Base File), ein Standardformat für Datenbanken, stammt vom Programm dBase.

EXE (Execution) steht im Windows-Bereich für ausführbare Dateien jeglicher Art. Das können Installations- oder Startdateien für Anwendungsprogramme sein oder selbstentpackende komprimierte Archivdateien.

HPGL (Hewlett Packard Graphics Language) ist das Datenformat der gleichnamigen Kommandosprache zur Ansteuerung von Plottern.

HTML (HyperText Markup Language) ist eine Auszeichnungssprache und das klassische Datenformat für Webseiten. Die ASCII-codierten Dateien lassen sich mit jedem Editor öffnen, jedoch nur von einem Browser darstellen.

HQX ist das Archivformat des im Apple-Bereich verbreiteten Kompressionsprogramms Stuffit.

INDD (Indesign Document) ist das Format des Layoutprogramms Indesign von Adobe. Es kann nicht von anderen Programmen geöffnet werden.

PDF (Portable Document Format) speichert systemübergreifend Dokumente, die Text, Bilder, Grafiken und auch Audio- oder Videoelemente enthalten können. Im Dokument verwendete Schriften werden bei Bedarf in die Datei eingebettet. PDF basiert auf PostScript, Näheres im entsprechenden Abschnitt 1.12.4.

PPT und **PPTX** sind Microsofts Formate für Powerpoint-Präsentationen.

QXP (QuarkXPress Project) ist das proprietäre Format des Layoutprogramms QuarkXPress.

SEA (Self Extracting Archive) steht für komprimierte Dateien im Apple-Bereich, die sich bei Aktivierung automatisch entpacken.

WMF (Windows Metafile Format) ist ein Datenaustauschformat für Windows-Systeme, das sowohl Pixel- als auch Vektordaten speichern kann. Es wird auch von der Windows-Zwischenablage genutzt. EMF (Enhanced Metafile Format) ist eine Weiterentwicklung mit 32 Bit.

XLS und **XLSX** gehören zum marktführenden Tabellenkalkulationsprogramm Excel von Microsoft.

XPS (XML Paper Specification) ist ein von Microsoft definiertes programm- und geräteunabhängiges Dokumentenformat, das Darstellung und Ausdruck ohne das Ursprungsprogramm erlaubt. In dieser Hinsicht ist es mit PDF vergleichbar. Zum Betrachten und Drucken von XPS-Dateien reicht der Microsoft Internet Explorer aus. Windows Vista nutzt XPS auch als Spool-Format für Druckdaten und Druckersteuerung. Viele aktuelle Drucker können XPS direkt verarbeiten.

ZIP ist das Archivformat der Kompressionsprogramme Winzip und ZIP unter Windows.

1.2.7 Datenaustausch

Die erläuterten Datenformate sind nur eine kleine Auswahl. Jedes Programm hat sein eigenes Format und kann mehr oder weniger mit fremden Formaten umgehen. Der Datenaustausch zwischen unterschiedlichen Betriebssystemen und Programmen setzt also in jedem Fall den Einsatz geeigneter Datenformate voraus.

Hardwareseitig ist die Datenübertragung zwischen zwei oder mehr Computern prinzipiell auf zwei Wegen möglich: per Datenträger oder Netzwerk.

Datenträger wie Diskette, Zip-Disk, CD, DVD, Magnetband oder Speicherkarten werden von einem zum anderen Computer transportiert. Laufwerke beschreiben und lesen die Datenträger, dafür müssen die Laufwerke der beteiligten Rechner kompatibel sein. So kann ein CD-Laufwerk keine DVD lesen und ein DAT-Streamer kommt mit DAT-Bändern, aber nicht mit anderen Magnetbändern zurecht. Außerdem muss die durch das Dateisystem vorgegebene Anordnung der Daten übereinstimmen. Beispiele: Mac OS X kann das alte Windows-Dateisystem FAT32 lesen und schreiben, das neuere NTFS aber nur lesen. Windows kann nicht auf das MAC-Dateisystem HFS zugreifen.

Ein Netzwerk ist die wesentlich komfortablere Lösung, aber nicht immer und überall zu realisieren. Netze übertragen Daten per Kabel, Lichtwellenleiter, Funk- oder Satellitentechnik. Das Internet hat den weltweiten Datenaustausch entscheidend vereinfacht und populär gemacht.

Ein wichtiges Kriterium beim Datenaustausch ist die Übertragungsgeschwindigkeit. Sie kann in Netzwerken langsam mit einigen Kilobytes oder schnell mit Mega- bis Gigabytes pro Sekunde sein. Die Lese- und Schreibgeschwindigkeit von Datenträgern ist mit Ausnahme der Diskette vergleichsweise konstant hoch, sie liegt bei einigen MB pro Sekunde. Wer die Wahl zwischen Datenträger und Netzwerk hat, sollte neben Geschwindigkeits- auch Sicherheits- und Kostenaspekte abwägen.

Betriebssysteme erleichtern den Datenaustausch durch die Zwischenablage, die allerdings nur innerhalb eines Programms oder zwischen unterschiedlichen Programmen auf dem gleichen Computer funktioniert. Die Daten werden in den Arbeitsspeicher oder bei größeren Datenmengen auf die Festplatte kopiert und dort vorübergehend abgelegt. Die entsprechenden Befehle sind „Kopieren" (Duplikat der Quelldaten) oder „Ausschneiden" (Quelldaten werden gelöscht). Kopierte oder ausgeschnittene Daten lassen sich anschließend mit dem Befehl „Einfügen" im gleichen oder einem anderen Programm weiter verwenden.

Die Zwischenablage kann normalerweise nur einen Datenblock bereithalten, erneutes Kopieren oder Ausschneiden überschreibt den vorherigen Ablageinhalt. Es gibt aber auch erweiterte Zwischenablagen, die mehrere Kopiervorgänge und eine entsprechende Auswahl beim Einfügen erlauben. Zu den meistgebrauchten Tastaturkürzeln gehören Strg+C für Kopieren, Strg+X für Ausschneiden und Strg+V für Einfügen (beim Mac Befehlstaste statt Strg-Taste).

Wenn die Zwischenablage aufgrund einiger Beschränkungen nicht ausreicht, bieten viele Programme Import- und Exportfilter an. Das sind gewissermaßen Dolmetscher, die fremde Datenformate in das programmeigene Format umwandeln (oder umgekehrt). So bietet das Programm Word u.a. Importfilter für die Datenformate von Wordperfect und Works, auch TIFF, JPEG- und EPS-Dateien können eingefügt werden. Exportieren lässt sich ein Word-Dokument zum Beispiel als RTF- oder ASCII-Datei. Im ersten Fall gehen allerdings Feinheiten wie automatische Gliederung, Indexerstellung und Fußnotenverwaltung verloren, im zweiten Fall zusätzlich jegliche Schriftformatierung.

Jedes bessere DTP-Programm kann u. a. ASCII, GIF, JPEG, RTF, TIFF und EPS im- und exportieren. Bei Multimediaprogrammen wie Director, Flash oder Premiere kommen Video- und Audioformate hinzu. Die entsprechenden Befehle heißen leider oft unterschiedlich: mal „Importieren" (Corel, Freehand, QuarkXPress), mal „Positionieren" (Pagemaker), mal „Öffnen als" (Photoshop) oder „Einfügen – Objekt" (Word). Der Export läuft meistens über „Exportieren" (CorelDraw, Freehand) oder „Speichern unter" (Excel, Photoshop, Word).

Viele namhafte Softwarehersteller bieten ihre Programme mit identischer Oberfläche und Bedienung für verschiedene Betriebssysteme an. Dreamweaver, Excel, Flash, Freehand, Illustrator, InDesign, Director, Photoshop, Powerpoint, Premiere, QuarkXPress und Word sind Beispiele für Anwendungsprogramme, die als Mac- und Windows-Versionen erhältlich sind. Hinter den identischen Oberflächen stecken jedoch unterschiedliche Programmierungen, die auf das jeweilige Betriebssystem abgestimmt sein müssen. Daher lässt sich die Mac-Version eines Programms nicht auf einem Windows-PC installieren (und umgekehrt).

Die Arbeitsdateien werden aber binärkompatibel gespeichert. So kann eine Grafik, die mit der Windows-Version von Freehand erstellt wurde, im proprietären Freehand-Datenformat gespeichert und anschließend auf einem Mac mit Freehand weiterbearbeitet werden, ohne dass spezieller Import, Export oder Datenkonvertierung nötig sind. Soll jedoch die gleiche Grafik in einem anderen Programm (zum Beispiel QuarkXPress) eingefügt werden, muss sie in ein Standardformat wie EPS überführt werden.

Wenn keine der oben beschriebenen Möglichkeiten infrage kommt, bleiben als letzte Rettung spezielle Datenkonvertierungsprogramme. Sie können eine Vielzahl von Formaten in andere umrechnen und unterstützen oft auch exotische Datenformate. Allerdings funktioniert die wundersame Umwandlung nicht immer ohne Qualitätsverluste und nicht alle Konvertierungsprogramme arbeiten gleich gut.

Ein großes Problem beim Austausch formatierter Daten sind die verwendeten Schriften (Fonts). Im Dokument sind normalerweise nur Verweise auf bestimmte Schriften gespeichert, nicht die Schriften selbst. Das hat lizenzrechtliche Gründe und spart zudem Speicherplatz. Folglich kann eine Schrift nur dann angezeigt und gedruckt werden, wenn sie auf dem Zielrechner installiert ist.

Da es zehntausende Schriften gibt, die oft noch auf ein Betriebssystem zugeschnitten sind und die sich außerdem unterteilen in TrueType-Fonts (Büro, Hobby und Multimedia), PostScript-Fonts (Druckvorstufe) und OpenType-Fonts (universell), sind die Probleme offensichtlich. Zwar bieten Grafikprogramme die Möglichkeit, Schrift in Grafik zu wandeln (der entsprechende Freehand-Befehl lautet „in Zeichenwege umwandeln"); diese Lösung eignet sich aber nur für kleine Textmengen, da sonst zu viel Speicherplatz belegt wird und vor allem bei kleinen Schriftgraden mit Qualitätsverlusten zu rechnen ist. Die einzig sichere Methode ist die Installation identischer Schriften auf Quell- und Zielrechner, natürlich unter Beachtung der Lizenzbestimmungen der Schrifthersteller.

Viele Vorteile bringt der von Adobe und Microsoft entwickelte plattformneutrale Standard OpenType. Eine Fontdatei, die sich auf Mac-, Windows- und Linux-Systemen installieren lässt, enthält alle Schriftschnitte inklusive Sonderzeichen, Mediävalziffern und Kapitälchen. OpenType-Fonts basieren auf dem Unicode-Zeichensatz, brauchen aber trotz ihres umfangreichen Zeichenvorrats nur wenig Speicherplatz.

Eine interessante Zusatzfunktion bietet die inzwischen nicht mehr lieferbare Vollversion des Schriftverwaltungsprogramms Adobe Type Manager (ATM): Wenn in einem Dokument bestimmte Schriften mangels Installation nicht angezeigt werden können, berechnet das Programm Ersatzschriften, die den fehlenden Schriften ähnlich sehen und die vor allem die gleichen Laufweiten haben., sodass Zeilen- und Seitenumbrüche erhalten bleiben.

Soll eine Datei auf einem anderen Computer mit PostScript ausgedruckt oder belichtet werden, kann man eine PostScript-Druckdatei erstellen, in der alle Informationen einschließlich der verwendeten Schriften enthalten sind. Jedoch kann diese Datei weder am Bildschirm dargestellt noch verändert werden.

Einen anderen Weg beschreitet Adobe mit dem Programm Acrobat. Das Modul Acrobat Distiller wandelt beliebige Layoutseiten in das programm- und systemunabhängige PDF (Portable Document Format; vgl. auch Abschnitt 1.12.4) um. Schriften werden mit einer speziellen Technik im PDF-Dokument eingebettet, sodass der Empfänger sie zwar sehen und drucken, aber nicht anderweitig verwenden kann. PDF-Dateien lassen sich auf jedem Apple-, Windows- oder Unix-Rechner mit dem Adobe Reader (früherer Name: Acrobat Reader) darstellen und drucken oder belichten, jedoch nicht ändern. Der Acrobat Distiller ist ein kommerzielles Produkt, während der Reader für diverse Betriebssysteme kostenlos – zum Beispiel im Internet – erhältlich ist. PDF lässt sich auch in Webseiten einbinden und erfreut sich bei der papierlosen Publikation formatierter Dokumente großer Beliebtheit. In der Druckvorstufe wird PDF auch als Datenformat für den Ausgabe-Workflow benutzt.

Weitere Ansätze auf dem Weg zum vereinfachten Datenaustausch sind DDE, OLE und ActiveX. DDE steht für Dynamic Data Exchange; es wurde von Microsoft entwickelt und bietet die Möglichkeit zur automatischen Datenaktualisierung. Wird zum Beispiel eine Tabelle aus dem Programm Excel in das Textprogramm Word übernommen, kann eine DDE-Verbindung für automatische Änderung der Daten im Textprogramm sorgen, sobald sie im Tabellenprogramm verändert werden.

OLE bedeutet Object Linking and Embedding, also Verknüpfen und Einfügen von Objekten. Diese Technik stammt von Microsoft; sie erleichtert das Bearbeiten von importierten Daten. Daten aus einem Quelldokument werden mit einem Zieldokument verknüpft bzw. in dieses eingebettet. Aktiviert man die eingebetteten Daten im Zieldokument, wird das Quellprogramm geöffnet, um die Daten in gewohnter Umgebung mit den notwendigen Werkzeugen bearbeiten zu können. Das Mac-Betriebssystem bietet eine ähnliche Funktion, die „Herausgeben und Abonnieren" heißt.

ActiveX baut auf der OLE-Technik auf und ermöglicht auch aktive Inhalte auf Web-Seiten: Programme werden vom Server auf den Rechner des Surfers übertragen und dort ausgeführt. Leider steht den unbestreitbaren Vorteilen eine gravierende Gefahr gegenüber: ActiveX-Programme (so genannte Applets oder Controls) können auf alle Ressourcen des Rechners zugreifen und öffnen so eine Tür für Manipulationen durch Viren oder andere schädliche Programme.

1.2.8 Datenbanken

Wer von einer Datenbank spricht, meint in der Regel ein Datenbanksystem (DBS). Dieses besteht aus zwei Teilen: Die eigentliche Datenbank (DB) ist eine programmunabhängige strukturierte Sammlung von Daten, die miteinander in Beziehung stehen. Um diese Daten sinnvoll und komfortabel nutzen und verwalten zu können, wird eine Datenbanksoftware benötigt, das Datenbankmanagementsystem (DBMS).

Typische Datenbankanwendungen sind zum Beispiel Adress-, Artikel- und Multimediadatenbanken. Die Benutzerschnittstelle ist in der Regel eine grafische Oberfläche, hinter der sich eine oft sehr komplexe Programmierung verbirgt.

Mit dem Einsatz von Datenbanksystemen sollen folgende Ziele erreicht werden:

- Vereinheitlichung: Daten werden nur einmal erfasst und zentral gespeichert, sodass allen Benutzern eine einheitliche und aktuelle Datenbasis zur Verfügung steht.
- Flexibilität: Die erfassten Daten lassen sich mehrfach und unterschiedlich nutzen und auswerten.
- Redundanz-Vermeidung: Unter Redundanz wird die doppelte oder mehrfache Speicherung gleicher Daten verstanden. Sie führt zu Speicherplatzverschwendung, erhöht die Verarbeitungszeiten und kann zu inkonsistenten (widersprüchlichen) Daten führen. Redundanz sollte nach Möglichkeit immer unterbunden werden, außer wenn sie ausdrücklich erwünscht ist, beispielsweise zur Datensicherung.
- Datenkonsistenz: Daten müssen vollständig und widerspruchsfrei sein.
- Eindeutigkeit: Jeder Datensatz (zusammen gehörende Daten, z. B. Name und Adresse) muss eindeutig identifizierbar sein. Das wird erreicht durch die Vergabe von eindeutigen Schlüsseln, zum Beispiel Kundennummern. Nur so können mehrere Kunden mit dem gleichen Namen identifiziert werden.

- Fehlerfreiheit: Datenbankfehler, die zum Beispiel durch einen Programm- oder Computerabsturz entstehen, sollen automatisch korrigiert werden.
- Programmunabhängigkeit der Daten: Wird durch die Trennung von DB und DBMS erreicht.

Wichtig sind die möglichen Beziehungen (Relationen) zwischen den Daten:

- 1:1-Beziehung, zum Beispiel Artikelnummer und Artikelbezeichnung. Jeder Artikel hat genau eine Bezeichnung.
- 1:n-Beziehung, zum Beispiel Artikelgruppe und Artikelnummer. Eine Artikelgruppe kann beliebig viele (n) Artikelnummern haben.
- n:n-Beziehung, zum Beispiel Artikelgruppen und Artikeleigenschaften.

Für die Art und Weise, wie die Daten in einer Datenbank strukturiert sind, gibt es mehrere Modelle. Die wesentlichen sind:

- Hierarchisches Modell: Dies ist das älteste Datenmodell mit einer Baumstruktur ähnlich der Verzeichnisstruktur einer Festplatte. Jedes Datenobjekt, bis auf die oberste Ebene, hat genau einen Vorgänger. Das Hierarchische Modell eignet sich für 1:n-Beziehungen, aber Beziehungen zwischen einzelnen Datensätzen auf verschiedenen Ebenen sind nicht möglich und Redundanzen nicht zu vermeiden.
- Netzwerkmodell: Die Bezeichnung „Netzwerk" hat nichts mit vernetzten Computern zu tun, sondern verweist auf die möglichen Beziehungen der Daten. Jedes Datenobjekt, bis auf die oberste Ebene, hat mindestens einen oder beliebig viele Vorgänger, somit ist dieses Modell auch für n:n-Beziehungen geeignet. Ein Beispiel wäre die Generierung einer Stückliste: Ein Bauteil kann einerseits aus mehreren untergeordneten Teilen bestehen, andererseits aber zu einer oder mehreren übergeordneten Baugruppe(n) gehören. Redundanzfreiheit ist im Netzwerkmodell erreichbar.
- Relationales Modell: Relationale Datenbanksysteme spielen heute die wichtigste Rolle. Bekannte Vertreter sind Access, DB2, Filemaker Pro, Oracle und Sybase. Das grundlegende Konzept entwickelte E. F. Codd im Jahr 1970.
- Objektorientiertes Modell: Das jüngste der hier vorgestellten Modelle. Es enthält eine Kombination von Ansätzen der klassischen Modelle, der objektorientierten Programmierung und der Wissensrepräsentation aus der KI-Forschung.

In Datenbanken nach dem relationalen Modell werden die Daten übersichtlich in zweidimensionalen Tabellen gespeichert, ihre Beziehungen lassen sich grafisch darstellen. Die Tabellen bestehen aus Zeilen und Spalten. Jede Spalte enthält die Attribute eines Datensatzes. Attribute beschreiben bestimmte Eigenschaften, das wären in einer Kundentabelle zum Beispiel je eine Spalte für Kundennummer, Nachname, Vorname, Straße, Postleitzahl und Ort. Für die Attribute können Datentypen festgelegt werden, also „Text" für Namen, Straße, Ort und „Zahl" für Kundennummer und Postleitzahl. Die Datentypen lassen sich weiter spezifizieren, so kann man die Feldgröße auf eine bestimmte Anzahl von Zeichen begrenzen oder Werte voreinstellen. Zusätzlich können Attribute zwecks schnellerer Durchsuchung indiziert werden.

Feldname	Felddatentyp	Beschreibung
Adress-Nr	Zahl	Primärschlüssel
Nachname	Text	indiziert
Vorname	Text	
Sraße	Text	
Postleitzahl	Zahl	
Ort	Text	
Telefon	Zahl	
Mobil	Zahl	
email	Text	
Ansprechpartner	Text	
Notizen	Memo	
Markierung	Ja/Nein	
Fracht	Ja/Nein	
Rabatt	Zahl	

Tabellenentwurf

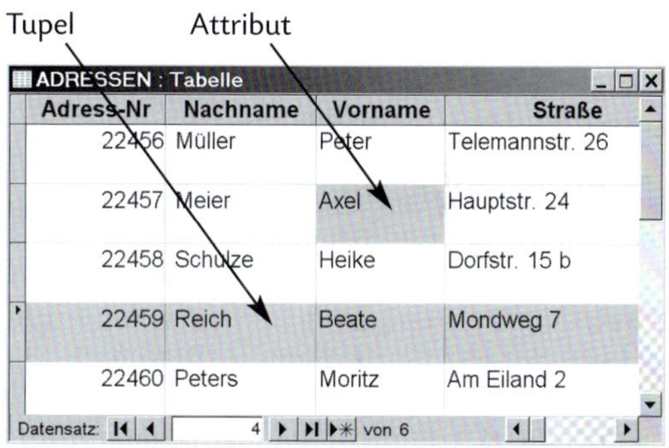

Tabelle mit Attributen und Tupeln

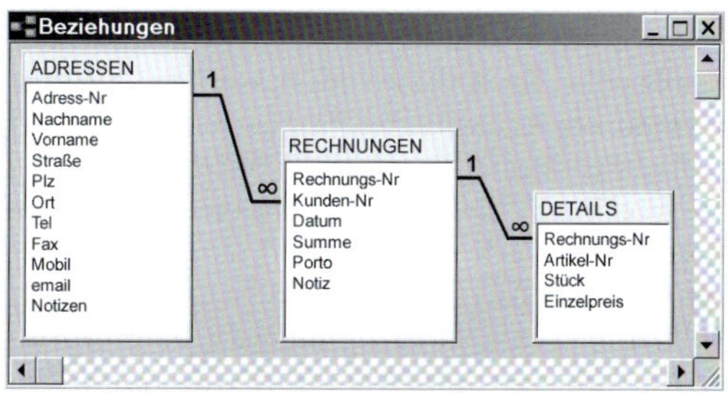

Tabellenbeziehungen grafisch dargestellt

Jede Zeile einer Tabelle, die mehrere Attribute zusammenfasst, im obigen Beispiel also eine komplette Adresse, wird als Tupel bezeichnet. Primärschlüssel sind die besonderen Attribute einer Tabelle, die eine eindeutige Zuordnung der Tupel erlauben; im Beispiel ist die Kundennummer der Primärschlüssel. Jeder Wert eines Primärschlüssels darf in einer Tabelle nur einmal vorkommen und alle Tupel des Primärschlüssels müssen sich unterscheiden. Primärschlüsselfelder sind automatisch indiziert, um ihre Durchsuchung zu beschleunigen. Ein Sekundär- oder Fremdschlüssel ist ein Schlüssel in einer Tabelle, der in einer anderen Tabelle Primärschlüssel ist. Fremdschlüssel definieren Zusammenhänge zwischen Tabellen. Beispiel: Eine Artikeltabelle mit dem Primärschlüssel Artikelnummer enthält den Fremdschlüssel Lieferantennummer, der wiederum Primärschlüssel in der Lieferantentabelle ist. Die Daten von Fremd- und Primärschlüsselfeldern müssen identisch sein.

Redundanzfreiheit wird in relationalen Datenbanken durch Normalisierung erreicht. Meist werden drei von sechs möglichen Normalisierungen durchgeführt.

- Erste Normalform: Jedes Attribut kommt nur einmal pro Tupel vor und ist atomar, also nicht weiter zerlegbar. Jedes Tupel hat einen Primärschlüssel.
- Zweite Normalform: Jedes Attribut einer Tabelle, die bereits der ersten Normalform entspricht, muss voll funktional abhängig von einem Primärschlüssel sein (was bei Primärschlüsseln, die aus zwei oder mehr Attributen zusammengesetzt sind, nicht immer gewährleistet ist).
- Dritte Normalform: Zwischen den Nichtschlüsselfeldern einer Tabelle, die bereits der zweiten Normalform entspricht, dürfen keine Abhängigkeiten bestehen.

Relationale Datenbanken lassen sich über Abfragesprachen manipulieren und auswerten. Die bekannteste und international standardisierte Sprache ist SQL (Structured Query Language), sie wurde in den Siebzigerjahren von IBM für die relationale Datenbank DB2 entworfen. SQL ist eine eigenständige Sprache, mit der sich heute alle Datenbanken abfragen lassen, die über eine genormte Schnittstelle namens ODBC (Open Database Connectivity) verfügen.

Das objektorientierte Datenmodell umfasst eine Kombination von Ansätzen der klassischen Datenmodelle, der objektorientierten Programmierung und der Wissensrepräsentation aus der KI-Forschung (Künstliche Intelligenz). Die Hersteller klassischer relationaler Datenbanken gehen dazu über, objektorientierte Funktionalität in ihre Systeme einzubauen. Das ermöglicht auch den Aufbau von Multimedia-Datenbanken, deren Datentypen mit Dateien sehr unterschiedlicher Länge den rein relationalen Systemen unbekannt sind.

1.2.9 Database Publishing

Datenbanken können die Produktion von Print- oder Nonprintmedien teilweise automatisieren, vor allem, wenn es um variable Daten geht. Typisch sind zum Beispiel Artikelkataloge, sei es in gedruckter Form oder als Bestandteil eines Online-Shops.

Erleichtert wird die datenbankgestützte Publikation durch ein einheitliches Layout des jeweiligen Mediums. Man entwirft beispielsweise einen CD-Katalog und setzt für alle variablen Informationen wie Interpret, Titel, Zahl der Tracks, Preis und Produktabbildung nur Platzhalter ein, die dann beim Drucken (oder auf einer Internetseite) automatisch aus einer Datenbank mit Inhalten gefüllt werden. Dieser Vorgang ist vergleichbar mit der Serienbrief-Funktion einer Textverarbeitung.

Auch interaktive Multimedia-Anwendungen auf CD oder DVD können auf Datenbanken zugreifen, die auf dem gleichen Datenträger gespeichert sind. Autorensysteme wie Macromedia Director, mit denen derartige Anwendungen erstellt werden, bieten entsprechende Möglichkeiten.

Im Internet unterscheidet man statische und dynamische Webseiten. Während sich der Inhalt statischer Seiten nicht ändert, werden die Inhalte dynamischer Webseiten bei ihrem Aufruf – zum Beispiel aus Datenbanken – erzeugt. Auch statische Seiten lassen sich datenbankgestützt erstellen, ihr Inhalt ändert sich jedoch nicht automatisch bei Änderung der Datenbasis. Dafür laden statische Seiten schneller als dynamisch generierte.

Der interaktive Online-Zugriff auf Datenbanken erfolgt über standardisierte Schnittstellen. Eine solche auf vielen Web-Servern vorhandene Schnittstelle ist CGI (Common Gateway Interface). CGI ermöglicht ganz allgemein den Aufruf externer Programme und die dynamische Generierung von HTML-Code. Diese externen Programme können wiederum Inhalte (Datensätze) aus Datenbanken beziehen.

Eine Vorgehensweise läuft dabei folgendermaßen ab: Auf einer Webseite befindet sich ein Eingabeformular, das mit dem einleitenden HTML-Tag <form> in den Code der Seite eingebaut wurde. Das Formular kann Textfelder zur Dateneingabe, Checkboxen und Radio-Buttons enthalten. Nachdem der Benutzer seine Daten, zum Beispiel eine Suchanfrage oder eine Bestellung, in das Formular eingetragen hat, sendet der Web-Browser die Daten nach Anklicken der entsprechenden Schaltfläche (Submit, Senden, OK) zum Webserver.

Dort werden die Daten mithilfe eines CGI-Skripts oder CGI-Programms an das externe Programm übergeben, zum Beispiel als SQL-Abfrage an eine Datenbank. Die Antwort wird wieder über das CGI-Skript oder CGI-Programm in HTML-Code umgewandelt und zurück an den Browser des Benutzers geschickt, der nun eine neue, dynamisch erzeugte Webseite sieht, also zum Beispiel die Ergebnisse seiner Suchanfrage oder die Bestätigung seiner Bestellung.

Die auf dem Webserver arbeitenden CGI-Programme bzw. CGI-Skripte sind häufig in einem Verzeichnis mit dem Namen cgi-bin abgelegt. Sie werden vom Server ausgeführt, können aber von Benutzer(inne)n nicht eingesehen werden. Sie können in verschiedenen Programmier- oder Skriptsprachen geschrieben sein; häufig kommt die kostenlose und systemunabhängige Skriptsprache Perl zum Einsatz.

API (Application Programming Interface) steht in Konkurrenz zu CGI, ist jedoch herstellergebunden. So gibt es APIs von Netscape (NSAPI) und Microsoft (ISAPI). Beide Schnittstellen sind für die Server-Produkte ihrer Hersteller optimiert und daher schneller als das kostenlose und systemübergreifende CGI.

PHP über API ist eine neuere leistungsstarke Alternative zu Perl über CGI. Das Kürzel stand ursprünglich für Personal Homepage Tools, heute jedoch für Hypertext Preprocessor. Die Syntax dieser Skriptsprache ist an die Programmiersprache C angelehnt, jedoch bei weitem nicht so komplex. Sprache und Interpreter werden seit 1995 von der PHP Group, einem Zusammenschluss von Programmierern, entwickelt und kostenlos und lizenzfrei zur Verfügung gestellt.

Mit PHP ist alles zu erreichen, was mit Perl möglich ist, und noch einiges mehr. Ein großer Vorteil von PHP ist, dass sich der Code direkt in HTML-Dateien einbetten lässt, also nicht wie ein CGI-Skript auf dem Webserver lagern muss. Dort befindet sich nur der PHP-Interpreter. Zudem kann PHP neben HTML- auch PDF-Seiten und dynamische GIF-Bilder generieren. Diese und noch einige andere Eigenschaften erlauben, mit relativ wenig Aufwand dynamische Internetseiten für Multimedia oder E-Commerce-Anwendungen zu erstellen. So ist es kaum verwunderlich, dass sich PHP in wenigen Jahren rasant verbreitet hat.

ASP (Active Server Pages) ist Microsofts Konzept für dynamische Webseiten. Das Prinzip ist dem von PHP ähnlich, auch hier können Skripte direkt in HTML-Code integriert und vom Webserver interpretiert werden. Allerdings ist ASP keine eigene Skriptsprache, sondern bietet nur eine Umgebung, die durch verschiedene Sprachen nutzbar ist. Standardsprache für ASP ist Microsofts VBScript (Visual Basic Script), auch JScript und Perl sind möglich. Zwar läuft ASP auch auf Linux- und Unix-Servern, optimiert ist es jedoch für Microsofts eigene Windows-Webserver.

1.3 Datenkompression

1.3.1 Grundlagen

Schon immer ging es bei der Codierung und Speicherung von Daten vor allem um Sicherheit, Standardisierung und Effektivität. Speicherplatz ist ein Kosten- und Datenübertragung ein Zeitfaktor, daher sollten Daten nicht mehr Platz belegen, als nach heutigen Erkenntnissen und mit aktuellen Komprimierungsmethoden unbedingt erforderlich ist. Leider sieht die Praxis oft anders aus: Außerhalb des Bild-, Audio- und Videobereichs verfügen Anwendungsprogramme eher selten über interne Kompressionsfähigkeiten. Grundsätzlich sind zwei Methoden möglich:

- Kompression ohne Informationsverlust (nonlossy oder lossless) ist universell anwendbar. Sie eignet sich aber vor allem für Daten, die ausschließlich verlustfreie Kompression vertragen. Dazu gehören Programme, Datenbanken, Vektorgrafik, Text und Zahlen. Mit LZW existiert auch ein verlustfreier Standard für Bilder. Nach der Dekompression befinden sich alle Daten originalgetreu im Ausgangszustand. Der erzielbare Kompressionsfaktor hängt direkt mit der Komplexität des Datenmaterials zusammen. Ein Bild mit großen farblich gleichen oder ähnlichen Bereichen ist um ein Vielfaches stärker komprimierbar als ein detailreiches Bild mit unruhigem Hintergrund.
- Kompression mit Informationsverlust (lossy) wird auch als Datenreduktion bezeichnet. Vor allem die großen Datenmengen bei Bild-, Audio- und Videodigitalisierung erfordern starke Reduktion unter Inkaufnahme mehr oder weniger hör- bzw. sichtbarer Verluste. Verlustbehaftete Kompression ist immer skalierbar, die Datenmenge lässt sich zu Lasten des Informationsgehalts fast beliebig verkleinern, jedoch ist die Datenreduktion unwiderruflich. Da jeder weitere Speichervorgang mit Reduktion erneut Informationen entfernt, sollte verlustbehaftete Kompression immer erst am Ende eines Bearbeitungsprozesses stehen.

Spezielle Prozessoren, Hardware-Encoder und -Decoder beschleunigen die aufwändigen Rechenvorgänge; anders ist die Datenflut zum Beispiel einer Videokompression kaum zu bewältigen. Programme oder Prozessoren, die codieren und decodieren können, werden auch als Codecs bezeichnet.

Jede Verwendung komprimierter Daten setzt ihre Decodierung, also die Wiederherstellung des originalen oder reduzierten Ausgangszustandes voraus. Die Dekompression benötigt je nach Verfahren mal die gleiche, mal erheblich weniger Rechenzeit als die Kompression.

Videokarten verfügen über Encoder, während TV- und Grafikkarten, DVD-Player und Spielkonsolen nur auf schnelle Dekompression spezialisiert sind. Zum Abspielen von hochqualitativen Filmen mit MPEG-2-Kompression (DVD) oder dem noch leistungsfähigeren DivX reicht bei den üblichen CPU-Leistungen auch ein Software-Decoder, solange der Computer nicht gleichzeitig für andere rechenintensive Aufgaben gebraucht wird.

Die Kompressionsstärke, also das Mengenverhältnis von komprimierten und unkomprimierten Daten, wird durch Kompressionsfaktor oder Kompressionsrate gekennzeichnet (vgl. auch Abschnitt 11.5).

- Kompressionsfaktor ist der Quotient aus komprimierter und unkomprimierter Datenmenge. Er wird numerisch (zum Beispiel 0,25), in Prozent (25 %) oder als Quotient mit dem Dividenden 1 (1 : 4) angegeben. Der Kompressionsfaktor 0,25 (25 %, 1 : 4) bedeutet also, dass die Datenmenge durch Kompression auf ein Viertel verringert wird.
- Kompressionsrate ist der Kehrwert des Kompressionsfaktors, also der Quotient aus unkomprimierter und komprimierter Datenmenge. Sie wird meist als Quotient mit dem Divisor 1 angegeben, also zum Beispiel 4 : 1.

1.3.2 Verlustfreie Kompression

Kompressionsprogramme arbeiten entweder mit einem bestimmten Verfahren oder einer Kombination aus mehreren unterschiedlichen.

- Das Huffman-Verfahren ist eine Basistechnik und gut mit anderen, auch verlustbehafteten Techniken kombinierbar. Ähnlich der Stenografie werden oft vorkommende Zeichenfolgen stellvertretend durch kürzere ersetzt. Zum Beispiel sind Texte wirkungsvoll und ohne Verluste zu komprimieren, indem nicht jedes Zeichen mit einem Byte codiert wird, sondern nach einem bestimmten Schlüssel ein Byte für ein ganzes Standardwort oder eine Silbe steht. Schon das Morsealphabet codiert rationell, indem es die Auftrittswahrscheinlichkeit der Zeichen mit einbezieht: das E wird mit nur einem Zeichen dargestellt (·), das A mit zwei (· –) und das B mit vier (– · · ·).
- Die Arithmetische oder Entropie-Codierung weist wie Huffman häufiger vorkommenden Zeichen und Zeichenfolgen kürzere Codes zu, ermittelt aber die Auftrittswahrscheinlichkeit mit einer anderen Technik. Sie ist effizienter, aber langsamer als Huffman.
- Das RLE-Verfahren (Run Length Encoding) gehört ebenfalls zu den Klassikern. Diese relativ einfache Kompression untersucht den Binärcode auf zusammenhängende Folgen von Nullen und Einsen und verdichtet sie. Zum Beispiel wird statt 37 Nullen (37 Bit) nur die Zahl 37 (2 Byte) gespeichert. Die nächste Zahl steht für die folgende Anzahl von Einsen usw. Oft bildet die RLE- Kompression den Abschluss einer Prozedur mit anderen Verfahren.
- Das LZW-Verfahren (Lempel, Ziv, Welch) legt häufiger vorkommende Zeichenfolgen in einer Indextabelle ab. Statt der Zeichenfolge wird nur noch die Tabellenadresse aus Spalten- und Zeilennummer gespeichert. LZW ist für Daten aller Art geeignet, hat sich aber vor allem in der verlustfreien Bildkompression durchgesetzt. Da LZW zeilenorientiert arbeitet, hängt das Ergebnis stark von der Richtung der Bildstrukturen ab. Vor allem bei Bildern mit ausgeprägt vertikalen Strukturen, also zum Beispiel (nahezu) senkrechten Streifen, bleibt die Datei vergleichsweise groß. Die Rechte für das lizenzpflichtige Verfahren liegen bei der Firma Unisys. Eine verbesserte, auf LZW basierende Variante ist das im lizenzfreien Bildformat PNG verwendete LZ77. Während Photoshop und andere Bildbearbeitungsprogramme bei der TIFF-Speicherung LZW optional anbieten, ist es fester Bestandteil von GIF und als LZ77 auch von PNG, wird also beim Speichern automatisch durchgeführt.
- CCITT Group 3 und 4 sind Normen aus der Fax-Welt, zu denen eine einfache auf Bitmaps spezialisierte Kompressionstechnik gehört, die Folgen von schwarzen und weißen Punkten zusammenfasst und in einer Tabelle ablegt. CCITT konnte sich als Standard durchsetzen und findet zum Beispiel in den Datenformaten TIFF und PDF Anwendung.

Es gibt zahlreiche Kompressionsprogramme mit verlustfreier Technik, auch Packer genannt, darunter auch Share- und Freeware. Sie ähneln sich in Vorgehensweise und Effektivität. Verbreitet ist Winzip für Windows und Stuffit auf dem Mac, von beiden Programmen gibt es Versionen für die jeweils andere Plattform.

149 KiB, Faktor 1 : 4,9 — 443 KiB, Faktor 1 : 1,7

LZW-Komprimierung von 500 × 500 Pixel großen RGB-Bildern, unkomprimierte Dateigröße 736 KiB. Das Verfahren ist richtungsabhängig; horizontale Streifenmuster sind viel stärker komprimierbar als vertikale.

Die meisten Packer verwenden Huffman, RLE und Arithmetische Codierung bzw. Kombinationen und Varianten. Sie speichern die komprimierten Daten in Archiv-Formaten; verbreitet sind ARC, ARJ, HQX, LHA, RAR und vor allem ZIP. Ein Archiv fasst beliebig viele Dateien einschließlich ihrer Verzeichnisstruktur in einer Datei zusammen. Einzelne Dateien können dekomprimiert, gelöscht oder hinzugefügt werden. Bearbeitung und Dekompression von Archivdateien erfordern immer den passenden Packer, außer, wenn es sich um selbstextrahierende Archive handelt. Viele Packer bieten eine entsprechende Option an, die Archive haben dann unter Windows die Dateiendung .EXE (Executable), beim Mac .SEA (Self Extracting Archive).

Die Stärken der Packer liegen in ihrer universellen Eignung für alle Arten von Daten. Aufgrund der verlustfreien Technik sind die Kompressionsergebnisse natürlich beschränkt und für Audio- und Videodaten deutlich zu niedrig. Bei detailreichen bunten Bildern erzielt LZW etwas bessere Ergebnisse, wird aber von den meisten Packern nicht angeboten.

In jedem Fall bestimmt das Datenmaterial das Kompressionsergebnis; gerade bei Bildern sind sehr große Schwankungen möglich. Flächig angelegte, grafische Motive wie zum Beispiel Comics werden erheblich stärker komprimiert als detailreiche Fotos mit feinen Strukturen.

Verlustfreie Kompression

Die folgenden Beispiele zeigen die Leistungsfähigkeit verlustfreier Kompressionsverfahren. In allen Beispielen wird von einer 4 MB großen Ursprungsdatei ausgegangen. Die Kompressionsergebnisse und -faktoren sind als ungefähre Durchschnittswerte zu verstehen.

4-MB-Datei	Verfahren	ergibt	Faktor
EPS-Grafik	ZIP	1 MB	1 : 4
Layout (QXP)	ZIP	1 MB	1 : 4
Tabelle (Excel)	ZIP	1 MB	1 : 4
Comic, bunt	LZ77 (PNG)	1,2 MB	1 : 3,4
ASCII-Text	ZIP	1,3 MB	1 : 3
Comic, bunt	ZIP	1,4 MB	1 : 2,9
Comic, bunt	LZW (TIFF)	1,5 MB	1 : 2,7
Vektor-Grafik	ZIP	1,5 MB	1 : 2,7
EPS-Bild	ZIP	2 MB	1 : 2
Farbfoto	LZ77 (PNG)	2,7 MB	1 : 1,5
Farbfoto	LZW (TIFF)	3 MB	1 : 1,3
Farbfoto	ZIP	3,3 MB	1 : 1,2

Kompressionsprogramme wie Drivespace aus dem Windows-Zubehör komprimieren ganze Festplattenpartitionen verlustfrei mit einem durchschnittlichen Faktor von 2 : 1, erübrigen sich aber zusehends bei heutigen Festplattenkapazitäten. Die vorhandenen Daten werden einmal komplett komprimiert, was bei großen Festplatten etwas dauern kann, neu hinzukommende Daten werden automatisch beim Speichern komprimiert und vorhandene Daten beim Öffnen dekomprimiert. Abgesehen von einer minimalen Verlangsamung, bemerkt der Anwender keinen Unterschied zur gewohnten Arbeitsweise. Die Systempartition und für Videospeicherung genutzte Festplatten sollten aber unkomprimiert bleiben.

Auch Backup-Programme (Programme zur Datensicherung) bieten in der Regel verlustfreie Kompression an. Streamer komprimieren beim Backup sehr schnell und effektiv mit internen Hardware-Encodern.

1.3.3 Verlustbehaftete Kompression

Texte und Zahlen sind sinnvoll nur verlustfrei zu komprimieren. Anders sieht es mit allen für die menschlichen Sinne bestimmten Daten aus: Bilder, Filme und Töne. Die Beschränkungen unseres Wahrnehmungsvermögens lassen sich geschickt ausnutzen, indem nur das gespeichert wird, was wir tatsächlich hören und sehen können.

Auch hier sind es mehrere Methoden, die allein, miteinander und auch zusammen mit verlustfreien Verfahren wie Huffman und RLE angewandt werden. Da Reduktionsmethoden immer auf eine bestimmte Datenart zugeschnitten sind, entstand eine Reihe international genormter Datenformate mit sehr unterschiedlichen Eigenschaften. Die Trennung zwischen Methode und Format fällt schwer, sie werden daher im Folgenden gemeinsam behandelt.

1.3.3.1 Bildkompression

Beim Bilddatenformat TIFF *(Tagged Image File Format)* ist sowohl verlustfreie als auch verlustbehaftete Kompression möglich. TIFF ist seit 1986 ein sehr wichtiges systemübergreifendes Datenformat in der Druckvorstufe; mehrere Weiterentwicklungen führten zur aktuellen, sehr vielseitigen Version 6.0. Die Farbmodelle S/W, Graustufen, RGB, CMYK, LAB, YCC, indizierte Farben und bedingt auch Volltonfarben werden durch 1, 3 oder 4 Farbkanäle unterstützt. Hinzu kommen 20 Alphakanäle, je Kanal sind 1 bis 16 Bit Datentiefe möglich. Neben unkomprimierter Speicherung erlaubt TIFF mehrere Kompressionsmethoden: Nonlossy mit

CCITT, LZW, RLE und ZIP, lossy mit JPEG. Die Option JPEG ist interessant, da TIFF mehr Mögichkeiten bietet als die reine JPEG-Datei (Farbmodi, Alphakanäle).

Die TIFF-Spezifikation ist offen für Erweiterungen, die TIFF-Extensions. 1995 übernahm Adobe die Firma Aldus und damit die Rechte am ursprünglich von Aldus, Microsoft und HP stammenden Format. Adobe führte gleich einige Extensions ein; seitdem beherrscht TIFF u. a. die Speicherung von Pfaden und Thumbnails (kleinen Vorschaubildern). Der Vorteil der Erweiterbarkeit ist zugleich Nachteil, denn veraltete oder unsauber programmierte TIFF-Import- oder Exportfilter können zu Problemen beim Datenaustausch führen.

GIF *(Graphics Interchange Format)* wurde von Compuserve entwickelt und gehört neben JPEG und PNG zu den wichtigsten Bildformaten im Internet. Anders als diese eignet sich GIF nicht für anspruchsvolle Farbwiedergabe; wesentliches Merkmal ist die Datenreduktion durch Beschränkung auf maximal 256 Farben, also 8 Bit pro Pixel. Die Farben werden in einer Farbtabelle (Palette; vgl. auch Abschnitt 2.6.5) definiert: je weniger Farben desto geringer der Speicherbedarf. Was dann übrig bleibt, wird verlustfrei mit LZW komprimiert.

Wegen der Farbreduktion ist GIF eher für grafische Darstellungen als für detailreiche Fotos geeignet. Typisch ist der Einsatz auf Webseiten für Objekte wie Bars (grafische Trennlinien), Buttons (Schaltflächen) oder Cliparts. Als reines Onlineformat hat GIF eine feste Auflösungs von 72 dpi. Es gibt keine Alphakanäle, lediglich in der Version 89a kann eine Transparenzfarbe gewählt werden; diese Version speichert auch Bildfolgen als Animation. GIF ist für Hersteller von Programmen mit dieser Speicheroption lizenzpflichtig.

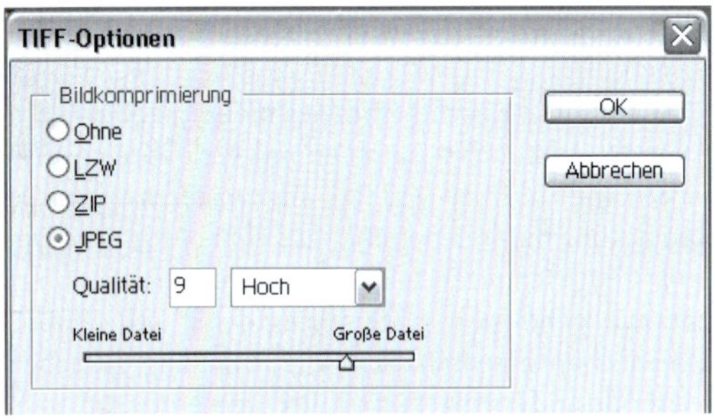

Kompressions-Optionen beim Speichern von TIFF-Dateien im Bildbearbeitungsprogramm Adobe Photoshop

GIF: Farbreduktion und LZW-Kompression

Die Beispiele zeigen, was von einer 24-Bit-Bilddatei (rund 16,8 Millionen Farben) nach Reduktion auf 8 Bit (256 Farben) und LZW-Komprimierung an Speicherbedarf übrig bleibt, wobei die Comic-Zeichnung optisch wesentlich unbeschädigter als das detailreiche Foto wirkt.

Datei	Verfahren	Faktor
Farbfoto	nur Farbreduktion, 256 Farben	1 : 3
Comic	nur Farbreduktion, 256 Farben	1 : 3
Farbfoto	GIF (LZW) 256 Farben	1 : 5
Comic	GIF (LZW) 256 Farben	1 : 10

JPEG *(Joint Photographic Experts Group)* ist eine sehr verbreitete Reduktionsmethode für fotografische Motive und zugleich ein eigenständiges Datenformat, kann aber auch in andere Formate wie PostScript, PDF und TIFF eingebunden sein. JPEG ist eine Kombination mehrerer Transformations- und Kompressionsverfahren, die unterschiedlich gewichtet und eingestellt werden können. Es gibt auch eine eher ungebräuchliche verlustfreie Variante. Die meisten Programme arbeiten mit Grundeinstellungen, die auf Empfehlungen des JPEG-Gremiums basieren. Eine Erweiterung namens Progressive JPEG (pJPEG) besorgt bei Onlinebildern den Bildaufbau schon während des Ladevorgangs.

Der erste Schritt der Kompressionsprozedur ist eine Farbraumtransformation: RGB- Farben werden vor der eigentlichen Kompression in ein anderes, in ähnlicher Form auch in der TV- und Videotechnik gebräuchliches Farbmodell umgerechnet. Farben werden dort durch einen Luminanzwert (Helligkeitswert) und zwei Chrominanzwerte (Buntwerte) gekennzeichnet (vgl. auch Abschnitt 2.6.3). Weil Änderungen der Helligkeit dem Auge stärker auffallen als Veränderungen von Buntton oder Buntheit, wird die Luminanzkomponente nicht oder nur wenig komprimiert, die beiden Chrominanzkomponenenten dafür umso stärker.

Anschließend werden Bildbereiche von 8 × 8 Pixel per Fast DCT (schnelle DCT-Variante) und Huffman-Codierung auf Ähnlichkeiten und überflüssige Information untersucht und vereinfacht. DCT (diskrete Cosinus-Transformation) ist ein grundlegendes Verfahren: Die Fourier-Transformation – eine Standardmethode, um Signale in Frequenzdarstellungen umzuwandeln – macht aus Pixelanordnungen Sinuswellen mit unterschiedlichen Frequenzen und Amplituden. Größere Flächen bilden niedrige, feinere Details höhere Frequenzen. DCT schickt die Wellen durch Hoch- und Tiefpassfilter, um sie zu vereinfachen. Höhere Frequenzen werden erheblich stärker als die für das Auge wichtigeren niederen Frequenzen komprimiert. Stärken und Schwächen des JPEG-Verfahrens:

- Weit verbreitet, lizenzfrei, system- und programmübergreifend; gute bis sehr gute Qualität bei Faktoren bis etwa 1 . 20; vor allem für fotografische Halbtonbilder geeignet.
- Starke Qualitätseinbußen bei höheren Faktoren ab etwa 1 : 40, Detail- und Schärfeverlust sowie Arte-

fakte, die als Blockbildung und Pixelsäume sichtbar werden; keine Alphakanäle, keine Transparenz; weniger geeignet für grafisch angelegte Bilder (z. B. Comics), nicht auf reine Strichbilder anwendbar.

JPEG2000 ist zwar dem Namen nach der Thronfolger von JPEG, arbeitet aber mit völlig anderer Technik. Sie basiert auf Wavelet-Transformation, die allein schon für höhere Kompression bis etwa 1 : 200 sorgt.

Wavelet ist ein relativ neues Verfahren, das sich im Gegensatz zur ebenfalls jungen fraktalen Kompression zu etablieren scheint. Es bearbeitet ein Bild nicht wie DCT blockweise, sondern filtert aus dem Gesamtbild schrittweise immer gröbere Strukturen heraus, bis am Ende eine extrem verkleinerte Kopie des Originals übrig bleibt, die mithilfe einer (komprimierten) Formelsammlung wieder „aufgeblasen" werden kann. Der Name bezieht sich auf die spezielle Wellentransformation, mit der die Hoch- und Tiefpassfilter arbeiten. Wavelet ist die universellste Technik, denn sie eignet sich bestens für schwarzweiße und bunte Bilder aller Art, zum Beispiel Strichzeichnungen, abstrakte oder fotografische Bilder.

Sehr hohe Kompression, gute Detailauflösung, flächiger Aufbau von Onlinebildern und Anpassung an das Ausgangsmaterial durch Einsatz unterschiedlicher Wavelets sind weitere Argumente. Wavelet zeigt bei Kompression und Dekompression ein symmetrisches Zeitverhalten und ist im Vergleich zu anderen Verfahren durchaus schnell. Dazu hat JPEG 2000 weitere sehr nützliche Eigenschaften:

- Die Parameter Auflösung, Qualität, Komponente und Position sind steuerbar. Maximal 16 384 Komponenten (z. B. Farbkanäle) mit jeweils bis zu 38 Bit Tiefe sind möglich, wobei die Komponenten unterschiedliche Datentiefen und Auflösungen haben dürfen.
- Der Ladevorgang lässt sich bei ausreichender Qualität stoppen, Details sind wahlweise nachladbar.

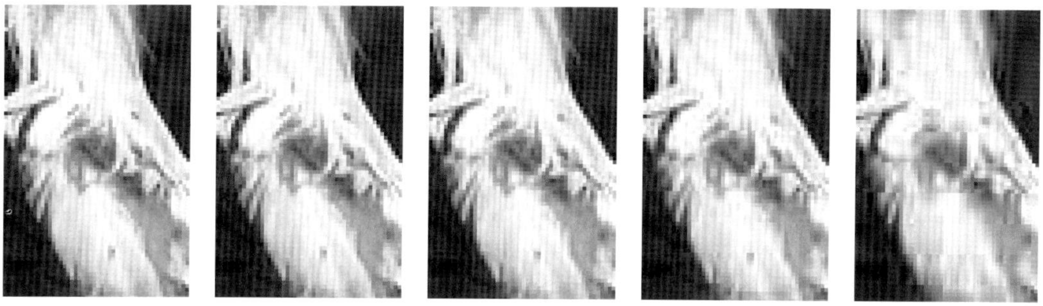

JPEG-Kompression am Beispiel eines vergrößerten Bildausschnitts. Ganz links unkomprimiert, daneben komprimiert mit nach rechts zunehmender Kompression und entsprechend abnehmender Qualität (Detail- und Schärfeverlust, Artefaktbildung).

Bildkompression: Datenformate im Überblick

	GIF 87a/89a	PNG/MNG	TIFF 6.0	JPEG	JPEG2000	FIF
Kompression	Farbreduktion LZW	LZ77	LZW, ZIP CCITT, JPEG	DCT, RLE, Huffman u. a.	Wavelet u. a.	Fraktal
Verlustfrei	nein	ja	ja oder nein	nein	ja oder nein	nein
Farben max.	256	16,78 Mio.	16,78 Mio.	16,78 Mio.	16,78 Mio.	16,78 Mio.
Farbpaletten	ja	ja	ja	nein	nein	nein
Ebenen	nein	ja	nein	nein	ja	nein
Transparenz	ja (GIF 89 a)	ja	ja	nein	ja	nein
Alpha-Kanäle	nein	ja	ja	nein	ja	nein
Interlaced	ja	ja	nein	ja (pJPEG)	ja	ja
Animation	ja (GIF 89 a)	ja (MNG)	nein	nein	ja	nein
Lizenzpflichtig	ja	nein	ja	nein	nein	ja
Gut geeignet für	Flächen, scharfe Konturen	fast alles	fast alles	Fotos Verläufe	alles	Fotos, Detailvergrößerungen
Weniger geeignet für	Verläufe, Farbfotos			Strichbilder, scharfe Konturen		Texturen

- Definierte Bildbereiche können unabhängig mit unterschiedlichen Parametern codiert werden. Wichtige Bereiche, die Regions of Interest (ROI), sind mit weniger Verlust zu komprimieren.
- Die maximale Bildgröße beträgt knapp 4,3 Milliarden Pixel. Um den Rechenaufwand bei großen Bildern in Grenzen zu halten, können Komponenten vor der Verarbeitung in Kacheln zerlegt und wie Einzelbilder behandelt werden.
- Speicherung von Metadaten, zum Beispiel begleitender Text oder Copyright-Informationen.
- Höhere Toleranz gegenüber Datenübertragungsfehlern.
- Auch verlustfreie Kompression ist möglich.

JPEG2000 wurde in mehreren Versionen eingeführt:

- JP2 als Standard für Bilder
- JPX (Extended) mit erweiterten Funktionen
- MJ2 (Motion-JPEG2000) für Filme
- JPM (Mixed raster content) für Dokumente

Bisher hat sich JPEG 2000 nicht durchsetzen können. Zwar wird die Darstellung oft unterstützt (MAC OS X, PDF), aber Lizenzansprüche verhindern die Verbreitung guter Encoder.

Das Fractal Image Format (FIF) nutzt die Entdeckung des IBM-Forschers Benoit Mandelbrot (1980), dass scheinbar chaotische Strukturen immer eine versteckte Ordnung enthalten. Augenscheinliche Beispiele sind, jeweils von nah und fern betrachtet: Bäume, Berge, Küstenlinien, Schneeflocken oder Wolkenränder. Die fraktale Kompression wendet Mandelbrots Erkenntnisse auf Bilder (und andere Objekte) an. Große Verdienste in der Entwicklung der Kompressionstechnik hat der US-Wissenschaftler Michael F. Barnsley.

Bilder werden in kleinste, einfache geometrische Strukturen aufgelöst, deren Form sich so oder ähnlich in größeren Bereichen wiederfindet (Selbstähnlichkeit). Die Prozedur beginnt mit der Aufteilung des Bildes in kleine Bereiche (Range Blocks), gefolgt von der Suche nach passenden größeren Bereichen (Domain Blocks). Nach dem Motto „was nicht passt, wird passend gemacht" werden die Bereiche durch mathematische Transformationen (drehen, stauchen, ziehen, spiegeln usw.) angeglichen. Am Ende stehen einfache geometrische Formen (Dreiecke, Kreise, Rechtecke usw.) und mathematische Gleichungen, die aus diesen Urformen rechnerisch komplexe Bildteile „wachsen" lassen.

Auch hier verursacht zu starke Kompression Artefakte, die allerdings anders und nicht so störend wie JPEG-Artefakte wirken. Es gibt weder Blockbildungen noch pixelige Treppenstrukturen an scharfen Kanten, dafür aber Probleme mit Texturen. Erstaunlich ist der Effekt, dass manche Bilder, fraktal komprimiert, subjektiv besser aussehen als im Originalzustand.

Stärken: Fraktale Kompression eignet sich vor allem für fotografische Motive und Schwarzweiß-Grafik. Sie ist sehr effizient und bietet beste Detailauflösung und Vergrößerungsmöglichkeit durch ihre prinzipbedingte Auflösungsunabhängigkeit. Ein FIF-Bild ist problemlos weit über seine ursprüngliche Größe hinaus skalierbar; dabei kommen vorher unsichtbare Details zum Vorschein. Bei der schnellen Dekompression kann man zusehen, wie das Bild „wächst". Unter diesem Aspekt ist fraktale Technik auch für Online-Bilder geeignet.

Schwächen: Der Kompressionsvorgang ist sehr zeitaufwändig, vor allem bei guter bis maximaler Bildqualität; schneller geht es nur mit Hardware-Encodern. Bei zu starker Kompression werden Texturen eingeebnet. Im Onlinebereich fehlt ein fraktales Format, das Alphakanäle, Transparenz und vielleicht Animation beherrscht. Fraktale Kompression hat sich bisher nicht entscheidend durchsetzen können: Photoshop und aktuelle Multimediaprogramme oder Internetbrowser unterstützen FIF nicht oder nur über nachträglich installierte Plug-Ins.

1.3.3.2 Audio- und Videokompression

Motion-JPEG (M-JPEG) überträgt das JPEG-Verfahren auf Bewegtbilder, dabei wird jedes Bild einzeln komprimiert. Die meisten Videodigitalisierkarten nutzen M-JPEG und Hardware-Encoder, um den Datenstrom von über 20 MB/s auf 1 MB/s bis 5 MB/s zu reduzieren. Nur dann haben herkömmliche Festplatten eine Chance, die Datenmenge zu bewältigen.

Auch hier ist die Umwandlung in Luminanz- und Chrominanzkomponenten vorentscheidend. Eine typische Angabe wie 4 : 2 : 2 bedeutet, dass die beiden Chrominanzsignale nur halb so oft (2) wie das Luminanzsignal (4) abgetastet werden. Die fehlenden Werte ergeben sich aus Mittelwertberechnung. Die Komprimierung der Daten erfolgt mit DCT und Huffman. Das DV-Format nutzt eine M-JPEG ähnliche Methode (Radius-Cinepak Codec). Stärken und Schwächen:

- Sehr gute bis ordentliche Videoqualität bei Faktoren bis etwa 1 : 20; kein sichtbarer Verlust bis etwa 1 : 5 (diese Grenze hält DV mit rund 3,5 MB/s ein), besonders für digitalen Filmschnitt geeignet.
- Starke Qualitätseinbußen (JPEG-Artefakte) bei höheren Faktoren. M-JPEG bietet keine Audiokompression – die Tonspur muss anders als bei MPEG in einer getrennten Datei (zum Beispiel im AIF- oder WAV-Format) oder verschachtelt mit der Videospur in einem Containerformat wie AVI oder MOV gespeichert werden. Heutige Videokarten vermeiden die früher vor allem bei längeren Videos auftauchenden Synchronisationsprobleme.

MOTION-JPEG 2000 (MJ2) stellt den leistungsfähigeren, auf JP2 basierenden Nachfolger von M-JPEG.

MPEG (Motion Picture Experts Group) ist der wichtigste, mehrfach weiterentwickelte internationale Standard in der Video- und Audiokompression. Nur das lizenzfreie Decoding ist genau spezifiziert, während beim Encoding verschiedene, oft firmeneigene Verfahren möglich sind, für die jedoch Lizenzgebühren zu entrichten sind.

MPEG wendet das DPCM-Verfahren (Difference Pulse Code Modulation) auf Videodaten an. Gespeichert werden keine Einzelbilder, sondern, ausgehend von einem Schlüsselbild (Key-Frame oder I-Frame), nur die Veränderungen zum vorhergehenden Bild. Die mit einem JPEG-ähnlichen Verfahren komprimierten Key-Frames werden in festgelegten Intervallen eingefügt, zum Beispiel jedes zehnte oder fünfzehnte Bild. Um Video während der Aufnahme mit MPEG zu reduzieren, ist ein Hardware-Encoder erforderlich.

Im Gegensatz zu Motion-JPEG wird Ton ebenfalls komprimiert und in der MPEG-Datei integriert; dafür sind die auf MUSICAM basierenden MPEG-Audio-Layer zuständig. MUSICAM (Masking Pattern adapted Universal Coding and Multiplexing) ist eine grundlegende Audiokompressionstechnik, die in den MPEG Audiolayern I, II und III Anwendung findet. Die Datenreduktion entsteht durch geschickte Ausnutzung psychoakustischer Effekte. Zum Beispiel werden Tonanteile ausgelassen, die durch andere Töne verdeckt sind oder unterhalb der Ruhehörschwelle liegen. MUSICAM wird auch in digitalen Radio- und TV-Übertragungsverfahren eingesetzt.

- MPEG 1 mit 100 bis 350 KB/s Datenrate und maximal 352 × 288 Pixel Auflösung gilt heute als veraltet. Es wurde u. a. auf der Video-CD verwendet, um 74 Minuten Video mit annähernd VHS-Qualität auf 650 MB unterzubringen. Der MPEG-Audio-Layer I unterstützt nur zwei Mono-Tonkanäle.
- MPEG 2 wurde mit der Video-DVD eingeführt und bringt wesentlich verbesserte Audio- und Videoqualität. Studio-TV-Qualität mit 720 × 576 Pixeln wird bei einer Datenrate von 1,8 MB/s erreicht. Möglich sind aber auch 1920 × 1080 Pixel (HDTV im 16 : 9-Format) mit Datenraten bis 9,5 MB/s oder die MPEG-1-Auflösung von 352 × 288 Pixeln mit nur 0,5 MB/s. Im Gegensatz zu MPEG 1 beherrscht MPEG 2 das im TV übliche Zeilensprung-Verfahren. Für bessere Schnittmöglichkeit ist auch eine reine I-Frame-, also Einzelbild-Kompression vorgesehen. Der MPEG Audiolayer II gehört neben AC-3 (Dolby Digital) und unkomprimiertem PCM (Puls Code Modulation) zu den drei für DVD-Video vorgesehenen Audiostandards. Er verfügt über 6 Tonkanäle, davon ein Tieftonkanal, sowie 7 Sprachkanäle. Samplingraten von 8, 11, 16, 22, 24, 32 kHz sowie 44,1 kHz (CD) und 48 kHz (DAT) sind möglich. Abwärtskompatibilität sorgt dafür, dass MPEG-2-Decoder auch MPEG 1 abspielen.
- MPEG 4 entstand durch konsequente Weiterentwicklung von MPEG 2. Die Schwerpunkte liegen in den Bereichen Animation, Interaktion, 3D und virtuelle Realität. Dazu gehören niedrige Datenraten für Netzwerkübertragungen. Berühmt wurde die Videokompression DivX, deren Leistungsfähigkeit ein Vergleich mit anderen verdeutlicht: MPEG 2 benötigt für einen zweistündigen Kinofilm eine DVD, während DivX mit einer CD auskommt. Die Filmqualität liegt dabei immer noch deutlich über VHS, für gute Audioqualität sorgt die MP3-Kompression der Tonspur.
- MP3, nicht zu verwechseln mit dem bedeutungslosen MPEG 3, wurde wie MUSICAM vom Fraunhofer-Institut entwickelt. MP3 steht für MPEG Audio Layer III in Kombination mit dem ASPEC-Algorithmus (Advanced Spectre Entropy Coding). Es ist eine Weiterentwicklung des MUSICAM-Verfahrens und erlaubt hohe Datenkompression bei sehr geringem Qualitätsverlust. Unter anderem arbeitet MP3 mit der von JPEG bekannten DCT-Methode; die spezielle Variante heißt MDCT (Modified DCT). Der skalierbare Kompressionsfaktor beträgt maximal 1 : 20. Bei 1 : 5 (Datenrate 256 KBit/s) sind überhaupt keine, bei 1 : 10 (128 KBit/s) so gut wie keine Verluste hörbar. MP3 ist für Streaming geeignet, kann also schon während einer Onlineübertragung gehört werden. Auch die Tonspur von DivX-Filmen nutzt das MP3-Verfahren.
- MPEG 2 AAC (Advanced Audio Coding) ist eine Weiterentwicklung der MPEG-2-Audiokompression und MP3 in mancher Hinsicht überlegen. Erst ab einem Kompressionsfaktor von etwa 1 : 16 entstehen hörbare Verluste. AAC beherrscht 48 Tonkanäle mit bis zu 96 kHz Samplingrate und 16 Tiefton-Kanäle; passendes Containerformat ist MP4. AAC wird von Online-Musikshops wie Apples iTunes Music Store genutzt.

AC-3 ist eine Audiokomprimierung, die im Dolby-Digital-Format auf DVD Anwendung findet. Bei einem Faktor von etwa 1 : 3 kann AC-3 bis fünf Tonkanäle plus einen Tieftonkanal enthalten. ATRAC ist wie AC-3 ein firmeneigenes Verfahren. Es stammt von Sony und wird bei der magneto-optischen Minidisk eingesetzt; der Kompressionsfaktor beträgt rund 1 : 5.

Sprache mit ihren spezifischen Merkmalen (geringerer Frequenzumfang, Pausen) behandelt die Audiokompression meistens anders als Musik. Wichtige Verfahren sind LPC (Linear Predictive Coding) und CELP (Code Excited Linear Prediction).

1.4 Datenverschlüsselung

Wege, die Daten bei ihrer Übermittlung nehmen, sind (vor allem im Internet) oft nicht bekannt und nicht vorhersagbar. Daten können unterwegs abgehört, abgefangen und sogar verändert werden. Es geht also um Datenauthentizität und -integrität. Authentizität bedeutet, dass eine Sendung garantiert vom ausgewiesenen Absender stammt. Integrität gewährleistet, dass sie unverfälscht beim Empfänger ankommt.

Hier hilft die Kryptologie, die Wissenschaft der Ver- und Entschlüsselung von Informationen. Man unterscheidet dabei die Steganografie (Informationen werden in anderen Informationen versteckt) von der Kryptografie (Informationen werden direkt verschlüsselt).

Die Geschichte der Kryptologie ist lang; schon die Römer setzten symmetrische Verschlüsselungsverfahren ein. Im 20. Jahrhundert begann die Automatisierung mit der Entwicklung elektromechanischer Verschlüsselungsmaschinen wie der deutschen Enigma. Heute gibt es zahlreiche Verfahren und Standards; allerdings sind viele Techniken, die eine Weile als sicher galten, nicht mehr zeitgemäß, weil Schwachpunkte nachgewiesen wurden oder weil sie durch leistungsfähige Computer in zu kurzer Zeit zu knacken sind.

Viele Regierungen, u. a. in China, Frankreich und den USA, würden sichere Verschlüsselung gern verbieten. Sicher ist eine Verschlüsselung, die nur mit einem nicht mehr vertretbaren Zeitaufwand zu überwinden ist. Bekannt wurde das Thema unter anderem durch ein von der US-Regierung verhängtes Exportverbot für das E-Mail-Verschlüsselungsprogramm „Pretty Good Privacy", kurz PGP. Allerdings ließ sich die Verbreitung des Quellcodes letztlich nicht verhindern, in diesem Fall erfolgte sie ganz legal als exportiertes Buch.

Die Brisanz der Diskussion hängt mit der Tatsache zusammen, dass die gesamte elektronische Kommunikation weiter (und wichtiger) Teile der Welt schon seit langem abgehört werden kann, was auch oft und systematisch praktiziert wird. Im weltweit größten Spionagenetzwerk „Echelon" werten eine Reihe von Supercomputern den abgehörten immensen Datenstrom nach bestimmten Zieladressen, Worten, Sätzen und sogar Stimmen aus. Echelon steht unter Verwaltung der amerikanischen NSA (National Security Agency) mit über 100 000 Mitarbeitern.

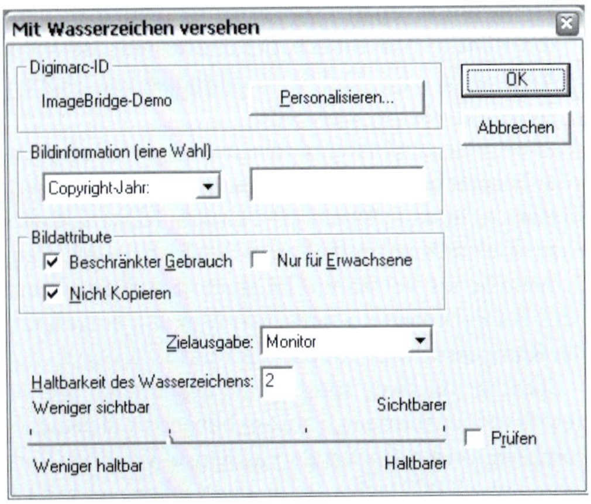

Wasserzeichen-Dialogfenster (Digimarc-Filter, Photoshop)

1.4.1 Steganografie

Der Begriff stammt aus dem Griechischen und heißt soviel wie versteckte oder geschützte Schrift. Steganografie-Programme verstecken geheime Informationen in unverfänglichen Trägerdateien, zum Beispiel Bild-, Text-, Audio- oder Videodateien, ohne diese in ihrer Funktionalität zu stören. Daher kann nur jemand, der über den „doppelten Boden" informiert und zudem im Besitz des passenden Entschlüsselungsprogramms ist, die in der Trägerdatei versteckten Daten entschlüsseln. Normalerweise wird zusätzlich ein Passwort benötigt. Auf den ersten Blick deutet nur der vergrößerte Speicherbedarf der Trägerdatei auf den versteckten Inhalt hin. Im Internet finden sich zahlreiche Steganografieprogramme als Free- oder Shareware.

Steganografie wird auch zur Einbringung nicht sicht- und löschbarer Urheberrechts-Informationen in Mediendateien genutzt. Diese Technik ist als „Digitales Wasserzeichen" bekannt. Die Haltbarkeit eines Wasserzeichens lässt sich beim Erstellen variabel festlegen: Lange Haltbarkeit bedeutet, dass ein Wasserzeichen auch nach wesentlichen und mehrfachen Bildänderungen noch nachweisbar ist, führt aber leider auch zu mehr oder weniger sichtbaren Bildstörungen.

1.4.2 Kryptografie

Bei einer Verschlüsselung wird Klartext mithilfe eines mathematischen Verfahrens, dem Verschlüsselungs-Algorithmus, in Geheimtext umgewandelt. Während man früher ganze Wörter verschlüsselte, wurde später die Zeichenverschlüsselung (Chiffrierung) bevorzugt.

Algorithmen für digitale Daten operieren auf Byte- oder Bit-Ebene. Aus Geschwindigkeitsgründen verarbeiten softwaregesteuerte Anwendungen meist Byte für Byte, also Zeichen. Hardware-Lösungen sind dagegen mit Bit-orientierter Technik schneller.

Ein digitaler Schlüssel ist eine hexadezimal notierte und möglichst strukturlose Zeichenfolge, deren Länge in Bit angegeben wird. Je länger der Schlüssel (und je besser der Algorithmus), desto schwieriger ist eine damit verschlüsselte Information zu enträtseln, aber desto mehr Rechenzeit fällt auch beim Verschlüsseln an. Das kann bei großen Datenmengen durchaus problematisch sein.

Man unterscheidet zwischen symmetrischen, asymmetrischen und hybriden Verschlüsselungsverfahren. Die digitale Signatur basiert auf asymmetrischer Verschlüsselung.

1.4.2.1 Symmetrische Verschlüsselung

Symmetrische Verschlüsselung (Secret-Key-Verfahren) bedeutet, dass auf beiden Seiten der gleiche geheime Schlüssel (Secret Key) für Verschlüsselung und Entschlüsselung benutzt wird.

Vorteil der symmetrischen Verschlüsselung ist ihre Geschwindigkeit auch bei großen Datenmengen. Sind die Schlüssel lang genug, ist auch die Sicherheit hoch. Eine Gefahr liegt in der Verwendung des gleichen Schlüssels zur Ver- und Entschlüsselung; das Problem ist vor allem die gesicherte Schlüsselübergabe. Am sichersten ist natürlich eine persönliche Übergabe, die aber oft nicht möglich oder zu umständlich ist. Ein Brief (zum Beispiel Einschreiben mit Rückschein) wäre eine Alternative. In Netzwerken herrscht aber die Praxis vor, den geheimen Schlüssel unter Zuhilfenahme einer anderen Technik, nämlich der asymmetrischen Verschlüsselung, auszutauschen (siehe hybride Verschlüsselung, Abschnitt 1.4.2.4).

1.4.2.2 Asymmetrische Verschlüsselung

Die asymmetrische Verschlüsselung (Public-Key-Verfahren) arbeitet mit einem Paar unterschiedlicher Schlüssel. Einer ist der öffentliche Schlüssel (Public Key), der andere der private Schlüssel (Private Key). Die Schlüssel sind mathematisch voneinander abhängig: Daten, die mit dem öffentlichen Schlüssel verschlüsselt wurden, können nur mit dem privaten Schlüssel entschlüsselt werden und umgekehrt.

Der öffentliche Schlüssel wird beispielsweise auf einem Public-Key-Server oder einer Homepage zugänglich gemacht. Will jemand Daten verschlüsselt senden, muss er sich zunächst den öffentlichen Schlüssel des Empfängers besorgen, mit dem er seine Sendung verschlüsselt. Eine Entschlüsselung ist mit diesem öffentlichen Schlüssel nicht möglich, daher auch die Bezeichnung „Einwegverschlüsselung".

Der Empfänger entschlüsselt die Sendung mit seinem privaten Schlüssel, der nicht aus dem öffentlichen errechnet werden kann und der nur ihm zugänglich ist. Der private Schlüssel darf natürlich nicht in fremde Hände gelangen und sollte durch ein Passwort geschützt sein.

Im Zusammenhang mit öffentlichen Schlüsseln taucht oft der Begriff Fingerabdruck oder Fingerprint auf. Das ist ein Extrakt eines öffentlichen Schlüssels. Mit einem zum Beispiel nur 128 Bits langen Fingerprint lässt sich auf einfache Weise die Korrektheit eines 1024 Bits langen Schlüssels überprüfen, ohne den vollständigen Schlüssel vergleichen zu müssen. Kompakt notiert werden Fingerprints wie auch andere Schlüsselcodes in Hexadezimal-Werten.

Das Problem des asymmetrischen Verfahrens: Wie kann der Sender sicher sein, dass der öffentliche Schlüssel des Empfängers auch wirklich zu diesem gehört? Um hier Sicherheit zu gewährleisten, gibt es zwei Ansätze:

- Hierarchisches Beglaubigungssystem mit übergeordneten Certification Authorities (CAs) oder Trust Centers (TCs): Bekannt sind Firmen wie Entrust, Signtrust, Thawte oder Verisign. Gegen teilweise recht hohe Gebühren können Firmen und Privatleute ihre öffentlichen Schlüssel dort (meist für eine begrenzte Zeit) zertifizieren lassen. Technisch gesehen ist ein Zertifikat ein öffentlicher Schlüssel, der von einem Trust Center oder einer sonstigen Zertifizierungsstelle digital signiert ist. Das Zertifikat belegt, dass der Schlüssel zu derjenigen Person gehört, die im Zertifikat angegeben ist. Es ist deshalb vergleichbar mit einem elektronischen Ausweis. Der wichtigste aktuelle Standard für Zertifikate ist X.509, er wird von allen gängigen Browsern und Mailprogrammen unterstützt.
- „Web of Trust": Dezentrales System, in dem die Benutzer(innen) sich gegenseitig ihre Vertrauenswürdigkeit bestätigen. Dieses System wurde durch PGP (Pretty Good Privacy) bekannt. Das 1986 von Phil Zimmermann initiierte PGP ist selbst kein Verschlüsselungsalgorithmus, sondern ein Programm, das die zum Teil komplizierten Verfahren unter einer einfachen Oberfläche zusammenfasst. Der Vorteil von PGP besteht in den geringen Anforderungen an die Benutzer. Mit einem PGP-Programm kann jeder jederzeit ein Schlüsselpaar erzeugen. Wer persönlich ein Mitglied des Web of Trust kennt, lässt sich anschließend von diesem seinen öffentlichen Schlüssel signieren. Ansonsten gibt es kostenlose Zertifizierungsangebote, zum Beispiel durch das Deutsche Forschungsnetz (www.dfn-pca.de/certify) oder die Zeitschrift c't (www.heise.de/security/dienste/pgp).

GnuPG (Gnu Privacy Guard) ist ein freies Kryptografie-System, das als Ersatz für PGP dienen kann. Die Entwicklung von GnuPG wurde von der Bundesregierung im Rahmen der Aktion „Sicherheit im Internet" unterstützt, um eine frei verfügbare Verschlüsselungssoftware zur Verfügung zu stellen. GnuPG benutzt nur patentfreie Algorithmen und der Quellcode steht jedermann offen. Es wird unter der GNU General Public License vertrieben und läuft unter Linux, Windows, Mac OS X und anderen Unix-Varianten.

Wie PGP dient auch GnuPG zwei unterschiedlichen Zielen: Einerseits können Daten wie E-Mails damit verschlüsselt werden, sodass nur noch der Empfänger sie entschlüsseln kann, andererseits können Daten auch signiert werden, um Authentizität zu gewährleisten. Auch für GnuPG ist ein Web of Trust Grundlage der Vertrauenswürdigkeit.

1.4.2.3 Digitale Signatur

Die EU-Richtlinie zur Elektronischen Signatur (Digitale Signatur) und entsprechende Gesetze wie das deutsche Signaturgesetz haben dazu geführt, dass Gutachten, Verträge, Rechnungen und andere Dokumente, bei denen Integrität und Authentizität wichtig sind, auch als elektronische Dokumente anerkannt werden, die per E-Mail verschickt werden dürfen.

Technisch ist die Digitale Signatur eine umgekehrte asymmetrische Verschlüsselung: Der Sender fügt einer Nachricht mit seinem privaten Schlüssel eine digitale Signatur hinzu. Da der private Schlüssel nur im Besitz des Absenders sein darf, ist gewährleistet, dass die damit „unterschrieben" Daten tatsächlich vom Schlüsselbesitzer stammen (Authentizität). Der Empfänger prüft die digitale Signatur mit dem öffentlichen Schlüssel des Senders.

Für Datenintegrität sorgt eine herkömmliche asymmetrische Verschlüsselung: Der Sender besorgt sich den öffentlichen Schlüssel des Empfängers und verschlüsselt damit seine Nachricht, der Empfänger entschlüsselt sie mit seinem privaten Schlüssel. Beide Vorgänge können mit entsprechend konfigurierten Mailprogrammen automatisiert im Hintergrund ablaufen.

1.4.2.4 Hybride Verschlüsselung, SSL und TLS

Hybride Verschlüsselungsverfahren verwenden symmetrische und asymmetrische Verfahren, um deren Vorteile zu vereinen. Das Prinzip: Zunächst wird ein zufälliger digitaler Schlüssel generiert, mit dem die Daten vom Sender verschlüsselt werden. Der Empfänger entschlüsselt die Datem mit demselben Schlüssel, die Datenverschlüsselung erfolgt also symmetrisch. Dieser Schlüssel wird jedoch, bevor er mit den Daten zusammen losgeschickt wird, mit einem asymmetrischen Verfahren verschlüsselt, nämlich mit dem öffentlichen Schlüssel des Empfängers. Dieser entschlüsselt den „verschlüsselten Schlüssel" dann mit seinem privaten Schlüssel.

Im Internet ist die hybride SSL- oder TLS-Verschlüsselung sehr verbreitet. SSL (Secure Socket Layer) ist der wichtigste Standard für verschlüsselte Datenübertragungen im Internet und wurde ursprünglich von der Firma Netscape entwickelt. TLS (Transport Layer Security) ist der Nachfolger von SSL, jedoch handelt es sich vor allem um eine Umbenennung anlässlich der Standardisierung durch die IETF im Jahr 1999; TLS basiert im Wesentlichen auf der letzten SSL-Version 3. Was im Folgenden über SSL gesagt wird, gilt daher auch für TLS.

Da SSL im OSI-Schichtenmodell (vgl. 1.14.2) auf der Transportschicht (TCP-Protokoll, Schicht 4) aufsetzt, also unterhalb der Anwendungs- und der Darstellungsschicht (Schichten 8 und 7 mit Protokollen wie HTTP, FTP, SMTP) arbeitet, ist es unabhängig von den höheren Protokollen. Daher kann SSL sowohl zum Aufbau gesicherter HTTP-Verbindungen als auch zum abhörsicheren Empfangen und Senden von E-Mails

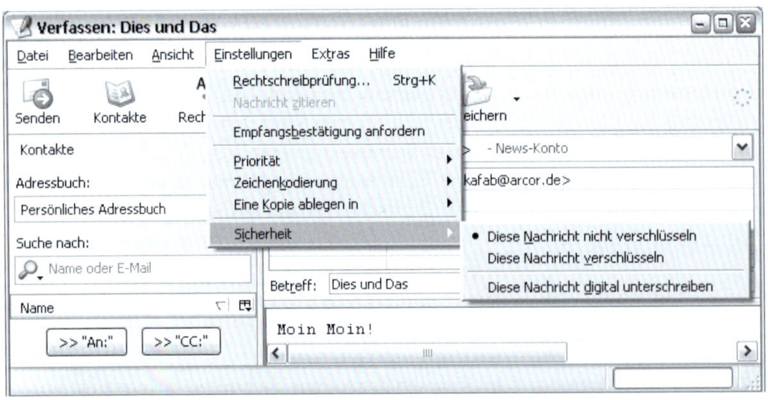

Verschlüsselung und digitale Signatur im E-Mail-Programm

eingesetzt werden. Wenn der Mail-Provider SSL oder TLS unterstützt, sollte eine der Optionen in den Servereinstellungen des Mailprogramms aktiviert werden, und zwar sowohl für Posteingang (POP3 oder IMAP) als auch für Postausgang (SMTP). Im Browser finden sich die Optionen für SSL und TLS in „Erweiterte Einstellungen".

Funktionsweise: Nachdem die Kommunikationspartner sich automatisch gegenseitig ihre Identität durch elektronische Zertifikate bestätigt haben, bauen sie einen verschlüsselten Kanal zwischen Client (Browser, E-Mail-Programm) und Webserver auf. Vor allem die Algorithmen AES, DES und RSA kommen dabei zum Einsatz. Bei jeder neuen Übertragung zwischen Client und Server wird ein neuer Schlüssel ausgehandelt, sodass die Zeit zum Entschlüsseln für mögliche Angreifer zu kurz ist. Die einzelnen Schritte beim Aufbau einer SSL-Verbindung sind:

- Der Client signalisiert seinen Verbindungswunsch einem durch SSL gesicherten Server, konkret zum Beispiel durch Anklicken der Login-Seite einer Onlinebank.
- Der Webserver sendet ein Zertifikat, also einen durch ein Trustcenter (TC) oder eine Certification Authority (CA) digital signierten öffentlichen Schlüssel an den Client.
- Der Client überprüft das Zertifikat. Es wird nur akzeptiert, wenn der Aussteller dem Client bekannt ist. Die Liste der standardmäßig unterstützten Aussteller (wie Verisign, TC, Thawte usw.) ist in der Zertifikatsverwaltung von Browser oder Mailprogramm einsehbar; hier lassen sich auch weitere Zertifikate importieren.
- Misslingt die Authentifizierung, wird die Verbindung abgebrochen. Gelingt sie, erstellt der Client das Premaster Secret. Diese Vorstufe des späteren Schlüssels sendet er verschlüsselt mit dem öffentlichen Schlüssels des Webservers an den Webserver. Außerdem berechnet der Client aus dem Premaster Secret für sich das Master Secret.
- Der Server entschlüsselt das Premaster Secret mit seinem privaten Schlüssel und berechnet ebenfalls daraus das Master Secret.
- Client und Server errechnen aus dem Master Secret den Session Key. Dies ist ein einmalig benutzter symmetrischer Schlüssel, der nur für die aktuelle Verbindung zum Ver- und Entschlüsseln der Daten gültig ist.
- Jetzt wird die SSL-Verbindung aufgebaut. Browser zeigen dies durch eine mit https statt http beginnende URL und durch ein kleines Schloss-Symbol in der Statuszeile. Ein Doppelklick auf das Schloss führt zu detaillierten Informationen über die verwendeten Zertifikate und die Verschlüsselungsstärke.

1.5 Hard- und Software

1.5.1 EVA-Prinzip

Zu einem Computersystem gehören die beiden Komponenten Hardware und Software, die sich gegenseitig bedingen. Unter Hardware versteht man alle Geräte, unter Software alle Programme, also maschinenlesbare Arbeitsanweisungen zur Steuerung der Hardware.

Computer sollen ja nach den Ideen der Pioniere wie Zuse und von Neumann universelle Werkzeuge sein, mit denen sich unterschiedlichste Aufgaben bearbeiten lassen. Hardware allein ist aber immer starr und unflexibel, erst Software sorgt für die vielfältige Einsetzbarkeit des Computers, der durch einfachen Wechsel der Programme wahlweise als komfortable Schreibmaschine, als Buchungsautomat, Zeichen- und Malwerkzeug oder Video- und Tonstudio fungiert.

Das grundlegende Konzept für einen Universalrechner erdachte in den Vierzigerjahren der Mathematiker John von Neumann. Es sieht eine Funktionsaufteilung für Dateneingabe und -ausgabe, Verarbeitung und Speicherung vor. Der Weg der Daten verläuft nach dem EVA-Prinzip: Eingabe – Verarbeitung (und Speicherung) – Ausgabe.

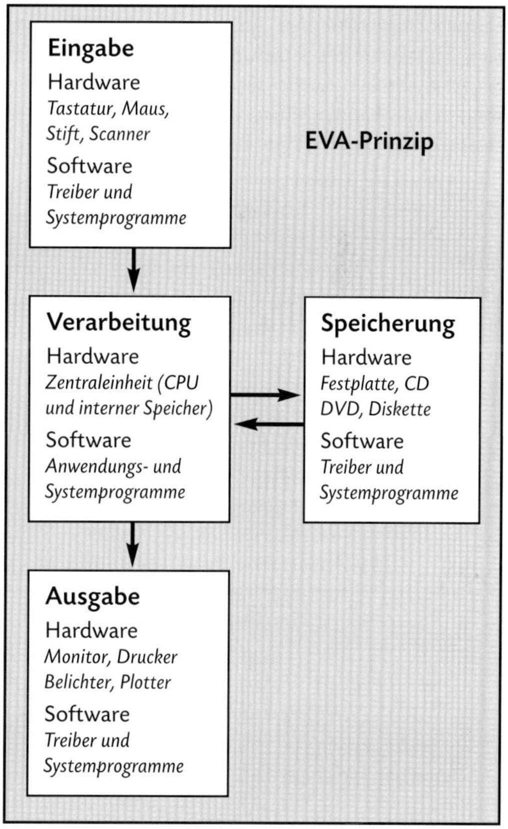

Entsprechend unterscheidet man in der Hardware Eingabe-, Ausgabe- und Speichergeräte. Die eigentliche Datenverarbeitung findet in der Zentraleinheit statt. Weil die Daten während der Verarbeitung nur flüchtig im internen Arbeitsspeicher (RAM) der Zentraleinheit gespeichert sind, müssen sie für eine dauerhafte Sicherung auf externe Datenträger wie Festplatten, CDs oder Disketten gespeichert werden.

Das Herz eines Computersystems ist die Zentraleinheit. Sie besteht aus einem zentralen Prozessor (CPU, Central Processing Unit) und dem internen Speicher, der RAM (Arbeitsspeicher), ROM (Festspeicher) und Cache (Pufferspeicher) enthält. Softwareseitig steuern Betriebssystem und Anwendungsprogramme die Zentraleinheit.

Alle an eine Zentraleinheit angeschlossenen Geräte, also Ein- und Ausgabegeräte sowie externe Speicher, bezeichnet man als Peripheriegeräte (Peripherie = Umgebung), auch wenn sie im gleichen Gehäuse wie die Zentraleinheit untergebracht sind, wie zum Beispiel Festplatten und CD-Laufwerke.

Zu Peripheriegeräten gehören Treiberprogramme. Der Begriff entstand durch etwas unglückliche Übersetzung des englischen *driver*; treffender wäre „Steuerprogramm". Diese Programme ermöglichen oft spezielle Einstellungen: Bei Druckertreibern kann das zum Beispiel eine bestimmte Auflösung oder Seitenzahl sein, Tastaturtreiber lassen die Belegung der Tasten mit ausländischen Zeichensätzen zu, mit Maustreibern können Linkshänder(innen) die Funktion von rechter und linker Maustaste ihren Bedürfnissen anpassen.

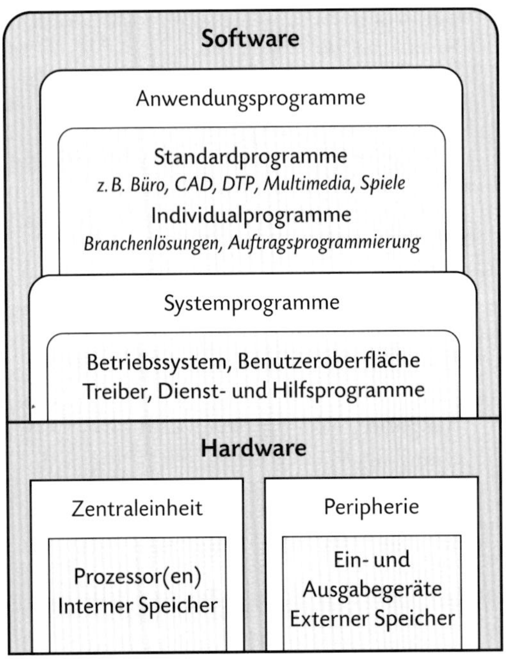

1.5.2 Chips

Ein Chip ist ein Halbleiterplättchen von wenigen Quadratmillimeter Fläche und wenigen Zehntel Millimeter Stärke. Darauf sind Tausende bis Millionen elektronischer Bauelemente untergebracht, hauptsächlich Transistoren, Dioden und Widerstände, die durch mikroskopisch feine Leitungen miteinander verbunden sind. Chips werden auch als ICs bezeichnet (*Integrated Circuit,* Integrierter Schaltkreis).

Der erste IC wurde schon 1958 von Jack Kilby, einem Mitarbeiter von Texas Instruments, realisiert. Die rasante Weiterentwicklung der Herstellungsverfahren führte zu immer kleineren und leistungsfähigeren Chips, die heute die Grundlage fast jeglicher Elektronik bilden. Eine wesentliche Voraussetzung für Halbleiter-Chips wurde schon zehn Jahre vorher erfunden: der Transistor, mit dem sich unter anderem An-Aus-Schalter und Verstärker verwirklichen lassen. Transistoren sind die meistverwendeten Elemente in Chips. Im Vergleich zu ihren Vorgängern, den Elektronenröhren, sind sie haltbarer, kommen mit viel weniger Strom aus und lassen sich fast beliebig verkleinern. Die

Herstellung von Halbleiter-Chips

Halbleitende Materialien wie Galliumarsenid, Germanium, Selen und Silizium zeichnen sich durch ihre elektrische Leitfähigkeit aus, die zwischen der von Leitern wie Kupfer und Isolatoren wie Glas liegt. Diese halbleitende Eigenschaft wird bei der Chipherstellung genutzt. Durch Dotierung, das heißt gezieltes Einbringen von Fremdatomen (zum Beispiel Bor oder Phosphor), entstehen n- bzw. p-dotierte Halbleiter. Während n-Halbleiter freie Elektronen (negative Ladungen) enthalten, sind in p-Halbleitern Elektronenlöcher (positive Ladungen) vorhanden. Übereinander liegende dünne Schichten aus n- und p-Halbleitern bilden u. a. Transistoren, Dioden und Kondensatoren.

Ausgangspunkt der Fabrikation ist ein monokristalliner runder Siliziumstab, gewonnen aus gereinigtem Quarzsand. Silizium (Si) ist ein halbmetallisches Element, dessen Verbreitung auf der Erde nur noch vom Sauerstoff übertroffen wird. Allerdings kommt das Silizium nicht in reiner Form vor, sondern als Siliziumdioxid (z. B. Quarzsand) und Silicat, das in den meisten Gesteinen enthalten ist. Der Sand wird bei über 1400 °C geschmolzen und kristallisiert bei Abkühlung. Aus dem Siliziumstab werden dünne Scheiben von etwa 12 cm (oder mehr) Durchmesser, Wafers genannt, mit Präzisionssägen oder Lasern geschnitten.

Elektronik eines Mobiltelefons, mit Elektronenröhren gebaut, hätte die Ausmaße eines Kirchturms.

Weil praktisch alle denkbaren elektronischen Schaltungen miniaturisiert in Chips realisiert werden können, gibt es eine Vielzahl verschiedener Typen. Zu unterscheiden sind vor allem Speicherchips und Mikroprozessoren. Beide gibt es als maßgeschneiderte Spezialversionen oder als in großen Stückzahlen produzierte Standardchips. Chips finden nicht nur in Computern Verwendung: Auch Peripheriegeräte wie Drucker, Scanner, Tastatur und Maus sind mit eigenen ICs ausgestattet, nicht zu vergessen alltägliche Dinge wie Auto, Mobiltelefon, Radio, Telefonkarte, Waschmaschine u. v. m.

Die ICs werden mit ihren Leitungsbeinen auf Platinen, das sind Kunststoffplatten mit Leiterbahnen, verlötet oder eingesteckt. Ein PC hat typischerweise eine Hauptplatine, auf der ein Großteil der Elektronik untergebracht ist. Dazu kommen meist mehrere Zusatzplatinen – Steck- oder Erweiterungskarten, die nach Bedarf durch einfaches Ausziehen und Einstecken auf der Hauptplatine ausgetauscht werden können. Diese modulare Konzeption erlaubt jederzeit Änderungen und Erweiterungen der Computerfunktionen, zum Beispiel den Einbau von Netzwerk-, Audio- und Videokarten oder die Vergrößerung des Arbeitsspeichers mit zusätzlichen Speichermodulen.

1.5.3 Die Zentraleinheit

1.5.3.1 Aufbau

Die Zentraleinheit ist das Kernstück eines Computers. Hier werden die eingegebenen Daten verarbeitet und für die Speicherung oder Ausgabe vorbereitet. Die Komponenten der Zentraleinheit sind:
- Prozessor(en)
- Interner Speicher, bestehend aus RAM (Arbeitsspeicher), ROM (Festspeicher) und Cache (Pufferspeicher)
- Bussystem

Die Prozessor- und Speicherchips sind im Innern des Computergehäuses auf einer Kunststoffplatte, der Hauptplatine (Main- oder Motherboard), durch ein Leitungssystem miteinander verbunden. Leitungssys-

Herstellung von Halbleiter-Chips (Fortsetzung)
Der Wafer wird zuerst mit einer Isolierschicht aus Siliziumoxid und dann mit Fotolack überzogen. Im nächsten Schritt folgt die Belichtung aller Bereiche, an denen die Isolierschicht weggeätzt werden soll; der Fotolack löst sich an diesen Stellen auf. Der Wafer kommt ins Säurebad, anschließend werden die freigelegten Siliziumbereiche dotiert, also zu n- oder p-Halbleitern gemacht.

Der ganze Vorgang (oxidieren, lackieren, belichten, ätzen, dotieren) wiederholt sich mehrfach mit verschiedenen Belichtungsmasken, da die Schaltungen in mehreren Ebenen aufgebaut werden. Leitungen werden durch Aufbringen von Aluminium oder Kupfer auf frei geätzte Linien erzeugt, dabei kann das Leitungsnetz eines einzigen Chips mehrere Kilometer lang sein.

Die Schaltpläne und die entsprechenden Belichtungsmasken werden natürlich am Computer entworfen. Meistens stellt man auf einem Wafer gleich mehrere Dutzend identischer Schaltungen her, die zum Schluss in Form kleiner Plättchen herausgeschnitten werden.

Sichtbar ist am Ende nur der grauschwarze Keramikmantel mit Anschlusskontakten, den typischen „Beinchen". Aber auch wenn die kleinen Wunder transparent verpackt würden, blieben sie weitgehend unsichtbar, denn die Strukturen aktueller Chips bewegen sich im Nanometerbereich. Ein Nanometer ist der millionste Teil eines Millimeters oder, was dasselbe ist, der milliardste Teil eines Meters. Leitungen in modernen Prozessoren haben eine „Breite" von etwa 150 nm bis 200 nm. Die Isolierschicht zwischen zwei Transistoren kann im Labor schon bis auf 1,5 nm reduziert werden, das entspricht nur 6 Atomen! Die Nanotechnologie, die sich nicht nur mit Schaltkreisen befasst, ist eines der vielversprechendsten Forschungs- und Entwicklungsgebiete unserer Zeit.

Die in der Chipfabrikation üblichen fotochemischen Verfahren erfordern höchste Präzision. Voraussetzung sind zudem annähernd staubfreie Reinsträume, da jede Verunreinigung einen Chip unbrauchbar macht. Neben der aufwändigen Entwicklungs- und Testarbeit sind dies Gründe für die hohen Investitionen, die der Aufbau einer Chipfabrik verlangt.

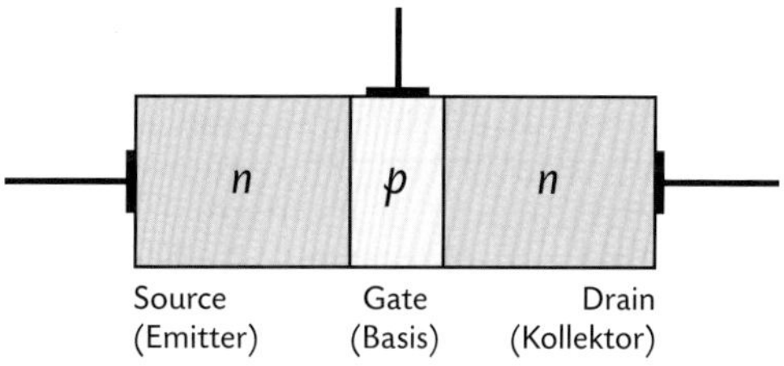

Schema eines Halbleiter-Transistors: Durch Anlegen bzw. Wegnehmen einer Steuerspannung am Gate wird der Stromfluss von Source zu Drain zugelassen oder gesperrt. (Gate = Tor, Source = Quelle, Drain = Abfluss)

teme werden in der Computertechnik als Bus (engl. Linie) bezeichnet; man unterscheidet je nach Transportaufgabe Adress-, Daten-, Speicher- und Steuerbus.

Der wichtigste (und teuerste) Chip eines typischen PCs ist der zentrale Prozessor, auch CPU (Central Processing Unit) genannt. Zwar wird er bei einigen Funktionen von Hilfsprozessoren unterstützt, ist aber ansonsten für die meisten Arbeiten allein zuständig. Ein Prozessor ist ein hoch komplexer Chip mit Millionen von Schaltkreisen, die alle synchron arbeiten müssen. Erreicht wird dies durch einen festen Arbeitstakt, den ein Taktgeber (ein unter elektrischer Spannung gleichmäßig schwingendes Piezo-Kristall) vorgibt. Lagen Prozessor-Taktraten früher noch im Megahertz-Bereich (Millionen Takte pro Sekunde), haben sie im Jahr 2000 die Gigahertz-Grenze überschritten.

Über ein Bussystem hat der Prozessor Zugriff auf den internen Speicher. Er ruft dort die Programmbefehle und Daten ab und schreibt die Ergebnisse seiner Berechnungen in den Arbeitsspeicher zurück. Der Prozessor findet die benötigten Daten über numerische Adressen. Der interne Speicher ist aufgeteilt in Speicherzellen, die jeweils ein Byte speichern können. Sie werden zeilen- und spaltenweise adressiert und erlauben so gezielten Zugriff auf beliebige Speicherstellen. Wie viel Speicher eine CPU adressieren kann, hängt von der Breite des Adressbusses ab. Heutige Prozessoren haben 32 oder mehr Adressleitungen; das reicht von 4 GB (2^{32}) bis in den Terabyte-Bereich. Ältere PCs hatten nur 20 oder 24 Leitungen und damit wesentlich weniger Speichermöglichkeit (1 bzw. 16 MB).

Zu jeder Zentraleinheit gehören außer Speicher und Prozessor(en) diverse Chips mit verschiedenen Funktionen, zum Beispiel Ein- und Ausgabeprozessoren, Taktgeber und Schnittstellensteuerung. Dieser umgebende Chipsatz ist auf der Hauptplatine untergebracht, Prozessoren oft ebenfalls oder auf wechselbaren Steckkarten, Arbeitsspeicher dagegen fast immer auf Steckmodulen.

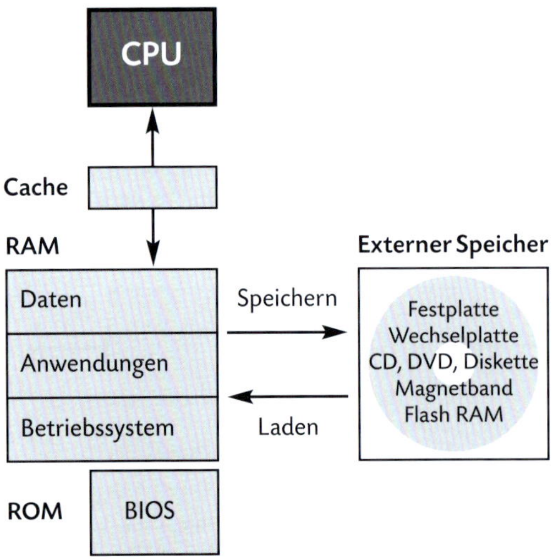

Central Processing Unit (CPU), interner Speicher (RAM, ROM und Cache) und externer Speicher

Verschiedene Bauformen von Computergehäusen dienen der Aufnahme der Zentraleinheit. Das Gehäuse enthält auch weitere grundlegende Komponenten: Das Netzteil versorgt den Computer mit angepasster Stromspannung, die Festplatte ist der primäre Massenspeicher, CD- und DVD-Laufwerke dienen dem Datenaustausch, Schnittstellen stellen Kontakt zu Peripheriegeräten oder anderen Computern her.

Man unterscheidet Desktop- und Tower-Gehäuse. Desktop-Gehäuse finden auf dem Schreibtisch Platz, sie sind meistens flach und der Bildschirm wird auf dem Gehäuse platziert. Bei Geräten wie dem iMac von Apple ist der Bildschirm im Gehäuse integriert. Tower stehen senkrecht je nach Größe auf oder unter dem Tisch, es gibt Mini-, Midi- und Maxitower. Große Tower bieten viel Platz für Erweiterungen in Form zusätzlicher Laufwerke und Steckkarten.

In mobilen Geräten sind dagegen alle Komponenten auf engstem Raum zusammengedrängt. Notebooks, auch Laptops genannt, sind bis auf Bildschirmgröße und Erweiterungsmöglichkeiten leistungs- und funktionsmäßig mit vollwertigen PCs vergleichbar. Kleiner, leichter, mit abgespeckter Hardware, aber immer noch für Standardsoftware geeignet sind Subnotebooks und Netbooks. Dann kommen Handheld-Computer wie Tablet PC, PDA (Personal Digital Assistant) und Smartphone, deren geringer Raumbedarf und Stromverbrauch jedoch stark modifizierte Hard- und Software bedingt.

Im Gegensatz zum herkömmlichen PC arbeiten Workstations, Mainframes (Großrechner) und Supercomputer mit mehreren Prozessoren (2 bis über 1000) gleichzeitig. Mehrere Prozessoren erfordern aber auch Betriebssysteme und Anwendungsprogramme, die in der Lage sind, die anfallende Arbeit gleichmäßig zu verteilen. Dazu gehören Betriebssysteme wie Windows 7, Windows Server und unixbasierende Systeme wie Linux, Mac OS X, Solaris usw.

Die Begriffe Zentraleinheit, CPU, Hauptspeicher und Arbeitsspeicher werden oft nicht korrekt verwendet. CPU ist die Abkürzung für Central Processing Unit, damit ist der zentrale Prozessor gemeint. Der Begriff Zentraleinheit umfasst aber außer Prozessor(en) auch den internen Speicher (RAM, ROM und Cache). Auch Arbeits- und Hauptspeicher werden oft verwechselt: Der Begriff Hauptspeicher schließt außer RAM (flüchtiger Speicher) auch ROM (Festspeicher) mit ein, während der Begriff Arbeitsspeicher ausschließlich RAM bedeutet.

1.5.3.2 Arbeitsspeicher RAM

Die Speicherkapazität eines einzelnen Chips wächst ständig: von einer Million Bit (etwa 60 Schreibmaschinenseiten, 1985) über 4 MBit (etwa 250 Seiten, 1989), dann 16, 64, 256 und 512 MBit (entspricht 64 MByte, etwa 32 000 Seiten). Die Einzelchips werden auf Steckplatinen zu Speichermodulen kombiniert.

Arbeitsspeicher oder RAM (*Random Access Memory,* Speicher mit wahlfreiem Zugriff) kann Daten aufnehmen (beschrieben werden) und zur Verfügung stellen (gelesen werden). Arbeitsspeicher ist flüchtiger Speicher, er verliert ohne Stromzufuhr alle Informationen. Bei eingeschaltetem Rechner hält er das Betriebssystem, geöffnete Anwendungsprogramme und Daten für Prozessorzugriffe bereit. Die Programme und Daten erhält der Arbeitsspeicher von externen Speichern wie Festplatte oder Diskette, auf die auch die endgültige (dauerhafte) Speicherung erfolgt. Der Grund für diesen Umweg ist hauptsächlich finanzieller Art: Zwar ist der Chip-Speicher, den es auch in nichtflüchtiger Version gibt, ein ideales Medium (klein und schnell) – leider aber auch mit Abstand die kostspieligste Speichermethode.

RAM mit einer Zugriffszeit von unter 10 ns (Nanosekunden = milliardstel Sekunden) bis etwa 80 ns ist wesentlich teurer als Massenspeicher wie Festplatte, Wechselplatte oder CD, die mit 8 ms bis 200 ms (Millisekunden = tausendstel Sekunden) jedoch erheblich langsamer sind. Zugriffszeit ist die Reaktionszeit eines Speichers von der Anforderung bis zur Bereitstellung der Daten. Ein zweites wichtiges Kriterium ist der Datendurchsatz; er besagt, welche Datenmenge pro Sekunde transportiert werden kann. Auch hier liegen Speicherchips mit einem Durchsatz im Gigabyte-Bereich weit vor den Massenspeichern, die es gerade auf einige Megabytes bringen.

Der Datentransport besteht – technisch gesehen – aus Stromimpulsen, die mit einer bestimmten Frequenz durch die Leitungen laufen. Diese Frequenz wird als Bustakt bezeichnet. Je höher der Bustakt, desto größer ist der Datendurchsatz, den natürlich auch noch die Busbreite, also die Anzahl der Leitungen, bestimmt. Der Bustakt lässt sich aber nicht beliebig steigern, denn er ist wesentlich von der Länge der Leitungen abhängig.

Ein Prozessor arbeitet mit einer extrem hohen Taktrate, weil die internen Leitungen sehr kurz sind. Seine externen Leitungsverbindungen, beispielsweise zum Arbeitsspeicher, müssen jedoch aufgrund der längeren Wege mit niedrigerem Takt laufen, sodass automatisch ein Flaschenhals zwischen Prozessor und Arbeitsspeicher entsteht. Auch wenn der Speicherbustakt kontinuierlich erhöht wurde und heute über 200 MHz liegt, besteht der Engpass nach wie vor, denn gleichzeitig wurden die Prozessoren immer schneller; sie haben die Gigahertz-Grenze längst überschritten.

Es gibt diverse RAM-Varianten mit unterschiedlichen Eigenschaften; hier die wichtigsten:

- DRAM (Dynamic RAM) ist der Oberbegriff für den flüchtigen Halbleiterspeicher, der in Computern als Arbeitsspeicher, aber auch zum Beispiel in Druckern und auf Grafikkarten Verwendung findet. Eine DRAM-Speicherzelle speichert ein Bit und ist einfach aufgebaut: Sie besteht aus einem Kondensator, der die Information als elektrische Ladung speichert, und einem Transistor, der als Schalter fungiert und das Lesen und Schreiben der Information ermöglicht. Der Speicherinhalt muss ständig durch Refresh-Impulse aufgefrischt werden.
- SDRAM (Synchronous DRAM) arbeitet nach einem festen Takt, der durch den Speicherbus festgelegt ist. Üblich sind 66, 100 und 133 MHz. Bei 133 MHz beträgt die Übertragungsrate 1,06 GB/s. Die Zugriffszeit ist mit 7 bis 10 Nanosekunden sehr kurz. SDRAM wurde 1997 eingeführt und ab 2000 zunehmend durch DDR-Varianten ersetzt.
- DDR-SDRAM (Double Data Rate SDRAM) ist eine Weiterentwicklung von SDRAM und nahezu doppelt so schnell, denn es überträgt die Signale nicht nur auf der aufsteigenden, sondern auch auf der abfallenden Taktflanke. Beispielsweise ergibt eine physikalische Taktrate von 200 MHz dann einen effektiven Takt von 400 MHz und ermöglicht bei 64 Bit Busbreite einen Datendurchsatz von 3,2 GB/s.
- DDR2-SDRAM: Bei geringerem Stromverbrauch (und weniger Abwärme) wurde die Zahl der übertragenen Bits pro Takt durch einen technischen Trick nochmals verdoppelt. Ein 64-Bit-Bus mit 200 MHz überträgt dann 6,4 GB/s, was einem effektiven Takt von 800 MHz entspricht.
- DDR3-SDRAM transportiert bei weiter verringerter Stromaufnahme wiederum doppelt so viele Daten pro physikalischem Takt wie DDR2-SDRAM. Aus 200 MHz Bustakt werden effektiv 1600 MHz mit einer Übertragungsrate von 12,8 GB/s.
- GDDR-SDRAM (Graphics Double Data Rate SDRAM) basiert auf DDR-SDRAM, wurde aber speziell für die Erfordernisse von Grafikkarten weiterentwickelt. Breitere Speicherbusse (typischerweise 256 Bit) und sehr hohe Taktfrequenzen, die über einem Gigahertz liegen können, ermöglichen Übertragungsraten im Bereich 100 GB/s. Auch GDDR wurde berits mehrfach weiterentwickelt (GDDR3, GDDR4 und GDDR5).
- SRAM (Static RAM) ist flüchtiger Speicher, der im Gegensatz zu DRAM (und dessen Weiterentwicklungen) keinen Refresh braucht. Die Speicherzellen

sind komplexer, größer und benötigen mehr Strom – dafür sind sie extrem schnell. Das teure SRAM findet in Computern hauptsächlich als Cache-Speicher Verwendung.
- RDRAM (Rambus DRAM) ist eine sehr leistungsfähige patentierte Speichertechnik, die von der US-Firma Rambus entwickelt wurde. Sie nutzt wie DDR beide Taktflanken zur Signalübertragung, setzt aber angepasste Mainboards mit speziellen Speichercontrollern und Steckplätzen voraus. Lizenzstreitigkeiten und hohe Preise verhinderten den Durchbruch im Massenmarkt zugunsten des offenen DDR-Standards. Dennoch gibt es Einsatzgebiete, zum Beispiel Workstations, Server und Spielkonsolen. RDRAM wird in Form spezieller Module namens RIMM (Rambus Inline Memory Module) angeboten.
- MRAM (Magneto-resistive RAM), FRAM (Ferroelectric RAM) und PRAM (Phase-change RAM) sind innovative, nichtflüchtige RAM-Varianten. Mit dieser Eigenschaft bieten sie natürlich einen Riesenvorteil gegenüber dem herkömmlichen, flüchtigen Arbeitsspeicher. Aber aus verschiedenen Gründen, wie Nachteilen bei Haltbarkeit, Zugriffszeit, Kapazität oder Preis, können sie diesen (noch) nicht ersetzen. Das muss allerdings nicht so bleiben, denn alle drei Techniken werden weiterentwickelt und sind teilweise schon über das Prototyp-Stadium hinausgekommen.
- Flash-RAM (siehe Kapitel 1.9.5) hat sich als nichtflüchtiger Speicher bewährt und etabliert. Der Einsatz als Arbeitsspeicher verbietet sich jedoch wegen unzureichender Lebensdauer (begrenzte Anzahl von Schreibzyklen) und vergleichsweise geringer Geschwindigkeit.

Arbeitsspeicher wird in Form genormter Steckmodule mit unterschiedlichen Kapazitäten hergestellt; üblich sind 512, 1024 oder 2048 MB. Aktuelle Bauform ist das DIMM (Double Inline Memory Module) mit 64 Bit Busbreite. Je nach Speichertyp, zum Beispiel SDRAM oder DDR2-SDRAM, unterscheiden sich DIMM-Module in ihrer Form und in der Zahl ihrer Anschlusskontakte. In Notebooks werden besondere SO-DIMMs verwendet, in den noch kleineren Sub-Notebooks Micro-DIMMs.

Die Spezifikation herkömmlicher DIMMs ist an ihren Bezeichnungen erkennbar; dabei stehen die Zahlen für maximale Transferraten in MB/s, die sich durch unterschiedliche Taktraten ergeben:
- DDR-DIMM: PC-1600, PC-2100, PC-2700, PC-3200
- DDR2-DIMM: PC2-3200, PC2-4200, PC2-5300, PC2-6400, PC2-8500
- DDR3-DIMM: PC3-6400, PC3-8500, PC3-10600, PC3-12800

Eine Technik namens Dual-Channel führt zu einer Verdoppelung der Übertragungsraten beim Arbeitsspeicher: Entsprechende Speichercontroller können zwei baugleiche Speichermodule mit gleicher Kapazität parallel ansteuern.

Computer haben in der Regel einen oder mehrere Speicher-Steckplätze auf der Hauptplatine. Bei nachträglicher Speichererweiterung ist zu beachten, dass einige Rechner, beispielsweise Server, teurere Module mit ECC (Error Correction Code), einer zusätzlichen Fehlerkontrolle, benötigen. Außerdem sollten die Module immer technisch identisch sein.

Für aktuelle 32-Bit-Betriebssysteme ist ein Minimum von 512 MB anzusetzen, 2 GB sind zu empfehlen; Bild- und Videobearbeitung oder Multimediaproduktion können jedoch weit mehr erfordern. Ein 64-Bit-Rechner sollte mit 4 GB RAM ausgestattet sein. Als Faustregel für die Bildbearbeitung gilt: Der freie Arbeitsspeicher sollte mindestes viermal so groß wie die Bilddatei sein, bei einem 48-Bit-RGB-Bild im A4-Format mit 300 dpi Auflösung also rund 200 MB. Dabei ist zu berücksichtigen, dass Betriebssystem und Anwendungsprogramme ebenfalls Speicher belegen.

Wenn nicht alle Daten in den Speicher passen, helfen sich die Betriebssysteme mit einer Krücke, virtueller Speicher genannt: Als Ersatz für den fehlenden schnellen Arbeitsspeicher wird dann die vergleichsweise langsame Festplatte benutzt. Das schlagartig stark verminderte Arbeitstempo legt nahe, den virtuellen Speicher nur kurzzeitig zu nutzen und besser den echten Arbeitsspeicher zu erweitern.

1.5.3.3 ROM und BIOS

Das Gegenstück zum RAM ist nichtflüchtiger Festspeicher, der auch ohne Strom seine Daten behält. Der Speicherinhalt dieser elementaren Chips wird meist von den Computerherstellern festgelegt und kann vom Anwender nicht verändert (nicht beschrieben) werden. Daher der Name ROM (*Read Only Memory,* Nur-Lese-Speicher).

Der Hauptspeicher eines Computers besteht aus RAM und ROM. Im ROM sind „Urprogramme" gespeichert, die für die Funktion eines Computers oder Peripheriegeräts unabdingbar sind und nicht änderbar sein sollen. Beispielsweise wird der Startvorgang eines Computers durch ein ROM-Programm gesteuert. Auch in Peripherie- und zahllosen alltäglichen Geräten finden sich ROM-Chips, überall dort, wo nicht veränderbare Programme fest in Chips gespeichert sind.

Der wichtigste ROM-Chip eines Computers ist das BIOS (*Basic Input Output System,* grundlegendes Ein- und Ausgabesystem). Es steuert u. a. den Startvorgang und sorgt dafür, dass der Rechner auch ohne geladenes Betriebssystem auf Tastatureingaben reagiert und Fehlermeldungen oder Hinweise am Bildschirm anzeigt. Das erste Programm, welches beim Starten („Booten") eines Computers aktiv wird, ist das im BIOS gespeicherte Urladeprogramm. Folgende Schritte werden vom Urladeprogramm ausgeführt:

- Selbsttest auf Speicher- und Gerätefehler
- Laden von grundlegenden Treiberprogrammen für Laufwerke, Grafikadapter, Schnittstellen, Speicherverwaltung und Tastatur
- Ein funktionstüchtiges Startmedium (Festplatte, CD oder Diskette), auf dem das Betriebssystem gespeichert ist, wird gesucht. Das Betriebssystem wird vom Startmedium in den Arbeitsspeicher geladen.

Wenn bei diesen Vorgängen Fehler auftreten, zum Beispiel kein Betriebssystem gefunden wird, gibt das BIOS entsprechende Fehlermeldungen am Bildschirm aus. Das BIOS mit seinen grundlegenden Steuerfunktionen bleibt so lange aktiv, bis der PC abgeschaltet wird. Es stellt sozusagen auf unterster Ebene die Verbindung zwischen CPU und Peripheriegeräten her.

Der weitere Startvorgang läuft wie folgt: Nachdem das Betriebssystem die Kontrolle übernommen hat, führt es seine spezifischen Startdateien und Voreinstellungen aus. Dabei werden u.a. Gerätetreiber geladen und die landestypische Tastaturbelegung eingestellt. Eine grafische Benutzeroberfläche wird gestartet und evtl. ein Passwort abgefragt.

Erst dann kann der Benutzer seine Anwendungsprogramme starten, auch sie werden von externen Speichern wie Festplatte oder CD in den Arbeitsspeicher kopiert. Mit den Anwendungsprogrammen werden neue Daten erstellt oder vorhandene Daten von der Festplatte oder anderen Datenträgern geladen. Die Arbeitsergebnisse liegen flüchtig im Arbeitsspeicher vor und werden erst mit dem Befehl „Speichern" dauerhaft auf beliebigen Datenträgern gesichert.

Bei PCs können einige BIOS-Einstellungen über ein spezielles Setup-Programm verändert werden. Die Möglichkeiten reichen von einfachen Entscheidungen (zum Beispiel Schnellstart ohne Speichertest, Passwort festlegen, Laufwerksreihenfolge beim Start) bis zur Manipulation von Taktraten und Speicherverwaltung. Normalerweise sollte das BIOS vom Werk oder Fachhändler korrekt und optimal eingestellt worden sein, was leider nicht immer der Fall ist.

Das BIOS-Setup wird in der Regel durch Drücken einer bestimmten Taste während des Startvorgangs aufgerufen. Aus gutem Grund ist es oft durch ein Passwort geschützt: Unsachgemäße Einstellungen führen schnell zur Katastrophe: Rätselhafte Pieptöne, die nur Techniker zu deuten wissen, und ein dunkler Monitor können die Folge sein.

1.5.3.4 Cache-Speicher

Cache erhöht die Leistung der Zentraleinheit. Cache ist extrem schneller (und teurer) Puffer-Speicher sowohl im Prozessor selbst (Level-1-Cache) als auch zwischen Arbeitsspeicher und Prozessor (Level-2-Cache). Er dient der Zwischenspeicherung der jeweils zuletzt benutzten Befehle und Daten, auf die der Prozessor dann wesentlich schnelleren Zugriff als im normalen Arbeitsspeicher hat. Level-1-Cache (L1) ist in kleinen Mengen (8 bis 256 KiB) im Prozessorkern integriert, Level-2-Cache (L2) ist extern zwischen Hauptspeicher und Prozessor geschaltet.

Die L2-Cachegröße beträgt 512 KiB bis 12 MiB je Prozessorkern; seine optimale Größe hängt auch von der Taktrate ab, also der Arbeitsgeschwindigkeit des Prozessors. Denn das Durchsuchen des Cachespeichers nach verwertbaren Informationen benötigt Zeit, die verloren sein kann, wenn keine oder zu wenig Treffer erzielt werden und der Prozessor anschließend doch auf den langsameren Arbeitsspeicher zugreifen muss.

Pufferspeicher kommen nicht nur in der Zentraleinheit zum Einsatz. Auch Geräte wie Festplatten, Drucker und Grafikadapter sind damit ausgestattet, um die Zugriffsgeschwindigkeit auf zuletzt oder häufig benötigte Daten zu erhöhen.

1.5.3.5 Prozessoren

Prozessoren sind die elektronischen „Arbeiter", die für die eigentliche Verarbeitung von Daten zuständig sind. Über Leitungssysteme (Adress-, Daten- und Steuerbus) sind sie mit dem internen Speicher verbunden, aus dem sie Befehle und Daten beziehen und in dem sie ihre Arbeitsergebnisse ablegen.

Gesteuert werden Prozessoren durch so genannte Maschinenbefehle; das sind Bitfolgen, die von Programmen erzeugt werden. Ein Prozessor kann eine bestimmte Anzahl fest eingebauter Befehle mit einer bestimmten Geschwindigkeit ausführen. Dabei arbeiten seine Funktionseinheiten synchron nach einem festgelegten Takt, der in MHz (Megahertz = Millionen Takte pro Sekunde) oder in GHz (Gigahertz = Milliarden Takte pro Sekunde) angegeben wird. Der Takt wird durch den Taktgeber vorgegeben, einen unter elektrischer Spannung gleichmäßig schwingenden Quarzkristall. Das Arbeitstempo eines Computers hängt wesentlich von Typ und Arbeitstakt seines Prozessors bzw. seiner Prozessoren ab.

Ein Prozessor besteht aus zahlreichen Funktionseinheiten, die ein äußerst komplexes System bilden. Die beiden wichtigsten Grundelemente – Leitwerk und

Rechenwerk – wurden schon 1946 im Universalrechner-Konzept durch von Neumann definiert.

In modernen Prozessoren drängen sich mehrere Millionen Transistoren, Dioden und Widerstände auf etwa einem Quadratzentimeter. Pro Sekunde können Millionen von Befehlen ausgeführt werden, allerdings ist die Taktrate eines Prozessors nicht gleichbedeutend mit der Anzahl der Maschinenbefehle, die pro Sekunde verarbeitet werden, da einige Befehle mehrere Taktzyklen benötigen, teilweise aber auch gleichzeitig ausgeführt werden (pipelining).

Maschinenbefehle werden durch Programme aufgerufen, jeder Befehl ist durch eine bestimmte Bitfolge definiert. Die Befehle beziehen sich auf folgende Datenoperationen:
- arithmetische (addieren, subtrahieren, multiplizieren, dividieren)
- logische (vergleichen, verknüpfen)
- Transport (kopieren, verschieben)
- Ein- und Ausgabe (lesen und schreiben)

Jeder PC hat mindestens einen zentralen Prozessor (CPU, Central Processing Unit) und einige Hilfsprozessoren. Die eigentliche Programmausführung wird vom Zentralprozessor geleistet, der je nach Typ über mehrere hundert Maschinenbefehle verfügt. Rechnersysteme unterscheiden sich hardwareseitig hauptsächlich durch ihre unterschiedlichen CPUs.

Etwa 90 % der PCs arbeiten heute mit Prozessoren des Herstellers Intel oder kompatiblen von AMD und den darauf abgestimmten Windows-Betriebssystemen von Microsoft. Nicht Intel-kompatible Rechner, wie bis 2006 die Macintosh-Computer von Apple, benutzen andere Prozessoren und Betriebssysteme. Für Aufsehen sorgte Apple im Sommer 2005 durch die Ankündigung, ab 2006 auf Intel-Prozessoren umzusteigen.

Ein grundlegendes Konzept ist heute im Prozessorbau die RISC-Technik (Reduced Instruction Set Computer). Sie verwendet weniger Maschinenbefehle als die frühere CISC-Technik (Complex Instruction Set Computer) und zeichnet sich durch höheres Rechentempo aus. Schon vor langer Zeit wurde festgestellt, dass etwa 90 % der Anwendungsprogramme nur rund 10 % der Befehle von CISC-Prozessoren intensiv nutzen. Daher war es eine naheliegende Idee, Prozessoren mit nur diesen oft gebrauchten Befehlen zu bauen. Die fehlenden CISC-Befehle müssen durch Kombinationen elementarer RISC-Befehle ersetzt werden; in diesen relativ seltenen Fällen kann RISC dann langsamer als CISC sein.

Mittlerweile sind aber viele neue RISC-Befehle hinzugekommen, sodass der Unterschied weniger durch die Zahl der Befehle als durch ihre Art bestimmt wird. RISC-Befehle haben immer die gleiche Länge (meist 32 Bit); so können sie parallel und schneller als die unterschiedlich langen CISC-Befehle verarbeitet werden. Der RISC-Prozessor ist etwas einfacher strukturiert, er arbeitet schneller durch reduzierten Verwaltungsaufwand und lässt sich kostengünstiger produzieren. Außerdem können RISC-Prozessoren leichter zusammengeschaltet werden. Der gleiche Chip werkelt einzeln in einem PC, mehrfach in einer Workstation oder tausendfach in einem Supercomputer. Weiterer Vorteil ist, dass die Prozessoren nicht so heiß werden und etwas weniger Kühlung brauchen, um unter der kritischen Temperaturgrenze von etwa 80 °C zu bleiben.

Bis zur Markteinführung des Apple PowerMac im Jahr 1994 wurde RISC-Technik nur in Workstations eingesetzt. Das sind Computer, die in der Regel mit zwei oder mehreren Prozessoren arbeiten und leistungsmäßig eine Klasse über den PCs angesiedelt sind, gefolgt von Großrechnern (Mainframes) und Supercomputern. Workstations werden von Firmen wie DEC, HP, IBM, SGI und SUN gebaut. Sie sind besonders für rechenintensive Anwendungen in Forschung und Wissenschaft sowie für 3D-Grafik, Bild- und Videobearbeitung, Animation und Simulation geeignet. Die Masse der Computernutzer arbeitete zu diesem Zeitpunkt mit CISC-Prozessoren der Intel x86-Reihe.

Ein Problem beim Umstieg von CISC auf RISC ist die Software: Das Betriebssystem und alle Anwendungsprogramme müssen neu programmiert werden. Denn

Funktionseinheiten des Prozessors

Das **Leit- oder Steuerwerk** hat die Entschlüsselung der Befehle und die Steuerung der Befehlsabfolge zur Aufgabe. Dazu gehört die Instruction Unit; sie interpretiert die ankommenden Bitfolgen. Die erkannten Befehle werden von der Execution Unit ausgeführt.

Im **Rechenwerk** werden alle arithmetischen und logischen Verknüpfungen durchgeführt. Man unterscheidet ALU (Arithmetic Logic Unit) für Integer- und FPU (Floating Point Unit) für Gleitkommaberechnungen.

Weitere Komponenten eines Prozessors sind:

Die **Branch Prediction Unit** sagt Befehle auf Basis der vorhergegangenen voraus und stellt sie vorsorglich zur Verfügung.

Pipelines ermöglichen die parallele Verarbeitung mehrerer Befehle oder Datensätze.

Register sind superschnelle Minispeicher, die Speicheradressen, Befehle, Daten und Zwischenergebnisse aufnehmen.

Level-1-Cache beschleunigt Speicherzugriffe.

Der interne **Bus** ist das Leitungssystem, das die Komponenten miteinander verbindet.

„verstehen" kann ein Prozessor nur seine eingebauten Befehle in Form elektrischer Impulsfolgen, die durch Software erzeugt werden.

Apple erleichterte den Kunden seinerzeit die Übergangsphase mit einer so genannten Emulation: Durch (zeitaufwändige) Umrechnungen wurde erreicht, dass vorhandene Programme, die für die bis dahin in Apple-Rechnern verwendeten Motorola-CISC-Prozessoren geschrieben wurden, auf den neuen RISC-Prozessoren liefen. Diese hießen PowerPC oder abgekürzt PPC, entsprechend wurden die mit diesem Prozessortyp ausgestatteten Apple-Computer PowerMac genannt. Die Entwicklungsstufen des PPC nennt Apple G3, G4 und G5. Übrigens ist der PPC eine Gemeinschaftsentwicklung der alten Rivalen Apple, IBM und Motorola. IBM und Motorola setzen den Prozessor unter anderen Bezeichnungen auch in eigener Hardware ein, außerdem findet er sich in den Spielkonsolen Microsoft XBox, Sony Playstation und Nintendo Revolution. Im Jahr 2006 vollzog Apple den angekündigten Wechsel zu Intel-Prozessoren; die ersten Typen waren der Core Solo und Core Duo. Damit verschwand der letzte grundlegende technische Unterschied zwischen Apple-Computern und dem Rest der PC-Welt.

Auch Intel und AMD, die Vertreter der klassischen CISC-Prozessoren, bewegen sich seit längerem in Richtung RISC-Technik. Sie gehen dabei aber einen anderen Weg als Apple und muten ihren Kunden keinen harten Schnitt mit Umstellung der gesamten Software zu. Die aktuellen Prozessoren dieser Hersteller wie Pentium, Core, Athlon oder Opteron sind sozusagen Zwitter, die durch ihren x86-Befehlssatz (benannt nach der bekannten Intel-Baureihe 80286, 80386, 80486, den Vorläufern der Pentium-Reihe) einerseits noch kompatibel zu typischen CISC-Betriebssystemen wie DOS oder Windows 9x sind, andererseits aber über RISC-Technik verfügen, die durch modernere Betriebssysteme wie Windows 7, Mac OS X oder Linux genutzt wird.

Erwähnenswert ist die MMX-Technik, die Intel 1997 in Pentium-Prozessoren einführte. MMX steht für Multimedia-Extensions, d. h. der Prozessor verfügt über zusätzliche Funktionen und Maschinenbefehle, die Programmierer nutzen können, um speziell die Berechnung von Bild-, Video-, Audio- und 3D-Daten zu beschleunigen. Andere vergleichbare Befehlssatzerweiterungen sind 3DNow! für AMD-Prozessoren oder Altivec bzw. Velocity Engine für den PPC.

Früher hatten PCs oft einen Hilfsprozessor für Gleitkommaberechnungen, auch Koprozessor oder FPU (Floating Point Unit) genannt. Bei heutigen Prozessoren ist die FPU integriert.

Ein neuer Trend ist der Bau von Multicore-Prozessoren mit zwei oder mehr eigenständigen Prozessorkernen auf nur einem Chip. Das ist wirtschaftlicher und mindestens genauso effektiv wie der Einsatz mehrerer getrennter Chips. Zuerst werden sich Dual-Core-Prozessoren mit zwei Kernen durchsetzen. Alle namhaften Hersteller haben sie schon im Programm: Pentium D, Xeon und der neue Core von Intel, Athlon 64X2 und Opteron von AMD, Power5 von IBM, PowerPC 970 MP von IBM (von Apple als G5 Dual vermarktet). Der nächste Schritt sind dann Quad-Core-Prozessoren mit vier Kernen.

Theoretisch kann sich die Rechengeschwindigkeit eines Multicore-Prozessors mit jeder Kern-Verdoppelung ebenfalls verdoppeln; in der Praxis hängt der Zuwachs jedoch davon ab, wie geschickt und effektiv Betriebssystem und Anwendungsprogramme die Aufgaben auf die Kerne verteilen. Hier sind also die Programmierer(innen) gefragt. Auf jeden Fall tragen hoch getaktete Multicore-Prozessoren dazu bei, die früher doch erheblichen Leistungsunterschiede zwischen PCs und Workstations abzubauen.

1.5.3.6 Bussysteme und Chipsätze

Die Leitungssysteme eines Computers werden Busse genannt. Sie übertragen Adress-, Speicher-, Steuer- und Nutzdaten. Wichtige Kriterien sind Busbreite und Taktrate: Unter Busbreite versteht man die Zahl der Bits, die pro Takt transportiert werden können; sie ist von der Zahl der Leitungen abhängig. Heutige PC-Prozessoren arbeiten intern meist mit 32 oder 64 Bit; eine solche Signaleinheit wird auch Datenwort genannt. Der Prozessor selbst ist per Bus mit dem Chipsatz der Hauptplatine verbunden, die wiederum Busse zum Anschluss von Peripheriegeräten bereit stellt.

Die durch Busse hergestellten Verbindungen müssen synchronisiert sein. Das wird, wie schon im Inneren der CPU, durch einen vorgegebenen Takt gewährleistet. Zu beachten ist, dass ein Prozessor nur durch die sehr kurzen Wege innerhalb des Chips mit extrem hohen Taktfrequenzen im Gigahertz-Bereich arbeiten kann. Naturgemäß kann das Bussystem auf Haupt- und Nebenplatinen da nicht mithalten, schon beim Zugriff auf den Arbeitsspeicher sind längere Wege zurückzulegen. Daher liegen die Taktraten außerhalb der CPU im Mega- statt im Gigahertzbereich.

Der Chipsatz steuert und kontrolliert die Verbindungen der verschiedenen Computer-Komponenten, zum Beispiel die Übermittlung der Daten zwischen Prozessor und Arbeitsspeicher oder Grafikkarte. Er besteht üblicherweise aus Northbridge und Southbridge. Eine Trennung in zwei Bausteine ist nicht unbedingt notwendig, North- und Southbridge können also auf demselben Chip untergebracht sein.

Die Northbridge synchronisiert und steuert den Datentransfer zwischen CPU und Arbeitsspeicher, CPU und Cache sowie CPU und AGP- oder PCI-Express-Grafikkarte. Die Southbridge ist zuständig für den Datenaustausch mit peripheren Geräten, die über PCI-, EIDE-, S-ATA-, Firewire- oder USB angeschlossen sind.

North- und Southbridge sind meistens durch herstellereigene Schnittstellen verbunden, zum Beispiel VIA V-Link oder Intel Hub-Link. Bei Intel spricht man übrigens nicht von North- und Southbridge, sondern von Memory Controller Hub (MCH) und I/O Controller Hub (ICH) – die Aufgaben sind aber vergleichbar.

Der Frontside-Bus, kurz FSB, ist die wichtige 32 oder 64 Bit breite Direktverbindung zwischen Prozessor und North-Bridge. Sie wird hardwareseitig – je nach Bauart des Prozessors – durch einen Sockel oder Slot gebildet. Taktfrequenz und Busbreite des FSB bestimmen die Geschwindigkeit, mit der die Daten vom bzw. zum Prozessor kommen. Die Signale auf dem Frontside-Bus laufen je nach Prozessortyp beispielsweise mit 100, 200, 266, 333 oder 400 MHz.

Das Double-Data-Rate Verfahren (DDR) verdoppelt durch einen technischen Trick (Nutzung von aufsteigender und abfallender Signalflanke) die maximale Übertragungsrate, indem ohne zusätzliche Leitungen zwei Datenwörter pro Takt übertragen werden. Dieses Verfahren wird auch bei der AGP-Schnittstelle und dem Arbeitsspeicher DDR-SDRAM eingesetzt. Der Nachfolger QDR überträgt gleich vier Datenwörter (Quad-Data Rate) pro Takt, der dazu passende Arbeitsspeicher ist DDR-II.

Für Missverständnisse sorgt die Angewohnheit der Hardware-Hersteller, FSB-Taktraten zu nennen, die technisch eigentlich nicht möglich sind, zum Beispiel „FSB 800 MHz" oder kurz „FSB 800". Gemeint ist in diesem Fall, dass die physikalische Taktrate 200 MHz beträgt, aufgrund des QDR-Verfahrens aber vier Datenwörter pro Takt übertragen werden. Damit liegt die Übertragungsrate so hoch wie bei einem (theoretischen) 800-MHz-Bus mit nur einem Datenwort pro Takt. Die Tabelle am Fuß dieser Seite gibt Aufschluss über diese Zusammenhänge.

Einige Frontside-Bus-Varianten

FSB-Takt	Datenwörter pro Takt		
	1	2	4
100 MHz	FSB 100	FSB 200	FSB 400
133 MHz	FSB 133	FSB 266	FSB 533
166 MHz	FSB 166	FSB 332	FSB 664
200 MHz	FSB 200	FSB 400	FSB 800
266 MHz	FSB 266	FSB 533	FSB 1066
333 MHz	FSB 333	FSB 666	FSB 1333
400MHz	FSB 400	FSB 800	FSB 1600

Von AMD stammt ein Buskonzept namens Hyper Transport (HT). Es wird inzwischen durch ein herstellerübergreifendes Konsortium, zu dem u. a. Apple und IBM gehören, weiterentwickelt und standardisiert. Die Datenübertragung läuft paketorientiert auf seriellen Leitungen. Vorteile liegen in der Leistungsfähigkeit und Skalierbarkeit. Ein HT-Bus bringt schon auf einer einfachen seriellen Leitung etwa 200 MByte/s, die sich mit DDR- und QDR-Verfahren verdoppeln bzw. vervierfachen lassen. Im Prozessorbereich kommen 32 Leitungen parallel zum Einsatz, die mehr als 20 GByte/s liefern. Zum Vergleich: FSB 800 mit 64 Bit Breite überträgt rund 6 GByte/s. Signalumsetzer ermöglichen zudem die Verbindung von Bussen unterschiedlicher Breite. Mit diesen Eigenschaften eignet sich HT sowohl zur Kopplung mehrerer Prozessoren als auch zur Verbindung von CPU mit Speicher, PCI und sonstigen Peripherie-Bussen. So ist der HT-Bus eine gute Alternative zu üblichen Systemen mit herstellereigenem Frontside-Bus, North- und Southbridge.

Der von Intel 1993 entwickelte PCI-Bus (Peripheral Component Interconnect) ist Industriestandard und fester Bestandteil von Intel-kompatiblen PCs sowie Apple Macintoshs. Das PCI-BIOS unterstützt durch Plug and Play die automatische Erkennung und Konfiguration von PCI-Steckkarten. Die wichtigen Standards sind: PCI, PCI-X, PCI-Express (PCIe) sowie Mini-PCI und Mini-PCI-Express.

Das herkömmliche PCI arbeitet parallel mit 32 Bit Busbreite und 33 oder 66 MHz Takt, in Servern und Workstations auch als 64 Bit Bus mit 66 MHz. Diese Werte bestimmen die Übertragungsraten, sie liegen zwischen 0,12 GByte/s und 0,5 GByte/s. Allerdings sinkt die Rate erheblich, wenn sich bis zu sechs (bei 33 MHz) oder drei (bei 66 MHz) Geräte einen PCI-Bus teilen. Schnelle Gigabit-Ethernetkarten oder RAID-Festplattensysteme werden da schon mal ausgebremst.

PCI-X (entwickelt seit 1998) ist eine 64-Bit-Variante mit 66, 100 oder 133 MHz Taktfrequenz. Es beherrscht eine ECC-Fehlerkorrektur und wird bevorzugt in Servern und Workstations eingesetzt. Die Übertragungsraten können durch Double- und Quad-Data-Rate-Verfahren vervielfacht werden, sie betragen 0,5 bis 8,5 GByte/s. Bei 133 MHz Takt darf nur noch ein Gerät pro Bus angeschlossen sein. PCI-X ist bedingt abwärtskompatibel zu Standard-PCI.

PCI-Express (PCIe) ist der jüngste (2004) PCI-Standard. Der Trend geht eindeutig zu schnellen seriellen Verbindungen, die skalierbar sind und Hotplug unterstützen, siehe Firewire, USB und S-ATA. Auch PCI-Express arbeitet seriell, es ist daher hardwareseitig nicht kompatibel zu PCI und PCI-X, benutzt aber deren Signalisierungs- und -Programmiertechniken. Auf einer Leitung (PCIe ×1) können 0,25 GByte/s gleichzeitig in beide Richtungen (vollduplex) übertragen werden und im Gegensatz zu PCI und PCI-X muss diese Bandbreite nicht mit anderen Geräten geteilt werden, denn die Leitungen sind skalierbar. Eine Hochleistungsvariante mit 16 Kanälen schafft bis 4 GByte/s vollduplex und nennt sich PCIe ×16. Sie dient dem Anschluss schneller Grafikkarten und soll den etablierten AGP-Standard ablösen.

Ein typisches Mainboard bietet dann zum Beispiel diese PCI-Steckplätze an: einen PCIe ×16, drei PCIe ×1 und drei bis fünf herkömmliche PCI. Im Serverbereich wird es zusätzlich noch die PCIe-Ausführungen ×2, ×4, ×8, ×12 und ×32 geben. Die Slots sind abwärtskompatibel, eine ×4-Karte kann also zum Beispiel auch in einen ×8-Slot gesteckt werden.

Mini-PCI ist die Variante für Notebooks und sonstige Mobilrechner. Mit einer Übertragungsleistung von 0,12 GByte/s ist sie in die Jahre gekommen und wird von Mini-PCI-Express abgelöst. Auch hier bringt der Umstieg von paralleler auf serielle Technik eine deutliche Leistungssteigerung auf 0,6 GByte/s.

Der parallele AGP-Bus (Accelerated Graphics Port) wurde ebenfalls von Intel entwickelt. Seit 1997 spielt er eine wichtige Rolle beim Anschluss schneller Grafikadapter, wird aber ab 2005 zunehmend von PCI-Express verdrängt. AGP erlaubt der Grafikkarte direkten Zugriff auf den Arbeitsspeicher des PCs. Hoher Bustakt, Double-Data-Rate-Technik und die Tatsache, dass der Grafikkarte die gesamte Bandbreite des Busses ungeteilt zur Verfügung steht, sorgen für Tempo. Es gab mehrere Weiterentwicklungen von AGP 1× bis AGP 8×; letztere bringt es auf eine Übertragungsrate von 2 GByte/s. AGP Pro bezeichnet eine besondere Variante für professionelle Grafikkarten mit hohem Stromverbrauch.

Bus-Mastering und DMA sind Methoden, um den Prozessor bei der Zusammenarbeit mit PCI- oder AGP-Adaptern zu entlasten. Diese übernehmen zeitweilig die Bus-Steuerung, üblicherweise bei Festplattencontrollern, Grafik-, Netzwerk-, SCSI-, Sound- und Videokarten. DMA (Direct Memory Access) bedeutet direkten Zugriff eines PCI- oder AGP-Adapters auf den Arbeitsspeicher ohne Beteiligung des Prozessors.

Veraltet sind mittlerweile Busse wie ISA-, EISA- und VL-Bus oder der Nubus von Apple.

1.5.3.7 Leistungskriterien

Die Leistungsfähigkeit eines Computers wird vor allem durch folgende Kriterien bestimmt:

- Prozessortyp und Taktrate: Die Bezeichnung des Prozessortyps steht für eine bestimmte Technologie und deren Entwicklungsstufe. Oben auf der Skala stehen heute 64-Bit-CPUs für Server oder Workstations wie Itanium und Xeon von Intel, der AMD Opteron sowie Dual- und Multicore-Prozessoren, die zwei oder mehr Prozessorkerne enthalten, und natürlich echte Multiprozessor-Computer. Alle genannten Systeme sind jedoch nur mit angepasster Software schneller als die noch vorherrschenden PC-Einzel-Prozessoren mit 32-Bit. Hier sind von Intel die Pentium-Reihe und die preisgünstigeren, aber leistungsschwächeren Celerons zu nennen. Beim Konkurrenten AMD heißen die PC-Prozessoren Athlon und Sempron. Viele Prozessortypen gibt es auch als Strom sparende Mobile-Versionen für Notebooks.

  Die verschiedenen Typen können jeweils mit unterschiedlichen Taktfrequenzen im Gigahertzbereich betrieben werden. Der jeweils aktuellste Prozessortyp mit der höchsten Taktrate ist allerdings immer unverhältnismäßig teuer. Man sollte bedenken, dass eine doppelte Taktfrequenz bei weitem nicht doppelte Rechnerleistung bedeutet.
- Arbeitsspeichergröße und Speicherbustakt: Die Speicherkapazität sollte den Aufgaben angepasst sein. Wenn das Betriebssystem häufig auf den langsamen virtuellen Speicher umschaltet, hilft nur die Erweiterung des echten Arbeitsspeichers. Während 32-Bit-CPUs maximal vier Gigabyte adressieren, ist es bei 64-Bit-Systemen ein Vielfaches, zum Beispiel ein Terabyte bei „nur" vierzig Adressleitungen. Auch die Taktrate des Speicherbusses, über den der Prozessor auf den Arbeisspeicher zugreift, ist zu beachten; sie entspricht oft dem Frontside-Bus-Takt.
- Interne und externe Busbreiten und Taktraten: Angefangen bei den Eigenschaften der CPU über interne Busse wie PCI und EIDE bis zu externen Schnittstellen wie Firewire und USB spielen alle Leitungssysteme eines Computers eine wichtige Rolle. Die schnellsten Prozessoren, Speicher und Peripheriegeräte werden ausgebremst, wenn sie nicht über entsprechend leistungsfähige Busse und Schnittstellen verbunden sind.
- Cache-Speicher erhöhen die Leistung der Zentraleinheit. Als Level-1-Cache im Prozessor und Level-2-Cache zwischen Hauptspeicher und Prozessor dienen sie der Zwischenspeicherung der jeweils zuletzt benutzten Befehle und Daten. Diese stehen dann erheblich schneller für Zugriffe bereit. Auch Festplatten besitzen oft einen eigenen Cache-Speicher, um Zugriffe zu beschleunigen.

Die Gesamtleistung eines Computers wird zusätzlich durch weitere Faktoren beeinflusst: Bearbeitet ein

Computer mehrere Aufgaben gleichzeitig, spricht man von Multitasking, Multithreading oder Parallelverarbeitung. Beim Multitasking (Task = Aufgabe) verteilt das Betriebssystem „Zeitscheiben" für die jeweiligen Aufgaben. Das heißt, die CPU arbeitet für eine bestimmte Zeit an einem bestimmten Prozess und geht dann zum Nächsten über. Dies geschieht abwechselnd in sehr kurzen Zeitabständen, sodass für den Benutzer der Eindruck von gleichzeitiger Ausführung mehrerer Aufgaben entsteht. Alltägliche Beispiele sind die Abarbeitung von Druck- oder Downloadaufträgen im Hintergrund, während man im Vordergrund weiter mit einem Anwendungsprogramm arbeitet. Multitasking wird heute von allen gängigen Betriebssystemen beherrscht.

Multithreading setzt mehrere – echte oder virtuelle – Prozessorkerne und geeignete Software voraus. Thread heißt wörtlich Faden; gemeint ist damit ein getrennt ausführbarer Teil oder Unterprozess eines Programms. Die Threads werden tatsächlich parallel abgearbeitet, nicht nur scheinbar wie beim Multitasking. Das ist mit Multi-Core-Prozessoren möglich, aber auch mit Single-Core-CPUs, die einen virtuellen zweiten Kern simulieren. Letzteres hat Intel unter der Bezeichnung HTT (Hyper Threading Technologie) in neueren Pentium-4- und Xeon-Prozessoren verwirklicht.

Parallelrechner sind Computer mit mehreren Prozessoren. Die Bandbreite reicht von Multiprozessorsystemen mit zwei, vier, acht oder mehr CPUs bis zu so genannten massiv-parallelen Systemen, die mehrere Tausend Prozessoren aufweisen können. Mit der Zahl der Prozessoren wächst allerdings auch der Verwaltungsaufwand erheblich und nur durch geschickte Programmierung ist dann noch eine nennenswerte Leistungssteigerung zu erreichen.

Da ständig Daten zwischen Festplatte und Arbeitsspeicher hin und her geschaufelt werden, darf als Leistungskriterium die Zugriffszeit und vor allem die Datenübertragungsrate der Festplatte nicht unterschätzt werden. Hochleistungsfestplatten sind teurer und benötigen u. U. Kühlung und Geräuschdämpfung.

Nicht zuletzt spielt auch eine Rolle, wie gut die Software die hardwareseitige Leistung eines Computers nutzt. Verschiedene Programme benötigen für gleiche Aufgaben unterschiedlich viel Zeit.

Ursache für langsamen Bildaufbau, ruckelige Video-Darstellung und schlechte 3D-Grafik kann ein überforderter Grafikadapter sein. Vor allem für 3D-Grafik gibt es Spezialkarten, die – eventuell neben der normalen Grafikkarte eingesetzt – wahre Wunder bewirken können.

Die Rechenleistung der Computer hat sich in ihrer kurzen Entwicklungsgeschichte fast jedes Jahr verdoppelt. Man spricht in diesem Zusammenhang von Moore's Law oder Moores Gesetz, benannt nach dem ehemaligen Intel-Chef Gordon Moore, der diese Faustregel schon in den Sechzigerjahren aufstellte. Sie ist der entscheidende Grund für den rapiden Wertverlust, dem Computer ausgesetzt sind. Ein PC büßt analog zu Moores Gesetz in einem Jahr etwa die Hälfte seines Anschaffungspreises ein – diese Tatsache wird mittlerweile auch vom Finanzamt durch schnellere Abschreibungsmöglichkeit akzeptiert.

Des einen Leid – des anderen Freud: Ein großer Gebrauchtmarkt hält Computer und Peripheriegeräte für einen Bruchteil ihres Neupreises bereit. Wer eine Neuanschaffung plant, sollte bedenken, dass Computer mit den neuesten Prozessoren immer unverhältnismäßig teuer sind. Ein effektives Plus von 25 % Rechenleistung wird oft mit dem doppelten Preis bezahlt. Einiges Geld lässt sich also beim Kauf von Technik sparen, die schon drei bis sechs Monate auf dem Markt ist. Statt auf Taktraten zu schielen, sind Überlegungen zu Arbeitsspeichergröße, Festplattentempo, Qualität und Größe des Monitors, Softwareausstattung, Garantie- und Serviceleistungen usw. wesentlich angebrachter.

1.6 Konfigurationen und Schnittstellen

1.6.1 PC-Konfigurationen

Eine PC-Konfiguration besteht aus einem Computer, der über Schnittstellen und Leitungen mit Peripheriegeräten verbunden ist. Mehrere Computer können ein Netzwerk bilden, was komfortablen Datenaustausch und gemeinsamen Zugriff auf Peripheriegeräte ermöglicht.

Die Schnittstellen der Geräte tauschen Daten und Signale über Kabel aus, manchmal auch über Funk- oder Infrarotverbindungen. Alle Arbeiten, die für das richtige Zusammenspiel von Zentraleinheit und Peripheriegeräten nötig sind, werden als Konfigurieren bezeichnet. Dazu zählt neben der Einrichtung von Leitungsverbindungen auch die Software-Installation.

Die Programme werden von Datenträgern wie Diskette, CD, DVD oder über ein Netzwerk auf die Festplatte des PCs übertragen und teilweise durch bestimmte Einstellungen angepasst. Es beginnt mit einem Betriebssystem, das in der Regel schon vom PC-Hersteller vorinstalliert ist, gefolgt von der Konfiguration zusätzlicher Gerätetreiber, zum Beispiel für Drucker und Grafikadapter.

Auch Systemerweiterungen, Internetprogramme, nützliche Tools und – nicht zu vergessen – aktueller Virenschutz gehören zur grundlegenden Installation. Zuletzt kommen die Anwendungsprogramme, die oft umfangreiche Voreinstellungsmöglichkeiten anbieten.

1.6.2 Schnittstellen

Jeder Computer und jedes Peripheriegerät ist mit Schnittstellen (engl. Interface oder Port) ausgestattet, um Verbindung zu anderen Geräten aufzunehmen. Der modulare Aufbau von PCs erlaubt den nachträglichen Einbau zusätzlicher Schnittstellen in Form von Steckkarten, zum Beispiel Audio-, Video- und Netzwerk-Adapter. Auch hier haben sich gewisse Standards etabliert; dennoch gibt es viele unterschiedliche, größtenteils inkompatible Schnittstellen. Grundsätzlich unterscheidet die Schnittstellentechnik serielle und parallele Datenübertragung.

- Seriell bedeutet die Übertragung der Bits „im Gänsemarsch" einzeln und nacheinander. Diese Technik erlaubt längere Verbindungswege und einfache, preiswerte Kabel. Obwohl pro Takt nur ein Bit übertragen wird, sind moderne serielle Schnittstellen wie USB, Firewire, S-ATA und SAS mit ihren hohen Taktraten den parallelen Schnittstellen überlegen.
- Parallel heißt, dass mehrere Bits gleichzeitig auf mehreren Leitungen übertragen werden. Die Übertragungsrate ist hoch, bedingt jedoch kürzere Wege und aufwändige, teure Kabel. Je höher der Übertragungstakt, desto größer werden Laufzeitprobleme, weil die gemeinsam abgeschickten Signale trotz gleich langer Leitungen nicht genau gleichzeitig ankommen. Ursprünglich sehr leistungsfähige parallele Schnittstellen wie EIDE und SCSI werden daher von seriellen Nachfolgern abgelöst.

Wenn die physikalische Verbindung zwischen Computer und Peripheriegeräten hergestellt ist, sorgen Treiberprogramme für die korrekte Gerätesteuerung. Heutige Betriebssysteme helfen mit „Plug and Play", Peripheriegeräte oder Steckkarten werden im Idealfall automatisch vom Betriebssystem erkannt. Die Treiber sind dann entweder bereits im Betriebssystem vorhanden oder werden von einem mitgelieferten Datenträger nachinstalliert.

1.6.2.1 Serielle Schnittstellen

Die USB-Schnittstelle (Universal Serial Bus) hat sich beim Anschluss zahlreicher Peripheriegeräte durchgesetzt und verdrängt aufgrund überlegener Eigenschaften veraltete Techniken wie RS 232 und PS/2. USB wurde u. a. von Compaq, Digital, IBM, Intel, Microsoft und NEC entwickelt und auch von Apple übernommen.

Der Name ist Programm, denn USB ist tatsächlich universell verwendbar. Die Technik ist einfach und preiswert, eine Schnittstelle kann bis zu 127 Geräte verwalten, dabei werden Plug and Play sowie Hotplug unterstützt. Hotplug ermöglicht, Geräte auch bei laufendem PC an- und abzukoppeln. Ein Aderpaar des vieradrigen USB-Kabels dient der Datenübertragung, das andere der Geräte-Stromversorgung. USB-geeignet sind zum Beispiel Maus, Tastatur, Grafiktablett, Drucker, Scanner, CD- und DVD-Laufwerke, Kartenleser, Joystick und sonstiges Multimedia- und Spielzubehör.

Normalerweise sind PCs mit vier bis sechs USB-Schnittstellen ausgestattet, Notebooks mit zwei bis vier. Für mehr Geräte ist ein USB-Hub erforderlich, ein Stern-Verteiler mit mehreren Anschlussmöglichkeiten (engl. Hub = Mittelpunkt, Radnabe). Ein USB-Gerät kann auch selbst als Hub fungieren, wenn es mehr als eine Schnittstelle hat, was beispielsweise auf einige Tastaturen zutrifft. Da sich Hubs wiederum mit anderen Hubs verbinden lassen, kann ein verzweigtes Netz von USB-Geräten aufgebaut werden. Die Kabellänge zwischen zwei Punkten darf je nach Kabeltyp maximal 3 m oder 5 m betragen.

USB in der Version 1.1 bietet Übertragungsraten von 1,5 MByte/s, in Version 2.0 sogar bis 60 MByte/s. Alle aktiven Geräte müssen sich aber die zur Verfügung stehende Bandbreite teilen, insofern sinkt die Datenrate mit der Zahl und dem Verbrauch der Geräte. Die kleinen 4-poligen Stecker und Buchsen sind für beide Versionen gleich. USB 2.0 ist abwärtskompatibel, kann also mit USB 1.1 gemischt betrieben werden. In der Entwicklung befindet sich eine drahtlose Variante namens Wireless USB.

Firewire oder i.LINK ist eine maßgeblich von Apple und Sony entwickelte serielle Schnittstelle, die sich durch sehr hohe Transferraten, universelle Verwendbarkeit und einfache Handhabung auszeichnet. Die Schnittstelle basiert auf der Norm IEEE 1394 (Institute of Electric and Electronic Engineers); sie wird von

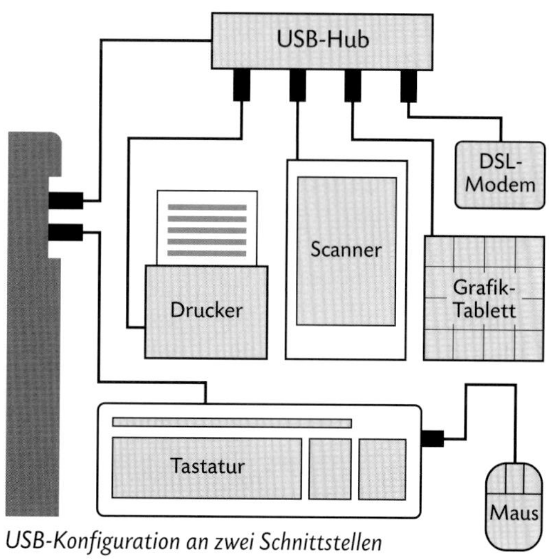

USB-Konfiguration an zwei Schnittstellen

Apple unter dem Namen Firewire und von Sony als i.LINK vermarktet. Etabliert ist Firewire bei digitalen Videogeräten, findet aber auch bei Festplatten, DVD-Laufwerken und sonstigen Massenspeichern Verwendung. Sony verbindet mit i.LINK Unterhaltungsgeräte wie Spielkonsolen. Auch die drahtlose Version Wireless FireWire ist seit 2004 spezifiziert.

Bis zu 63 Peripheriegeräte können in einer ketten- oder baumförmigen Struktur gekoppelt werden. Da sich bis 1024 solcher Segmente über Brücken (Bridges) verbinden lassen, ist ein Netz von über sechzigtausend Geräten denkbar. Sie müssen sich allerdings wie bei USB die Bandbreite teilen. Die Daten werden paketorientiert und bidirektional übertragen.

Firewire ermöglicht im Gegensatz zum Konkurrenten USB den direkten Datenaustausch zwischen Geräten, ohne auf Serverfunktionen angewiesen zu sein (Peer-to-Peer Betrieb). Die automatisch adressierten Geräte haben meistens zwei, manchmal auch drei Schnittstellen für Weiterleitungen oder Verzweigungen und können im laufenden Betrieb an- und abgekoppelt werden (Hotplug). Zwei Versionen sind zu unterscheiden:

- IEEE 1394a, von Apple Firewire 400 genannt, verwendet 6- oder 4-poliges Shielded Twisted-Pair-Kabel (STP), das zwischen zwei Geräten höchstens 4,5 m lang sein darf. Zwei Adern dienen der Stromversorgung, vier sind Datenleitungen. Die Übertragungsrate beträgt 400 MBit/s (rund 48 MByte/s).
- IEEE 1394b (Apple Firewire 800) ist nicht auf eine Kabelart festgelegt. Ein spezielles 9-poliges Kabel – Unshielded Twisted-Pair-Kabel (UTP) – und Glasfaser sind möglich. Zwei Geräte dürfen je nach Kabelart 100 m oder mehr Abstand haben. Die Übertragungsrate von 800 MBit/s soll in zwei Schritten auf 1600 MBit/s und 3200 MBit/s gesteigert werden.

S-ATA (Serial ATA) ist eine relativ neue, sehr schnelle Schnittstelle für Massenspeicher. Sie unterscheidet sich nur hardwareseitig von der verbreiteten parallelen EIDE/ATA-Technik: Der Datentransport läuft seriell statt parallel, die übergeordneten Software-Protokolle bleiben aber gleich und gewährleisten Kompatibilität zu EIDE. Die Umwandlung der parallel gelieferten Daten in serielle Signale erledigt ein S-ATA-Controller, der über Adapter auch EIDE-Festplatten annimmt. S-ATA kommt mit schmalen, bis zu 6 m langen 7-adrigen Kabeln aus (im Gegensatz zum 80-adrigen Flachbandkabel bei EIDE). S-ATA-Controller haben in der Regel vier hotplug-fähige Schnittstellen, an die aber jeweils nur ein Gerät angeschlossen werden kann. Erst die Port-Multiplier-Technik der S-ATA Version 2 ermöglicht bis 15 Geräte an einem Kanal. Die maximal (zum Beispiel durch RAID-Systeme) erzielbare Datenrate liegt bei 150 MByte/s (S-ATA 1) bzw. 300 MByte/s (S-ATA 2).

SAS (Serial Attached SCSI) ist der serielle Nachfolger der traditionsreichen parallelen SCSI-Schnittstelle. Wie bei S-ATA änderte man nur die physikalische Ver-

Schnittstellenübersicht

Norm	MB/s	par./ser.	Kabellänge	Gerätezahl	Hotplug	Stromvers.	intern/extern
RS 232	0,01	seriell	ca. 100 m	1	nein	nein	extern
USB 1.1	1,5	seriell	3 m – 5 m	127	ja	ja	extern
USB 2.0	60	seriell	3 m – 5 m	127	ja	ja	extern
IEEE 1394a, Firewire 400	48	seriell	4,5 m	63	ja	ja	extern
IEEE 1394b, Firewire 800	95	seriell	ca. 100 m	63	ja	ja	extern
S-ATA 1	150	seriell	6 m	1	ja	ja	intern
S-ATA 2	300	seriell	6 m (ext. 2 m)	15	ja	ja	int. u. ext.
SAS (Serial SCSI)	300	seriell	8 m	>16 000	ja	ja	int. u. ext.
SPP	0,1	parallel	5 m	1	nein	nein	extern
EPP, ECP	2	parallel	5 m	1	nein	nein	extern
EIDE	133	parallel	0,3 m – 0,5 m	2	nein	nein	intern
SCSI 1	5	parallel	insges. 6 m	7	nein	nein	int. u. ext.
Fast SCSI	10	parallel	insges. 3 m	7	nein	nein	int. u. ext.
Ultra SCSI	20	parallel	insges. 3 m	7	nein	nein	int. u. ext.
Wide SCSI	20	par. 16 Bit	insges. 3 m	15	nein	nein	int. u. ext.
Ultra Wide SCSI	40	par. 16 Bit	insges. 3 m	15	nein	nein	int. u. ext.
Ultra2 Wide SCSI	80	par. 16 Bit	insges. 12 m	15	nein	nein	int. u. ext.
Ultra-160 SCSI	160	par. 16 Bit	insges. 12 m	15	nein	nein	int. u. ext.
Ultra-320 SCSI	320	par. 16 Bit	insges. 12 m	15	nein	nein	int. u. ext.

bindung, arbeitet aber aus Kompatibilitätsgründen mit Protokollen, die vom parallelen SCSI bekannt sind. Die Datenrate liegt schon in der ersten Ausbaustufe bei 300 MByte/s, Verdoppelung ist geplant. SAS kommt ohne die SCSI-typischen Terminatoren aus und verwendet die gleichen Kabel wie S-ATA. Festplatten mit S-ATA-Schnittstelle lassen sich sogar an SAS betreiben, umgekehrt ist das aber nicht möglich.

Veraltet und verdrängt von USB ist RS 232, auch V.24 oder COM-Schnittstelle (Communication Port) genannt, die jahrzehntelang der wichtigste serielle Standard war. Merkmale: Kein Hotplug, keine Geräteketten, keine Stromversorgung, niedrige Übertragungsrate, klobige 9- oder 25-polige Stecker. Auch die kleinere serielle PS/2-Schnittstelle für Maus und Tastatur, über die viele PCs heute noch verfügen, ist ein Auslaufmodell.

1.6.2.2 Parallele Schnittstellen

Seit vielen Jahren haben PC- und Apple-Mainboards zwei EIDE-Schnittstellen, die sich jeweils für zwei interne Geräte mit Flachbandkabel-Anschluss eignen, zum Beispiel Festplatten, CD- und DVD-Laufwerke oder Streamer. Der Name Enhanced Integrated Drive Electronics beschreibt den Vorteil dieser Technik: Der größte Teil der Steuerelektronik ist im Laufwerk integriert und auf dessen Fähigkeiten abgestimmt. Beim Einbau von EIDE-Geräten ist zu beachten, dass von den zwei Geräten an einem Anschluss jeweils eins als „Master" und eins als „Slave" definiert sein muss. Dies geschieht meist durch eine Jumper- oder Schaltereinstellung unmittelbar am Gerät. Das schnellere Gerät (zum Beispiel Festplatte) sollte Master und das langsamere (zum Beispiel DVD-Laufwerk) Slave sein.

EIDE wird auch ATA-Schnittstelle genannt (Advanced Technology Attachment). Allerdings sind EIDE und ATA nicht dasselbe: EIDE definiert die Schnittstellen-Hardware, ATA das Übertragungs-Protokoll. Es gibt diverse ATA-Versionen, aktuell sind Ultra-ATA-66, -100 und -133, wobei die Zahlen für die maximale Übertragungsleistung in MByte/s stehen. Andere Bezeichnungen für diese Modi (UDMA 4, 5 und 6) weisen darauf hin, dass hier mit DMA (Direct Memory Access) gearbeitet wird; die Ultra-ATA-Controller greifen also direkt unter Umgehung der CPU auf den Arbeitsspeicher zu. Auf ATA basiert auch die schnelle serielle S-ATA-Schnittstelle.

SCSI (Small Computer System Interface) ist ein systemübergreifender Standard für den Anschluss interner und externer Geräte mit hohen Übertragungsraten. SCSI hat durch USB und Firewire Konkurrenz bekommen, ist aber nach wie vor gerade im professionellen Bereich ein wichtiger Standard, zum Beispiel in Netzwerkservern und Workstations. Grundsätzlich lässt sich jedes SCSI-Gerät an jeden Computer mit entsprechender Schnittstelle anschließen, nur die Treiber unterscheiden sich je nach Betriebssystem.

Die Transferrate kann in aktuellen Versionen über 300 MByte/s betragen. Sie wird durch parallele Übertragung (8 Bit bzw. 16 Bit bei Wide SCSI) und Busmastering erreicht: Der SCSI-Bus ist ein System mit eigenständiger Verwaltung, er entlastet die CPU von vielen Routineaufgaben der Gerätesteuerung. Dazu gehört ein spezieller Chipsatz des SCSI-Controllers, der auf der Hauptplatine des Computers integriert sein kann oder per Steckkarte nachgerüstet wird. Der Controller verfügt über einen Flachbandkabel-Anschluss für interne Geräte wie Festplatten und CD- oder DVD-Laufwerke sowie über eine Schnittstelle für externe Geräte wie Scanner und Speicher-Laufwerke.

Die Höchstzahl aller internen und externen Geräte an einem Controller beträgt je nach SCSI-Norm 7 oder 15. Wer mehr Geräte anschließen möchte, kann den Computer mit zwei oder mehr SCSI-Controllern ausstatten. Die Gesamtlänge der Verkabelung ist je nach SCSI-Version auf wenige Meter beschränkt, erst ab Ultra2 SCSI ermöglicht eine Technik namens LVD (Low Voltage Differential) bis zu 12 m.

SCSI-Geräte sind an der typischen Doppelschnittstelle für das ankommende und das weiterführende Kabel sowie am ID-Einstellschalter zu erkennen. An jedem Gerät einer SCSI-Kette wird zur eindeutigen Adressierung eine ID-Nummer zwischen 1 und 7 bzw. 15 eingestellt. Moderne SCSI-Systeme unterstützen auch automatische Adresszuweisung (SCAM = SCSI Configured Automatically). Das jeweils letzte interne und externe Gerät muss terminiert, also mit einem Abschlusswiderstand versehen sein, der aufgesteckt oder durch einen Schalter aktiviert wird.

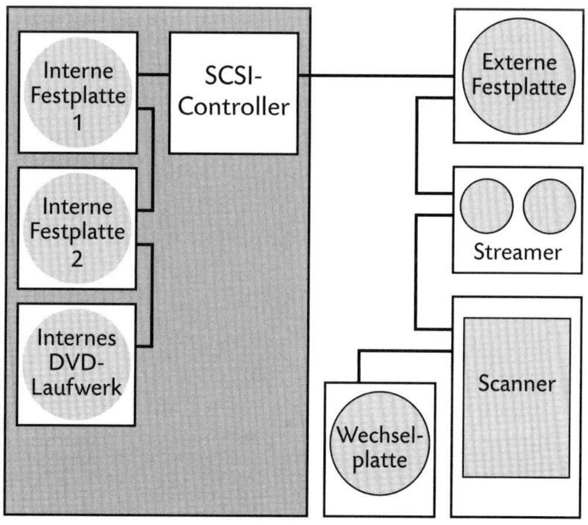

SCSI-Konfiguration mit internen und externen Geräten

SCSI wurde seit über 20 Jahren ständig weiterentwickelt. Die Entwicklungsstufen unterscheiden sich vor allem in der Übertragungsgeschwindigkeit und leider auch in der Art der Kabel und Stecker. Die aufwändig abgeschirmten externen SCSI-Kabel sind teuer, während interne Geräte mit preiswertem Flachbandkabel auskommen. Die wesentlichen Eigenschaften der SCSI-Standards von SCSI 1 mit 5 MByte/s bis Ultra 320 SCSI mit 320 MByte/s sind der Schnittstellenübersicht auf der folgenden Seite zu entnehmen.

Alle SCSI-Normen sind abwärtskompatibel, ältere und neuere Geräte können also – passende Kabel oder Adapter vorausgesetzt – gemeinsam verwendet werden. Aber auch im SCSI-Bereich zeichnet sich bei Übertragungsraten von 320 MByte/s die Grenze des technisch Machbaren ab. Die parallele Technik wird auf Dauer wohl vom seriellen Nachfolger Serial Attached SCSI (SAS) abgelöst werden.

Veraltet ist die parallele SPP-Schnittstelle (Standard Parallel Port), auch als LPT (Line Printer Port) bekannt. Sie fungierte hauptsächlich als Drucker-Anschluss und besteht PC-seitig aus einer 25-poligen Buchse, während der Drucker über die gleiche Buchse oder eine 36-polige Centronics-Schnittstelle verfügt. SPP wurde mehrfach weiterentwickelt. Es schafft heute mit dem EPP (Enhanced Parallel Port) Übertragungsraten bis zu 2 MByte/s und mit ECP (Enhanced Capability Port) auch bidirektionale Datenübertragung. Geräteketten sind nicht möglich, die maximale Kabellänge ist 5 m, Hotplug und Spannungsversorgung gibt es nicht.

1.6.2.3 Sonstige Schnittstellen

Bei mobilen Geräten (Notebook, PDA) hat sich die Schnittstelle PCMCIA (Personal Computer Memory Card International Association) als Standard für scheckkartengroße Module wie Flash-RAM- oder Netzwerkkarten durchgesetzt. Die Steckkarten heißen je nach Version PC-Card I, II oder III.

Neben den universellen Schnittstellen wie Firewire, SCSI und USB gibt es eine Vielzahl spezieller Schnittstellen, die nur den Anschluss bestimmter Geräte zulassen:

- Der Monitor empfängt seine Signale über die VGA-Schnittstelle des Grafikadapters oder bei digital angesteuerten Flachbildschirmen über DVI.
- Audiogeräte wie Mikrofon, Lautsprecher oder Stereoanlage verbindet man mit den Schnittstellen des Audioadapters. Hier finden sich branchentypische Normen; Entsprechendes gilt für Videogeräte.
- Für Joystick, Gamepad und anderes Spielzubehör gibt es den Gameport, der aber von USB verdrängt wird.
- Typisch für Netzwerkkabel sind heute „Westernstecker", die amtliche Schnittstellenbezeichnung lautet RJ 45.
- Bluetooth und Wireless LAN (WLAN) sind Standards für kabellose Datenübertragung. Die Sende- und Empfangselektronik kann im Gerät integriert sein (zum Beispiel Bluetooth im Mobiltelefon), mit Netz- oder USB-Schnittstelle eines PCs verbunden sein oder als PC-Card im Notebooks stecken.
- Über eine Infrarot-Schnittstelle kann ein Notebook Druckaufträge kabellos an einen entsprechend ausgestatteten Drucker senden oder eine (langsame) Netzverbindung aufbauen.

1.7 Programmiersprachen

Prozessoren verstehen nur Maschinensprache, also elektrische Impulsfolgen mit zwei Spannungszuständen, in der Maschinensprache durch 0 und 1 symbolisiert. Man kann ein Programm wie in der Computersteinzeit mit Nullen und Einsen schreiben, einfacher geht es jedoch mit Programmiersprachen. Sie lassen die Formulierung eines Programms mit bestimmten Befehlsworten und Anweisungen zu, die sozusagen Platzhalter für binären Maschinencode sind.

Bevor ein mit einer Programmiersprache erstelltes Programm ausführbar ist, muss die sprachliche Formulierung, der Quelltext, in Maschinensprache übersetzt werden. Diese Arbeit übernehmen automatische Übersetzungsprogramme, die Compiler oder Interpreter. Der Unterschied liegt darin, dass ein Compiler das gesamte Programm nur einmal übersetzt und dann als direkt ausführbaren Code speichert, während ein Interpreter bei jedem Programmstart erneut aktiv wird und das Programm temporär in Maschinencode übersetzt, der nicht gespeichert wird. Natürlich ist ein Compiler oder Interpreter immer auf eine bestimmte Programmiersprache abgestimmt.

Man unterscheidet niedere und höhere Programmiersprachen. Eine niedere Sprache besteht – vereinfacht gesagt – nur aus Worten, die direkt Maschinenbefehlen entsprechen. In diesen Assembler-Sprachen steht zum Beispiel das Wort ADD, gefolgt von zwei Zahlen, für den Binärbefehl zur Addition zweier Werte, oder MOV, gefolgt von hexadezimalen Speicheradressen, für die Verschiebung von Speicherinhalten. Assemblersprachen sind immer auf einen bestimmten Prozessor und seine Maschinenbefehle zugeschnitten, die Programme laufen nicht auf anderen Typen, sind dafür aber sehr kompakt und schnell. Die Programmierung ist sehr abstrakt und gilt als schwierig.

Höhere Sprachen, auch „Problemorientierte Sprachen" genannt, orientieren sich mehr an menschlicher

Wichtige Begriffe der Programmierung

Befehl (oder **Anweisung**): Eine Programmiersprache arbeitet nicht mit Vokabeln, sondern mit Befehlen, die eine genau festgelegte Bedeutung haben. Programmiersprachen unterscheiden sich in Art, Anzahl und Benennung ihrer Befehle. Einige sind aber in fast allen Sprachen gleich, zum Beispiel „if" und „else" zur Festlegung von Bedingungen.

Bibliothek (engl. **Library**): Sammlung von Funktionen und Programmroutinen, auf die ein Programmierer zugreifen kann. So muss er nicht für jedes Problem „das Rad neu erfinden". Für objektorientierte Sprachen gibt es auch Klassenbibliotheken. Um Arbeitsspeicher zu sparen, benutzen viele Programme DLLs (Dynamic Link Librarys), aus denen sie erst dann bestimmte Funktionen laden, wenn diese auch wirklich benötigt werden.

Debugging: Fehlersuche im Quelltext, die mit speziellen Debug-Programmen teilweise automatisiert laufen kann. Sie entdecken Syntaxfehler und bieten u. U. eine Programmoptimierung an, indem sie nicht nur Fehler beseitigen, sondern auch Code-Verbesserungen vorschlagen oder automatisch durchführen, um das Programm stabiler und schneller zu machen.

Editor: Letztlich kann man ein Programm mit jedem beliebigen ASCII-Editor (wie dem Windows-Notepad) schreiben, besser ist aber ein der jeweiligen Programmiersprache angepasster Editor, der den Programmierer mit automatischen Einrückungen und Hervorhebungen unterstützt. Zwar gibt es Sprachen wie Java, die Quelltext in freier Form zulassen, also ganz ohne oder mit einer beliebigen Zahl von Leerzeichen und Zeilenenden, aber übersichtlicher wird ein so geschriebenes Programm nicht gerade.

Kommentar: Anmerkung im Quelltext, die eine bestimmte Programmfunktion beschreibt. Damit der Compiler oder Interpreter Kommentare als solche erkennt und bei der Umwandlung des Programms in Maschinencode ignoriert, werden sie durch festgelegte Zeichen gekennzeichnet, z. B. Apostroph oder Schrägstriche. Kommentare machen Programme übersichtlicher und leichter nachvollziehbar. Guter Quelltext sollte auch gut kommentiert sein, vor allem bei umfangreichen Programmen.

Konstante: Sozusagen eine Variable (siehe unten) mit festem Wert. Er wird der Konstante bei ihrer Deklaration zugewiesen. Der Vorteil wird am Beispiel einer Mehrwertsteuer-Konstante deutlich: Ändert der Gesetzgeber den Mehrwertsteuersatz, kann das gesamte Programm einfach durch entsprechende Modifikation der Konstantendeklaration angepasst werden. Beispiel in Visual Basic: Const MwSt = 16 (Die Konstante heißt MwSt und hat den Wert 16.)

Objekt und **Klasse**: Begriffe aus der objektorientierten Programmierung. Objekte bestehen aus Daten und zugeordneten Regeln. Jedes Objekt gehört zu einer bestimmten Klasse, die ähnliche Objekte zusammenfasst. Beispiel aus dem „wirklichen Leben": Mountainbike, Rennrad und Tourenrad sind unterschiedliche Objekte, die aber wesentliche Eigenschaften gemeinsam haben. Sie gehören zur Klasse der Fahrräder.

Operatoren: Letztlich eine Untermenge des Befehlssatzes der Programmiersprache. Es gibt unterschiedliche Operatortypen, zum Beispiel arithmetische (wie + und – für Addition und Subtraktion), vergleichende (gleich, ungleich, größer, kleiner) und logische Verknüpfungen (and, or).

Prozedur: Unterprogramm innerhalb eines Programms, das als Einheit gesehen wird.

Quelltext oder **Quellcode**: Mit einer Programmiersprache formuliertes Programm im ASCII-Format, das erst nach der Übersetzung durch einen Compiler oder Interpreter in Maschinencode ausführbar ist.

Schleife (engl. Loop): Programmteil, der bis zum Eintritt einer Unterbrechungs- oder Ausstiegsbedingung wiederholt abgearbeitet wird. Die Anzahl der Wiederholungen kann auch konkret festgelegt werden.

Syntax: Feste, durch die jeweilige Programmiersprache vorgegebene Schreibvorschrift für den Quelltext eines Programms. Syntaxfehler, wie zum Beispiel ein fehlendes oder falsch gesetztes Komma, führen zwangsläufig zu Programmfehlern.

Variable: Platzhalter für einen veränderbaren Wert, der im RAM gespeichert wird. Über den Namen, der einer Variablen bei ihrer Definition (Fachbegriff: Deklaration) zugewiesen wird, kann das Programm jederzeit auf den Inhalt der Variablen zugreifen. Die Deklaration von Variablen legt auch deren Datentyp fest, zum Beispiel Text (String) oder Zahl, die weiter spezifiziert sein kann, zum Beispiel als Datum (Date), ganze Zahl (Long oder Integer), mit Nachkommastellen (Single oder Double) oder Währung (Currency). Variable vom Typ „boolean" speichern nur die Werte true (wahr) oder false (falsch), sind also für Ja/Nein-Entscheidungen geeignet.

Beispiele in Visual Basic:

Dim Summe As Integer (Die Variable heißt Summe, gespeichert wird ein ganzzahliger Wert.)

Dim Name As String (Die Variable heißt Name, gespeichert wird ein alphanumerischer Wert.)

Programmierung: Beispiel in JavaScript

Das Skript ist in eine HTML-Seite eingebunden (HTML-Anweisungen in spitzen Klammern). Es lässt sich mit jedem Internetbrowser (der als Interpreter fungiert) ausführen. Der Benutzer wird aufgefordert, eine ganze Zahl zwischen 0 und 50 zu raten, die zufällig erzeugt wurde. Hilfe erhält man durch Meldungen, die anzeigen, ob die geratene Zahl zu hoch oder zu niedrig ist. Nach Raten der richtigen Zahl wird das Programm mit einer Meldung über die Anzahl der benötigten Versuche beendet. Wer vorher auf „Abbrechen" klickt, ist ein „Spielverderber".

Das Skript arbeitet mit mehreren Variablen; es enthält eine Schleife und eine if-Anweisung. Kommentarzeilen werden durch zwei Schrägstrichen (//) am Zeilenanfang definiert. Kommentare sind normalerweise nicht so ausführlich wie im Beispiel. Längere Programmzeilen dürfen auf keinen Fall durch Absatzmarken getrennt werden, da das Programm mit jeder neuen Zeile eine neue Anweisung erwartet. Die Einrückungen im Quellcode dienen nur der Übersichtlichkeit. Der Code wird mit einem Texteditor geschrieben, unter einem Dateinamen wie „zahlenraten. html" im ASCII-Format gespeichert und mit einem Internetbrowser getestet.

```
<html>
<head>
<title>Zahlenraten</title>
<script type="text/javascript">
// Erzeugung einer ganzen Zufallszahl zwischen 0 und 50, die als Variable deklariert wird.
var zufallsZahl = Math.round( Math.random() * 50 );
// Die Variable für die Anzahl der benötigten Tipps wird deklariert und auf 0 gesetzt.
// Sie wird im Lauf des Spiels mit jedem Versuch um 1 erhöht.
var anzahlVersuche = 0;
// Deklaration der Variablen "tip", die auf einen Wert gesetzt werden muss, der außerhalb von 0 und 50 liegt;
// statt -1 ist z.B. auch 51 möglich. Wird kein Wert gesetzt, hat die Variable den Wert "null", der für den
// Abbrechen-Schalter reserviert ist ("null" ist nicht gleichzusetzen mit der Zahl 0!)
var tip = -1;
// Solange der abgegebene Tip ungleich (!=) der oben erzeugten Zufallzahl ist und (&&) nicht auf "Abbrechen"
// geklickt wird, wird der Anweisungsblock in den geschweiften Klammern abgearbeitet.
while( zufallsZahl != tip && tip != null )
{
      // Eine Eingabeaufforderung wird erzeugt, die Eingabe des Anwenders wird in der Variablen "tip" gespeichert.
      // Wenn "Abbrechen" geklickt wurde, wird in der Variablen "tip" "null" gespeichert.
      tip = prompt( " Ganzzahl zwischen 0 und 50 eingeben!","" );
      // Die Variable "anzahlVersuche" wird um 1 erhöht.
      anzahlVersuche++;
      // Wenn der Wert der Variablen "tip" kleiner ist als die Zufallszahl, dann gib ein Meldefenster mit dem Inhalt
      // "mehr!" aus. Wenn "tip" kleiner ist als die Zufallszahl, dann gib ein Meldefenster mit dem Inhalt "weniger" aus.
      if( tip < zufallsZahl && tip != null )
      alert( "mehr!" );
      else if( tip > zufallsZahl && tip != null )
      alert( "weniger!" );
}
// Wenn die Zahl erraten (und somit die while-Schleife abgebrochen) wurde , wird der nach den geschweiften Klammern
// stehende Code abgearbeitet. Denn erscheint ein Meldefenster mit dem Hinweis, wie viele Tipps benötigt wurden.
// Wenn die Variable "tip" durch "Abbrechen" auf "null" gesetzt wurde, erscheint die Meldung "Spielverderber!".
if( tip != null )
      alert( "Richtig mit " + anzahlVersuche + " Versuchen!" );
else
      alert( "Spielverderber!" );
</script>
</head>
<body>
</body>
</html>
```

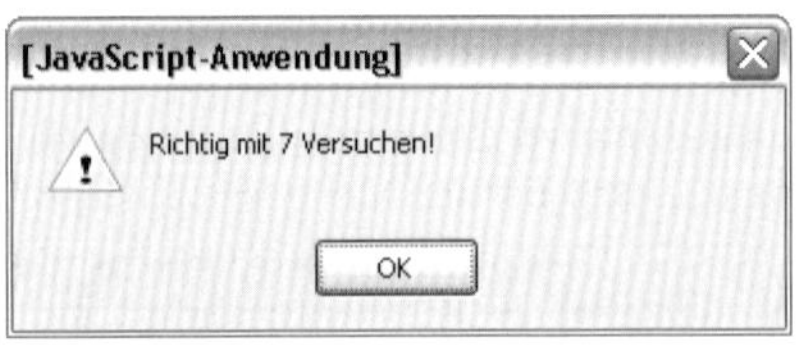

Denkweise. Sie haben einen größeren Befehlssatz, können Kombinationen verschiedener Maschinenbefehle mit einem Wort ansprechen, bieten für Routineaufgaben vorgefertigte Lösungen an und unterstützen den Programmierer mit einigem Komfort, auf den Assemblerprogrammierer verzichten müssen, zum Beispiel Debugging-Funktionen.

Der Begriff „Bug" (engl. für Käfer, Insekt) als Synonym für Computerfehler stammt aus Zeiten, als Computer noch mit Relais arbeiteten. Die Wärmeentwicklung dieser Großrechner zog Motten und sonstige „Bugs" an und führte manchmal dazu, dass sie in die elektromechanischen Relais gerieten und Fehlfunktionen verursachten. Die Fehlersuche war bei zigtausend Relais entsprechend schwierig. Höhere Programmiersprachen untersuchen den Quellcode automatisch und machen Programmierer auf Fehler aufmerksam.

Die mit höheren Sprachen erstellten Programme sind im Vergleich zu niederen Sprachen erheblich übersichtlicher und leichter nachvollziehbar. Zudem gibt es Sprachen, deren Code mit minimalem Änderungsaufwand auf unterschiedlichen Prozessortypen genutzt werden kann. Bekannte Vertreter höherer Sprachen sind Basic, Cobol, Fortran, Java, Pascal und vor allem die leistungsfähige Sprache C samt Varianten C++, Visual C und Quick C.

Eine differenziertere Einteilung der Programmiersprachen ergibt fünf Generationen:

- Maschinensprachen
- Assemblersprachen
- Problemorientierte oder Höhere Sprachen
- Nichtprozedurale Sprachen: Der Programmaufbau besteht nicht aus Befehlsketten, sondern aus Funktionen. Diese Sprachen sind nicht universell, sondern für die Lösung spezieller Probleme konzipiert worden. Im Vordergrund steht dabei nicht, *wie* ein Problem zu lösen ist, sondern *welches* Problem zu lösen ist. Beispiele: Delphi und PHP.
- KI-Sprachen: Die Abkürzung KI steht für künstliche Intelligenz. KI-Sprachen sind ebenfalls nichtprozedural. Mithilfe komplexer Regeln wird versucht, „intelligente" Programme zu erstellen, die nicht genau definierte Probleme eigenständig lösen. Beispiele sind die Sprachen Lisp, Prolog und Smalltalk.

Moderne Varianten sind objektorientierte Programmiersprachen wie C++, Java und Visual Basic. Der objektorientierte Ansatz soll die Programmierung überschaubarer und realitätsbezogener machen. Die herkömmliche Trennung von Datenobjekten und den für sie erlaubten Operationen wird aufgehoben. Ein Objekt besteht dann aus dem eigentlichen Dateninhalt und den zugeordneten Bearbeitungsregeln.

Sehr spezialisierte Programmiersprachen sind Dokumentenbeschreibungssprachen, wie zum Beispiel HTML für Internetseiten, PostScript für Druckseiten, HPGL für Plotter sowie die auf Unix-Systemen verbreiteten Sprachen TeX und LaTeX. Auch Industrieroboter werden durch Spezialsprachen gesteuert.

Normalerweise sind Anwendungsprogramme kompiliert, liegen also in Maschinencode vor. Bei Programmen, die mit Interpreter-Sprachen erzeugt werden, übersetzt ein Befehlsinterpreter die im Programm benutzten Befehle erst direkt vor ihrer Ausführung in temporären Maschinencode. Interpreter-Sprachen sind zum Beispiel HTML und JavaScript für Internetseiten; der Internet-Browser übernimmt hier die Rolle des Interpreters. Auch die Seitenbeschreibungssprache PostScript arbeitet mit einem Interpreter, dem RIP (Raster Image Processor), der für eine grafische Darstellung des mit PostScript-Befehlen beschriebenen Seitenaufbaus sorgt.

Einige Programme haben eigene Makro- oder Skript-Sprachen, die auch Ungeübten erlauben, innerhalb kurzer Zeit kleine oder größere Arbeitserleichterungen zu programmieren, oder, noch einfacher, einen Makro-Recorder benutzen. Er zeichnet Maus- und Tastatureingaben auf, speichert sie und ermöglicht dann den automatisierten Ablauf häufig gebrauchter Befehlsfolgen. Beispiele:

- Photoshop kann „Aktionen" aufzeichnen, um zum Beispiel mehrere Bilder mit der gleichen Reihe von Befehlen zu bearbeiten.
- Microsoft-Programme wie Word, Excel und Powerpoint arbeiten mit VBA (Visual Basic for Applications), einer relativ mächtigen Sprache, die sich außer für Makros auch für komplexe individuelle Anpassungen der Programme eignet.
- Skriptsprachen werden auch in multimedialen Autorensystemen wie Director (Sprache Lingo) oder Flash (ActionScript) eingesetzt, wenn anspruchsvollere Anwendungen mit speziellen Funktionen gefragt sind.
- Windows- und Mac-Betriebssysteme haben eine Skriptsprache zur Automatisierung von Systemfunktionen integriert: Der Windows Script Host arbeitet wahlweise mit VB-Script (ein abgespecktes Visual Basic) oder JavaScript, der Mac mit dem proprietären AppleScript.

1.8 Betriebssysteme

1.8.1 Funktion des Betriebssystems

Ein PC ist hardwareseitig universell konzipiert, er kann für unterschiedliche Aufgaben eingesetzt werden. Eine Spezialisierung erfolgt erst durch bestimmte Programme, mit denen die Hardware gesteuert wird.

Grundsätzlich lässt sich jedes Computerprogramm sowohl durch Hardware als auch Software realisieren. Im ersten Fall ist das Programm unveränderbar „fest verdrahtet" in spezialisierten Chips gespeichert. Viele alltägliche Dinge wie Waschmaschinen, Videogeräte, Mobiltelefone usw. werden auf diese Weise gesteuert. Manchmal ist die gesamte Elektronik einschließlich Steuerung auf einem einzigen Chip untergebracht. Auch in den ROM-Chips eines PCs finden sich zahlreiche fest eingebaute Steuerungsprogramme.

Software hat den Vorteil der leichten Austauschbarkeit. Die Programme sind auf Datenträgern wie Festplatten oder CDs gespeichert und müssen vor Gebrauch in den Arbeitsspeicher geladen werden. Der Arbeitsspeicher kann jedes beliebige Programm aufnehmen. Durch einfachen Programmwechsel wird aus einem Buchhaltungscomputer z. B. ein Werkzeug zum Zeichnen, zur Text-, Ton- oder Videobearbeitung, ein Kommunikationsmittel oder ein Spielzeug.

Man unterscheidet Betriebssysteme (Systemprogramme) und Anwendungsprogramme. Letztere sind beispielsweise Text-, Grafik, Finanz- und Datenbankprogramme, also die Programme, mit denen Anwender ihre Arbeit bewältigen. Voraussetzung ist jedoch stets ein Betriebssystem; es ist das Bindeglied zwischen Hardware und Anwendungsprogrammen.

Ein Betriebssystem (englisch *Operating System,* abgekürzt OS) besteht aus mehreren grundlegenden Steuerungs- und Dienstprogrammen, ohne die der Betrieb eines PCs nicht möglich ist. Außerdem erleichtert es die Anwendungsprogrammierung, weil Routinefunktionen wie Drucken, Speichern usw. zentral vom Betriebssystem erledigt werden und nicht für jedes Programm neu entwickelt werden müssen.

Wesentliche Bestandteile von Betriebssystemen:

- Grafische Oberfläche mit Ordnern, Symbolen, Maus- und Fenstertechnik für die einheitliche Darstellung und Steuerung von Anwendungsprogrammen und Systemfunktionen
- Dienstprogramme zum Formatieren von Datenträgern, zum Kopieren, Verschieben, Umbenennen von Dateien, zur Datensicherung usw.
- Eine Speicherverwaltung, die das Zusammenspiel von Prozessor und Hauptspeicher sowie die Speicherung auf Datenträgern regelt
- Grundlegende Ein- und Ausgabefunktionen sowie Schnittstellensteuerung
- Benutzer- und Passwortverwaltung
- Programmübergreifende Druckerverwaltung
- Programmübergreifende Schriftverwaltung
- Netzwerk- und DFÜ-Funktionen
- Treiber für Peripheriegeräte, zum Beispiel Grafikkarten-, Drucker-, Tastatur- und Maustreiber
- Einige nützliche Tools und Hilfsprogramme

Viele Einstellmöglichkeiten der Betriebssystemfunktionen finden sich unter Windows im Ordner Systemsteuerung und unter Mac OS in den Kontrollfeldern.

Im PC-Bereich spielen heute nur noch drei Betriebssysteme eine wichtige Rolle: Windows von Microsoft (mit Abstand am weitesten verbreitet), Mac OS von Apple und das lizenzfreie Linux. Meistens wird Systemsoftware für einen bestimmten Prozessortyp entwickelt. Weil wiederum die Anwendungsprogramme auf ein bestimmtes Betriebssystem zugeschnitten sind, führt das zu den bekannten Beschränkungen: Ein Anwendungsprogramm läuft immer nur auf dem Betriebssystem, für das es entwickelt wurde.

Immerhin gibt es heute zahlreiche Anwendungsprogramme, die für mehrere Betriebssysteme erhältlich sind. Für Windows und Mac OS sind das unter anderem Acrobat, Director, Freehand, Flash, Indesign, Illustrator, Photoshop, Premiere, QuarkXPress und die Office-Programme von Microsoft (Word, Excel, Powerpoint). Von einigen Programmen – zum Beispiel Acrobat, FrameMaker, Photoshop und Star Office – gibt es auch Versionen für Unix-Betriebssysteme.

Allerdings gleichen sich die Varianten dieser Programme nur in der Oberfläche und dem beim Speichern verwendeten Datenformat (binärkompatible Speicherung). Die zugrunde liegende Programmierung ist ganz unterschiedlich: Die Windows-Variante eines Programms lässt sich nicht unter Mac OS oder Linux (bzw. anders herum) installieren.

Für manchen Bedarf (zum Beispiel Softwareentwicklung und -test) sind Emulatoren interessant. So werden Programme genannt, die ein fremdes Betriebssystem auf einem Computer simulieren, der eigentlich nicht für dieses System geeignet ist. Mit mehr oder weniger Einschränkungen laufen dann auch fremde Anwendungsprogramme über den Emulator. So lässt sich auf einem Windows-PC ein alter Amiga-Computer, ein IBM-Großrechner oder ein Apple-Macintosh emulieren. Auch für Apple-Rechner gibt es Emulatoren wie Virtual PC, die das Ausführen von Windows-Programmen auf dem Mac ermöglichen (hat sich erübrigt, seitdem Apple Intel-Prozessoren einsetzt). Viele Emulatoren sind sogar kostenlos erhältlich, jedoch bedeutet Emulation immer aufwändige Umrechnungen und, damit verbunden, meist erheblichen Tempoverlust.

Bessere Lösung ist die parallele Installation verschiedener Original-Betriebssysteme auf demselben Computer, sofern dessen Hardware dafür geeignet ist. So kann ein herkömmlicher PC mehrere Windows-Versionen und Linux betreiben (Mac OS X lässt sich legal nur auf Apple-Rechnern installieren, auch wenn technisch anderes möglich ist). Apple-Rechner mit Intel-Prozessor laufen mit Mac OS X, Windows und Linux.

Wenn nur eine Festplatte zur Verfügung steht, wird sie partitioniert, d.h. in unabhängige Bereiche aufgeteilt, die jeweils ein Betriebssystem aufnehmen. Ein kleines Programm, der „Boot Manager" („Boot Camp" bei Apple), bietet beim Rechnerstart die Betriebssysteme zur Auswahl an.

1.8.2 DOS und Windows bis Version 9x

Der erste IBM-PC von 1981 wurde mit DOS 1.0 und der Programmiersprache Basic ausgeliefert. IBM hatte Bill Gates und seine Firma Microsoft mit der Entwicklung beider Komponenten beauftragt. Später gab es auch DOS-Varianten von anderen Herstellern. DOS blieb bis zu seiner letzten Version 7.0 von 1995 ein befehlszeilengesteuertes Betriebssystem, das nach heutigen Maßstäben spartanisch anmutet. Zwar gab es maus- und menügesteuerte Anwendungsprogramme, jedoch ohne einheitliche grafische Oberfläche.

DOS läuft ausschließlich auf Intel- oder kompatiblen Prozessoren mit x86-Befehlssatz und kann nur 640 KB Arbeitsspeicher adressieren. Die Fähigkeit von Prozessoren, 32 Bit pro Takt zu verarbeiten, bleibt ungenutzt, denn DOS und frühe Windowsversionen sind nur auf 16 Bit ausgelegt. Aufgrund der Marktdominanz Intel-kompatibler PCs hatte DOS trotz seiner offenkundigen Beschränkungen lange Zeit mehr als 90 % Marktanteil. Heute ist DOS weitgehend bedeutungslos.

Windows wurde von Microsoft zwar schon 1985 vorgestellt, der Durchbruch kam aber erst 1990 mit der Version 3.0, die aber immer noch DOS als Grundlage benötigte. Sie erweiterte DOS um eine grafische Oberfläche, Multitasking und eine Speicherverwaltung, die endlich mehr als 640 KB adressierte. Die letzte Version 3.11 ließ auch die Einrichtung einfacher Netzwerke zu.

Windows 95 wartete mit neuer Technik und Optik auf. Es ist ein überwiegend in 32 Bit ausgelegtes Betriebssystem mit grafischer Oberfläche. Der Anschluss von Peripheriegeräten und Steckkarten wird durch Plug and Play vereinfacht. Mit FAT32 wurde ein neues Dateisystem eingeführt, das größere Festplatten(partitionen) verwalten kann, nämlich bis zu zwei Terabyte gegenüber zwei Gigabyte mit dem Vorgänger FAT16. Statt der DOS-typischen Dateinamen mit maximal 11 Zeichen (8 plus 3) sind 255 Zeichen erlaubt. Aus Kompatibilitätsgründen schleppte Windows 95 zwar noch einige DOS-Altlasten mit, war aber das erste eigenständige Windows-Betriebssystem und nach dem ersten Update einigermaßen umgänglich und stabil.

Die Nachfolger Windows 98 und Windows ME waren Modellpflege ohne wesentliche Neuerungen. Alle Versionen sind zum Aufbau einfacher Netzwerke (Peer to Peer) geeignet. Windows 95, 98 und ME werden zusammenfassend als Windows 9x bezeichnet. Sie laufen nur auf Intel-kompatiblen Prozessoren mit x86-Befehlssatz und sind heute weitgehend bedeutungslos.

1.8.3 Windows NT bis Windows 7

Windows NT (New Technology) ist ein 32-Bit-Betriebssystem, mit dessen Entwicklung Microsoft schon einige Jahre vor Windows 95 begann. Technisch wurde eine ganz andere Linie verfolgt: Zielgruppe war nicht der Massenmarkt, sondern der Bereich der Hochleistungs-PCs, Workstations und vor allem der Netzwerkserver.

NT läuft auf Intel Pentium und Kompatiblen sowie auf einigen 64-Bit-Prozessoren. Es beherrscht Multiprocessing, also die Verteilung der Arbeit auf mehrere Prozessoren. Mit Windows NT kam das neue Dateisystem NTFS (New Technology File System), das dem FAT-System von Windows 9x weit überlegen ist und dazu beiträgt, dass sich NT wesentlich sicherer und stabiler verhält. Im Gegensatz zu Windows 9x ist NT – wie auch seine Nachfolger Windows 2000, XP, Vista und 7 – frei von DOS-Relikten.

Als Serverbetriebssystem konkurrierte Windows NT mit Novell Netware und Unix-Derivaten wie zum Beispiel Linux, als Einzelplatzsystem spielte es dagegen kaum eine Rolle. Die erste NT-Version 3.1 erschien 1993, die letzte Version 4.0 1996; danach kamen noch mehrere Servicepacks (Fehlerbereinigungen und Verbesserungen).

Windows 2000 ist eine Weiterentwicklung von NT; der Name weist auf das Erscheinungsjahr hin. Neu sind u.a. USB-Unterstützung, die Programmier-Schnittstellen DirectX und OpenGL, vereinfachte Netzadministration durch dynamisches DNS, Datenverschlüsselung durch Unterstützung des Internetprotokolls IPSec und eine neue Version (3.0) des Dateisystems NTFS, das Datenkompression und Quotierung (Zuweisung begrenzter Speicherplatzmengen für bestimmte Benutzer) beherrscht. Die Oberfläche ähnelt Windows 9x.

Windows XP (von experience) ist – technisch gesehen – der Nachfolger von Windows 2000. Es sollte aber gleichzeitig die Windows-9x-Linie ablösen und damit die bisherige Trennung der Windowssysteme aufheben (Windows 9x für Einzelplatzrechner in den Bereichen Heim, Hobby, Büro und als Netzwerk-Client, Windows NT und 2000 für Profis und Netzwerk-Server).

Windows XP wurde 2001 in mehreren Varianten eingeführt: Die Home Edition war bis 2006 auf den meisten neu verkauften PCs und Notebooks vorinstalliert. Die teurere Professional Edition bietet erweiterten Funktionsumfang, u. a. Dateiverschlüsselung und Unterstützung mehrerer Prozessoren. Beide Versionen arbeiten mit 32 Bit und adressieren maximal 4 GB Arbeitsspeicher. Zusätzlich gibt es die XP x64-Version mit rudimentärer Unterstützung für 64-Bit-Prozessoren wie AMD Athlon 64 und Opteron oder Intel Core 2 und bestimmte Pentium-, Celeron- und Xeon-Modelle. Auch für XP gab Microsoft drei Servicepacks zur Verbesserung der Stabilität, Sicherheit und Funktionalität heraus.

Wesentliche Neuerungen von Windows XP:

- Verbesserter Speicherschutz und automatische Wiederherstellung wichtiger Systemdateien oder ganzer Konfigurationszustände
- Optisches Update der grafischen Oberfläche namens Luna, die sich alternativ zum alten Windows-9x-Look einschalten lässt
- Modifizierte Benutzerführung mit zahlreichen „Assistenten", die schrittweise durch neue Aufgaben führen
- Remote Control: XP lässt sich über Netzwerk oder DFÜ-Verbindung fernsteuern, was zum Beispiel Wartungs- und Servicearbeiten erleichtert. Neu ist, dass diese Funktion im Betriebssystem integriert ist (nur XP Professional) und keine Spezialsoftware benötigt.
- Dateiverschlüsselung (nur XP Professional)
- ZIP-komprimierte Dateien können ohne Zusatzprogramm entpackt und erstellt werden.
- Speicherung der Arbeitsumgebungen mehrerer Benutzer: Man kann das System beenden oder sich abmelden, ohne vorher alle Anwendungsprogramme zu schließen. Bei der nächsten Anmeldung findet man, abhängig vom Anmeldenamen, die Umgebung einschließlich geöffneter Anwendungen und Dateien so vor, wie man sie verlassen hat.
- Mehrere Benutzer können gleichzeitig angemeldet sein.

Windows Vista war seit Anfang 2007 Nachfolger von XP, konnte aber nicht an dessen guten Ruf anknüpfen. Es benötigt wesentlich mehr Ressourcen (Prozessorleistung und Arbeitsspeicher) und zeigte diverse Fehler und Probleme. So nutzten viele Anwender, gerade auch im professionellen Bereich, weiter XP und warteten auf Windows 7. Vista wurde wie XP in mehreren Varianten angeboten, alle wahlweise für 32- oder 64-Bit-Systeme. Die 32-Bit-Versionen verwalten maximal 4 GB Arbeitsspeicher, die 64-Bit-Versionen bis 128 GB. Die wesentlichen Neuerungen:

- Vektorbasierte Oberfläche „Aero" mit Transparenz-Effekten und Animationen. Für die flüssige Darstellung können Grafikkarten der CPU die Hauptrechenlast abnehmen.
- Verbesserte und erweiterte Einstellungen für Benutzerkonten
- Zahlreiche neue Sicherheitsfunktionen, zum Beispiel Laufwerksverschlüsselung
- Version 5.0 des Dateisystems NTFS mit besserem Speicherschutz bei Rechnerabstürzen
- Im Vergleich zu XP bessere Unterstützung für 64-Bit-Prozessoren
- Bessere und schnellere Suchfunktionen
- „Windows Mail" als Nachfolger von Outlook Express
- Eltern haben die Möglichkeit, Dauer und Art der Computernutzung ihrer Kinder einzuschränken und zu kontrollieren.
- Unterstützung des Internetprotokolls IPv6
- Neues Datenformat XPS (XML Paper Specification) für die Erstellung von Druckdaten und als programm- und geräteunabhängiges Dokumentenformat, das – ähnlich wie PDF – Darstellung und Ausdruck ohne das Ursprungsprogramm erlaubt. Neuere Drucker können XPS direkt verarbeiten.
- Unterstützung von Version 3.0 der Programmier-Plattform .NET, die Microsoft seit einigen Jahren entwickelt mit dem Ziel, die in die Jahre gekommene Win-32-API abzulösen. .NET wurde zwar für Windows entwickelt, basiert aber auf offenen Standards wie XML und ist prinzipiell geräte- und plattformunabhängig. Für die Anwendungsentwicklung unter .NET kommen zahlreiche Programmiersprachen in Frage.

Windows 7 erschien Ende 2009 und war im Gegensatz zu Vista auf Anhieb sehr erfolgreich. Microsoft hatte offenbar aus dem Dilemma mit Vista gelernt und der neuen Version eine ausgiebige Testphase gegönnt. Windows 7 ist offenbar weitgehend fehlerfrei, einfacher im Umgang und verbraucht deutlich weniger Ressourcen als der Vorgänger. Wichtige Neuerungen und Änderungen:

- Die Oberfläche Aero wurde optisch geändert und mit einigen neuen Funktionen versehen. Aero lässt sich – wie schon unter Vista – bei Bedarf abschalten; das Betriebssystem läuft dann mit einer weniger aufwändigen Standard-Oberfläche, die geringere Anforderungen an die Hardware stellt.
- Neben dem Standarddateisystem NTFS wird auch das Universal Disk Format (UDF) und immer noch das alte FAT unterstützt.
- Beim Webbrowser Internet Explorer 8 musste Microsoft sich der EU-Kommision beugen und eine einmalige Abfrage einrichten, ob ein alternativer Browser installiert werden soll. Das ist auch aus Sicherheitsgründen nach wie vor empfehlenswert, denn der Internet Explorer war schon immer Lieblingsziel für Hackerangriffe. Ebenfalls auf Druck der

EU erscheint in Europa eine Version ohne Media-Player: Windows 7 N.

- Wie Mac OS X unterstützt auch Windows 7 Multi-Touch, eine Funktion, die mehrere gleichzeitige Berührungen eines Touchscreens erlaubt und so die Bedienmöglichkeiten erweitert.
- Das überarbeitete Media-Center fasst zahlreiche Multimediafunktionen zusammen, u.a. TV-Wiedergabe und -Aufnahme.
- Die Funktion „Device Stage" zeigt für angeschlossene Geräte jeweils in einem besonderen Fenster alle dazu passenden Aktionen an. Der Nutzen wird besonders bei Multifunktionsgeräten deutlich, wo beispielsweise die Druck-, Scan- und Faxfunktionen übersichtlich in einem Fenster aufgelistet sind.
- DirectX, der Windows-Standard für Multimedia-Anwendungen, liegt als Version 11 vor. DirectX ist ein Oberbegriff, hinter dem diverse Programmierschnittstellen für grafische Funktionen (2D und 3D), Sound, Multimedia und Streaming stecken. Für die Darstellung der Aero-Oberfläche muss die Grafikkarte mindestens DirectX 9 beherrschen und über 128 MB Grafikspeicher verfügen.

Wie XP und Vista ist Windows 7 in unterschiedlichen Editionen erhältlich, die bis auf die Starter-Variante wahlweise als 32- oder 64-Bit-System installierbar sind:

- Starter: Sehr eingeschränkt, ohne Aero-Oberfläche, nur als 32-Bit-System, keine Zweitmonitorunterstützung, kein Mediacenter, kein Multitouch, Desktopbild sowie Töne und Farben nicht änderbar, nur als OEM-Version erhältlich (vom Computerhersteller vorinstalliert)
- Home Basic: Basisversion mit stark eingeschränkten Multimedia-Funktionen, keine Aero-Oberfläche, wie alle höheren Editionen aber als 32- und 64-Bit-Ausführung, in Deutschland nur als OEM-Version erhältlich
- Home Premium: Diese Version ist mit Abstand am weitesten verbreitet, da sie auf den meisten privat genutzten PCs vorinstalliert ist. Mit Aero und voller Multimedia-Funktionalität.
- Professional: Richtet sich an kleine und mittlere Unternehmen, mit allen Eigenschaften von Home Premium plus zusätzliche Netzwerkfunktionalität.
- Ultimate: Fasst alle Funktionen zusammen und bietet zusätzlich einige Besonderheiten wie Festplattenverschlüsselung, Sprachauswahl und ein Unix-Subsystem für den Betrieb von Unix-Anwendungen.
- Enterprise: Zielgruppe sind Unternehmen mit komplexen Netzwerken, nur als Volumenlizenz erhältlich (darf dann auf einer preisabhängigen Anzahl von Rechnern installiert werden), entspricht im Funktionsumfang etwa Ultimate.

Windows XP, Vista und 7 sind Einzelplatz-Betriebssysteme; sie erlauben allerdings die Installation einfacher Peer-to-Peer-Netze (Netzwerke ohne Serververwaltung). Für komplexere Netze bietet Microsoft spezielle Server-Betriebssysteme an.

Die Serverlinie von 2003 bis 2008 heißt Windows Server 2003, gefolgt von der aktuellen Linie Windows Server 2008. Die Varianten Foundation, Standard, Enterprise und Datacenter sind jeweils für 32- und 64-Bit-Prozessoren erhältlich. Am leistungsstärksten ist das 64-Bit Datacenter; es adressiert Arbeitsspeicher bis 1 TB und unterstützt Multicore-Prozessoren sowie bis zu 64 Einzelprozessoren. Hinzu kommen die spezialisierten Serverprodukte Windows Webserver 2003 und 2008. Die Preise für Serverbetriebssysteme richten sich in der Regel nach der Anzahl der zu verwaltenden Clients.

1.8.4 Unix-Derivate

Unix ist ein altes, aber immer noch hochaktuelles Betriebssystemkonzept, dessen Anfänge ab 1960 von Mitarbeitern der Bell Laboratories (AT&T) zuerst unter dem Namen Multics, ab 1969 Unics (Multiplexed /Uniplexed Information and Computing System) erarbeitet wurden.

Eng verbunden mit Unix sind die Namen der Entwickler Ken Thompson, Denis Ritchie und Brian Kernighan. Ritchie entwickelte die höhere Programmiersprache C, die von Kernighan verbessert wurde. Thompson und Ritchie schrieben 1973 das mittlerweile in Unix umgetaufte Betriebssystem komplett neu in C. Weil diese Programmiersprache grundsätzlich für unterschiedliche Prozessortypen geeignet ist, konnte Unix sich später auf verschiedensten Computern, vom Großrechner bis zum PC, verbreiten. Viele Branchengrößen wie Amdahl, Bull, DEC, IBM, HP, Nixdorf, Olivetti, Siemens, SGI und SUN portierten früher oder später Unix auf ihre Systeme.

Unix ist ein Oberbegriff, hinter dem zahlreiche Abkömmlinge stehen, die Unix-Derivate. Darunter gibt es 32-, 64- und 128-Bit-Varianten. Hier eine (kleine) Auswahl typischer Unix-Derivate: AIX für Serversysteme und Workstations von IBM, HP-UX für Hochleistungsrechner von HP, Open Solaris für SUN-Workstations und andere Rechnerarchitekturen (u.a. Intel und AMD), IRIX für Workstations von SGI (Silicon Graphics) und Supercomputer, Mac OS X für Apple Computer, FreeBSD und Linux für unterschiedlichste Rechnerarchitekturen.

Unix war früher ein befehlszeilenorientiertes Betriebssystem; heute sind aber ergonomische und ansprechend gestaltete grafische Oberflächen selbstverständlich. Da Unix aufgrund seiner C-Programmierung relativ einfach an unterschiedliche Rechnerarchitekturen angepasst werden kann, wird auch der Einsatz gleicher Anwendungsprogramme, die ja immer betriebssystemabhängig sind, auf verschiedenen Rechnern erleichtert. Unix hat hervorragende Multitasking- und Netzwerkfähigkeiten und ist sehr stabil. Früher liefen alle Internetserver mit Unix(-Derivaten), auch heute stellen Unixserver die klare Mehrheit im Internet. Ihr Netzwerkprotokoll TCP/IP ist der Standard, den auch alle anderen Internetrechner benutzen.

BSD (Berkeley Software Distribution) ist eine Hauptentwicklungslinie von Unix, die ihren Ursprung an der Universität Berkeley in Kalifornien hat. Eine Besonderheit ist die BSD-Lizenz, die das freie Kopieren, Verbreiten und Ändern der Codes erlaubt, ähnlich wie die General Public License, die u.a. für Linux gilt. Viele Unix-Derivate basieren auf BSD, zum Beispiel das kommerzielle Mac OS X oder die frei verfügbaren Betriebssysteme FreeBSD, NetBSD, OpenBSD und DragonFly BSD. Das ausgereifte und sehr stabile FreeBSD (www.freebsd.org/de) ist kostenlos für viele Rechnerplattformen erhältlich und erfreut sich bei Internetprovidern großer Beliebtheit. Zahlreiche Inter- und Intranetserver laufen mit FreeBSD; der wahrscheinlich bekannteste Nutzer ist Yahoo.

Bemerkenswert ist auch das nicht kommerzielle Unix-Derivat Linux. Idee, Konzept und die grundlegende Linuxprogrammierung stammen von Linus Torvalds. Der finnische Student begann 1991 mit seiner bis heute andauernden Arbeit, mittlerweile unterstützt durch ein weltweites Heer von Programmierern. Da der Linux-Quellcode im Gegensatz zu dem anderer Betriebssysteme nicht geheim, sondern frei verfügbar ist (Open Source Software), kann jeder Programmierer, der die Sprache C beherrscht, Änderungen und Erweiterungen und somit maßgeschneiderte Systemsoftware programmieren.

Der Linux-Vertrieb folgt dem alternativen Konzept GPL (General Public License), denn für das Betriebssystem und einen großen Teil der Anwendungsprogramme fallen keine Lizenzgebühren an. Die Kosten für eine komplette Linux-Distribution liegen bei rund 50 Euro; dafür erhält man ein Handbuch und mehrere CDs, die außer dem System auch gigabyteweise Anwendungen und Tools enthalten. Noch günstiger wird es mit einem schnellen Flatrate-Internetzugang, denn Linux und ein riesiges Softwareangebot sind frei im Web verfügbar. Bekannte Vertreiber (Distributoren) von Linux sind die Firmen SuSe und RedHat. Geld verdienen Linuxfirmen ausschließlich mit Dienstleistungen wie Installation, Dokumentation, Anpassung und Programmierung, das System selbst ist kostenlos und darf frei kopiert und weitergegeben werden.

War Linux anfangs spartanisch, befehlszeilengesteuert und nur etwas für „Computerfreaks", bietet es heute teilweise ähnlichen Installations- und Bedienungskomfort wie kommerzielle Betriebssysteme, aber eben nur teilweise. Der unbedarfte PC-Nutzer ist mit Windows oder Mac OS besser bedient, aber das muss ja nicht immer so bleiben, zumal viele Argumente für Linux sprechen, zum Beispiel die Stabilität, weniger Sicherheitslücken und erheblich geringere Virengefahr. Zudem steht mit dem Virtual File System (VFS) eine einheitliche Schnittstelle für den Transfer von Daten aus verschiedenen Dateisystemen (z. B. FAT, HFS, HPFS, NTFS) zur Verfügung.

Auch die ständig weiterentwickelte grafische Oberfläche KDE (K Desktop Environment) hat erheblich zur Akzeptanz von Linux bei den Endanwendern beigetragen. Und es gibt diverse andere grafische Benutzeroberflächen, zum Beispiel im Amiga-, Mac- oder Windows-Look.

Hauptsächlich kommt Linux als kostengünstiges, flexibles und stabiles Betriebssystem in Netzwerk- und Hochleistungsumgebungen zum Einsatz. Ein Großteil der Internetserver läuft unter Linux. Last not least: Der deutsche Bundestag hat sich bei der Wahl seiner Netz- und Verwaltungssoftware für Linux und damit gegen Microsoft entschieden.

Linux ist als 32- oder 64-Bit-Version für PC, Mac, Workstation und Großrechner (Mainframe) erhältlich. Für Aufsehen sorgte IBM 1999, als sie Mainframes und Server, die bis dahin mit dem IBM-Unixderivat AIX ausgestattet waren, auch mit Linux anbot. Heute spielt Linux eine wichtige Rolle in IBMs Strategie und andere namhafte Hersteller folgen diesem Trend.

Erwähnenswert ist noch die freie Linux-Distribution Knoppix, benannt nach ihrem Entwickler Klaus Knopper. Die einfachste und unverbindlichste Art, Linux kennenzulernen, ist Knoppix von einer CD oder DVD zu starten. Es benötigt keine Festplatteninstallation und erkennt und konfiguriert fast jegliche durch Linux unterstützte Hardware automatisch. Zur Distribution gehören neben der Oberfläche KDE auch zahlreiche Anwendungsprogramme. Download und Infos: www.knopper.net/knoppix

Eine weitere bekannte und sehr einfach zu handhabende Linux-Distribution ist Ubuntu mit mehreren Abkömmlingen, zum Beispiel Kubuntu mit der beliebten KDE-Oberfläche oder Edubuntu für Kinder und Schulen.

1.8.5 Mac OS bis Version 9

Mac OS (Operating System) ist das Betriebssystem für Apple-Computer. Bis zur Version 7 ist es noch für „historische" Macs mit Motorola-Prozessoren geeignet, ab Version 8 läuft es nur auf Power-Macs mit RISC-Prozessoren. Mit Erscheinen des völlig neu konzipierten Mac OS X im Jahr 2001 wurde die Entwicklung dieser Betriebssystemreihe eingestellt (etwa zeitgleich erfolgte im Windows-Bereich die Ablösung von Windows 98 durch XP).

Schon seit 1983 verfolgt Apple das ursprünglich von Xerox entwickelte Konzept der grafischen Oberfläche. Entsprechend fortschrittlich präsentierte sich das Betriebssystem, das mit Eigenschaften aufwartete, auf die Windows-Benutzer bis 1995 warten mussten. So gab es schon 1987 Multitasking und 24-Bit-Farbdarstellung.

Seit Version 7 (1991) ist Mac OS ein 32-Bit-Betriebssystem. Den größten Anteil am kometenhaften Aufstieg der Firma Apple in den Achtzigerjahren hatte die benutzerfreundliche Systemsoftware der Macintosh-Modelle mit Mausbedienung, Fenstertechnik, Icons, einheitlichem Erscheinungsbild aller Programme, Plug and Play und einfacher Vernetzungsmöglichkeit.

Besonders beliebt sind Macs im Medienbereich; die ersten DTP-Programme wie Freehand, Pagemaker und Photoshop liefen nur auf Macs. Heute gibt es alle wichtigen DTP- und Multimediaprogramme auch für Windows und die Situation ist oft sogar umgekehrt, da viele Programme ausschließlich für Windows entwickelt werden.

1.8.6 Mac OS X

Große Hoffnungen waren 1997 an die Rückkehr von Apple-Gründer Steve Jobs geknüpft. Er war 1985 im Zorn bei Apple ausgestiegen und hatte eine eigene Firma mit dem bezeichnenden Namen Next gegründet. Dort wurden die exzellenten, aber nicht erfolgreichen Unix-basierten Betriebssysteme NextStep und OpenStep entwickelt. Die Rückkehr von Steve Jobs brachte Apple dieses wertvolle Know-how, auf dessen Basis das neue Mac OS X entwickelt wurde. Schon lange ging Apple der Frage nach, wie man den technisch veralteten Vorgänger ablösen könnte – OS X sollte die Antwort sein.

Das X steht für die römische Zahl 10 und weist gleichzeitig auf den Unix-Ursprung dieses Betriebssystems hin, das mit den Vorgängerversionen bis OS 9 nichts mehr gemein hat. Die erste Version erschien 2001; die Updates sind an den Versionsnummern (OS X 10.2, 10.3, 10.4 usw.) und den Markennamen (Jaguar, Panther, Tiger ...) zu erkennen. Ab Version 10.5 (Leopard) läuft Mac OS X auch auf Apple-Rechnern mit den seit 2006 eingesetzten Intel-Prozessoren.

Technisch, optisch und vor allem hinsichtlich der Stabilität ist Mac OS X seinen Vorgängern weit überlegen. Ein wirksamer Speicherschutz sorgt dafür, dass ein abstürzendes Anwendungsprogramm nicht mehr andere Programme oder gar das Betriebssystem beeinträchtigt. Multiprozessor-Rechner und Multicore-CPUs finden Unterstützung, ebenso wie ein 32- und 64-Bit-Modus. Als Dateisysteme stehen das Mac-typische HFS+ und das Unix-System UFS zur Verfügung, dazu die CD/DVD-Dateisysteme ISO 9660 und UDF. OS X liest und schreibt auch FAT16 und FAT32, das aktuelle Windows-Dateisystem NTFS kann es jedoch nur lesen. Wie alle Unix-Systeme verfügt OS X über besondere Netzwerkqualitäten, entsprechend existiert auch eine Serverversion, die es allerdings in diesem von Microsoft und Unix-Derivaten dominierten Bereich sehr schwer hat.

Die grafische Oberfläche wurde unter dem Namen Aqua komplett neu gestaltet. Aqua mit seinen Licht-, Schatten- und Transparenzeffekten und fotorealistischen Icons ist vektororientiert und verlagert den Großteil der für die Darstellung nötigen Berechnungen von der CPU auf den Grafikprozessor. Neu ist auch die Grafikschicht des Betriebssystems, die jetzt Quartz heißt. Zweidimensionale Grafik und Text werden kantengeglättet mithilfe des Adobe-Standards PDF dargestellt, 3D-Daten nutzen den Unix-Standard OpenGL. Der Rahmen für multimediale Daten wird weiterhin durch die bewährte Quicktime-Architektur gebildet, die sich übrigens auch auf Windows-Systemen installieren lässt.

Die neue Programmierschnittstelle heißt Cocoa, sie versteht neben der bevorzugten objektorientierten Sprache Objective C über so genannte Bridges auch andere Sprachen wie Java, Perl und PHP. Wie frühere Mac OS-Versionen verfügt OS X auch über eine einfach zu erlernende Scriptsprache namens Apple-Script zum Schreiben kleiner oder auch komplexer Anpassungen und Automatismen für Betriebssystem und Anwendungen.

Interessant ist die Möglichkeit, in einer „X11" oder „X Window" genannten Umgebung (hat nichts mit Microsoft zu tun, sondern ist ein Unix-Standard für grafische Oberflächen) viele Programme aus dem reichhaltigen Linux- und Unix-Repertoire laufen zu lassen. Mac OS X hat auch die Zusammenarbeit mit Windows-Rechnern in heterogenen Netzwerken erheblich erleichtert.

Die Anpassung älterer Anwendungsprogramme für Mac OS X und die Entwicklung von Programmen, die sowohl unter Mac OS 8 und 9 als auch unter OS X laufen, erleichterte Apple durch die Bereitstellung einer Programmbibliothek namens Carbon. Nicht für Mac OS X angepasste Programme können bis zur Version

10.4 (Tiger) in der „Classic-Umgebung" gestartet werden, einer Emulation von Mac OS 9 einschließlich der alten Oberfläche. Dies setzt allerdings Power-PC-Prozessoren (PPC) wie G4 und G5 voraus und funktioniert nicht mehr auf Intel-Macs. Aber auch für die gibt es Emulatoren: Rosetta und SheepShaver emulieren einen PPC auf Intel-Prozessoren.

1.8.7 Betriebssysteme für mobile Geräte

Mobile, batteriebetriebene Geräte wie PDAs oder Smartphones stellen besondere Anforderungen an ihre Betriebssysteme. Sie sollen:
- schnell starten
- zuverlässig und ohne Wartezeiten funktionieren
- per Eingabestift oder Finger und vor allem einfach zu bedienen sein
- Handschrift, teilweise auch Sprache und Gesten erkennen
- multimediale Daten wiedergeben und aufnehmen
- drahtlose Kommunikation mit anderen Geräten beherrschen (Bluetooth, Infrarot, WLAN)
- mobile Internetnutzung und Telefonie ermöglichen
- den Stromverbrauch gering halten
- keinen unnützen Ballast mitschleppen

Neben dem Mobiltelefon gehören Tablet PC, PDA und Smartphone zu den bedeutsamen Geräten. Tablet PC ist ein flacher mobiler Computer mit LC-Display, der direkt auf dem Display mit einem speziellen Stift oder per Finger bedient wird (*tablet* bedeutet u.a. Schreibtafel). Tablet PCs sind mobiler als Notebooks, da sie kleiner, leichter und auch im Stehen benutzbar sind. Einige Geräte haben (zum Teil abnehmbare) Tastaturen, ansonsten lässt sich eine virtuelle Tastatur einblenden. USB-Schnittstellen ermöglichen den Anschluss externer Geräte, Bluetooth und WLAN sorgen für die Netzanbindung. Eine aktuelle Variante ist das 2010 von Apple vorgestellte iPad.

Noch kleiner und mobiler als ein Tablet PC ist der PDA (Personal Digital Assistant). Er wird in der Regel per Stift auf einem berührungsempfindlichen LC-Display oder per Mini-Tastatur bedient und beherrscht oft handschriftliche Eingaben. PDAs verfügen über ROM- und RAM-Speicher, zur dauerhaften Speicherung dienen handelsübliche Speicherkarten. Bekannt wurde das Konzept ab 1993 vor allem durch den Newton von Apple. Heute werden klassische PDAs zunehmend durch Smartphones verdrängt.

Smartphone ist ein Gerät, das Eigenschaften von PDA und Mobiltelefon vereint. Es ist (auf Kosten der Display-Größe) meist noch etwas kleiner als ein PDA und verfügt über eine ausklappbare oder virtuelle Tastatur. Bekannt wurde diese Geräteklasse ab 1998 durch die Baureihe „Communicator" von Nokia und ab 2007 durch das iPhone von Apple. Herkömmliche Aufgaben sind u.a. Terminplanung, Adressverwaltung, Notizen, Uhr, Wecker, Taschenrechner, Projektmanagement. Weitere Fähigkeiten sind Radio, MP3-, Foto- und Videowiedergabe, Foto- und Videoaufnahme, Diktierfunktion, GPS-Navigation, Internetzugang und E-Mail. Abgespeckte Versionen bekannter Office-Programme ermöglichen den Austausch von Tabellen, Texten und E-Mails mit PC und Notebook, zum Beispiel drahtlos per Bluetooth.

Wichtige Betriebssysteme für mobile Geräte:
- Tablet PCs (außer Apples iPad) laufen meistens mit Windows XP (Tablet PC Edition), Windows Vista oder Windows 7. Grundsätzlich lassen sich die gleichen Anwendungsprogramme wie auf Desktop-PCs und Notebooks installieren; spezielle Anwendungen wie „Journal" oder „OneNote" stammen überwiegend von Microsoft.
- Windows Mobile (hieß früher Windows CE) findet sich auf zahlreichen Smartphones verschiedener Hersteller. Äußerlich ähnelt es der jeweils aktuellen Desktop-Version von Windows; es enthält meistens abgespeckte Varianten der Office-Anwendungen Word, Excel und Powerpoint, das Mailprogramm Outlook, den Windows Mediaplayer sowie weitere Programme. Das System ist multitaskingfähig und wird ab Version 7 auch per Multitouch zu bedienen sein.
- iPhone OS von Apple ist eine stark modifizierte Version des Mac OS X für die Geräte iPhone, iPod Touch und iPad. Das nicht multitasking-, aber multitouchfähige Betriebssystem wird ausschließlich mit Finger(gesten) gesteuert. Mit so genannten „Apps" (Abkürzung von Application), die in kommerzieller oder nicht kommerzieller Form zum Download bereit stehen, können die Funktionen des Systems nach Belieben erweitert werden. Der Begriff Apps für kleine herunterladbare Anwendungsprogramme hat sich auch bei anderen Herstellern und Geräten durchgesetzt.
- Die vor allem in den USA und bei Geschäftsleuten sehr beliebten Blackberry-Smartphones laufen mit einem proprietären Betriebssystem des Geräteherstellers RIM (Research in Motion). Blackberrys besitzen eine Mini-Tastatur, sind aber ansonsten auf Einhandbedienung ausgelegt. Ihre Spezialität ist der Push-Empfang von Daten: Neue E-Mails, Termine usw. werden (ähnlich wie SMS) sofort angezeigt, ohne dass sie ausdrücklich abgerufenen werden müssen.
- webOS ist der Nachfolger des Klassikers Palm OS (engl. *palm*, Handfläche). Das multitaskingfähige System basiert auf Linux und und ist auf Multitouch-

Bedienung mit Finger(gesten) ausgelegt. Palm stellt auch die dazu passenden Geräte her.
- Symbian OS ist der Nachfolger von EPOC, der Systemsoftware der früher sehr verbreiteten Tastatur-PDAs der Firma Psion. Heute gehört Symbian OS dem Nokia-Konzern und ist ein führendes Betriebssystem für PDAs und Smartphones mit Tastatur. Es ist multitaskingfähig.
- Android ist ein Linux-Abkömmling, der Google gehört und auf Geräten verschiedener Hersteller läuft. Wie bei Symbian OS und webOS ist der Quellcode der Software frei. Eine Version namens LiveAndroid ist für Netbooks und PCs geeignet.
- Weitere freie Betriebssysteme auf Linux-Basis für mobile Geräte sind zum Beispiel LiMo, Maemo, OpenMoko und Qtopia.

1.9 Datenträger (externe Speicher)

1.9.1 Grundlagen

Im Gegensatz zum flüchtigen internen Arbeitsspeicher (RAM) dienen externe Speicher der dauerhaften Speicherung von Programmen und Daten. Jeder PC ist serienmäßig mit CD- oder DVD-Laufwerk und Festplatte ausgestattet. Hinzu kommt mindestens eine USB-Schnittstelle zur Aufnahme von Speichersticks.

Andere Datenträger wie Telefon- und Kreditkarten mit Mikrochips und Magnetstreifen oder Verpackungen mit Strichcode (Barcode) gehören heute zum Alltag. Es gibt verschiedene Speichertechniken, die sich unterscheiden hinsichtlich Aufzeichnungsverfahren, Kapazität, Datendurchsatz, Zugriffsgeschwindigkeit und Preis.

Eine Einheit zur Datenspeicherung besteht immer aus dem eigentlichen Datenträger oder Speichermedium, zum Beispiel Diskette, Magnetband, CD – und einem Gerät, das den Datenträger liest und beschreibt; es wird als Laufwerk bezeichnet.

Bis auf Festplatten, wo Datenträger und Laufwerk eine Einheit bilden, handelt es sich bei fast allen Datenträgern um wechselbare Medien. Die Laufwerke können fest im PC-Gehäuse eingebaut sein (interne Laufwerke) oder mit eigenen Gehäusen außerhalb des PCs stehen (externe Laufwerke). Für die Benutzung von Speicherkarten ist ein interner oder externer Kartenleser erforderlich.

Angesteuert werden Laufwerke über Controller, die auf der Hauptplatine integriert sind oder in Form von Steckkarten nachträglich eingebaut werden, zum Beispiel SCSI oder Firewire. Zu Controllern gehören immer Treiber, die das Betriebssystem mitbringt oder die nachträglich installiert werden müssen.

Laufwerke sind im Betriebssystem über entsprechende Icons und Buchstaben ansprechbar. Im Windowsbereich sind die Großbuchstaben A und B für Diskettenlaufwerke reserviert, C bezeichnet die erste Festplatte bzw. Partition, die folgenden Buchstaben können beliebig für weitere Laufwerke oder Festplattenpartitionen verwendet werden.

Interne oder externe Schnittstellen sorgen für die physikalische Verbindung von Controllern und Laufwerken. Interne, also im Rechnergehäuse eingebaute Laufwerke, sind über Kabel mit der EIDE-, S-ATA- oder SCSI-Schnittstelle verbunden, externe verwenden USB, SCSI oder Firewire.

Als Nachfolger der veralteten elektromechanischen Speicherung mit Lochkarten oder Lochstreifen kommen heute vier grundlegende Verfahren zum Einsatz: elektromagnetische, optische, magneto-optische und elektronische Speicherung (Flash-RAM). Nur das letzte kommt ohne verschleißanfällige Mechanik aus.

1.9.2 Elektromagnetische Speicher

1.9.2.1 Speicherprinzip

Lochkarten und Lochstreifen wurden von elektromagnetischen Speichermedien abgelöst. Die Datenträger bestehen aus Kunststoff oder Metall und sind mit einer magnetisierbaren Schicht wie Chromdioxid, Eisenoxid o.ä. beschichtet.

Ein kleiner Elektromagnet, der Schreib-Lese-Kopf, ändert bzw. erkennt die Magnetisierungsausrichtung mikroskopisch kleiner Punkte dieser Schicht. Die zwei alternativ möglichen Ausrichtungen der Magnetfelder entsprechen den Bit-Werten 0 und 1. Je nach Speichermedium können über eine Million Bit pro Quadratmillimeter gespeichert werden.

Naturgemäß reagieren Magnetspeicher empfindlich auf andere Magnetfelder. Daher sollten sie nie in der Nähe von Lautsprechern, Elektromotoren oder CRT-Bildschirmen gelagert werden; auch Feuchtigkeit und Staub sind zu vermeiden.

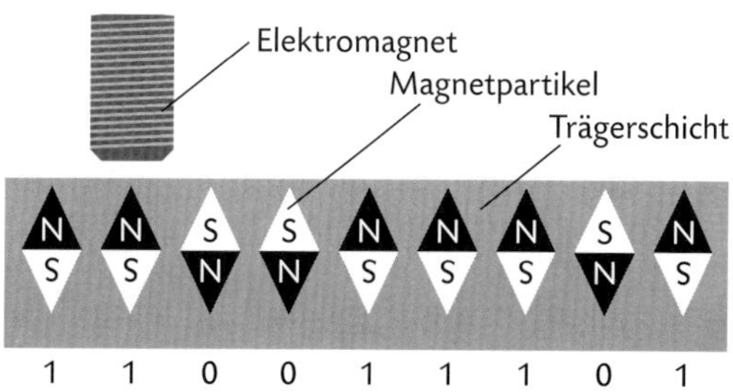

Elektromagnetisches Speicherprinzip

1.9.2.2 Disketten und Wechselplatten

Disketten waren lange Zeit das wichtigste Medium für kleine Datenmengen. Aber für heutige Ansprüche ist ihre Kapazität zu gering, sie sind fehleranfällig und die Laufwerke in Zugriff und Übertragungsrate sehr langsam.

Der von einer Schutzhülle ummantelte Datenträger besteht aus einer dünnen, flexiblen Kunststoffscheibe (Floppy Disk). Der Motor des Diskettenlaufwerks versetzt die Scheibe in (langsame) Umdrehung, während sich ein Elektromagnet, der Schreib-Lese-Kopf, auf einer Schiene quer zur Laufrichtung bewegt und das Medium beidseitig beschreibt oder liest.

Die Kapazität der Diskette wurde in zwanzig Jahren mehrfach erhöht, während ihr Durchmesser in drei Schritten kleiner wurde. Seit vielen Jahren ist es aber bei einem Durchmesser von 3,5 inch und 1,4 MB Nettokapazität geblieben. Zwar entwickelte IBM ein Laufwerk für 2,8 MB – es konnte sich aber nicht durchsetzen, denn modernere Techniken wie Wechselplatten oder optische Speicher bieten erheblich mehr Leistung und Sicherheit für weniger Geld.

Wechselplatten haben gegenüber Festplatten zwar den Vorteil der Austauschbarkeit, erreichen aber nicht deren Kapazität und Geschwindigkeit. Die Medien sehen wie dicke Disketten aus, arbeiten jedoch mit viel dichterer Beschreibung und höherer Umdrehungsgeschwindigkeit. Sie sind also auch zum Speichern und Austausch größerer Datenmengen geeignet.

Die einst verbreitete Wechselplattentechnik der Firma Iomega mit ihren Produkten Zip und Jaz (bis zu zwei GB Kapazität) wurde durch die preisgünstigeren wiederbeschreibbaren CDs und DVDs abgelöst. Auch Flash-Speicher und externe Festplatten mit USB-, Firewire oder externem S-ATA-Anschluss tragen zum Aussterben der Wechselplatten bei.

1.9.2.3 Streamer

Magnetbänder und die dazu gehörigen Laufwerke, die Streamer, werden überwiegend zur Datensicherung und Archivierung im professionellen Bereich eingesetzt. Bevor es Festplatten gab, waren Magnetbänder die wichtigsten Massenspeicher in der Computertechnik. Bänder sind jedoch grundsätzlich nicht gut zur Speicherung von Daten geeignet, die häufigen Zugriff erfordern, da sie beim Suchen vor- und zurückgespult werden müssen. Im Vergleich mit anderen Speichertechniken ist die Zugriffszeit daher extrem hoch. Wenn dagegen die Daten in einem durchgehenden Strom (Stream) geschrieben oder gelesen werden, kann der Datendurchsatz ähnlich hoch wie bei Festplatten sein. Ein großer Vorteil des Verfahrens ist der niedrige Medien-Preis: 1 GB Speicherplatz kostet weniger als einen Euro. Damit gehört das Magnetband zusammen mit CD und DVD zu den preisgünstigsten Speichermedien.

Streamer brauchen für ihren hohen Datendurchsatz schnelle Schnittstellen wie EIDE, SCSI oder Firewire. Da sie fast nur noch der Datensicherung dienen, gehört zum Lieferumfang meist ein Backup-Programm. Gute Programme erlauben timergesteuerte automatische und unbeaufsichtigte Backups einschließlich Datenkompression.

Das erste Magnetbandgerät wurde schon 1935 von AEG entwickelt und gebaut, allerdings nicht für digitale Datenspeicherung, sondern für analoge Tonaufzeichnung. Tonbänder und Tonkassetten zeichnen durch unterschiedlich stark magnetisierte Bereiche Schallwellen auf, die vorher zum Beispiel durch ein Mikrofon in elektrische Schwingungen umgewandelt wurden. Sie arbeiten also mit unzähligen stufenlosen Magnetfeldstärken, während der Streamer nur zwei Magnetfeldausrichtungen kennt, die den Binärzahlen 0 und 1 entsprechen.

Auch die DAT-Technik (Digital Audio Tape) wurde ursprünglich für (digitale) Tonspeicherung entwickelt. Heute stellt das DAT-basierte DDS-Verfahren (Digital Data Storage) bei Streamern einen wichtigen internationalen Standard in vier abwärtskompatiblen Entwicklungsstufen dar (DDS-1 bis DDS-4).

DDS-Laufwerke arbeiten wie Videorecorder mit Helical Scan (Schrägspuraufzeichnung), der Schreib-Lese-Kopf rotiert schräg zum Band. Das erlaubt hohe Beschreibungsdichte bei niedrigerer Bandgeschwindigkeit und deutlich verringerter Geräuschentwicklung. Nachteilig ist der höhere Bandverschleiß. Ein 4 mm DDS-Band fasst bis zu 40 GB, bei einem Bandpreis von etwa 20 Euro.

Neben DDS gibt es zahlreiche, meistens nicht zueinander kompatible Verfahren, die sich in Technik, Kapazität, Preis und nicht zuletzt Geräuschpegel erheblich unterscheiden. Hier sind die wichtigsten:

- AIT (Advanced Intelligent Tape) ist eine von Sony entwickelte leistungsstarke Streamertechnik mit Helical Scan. Die 8-mm-Bänder speichern bis 50 GB.
- DLT (Digital Linear Tape) war lange und ist immer noch ein wichtiger Standard im professionellen Bereich. Die langlebigen breiten Bänder (0,5 inch) bedingen relativ große Laufwerke und Bandkassetten bis 160 GB.
- LTO (Linear Tape Open) von IBM, HP und Seagate ist ein relativ neuer Standard für High-End-Streamer mit bis zu 400 GB.
- QIC (Quarter Inch Cartridge) schreibt die Daten in mehreren Spuren parallel zur Bandrichtung auf Viertel-Inch-Bänder. Die zwar preiswerte, aber lau-

te QIC-Technik ist heute veraltet, hat jedoch mehrere modernere Nachfolger gefunden.

- ADR (Advanced Digital Recording) ist ein QIC-Nachfolger von Philips mit bis zu 60 GB.
- MLR (Multichannel Linear Recording) stammt von Tandberg und ist ebenfalls eine QIC-Weiterentwicklung. Es arbeitet mit vier Schreib- und acht Leseköpfen und bietet bis 50 GB Kapazität.
- TRAVAN basiert auf QIC, weist aber mit bis zu 40 GB wesentlich höhere Kapazität auf.

1.9.2.4 Festplatten

Die Möglichkeiten elektromagnetischer Speicherung und die erforderliche Präzision der Laufwerke werden bei Festplatten in beeindruckender Weise deutlich: Der Datenträger besteht aus einer oder mehreren übereinander gestapelten runden Metallscheiben und dreht sich mit 5000 bis 15 000 Umdrehungen pro Minute. Die Scheiben haben einen Durchmesser von 3 cm bis 9 cm bei einer Materialstärke von 0,5 mm bis 2 mm.

Die Schreib-Lese-Köpfe schweben in minimalem Abstand (Mikrometerbereich) über und unter den Plattenoberflächen, die mit über 250 Kilometern pro Stunde „vorbeifliegen". Dabei erkennen oder ändern die Köpfe den Magnetisierungszustand von Punkten, die kleiner als ein Mikrometer sind. Moderne Festplatten mit Kapazitäten von mehr als 100 GB sind kaum größer als Zigarettenschachteln; für Notebooks sind noch erheblich kleinere und leichtere Varianten erhältlich.

Interessant sind auch die neuen Hybrid-Festplatten, die neben dem flüchtigen Cache, der sich heute in den meisten Festplatten findet, zusätzlich über einen nicht flüchtigen Flash-Speicher verfügen. Dieser kann genutzt werden, um Strom zu sparen (im Ruhezustand muss die Platte nicht ständig rotieren) oder um den Rechnerstart zu verkürzen (indem wesentliche Teile des Betriebssystems im Flash abgelegt werden).

Trotz ihrer aufwändigen Präzisionsmechanik halten Festplatten in der Regel mehrere Jahre Dauerbetrieb aus. Aber auch neue Geräte können plötzlich und unerwartet das Zeitliche segnen – wer dann nicht für eine aktuelle Datensicherung auf anderen Speichermedien gesorgt hat, ist selber schuld, denn mit solchen Vorfällen ist immer zu rechnen.

Festplatten sind zurzeit die wichtigsten Massenspeicher, die aus mehreren Gründen eine Sonderstellung einnehmen: Kein Wechselmedium, sehr hohe Speicherdichte, kurze Zugriffszeiten zwischen 5 und 10 Millisekunden und hoher Datendurchsatz von 5 bis über 20 MB pro Sekunde. Der Anschluss erfolgt über schnelle Schnittstellen wie EIDE, S-ATA, SCSI oder Firewire. Sehr verbreitet sind externe Festplatten mit USB-Anschluss, die ohne zusätzliche Stromzufuhr auskommen.

1.9.2.5 RAID-Systeme

Mehrere Festplatten können zu RAID-Systemen (Redundant Array of Independent Disks) kombiniert werden. So werden immense Speicherkapazitäten realisiert und der Datendurchsatz sowie die Ausfallsicherheit erhöht. RAID-Systeme, die vor allem in Netzwerkservern und Hochleistungsrechnern zum Einsatz kommen, stellen sich dem Anwender als logisches Laufwerk dar, ihre Verwaltung ist also nicht komplizierter als die einer einzelnen Festplatte oder Partition. Man unterscheidet mehrere RAID-Level. Dabei handelt es sich nicht um kontinuierliche Weiterentwicklungen, sondern um völlig unabhängige und unterschiedliche Techniken. Die „klassischen" RAID-Level 0 bis 5 werden in der Praxis oft kombiniert eingesetzt.

- RAID Level 0 fasst zwei oder mehrere Festplatten zu einem logischen Laufwerk zusammen. Es verteilt die Daten in aufeinander folgenden Sequenzen, so genannten „Stripes", gleichmäßig über die Festplatten.
  Vorteil: erhöhter Datendurchsatz (proportional zur Anzahl der Festplatten). Nachteil: höheres Ausfallrisiko (proportional zur Anzahl der Festplatten).
- RAID Level 1 wird auch als Festplattenspiegelung oder Mirroring bezeichnet. Die Datenspeicherung erfolgt redundant auf identischen Laufwerken.
  Vorteil: erhöhte Ausfallsicherheit (fällt eine Festplatte aus, steht eine zweite mit identischen Daten zur Verfügung). Nachteil: doppelte Speicherplatzkosten.
- RAID Level 0+1 oder 0/1 oder 10: Kombination aus Level 0 und 1, also Striping und Spiegelung. Typischerweise werden 4 Festplatten benutzt, 2 für das Striping und 2 zur Spiegelung.
  Vorteile: erhöhter Datendurchsatz und erhöhte Ausfallsicherheit. Nachteil: doppelte Speicherplatzkosten.
- RAID Level 2 spielt in der Praxis kaum eine Rolle. Es definiert einen speziellen Fehlerkorrekturcode ECC (Error Correction Code) und setzt mindestens 10 Festplatten voraus. Moderne Festplatten verfügen allerdings über eigene Fehlerkorrekturverfahren.
  Vorteil: erhöhte Ausfallsicherheit und achtfache Lesegeschwindigkeit. Nachteil: hohe Speicherplatzkosten und langsame Schreibgeschwindigkeit, die durch den ECC-Overhead unter der einer einzelnen Festplatte liegt.
- RAID Level 3 ist wie Level 2 in der Praxis fast bedeutungslos. Es arbeitet mit byteweisem Striping

(Level 2: bitweise) und Paritäts-Korrektur. Wie bei Level 2 wird ein dediziertes Parity-Laufwerk benötigt und Schreibvorgänge sind wesentlich langsamer als Lesevorgänge.

- RAID Level 4 ist technisch mit Level 3 vergleichbar. Das Striping erfolgt aber in Blöcken von 8, 16, 64 oder 128 KB. Wie Level 2 und 3, ist es heute als relativ unwichtig einzustufen.
- RAID Level 5 verbindet erhöhte Datensicherheit mit schneller Schreib- und Lesegeschwindigkeit. Es verteilt die Daten wie Level 4 blockweise, jedoch werden die ECC-Daten nicht getrennt auf einem eigenen Parity-Laufwerk gespeichert, sondern zusammen mit den Nutzdaten gleichmäßig über alle (typischerweise 5) Festplatten verteilt. Nur etwa ein Fünftel der Gesamtkapazität eines RAID-5-Systems wird durch die ECC-Informationen belegt. Eine defekte Platte kann meist sogar bei laufendem System ohne Datenverluste ausgetauscht werden (Hotplug). Aufgrund dieser Vorteile wird RAID 5 heute am häufigsten eingesetzt.

- RAID Level 6 ist praktisch Level 5 plus zusätzliches Parity-Laufwerk. Während RAID 3, 4 und 5 nur den Ausfall eines Laufwerks kompensieren können, bietet Level 6 nochmals erhöhte Sicherheit: zwei Festplatten dürfen gleichzeitig ausfallen, aber wie bei allen Systemen mit dediziertem Parity-Laufwerk, sinkt die Schreibgeschwindigkeit.
- RAID Level 7 ist schnell, teuer und selten. Es arbeitet mit asynchronen Hochleistungsbussen und einem speziellen Controller mit eigenem Speicherbetriebssystem.

Zu unterscheiden sind außerdem Soft- und Hardware-RAID: Serverbetriebssysteme wie Linux und Windows Server unterstützen softwareseitig die wichtigen RAID-Level 0, 1 und 5. Handelsübliche Computer verfügen aber meist nur über zwei EIDE-Schnittstellen und evtl. einen zusätzlichen SCSI- oder Firewire-Anschluss; sie schränken den parallelen Betrieb mehrerer Festplatten entsprechend ein. Außerdem belastet ein Software-RAID die CPU mit zusätzlichen Verwaltungsaufgaben.

Hardware-RAIDs arbeiten dagegen mit speziellen EIDE-, S-ATA- oder SCSI-Controllern, die den parallelen Anschluss mehrerer Festplatten erlauben und über eigene Verwaltungselektronik sowie einen großen Cache-Speicher verfügen. Einziger Nachteil: RAID-Controller sind nicht gerade billig. Außerdem ist zu bedenken, dass RAID-Systeme kein Allheilmittel gegen Datenverluste sind. Bei der reinen Striping-Lösung Level 0 ist das Ausfallrisiko sogar höher als bei einer einzelnen Festplatte. Und gegen Ereignisse wie Blitzschlag, Brand, Überschwemmung und Virenbefall sowie den – statistisch gesehen – größten Risikofaktor Mensch hilft nur ein konsequent geplantes und regelmäßiges Backup. Auch eine USV (unterbrechungsfreie Stromversorgung) sollte bei sicherheitskritischen Computersystemen selbstverständlich sein.

1.9.2.6 Formatierung und Dateisysteme

Datenspeicherung muss immer systematisch erfolgen, um gezielten und schnellen Zugriff auf die Inhalte zu gewährleisten. Aus diesem Grund werden Datenträger vor dem ersten Gebrauch formatiert (beim Mac: initialisiert). Dabei wird ein Dateisystem mit Inhaltsverzeichnis für die geordnete Ablage der Daten angelegt. Wiederbeschreibbare Medien werden beim Formatieren komplett gelöscht und auf Fehler überprüft. Neue Datenträger sind schon vom Hersteller formatiert, ansonsten übernimmt das Betriebssystem diese Aufgabe. Die Formatierungsinformationen beanspruchen natürlich Speicherplatz; so bleibt von 2 MB Bruttokapazität einer Diskette nach der Formatierung nur noch 1,4 MB netto übrig. Bei Kapazitätsangaben von Speichermedien ist in der Regel die Nettokapazität gemeint.

Um die Größe des Inhaltsverzeichnisses in Grenzen zu halten, werden keine einzelnen Bytes adressiert, sondern größere Speicherblöcke. Zu diesem Zweck wird auf dem Datenträger ein regelmäßiges Muster aus Spuren und Sektoren (Kreisausschnitten) erstellt. Disketten, Fest- und Wechselplatten haben Spuren in Form konzentrischer Kreise. Das ist auch bei magnetooptischen Speichern und der DVD-RAM der Fall, während CD und DVD eine durchgehende, spiralförmige Spur haben. Bei Festplatten mit mehreren Scheiben spricht man auch von Zylindern; das sind die direkt übereinander liegenden Spuren eines Plattenstapels.

Durch die Aufteilung in Spuren und Sektoren entstehen Datenblöcke, die Zuordnungseinheiten oder Cluster genannt werden. Jede Zuordnungseinheit hat eine eindeutige Speicheradresse, die aus Spur- oder Zylindernummer und Sektornummer besteht. Jeder Speicher- oder Löschvorgang wird im Inhaltsverzeichnis des Datenträgers eingetragen.

Eine Diskette hat normalerweise 2847 Zuordnungseinheiten mit jeweils 512 Byte, Festplatten arbeiten mit 4 KB, 8 KB, 16 KB, 32 KB oder 64 KB. Große Zuordnungseinheiten verringern zwar den Verwaltungsaufwand und machen Zugriffe schneller. Andererseits wird dadurch unter Umständen Speicherplatz verschwendet, denn jede kleine Datei, die vielleicht nur einige hundert Byte groß ist, verbraucht eine ganze Einheit von zum Beispiel 32 KB. Wer überwiegend mit großen Dateien (Bilder, Audio und Video) arbeitet, ist von derartigem Verschnitt nicht betroffen. Außerdem gibt es spezielle Hilfsprogramme, die Festplatteninhalte analysieren, die günstigste Größe der Zuordnungseinheiten berechnen und diese ohne Neuformatierung einrichten können.

Betriebssysteme bieten zum Formatieren in der Regel drei Optionen an:

- Die schnelle Formatierung legt nur ein neues Dateisystem ohne Prüfung des Datenträgers an.
- Eine (empfehlenswerte) vollständige Formatierung dauert länger, führt aber eine Fehlerprüfung durch.
- Durch Übertragung von Systemdateien kann der Datenträger zusätzlich zu einem Startmedium gemacht werden.

Die Anzahl der Spuren und Sektoren und die Art der Dateiverwaltung hängen vom Datenträger und dem verwendeten Dateisystem ab. Verschiedene Betriebssysteme verwenden unterschiedliche Dateisysteme, die teilweise nicht kompatibel sind. So kann zum Beispiel Windows ohne spezielle Konvertierungsprogramme keine Medien lesen, die mit dem Apple-Dateisystem HFS formatiert wurden. Immerhin erkennt

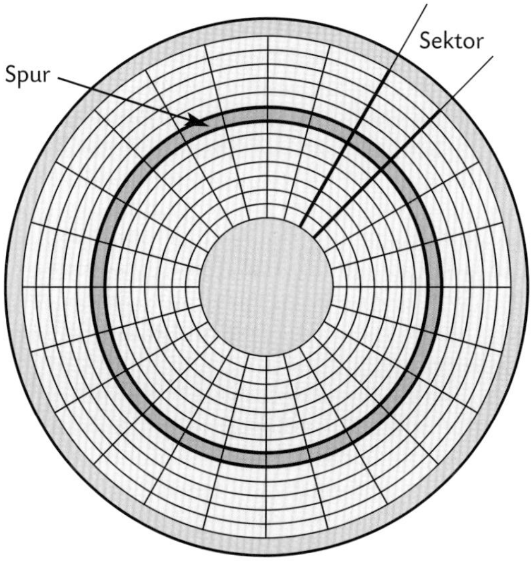

Konzentrische Spuren und Sektoren

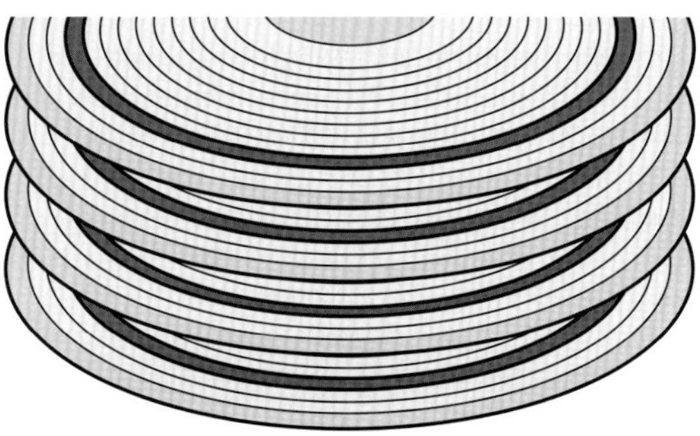

Die übereinander liegenden Spuren in einem Plattenstapel bilden einen Zylinder.

Mac OS automatisch Medien mit den Windows-9x-Dateisystemen FAT, VFAT und FAT 32.

Wichtige Dateisysteme:

- BSD FS (Berkeley Software Distribution File System) ist die Mutter aller Unix-Dateisysteme. Auch HPFS und NTFS greifen auf wesentliche BSD-Elemente zurück.
- EXT2, EXT3 und ReiserFS sind Linux-Dateisysteme.
- JFS (Journaling File System): AIX und optional Linux
- XFS: Irix und optional Linux, wie JFS ein 64-Bit-Dateisystem
- FAT (File Allocation Table): DOS und Windows bis Version 3. Das 16-Bit-System hat entsprechende Beschränkungen, maximale Partitionsgröße 2 GB.
- VFAT und VFAT32: Windows 95, 98 und ME. Das 32-Bit-System erlaubt lange Dateinamen und große Partitionen bis 2 TB.
- HPFS (High Performance File System): OS/2 und Windows NT bis Version 3.1.
- NTFS (New Technology File System): Windows NT ab Version 4, Windows 2000, XP und Nachfolger. NTFS verwaltet Speicherplatz sparsam in kleinen Zuordnungseinheiten, es kann Daten komprimieren und verschlüsseln. Zur Datensicherheit trägt eine Journaling-Funktion bei, die nach einem Absturz die fehlerfreie Wiederherstellung des Dateisystems bewirkt.
- HFS und HFS+ (Hierarchical File System) sind die klassischen Mac-Dateisysteme. HFS+ wurde mit MAC OS Version 8.1 eingeführt; es erlaubt Dateinamen bis 255 Zeichen (vorher 31 Zeichen) und hebt durch 32-Bit-Adressierung die Begrenzung auf 65 536 Dateien (HFS mit 16 Bit) pro Partition auf. Mit Mac OS X kam eine Journaling-Funktion hinzu.
- UFS (Unix File System) ist ein Unix-Dateisystem des Betriebssystems Mac OS X. Wie alle aktuellen Unix-Dateisysteme beherrscht es Journaling. Gängiger ist immer noch HFS+ , UFS wird eher im Serverbereich gewählt.

Ein leerer Datenträger wird immer kontinuierlich und geordnet gefüllt. Anders sieht es aus, wenn Dateien in ihrer Größe verändert oder gelöscht werden. Dann wird zwar Speicherplatz freigegeben, aber meist in zerstückelter (fragmentierter) Form. Für Zugriffsgeschwindigkeit und Datendurchsatz ist vor allem bei großen Dateien wichtig, dass sie zusammenhängend gelesen bzw. geschrieben werden können.

Daher sollten Festplatten regelmäßig defragmentiert werden, um viele kleine freie Speicherbereiche zu einem großen Bereich zu vereinen und zusammengehörende Daten zusammenhängend zu speichern. Wichtig ist die Defragmentierung insbesondere vor einer Videodigitalisierung, denn nur so lässt sich der anfallende Datenstrom ohne Bildaussetzer auf die

Festplatte bringen. Aktuelle Dateisysteme wirken der Fragmentierung von vornherein entgegen.

Durch Abstürze, fehlerhafte Programme und Viren kann das Dateisystem eines Datenträgers auch bei eingeschaltetem Journaling erheblich gestört werden. Falsche Einträge im Inhaltsverzeichnis und verlorene Datenfragmente können die Folge sein. Hier helfen neben vorbeugenden Antivirusprogrammen Spezialprogramme wie das Windows-Systemprogramm Scan-Disk oder der Norton Disk Doctor für verschiedene Betriebssysteme. Außer Reparaturen des Dateisystems können diese Programme auch den physikalischen Zustand eines Datenträgers testen und defekte Bereiche sperren.

Bei Festplatten empfiehlt sich vor der Formatierung eine Partitionierung. Sie unterteilt das Medium in mehrere unabhängige Bereiche. Diese haben eigene Inhaltsverzeichnisse und können unterschiedliche Dateisysteme aufweisen. Partitionen bezeichnet man auch als logische Laufwerke; sie werden in Windows-Systemen durch eigene Laufwerksbuchstaben gekennzeichnet (C, D, E usw.) und erscheinen im Mac OS als so genannte Volumes.

Sinnvoll wäre zum Beispiel die Partitionierung einer Festplatte in folgende Bereiche: Partition 1 für das Betriebssystem, Partition 2 für Anwendungsprogramme und Partition 3 für Nutzdaten. Durchgeführt wird die Partitionierung in der Regel vor der Formatierung, entweder mit einem Dienstprogramm des Betriebssystems oder mit Spezialprogrammen, die teilweise sogar Partitionsänderungen ohne Neuformatierung beherrschen.

Partitionen erlauben auch die Installation mehrerer Betriebssysteme mit unterschiedlichen Dateisystemen auf einer gemeinsamen Festplatte. Ein weiterer Vorteil beim Unterteilen einer großen Festplatte in Partitionen sind kleinere Zuordnungseinheiten, mit deren Hilfe der vorhandene Speicherplatz besser ausgenutzt wird.

1.9.3 Optische Speicher

1.9.3.1 Speicherprinzip

Die ersten optischen Speicher waren Anfang der Siebzigerjahre analoge Bildplatten mit dem Durchmesser einer Schallplatte, die wegen hervorragender Qualität der gespeicherten Filme bei echten Fans beliebt waren, sich jedoch nicht im Massenmarkt durchsetzten. Große Bedeutung erlangten erst die nachfolgenden digitalen optischen Aufzeichnungsverfahren.

Die CD (Compact Disc) wurde Anfang der Achtzigerjahre von Philips und Sony zuerst für digitale Musikspeicherung entwickelt, später kamen Varianten für Multimediadaten hinzu. Optische Speicher wie CDs und die technisch verwandten DVDs werden berührungslos mit Laserlicht beschrieben und gelesen. Ihre Herstellung erfolgt industriell oder einzeln mit einem Recorder („Brenner"). Sie sind unempfindlicher als elektromagnetische Speichermedien, sofern sie gegen mechanische Beschädigungen (Kratzer) geschützt werden. Über die Haltbarkeit gibt es sehr unterschiedliche Prognosen, die zwischen zehn und hundert Jahren liegen. Auf jeden Fall sind (wieder)beschreibbare Medien empfindlicher als industriell hergestellte.

Die Medien sind sehr preiswert und bieten einiges an Kapazität: von der CD mit 640 bis 800 MB über die DVD mit 4,7 bis 17 GB bis zur Blu-ray Disc mit 27 bis 54 GB.

Optische Medien nehmen heute als preiswerter Massenspeicher eine zunehmend wichtige Rolle ein, sowohl im Unterhaltungsbereich (Film, Musik, Spiele) als auch in unterschiedlichsten EDV-Systemen. Digitale Archive können mit robotergesteuertem Datenträgerwechsel immense Datenmengen verwalten, zum Beispiel Bild-, Ton- und Videodatenbanken. Auch als Sicherungs- und Archivierungsmedien haben sich optische Speicher durchgesetzt.

Speichertechnik: Die binären Informationen werden als Bereiche mit unterschiedlichen Reflexionseigenschaften in einer speziellen Kunststoffscheibe abgebildet. Diese besteht bei der CD aus einem transparenten Polycarbonat-Schutzmantel, der eine Datenschicht mit darunter liegender Reflexionsschicht enthält. DVDs sind technisch ähnlich, weisen aber bis zu vier Datenschichten mit erheblich höherer Informationsdichte auf.

Pits und Lands repräsentieren die Informationen in der Datenschicht. Diese Bezeichnungen stammen aus einer Zeit, als CDs ausschließlich industriell gefertigt wurden: Pits (Löcher) sind bei diesen CDs und DVDs Vertiefungen in der Grundebene (Land) der Datenschicht. Pits und Lands liegen in einer spiralförmigen Spur, die bei der CD fast 6 km lang ist und immer von innen nach außen geschrieben und gelesen wird. Wie fein schon die (relativ zur DVD groben) Strukturen einer CD sind, macht ein Vergleich anschaulich: Würde man die CD von 12 cm auf 120 Meter vergrößern, wäre die Spur mit den Pits und Lands nur einen halben Millimeter breit. Die Reflexionsschicht besteht aus Aluminium, die semitransparenten Reflexionsschichten einer DVD mit zwei oder vier Datenschichten sind aus Gold. Für die industrielle Massenfertigung werden zuerst Glas-Master hergestellt, Press- und Spritzgussverfahren liefern dann die Kopien.

CD-R- und DVD-R-Brenner (das R steht für Recordable, also aufnahmefähig) erzeugen dagegen die Pits durch verbrannte Bereiche einer speziellen Farbschicht (Dye) über der Reflexionsschicht der einmal beschreibbaren Rohlinge. Die Farbschicht kann aus drei unterschiedlichen Stoffen bestehen: Cyanin (blau), Phthalocyanin (farblos) oder Azo-Farbstoff (blau). Gold oder Silber bilden die Reflexionsschicht der CD-R. Gold ist zwar teurer und hat etwas geringere Reflexionseigenschaften, kann dafür aber nicht oxidieren. Im Handel sind hauptsächlich Rohlinge mit folgenden Kombinationen aus Farb- und Reflexionsschicht: Azo-Silber (blau), Cyanin-Silber (grün-blau), Cyanin-Gold (grün) und Phthalocyanin-Gold (gelbgold).

Wiederbeschreibbare optische Speicher wie die CD-RW und DVD-RW (RW bedeutet Rewritable = wiederbeschreibbar) sowie die DVD-RAM nutzen eine andere Technik, um die Pits zu erzeugen. Bei diesem Verfahren, bekannt als Phase-Change-Technik, arbeitet der schreibende Laser mit zwei Hitzegraden und verändert so punktweise den molekularen Zustand der Datenschicht. Eine Temperatur von etwa 200 °C verursacht beim Abkühlen eine kristalline, also geordnete Struktur mit regelmäßiger Reflexion (entspricht Land), 500 °C bis 700 °C hinterlassen eine amorphe, also ungeordnete Struktur mit gestreuter Reflexion (entspricht Pit). Dieser Vorgang ist einige tausend Mal wiederholbar. Bei RW-Medien wird – wie bei der gepressten CD – eine Reflexionsschicht aus Aluminium verwendet.

Alle drei oben beschriebenen Verfahren verfolgen das gleiche Ziel: Punkte oder Bereiche mit zwei unterschiedlichen Reflexionseigenschaften zu schaffen, deren Informationsgehalt mit Licht ausgelesen wird. Ein schwächerer Laserstrahl tastet die Datenschicht des Mediums ab, dabei wird das Licht von einer Vertiefung oder einem verbrannten oder amorphen Punkt anders reflektiert als von der ebenen oder unverbrannten oder kristallinen Schicht. Ein optischer Sensor registriert die Art der Reflexion und unterscheidet so zwischen 0 und 1.

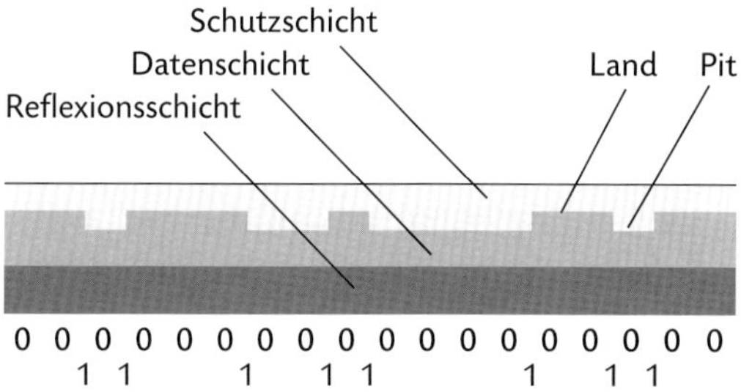

Prinzip der optischen Datenspeicherung auf CD und DVD; die Länge von Pit bzw. Land steht jeweils für eine bestimmte Anzahl von Nullen, der Wechsel zwischen Pit und Land für eine 1.

Um einen weit verbreiteten Irrtum aufzuklären: Nullen und Einsen sind bei CD und DVD nicht gleichzusetzen mit Pits und Lands, sondern sowohl Pits als auch Lands stehen für Null! Denn der Lesevorgang sieht folgendermaßen aus: Ein durchgehend eingeschalteter Laser tastet die spiralförmige Datenspur ab. Durch Servoinformationen, die auch bei Rohlingen schon vom Hersteller aufgebracht werden, hält sich der Laser immer genau auf der Spur. Der optische Sensor im Lesekopf registriert jeweils den Wechsel der Reflexion beim Übergang von Pit zu Land oder von Land zu Pit. Nur diese Reflexionswechsel werden als Einsen interpretiert, während der Zeitraum zwischen den Reflexionswechseln für eine bestimmte Anzahl von Nullen steht.

Die oben beschriebene Lesetechnik bedingt, dass nicht mehrere aufeinander folgende Einsen dargestellt werden können. Pits und Lands haben eine genau definierte Minimal- und Maximallänge, sie können bis zu elf aufeinander folgende Nullen darstellen. Pits haben bei der CD eine Breite von 0,6 µm und eine Länge 0,83 µm bis 3,56 µm, die Spurbreite beträgt 1,6 µm (1 µm = 0,001 mm). Um zu erreichen, dass keine Folgen mehrerer Einsen und auch keine zu langen Nullfolgen vorkommen, müssen alle Daten aufwändig umcodiert werden. Der Code wird deutlich länger und komplizierter: Aus einem normalen Datenbyte mit 8 Bit werden bei der CD 17 Bit, bei der DVD 16 Bit. Zusätzliche Bits benötigt die unverzichtbare Fehlerkorrektur, die mit speziellen Algorithmen Lesefehler ausgleicht.

1.9.3.2 Compact Disc

Eine CD (Compact Disc) ist eine runde Polycarbonatscheibe von 12 cm, gelegentlich auch nur 8 cm Durchmesser und 1,2 mm Stärke. Sie enthält eine Daten- und eine Reflexionsschicht. Ihre spiralförmige Datenspur ist in Abschnitte gleicher Größe aufgeteilt, die als Sektoren bezeichnet werden.

Sektoren sind die kleinsten unabhängig adressierbaren Einheiten einer CD oder DVD. Die Adressierung erfolgt durch Zeitangabe in Minuten und (hundertstel) Sekunden, gerechnet vom innen liegenden Spuranfang. Die herkömmliche CD enthält 333 000 Sektoren, die jeweils 2352 Byte fassen. Ein Sektor ist in logische Blöcke von 512, 1024 oder 2048 Byte unterteilbar. Genau genommen enthält ein Sektor sogar 3234 Byte; die Differenz ergibt sich aus der Informationsmenge, die für grundlegende Fehlerkorrektur- und Kontrollfunktionen unabdingbar ist.

Bei der Audio-CD entsprechen 2352 Byte auch der Nutzdatenmenge, die Nettokapazität einer Audio-CD beträgt also 747 MiB (783 MB, 333000 · 2352 Byte). Die Menge der Nutzdaten reduziert sich aber bei Daten-CDs durch erhöhte Fehlerkorrektur auf 2048 Byte. Die Nettokapazität einer Daten-CD beträgt daher 650 MiB (682 MB, 333000 · 2048 Byte). Die Sektorgröße der DVD beträgt ebenfalls 2048 Byte.

Musikstücke auf Audio-CDs oder zusammengehörende Datenfolgen auf Daten-CDs werden als Tracks bezeichnet; eine CD kann einen bis maximal 99 Tracks enthalten. Zwei Aufzeichnungsverfahren sind grundsätzlich zu unterscheiden: Disc-At-Once (DAO) und Track-At-Once (TAO). DAO beschreibt die CD durchgehend in einem einzigen Brennvorgang (Session), solche CDs werden auch als Single-Session-CDs bezeichnet. TAO schreibt dagegen einzelne Tracks in mehreren Brennvorgängen, die CD kann also nach und nach gefüllt werden, sie heißt dann Multisession-CD.

Die Datenschicht einer CD besteht aus mindestens drei Bereichen: Der Lead-In-Bereich enthält das Inhaltsverzeichnis TOC (Table of Content), der Programmbereich enthält die Nutzdaten und der Lead-Out-Bereich markiert das Ende der CD. Wird im Track-At-Once-Verfahren geschrieben, kommen für jeden Anfang einer Session ein Lead-In-Block und am Ende ein Lead-Out-Block hinzu. Außerdem gehört zu jeder Session ein neues Inhaltsverzeichnis, das jeweils ein Update des vorherigen darstellt. Diese zusätzlichen Informationen verbrauchen pro Session etwa 15 MB Speicherplatz.

Die über dreißigjährige Geschichte der CD brachte mehrere Varianten hervor:

- Die „klassische" Audio-CD speichert bis zu 74 Minuten Audio in sehr guter Qualität: Analoges Ausgangsmaterial wird mit einer Samplingrate von 44,1 kHz pro Stereokanal abgetastet. Die Codierung der Samples erfolgt mit 16 Bit (65 536 Abstufungen), was eine Datenmenge von 747 MiB (783 MB) ergibt. Einige Audio-CDs haben mit maximal 80 Minuten Überlänge, sie nutzen die vom Standard erlaubten Grenzwerte voll aus. Zum Abspielen reichen Audio-CD-Player, die immer mit einfacher Umdrehungszahl (Single Speed) und CLV (vgl. Abschnitt 1.9.3.6) arbeiten. CD-ROM- und DVD-Laufwerke können ihre Umdrehungszahl anpassen und somit auch Audio-CDs lesen. Audio-CDs sollten immer als Single-Session (Disc-at-Once), also durchgehend ohne Unterbrechung, gebrannt werden, damit keine störenden Pausen und Geräusche zwischen den Tracks entstehen. Für hochwertige Kopien gibt es spezielle Rohlinge.
- CD-ROM (Read Only Memory) ist ein Oberbegriff für industriell hergestellte, nicht beschreibbare CDs, die Programme, Spiele, Audio-, Bild-, Text- und Videodaten enthalten können. Zum Lesen dienen CD-ROM-, CD-R-, CD-RW- oder DVD-Laufwerke. Wie alle CDs aus Massenfertigung hat auch die CD-ROM eine Reflexionsschicht aus Aluminium.
- Mixed-Mode-CD und CD-Extra (früher CD-Plus genannt) sind Multisession-CDs, die Audio- und Daten-Tracks enthalten. Audio-Player geben nur den Audio-Teil wieder, der Rest erfordert ein CD-ROM-kompatibles Laufwerk. Mixed-Mode-CDs verursachen im Audio-Player aber teilweise Probleme, wenn diese versuchen, auf Datentracks zuzugreifen, die vor den Audiotracks liegen. Das Problem wurde durch die CD-Extra behoben.
- Die CD-R (Recordable) kann einmal beschrieben werden. Im CD-Recorder brennt ein stärkerer Schreib-Laser Pits in eine Farbschicht, die über der Reflexionsschicht liegt. CD-Rs lassen sich von jedem CD-ROM-Laufwerk, den meisten DVD-Laufwerken und vom Recorder selbst lesen. Sofern es sich um Audio-Tracks handelt, sind natürlich auch Audio-Player geeignet. CD-Recorder wurden inzwischen weitgehend durch abwärtskompatible DVD-Recorder verdrängt, die sowohl CD-R als auch CD-RW lesen und schreiben können. Standard sind CD-Rohlinge mit 700 MB, auch 800 MB sind handelsüblich, selten geworden sind 650 MB. Bei den Kapazitätsangaben ist bemerkenswert, dass MB hier mit MiB gleichgesetzt wird (im Gegensatz zu DVD-Angaben). Mit „700 MB" sind genau genommen 703 MiB bzw. 737 MB gemeint.
- 1997 erschien die wiederbeschreibbare CD-RW (Re-Writable) mit dem schon beschriebenen Phase-Change-Verfahren. Die preiswerten Medien mit 650 MB oder 700 MB sollen etwa 1000-mal wiederbeschreibbar sein. CD-RW-Recorder können auch

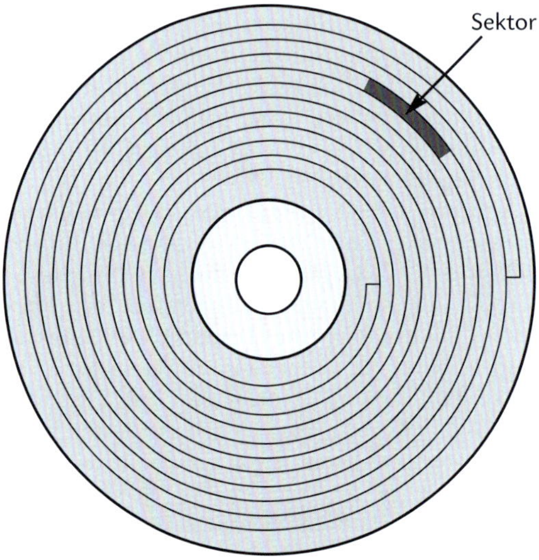

Spiralförmige Datenspur bei CD und DVD

CD-R schreiben und lesen. Lesbar ist die CD-RW in CD-ROM- und den meisten DVD-Laufwerken, Probleme verursacht manchmal ihr geringerer Reflexionswert.

- Sonderformate: Die Mini-CD mit 8 cm Durchmesser speichert 23 Minuten Audio oder 193 MB (185 MiB) Daten. Sie kann in den meisten CD-Laufwerken abgespielt werden, sofern es sich nicht um Slot-In-Laufwerke (mit automatischem Einzug in einen Schlitz) handelt.
  Rechteckige Visitenkarten-CDs speichern bis etwa 50 MB, sind aber nicht empfehlenswert, da sie Laufwerke beschädigen können. Gleiches gilt für Shape-CDs in beliebiger Form, die zur Unwucht neigen und Laufwerke zerstören können.

Weitere CD-Varianten, die aber inzwischen technisch überholt sind oder aus anderen Gründen an Bedeutung verloren haben:

- Video-CDs speichern 74 Minuten vertontes Video mit MPEG 1-Kompression in annähernd VHS-Qualität. Mit Einführung der DVD hat die Video-CD, die sich wegen ihrer fragwürdigen Qualität und begrenzten Filmlänge ohnehin nie richtig durchsetzen konnte, endgültig ausgedient.
- Die CD-I (CD-Interactive) diente als Medium für Multimediadaten, vor allem Spiele, benötigte aber spezielle Abspielgeräte.
- Die CD-E (Erasable = löschbar) oder PD-Disk (Phasewriter Dual) ist ein etwa 100000-mal wiederbeschreibbarer optischer Speicher mit Phase-Change-Technik. Das Medium mit 650 MB (einseitig) oder 1,3 GB (beidseitig) rotiert in einer schützenden Hülle (Caddy) und benötigt ein spezielles PD-Laufwerk. Technische Nachfolger der CD-E sind CD-RW und DVD-RAM.
- Die Kodak Photo CD ist eine CD-R-Variante, die Anfang der Neunzigerjahre von Kodak und Philips für Digitalisierung und Archivierung analoger Fotos eingeführt wurde. Mit der Pro Photo CD gibt es auch Lösung für professionelle Anforderungen (Negative bis 4 Inch x 5 Inch und eine höhere Auflösungsstufe). Zur Photo CD gehört ein von Kodak vertriebenes System aus Dia- und Filmscanner, CD-Recorder und Software. Die Photo CD speichert Einzelbilder in mehreren Auflösungsstufen in einer sehr effektiv komprimierten Datei, dem Imagepac. Beim Öffnen der Datei fragt ein Dialogfeld die gewünschte Auflösungsstufe ab. Gründe für das Verschwinden der Photo CD sind wohl die zunehmende Verbreitung von Digitalkameras auch im professionellen Bereich sowie die Tatsache, dass heute mit jedem PC oder Notebook CDs und DVDs in Eigenregie gebrannt werden können. Von vornherein an Amateure (nur Kleinbild- und APS-Filme) richten sich Alternativen wie Kodak Picture CD, Fujicolor CD und ImageCD. Alle drei speichern digitalisierte Fotos im JPEG-Format, werden aber wie die Photo CD immer weiter an Bedeutung verlieren.

1.9.3.3 Digital Versatile Disc

Die DVD (Digital Versatile Disc) als technischer Nachfolger der CD bringt auf einer Scheibe gleicher Größe bis zu 17 Gigabyte unter. Wie die CD weist sie 12 cm Durchmesser und 1,2 mm Stärke auf, besteht aber nicht aus einem Guss, sondern aus zwei jeweils 0,6 mm starken verklebten Scheiben. Bei einseitigen Medien dient eine Scheibe als Dummy für Labelaufdruck oder Beschriftung.

Ein roter Laser mit kürzerer Wellenlänge (635 nm bis 650 nm) als bei der CD sorgt für höhere Beschreibungsdichte durch Halbierung der Mindestlänge der Pits und des Spurabstands, der nur noch 0,4 Mikrometer beträgt. Die Sektoren einer DVD fassen immer 2048 Byte (wie Daten-CD).

DVDs können zwei Datenschichten (Layer) pro Seite haben. Dabei liegt die obere Schicht halbtransparent mit einer goldenen Reflexionsschicht über der unteren mit Aluminium-Reflexionsschicht. Das optische Abtastsystem kann entweder auf die obere Schicht oder durch sie hindurch auf die untere fokussiert werden.

Während sich die CD zuerst im Audiobereich durchsetzte, wurde die DVD vor allem als attraktives Videomedium bekannt, auch wenn sie natürlich für große Datenmengen jeder Art geeignet ist. DVD-Filme haben annähernd Studioqualität. Datenkompression ist aber auch bei der DVD unumgänglich, denn für eine Minute unkomprimiertes Video ist rund 1,5 Gigabyte Speicherplatz erforderlich.

Der Kompressionsstandard MPEG 2 sorgt dafür, dass 133 Minuten Film einschließlich Dolby-Surround-Sound auf eine einfache DVD-5 (4,7 GB) passen. Für längere Filme, wählbare Handlungsstränge, zusätzliche Tonkanäle für Sprachsynchronisationen und sonstige Zusatzinformationen ist die DVD-9 mit zwei Datenschichten auf einer Seite zuständig. Die Dekomprimierung der Videodaten erledigen schnelle Hardware-Decoder in Playern und Konsolen. DVD-Video auf dem PC setzt mindestens einen Software-Decoder und eine gute Grafikkarte voraus. Hardware-Decoder sind als Steckkarten oder kombiniert mit Grafik-, TV- oder Videokarten erhältlich.

Ein Herstellerkonsortium, u.a. Philips, Panasonic, Sony, Toshiba und Time Warner, einigte sich nach jahrelangem Streit auf den DVD-Standard, der mehrere Varianten vorsieht. Heute gehören dem maßgeblichen „DVD-Forum" außer den oben genannten Firmen auch Hewlett-Packard, Hitachi, Matsushita, Mitsubishi, Pioneer, Ricoh und Yamaha an.

Es gibt folgende DVD-ROM-Varianten:

- DVD-5: Einseitig, 1 Layer, 4,7 GB (4,38 GiB)
- DVD-9: Einseitig, 2 Layer, 8,5 GB (7,92 GiB)
- DVD-10: Zweiseitig, 2 Layer (einer je Seite), 9,4 GB (8,76 GiB)
- DVD-14: Zweiseitig, 3 Layer (2+1), 13,2 GB (12,3 GiB)
- DVD-18: Zweiseitig, 4 Layer, (zwei pro Seite), 17 GB (15,84 GiB), ist selten
- DVD-Plus oder Dual Disc: Zweiseitig, eine Seite als DVD mit 4,7 GB, die andere Seite als CD mit 650 MB

Die beschreibbare DVD kennt drei Varianten:

- DVD-R: Einmal beschreibbar mit 4,7 GB oder als Double- bzw. Dual-Layer mit 8,5 GB (ungebräuchlich sind zweiseitige Single-Layer mit 9,4 GB). Die übliche R(G)-Ausführung ist für „General Use" in handelsüblichen Recordern. Die R(A)-Ausführung erfordert teure Recorder und Medien, kann aber auch den äußeren Bereich beschreiben, der normalerweise die verschlüsselten Kopierschutzinformationen enthält.
- DVD-RW: etwa 1000-mal wiederbeschreibbar mit Phase-Change-Technik, 4,7 GB
- DVD-RAM: etwa 100 000-mal wiederbeschreibbar mit Phase-Change, 4,7 GB oder zweiseitig 9,4 GB, nicht kompatibel zu anderen DVDs, hohe Datensicherheit, direkter Schreib-Lese-Zugriff ähnlich wie bei Festplatten; die Medien sind teilweise durch einen Caddy geschützt.
- Vom DVD-Forum nicht abgesegnet, obwohl von Mitgliedern wie Philips und Sony unterstützt, sind DVD+R und DVD+RW, die nicht das offizielle DVD-Logo tragen dürfen. Dennoch haben sie sich durchgesetzt, denn sie unterscheiden sich technisch nur minimal von DVD-R und -RW, boten anfangs aber Preisvorteile. Zu beachten ist, dass die meisten DVD-ROM-Laufwerke und Brenner zwar beide Formate beherrschen, einige Player aber nicht.

1.9.3.4 Blu-ray Disc, HD DVD, UDO

Der Streit um die Standards, der die Entwicklung der DVD bis heute begleitet, ist ein Trauerspiel, das sich bei der Frage des Nachfolgers wiederholt. Unbestritten ist lediglich, dass mit einem kurzwelligen blau-violetten Laser (405 nm Wellenlänge) ein Vielfaches an Daten auf gleicher Fläche unterzubringen ist. Die Frage, wer so viel Speicherplatz braucht, ist schnell beantwortet: Zwei Stunden Video im HDTV-Standard schlucken je nach Qualität und weiteren Optionen schon 20 GB oder mehr.

Zwei zueinander nicht kompatible Techniken versuchten, den neuen Standard zu setzen: Blu-ray Disc (BD) und HD DVD. Hinter beiden standen Konsortien mit einflussreichen Mitgliedern. Anfang 2008 wurde jedoch klar, dass Blu-ray den Konkurrenzkampf gewinnt. Entscheidend schien der Wechsel der Warner Filmstudios ins Blu-ray-Lager zu sein, denn Warners Erklärung führte dazu, dass andere, teilweise wichtige Unternehmen ihre Unterstützung für die HD DVD aufkündigten. Kurze Zeit später gab Toshiba, der größte Hersteller von HD DVD-Laufwerken, bekannt, deren Entwicklung einzustellen.

Blu-ray Disc wurde federführend von Sony entwickelt und wird u.a. von 20th Century Fox, Apple, Dell, Disney, Hitachi, MGM, Panasonic, Philips, Pioneer, Samsung und eben auch Warner unterstützt. Seit 2004 sind Laufwerke und Medien im Angebot, Verbreitung fand die Technik auch durch den Einsatz von Blu-ray-Laufwerken in der Sony Playstation.

Blu-ray hat höhere Speicherdichte als die HD DVD, nämlich 27 GB (25 GiB) pro Layer. Handelsüblich sind auch einseitige Blu-ray Discs mit 54 GB (50 GiB) auf zwei Datenschichten. Technisch machbar und teilweise schon geplant sind auch vier, sechs oder acht Schichten auf einer Seite. Zweiseitige Medien wird es voraussichtlich nicht geben. Die normale BD hat 12 cm Durchmesser wie CD und DVD. In kleinen Videokameras kommt auch eine Mini-Ausführung mit 8 cm zum Einsatz, die als BD-R oder BD-RE 7,5 GB speichert.

Blu-ray-Medien haben eine dünnere Schutzschicht (0,1 mm) als CD und DVD (0,6 mm). Daher liefen die ersten Typen in einer Schutzhülle (Caddy), die aber inzwischen durch härteres Material überflüssig wurde. Blu-ray-Player und -Brenner können normalerweise CD und DVD lesen und Beschreiben.

Der berüchtigte, von der DVD bekannte Regionalcode, der zum Beispiel das Abspielen in den USA erworbener Medien auf europäischen Playern verhindert, ist auch für Blu-ray definiert, wird aber zum Glück für die Kunden längst nicht von allen Herstellern genutzt. Das Kopierschutzsystem für Blu-ray heißt AACS (Advanced Access Content System), es hat sich allerdings wie der DVD-Vorgänger CSS (Content Scramble System) schnell als unzulänglich erwiesen.

Die drei Varianten der Blu-ray Disc:

- BD-ROM: nur lesbar, 27 GB oder 54 GB als Double-Layer, typischerweise für hoch aufgelöste (HD) Filme und Spiele
- BD-R: einmal beschreibbar, 27 GB oder 54 GB als Double-Layer
- BD-RE: wiederbeschreibbar mit Phase-Change, 27 GB oder 54 GB als Double-Layer

HD DVD wurde u. a. von Toshiba und NEC entwickelt, auch IBM, Intel, Microsoft und Filmkonzerne wie Paramount und Universal saßen mit im Boot. Die HD DVD nutzt wie Blu-ray den Kopierschutz AACS, kennt aber im Gegensatz zu DVD und Blu-ray keinen Regionalcode.

Vier Varianten der HD DVD sind definiert:
- HD DVD-ROM: Nur lesbar, 15 GB oder 30 GB als Double-Layer
- HD DVD-R: einmal beschreibbar, 15 GB
- HD DVD-RW: wiederbeschreibbar mit Phase-Change, 15 GB
- HD DVD-RAM: wiederbeschreibbar mit 20 GB, ansonsten wie DVD-RAM

Noch bevor 2008 die Entscheidung zwischen Blu-ray und HD DVD fiel, standen schon Nachfolgetechniken in den Startlöchern, zum Beispiel die HVD (Holographic Versatile Disc), ein holografisches Medium mit mehreren Terabyte Kapazität.

UDO (Ultra Density Optical) ist nicht als Konkurrenz zu Blu-ray und HD DVD zu sehen, denn dieses Speichersystem des Herstellers Plasmon zielt hauptsächlich auf den vergleichbar kleinen Markt der professionellen Datensicherung und -archivierung. UDO gilt als Nachfolger der lange in diesem Bereich etablierten magneto-optischen (MO) Speicher. Die optischen Medien in 5,25-Zoll-Cartridges sind in UDO-Laufwerken einmal oder bis 10 000-mal mit 30 GB oder 60 GB wiederbeschreibbar. Verwendet wird wie bei Blu-ray ein blau-violetter Laser. Die garantierte Haltbarkeit der Medien beträgt 50 Jahre.

1.9.3.5 Dateisysteme für optische Speicher

Für die Art und Weise, wie Daten in den Sektoren einer CD abgelegt werden, gibt es verschiedene Standards, die in den „bunten Büchern" festgeschrieben sind:
- Das Red Book von 1980 enthält die Spezifikationen für die CD-DA (Digital Audio), bekannter als Audio-CD. Nutzdaten pro Sektor: 2352 Byte. CD-Text ist eine Erweiterung des Red-Book-Standards, wodurch Namen von CD, Interpreten und Musikstücken auf der Audio-CD untergebracht werden können.
- Das Yellow Book von 1982 definiert die CD-ROM, die außer Audio auch alle anderen Datentypen speichert. Es unterscheidet zwei Sektorformate:
  MODE 1 ist für gängige Daten-CDs mit 2048 Byte Nutzdaten pro Sektor. Mixed-Mode-CDs enthalten sowohl Daten-Tracks im MODE 1 des Yellow Book als auch Audio-Tracks nach Red-Book-Spezifikation.
  MODE 2 speichert durch verringerte Fehlerkorrektur mehr Nutzdaten pro Sektor, nämlich 2336 Byte. Auf Basis des Mode-2-Formats wurde 1989 die Erweiterung XA (eXtended Architecture) definiert, die wiederum 2 Untervarianten aufweist:
  FORM 1 mit zusätzlicher Fehlerkorrektur wie in MODE 1, Nutzdaten pro Sektor 2048 Byte.
  FORM 2 ohne zusätzliche Fehlerkorrektur ist für Audio- und Videodaten geeignet, Nutzdaten pro Sektor: 2324 Byte.
  Die CD-ROM-XA bietet als Besonderheit die Möglichkeit, Daten zu verschachteln, sodass sie gleichzeitig ausgelesen werden können. Das ist vor allem bei Audio- und Videodaten sinnvoll.
- Das Green Book von 1986 bildet die Grundlage für die (inzwischen veraltete) interaktive CD-I.
- Das Orange Book von 1990 setzt die Standards für beliebig beschreibbare CDs. Es besteht aus 3 Teilen: Teil 1 definiert die magneto-optische CD-MO, die sich nicht durchsetzen konnte. Teil 2 ist die Norm für die einmal beschreibbare CD-R, früher auch CD-WO (Write Once) genannt. Das Orange Book führte erstmals auch Multisession-CDs ein. Teil 3 standardisiert die wiederbeschreibbare CD-E (Erasable), die von der CD-RW weitgehend verdrängt wurde.
- Das White Book von 1991 beschreibt das Format der mittlerweile veralteten, von der DVD abgelösten Video-CD.
- Das Blue Book von 1995 definiert die CD-Extra; es ist eine Erweiterung (und Verbesserung) des Yellow Books. Eine CD-Extra enthält in der ersten Session Audio- und dahinter in einer zweiten Session Datentracks. Diese Anordnung sorgt dafür, dass die meisten reinen Audio-Player die CD-Extra problemlos abspielen.

Dateisysteme legen die Speicherorganisation der Daten auf einem Medium fest. Einige Dateisysteme sind nur für bestimmte Betriebssysteme lesbar, andere sind systemübergreifend. Optische Speicher benutzen andere Dateisysteme als elektromagnetische oder magneto-optische:
- ISO 9660 ist eine alte, aber immer noch wichtige Norm. Ein ISO-9660-Medium ist auf allen gängigen Rechnerplattformen lesbar, wenn folgende Regeln beachtet wurden: Wie unter DOS sind Dateinamen auf 8 plus 3 und Verzeichnisnamen auf 8 Zeichen beschränkt, nur Großbuchstaben ohne Sonderzeichen (Ausnahme: Unterstrich) sind erlaubt und Verzeichnisse dürfen nicht tiefer als acht Ebenen verschachtelt sein.
- Joliet ist eine Erweiterung von ISO 9660. Joliet wurde von Microsoft entwickelt und hat sich in der Windows-Welt durchgesetzt. Es benutzt den Unicode-Zeichensatz und unterstützt lange Datei- und Verzeichnisnamen (bis zu 64 Zeichen).
- UDF (Universal Disc Format) ist wie ISO 9660 ein systemübergreifendes, aber wesentlich moderneres

Dateisystem. Es wurde mit den zeitgleich erschienenen CD-RW und DVD eingeführt. Wie jedes moderne Dateisystem erlaubt UDF lange Dateinamen und Sonderzeichen. Auch die Restriktionen von ISO 9660 hinsichtlich der Verzeichnistiefe sind aufgehoben. ISO 9660 stammt aus einer Zeit, als niemand an wiederbeschreibbare Medien dachte. Entsprechend sind Tracks und Sessions die kleinsten Schreibeinheiten.
UDF schreibt dagegen mit einem „Packet Writing" genannten Verfahren Datenpakete von konstanter oder variabler Größe und ermöglicht, dass eine UDF-formatierte wiederbeschreibbare DVD oder Blu-ray Disc im Umgang wie eine Diskette oder Wechselplatte funktioniert, d. h. man kann jederzeit wie gewohnt einfach Daten löschen oder schreiben. Zwar wird der Komfort mit einem gewissen Overhead erkauft, denn an Nutzdaten bleiben zum Beispiel bei einer UDF-CD nur 540 MiB von 650 MiB übrig. Verglichen mit dem Speicheraufwand einzelner Sessions, ist das aber ein guter Wert.

- Ist ein optisches Speichermedium ausschließlich für Macs gedacht, kann das Apple-Dateisystem HFS verwendet werden.
- Ein Hybrid-Speichermedium enthält eine ISO-9660- und eine HFS-Partition.
- Die DVD-RAM lässt sich auch mit dem Windows 9x-Dateisystem FAT32 formatieren.

1.9.3.6 Laufwerke für optische Speicher

Alle Laufwerke für optische Speichermedien sind einander technisch ähnlich. Die Hauptunterschiede liegen in der Leseoptik und der Art des verwendeten Lasers: CD-Laufwerke arbeiten mit Infrarot-Lasern (Wellenlänge 780 nm), DVD-Laufwerke mit roten Lasern (650 nm) und präziserer Optik, Blu-ray und HD DVD mit blau-violetten Lasern (405 nm). Im Computer-Gehäuse integrierte (interne) Laufwerke sind preiswerter, externe dagegen vielseitiger einsetzbar. Übliche Schnittstellen sind EIDE und S-ATA (intern), SCSI und Firewire (intern oder extern) oder USB (extern).

Eine grundlegende Einteilung der in Computern genutzten Laufwerke ist die in ROM-Laufwerke, die nur lesen, und Recorder, die schreiben und lesen können. Als Player bezeichnet man eigenständige Abspielgeräte ohne Computeranschluss, zum Beispiel Audio- oder Video-Player und Spielkonsolen. Während Audio-Player nur Audio-CD lesen, Video-Player nur Video-DVD (oder Blu-ray Disc) und Audio-CD, sind Computer-Laufwerke für Daten aller Art geeignet. Dabei wurden CD-Laufwerke als Standardausstattung durch DVD-Laufwerke, meist Recorder, abgelöst. Diese sind weitgehend abwärtskompatibel zu CD-Laufwerken, das heißt, sie lesen und schreiben auch CD. Ähnlich sieht es bei den in Zukunft sicher häufig anzutreffenden Blu-ray-Recordern aus, die auch CD und DVD lesen und schreiben.

Die Laufwerke unterscheiden sich auch im Zugriffstempo und Datendurchsatz. Beides steht im Zusammenhang mit der Umdrehungsgeschwindigkeit des Mediums: Je höher diese ist, umso mehr Daten können pro Sekunde gelesen bzw. geschrieben werden, und auch der Datenzugriff erfolgt schneller.

CD-Laufwerke arbeiteten ursprünglich ausschließlich im CLV-Modus. Die Abkürzung steht für Constant Linear Velocity (konstante Lineargeschwindigkeit). Der Laufwerksmotor passt dabei ständig die Umdrehungszahl an, um äußere und innere Bereiche der CD mit gleicher Geschwindigkeit unter dem Lesekopf zu bewegen und den Datenstrom konstant zu halten. CLV kommt beim Abspielen von Audio-CD, Video-DVD und Video Blu-ray Disc zum Einsatz.

Das Gegenstück heißt CAV (Constant Angular Velocity, konstante Umdrehungsgeschwindigkeit). CAV hat den Vorteil kürzerer Zugriffszeiten und weniger Verschleiß, da die Umdrehungszahl nicht bei jedem Spur- oder Bereichswechsel angepasst werden muss. Der Datenstrom ist nicht konstant, sondern steigt kontinuierlich vom inneren zum äußeren Medienbereich. Festplatten und magneto-optische Laufwerke arbeiten mit CAV.

Schnelle optische Laufwerke benutzen je nach Art der zu lesenden oder zu schreibenden Daten CLV oder CAV oder eine Kombination beider Techniken: Beim Partial und Zoned CLV wird die Geschwindigkeit nicht kontinuierlich, sondern schrittweise beim Wechsel bestimmter Bereiche (Zonen) angepasst.

In Audio-CD-Playern und den ersten CD-ROM-Laufwerken rotiert die CD mit etwa 200 bis 500 Umdrehungen pro Minute, je nachdem, ob äußere oder innere Bereich gelesen werden. Die Auslesegeschwindigkeit liegt konstant bei 1,3 Metern bzw. 75 Sektoren pro Sekunde. Der Datenstrom beträgt bei der Audio-CD 172 KB/s, bei der CD-ROM aufgrund besserer Fehlerkorrektur nur 150 KB/s. Diese ursprüngliche Geschwindigkeit wird als Single Speed bezeichnet.

Aktuelle CD-Laufwerke beherrschen die 40- bis 60-fache Umdrehungszahl. Der Datendurchsatz steigt jedoch nicht proportional zur Umdrehungszahl, da schnelle Laufwerke nicht nur mit CLV, sondern mit Zoned CLV oder CAV arbeiten, und dabei differiert die Datenrate zwischen inneren und äußeren Medienbereichen. Daher sind Angaben wie „50×" (50-fache Geschwindigkeit) Maximalangaben, die nur in den äußeren Bereichen des Datenträgers erreicht werden. Der maximale Datendurchsatz beträgt dann 8 MB/s.

Bei DVD-Laufwerken gilt als Single-Speed die Umdrehungsgeschwindigkeit der ersten DVD-Player mit einer Datenrate von 1,35 MB/s. Neuere Laufwerke lesen DVDs zum Beispiel mit 16-fachem und CDs mit 48-fachem Tempo. Da schnelle DVD-Laufwerke ebenfalls Zoned CLV oder CAV benutzen, sind auch hier die bei 16-facher Geschwindigkeit rechnerisch möglichen 21 MB/s ein Maximalwert. Bei Blu-ray-Laufwerken bedeutet Single-Speed eine Datenrate von 4,5 MB/s, aber auch hier wird schon mit mehrfacher Geschwindigkeit geschrieben und gelesen.

Recorder, auch als Writer, Brenner oder Toaster bezeichnet, sind sowohl für einmal beschreibbare Rohlinge (CD-R, DVD-R, DVD+R, BD-R) als auch für wiederbeschreibbare Medien (CD-RW, DVD-RW, DVD+RW, BD-RE) geeignet. Die Varianten DVD-R und DVD+R bzw. DVD-RW und DVD-RW unterscheiden sich nur in Details, die Recorder beherrschen meistens beide Formate. Beschreibbare Medien sind normalerweise einseitig, können aber bei DVD-R, DVD+R und BD-R zwei Datenschichten (Dual- oder Double-Layer) haben.

Alle Recorder können die Medien auch lesen, für deren Beschreibung sie geeignet sind. Wiederbeschreibbare Medien verursachen durch ihren um etwa 20 % geringeren Reflexionswert manchmal Probleme in reinen Abspielgeräten (Playern).

Eine Sonderstellung nimmt die wiederbeschreibbare DVD-RAM ein, denn ihre Datenspur bildet keine Spirale, sondern ist wie auf einer Festplatte in konzentrischen Kreisen angelegt. Das bietet Vorteile bei Adressierung und Zugriffszeit, macht die DVD-RAM jedoch inkompatibel zu anderen DVD-Standards. Die Inkompatibilität wird schon äußerlich dadurch betont, dass die Medien oft durch einen Caddy geschützt sind.

Während die RW-Varianten etwa 1000-mal beschreibbar sind, bietet die DVD-RAM bis zu 100 000 Schreibzyklen. Diese Eigenschaft sowie die festplattenähnliche Sektorierung und die Tatsache, dass neben einseitigen Medien mit 4,7 GB auch doppelseitige mit 9,4 GB im Angebot sind, macht die DVD-RAM zu einem preiswerten Wechsel-Massenspeicher für den täglichen Gebrauch. War die DVD-RAM anfangs auf spezielle Recorder angewiesen, gibt es heute „Alleskönner", die neben den üblichen DVD- und Blu-ray-Formaten auch DVD-RAM schreiben und lesen.

Zu jedem Recorder gehört gute und möglichst vielseitige Software, denn von ihr hängt ab, wie viele der zahlreichen Medien-Varianten und Dateisysteme mit welchem Komfort gebrannt werden können. Während des Brennvorgangs sollte der Computer nicht mit anderen rechenintensiven Aufgaben belastet werden, sonst wird eventuell der Datenstrom unterbrochen und die Aufzeichnung unbrauchbar. Der Fachbegriff für solche Fehler ist „Buffer Underrun"; sie können aber durch Pufferspeicher, über die heute alle Recorder verfügen, weitgehend abgefangen werden.

Um Raubkopien durch die allgegenwärtigen Recorder zu erschweren, hat die Musik- und Filmindustrie verschiedene Kopierschutztechniken eingeführt. Dazu gehören Datenverschlüsselung (CSS für DVD und AACS für Blu-ray Disc) sowie der umstrittene Regionalcode, der zum Beispiel das Abspielen von Video-DVDs für den US-Markt auf in Europa verkauften DVD-Playern nicht zulässt. Damit werden Raubkopien jedoch bestenfalls erschwert, zu verhindern sind sie nicht. Die Umgehung wirksamer technischer Kopierschutzmaßnahmen ist nach dem Urheberrechtsgesetz verboten (§ 95a UrhG) und – soweit sie nicht ausschließlich zum eigenen privaten Gebrauch erfolgt – auch strafbar (§ 108b UrhG).

1.9.4 Magneto-optische Speicher

Unter den wiederbeschreibbaren Medien nimmt die magneto-optische Technik (MO) eine besondere Stellung ein: Die Aufzeichnung erfolgt magnetisch, das Lesen dagegen optisch. Beim Schreiben wird die Aufzeichnungsschicht punktweise von einem kräftigen Laser auf 150 °C bis 200 °C erhitzt, während ein Elektromagnet die darin befindlichen magnetisierbaren Partikel ausrichtet. Ohne Erhitzung ist keine Ausrichtung der Magnetpartikel möglich; MO-Medien sind deshalb weitgehend sicher vor Datenverlusten durch Einwirkung magnetischer Felder.

Zum Lesen wird schwächere, polarisierte Laserstrahlung benutzt. Sie wird mithilfe eines Polarisationsfilters (Polarisator) erzeugt, das sich vor dem Laser befindet. In polarisiertem Licht haben alle Wellen dieselbe Auslenkungsrichtung, schwingen also einheitlich, zum Beispiel senkrecht nach oben und unten oder waagerecht nach links und rechts.

Die Polarisationsrichtung kann durch magnetische Felder verändert werden. Die Aufzeichnungsschicht reflektiert das auftreffende polarisierte Licht je nach Ausrichtung ihrer magnetischen Partikel entweder unverändert oder mit verdrehter Polarisierungsrichtung. Das reflektierte Licht wird von einem fotoelektrischen Sensor ausgewertet, vor dem sich ein weiteres Polarisationsfilter (Analysator) befindet. Dieses Filter ist so angeordnet, dass es die Lichtwellen mit veränderter Polarisierungsrichtung bis zum Sensor gelangen lässt, während es für das unverändert polarisierte Licht undurchlässig ist.

Trotz der kompliziert erscheinenden Technik gelten magneto-optische Speicher als schnelle, robuste und preiswerte Wechselmedien mit hoher Kapazität. Technisch bedingt, ist die Geschwindigkeit beim Schreiben niedriger als beim Lesen. Dennoch sind MO-Speicher in jeder Hinsicht schneller und durch die gekapselten Medien auch sicherer als CD und DVD. Es gibt 3,5- und 5,25-Inch-Formate mit Kapazitäten von 230 MB bis über 5 GB. MO-Medien arbeiten ausschließlich in MO-Laufwerken; sie sind in keiner Weise kompatibel zu CD oder DVD.

Im HiFi-Bereich hat die magneto-optische Minidisc eine gewisse Bedeutung erreicht, wird aber zusehends durch MP3-Player mit Chipspeicher verdrängt. Einige Digitalkameras speichern auf der magneto-optischen iDPhoto Disk. Bei Abmessungen von 59 mm × 56 mm × 4,8 mm fasst sie 730 MB, der Datendurchsatz beträgt 2 MB/s.

1.9.5 Elektronische Speicher (Flash-RAM)

Das schnellste und außerdem fast verschleißfreie Speichermedium ist eindeutig der Speicherchip. Als Datenträger kommt jedoch nicht flüchtiger Arbeitsspeicher infrage, sondern ROM (nur lesbar) oder wiederbeschreibbarer Speicher, Flash-RAM, der Informationen auch ohne Stromzufuhr dauerhaft sichert. Zugriffsgeschwindigkeit und Datendurchsatz von Chipspeichern lassen Festplatten, immerhin die zweitschnellste Technik, langsam erscheinen.

Der einzige Grund, warum man sich im Massenspeicherbereich mittelfristig noch mit langsamen und verschleißanfälligen Medien zufrieden geben muss, ist finanzieller Art: Chipspeicher ist mehr als hundertmal teurer als Fest- oder Wechselplattenspeicher, im Vergleich mit Magnetband oder CD sogar mehr als tausendmal. Daher wird er meistens nur in relativ geringer Kapazität verwendet, vorwiegend in mobilen Geräten wie Digitalkamera, PDA, MP3-Player und Mobiltelefon. Die Datenkompression macht vor allem bei Audio und Video (immer noch) schnelle Fortschritte und führt zu immer effizienterer Ausnutzung der kostspieligen Chipspeicher.

Folgende – größtenteils von der Firma SanDisk gesetzte – Speicherstandards koexistieren u. a. in Digitalkameras, PDAs, Mobiltelefonen und MP3-Playern:

- CompactFlash: Die größte und älteste Speicherkarte ist sehr verbreitet und nach wie vor aktuell. Zu unterscheiden sind Card I mit 42,8 mm × 36,4 mm × 3,3 mm und Card II, die mit 5 mm etwas dicker ist. Seit der ersten CompactFlash-Version von 1994 wurden Kapazität und Geschwindigkeit enorm gesteigert; die aktuelle Version 5 ist auf Transferraten über 100 MB/s und Volumen von über 100 GB ausgelegt. Vorerst werden Karten bis 64 GB und bis 90 MB/s angeboten. Wie auch bei den folgenden Speicherkarten wird die maximal erreichbare Datentransferrate oft als Vielfaches der ursprüng-

Übersicht Speichermedien

Name	Technik	Kapazität	Zugriff	Durchsatz	Preis
Diskette	magnetisch	gering, 1,4 MB	langsam	sehr niedrig	hoch
Festplatte	magnetisch	sehr groß bis über 500 GB	sehr schnell 4 ms – 10 ms	sehr hoch bis über 20 MB/s	mittel
Wechselplatte	magnetisch	mittel bis groß 100 MB – über5 GB	schnell 12 ms – 30 ms	hoch über1 MB/s	mittel
Streamer	magnetisch	mittel bis sehr groß 200 MB – 400 GB	sehr langsam (spulen!)	sehr hoch bis über 10 MB/s	sehr niedrig
CD	optisch	mittel 682 MB – 830 MB	mittel um 100 ms	hoch bis über 5 MB/s	sehr niedrig
DVD	optisch	groß 4,7 GB – 17 GB	mittel um 100 ms	sehr hoch bis 25 MB/s	sehr niedrig
Blu-ray Disc	optisch	groß 27 GB – 54 GB	mittel um 100 ms	sehr hoch bis 25 MB/s	sehr niedrig
MO	magneto-optisch	mittel bis groß 230 MB – über5 GB	schnell um 15 ms	hoch, vor allem beim Lesen	niedrig
Flash-RAM	elektronisch	gering bis groß	schneller als Festplatte	kann sehr hoch sein	sehr hoch

lichen CD-Leserate von 150 KB/s angegeben: 600× bedeutet dann 600 × 150 KB/s, also ca. 88 MB/s.

- Memory Stick: Sonys Flash-Speicher wird fast ausschließlich in eigenen Geräten eingesetzt. Mehrere Varianten sind zu haben: Die erste Version speichert maximal 128 MB, später auch 256 MB. Der Memory Stick Duo ist bei ansonsten gleichen Eigenschaften kleiner: 31 mm × 20 mm × 1,6 mm. Der Memory Stick Pro hat eine schnellere Transferrate und speichert bis 32 GB, üblich sind aber bis 16 GB bei Transferraten bis 20 MB/s. Die Version Pro Duo vereint die Eigenschaften von Pro und Duo. Vor allem für Mobiltelefone gibt es noch den „Micro" mit nur 15 mm × 12,5 mm × 1,2 mm und bis 32 GB Kapazität.
- MMC (MultiMedia Card): Mit 24 mm × 32 mm × 1,4mm speichert sie bis zu 8 GB und überträgt bis 2,5 MB/s. Die MMC ist weitgehend SD-kompatibel und passt auch in den SD-Slot. RS-MMC (Reduced Size) ist kleiner und speichert bis 4 GB. Die MMC Micro misst nur 12 mm × 14 mm × 1,1 mm, fasst bis zu 2 GB und überträgt bis 10 MB/s. Sie ist wie die RS-MMC primär in Mobiltelefonen zu finden.
- SD-Card (Secure Digital Memory Card): Secure heißt sicher; das bezieht sich auf einen manuell einschaltbaren Schreibschutz und die Unterstützung von DRM (Digital Rights Management). Mit Maßen von 32 mm × 24 mm × 2,1 mm fasst eine SD-Karte bis 32 GB. Die neueren Highspeed-Versionen übertragen bis 20 MB/s. Die Mini-SD ist halb so groß wie die SD. Die kleinste aller Speicherkarten ist die Micro-SD mit 11mm × 15mm × 1mm und bis 16 GB Kapazität. Mit Adaptern passen Mini- und Micro-SD auch in größere SD-Slots.
- Smart Media Card: Sie ist nicht gerade klein, dafür aber sehr flach: 45 mm × 37 mm × 0,76 mm. Maximal 128 MB und relativ langsamer Datentransfer sind aber nicht mehr zeitgemäß. Die Smart Media Card wird nicht mehr hergestellt.
- xD-Picture Card: Von Olympus und Fujifilm stammt diese Karte, die auch nur in Geräten dieser Firmen Verwendung findet. Größe: 20 mm × 25 mm × 1,7 mm, Kapazität theoretisch bis 8 GB (2 GB erhältlich), Transfer bis 3 MB/s.
- USB-Stick: Dies ist der universellste Flash-Speicher, denn er lässt sich über die genormte USB-Schnittstelle an zahlreiche Computer und andere Geräte anschließen. Eine Vielzahl von Ausführungen bietet Kapazitäten bis 256 GB; der Datentransfer kann mit USB 2.0 sehr hoch sein.

Praktisch sind auch universelle Kartenadapter (Multi-Card-Reader) mit USB-Anschluss, die alle gängigen Speicherkarten lesen und beschreiben können.

Nur wenige Hochleistungsrechner arbeiten mit einer sündhaft teuren „Solid State Disk". Das ist ein Speicherblock größerer Kapazität, der wie eine Festpatte angeschlossen und verwendet wird.

Ob elektronische Speicher mit herkömmlicher Technik auf Siliziumbasis irgendwann deutlich preiswerter produziert werden können, um als Massenspeicher an Bedeutung zu gewinnen, ist sehr fraglich. Wahrscheinlicher ist, dass ganz neuartige Speichertechniken kommen, die teilweise schon im Prototypstadium sind: Vielversprechend sind zum Beispiel leitende Polymere, also spezielle Kohlenstoff-Verbindungen, die eines Tages möglicherweise Terabytes auf der Fläche einer Kreditkarte speichern und dazu noch unempfindlich, preiswert und stromsparend sind.

Ähnlich sensationelle Fähigkeiten werden von holografischen, dreidimensionalen Speichern erwartet. Natürlich wird auch auf molekularer und atomarer Ebene experimentiert. Im Labor ist man schon so weit, durch Manipulation einzelner Atome „Atomlöcher" zu schaffen, die sich theoretisch zur Datenspeicherung nutzen ließen. Da wird schon vom Menschheitswissen im Stecknadelkopf phantasiert. Welche Technik sich auch immer durchsetzt: Das Ende der elektromagnetischen und optischen Speicher mit ihren mechanischen Laufwerken naht.

1.10 Computerviren

Computerviren sind vorsätzlich erzeugte Programme, die sich unbemerkt vervielfältigen und in Dateien oder auf Datenträgern festsetzen können. Durch bestimmte Auslöser werden Virusprogramme aktiv und haben dann irgendeine Wirkung. Diese ist schädlich (Datenveränderung oder -löschung, Starten von Systemfunktionen) oder bestenfalls scherzhaft gemeint (grafische Effekte, plötzlich auftauchende Texte oder Töne).

Viren wirken sich nur auf Daten und Programme aus; direkte Beschädigungen der Hardware sind also nicht möglich, wohl aber Eingriffe in ihre Steuerungsprogramme. Nur schreibgeschützte Datenträger und ROM-Speicher sind sicher vor Virenbefall. ASCII-Text und reine Text-E-Mail werden nicht infiziert.

Die meisten Viren funktionieren wie Parasiten, um sich besser zu verstecken: Sie suchen nach Wirtsprogrammen oder -dateien, in die sie sich einklinken können. Viele sind zudem speicherresident, bleiben also auch nach Beendigung des infizierten Programms im Arbeitsspeicher. Wie biologische Viren haben sie oft eine gewisse Inkubationszeit, in der sie sich unbemerkt vermehren, denn wenn ihre Wirkung zu früh einsetzt, drohen Erkennung und Beseitigung.

Es gibt Tausende unterschiedlichster Viren; wenn alle nur leicht veränderten Abkömmlinge mitgezählt werden, sind es sogar Zehntausende. Schädlich oder weit verbreitet ist nur ein kleiner Teil davon, der aber ausreicht, um die Entwickler von Antivirusprogrammen ständig auf Trab zu halten und jeden Anwender nötigt, ein möglichst aktuelles Schutzprogramm zu benutzen.

Über die Herkunft von Computerviren und die Motive ihrer Erzeuger wurde schon viel spekuliert. Das Spektrum geht von Dummer-Jungen-Streich, Gier nach zweifelhaftem Ruhm, Militär und Geheimdiensten bis zu Programmierern, die aus irgendwelchen Gründen ihre oder andere Firmen schädigen wollen.

Mit Ausnahme der Makroviren funktionieren Viren nur mit dem Betriebssystem, für das sie programmiert wurden; daher gibt es mit Abstand die meisten Viren für Windows. Daraus ist aber keinesfalls zu folgern, dass Virenschutz bei anderen Systemen nicht so wichtig sei; die Art und Zahl von zum Beispiel Mac-Viren sollte auch dort die Benutzung einer Antivirussoftware selbstverständlich machen.

Übertragen werden Viren durch Wirtsprogramme auf Datenträgern sowie über Netzwerke. Der Internet-Boom hat leider auch den Viren zu optimalen Verbreitungsmöglichkeiten verholfen. Insbesondere die Möglichkeit, Viren über E-Mail-Anhänge in Umlauf zu bringen, hat in einigen spektakulären Fällen schon weltweit für Aufsehen gesorgt.

Computerviren im Überblick

Boot-Viren nisten sich im Boot-Sektor von Disketten, Fest- oder Wechselplatten ein oder im Master Boot Record (MBR) von Festplatten. Auf diese Bereiche greift der Computer beim Systemstart noch vor dem Laden des Betriebssystems zu. Bootviren sind relativ häufig und teilweise nicht einfach zu entfernen. Wohl das erste Virus, das zu Weltruhm gelangte, war Stoned.Michelangelo; es beginnt jeweils am 6. März mit der Löschung von Festplatten. Verwandte der Boot-Viren sind die Hybridviren, die zusätzlich auch noch Programme infizieren. Ein bekannter Vertreter heißt Tequila.

Programmviren hängen sich an ausführbare Programme und Systemdateien. Beliebt im Windows-Bereich sind Dateien mit den Endungen .COM, .EXE, .DLL, .OVL, .SCR und .SYS. Meistens ist das Wirtsprogramm auch der Auslöser: Beim Start eines infizierten Programms wird das Virus aktiviert; es erzeugt beispielsweise Kopien von sich, die sich neue Wirtsprogramme suchen, und macht sich an seine eventuell zerstörerische Arbeit. Ein anderer Auslöser kann ein bestimmtes Datum sein.

Trojanische Pferde nennt man Viren, die in verlockenden kostenlosen Programmen, zum Beispiel Spielen, versteckt sind. Diese Viren vervielfältigen sich in der Regel nicht, führen aber einen bestimmten Auftrag aus, der von ihrem Programmierer definiert wurde. Zu trauriger Berühmtheit gelangte zum Beispiel ein Trojaner, der Passwörter von T-Online-Benutzern ausspähte und sie per Internet an den Programmierer sendete. Das konnte zwar nur funktionieren, weil die Betroffenen fahrlässigerweise ihre Passwörter auf der Festplatte gespeichert hatten, zeigte aber eindrucksvoll, wie Viren auch spionieren können.

Würmer sind selbständige kleine Programme, die kein Wirtsprogramm benötigen. Sie vermehren sich sehr schnell und wandern in Netzwerken von Rechner zu Rechner, sodass auch große Netze in kurzer Zeit komplett befallen sein können. Bekannt wurde der Fall einer großen US-Telefongesellschaft, deren Netz stundenlang durch Würmer blockiert war.

Tarnkappen- oder Stealth-Viren sind mehr oder weniger geschickt versteckt. Sie können zum Beispiel einem Antivirusprogramm eine virenfreie Kopie der Originaldatei statt der infizierten Kopie anbieten oder durch Manipulation von Datenträgerverzeichnissen den Zuwachs an Dateigröße verbergen, den eine infizierte Datei normalerweise hat.

Polymorphe Viren vermischen bei der Infizierung eines Programms ihren Virencode mit dem Programmcode. Dadurch sieht jede infizierte Datei anders aus und die Mustererkennung, also der Vergleich mit bekannten Virencodes, ist erschwert.

Makro- und Skript-Viren sind möglicherweise in Word- oder Excel-Dokumenten versteckt oder in Dateien anderer Programme, die mit Makro- oder Skriptsprachen ausgestattet sind. Sie können aber auch als eigenständige Dateien ohne Wirtsprogramm daherkommen, zum Beispiel als Visual Basic- oder Java-Code. Makros sind eigentlich dazu gedacht, einfache oder auch komplexe Arbeitserleichterungen zu programmieren, aber natürlich lässt sich ihre Sprache auch zweckentfremdet für Virusprogramme einsetzen. Wenn ein solches Makro zusammen mit dem Dokument in einer Datei gespeichert wird, kann es zum Beispiel durch Versenden des Dokuments als E-Mail-Anhang verbreitet werden. Makro- und Skriptviren wirken systemübergreifend, wenn die Makrosprache, wie zum Beispiel bei MS-Word, für Mac und Windows identisch ist.

Virenschutz beginnt mit der Wahl der Quellen, aus denen Programme bezogen werden. Bei Markenprodukten großer Softwarefirmen kann man relativ sicher sein, dass Virenschutz ernst genommen wird. Vorsicht ist vor allem bei Free- und Shareware geboten: Wer im Internet wahllos Programme von Servern lädt, über deren Seriosität er nichts weiß, oder Shareware-programme von billigen, aber schlampig produzierten CDs ausprobiert, darf sich über böse Überraschungen nicht wundern. Es gibt genügend gute Quellen, die aktiven Virenschutz praktizieren, auch im Internet und auch für Free- und Shareware.

Vorsicht allein hinsichtlich Programm- und Datenherkunft genügt aber nicht: Jeder PC, der über Datenträger oder Netzwerke Daten mit anderen Rechnern austauscht, sollte durch ein aktuelles Antivirusprogramm geschützt sein. Diese Programme haben Code-Muster der bekannten Viren gespeichert, mit denen sie den Inhalt von Programmen und Daten vergleichen und nach Übereinstimmungen suchen.

Wird ein Virus erkannt, schlägt das Programm optisch oder akustisch Alarm und bietet an, die gefundenen Viren gleich zu entfernen. Das geht aber oft nicht so einfach: Am besten schaltet man den PC aus, um auch den Arbeitsspeicher zu löschen, und startet neu mit einer garantiert virenfreien Startdiskette oder CD, auf der sich auch das Antivirusprogramm befindet, das zum Entfernen der Viren benutzt werden soll.

Antivirenprogramme bieten eine Reihe von Einstellmöglichkeiten. Sie können auch automatisch arbeiten und zum Beispiel bei jedem Rechnerstart, jedem neu eingelegten Datenträger oder jedem Internet- und E-Mail-Download eine Prüfung vornehmen.

1.11 Eingabegeräte

1.11.1 Tastatur

Nach wie vor ist die Tastatur das wichtigste Eingabegerät. Auch wenn die Befehlsauswahl oft per Maus, Stift oder Finger erfolgt, wird für Text- und Zahlenerfassung eine Tastatur benötigt.

Neben der als Standard etablierten Multifunktions-Tastatur (MF-Tastatur) gibt es diverse Spezialtastaturen. Die meisten Computer arbeiten jedoch mit MF-Tastaturen, die sich nur durch wenige Tasten unterscheiden. Dennoch scheint sich die Erkenntnis durchzusetzen, dass Form und Tastenanordnung der von der Schreibmaschine abgeleiteten MF-Tastatur nicht der Weisheit letzter Schluss sind. Das zeigen interessante Entwicklungen ergonomischer Tastaturen, die weniger Muskelverspannungen und Sehnenprobleme versprechen.

Auch bei herkömmlichen Tastaturen gibt es Qualitäts- und Preisunterschiede. Kriterien sind beispielsweise der Tastenwiderstand und die genaue Führung der Tasten. Billigtastaturen machen oft schon im Neuzustand einen klapprigen Eindruck.

Funktionsweise: Der Tastendruck schließt einen elektrischen Kontakt, die Position der Taste wird durch ein gitterförmiges Leitungsnetz lokalisiert. Ein Steuerprogramm, der Tastaturtreiber, ordnet jeder Taste ein Zeichen und seine Codierung zu. Die Signalübertragung erfolgt per Kabel oder Funk an die Schnittstelle (meist USB) des PCs. Einstellmöglichkeiten des Tastaturtreibers finden sich in einem Kontrollfeld der Systemsteuerung.

Einige Tasten sind auf der MF-Tastatur doppelt vorhanden. Das gilt für alle Tasten des numerischen Blocks sowie für die Umschalt- (Shift-) und Strg-Tasten. Viele Tasten sind zweifach, einige auch dreifach belegt. Gleichzeitige Bedienung der Umschalt-Taste aktiviert die zweite Ebene, Alt+Strg oder AltGr die dritte.

Nicht alle Zeichen sind über die Tastatur zu erreichen, aber die Eingabe der früher gefürchteten Sonderzeichen wie ©, £, ® oder ø ist heute durch kleine Hilfsprogramme – wie die Zeichentabelle des Windows-Zubehörs – einfacher geworden. Diese Programme sind auch hilfreich für die zahlreichen Symbolschriften (zum Beispiel Zapf Dingbats, Wingdings, Webdings)

Wichtig ist das Zusammenspiel von Tastatur und Maus. Gerade Umschalt-, Strg- und Alt-Taste bewirken bei vielen Programmen eine Erweiterung der Mausfunktionen. So erstellt man in Grafikprogrammen Kreise bzw. Ellipsen oder Quadrate bzw. Rechtecke, indem beim Zeichnen die Umschalt-Taste gedrückt oder nicht gedrückt wird.

Viele Programmbefehle sind sowohl per Tastatur als auch per Maus ausführbar. Welches Gerät schwerpunktmäßig verwendet wird, ist auch vom Programm abhängig. Routinierte Textverarbeiter ziehen zur Steuerung die Tastatur vor, um nicht ständig auf die Maus umgreifen zu müssen.

Für CAD, DTP und Multimedia hingegen ist die Maus oder ein Grafiktablett mit Stift das zentrale Eingabegerät, allerdings lohnt es sich für Profis immer, die Tastaturbefehle der täglich benutzen Programme zu studieren: Oft finden sich sinnvolle Abkürzungen, die etliche Mausmeter sparen.

Wichtig sind auch bestimmte Tastenkombinationen für Betriebssystemfunktionen. So ruft einmalige Betätigung von Strg+Alt+Entf unter Windows den Taskmanager auf, um zum Beispiel abgestürzte Programme ohne Systemneustart zu beenden. Zweimaliges Drücken dieser Tastenkombination führt sofort zum Neustart des Systems (Mac: Ctrl+Apfel+Starttaste).

Gedrückte Umschalt-Taste beim Booten startet das Betriebssystem ohne Systemerweiterungen und Startobjekte. Der Mac bootet mit gedrückter C-Taste von einer System-CD.

1.11.2 Maus, Trackball, Touchscreen

Erfunden wurde die Maus schon in den Fünfzigerjahren. Zu Ehren kam sie jedoch erst viel später mit der Verbreitung grafischer Oberflächen, eingeleitet durch den Macintosh von Apple. Endlich gab es eine Alternative zu mühsam auswendig gelernten Befehlen und Tastaturkommandos: Programmstart durch Mausklick und intuitives Verschieben und Manipulieren von Bildern, Fenstern, Symbolen und Textteilen. Mausgesteuerte Benutzeroberflächen haben wesentlich zur Beseitigung von Hemmschwellen im Umgang mit Computern beigetragen. Nicht zuletzt eignet sich die Maus für Grafik- und Bildbearbeitung, obwohl hier manchmal Tablett und Stift empfehlenswerter sind. Oft wird die Maus für spezielle Funktionen zusammen mit Strg-, Alt- oder Umschalttaste eingesetzt.

Wichtige Einstellmöglichkeiten bietet der Maustreiber, zum Beispiel Änderung der Klickgeschwindigkeit für den Doppelklick, Anpassung der Zeigergeschwindigkeit und Belegung der Maustasten.

Funktionsweise: Die Maus nimmt analoge Handbewegungen auf und setzt sie in digitale Signale um. Ein Zeiger am Bildschirm reagiert auf die Bewegungen, Befehle und Aktionen werden durch Klicken ausgeführt. Jede Maus hat mindestens eine Taste, zwei oder drei Tasten sind jedoch praktischer. Die von Maus oder Unterlage gesendeten Impulse interpretiert der Computer mithilfe des Maustreibers.

Bei der mechanischen Standardmaus nimmt eine Kugel die zweidimensionalen Mausbewegungen auf. Die Bewegungen der Rollkugel übertragen sich in x- und y-Richtung durch Berührung auf zwei drehbare Walzen, die rechtwinklig zueinander angeordnet sind. Als Analog-Digital-Wandler fungieren zwei Lichtschranken, deren phasenverschobene Signale die Richtungsbestimmung ermöglichen. Kugel und Drehwalzen sollten regelmäßig von Schmutzablagerungen befreit werden. Mäuse laufen am besten auf einer ebenen Unterlage, die Verwendung von Mauspads ist empfehlenswert.

Funk-, Induktions-, Infrarot- und Ultraschallmäuse kommen ohne das lästige Kabel aus. Sie benötigen zum Auffangen der Maussignale teilweise spezielle Unterlagen; lediglich diese müssen mit dem PC verbunden sein.

Die Qualitäts- und Preisunterschiede sind groß. Wichtige Kriterien sind leichtgängige Maustasten, ergonomische Form und hohe Positioniergenauigkeit, die zwischen 200 und 3000 dpi liegen kann. Kabellose Mäuse sind immer teurer als mechanische. Seit einigen Jahren erfreuen sich Wheel-Mäuse zunehmender Beliebtheit. Sie haben zwischen den Tasten ein kleines Rad, das sich beim Manövrieren (Scrollen) in längeren Dokumenten oder Webseiten als überaus praktisch erweist.

Der Trackball ist eine Sonderform der Maus: Nicht die Maus wird bewegt, sondern eine Kugel direkt mit den Fingern gedreht. Trackballs finden hauptsächlich in Notebooks Verwendung.

Ebenfalls für den platzsparenden Einsatz wurden Touchpads entwickelt. Der Finger steuert auf einem nur wenige Quadratzentimeter großen Flächensensor den Zeiger, dazu gehören natürlich wie beim Trackball eine oder mehrere Tasten. Bei mobilen Computern verdrängen Touchpads zunehmend die Trackballs.

Ein Touchscreen ist gleichzeitig Ein- und Ausgabegerät: Befehle werden direkt mit dem Finger oder einem Stift auf der berührungsempfindlichen Bildschirmoberfläche angewählt. Kleine PEN-Computer ermöglichen durch lernfähige OCR-Software handschriftliche Texteingabe per Stift unmittelbar auf dem Display.

Touchscreens werden in kleinen mobilen Computern und als einfach zu bedienende Dialogsysteme verwendet, zum Beispiel in Infoterminals auf Messen, öffentlichen Plätzen oder Geschäften. Für vandalismusgefährdete Bereiche wurde der virtuelle Touchscreen erfunden: Eine Kamera nimmt Handbewegungen über einer projizierten Bildschirmoberfläche auf, ein Programm interpretiert die Auswahlgesten. Mit ähnlicher Technik werden auch virtuelle Tastaturen realisiert.

1.11.3 Grafiktablett und Digitizer

Grafiktabletts mit kabellosen Stiften werden überwiegend im kreativen Bereich für Bildbearbeitung, Illustration, Malen und Zeichnen eingesetzt. Digitizer sind technisch ähnlich, aber spezialisiert auf die hochgenaue Eingabe von Punkten und Linien für Architektur- und Konstruktionszeichnungen (CAD); als Eingabegerät dient meist eine Fadenkreuzlupe.

Die angewandten Techniken entsprechen weitgehend den von kabellosen Mäusen: Eine Sensor-Unterlage, das Grafiktablett, nimmt Signale von einem Stift oder einer Maus auf. Durchgesetzt hat sich vor allem ein von der Firma Wacom entwickeltes Verfahren: Das Kunststofftablett enthält eine Matrix aus Leitungsbahnen, die wie Antennen wirken. Sie lokalisieren die Position der Stiftspitze auf dem Tablett und versorgen

Das Bild zeigt die MF-Tastatur und die davon abweichende untere Tastenreihe beim Mac.

1 Eingabe ↵ (Enter): Befehlsbestätigung, entspricht der OK-Schaltfläche in Dialogfeldern. Setzt Absatzmarken bei der Texteingabe.

2 Esc = Escape: Verlassen und Abbrechen von Vorgängen, entspricht der Abbrechen-Schaltfläche in Dialogfeldern.

3 Strg = Steuerung (Ctrl = Control): Die doppelt vorhandene Strg-Taste wird in Verbindung mit anderen Tasten oder der Maus für Kurzwahlbefehle und zur Auslösung von Aktionen benutzt, ähnlich wie die Befehlstaste (24) beim Mac. Beispiele: Strg+S = Speichern, Strg+C = Kopieren.

4 Alt = Alternate (an dieser Position befindet sich beim Mac die Befehlstaste, Alt liegt links daneben und noch mal rechts der Leertaste): Wird ähnlich wie die Strg-Taste zusammen mit anderen Tasten oder der Maus verwendet. Sie dient u.a. zur Anwahl von Optionen und Befehlen. In vielen Windows-Programmen wird die Menüleiste durch Alt aktiviert. Beispiel: Alt+B öffnet das Menü „Bearbeiten".

5 AltGr (AltCtrl): Die dritte Tastaturebene und einige Befehle verlangen gleichzeitige Bedienung von Strg und Alt. AltGr fasst beides zusammen. Beispiele: AltGr+Q erzeugt das @-Zeichen, AltGr+E das Eurozeichen und AltGr+ß den Backslash (\) für Pfadangaben in DOS und Windows.

6 Umschalttasten (Shift): Wie bei der Schreibmaschine zum Umschalten zwischen Groß- und Kleinbuchstaben; wichtig auch in Verbindung mit Mausaktionen.

7 Feststelltaste (Caps Lock): Dauerhafte Umschaltung auf Großbuchstaben, wird durch Kontroll-Licht über dem numerischen Block angezeigt. Rückgängig: Umschalttaste.

8 Pfeiltasten ↑ ← ↓ →: Bewegen von markierten Objekten oder der Schreibmarke (Cursor) sowie Befehlsanwahl in Menüs und Steuerung von Computerspielen.

9 Tab- oder Tabulatortaste: Bewegt die Schreibmarke zum nächsten Tabulator (Tab-Stop). Springt in Dialogfeldern zur nächsten Eingabe- oder Schaltfläche.

10 Rückschritt ← (Backspace): Löscht Zeichen links von der Schreibmarke oder markierte Objekte. Springt in Dialogfeldern bei gleichzeitigem Drücken der Umschalttaste zur vorigen Eingabe- oder Schaltfläche.

11 Einfg = Einfügen (Ins = Insert): Wechselt zwischen Einfüge- und Überschreibmodus.

12 Entf = Entfernen (Del = Delete): Löscht Zeichen rechts von der Schreibmarke oder markierte Objekte.

13, 14 Pos 1, Ende (Home, End): Diese Tasten bewegen (teilweise in Verbindung mit anderen Tasten) die Schreibmarke zum Zeilen-, Absatz- oder Textanfang bzw. -ende.

15, 16 Bild↑ und Bild↓ (PgUp = Page Up, PgDn = Page Down): Vor- und Zurückblättern in Dokumenten, Webseiten oder Programmfenstern.

17 Funktionstasten F1 bis F12: Die F-Tasten werden von verschiedenen Programmen unterschiedlich belegt. Sie rufen Befehle und Funktionen auf. F1 startet in vielen Programmen die Onlinehilfe. Einige Programme erlauben die individuelle Zuweisung oft gebrauchter Befehle auf bestimmte Tasten. Es lohnt sich jedenfalls, die F-Tasten zu beachten.

18 Druck (Print): Die Drucktaste erzeugt unter Windows ein Bildschirmfoto in der Zwischenablage (Mac: Befehlstaste+Shift+3). Alt+Druck bildet nur das aktive Fenster ab (Mac: Befehlstaste+Shift+4). Nur unter DOS wird der Bildschirminhalt tatsächlich gedruckt.

19 Scroll-Lock-Taste, heute weitgehend bedeutungslos.

20 Pause, hält laufende Prozesse vorübergehend an. Auch der Startvorgang von PCs kann damit gestoppt werden, um die angezeigten Systemmeldungen zu lesen.

21 Num-Taste und numerischer Block: Ein Teil der Tasten ist doppelt belegt, ihre Funktion wird durch Ein- und Ausschalten der Num-Taste bestimmt (Kontroll-Licht über der Num-Taste). Eingeschaltet sind die Ziffern 0–9, die Rechenzeichen + – × ÷, das Komma sowie eine Eingabetaste für bequeme Zahlen-Eingabe in einem Block versammelt.

22, 23 Startmenü, Eigenschaften: Tastaturen für Windows-PCs haben seit 1995 zwei Spezialtasten: Eine doppelt vorhandene, die das Startmenü der Taskleiste öffnet und die Eigenschaften-Taste, die wie die rechte Maustaste ein Kontextmenü für markierte Objekte öffnet.

Apple-Tastaturen zeigen eine etwas andere Anordnung der unteren Tastenreihe. Die Windows-Tasten entfallen, dafür gibt es die Befehlstaste (24), auch Apfeltaste genannt. Sie ist wie die Strg-Taste unter Windows für zahlreiche Kurzbefehle zuständig. Die Funktionstasten sind teilweise anders belegt und es gibt eine zusätzliche Taste zum Auswerfen von CD oder DVD aus dem Laufwerk.

zugleich einen Schwingkreis im Stift, der weder Kabelverbindung noch Batterien braucht, mit Energie. Die Antennen im Tablett wechseln alle 20 Mikrosekunden zwischen Sende- und Empfangsmodus. Der Stift ändert das empfangene Signal, abhängig von Andruckstärke oder Tastenstellung, und sendet es zurück.

Zum Grafiktablett gehört ein Treiberprogramm, das unter anderem die Wahl zwischen relativem und absolutem Modus bietet. Im absoluten Modus entspricht ein Punkt auf dem Monitor einer bestimmten Position auf dem Tablett: Ansetzen von Stift oder Maus an der linken oberen Ecke des Tabletts bewegt auch den Zeiger in die Monitorecke. Dieser Modus eignet sich vor allem zum manuellen Digitalisieren von Vorlagen. Im relativen Modus verhalten sich Stift oder Maus wie von herkömmlichen Mäusen gewohnt: Durch Anheben und neues Ansetzen ist der Zeiger ohne weit ausholende Handbewegungen über den Bildschirm zu lenken. Außerdem sind im Treiber Änderungen der Druckempfindlichkeit und Tastenbelegung möglich.

Produktunterschiede bestehen neben der Technik in Größe, Eingabegenauigkeit, Druckempfindlichkeit und der Art der Unterlage. Die Spanne reicht vom kleinen preiswerten A6-Tablett bis zu großen Digitizern mit Führungsschienen und Maßeinteilungen. Für einige Modelle sind als Zubehör Schablonen und Treiber erhältlich, mit denen sich auf dem Tablett Schaltflächen für oft gebrauchte Befehle definieren lassen.

Kabellose Stifte sollten bei kreativen Arbeiten druckempfindlich sein. In geeigneten Bild- oder Grafikprogrammen reagieren dann Strich- oder Pinselstärke auf unterschiedlichen Stiftandruck. Auch Werkzeuge wie Sprühdose, Wischfinger und Radierer sind druckempfindlich wesentlich intuitiver zu handhaben. Einige Stifte müssen zum Radieren praktischerweise nur umgedreht werden. Die Zahl der Druckstufen liegt zwischen 64 und 512, teilweise wird sogar die Neigung des Stifts ausgewertet. Da Stifte über mindestens eine Taste verfügen, eignen sie sich auch als Mausersatz. Sie liegen zwar gut in der Hand, der Wechsel zwischen Tastatur und Stift ist jedoch umständlicher als zwischen Tastatur und Maus.

1.11.4 Scanner und Digitalkamera

Scanner tasten analoge zwei- oder dreidimensionale Vorlagen ab und erzeugen ein Punktmuster der Vorlage. Jeder erfasste Punkt hat eine bestimmte Position und Farbe. Die Punkte werden Pixel genannt (entstanden aus Picture Element). SCSI- oder USB-Schnittstellen übertragen den Datenstrom an den Computer, der sie in einem Pixelformat speichert.

Die Bandbreite reicht von einfachen, preiswerten Flachbettscannern für geringe Qualitätsansprüche bis zu High-End-Reproscannern. Auch Faxgeräte haben eine Scaneinheit, alltäglich sind Barcode-Scanner für Kassen- und Logistiksysteme. Erfasst werden farbige oder schwarzweiße Dias und Fotos, Strichvorlagen (Grafiken, Zeichnungen), Text (erfordert Nachbearbeitung mit einem Texterkennungsprogramm) oder dreidimensionale Objekte.

Scanner für zweidimensionale Vorlagen (2D-Scanner) arbeiten immer nach folgendem Prinzip: Die Aufsichts- oder Durchsichtsvorlage wird beleuchtet bzw. durchleuchtet. Das reflektierte bzw. durchgelassene Licht gelangt über ein Objektiv und einen oder mehrere Spiegel auf fotoelektrische Sensoren. Die Sensoren wandeln die optischen Signale in analoge elektrische Signale um, die dann verstärkt und digitalisiert werden.

Bei der Flachbettbauweise liegt die Vorlage während der Abtastung auf einer Glasplatte oder in einem ebenen Rahmen. Als fotoelektrische Sensoren dienen CCD-Zeilensensoren. Die Abkürzung CCD bedeutet Charge Coupled Device, übersetzt etwa ladungsgekoppelte Vorrichtung oder Ladungsverschiebungselement. CCD-Zeilensensoren sind Mikrochips mit mehr als 10 000 zeilenförmig angeordneten Fotoelementen. Jedes erfasst die Information für ein Pixel. Beim Scannen wird die Abtasteinheit langsam vorgeschoben und erfasst eine Pixelzeile nach der anderen.

Bei Scannern in Trommelbauweise (Rotationsscanner) befindet sich die Vorlage auf einer rotierenden Trommel, an der sich die Abtasteinheit entlang bewegt. Als Sensoren dienen PMTs (Photomultiplier Tubes), die jeweils nur ein Pixel zurzeit erfassen. PMTs sind Elektronenröhren, die optische Signale in elektrische umwandeln und diese zugleich verstärken. Trommelscanner sind konstruktiv aufwändiger als Flachbettscanner, liefern dafür aber immer noch etwas höhere Bildqualität als die besten Flachbettscanner.

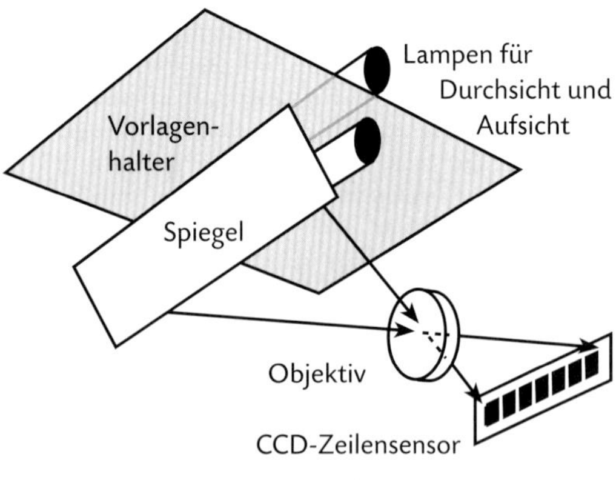

Schematischer Aufbau eines Flachbettscanners

Zur Farbzerlegung in RGB-Anteile werden in Flachbettscannern trilineare (dreizeilige) CCDs verwendet. Die drei Sensorzeilen sind mit Filterbeschichtungen in den Farben Rot, Grün und Blau versehen. Trommelscanner haben drei PMTs, vor denen sich die entsprechenden Farbfilter befinden.

Ausführlichere Informationen zur Bilddigitalisierung und zu Aufbau und Funktionsweise von Scannern finden sich im Kapitel zur Bilderfassung und Bildbearbeitung (insbesondere Abschnitte 3.2 und 3.4).

Digitalkameras sind – genau wie ihre analogen Gegenstücke – in verschiedensten Ausführungen für unterschiedliche Anforderungen erhältlich. Das Spektrum reicht vom einfachen „Knipser" bis zu teuren Profi- und Studiokameras. Der wesentliche Unterschied gegenüber konventionellen Kameras besteht darin, dass anstelle des Films ein fotoelektrischer Sensor verwendet wird. Das ist meist ein CCD-Flächensensor mit mehreren Millionen Fotoelementen. Die Informationen für alle Pixel werden also – anders als beim Flachbettscanner – gleichzeitig erfasst.

Mit CD und DVD stehen preisgünstige Archivierungsmedien für Digitalaufnahmen zur Verfügung und die passenden Drucker gibt es auch: Thermosublimationsdrucker erzeugen rasterfreie Bilder, die qualitativ kaum von analogen Fotoabzügen zu unterscheiden sind. Auch die erheblich preiswerteren Tintenstrahldrucker erreichen auf Spezialpapier fotoähnliche Ergebnisse. Fotolabors arbeiten mit speziellen Laserbelichtern zur Ausgabe von Bilddaten auf konventionelle, lichtempfindliche Fotopapiere, die nach der Belichtung chemisch entwickelt werden. Gegenüber Thermosublimations- und Tintenstrahldrucken haben Bilder auf Fotopapier eine höhere Alterungsbeständigkeit, bleichen unter Lichteinwirkung nicht so schnell aus und sind auch stabiler gegenüber mechanischen Einwirkungen und Nässe.

Anwendungen für das dreidimensionale Scannen sind zum Beispiel Computer-Tomografie, Objekterkennung bei Robotern, Strukturanalyse von Molekülen und natürlich 3D-Grafik und -Animation. Im Folgenden geht es nur um den zuletzt genannten Bereich.

3D-Scanner unterscheiden sich hinsichtlich Auflösung, Geschwindigkeit und Preis ganz erheblich. Allen gemeinsam ist das Endprodukt: eine Koordinatendatei für ein „Drahtgittermodell" im DXF- oder VRML-Format, das mit 3D-Programmen bearbeitet und mit beliebigen Texturen belegt werden kann; einige Modelle erfassen auch die Originaltextur. Hilfreich bei der Animation von Drahtgittermodellen ist die Fähigkeit des Computers, Übergänge zwischen Start- und Zielobjekt zu berechnen.

Laserscanner sind in jeder Hinsicht die Spitzenreiter unter den 3D-Scannern. Mit einer ganzen Zeile von Lasern erfassen sie räumliche Tiefen bis auf ein zehntel Millimeter genau. Als Zugabe nimmt eine Kamera die Originaltextur auf. In weniger als einer Minute fährt der Scanner auf einer Schiene einmal um das Objekt herum. Kleinere Objekte werden auf einem Drehteller vor einer feststehenden Abtasteinheit platziert. Spektakulär sind natürlich Porträt- oder Körperscans, die unter anderem digitale Schauspieler ermöglichen. Trotz der schon erreichten beeindruckenden Qualität gibt es noch Schwachpunkte bei feinen Strukturen wie zum Beispiel Haar. Noch sind Laserscanner sehr exklusiv, je nach Größe kann ihr Preis im sechsstelligen Bereich liegen. Preiswerter sind langsamere Geräte mit nur einem Laser statt einer Zeile.

Mit ganz anderer Technik arbeiten 3D-Kamerascanner: Eine Digitalkamera schießt 30 oder mehr Fotos eines Objekts aus verschiedenen Blickwinkeln. Das Objekt liegt auf einem beleuchteten Drehteller, der mit andersfarbigem Stoff, zum Beispiel grün oder blau bespannt ist. Die Software entnimmt jedem Foto die zweidimensionalen Konturen und berechnet aus den Unterschieden die Raumkoordinaten. Laserscanner erzielen zwar bessere Auflösungen, aber der Preis und die mitgelieferte Originaltextur machen Kamerasysteme interessant.

Umständlicher, aber leichter erschwinglich sind Techniken, die mit etwas Handarbeit verbunden sind: Man setzt die Messpunkte am feststehenden Objekt mit der Spitze eines Gelenkarms, der drehbar auf einer festen Basis angebracht ist. Für große Objekte gibt es auch frei bewegliche Abtaststifte, deren Signale von dreidimensional im Raum angeordneten Sensoren empfangen werden.

Zu 3D-Scannern passende, leider sehr teure Ausgabegeräte sind 3D-Drucker, genauer gesagt Spritz-, Fräs-, und Lackierroboter. Sie erzeugen teilweise in tagelanger Arbeit höchst detaillierte farbige Objekte mit Ausmaßen bis zu einigen Metern.

1.11.5 Vektorisierung und OCR

Strichvorlagen (Grafiken, Zeichnungen) werden nach dem Scannen oft vektorisiert. Darunter versteht man die Umwandlung eines Pixelbildformats wie TIFF in ein Vektorgrafikformat wie EPS durch manuelles oder automatisches Nachzeichnen. Danach kann beispielsweise ein gescanntes Firmenlogo ohne Qualitätsverlust vergrößert werden, zudem ist der Speicherbedarf viel geringer. Die automatische Vektorisierung wird mit speziellen Programmen (Adobe Streamline, Freehand, Corel Trace u. ä.) durchgeführt. Gute Ergebnisse setzen Kenntnisse (oder Probieren) der zahlreichen Einstellmöglichkeiten voraus.

Mit Texterkennungsprogrammen wird gescannter Text, der wie alle Scandaten zunächst als Pixelformat vorliegt, in „echten" Text, also in ein reines Textformat wie ASCII oder RTF umgewandelt. Danach kann er wie gewohnt beliebig bearbeitet werden und beansprucht wenig Speicherplatz. Texterkennungsprogramme werden auch OCR-Software genannt: Optical Character Recognition (Optische Zeichenerkennung). Beim Aufbau digitaler Textarchive kommen OCR-Programme in Verbindung mit schnellen Schwarzweiß-Scannern und automatischen Einzelblatteinzügen zum Einsatz.

Zwei OCR-Methoden sind zu unterscheiden: Mustererkennung und Umrisserkennung. Bei der Mustererkennung wird jedes gescannte Zeichen so lange mit gespeicherten Schablonen kompletter Schriftsätze verglichen, bis eine Übereinstimmung gefunden wird. Wenn das Programm zum Beispiel nur Muster der Helvetica mit 10 und 12 Point Größe gespeichert hat, kann es Helvetica in 20 Point oder andere Schriften nicht erkennen. Mustererkennung ist für umfangreiche Textmengen mit gleichförmiger Schrift (Schreibmaschine) geeignet.

Die gängigere Methode ist die Umrisserkennung. Dabei greift das Programm auf typische, mathematische Umrissbeschreibungen von Zeichen zurück und vergleicht sie mit dem gescannten Text. Diese Technik ist unabhängig von Schriftgrößen. Wenn das OCR-Programm die Umrisse der gängigsten Schriften gespeichert hat, kann es diese und auch verwandte Schriften in allen Größen erkennen. Die Umrisserkennung ist also flexibler als die Mustererkennung, arbeitet jedoch langsamer.

1.12 PostScript

1.12.1 PostScript-Grundlagen

Das Thema PostScript ist dem folgenden Abschnitt über Ausgabegeräte (1.13) vorangestellt, da es eine zentrale Bedeutung für die Datenausgabe insbesondere in der Druckvorstufe hat. PostScript ist eine Seitenbeschreibungssprache, genauer: eine systemunabhängige Programmiersprache, deren Befehle Layoutseiten mit beliebiger Anordnung von Texten, Pixelbildern und Vektorgrafiken definieren. Zusätzlich ist PostScript eine Kontrollsprache für Ausgabegeräte wie Bildschirme, Drucker und Belichter, für deren Ansteuerung zahlreiche Befehle bereit stehen. Zu PostScript gehören auch die Datenformate EPS und PDF sowie Type-1-Schriften.

Es gibt weitere Seitenbeschreibungssprachen, von denen vor allem die von Hewlett Packard entwickelte PCL (Printer Control Language) Bedeutung hat, denn sie wird von anderen wichtigen Laserdruckerherstellern unterstützt. Plotter verwenden spezielle Sprachen wie zum Beispiel HPGL (Hewlett Packard Graphics Language).

Um die Bedeutung von PostScript zu verstehen, ist ein Ausflug in die Anfangszeiten der Computerdrucker hilfreich. Die ersten waren nicht grafikfähig, sie konnten nur alphanumerische Zeichen drucken, denn ihre Mechanik mit Typenrad oder Kugelkopf stammte von der Schreibmaschine ab. Die erforderlichen Druckertreiber waren relativ einfach: Der Computer sendete für jedes Zeichen ein kurzes Signal an den Drucker. Der Druck von Grafiken oder Bildern stellt jedoch ganz andere Anforderungen an das Treiberprogramm und auch an die Druckmechanik.

Mit Einführung der Nadeldrucker, die statt ganzer Zeichen einzelne Punkte zu Papier brachten, war die hardwareseitige Voraussetzung geschaffen: Jede Seite mit den Elementen Text, Bild und Grafik ließ sich durch entsprechende Anordnung von Punkten (dots) drucken. Weil Form und Tonwert eines Druckpunktes normalerweise nicht variabel sind, müssen Halbtöne durch unterschiedlich große Rasterpunkte, die aus einzelnen dots zusammengesetzt sind, dargestellt werden. Auch Laser- und Tintenstrahldrucker produzieren runde dots, deren Größe durch die Auflösungen in dpi (dots per inch) festgelegt ist.

Herkömmliche Druckertreiber berechnen eine Bitmap, also eine auflösungsabhängige Matrix der Druckseite mit allen dots. Die Bitstellungen 0 und 1 stehen dann für „kein Punkt" und „Punkt". Diese Datei wird temporär auf der Festplatte angelegt und an den Drucker übertragen. Eine Bitmap-Druckdatei benötigt relativ viel Speicherplatz: Eine einfarbige A4-Seite (rund 8,3 inch × 11,7 inch) ergibt bei der Auflösung 600 dpi rund 35 Millionen Punkte (8,3 · 11,7 inch · 600 · 600) und belegt rund 4,4 MB. Beim Vierfarbdruck bekommt jede Prozessfarbe (CMYK) eine eigene Bitmap, also vervierfacht sich die Datenmenge. Zudem erhöht sich der Speicherbedarf quadratisch zur Erhöhung der Druckauflösung, bei Verdopplung der Auflösung also auf das Vierfache.

Folgende Nachteile bringt das Drucken ohne Seitenbeschreibungssprache mit sich:

- Der Drucker arbeitet nur mit herstellerspezifischen Druckertreibern korrekt.
- Der Computer wird durch aufwändige Bitmapberechnung belastet.
- Eine umfangreiche Datenmenge muss zum Drucker übertragen werden.
- In der Druckvorstufe sind keine verbindlichen Probedrucke und Proofs möglich.

Ganz anders arbeitet die Seitenbeschreibungssprache PostScript, nämlich system-, größen- und – mit Ausnahme von Bildern – auflösungsunabhängig. Die Qualität der Datenausgabe richtet sich allein nach den technischen Möglichkeiten des Ausgabegeräts. Anfang der Achtzigerjahre, als Adobe mit der Entwicklung von PostScript begann, war die Erkenntnis nicht neu, dass jedes grafische Objekt durch Koordinatenwerte, Linienstärken, Farb- und Füllwerte mathematisch beschrieben werden kann. Es gab schon Zeichenprogramme, die intern nicht mit Pixeln, sondern mit Vektoren arbeiteten. Ein Vektor ist eine gerichtete Strecke, hat also einen Anfangs- und einen Endpunkt sowie eine Richtung. Die Druckausgabe war aber weiterhin zeitaufwändig und digitale Schriften gab es nur als auflösungsabhängige Bitmap-Fonts, die nicht bzw. nur in Begleitung hässlicher Treppenstufen skalierbar waren.

Die PostScript-Entwickler hatten den Anspruch, einen system- und geräteunabhängigen Standard für die Datenausgabe zu schaffen. Dahinter standen vor allem diese Ideen:

- Schriftzeichen sind grafische Objekte, die sich mathematisch definieren lassen; Text und Grafik können also gleichbehandelt werden. Die Entwicklung von Schriften, bei denen nicht mehr jeder Schnitt als kompletter Zeichensatz in Form von Punktmustern vorliegt, sondern für jedes Zeichen nur eine Umrissbeschreibung festgelegt wird, sorgt für weniger Speicherbedarf und freie Skalierbarkeit.
- Wenn der PC keine Bitmap für die Ausgabe berechnen und weiterleiten muss, sondern eine Seitenbeschreibung, die extern in eine Bitmap umgerechnet wird, sind Rechen- und Wartezeiten erheblich zu verkürzen.
- Eine solche Datei ist im Gegensatz zur Bitmap auflösungsunabhängig. Das gilt natürlich nur für Vektorgrafik und Text, denn Bilder werden immer, auch von PostScript, punktweise definiert und müssen daher in ihrer Auflösung an die geplante Ausgabeauflösung angepasst sein.
- Die Anlage der Seitenbeschreibung im international genormten ASCII-Format gewährleistet, dass verschiedene Rechnertypen mit unterschiedlichen Betriebssystemen PostScript-Code erzeugen und lesen können.
- Die Druckvorstufe profitiert von einem einheitlichen Standard, der verbindliche Probedrucke und Digitalproofs erlaubt, denn eine PostScript-Datei lässt sich ohne Modifikation auf einfachen Laserdruckern, Proofsystemen, Belichtern oder Digitaldruckmaschinen ausgeben.

Diese teilweise bahnbrechenden Ideen wurden in die Tat umgesetzt und erfolgreich weiterentwickelt. Heute wird weltweit vor allem in der Druckvorstufe mit PostScript gearbeitet. Das EPS-Format wurde zum internationalen Standard, genau wie PDF, das Datenformat des jüngeren PostScript-Abkömmlings Acrobat. Für PostScript entworfene skalierbare Outlineschriften, die Type-1-Fonts, gehören heute zusammen mit TrueType- und OpenType-Fonts zu den wichtigsten Schriftformaten.

Sicher ist die Behauptung nicht übertrieben, erst PostScript habe die weltweite Verbreitung und Akzeptanz von DTP (Desktop Publishing) ermöglicht. Als erster Computerhersteller erkannte Apple die Zeichen der Zeit und integrierte PostScript frühzeitig in seine Hard- und Software. Mittlerweile ist PostScript auf allen professionellen DTP-Systemen auch anderer Hersteller (ISO-)Standard.

Der heute bei Printmedien übliche durchgehende PostScript-Workflow beginnt schon in den Anwendungsprogrammen: Layouter verwenden PostScript-Fonts und EPS-Grafiken, teilweise auch EPS-Bilder. Die Layoutdatei wird per Druckbefehl an den PostScript-Treiber übergeben, der automatisch eine aus Anweisungen und Koordinatenwerten programmierte Seitenbeschreibung erzeugt. Im nächsten Schritt wird die Seitenbeschreibung sozusagen als Arbeitsauftrag an einen PostScript-Interpreter, auch RIP (Raster Image Processor) genannt, weitergeleitet. Er befindet sich in der Regel außerhalb der Arbeitsstation. Der RIP interpretiert die Seitenbeschreibung und setzt sie maßgeschneidert für das jeweilige Ausgabegerät in Bitmap-Daten um.

Diese Arbeit können Hard- oder Software-RIPs erledigen: Ein Hardware-RIP ist ein spezieller Prozessor, der sich direkt im Ausgabegerät oder zwischen diesem und dem PC befindet. PostScript-Drucker verfügen über einen internen RIP, während bei Belichtern, Plottern und Digitaldruckmaschinen in der Regel ein schneller Spezialrechner mit Hard- oder Software-RIP vorgeschaltet ist. Dieser erhält die Seitenbeschreibungen von den Arbeitsplatzrechnern und hat außer „Rippen" und Ansteuerung des Ausgabegerätes keine weiteren Aufgaben.

Ein Software-RIP macht das Gleiche, liegt aber als Programm vor, das auf herkömmlichen Computern ausgeführt werden kann. Die Spanne reicht von preiswerten, teilweise sogar kostenlosen Programmen für einfache Laser- und Tintenstrahldrucker bis zu teurer High-End-Software für Proofdrucker, Filmbelichter und Druckplatten-Recorder.

Ist der Software-RIP auf dem Arbeitsplatz-PC installiert, liegt die Last der Rasterberechnung jedoch wieder bei dessen Prozessor. Professionelle PostScript-Lösungen mit ausgelagertem RIP entlasten dagegen die Arbeitsstationen.

Zu einem vollständigen PostScript-System gehören die folgenden Komponenten:

– PostScript-Treiber zur Erzeugung der Seitenbeschreibung
– Type-1- oder Opentype-Fonts, die auf der Festplatte des PCs bzw. RIP-Computers oder im ROM des Druckers gespeichert sind
– Hard- oder Software-RIP zur Berechnung der Ausgabe-Bitmaps
– PPD-Dateien (PostScript Printer Description) beschreiben mit speziellen PostScript-Befehlen systemunabhängig die Eigenschaften unterschiedlicher Ausgabegeräte, zum Beispiel Auflösung, Papierschächte, Papier- oder Filmformat, Speicherkapazität, Schnittstellen usw. Dahinter steckt die Idee, nicht für jedes Gerät eigene Treiber zu entwickeln, sondern einen universellen PostScript-Treiber über diese Dateien entsprechend anzupassen. Der aktuelle Referenztreiber von Adobe sowie zahlreiche PPD-Dateien sind kostenlos verfügbar.
– PostScript-fähiger Drucker für verbindliche Probedrucke.

1.12.2 Funktionsweise

Jedes geometrische Objekt (Linie, Kreis, Rechteck usw.) lässt sich durch Größe, Lage in einem Koordinatensystem, Linienstärke, Linienfarbe und Füllung beschreiben, also zum Beispiel so: „Zeichne einen Kreis mit dem Radius 40 mm um einen Mittelpunkt mit den Koordinaten x = 20, y = 30, Linienstärke 2 mm, Linienfarbe Rot, Füllung 20 % Schwarz."

Der Inhalt einer PostScript-Datei kann aufgrund des ASCII-Formats mit jedem Texteditor betrachtet werden. Dabei wird allerdings deutlich, dass die Seitenbeschreibung nicht ganz so einfach zu entschlüsseln ist. PostScript ist eine Programmiersprache, die mit genau definierten Befehlen und Abläufen arbeitet. Typische Befehle sind zum Beispiel moveto (Anfangspunkt festlegen), lineto (Endpunkt festlegen), fill (füllen), scale (skalieren), setgray (Grauwert festlegen), setlinewidth (Linienbreite festlegen), translate (verschieben) und rotate (drehen). Einheit für Koordinatenwerte, Linienbreite und Schriftgröße ist der PostScript-Point (1/72 Inch ≈ 0,353 mm), auch DTP-Point oder Big Point genannt. Der Nullpunkt des Koordinatensystems liegt links unten, die erste Koordinate weist nach rechts, die zweite nach oben.

Die Beschreibung von Linien und regelmäßigen Kurven (Kreisbogensegmente) ist relativ einfach, wie das Beispielprogramm auf der nächsten Seite zeigt. 21 Programmzeilen reichen aus, um eine Linie, einen Kreis, einen Halbkreis und einen schräg gestellten Schriftzug zu beschreiben. Erläuternde Kommentarzeilen beginnen mit dem Prozentzeichen.

Wie aber sieht es mit unregelmäßigen Kurven und Kurven mit Richtungswechsel oder Schleifen aus? Die Antwort liefern Bézier-Kurven, benannt nach ihrem Entdecker, der bewies, dass sich jede denkbare Kurve durch nur 4 Punkte beschreiben lässt: Anfangs- und Endpunkt sowie zwei Stützpunkte außerhalb der Kurve. Die Stützpunkte wirken wie zwei Magnete, deren Felder den Kurvenverlauf bestimmen. Alle Grafikprogramme arbeiten mit Bézier-Technik: Einfaches Verschieben der Punkte mit der Maus beeinflusst direkt den Kurvenverlauf. Die Bilder auf dieser Seite zeigen die drei Kurventypen, auf die sich nach dem Bézier-Modell alle Kurven reduzieren lassen.

Auch Pixelbilder können in einer PostScript-Datei integriert sein. Aber während die Seitenbeschreibung ohne Bilder wenig Speicher benötigt, führt ein einziges hoch aufgelöstes Bild schnell zu großer Datenmenge.

Display-PostScript, die Steuerung der Bildschirmdarstellung mit PostScript-Befehlen, ist seit der entsprechenden Erweiterung des Befehlssatzes zwar machbar, wird aber kaum genutzt. Windows verwendet die proprietären Techniken GDI (Graphics Device Interface) und DirectX, Mac OS X das ebenfalls hauseigene Quartz, Unix-Systeme arbeiten mit OpenGL (Open Graphics Library). Interessant ist jedoch, dass Apples Quartz-Technologie die Darstellung zweidimensionaler Grafik auf Basis von PDF-Daten erzeugt; insofern ist PostScript dann doch teilweise an der Bildschirmdarstellung beteiligt.

Display-PostScript hat große Vorteile: EPS-Daten werden hoch aufgelöst und nicht als Vorschau dargestellt, echtes WYSIWYG (What you see is what you

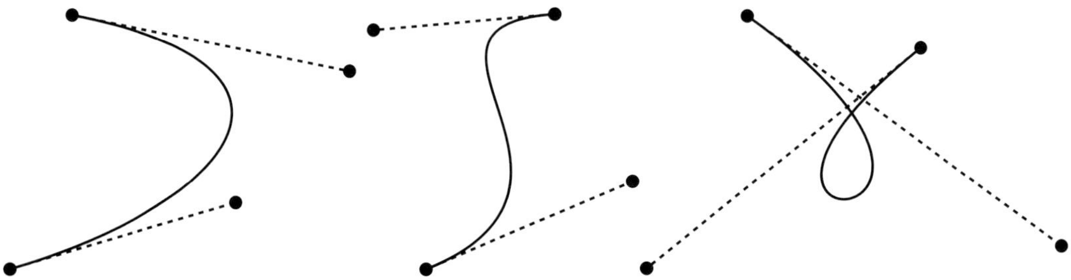

Bézier-Kurven: Typ I (unregelmäßige Kurve), Typ II (Kurve mit Wendepunkt), Typ III (Schleife)

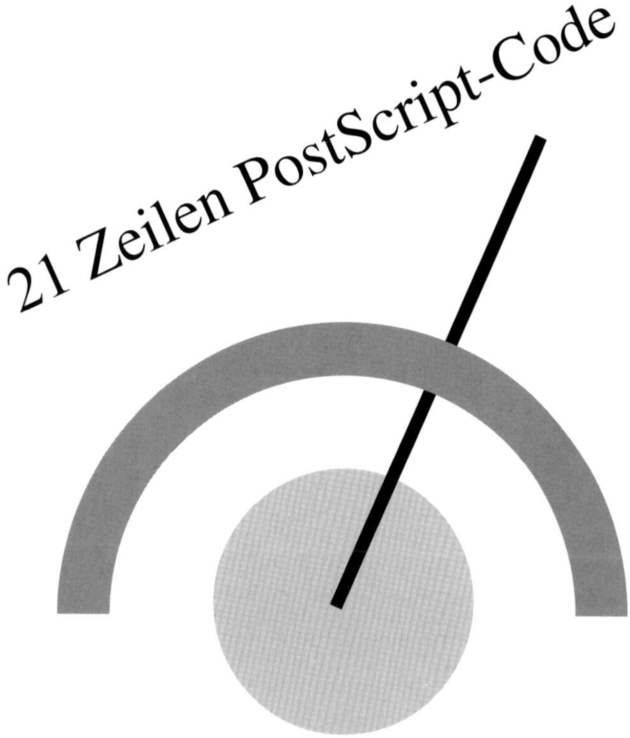

PostScript-Beispiel

21 Programmzeilen reichen aus, um eine Linie, einen Kreis, einen Halbkreis und einen schräg gestellten Schriftzug zu beschreiben.
Kommentarzeilen beginnen mit dem Prozentzeichen.

PostScript-Programmzeilen	*Kommentarzeilen*
275 475 moveto	% Koordinaten des Startpunkts
225 475 50 0 360 arc	% definiert einen Kreis (360 Grad) mit 50 Point Radius
0.75 setgray fill	% Füllung 25 Prozent Schwarz
stroke	% zeichnet den Kreis
300 650 moveto	% Koordinaten des Startpunkts
5 setlinewidth	% Linienstärke 5 pt
0 setgray	% Linienfarbe Schwarz
222 473 lineto	% Koordinaten des Endpunkts
stroke	% zeichnet die Linie
325 470 moveto	% Koordinaten des Startpunkts
20 setlinewidth	% Linienstärke 20 Punkt
0.5 setgray	% Linienfarbe 50% Grau
225 470 100 0 180 arc	% definiert einen Halbkreis (180 Grad) mit 100 Point Radius
stroke	% zeichnet den Halbkreis
/Times-Roman findfont	% bestimmt die Schriftart
24 scalefont setfont	% Schriftgröße 24 Point
0 setgray	% Linienfarbe Schwarz
100 580 moveto	% Koordinaten des Startpunkts
25 rotate	% dreht die Schrift um 25 Grad nach links
(21 Zeilen PostScript-Code) show	% zeigt den eingeklammerten Text
showpage	% Ausgabe der Seite und Programmende

get), also hundertprozentige Übereinstimmung von Display- und Druckausgabe ist auch bei extremen Vergrößerungen garantiert. Adobe bietet im eigenen Layoutprogramm Indesign einen Display-PostScript-Modus an. Nachteil: Obwohl der Display-PostScript-Interpreter nur mit einer Teilmenge des PostScript-Befehlssatzes arbeitet, ist die Darstellung vor allem bei Vergrößerungen sehr rechenintensiv.

PostScript wurde mehrfach weiterentwickelt. Nach der ersten Version Level I kamen die Nachfolger PostScript Level II (1993) und PostScript 3 (1997) mit zahlreichen Änderungen und Verbesserungen. Um die Vorteile eines höheren Levels nutzen zu können, sind entsprechender Treiber und RIPs für die modifizierten bzw. neuen PostScript-Befehle Voraussetzung. Die folgende Auflistung zeigt die wichtigsten Änderungen in PostScript Level II und PostScript 3:

- Aufhebung der Systembeschränkung für die Anzahl der Kurvenpunkte und dadurch Vermeidung der unter Level I gefürchteten Fehlermeldung „%%error: limitcheck"
- Höhere Verarbeitungs- und Übertragungsgeschwindigkeit durch Datenkompression und Cachespeicher. Level II verwendet alternativ zur bekannten ASCII-Codierung einen rationelleren Binärcode.
- Unterstützung JPEG-komprimierter Bilddaten
- Stark verbesserte Farbbildverarbeitung: Level I unterstützt nur das RGB-Farbmodell und rechnet es mit einem relativ ungenauen Algorithmus in CMYK um. Die höheren Level arbeiten auch direkt mit CMYK und außerdem mit dem geräteunabhängigen, kalibrierbaren CIE-Farbmodell.
- Statt 8 Bit (256 Stufen) pro Grundfarbe können Level II und PostScript 3 auch 12 Bit (4096 Stufen) verarbeiten, was sich vor allem in streifenfrei dargestellten programmgenerierten Verläufen zeigt.
- Zeichensätze sind nicht mehr auf 256 Zeichen beschränkt.
- PostScript 3 bietet Farbmanagementunterstützung für CMYK-Bilder.
- Ab PostScript 3 können mehr als 4 Druckfarben eingesetzt werden (HiFi-Color).
- PostScript-3-RIPs können automatisch Überfüllungen berechnen (In-RIP-Trapping).
- PostScript-3-RIPs verarbeiten PDF-Daten direkt, ohne sie vorher in temporäre PS-Daten zu transformieren.
- PostScript-3-RIPs interpretieren auch HTML-Code.

1.12.3 EPS und DCS

Beim Datenaustausch zwischen Grafik-, CAD- und Layoutprogrammen hat sich EPS als wichtigstes system- und programmübergreifendes Datenformat etabliert. EPS steht für Encapsulated PostScript, zu deutsch etwa gekapseltes oder geschlossenes PostScript.

Eine EPS-Datei unterscheidet sich von einer PostScript-Druckdatei nur durch einige Strukturkommentare, die dafür sorgen, dass EPS in andere Dateien integriert und am Bildschirm dargestellt werden kann. Eine PostScript-Datei ist ohne RIP nicht darstellbar, daher enthält eine EPS-Datei neben der eigentlichen Seitenbeschreibung in der Regel ein niedrig aufgelöstes TIFF-Vorschaubild.

EPS-Dateien können Pixel- und Vektordaten enthalten, als Farbmodi sind RGB, CIELAB, CMYK, Duplex, indizierte Farben und Graustufen möglich. Programmabhängig gibt es folgende Speicheroptionen:

- EPS ohne Vorschau: Die Bildschirmdarstellung beschränkt sich auf einen Platzhalterrahmen, dafür ist die Datei kleiner.
- EPS mit Vorschau in 1 oder 8 Bit Datentiefe, also einfarbig oder 256 Graustufen oder Farben. Datenformat der Vorschau sollte TIFF sein, PICT ist nur auf Macs darstellbar, WMF nur auf Windows.
- EPSI (EPS Interchange) enthält eine einfache Bitmap-Vorschau, deren Punkte durch hexadezimale Koordinatenwerte in ASCII-Schreibweise definiert sind. Zu erkennen ist EPSI an den DSC-Kommentaren %%BeginPreview und %%EndPreview. Es ist die einzige wirklich systemübergreifende EPS-Variante mit Vorschau.
- Wahl der Codierung: ASCII, Binär oder JPEG. ASCII ist die herkömmliche PostScript-Codierung, auf sie sollte bei Druckproblemen zurückgegriffen werden. Binär ist schneller und erzeugt kleinere Ausgabedateien. JPEG eignet sich für Bilddaten, aber nicht immer ist eine verlustbehaftete Komprimierung erwünscht.
- Schriften können in einer EPS-Datei eingebettet werden; das vergrößert zwar die Datei, vereinfacht aber den Datenaustausch.
- Speicherung von Beschneidungs- und Freistellungspfaden.

Leider ist das EPS-Format aber auch einigen Beschränkungen unterworfen:

- Eine EPS-Datei kann im Gegensatz zu anderen PostScript-Dateien immer nur eine Seite enthalten.
- Beim system- und programmübergreifenden Datenaustausch kann es Probleme mit der Bildschirmdarstellung geben, wenn nicht das EPSI-Format gewählt wurde.
- Hochwertige Druckausgabe ist nur über einen RIP möglich, anderenfalls wird nur die niedrig aufgelöste Bildschirmvorschau gedruckt.
- EPS unterstützt keine Alphakanäle.

- EPS-Objekte sind zwar frei skalierbar, sofern es sich nicht um Bilder handelt, ihre Struktur ist jedoch unveränderbar. Ausnahme: Freehand bietet ein editierbares EPS an, editierbar ist dieses Format aber nur von Freehand, nicht von anderen Grafikprogrammen. Entsprechendes gilt für die EPS-Variante AI, das Datenformat von Adobe Illustrator.

Das DCS-Format (Desktop Color Separations) ist eine in der Druckvorstufe gebräuchliche EPS-Variante zur Speicherung farbseparierter Bilder. Definiert sind zwei Versionen:

- DCS 1 erstellt 5 Dateien, je eine für die Farbkanäle CMYK und eine Masterdatei, die unter anderem Freistellungspfade und das Vorschaubild enthält. Alle fünf Dateien müssen sich im gleichen Ordner befinden.
- DCS 2 speichert zusätzliche Farbkanäle, zum Beispiel Sonderfarben oder die zusätzlichen Druckfarben beim mehr als vierfarbigen Druck von Bildern. DCS 2 wird zum Beispiel zur Speicherung der sechs Farben im Hexachrome-System oder der bis zu acht Farben bei Multi Color Seperation benutzt (vgl. Abschnitt 2.5.4). Die Farbauszüge können wie bei DCS 1 in mehreren Dateien oder auch zusammen mit der Vorschau in einer einzigen Datei gespeichert werden.

EPS-Beispiel

Die von Adobe definierten DSC-Kommentare (Document Structuring Conventions) beginnen immer mit zwei Prozentzeichen, normale Kommentare dagegen mit einem. Gespeichert als EPS-Datei ohne TIFF-Vorschaubild, das den Dateiumfang von einigen hundert Byte auf etwa 100 KB erhöhen würde, ergibt das PostScript-Beispiel aus Abschnitt 1.12.2 die rechts gezeigte Datei.

Hinzu gekommen ist die mit %! eingeleitete Startzeile; sie gibt die PostScript-Version an:
PS-Adobe-3.0 EPSF-3.0 (EPSF = EPS Format)

Dann folgen die mit %% eingeleiteten DSC-Kommentare: %%Title, %%Creator, %%CreationDate, %%Pages und %%DocumentFonts sind selbsterklärend.

%%BoundingBox definiert durch Koordinatenwerte links oben und rechts unten das kleinste Rechteck, das sich um ein gegebenes Objekt zeichnen lässt und dieses vollständig enthält.

%%EndComments beendet den Vorspann.

Die Kommentare %%BeginProlog bis %%EndSetup haben in dieser einfachen EPS-Datei keine Bedeutung, können aber bei komplexeren Dateien umfangreiche Resourcen-, Verfahrens- und Voreinstellungsdefinitionen ein- und ausleiten.

Die eigentliche Seitenbeschreibung beginnt mit dem Kommentar %%Page. Der Abschlusskommentar lautet %%Trailer, manchmal zusätzlich %%EOF (end of file).

```
%!PS-Adobe-3.0 EPSF-3.0
%%Title: Beispiel.EPS
%%Creator: Moritz
%%CreationDate: Fri Oct 18 19:20:29 2002
%%Pages: 1
%%DocumentFonts: Times-Roman
%%BoundingBox: 95 424 336 690
%%EndComments
%%BeginProlog
%%EndProlog
%%BeginResource
%%EndResource
%%BeginSetup
%%EndSetup
%%Page : 1
275 475 moveto
225 475 50 0 360 arc
0.75 setgray fill
stroke
300 650 moveto
5 setlinewidth
0 setgray
222 473 lineto
stroke
325 470 moveto
20 setlinewidth
0.5 setgray
225 470 100 0 180 arc
stroke
/Times-Roman findfont
24 scalefont setfont
0 setgray
100 580 moveto
25 rotate
(21 Zeilen PostScript-Code) show
showpage
%%Trailer
```

1.12.4 PDF (Portable Document Format)

PDF ist ein auf PostScript basierendes Datenformat, das große Bedeutung beim systemübergreifenden Datenaustausch erlangt hat. PDF hat sich als Standardformat in der Druckvorstufe durchgesetzt, aber auch bei Verlagen, Agenturen und sonstigen Mediendienstleistern. Behörden und Firmen in unterschiedlichsten Branchen arbeiten mit PDF-Formularen. Programmhandbücher werden oft nicht mehr gedruckt, sondern als PDF-Datei auf der Programm-CD abgelegt. Das Internet hält eine unübersehbare Zahl von PDF-Dateien bereit, die sich online betrachten oder per Download übertragen lassen.

PDF hat eine verzweigte objektorientierte Datenstruktur, im Gegensatz zu den linear aufgebauten PS- und EPS-Daten. Ein PDF-Dokument kann mehrseitig Text-, Bild- und Vektordaten, Hypertextverknüpfungen, interaktive Schaltflächen, Schriften, Audio und Verweise auf Videodateien enthalten. Es ist grundsätzlich für unterschiedliche Ausgabearten geeignet und erleichtert so die Mehrfachnutzung eines Datenbestandes. Fonts werden mit einer speziellen Technik im PDF-Dokument eingebettet, sodass der Empfänger sie zwar sehen und drucken, aber nicht kopieren kann.

Ein von Adobe entwickeltes Programm namens Acrobat liest und erstellt PDF-Daten. Adobe verfolgt dabei eine sehr erfolgreiche Strategie, die schnell zur weiten Verbreitung dieses Formats geführt hat. Denn Acrobat besteht im Wesentlichen aus 3 Modulen:

- Der kostenlose, für alle wichtigen Betriebssysteme erhältliche Adobe Reader (früher: Acrobat Reader) zeigt PDF-Dokumente am Bildschirm an und ermöglicht die Ausgabe auf Druckern, Digitaldruckmaschinen und Filmbelichtern. Auch Internetbrowser unterstützen PDF mit einem entsprechenden Plug-In. Der Reader ist in gewisser Weise ein Software-RIP, enthält aber noch zusätzliche Funktionen, zum Beispiel Ansichtsoptionen, Suchfunktionen und ein Navigationssystem für umfangreiche Dokumente.
- Für die Erstellung von PDF-Dateien gibt es mehrere Möglichkeiten: Schnell und anspruchslos ist der PDF-Writer von Adobe, der sich als virtueller Druckertreiber präsentiert und eine PDF-Datei per Druckbefehl erzeugt. QuarkXPress sowie die Adobe-Programme Photoshop, Illustrator und Indesign bieten PDF als Speicheroption an. Der nicht professionelle Bereich wird auch durch einfache Free- und Sharewareprogramme abgedeckt.
- Anspruchsvolle PDF-Erzeugung mit umfangreichen Einstellmöglichkeiten sowie Veränderung bestehender PDF-Dokumente ist nur mit der kommerziellen Acrobat-Vollversion möglich. Sie enthält den Distiller zur PDF-Erstellung und einen erweiterten Reader mit Werkzeugen zur Dokumentenbearbeitung und zum Einfügen von Anmerkungen und Hervorhebungen.

Acrobat beherrscht auch die Einbettung von Musik und gesprochenen Kommentaren, während Filmdateien außerhalb gespeichert, aber durch Verweise direkt aus dem PDF-Dokument gestartet werden können. Auch interaktive Formulare, digitale Unterschriften, Jobtickets und Passwortschutz sind möglich.

Der Distiller ist ein eigenständiges Programm; er übernimmt die umzuwandelnden Dateien mit „Datei öffnen" oder Drag and Drop. Im Gegensatz zum PDF-Writer kommt der Distiller auch mit Ausgangsdaten klar, die aufwändige Grafik, Farbverläufe, Hypertext oder EPS-Dateien enthalten.

Der Distiller bietet gebündelte Voreinstellungen für Monitor (Screen Optimized), Drucker (Print Optimized) und Auflagendruck (Press Optimized). Alle Einstellungen können aber teilweise sehr differenziert geändert werden. Sie betreffen im Wesentlichen:

- Ausgabeauflösung
- Interpolationseinstellungen, um Bilder für Druck- oder Monitorausgabe zu modifizieren
- Kompressionsparameter, getrennt für Graustufen-, Farb- und Bitmapbilder; optional ist eine verlustfreie Text- und Grafikkompression.
- Einbettung von Schriften
- Farbmanagement, Farbseparation, Farbraumkonvertierung
- Umgang mit DSC-Kommentaren und EPS
- Sicherheitseinstellungen: Passwortgesteuerte Vergabe von Rechten zum Ändern, Drucken, Kopieren und Hinzufügen von Anmerkungen

PDF-Dateien sind in drei Ebenen aufgebaut: Ebene 1 enthält die Text- und Bilddaten, Ebene 2 erweiterte Informationen wie Lesezeichen und Hypertext-Verknüpfungen und Ebene 3 grundlegende Dateiinformationen wie Schriftdaten und die für die Navigation erforderliche Querverweistabelle. Gespeichert wird kein lesbares ASCII, sondern binärer Byte-Code. PDF verkürzt die Notation von PostScript-Befehlen: l statt lineto oder m statt moveto. PDF-Daten sind normalerweise komprimiert: Text und Vektordaten verlustfrei mit ZIP-Kompression, Farb- und Graustufenbilder ebenfalls mit ZIP oder verlustbehaftet mit JPEG, Bitmaps verlustfrei mit RLE und CCITT.

Erwähnenswert sind auch die Acrobat-Module Capture und Catalog:

- Capture wandelt Vorlagen mit Texten und Bildern in PDF um. Die Vorlagen werden gescannt und der Text anschließend mit einem OCR-Programm behandelt. Das OCR-Verfahren ist aber wie jede Texterkennung fehleranfällig und stark von der Vorlagenqualität abhängig. Vorteilhaft sind natürlich der geringe Speicherbedarf und die Tatsache, dass nur echter Text veränder- und formatierbar ist.

- Catalog macht mit der Erstellung von Volltext-Indexen lange PDF-Dokumente oder Dokumentgruppen schnell und komfortabel durchsuchbar.

1.12.5 Digitale Schriften

Ein grundsätzlicher Unterschied besteht zwischen Bitmap- und Outline-Schriften, obwohl beide im Druck und am Bildschirm als Punktraster erscheinen. Bitmap-Fonts weisen eine starre, vom Hersteller vorgegebene Pixelstruktur auf, sind auflösungsabhängig und nicht skalierbar. Für jeden Schriftschnitt, jede Schriftgröße und jede Auflösung ist ein kompletter Zeichensatz nötig. Bitmap-Fonts werden teilweise als Systemschriften in Menüs, Dialogfeldern und Symbolbeschriftungen benutzt, ansonsten sind sie heute bedeutungslos.

Outline-Fonts definieren die Zeichen durch Umrissbeschreibungen als Vektorgrafik. Die Erzeugung einer Bitmap erfolgt erst direkt vor der Ausgabe, bei PostScript sind dafür RIP und ATM zuständig. Das ergibt frei skalierbare, auflösungsunabhängige Schriften mit geringem Speicherbedarf.

Die ersten Outline-Fonts waren die von Adobe im Zuge der PostScript-Entwicklung eingeführten Type-1-Fonts. Anfangs stand ihr Format unter Patentschutz; 1990 wurde es jedoch freigegeben und alle namhaften Schrifthersteller begannen mit der Entwicklung eigener Type-1-Schriften.

Ein Type-1-Font besteht aus zwei Dateien: Eine enthält die eigentliche Schriftdefinition, sie kann binär codiert (PFB: Printer Font Binary) oder im Klartext vorliegen (PFA: Printer Font ASCII). Die zweite Datei hält alle Metrik- und Unterschneidungs-Informationen bereit, ebenfalls binär (PFM: Printer Font Metrics) oder ASCII-codiert (AFM: Adobe Font Metrics).

Zwar gelten PostScript-Schriften im Allgemeinen als hochwertig, doch gibt es durchaus mangelhafte Schriften, bedingt vor allem durch fehlende oder unsaubere Hints. Hints sind Verweise in der Programmierung einer Schrift, die eine größenabhängige Anpassung der Zeichen nach ästhetischen Gesichtspunkten bewirken. Sie sorgen für ausgeglichene Strichstärken und korrekten Stand der Zeichen auf der Schriftlinie und verhindern die Deformation von Buchstaben bei kleinen Schriftgrößen und groben Auflösungen. Nur so können aus Blei- und Fotosatzzeiten resultierende Ansprüche an typografische Qualität bedient werden. Beispiel für Fonts ohne Hints sind die heute bedeutungslosen Type-3-Fonts, die vor 1990 von nicht lizenzierten Schriftentwicklern in Umlauf gebracht wurden.

Type-1-Fonts waren 20 Jahre lang Standard im PostScript-Workflow der Druckvorstufe und auf Unix-Betriebssystemen. Für den Nachfolger OpenType spricht aber ein wichtiger Grund: Type-1-Fonts können aufgrund ihrer 1-Byte-Codierung maximal 256 Zeichen enthalten. Diese Einschränkung macht sie gerade für chinesische, japanische und koreanische Schriften mit ihren riesigen Zeichen- und Symbolvorräten untauglich.

Abhilfe schaffte Adobe zuerst mit den Composite Fonts, die sich aber nie durchsetzen konnten. Mehr Erfolg hatten das nachfolgende CID-Format: Mit seiner 2-Byte-Codierung erlaubt es über 65 000 Zeichen in einem Font. Die Umrissbeschreibung der Zeichen erfolgt durch PostScript-Outlines (CID FontType0) oder TrueType-Outlines (CID FontType2). Auf die Zeichen wird über Kennnummern (Character Identifier, CID) zugegriffen, anstatt wie bei Type-1 über Buchstabennamen. CID-Fontdateien sind aufgrund ihres meist umfangreichen Zeichenvorrats bis 15 MB groß. Vor allem das PDF-Format machte CID-Fonts bekannt, denn CID-codierte asiatische Fonts lassen sich in PDF einbetten, und einige Programme wie beispielsweise Indesign erzeugen beim PDF-Export automatisch CID-Fonts. Zu beachten ist, das CID-Fonts bei der Ausgabe auf Film oder Druckplatte Probleme verursachen können, wenn der RIP nicht aktuell ist (Adobe RIP ab Version 3011).

Eine von Adobe nicht weiter verfolgte Type-1-Variante sind Multiple-Master-Fonts, die umfangreiche Schriftmanipulationen unter Beibehaltung guter technischer Qualität erlauben. Durch Änderung von Zeichenbreiten, Strichstärken und Laufweite entstehen neue, einzeln speicherbare Schriftschnitte. 1999 stellte Adobe die Entwicklung von Type-1-Schriften ein.

TrueType ist ein Schriftformat, das sich vor allem im Büro- und Privatbereich durchsetzen konnte. 1990 bildeten Apple und Microsoft eine strategische Allianz mit dem Ziel, eine Konkurrenz zu den bis dato patentgeschützten Type-1-Fonts zu schaffen. Heraus kam ein neuer Typ von Outline-Schriften, die TrueType-Fonts.

Im Gegensatz zu Type-1-Schriften speichern sie alle Informationen in nur einer Datei mit der Endung TTF oder TTC. Letztere steht für TrueType Collection, bei

Zeichen eines Outline-Fonts: Umrisse und Vektorisierungs-Punkte

der mehrere Fonts in nur einer Datei abgelegt sind. TTC findet vor allem bei asiatischen Schriften Verwendung. Unicode wird unterstützt, eine Schrift kann also über 65 000 Zeichen verwalten, was übrigens in der Praxis selten der Fall ist: Dass eine Schrift Unicodekompatibel ist, bedeutet nur dass die Zeichen nach der Unicode-Norm codiert sind; zahlenmäßig sind es je nach Einsatzgebiet der Schrift meist nur einige Hundert oder Tausend. Ein Beispiel für einen relativ umfassenden Font ist die Arial Unicode MS von Microsoft mit über 40 000 Zeichen.

TrueType nutzt zur Umrissbeschreibung nicht die von PostScript bekannten Bezier-Kurven, sondern so genannte B-Splines; im Endeffekt werden Linienverläufe aber weiter durch Kontrollpunkte definiert. Hints zur Qualitätsverbesserung gibt es ebenfalls, sie heißen hier Instruktionen. Auch TrueType-Fonts müssen für die Ausgabe gerastert werden. Diese Funktion integrierten Apple und Microsoft in ihre Betriebssysteme, ein Hilfsprogramm wie der ATM für Type-1-Schriften erübrigte sich also. Da beide Firmen einige Schriften als kostenlose Beigabe lieferten, war die schnelle Verbreitung von TrueType garantiert. Adobe reagierte mit der Freigabe des geschützten Type-1-Datenformats.

TrueType-Fonts sollen auf aktuellen PostScript-RIPs (Postscript 3 und teilweise PostScript Level II) korrekt gerastert werden. Prinzipiell ist diese Aussage richtig, vorausgesetzt, dass es sich um T42-Fonts handelt. Type-42-Fonts kommen inhaltlich unverändert beim TrueType-Rasterizer der oben genannten RIPs an, während andere TrueType-Fonts vom Drucker- oder Belichtertreiber oft durch PostScript Type-1 ersetzt oder unter Verlust der Hints in Type-1 konvertiert werden. Ob das Ausgabegerät T42 unterstützt, lässt sich am Eintrag „TTRasterizer:Type42" in der PPD-Datei erkennen.

In der Praxis gibt es jedoch immer wieder Probleme, was mehrere Ursachen haben kann. Einige Anwendungsprogramme konvertieren, beispielsweise beim EPS-Export, TrueType ungefragt und eventuell mit Abweichungen in Type-1. Auch kann die Bildschirm- von der Druckdarstellung abweichen, wenn der gleiche Schriftschnitt als TrueType und Type-1 installiert ist: Der Bildschirm zeigt dann TrueType, während mit Type-1 gedruckt wird. Eine weitere Fehlerquelle ist möglicherweise, dass fest im Drucker oder Belichter installierte Type-1-Schriften bei der Ausgabe automatisch Vorrang vor den im Dokument verwendeten TrueType-Fonts erhalten. Sicher vermeiden lassen sich all diese Probleme nur, indem man in der Druckvorstufe konsequent auf TrueType verzichtet, was sich in der Praxis aber nicht immer durchhalten lässt. Vorsicht ist auch bei speziellen Konvertierungsprogrammen geboten, die TrueType in Type-1 oder umgekehrt wandeln. Die typografisch wichtigen Hints gehen dabei verloren.

OpenType ist der aktuelle, in Zusammenarbeit von Adobe und Microsoft entstandene Schriftstandard; er führt Type-1- und TrueType-Fonts zu einem systemunabhängigen Universalformat mit Unicode-Unterstützung zusammen. Die gleiche Schrift lässt sich also auf Mac OS X, Windows, Linux und Unix verwenden. OpenType soll alle älteren Fontformate ersetzen.

Technisch gesehen, handelt es sich bei OpenType um eine Erweiterung der TrueType-Spezifikation. Das TrueType-Dateiformat wurde beibehalten, Schriftentwickler haben für Umrissbeschreibungen jetzt aber die Wahl zwischen TrueType- und PostScript-Outlines, zu erkennen an der Dateiendung TTF (TrueType) und OTF (PostScript).

OpenType bietet erweiterte typografische Funktionen, sofern Anwendungsprogramme sie nutzen können (wie Adobe Indesign, siehe Abbildung). Das kompakte Datenformat sorgt für kleine Fontdateien und kann auch in Webseiten eingebettet werden. Für Schriftentwickler ist die Möglichkeit einer digitalen Signatur interessant, die bei unberechtigten Eingriffen am Font automatisch ungültig wird.

Für die Entwicklung und Veränderung von Outlineschriften stehen zahlreiche Fonteditoren bereit. Beim Umgang mit digitalen Schriften sind immer die herstellerabhängigen Lizenzbestimmungen zu beachten. Neben kommerziellen Fonts ist auch eine Vielzahl freier Schriften erhältlich, teilweise auch in guter Qualität.

Für die Verwaltung der oft zahlreichen Schriften stehen diverse Programme (Font Manager) zur Verfügung. Ein bekannter Vertreter ist Suitcase, ursprünglich ein Mac-Klassiker, mittlerweile aber auch für Windows erhältlich. Font Manager können typischerweise

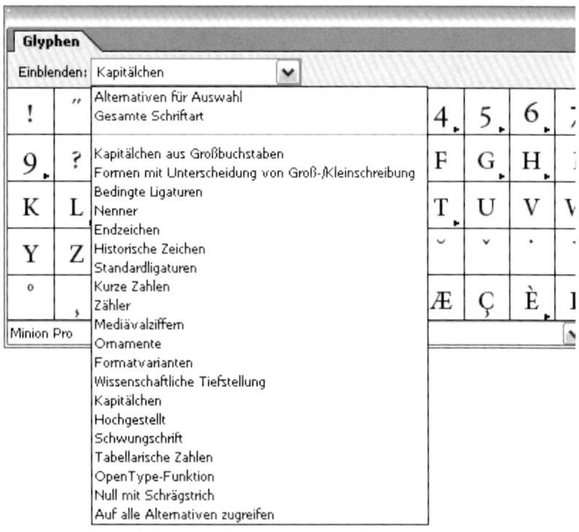

Die Glyphentabelle (Adobe Indesign) zeigt die typografischen Möglichkeiten von OpenType-Fonts.

Schriften in Gruppen und Untergruppen anordnen, nach Format (PostScript, TrueType, OpenType) sortieren, einzelne Schriften (de)aktivieren, Vorschauen anzeigen (auch Beispielseiten und Glyphen), ausgewählte Schriftsätze bestimmten Programmen und Jobs zuordnen sowie Schriftkonflikte vermeiden. Diese Funktionen können gerade in der professionellen Mediengestaltung sehr hilfreich sein.

Früher war für die Darstellung von PostScript-Fonts der Adobe Type Manager (ATM) erforderlich. Aktuelle Betriebssysteme haben jedoch integrierte Funktionen (Rasterizer) zur Erzeugung von Bitmaps jeglicher Outline-Fonts, können diese also problemlos auf beliebigen Bildschirmen darstellen und auf jedem Drucker ausgeben.

1.13 Ausgabegeräte

1.13.1 Drucker

1.13.1.1 Grundlagen

Drucker erzeugen permanente Schwarzweiß- oder Farbausgaben auf Papier oder Folie. Für unterschiedliche Anforderungen wird eine Vielzahl von Druckertypen angeboten, die aber einige Eigenschaften gemeinsam haben:

- Das Druckbild wird aus (meist runden) Punkten (dots) aufgebaut. Ausnahme: alte Kugelkopf- oder Typenraddrucker. Die Druckauflösung, also die Anzahl der Punkte pro Längeneinheit, liegt meistens zwischen 300 dpi und 1200 dpi; beim Laser- und Tintenstrahldruck sind bis 2400 dpi möglich (dpi = dots per inch). Die Auflösung ist normalerweise in zwei oder mehr Stufen änderbar, mit direkter Auswirkung auf die Druckgeschwindigkeit.
- Grau- und Farbabstufungen werden durch Rasterpunkte simuliert, weil Drucker keine echten Halbtöne produzieren können. Ausnahme: Thermosublimationsdrucker.
- Farbdrucker arbeiten mit subtraktiver Farbmischung, Rasterpunkte werden aus den Prozessfarben Cyan, Magenta, Gelb und zur Kontrastverbesserung Schwarz aufgebaut (CMYK). Einige Geräte drucken mit sechs Farben, d. h. es kommen ein helleres Cyan und ein helleres Magenta, manchmal auch Rot (Orange), Grün und Blau hinzu. Nicht alle am Bildschirm darstellbaren Farben sind druckbar, denn Monitore nutzen additive Farbmischung mit den Grundfarben Rot, Grün und Blau (RGB).
- USB hat als Standardschnittstelle die Jahrzehnte alte Centronics abgelöst. Netzwerkdrucker werden über Ethernet-Adapter angeschlossen. Kabellose Alternativen sind Bluetooth, W-LAN und Infrarot. Einige Drucker verfügen über Slots für Flash-RAM-Karten und können so Fotos direkt ohne PC-Anschluss drucken.
- Drucker werden über betriebssystemabhängige Treiber gesteuert, die in der Regel nur mit einem bestimmten Modell funktionieren. Rühmliche Ausnahme sind PostScript-Drucker, für die ein Universaltreiber ausreicht. Alle Hersteller halten kostenlos aktuelle Versionen ihrer Treiber im Internet zum Download bereit. Die Kontrollfelder der Treiber bieten teilweise zahlreiche Einstellmöglichkeiten, um Druckprobleme zu umgehen und das Ergebnis zu optimieren.
- Vor allem Laserdrucker arbeiten mit speziellen Verfahren, um das Problem der Treppenbildung bei runden oder schrägen Linien abzumildern. Dabei verschieben sie entweder die Punkte innerhalb der Druckmatrix oder variieren die Punktgröße.
- Drucker verfügen über eigene Speicher. Das kann ROM-Speicher sein, der bestimmte Schriften enthält, für deren Ausgabe der Drucker optimiert ist. RAM wird dagegen als flüchtiger Puffer- und Seitenspeicher eingesetzt. Er nimmt die vom PC (oder RIP) eingehenden Rasterdaten auf und speichert sie bis zum Ausdruck. Die Speicherkapazität reicht von einigen Kilobyte bei Nadel- und Tintenstrahldruckern bis zu etlichen Megabyte bei Laser-, Proof- und Netzwerkdruckern.
- Spooler oder Druckmanager sind Programme, die Druckaufträge auf der Festplatte zwischenspeichern und verwalten. Sie gewährleisten, dass der Computer nicht durch umfangreiche Druckjobs blockiert wird.
- Bei der Erstellung von Printmedien mit PostScript-Schriften und EPS-Grafiken ist für verbindliche Probedrucke unbedingt ein PostScript-Drucker zu verwenden. Zwar lassen sich PostScript-Schriften auch auf „normalen" Druckern ausgeben, bei EPS-Grafiken wird jedoch nur das niedrig aufgelöste Vorschaubild gedruckt, wenn ein RIP zur Interpretation der EPS-Daten fehlt. Mit einem Software-RIP lässt sich fast jeder Drucker für PostScript-Ausgabe umfunktionieren.

Eine grundlegende Einteilung der zahlreichen Druckertypen ist die in Zeilendrucker und Seitendrucker. Zeilendrucker, zum Beispiel Nadel- und Tintenstrahldrucker, bauen eine Druckseite zeilenweise auf. Für jede Zeile berechnet der Treiber eine Punktmatrix, die von einem waagerecht hin und her fahrenden Druckkopf zu Papier gebracht wird; der Papiervorschub erfolgt zeilenweise.

Seitendrucker arbeiten mit einer Punktmatrix für die ganze Druckseite. Erst wenn die Seite fertig berechnet und im RAM des Druckers, dem Seitenspeicher, abgelegt ist, beginnt der mechanische Teil des Druckvorgangs. Elektrofotografische Laser- und LED-Drucker sind Seitendrucker.

Eine andere Klassifikation ist die Unterscheidung von Impact- und Non-Impact-Druckern. Impact heißt übersetzt Auf- oder Einschlag. Impact-Drucker sind Nadel-, Kugelkopf- und Typenraddrucker. Non-Impact-Geräte bedrucken das Medium berührungslos wie Laser-, Tintenstrahl- und Sublimationsdrucker.

1.13.1.2 Nadeldrucker

Funktionsweise: Das Papier wird wie bei einer Schreibmaschine um eine Gummiwalze geführt und zeilenweise vorgeschoben. Den Farbauftrag übernimmt ein von feinen Stiften (Nadeln) auf das Papier geschlagenes Textilfarbband. Der Nadeldruckkopf bewegt sich auf einer Schiene quer zum Papiervorschub. Er enthält typischerweise 9 oder 24 einzeln steuerbare Metallstifte, die elektromagnetisch vorgestoßen und durch Rückstellfedern wieder in die Ausgangslage gebracht werden. Mit vierfarbigem Farbband ist auch Farbdruck möglich.

Nadeldrucker waren die ersten grafikfähigen Drucker, haben heute aber an Bedeutung verloren. Sie werden nur noch benutzt, wo Ausdrucke mit Durchschlagkopien gebraucht werden, also im kaufmännischen Bereich oder in Arztpraxen. Ihre relativ einfache Mechanik hat Vor- und Nachteile. Zu den Vorteilen gehört die Möglichkeit, Endlospapier und Durchschläge mit sehr geringen Seitenkosten zu verarbeiten. Nadeldrucker brauchen kein Spezialpapier, sind robust und im Textmodus ziemlich schnell, sofern nicht Schönschrift (Letter Quality, LQ) gefragt ist. Für Grafik aber sind sie zu langsam und außerdem durch ihre geringe Auflösung (bis 360 dpi) und unsaubere Druckpunkte kaum geeignet. Nachteilig ist auch die beachtliche Geräuschentwicklung.

1.13.1.3 Tintenstrahldrucker

Tintenstrahldrucker (Ink-Jet-Drucker) gehören zu den Zeilendruckern. Die Druckpunkte entstehen durch winzige Tintentropfen, die aus Düsen des Druckkopfes auf Papier (oder Folie) geschleudert werden. Papiervorschub und die Bewegung des Druckkopfes gleichen der von Nadeldruckern. Die Tinte ist meistens flüssig, kann aber auch fest in Form wachsartiger Stäbe vorliegen, die durch Erhitzung verflüssigt werden. Tintenstrahldrucker brauchen wenig Strom, sind fast geräuschlos und unkompliziert in der Handhabung. Sie erreichen sehr hohe Auflösungen bis 2400 dpi und fotoähnliche Ausgabequalität durch spezielle Rasterverfahren. Drei Techniken sind zu unterscheiden:

- Piezo-Kristalle haben die spezielle Eigenschaft, sich beim Anlegen einer elektrischen Spannung zu verformen. So wird bei Tintenstrahldruckern mit Piezo-Technik der hinter einer Düse liegende Tintenkanal blitzartig durch ein Piezo-Element zusammengedrückt, um einen Tropfen durch die Düse zu pressen. Anschließend füllt sich der Tintenkanal aus dem Vorratsbehälter durch Kapillarwirkung. Mit dieser Technik arbeiten vor allem Drucker des Herstellers Epson. Vorteilhaft ist die Standfestigkeit der Druckköpfe; normalerweise müssen nur die Tintenbehälter gewechselt werden.
- Beim Bubble-Jet-Verfahren wird die Tinte in kleinen Kammern direkt hinter den Düsen durch winzige Heizelemente für einen Sekundenbruchteil so stark erhitzt, dass eine kleine Dampfblase entsteht, die durch ihre Ausdehnung Tinte durch die Düse drückt. Der Stromimpuls zur Erhitzung eines Heizelements dauert etwa vier Mikrosekunden, wobei eine Energie von 40 Mikrojoule abgegeben wird. Die Energiedichte (Joule pro Kubikmeter) des Heizelements entspricht etwa der Sonnenoberfläche. Der Tintentropfen hat ein Volumen von 100 bis 200 Picolitern und fliegt mit einer Geschwindigkeit von 10 m/s auf das Papier. Die meisten Tintenstrahldrucker, zum Beispiel von Canon, Hewlett-Packard und Lexmark, verwenden Bubble-Jet-Technik. Nachteilig ist der Druckkopfverschleiß. Um dem Ausfall einzelner Heizelemente vorzubeugen, wird bei jedem Tintenwechsel der komplette Druckkopf getauscht.
- Continuous-Flow heißt ein Verfahren, das nur in sehr hochwertigen Tintenstrahldruckern, zum Beispiel Proofgeräten, zum Einsatz kommt. Im Gegensatz zum Drop-on-Demand-Verfahren der Piezo- und Bubble-Jet-Drucker, die nur dann Tropfen produzieren, wenn Druckpunkte zu setzen sind, werden hier kontinuierlich Tintentropfen erzeugt, die ein elektrostatischer oder magnetischer Ablenkmechanismus in einen Auffangbehälter umlenkt, wenn kein Punkt zu setzen ist. Die Verwendung fester, wachsartiger Tinte, die bei etwa 90 °C in Heizkammern flüssig gehalten wird, bringt einen lichtundurchlässigen, brillanten Farbauftrag hervor, der zudem lichtecht und wasserfest ist.

Je nach Auflösung arbeiten Tintenstrahldrucker mit unterschiedlicher Düsenzahl, zum Beispiel 64 für Schwarz und je 32 für Cyan, Magenta und Yellow. Fotooptimierte Drucker verfügen teilweise über sechs Farben. Bei preiswerten Geräten sind oft nur die Tintenbehälter für CMY und Schwarz getrennt. Ist eine Farbe verbraucht, müssen die anderen mit getauscht werden. Wirtschaftlicher sind Drucker, die den Wechsel einzelner Farben zulassen. Leere Tintenpatronen sollten nicht achtlos weggeworfen, sondern recycelt werden. Tinten auf Wasserbasis in Piezo- und Bubble-Jet-Druckern sind transparent und daher auch zum Druck von Durchlicht-Folien geeignet. Zwar wurden die Tinteneigenschaften kontinuierlich verbessert, aber noch immer sind sie im Gegensatz zu Wachs und Toner nicht lichtecht und nur bedingt wasserfest.

Die Anschaffungspreise für Piezo- und Bubble-Jet-Drucker sind sehr günstig, die Seitenkosten vor allem beim Farbdruck auf Spezialpapier aber relativ hoch. Zwar reichen die Ergebnisse auf einfachem Kopierpapier oft aus, aber für gute bis sehr gute Qualität und bei maximaler Druckauflösung ist Spezialpapier unerlässlich. Es wird in verschiedenen Qualitäten, Gewichten und als glänzendes, so genanntes Fotopapier angeboten. Erfahrungsgemäß erzielen jene Papiersorten die besten Ergebnisse, die von den Druckerherstellern selbst vertrieben oder empfohlen werden, denn sie sind an die hauseigene Technik und Tinte angepasst. Noch teurer, aber effektvoll ist Spezialpapier, dessen Farbauftrag durch Bügeln auf Textilien übertragbar ist.

Tintenstrahldrucker sind im Grafikmodus nicht gerade schnell, die Herstellerangaben von bis zu 10 Seiten pro Minute erreichen sie nur im Textmodus. Sie werden daher vor allem als leise Korrespondenz-, Farb- und Fotodrucker bei geringem Druckvolumen eingesetzt. Auch Faxgeräte und kleinere Farbkopierer nutzen teilweise Tintenstrahltechnik.

1.13.1.4 Thermodrucker

Thermodrucker (nicht zu verwechseln mit Thermotransfer- oder -sublimationsdruckern) finden sich vor allem in Faxgeräten, Kassenbon- und Fahrscheindruckern. Ihre Mechanik hat etwas mit Nadeldruckern gemeinsam: Druckpunkte werden erzeugt, indem heiße Nadeln wärmeempfindliches Papier verfärben. Thermodrucker sind schnell und fast geräuschlos, jedoch sehr beschränkt, was Auflösung und Druckqualität betrifft. Und wie von Thermofax-Dokumenten bekannt, verblasst das Spezialpapier unter Lichteinwirkung schnell, ist also nicht dokumentenecht.

1.13.1.5 Elektrofotografische Drucker

Das elektrofotografische oder xerografische Druckverfahren wurde 1937 entwickelt und von der Firma Xerox in Kopierern eingesetzt. Die ersten Drucker auf dieser Basis kamen Anfang der Achtzigerjahre auf den Markt und wurden schnell unter der Bezeichnung Laserdrucker oder Laserwriter bekannt. Sie sind schnell, leise, auch für Kleinauflagen geeignet und erreichen sehr hohe Auflösungen bis 2400 dpi. Das Spektrum reicht von einfachen A4-Schwarzweiß- über A3-Farbdrucker und Kopierer bis zu Digitaldruckmaschinen. Laserdrucktechnik stimmt weitgehend mit der von LED-Druckern überein; diese nutzen nur eine andere Lichtquelle, nämlich Leuchtdioden statt Laser.

Herkömmliche Geräte bringen eine Auflösung von 600 dpi bis 1200 dpi bei einer Geschwindigkeit von 8 bis über 40 Seiten pro Minute, der Seitenpreis für Schwarzweiß ist mit etwa 1 Cent sehr niedrig. Spezialpapier ist nicht nötig, bringt aber verbesserte Ergebnisse; auch hitzebeständige Folie kann bedruckt werden. In der Druckvorstufe sind PostScript-Laser für nicht farbverbindliche Probedrucke etabliert.

Bei allen Vorteilen ist leider eine gewisse Umweltproblematik zu beklagen: Hoher Stromverbrauch, gefährliches Tonerpulver, Ozonausstoß, ausgediente Bildtrommeln gelten als Sondermüll. Immerhin existiert schon lange ein funktionierender Recycling-Kreislauf für Bildtrommeln und Tonerbehälter. Laserdrucker sollten wie alle xerografischen Drucker und Kopierer in gelüfteten Räumen abseits von Arbeitsplätzen stehen, auch wenn die Ozonentwicklung bei neueren Geräten stark reduziert wurde.

Laserdrucker sind Seitendrucker. Die Seiteninformation wird spiegelverkehrt mit Licht auf eine Fotohalbleiter-Trommel geschrieben, die an den belichteten Punkten Tonerpulver aufnimmt und auf Papier überträgt. Die erforderlichen fein gebündelten Lichtstrahlen werden mit Lasern oder Leuchtdioden (LED = Light Emitting Diode) und einem Linsen- und Spiegelsystem erzeugt.

Laserdrucker schreiben punkt- und linienweise mit einem modulierten und per Drehspiegel gelenkten Lichtstrahl. LED-Geräte belichten eine ganze Linie in einem Schritt, da die Leuchtdioden als Zeile (pro Punkt eine Diode) in einem fest stehenden Druckkopf angeordnet sind. Das LED-Verfahren ist schneller als die Lasertechnik, da in einem Takt eine ganze Zeile belichtet wird, während der Laser Punkt für Punkt schreibt, aber höhere Auflösungen erreicht.

Eine zentrale Rolle spielt beim elektrofotografischen Druck die Bild- oder Fototrommel. Sie besteht aus einer Metallwalze mit lichtempfindlicher Halbleiterbeschichtung. Die Trommel rotiert während des Druckvorgangs. Zuerst wird sie durch das Lade-Corotron, einen längs der Trommel liegenden Hochspannungsdraht, statisch aufgeladen (meist negativ) und dann mit Licht gezielt an den Punkten entladen, die gedruckt werden sollen.

An der Entwicklerstation nimmt die belichtete Trommel Toner auf. Toner ist ein feines, harzhaltiges

Farbpulver, das ebenfalls elektrostatisch geladen wird, und zwar gleichnamig zur Ladung der Trommel. Da sich gleiche Ladungen abstoßen, haftet der Toner nur an den Punkten der Trommel, die zuvor durch Belichtung entladen wurden. Jetzt überträgt die Bildtrommel den Toner auf das Papier, das in synchroner Bewegung an der sich drehenden Trommel vorbeigeführt wird.

Unter dem Papier liegt ein weiteres, positiv geladenes Lade-Corotron. Es bewirkt, dass die negativen Tonerpartikel von der Trommel auf das Papier springen. Der lose auf dem Papier liegende Toner wird anschließend fixiert: Zwei auf etwa 150 °C erhitzte Fixierwalzen nehmen das Papier in die Mangel, bringen das im Toner enthaltene Harz zum Schmelzen und verbinden Toner und Papier dauerhaft.

Zuletzt erfolgt die Reinigung der Bildtrommel von Tonerresten (Auffangbehälter oder Rückführungssystem) und die komplette Entladung der Trommel, bevor sich der ganze Vorgang wiederholt.

Farb-Laserdrucker arbeiten mit vier Tonern in den Prozessdruckfarben, die mit einer Bildtrommel in vier Durchgängen oder mit vier Bildtrommeln in einem Durchgang aufgetragen werden. Einige Geräte drucken indirekt; sie übertragen den Toner zunächst auf ein Transferband und von dort auf den Bedruckstoff. Farblaser bieten gute Druckqualität auch auf Normalpapier, sind für Kleinauflagen geeignet und liegen im Seitenpreis erheblich unter dem der Tintenstrahldrucker; eine Hürde ist nur der recht hohe Anschaffungspreis.

Wenn es um fotoähnliche Ausgabe geht, sind Tintenstrahldrucker meist überlegen, Laserdrucke sind jedoch beständiger. Elektrofotografische Drucktechnik spielt auch im digitalen Auflagendruck eine wichtige Rolle (vgl. Abschnitt 7.3.5.1). Aus Geschwindigkeitsgründen wird mit vier oder sogar acht Druckwerken gearbeitet, die Ergebnisse können sich dank moderner Rasterverfahren durchaus sehen lassen.

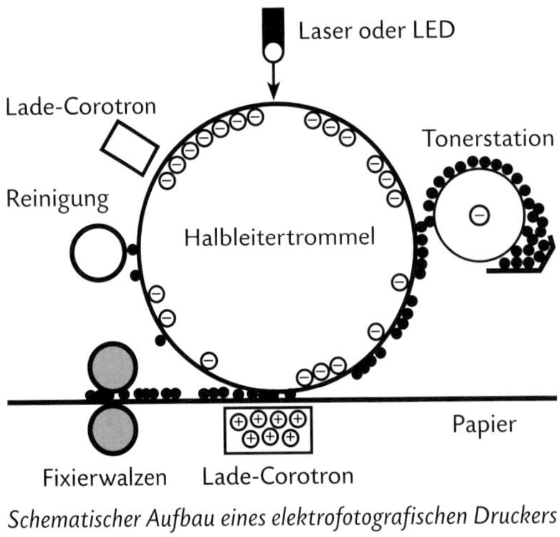

Schematischer Aufbau eines elektrofotografischen Druckers

Die Punktmatrix für die Ausgabeseite wird nicht zeilenweise, sondern für die gesamte Seite berechnet. Der eigentliche Druckvorgang beginnt erst, wenn die Matrix berechnet und im Seitenspeicher des Druckers abgelegt ist. Der Speicher sollte bei A4 und einer Druckauflösung von 600 dpi mindestens 4 MB, im Farbdruck 12 MB groß sein; preiswerte Drucker kommen durch Datenkompression auch mit weniger zurecht.

Der Seitenspeicher ist in der Regel erweiterbar. Mehr Seitenspeicher kann vor allem bei komplexen Layoutseiten die Druckzeit verkürzen und als Pufferspeicher dienen, was insbesondere für Netzwerkdrucker, die von mehreren Stationen Aufträge erhalten, empfehlenswert ist. Für das Drucktempo von PostScript-Druckern sind neben ausreichendem Seitenspeicher auch Typ und Taktfrequenz des Raster Image Processors (RIP) im Drucker verantwortlich.

1.13.1.6 Thermotransfer

Der Siegeszug der preiswerten Tintenstrahldrucker hat die Thermotransferdrucker weitgehend verdrängt, obwohl sie gute Ergebnisse bei Auflösungen von 300 bis 600 dpi erzielen. In Farbsättigung und Brillanz sind sie Tintenstrahl- und Laserdruckern überlegen, allerdings bei hohen Seitenkosten. Sehr gut ist die Qualität bei Grafik und Schrift. Der wachsartige Farbauftrag ist licht- und wasserbeständig. Schwächen werden beim Druck von Bildern sichtbar, weil die Rasterung zu grob für gehobene Ansprüche ist. Thermotransferdrucker benötigen Spezialpapier und als weiteres Verbrauchsmaterial Farbträgerfolie.

Der Farbauftrag erfolgt über eine Kunststoff-Trägerfolie mit wachsartiger Beschichtung. Die Farbpartikel der Prozessfarben sind darin gebunden und werden punktweise durch Heizelemente abgeschmolzen. Jeweils ein Abschnitt der Folie in der jeweiligen Prozessfarbe wird zusammen mit dem Spezialpapier am fest stehenden Druckkopf vorbeigeführt. Dieser Vorgang läuft beim Farbdruck viermal hintereinander ab, dabei werden vier Folienabschnitte in CMYK verbraucht, jeder Abschnitt so groß wie das Papierformat. Die Seitenkosten hängen also nicht vom Füllungsgrad ab, sondern sind immer gleich (hoch).

Der Thermodruckkopf besteht aus einer Leiste in der maximalen Papierbreite. Er enthält Tausende kleiner Heizelemente in linienförmiger Anordnung. Die Zahl der Heizelemente pro Zentimeter oder Inch bestimmt die Druckauflösung.

1.13.1.7 Thermosublimation

Sublimationsdrucker haben technisch einige Gemeinsamkeiten mit Thermotransferdruckern. Die Ausgabequalität von Bildern stellt jedoch alle anderen digitalen Drucktechniken in den Schatten, denn über 16 Millionen Farben können ohne Rasterung gedruckt werden. Zwar erscheint die Auflösung von 300 dpi bis 400 dpi gering, doch ist sie – weil ungerastert – vergleichbar mit sehr feinen Rastern von 120 bis 160 Linien pro Zentimeter, die Druckauflösungen über 5000 dpi erfordern.

Selbstredend liegt die Stärke der Sublimationstechnik in der Ausgabe fotografischer Bilder; bei Text und Strichgrafik macht sich die geringe Auflösung nachteilig bemerkbar. Die Qualität wird leider teuer erkauft: Schon die Geräte sind kostspielig und die Seitenkosten liegen noch erheblich höher als beim Thermotransferdruck. Auch Sublimationsdrucker sind von der übermächtigen Tintenstrahlkonkurrenz betroffen, spielen aber aufgrund ihrer unerreichten Qualität immer noch eine Rolle.

Sublimation bedeutet Übergang einer Substanz vom festen in den gasförmigen Zustand, wobei der flüssige Zustand übersprungen wird. Wie beim Transferdruck löst Hitze die Farbe aus der Trägerfolie, sie kommt aber nicht flüssig, sondern gasförmig auf das Papier. Der Druckkopf hat einen entscheidenden Unterschied gegenüber Transferdruckern: Die Heizelemente werden nicht nur an- und ausgeschaltet, sondern in 256 unterschiedlichen Stufen erhitzt. So lässt sich die Sättigung des Gases in 256 Stufen je Prozessfarbe variieren. Darauf abgestimmt sind Farbträger und Spezialpapier. Die Prozessfarben werden mit unterschiedlicher Sättigung transparent direkt übereinander gedruckt und erzeugen echte Halbtöne.

1.13.2 Plotter

Im Unterschied zu Druckern setzen Plotter nicht einzelne Punkte, sondern zeichnen oder schneiden „echte" Linien. Entfernt vergleichbar sind Messwertschreiber (zum Beispiel beim EKG), die mit analog bewegten Tintenstiften Linien auf kontinuierlich vorgeschobenes Papier schreiben. Grundsätzlich sind zwei Plotverfahren zu unterscheiden: Entweder wird das Plotmedium (Papier oder Folie) unter dem Schreib- oder Schneidkopf vor und zurück bewegt, während dieser quer zur Papierrichtung läuft. Oder der Kopf wird auf X- und Y-Schiene über das unbewegte Medium geführt; auch eine Kombination beider Verfahren ist möglich. Verfahrensbedingt sind Plotter im Vergleich zu Druckern sehr langsam.

Der Schreibkopf kann programmgesteuert mit verschiedenen Stiften für Strichstärken und Farben bestückt werden, bei Schneidplottern mit Messern, die dem auszuschneidenden Material angepasst sind. Für Strichzeichnungen, zum Beispiel Bau- und Konstruktionszeichnungen, sind Plotter ideale, auch in sehr großen Formaten erhältliche Ausgabegeräte. Verfahrensbedingt eignen sie sich nicht für Bilder und Verläufe, da sie keine Halbtöne oder Rasterpunkte erzeugen; dafür ist aber bei Vektorgrafik höchste Präzision erreichbar. Schneidplotter erlauben die schnelle Herstellung von selbstklebenden Beschriftungen und Grafiken, zum Beispiel für Messebau und Außenwerbung.

1.13.3 Bildschirme

1.13.3.1 Grundlagen

Die wichtigsten Technologien sind heute LCD (Liquid Crystal Display = Flüssigkristall-Display), PDP (Plasma Display) und OLED (organische Leuchtdioden). Dagegen verliert die lange vorherrschende CRT-Technik (Cathode Ray Tube = Kathodenstrahlröhre) zunehmend an Bedeutung. LCD- und OLED-Displays sind im Vergleich zur Bildröhrentechnik fast problemfrei. Bauartbedingt neigen sie weder zum Flimmern noch zur Emission schädlicher Strahlung; sie verbrauchen wenig Strom, sind flach und leicht und bieten eine verzerrungsfreie Darstellung. Vom Stromverbrauch abgesehen, gelten diese Aussagen auch für Plasma-Displays, die vor allem bei großformatigen Darstellungen im TV- und Präsentationsbereich zum Einsatz kommen.

Touchscreens, also berührungsempfindliche Schirme, sind mit allen oben erwähnten Bildschirmtypen realisierbar. Die Position von Finger oder Stift wird wie bei Grafiktabletts durch eine feine Matrix aus Leitungsbahnen (kapazitiv), UV-Lichtstrahlen (optisch) oder Ultraschallwellen (akustisch) ermittelt. Viele herkömmliche Monitore und auch große Plasma-Displays können nachträglich mit einem Aufsatz zu Touchscreens umfunktioniert werden.

Obwohl der Bildschirm (Monitor, Display) die offensichtliche Mensch-Maschine-Schnittstelle ist, wird seine Bedeutung oft unterschätzt. Lange wurden ergonomische Kriterien für weniger wichtig als CPU-Leistung und Speicherkapazität gehalten.

Ein Bildschirm muss immer im Zusammenhang mit seiner Ansteuerung durch den Grafikadapter beurteilt werden, der als Steckkarte auf der Hauptplatine sitzt oder in diese integriert ist. Im Idealfall bilden Eigenschaften und Leistung des Grafikadapters mit den Darstellungsmöglichkeiten des Monitors eine ausgewogene Einheit, die unterschiedlichen Anforderungen angepasst sein sollte: Für Internet, Textverarbeitung, Datenbanken und Büroprogramme reicht ein mittelgroßer Monitor mit einfacher Grafikkarte. Bildbearbeitung, CAD, 3D-Grafik, Layout und Videobearbeitung erfordern große Schirme und leistungsfähige Grafikadapter.

Wichtig sind neben der Größe Aspekte wie Entspiegelung, gleichmäßige Ausleuchtung und Einstellmöglichkeit von Helligkeit, Kontrast und Farbtemperatur. Alle Einstellungen erfolgen in der Regel über ein On-Screen-Menü und werden im Gerät gespeichert. Bei LC- und Plasma-Displays muss auf Pixelfehler geachtet werden. Für CRT-Schirme sind weitere Kriterien zu beachten: Bildgeometrie, Farbkonvergenz, Flimmerfreiheit und Strahlenschutznorm. Auch darf eine Bildröhre nicht in der Nähe starker Magnetfelder (zum Beispiel Lautsprecher) aufgestellt werden.

Für alle Bildschirme gilt: Gute Farbdarstellung lässt sich nur durch sorgfältiges Einstellen (Kalibrieren) von Helligkeit, Kontrast, Weißpunkt (Farbtemperatur) und Gamma erreichen. Auch nur annähernd korrekte Kalibrierung ohne Hilfsmittel erfordert aber sehr viel Erfahrung und Übung. Einstellhilfen für einfache Ansprüche sind zum Beispiel der Kalibrierungsassistent des Mac OS, das Photoshop-Zubehör Adobe Gamma (bis Version CS2) oder Quick-Gamma.

Windows und Mac OS unterstützen Display-Colour-Management. Dazu muss das ICC-Profil des Monitors installiert werden. Markenhersteller liefern in der Regel brauchbare Profile zu ihren Geräten; bei Billigangeboten ist das nicht immer der Fall. Alterungsbedingte Veränderungen des Monitors führen dazu, das zunächst gute Profile nach einiger Zeit nicht mehr stimmig sind.

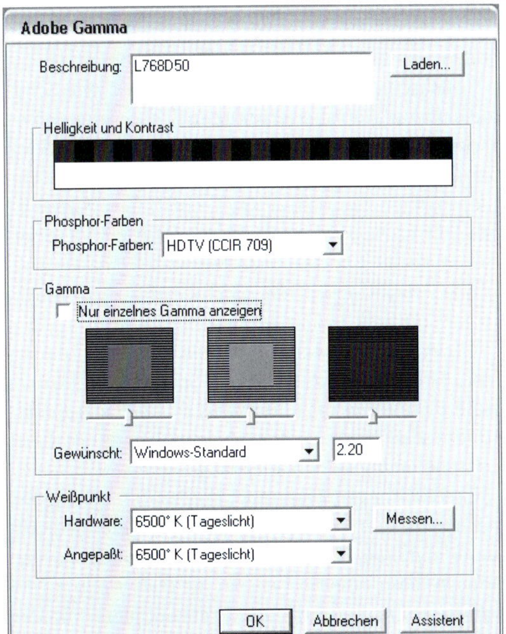

Monitor-Einstellhilfe Adobe Gamma

Im professionellen Bereich, insbesondere in der Druckvorstufe, sind die Ansprüche höher. Voraussetzung sind hier ein Farbmessgerät und Software, mit der die exakte Kalibrierung unterstützt und ein individuelles ICC-Profil erzeugt wird (vgl. Abschnitt 2.8.3.2).

Monitore für Webdesign und Videobearbeitung sollten den sRGB-Farbumfang vollständig abbilden; sRGB gilt als Standard für die Wiedergabe von Webseiten und entspricht der HDTV-Fernsehnorm. In der Druckvorstufe reicht sRGB aber nicht aus, da sein Farbumfang nicht alle Farben des vierfarbigen Drucks auf gestrichenem Papier einschließt. Hier wird der größere Adobe- oder ECI-RGB-Farbumfang gebraucht, der nur von sehr hochwertigen (und teuren) Displays vollständig abgedeckt wird.

1.13.3.2 CRT (Cathode Ray Tube)

Der Physiker Karl Ferdinand Braun entwickelte 1897 die Bild- oder Kathodenstrahlröhre, 1909 erhielt er dafür den Nobelpreis. Bildschirme mit Röhrentechnik waren jahrzehntelang Stand der Technik, wurden aber Anfang des 21. Jahrhunderts zunehmend durch LC- und Plasma-Displays abgelöst und sind mittlerweile kaum noch erhältlich. Die heutigen Anforderungen an Bildschärfe, Bildstabilität und Strahlungsarmut kann der CRT-Monitor – technisch bedingt – nur mit Einschränkungen erfüllen.

Funktionsweise: Nach dem Prinzip der Braunschen Röhre wird ein Elektronenstrahl von einer negativen Kathode (griechisch: Ausgang) zur positiven Anode (Eingang) gelenkt. Die Bildröhre ist ein Vakuum-Glaskolben, dessen Frontseite die Mattscheibe bildet. Sie erzeugt das Bild durch phosphoreszierende Punkte, welche die Bewegungsenergie der auftreffenden Elektronen in Licht umsetzen. Die Kathode besteht aus einer bzw. für Farbdarstellung drei Elektroden: glühende Drähte mit spezieller Oxidbeschichtung im hinteren Teil der Röhre.

Der Elektronenstrahl wird beschleunigt, fokussiert und durch Magnetfelder horizontal und vertikal gelenkt, sodass er zeilenweise horizontal über die Mattscheibe wandert. Sie ist mit speziellen Phosphoren (Leuchtstoffen) beschichtet, die vom auftreffenden Elektronenstrahl zum Leuchten gebracht werden.

Phosphore sind nachleuchtende (phosphoreszierende) Stoffe; sie speichern Energie und geben sie mit kürzerer oder längerer Verzögerung als Lichtstrahlung ab. Mit dem chemischen Element Phosphor haben sie, vom Namen abgesehen, nichts zu tun. Durch das kurze Nachleuchten der Phosphore sind die zuerst angesteuerten oberen Bildschirmzeilen noch sichtbar, wenn der Elektronenstrahl bereits unten angelangt ist. Das Bild muss aber ständig aufgefrischt werden.

Die Intensität der Elektronenstrahlen und somit die Leuchtdichte der Phosphore ist für jeden Punkt änderbar. Die entsprechenden analogen elektrischen Spannungen berechnet und liefert der Grafikadapter. Ein farbiger Punkt wird durch einen RGB-Farbtripel gebildet. Die Mattscheibe ist bei Farbröhren mit feinen vertikal angeordneten Leuchtstoffstreifen in Rot, Grün und Blau beschichtet. Damit die drei Elektronenstrahlen jeweils genau ihre Farbfelder treffen, liegt vor der Leuchtschicht ein feines Metallgitter in Form einer Loch- oder Schlitzmaske.

Aus der zeilenweisen Beschreibung der Leuchtschicht durch Elektronenstrahlen leiten sich zwei Kriterien ab: die Horizontal- und die Vertikalfrequenz. Die Horizontalfrequenz gibt an, wie viele Zeilen pro Sekunde geschrieben werden, Einheit ist das Kilohertz (kHz). Bei einer Bildschirm-Auflösung von zum Beispiel 1024 × 768 Punkten besteht das Bild aus 768 horizontalen Zeilen. Um eine flimmerfreie Darstellung zu gewährleisten, sollte das Bild mindestens 85 mal pro Sekunde aufgefrischt werden; dieser Wert ist die Vertikalfrequenz, Einheit ist Hertz (Hz). Wenn der Elektronenstrahl 85 mal 768 Zeilen pro Sekunde schreiben soll, ist eine Zeilenfrequenz von rund 65 kHz erforderlich (85 Hz · 768 = 65 280 Hz).

Höhere Auflösungen setzen folglich höhere Horizontalfrequenzen voraus, um ergonomische Vertikalfrequenzen zu erreichen. Die maximale Horizontalfrequenz ist ein technisch bedingter Wert, den der Monitorhersteller festlegt. CRT-Bildschirme beherrschen normalerweise unterschiedliche Auflösungen und Bildwiederholfrequenzen.

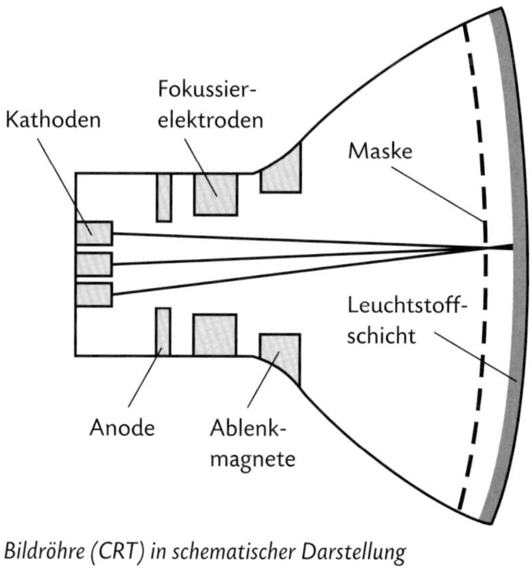

Bildröhre (CRT) in schematischer Darstellung

Ältere und preiswerte Fernsehgeräte laufen mit einer Vertikalfrequenz von nur 50 Hz im Interlaced-Modus. Interlaced bedeutet, dass beim Bildaufbau nur jede zweite Zeile, abwechselnd die geraden und ungeraden Zeilennummern, neu geschrieben wird. Das Gesamtbild wird also nur 25-mal pro Sekunde aufgebaut, entsprechend stark ist das Bildflimmern. Augenschonender (und teurer) sind TV-Geräte mit 100 Hz (interlaced). Aber wie bei PC-Bildschirmen haben sich hier flimmerfreie LCD- oder bei großen Formaten Plasma-Geräte durchgesetzt.

Drei Arten von Strahlung treten bei CRT-Monitoren auf, während andere Monitortechniken weitgehend strahlungsfrei sind:

- Durch elektrostatische Aufladung der Mattscheibe entsteht eine physikalische Partikelstrahlung. Mögliche Folgen sind Augen- und Atemwegsreizungen.
- Elektromagnetische Strahlung ist im Umfeld aller elektrischen Geräte zu finden, sie ist bei Bildröhren allerdings nicht unerheblich. Während über die Schädlichkeit von Partikel- und Röntgenstrahlung keine Zweifel bestehen, sind die Auswirkungen elektromagnetischer Strahlung noch teilweise ungeklärt.
- Röntgenstrahlung entsteht – wie bei allen Elektronenröhren – auch in Bildschirmen. Sie ist zwar schwach, Kritiker verweisen jedoch auf die Häufung schwacher Strahlungsquellen in unserer Umgebung, die sich im Zusammenwirken addieren.

Maßstab beim Strahlenschutz sind die strengen schwedischen Bestimmungen, die Grenzwerte für alle drei Strahlungsarten festlegen. Die so genannten TCO-Normen wurden mehrfach verschärft; sie betreffen nicht nur Bildschirmstrahlung, sondern berücksichtigen auch andere Kriterien wie umweltverträgliche Herstellung, Brandschutz, Leuchtdichte, Energieverbrauch und Recycelbarkeit. Es gibt auch TCO-Normen für Flachbildschirme, PCs, Notebooks und Büromöbel.

1.13.3.3 LCD (Liquid Crystal Display)

LCD-Monitore haben viele Vorteile: geringer Stromverbrauch, leichte und Platz sparende Bauweise, keine schädliche Strahlung, hohe Auflösung sowie gute Farb- und Kontrastwerte. Dazu kommt ein geringer Stromverbrauch, der mit 20 bis 40 Watt nur etwa ein Drittel des CRT-Bedarfs beträgt. Probleme wie Bildflimmern, Konvergenz-, Schärfe- und Bildgeometriefehler können bauartbedingt nicht auftreten.

Preisgünstige LCDs haben relativ geringe Leuchtkraft, trägen Bildaufbau und niedrige Auflösung, was für viele Einsatzgebiete aber völlig ausreicht. So wird LCD-Technik u.a. bei Digitaluhren und Minianzeigen diverser elektronischer Geräte verwendet. Im Bereich mobiler Computer ist LCD schon lange Standard, auch viele Datenprojektoren nutzen die Technik. In den letzten Jahren eroberte LCD nach Heim und Büro auch die professionelle Grafik und Bildbearbeitung.

Funktionsweise: LCD-Anzeigen sind passiv; sie senden selbst kein Licht aus, sondern reflektieren einfallendes Licht oder lassen Licht einer Hintergrundbeleuchtung durchscheinen. Als Flüssigkristalle werden bestimmte flüssige organische Substanzen bezeichnet, deren molekulare Eigenschaften denen von Kristallen gleichen. Ihre langen, stäbchenförmigen Moleküle richten sich in elektrischen Feldern geordnet aus (nematische Phase) und ändern je nach Stellung ihre optischen Eigenschaften. Mit zwei um 90° zueinander verdrehten Polarisationsfiltern unter und über der Flüssigkristallschicht wird erreicht, dass je nach Stellung der Moleküle, die von der elektrischen Spannung abhängt, mehr oder weniger Licht mit einer bestimmten Polarisationsrichtung durchgelassen wird.

Die punktweise Ansteuerung der Kristalle erfolgt bei einfachen LCD-Anzeigen durch eine Matrix aus feinsten Leitungsbahnen in den zwei Glasplatten, welche die Flüssigkristallschicht einschließen. Eine Platte hat horizontal, die andere vertikal angeordnete Leitungen. Die Rückwand ist entweder mit Reflektor oder Hintergrundbeleuchtung (Leuchtstoffröhren, neuerdings auch LED) ausgestattet. Farbdarstellung wird durch RGB-Filter ermöglicht, die in die obere Platte eingearbeitet sind.

Es gibt diverse Weiterentwicklungen der LCD-Technik mit dem Ziel, Auflösung, Kontrast und Tempo des Bildaufbaus zu verbessern. Die wichtigsten Techniken sind in der Reihenfolge ihrer Entwicklung und gleichzeitig ihrer Darstellungsqualität und Preise:

- STN (Super Twisted Nematic)
- DSTN (Double Super Twisted Nematic)
- FSTN (Film Super Twisted Nematic)
- TSTN (Triple Super Twisted Nematic)
- TFT (Thin Film Transistor)

TFT hat sich im Bereich der Computerbildschirme durchgesetzt. Die Pixel werden nicht seriell und somit langsam wie bei anderen LCD-Techniken angesteuert, sondern schnell und direkt über Transistoren, welche die schwachen Steuerspannungen verstärken. TFT-Schirme werden daher auch als Active Matrix Displays bezeichnet. Drei Transistoren sind für jedes Farbpixel nötig; einschließlich ihrer transparenten Anschlussleitungen werden sie als dünner Film auf eine Glasplatte aufgebracht.

Ein Farb-Display mit einer Auflösung von 1024 × 768 Pixeln hat über 2,3 Millionen Transistoren. Wenn nur einer davon defekt ist, macht sich das sofort als Pixelfehler bemerkbar. Anfangs betrug die Ausschussrate in der Herstellung 90%; auch heute ist sie vor allem bei größeren Displays immer noch vergleichsweise hoch und Hauptursache für die hohen Preise. TFTs erreichen ähnlich gute oder sogar bessere Leuchtkraft und Farbdarstellung als CRT-Monitore, der Bildaufbau ist im Gegensatz zu anderen LCD-Techniken sehr schnell und auch für Bewegtbilder geeignet.

Seit 2001 existiert die Norm ISO 13406-2 mit entsprechenden Prüfzertifikaten für LCDs. Die Norm wurde frühzeitig in die TÜV-Prüfsiegel „Ergonomie geprüft" und „ECO-Kreis" integriert und wird von der Mehrheit der aktuellen LC-Displays eingehalten. Sie befasst sich u.a. mit Blickwinkel, Leuchtdichte, Farbdarstellung, Gleichmäßigkeit von Leuchtdichte und Farben, Kontrast, Font-Darstellung, Flimmern, Pixelfehlern und Reflexionen. Diese und einige weitere wichtige Kriterien werden im Folgenden erläutert:

- Größe und Auflösung: Die vom Hersteller angegebene Bildschirmdiagonale stimmt mit dem sichtbaren Bereich überein (im Gegensatz zu CRT). LC-Displays liefern aber nur in ihrer physikalisch bedingten Standardauflösung ein scharfes Bild. Abweichende

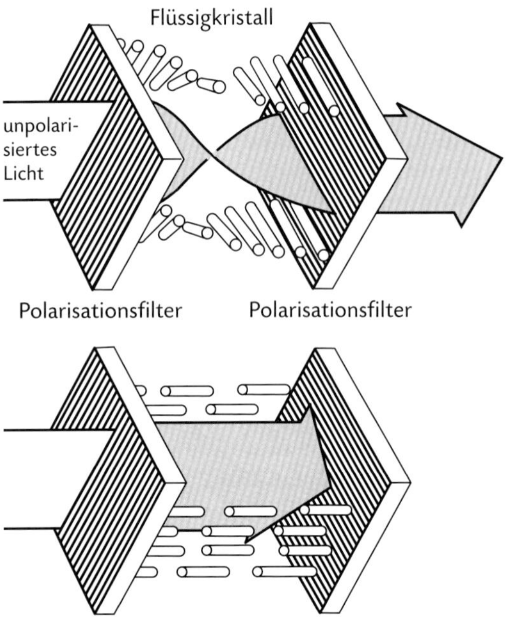

Funktionsschema eines LC-Displays mit Hintergrundbeleuchtung. Die kleinen Stäbchen symbolisieren die Flüssigkristall-Moleküle. Im oberen Bild verändern die verdreht (twisted) angeordneten Moleküle die Polarisierungsrichtung des Lichts, sodass es vom zweiten Polarisationsfilter durchgelassen wird. Im unteren Bild sind die Moleküle ausgerichtet und lassen die Polarisierungsrichtung des Lichts unverändert.

Auflösungen werden interpoliert und mit geringerer Qualität dargestellt. Das können CRT-Schirme besser.

- Kontrastverhältnis: Es gibt den Helligkeitsunterschied zwischen hellster und dunkelster Farbe (Weiß und Schwarz) an, akzeptabel sind Werte ab 300 : 1, aber über 1000 : 1 ist möglich (CRT etwa 500 : 1).
- Leuchtdichte: Wird in Candela pro Quadratmeter gemessen, akzeptabel sind Werte ab 200 cd/m^2, technisch machbar sind über 500 cd/m^2. Vor allem sollte die Leuchtdichte an allen Stellen des Displays gleich sein.
- Farbdarstellung: Für die Druckvorstufe stehen kalibrierbare Profi-Displays mit Blendschutz zur Verfügung, aber auch die Farbdarstellung im gehobenen Konsumentenbereich hat sich stark verbessert, zum Beispiel durch Unterstützung des geräteunabhängigen sRGB-Farbraums.
- Reflexionen: Die Norm kennt drei Güteklassen:
  (1) geeignet für allgemeine Büroumgebungen
  (2) geeignet für die meisten Büroumgebungen
  (3) geeignet für Büroumgebungen mit kontrollierter Leuchtdichte
- Blickwinkel: Ein großer Nachteil im Vergleich zu Röhrengeräten war lange der eingeschränkte Blickwinkel, der bei herkömmlichen TFT-Schirmen etwa 60° bis 100° beträgt. Drei Lösungen gehen das Problem an: IPS (In-Plane-Switching) und MVA (Multi-Domain Vertical Alignment) erlauben – wie Bildröhren – Blickwinkel von 160° und mehr. Der Trick besteht vor allem darin, dass sich die Stäbchenmoleküle des Flüssigkristalls unter Spannung horizontal und nicht wie herkömmlich vertikal ausrichten. Die einfachere und preiswertere Methode ist TN+Film (Twisted Nematic + Retardation Film): Eine Verbesserung des Blickwinkels auf maximal 150° Grad wird allein durch eine spezielle Folie (Film) auf der oberen Glasplatte erzielt.
- Reaktionszeit: Sie gibt an, wie schnell die LC-Moleküle schaltbar sind. Im Bereich von etwa 8 ms (Millisekunde, tausendstel Sekunde) bis 25 ms ist das Display gut bis sehr gut zur Darstellung schneller Bildsequenzen (Filme, Spiele) geeignet. Bei höheren Reaktionszeiten entstehen typische, schlierenartige Nachzieh-Effekte.
- Pivot-Funktion: Einige Displays lassen sich um 90° drehen. Unterstützt durch einen entsprechenden Treiber ist diese Stellung unter Umständen für Text- und Layoutdokumente vorteilhaft.
- Font-Darstellung: Alle Zeichen sollen bei angemessenem Zeilenabstand scharf und deutlich erkennbar sein. Bei grafischen Systemen muss die Zeichenmatrix mindestens 14 Pixel breit und 8 Pixel plus 5 für Unterlängen hoch sein.
- Pixelabstand: Er beträgt etwa 0,25 mm – 0,3 mm.
- Pixelfehler: Die ISO-Norm beschreibt vier Pixelfehlerklassen und legt jeweils die Zahl der erlaubten Fehler pro Million Pixel fest. Nur die eher seltene Fehlerklasse 1 hat keine Fehler, Klasse 2 wird in hochwertigen und Klasse 3 in eher billigen Produkten eingebaut, Klasse 4 ist Ausschussware.

Wichtig ist die Monitorschnittstelle: Ältere Grafikadapter liefern analoge Signale für CRT-Monitore. LC-Displays arbeiten aber durchgehend digital, sie sollten daher auch digital angesteuert werden. Das ist jedoch nicht immer der Fall: Externe LCDs haben oft den von CRT-Geräten bekannten analogen VGA-Anschluss, um sie ohne Umstände mit älteren Grafikadaptern verbinden zu können. Ein bequemer, aber kein guter Kompromiss: Der Grafikadapter wandelt digitale Daten in analoge Spannungen, die dann im LC-Display wieder digitalisiert werden müssen. Analog-Digital- und Digi-

Fehlertypen und Fehlerklassen nach ISO 13406-2

Fehlertyp 1:	immer vollständig leuchtendes (weißes) Pixel
Fehlertyp 2:	immer vollständig nicht leuchtendes (schwarzes) Pixel
Fehlertyp 3:	blinkendes Pixel oder defektes Subpixel, das ständig in einer Grundfarbe leuchtet oder nicht leuchtet
Clusterfehler I:	mehrere Fehler vom Typ 1 oder Typ 2 auf einem Feld von 5 × 5 Pixeln.
Clusterfehler II:	mehrere Fehler vom Typ 3 auf einem Feld von 5 × 5 Pixeln

Fehlerklasse	Maximal zulässige Pixelfehler pro Million Pixel				
	Fehlertyp 1	Fehlertyp 2	Fehlertyp 3	Clusterfehler I	Clusterfehler II
I	0	0	0	0	0
II	2	2	5	0	2
III	5	15	50	0	5
IV	50	150	500	5	50

tal-Analog-Wandlung sind immer mit Verlust verbunden, was in diesem Fall völlig unnötig ist. Denn selbstverständlich können LCDs (wie auch Plasma-Displays) ohne Umweg digital versorgt werden, wenn Display und Grafikadapter über entsprechende Schnittstellen verfügen.

Seit 1999 existiert der Standard DVI (Digital Visual Interface). Immer mehr LC-Displays und Grafikkarten verfügen seitdem sowohl über einen analogen VGA- als auch einen digitalen DVI-Anschluss, der eindeutig bessere Ergebnisse liefert. Monitorseits reicht eine DVI-I-Schnittstelle, denn per Adapter lassen sich auch problemlos analoge VGA-Signale übertragen. Neben dem verbreiteten DVI-I (Integrated) gibt es noch die Varianten DVI-A und DVI-D, die nur analoge (A) bzw. nur digitale (D) Signale erkennen.

1.13.3.4 Plasma-Display, LED und OLED

PDP (Plasma-Display) ist eine aktive Monitortechnik, die Bildpunkte strahlen also selbst Licht ab. Auch hier leuchten Phosphore hinter der Bildschirmoberfläche, aber das ist auch schon die einzige Gemeinsamkeit mit CRT-Monitoren. Ein farbiger Bildpunkt besteht aus drei kleinen Leuchtzellen, die das Plasma oder Gas-Plasma (ein Edelgas wie Neon oder Xenon) sowie rot, grün oder blau leuchtenden Phosphor enthalten. Durch Anlegen der Steuerspannungen kommt es zu unterschiedlich starken, UV-Licht produzierenden Gasentladungen. Das UV-Licht bringt den Phosphor zum Leuchten.

Verglichen mit LCD, weisen Plasma-Displays eine höhere, weniger blickwinkelabhängige Leuchtkraft auf. Sie lassen ebenfalls flache Bauweise zu und sind weitgehend strahlungsfrei, verbrauchen aber mehr Strom und heizen sich an der Oberfläche auf. Trotz ihrer relativ zur Fläche geringeren Auflösung bieten sie optisch ein flimmerfreies, klares, gleichmäßig ausgeleuchtetes und scharfes Bild mit brillanten Farben. Fehler der Bildgeometrie sind wie bei LC-Displays bauartbedingt ausgeschlossen, ein weiterer Vorteil ist die Unempfindlichkeit gegenüber magnetischen Einflüssen, zum Beispiel durch Lautsprecher. Zum Einsatz kommen PDPs hauptsächlich als großformatige TV- und Präsentations-Displays. Wie LCDs bringen sie mit digitaler Ansteuerung (DVI) die besten Ergebnisse.

Leuchtdioden-Arrays (LED = Light Emitting Diode) senden direkt farbiges Licht aus. RGB-Filter sind unnötig, denn unterschiedliche Halbleitermaterialien bewirken rot, grün und blau leuchtende LEDs, wobei die blauen durch ein aufwändigeres Produktionsverfahren teurer sind. Diese Technik kommt vor allem bei sehr großen Darstellungen im Außenbereich zum Einsatz. Hohe Leuchtkraft wird durch hohen Stromverbrauch erkauft, die Auflösung ist gering.

Den OLED-Displays (Organic Light Emitting Diodes) steht wahrscheinlich eine große Zukunft bevor. Visionen von dünnen, leichten, aufrollbaren, selbst leuchtenden Plastikfolien, die kaum Strom verbrauchen und auch in großen Formaten sehr kostengünstig zu produzieren sind, könnten bald Realität werden.

Die Elektroluminiszenz von Kunststoffen wurde 1990 von Forschern der Universität Cambridge entdeckt. Kleine Partikel bestimmter Kunststoffe leuchten unter dem Einfluss elektrischer Spannung hell auf. Wie bei Halbleiter-LEDs können Farben direkt durch die Wahl unterschiedlicher Materialien erzeugt werden: Polythiophen ist für Rot, Polyflour für Blau und Polyphenylenvinylen für Grün zuständig. Problematisch ist die Haltbarkeit der leuchtenden Folien, die einschließlich hauchdünner Steuerleitungen in einer Stärke von nur 500 Nanometer herstellbar sind. Die organischen Moleküle zersetzen sich, wenn sie mit Wasser oder Sauerstoff in Berührung kommen; sie müssen also versiegelt werden. Prototypen sind schon zu bestaunen, auch Displays, die im ausgeschalteten Zustand völlig transparent sind und sich zum Beispiel in Windschutzscheiben, Helmvisiere und spezielle Brillen einarbeiten lassen. Die ersten realisierten kommerziellen Anwendungen sind Displays für Mobiltelefone, MP3-Player, Autoradios, Digitalkameras und kleine TV-Geräte.

1.13.3.5 Größen und Auflösungen

Das Verhältnis von Breite zu Höhe des Darstellungsbereichs ist bei TV- und PC-Bildschirmen traditionell 4 : 3. Nicht zuletzt im Medienbereich beliebt sind die neueren Breitwand-Flachbildschirme mit dem Seitenverhältnis 16 : 10; Fernsehgeräte nach HDTV-Standard haben das Seitenverhältnis von 16 : 9.

Die Monitorgröße wird als Bilddiagonale in Inch oder Zentimeter (1 Inch = 2,54 cm) angegeben. Übliche Größen sind 15 Inch (rund 38 cm), 17 Inch (43 cm), 19 Inch (48 cm), 20 Inch und 21 Inch (51 cm, 53 cm). Im professionellen Einsatz sind auch 24 Inch oder mehr nicht selten, zum Beispiel 30 Inch im Breitwandformat mit einer Auflösung von 2560 x 1600 Bildpunkten. Notebook-Displays sind 12 Inch bis 17 Inch groß.

Eine Verlängerung der Diagonale um 20 % bewirkt eine Vergrößerung der sichtbaren Fläche um 44 % . Im Gegensatz zu Bildröhrengeräten entsprechen die Größenangaben bei Flachbildschirmen tatsächlich dem sichtbaren Bereich. Ein LCD-Display mit 17 Inch Diagonale hat etwa die gleiche sichtbare Fläche wie ein CRT mit 19 Inch Diagonale.

Die **Monitorauflösung** wird durch die Zahlen der horizontalen und vertikalen Pixel angegeben. Im Lauf der Jahre haben sich die folgenden Standards etabliert:

640×480	VGA (Video Graphics Array)
640×480	NTSC-TV
768×576	PAL-TV
800 × 600	SVGA (Super VGA)
832×624	(nur Apple-Computer)
1024×768	XGA (Extended Graphics Array)
1152×870	(nur Apple-Computer)
1152×900	(nur SUN-Workstations)
1280×800	WXGA (Wide XGA)
1280×1024	SXGA (Super XGA)
1600×1200	UXGA (Ultra XGA)
1920×1080	HDTV (High Definition TV)
1920×1200	WUXGA (Wide UXGA)
2048×1536	QXGA (Quadrupel XGA)

Die Auflösung sollte in einem angemessenen Verhältnis zur Monitorgröße stehen. Umgerechnet in Pixel per Inch (ppi), liegt sie je nach Größe und Auflösung etwa zwischen 70 ppi und 100 ppi. Typische Auflösungen für LC-Displays:
- 15 Inch: XGA (1024 × 768)
- 17 Inch: SXGA (1280 × 1024)
- 19 Inch: SXGA (1280 × 1024)
- 21 Inch: UXGA (1600 × 1200).

Typisch für Breitwand-LCDs sind WXGA (1280 x 800, oft in Notebooks) und WUXGA (1920 x 1200).

1.13.3.6 Grafikadapter

Grafikadapter liefern die Informationen für den Bildaufbau in Form analoger Stromspannungen oder für digital angeschlossene LC- und Plasma-Displays auch als Digitalsignale. Grundsätzlich hat der Grafikadapter auch die Aufgabe, die CPU von rechenintensiven Arbeiten zu entlasten, die bei ständig wechselnden Bildinhalten mit Millionen farbiger Pixel anfallen. Das Tempo des Bildaufbaus und die darstellbaren Auflösungen und Farben hängen auch vom Grafikadapter ab. Er ist auf der Hauptplatine integriert oder als steckbare Grafikkarte eingebaut. Als Schnittstelle kommt AGP, PCI oder besser PCIe infrage.

Standardanschluss für Monitore mit Analog-Eingang ist die 15-polige VGA-Schnittstelle des Grafikadapters. LC- und Plasma-Displays mit Digital-Eingang nutzen eine DVI-Schnittstelle (vgl. Abschnitt 1.13.3.3). Spezielle oder doppelt vorhandene Grafikadapter erlauben den gleichzeitigen Betrieb von zwei Monitoren, was bei Bild-, Grafik- und Videobearbeitung sinnvoll sein kann: Einer zeigt den eigentlichen Arbeitsbereich, der andere die Werkzeugpaletten.

Hochleistungsgrafikkarten können fast so viel wie ein ganzer PC kosten, aber nur 3D-Grafiker und Spielefanatiker nutzen diese Fähigkeiten wirklich aus. Hoch auflösende Farbdarstellung und flüssige Videowiedergabe bieten heute auch preiswerte Standardadapter.

Ein Grafikadapter gleicht einer kleinen Zentraleinheit, die ja bekanntlich aus Prozessor, Speicher und Bussystem besteht. Die CPU des PCs lagert die aufwändigen Darstellungsberechnungen auf den Spezialprozessor des Grafikadapters aus: Sie liefert ihm vektororientierte Beschreibungen, die der Grafikprozessor in Pixel mit konkreten Farbwerten umrechnet. Insofern ist ein Grafikprozessor entfernt mit einem PostScript-RIP vergleichbar.

Die Ergebnisse dieser Berechnungen werden über einen 64 oder 128 Bit breiten Datenbus im Bildspeicher (auch Videospeicher genannt) des Grafikadapters abgelegt und nur bei Bildveränderungen aktualisiert. Dieser Speicher wird auch als Bildwiederholspeicher bezeichnet, da das Bild von CRT-Monitoren mindestens 85-mal pro Sekunde aufgefrischt werden muss. Die Zahl der darstellbaren Farben hängt von der Datentiefe ab, dem Speicherplatz in Bit, der pro Bildpunkt reserviert ist. Möglich sind 8 Bit (256 Farben), 15 oder 16 Bit (32768 bzw. 65536 Farben, auch High Color ge-

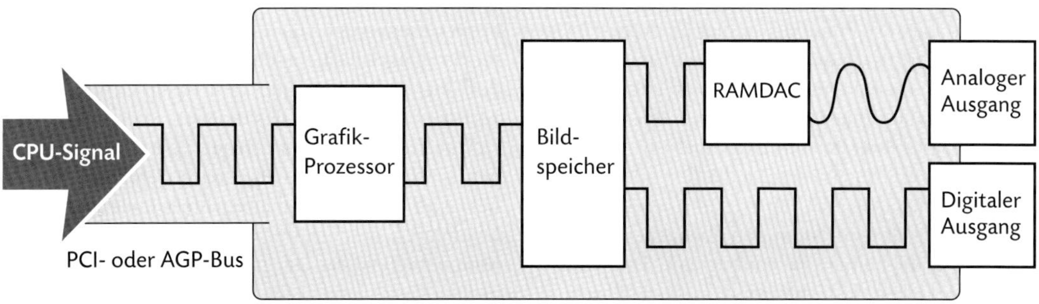

Schema eines Grafikadapters mit Analog- und Digitalausgang

nannt) und 24 Bit (16,78 Millionen Farben, True Color). Eine Auflösung von 1600 × 1200 Punkten in True Color erfordert rund 6 MB Bildspeicher:
1600 · 1200 · 3 Byte (24 bit) = 5 760 000 Byte.

Der Bildspeicher besteht heute meist aus DDR-SDRAM. Wer überwiegend mit zweidimensionalen Darstellungen arbeitet, muss sich keine Gedanken um die Speicherkapazität machen, denn heutige Grafikadapter haben mindestens 16 MB. Nur 3D-Anwendungen nutzen überschüssigen Speicher als Puffer für Texturberechnungen und werden dadurch schneller.

Verantwortlich für die Umsetzung der im Bildspeicher digital vorliegenden Daten in analoge Steuerspannungen für die RGB-Elektroden eines CRT-Monitors ist der RAMDAC (Random Access Memory Digital Analog Converter). Die Pixelfrequenz oder der Pixeltakt gibt an, wie viele Pixel pro Sekunde er umrechnen kann. Einheit ist MHz, üblich sind Pixelfrequenzen von über 200 MHz.

Zu Grafikadaptern gehören Treiberprogramme. Der Anwender kann in Dialogfeldern u. a. Auflösung, Farbanzahl und Bildwiederholfrequenz einstellen. Die Qualität eines Grafikadapters wird außer durch technische Leistungen auch durch die sorgfältige Programmierung der Treiber bestimmt. Schlechte Grafiktreiber sind eine häufige Fehlerquelle. Die Hersteller stellen aktuelle Treiber kostenlos im Internet zum Download bereit. Einige Treiber bieten übrigens eine Datentiefe von 32 Bit an, was verwunderlich scheint, da mehr als 16,78 Millionen Farben nicht sinnvoll sein können. Diese Einstellung führt tatsächlich nicht zu mehr Farben, unter Umständen aber zu schnellerer Darstellung; sie sollte daher der 24-Bit-Einstellung vorgezogen werden.

1.13.4 Datenprojektoren

Datenprojektoren, auch Beamer genannt, ermöglichen großformatige Präsentationen digitaler Daten auch vor zahlreichem Publikum. Sie werden über die VGA- oder besser DVI-Schnittstellen herkömmlicher Grafikadapter angeschlossen und brauchen keine speziellen Treiber. Die Preise der immer noch teuren Geräte richten sich nach der Auflösung und vor allem der Helligkeit. Diese Faktoren bedingen, ob und wie stark der Präsentationsraum verdunkelt werden muss und welches Darstellungsformat erreichbar ist.

Typische Auflösungswerte sind 800 × 600 (SVGA), 1024 × 768 (XGA) und 1280 × 1024 (SXGA).

Die Helligkeit wird durch den abgegebenen Lichtstrom in ANSI-Lumen gekennzeichnet. Das Lumen (lm) ist die Einheit des Lichtstroms (vgl. auch Abschnitt 2.1.4); die Abkürzung ANSI (American National Standard Institute) bezieht sich auf das genormte Verfahren, mit dem der von Beamern emittierte Lichtstrom gemessen wird.

800 ANSI-Lumen sind die Untergrenze für brauchbare Beamer; Spitzengeräte erreichen 10 000 ANSI-Lumen – und kosten so viel wie ein Mittelklasseauto. Reflektierend beschichtete Leinwände bringen wesentlich bessere Ergebnisse als weiße Wände und sonstige Flächen. Je höher die Lichtstärke, desto höher die Folgekosten: Die sehr teuren Projektionslampen haben nur eine durchschnittliche Lebensdauer von etwa 2000 Stunden, ihr Preis steigt analog zum Lichtstrom.

Ein wichtiger Hinweis zum Umgang mit Projektoren aller Art: Die Projektionslampen werden im Betrieb sehr heiß. Ihr Kühlventilator muss nach dem Ausschalten der Lampe noch einige Zeit weiter laufen, daher dürfen die Geräte nie durch direkte Unterbrechung der Stromzufuhr abgeschaltet werden. Also: Lampe aus – warten, bis sich der Lüfter abschaltet – erst dann den Netzschalter betätigen.

Heute sind die beiden Projektionstechniken LCD und DLP vorherrschend; sie haben die teuren und unhandlichen Röhrenprojektoren verdrängt. LCD-Projektoren arbeiten mit drei kleinen, hoch auflösenden und transparenten LC-Displays, die von einer starken Lichtquelle durchleuchtet werden. Jedes Display erzeugt ein Graustufenbild mit den Lichtanteilen einer der Grundfarben Rot, Grün und Blau. Das durchgelassene Licht wird durch RGB-Filter geschickt, eine Optik projiziert die drei Bilder passgenau übereinander.

DLP (Digital Light Processing) ist die übliche Bezeichnung für Projektoren mit DMD-Technik. DMD (Digital Mirror Device) ist eine technisch faszinierende Projektionstechnik, die von Texas Instruments entwickelt und 1995 eingeführt wurde. Das Bild wird auf einem beleuchteten Siliziumchip von etwa 1 cm^2 Fläche durch Millionen winziger, einzeln beweglicher Spiegel erzeugt. Die aus aluminiumbeschichteten Piezokristallen bestehenden Spiegel werden mit elektrischen Impulsen einer darunter liegenden Steuerschicht in eine von zwei stabilen Stellungen gekippt. Der Unterschied im Ablenkwinkel des reflektierten Lichts beträgt nur ± 10°, reicht aber aus, um das Licht in ein Linsensystem oder daran vorbei zu lenken. Je öfter ein Spiegel in einem sehr kurzen Zeitraum in die reflektierende Stellung kippt, desto mehr Licht sendet er zurück, Halbtöne sind also möglich.

True Color Farben werden durch ein rotierendes, genau synchronisiertes RGB-Filterrad erzeugt, das die Beleuchtung für Sekundenbruchteile in der Grundfarbe einfärbt, deren Anteile der Spiegelchip in diesem Moment reflektiert. Der ganze Prozess wiederholt sich in einer Geschwindigkeit, die ausreicht, um dem Auge eine homogene Darstellung „vorzuspiegeln". Besser und teurer ist die Farbdarstellung mit drei DMD-Chips und je einem Farbfilter in den Farben Rot, Grün und Blau. Das Bild auf dem Chip wird durch ein Projektionssystem vergrößert, die Spanne reicht vom kleinen Daten- bis zum digitalen Kinoprojektor. DLP-Projektoren sind bauartbedingt leicht und platzsparend.

1.14 Netzwerke

1.14.1 LAN und WAN

Wer offline arbeitet, ist auf den Transport von Datenträgern angewiesen. Aber gerade arbeitsteilige Prozesse erfordern schnellen und direkten Datenaustausch, den nur private oder öffentliche Netzwerke leisten. Schnittstellen und Übertragungsmedien verbinden zwei PCs in einem Raum oder Millionen unterschiedlicher Computer weltweit im Internet. Übertragungsmedien sind Kupferkabel und Lichtwellenleiter sowie kabellose Techniken wie Funk- und Satellitenübertragung. Im Netzwerk stehen Peripheriegeräte und sonstige Ressourcen einer gemeinsamen Nutzung zur Verfügung. Eine grundlegende Klassifikation von Netzwerken richtet sich nach ihrer Ausdehnung:

- LAN (Local Area Network): Lokale Netzwerke werden privat betrieben und sind auf einen Raum, ein Gebäude oder ein Firmengelände begrenzt.
- WAN (Wide Area Network): Fernnetze sind grundstücks- oder länderübergreifende Netzwerke, deren Leitungen in der Regel öffentliche Anbieter wie die Telekom zur Verfügung stellen. Einzelne lokale Netze können über öffentliche Dienste wie DSL und ISDN oder durch exklusiv genutzte Standleitungen zu einem WAN verbunden werden.
- Eine weitere Differenzierung der Fernnetze unterscheidet MAN (Metropolitan Area Network) und GAN (Global Area Network). Während ein MAN auf eine Stadt oder Region beschränkt ist, ist GAN ein weltumspannendes Netz wie das Internet.

Zunehmend verschwimmen die Grenzen zwischen LAN und WAN. So sind viele lokale Netze über das Internet verbunden und arbeiten sogar selbst mit Internet-Technik. Wichtiger als die räumliche Klassifikation wird daher die Unterscheidung zwischen Internet und Intranet.

Ein Intranet ist ein nicht öffentliches Netz mit Internet-Technik, es verwendet die gleichen Protokolle zur Datenübertragung (TCP/IP) und die gleiche Zugangssoftware, also Browser und Mailprogramme. Ein Intranet kann LAN oder WAN sein, je nachdem, ob der Betreiber nur in einem Raum oder Gebäude bzw. mit örtlich verteilten Filialen arbeitet. Für die Mitarbeiter macht es keinen Unterschied, ob sie mit ihrem Browser per Intranet auf firmeninterne oder im Internet auf öffentliche Datenbestände zugreifen. Und das gleiche E-Mail-Programm sendet Mails über das Intranet an Kollegen oder per Internet an Kunden.

1.14.2 ISO-OSI-Referenzmodell

Das ISO-genormte OSI-Modell ist ein allgemeines, herstellerunabhängiges Referenzmodell für die Kommunikation in Netzwerken (OSI = Open Systems Interconnection). Es legt Standards und Spezifikationen für sieben Funktionsschichten fest (vgl. Kasten auf der folgenden Seite). Die unteren vier bilden das Transportsystem, die oberen drei das Anwendungssystem. Diese Funktionsaufteilung ist aus zwei Gründen sinnvoll:

- Sie fördert system- und programmübergreifenden Datenaustausch. Unterschiedliche Systeme können das gleiche Transportsystem benutzen und sich nur im Anwendungssystem unterscheiden. Ein populäres Beispiel ist das Internet, in dem die verschiedensten Computer kommunizieren.
- Das Schichtmodell bietet Flexibilität beim Einsatz neuer Hard- und Softwaretechniken, denn Änderungen in einer bestimmten Schicht ziehen nicht zwangsläufig Änderungen anderer Schichten nach sich. Beispielsweise können schnellere Netzkarten und Verkabelung (Schicht 1) ein Netz erheblich beschleunigen, auch wenn die darüber liegenden Schichten nicht oder nur teilweise geändert werden. Verbesserungen der Datenkompression oder Verschlüsselung bleiben auf die zugehörige Schicht 6 beschränkt usw.

Die eigentliche physikalische Datenübertragung findet nur auf der untersten Bitübertragungsschicht statt; darüber liegen sechs protokollgesteuerte Softwareschichten mit diversen Funktionen zur Organisation, Absicherung und Steuerung der Übertragung. Das Übertragungsmedium (Kabel, Funk usw.) ist im OSI-Modell nicht festgelegt. Zum reibungslosen Netzbetrieb gehören neben der Zugriffsregelung wie CSMA oder Token weitere Vereinbarungen zur Fehlerüberprüfung, Paketgröße, Verschlüsselung usw. Zusammenfassend wird von Netzwerk-Protokollen gesprochen.

Netzwerke mit TCP/IP-Protokoll, also Inter- und Intranets sowie ATM-Netze arbeiten mit fünf statt sieben Schichten, denn Schicht 5, 6 und 7 sind zu einer Anwendungsschicht zusammengefasst. HTTP, das grundlegende Protokoll des World Wide Web, FTP (Datentransfer), IRC (Chat) und SMTP, MIME und POP (E-Mail) gehören zur Anwendungsschicht. Im Inter- und Intranet ist der Internetbrowser das zentrale Programm, das einen Großteil dieser Schicht abdeckt.

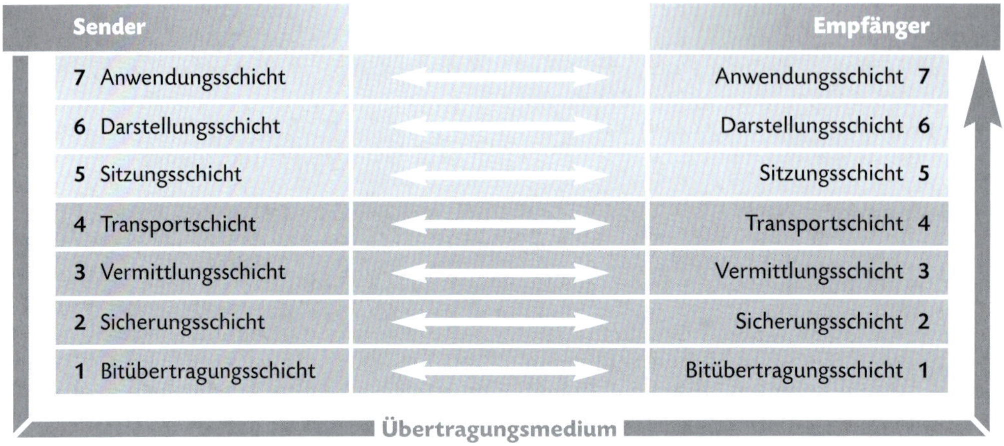

ISO-OSI-Referenzmodell
Der umlaufende Pfeil in der Skizze zeigt den Weg der Daten, die von Schicht zu Schicht weitergereicht werden. Protokolle stellen die logische Verbindung benachbarter Schichten her und regeln die Kommunikation mit den zugehörigen Schichten der Gegenseite. Jede Schicht bedient sich der Dienste untergeordneter Schichten und stellt der darüber liegenden Schicht zusätzliche Funktionen zur Verfügung. Die Schichten im Einzelnen:

1 Bitübertragungsschicht (Physical Layer): Hier sind physikalisch-technische Eigenschaften der Verbindung definiert, u.a. mit welchen Impulsen und mit welcher Geschwindigkeit die Bits übertragen werden. Die Standards für Ethernet und Token Ring sind auf Schicht 1 angesiedelt. Geräte: Netzadapter, Hub, Repeater.

2 Sicherungsschicht (Data Link Layer): Die Sicherungsschicht dient der Gewährleistung einer fehlerfreien und synchronisierten Kommunikation zwischen Sender und Empfänger. Erreicht wird dies durch Flussregelung und Fehlerkorrektur: Die Daten werden blockweise als „Frames" gesendet und vom Empfänger erkannt und quittiert. Übertragungsfehler sind durch Berechnung und Vergleich von Prüfziffern feststellbar, die fraglichen Daten werden erneut übertragen. In lokalen Netzen definiert Schicht 2 auch das Zugriffsverfahren (CSMA oder Token). Bekannte Schicht-2-Protokolle sind das von ISDN verwendete CAPI-Protokoll und PPP (Point to Point Protocol) für Datenübertragungen auf langsamen Telefonleitungen. Auch die Ethernet-Standards für die Media Access Control (MAC) liegen auf dieser Schicht. Geräte: Bridge, Switch, Netzadapter (auch Schicht 1).

3 Vermittlungsschicht (Network Layer): Diese Schicht ist verantwortlich für den Datentransfer, unabhängig von Übertragungsmedien und Topologien der darunter liegenden Schichten. Hier erfolgen der Auf- und Abbau von Verbindungen auf der von Schicht 1 und 2 zur Verfügung gestellten fehlerfreien Leitung. Hardwareadressen werden in logische Adressen umgesetzt. Eine wichtige Funktion der Vermittlungsschicht ist das Routing: Die Wege der Datenpakete werden bestimmt. Schicht 3 übernimmt auch die Steuerung von Engpässen bei hoher Netzauslastung. Das bekannteste Schicht-3-Protokoll ist das Internetprotokoll IP, ein weiteres das von Datex-P verwendete X.25.

4 Transportschicht (Transport Layer): Die letzte Schicht des Transportsystems bildet das Bindeglied zum Anwendungssystem. Wie Schicht 3 ist sie am Auf- und Abbau von Verbindungen beteiligt. Aber vor allem werden die zu sendenden Daten in Pakete aufgeteilt bzw. vom Empfänger wieder zusammengesetzt und auf Vollständigkeit überprüft. Das Internetprotokoll TCP (Transmission Control Protocol) ist in der Transportschicht angesiedelt.

5 Sitzungsschicht (Session Layer), auch Kommunikationsschicht genannt: Sie regelt Sende- und Empfangsrechte und stellt Mittel zur Steuerung einer Verbindung bereit.

6 Darstellungsschicht (Presentation Layer): Hier erfolgt die Vereinbarung von Datenstrukturen für den Transfer, zum Beispiel Kompression, Verschlüsselung, Zeichensätze, Codetransformation und Formatabstimmung.

7 Anwendungsschicht (Application Layer): Diese Schicht stellt die Benutzerschnittstelle zur Verfügung und steuert die darunter liegenden Schichten.

1.14.3 Lokale Netze (LAN)

1.14.3.1 Grundsätzliche Fragen

Ein Netzwerk bringt viele Vorteile, setzt jedoch einige Planung und Überlegung voraus, denn die Spanne reicht von preiswerten, in mancher Hinsicht beschränkten Peer-to-Peer-Netzen bis zu Client-Server-Netzen und kostspieligen Hochgeschwindigkeitsverbindungen. Die Vorteile einer Vernetzung sind:
- Schneller und direkter Datenaustausch ohne Datenträger
- Kosteneinsparung durch gemeinsame Nutzung von Hard- und Software (Resource-Sharing), zum Beispiel Drucker, Streamer, Internetzugang, Datenbanken, Programme ...
- Rechenintensive Aufgaben, die normalerweise teure Großrechner erfordern, lassen sich unter bestimmten Voraussetzungen kostengünstig von vielen vernetzten PCs bearbeiten.
- Zentrale Datenspeicherung: Gemeinsam genutzte Daten wie Adress- und Artikeldatenbanken oder Brief- und Layoutvorlagen werden auf einem Server gespeichert (File-Sharing). Sie sind nur dort abrufbar und immer für alle Netzteilnehmer auf aktuellem Stand. Das Gegenteil wäre Datenredundanz, wenn also gleiche Dateien unterschiedlicher Bearbeitungsstufen an mehreren Speicherorten liegen.
- Höhere Datensicherheit durch zentrale Speicherung, wenn der Datenbestand des Servers regelmäßig gesichert wird.
- E-Mail als schnelle, zuverlässige und kostengünstige Alternative zu Brief, Fax oder Telefon. Dazu die Möglichkeit, Dateien anzuhängen und eine Mail gleichzeitig an mehrere Adressaten zu senden.
- Verringerung des Wartungsaufwands, denn ein Systemtechniker oder Netzwerk-Administrator kann mit geeigneter Software andere Rechner fernsteuern (Remote Control). Dies ist über LAN oder WAN möglich, Entfernungen spielen keine Rolle.
- Flexibler Arbeitsplatzwechsel durch Benutzerprofile: Mitarbeiter finden an beliebigen PCs der Firma immer ihre persönlichen Einstellungen und für sie freigegebene Ressourcen vor, sobald sie sich mit ihrem Passwort anmelden.
- Systemintegration: Heterogene Netze können Großrechner, Workstations, Apple-, Windows- und Linux-PCs vereinen. Natürlich müssen die gemeinsam genutzten Daten in systemübergreifenden Formaten wie ASCII, PDF, JPEG, EPS usw. vorliegen.

Was zu bedenken ist:
- Welche Datenmengen sind von wie vielen Teilnehmern in welcher Geschwindigkeit zu übertragen?
- Wie ausbaufähig soll das Netz sein?
- Wie hoch soll die Ausfallsicherheit sein? „Doppelte Böden“ gibt es in verschiedensten Stufen, aber hohe Sicherheit bedeutet hohe Kosten.
- Kostenaufwand für die Netzeinrichtung: Hard- und Software, Verkabelung, Installationsarbeiten.
- Folgekosten: Neben Wartungs- und Reparaturarbeiten ist vor allem die Netzwerk-Administration ein Faktor, der mit Größe und Komplexität des Netzes zunimmt.
- Abhängigkeit vom Administrator, der Einblick in alle Daten hat, Zugriffsrechte vergibt und für die Datensicherung zuständig ist. Somit ist die Besetzung des Administrators eine absolute Vertrauensfrage.
- Datenschutz wird gerade in Netzwerken zum wichtigen Thema: Je komplexer das Netz und je sensibler die Daten, desto gewissenhafter müssen Zugriffsrechte vergeben und durch Passwörter geschützt werden.
- Viren haben in Netzwerken natürlich ideale Bedingungen und können im Extremfall wertvolle Datenbestände unbrauchbar machen. Wirksamer, aktueller Virenschutz muss selbstverständlich sein.

1.14.3.2 Peer-to-Peer-Netze

Peer-to-Peer-Netze sind preiswerte, einfache Netzwerke aus zwei bis etwa zehn gleichberechtigten PCs (engl. peer: Gleicher, Ebenbürtiger). Hier geht es vor allem um einfache Installation, Datenaustausch, E-Mail und gemeinsame Druckernutzung (Printer-Sharing). Peer-to-Peer-Netze kommen ohne Server und spezielle Software aus, auf Netzwerkspezialisten für Konfiguration und Wartung kann verzichtet werden.

Vorausgesetzt, dass die zu vernetzenden Rechner über Ethernet-Schnittstellen verfügen, sind nur noch Kabel erforderlich und evtl. ein Hub für sternförmige Vernetzung. Auch der nachträgliche Einbau von Netzwerkkarten, die ab etwa 10 Euro zu haben sind, ist in der Regel kein Problem. Softwareseitig bringen Windows-, Mac- und Unix-Betriebssysteme alle Voraussetzungen mit. Peer-to-Peer-Netze werden allerdings unter Belastung sehr langsam. Funktionen wie File-Sharing, Benutzerprofile und Systemintegration sind den komplexeren Client-Server-Netzen vorbehalten.

1.14.3.3 Client-Server-Netze

Wenn es um Netze mit hohen Übertragungsraten, File-Sharing, Integration verschiedener Computertypen und anspruchsvolle Sicherheitsmechanismen geht, ist serverbasierte Netztechnik unverzichtbar. Installation und Verwaltung derartiger Netze erfordert

Spezialisten (Administratoren) und ist erheblich aufwändiger und teurer als bei Peer-to-Peer-Netzen.

Server (engl. Dienender) ist ein Computer, der seine Ressourcen (Daten, Programme, Speicherplatz, Peripheriegeräte) anderen Computern zur Verfügung stellt. Client (engl. Kunde) ist ein Computer, der die Ressourcen eines Servers nutzt. Ein Client ohne eigene Zentraleinheit heißt Terminal. Es besteht praktisch nur aus Bildschirm und Tastatur, die Berechnung und Speicherung der Daten erfolgt ausschließlich auf einem zentralen Großrechner. Dieses Netzwerkkonzept ist aber veraltet und kaum noch anzutreffen.

Der Server kann gleichzeitig Arbeitsplatzrechner sein (non dedicated server). Das ist aus Gründen der Systemperformance und Sicherheit jedoch nicht ratsam, daher sind dedizierte Server, die keine anderen Aufgaben haben, die Regel. Je nach Funktion sind folgende Server zu unterscheiden:

- Bootserver stellen das Betriebssystem für festplattenlose Clients bereit.
- Fileserver stellen Dateien, Datenbanken oder Programme zur Verfügung und verwalten die Zugriffe der Clients.
- Printserver speichern und verwalten Druckaufträge.
- Proxyserver ermöglichen schnelleres Surfen, indem sie als Cache (Zwischenspeicher) für Internetzugriffe fungieren: Gleiche Anfragen werden dann aus dem schnellen Cache statt aus dem langsameren Internet beantwortet. Zusätzlich können Proxys Filter- und Verschlüsselungfunktionen übernehmen, oft sind sie daher Teil einer Firewall.
- Router und Kommunikationsserver steuern den gemeinsamen Internetzugang und E-Mail-Funktionen.
- Webserver speichern Webseiten und stellen sie im Internet oder Intranet zur Verfügung.

Da diese Serverfunktionen softwaregesteuert sind, reicht in einem kleinen, wenig belasteten Netz ein Computer für alle Serveraufgaben. Server benötigen stabile und leistungsfähige Betriebssysteme mit speziellen Netzwerkfunktionen, Multitasking sowie Unterstützung mehrerer Prozessoren. Infrage kommen die Serverversionen von Windows, Linux, Mac OS X und sonstige Unixderivate wie Solaris von SUN. Je nach Größe und Belastung des Netzes sind ein oder mehrere Server im Einsatz. Die Clients dürfen mit unterschiedlichen Betriebssystemen arbeiten.

Hardwareseitig sollten Server aus hochwertigen Komponenten bestehen. Die Wahl zwischen PC, Workstation oder Großrechner hängt vom erwarteten Datenvolumen und von den Ansprüchen an die Verarbeitungsgeschwindigkeit ab. Server sollten hinsichtlich Arbeitsspeicher- und Festplattenkapazität ausbaufähig sein und eventuell auch zusätzliche Prozessoren aufnehmen können.

Hard- und Software müssen sicher und unterbrechungsfrei laufen. Keinesfalls darf hier am falschen Ende gespart werden, denn Ausfälle legen unter Umständen den ganzen Betrieb lahm und kommen schnell teurer als vorbeugende Maßnahmen:

- Einsatz von USV-Geräten (unterbrechungsfreie Stromversorgung), die Stromschwankungen ausgleichen und bei Stromausfall einspringen. Der Preis richtet sich nach der Zeit, die durch Batterien und/oder Notstromaggregat überbrückbar ist.
- RAID-Systeme (vgl. Abschnitt 1.9.2.5) bieten neben großer Festplattenkapazität und schnellem Datendurchsatz auch hohe Datensicherheit. Aus ständig gespeicherten Sicherungsinformationen lassen sich zerstörte Daten rekonstruieren. Im Idealfall kann eine defekte Festplatte bei laufendem Server ausgewechselt werden, ohne den Netzbetrieb zu unterbrechen.
- Verschleißanfällige Komponenten wie Netzteile können doppelt vorhanden sein, bei sehr hohen Sicherheitsansprüchen wird mit kompletten Parallelservern gearbeitet.
- Abschließbare Räume und Passwörter gewährleisten, dass nur autorisierte Personen Zugang zum Server haben.
- Regelmäßige Datensicherung und aktueller Virenschutz sind unverzichtbar.

1.14.3.4 Netzwerk-Topologien

Drei Grundmodelle bestimmen die physikalische Struktur (Topologie) von Netzverbindungen: Stern-, Ring- und Busnetz. Sie können zu heterogenen Netzen verbunden werden.

Der Stern ist die älteste der drei Topologien. Ursprünglich wurden Terminals, also Arbeitsstationen ohne eigene Zentraleinheit, sternförmig und direkt an einen zentralen Großrechner angeschlossen. Lange Zeit galten Ring- und Busnetze als überlegene Topologien, doch heute erfreuen sich Sternnetze in abgewandelter Form wieder größter Verbreitung.

An einen Server mit einer oder mehreren Netzkarten werden Verteiler (Hubs oder Switches) angeschlossen. Die Clients sind über direkte Leitungen mit Hub oder Switch verbunden, die 4, 8, 16 oder mehr Anschlüsse zur Verfügung stellen; das bevorzugte Kabel ist Twisted-Pair. Da mehrere Hubs oder Switches mit einem Server und auch direkt miteinander verbunden werden können, entstehen baumartige Netzstrukturen mit sternförmigen Segmenten. Auch Peer-to-Peer-Verbindungen sind möglich.

Erweiterungen sind leicht durch den Anschluss größerer oder mehrerer Hubs bzw. Switches möglich; sie können wie Clients im laufenden Netzbetrieb an- und abgekoppelt werden. Die Baumstruktur unterstützt die natürliche, oft nicht vorhersehbare Ausdehnungstendenz vieler Netzwerke. Eine Leitungsunterbrechung betrifft nur den entsprechenden Client oder schlimmstenfalls einen Hub oder Switch, nicht jedoch das gesamte Netz. Nachteilig ist der große Verkabelungsaufwand. Die maximale Kabellänge zwischen zwei Geräten in einem 100-MBit-Ethernet mit Twisted-Pair-Kabeln beträgt 100 Meter.

Ringförmige Vernetzungen sind typisch für große Netze, sowohl was die Zahl der Teilnehmer als auch die räumliche Ausdehnung betrifft. Die Datenpakete bewegen sich im Kreisverkehr und jeder angeschlossene Rechner hat eine aktive Funktion, auch wenn er gerade nichts zu senden oder zu empfangen hat: Er entscheidet, ob er die vorbeikommenden Datenpakete vom Ring entfernt, verändert oder unverändert weiterleitet. Weitläufige Netze sind realisierbar, denn vor der Weiterleitung werden die Impulse der ankommenden Daten verstärkt (Repeater-Funktion).

Ringnetze sind durch Einfügen neuer Stationen zwar physikalisch einfach und fast beliebig erweiterbar; dabei wird jedoch der Ring und somit der Netzbetrieb unterbrochen. Leitungsstörungen führen deshalb zum Zusammenbruch des gesamten Netzes, wenn nicht Doppel- oder Dreifachleitungen zur Absicherung vorhanden sind. Eben damit arbeiten aber heutige Ringnetze, bei denen die Clients auch nicht mehr direkt, sondern ohne Netzunterbrechung über Verteiler angeschlossen werden. Vorteilhaft ist das in Ringnetzen übliche Token-Zugangsverfahren, das gute Auslastbarkeit bei gleichmäßiger Verteilung der Senderechte garantiert.

Ein linienförmiges Busnetz mit Anfangs- und Endpunkt ist einfach, mit geringem Verkabelungsaufwand und niedrigen Kosten zu installieren. Der Datenfluss läuft im Gegensatz zum Ring bidirektional. Nur die sendenden und empfangenden Stationen sind aktiv, das Zugangsverfahren ist CSMA/CD. Da keine Signalverstärkung durch unbeteiligte Rechner erfolgt, sind Busnetze in ihrer Ausdehnung beschränkter als Ringnetze. Je nach Verkabelung darf der gesamte Bus ohne Repeater nur 185 m (Thin Ethernet) oder 500 m (Thick Ethernet) lang sein. Die im Busnetz üblichen Koaxialkabel werden durch T-Stücke und BNC-Kupplungen mit den Netzadaptern verbunden. Die offenen Enden am ersten und letzten PC müssen terminiert, d. h. mit Abschlusswiderständen versehen werden, um Signalreflexionen zu unterdrücken. Wie Ringnetze quittieren Busnetze eine Leitungsunterbrechung mit Totalausfall und die Fehlersuche ist oft schwierig. Auch ein Busnetz lässt sich einfach – allerdings nur mit Unterbrechung des Netzbetriebs – durch Einfügen von Stationen erweitern. Peer-to-Peer- und Client-Server-Netze sind möglich; heute sind Busnetze jedoch weitgehend von Sternnetzen abgelöst worden.

1.14.3.5 CSMA/CD und Token Ring

Bei alten Sternnetzen war jede Station über eine eigene Leitung mit dem Zentralrechner verbunden, der seine Rechenzeit gleichmäßig auf die eingehenden Aufgaben verteilte. Schwieriger ist es bei Bus-, Ring- und Sternnetzen mit gemeinsam genutzten Leitungen. Um störungsfreien Datenverkehr zu gewährleisten, muss hier genau geregelt sein, welcher Rechner wann und wie lange senden darf.

Eine grundlegende, Anfang der Sechzigerjahre für das Internet entwickelte Technik hat sich in fast allen Netzwerken durchgesetzt: Daten werden in kleine Pa-

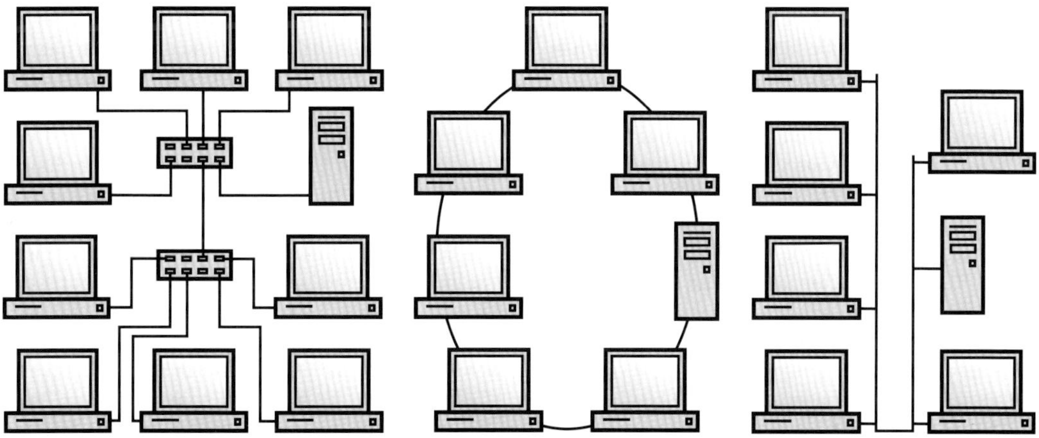

Sternnetz mit Hubs oder Switches *Ringnetz* *Busnetz*

Netzwerk-Topologien, als Client-Server-Netzwerke dargestellt. Rechnergehäuse ohne Monitor symbolisieren Server.

kete aufgeteilt, um zu verhindern, dass eine umfangreiche Übertragung das gesamte Netz blockiert. Jede Station kann Datenpakete auch in einen laufenden Datenstrom „einfädeln". Die Pakete haben Absender- und Empfängeradresse, ihr Empfang wird durch eine Quittung an den Absender bestätigt. Aber wann darf eine Station Datenpakete senden? Zwei wesentliche Verfahren für die Verkehrsregelung in lokalen Netzwerken sind zu unterscheiden: CSMA/CD (Ethernet) und Token Ring.

Ethernet ist die am weitesten verbreitete Netzwerktechnologie in Bus- und Sternnetzen, vom einfachen Ethernet mit 10 MBit/s über Fast Ethernet mit 100 MBit/s bis zum Gigabit Ethernet mit 1 GBit/s bis 10 GBit/s. Als Kabel kommen Koaxial, Twisted Pair und Glasfaser infrage. Im ISO-OSI-Schichtmodell definiert Ethernet nur die unteren Schichten, darauf können dann höhere Protokolle aufbauen wie IPX (Novell), Netbeui (Microsoft), Ether Talk (Apple) und TCP/IP (Unix und Internet). Ethernet ist die Basis für unterschiedliche Betriebssysteme, sozusagen ein gemeinsames Straßennetz, das von verschiedenen Fabrikaten befahren wird.

Wesentliches Merkmal des Ethernets ist die Steuerung der Senderechte mit dem CSMA/CD-Verfahren. Anders als beim Token-Verfahren dürfen alle jederzeit senden, bis durch Sendekonkurrenz ein Fehler auftritt, der dann korrigiert wird. Die Übersetzung des Kürzels erläutert den Vorgang:

- CS = Carrier Sense: Jede Station prüft (sense: tasten, fühlen) ständig die Leitung (carrier), um Pakete mit passender Zieladresse zu empfangen oder festzustellen, ob die Leitung für eigene Sendungen frei ist.
- MA = Multiple Access: Alle Stationen haben Zugriff (access) auf das Netz und können senden, wenn die Leitung frei ist. Ist sie besetzt, folgt kurze Zeit später der nächste Versuch.
- CD = Collision Detection: Gleichzeitige Sendeversuche und damit verbundene Kollisionen werden erkannt (detection) und korrigiert.

Gesendet wird also nur, wenn der Kanal frei ist. Natürlich kann es dazu kommen, dass zwei oder mehrere Rechner im gleichen Augenblick zu senden beginnen. Dann erfolgt eine Signalkollision, alle Beteiligten brechen ab und jeder beginnt nach einer zufallsgenerierten kurzen Zeitspanne mit einem neuen Sendeversuch. CSMA/CD ist einer Diskussionsrunde ohne Leitung vergleichbar, wo bei reger Beteiligung (starke Netzbelastung) alle durcheinander rufen, sich jedoch nur einer durchsetzen kann.

Das Token-Verfahren ist zwar unflexibler, hat aber den Vorteil, dass auch bei hoher Netzbelastung eine gleichmäßige Verteilung der Sendezeit gegeben ist. CSMA/CD ist bei niedriger bis mittlerer Auslastung schneller, wenn aber zu viele Stationen gleichzeitig senden wollen, sind Wartezeiten die Folge, auch weil Leitungskapazität für die dann zahlreichen Fehlversuche verbraucht wird. Der Einsatz von Switches im Sternnetz reduziert die Datenkollisionen.

Typisch für Ringnetze ist die Token-Regelung. Das Token (Zeichen) ist ein spezieller Code, der ständig im Netz kursiert. Will eine Station senden, wartet sie auf das Token, nimmt es vom Netz, legt ein Datenpaket auf und fügt danach das Token wieder ein. Hinter dem Token ist die Leitung immer frei. Die anderen Stationen vergleichen die Zieladressen der vorbeikommenden Datenpakete, kopieren die für sie bestimmten Nachrichten und schicken Empfangsquittungen an den Absender. Um den obigen Vergleich fortzuführen: Dieses Verfahren ähnelt einer geordneten Diskussionsrunde mit dem Token als Diskussionsleiter. Da es mit gleichmäßiger Geschwindigkeit kreist, bekommen alle Stationen die gleiche Sendemöglichkeit und die Leitungskapazität wird optimal genutzt.

Von IBM stammt ein Token-Ring mit Haupt- und Ersatzleitung. Jeweils mehrere Clients sind über einen Ringleitungsverteiler an die Ringleitung angeschlossen. Fällt eine Station oder ein Kabel aus, schließt der Verteiler automatisch den Ring und sorgt so für hohe Ausfallsicherheit. Bei der Token-Variante FDDI (Fibre Distributed Data Interface) handelt es sich um ein Ringnetz mit doppelter LWL-Verkabelung (Lichtwellenleiter) und 100 MBit/s. Ein FDDI-Ring kann eine Ausdehnung von etwa 100 km mit rund 500 Stationen erreichen. Die gleiche Technik, aber mit Kupferkabeln, heißt CDDI (Copper DDI).

1.14.3.6 Netzadapter, weitere Komponenten

Die Installation eines Netzwerks erfordert hardwareseitig mindestens Netzadapter und ein Übertragungsmedium wie Kabel oder Funk. In komplexeren Netzen kommt noch eine Reihe weiterer Geräte hinzu.

Netzkarten oder Netzadapter haben die Aufgabe, den physikalischen Zugang (OSI-Schicht 1) und das Zugriffsverfahren (Schicht 2) zu regeln. Jeder Ethernet-Adapter hat zur eindeutigen Identifizierung eine weltweit einmalige MAC-Adresse (MAC = Media Access Control), die hexadezimal in 6 × 8 Bit codiert und fest im ROM der Karte gespeichert ist. Computer ohne serienmäßigen Netzwerkanschluss müssen durch Einbau oder Anschluss eines Netzadapters vorbereitet werden. Üblich sind PCI-Steckkarten oder Adapter im PC-Card-Format für Notebooks.

Ethernet-Adapter mit der typischen RJ-45-Schnittstelle für Twisted-Pair-Kabel bieten Übertragungsraten von 10, 100 oder 1000 MBit/s. Sie haben eigene

Prozessoren zur Protokollverarbeitung und beherrschen die Betriebsarten (Voll-)Duplex und Halbduplex. Im Duplexbetrieb, der ein Kabel mit 2 Leitungspaaren voraussetzt, können Sender und Empfänger gleichzeitig senden und empfangen. Halbduplex bedeutet, dass Senden und Empfang nur abwechselnd möglich sind.

Andere Netztechniken wie ATM oder Token Ring erfordern spezielle Netzkarten. Lichtwellenleiter arbeiten mit Adaptern, die Stromimpulse in Licht (und zurück) übersetzen; als Kabel-Schnittstelle hat sich der Duplex-SC-Anschluss durchgesetzt. Die Funkschnittstellen für drahtlose Netze wie Wireless Lan oder Bluetooth sind ebenfalls als PCI-Steckkarten, PC-Cards oder externe Adapter mit USB-Anschluss erhältlich.

Repeater (Schicht 1) sind Signalverstärker, ohne die ausgedehnte Netze aufgrund der geringen Reichweite unverstärkter Impulse nicht zu realisieren wären.

Ein Hub (Schicht 1) ist ein Sternverteiler, der mehrere Clients untereinander und mit einem Server verbindet. Mit seinen angeschlossenen Clients bildet jeder Hub ein Netzwerksegment. Vorherrschend sind aktive Hubs, die gleichzeitig als Repeater dienen.

Switch oder Switching Hub (Schicht 2) ist ein aktiver Hub mit einer Zusatzfunktion, die mit steigender Anzahl von Clients immer wichtiger wird: Das Zugangsverfahren CSMA/CD führt naturgemäß zu Datenkollisionen, die sich bei hoher Netzbelastung häufen und dadurch Bandbreite verbrauchen. Ein Switch begrenzt die Datenkollisionen auf das von ihm verwaltete Segment (Collision Domain), indem er die Adressen der Datenpakete analysiert und eine ungestörte direkte Verbindung zwischen Sender und Empfänger herstellt.

Eine Bridge (Schicht 2) bildet die Brücke zwischen Netzwerken, die sich physikalisch, also in Schicht 1 unterscheiden. Die übrigen Schichten müssen identisch sein. Beispiel: Verbindung von Ethernets mit Koaxial- und Twisted-Pair-Verkabelung. Wie Hub und Switch wirkt auch eine Bridge als Repeater.

Ein Router (Schicht 3) verbindet Netze, die sich auf Schicht 1 und 2 unterscheiden dürfen. Einfache Router beherrschen nur ein Netzwerkprotokoll, zum Beispiel das im Inter- und Intranet übliche TCP/IP. Multiprotokollrouter sind dagegen in unterschiedlichen Netzumgebungen einsetzbar; neben TCP/IP kennen sie alle gängigen Protokolle wie IPX (Novell), Netbeui (Microsoft) und Ether Talk (Apple).

Wichtig und im Internet unverzichtbar ist eine weitere Funktion, der Router ihren Namen verdanken: Sie erkennen Leitungsengpässe oder -ausfälle und stellen sicher, dass Datenpakete immer den zum jeweiligen Zeitpunkt günstigsten Weg nehmen. Die möglichen Routen und Netzwerkadressen legt entweder ein Netzadministrator fest (statisches Routing) oder sie werden wie im Internet automatisch ermittelt und aktualisiert (dynamisches Routing).

Ein Router kann auch als Firewall dienen, indem beispielsweise bestimmte IP-Adressen ganz ausgeschlossen oder Zugriffsrechte in Verbindung mit Adressen vergeben werden. ISDN- und DSL-Router ermöglichen die gemeinsame Nutzung eines Internetanschlusses durch alle Stationen eines lokalen Netzwerks.

Ein Gateway (Schicht 3 bis 7) dient der Verbindung völlig unterschiedlicher Netzwerke; es ist mit einem Dolmetscher vergleichbar, der inkompatible Protokolle der höheren OSI-Schichten übersetzt. Beispiel: Verbund eins Bus-Ethernets über eine DSL-Leitung mit einem Token Ring-Netz. Gateways sind gleichzeitig Bridge, Router und Repeater. Wie Router können sie als Programm oder schneller und teurer als eigenständiges Gerät realisiert sein.

1.14.3.7 Netzwerkkabel

Kriterien für die Wahl eines Kabeltyps sind Verlegbarkeit, Haltbarkeit, Leitungswiderstand, Übertragungsraten, Abschirmung und Kostenaufwand. Für störungsfreien und sicheren Netzbetrieb ist vor allem die Abschirmung wichtig. Störeinflüsse können von anderen Leitungen, Funk- und Radiowellen und allen Geräten ausgehen, die starke (elektro)magnetische Felder erzeugen. Zusätzlich beeinflusst die Abschirmung die Abhörsicherheit einer Netzleitung; am sichersten sind in dieser Hinsicht Lichtwellenleiter.

Twisted Pair ist heute meistens das Netzwerkkabel der Wahl. Dar Name bezieht sich auf Leitungen aus paarweise verdrillten Kupferkabeln. Dazu gehören die aus der amerikanischen Telefontechnik bekannten RJ-45-Stecker, nach ihrem Entwickler, der US-Telefongesellschaft Western Bell, auch Western-Stecker genannt. Die Form des Western-Steckers ist immer gleich, er kann aber 4-, 6- oder wie bei Netzwerkkabeln 8-polig sein.

Twisted Pair ist leicht zu verlegen und erlaubt hohe Übertragungsraten. Unterschiedliche Qualitäten hinsichtlich Abschirmung, Störanfälligkeit und Leitungswiderstand sind im Angebot. Für die feste Gebäudeverkabelung ist abgeschirmtes STP-Kabel ratsam, für kleinere Netze und den Anschluss der Rechner an Wandsteckdosen reicht das gebräuchliche und preiswerte UTP-Kabel:

- UTP (Unshielded Twisted Pair): Vier nicht abgeschirmte Adernpaare im Kunststoffmantel. In der LAN-Verkabelung spielt vor allem das höherwertige UTP-5 ein wichtige Rolle, denn es ist Minimalvoraussetzung für Fast- und Gigabit-Ethernet. UTP-3 reicht dagegen nur für 10 MBit/s.

LAN-Standards nach Übertragungsmedium

Koaxialkabel

- 10Base5: Bus-Ethernet mit dickem Koaxialkabel (Thick Ethernet) und 10 MBit/s Übertragungsgeschwindigkeit, Kabelenden mit Terminatoren, Gesamtkabellänge höchstens 500 m. Diese erste Ethernet-Norm gilt als veraltet.
- 10Base2: Bus-Ethernet mit dünnem Koaxialkabel (Thin Ethernet) und 10 MBit/s, Kabelenden mit Terminatoren (50 Ohm), Gesamtkabellänge maximal 185 m, mit Repeatern 925 m. Der 1984 eingeführte Standard wurde weitgehend durch 10/100BaseT verdrängt.

Twisted-Pair-Kabel

- 10BaseT: Stern-Ethernet mit UTP-3-, UTP-5- oder STP-Kabel, 10 MBit/s, Kabellänge zwischen zwei Geräten maximal 100 m.
- 100BaseTx: Stern-Ethernet mit UTP-5- oder STP-Kabel, 100 MBit/s, Kabellänge zwischen zwei Geräten maximal 100 m. Wird auch als Fast Ethernet bezeichnet und ist sehr verbreitet.
- 1000BaseTx: Stern-Ethernet mit UTP-5- oder STP-Kabel, 1 GBit/s, Kabellänge zwischen zwei Geräten maximal 100 m.
- CDDI (Copper Distributed Data Interface): Von FDDI abgeleitetes Token-Ring-Netz mit doppelter UTP-Verkabelung und 100 MBit/s, gesamte Leitungslänge maximal 100 km.
- SDDI (Shielded Distributed Data Interface): Wie CDDI, aber mit abgeschirmtem Kabel.

LWL (Lichtwellenleiter)

- ATM (Asynchronous Transfer Mode): Kommunikationsprotokoll für Hochgeschwindigkeits-Datennetze, das in globalen Netzen oder auch als Backbone in multimediafähigen lokalen Netzen zum Einsatz kommt. ATM ist nicht auf ein bestimmtes Übertragungsmedium festgelegt. Es arbeitet asynchron, die Daten werden schneller vom Server zum Client übertragen als umgekehrt. Die Übertragungsrate kann 100 MBit/s, 155 MBit/s, 655 MBit/s und mehr betragen. Daten werden als sehr kleine Pakete (ATM-Cells) von konstanter Größe übertragen; sie enthalten 48 Byte Nutzdaten und einen Header von 5 Byte. Zum Vergleich: Ethernet-Pakete können bis zu 1,5 KB, IP-Pakete sogar bis 64 KB groß sein. Ein ATM-Netz ist immer ein geschaltetes Netz; spezielle ATM-Switches stellen feste Leitungsverbindungen zwischen Sender und Empfänger her. Echtzeitübertragung von Sprache, Musik und bewegten Bildern bis hin zu Video on Demand (Video auf Abruf) ist realisierbar. Auch Breitband-ISDN läuft auf ATM-Basis.
- FC (Fibre Channel): Hochgeschwindigkeitstechnik bis 1 GBit/s, läuft auf LWL und Kupferkabel. Mögliche Verbindungen sind Punkt-zu-Punkt, Ring oder Stern (mit FC-Switches). Die maximale Leitungslänge zwischen zwei Knoten beträgt 47 m (Kupfer) oder 10 km (LWL).
- FDDI (Fibre Distributed Data Interface): Token-Ring-Netz mit doppelter Glasfaser-Verkabelung und 100 MBit/s, Gesamtleitungslänge bis 100 km.
- 100BaseFx: Stern-Ethernet mit Glasfaser-Verkabelung und 100 MBit/s, maximale Kabellänge zwischen zwei Geräten 400 m.
- 1000BaseLx: Stern-Ethernet mit Glasfaser-Verkabelung, Wellenlänge 1300 nm, 1,25 GBit/s, maximale Kabellänge zwischen zwei Geräten 550 m bis 5000 m.
- 1000BaseSx: Stern-Ethernet mit Glasfaser-Verkabelung, Wellenlänge 850 nm, 1,25 GBit/s, maximale Kabellänge zwischen zwei Geräten 220 m bis 550 m.
- 10GE soll der ausschließlich auf LWL laufende Nachfolger des Gigabit-Ethernets mit zehnfachem Tempo sein: 10 GBit/s.

Drahtlos

- Bluetooth: Diese auf Funkübertragung basierende Norm für die drahtlose Übermittlung von Sprache und Daten auf Kurzstrecken wird seit 1998 von Firmen wie IBM, INTEL, Ericsson, Nokia und Toshiba entwickelt. Bluetooth nutzt das frei verfügbare Funknetz ISM (Industrial Scientific Medical) im Frequenzbereich 2,4 GHz mit einer Übertragungsleistung von maximal 1 MBit/s, die zweite Bluetooth-Version soll 2 MBit/s bringen. Anwendungsbereiche sind Kurzstreckenverbindungen, zum Beispiel zwischen PCs, Notebooks, PDAs oder Peripheriegeräten. Die Reichweite beträgt 10 m (stromsparende Variante) oder 100 m. Ein Pico-Netz verbindet bis zu acht Geräte, ein Scatter-Netz vereint bis zu zehn Piconetze.
- Wireless LAN (WLAN): Arbeitet wie Bluetooth auf offenen Frequenzbändern, bietet aber Übertragungsraten von 11 MBit/s bis 54 MBit/s; geplant sind bis zu 155 MBit/s. Reichweite 50 m bis 200 m innerhalb und bis 600 m außerhalb von Gebäuden. Die Endgeräte müssen mit entsprechenden Funkeinrichtungen ausgestattet sein, der Zugriff auf ein vorhandenes ortsfestes LAN erfolgt über Access- Points (Zugangspunkte).

- STP (Shielded Twisted Pair): Vier durch kunststoffkaschierte Alufolie abgeschirmte Adernpaare im Kunststoffmantel.
- S/STP (Screened Shielded Twisted Pair): Vier abgeschirmte Adernpaare, die unter dem Kunststoffmantel eine Gesamtabschirmung durch ein Geflecht aus verzinnten Kupferdrähten aufweisen.
- S/STQ (Screened Shielded Twisted Quad): Wie S/STP, aber mit 16 statt 8 Adern.

Wichtig ist die Belegung der Pole im Westernstecker: Normale Twisted-Pair-Kabel mit Eins-zu-Eins-Belegung dienen der Verbindung von Geräten wie Server, Client und Drucker mit einem Hub oder Switch. Dazu gehören auch Patch-Kabel (engl. patch: Flicken), die eingesetzt werden, um fest verlegte Kabelstränge variabel zu nutzen, zum Beispiel, um einen Computer über eine Wandsteckdose am Netz anzuschließen. Ein Patch-Feld ist eine Schalttafel, an der Netzleitungen mit kurzen Patch-Kabeln verbunden oder getrennt werden können. Um zwei gleichrangige Systeme zu verbinden, wie PC mit PC oder Hub mit Hub, sind Crosslink- oder Crossover-Kabel mit über Kreuz geschalteten Leitungen erforderlich.

Koaxialkabel ist nur noch in älteren Bus- und Ringnetzen anzutreffen. Es besteht wie Antennenkabel aus einem hohlen Außenleiter, gebildet durch ein Geflecht aus verzinnten Kupferdrähten, und dem darin liegenden isolierten Innenleiter, einem stärkeren Kupferdraht. Ein Kunststoffmantel schützt und isoliert das Kabel. T-förmige Anschlussstücke mit BNC-Kupplungen verbinden Netzadapter und Kabel. Koaxialkabel ist durch das Außenleitergeflecht gut abgeschirmt, aber wegen seiner Steifheit (darf nicht geknickt werden) problematisch zu verlegen.

Lichtwellenleiter (LWL), auch Glasfaser genannt, stehen für die fortschrittlichste Kabeltechnik. Sie bietet die höchsten Übertragungsraten und überbrückt weite Strecken. Die leichten Kabel sind unempfindlich gegenüber Elektromagnetismus und Korrosion und weitgehend abhörsicher. Der einzige Grund, warum LWL die Kupferkabel noch nicht verdrängt hat, ist der relativ hohe Kostenaufwand. Zurzeit werden Lichtwellenleiter bevorzugt in leistungsfähigen Backbone-Netzen und überall dort eingesetzt, wo Bandbreite, Tempo und Sicherheit gefragt sind. Das Gigabit-Ethernet war ursprünglich nur für LWL vorgesehen, ist heute aber auch mit Twisted Pair realisierbar.

Die Datenübertragung erfolgt durch Lichtimpulse, die in elektrooptischen Wandlern durch Laser- oder Leuchtdioden erzeugt werden. Das Grundprinzip ist einfach: Ein Lichtimpuls steht für eine 1, ein fehlender Impuls für eine 0. Bereits im Jahr 1880 übertrug Graham Bell Sprachsignale über einen helligkeitsmodulierten Lichtstrahl.

Das physikalische Prinzip der Lichtführung innerhalb einer Glasfaser beruht auf der Totalreflexion, die durch das Brechungsgesetz bestimmt wird. Wenn Licht sehr schräg von einem optisch dichteren auf die Grenzfläche eines optisch dünneren Mediums trifft, kommt es zur Reflexion. Die Lichtwellenleiter bestehen aus dem eigentlichen lichtübertragenden Quarzglas-Kern und einem Quarzglas-Mantel mit geringerer optischer Dichte; die Totalreflexion an der Grenzfläche bewirkt, dass sich das Licht nur innerhalb des Kerns ausbreitet.

Der Durchmesser einer einzelnen Glasfaser mit Kern und Mantel beträgt nur 100 µm bis 500 µm. Um die empfindlichen Fasern vor mechanischen Einflüssen wie Zug und Druck zu schützen, sind sie mit Kunststoff beschichtet und in einer weichen Füllmasse eingebettet, die wiederum ummantelt ist. Variationen der Faserstärke des Kerns und der Materialzusammensetzung des Mantels bewirken unterschiedliche Reflexionseigenschaften.

Grundsätzlich sind Single-Mode- und Multi-Mode-LWL zu unterscheiden. Letztere sind mit einem dickeren Kern ausgestattet, sie können mehrere Impulse gleichzeitig übertragen, sind aber in der Länge auf etwa 500 Meter beschränkt. Single-Mode-LWL können dagegen bis 5000 Meter überbrücken. Dem Anschluss von LWL-Kabeln dienen verschiedene Kupplungen mit Gewinde-, Bajonett- oder Schnappverschluss; im LAN hat sich Duplex-SC durchgesetzt.

1.14.4 Fernnetze (WAN)

Datenverkehr über Grundstücks- und Landesgrenzen hinaus läuft ausschließlich über Fernverbindungen privater oder staatlicher Telekommunikationsfirmen. Dabei werden analoge und digitale Telefonnetze, digitale Dienste wie Datex, DSL und ISDN sowie Funk- und Satellitenverbindungen genutzt. Im Gegensatz zu öffentlich zugänglichen Verbindungen stehen gemietete Standleitungen dem Kunden exklusiv zur Verfügung. Typische Nutzung von Fernnetzen:
- Schriftliche Kommunikation: E-Mail, Fax, Chat
- Mündliche und visuelle Kommunikation: Telefon, Bildtelefon, Videokonferenz
- DFÜ: Datenfernübertragung
- Remote Control: Fernsteuerung von Computern oder computerkontrollierten Systemen
- Öffentlich zugängliche Wissens- und sonstige Datenbanken
- E-Commerce: Online kaufen und verkaufen
- Online-Banking und -Broking: Finanz- und Wertpapiertransaktionen
- Verbindungen bestehender LANs und WANs

Im Internet, dem größten Datennetz mit Millionen von Teilnehmern, sind alle genannten Verbindungs- und Nutzungsmöglichkeiten vertreten.

Wichtige Kriterien für den Datenverkehr sind Fehlerfreiheit und Übertragungsgeschwindigkeit. Letztere wird in der Einheit Bit pro Sekunde (bps) oder ihren Vielfachen angegeben: kbps, MBit/s (MBps), GBit/s (GBps). Die fehlerfreie Übertragung wird wie in lokalen Netzen durch Protokolle der Sicherungsschicht (Schicht 2 im OSI-Modell) gewährleistet.

Backbones bilden mit großer Bandbreite und Übertragungsgeschwindigkeit das leistungsstarke Rückgrat komplexer und weitläufiger Netzwerke. Sie verbinden Teilnetze über besonders schnelle Server und Leitungen. Das können Firmenabteilungen in einem Gebäude oder auf einem Gelände sein oder grundstücks- und grenzüberschreitende Netze. Ein Beispiel ist die viel zitierte Datenautobahn mit Glasfasernetzen und über 150 MBit/s, deren direkter Zugang jedoch großen Firmen und Internet-Providern vorbehalten ist.

1.14.4.1 Modem

Die Datenleitungen des ursprünglich rein analogen Telefonnetzes werden zwar zunehmend auf digitale Vermittlung umgestellt, der Leitungsabschnitt zwischen Hausanschluss und nächster Vermittlungsstelle bleibt beim herkömmlichen Telefonanschluss aber analog. Die Nutzung des analogen Telefonnetzes zur Übertragung digitaler Daten erfordert daher ein Modem. Es baut die Verbindung auf, wandelt digitale Signale des Computers in analoge Tonfrequenzen und sendet sie zum Empfänger, wo ebenfalls ein Modem die Rückwandlung besorgt. Entsprechend steht der Begriff Modem für Modulation und Demodulation.

Digital-Analog- und Analog-Digital-Wandlung sind nicht auf Telefonleitungen beschränkt; auch Funk, TV-Kabel- und Stromnetze können mit speziellen Modems zur Datenübertragung genutzt werden.

Bereits 1943 entwickelte Alexander Bain ein erstes Patent, um mithilfe von Modulation auch Bilder über Telefonleitungen zu übertragen; daraus wurden später das Faxgerät. Herkömmliche Faxgeräte bestehen aus drei Elementen: Scaneinheit zum Erfassen der Vorlage, Druckwerk für die Ausgabe und Modem, um Pixelwerte in unterschiedlichen Tönen zu (de)modulieren.

Aber erst die Verbindung mit einem PC schöpft die Möglichkeiten eines Modems voll aus. Sie ermöglicht weltweiten Kontakt zu anderen Computern, denn alle digitalen Daten lassen sich in modulierter Form über das größte Netz der Welt, das Telefonnetz, senden.

Soll ein Modem zum Faxversand und -empfang genutzt werden, ist nur ein Faxprogramm erforderlich. Es übernimmt die Aufbereitung der Daten und präsentiert sich dem Anwender als virtueller Druckertreiber. Direkt aus beliebigen Anwendungsprogrammen werden Texte und Bilder per Druckbefehl und anschließender Eingabe der Rufnummer als Fax gesendet.

Eingehende Faxe nimmt das Faxprogramm automatisch an und speichert sie auf der Festplatte. Als Nebeneffekt erübrigt sich eventuell ein herkömmliches Faxgerät, vor allem, wenn ein Scanner zum Einlesen von Vorlagen vorhanden ist. Es gibt interessante Lösungen wie Drucker mit integriertem Faxempfangsspeicher, falls der PC ausschaltet ist, oder kombinierte Kopier-, Scan-, Druck- und Faxgeräte.

Der aktuelle analoge Fax-Standard „Gruppe 3" arbeitet mit 9600 bps und überträgt eine A4-Seite mit 200 dpi CCITT-komprimiert in etwa 2 Minuten. ISDN definierte einen neuen Standard: „Gruppe 4" braucht für eine Seite mit 400 dpi nur 10 Sekunden. Die teuren ISDN-Faxgeräte konnten sich aber kaum durchsetzen. ISDN-Adapter für den PC emulieren daher ein Faxmodem, um zur Masse der Gruppe-3-Geräte kompatibel zu sein.

Im analogen Telefonnetz ist die Übertragungsrate aus technischen Gründen beschränkt. Bei einfacher Modulation der Bitstellungen 0 und 1 mit zwei unterschiedliche Tönen sind höchstens 4800 bps zu erreichen. Höherer Datendurchsatz wie die heute üblichen 56 kbps wird durch Datenkompression erreicht, sozusagen mit einem erweiterten Morsealphabet: Häufig vorkommende Bitfolgen werden zu unterschiedlich langen Tönen mit abgestufter Tonhöhe zusammengefasst. Ein Modem erledigt diese Aufgabe automatisch und unauffällig. Die 1997 eingeführten Geräte mit 56 kbps reizen die physikalischen Grenzen aus. Sie sind seitdem nicht wesentlich weiterentwickelt worden, was natürlich auch an der Verbreitung der überlegenen ISDN- und DSL-Technik liegt.

Die Übertragungsrate von 56 kbps gilt nur für eine Richtung (Downstream), in der Gegenrichtung (Upstream) sind es nur 33 kbps oder 48 kbps. Der Unterschied ist in der Praxis nicht so entscheidend, denn im Haupteinsatzgebiet, dem Internet, werden erheblich mehr Daten vom Provider zum Benutzer übertragen als umgekehrt. Die maximale Übertragungsrate setzt gute stabile Leitungen voraus, entsprechende Tests führen die beteiligten Modems beim Verbindungsaufbau und während der Übertragung durch. Wenn tatsächlich 56 kbps erreicht werden, kommt die veraltete Modemtechnik recht nahe an die Leistung eines ISDN-Kanals heran (64 kbps in beide Richtungen).

Bei jedem Verbindungsaufbau fragen die Modems gegenseitig ihre Fähigkeiten ab und einigen sich auf der höchsten gemeinsamen Ebene. Für die unterschiedlichen Kompressionsarten und Fehlerkorrekturverfahren gibt es international genormte Protokolle, die von der ITU (International Telecommunications Union) festgelegt werden. Aktuelle Standards sind V.90 mit 56 kbps Down- und 33 kbps Upstream sowie V.92 mit 56 kbps bzw. 48 kbps.

Die Geräte sind mit weitgehend genormten Befehlen steuer- und programmierbar. Da diese immer mit „AT" (Attention) eingeleitet werden und maßgeblich vom früher tonangebenden Modemhersteller Hayes definiert wurden, heißen sie auch AT- oder Hayes-Befehle. Beispiel: ATDP, gefolgt von der Rufnummer, ist der Einwahlbefehl. D steht für Dial, P für Pulswahl (T wäre Tonwahl). Die manuelle Eingabe von Modembefehlen ist aber kaum noch üblich, denn DFÜ-, Fax- und Internetzugangsprogramme steuern das Modem weitgehend automatisch. Bauformen:

- Externes Modem mit USB- oder RS-232-Schnittstelle
- Internes Modem als Steckkarte im Computer oder direkt auf dessen Hauptplatine
- Für Notebooks sind einsteckbare Modems im PC-Card-Format erhältlich.
- Akustikkoppler sind heute museumsreif. Sie wurden berühmt-berüchtigt durch Hacker, die den Telefonhörer als Verbindung zwischen Modem und Telefonleitung benutzten, beispielsweise, um mit einem Laptop eine (relativ langsame und störanfällige) Verbindung aus einer Telefonzelle aufzubauen.

Sonstige Modems:

- DSL-Modems erzielen zurzeit die höchsten Datenraten auf kupfernen Teilnehmeranschlussleitungen im Ortsnetz (vgl. Abschnitt 1.14.4.3).
- Kabelmodems ermöglichen Datenübertragung auf dem TV-Kabelnetz. Dessen Bandbreite lässt Übertragungsraten bis 50 MBit/s zu, allerdings nur im Downstream. Für Internetnutzung ist ein Rückkanal über einen beliebigen Internetzugang notwendig.
- Funkmodems übertragen Daten bis 300 m mit relativ langsamen 9600 bps auf genehmigungsfreien Frequenzen. Ihr Einsatz empfiehlt sich also nur bei geringen Datenmengen und wenn keine Kabellösung möglich ist.
- GSM-Funkmodems nutzen Mobilfunknetze wie das D- und E-Netz; leider ist auch hier bei 9600 bps Schluss. Schneller geht es mit GPRS-Geräten bis 170 kbps, allerdings ist die Datenrate stark abhängig von der Verbindungsqualität und Netzauslastung. UMTS soll in Zukunft mit Datenraten bis 384 kbps für Verbesserung sorgen.
- Ein Satellitenmodem sorgt für sehr schnellen Internet-Downstream mit bis zu einigen MBit/s. Voraussetzung ist eine Parabolantenne mit digitaltauglichem LNB-Empfangsteil, dessen digitale Signale das Modem nach dem DVB-Standard (Digital Video Broadcast) verarbeitet. Die vorwiegende Bauform ist DVB-Karte mit PCI-Anschluss, der Empfang digitaler Satelliten-TV-Kanäle ist inbegriffen. Internetnutzung setzt aber – wie ein Kabelmodem – einen getrennten Rückkanal voraus.

1.14.4.2 ISDN

ISDN (Integrated Services Digital Network) ist eine internationale Norm für digitale Datenfernübertragung. Charakteristisch ist die konsequente Integration unterschiedlicher Dienste, die Nutzung des vorhandenen Telefonnetzes und die komplette Digitalisierung des Übertragungsweges, woraus erheblich schnellere und weniger störanfällige Kommunikation resultiert.

Digitale Netze gibt es schon länger, zum Beispiel Telex- und Datexnetz. Das Datexnetz wurde schon immer von Kunden wie Banken, Versicherungen, Ämtern und Universitäten genutzt, denen der Datentransfer per Modem und Telefonnetz zu langsam, fehleranfällig und unsicher war. Wurde aber früher jeder Telekommunikationsdienst getrennt angeschlossen und abgerechnet, enthält ISDN bei nur einem Anschluss und einer Abrechnung alle Dienste wie Telefon, Bildtelefon, Fax, Datex, Telex, Mailbox und Internetzugang.

Zu unterscheiden ist zwischen Basis- und Multiplexanschluss. Ein Basisanschluss hat zwei Übertragungskanäle mit jeweils 64 kbps (B-Kanäle) und einen Steuerkanal mit 16 kbps (D-Kanal). Durch gebündelte Datenübertragung auf beiden B-Kanälen ist eine Übertragungsrate von 128 kbps erzielbar. Spezielle ISDN-Karten können vier (2 Basisanschlüsse) oder mehr Kanäle bündeln.

Der Basisanschluss reicht für maximal acht Geräte, von denen zwei gleichzeitig auf je einem B-Kanal aktiv sein dürfen; so kann während einer Faxübertragung im Internet gesurft oder telefoniert werden. Alle acht Geräte sind über eine zentrale Rufnummer erreichbar, die letzte Ziffer steht für die Durchwahl.

Im Vergleich zu einem direkten Mehrgeräteanschluss bietet die TK-Anlage erheblich mehr Komfort beim Telefonieren. Die TK-Anlage ist äußerlich ein Sternverteiler für 8 oder mehr Endgeräte; sie bringt bessere Makelfunktionen, kostenlose interne Gespräche und die Möglichkeit, mehrere Basisanschlüsse zu verwalten. Zusätzlich haben TK-Anlagen in der Regel integrierte Adapter für analoge Endgeräte.

Neben dem Basisanschluss, der auch mehrfach möglich ist, gibt es noch den Multiplexanschluss mit 30 B-Kanälen und einem D-Kanal, der hier ebenfalls mit 64 kbps arbeitet. Ein Multiplexanschluss eignet sich für größere Nebenstellenanlagen oder hohe Übertragungsanforderungen mit Bündelung vieler Kanäle, zum Beispiel Videokonferenzen.

Sollen am ISDN-Anschluss analoge Geräte wie Telefon, Fax oder Anrufbeantworter betrieben werden, ist ein so genannter a/b-Terminaladapter für die Analog-Digital- und Digital-Analog-Wandlung nötig. Die speziellen ISDN-Möglichkeiten stehen jedoch nur bei digitalen Endgeräten zur Verfügung. Zum Beispiel bietet digitales Telefonieren neben der besseren Tonqualität eine Reihe von Annehmlichkeiten: So erscheinen Rufnummer und Name (wenn vorher gespeichert) eines Anrufers auf dem Telefon-Display, auch wenn die Leitung besetzt ist. Dieses „Anklopfen" ermöglicht die Unterbrechung des laufenden Gesprächs, Annahme des Anklopfenden und Rückkehr zum ersten Gespräch. Anrufweiterleitung, automatischer Rückruf im Besetztfall, Dreier-Konferenz, Rufumleitung, Gebührenanzeige und Anrufbeantworter (Mailbox) sind weitere Merkmale, die allerdings nicht alle in der Grundgebühr enthalten sind.

ISDN verwendet das bestehende Telefonnetz. Dieses läuft in Deutschland und vielen anderen Ländern überwiegend digital, nur das letzte Leitungsstück, der zweiadrige Kupferdraht des Hausanschlusses, wird beim herkömmlichen Telefonanschluss noch analog betrieben. Entscheidend für die durchgehend digitale ISDN-Technik ist die Umstellung dieses „letzten Meters" von analog auf digital. Voraussetzung ist ein Netzabschlussgerät, das NTBA (Network Terminal for ISDN Basic Access). Es kann per Kabel einfach mit einer vorhandenen TAE-Telefondose (Telekommunikations-Anschluss-Einheit) verbunden werden.

Das NTBA stellt die kundenseitige ISDN-Schnittstelle bereit, der Fachausdruck ist S0-Schnittstelle. Sie besteht aus zwei RJ-45-Buchsen zum direkten Anschluss von Endgeräten, TK-Anlage oder a/b-Adapter. Für den Mehrgeräteanschluss (ohne TK-Anlage) kann ein maximal 180 m langer S0-Bus mit bis zu zwölf RJ-45-Steckdosen installiert werden. Aber nur acht Geräte, davon höchstens vier Telefone, dürfen gleichzeitig eingesteckt sein und die Leitung zur letzten Dose muss terminiert werden. ISDN verwendet Twisted-Pair-Kabel mit Westernsteckern, die einfache UTP-3-Ausführung reicht. Der PC-Anschluss erfolgt über eine ISDN-Schnittstelle als Steckkarte oder externer Adapter, auch S0-Karte oder S0-Adapter genannt.

1.14.4.3 DSL

DSL (Digital Subscriber Line) wurde in den Neunzigerjahren als Übertragungstechnik für schnelle Internetzugänge von Intel, Microsoft, Compaq und den US-Telekommunikationsfirmen Bell und GTE entwickelt. DSL läuft auf Telefonleitungen aus Kupfer und ist daher international einsetzbar. Durch Verwendung zuvor nicht genutzter Frequenzbereiche kann DSL am herkömmlichen analogen Telefon- oder digitalen ISDN-Anschluss betrieben werden. Telefon und ISDN bleiben verfügbar, gleichzeitiges Surfen und Telefonieren ist also möglich. Beim Teilnehmeranschluss ist DSL sogar auf Kupferleitungen angewiesen, Haushalte oder Firmen mit Glasfaserversorgung sind von der Nutzung ausgeschlossen, was natürlich ein großer Nachteil ist.

Funktionsweise: Splitter teilen das Frequenzband in drei Kanäle mit unterschiedlichen Bandbreiten:

- Downstream: Datenkanal Richtung Teilnehmer
- Upstream: Datenkanal Richtung Vermittlungsstelle
- Telefonkanal

Ein DSL-Modem erzeugt und empfängt auf den Datenkanälen analoge Signale. Die Kupferleitungen enden in der nächsten Vermittlungsstelle. Dort werden die Signale digitalisiert und über ein breitbandiges ATM-Backbone-Netz zum Provider gesendet.

Die wichtigsten DSL-Varianten sind:

- ADSL (Asymmetric DSL): „Asymmetric" verweist auf die höchst unterschiedlichen Datenraten bei Up- und Downstream. Im Downstream ist bis zu 8 MBit/s möglich, Upstream 1 MBit/s. Nachfolger ist ADSL 2+ mit bis zu 24 MBit/s Downstream.
- T-DSL ist die von der Telekom vertriebene ADSL-Variante mit mehreren Geschwindigkeiten.
- SDSL (Symmetric DSL) bietet gleich hohe Übertragungsraten bis 3 MBit/s in beide Richtungen.
- HDSL (High data rate DSL) bündelt zwei oder drei Telefonanschlüsse und überträgt dann auf vier oder sechs Kupferleitungen 1,5 MBit/s oder 2 MBit/s in beide Richtungen. HDSL wird auch zur Kopplung lokaler Netzwerke eingesetzt.
- VDSL (Very high date rate DSL): Downstream bis zu 50 MBit/s, Upstream bis 2,3 MBit/s; die Rate sinkt aber schon nach einigen hundert Metern drastisch ab. Mit voller Leistung ist VDSL deshalb nur in Ballungsgebieten mit dichtem Netz von Vermittlungsstellen realisierbar. Der geplante Nachfolger ist VDSL 2 mit bis zu 100 MBit/s, aber noch kürzerer Reichweite.

1.14.4.4 Mobilfunk: GSM und UMTS

Der vorherrschende Standard für Mobilfunknetze in Europa ist GSM (Global System for Mobile Communication), auf dem auch die deutschen Funknetze D1, D2, E1 und E2 aufsetzen. GSM löste Anfang der Neunzigerjahre in Deutschland die analogen Vorgänger A- B- und C-Netz ab; es wird daher auch als Standard der zweiten Generation „2G" bezeichnet. Die Datenübertragung läuft digital, verschlüsselt und komprimiert. Das Dienstangebot (Anklopfen, Konferenz, Mailbox, Datentransfer, Fax usw.) orientiert sich an ISDN, hinzu kommen SMS-Kurznachrichten (Short Message Service).

Ein GSM-Netz besteht aus Funkzellen mit maximal 35 km, im E-Netz nur 8 km bis 10 km Ausdehnung. Jede Zelle hat eine Basisstation, die durch eine übergeordnete Station mit einer Mobilfunkvermittlungsstelle verbunden ist. In Städten stehen die Basisstationen aus Kapazitäts- und Reichweitengründen wesentlich dichter als auf dem Land. Der sich fortbewegende Teilnehmer kann während eines Gespräches unterbrechungsfrei von einer Funkzelle zur nächsten wechseln; dieser automatisierte Vorgang heißt Handover.

Die Identifikation der Teilnehmer erfolgt geräteunabhängig durch eine SIM-Karte (Subscriber Identity Modul), in der auch die Verschlüsselungscodes festgelegt sind. Die symmetrische Verschlüsselung der Nutzdaten erfolgt mit einem nur 64 Bit langen Schlüssel und ist daher potenziell unsicher. Allgemeinwissen sollte mittlerweile sein, dass die Position eines eingeschalteten Mobiltelefons teilweise sehr genau über die entsprechende Funkzelle und weitere Parameter zu orten ist.

Die von GSM genutzten Frequenzbänder unterschieden sich je nach Kontinent und teilweise zwischen Ländern des gleichen Kontinents. Da auch die nationalen Mobilfunknetze nur eine begrenzte Reichweite haben, bedarf es gewisser Absprachen zwischen den Betreibern und technischer Lösungen, um auch grenzüberschreitende Mobilkommunikation, Roaming genannt, zu realisieren. Nachdem die Telefongesellschaften jahrelang völlig überzogene Roaming-Gebühren verlangten, schritt die zuständige EU-Kommission ein und verfügte ab 2007 verbindliche Obergrenzen.

DFÜ-Verbindungen im GSM-Netz sind mit 9,6 kbps bis 14,4 kbps (nur unter optimalen Bedingungen) langsam und erfordern Endgeräte mit GSM-Funkmodems. Uplink (Senden) und Downlink (Empfangen) laufen auf getrennten Frequenzen und teilweise mit unterschiedlicher Geschwindigkeit. Drei Techniken machen höhere Übertragungsraten möglich:

- HSCSD (High Speed Circuit Switched Data) erlaubt mittels Kanalbündelung theoretisch 115 kbps, wird jedoch in Deutschland nur von wenigen Betreibern angeboten. Die tatsächlich erreichbare Datenrate liegt allerdings eher im Bereich 28 kbps bis 44 kbps. Und schnellere Verfahren wie EDGE und UMTS werden die Akzeptanz von HSCSD nicht fördern.
- GPRS (General Packet Radio Service) spielt dagegen eine bedeutendere Rolle: Entscheidend ist der Umstieg auf paketorientierte Übertragungstechnik, die theoretisch Datenraten bis 171 kbps ermöglicht. Jedoch hängt die erzielbare Rate sehr von Verbindungsqualität und Netzauslastung ab und kommt nur auf maximal 55 kbps, was etwa der Geschwindigkeit eines Modems im analogen Festnetz entspricht und noch unter der eines ISDN-Kanals liegt. GPRS erleichtert auf jeden Fall den Zugang zu anderen paketorientierten Netzwerken wie Inter- oder Intranet. Fast alle aktuellen Mobiltelefone nutzen GPRS oder das noch schnellere E-GPRS für MMS (Multimedia Messaging Service) und WAP (Wireless Application Protocol).
- EDGE (Enhanced Data Rates for GSM Evolution) ist ein Verfahren, das den Datenverkehr in bestehenden GSM-Mobilfunknetzen durch eine neue Modulationstechnik entscheidend beschleunigt. Auf Betreiberseite erfordert dies im Wesentlichen nur geänderte Software an den Basisstationen. Auf Anwenderseite sind EDGE-fähige Endgeräte erforderlich, die von zahlreichen Herstellern angeboten werden. Unter anderem nutzt die erste Version des Apple iPhone diese Technik, die theoretisch bis zu 473 kbps liefert. Üblich sind jedoch Raten von 150 kbps bis 200 kbps, immerhin schneller als zwei gebündelte ISDN-Kanäle. Der Datendienst GPRS wird mit EDGE zu E-GPRS (Enhanced GPRS) und HSCSD zu ECSD (Enhanced Circuit Switched Data). EDGE ist in Deutschland flächendeckend verfügbar.

WAP ist ein Standard für die drahtlose Übertragung von speziellen Internet-Inhalten und E-Mail auf Geräte mit eingeschränkter Darstellungsfähigkeit, wie Mobiltelefone, Smartphones, PDAs und sonstige Handheld-Computer. WAP arbeitet mit einer an das OSI-Modell angelehnten Architektur in fünf Schichten und verwendet die Internet-Techniken HTML, HTTP, FTP und JavaScript. Die Endgeräte müssen über einen WAP-Browser verfügen, um die mit WML beschriebenen Inhalte darstellen zu können. WML (Wireless Markup Language) ist eine wie XHTML zur XML-Familie gehörende Sprache zur Erstellung von WAP-Inhalten. Wie für (X)HTML sind auch für WAP Autorenprogramme erhältlich, um die Erstellung von WAP-Seiten zu erleichtern.

Zahlreiche WAP-Gateways filtern Internet-Inhalte und übersetzen deren (X)HTML-Quelltext automatisch in WML. Da WAP auch mit GPRS relativ langsam und teuer ist, hat es sich nicht voll durchsetzen können: Die meisten Besitzer von Mobiltelefonen verzichten darauf. Zudem stellen aktuelle Smartphones mit größeren, hoch auflösenden Displays und EDGE- oder UMTS-Technik auch „normale" Webseiten dar.

In Konkurrenz zu WAP steht i-mode, das vor allem in Japan sehr populär, aber auch in einigen europäischen Ländern (nicht in Deutschland) verfügbar ist. Im Gegensatz zu WAP ist i-mode eine proprietäre (herstellerspezifische) Technik, die Seiten werden in CHTML und iHTML erstellt. Voraussetzung sind kompatible Mobiltelefone.

UMTS (Universal Mobile Telecommunications System) ist der Mobilfunkstandard der dritten Generation „3G" und letztlich eine Weiterentwicklung der GSM-Technik. UMTS ist abwärtskompatibel, es unterstützt die GSM- und WAP-Standards. UMTS-Geräte sind kleine multimediafähige Handheld-Computer, Smartphones oder Note- und Netbooks mit UMTS-Modem. Angesichts der astronomischen Summen, die im Jahr 2000 von Telekommunikationsfirmen für die zwanzig Jahre gültigen UMTS-Lizenzen bezahlt wurden (50 Milliarden Euro allein in Deutschland), ist es nicht verwunderlich, dass UMTS für den Anwender teuer ist und nur zögerlich akzeptiert wurde.

UMTS erlaubt theoretisch Datenraten bis 2 MBit/s, praktisch sind es aber nur 384 kbps. Erst die unten beschriebene HSPA-Erweiterung macht UMTS wirklich schnell und für anspruchsvollere Aufgaben wie TV-Übertragung und Videostreaming geeignet. Die Übertragungsrate richtet sich auch nach der Gebietseinteilung der Funkzellen:

- Pico-Zellen haben einen Radius bis zu einigen hundert Metern, sie stehen für große Teilnehmerzahl und hohes Datenaufkommen, bis 2 MBit/s.
- Micro-Zellen mit einem Radius bis zu mehreren Kilometern decken innerstädtische Bereiche ab, bis 384 kbps.
- Macro-Zellen bedienen Vororte und außerstädtische Bereiche, bis 144 kbps.
- Welt-Zellen (auch Hyper- oder Umbrella-Zellen genannt) können mehrere hundert Kilometer umfassen; sie sollen später durch Satellitenanbindung realisiert werden.

Das HSPA-Verfahren (auch 3,5G oder 3G+ genannt), das hard- und softwareseitige Änderungen der Basisstationen und kompatible Endgeräte voraussetzt, macht UMTS zu einer echten DSL-Alternative: HSDPA (High Speed Downlink Packet Access) schafft theoretisch Empfangsraten bis 14 MBit/s, realisiert und praktisch verfügbar sind 1,8 Mbit/s bis 7,2 MBit/s. HSUPA (High Speed Uplink Packet Access) beschleunigt das Senden auf maximal 5,8 MBit/s. Der Nachfolger HSPA+ wird die Übertragungsgeschwindigkeit nochmals vervielfachen.

Auch der UMTS-Nachfolger steht schon fest: Er wird wohl LTE (Long Term Evolution) heißen (auch Super 3G, 3.9G und 4G kursieren) und mit Downlinkraten bis 300 MBit/s sowie Uplinkraten bis 75 MBit/s aufwarten.

1.15 Internet

1.15.1 Geschichte

Das Internet ist das Netz der Netze, es vereint weltweit Millionen Computer, die sich in Hardware, Betriebssystem und Netzzugang unterscheiden dürfen. Mindestvoraussetzung für die Teilnahme ist ein Telefonanschluss und ein Modem. Ende 2000 waren es etwa 400 Millionen Benutzer, Schätzungen gehen von 2 Milliarden im Jahr 2010 aus. Schon jetzt sind tief greifende Veränderungen in vielen gesellschaftlichen Bereichen zu beobachten, zum Beispiel Kommunikationsverhalten, Freizeitverhalten, Informationsbeschaffung, Arbeitsabläufe, Wirtschafts- und Finanzwelt.

Auch die Technik lokaler Netze wurde durch das Internet beeinflusst: Sie werden zunehmend als Intranets realisiert. Ein Intranet ist ein lokales Netzwerk mit Internet-Technik, die Daten werden also mit HTML aufbereitet, per TCP/IP-Protokoll übertragen und mit einem Browser dargestellt.

Ursprünglich war das Internet kein öffentliches Netz, denn es entstand aus einem Forschungsprojekt des US-amerikanischen Verteidigungsministeriums. Anfang der Sechzigerjahre – zu Zeiten des Kalten Krieges – äußerten Militärs den Wunsch nach einem dezentralen Netzwerk, das im (Atom-)Kriegsfall auch bei Ausfall einiger Rechner oder Verbindungen die Kontrolle über Frühwarnsysteme, Bomber und Raketen gewährleisten sollte. Die zuständige Abteilung ARPA (Advanced Research Projects Agency) realisierte 1969 das erste Netz nach diesen Vorgaben. Das Arpanet bestand zuerst aus vier Großrechnern in Los Angeles, Santa Barbara, Stanford und Utah, die jeweils über einen IMP-Rechner (Interface Message Processor) an eine Telefonleitung mit 56 kbps angeschlossen waren. Zwei grundlegende Ansätze bestimmten die Entwicklung des Arpa- und später des Internets:

- Übertragung der Daten in Form kleiner Pakete, die ihr Ziel unabhängig voneinander auf verschiedenen Wegen erreichen können. Ist eine Leitung unterbrochen oder überlastet, setzen die Pakete ihren Weg nach einem bestimmten Verteilungssystem (Routing) auf der nächsten freien Leitung fort.
- Dezentrale Netzstruktur ohne Abhängigkeit von einzelnen Servern oder Rechenzentren. Beliebig viele Computer überall auf der Welt können als Server im Internet arbeiten und ihren kleinen Anteil zur Speicherung und Weiterleitung der unüberschaubaren Datenmengen leisten. Das Internet ist ein Verbund großer landesweiter und zahlreicher kleinerer Netze, die – abgesehen vom TCP/IP-Protokoll – nichts gemeinsam haben müssen.

Ein Host (englisch: Gastgeber, Wirt) ist ein permanent mit dem Netz verbundener Computer, der Daten speichern und mit anderen Hosts austauschen kann. 1973, als das Arpanet rund vierzig Hosts umfasste, löste das bis heute gültige paketorientierte Übertragungsprotokoll TCP/IP seinen Vorgänger NCP ab. Das Netz wurde ab dann zunehmend für zivile Universitäten und Forschungseinrichtungen geöffnet und überwiegend zum Austausch wissenschaftlicher Informationen und anderer Nachrichten per E-Mail benutzt.

Erst seit der 1983 erfolgten Abkopplung des militärischen Teils (Milnet) setzte sich für den zivilen Teil des Arpanets der Begriff Internet durch. Offiziell beendet wurde das Arpanet 1989, als die NSF (National Science Foundation) endgültig die Verwaltung des zivilen Netzes übernahm, das zu diesem Zeitpunkt rund 100 000 Hosts umfasste. Die NSF leitete schon seit 1985 die Vernetzung wichtiger US-Rechenzentren unter dem Namen NSFNET, das noch heute zu den wichtigsten Internet-Backbones gehört. Zu dieser Zeit begann auch die Wandlung vom nationalen zum internationalen Netz. 1988 boten die ersten deutschen Internetprovider Eunet und Xlink Internetzugänge mit Übertragungsgeschwindigkeiten von 9600 bps an.

Ab 1991 kam mit Einführung des Internetdienstes World Wide Web (WWW), sozusagen der grafischen Internet-Benutzeroberfläche, der große Durchbruch zum „Netz für Alle" mit rasant ansteigenden Teilnehmerzahlen. Im Jahr 2001 gab es allein in Deutschland schon über 2 Millionen Hosts. Die Zahl der über Provider und Wählverbindungen angeschlossenen Benutzer ist immer um ein Vielfaches höher. Mit den Teilnehmerzahlen wuchs das Themenangebot ins Unermessliche: Kaum noch ein Stichwort, zu dem das Netz keine Informationen liefern kann. Auch die Wirtschaft hat ihre Chancen schnell erkannt: Internationalität, schnelle und preisgünstige Kommunikation, Werbe- und Direktverkaufsmöglichkeiten (E-Commerce).

Die schnelle Verbreitung des glücklicherweise immer noch weitgehend unzensierten Internets bringt natürlich gewisse Probleme mit sich: Es wird immer schwieriger und zeitaufwändiger, gute und interessante Informationen in der alles umfassenden Datenflut zu finden. Politische Extremisten und Kriminelle haben sich schon immer der neuesten Techniken bedient; das Internet ist keine Ausnahme, es hat sogar zu ganz neuen Formen der (Wirtschafts-)Kriminalität geführt. Selbstredend ist das Internet auch ein Eldorado für Hacker und Virenprogrammierer. Ein weiteres Problem ist der Datenschutz: National unterschiedliche Bestimmungen und mangelnde Kontrolle sind für Grauzonen in diesem Bereich verantwortlich. Jeder Benutzer hinterlässt digitale Spuren im Netz, die von spezialisierten Firmen gezielt gesammelt und ausgewertet werden können. So entstehen Benutzerprofile, die im harmlosen Fall der Bildung von Zielgruppen für Werbung und Marktforschung dienen.

1.15.2 TCP/IP

TCP (Transmission Control Protocol) und IP (Internet Protocol), oft zusammengefasst als TCP/IP bezeichnet, wurden maßgeblich vom Wissenschaftler Vinton Cerf entwickelt und 1973 eingeführt. Heute ist TCP/IP der wichtigste Standard im Bereich der Netzwerkprotokolle; es ist Basis jeglichen Datenverkehrs im Internet und auch in Intranets. TCP/IP gewährleistet, dass Datenpakete auf unterschiedlichen Wegen und in unterschiedlicher Zeit ihr Ziel erreichen können. Router, die Schaltzentralen des Internets, finden diese Wege mit Hilfe von Routingtabellen, die IP-Adressen aller ihnen bekannter Geräte enthalten.

Es geht hier aber um zwei unterschiedliche Protokolle: IP liegt auf Schicht 3 des OSI-Modells, TCP auf Schicht 4. Darüber befindet sich die Anwendungsschicht mit Protokollen wie FTP, HTTP und SMTP.

Zentrale Aufgaben des Internet Protocols (IP) sind Einteilung der zu übermittelnden Daten in Pakete und deren Adressierung. Die Paketgröße kann der jeweiligen Netzart oder Netzbelastung angepasst werden.

Die noch vorherrschende IP-Version 4 (IPv4) adressiert jeden am Internet beteiligten Rechner und jedes Gerät durch eine vierteilige, in dezimaler Schreibweise maximal zwölfstellige Zahl, die IP-Adresse. Im Internet wird jedes Gerät mit IP-Adresse auch als Host bezeichnet; Hosts können also Computer, Drucker, Router usw. sein.

Die IP-Adresse belegt 32 Bit, aufgeteilt in vier Byte für vier Zahlenblöcke, die durch Punkte getrennt werden, zum Beispiel 223.6.121.55 in dezimaler oder 11011111.00000110.01111001.00110111 in binärer Notation. Normalerweise werden IPv4-Adressen dezimal notiert, jeder der 4 Blöcke kann also eine Zahl zwischen 0 und 255 sein.

Datenpakete enthalten im Header jeweils die IP-Adresse des Absenders und des Empfängers. Internetnutzer geben normalerweise Adressen in Textform (z. B. www.hamburg.de) statt Zahlen (212.1.41.12) an. Wie diese Namen in IP-Adressen umgesetzt werden, wird im nächsten Abschnitt erläutert.

Die frühere starre Einteilung der IP-Netze in die drei Klassen A (übergeordnete Netze bis etwa 16 Millionen Hosts), B (große Netze bis etwa 65000 Hosts) und C (kleine Netze bis 254 Hosts) erwies sich mit zunehmender Ausbreitung des Internets als hinderlich. Um den zur Verfügung stehenden Adressraum besser auszunutzen, wurde das Classless Inter-Domain Routing

(CIDR) eingeführt. Die Zuordnung der IP-Adresse zu einer bestimmten Netzklasse ist damit entfallen.

Vergleichbar mit Telefonnummern, die sich aus Vorwahl- und Teilnehmernummern zusammensetzen, bestehen IP-Adressen aus einem führenden Netzwerkteil, auch Netzwerkpräfix genannt, und einem anschließenden Geräteteil, auch Hostanteil genannt, beide von variabler Länge. Über den Netzwerkteil erfolgt die Identifikation des jeweiligen Netzes; logischerweise ist er in allen Adressen dieses Netzwerks gleich. Über den Geräteteil wird jedes im Netz eingebundene Gerät angesprochen, entsprechend muss er für jedes Gerät unterschiedlich sein.

Damit Router erkennen, welcher Teil der IP-Adresse Netzwerk- und welcher Geräteteil ist, wird zusätzlich eine Netzmaske übermittelt. Unter IPv4 besteht sie, genau wie die IP-Adresse, aus 32 Bit. Die Anzahl der führenden, auf 1 gesetzten Bits (Netzwerkpräfix) definiert die maximale Größe des Netzwerks. So bleiben bei einer Netzmaske mit acht führenden Einsen (11111111.00000000.00000000.00000000, in dezimaler Notation 255.0.0.0) noch 24 Bit für Geräte übrig. Ein solches Netz könnte also gut 16 Millionen Hosts umfassen. Ein kleineres Netz wird zum Beispiel durch eine Netzmaske mit 27 führenden Einsen beschrieben (11111111.11111111.11111111.11100000, dezimal 255.255.255.224). Die verbleibenden 5 Bit definieren den Geräteteil; das reicht dann nur für 32 Adressen.

Um Notation und Routingtabellen zu vereinfachen, wird die zur IP-Adresse gehörende Netzmaske nicht binär oder dezimal ausgeschrieben, sondern effizient vereinfacht, indem nur die Anzahl der Einsen der Maske (Netzwerkpräfix) als Dezimalzahl an die IP-Adresse angehängt wird, getrennt durch einen Schrägstrich. Beispiel: 225.76.120.55/24 bedeutet IP-Adresse 225.76.120.55 mit Netzwerkmaske 255.255.255.0 (11111111.11111111.11111111.00000000). Netzwerkteil der IP-Adresse ist also 223.76.120, Geräteteil 55.

Wie viele Hosts lassen sich nun genau mit der obigen Netzmaske /24 ansprechen? Es sind nicht 256, sondern nur 254, denn die jeweils niedrigste Adresse (alle Bits im Geräteteil auf 0) ist immer für die Netzwerknummer und die höchste (alle Bits im Geräteteil auf 1) für Broadcast (Nachricht an alle Teilnehmer des Netzes) reserviert. Zur IP-Adresse 225.76.120.55/24 gehören also Netzwerknummer 225.76.120.0 und Broadcast-Adresse 225.76.120.255. Die Zahlen von 1 bis 254 können für Geräte vergeben werden.

Beispiel für ein Minimalnetz aus zwei PCs mit den Adressen 192.168.0.1/30 und 192.168.0.2/30: Die Netzmaske lautet also 255.255.255.252 (binär notiert 11111111.11111111.11111111.11111100), die Netzwerknummer lautet 192.168.0.0/30, die Broadcast-Adresse 192.168.0.3/30.

IP-Adressen werden von der IANA (Internet Assigned Numbers Authority) vergeben. Mit dem herkömmlichen 32-Bit-Schema des IP-Protokolls IPv4 sind zwar rechnerisch mehr als vier Milliarden (2^{32}) Geräte adressierbar. Tatsächlich sind es jedoch erheblich weniger, hauptsächlich aufgrund reservierter, aber nicht genutzter Adressen.

Dynamische IP-Adressen tragen zur Entschärfung der Problematik bei. Provider vergeben sie an Endkunden, die nur zeitweise über Wählverbindungen im Netz aktiv sind. Ein DHCP-Server (Dynamic Host Configuration Protocol) verteilt temporär IP-Adressen aus einem begrenzten Vorrat an Computer, die sich im Netz anmelden. Jeder private Internetnutzer kann durch Anzeige seiner aktuellen IP-Adresse (auf Websites wie www.wieistmeineip.de oder www.ip-adresse-ermitteln.de) sehen, dass er mit großer Wahrscheinlichkeit bei jeder Sitzung eine andere IP-Nummer erhält. Das Verfahren ist auch in lokalen Netzwerken verwendbar. Ohne dynamische IP-Adressen wäre die Viermilliarden-Grenze schon lange erreicht, aber auch so gehen IPv4-Adressen in einigen Regionen, zum Beispiel in Asien, zur Neige.

Eine Weiterentwicklung des Internet Protocols, die Version 6 (IPv6), erweitert die Adressierung von 32 auf 128 Bit und damit auf einen praktisch unerschöpflichen Vorrat von IP-Adressen ($2^{128} \approx 3{,}4 \cdot 10^{38}$, also eine Dezimalzahl mit 39 Stellen). Hardwareseitig müssen Geräte wie Router und Switches IPv6-kompatibel

Beispiele für Netzmasken unter IPv4

Notation	Netzmaske binär	Netzmaske dezimal	max. Adresszahl
/8	11111111.00000000.00000000.00000000	255.0.0.0	16777216
/14	11111111.11111100.00000000.00000000	255.252.0.0	262144
/21	11111111.11111111.11111000.00000000	255.255.248.0	2046
/26	11111111.11111111.11111111.11000000	255.255.255.192	64
/30	11111111.11111111.11111111.11111100	255.255.255.252	4
/32	11111111.11111111.11111111.11111111	255.255.255.255	1

sein, was bei neueren Modellen immer der Fall ist. Softwareseitig unterstützen alle gängigen Betriebssysteme und Browser den neuen Standard. IPv6 wurde zwar schon 1998 zum offiziellen Nachfolger von IPv4 erklärt, die Einführung verläuft eher schrittweise und schleppend. Allerdings werden neue große Backbone-Netze in der Regel auf IPv6 ausgelegt. Die Website sixy.ch gibt einen Überblick bereits angemeldeter IPv6-Adressen.

IPv6 bringt wichtige Fortschritte: Entlastung der Router und Beschleunigung des Datentransfers durch kleinere IP-Header, Erleichterungen für Netzwerkadministratoren durch automatische Konfiguration und Adressänderungen im laufenden Betrieb, Abgleich von Host und Router auf optimale Paketgrößen, Verschlüsselungsmöglichkeit (IPsec), mobile IP-Adressen.

Die Notation von IPv6-Adressen unterscheidet sich von IPv4: Sie erfolgt hexadezimal in acht 16-Bit-Blöcken, die durch Doppelpunkte getrennt sind, zum Beispiel: 2a02:02b8:0001:0202:0000:0000:0000:0005. Diese Adresse darf allerdings nach folgenden Regeln verkürzt notiert werden: Führende Nullen eines Blockes dürfen (wie bei IPv4) weggelassen werden. Ein Block, der ausschließlich Nullen enthält, sowie mehrere direkt aufeinander folgende Blöcke von Nullen können einmalig durch :: ersetzt werden. Für das oben genannte Beispiel ergibt sich 2a02:2b8:1:202::5. Weitere Beispiele: 2406:14b8:1c6:0000:0000:8001:0000:200b ist gleichbedeutend mit 2406:14b8:1c6::8001:0:200b; 0000:0000:0000:0000:0000:0000:0000:0003 wird zu ::3. Die Abkürzung von Null-Blöcken durch zwei Doppelpunkte darf immer nur einmal geschehen, sonst wäre die Adresse nicht mehr eindeutig.

Bei IPv6 ist die CIDR-Notation (Angabe der Netzmaske) im Prinzip gleich wie bei IPv4: Sie besteht aus IPv6-Adresse und Präfixlänge, also zum Beispiel 2001:6f8:11d1:128:5652:ff:fe63:6/70. Die ersten 70 Bit der 128-Bit-Adresse bilden also den Netzwerkteil, die übrigen 58 Bit den Geräteteil.

Die Notation von IPv6-Adressen in URLs erfolgt in eckigen Klammern, um Verwechslungen mit Ports (vgl. weiter unten) auszuschließen, denn Portnummern können ebenfalls mit einem Doppelpunkt an IP-Adressen angehängt werden.

- Beispiel ohne Portangabe: http://[2a02:2e0:3fe:100::b3ff:4911]
- Mit Angabe des Ports 8080: http://[2a02:2e0:3fe:100::b3ff:4911]:8080

Ansonsten sind auch unter IPv6 Internetadressen in Textform üblich, die durch DNS in Zahlen umgesetzt werden: http://download.wikipedia.org ist gleichbedeutend mit http://[2620::860:2:230:48ff:fe5a:eb1e].

TCP kontrolliert und sichert die Übertragung der durch IP erzeugten Datenpakete. Es baut eine bidirektionale Verbindung zwischen Sender und Empfänger auf, nummeriert die zu sendenden Pakete, fügt Prüfsummen hinzu, setzt die Pakete beim Empfänger in der richtigen Reihenfolge wieder zusammen, fordert bei Bedarf fehlerhafte oder fehlende Pakete erneut an, verwirft doppelt empfangene Pakete und bestätigt letztlich den korrekten und vollständigen Empfang.

Nun können auf einer bestehenden TCP-Verbindung mehrere Prozesse der Anwendungsschicht gleichzeitig laufen: Beispielsweise wird eine Webseite betrachtet, während der Versand einer E-Mail mit Anhang läuft und gleichzeitig Dateien per FTP auf den eigenen Computer übertragen werden. Beide am Datenverkehr beteiligten Computer haben aber jeweils nur eine IP-Adresse. Daher müssen sie zusätzlich wissen, welche Datenpakete welchem Prozess zuzuordnen sind. Das geschieht mit Hilfe von Port-Adressen, kurz Ports genannt – nicht zu verwechseln mit den gleichnamigen Hardware-Schnittstellen. Geräte werden also im Internet durch IP-Adressen identifiziert während die zwischen ihnen übertragenen Daten durch Ports für unterschiedliche Anwendungen sortiert werden. Das Paar aus IP-Adresse und Port wird als Socket bezeichnet.

Technisch gesehen, ist die Port-Adresse eine mit 16 Bit codierte Zahl von 0 bis 65535.

- Die Ports 0 bis 1023 sind „Bekannte Ports" oder „Well Known Ports", deren Aufgaben durch die IANA festgelegt sind. Der wohl bekannteste Port im Internet ist Port 80, denn über ihn laufen alle HTTP-Anwendungen. Ein weiteres Beispiel: Bei der Übermittlung einer E-Mail stellt der empfangende PC den POP3-Port 110 zur Verfügung, der sendende den SMTP-Port 25.
- Die Ports 1024 bis 49151 heißen „Registrierte Ports" (Registered Ports). Ähnlich wie Domain-Namen, können sie von Anwendungsherstellern reserviert werden. Beispiele: Port 3306 dient dem Zugriff auf MySQL-Datenbanken, Port 8080 ist ein alternativer HTTP-Port (oft von Proxy-Servern genutzt), Port 1433 ist für Microsofts SQL-Server reserviert, Port 4662 gehört zur freien Tauschbörse eMule.
- Die Ports 49152 bis 65535 heißen „Dynamische und/oder Private Ports" (Dynamic and/or Private Ports). Da sie nicht registriert sind, dürfen sie frei verwendet werden.

1.15.3 Domain Name Service (DNS)

Alle Computer im Internet sind durch IP-Adressen eindeutig identifizierbar; allerdings hätten Menschen Probleme, sich diese Zahlen einzuprägen. Normalerweise werden Hosts daher zusätzlich mit Adressen in

Textform gekennzeichnet. Diese sind wie IP-Adressen hierarchisch aufgebaut und dürfen weltweit nur einmal vorkommen. Das zuständige Verfahren heißt Domain Name Service (Domain = Gebiet, Domäne) oder kurz DNS. Eine DNS-Adresse besteht mindestens aus zwei durch einen Punkt getrennten Teilen: Domain und Top-Level-Domain. Beispiel: „ccc.de" ist die DNS-Adresse des Chaos Computer Clubs, dahinter verbirgt sich die IP-Nummer 213.73.89.122. Der Domain-Name ist „ccc", die Top-Level-Domain ist „de".

Top-Level-Domains bilden die oberste Hierarchieebene; sie kennzeichnen Themengebiete (Generic Top Level Domains, gTLD) oder Herkunftsländer (Country Code Top Level Domains, ccTLD). Die Zulassung neuer Top-Level-Domains regeln ICANN und IANA (Internet Corporation for Assigned Names and Numbers, Internet Assigned Numbers Authority).

Domain-Namen werden wie IP-Adressen zentral von Internet-Organisationen vergeben. International zuständig ist die IANA, für Domains unter der Top-Level-Domain „.de" das DENIC. Der Inhaber einer Domain darf diese weiter unterteilen in Subdomains; das können zum Beispiel Abteilungsnamen oder Produktgruppen sein. Schematisch ist eine DNS-Adresse also so aufgebaut: Subdomain.Domain.Top-Level-Domain

Davor kann (muss aber nicht immer) zusätzlich das Kürzel für den jeweiligen Internetdienst (www, ftp, news ...) stehen. Beispiele:
- chaosradio.ccc.de
- www.asta.uni-hamburg.de
- ftp.fu-berlin.de

Beispiele für Top-Level-Domains

Generic

.biz	*rein kommerziell (business)*
.com	*kommerzieller Hintergrund, Firma (commercial)*
.coop	*Kooperationen, Genossenschaften*
.gov	*US-Regierungsbehörden (government)*
.info	*Informationsdienste aller Art*
.int	*international tätige Institutionen*
.name	*Privatpersonen*
.net	*Netzbetreiber und Provider*
.org	*nicht kommerzielle Organisationen*

Country Code

.at	*Österreich*	.nl	*Niederlande*
.ch	*Schweiz*	.pl	*Polen*
.de	*Deutschland*	.ru	*Russland*
.dk	*Dänemark*	.tv	*Tuvalu*
.eu	*Europäische Union*	.tr	*Türkei*
.fr	*Frankreich*	.uk	*Großbritannien*
.it	*Italien*	.us	*USA*

Name- oder DNS-Server sorgen für die Umsetzung von DNS- in IP-Adressen. Das ist unabdingbar, denn auf technischer Ebene wird ausschließlich mit IP-Nummern gearbeitet. Jedes am Internet angeschlossene Subnetz verfügt über einen oder mehrere DNS-Server, die eine Anzahl von Adressen auflösen können. Kennt ein DNS-Server eine angefragte Adresse nicht, leitet er die Anfrage an einen übergeordneten Server weiter.

1.15.4 Internet-Dienste

Das Internet stellt auf einer gemeinsamen technischen Basis verschiedene Dienste zur Verfügung:
- World Wide Web (WWW)
- E-Mail
- Newsgroups
- Internet Relay Chat (IRC)
- File Transfer Protocol (FTP)
- Telnet und Secure Shell (SSH)
- Wireless Application Protocol (WAP, vgl. 1.14.4.4)

Wenn im Folgenden von Web-, Mail-, News-, DNS- und FTP-Servern die Rede ist, sind Serverprogramme gemeint, die bestimmte Dienste ermöglichen. Sie können gemeinsam auf einem oder getrennt auf jeweils eigenen Rechnern laufen.

1.15.4.1 World Wide Web

Das World Wide Web (WWW, auch W3 oder einfach Web genannt) wird oft mit dem Internet gleichgesetzt. Zwar ist WWW heute der wichtigste Dienst, der auch andere Dienste unter einer grafischen Oberfläche vereint und so das Internet populär gemacht hat; dennoch stellt er technisch nur einen von mehreren Diensten dar.

Hosts, die WWW unterstützen, werden als Webserver bezeichnet; verbreitet ist ein Linux-Webserver namens Apache. Das World Wide Web präsentiert Daten in grafischer und multimedialer Form auf Webseiten, die interaktiv durch Hyperlinks verknüpft und auf beliebigen Webservern gespeichert sein können. Einzige Voraussetzung auf Anwenderseite ist ein Browser für die Darstellung und Navigation der HTML-codierten Inhalte. Sekundenschnell führt das Anklicken eines Links zum Beispiel von einem französischen auf einen japanischen Server. Jeder Webauftritt hat eine Startseite, die Homepage. Sie ist durch Eingabe ihrer Adresse (URL – Uniform Resource Locator) direkt im Browser anwählbar, also zum Beispiel http://www.zfamedien.de.

Das WWW wurde Anfang der Neunzigerjahre von Mitarbeitern des Kernforschungszentrums CERN in

Genf entwickelt, federführend war der britische Informatiker Tim Berners-Lee. Die zugrunde liegende Idee war schon dreißig Jahre alt: Erleichterung der Durchsuchung, Auswertung und Navigation umfangreicher Textmengen durch Verknüpfungen, Hyperlinks genannt. Es gab bereits Hypertextsysteme, neu war die netzwerkfähige Umsetzung. Berners-Lee und sein Team entwickelten drei grundlegende Techniken, auf denen das Web bis heute basiert:

- HTML (HyperText Markup Language) als standardisierte Auszeichnungssprache für grafisch gestaltete Webseiten. Der Quellcode wird im ASCII-Format gespeichert und übermittelt. Wurden Webseiten anfangs ausschließlich durch manuelle Eingabe des Codes erstellt, helfen heute leistungsfähige Web-Editoren, sozusagen Layoutprogramme für Webseiten, die automatisch HTML-Code erzeugen.
- HTTP (HyperText Transfer Protocol) arbeitet oberhalb von TCP/IP in der Anwendungsschicht und regelt die Verständigung zwischen Web-Client und Web-Server. Nach Eingabe oder Anklicken einer bestimmten URL im Browser sendet der Client einen Request (Anfrage) mit festgelegter Syntax an den Server, der mit einem Response antwortet. Er liefert die angeforderten HTML-Seiten oder Status- und Fehlermeldungen.
- URLs (Uniform Resource Locator) dienen der eindeutigen Adressierung beliebiger Internet-Ressourcen, also Dateien oder Datenquellen. Hinter jedem Link des World Wide Webs steckt eine URL. Wie DNS-Adressen sind URLs nach einem festen Schema aufgebaut: Protokoll://DNS- oder IP-Adresse/ Verzeichnis/Unterverzeichnis/Dateiname

Die Angabe von Protokoll und Hostadresse ist unverzichtbar, Verzeichnis- und Dateinamen sind optional. Beispiele:

- http://forum.icann.org
- http://www.firma-xy.de/angebote/aktuell.html
- http://213.73.91.29/sitemap
- http://www.denic.de/doc/faq/inhalt.html
- ftp://ftp.fu-berlin.de/doc/rfc/rfc791.txt
- http://[2001:4ca0:4101::81:bb:cc:16]

1.15.4.2 E-Mail

E-Mail entstand 1971 kurz nach Gründung des Arpanets und wurde schnell zur meistgenutzten Netzanwendung, die zwei Jahre später schon 75 % des Datenverkehrs ausmachte. Im Vergleich zur herkömmlichen Post ist E-Mail schneller (Sekunden oder Minuten statt Tage), erheblich preisgünstiger und effektiv archivierbar (schon einfache Mailprogramme bieten Ausgangs- und Eingangsordner mit Sortier- und Suchfunktionen). Eine erhaltene Mail kann sofort bearbeitet oder weitergeleitet werden. Oft wird auch die Möglichkeit genutzt, beliebige Dateien „anzuhängen". Sender und Empfänger müssen nicht gleichzeitig online sein, denn die Mails werden auf speziellen Mail-Servern zwischengespeichert, bis der Empfänger sie abholt, also auf seinen Rechner überträgt.

Jeder Teilnehmer wird durch eine E-Mail-Adresse eindeutig identifiziert. Sie besteht aus zwei durch den „Klammeraffen" @ getrennten Teilen. Vorangestellt ist der Name des Benutzers (kann auch ein Phantasiename sein), gefolgt von einer Domain oder dem Namen des Providers:

- Name@Domain.Top-Level-Domain (Beispiel: c.meier@firma-xy.com)
- Name@Provider (Beispiel: p.schulz@t-online.de).

Die wesentlichen Standards und Protokolle für den E-Mail-Verkehr sind:

- MIME (Multipurpose Internet Mail Extension): Der „Briefumschlag" einer Mail besteht aus dem Header mit Informationen über Absender und Empfänger. Der Body enthält die eigentliche Nachricht, er kann aus beliebig vielen ASCII-Zeichen bestehen, allerdings nur druckbares US-ASCII ohne Steuerzeichen im 7-Bit-Code. Um in einer E-Mail Umlaute, Sonderzeichen und Attachments, also Datei-Anhänge mit Byte-Code zu transportieren, müssen sie für das 7-Bit-Korsett umcodiert werden. Der seit 1996 existierende und von den meisten Mailprogrammen unterstützte MIME-Standard transformiert jeweils 6 Bit des Attachments in ein druckbares ASCII-Zeichen und ermöglicht so die Einbettung im Mail-Body. Aus 3 Byte mit Werten jeweils zwischen 0 und 255 werden 4 Byte mit Werten zwischen 0 und 63. Das Base64 genannte Verfahren vergrößert folglich die Datenmenge um ein Drittel.
- HTML-Mail ist eine MIME-Variante, die HTML-Code im Body einbettet. Interessant sind natürlich die Möglichkeiten der Layout- und Funktionszuweisung und multimediale E-Mail. Grundsätzlich ist aber zu bedenken, dass in MIME(-Varianten) gefährlicher Code, Viren und Trojanische Pferde stecken können.
- S/MIME (Secure MIME) ist eine Erweiterung, die Verschlüsselung und digitale Signaturen erlaubt – neben dem Datenschutz auch ein Beitrag zur Virenabwehr.
- SMTP (Simple Mail Transfer Protocol) ist das grundlegende Protokoll zum Austausch von E-Mails zwischen Internet-Hosts. E-Mail-Clients dagegen nutzen SMTP nur zum Versand, nicht zum Empfang, der über POP oder IMAP läuft. SMTP- oder Mail-Server sind Hosts, die Mails annehmen und bis zum Abruf oder auch länger speichern. Provider betrei-

ben Mail-Server, aber auch zahlreiche öffentliche und kostenlose Anbieter. Im Mailprogramm muss die Adresse des SMTP-Servers eingetragen werden. Beispiel: smtp.hamburg.de

- POP (Post Office Protocol) ist das Standard-Protokoll zum Empfang von E-Mails auf Rechnern, die über Wählverbindungen auf Mail-Server zugreifen, also nicht wie Hosts dauerhaft verbunden sind. Das aktuelle POP3-Protokoll kann Mails abholen und anschließend auf dem Server löschen oder liegen lassen. Auch die direkte Löschung nicht übertragener Mails ist möglich. Im Mailprogramm muss die Adresse des POP-Servers eingetragen werden, also zum Beispiel pop3.hamburg.de.
- IMAP (Internet Message Access Protocol) ist unter Umständen die bessere Alternative zu POP. Es arbeitet völlig anders: Die Mails bleiben immer zentral auf dem Server gespeichert, ihre Bearbeitung setzt also eine Online-Verbindung voraus. Das mag nachteilig erscheinen, doch die Vorteile überwiegen, zumal viele Institutionen und Unternehmen über Standleitungen verfügen oder per Flatrate abrechnen. Die E-Mails sind in allen Bearbeitungsstufen (auch von mehreren Mitarbeitern) auf aktuellem Stand und können von verschiedenen Arbeitsplätzen verwaltet und modifiziert werden. Der Anwender kann auf dem Server Ordner anlegen und alle Dateioperationen (Löschen, Kopieren, Umbenennen, Verschieben) durchführen. Dazu kommen bessere Archivierungs- und Suchmöglichkeiten. Der Einsatz von IMAP ist auch im Intranet sinnvoll.
- Webmail ist neben POP und IMAP die dritte Möglichkeit, E-Mails zu empfangen und zu senden. Die Webseiten der Anbieter erlauben den oft kostenlosen, provider- und ortsunabhängigen Zugriff (z. B. in Internet-Cafes) ohne Mailprogramm mit einem beliebigen Browser. Verwaltung und Bearbeitung der Mails bedingt wie IMAP eine Online-Verbindung, ist aber meistens nicht gerade komfortabel und eher für den sporadischen Gebrauch geeignet.

E-Mail hat mehrere unangenehme „Nebenwirkungen": Attachments und HTML-Mail sind potenzielle Virenüberträger; nur reine Text-Mail ist davor gefeit. Traurige Weltberühmtheit erlangten E-Mail-Viren wie der Loveletter, der in einer angehängten Visual-Basic-Datei mit der Dateiendung .vbs steckt. Andere gefährdete Attachments sind ausführbare Dateien mit Endungen wie .bat, .com, .exe, .pif, .scr oder .shs. Word- und Excel-Dateien (.doc und .xls) sind ein beliebtes Ziel für Makroviren. Letztlich ist aber kaum ein Attachment sicher, auch in Bildern lässt sich Code verstecken. Also sollte ein Antivirenprogramm nicht nur Datenträger untersuchen, sondern auch eingehende Mails, bevor sie auf der Festplatte landen.

Spam-Mail, die elektronische Form der Postwurfsendung, richtet zwar keinen unmittelbaren Schaden an, ist aber eine oft schwerwiegende Belästigung. Obwohl in vielen Ländern wie Deutschland und USA für illegal erklärt, treibt sie weiter ihr Unwesen. Ist eine Mailadresse erstmal verseucht, also in einschlägigen Adress-Sammlungen im Umlauf, hilft nur noch ein Wechsel der Adresse. Zwar arbeiten viele Provider mit Spam-Filtern, aber wirklich helfen tut nur äußerste Disziplin bei der Weitergabe der eigenen Mailadresse.

Eine unverschlüsselte E-Mail ist in etwa so geheim wie eine Postkarte oder ein Fax. Mehr noch: Wie alle digitalen Daten kann sie unterwegs ohne Hinterlassung von Spuren verändert werden. Das gilt auch für andere per Internet übertragene vertrauliche Informationen. Sensible Daten sollten daher immer verschlüsselt und digital signiert versendet werden (vgl. 1.4).

1.15.4.3 Newsgroups und Internet Relay Chat

Newsgroups sind Diskussionsforen zu unterschiedlichsten Themen. Sie sind Schwarzen Brettern vergleichbar, denn jede Nachricht ist für alle Teilnehmer der Gruppe verfügbar. Es gibt zigtausende öffentliche, geschlossene und moderierte Foren. In Letzteren entscheidet ein Moderator über die Veröffentlichung von Nachrichten. Newsgroups setzen einen News-Reader voraus, der heute in die meisten Mailprogramme integriert ist.

Das zuständige Protokoll heißt NNTP (Network News Transfer Protocol). NNTP- oder News-Server ist ein Host, der Newsgroups speichert und zur Verfügung stellt. Die News-Server sind in großen dezentralen Netzen verbunden, am wichtigsten ist das Usenet.

Die Teilnahme an Newsgroups erfordert folgende Schritte:

- Adresse des News-Servers im News-Reader (bzw. Mailprogramm) eintragen. Provider halten diese

Newsgroups

Typische Kürzel zur Grobeinteilung:

alt	*alternativ, bunt – Diese Foren haben meist lockere Spielregeln und können alles Mögliche zu einem bestimmten Thema enthalten.*
comp	*Computer*
de	*deutschsprachige Newsgroups*
etc	*ähnlich wie misc*
misc	*miscellaneous (Verschiedenes)*
rec	*recreation (Freizeit, Hobby)*
sci	*science (Wissenschaft)*
soc	*society (Gesellschaft, Politik, Kultur)*
talk	*Gerüchte und Klatsch*

Adressen für ihre Kunden bereit, es gibt aber auch öffentliche Server wie news.uni-stuttgart.de.

- Download einer Liste aller auf dem Server verfügbaren Newsgroups. Der Ladevorgang kann beim ersten Mal etwas dauern, später wird die Liste nur noch automatisch aktualisiert. Provider und Administratoren können bestimmte Newsgroups (extremistische, pornografische usw.) ausschließen.
- Die Liste wird nach Stichworten durchsucht, interessierende Newsgroups werden abonniert, also vom Server geladen und später automatisch aktualisiert. Nach Auswahl einer abonnierten Newsgroup ist das Forum mit allen Beiträgen sichtbar.

Den Newsgroups liegt eine hierarchische Struktur zugrunde, die sich in ihren Namen wiederspiegelt. Am Anfang stehen ein oder mehrere Kürzel für die oberen Ebenen, gefolgt von jeweils durch einen Punkt getrennten Verzweigungen. Beispiele: de.soc.medien, alt.graphics.photoshop. Die baumartige Struktur setzt sich in den Beiträgen zu einem bestimmten Thema (Subject) fort. Ein Beitrag einschließlich aller sich darauf beziehenden Antworten wird als Thread bezeichnet. Der Teilnehmer kann sich an bestehenden Threads beteiligen oder einen neuen Thread eröffnen. Wichtig: Keine Umlaute verwenden! In den meisten Newsgroups wird von den Teilnehmern die Einhaltung gewisser Verhaltensregeln („Netikette") erwartet.

Zahlreiche Foren sind über das WWW zugänglich; statt eines Newsreaders wird also nur ein Browser benötigt. Der Eintrag einer News-Server-Adresse und das Abonnieren von Newsgroups entfällt dann. Klassische Newsgroups haben aber den Vorteil, dass sie, einmal abonniert, auch offline zu lesen sind.

IRC (Internet Relay Chat) ermöglicht Online-Unterhaltungen und -Diskussionen. Abgesehen von der schriftlichen Form, hat „chatten" etwas vom Telefonieren. Die Teilnehmer treffen sich in virtuellen Räumen, den Chatrooms. Die typische Bildschirmdarstellung ist ein zweigeteiltes Fenster: Eins zeigt die Beiträge der anderen an, die Zeichen für Zeichen erscheinen. Das zweite Fenster dient der Eingabe eigener Beiträge. Grafisch gestaltete Chatrooms bieten den Teilnehmern Avatare an, künstliche Figuren oder Gesichter, mit denen sie mehr oder weniger ausgefeilte virtuelle Räume bevölkern. Chatten ist gerade bei Jugendlichen sehr beliebt, kann aber teuer werden, denn die Teilnehmer müssen ständig online sein.

1.15.4.4 File Transfer Protocol

FTP (File Transfer Protocol) ist ein Protokoll und Dienst für Dateitransfer und Dateioperationen im Internet. FTP überträgt Dateien von FTP-Servern auf Clients (Download) oder anders herum (Upload). Dazu kommen Befehle, um Dateioperationen auf anderen Rechnern auszuführen: Ordner und Dateien anzeigen, anlegen, kopieren, umbenennen, verschieben oder löschen. Eine Besonderheit ist Anonymous FTP: Während herkömmliche FTP-Server die Anmeldung des Benutzers mit registriertem Namen und Passwort verlangen, sind Anonymous-FTP-Server öffentlich zugänglich. Teilweise sind die Namenseingabe „anonymous" oder „ftp" und als Passwort eine E-Mail-Adresse erforderlich.

Allein die zahlreichen Anonymous-FTP-Server stellen eine Unmenge von Dateien und Programmen zum Download bereit. Jedes Verzeichnis enthält normalerweise eine Inhaltsbeschreibung in Form einer Readme-Datei. Für die gelegentliche Nutzung von FTP-Servern reichen Web-Browser. Spezielle FTP-Clientprogramme, die auch kostenlos im Netz verfügbar sind, erfüllen höhere Ansprüche. Sie sind vor allem bei der Administration von Webseiten auf entfernten Servern unverzichtbar.

1.15.4.5 Telnet

Telnet dient der Fernsteuerung von Rechnern über das Internet. Es ermöglicht Teleworking, also das Arbeiten vom eigenen PC auf einem entfernten Host und spielt bei der Fernwartung von Computern und computergesteuerten Anlagen eine wichtige Rolle. Die meisten Internetnutzer kommen allerdings mit Telnet nicht in Berührung. Selbstverständlich erfordert Telnet die Anmeldung am Host mit Benutzername und Passwort. SSH (Secure Shell) ist eine Weiterentwicklung, die mit verschlüsselter Datenübertragung arbeitet. Microsoft benutzt das eigene RDP (Remote Desktop Protocol).

1.15.5 Browser

Das World Wide Web setzt spezielle, als Browser (to browse: durchblättern, durchsuchen) bezeichnete Zugangsprogramme voraus. Ihre wichtigste Aufgabe ist die Interpretation von HTML-Code, das heißt seine Umsetzung in grafisch dargestellte Webseiten. Jeder Browser hat eine Eingabezeile zum direkten Eintippen von URLs. Dazu kommen diverse Funktionen für die komfortable Navigation und Nutzung der durch Hyperlinks verknüpften Webseiten, zum Beispiel Suchen, Lesezeichen (Favoriten, Bookmarks) setzen, Vor- und Zurückblättern in besuchten Webseiten und Drucken. Aktuelle Browser-Versionen sind kostenlos und frei im Internet verfügbar. Von Fremdfirmen hergestellte Zusatzmodule (Plug-Ins) erweitern ihre Funktionalität.

Der erste populäre Browser hieß Mosaic. Einer der federführenden Entwickler, Marc Andreessen, gründete mit einem Partner die Firma Netscape. Der für Windows, Mac OS und Linux/Unix erhältliche Browser Netscape Navigator war Mitte der Neunzigerjahre unangefochtener Marktführer mit Anteilen bis 90 %. Den steilen Absturz dokumentiert eine Zahl aus dem Jahr 2000: Marktanteil 14 %, weit abgehängt von Microsofts Browser, dem Internet Explorer.

Microsoft hatte die Entwicklung des WWW zunächst regelrecht verschlafen, dann aber eine erfolgreiche Aufholjagd begonnen, die durch die Marktführerschaft bei den Betriebssystemen begünstigt wurde. Zeitweise führte der Internet Explorer, der außer für Windows auch für Mac OS erhältlich ist, mit ähnlich monopolartigem Vorsprung vor der Konkurrenz wie das Betriebssystem Windows. Die Verquickung des Internet Explorers mit Windows-Betriebssystemen veranlasste die Konkurrenz zu Klagen gegen Microsoft, die langjährige Prozesse nach sich zogen .

1998 gab Netscape den Quellcode seines Browsers frei. Auf dieser Basis entwickelte die Mozilla.Org, ein Zusammenschluss von Entwicklern und Programmierern der Opensource-Gemeinde, einen lizenzfreien Browser, ein Mailprogramm und weitere Tools. Zuerst trug die Programm-Suite noch die Bezeichnung Netscape im Namen, später hieß sie nur Mozilla. Seit 2003 kümmert sich die Mozilla Foundation um die rechtliche und finanzielle Unterstützung der Programme.

Neue Bekanntheit und (verdienten) Ruhm erlangten ab 2004 der aus Mozilla hervorgegangene Browser Firefox und das Mailprogramm Thunderbird. Beide Programme stehen kostenlos für alle gängigen Betriebssysteme zur Verfügung und sind den immer noch vorherrschenden Microsoft-Produkten in vieler Hinsicht überlegen. Sie sind kompakt, schnell und durch den offenen Quellcode können Sicherheitslücken zeitnah erkannt und geschlossen werden.

Sowohl Netscape als auch Microsoft haben proprietäre Techniken eingeführt, die sie gegenseitig nicht unterstützen. Wenn eine Webseite nicht korrekt angezeigt wird, lohnt es sich oft, einen anderen Browser zu probieren. Webseiten-Entwickler sollten ihre Arbeit immer auf unterschiedlichen Browsern und Versionen testen. Neben Internet Explorer und Firefox existieren noch einige Alternativen, zum Beispiel Opera, Safari und Konqueror.

1.15.6 Suchdienste

Das Internet ist die größte öffentlich zugängliche Datenbasis der Welt; die Inhalte sind (noch) weitgehend unzensiert und ungefiltert. Die Kehrseite der Medaille ist ein kontinuierlich wachsender Müllberg, der das Aufspüren interessanter Inhalte erschwert. Auch wenn das Netz heute Funktionen wie Chat, Telefon, Radio und Video bietet, geht es doch oft „nur" darum, schnell und gezielt Informationen über ein bestimmtes Thema, eine Institution, eine Firma oder ein Produkt zu erhalten. Hier stehen Ungeübte vor dem Problem, „den Wald vor lauter Bäumen nicht zu sehen". Dabei können Suchdienste die sprichwörtliche Nadel im Heuhaufen finden, wenn sie effizient eingesetzt werden. Grundsätzlich sind vier Arten von Suchdiensten zu unterscheiden:

- Suchmaschinen, die mit Robotprogrammen ständig das Web durchforsten und die Inhalte indiziert auf riesigen Festplattenkapazitäten speichern. Redaktionelle Auswahl findet nicht statt. Rechenzentren mit Hochleistungsservern sorgen auch bei Volltextsuche für kurze Antwortzeiten. Beispiele für schnörkellose und weitgehend werbefreie Suchmaschinen sind www.google.de und www.alltheweb.com. Der Index von Alltheweb umfasste Mitte 2002 schon über 2 Milliarden Webseiten.
- Web-Guides (auch Web-Kataloge oder -Verzeichnisse genannt) wie Yahoo haben nicht den Anspruch, das gesamte Internet zu indizieren, sondern bieten redaktionell ausgewählte Inhalte an, die vorsortiert in baumartiger Struktur durchgeklickt oder gezielt nach Stichworten durchsucht werden. Natürlich kann eine gewisse Vorauswahl angesichts der „Datenwüste Internet" hilfreich sein. Web-Guides schalten meistens automatisch auf Suchmaschinen um, wenn sie zu bestimmten Stichworten nichts zu bieten haben.
- Spezial-Suchdienste zu bestimmten Themen, zum Beispiel Filme, Musik, Zeitungsartikel, FTP-Server, E-Mail-Adressen. Beispiele:
  bigfoot.com (E-Mail-Adressen)
  findolin.de (Newsgroups)
  paperball.de (Zeitungen)
- Meta-Suchmaschinen verbreitern das Spektrum durch gleichzeitige Abfrage mehrerer Suchmaschinen. Die Auswahl der Suchmaschinen kann bei einigen Programmen individuell konfiguriert werden. Beispiele: metacrawler.com, metager.de.

Wikipedia (www.wikipedia.org) ist kein Internet-Suchdienst, sondern eine riesige Daten- und Wissensbasis, die ohne das Internet kaum vorstellbar wäre. Seit 2000 wurde Wikipedia von zigtausend ehrenamtlichen Autoren als freie, mehrsprachige Online-Enzyklopädie aufgebaut. Das Hypertext-Prinzip ermöglich umfangreiche Querverweise und Verlinkungen. Im Prinzip kann jeder bestehende Beiträge ändern oder neue schreiben. Natürlich kommt es dabei vereinzelt zu falschen Einträgen oder Copyrightverletzungen, die aber in der Regel schnell aufgedeckt und korrigiert werden. Jedenfalls ist die Qualität der Enzyklopädie mittlerweile unbestritten und der Hypertext erlaubt natürlich ganz andere Such und Auswertungsmöglichkeiten als eine gedruckte Version. Betreut wird das nicht kommerzielle, nur durch Spenden finanzierte Projekt durch die Wikipedia Foundation.

Das häufigste Problem beim Suchen ist eine viel zu große Zahl der als Hyperlinks aufgelisteten Treffer, die ein bestimmtes Stichwort erzielt. Also muss die Suche durch zusätzliche Angaben eingegrenzt werden. Alle Suchprogramme bieten entsprechende Optionen, jedoch unterscheiden sie sich konzeptionell und in der Handhabung erheblich. Folgende einfache, auch kombinierbare Parameter werden von vielen Suchmaschinen akzeptiert:

- Die Eingabe durch Leerzeichen getrennter Wörter ohne weitere Zusätze findet Seiten, die jedes der Suchwörter enthalten (entspricht dem booleschen AND).
- Mit vorangestelltem Minuszeichen können Wörter ausgegrenzt werden (entspricht dem booleschen AND NOT).
- Aufeinander folgende Wörter werden in Anführungszeichen gesetzt.
- Mit Platzhalterzeichen wie dem Sternchen wird nach Wortteilen gesucht.

Während die oben erwähnten Optionen meistens in der voreingestellten „einfachen Suche" (simple search) anwendbar sind, bietet „erweiterte Suche" (advanced search) wesentlich differenziertere Suchmöglichkeiten, zum Beispiel Eingrenzungen auf Region, Sprache, Zeitraum, Dateityp (Bild, Film, Musik), Dateigröße, E-Mail-Adressen, Newsgroups, URLs und Webseitentitel. Die Parameter können über Schaltflächen und Pulldown-Menüs festgelegt werden.

1.15.7 Internet-Service-Provider (ISP)

Der Internetzugang für Unternehmen und Privatanwender wird durch Provider bereitgestellt. Das sind Dienstleister, die über eigene oder gemietete Leitungen Zugang zu einem Backbone-Netz und somit zum Gesamtnetz haben und ihre Leitungskapazität untervermieten.

Backbone-Netze verbinden über Hochgeschwindigkeitsleitungen Rechenzentren und wichtige Server. Die nationalen und kontinentalen Backbones sind ebenfalls vernetzt, zum Beispiel über Satelliten oder Transatlantikleitungen.

Große Provider wie die US-Unternehmen AOL, AT&T, Sprint Nextel und Qwest oder die japanische NTT betreiben eigene globale Backbones, die zu den Säulen des Internets gehören. Mittelgroße Provider wie Arcor, Colt Telecom, Géant, Tiscali oder T-Online bieten überregionale, teilweise landesweite oder auch grenzüberschreitende Netze. Daneben gibt es noch zahlreiche kleinere, regional tätige Provider.

Das Angebot der Provider umfasst neben dem Internetzugang in der Regel auch Domainhosting (Registrierung und Verwaltung bestimmter Domain-Namen), Webspace (Speicherplatz auf Webservern), Webhosting (Bereitstellung von Webseiten auf Webservern), News- und Mail-Server. Application Service Provider (ASP) stellen für Unternehmen auf Mietbasis komplette Softwarelösungen einschließlich Administration und Wartung zur Verfügung und ermöglichen so das Auslagern (Outsourcing) bestimmter Unternehmensbereiche. Content Provider bieten Inhalte für Webseiten an, beispielsweise redaktioneller Art. Der Kunde kann die Inhalte mit einem gemieteten oder gekauften Content Management System (CMS) selbst verwalten oder dies als Dienstleistung in Anspruch nehmen.

Zahlreiche Provider, Dienstleistungen und Tarife stehen zur Auswahl. Ein wichtiges Kriterium ist immer die Bandbreite des Zugangs und die daraus resultierende Übertragungsgeschwindigkeit in Stoßzeiten. Übliche Tarifmodelle sind:

- Monatlicher Grundbeitrag, der eine gewisse Anzahl von Onlinestunden enthält. Darüber hinaus gehende Zeit wird extra berechnet.
- Volumentarife rechnen nicht Onlinezeit, sondern die Menge übertragener Daten ab.
- Flatrate: Ein monatlicher Pauschalbetrag deckt beliebige Onlinezeit und Datenvolumen ab.
- Call-by-Call-Provider ohne Anmeldung und Grundbeitrag empfehlen sich für gelegentliche Internetnutzung. Zu zahlen ist nur die reine Onlinezeit, die meist im Minutentakt über die Telefonrechnung abgerechnet wird.
- Internet-Cafes, teilweise auch öffentliche Einrichtungen wie Bibliotheken, stellen PCs mit Internetzugang zur Verfügung.

1.15.8 Internet-Organisationen

Ein so umfassendes und dezentrales Netz wie das Internet kann nur mit einem großen Anteil von Selbstverwaltung funktionieren. Ohne den idealistischen Einsatz zahlreicher Anwender und Entwickler wäre das Netz in der heutigen Form undenkbar. Großen Anteil hat die gesamte Open-Source-Gemeinde rund um das Betriebssystem Linux, mit dem zahlreiche Internet-Hosts arbeiten. Dennoch sind gewisse übergeordnete Stellen zur Organisation, Koordination und Standardisierung sowie für Erhalt und Ausbau der Infrastruktur notwendig. Wichtige Einrichtungen sind:

- Das W3-Konsortium oder W3C (www.w3.org) ist seit Gründung 1994 durch Tim Berners-Lee für technische Standards des Internets wie HTML, CSS, SMIL, XML usw. zuständig. Da das W3C keine Befugnis hat, Normen festzulegen, heißen seine Vorgaben „Empfehlungen" (Recommendations). Viele dieser Empfehlungen wurden und werden dann allerdings zu offiziellen Normen.
- Die ISOC (Internet Society, www.isoc.org) ist eine nichtkommerzielle und nichtstaatliche internationale Dachorganisation des Internets, die von zahlreichen Einzelpersonen und Unterorganisationen getragen wird. Zu ihren Aufgabenbereichen gehören Pflege und Weiterentwicklung der Infrastruktur, Förderung von Ausbau und Verbreitung des Internets und internationale Koordination dieser Bemühungen. Einmal im Jahr treffen sich die ISOC-Mitglieder zur Konferenz, der INET.
- Das IAB (Internet Architecture Board, www.iab.org) ist ein übergeordnetes Komitee zur Überwachung von Standardisierung der Netzstruktur und grundsätzlicher Abläufe im Internet, vor allem unter langfristigen Aspekten. Alle anerkannten Standards werden als RFCs (Requests for Comments) veröffentlicht und sind unter www.rfc-editor.org abrufbar. Beispiele: RFC 765 dokumentiert FTP, RFC 791 beschreibt IP und RFC 821 SMTP.
- Die ICANN (Internet Corporation for Assigned Names and Numbers, www.icann.org) regelt und koordiniert grundlegende Aspekte für die Vergabe von Top-Level-Domains und IP-Adressräumen. Dazu gehören auch Genehmigung von Registrierungsstellen und Vorgaben für die Entwicklung neuer technischer Standards.
- Die IANA (Internet Assigned Numbers Authority, www.iana.org) ist Unterorganisation der ICANN. Sie befasst sich direkt mit der Vergabe von IP-Adressen, Top Level Domains und Ports. Ihre Unterorganisationen sind ARIN (Nordamerika), LACNIC (Lateinamerika/Karibik), RIPE (Europa), APNIC (Asien/Pazifik-Region), AfriNIC (Afrika).
- Das InterNIC (Internet Network Information Center) war bis Ende der Neunzigerjahre für die Vergabe internationaler Domainnamen und IP-Nummern zuständig; diese Aufgaben wurden dann an ICANN bzw. IANA übertragen.
- Die IETF (Internet Engineering Task Force, www.ietf.org) ist eine Gemeinschaft kommerzieller und nichtkommerzieller Internetnutzer, die technische Neuerungen entwickeln und zur Standardisierung vorschlagen. Der Schwerpunkt liegt auf Netzprotokollen wie IP, TCP, HTTP und SMTP.
- Die IRTF (Internet Research Task Force, www.irtf.org) ist wie IETF ein Organ des IAB, ihr Schwerpunkt liegt im Bereich der Forschung und Entwicklung.
- Die EURid (European Registry of Internet Domain Names, www.eurid.eu) vergibt Domainnamen unter der Top-Level-Domain .eu.
- Das DENIC (Deutsches Network Information Center, www.denic.de) vergibt Domainnamen unter der Top-Level-Domain .de.

1.16 Arbeitssicherheit und Ergonomie

1.16.1 Rechtliche Grundlagen

Die rechtlichen Grundlagen für die Gestaltung von Bildschirm- und Büroarbeitsplätzen sind durch europäische Richtlinien und darauf basierende nationale Gesetze und Verordnungen vorgegeben:

- Das deutsche Arbeitsschutzgesetz (ArbSchG) ist die Umsetzung der EG-Rahmenrichtlinie zum Arbeitsschutz von 1989.
- Die Bildschirmarbeitsverordnung trat 1996 in Kraft; sie basiert auf der EG-Bildschirmrichtlinie und Paragraph 19 des Arbeitsschutzgesetzes.
- Sicherheitsregeln und Informationen der Berufsgenossenschaften, also der Träger der gesetzlichen Unfallversicherung, konkretisieren die recht allgemein formulierten Ziele der Bildschirmarbeitsverordnung und bieten Handlungsanleitungen. In diesem und den folgenden Abschnitten sind wichtige Inhalte des aktuellen BG-Leitfadens zusammengefasst. Der komplette Leitfaden BGI 650 und zahlreiche weitere Publikationen zum Thema Arbeits- und Gesundheitsschutz stehen zum kostenlosen Download auf der Webseite der Verwaltungs-Berufsgenossenschaft zur Verfügung: www.vbg.de.

Das Arbeitsschutzgesetz (ArbSchG) definiert Pflichten für Arbeitgeber und Arbeitnehmer. Der Arbeitgeber hat die Beschäftigten während der Arbeitszeit ausreichend und angemessen über Sicherheit und Gesundheitsschutz zu unterweisen. Dies muss bei der Einstellung, bei Veränderungen des Aufgabenbereichs und bei der Einführung neuer Arbeitsmittel und Technologien erfolgen. Ein Arbeitsplatz gilt erst dann als ergonomisch eingerichtet, wenn der Beschäftigte im Umgang mit seinen Arbeitsmitteln unterwiesen ist und diese sinnvoll nutzen kann. Zur Unterweisung gehören zum Beispiel die richtige Einstellung des Arbeitsstuhls und der Umgang mit der eingesetzten Software.

Der Arbeitnehmer ist zur Mitwirkung bei der Umsetzung der Arbeitsschutzbestimmungen verpflichtet.

Er muss die Arbeitsmittel bestimmungsgemäß und ergonomisch nutzen. Zur Mitwirkung gehört auch die Teilnahme an arbeitsmedizinischen Untersuchungen der Augen und des Sehvermögens.

Die Anforderungen der Bildschirmarbeitsverordnung umfassen Bildschirmgerät, Arbeitsplatz, Arbeitsumgebung, Softwareausstattung und Arbeitsorganisation. Dabei stehen Sicherheit und Gesundheit der Beschäftigten im Vordergrund.

Die Verordnung gilt für alle Beschäftigten, die einen nicht unwesentlichen Teil ihrer Arbeit am Bildschirmgerät verbringen. Damit ist nicht nur der Bildschirm selbst gemeint, sondern eine Funktionseinheit aus Eingabegeräten wie Tastatur und Maus, Bildschirm mit beliebiger Technik wie CRT, LCD usw., Zentraleinheit (Rechner) und eventuell Zusatzgeräte wie Drucker, Plotter oder externe Speicher. Typische Bildschirmarbeitsplätze finden sich in den Bereichen Büro, CAD, Programmierung, Mediengestaltung, digitale Audio- und Videobearbeitung.

Ausgenommen von der Bildschirmarbeitsverordnung sind Fernsehgeräte, Überwachungsmonitore, Registrierkassen, Messgeräte, Schreibmaschinen mit einzeiligem Display und sonstige Geräte mit kleinen, einfachen Kontrollanzeigen. Auch öffentliche Bildschirmgeräte wie Bank-, Buchungs- und Informationsterminals werden nicht berücksichtigt, da sie nur für den kurzfristigen Gebrauch bestimmt sind.

Die Arbeit an Bildschirmgeräten kann drei unterschiedliche Belastungen bedingen:

- Physisch: Statische Körperhaltung und daraus resultierende einseitige Belastung kann Beschwerden in Nacken und Schultern, Armen, Händen und Wirbelsäule verursachen und zu Kopfschmerzen führen.
- Visuell: Eine visuelle Überbeanspruchung kann so genannte asthenopische Beschwerden auslösen, zum Beispiel Flimmern vor den Augen, brennende oder tränende Augen, Kopfschmerzen. Diese Beschwerden können wiederum körperliche Fehl- und Zwangshaltungen verursachen.
- Psychisch: Faktoren wie Arbeitsanforderungen, soziale Beziehungen im Kollegenkreis und die Arbeitsumgebung können sich vielfältig positiv oder negativ auswirken. Beispiele für negative Wirkungen sind Leistungsschwankungen, eingeschränkte Kommunikationsfähigkeit, Stressempfinden, Unzufriedenheit, Resignation und gehäufte Erkrankungen. Mögliche Ursachen: Monotone Tätigkeiten, Über- oder Unterforderung, starre Arbeitsabläufe, hoher Zeitdruck, mangelnde Leitungsqualität von Vorgesetzten und last not least: mangelhafte Software.

Das Konzept der „Mischarbeit" dient der Reduzierung der oben beschriebenen Belastungen. Im BGI-Leitfaden heißt es dazu: „Der Arbeitgeber hat die Tätigkeit der Beschäftigten so zu organisieren, dass die tägliche Arbeit an Bildschirmgeräten regelmäßig durch andere Tätigkeiten oder Pausen unterbrochen wird." Wenn also aus betrieblichen Gründen eine sinnvolle Mischarbeit („andere Tätigkeiten") nicht möglich ist, müssen Pausen eingelegt werden. Mehrere kurze Pausen sind dabei erheblich wirksamer als wenige lange. Keinesfalls sollten Pausen aufgespart werden, um früher den Arbeitsplatz zu verlassen.

Nach derzeitigem Wissensstand sind keine nachhaltigen Schädigungen der Augen durch Bildschirmarbeit (nach den geltenden Richtlinien) zu erwarten. Fest steht aber, dass ein großer Teil der Bevölkerung (um 30 %) über ein nicht ausreichendes oder nicht ausreichend korrigiertes Sehvermögen verfügt. In Verbindung mit den erhöhten visuellen Anforderungen der Bildschirmarbeit, eventuell verstärkt durch mangelhafte Beleuchtung, kann eine Sehschwäche jedoch zu erheblichen Beschwerden führen.

Daher sind arbeitsmedizinische Vorsorgeuntersuchungen für Beschäftigte an Bildschirmgeräten gesetzlich vorgeschrieben. Die Erstuntersuchung muss vor der Arbeitsaufnahme erfolgen, die regelmäßigen Nachuntersuchungen altersabhängig im Abstand von drei oder fünf Jahren (über bzw. unter 40 Jahren). Der untersuchende Arzt muss die Zusatzqualifikationen Arbeits- und Betriebsmedizin haben oder Augenarzt sein. Die Kosten der Vorsorgeuntersuchungen trägt der Arbeitgeber.

1.16.2 Arbeitsmittel

Arbeitsmittel im Sinne des Arbeitsschutzgesetzes und der Bildschirmarbeitsverordnung sind Maschinen, Geräte, Möbel und Einrichtungen, sonstige während der Arbeit benutzte Gegenstände und die eingesetzte Software.

Dazu sagt der BG-Leitfaden: „Arbeitsmittel müssen gebrauchstauglich sein, d. h. sie sollten gewährleisten, dass Versicherte ihre Arbeitsaufgaben effektiv, effizient und mit Zufriedenheit erledigen können. ... Arbeitsmittel entsprechen ergonomischen Gestaltungskriterien, wenn sie den physischen und psychischen Gegebenheiten des Menschen so angepasst sind, dass einseitige, zu hohe Belastungen vermieden werden."

Allgemein geht es um folgende Punkte:

- Die Oberflächen aller Arbeitsmittel, mit denen der Benutzer während seiner normalen Arbeit häufig in Berührung kommt, zum Beispiel Tischplatte, Sitzfläche, Tastatur und Maus, müssen aus geeigneten Werkstoffen bestehen. Diese dürfen vor allem keine unzuträgliche Wärmeableitung zulassen, daher sind Glas und Metall ungeeignet.

- Oberflächen, Ecken und Kanten der Arbeitsmittel müssen so gestaltet sein, dass Verletzungen vermieden werden. Entsprechende Abrundungen sollten einen Radius von mindestens 2 mm, besser 3 mm oder mehr aufweisen.
- Bewegte Teile, die eine Gefahr darstellen (zum Beispiel Lüfter, Aktenvernichter), sind durch Abdeckungen und Verkleidungen vor Berührung zu schützen. Ihre Konstruktion und Ausführung muss unbeabsichtigtes Lösen von Teilen verhindern.
- Alle Arbeitsmittel müssen über ausreichende Standsicherheit verfügen.
- Elektrische Geräte müssen so gestaltet sein und instand gehalten werden, dass Gefahren durch elektrische Energie vermieden werden. Spannungsführende Teile sind ausreichend gegen Berührungen zu schützen.
- Verstellbare Arbeitsmittel (z. B. Stuhl, Tisch) müssen über ergonomisch gestaltete und angeordnete Verstelleinrichtungen verfügen. Die Einstellung darf sich nicht unbeabsichtigt verändern.
- Geeignete deutschsprachige Benutzerinformationen, also Gebrauchsanweisungen, Bedienungsanleitungen und technische Dokumentationen, sollten im jeweils erforderlichen Umfang Angaben zu folgenden Punkten enthalten: Produkt, Einsatzort, Transport, Lagerung, Auf- und Abbau, bestimmungsgemäße und sichere Verwendung, Instandhaltung.

Natürlich dreht sich ein großer Teil des BG-Leitfadens um Bildschirme. Kriterien wie Helligkeit, Kontrast, Schärfe, Zeichengröße, Zeichenabstand, Bildstabilität, Bildgeometrie, Flimmerfreiheit, Farbdarstellung, Konvergenz und Strahlung werden eingehend behandelt.

Die Tastatur sollte vom Bildschirm getrennt sein. Gefordert ist eine flache, leicht geneigte Bauweise zwischen 5° und 12°; ausklappbare Tastaturfüße sollten den Neigungswinkel auf bis zu 15° erhöhen können. Eine zusätzliche Handballenauflage ist normalerweise nicht notwendig, allerdings muss vor der Tastatur genügend Platz (10 cm bis 15 cm) zum Auflegen von Armen und Händen sein. Empfohlen werden Tastaturen mit Positivdarstellung, also dunkle Beschriftung auf hellem Grund. Die Tasten mit einem Durchmesser von 12 mm bis 15 mm haben eine konkave Oberfläche und müssen einen deutlich wahrnehmbaren Druckpunkt aufweisen. Maus und andere Eingabegeräte werden im BG-Leitfaden stiefmütterlich behandelt, daher sei hier auf Abschnitt 1.11.2 dieses Kapitels verwiesen.

Der Arbeitstisch bzw. die Arbeitsfläche muss eine ausreichend große und reflexionsarme Oberfläche haben. Ausreichend groß heißt, dass alle Arbeitsmittel wie Bildschirm, Tastatur und sonstige Geräte flexibel angeordnet werden können, ohne über die Arbeitsfläche hinauszuragen. Die Tiefe der Arbeitsfläche muss mindestens 80 cm betragen, die Breite mindestens 160 cm, in Ausnahmefällen 120 cm. Abhängig von Arbeitsaufgaben, Gerätegrößen und Sehabstand können diese Mindestanforderungen jedoch erheblich zu gering sein; zum Beispiel erfordern große CRT-Monitore mit großer Bautiefe tiefere Arbeitsflächen.

Der Sehabstand, also die Entfernung zwischen Auge und Monitordarstellungsfläche, sollte mindestens 50 cm betragen und sich ansonsten nach Bildschirmgröße, Auflösung und Zeichengröße richten. Bei der Angabe der Bildschirmgröße durch die Bildschirmdiagonale ist zwischen CRT- und LCD-Größenangaben zu unterscheiden. Die Empfehlungen für den Sehabstand (siehe Tabelle auf dieser Seite) gelten für den Fall, dass die Sehaufgabe überwiegend darin besteht, den gesamten Bildschirminhalt auf einen Blick zu erfassen.

Die Tischhöhe bei nicht höhenverstellbaren Sitzarbeitsplätzen soll 72 cm betragen, bei Steharbeitsplätzen 103 cm bis 106 cm. Empfehlenswert sind aber höhenverstellbare Arbeitsflächen in einem Bereich von 68 cm bis 76 cm (sitzend) und 95 cm bis 118 cm (stehend). Die optimale Arbeitshöhe ist leicht zu ermitteln: Sie sollte an Sitz- und Steharbeitsplätzen bei locker herabhängenden Armen auf Ellenbogenhöhe liegen. Selbstverständlich müssen die Tischmöbel so konstruiert sein, dass Tischbeine, Plattenstärken, Blenden, Schubladen usw. ausreichenden Fuß- und Beinraum lassen.

Empfohlene Sehabstände

CRT-Diagonale		LCD-Diagonale		Sehabstand
17 inch	43 cm	15 inch	38 cm	60 cm
19 inch	48 cm	17 inch	43 cm	70 cm
21 inch	53 cm	19 inch	48 cm	80 cm

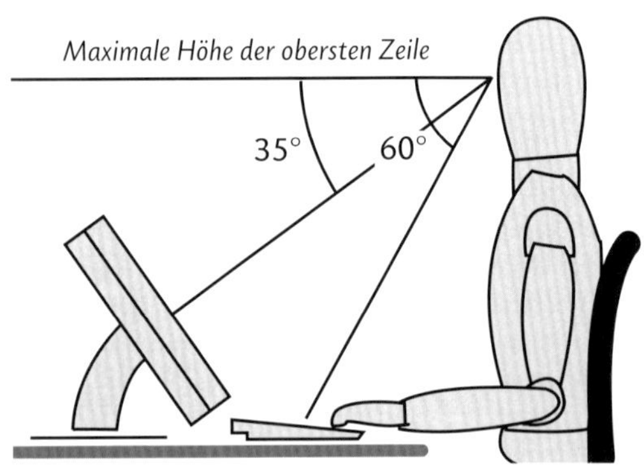

Optimale Blickrichtungen auf Monitor und Tastatur

Für eine entspannte Kopfhaltung ist die Anordnung des Bildschirms auf der Arbeitsfläche entscheidend. Keinesfalls sollte die oberste Bildschirmzeile über der Augenhöhe liegen. Optimal ist eine um etwa 35° aus der Waagerechten abgesenkte Blicklinie, die annähernd rechtwinklig auf den Monitor trifft.

Eine korrekte Sitzhaltung setzt neben einer ausreichend bemessenen Arbeitsfläche in der richtigen Höhe einen standsicheren Arbeitsstuhl mit geeigneten Einstellmöglichkeiten voraus. Sitzfläche und Rückenlehne sollten horizontal und vertikal verstellbar sein, um entspanntes und dynamisches Sitzen sowohl in vorgeneigter, aufrechter und zurückgelehnter Haltung zu ermöglichen. Die Form der Rückenlehne soll die Wirbelsäule in verschiedenen Sitzhaltungen unterstützen. Der BG-Leitfaden definiert den ergonomischen Büroarbeitsstuhl in allen Einzelheiten mit genauen Mindest- und Höchstmaßen. Es ist davon auszugehen, dass handelsübliche Stühle diese Anforderungen in der Regel erfüllen. Die erheblichen Preisunterschiede sind in erster Linie durch unterschiedliche Materialien, Verarbeitungsqualität und Haltbarkeit bedingt.

Wichtig ist die korrekte Einstellung des Stuhls: Bei ganzflächig aufgestellten Füßen sollen die Oberschenkel eine nahezu waagerecht und der Winkel zwischen Ober- und Unterschenkel 90° oder größer sein.

1.16.3 Software-Ergonomie

Relativ ausführlich geht der BG-Leitfaden auf das Arbeitsmittel Software ein. Berechtigterweise, denn viele Programme weisen aus ergonomischer Sicht kleine oder große Defizite auf. Folgende Grundsätze der Dialoggestaltung werden beschrieben:

- Aufgabenangemessenheit: Die Software muss an die auszuführende Aufgabe angepasst sein, sie sollte den Benutzer nicht durch spezielle Eigenschaften zusätzlich belasten. Begriffe, Symbole, Bildschirmmasken, Funktionsbeschreibungen, Hilfetexte und Benutzerhandbücher müssen den arbeitsspezifischen Regelungen entsprechen sowie frei von Widersprüchen, eindeutig und möglichst abkürzungsfrei sein.
- Selbstbeschreibungsfähigkeit: Auch ohne Handbuchstudium sollte dem Benutzer Einsatzzweck und Funktionsumfang eines Programms deutlich werden. Alle notwendigen Angaben sollten automatisch oder nach Anforderung auf dem Bildschirm verfügbar sein und das System sollte nach jeder Aktion des Benutzers eine angemessene Rückmeldung geben.
- Steuerbarkeit: Der Benutzer muss den Dialogablauf steuern können; keinesfalls darf ihm das Programm einen bestimmten Arbeitsrhythmus aufzwingen. Dialogschritte sollen leicht überschaubar und gegebenenfalls zusammenfassbar sein. Dialoge müssen ab- und unterbrechbar sein, mindestens der letzte Schritt muss rückgängig zu machen sein. Ist zur Erfüllung einer Arbeitsaufgabe die Anwendung mehrerer Programme notwendig, muss einfacher Wechsel und Datenaustausch zwischen den Programmen möglich sein. Intern vernetzte Systeme sollen den Benutzern sichere Navigation ermöglichen.
- Fehlertoleranz: Benutzereingaben dürfen nicht zu undefinierten Zuständen oder Systemzusammenbrüchen führen. Befehle mit großer Tragweite sollten eine zusätzliche Bestätigung erfordern. Fehlermeldungen müssen verständlich, konstruktiv und einheitlich formuliert sein; sie sollten Informationen über Auftreten und Art des Fehlers enthalten und Korrekturmöglichkeiten aufzeigen. Gerade bei diesen Anforderungen ist oft festzustellen, dass die Wirklichkeit im krassen Widerspruch dazu steht.
- Erwartungskonformität: Sie ist gegeben, wenn Dialogverhalten und Erscheinungsbild der an einem Arbeitsplatz eingesetzten Programme möglichst einheitlich sind, der im Dialog verwendete Wortschatz dem Benutzer aus seiner Arbeitswelt vertraut ist und wenn seine Aktionen unmittelbare Rückmeldungen bewirken. Die Antwortzeiten des Systems sollen der Aufgabenstellung entsprechen und allgemein akzeptabel sein. Dazu gehört natürlich auch WYSIWYG: What you see is what you get – die Bildschirmdarstellung entspricht dem Ausdruck.
- Individualisierbarkeit: Es geht um die Anpassungsmöglichkeiten eines Programms an Sprache, Fähigkeiten und Fertigkeiten des Benutzers. Dazu gehören alternative Darstellungsformen, Ausblenden, Hinzufügen und Zusammenfassen von Funktionen, Änderung der Geschwindigkeit von Ein- und Ausgabefunktionen und die Wahl zwischen unterschiedlichen Dialogtechniken.
- Lernförderlichkeit: Dieses Kriterium ist erfüllt, wenn die Software Lernstrategien wie verständnisorientiertes Lernen, Lernen durch Handeln und Lernen am Beispiel unterstützt. Der Benutzer sollte sich Konzepte und Regeln der Software, deren Zweck, Aufbau und Möglichkeiten einprägen können.
- Informationsdarstellung: Angestrebt sind einfache, schnelle und sichere visuelle Erfassung und gedankliche Verarbeitung der Informationen. Dies wird durch drei Methoden erreicht.

  (1) Organisation der Information: Inhaltliche Gruppierung, Positionierung und Formatierung von Text und Grafik

  (2) Verwendung grafischer Objekte wie Icons, Zeiger und Positionsmarken

(3) Codierverfahren: Einsatz von alphanumerischer und grafischer Codierung, Farbcodierung und anderer visueller Verfahren wie Blinken und Helligkeitsunterschiede

1.16.4 Prüfzeichen

Technische Sicherheit und ergonomische Qualität von Arbeitsmitteln werden durch eine Reihe unterschiedlicher Prüfzeichen und Gütesiegel zertifiziert.

- Das BG-PRÜFZERT ist ein anspruchsvolles berufsgenossenschaftliches Gütesiegel, zertifizierte Produkte sind sicher, ergonomisch und emissionsarm.
- CE ist die Abkürzung für Communauté Européenne, also Europäische Gemeinschaft. Seit 1996 müssen alle in der EG gehandelten elektrischen und elektronischen Geräte sowie passive Komponenten (Kabel, Verteiler usw.) über das CE-Konformitätszeichen verfügen. Das Zeichen steht im Wesentlichen für die Einhaltung der EMV-Richtlinie (elektromagnetische Verträglichkeit). Dabei geht es wohlgemerkt nicht um gesundheitliche oder Umweltaspekte, sondern um die Minimierung von Störstrahlung. Wenn also der Toaster das Frühstücksfernsehen stört, könnte es an mangelnder CE-Konformität liegen.
- Das GS-Zeichen (Geprüfte Sicherheit) beinhaltet neben elektrischer und mechanischer Sicherheit das Einhalten ergonomischer Vorschriften und der deutschen Röntgenverordnung.
- TCO (Tjänstemännens Central-Organisation) ist eine schwedische Norm, die in erster Linie als Kriterium für strahlungsarme CRT-Bildschirme bekannt wurde und auch heute noch maßgebend für diesen Bereich ist. Seit 1995 gilt sie auch für Flachbildschirme und PCs. TCO berücksichtigt nicht nur Strahlung, sondern auch umweltverträgliche Herstellung, Brandschutz, Leuchtdichte, Energieverbrauch und Recycelbarkeit (vgl. auch Abschnitt 1.13.3.2).
- Die Technischen Überwachungsvereine (TÜV) vergeben verschiedene Siegel, zum Beispiel „Bauart geprüft" und „Ergonomie geprüft".
- Der VDE (Verband Deutscher Elektrotechniker) prüft die elektrische Sicherheit von Geräten und vergibt entsprechende Zeichen.

1.16.5 Arbeitsumgebung

Zur Arbeitsumgebung gehören die Kriterien Platzbedarf, Beleuchtung, Lärm, Raumklima und Strahlung.

Mit dem Platzbedarf ist einerseits die ausreichend große Arbeitsfläche gemeint (siehe oben), andererseits der umgebende Raum. Zu jedem Arbeitsplatz gehören mindestens 1,5 m² unverstellte Bewegungsfläche, die an keiner Stelle weniger als 1 m tief sein darf. Hinzu kommen ausreichende Funktionsflächen für Fenster, Türen und bewegliche Teile von Büromöbeln und Arbeitsmitteln. Auch die minimale Breite von Verkehrswegen und Verbindungsgängen ist festgelegt: Abhängig von der Zahl der Benutzer müssen Verkehrswege zwischen 0,8 m (bis 5 Benutzer) und 2,25 m (bis 400 Benutzer) breit sein. Verbindungsgänge zum persönlichen Arbeitsplatz sind mindestens 0,6 m breit, Wege zu Fenstern und Heizkörpern 0,5 m.

Aus diesen Vorgaben ergibt sich bei üblicher Möblierung ein mittlerer Platzbedarf pro Bildschirmarbeitsplatz von 8 m² bis 10 m²; in Großraumbüros sind es aufgrund höheren Verkehrsflächenbedarfs und größerer Störwirkungen 12 m² bis 15 m².

Erhebliche Auswirkung auf das visuelle Leistungsvermögen hat die Qualität der Raumbeleuchtung, die auch das allgemeine Wohlbefinden und das Aktivitätsniveau beeinflusst. Ungünstige Lichtverhältnisse können verschiedenste asthenopische Beschwerden auslösen.

Angepasst an die Sehaufgabe und das Sehvermögen des Benutzers muss die Raumbeleuchtung einen angemessenen Kontrast zwischen Bildschirm und Arbeitsumgebung gewährleisten. Störende Blendwirkungen, Reflexionen und Spiegelungen sind so weit wie möglich zu vermeiden. Fenster müssen mit verstellbaren Lichtschutzeinrichtungen ausgestattet sein. Die Beleuchtung soll als Allgemeinbeleuchtung ausgeführt sein, die im Bedarfsfall mit einer Einzelplatzbeleuchtung kombiniert wird. Grundsätzlich ist je nach Lichtverteilung der eingesetzten Leuchtmittel zu unterscheiden zwischen direkter Beleuchtung, indirekter Beleuchtung und der Kombination aus beidem.

Folgende Merkmale bestimmen im Zusammenspiel die Beleuchtungsqualität:

- Beleuchtungsniveau: Gefordert ist mindestens eine Beleuchtungsstärke von 500 Lux, in Großraumbüros etwa 750 Lux. Sie muss auch allein durch künstliches Licht erbracht werden können, da die Intensität des Tageslichts großen Schwankungen unterliegt.
- Leuchtdichteverteilung: Leuchtdichte ist der lichttechnische Ausdruck für Helligkeit des von einer Fläche abgestrahlten oder reflektierten Lichts. Gefordert ist ein ausgewogenes Leuchtdichteverhältnis zwischen Arbeitsfeld (Beispiele: Bildschirm, Papier), näherem Umfeld (Arbeitstisch) und Arbeitsumgebung (Wände). Zu große Unterschiede in der Leuchtdichte sind zu vermeiden. Aber auch zu geringe Unterschiede, die zum Beispiel durch eine ausschließlich indirekte Beleuchtung entstehen, sind nachteilig, da sie einen monotonen Raumeindruck bewirken können. Der BG-Leitfaden gibt konkrete

Empfehlungen für Reflexions- und Glanzgrade von Decken, Wänden, Böden, Arbeitsflächen und sonstigen Gegenständen und Geräten.
- Begrenzung der Blendung und Vermeidung von Reflexionen und Spiegelungen: Zu hohe Leuchtdichte oder zu große Leuchtdichteunterschiede führen zu direkter Blendung oder durch Spiegelungen auf glänzenden Flächen zur Reflexblendung. Daher sollte sowohl Tageslicht als auch künstliches Licht nicht direkt, sondern schräg seitlich auf das Arbeitsfeld treffen. Die Blickrichtung am Arbeitsplatz sollte möglichst parallel zur Hauptfensterfront liegen, nahe gelegene Fenster im Rücken der Benutzer sind zu vermeiden oder müssen gut abzudunkeln sein. Generell sollten Fenster mit lichtdurchlässigen Schutzeinrichtungen wie Jalousien, Lamellenstores oder Vorhängen ausgestattet sein.
- Lichtrichtung und Schattigkeit: Einerseits ist stark gerichtetes Licht mit langen und scharfen Schatten zu vermeiden, andererseits darf die Beleuchtung im Interesse der räumlichen Wahrnehmung nicht zu schattenarm sein.
- Flimmerfreiheit: Vor allem bei Leuchtstoffröhren kann es zu Flimmererscheinungen und Interferenzen mit CRT-Monitoren kommen, was aber durch elektronische Vorschaltgeräte vermeidbar ist.

Ein ständiger, zu hoher Geräuschpegel ist unangenehm und lästig, er kann Konzentrationsfähigkeit und Sprachverständigung beeinträchtigen. Der auf den Menschen einwirkende Schallpegel wird in der Einheit Dezibel(A) – kurz dB(A) – gemessen. Jede Erhöhung des Schallpegels um 10 dB(A) entspricht einer Verdoppelung der empfundenen Lautstärke. Beispiel: Die Erhöhung von 60 dB(A) auf 70 dB(A) wird als Verdoppelung der Lautstärke empfunden, die Erhöhung von 60 dB(A) auf 80 dB(A) als Vervierfachung.

Die Grenzwerte sind 55 dB(A) für überwiegend geistige Tätigkeiten (zu denen Bildschirmarbeit in der Regel zählt) und 70 dB(A) für einfache oder überwiegend mechanisierte Büro- und vergleichbare Tätigkeiten. Zu bedenken ist, dass diese Grenzwerte für den Gesamtpegel einschließlich von außen einwirkender Geräusche gelten und dass auch Geräusche unterhalb des Grenzwertes als sehr störend empfunden werden können, beispielsweise das hochfrequente „Pfeifen" von Hochgeschwindigkeitsfestplatten. Zur Lärmminderung tragen folgende Maßnahmen bei:
- Einsatz lärmarmer Arbeitsmittel
- räumliche Trennung von Arbeitsplätzen und Lärmquellen
- schalldämpfende Ausführung von Decken, Wänden, Bodenbelag, Stellwänden, Aufstellflächen und Unterlagen
- Textillamellen oder Vorhänge vor Fensterflächen

Lufttemperatur, Luftfeuchte und Luftbewegung sind die wesentlichen Faktoren, die ein (un)behagliches Raumklima schaffen:
- Die Temperatur sollte 21 °C bis 22 °C und im Sommer möglichst nicht über 26 °C betragen. Gemessen wird in der Raummitte in 75 cm Höhe.
- Die relative Luftfeuchte muss zwischen 30 % und 65 % liegen, empfohlen sind 50 %. Bei diesem Wert kommt es auch kaum zu elektrostatischer Aufladung. Pflanzen mit hohem Wasserbedarf oder spezielle Luftbefeuchter sorgen für ausreichende Luftfeuchte.
- Die Luftbewegung sollte bei optimaler Raumtemperatur 0,1 m/s bis 0,15 m/s nicht überschreiten.

1.17 Datenschutz

Die computergestützte Verarbeitung von Daten bringt im Vergleich zur traditionellen Datenverarbeitung mit Akten und Karteien viele Vorteile, aber auch ganz neue Probleme mit sich. Das hat vor allem folgende Gründe:
- Auch sehr umfangreiche Datenbestände können in kürzester Zeit nach bestimmten Merkmalen durchsucht werden, zum Beispiel bei der Rasterfahndung.
- Daten können einfach vervielfältigt und mit anderen Daten verknüpft werden.
- Netzwerke ermöglichen schnelle und entfernungsunabhängige Datenübertragung.
- Daten werden automatisch erhoben. Das führt zu riesigen, kaum noch überschaubaren Datenmengen.

Beim Datenschutz geht es um den Schutz personenbezogener Daten. Private und wirtschaftliche Interessen sowie Kontroll- und Sicherheitsbestrebungen des Staates stehen dem Recht auf informationelle Selbstbestimmung des Einzelnen gegenüber. Dieser kann den Weg und die Verwendung seiner persönlichen Daten nicht mehr verfolgen oder steuern.

Technisch ist heute fast alles möglich, vom gläsernen Mitarbeiter bis zum gläsernen Bürger. Allein die Möglichkeiten moderner, teilweise satellitenunterstützter Abhör- und Kameraüberwachungstechniken sind erschreckend. Auch das Internet mit seinen zahlreichen Sicherheitslücken gibt Anlass zur Besorgnis.

Um die Bürger zu schützen, gibt es internationale, europäische und nationale Datenschutzbestimmungen. Die aktuelle europäische Datenschutzrichtlinie stammt aus dem Jahre 1995. In Deutschland gilt das Bundesdatenschutzgesetz (BDSG) von 1990, das seitdem mehrfach überarbeitet und aktualisiert wurde.

§ 1 Absatz 1 des BDSG sagt: „Zweck dieses Gesetzes ist es, den Einzelnen davor zu schützen, dass er durch den Umgang mit seinen personenbezogenen Daten in seinem Persönlichkeitsrecht beeinträchtigt wird."

Das Persönlichkeitsrecht gehört zu den höchsten Werten, die durch das Grundgesetz geschützt sind:

- Artikel 1 Absatz 1 Grundgesetz: Die Würde des Menschen ist unantastbar. Sie zu achten und zu schützen ist Verpflichtung aller staatlichen Gewalt.
- Artikel 2 Absatz 1 Grundgesetz: Jeder hat das Recht auf freie Entfaltung seiner Persönlichkeit, soweit er nicht die Rechte anderer verletzt und nicht gegen die verfassungsmäßige Ordnung oder das Sittengesetz verstößt.

In seinem Grundsatzurteil zur Volkszählung hat das Bundesverfassungsgericht 1983 bezüglich des Datenschutzes ausgeführt: „Das Grundrecht gewährleistet insoweit die Befugnis des Einzelnen, grundsätzlich selbst über die Preisgabe und Verwendung seiner persönlichen Daten zu bestimmen."

Dennoch kann das Recht auf informationelle Selbstbestimmung nicht uneingeschränkt gelten, denn für Staat und Wirtschaft sind personenbezogene Daten zur Erfüllung ihrer Aufgaben unverzichtbar. Beispielsweise würden Schulen, Sozialversicherungsträger, Finanzämter oder Polizei, aber auch Banken, Versicherungen und Versandhandel sonst nicht funktionieren.

Für die Erhebung personenbezogener Daten gelten drei Grundsätze:

- Sie dürfen nur mit Einwilligung des Betroffenen gespeichert werden oder wenn eine Rechtsvorschrift dies erlaubt.
- Nur das erforderliche Minimum an Daten darf verlangt werden.
- Die Daten dürfen nur für den Zweck verwendet werden, für den sie erhoben wurden.

Die von der Erhebung, Verarbeitung und Nutzung ihrer personenbezogenen Daten Betroffenen haben folgende Rechte:

- Einwilligung zur Speicherung und Verarbeitung ihrer Daten, wenn keine Rechtsvorschrift dies ohne Einwiligung erlaubt. Bei wirtschaftlichen Zwecken ist das der Regelfall.
- Auskunft über gespeicherte persönliche Daten, den Zweck der Speicherung und die Adressaten der Daten, wenn diese an Dritte weitergegeben werden
- Berichtigung der gespeicherten Daten, wenn diese unrichtig sind
- Sperrung der Daten, solange ihre Richtigkeit vom Betroffenen bestritten wird
- Löschung unzulässig gespeicherter oder nicht mehr benötigter Daten
- Anrufung des öffentlichen Datenschutzbeauftragten
- Registereinsicht beim öffentlichen Datenschutzbeauftragten, um zu erkunden, bei welchen öffentlichen Stellen welche Daten gespeichert sind. So erfährt der Bürger, wo er gegebenenfalls sein Auskunftsrecht ausüben kann.
- Schadensersatz

Zur Kontrolle des Datenschutzes kommen fünf Personenkreise bzw. Institutionen infrage:

- die Betroffenen selbst
- der betriebliche Datenschutzbeauftragte als Organ der betrieblichen Selbstkontrolle
- der Betriebsrat (für Arbeitnehmerdaten)
- die Aufsichtsbehörden der Bundesländer (nach Landesrecht)
- der Landes- und Bundesdatenschutzbeauftragte

Das BDSG beschreibt zehn technisch-organisatorische Maßnahmen des Datenschutzes:

- Zugangskontrolle: Unbefugten ist der Zugang zur EDV-Anlage zu verwehren.
- Datenträgerkontrolle: Verhinderung von unbefugtem Lesen, Kopieren, Verändern oder Entfernen von Datenträgern
- Speicherkontrolle: Verhinderung unbefugten Zugriffs (Eingabe, Kenntnisnahme, Veränderung, Löschung) auf Speicher
- Benutzerkontrolle: Verhinderung der Benutzung von EDV-Systemen mit Einrichtungen zur Datenübertragung durch Unbefugte
- Zugriffskontrolle: Es muss gewährleistet sein, dass berechtigte Nutzer eines Datenverarbeitungssystems ausschließlich auf die ihrer Zugriffsberechtigung unterliegenden personenbezogene Daten zugreifen können.
- Übermittlungskontrolle: Es muss aufgezeichnet werden, wann und wohin welche personenbezogenen Daten übermittelt werden.
- Eingabekontrolle: Nachträglich muss feststellbar sein, welche personenbezogenen Daten wann und von wem in das System eingegeben wurden.
- Auftragskontrolle: Im Auftrag zu verarbeitende Daten dürfen nur nach den Weisungen des Auftraggebers verarbeitet werden.
- Transportkontrolle: Verhinderung von Lesen, Kopieren, Verändern und Löschen von Daten während der Datenübertragung bzw. beim Transport von Datenträgern
- Organisationskontrolle: Die innerbehördliche oder innerbetriebliche Organisation ist nach den Anforderungen des Datenschutzes zu gestalten.

Umfassende Informationen zum Thema Datenschutz finden sich unter: www.datenschutz.de.

2

Licht und Farbe

2.1 Licht

2.1.1 Elektromagnetische Wellen

Die Frage nach der Natur des Lichts ist nicht einfach und in einem Satz zu beantworten. In der Physik wird mit zwei Modellvorstellungen gearbeitet: Wellentheorie (Undulationstheorie) und Quantentheorie. Diese Theorien stehen nicht im Widerspruch, sondern ergänzen einander gegenseitig. Zum Verständnis des Zusammenhangs von Licht und Farbe reicht aber die Wellentheorie aus, sodass an dieser Stelle kein Einstieg in die Quantentheorie nötig ist.

Lichtwellen sind elektromagnetische Wellen. Sie sind also eng verwandt mit den Wellen, die zum Beispiel zur drahtlosen Übertragung von Informationen benutzt werden (Rundfunk, Fernsehen, Mobiltelefon, usw.). Elektromagnetische Wellen bestehen aus einem oszillierenden (schwingenden) elektrischen und einem senkrecht dazu oszillierenden magnetischen Feld. Die übliche zweidimensionale grafische Darstellung elektromagnetischer Wellen zeigt die Oszillation des elektrischen Feldes.

Elektromagnetische Wellen breiten sich – anders als zum Beispiel Schallwellen – nicht nur in Materie, sondern auch im Vakuum aus. Ihre Ausbreitungsgeschwindigkeit ist die Lichtgeschwindigkeit, im Vakuum 299 792 458 m/s (rund 300 000 km/s). In gasförmigen Stoffen, zum Beispiel Luft, breiten sie sich nur geringfügig langsamer aus als im Vakuum, in flüssigen oder festen Stoffen dagegen mit erheblich geringeren Geschwindigkeiten.

Die speziellen Eigenschaften elektromagnetischer Wellen ergeben sich aus ihren Wellenlängen. Die Wellenlänge wird mit dem griechischen Buchstaben λ („lambda") symbolisiert. Sichtbares Licht hat Wellenlängen von etwa 380 Nanometer bis etwa 780 Nanometer. Ein Nanometer (nm) ist ein milliardstel Meter ($1\,\text{nm} = 10^{-9}\,\text{m} = 0{,}000\,000\,001\,\text{m}$). Wenn es nicht auf ganz genaue Werte ankommt, kann vereinfachend gesagt werden, sichtbares Licht habe Wellenlängen von rund 400 nm bis 700 nm. Die Rezeptoren (Lichtempfänger) im menschlichen Auge sind für Wellenlängen von 380 nm bis 400 nm und von 700 nm bis 780 nm relativ unempfindlich. Die unmittelbar an das sichtbare Licht angrenzenden Strahlungsarten heißen Ultraviolett (10 nm bis 380 nm) und Infrarot (780 nm bis 1 cm).

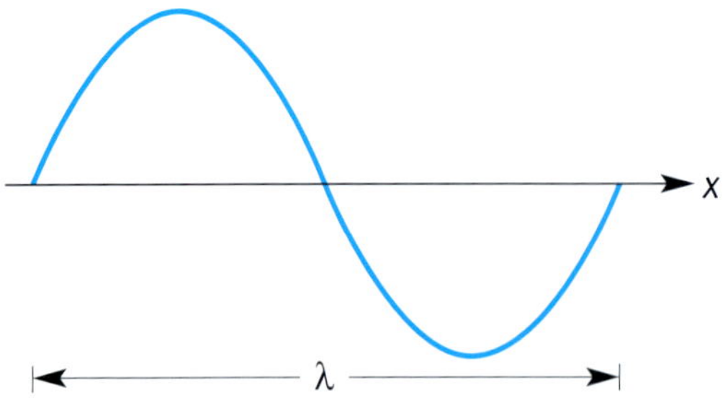

Wellenlänge λ und Ausbreitungsrichtung x

2.1.2 Ausbreitung und Reflexion

Wenn es nicht um theoretische Erklärungen, sondern um die Beobachtung, Messung oder Berechnung bestimmter Erscheinungen bei der Ausbreitung des Lichts geht, kann seine Wellennatur ignoriert werden. In der geometrischen Optik wird Licht einfach durch geometrische Strahlen dargestellt.

Jeder einzelne Lichtstrahl breitet sich geradlinig aus. Je nach Lage der Lichtstrahlen zueinander wird zwischen divergentem, parallelem und diffusem Licht unterschieden.

- Divergente (auseinandergehende) Lichtstrahlen gehen von einem gemeinsamen Punkt aus. Der Querschnitt des Strahlenbündels wird mit zunehmender Entfernung vom Ausgangspunkt größer. Divergentes Licht wird auch Punktlicht genannt. Das von Glühlampen mit klarem Glaskolben abgestrahlte Licht ist nahezu divergent, da die glühende Wendel relativ klein (nahezu punktförmig) ist.
- Parallele Lichtstrahlen haben keine Schnittpunkte. Die Strahlen des direkten Sonnenlichts bei unbedecktem Himmel sind wegen der großen Entfernung der Lichtquelle (nahezu) parallel.
- Diffuse (gestreute, ungeordnete) Strahlen sind weder parallel, noch haben sie einen gemeinsamen Ausgangspunkt. Diffuses Licht wird auch Streulicht genannt. Das Licht flächiger Lichtquellen ist diffus, ebenso das Tageslicht bei bedecktem Himmel.

Bei der Reflexion von Lichtstrahlen gilt das Reflexionsgesetz: Reflexions- und Einfallswinkel sind gleich groß ($\alpha_2 = \alpha_1$), einfallender Strahl, reflektierter Strahl und Einfallslot liegen in einer Ebene. Winkel werden in der Optik immer zwischen Strahl und Einfallslot gemessen; ein senkrecht einfallender Lichtstrahl hat den Einfallswinkel 0°, schräg einfallende Lichtstrahlen haben Einfallswinkel zwischen 0° und 90°.

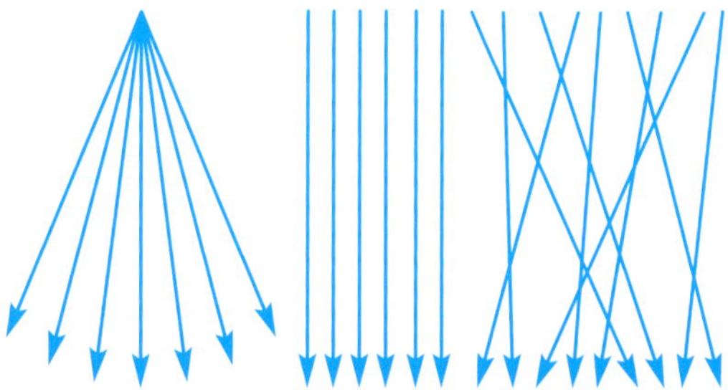

Strahlenverlauf: divergent, parallel, diffus

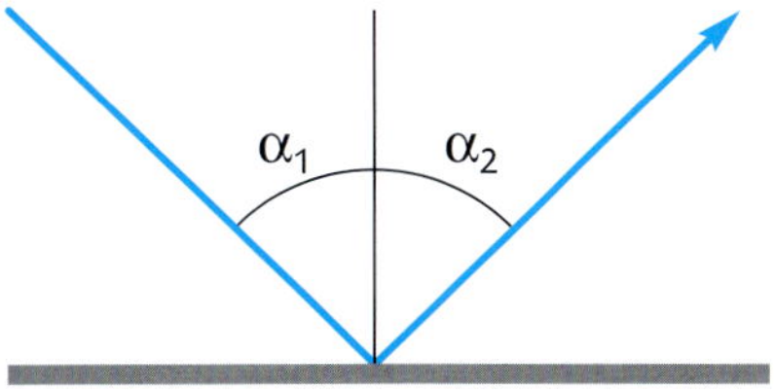

Reflexionsgesetz: $\alpha_2 = \alpha_1$

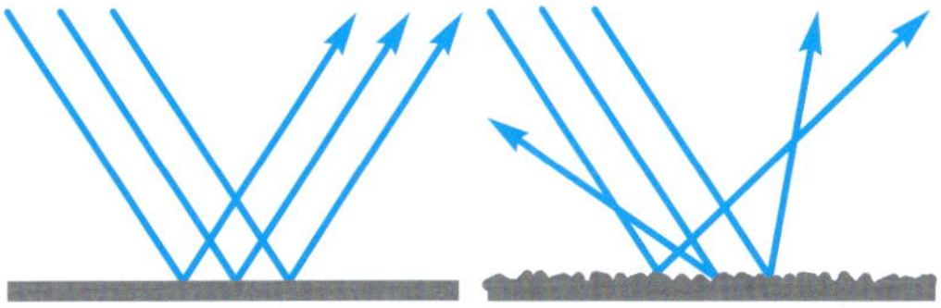

Regelmäßige und diffuse Reflexion

Strahlenbündel werden je nach Oberflächenbeschaffenheit der reflektierenden Fläche unterschiedlich reflektiert. An sehr glatten Oberflächen (Spiegeln) ist die Reflexion regelmäßig (regulär) – wenn die einfallenden Strahlen untereinander parallel sind, sind es auch die reflektierten Strahlen. An rauen (unebenen) Oberflächen (Papier, Tischplatte, Wand usw.) wird das Licht diffus (gestreut) reflektiert. Für jeden einzelnen Lichtstrahl gilt zwar auch hier das Reflexionsgesetz; wegen der Unebenheit der reflektierenden Fläche haben die Strahlen aber unterschiedliche Einfalls- und deshalb auch unterschiedliche Reflexionswinkel. Die diffuse Reflexion wird auch Remission genannt.

Beim Übergang in ein anderes optisches Medium, zum Beispiel aus Luft in Glas oder Wasser, können sich die Ausbreitungsrichtungen von Lichtstrahlen verändern. Diese Erscheinung heißt (Licht-)Brechung oder Refraktion und wird in Abschnitt 3.3.1 behandelt.

2.1.3 Spektralverteilung, Farbtemperatur

Natürliches und technisch erzeugtes Licht ist normalerweise ein Gemisch aus vielen Wellenlängen, es ist polychromatisch. Wenn Licht nur eine einzige Wellenlänge enthält, wird es monochromatisch genannt. Laser erzeugen monochromatisches Licht.

Polychromatisches Licht kann spektral ganz unterschiedlich zusammengesetzt sein. Im energiegleichen Spektrum ist die Energie bei allen Wellenlängen genau gleich groß. Eine solche Spektralverteilung ist aber nur theoretisch vorstellbar – das Licht realer Lichtquellen weicht mehr oder weniger davon ab. Die relative spektrale Strahldichteverteilung $S(\lambda)$ („S von lambda"), kurz Spektralverteilung genannt, kann grafisch als Kurve dargestellt werden. Die Strahlungsleistung bei der Wellenlänge 560 nm ist gleich 100 gesetzt, alle übrigen Werte sind relativ darauf bezogen. Die Spektralverteilung gibt also keine Auskunft über die Stärke (physikalische Energie oder empfundene Helligkeit) des Lichts.

Die Spektralverteilung kann auch durch die Farbtemperatur gekennzeichnet werden. Sie wird in Kelvin (K), der physikalischen Einheit der Temperatur, angegeben. Je höher die Farbtemperatur, desto höher ist der kurzwellige und desto geringer ist der langwellige Strahlungsanteil im polychromatischen Licht.

Der Zusammenhang zwischen Temperatur und relativer spektraler Strahldichteverteilung wurde experimentell ermittelt, indem die Spektralverteilung der Strahlung im Inneren eines erhitzten Hohlkörpers (schwarzer Strahler) gemessen wurde. Mithilfe der daraus abgeleiteten Gesetzmäßigkeit, dem Planckschen Strahlungsgesetz, kann die Spektralverteilung für jede Temperatur berechnet werden, also auch für sehr hohe Temperaturen, die im Experiment nicht möglich sind.

Eine Lichtquelle wird Temperaturstrahler genannt, wenn ihre Spektralverteilung mit der des schwarzen

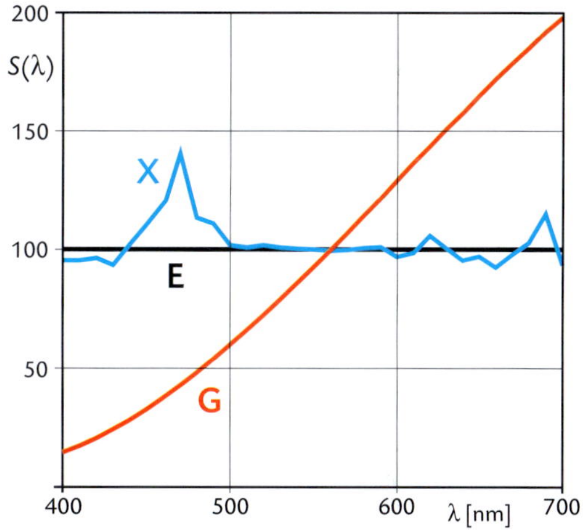

Spektralverteilungskurven: energiegleiches Spektrum (E), Xenonlampe (X), Glühlampe (G)

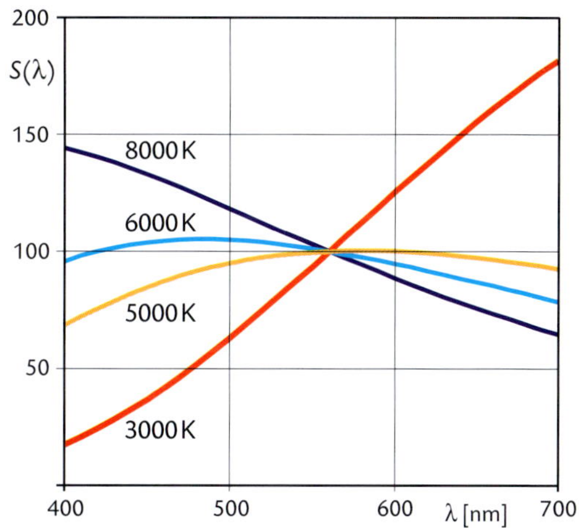

Spektralverteilungskurven einiger Farbtemperaturen

Strahlers bei einer bestimmten Temperatur übereinstimmt. Das ist bei Glühlampen nahezu der Fall, nicht aber zum Beispiel bei Leuchtstoffröhren oder der Sonne. Dennoch wird auch zur Kennzeichnung des Lichts von Leuchtstoffröhren oder des Tageslichts oft eine Farbtemperatur angegeben. Diese Angabe kennzeichnet streng genommen nicht die Spektralverteilung des in Frage stehenden Lichts selbst, sondern die ihr ähnlichste Farbtemperatur.

2.1.4 Helligkeit – fotometrische Größen

In der Fotometrie geht es darum, die Helligkeit von Licht zu quantifizieren. Das menschliche Auge ist nicht für alle Wellenlängen gleich empfindlich. Ob Licht als heller oder weniger hell empfunden wird, hängt deshalb nicht nur von seiner physikalischen Energie oder Leistung ab, sondern auch von seiner spektralen Zusammensetzung.

Der Zusammenhang zwischen Wellenlänge und empfundener Helligkeit wird durch den spektralen Hellempfindlichkeitsgrad $V(\lambda)$ („V von lambda") beschrieben. Bei gleicher physikalischer Energie oder Leistung wird die Wellenlänge 555 nm beim Tagsehen am hellsten empfunden. Die Wellenlängen 510 nm und 610 nm werden rund halb so hell empfunden, bei den Wellenlängen 470 nm und 650 nm beträgt die empfundene Helligkeit sogar nur etwa ein Zehntel.

Die Stärke (Helligkeit) einer Lichtquelle heißt Lichtstärke; ihre Einheit ist die Candela (cd). Eine 60-Watt-Glühlampe hat eine Lichtstärke von ungefähr 60 cd. Die zahlenmäßige Übereinstimmung von elektrischer Leistungsaufnahme und Lichtstärke ist aber rein zufällig – einen unmittelbaren physikalischen Zusammenhang gibt es nicht. Die Candela ist die SI-Basiseinheit (SI – Système International d'Unité, Internationales Einheitensystem), aus der alle anderen fotometrischen Einheiten abgeleitet sind.

Die Stärke flächiger Lichtquellen, also zum Beispiel von Monitoren oder Leuchtplatten zur Durchleuchtung von Diapositiven, wird nicht absolut als Lichtstärke, sondern flächenbezogen als Leuchtdichte angegeben. Die Leuchtdichte ist der Quotient aus Lichtstärke (cd) und Fläche (m^2) der Lichtquelle, hat also die Einheit cd/m^2 (Candela pro Quadratmeter).

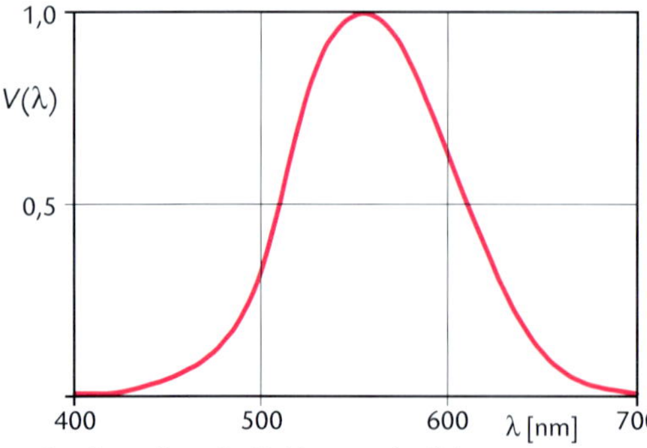

Spektraler Hellempfindlichkeitsgrad V(λ)

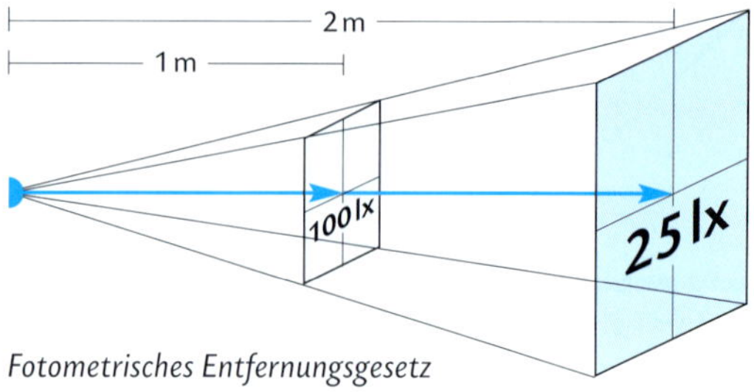

Fotometrisches Entfernungsgesetz

Die von einer Lichtquelle emittierte sichtbare Strahlung heißt Lichtstrom; ihre Einheit ist das Lumen (lm). Eine Lichtquelle mit der Lichtstärke 1 cd strahlt einen Lichtstrom von rund 12,57 lm ab (genau: 4π lm).

Die Beleuchtungsstärke, Einheit Lux (lx), ist der Quotient aus auftreffendem Lichtstrom und Größe der beleuchteten Fläche. Wenn ein Lichtstrom von 1 lm senkrecht und gleichmäßig verteilt auf eine Fläche von einem Quadratmeter trifft, beträgt die Beleuchtungsstärke an jeder Stelle dieser Fläche 1 lx. Bei direktem Sonnenlicht ergeben sich im Sommer Beleuchtungsstärken bis zu etwa 100 000 lx , im Winter bis zu etwa 10 000 lx. Nachts bei Vollmond wird weniger als ein Lux erreicht. Lesen ist ab rund 30 lx möglich; um sehr kleine Farbunterschiede noch sicher zu erkennen, sind etwa 2000 lx erforderlich.

Bei divergentem Licht (Punktlicht) sind Beleuchtungsstärke und Quadrat der Lichtquellenentfernung umgekehrt proportional. Dieser Zusammenhang wird fotometrisches Entfernungsgesetz oder Grundgesetz der Beleuchtung genannt. Wenn die Entfernung zwischen Lichtquelle und beleuchteter Fläche verdoppelt wird, verringert sich die Beleuchtungsstärke auf ein Viertel. Durch Halbieren der Entfernung wird die Beleuchtungsstärke vervierfacht.

2.1.5 Densitometrie

2.1.5.1 Densitometrische Größen

In der Densitometrie (Dichtemessung) geht es um Messung und Berechnung der Lichtdurchlässigkeit transparenter und des Reflexionsvermögens reflektierender Medien. In diesem Abschnitt werden Grundlagen der Densitometrie dargestellt, also densitometrische Größen und ihre Bedeutungen. Auf wichtige praktische Anwendungsgebiete – Überprüfung der korrekten Tonwertübertragung bei der Datenausgabe auf Film oder Druckplatte sowie von Färbung und Tonwertzunahme im Druck – wird in den entsprechenden Abschnitten eingegangen (vgl. 6.8.6 und 7.8.1). Weitergehende Erläuterungen und Berechnungsbeispiele zur Densitometrie sowie zum Rechnen mit Logarithmen finden Sie in Abschnitt 11.8.

Wenn Licht auf ein transparentes Medium (Film, Folie) fällt, wird ein mehr oder minder großer Anteil davon durchgelassen. Der Transmissionsfaktor (Transmissionsgrad) gibt an, wie stark der durchtretende Lichtstrom im Verhältnis zum auftreffenden Lichtstrom ist. Als Symbol wird der Versalbuchstabe *T* oder der griechische Buchstabe τ („tau") benutzt; Φ_0 und Φ_1 („Phi") stehen für den auftreffenden bzw. durchtretenden Lichtstrom. Der Transmissionsfaktor kann numerisch oder in Prozent angegeben werden.

$T = \Phi_1 : \Phi_0$

$T\% = \Phi_1 : \Phi_0 \cdot 100\%$

Beispiel: Auftreffender Lichtstrom 500 lm, durchtretender Lichtstrom 100 lm.

$T = 100\,\text{lm} : 500\,\text{lm} = 0{,}2$

$T\% = 100\,\text{lm} : 500\,\text{lm} \cdot 100\% = 20\%$

Das Reflexionsvermögen reflektierender Medien wird als Reflexionsfaktor (Reflexionsgrad) quantifiziert, Symbol *R* oder ρ („rho"). Der Rechenweg ist derselbe wie beim Transmissionsfaktor. Die Bezugsgröße Φ_0 steht jetzt aber für den von einem optimal mattweißen Medium reflektierten Lichtstrom. Ein optimal mattweißes Medium reflektiert das auftreffende Licht vollständig (zu 100 %) und streut es dabei gleichmäßig in alle Richtungen.

Rechnerische Extremwerte von Transmissions- und Reflexionsfaktor sind 1 (100 %) und 0 (0 %). Im ersten Fall wird das Licht vollständig durchgelassen bzw. vollständig diffus reflektiert (absolutes, theoretisches Weiß); im zweiten Fall wird kein Licht durchgelassen bzw. reflektiert (absolutes, theoretisches Schwarz). Praktisch kommen diese Extreme aber nie vor.

Die fotografische Dichte (*D*) ist keine eigenständige, messbare Größe, sondern entsteht durch rechnerische Umwandlung des Transmissions- oder Reflexionsfaktors. Sie ist der dekadische Logarithmus (Logarithmus zur Basis 10, Rechenzeichen lg) des Kehrwerts von *T* bzw. *R*. Zur Umrechnung von Transmissions- oder Reflexionsfaktoren in Dichten werden also diese Formeln benutzt:

$D = \lg(1 : T)$ oder: $D = \lg(100\% : T\%)$

$D = \lg(1 : R)$ oder: $D = \lg(100\% : R\%)$

Bei Dichten wird – wie bei allen logarithmischen Zahlen – anstelle des Dezimalkommas meist ein Punkt gesetzt, um Verwechslungen mit nicht-logarithmischen Zahlen (Numeri), zu vermeiden. Beispiele:

$T = 0{,}2 \quad D = \lg(1 : 0{,}2) = \lg 5 \approx 0.70$

$R = 5\% \quad D = \lg(100\% : 5\%) = \lg 20 \approx 1.30$

Da der Rechenweg einen Kehrwert (1 : *T* bzw. 1 : *R*) enthält, entsprechen hohe Transmissions- oder Reflexionsfaktoren geringen Dichten – und umgekehrt. Der Transmissions- oder Reflexionsfaktor 0 (oder 0 %) kann nicht in eine Dichte umgewandelt werden, weil die Division durch 0 mathematisch nicht definiert ist. Das ist aber nicht schlimm, weil dieser Fall in der Praxis niemals vorkommt.

Der Kehrwert des Transmissionsfaktors (1 : *T*) wird auch Opazität (Undurchsichtigkeit, Lichtundurchlässigkeit) genannt. Für den Kehrwert des Reflexionsfaktors (1 : *R*) gibt es keinen entsprechenden Begriff.

2.1.5.2 Densitometer

Densitometer (Dichtemessgeräte) messen transmittierte oder reflektierte Lichtströme und wandeln die Messergebnisse rechnerisch in Transmissionsfaktoren, Reflexionsfaktoren oder Dichten um. Wesentliche Bauteile des Densitometers sind Messlichtquelle, fotoelektrischer Sensor, Analog-Digital-Wandler, Messwertspeicher und Rechner sowie Messwertanzeige, meist ein LC-Display. Häufig kommt noch eine Schnittstelle hinzu, mit der die Messdaten zum Beispiel an das Farbregelungssystem einer Druckmaschine übergeben werden können.

Densitometer für Transmissions- bzw. Reflexionsmessungen unterscheiden sich im Wesentlichen durch die unterschiedlichen Anordnungen von Lichtquelle und Sensor. Bei Transmissionsmessungen befindet sich die Lichtquelle unter der Messprobe und der Sensor darüber. Bei Reflexionsmessungen ist die Lichtquelle so angeordnet, dass ihr Licht von oben im Winkel von 0° auf die Probe fällt; gemessen wird aber das in 45°-

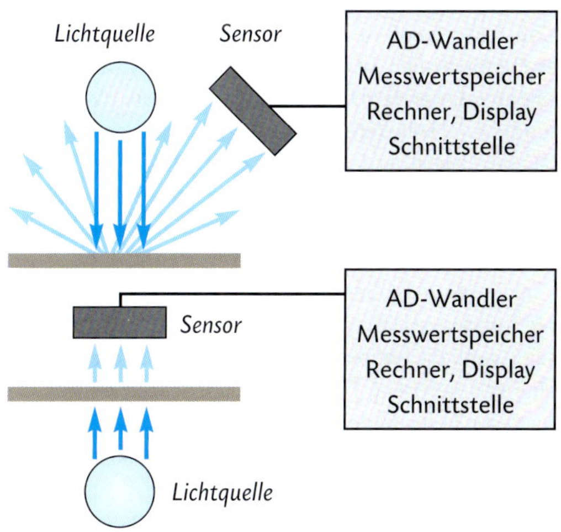

Schematischer Aufbau von Reflexionsdensitometer (Messgeometrie 0°/45°, oben) und Transmissionsdensitometer

Richtung reflektierte Licht (Messgeometrie 0°/45°). Oder umgekehrt: Einfallswinkel 45°, Messung in 0°-Richtung (Messgeometrie 45°/0°). Die durchleuchtete bzw. beleuchtete Messfläche ist kreisrund und hat einen Durchmesser von etwa 1,5 mm bis 3 m.

Der fotoelektrische Sensor nimmt den durchgelassenen bzw. reflektierten Lichtstrom (Φ_1) auf und wandelt ihn in einen schwachen elektrischen Strom um. Das analoge elektrische Signal wird digitalisiert, vom Rechner in Transmissions- bzw. Reflexionsfaktor oder Dichte umgewandelt und auf dem Display angezeigt.

Um den Transmissions- bzw. Reflexionsfaktor oder die Dichte auszurechnen, wird neben dem von der Probe durchgelassenen oder reflektierten Lichtstrom Φ_1 auch der Lichtstrom Φ_0 als Bezugsgröße gebraucht. Er muss deshalb vor der eigentlichen Messung erfasst und gespeichert werden. Da der Lichtstrom Φ_0 der Dichte 0.00 entspricht, heißt dieser Vorgang Nullkalibrierung oder kurz „Nullung".

Bei Transmissionsmessungen wird zu diesem Zweck einfach der von der Lichtquelle ausgesandte Lichtstrom gemessen. Bei Reflexionsmessungen ist Φ_0 definitionsgemäß der von einem optimal mattweißen Medium reflektierte Lichtstrom. Ein solches Medium lässt sich zwar theoretisch beschreiben, praktisch existiert es aber nicht. Deshalb wird stattdessen eine nicht optimal mattweiße Eichprobe mit bekannter Dichte benutzt. Der Rechner des Densitometers ermittelt Φ_0 anhand des erfassten Lichtstroms und des bekannten Dichtewerts der Eichprobe.

2.1.5.3 Empfundene Helligkeit

Das menschliche Helligkeitsempfinden ist nicht linear. Eine Reihe grauer Flächen, die zum Beispiel die Reflexionsfaktoren 80 %, 70 % , 60 %, ..., 20 %, 10 % haben, erscheint visuell keineswegs gleichmäßig abgestuft. Mit abnehmendem Reflexionsfaktor werden die empfundenen Helligkeitsunterschiede zwischen benachbarten Graustufen vielmehr deutlich größer. Graustufen mit 20 % und 10 % Reflexion unterscheiden sich empfindungsmäßig etwa dreimal so stark voneinander wie Graustufen mit 80 % und 70 % Reflexion.

Nach dem Weber-Fechnerschen Gesetz sollen die empfundenen Helligkeitsunterschiede ungefähr gleich sein, wenn die Reflexions- oder Transmissionsfaktoren eine geometrische Folge bzw. die Dichten eine arithmetische Folge bilden.

In einer geometrischen Folge sind die Quotienten benachbarter Glieder gleich, in einer arithmetischen Folge die Differenzen. Wenn die Glieder einer geometrischen Folge von Transmissions- oder Reflexionsfaktoren in Dichten umgewandelt werden, ergibt sich wegen des Logarithmus eine arithmetische Folge. Also zum Beispiel:

$R_1 = 80\,\%$ $\quad D_1 = \lg(100\,\% : 80\,\%) \approx 0.10$
$R_2 = 40\,\%$ $\quad D_2 = \lg(100\,\% : 40\,\%) \approx 0.40$
$R_3 = 20\,\%$ $\quad D_3 = \lg(100\,\% : 20\,\%) \approx 0.70$
$R_4 = 10\,\%$ $\quad D_4 = \lg(100\,\% : 10\,\%) = 1.00$
$R_5 = 5\,\%$ $\quad D_5 = \lg(100\,\% : 5\,\%) \approx 1.30$
$R_6 = 2{,}5\,\%$ $\quad D_6 = \lg(100\,\% : 2{,}5\,\%) \approx 1.60$

Die empfindungsmäßigen Helligkeitsunterschiede sind allerdings auch hier nicht genau gleich. Mit zunehmender Dichte (abnehmender Reflexion) werden die Unterschiede zwischen benachbarten Graustufen als geringer empfunden. So unterscheiden sich zum Beispiel die Dichtestufen 1.00 und 1.30 empfindungsmäßig nur etwa halb so stark voneinander wie die Dichtestufen 0.10 und 0.40.

Dichte, Transmissions- und Reflexionsfaktor sollten deshalb als technische Größen verstanden werden – zur Kennzeichnung der visuell empfundenen Helligkeit sind sie weniger gut geeignet. Die empfindungsmäßige Helligkeit wird durch den farbmetrischen Helligkeitswert L^* gekennzeichnet (vgl. Abschnitt 2.7.5).

2.1.5.4 Kontrastverhältnis, Dichteumfang

Der Gesamtkontrast eines Bilds ergibt sich aus dem Helligkeitsunterschied zwischen seiner hellsten und seiner dunkelsten Farbe (Licht und Tiefe, Weiß- und Schwarzpunkt). Er kann quantitativ bestimmt werden, indem der Transmissions- oder Reflexionsfaktor an der hellsten Bildstelle (Weiß) durch den Transmissions- bzw. Reflexionsfaktor an der dunkelsten (Schwarz) dividiert wird. Dieser Quotient wird Kontrastverhältnis, Helligkeitsverhältnis, Kontrastumfang oder Helligkeitsumfang genannt.

$K = T_{max} : T_{min}$ $\qquad K = R_{max} : R_{min}$

Der Kontrastumfang wird meist in der Form x : 1 angegeben. Beispiel: Weiß und Schwarz haben die Reflexionsfaktoren 80 % und 4 %.

$K = 80\,\% : 4\,\% = 20 : 1$

Derselbe Sachverhalt lässt sich auch durch einen Dichteumfang kennzeichnen. Der Dichteumfang ΔD („Delta D"), ist die Differenz aus höchster und geringster Dichte eines Bilds.

$\Delta D = D_{max} - D_{min}$

Beispiel: $D_{min} = 0.15$, $D_{max} = 2.15$

$\Delta D = 2.15 - 0.15 = 2.00$

Kontrastverhältnisse können rechnerisch in Dichteumfänge umgewandelt werden – und umgekehrt:

$\Delta D = \lg K$ $\qquad K = 10^{\Delta D}$

Beispiele:

$K = 20 : 1$ $\qquad \Delta D = \lg(20 : 1) = \lg 20 \approx 1.30$

$\Delta D = 2.00$ $\qquad K = 10^{2.00} = 100 = 100 : 1$

Der Gesamtkontrast eines Monitors ist auf ähnliche Weise quantifizierbar. Monitore sind Selbstleuchter – ihre Helligkeiten werden nicht durch Dichten, Transmissions- oder Reflexionsfaktoren gekennzeichnet, sondern durch Leuchtdichten (vgl. Abschnitt 2.1.4). Zur Kennzeichnung des Gesamtkontrasts dient folglich das Leuchtdichteverhältnis, also der Quotient aus den Leuchtdichten bei der Wiedergabe von Weiß (L_{max}) bzw. Schwarz (L_{min}).

$K = L_{max} : L_{min}$

Beispiel: Leuchtdichte bei der Wiedergabe von Weiß 250 cd/m², von Schwarz 0,5 cd/m²

$K = 250\,cd/m^2 : 0{,}5\,cd/m^2 = 500 : 1$

Kontrastverhältnis, Dichteumfang und Leuchtdichteverhältnis sind wichtige technische Kenngrößen bei der Erfassung, Bearbeitung und Ausgabe von Bildern. Ob aber ein Bild visuell als kontrastreicher („härter") oder weniger kontrastreich („weicher") empfunden wird, hängt nicht allein von diesen technischen Größen ab, sondern mehr noch von der Helligkeitsverteilung innerhalb des Bilds. Für den visuellen Gesamteindruck sind vor allem die Helligkeitsunterschiede im mittleren Helligkeitsbereich (in den Mitteltönen) ausschlaggebend.

2.2 Was ist und wie entsteht Farbe?

2.2.1 Farbe ist Farbempfindung

In der Alltagssprache ist das Wort „Farbe" nicht eindeutig definiert. Es dient unter anderem als Sammelbegriff für färbende Substanzen wie Druckfarben, Anstrichfarben oder Malfarben. Es wird aber auch so benutzt, als sei Farbe eine Eigenschaft von Gegenständen oder Lebewesen („Mein Fahrrad ist rot." „Gras ist grün." usw.).

Um das Phänomen Farbe genauer untersuchen zu können, muss es eindeutig definiert sein. Dabei geht es vor allem um die Abgrenzung zwischen Farbempfindungen, also visuell wahrgenommenen („gesehenen") Farben, und den physikalischen Eigenschaften von Gegenständen, die Farbempfindungen auslösen können.

Der Begriff Farbe steht im Folgenden für den durch das Auge vermittelten Sinneseindruck, das Farberlebnis – Farbe ist Farbempfindung. Farbe ist also weder eine Substanz noch eine physikalische Größe wie Masse, Volumen oder Dichte, sondern eine Sinnesempfindung wie Geruch oder Geschmack.

Für färbende Substanzen und die „Farben" von Lebewesen und Gegenständen wird der Sammelbegriff Körperfarben verwendet. Wenn es um die „farbige" Strahlung von Lichtquellen (Lampe, Monitor) geht, wird von Lichtfarben gesprochen.

2.2.2 Körperfarbe, Beleuchtung und Farbreiz

Nicht-selbstleuchtende Dinge sind nur sichtbar, wenn sie von einer Lichtquelle beleuchtet oder durchleuchtet werden. Je nach Position von Lichtquelle und Betrachter(in) wird das vom Gegenstand reflektierte oder transmittierte (durchgelassene) Licht vom Auge als Farbreiz aufgenommen. Wie der Farbreiz spektral zusammengesetzt ist, welche Wellenlängen also mit welchen Anteilen enthalten sind, hängt deshalb sowohl von der Körperfarbe selbst als auch von der Beleuchtung ab.

Die genauen Reflexions- oder Transmissionseigenschaften von Körperfarben werden durch ihre spektralen Reflexionsfaktoren $R(\lambda)$ („R von lambda") bzw. Transmissionsfaktoren $T(\lambda)$ („T von lambda") beschrieben. Bezugsgröße ist immer das auftreffende Licht (= 1). Aus der grafischen Darstellung, also der Reflexions- oder Transmissionskurve, kann für jede Wellenlänge abgelesen werden, wie groß der reflektierte bzw. transmittierte Anteil ist.

Körperfarben reflektieren (oder transmittieren) alle Wellenlängen des auftreffenden Lichts teilweise – einige stärker, andere schwächer. Das Bild unten zeigt die Reflexionskurven einer roten und einer grauen Körperfarbe. Transmissionskurven sehen im Grundsatz nicht anders aus; dort wird anstelle des spektralen Reflexionsfaktors der spektrale Transmissionsfaktor auf der Ordinate (senkrechten Achse) abgetragen.

Die Farbreizfunktion $\varphi(\lambda)$ („phi von lambda") ergibt sich rechnerisch, indem die spektrale Reflexionsfunktion (oder Transmissionsfunktion) mit der Spektralverteilung der Beleuchtung multipliziert wird:

$\varphi(\lambda) = R(\lambda) \cdot S(\lambda)$

$\varphi(\lambda) = T(\lambda) \cdot S(\lambda)$

Reflexions- oder Transmissionskurve und Farbreizkurve sind nur dann deckungsgleich, wenn die Spektralverteilung der Lichtquelle dem energiegleichen

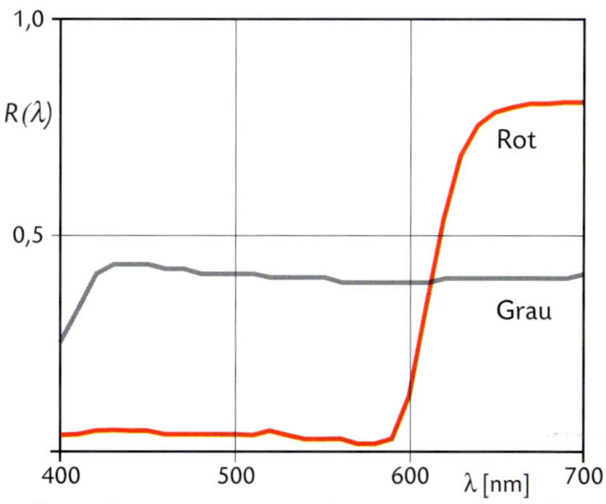

Reflexionskurven einer roten und einer grauen Körperfarbe

Spektrum entspricht, also an allen Stellen genau den Wert 100 hat. Bei realen Lichtquellen unterscheidet sich die Farbreizkurve mehr oder minder stark von der Reflexions- oder Transmissionskurve, und zwar umso mehr, je stärker die Spektralverteilung des Lichts vom energiegleichen Spektrum abweicht. Aus gleichen Körperfarben können also je nach Beleuchtung deutlich unterschiedliche Farbreize entstehen.

Bei selbstleuchtenden Gegenständen (Selbstleuchtern), also zum Beispiel Glühlampen, Leuchtdioden oder Monitoren, liegen die Verhältnisse erheblich einfacher. Das vom Selbstleuchter emittierte Licht gelangt unmittelbar als Farbreiz zum Auge, Spektralverteilung $S(\lambda)$ und Farbreiz $\varphi(\lambda)$ sind also gleich.

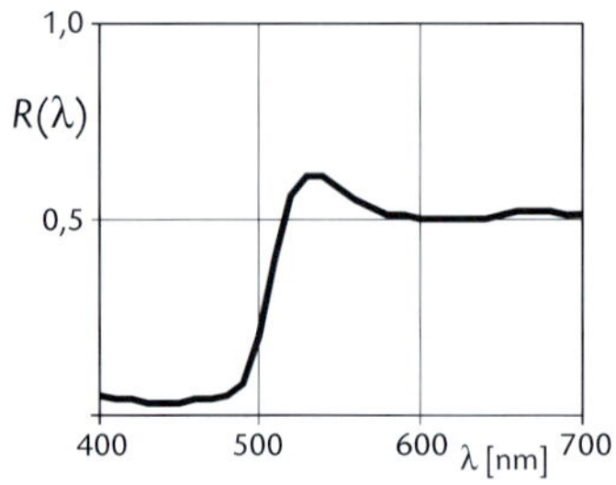

Spektraler Reflexionsfaktor der Körperfarbe

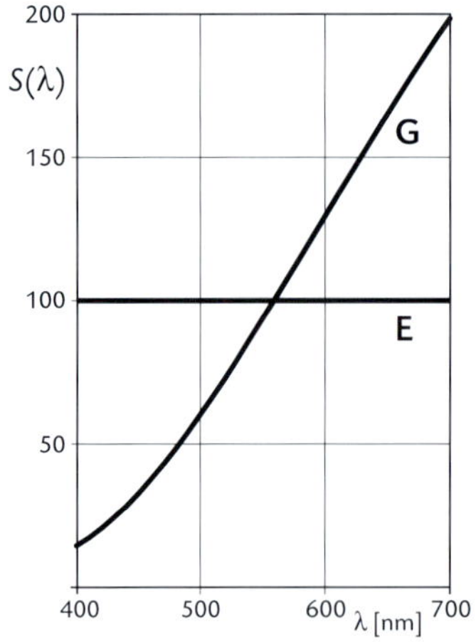

Spektralverteilungen: energiegleiches Spektrum (E), Glühlampenlicht (G)

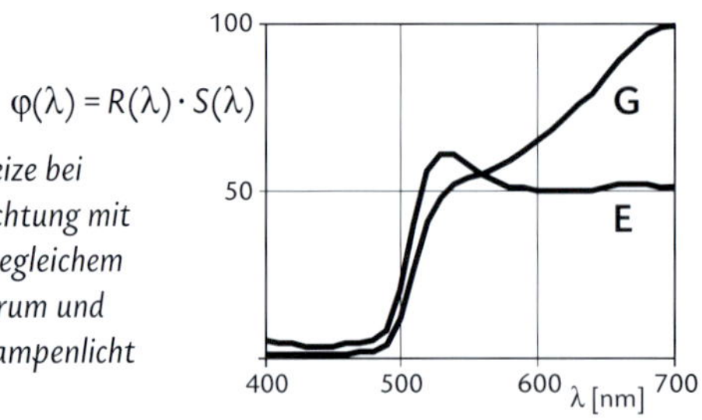

Farbreize bei Beleuchtung mit energiegleichem Spektrum und Glühlampenlicht

Zu Abschnitt 2.2.2: Spektraler Reflexionsfaktor mal Spektralverteilung der Beleuchtung ist gleich Farbreiz

2.2.3 Farbreiz und Farbempfindung

In der Netzhaut (Retina) des menschlichen Auges befinden sich lichtempfindliche Zellen, die auch Rezeptoren (Empfänger) genannt werden. Wenn sie von Licht getroffen werden, senden sie Signale zum Gehirn. Das geschieht über ein kompliziertes System von Nervenzellen und Synapsen (Nerven-Schaltstellen) in der Netzhaut und den Sehnerv, der Auge und Gehirn verbindet. Die „Auswertung" dieser Signale im Gehirn ergibt die Farbe (Farbempfindung).

Es gibt zwei Rezeptortypen: Stäbchen und Zapfen. Die Stäbchen haben eine sehr hohe Lichtempfindlichkeit und sind deshalb vor allem beim Nachtsehen von Bedeutung. Stäbchenzellen registrieren nur die Helligkeit des auffallenden Lichts, nicht aber die spektrale Zusammensetzung. Sie vermitteln deshalb ausschließlich unbunte Farbempfindungen, also Weiß, Schwarz und alle Grauabstufungen dazwischen. Beim reinen Nachtsehen, das heißt bei Beleuchtungsstärken von weniger als etwa 3 Lux, gibt es keine bunten Farben, also kein Rot, Orange, Gelb, Grün usw.

Die weniger lichtempfindlichen Zapfen sind beim Tag- und Dämmerungssehen aktiv. Es gibt drei unterschiedliche Arten, deren hauptsächliche Empfindlichkeiten im Bereich der kürzeren, mittleren bzw. längeren Wellen des sichtbaren Spektrums liegen. Sie werden deshalb als S-, M- bzw. L-Rezeptoren bezeichnet (S, M und L stehen für short, medium und long). Die drei Zapfenarten analysieren also das auftreffende Licht nach kurz-, mittel- und langwelligen Bestandteilen und vermitteln dadurch sowohl bunte als auch unbunte Farbempfindungen.

Die Erkenntnis, dass es diese drei Rezeptoren gibt, ist nicht neu: Thomas Young veröffentlichte 1802 eine entsprechende Theorie, die später von Hermann von Helmholtz (1821 – 1894) und James Clerc Maxwell (1831 – 1879) aufgegriffen und weiterentwickelt wurde. Sie wird deshalb auch Young-Helmholtz- oder

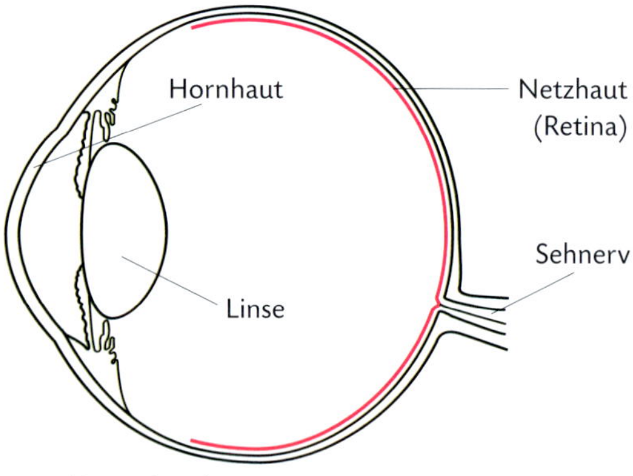

Auge (Querschnitt)

Young-Helmholtz-Maxwell-Theorie genannt. Der biochemische Nachweis der drei Zapfenarten gelang aber erst 1964.

Die Zapfen reagieren zwar bereits ab einer Beleuchtungsstärke von etwa 3 Lux. Um bunte Farben sicher wahrzunehmen und auch kleine Farbunterschiede zu erkennen, muss die Beleuchtungsstärke aber erheblich höher sein. Bei der kritischen Prüfung von Druckbogen und Aufsichtsvorlagen soll sie deshalb rund 2000 Lux betragen (vgl. Abschnitt 2.3).

Wenn ein Farbreiz hauptsächlich kurze Wellen enthält, entsteht im Gehirn eine blaue Farbempfindung. Mittlere Wellenlängen erzeugen grüne, längere Wellen rote Farbempfindungen. Unbunte Farbempfindungen entstehen, wenn der Farbreiz (ungefähr) gleiche Anteile an kurzen, mittleren und langen Wellen enthält. Ein relativ starker Farbreiz wird dann als Weiß empfunden, ein schwächerer als Grau, ein sehr schwacher als Schwarz.

Das sichtbare Spektrum reicht von etwa 380 nm bis etwa 780 nm oder, großzügig gerundet, von 400 nm bis 700 nm. Bei entsprechend großzügiger Rundung kann es in drei gleich große Bereiche unterteilt werden: einen kurzwelligen („blauen") von 400 nm bis 500 nm, einen mittleren („grünen") von 500 nm bis 600 nm und einen langwelligen („roten") von 600 nm bis 700 nm.

Dem entsprechend werden die drei Zapfenarten gelegentlich auch Blau-, Grün- und Rotrezeptoren genannt. Das ist aber eine sehr weit gehende Vereinfachung, die mit den tatsächlichen Verhältnissen nicht viel gemein hat. Die Empfindlichkeitsbereiche der drei Zapfenarten sind nicht scharf gegeneinander abgegrenzt, sondern überschneiden sich sehr stark.

In der Farbmetrik wird die Wirkung von Farbreizen auf die drei Rezeptoren durch Normspektralwertfunktionen beschrieben, die grafisch als Normspektralwertkurven dargestellt werden (siehe Bild unten; zur Farbmetrik vgl. Abschnitt 2.7). Die drei Kurven überschneiden sich erheblich, wobei M- und L-Kurve sogar

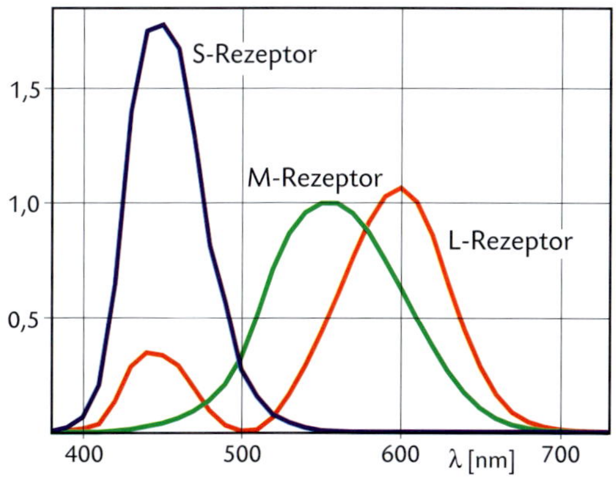

Normspektralwertkurven

über das gesamte sichtbare Spektrum reichen. Auch wenn ein Farbreiz zum Beispiel nur Wellenlängen von 600 nm bis 700 nm enthält, werden sowohl der L- als auch der M-Rezeptor angesprochen. Licht mit Wellenlängen von 500 nm bis 600 nm spricht sogar alle drei Zapfenarten an.

Das ändert aber nichts daran, dass ein Farbreiz, der zum Beispiel ausschließlich mittlere Wellenlängen von etwa 500 nm bis 600 nm enthält, eine grüne Farbempfindung auslöst. Denn diese Empfindung entsteht ja nicht in einem „Grün-Rezeptor", sondern im Gehirn. Die mittleren Wellenlängen sprechen alle drei Rezeptoren an, allerdings mit unterschiedlicher Intensität. Die Normspektralwertkurven zeigen, dass der M-Rezeptor am stärksten, der L-Rezeptor schwächer und der S-Rezeptor vergleichsweise schwach auf einen Farbreiz mit Wellenlängen von 500 nm bis 600 nm reagiert. Die drei unterschiedlich starken Signale, die über den Sehnerv zum Gehirn gelangen, lassen dort eine grüne Farbempfindung entstehen.

Die Überschneidungen der Rezeptor-Empfindlichkeiten sind kein Mangel des menschlichen Auges; sie ermöglichen vielmehr erst das hoch differenzierte menschliche Farbensehen. Ohne sie wäre es zum Beispiel nicht möglich, etwa 200 Spektralfarben („Regenbogenfarben") zu unterscheiden. Spektralfarben sind monochromatische Lichter; sie können durch Aufspaltung polychromatischen Lichts mit einem Prisma oder Beugungsgitter erzeugt werden. Jedes einzelne monochromatische Licht spricht mindestens zwei der drei Zapfenarten an. Das Farbunterscheidungsvermögen ist dort am stärksten, wo zwei Normspektralwertkurven steil gegenläufig sind, als eine stark ansteigt, während die andere stark fällt. Das ist in den Bereichen von etwa 470 nm bis 520 nm und 560 nm bis 600 nm der Fall.

2.2.4 Empfindungsmäßige Farbdimensionen

Farben können zunächst in zwei Gruppen unterteilt werden: bunte und unbunte Farben. Unbunte Farben (Weiß, Grau, Schwarz) unterscheiden sich untereinander nur durch ihre Helligkeiten. Während unbunte Farben also „eindimensional" sind, haben bunte Farben drei empfindungsmäßige Dimensionen: Helligkeit, Buntton und Buntheit.

Der Buntton ist die Eigenschaft einer Farbe, die sie qualitativ vom gleich hellen Unbunt unterscheidet. Sie wird mit Wörtern wie Rot, Orange, Yellow, Grün, Cyan, Blau, Violett, Magenta usw. gekennzeichnet. Zur etwas genaueren Beschreibung können Adjektive vorangestellt werden: gelbliches Orange, rötliches Orange, grünliches Cyan, bläuliches Cyan usw.

Bunte Farben sind mehr oder weniger bunt, lassen sich also graduell nach ihrer Buntheit unterscheiden. Die Buntheit gibt an, wie stark sich eine Farbe von einer gleich hellen unbunten Farbe unterscheidet. Eine Farbe, die umgangssprachlich „rein", „intensiv", „kräftig", „leuchtend" usw. genannt wird, ist sehr bunt. Farben mit geringerer Buntheit sind verweißlicht, verschwärzlicht oder beides zugleich. Sie sehen so aus, als wären sehr bunte Körperfarben mit Weiß, Schwarz oder Grau vermischt worden.

Durch Zugabe von Weiß wird eine Körperfarbe verweißlicht, sie sieht blasser aus. Im gerasterten Druck wird das erreicht, indem anstelle einer Volltonfläche ein geringerer Rastertonwert (Flächendeckungsgrad) gedruckt wird. Bei einem Rastertonwert von zum Beispiel 40 % bleibt 60 % des weißen Papiers unbedruckt – die bunte Druckfarbe wird mit Papierweiß „vermischt". Anstelle des Begriffs Verweißlichung wird oft der Begriff Sättigung benutzt, der genau das Gegenteil bedeutet. Eine wenig verweißlichte Farbe hat eine hohe Sättigung (ist hoch gesättigt), eine stark verweißlichte Farbe hat eine geringe Sättigung (ist entsättigt oder wenig gesättigt).

Durch Hinzumischen von Schwarz verlieren Körperfarben ebenfalls an Buntheit. Sie sehen dann verschmutzt aus, sind verschwärzlicht. Für das Gegenteil, also geringe oder keine Verschwärzlichung, wird gelegentlich der Begriff Brillanz benutzt.

Farben mit hoher Buntheit sind gering verweißlicht (hoch gesättigt) und zugleich gering verschwärzlicht. Weniger bunte Farben können verweißlicht oder verschwärzlicht oder beides sein. Die Feststellung, eine Farbe habe eine geringe Buntheit, sagt also allein noch

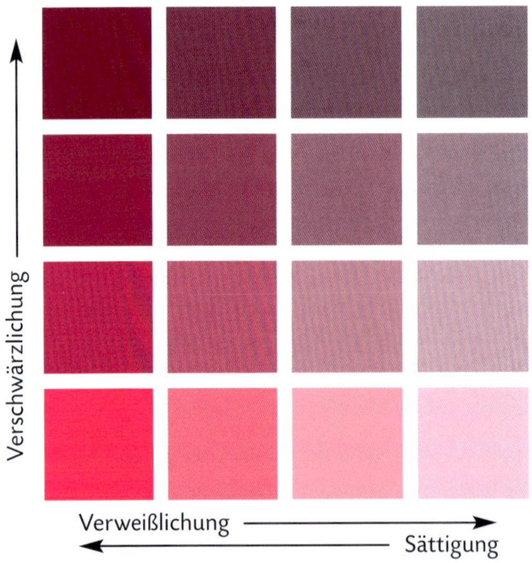

Die Farbe links unten hat die höchste Buntheit, die Farbe rechts oben hat die geringste Buntheit.

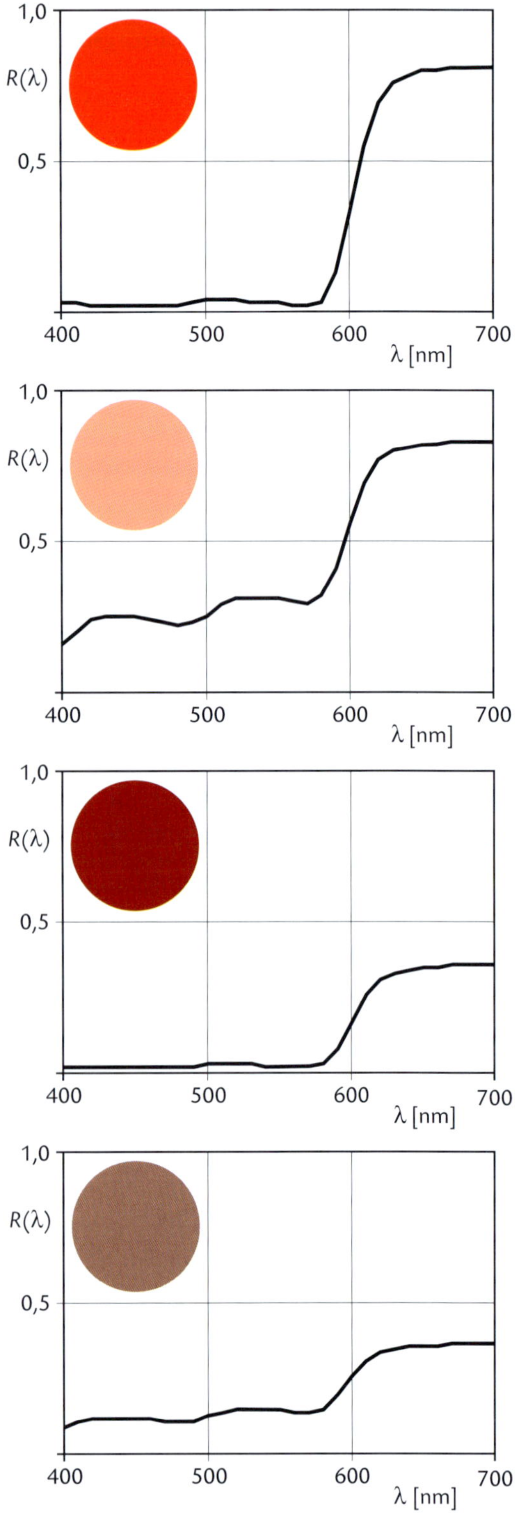

Farben und Reflexionskurven von oben: sehr bunt, verweißlicht, verschwärzlicht, verweißlicht und verschwärzlicht

nichts darüber aus, ob sie verweißlicht (blass) oder verschwärzlicht (verschmutzt) aussieht. Dazu wird die Helligkeit als zusätzliche Information gebraucht.

Wenn von zwei Farben mit gleichen Bunttönen die eine weniger bunt und zugleich heller ist, so ist sie stärker verweißlicht. Ist sie dagegen weniger bunt und zugleich dunkler, so ist sie stärker verschwärzlicht. Wenn buntere und weniger bunte Farbe gleich hell sind, ist die weniger bunte sowohl stärker verweißlicht als auch stärker verschwärzlicht.

Sehr bunte Körperfarben reflektieren bestimmte Wellenlängenbereiche des auftreffenden Lichts verhältnismäßig stark und absorbieren alle übrigen weitgehend. Beispiel: Die spektrale Reflexion einer sehr bunten, roten Körperfarbe ist im Bereich von etwa 600 nm bis 700 nm hoch und bei allen übrigen Wellenlängen gering. Bei einem verweißlichten (entsättigten) Rot kommen kräftige Reflexionen von etwa 400 nm bis 600 nm (also im blauen und grünen Bereich des Spektrums) hinzu. Bei einem verschwärzlichten Rot ist dagegen die Reflexion im roten Bereich verringert. Ist eine rote Körperfarbe sowohl verweißlicht als auch verschwärzlicht, hat sie kräftige Reflexionen im blauen und grünen Bereich des Spektrums und zugleich eingeschränkte Reflexion im roten.

2.2.5 Adaption, Wechselwirkung, Metamerie

Helligkeit, Buntton und Buntheit, also die empfundene Farbe, hängen nicht allein von der spektralen Zusammensetzung des Farbreizes ab. Unterschiedliche Farbreize können unter bestimmten Bedingungen gleiche Farbempfindungen hervorrufen. Umgekehrt können aber auch gleiche Farbreize zu unterschiedlichen Farbempfindungen führen.

Bei unterschiedlich starker Beleuchtung entstehen unterschiedlich starke Farbreize. Dennoch werden Körperfarben bei schwächerer Beleuchtung als annähernd gleich hell empfunden wie bei stärkerer, weil sich die Augen an wechselnde Beleuchtungsverhältnisse anpassen. Ein weißes Blatt Papier sieht immer weiß aus, egal, ob es bei direktem Sonnenlicht (mehr als 10 000 lx), bei Kunstlicht am Schreibtisch (etwa 500 lx) oder beim Licht einer Kerze (weniger als 5 lx) betrachtet wird.

Dieser Vorgang heißt Hell-Dunkel-Adaption oder kurz Adaption (Anpassung). Er beruht im Wesentlichen auf biochemischen Vorgängen in der Netzhaut; die Verkleinerung oder Vergrößerung der von der Iris begrenzten Pupille ist von vergleichsweise geringer Bedeutung. Die Adaption nimmt einige Zeit in Anspruch – Zapfen benötigen etwa sieben Minuten zur Dunkeladaption, Stäbchen sogar bis zu einer Stunde. Die Anpassung der Zapfen hat allerdings Grenzen: Die Fähigkeit zur Unterscheidung bunter Farben nimmt beim Dämmerungssehen ab und fehlt beim reinen Nachtsehen völlig (vgl. Abschnitt 2.2.3).

Eine weitere Anpassungsleistung ist die chromatische Adaption oder Farbstimmung. Die Farbwahrnehmung stimmt sich jeweils so um, dass die vorherrschende Beleuchtung als Unbunt empfunden wird. Wer sich in einem ausschließlich mit Glühlampen beleuchteten Raum aufhält, empfindet dieses Licht als unbunt, obwohl es einen sehr hohen spektralen Rot- und einen viel geringeren Blauanteil hat.

Auch die chromatische Adaption dauert einige Zeit. Wer zum Beispiel eine rot beleuchtete Dunkelkammer verlässt, empfindet alle Farben nach Cyan (Komplementärfarbe von Rot) verschoben, weil das Farbempfinden noch auf die rote Beleuchtung gestimmt ist. Dieser Effekt wird Sukzessivkontrast (nachfolgender Farbunterschied) genannt.

Die Farbstimmung lässt nicht nur die vorherrschende Beleuchtung weiß erscheinen, sondern wirkt sich auch auf alle anderen – bunten wie unbunten – Farben aus. Körperfarben werden deshalb weitgehend unabhängig von der spektralen Zusammensetzung der Beleuchtung wahrgenommen. Dieses Phänomen heißt (relative) Farbkonstanz. Beispiel: Eine Körperfarbe, die bei Tageslicht gelbgrün aussieht, wird auch bei Glühlampenlicht als Gelbgrün empfunden. Bei Glühlampenlicht enthält der Farbreiz aber deutlich mehr lange als mittlere Wellenlängen; ohne chromatische Adaption wäre die Farbempfindung also nicht gelbgrün, sondern gelborange (vgl. die entsprechenden Kurven in Abschnitt 2.2.3).

Die Farbkonstanz hat aber Grenzen: Bei rotem Licht sehen weiße, gelbe, rote und magentafarbene Körper-

Umstimmung und Sukzessivkontrast können auch auf einen Teil der Netzhaut beschränkt sein. Starren Sie bitte etwa 30 Sekunden lang ohne Augenbewegung auf den Kreis. Wenn Sie gleich danach eine weiße Fläche betrachten, erscheint dort ein blassroter Kreis als Nachbild.

farben untereinander fast gleich aus, nämlich hell unbunt. Schwarze, grüne, blaue und cyanfarbene Körperfarben werden als dunkles Unbunt wahrgenommen. Im ersten Fall wird das rote Licht stark reflektiert, aufgrund der Umstimmung aber als Weiß oder Hellgrau empfunden. Im zweiten Fall wird (fast) kein Licht reflektiert, wodurch die Farbempfindung Schwarz oder Dunkelgrau entsteht.

Bei Glühlampenlicht sind die Auswirkungen auf das Farbunterscheidungsvermögen zwar nicht so dramatisch. Auch hier können aber Körperfarben, die bei Tageslicht gut unterscheidbar sind, schlechter oder kaum noch unterschieden werden. Das gilt vor allem für Rot und Magenta, Weiß, helles Gelb und helles Orange sowie Schwarz, dunkles Blau und dunkles Violett.

Auch die unmittelbare Umgebung, das Umfeld einer Körperfarbe, beeinflusst die Farbempfindung. Dieser Effekt wird simultane Wechselwirkung oder Simultankontrast genannt.

Ein helles Umfeld lässt Farben dunkler, ein dunkles Umfeld lässt sie heller erscheinen. Im sehr bunten Umfeld erscheinen Farben weniger bunt, im unbunten oder wenig bunten erscheinen sie bunter. Ein buntes Umfeld verschiebt den Buntton der Farbe in Richtung Komplementärfarbe des Umfelds, unbunte Farben erhalten leichte Buntstiche in der Komplementärfarbe des Umfelds (Komplementärfarben werden in Abschnitt 2.4.5 erläutert).

Zwei Körperfarben können beim unmittelbaren Vergleich dieselbe Farbempfindung hervorrufen, obwohl sich ihre Reflexionskurven voneinander unterscheiden. Diese empfindungsmäßige Gleichheit tritt aber in der Regel nur bei einer bestimmten Lichtart auf, zum Beispiel bei Tageslicht. Werden dieselben Körperfarben bei spektral anders zusammengesetzter Beleuchtung (zum Beispiel Glühlampenlicht) verglichen, unterscheiden sie sich deutlich voneinander. Diese Erscheinung heißt Metamerie oder bedingte Gleichheit; die beiden Körperfarben sind metamer oder bedingt gleich.

Dass zwei Körperfarben mit unterschiedlichen spektralen Reflexionen überhaupt gleich aussehen können, liegt am Aufbau der menschlichen Netzhaut. Die Zapfen erfassen ja nicht jede Wellenlänge einzeln; dafür wären einige hundert unterschiedliche Rezeptoren erforderlich. Bei der summarischen Erfassung des Farbreizes durch nur drei Rezeptoren kann es vorkommen, dass unterschiedlich zusammengesetzte Farbreize gleiche Rezeptor-Reaktionen auslösen.

Bei der Beleuchtung von zwei Körperfarben mit einer bestimmten Lichtart können also zwei unterschiedliche Farbreize entstehen, die jedoch dieselbe Farbempfindung auslösen. Werden die beiden Körperfarben mit spektral anders zusammengesetztem Licht beleuchtet, entstehen zwei andere Farbreize, die untereinander nicht als gleich, sondern unterschiedlich empfunden werden.

Gleich aussehende Körperfarben, die chemisch oder physikalisch unterschiedliche Substanzen (Farbmittel, Bindemittel, Zusatzstoffe) enthalten, sind immer metamer. Beim Vergleich einer Druckfarbe mit einem gefärbten Textil, einem Autolack oder einer Wandfarbe muss mit starker Metamerie gerechnet werden. Die Metamerie-Empfindlichkeit ist geringer, wenn die Körperfarben zwar nicht gleich, aber zumin-

Simultane Wechselwirkungen

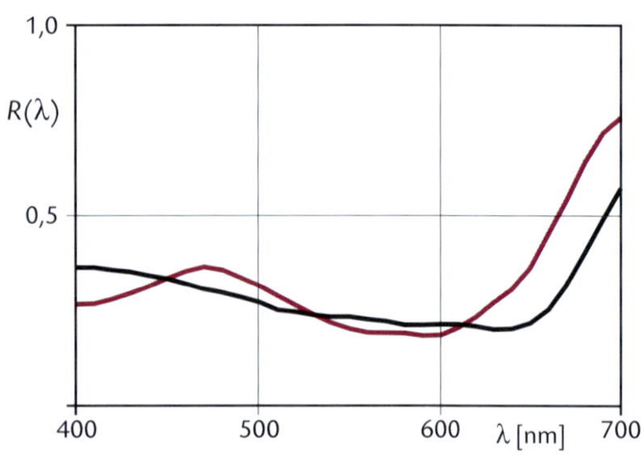

Reflexionskurven von zwei metameren Körperfarben

dest ähnlich zusammengesetzt sind. Das gilt zum Beispiel beim Vergleich eines Offsetdrucks mit einem Tintenstrahldruck, einem Laserdruck oder einem fotografischen Bild. In diesen Fällen entstehen die Körperfarben durch Mischung aus zwar nicht identischen, aber immerhin recht ähnlichen Primärfarben Cyan, Magenta und Yellow. Farben mit geringen Buntheiten sind deutlich metamerie-empfindlicher als sehr bunte Farben.

Unbedingt gleiche (nicht metamere) Körperfarben haben deckungsgleiche Reflexionskurven. Sie werden deshalb auch spektral identisch genannt. Spektrale Identität ist nur bei Körperfarben zu erwarten, die stofflich gleich sind. Das ist zum Beispiel der Fall, wenn Druckbogen aus derselben Auflage miteinander verglichen werden.

2.3 Farbabmusterung

Die Ausführungen in den vorangegangenen Abschnitten haben gezeigt, dass Farbempfindungen, die beim Betrachten von Körperfarben entstehen, nicht allein von den Eigenschaften dieser Körperfarben abhängen. Bei der Beurteilung von Farben und beim Vergleich von Farben untereinander spielen auch die Rahmenbedingungen – insbesondere Beleuchtung und Umfeld – eine wichtige Rolle.

Bei der Farbabmusterung geht es um den kritischen Farbvergleich, zum Beispiel zwischen fotografischer Vorlage und Proof (Farbprüfdruck), Proof und Abstimmbogen (OK-Bogen) oder Abstimmbogen und Fortdruckbogen. Dabei kommt es einerseits auf konstante (immer gleiche) Bedingungen an. Gleichzeitig müssen diese Bedingungen so gewählt sein, dass Farben möglichst differenziert wahrgenommen werden und kleine Farbunterschiede gut zu erkennen sind.

Wichtige Abmusterungsbedingungen sind spektrale Strahldichteverteilung der Beleuchtung, Beleuchtungsstärke, Umfeld und Unterlage. Diese Bedingungen sind in der internationalen Norm ISO 3664 geregelt.

Bei der spektralen Zusammensetzung der Beleuchtung kommt es vor allem darauf an, dass das Spektrum keine größeren Lücken aufweist und etwa gleich hohe Rot-, Grün- und Blauanteile hat. Um Drucke auf optisch aufgehellten Papieren beurteilen zu können, muss außerdem ein ausreichender Ultraviolett-Anteil vorhanden sein. Optische Aufheller sind fluoreszierende Stoffe; sie absorbieren ultraviolette Strahlung und geben die aufgenommene Energie teilweise als sichtbares Licht wieder ab.

ISO 3664 schreibt sowohl für die Beleuchtung reflektierender Medien als auch für die Durchleuchtung von Diapositiven die Normlichtart D50 vor. Das ist Tageslicht mit der Farbtemperatur 5000 K (zur Farbtemperatur vgl. Abschnitt 2.1.3). D50 entspricht etwa dem direkten Sonnenlicht bei unbedecktem Himmel gegen Mittag im Sommer.

Neben D50 gibt es weitere genormte Tageslichtarten, zum Beispiel D65 (Farbtemperatur 6500 K). D65 wird u. a. in der Textilindustrie zur Farbabmusterung verwendet. Beim unmittelbaren visuellen Vergleich der beiden Normlichtarten wirkt D65 aufgrund des etwas höheren kurzwelligen (blauen) Strahlungsanteils leicht bläulich, D50 aufgrund des etwas höheren langwelligen (roten) Strahlungsanteils leicht gelblich. Wenn keine Vergleichslichtquelle mit höherer oder geringerer Farbtemperatur vorhanden ist, wird sowohl D50 als auch D65 als weißes Licht empfunden.

Natürliches Tageslicht ist nicht zur Farbabmusterung geeignet, weil es je nach Tageszeit, Jahreszeit, geografischer Breite und Wetter Farbtemperaturen zwischen etwa 2000 K und mehr als 10 000 K hat. Um konstante Bedingungen zu garantieren, werden künstliche Lichtquellen benutzt. Das sind meistens spezielle Leuchtstoffröhren, deren Spektralverteilungen so gut an die Normlichtart D50 angenähert sind, dass sich verbleibende Abweichungen nicht nachteilig auswirken. Durch Alterung der Röhren wird die Farbtemperatur geringer, sodass sie je nach Typ nach etwa 1500 bis 5000 Brennstunden ausgetauscht werden sollten.

Da das Farbunterscheidungsvermögen nur beim reinen Tagsehen voll ausgeprägt ist, müssen Vorlagen, Proofs und Druckbogen ausreichend hell beleuchtet werden. ISO 3664 sieht dafür zwei unterschiedliche Beleuchtungsstärken vor: 2000 Lux für den kritischen Vergleich und 500 Lux für die praktische Bewertung (zur Beleuchtungsstärke vgl. Abschnitt 2.1.4).

In Druckvorstufenbetrieben und Druckereien geht es meistens um den kritischen Vergleich. Bei der dafür vorgeschriebenen Beleuchtungsstärke von 2000 Lux

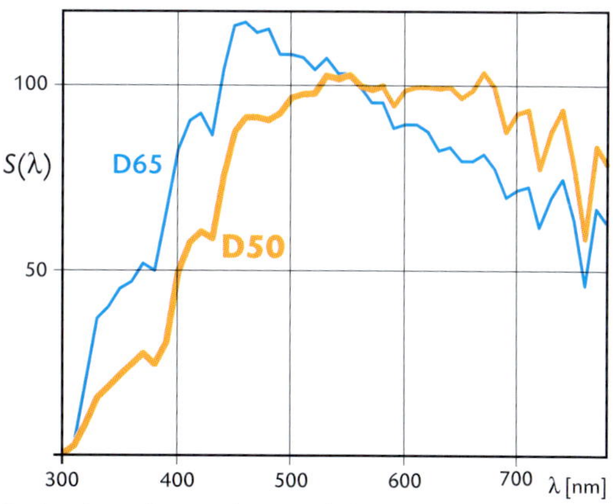

Spektralverteilungen der Normlichtarten D50 und D65

besteht aber die Gefahr, dass gedruckte Bilder „zu gut“ aussehen. Die hohe Beleuchtungsstärke lässt kleine Unterschiede zwischen dunklen Farben sichtbar werden, die bei schwächerer Beleuchtung nicht zu sehen sind. Die Beleuchtungsstärke 500 Lux bei praktischer Bewertung entspricht etwa den Verhältnissen an Büroarbeitsplätzen und in gut beleuchteten Wohnräumen.

Diapositive sollen so durchleuchtet werden, dass sie etwa gleich hell erscheinen wie Aufsichtsvorlagen oder Druckbogen bei einer Beleuchtungsstärke von 2000 lx. Nach ISO 3664 soll die zur Durchleuchtung verwendete Leuchtplatte eine Leuchtdichte von 1270 cd/m^2 haben. Diese Leuchtdichte wird etwa so hell empfunden wie eine Beleuchtung mit 4000 Lux. Da fotografische Diapositive an ihren transparentesten Stellen etwa 50 % des auftreffenden Lichts durchlassen, ergibt sich betrachtungsseitig eine Helligkeit, die annähernd der Beleuchtungsstärke 2000 Lux entspricht.

Um simultane Wechselwirkungen zu vermeiden, ist bei der Farbabmusterung für ein neutrales Umfeld zu sorgen. Bei Drucken und Aufsichtsvorlagen soll das Umfeld nach ISO 3664 unbunt und matt sein. Der Reflexionsfaktor darf 10 % bis 60 % betragen; empfohlen wird mittleres Grau mit rund 20 % Reflexion.

Diapositive sollen bei der Durchleuchtung von einem mindestens 50 mm breiten, unbunten Rand mit einer Leuchtdichte von 5 % bis 10 % der Leuchtplatte umgeben sein. Auf diese Weise werden die Verhältnisse bei der Diabetrachtung an die Betrachtung von Aufsichtsvorlagen und Druckbogen angenähert. Das helle Umfeld hat allerdings den Nachteil, dass kleine Farbunterschiede in den Bildtiefen des Dias schlechter zu sehen sind. Deshalb wird alternativ vorgeschlagen, das Umfeld des Dias mit einer lichtundurchlässigen, schwarzen Maske abzudecken.

Bei der Beurteilung von Druckbogen und Aufsichtsvorlagen ist auch die Unterlage von Bedeutung, weil sie je nach Flächenmasse und Stoffzusammensetzung des Papiers mehr oder minder stark durchscheint. Eine schwarze Unterlage lässt die Farben etwas dunkler und weniger bunt (stärker verschwärzlicht) erscheinen als eine weiße. Die schwarze Unterlage hat aber den Vorteil, dass das rückseitige Druckbild bei beidseitig bedruckten Druckbogen nicht so stark durchscheint.

ISO 3664 schreibt keine bestimmte Unterlage vor; entscheidend sei die Übereinstimmung mit der Praxis und vor allem mit den Messbedingungen bei der farbmetrischen Messung (zur Farbmetrik vgl. Abschnitt 2.7). Wenn also eine andere Norm eine bestimmte Unterlage beim Messen der Farbe vorsieht, ist diese auch bei der Betrachtung zu verwenden.

Die Frage nach der richtigen Unterlage wurde längere Zeit kontrovers diskutiert. Gegenwärtiger Stand in Normung und Praxis: Für einseitig bedruckte Druckbogen und Proofs wird eine mattweiße Unterlage mit einem Reflexionsfaktor von rund 90 % verwendet, für beidseitig bedruckte Druckbogen eine mattschwarze Unterlage mit einem Reflexionsfaktor von rund 3 %.

2.4 Trichromatische Farbmischungen

2.4.1 Überblick

Bei allen trichromatischen Farbmischsystemen geht es darum, aus nur drei Primärfarben (Erstfarben, Grundfarben) zahlreiche Mischfarben zu erzeugen. Der Erfolg dieses Unterfangens, also die Anzahl der möglichen Mischfarben, hängt vor allem von der richtigen Wahl der Primärfarben ab. Es gibt allerdings kein trichromatisches System, mit dem sich alle existierenden Farben erzeugen lassen. Trichromatische Systeme unterliegen sowohl theoretischen als auch praktischen Beschränkungen, die sich insbesondere auf die Buntheiten der Mischfarben auswirken.

Grundsätzlich ist zwischen additiver und subtraktiver Farbmischung zu unterscheiden. Bei der additiven Farbmischung geht es um die Mischung von Licht, bei der subtraktiven dagegen um die Mischung von Körperfarben.

LC-Displays in Computer-Monitoren, TV-Geräten oder Mobiltelefonen arbeiten nach dem Prinzip der additiven Farbmischung. Kleine rote, grüne und blaue Farbfilter lassen die entsprechenden spektralen Anteile der weißen Hintergrundbeleuchtung durch. Die Mischung geschieht im Auge der Betrachter(innen): Das Auflösungsvermögen des menschlichen Auges reicht nicht aus, um die einzelnen leuchtenden Pünktchen getrennt wahrzunehmen.

Die Farben fotografischer Papierbilder und Diapositive entstehen dagegen durch subtraktive Mischung: In drei übereinander liegenden transparenten Schichten sind Cyan-, Magenta- und Yellow-Farbstoffe eingelagert. Diese Primärfarben werden auch beim Drucken von Bildern benutzt. Die Farbmischung im gerasterten Druck ist aber nicht rein subtraktiv. Um sie begrifflich von den anderen Arten der Farbmischung abzugrenzen, wird sie autotypische Farbmischung genannt.

2.4.2 Additive Farbmischung

Rot, Grün und Blau sind die Primärfarben der additiven Farbmischung. Dabei steht Rot normalerweise für polychromatische Strahlung, deren Wellenlängen ausschließlich oder zumindest ganz überwiegend im Bereich von etwa 600 nm bis 700 nm liegen. Grün steht entsprechend für Wellenlängen von etwa 500 nm bis 600 nm, Blau für Wellenlängen von etwa 400 nm bis 500 nm (vgl. auch Abschnitt 2.2.3). Additive Farbmischung ist auch mit monochromatischen Lichtern möglich, also zum Beispiel mit drei Lasern, die eine kurze, eine mittlere und eine lange Wellenlänge abstrahlen. Die grundsätzlichen Gesetzmäßigkeiten sind dieselben wie bei polychromatischen Lichtern.

Mischfarben aus zwei Primärfarben heißen Sekundärfarben (Zweitfarben), Mischfarben aus drei Primärfarben heißen Tertiärfarben (Drittfarben). Wenn jeweils gleiche Primärfarbenanteile in die Mischung eingehen, entstehen die Sekundärfarben
Yellow (Gelb) = Rot + Grün
Magenta = Rot + Blau
Cyan = Grün + Blau
und die Tertiärfarbe
helles Unbunt (Weiß) = Rot + Grün + Blau

Bei der Mischung ungleicher Primärfarbenanteile verschieben sich die Bunttöne der Sekundärfarben zu jeweils der Primärfarbe hin, deren Anteil größer ist: Rot und weniger Grün ergeben Orange, Rot und mehr Blau ergeben bläuliches Magenta oder Violett, Grün und mehr Blau ergeben bläuliches Cyan usw.

Tertiärfarben aus ungleichen Primärfarbenanteilen sind keine unbunten, sondern ungesättigte (verweißlichte) bunte Farben. Dabei ergibt sich der Buntton aus den Primärfarben mit den höheren Anteilen, während die Primärfarben mit den geringeren Anteilen den Grad der Entsättigung (Verweißlichung) bestimmen. Gleich viel Rot und Grün sowie weniger Blau ergeben ein verweißlichtes Yellow. Blau und zwei geringere, untereinander gleiche Anteile Rot und Grün ergeben ein verweißlichtes Blau. Grün, ein geringerer Anteil Rot und ein noch geringerer Anteil Blau ergeben ein verweißlichtes, gelbliches Grün.

Beim Nachdenken über Farben und Farbmischungen ist ein einfacher Farbkreis mit sechs Bunttönen hilfreich. Er enthält die drei Primär- und die drei Sekundärfarben. Dabei liegen die Sekundärfarben jeweils zwischen den zwei Primärfarben, aus denen sie ermischt werden können. Der Farbkreis kann beliebig gedreht oder gespiegelt werden; er bleibt immer richtig, solange die Anordnung der Farben zueinander unverändert bleibt.

2.4.3 Subtraktive Farbmischung

Die Primärfarben der subtraktiven Farbmischung – Cyan, Magenta, Yellow – entsprechen den Sekundärfarben der additiven Farbmischung. Jede subtraktive Primärfarbe reflektiert die zwei Wellenlängenbereiche (Lichtfarben), die bei additiver Mischung zur Herstellung der entsprechenden Sekundärfarbe verwendet würden. Beispiel: Die Körperfarbe Cyan reflektiert hauptsächlich Licht der Wellenlängenbereiche 400 nm bis 500 nm (Blau) sowie 500 nm bis 600 nm (Grün), während sie Wellenlängen von 600 nm bis 700 nm (Rot) hauptsächlich absorbiert.

Die von einer subtraktiven Primärfarbe hauptsächlich reflektierten und absorbierten Lichtfarben (Wellenlängenbereiche) werden Hauptreflexionen bzw. Hauptabsorption genannt. Im Farbkreis stehen die Hauptreflexionen jeweils links und rechts von der Primärfarbe, die Hauptabsorption liegt ihr gegenüber.

Die Sekundärfarben der subtraktiven Farbmischung entsprechen den Primärfarben der additiven Farbmi-

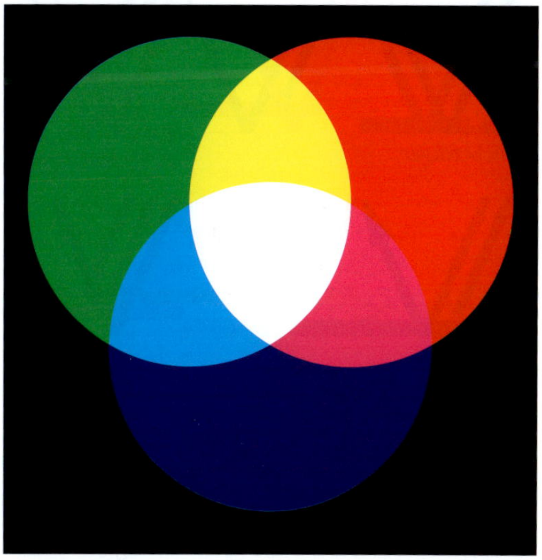

Additive Farbmischung mit gleichen Primärfarbenanteilen

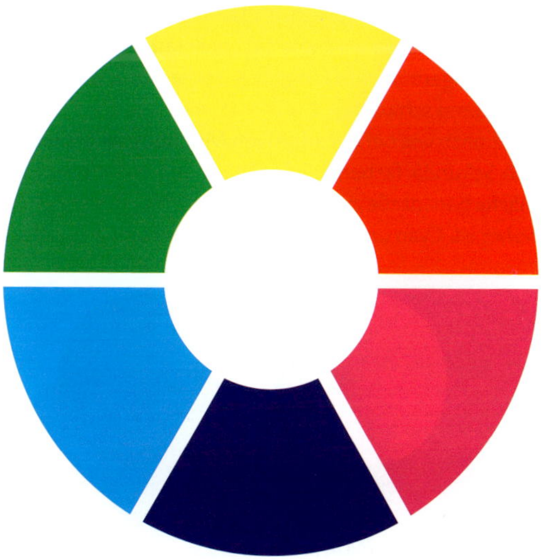

Farbkreis mit sechs Bunttönen

schung. Bei der Mischung gleicher Primärfarbenanteile ergeben sich also die Sekundärfarben:
Blau = Cyan + Magenta
Grün = Cyan + Yellow
Rot = Magenta + Yellow
Die subtraktive Mischung gleicher Anteile aller drei Primärfarben ergibt dunkles Unbunt (Schwarz).

Die Entstehung der Mischfarben lässt sich am besten verstehen, indem an die Hauptabsorptionen der Primärfarben gedacht wird. Das auf die Körperfarben treffende weiße Licht hat Wellenlängen von 400 nm bis 700 nm, es „enthält" also die drei additiven Primärfarben Rot, Grün und Blau. Jede subtraktive Primärfarbe absorbiert eine dieser Lichtfarben, „subtrahiert" sie also vom ursprünglich weißen Licht. Bei der subtraktiven Mischung von zum Beispiel Cyan und Magenta wird also sowohl der rote als auch der grüne Anteil des weißen Lichts absorbiert und nur der blaue reflektiert.

Mischfarben lassen sich technisch auf unterschiedliche Arten erzeugen. Druck- oder Malfarben können miteinander vermischt und dann auf einen Bedruck- oder Bemalstoff gebracht werden. Oder es werden lasierende (transparente, lichtdurchlässige) Schichten der Primärfarben übereinander gelegt.

Ein buntes Foto besteht aus weißem Trägermaterial (Papier oder Kunststoff) und drei dünnen Gelatineschichten, die jeweils einen Cyan-, Magenta- und Yellowfarbstoff enthalten. Das auftreffende Licht wird beim Durchgang durch die Schichten teilweise absorbiert. Der nicht absorbierte Anteil gelangt bis zum weißen Trägermaterial, wird reflektiert und durchquert die Schichten nochmals.

Die Absorptionsstärken der einzelnen Schichten variieren je nach Menge des enthaltenen Farbstoffs. Bei hohem Farbstoffgehalt ist die Hauptabsorption nahezu vollständig, die jeweils im Farbkreis gegenüber liegende Lichtfarbe wird also fast vollständig absorbiert. Bei geringerem Farbstoffgehalt ist die Absorption entsprechend schwächer.

Ähnlich wie bei der additiven Mischung verschieben sich Sekundärfarben bei der Mischung ungleicher Primärfarbenanteile zu der Primärfarbe hin, deren Anteil höher ist. Cyan und weniger Yellow ergeben grünliches Cyan (bläuliches Grün), Yellow und weniger Magenta ergeben Orange, Magenta und weniger Cyan ergeben bläuliches Magenta (Violett) usw. Bei Mischung ungleicher Anteile aller drei Primärfarben entstehen verschwärzlichte Farben. Cyan, Magenta und weniger Yellow ergeben verschwärzlichtes Blau, Yellow und zwei geringere, untereinander gleiche Anteile Cyan und Magenta ergeben verschwärzlichtes Yellow usw.

Links additive, rechts subtraktive Farbmischung

Beim fotografischen Diapositiv funktioniert die Farbmischung genau so wie beim Papierbild. Der Unterschied besteht nur darin, dass der Schichtträger transparent ist. Das von den Farbschichten durchgelassene Licht wird hier also nicht reflektiert, sondern vom Schichtträger durchgelassen.

Beim Drucken entstehen die Mischfarben aus übereinander liegenden transparenten (lasierenden) Druckfarbenschichten. Die Dicken der Farbschichten und die in ihnen enthaltenen Pigmentmengen sind aber beim Offset- und Flexodruck nicht variabel. Deshalb ergibt die subtraktive Mischung nur drei Sekundärfarben (Rot, Grün, Blau) und eine Tertiärfarbe (dunkles Unbunt). Um Sekundär- und Tertiärfarben aus unterschiedlichen Primärfarbenanteilen zu erzeugen, werden Rasterpunkte gedruckt – mehr dazu im folgenden Abschnitt zur autotypischen Farbmischung.

Der Begriff subtraktive Farbmischung ist übrigens streng genommen nicht ganz korrekt. Zutreffender wäre multiplikative Farbmischung: Die spektrale Reflexion einer Mischfarbe, die durch Übereinanderlegen transparenter Farbschichten entsteht, kann näherungsweise ermittelt werden, indem die spektralen Reflexionen der einzelnen Farbschichten miteinander multipliziert werden.

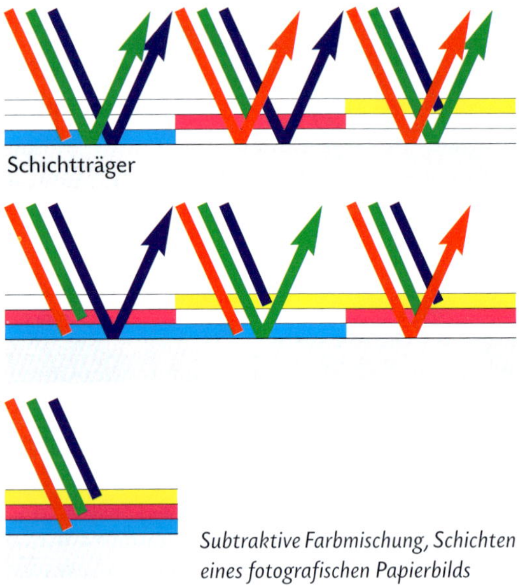

Subtraktive Farbmischung, Schichten eines fotografischen Papierbilds

2.4.4 Autotypische Farbmischung

Das Adjektiv „autotypisch" bedeutet „gerastert" oder „Rasterung betreffend" (zur Rasterung vgl. ausführlich Abschnitt 6.6). Die autotypische Farbmischung arbeitet mit denselben Primärfarben wie die subtraktive . In der praktischen Anwendung kommt allerdings noch die (Hilfs-)Druckfarbe Schwarz hinzu, weil die Mischung von Cyan, Magenta und Yellow kein ausreichend dunkles und unbuntes Schwarz ergibt (vgl. Abschnitt 2.5.3.3).

Die auf den Bedruckstoff übertragene Druckfarbenmenge wird variiert, indem kleinere oder größere Rasterpunkte gedruckt werden. Ihre relative Größe wird durch den Rastertonwert (Flächendeckungsgrad) quantifiziert. Bei einem Rastertonwert von zum Beispiel 30 % sind die Rasterpunkte so groß, dass 30 % der Fläche mit Druckfarbe bedeckt wird und 70 % unbedruckt bleibt.

Die Rasterpunkte in den drei Primärfarben Cyan, Magenta und Yellow werden teils lasierend übereinander und teils nebeneinander gedruckt. Auf diese Weise entstehen zunächst nur acht Farben:

- Weiß, also unbedrucktes Papier
- Cyan, Magenta und Yellow
- Rot, Grün und Blau durch Übereinanderdruck (subtraktive Mischung) von jeweils zwei Primärfarben
- Schwarz durch Übereinanderdruck (subtraktive Mischung) der drei Primärfarben

Die einzelnen Farbflächen sind sehr klein – überwiegend sogar kleiner als die Rasterpunkte selbst. Bei ausreichend feiner Rasterung reicht deshalb das Auflösungsvermögen des menschlichen Auges nicht aus, um die kleinen Flächen getrennt wahrzunehmen. Das vom

Autotypische Farbmischung

bedruckten Papier reflektierte Licht wird vielmehr vermischt, die acht Farben werden als einheitliche Mischfarbe wahrgenommen.

Bei der autotypischen Farbmischung wirken also subtraktive und additive Mischung zusammen, sie ist eine Kombination der beiden Mischungsarten. Die Grundregeln der autotypischen Farbmischung sind aber dieselben wie bei der subtraktiven. Weil die Farbmischung beim Übereinanderdruck der Rasterpunkte subtraktiv ist, werden die Primärfarben der subtraktiven Farbmischung benutzt. Folglich sind auch die Sekundär- und Tertiärfarben dieselben wie bei der subtraktiven Mischung.

Autotypische Farbmischung ist nur mit lasierenden (transparenten) Druckfarben möglich. Lasierende Druckfarben reflektieren das auftreffende Licht nicht selbst, sondern wirken wie Farbfilter: Das Licht durchquert die Farbschicht, wird am Bedruckstoff reflektiert und durchquert die Farbschicht nochmals. Mit deckenden (opaken) Druckfarben ist keine subtraktive und deshalb auch keine autotypische Farbmischung möglich. Der deckende Übereinanderdruck von zwei oder drei Primärfarben ergibt keine Mischfarbe, sondern immer die zuletzt gedruckte Farbe. Damit fehlen die für autotypische Mischungen unverzichtbaren Sekundärfarben Rot, Grün und Blau sowie die Tertiärfarbe Schwarz.

2.4.5 Komplementärfarben

Zwei komplementäre Licht- bzw. Körperfarben ergeben in additiver Mischung Weiß (helles Unbunt) und in subtraktiver Mischung Schwarz (dunkles Unbunt). Komplementärfarben werden gelegentlich auch als Ergänzungsfarben oder Gegenfarben bezeichnet. Sie liegen einander im Farbkreis gegenüber; ein Farbkreis mit sechs Farben zeigt also drei Komplementärfarbenpaare:

Rot – Cyan
Grün – Magenta
Blau – Yellow

Es gibt natürlich sehr viel mehr als nur diese drei Komplementärfarbenpaare. Beispiel: Violett und gelbliches Grün. Violett liegt im Farbkreis zwischen Blau und Magenta. Die komplementäre Farbe liegt im Farbkreis gegenüber, also zwischen Yellow und Grün.

Bei Komplementärfarben geht es zwar immer um zwei Farben, die zueinander komplementär sind. Das Wissen über Komplementärfarben erleichtert aber auch den praktischen Umgang mit trichromatischen Farbmischungen.

Die Mischung von zwei komplementären Farben ergibt dasselbe wie die Mischung von drei Primärfarben, also helles Unbunt bei additiver und dunkles Unbunt bei subtraktiver Farbmischung. Wenn zum Beispiel grünes und magentafarbenes Licht miteinander vermischt werden, ist Magenta ja bereits eine Sekundärfarbe, die durch additive Mischung aus Rot und Blau entstanden ist oder entstanden sein könnte. Bei subtraktiver Mischung ist Grün die Sekundärfarbe, die als Mischung aus Cyan und Yellow verstanden werden kann.

Eine bunte Lichtfarbe wird verweißlicht (entsättigt), indem ein kleinerer Anteil ihrer Komplementärfarbe hinzugemischt wird. Um zum Beispiel eine rote Farbe am Monitor zu verweißlichen, muss die Komplementärfarbe Cyan = Grün + Blau hinzukommen. Um die Verweißlichung einer roten Farbe zu verringern, werden Grün und Blau reduziert.

Eine Körperfarbe wird durch Hinzumischen einer kleineren Menge der Komplementärfarbe verschwärzlicht (gebrochen). Um ein Rot (= Magenta + Yellow) bei subtraktiver oder autotypischer Farbmischung zu verschwärzlichen, wird also die Komplementärfarbe Cyan hinzugegeben. Wenn die Verschwärzlichung einer roten Farbe verringert werden soll, wird Cyan entsprechend reduziert.

Die bisherigen Erläuterungen verwenden den Begriff Komplementärfarbe so, wie es in der Praxis üblich ist. Im wissenschaftlichen Sprachgebrauch wird dagegen zwischen Komplementär- und Kompensativfarben unterschieden. Im strengen Sinne komplementär sind zwei Licht- oder Körperfarben nur dann, wenn die Addition ihrer Spektralverteilungen bzw. spektralen Reflexionen oder Transmissionen ein energiegleiches Spektrum ergibt. Das ist zwar theoretisch denkbar, dürfte aber in der Praxis so gut wie nie vorkommen. Bei Kompensativfarben ergeben die entsprechenden Additionen eine Spektralverteilung, die zwar nicht energiegleich ist, aber als unbunt empfunden wird.

Die Farben des in Abschnitt 2.4.2 abgedruckten Farbkreises erfüllen noch nicht einmal diese Bedingung genau. Deshalb ergibt auch die subtraktive Mischung von zwei einander gegenüber liegenden Farben kein Unbunt, sondern ein sehr dunkles Braun. Zwei Farben, die in der Praxis Komplementärfarben genannt werden, sind also streng genommen allenfalls annähernd kompensativ.

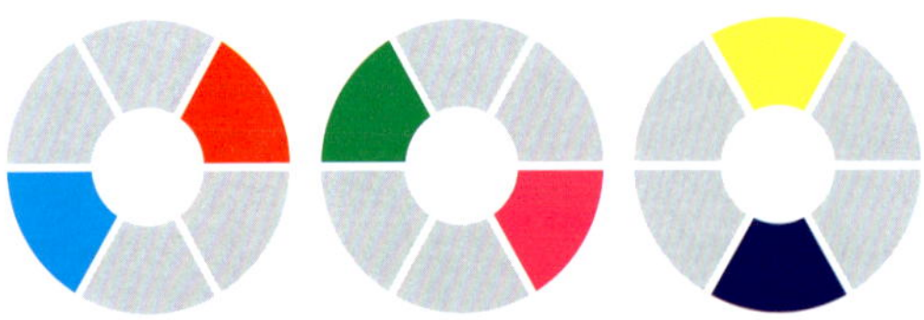

Komplementäre Paare – streng genommen aber allenfalls annähernd kompensativ

2.5 Farbzerlegung und Bildherstellung

2.5.1 Trichromatische Farbzerlegung

Alle Farben eines Bilds werden vom Monitor durch additive Mischung aus Rot, Grün und Blau, im Druck durch autotypische Mischung aus Cyan, Magenta, Yellow und Schwarz erzeugt. Bei der digitalen Bilderfassung geschieht genau das Gegenteil: Scanner und Digitalkameras zerlegen die zahlreichen Farben einer Vorlage oder eines Objekts in Primärfarbenanteile und speichern die Ergebnisse dieser Analyse als Bilddaten.

Diese Bilddaten sind aber keineswegs fertig, sondern bedürfen noch der Aufbereitung für das jeweilige Ausgabeverfahren. In diesem Abschnitt geht es um das Grundprinzip der trichromatischen Farbzerlegung; die erforderlichen Anpassungen an die Ausgabeverfahren folgen in den nächsten Abschnitten.

Bei der Bilderfassung mit Scanner oder Digitalkamera wird das Bild in Pixel (*Picture elements* – Bildelemente) zerlegt. Für jedes dieser Pixel werden die Rot-, Grün- und Blauanteile ermittelt und in einer Bilddatei abgespeichert. Die folgende Darstellung bezieht sich auf das Scannen von Bildvorlagen, gilt aber sinngemäß auch fürs digitale Fotografieren (nähere Informationen zur Funktionsweise von Scannern und Digitalkameras finden sich in den Abschnitten 3.4 und 3.5).

Beim Scannen wird die Aufsichts- oder Durchsichtsvorlage mit weißem Licht beleuchtet bzw. durchleuchtet. Das von der Vorlage reflektierte bzw. transmittierte Licht wird dann zunächst mithilfe von Rot-, Grün- und Blaufiltern optisch in seine Primärfarbenanteile zerlegt. Die Bezeichnungen von Farbfiltern bezieht sich auf ihre Transmission: Ein Rotfilter lässt nur rotes Licht (lange Wellenlängen) durch, ein Grünfilter nur grünes (mittlere Wellenlängen) und ein Blaufilter nur blaues (kurze Wellenlängen). Hinter den Filtern befinden sich fotoelektrische Sensoren, die das Licht in schwache analoge elektrische Sinale umwandeln. Sie werden gemessen und vom Analog-Digital-Wandler (AD-Wandler) als Zahlen ausgegeben.

Die Abbildung erläutert diesen Vorgang am Beispiel einer grünen Farbe. Die Durchsichtsvorlage (Diapositiv) lässt hier deutlich mehr grünes Licht als rotes und blaues Licht durch. Zum fotoelektrischen Sensor hinter dem Rotfilter gelangt daher ein relativ schwacher Lichtstrom. Der Sensor erzeugt ein relativ schwaches elektrisches Analogsigal, das vom AD-Wandler als entsprechend niedrige Zahl (hier 90) ausgegeben wird. Entsprechend beim Grün- und Blaufilter: stärkerer Lichtstrom, stärkeres Analogsignal, höhere Zahl (155), schwächerer Lichtstrom, schwächeres Analogsignal, niedrigere Zahl (95). In diesem Beispiel wird der Einfachheit halber unterstellt, dass der höchstmögliche

Wert 255 beträgt; das entspricht einer Datentiefe (Bittiefe) von acht Bit je Farbkanal. Tatsächlich arbeiten Scanner intern mit Datentiefen bis zu 16 Bit je Kanal, können also in jedem Farbkanal bis zu $2^{16} = 65\,536$ unterschiedliche Stufen erfassen.

Die Aufspaltung von Mischfarben in ihre Rot-, Grün- und Blaukomponenten wird in diesem Abschnitt als Farbzerlegung bezeichnet. Daneben gibt es den Begriff (Farb-)Separation, der aber durchweg mit etwas speziellerer Bedeutung verwendet wird.

Einerseits wird die Erzeugung von CMYK-Daten für den Druck häufig als (Farb-)Separation bezeichnet, andererseits geht es um Besonderheiten von Daten und Datenformaten. Im DCS- Format (Desktop Color Separation) werden die Bilddaten für die einzelnen Farben getrennt (separiert) in mehreren Dateien (DCS 1) oder Kanälen einer Datei (DCS 2) gespeichert (vgl. Abschnitt 1.12.3). In PDF-Dateien können die Daten für die einzelnen Druckfarben wahlweise *composite* (verbunden) oder *separated* (getrennt) gespeichert werden. Schließlich wird auch die Auftrennung von Composite-Daten in die einzelnen Farben im Raster Image Processor (RIP, vgl. Abschnitt 6.7.1) bei der Datenausgabe als Separation bezeichnet.

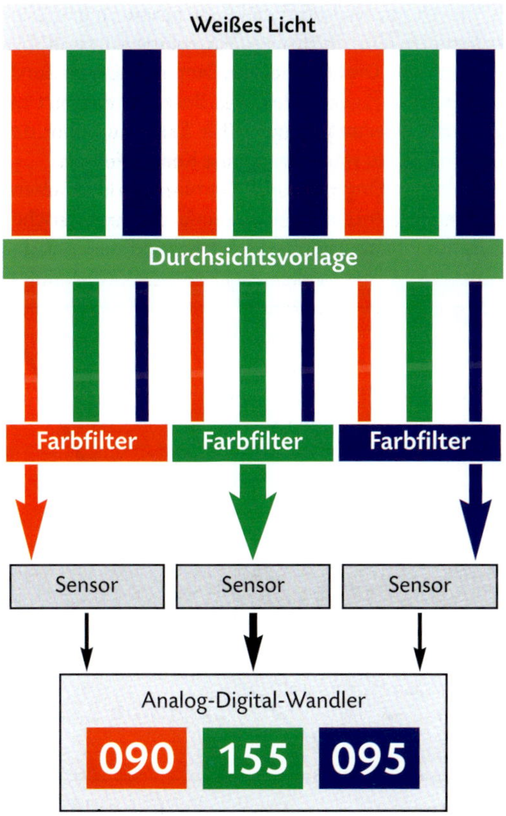

Prinzip der Farbzerlegung im Scanner

Die CMYK-Daten eines Bilds oder einer Seite bzw. die danach bebilderten Filme oder Druckplattten werden auch Farbsatz genannt. Daten für eine der vier Farben bzw. einzelne Filme oder Druckplatten eines Farbsatzes heißen Farbauszüge.

2.5.2 RGB-Bilder

2.5.2.1 Primärfarben und Weiß

Sensoren und AD-Wandler in Scannern und Digitalkameras erzeugen RGB-Daten. Um daraus brauchbare RGB-Bilder zu machen, sind aber noch zwei Bearbeitungsschritte erforderlich: Anpassung an einen Satz standardisierter Primärfarben einschließlich Definition des Weißpunkts und Gammakorrektur.

Unterschiedliche Scanner und Digitalkameras liefern unterschiedliche RGB-Daten, auch wenn Vorlagen bzw. Objekte und deren Beleuchtungen identisch sind. Ursachen sind Unterschiede bei der Spektralverteilung des Abtastlichts in Scannern, der spektralen Transmission von Farbfiltern, der spektralen Empfindlichkeit der Sensoren und bei der Verarbeitung der Analogsignale in AD-Wandlern. Jedes Bildaufnahmegerät hat seine eigenen Primärfarben, die weder mit denen anderer Aufnahmegeräte noch mit den Primärfarben von Ausgabegeräten übereinstimmen.

Theoretisch optimale (ideale) Primärfarben der additiven Farbmischung können so definiert werden: Rot enthält ausschließlich Wellenlängen von etwa 600 nm bis 700 nm, Grün von etwa 500 nm bis 600 nm, Blau von etwa 400 nm bis 500 nm.

Die Primärfarben realer Monitore sind unvollkommen, stimmen also nicht mit theoretischen Optimalfarben überein. Rot und Blau enthalten hier auch etwas Strahlung aus dem grünen Bereich, Grün enthält etwas Strahlung sowohl aus dem blauen als auch aus dem roten Bereich (vgl. Abbildung am Fuß dieser Spalte).

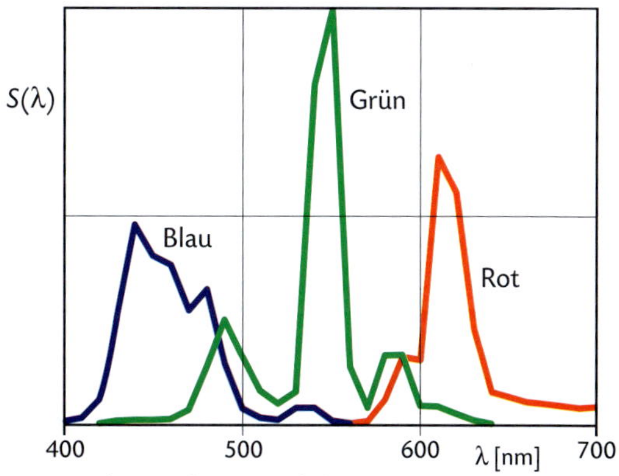

Emissionskurven der Primärfarben eines TFT-Displays

Bei Rot und Blau fallen diese Abweichungen allerdings kaum ins Gewicht. Das Grün ist dagegen bei den meisten Monitoren kräftig verweißlicht (entsättigt) und hat deshalb deutlich geringere Buntheit als die entsprechende Optimalfarbe.

Noch schwerer wiegt dieses Problem jedoch bei den Sekundärfarben: Insbesondere Cyan und bläuliches Grün sind kräftig verweißlicht, in geringerem Maße auch Yellow und Magenta. Diese Einschränkungen sind nicht nur theoretischer Natur, sondern haben ganz praktische Konsequenzen: Mit den üblichen Monitoren, die typischerweise in Büros oder für Freizeitaktivitäten benutzt werden, kann zum Beispiel das Cyan des Offsetdrucks auf gestrichenem Papier nicht mit gleicher Buntheit dargestellt werden.

Gleiche Farbwerte für Rot, Grün und Blau ergeben Unbunt. Bei 256 Stufen (Datentiefe 8 Bit) je Primärfarbe steht R255 G255 B255 also für Weiß. Andere untereinander gleiche RGB-Farbwerte, zum Beispiel R192 G192 B192 oder R64 G64 B64, ergeben helleres oder dunkleres Grau. Die genaue Beschaffenheit des Unbunt wird bei RGB-Daten üblicherweise durch die Farbtemperatur in Kelvin definiert.

Ebenso wie bei Scannern und Digitalkameras weichen auch die Primärfarben von Monitoren je nach Bauart, Fabrikat und Alter etwas voneinander ab. Hinzu kommen die meist nur „nach Auge und Gefühl" vorgenommenen Einstellungen an Hard- und Software. Die Aufbereitung von RGB-Bilddaten kann sich nur an der Farbwiedergabe technisch intakter, „durchschnittlicher" Monitore orientieren.

Auf solche „guten Durchschnittsmonitore" bezieht sich die RGB-Spezifikation sRGB (standardRGB). Sie wird u.a. vom World Wide Web Konsortium (W3C) für Bilder in Web-Präsenzen empfohlen. Die Primärfarben von sRGB entsprechen dem HDTV-Standard *(High Definition Television)*; Weiß und alle übrigen unbunten Farben sind durch die Farbtemperatur 6500 Kelvin definiert.

RGB-Bilder nach sRGB-Spezifikation sind zwar gut an „Durchschnittsmonitore" angepasst; für die spätere Umwandlung in CMYK sind sie aber weniger geeignet. Das liegt vor allem daran, dass bestimmte Farben, die sich im vierfarbigen Druck erzeugen lassen, in sRGB fehlen. Hier sollten die RGB-Primärfarben so definiert sein, dass alle druckbaren Farben auch durch RGB-Farbwerte darstellbar sind.

Diese Bedingung wird u.a. von ECI-RGB und Adobe RGB (1998) erfüllt. Die Farbumfänge, also die Mengen aller darstellbaren Farben, sind so groß, dass sie auch alle Farben des vierfarbigen Drucks einschließen. Weiß ist bei ECI-RGB durch die Farbtemperatur 5000 Kelvin (Normlichtart D50), bei Adobe RGB durch die Farbtemperatur 6500 Kelvin (D65) definiert.

Monitore für Büro- und Heimanwendung stellen ECI-RGB und Adobe RGB nicht korrekt dar; das funktioniert nur mit sehr hochwertigen (und teuren) Displays, die in der professionellen Bildbbearbeitung und zum Soft-Proofing genutzt werden.

Die Programme einfacher Digitalkameras und Desktop-Scanner passen die aufgenommenen RGB-Daten mithilfe fester Algorithmen mehr oder minder gut an die sRGB-Spezifikation an, bieten aber keine anderen RGB-Farbräume als Alternativen. Präzise Anpassung an unterschiedliche RGB-Farbräume ist nur durch Colour-Management mit ICC-Profilen möglich (vgl. Abschnitt 2.8).

2.5.2.2 Gammakorrektur

Das Prinzip der Gammakorrektur stammt ursprünglich aus der analogen Fernsehtechnik. Dort war sie erforderlich, weil Bildröhren (CRT, *Cathode Ray Tubes*) nicht linear auf das analoge Eingangssignal reagieren. Bei einem Eingangssignal mittlerer Stärke leuchtet der Bildschirm nicht mit der Hälfte seiner maximalen Leuchtdichte, sondern nur mit etwas mehr als einem Fünftel davon.

Die Übertragungskennlinie zwischen Eingangssignal und Leuchtdichte hängt also kräftig durch (Abbildung unten). Die Stärke dieses Durchhangs wird durch das Gamma (γ) gekennzeichnet. Beim Gammawert 1,0 wäre die Übertragungskennlinie linear; je höher das Gamma, desto stärker hängt die Kennlinie durch.

Zwischen Eingangssignal, Gamma und resultierender Leuchtdichte besteht ein einfacher rechnerischer Zusammenhang. Wenn schwächstes und stärkstes Ein-

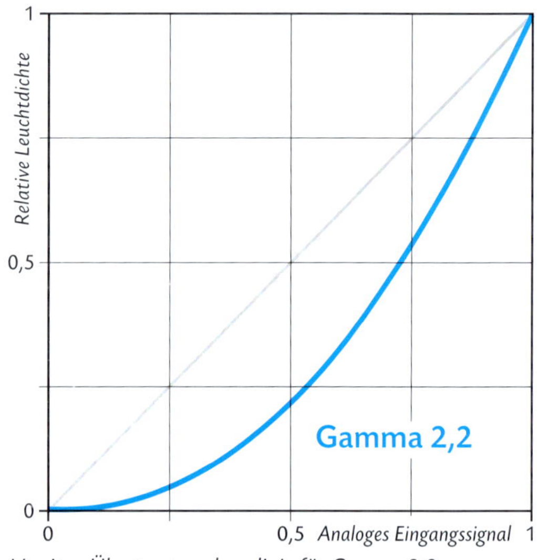

Monitor-Übertragungskennlinie für Gamma 2,2

gangssignal die Werte 0 bzw. 1 haben und geringste und höchste Leuchtdichte der Bildröhre ebenfalls gleich 0 bzw. 1 gesetzt werden, gilt:
Leuchtdichte = Eingangssignal^{Gamma}

Beim Eingangssignal 0,5 und Gamma 2,2 ergibt sich daraus die Leuchtdichte $0{,}5^{2{,}2} \approx 0{,}218$.

Bei der Gamma-Korrektur von RGB-Bilddaten werden die Farbwerte so erhöht, dass der Durchhang der Übertragungskennlinie kompensiert wird (zur Berechnung vgl. Abschnitt 11.9). Auch hier gibt es keine Korrektur für einen ganz bestimmten, individuell eingestellten Monitor. Es werden vielmehr Standard-Gammawerte benutzt: 2,2 bei sRGB und Adobe RGB (1998), 1,8 bei Apple-RGB und ECI-RGB Version 1 (1999). In der aktuellen Version 2 (2007) des ECI-RGB sind die RGB-Werte so korrigiert, dass der Helligkeitsverlauf dem farbmetrischen Helligkeitswert L^* entspricht (vgl. Abschnitt 2.7.5).

Aus rein technischer Sicht sind digitale RGB-Bilder – im Gegensatz zum analogen Fernsehbild – auch ohne Gamma-Korrektur vorstellbar. Bei CRT-Monitoren könnte der Gammafehler durch Signalbearbeitung im Grafikadapter des Computers kompensiert werden. Bei digital angesteuerten TFT-Displays wäre sogar eine völlig lineare Wiedergabe (Gamma 1) möglich.

Dass die Gammakorrektur der Bilddaten dennoch sinnvoll ist, hängt mit der Nichtlinearität des menschlichen Helligkeitsempfindens zusammen. Ein Grau wird als mittelhell empfunden, wenn die Leuchtdichte knapp ein Fünftel des Maximums beträgt. Bei 256 Helligkeitsstufen (Datentiefe acht Bit) hätte ein mittelhelles Grau ohne Gammakorrektur etwa die Farbwerte R47 G47 B47. Für den Helligkeitsbereich vom Schwarz bis zum mittelhellen Grau würden also nur 48 Abstufungen zur Verfügung stehen – zu wenig, um glatte, stufenlose Verläufe darzustellen. Durch Gammakorrektur mit dem Gammawert 2,2 werden die Farbwerte für mittelhelles Grau auf R118 G118 B118 angehoben (vgl. auch Abschnitt 3.2.3.1).

Gammakorrektur

RGB-Farbwert unkorrigiert	*Korrigiert für* $\gamma = 1{,}8$	$\gamma = 2{,}2$	L^*
0	0	0	0
32	81	99	107
64	118	136	146
96	148	164	173
128	174	186	194
160	197	206	212
192	218	224	228
224	237	240	243
255	255	255	255

2.5.3 CMYK-Bilder

2.5.3.1 Grundprinzip

Scanner und Digitalkameras liefern RGB-Daten – gedruckt wird aber mit den Prozessdruckfarben (Skalendruckfarben) Cyan, Magenta, Yellow und Schwarz. Für den Druck müssen die RGB-Farbwerte also noch umgerechnet werden.

Zur Erläuterung dieses Vorgangs zunächst ein stark vereinfachtes, rechnerisches Modell: Die Rot-, Grün- und Blau-Farbwerte werden vom Maximalwert (hier 255) subtrahiert. Die Differenzen sind die Farbwerte für die jeweils komplementären Druckfarben Cyan, Magenta und Yellow.

Beispiel: R90 G155 B95
Cyan: 255 − 90 = 165
Magenta: 255 − 155 = 100
Yellow: 255 − 95 = 160

Da Farbwerte für Cyan, Magenta und Yellow normalerweise nicht auf einer Skala von 0 bis 255, sondern als prozentuale Rastertonwerte (Flächendeckungsgrade) angegeben werden, ist noch die Umrechnung in Prozentsätze nötig.

Cyan: $(165 : 255) \cdot 100\,\% \approx 65\,\%$
Magenta: $(100 : 255) \cdot 100\,\% \approx 39\,\%$
Yellow: $(160 : 255) \cdot 100\,\% \approx 63\,\%$

Das Ergebnis erscheint plausibel: Die Rastertonwerte C65 % M39 % Y63 % kennzeichnen ein kräftig verweißlichtes und verschwärzlichtes Grün – genau wie die RGB-Farbwerte R90 G155 B95.

Der Zusammenhang zwischen den Primärfarben der additiven Farbmischung (Rot, Grün, Blau) und den komplementären Druckfarben (Cyan, Magenta, Yellow) lässt sich aber auch logisch nachvollziehen: Weißes Papier reflektiert alle Wellenlängenbereiche (Lichtfarben) ungefähr gleich stark. Um die Farbe Grün zu erzeugen, muss dafür gesorgt werden, dass die Reflexion der mittleren Wellenlängen (grünes Licht) relativ stark ist. Die Reflexionen langer und kurzer Wellen (rotes und blaues Licht) müssen vergleichsweise schwach sein.

Die Druckfarben Cyan, Magenta und Yellow absorbieren jeweils die im Farbkreis gegenüberliegende Lichtfarbe (Hauptabsorption, vgl. Abschnitt 2.4.3).

Rechnerische Entsprechung von RGB und CMY

Um eine grüne Körperfarbe auf dem Papier zu erzeugen, wird deshalb wenig Magenta gedruckt, denn die Magenta-Druckfarbe absorbiert die Lichtfarbe Grün. Die Rot- und Blaureflexionen werden weitgehend unterdrückt, indem viel Cyan und viel Yellow gedruckt wird.

Tatsächlich ist die Erzeugung von Bilddaten für den Druck erheblich komplizierter. Wenn der oben gezeigte einfache Rechenweg zur Umwandlung von RGB nach CMY benutzt würde, hätten alle bunten Farben im Druck viel zu geringe Buntheiten; unbunte Farben würden im Druck nicht unbunt, sondern bräunlich erscheinen, dunkle Farben (Bildtiefen) wären etwas zu hell. Um brauchbare CMYK-Bilder zu erzeugen, sind erhebliche Korrekturen am Datenbestand und Hinzurechnen der (Hilfs-)Druckfarbe Schwarz erforderlich. Auch die Art der RGB-Daten ist nicht gleichgültig: Gleiche RGB-Farbwerte stehen je nach RGB-Spezifikation (zum Beispiel sRGB, Adobe RGB, ECI-RGB) für unterschiedliche Farben.

Die Druckertreiber von Tintenstrahl- und Laserdruckern für den Büro- und Hausgebrauch wandeln RGB-Daten mithilfe einfacher Algorithmen in CMY oder CMYK um. Das bringt allerdings in der Regel nur dann befriedigenden Ergebnisse, wenn die RGB-Daten der sRGB-Spezifikation entsprechen, denn dafür sind die Umwandlungsalgorithmen durchweg ausgelegt.

CMYK-Daten für den professionellen Druck werden heute durch Colour-Management mit ICC-Profilen erzeugt (vgl. Abschnitt 2.8). Dabei erfolgen alle notwendigen Korrekturen und das Hinzurechnen von Schwarz in einem Rechenvorgang. Um das Verständnis dieses Vorgangs zu erleichtern, werden die logischen Bestandteile in den folgenden Abschnitten einzeln erläutert: Basiskorrektur, Graubalancekorrektur, Schwarzauszug im Bunt- und Unbuntaufbau sowie Ausgleich der Tonwertzunahme im Druck.

Vorlage *CMY unkorrigiert* *CMY korrigiert*

2.5.3.2 Basis- und Graubalancekorrektur

Die Prozessdruckfarben (Skalendruckfarben) Cyan, Magenta und Yellow sollen jeweils bestimmte spektrale Anteile des auffallenden Lichts möglichst stark reflektieren und die übrigen möglichst stark absorbieren (Hauptreflexionen und Hauptabsorptionen, vgl. Abschnitt 2.4.3). Im theoretischen Idealfall würde zum Beispiel die Druckfarbe Cyan den blauen und grünen Bereich des sichtbaren Spektrums (rund 400 nm bis 600 nm) vollständig und den roten (rund 600 nm bis 700 nm) gar nicht reflektieren. Primärfarben mit vollständigen, optimalen Hauptreflexionen und -absorptionen heißen theoretische Optimalfarben oder Idealfarben. Sie sind ein theoretisches Modell, dem die realen Prozessdruckfarben mehr oder minder gut angenähert sind.

Die Abweichungen der realen Prozessdruckfarben von den theoretischen Optimalfarben werden zusammengefasst als Unvollkommenheiten bezeichnet. Im Einzelnen sind das:

- Verschwärzlichung: In den Hauptreflexionsbereichen wird das Licht nicht vollständig reflektiert, sondern teilweise absorbiert. Die Druckfarben haben Nebenabsorptionen oder, was dasselbe bedeutet, mangelhafte Hauptreflexionen. Von den drei bunten Prozessdruckfarben ist Cyan am stärksten und Yellow am wenigsten verschwärzlicht.
- Verweißlichung: In den Hauptabsorptionsbereichen wird das Licht nicht vollständig absorbiert, sondern teilweise reflektiert. Die Druckfarben sind nicht vollständig gesättigt. Andere Begriffe: Nebenreflexionen, mangelhafte Hauptabsorptionen.
- Bunttonfehler: Reale Druckfarben haben nicht dieselben Bunttöne wie theoretische Optimalfarben. Die Prozessdruckfarbe Magenta hat den stärksten Bunttonfehler, sie ist erheblich rötlicher als die Optimalfarbe. Cyan ist etwas bläulicher als die Optimalfarbe, Yellow weicht kaum vom Buntton der Optimalfarbe ab. Statt Bunttonfehler wird auch der Begriff (Buntton-)Verschiebung benutzt.

Die Mischung unvollkommener Primärfarben ergibt natürlich Sekundärfarben, die ebenfalls nicht optimal sind. Die Sekundärfarbe Blau (C 100 % M 100 %) ist am stärksten verschwärzlicht, während die Sekundärfarbe Rot (M 100 % Y 100 %) noch vergleichsweise nahe am Optimum liegt.

Um die Unvollkommenheiten der Druckfarben so weit wie möglich auszugleichen, müssen die „rohen" CMY-Farbwerte korrigiert werden. Diese Korrektur ist in jedem Fall erforderlich und heißt deshalb Basis- oder Grundkorrektur. Die Primärfarben, die den Grad der Verweißlichung der Mischfarbe bestimmen, werden plus-korrigiert, um die Verweißlichung der Mischfarbe zu verringern. Die Primärfarben, die den Grad der Verschwärzlichung bestimmen, werden minus-korrigiert, um die Verschwärzlichung der Mischfarbe zu verringern. Einfacher ausgedrückt: Relativ hohe Farbwerte werden erhöht, relativ geringe Farbwerte verringert.

Beispiel: Die rein rechnerisch ermittelten Farbwerte C65% M39% Y63% ergeben ein Grün, das deutlich stärker verschwärzlicht und verweißlicht ist als das Grün der Vorlage. Magenta wird deshalb minus-korrigiert, um die Verschwärzlichung der grünen Mischfarbe zu verringern. Cyan und Yellow werden plus-korrigiert, um die Verweißlichung zu verringern.

Die erforderlichen Korrekturstärken hängen einerseits von den Unvollkomenheiten der Prozessdruckfarben ab, andererseits aber auch vom Bedruckstoff. Das Papier ist ja an der autotypischen Farbmischung beteiligt – teils als reflektierendes Medium unter den transparenten (lasierenden) Druckfarbenschichten, teils im unbedruckten Zustand als Weißanteil.

Schließlich spielt auch die Reihenfolge der vier Druckfarben eine Rolle. Mehrfarben-Offsetdruckmaschinen drucken nass-in-nass; bei der Übertragung der zweiten, dritten und vierten Druckfarbe auf den Bedruckstoff sind die vorher gedruckten noch nicht getrocknet. Unbedrucktes Papier nimmt die Druckfarbe am besten an; bei den folgenden Druckfarbe ist die Farbannahmefähigkeit des teilweise schon bedruckten Papiers etwas reduziert. Die übliche Farbreihenfolge im Offsetdruck ist Schwarz, Cyan, Magenta, Yellow.

Plus- und Minuskorrekturen sind kein Allheilmittel. Wenn die unkorrigierte Umrechnung der RGB-Daten zum Beispiel die Farbwerte C95% M5% Y97% ergibt, können Verweißlichung und Verschwärzlichung nicht mehr vollständig durch Plus- und Minus-Korrekturen ausgeglichen werden. Das mit Prozessdruckfarben gedruckte Grün bleibt in diesem Fall weniger bunt als das Grün der Vorlage.

Weiteres Problem sind unbunte und nahezu unbunte Farben. Unbunte Farbe haben drei gleiche RGB-Farbwerte, zum Beispiel R128 G128 B128. Das entspricht rechnerisch C50% M50% Y50%. Aufgrund unterschiedlich starker Verschwärzlichung und Buntonfehler der Prozessdruckfarben ergeben drei gleiche Tonwerte jedoch kein Unbunt, sondern Braun.

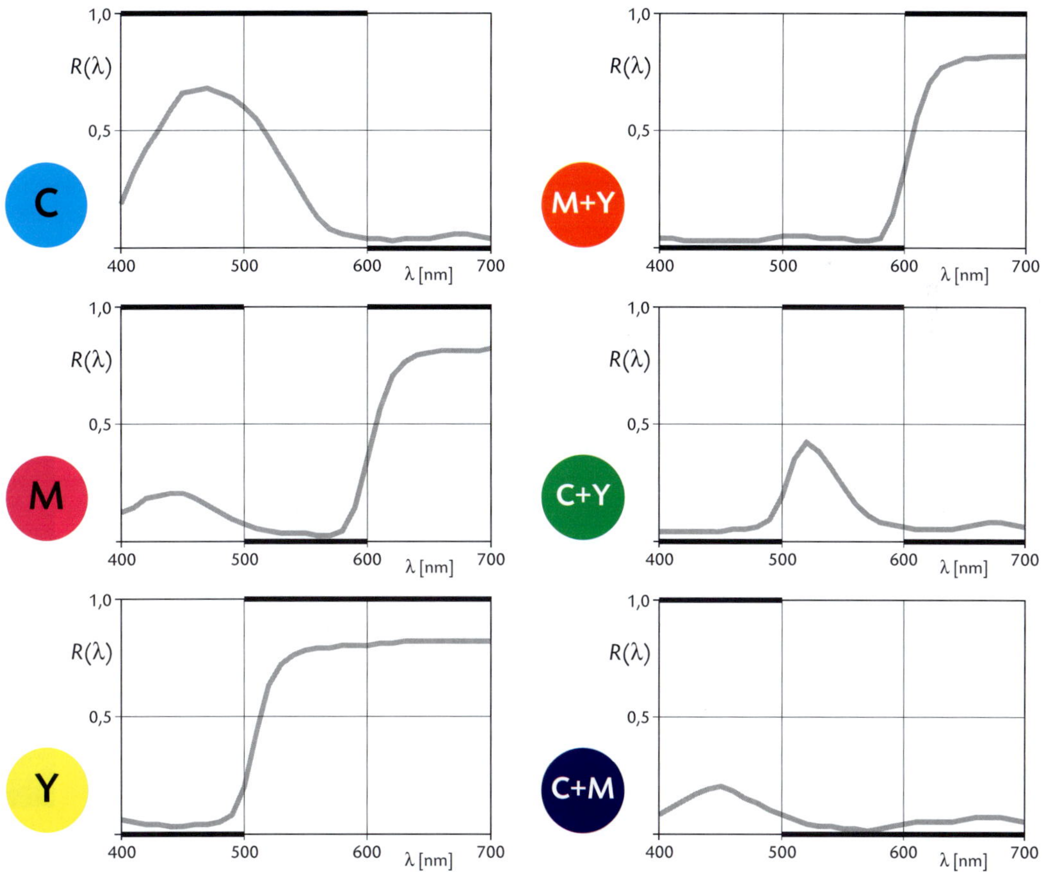

Reflexionskurven theoretischer Optimalfarben (schwarz) und realer Prozessdruckfarben (grau)

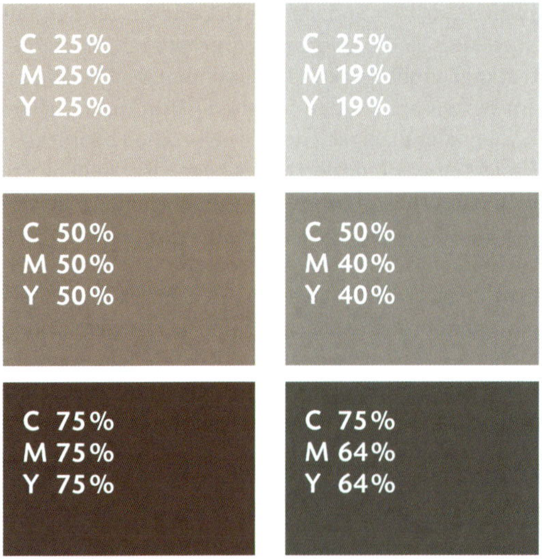

Graubalancekorrektur. Die rechts gedruckten Farben sind möglicherweise nicht exakt unbunt, weil bereits geringe Färbungsschwankungen im Fortdruck zu recht deutlich sichtbaren Buntstichen führen können.

Dieser Fehler wird durch die Graubalancekorrektur ausgeglichen. Sie verringert die Rastertonwerte für Magenta und Yellow so weit, dass die Primärfarben ins Gleichgewicht kommen und im Zusammendruck Unbunt ergeben. Nach der Prozessnorm ISO 12647-2 soll die Graubalance im Offsetdruck bei folgenden Tonwertkombinationen erreicht sein:

- C25% M19% Y19%
- C50% M40% Y40%
- C75% M64% Y64%

2.5.3.3 Schwarzauszug, UCR und GCR

Das dunkelste Unbunt, das sich unter Berücksichtigung der Graubalancekorrektur aus Cyan, Magenta und Yellow erzeugen lässt, ist kein Tiefschwarz, sondern ein dunkles Grau. In dreifarbig gedruckten Bildern würden deshalb die Bildtiefen „flau" wirken, also zu hell und kontrastarm. Deshalb wird Schwarz als zusätzliche (Hilfs-)Druckfarbe eingesetzt. Für Schwarz wird oft das Symbol K benutzt (vom englischen Begriff *black key* – Schwarzauszug, Schwarzdruckplatte).

Im einfachsten Fall werden alle Farben des Bilds unverändert aus Cyan, Magenta und Yellow aufgebaut. Nur in dunklen Farben mit geringer Buntheit kommt zur Unterstützung noch schwarze Druckfarbe hinzu. Die dunkelste Farbe eines Bilds kann dann zum Beispiel so aufgebaut sein: C98% M91% Y91% K80%

Dieses Verfahren heißt Buntaufbau, weil alle Farben im Grundsatz durch autotypische Mischung der drei bunten Primärfarben entstehen. Schwarze Druckfarbe kommt nur zur Unterstützung sehr dunkler Farben mit geringer Buntheit hinzu. Der Schwarzauszug wird hier auch Skelettschwarz genannt, weil er vergleichsweise wenig druckende Elemente enthält und oft wie ein Gerippe des Bilds aussieht.

In den dunklen Partien bunt aufgebauter Bilder wird sehr viel Druckfarbe auf das Papier übertragen. Kenngröße für die Menge der Druckfarben ist die maximale Tonwertsumme (Flächendeckungssumme, Gesamtfarbauftrag), also die höchste Summe der Rastertonwerte für Cyan, Magenta, Yellow und Schwarz. Beispiel: C98% + M91% + Y91% + K80% = 360%.

Hohe Tonwertsummen führen zu Schwierigkeiten beim Nass-in-Nass-Druck. Einerseits können Farbannahmeprobleme auftreten; insbesondere die zuletzt gedruckte Farbe wird dann nicht mehr ausreichend auf das Papier übertragen. Andererseits dauert die Trocknung der übereinander liegenden Druckfarbenschichten zu lange.

Beim Nass-in-Nass-Offsetdruck soll die maximale Tonwertsumme folgende Werte nicht überschreiten:

- Bogendruck, gestrichenes Papier: 330% ... 350%
- Bogendruck, ungestrichenes Papier: 300% ... 320%
- Rollendruck, gestrichenes Papier: 280% ... 300%
- Zeitungsdruck: 240% ... 260%

Zur Verringerung der Tonwertsumme werden die Tonwerte der bunten Druckfarben Cyan, Magenta und Yellow reduziert. Schwarz erhält zum Ausgleich einen möglichst hohen Tonwert, um ausreichend dunkle und kontrastreiche Bildtiefen zu erzielen. Das Ergebnis kann zum Beispiel so aussehen:
C78% + M67% + Y67% + K98% = 310%.

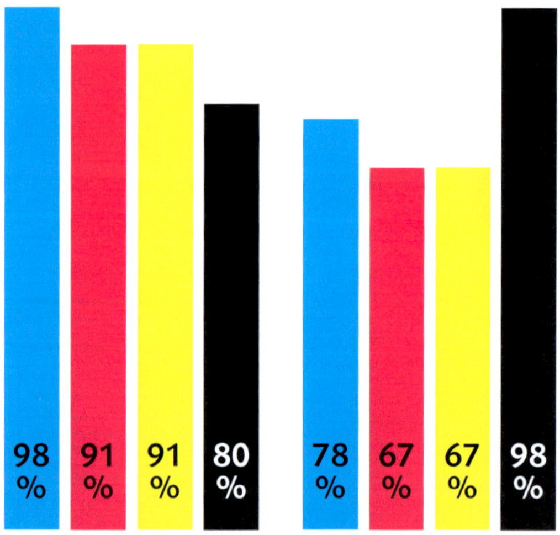

Dunkelste Tertiärfarbe, links im reinen Buntaufbau ohne UCR, Tonwertsumme 360%, rechts im Buntaufbau mit UCR, Tonwertsumme 310%

Dieses Verfahren heißt Under Colour Removal (abgekürzt UCR), Unterfarbenentfernung oder Buntfarbenentfernung. Mit UCR hergestellte CMYK-Bilder sind im Grundsatz bunt aufgebaut; die Unterfarbenentfernung wirkt sich nur auf dunkle und wenig bunte Mischfarben aus. Hellere und buntere Bildstellen bleiben unverändert, weil die Tonwertsumme dort ohnehin unter dem Grenzwert liegt.

Um eine grundsätzlich andere Art und Weise des Farbaufbaus geht es dagegen beim Unbuntaufbau (Schwarzaufbau). Beim Buntaufbau entstehen Tertiärfarben (wie ihr Name sagt) durch Mischen der drei Primärfarben; Schwarz kommt nur bei dunklen Mischfarben mit geringer Buntheit hinzu. Die Entstehung einer Tertiärfarbe kann aber auch so verstanden werden, dass eine sehr bunte Primär- oder Sekundärfarbe durch Hinzufügen unbunter (grauer) Farbe an Buntheit verliert.

Jede Tertiärfarbe lässt sich rechnerisch in Buntanteil und Unbuntanteil (Grauanteil) aufspalten, also zum Beispiel so:

Tertiärfarbe	C40%	M85%	Y95%
Unbuntanteil	C40%	M40%	Y40%
Buntanteil	C0%	M45%	Y55%

Der Unbuntanteil ergibt sich aus dem niedrigsten der drei Rastertonwerte (hier 40%). Der Buntanteil ist die Differenz aus den Tonwerten der Tertiärfarbe und dem Unbuntanteil.

Der aus drei bunten Druckfarben zusammengesetzte Unbuntanteil kann durch schwarze Druckfarbe ersetzt werden. Die Mischfarbe ergibt sich dann aus dem Buntanteil der ursprünglichen Tertiärfarbe und dem mit schwarzer Farbe gedruckten Unbuntanteil.

Buntaufbau	C40%	M85%	Y95%	
Unbuntanteil	C40%	M40%	Y40%	
Buntanteil	C0%	M45%	Y55%	
Unbuntaufbau	C0%	M45%	Y55%	K40%

Achtung: Das Beispiel ist zwar rechnerisch richtig, berücksichtigt aber die Unvollkommenheiten realer Prozessdruckfarben nicht. Der Einfachheit halber wird hier also so getan, als würde mit theoretischen Optimalfarben gedruckt.

Beim Unbuntaufbau wird der dreifarbig aufgebaute Unbuntanteil jeder Tertiärfarbe durch einen entsprechenden Anteil Schwarz ersetzt. Das Verfahren heißt deshalb auch Gray Component Replacement (Grauanteils-Ersetzung), abgekürzt GCR. Es wirkt sich auf alle Tertiärfarben aus, denn jede Tertiärfarbe hat einen Unbuntanteil. Nur reine Primär- und Sekundärfarben sind im Unbuntaufbau genau so zusammengesetzt wie beim Buntaufbau.

Hauptvorteil des Unbuntaufbaus ist die bessere Graustabilität im Fortdruck. Wenn unbunte Farben aus Cyan, Magenta und Yellow aufgebaut sind, führen bereits kleine Färbungsschwankungen im Druck zu deutlich wahrnehmbaren Buntstichen. Beim Unbuntaufbau ist das unmöglich: Schwarze Druckfarbe wird durch Färbungsschwankungen nicht buntstichig. Willkommener Nebeneffekt ist die kräftige Reduzierung der maximalen Tonwertsumme.

Der Unbuntaufbau hat allerdings einen praktischen Schwachpunkt: Schwarze Druckfarbe ist nicht tiefschwarz, sondern eher dunkelgrau. Mit der Folge, dass die Bildtiefen beim reinen Unbuntaufbau kontrastarm und erheblich zu hell werden. Deshalb werden die Unbuntanteile der Tertiärfarben normalerweise nicht vollständig, sondern nur zum Teil durch Schwarz ersetzt – zu etwa 25% beim „leichten“, bis zu etwa 75% beim „starken“ Unbuntaufbau. Auch das folgende Beispiel für „starkes“ GCR ist rein rechnerisch angelegt, berücksichtigt also nicht die Unvollkommenheiten realer Prozessdruckfarben.

Buntaufbau	C40%	M85%	Y95%	
Unbuntanteil	C40%	M40%	Y40%	
davon 75%	C30%	M30%	Y30%	
GCR (75%)	C10%	M55%	Y65%	K30%

Auch beim anteiligen Unbuntaufbau sind aber die Bildtiefen immer noch zu hell und arm an Zeichnung, insbesondere dann, wenn der Unbuntanteil mehr als 50% beträgt. Dieses Problem wird durch eine Buntfarbenzugabe (Under Colour Addition, abgekürzt UCA) gelöst. In dunklen Farben mit geringer Buntheit werden die Rastertonwerte für Cyan, Magenta und Yellow erhöht. Dabei ist natürlich zu beachten, dass die maximale Tonwertsumme nicht zu hoch sein darf, weil es sonst zu Problemen beim Nass-in-Nass-Druck kommen kann.

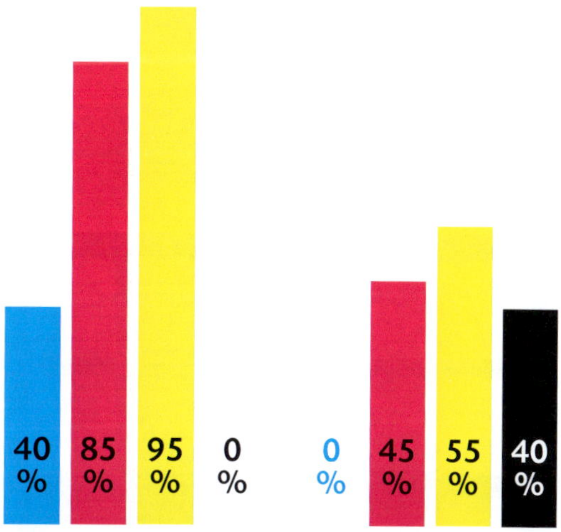

Buntaufbau (links) und Unbuntaufbau; die Werte beziehen sich auf theoretische Optimalfarben – die Unvollkommenheiten realer Druckfarben sind also nicht berücksichtigt.

Buntaufbau ohne UCR

Buntaufbau mit UCR

Unbuntaufbau (GCR)

Buntaufbau ohne Unterfarbenentfernung, Buntaufbau mit Unterfarbenentfernung und Unbuntaufbau im Vergleich. Jeweils oben der Zusammendruck von Cyan, Magenta und Yellow, darunter der Schwarzauszug.
Beim Buntaufbau ohne UCR beträgt die maximale Tonwertsumme etwa 360 %. Beim Buntaufbau mit UCR wurde sie auf rund 300 % reduziert.
Um den Effekt des Unbuntaufbaus besonders deutlich werden zu lassen, wurde mit hohem GCR-Anteil (rund 75 %) und relativ geringer Buntfarbenzugabe (UCA) gearbeitet. Die maximale Tonwertsumme liegt bei etwa 280 %.

2.5.3.4 Tonwertzunahme im Druck

Zum Schluss sind noch die Veränderungen zu berücksichtigen, die sich bei der Übertragung vom Film auf die Druckplatte und von der Druckplatte auf den Bedruckstoff ergeben. Bei der Positivkopie von Offset-Druckplatten werden die Rasterpunkte etwas kleiner („spitzer"), bei der Negativkopie etwas größer („voller") als auf dem Film. Dieser Übertragungsschritt entfällt, wenn Druckplatten filmlos (Computer-to-Plate) hergestellt werden (zur Druckplattenherstellung vgl. Abschnitt 6.9.1).

Beim Drucken nehmen die Rastertonwerte (Flächendeckungsgrade) kräftig zu – auf dem Bedruckstoff sind sie in jedem Fall höher als auf dem Film bzw. in den Bilddaten. Um diesen Effekt auszugleichen, werden in den Bilddaten alle Rastertonwerte entsprechend der erwarteten Zunahme verringert.

Die Tonwertzunahme wird grafisch als Druckkennlinie dargestellt. Auf der Abszisse (x-Achse) des Koordinatensystems sind die Rastertonwerte auf dem Film oder, bei filmloser Druckplattenherstellung (Computer-to-Plate), in den Bilddaten abgetragen, auf der Ordinate (y-Achse) die Rastertonwerte im Druck. In der Praxis wird anstelle der Kennlinie oft nur die Zunahme im Mittelton (bei 40 % oder 50 %) angegeben.

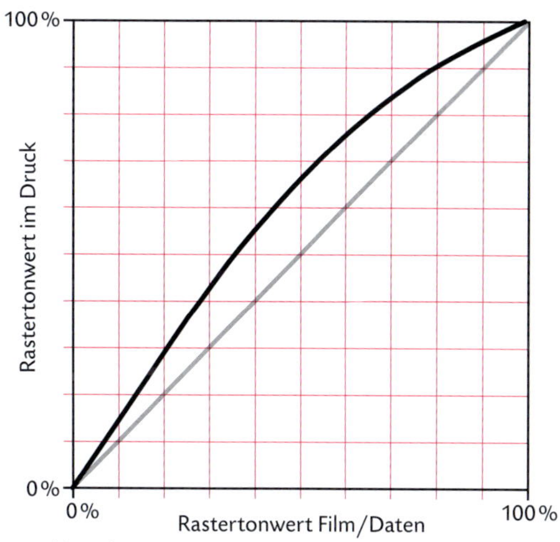

Druckkennlinie

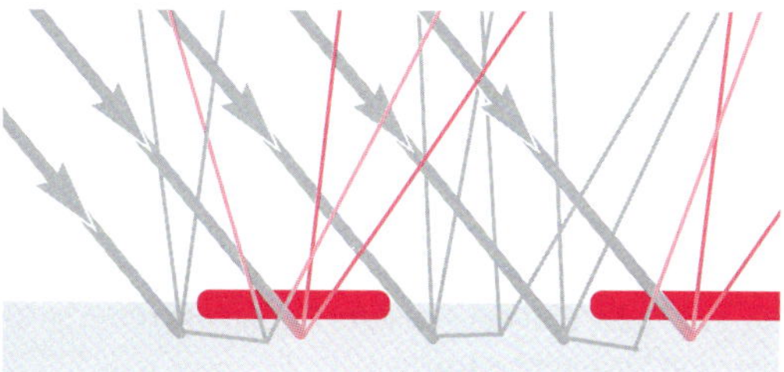
Lichtfangeffekt

Die Stärke der Tonwertzunahme hängt von Rasterfeinheit (Rasterfrequenz), Druckplattentyp und Bedruckstoff ab. Sei soll im Mittelton (Tonwert 50 %) beim Druck mit Positivplatten oder filmlos hergestellten Platten, Rasterfrequenz 60/cm, auf gestrichenem Papier etwa 14 % (C, M, Y) bzw. 17 % (K) betragen. Bei ungestrichenem Papier betragen die entsprechenden Werte 20 % bzw. 23 % (ISO 12647-2, ProzessStandard Offsetdruck – PSO, vgl. Abschnitt 7.8.3).

Die Tonwertzunahme hat zwei Ursachen. Einerseits kommt es zu einer geometrischen Vergrößerung der Rasterpunkte, die auch als Punktverbreiterung bezeichnet wird. Andererseits tritt ein optischer Effekt auf, der eine mit Rasterpunkten bedruckte Fläche dunkler erscheinen lässt, als es dem geometrischen Rastertonwert entspräche. Das auf den Bedruckstoff treffende Licht wird nicht unmittelbar an seiner Oberfläche reflektiert, sondern dringt etwas ein und wird dabei teilweise seitlich gestreut. Durch diese Querstreuung gerät Licht, das auf unbedrucktes Papier getroffen ist, unter die gedruckten Rasterpunkte und durchquert beim Wiederaustritt die Druckfarbenschicht. Dieser Effekt wird als Lichtfang bezeichnet.

Der Rastertonwert (Flächendeckungsgrad), der sich unter Berücksichtigung des Lichtfangeffekts ergibt, wird optisch wirksamer Rastertonwert oder optisch wirksamer Flächendeckungsgrad genannt. Die Tonwertzunahme, also die Differenz zwischen optisch wirksamem Rastertonwert im Druck und Rastertonwert im Film oder auf der Druckplatte, wird zu etwa zwei Dritteln durch Lichtfang verursacht. Von einer Tonwertzunahme um zum Beispiel 15 % sind also etwa 10 % auf den Lichtfangeffekt und etwa 5 % auf geometrische Punktvergrößerung zurückzuführen.

2.5.3.5 CMYK-Einstellungen

Nach diesen umfangreichen Ausführungen dürfte klar sein, dass die Erzeugung von CMYK-Daten erheblich mehr erfordert, als nur einen Mausklick auf das Menüfeld „CMYK" im Bildbearbeitungsprogramm. Es geht ja nicht darum, irgendwie irgendwelche CMYK-Daten zu erzeugen. Vielmehr muss durch die richtige Festlegung von Parametern sichergestellt sein, dass die Bilddaten möglichst optimal für den jeweiligen Druckprozess aufbereitet werden.

Wie bereits erwähnt, werden RGB-Bilddaten heute durch Colour-Management mit ICC-Profilen in CMYK transformiert. Profile enthalten alle zur Bildberechnung erforderlichen Informationen; durch Auswahl oder Voreinstellung des jeweils richtigen Profils werden alle Parameter korrekt festgelegt (mehr zum Colour-Management in Abschnitt 2.8).

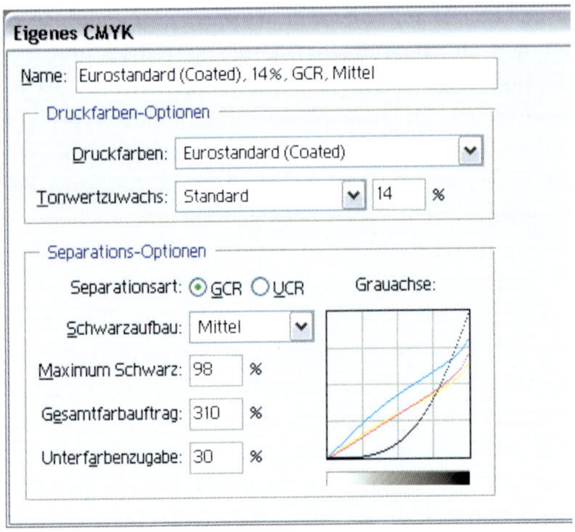

„Eigenes CMYK" in Photoshop – Mit der Wahl eines Druckfarbensatzes werden Basis- und Graubalancekorrektur festgelegt; der Eintrag „Eurostandard" steht für die Prozessdruckfarben der heute nicht mehr aktuellen Europaskala. Unter „Tonwertzuwachs" kann eine eigene Druckkennlinie eingegeben werden. Unter „Separations-Optionen" stehen Unbuntaufbau (GCR) und Buntaufbau mit Unterfarbenentfernung (UCR) zur Auswahl. Das Diagramm rechts unten (Grauachse) zeigt, wie unbunte Farben bei den jeweiligen Einstellungen aufgebaut werden.

Anschaulicher sind die – heute veralteten – Verfahren, bei denen die Separationsparameter einzeln einzustellen sind. Das Bildbearbeitungsprogramm Photoshop bietet diese Option noch an (unter Bearbeiten – Farbeinstellung – CMYK – Eigenes CMYK). Es lohnt sich, damit ein wenig zu experimentieren, um sich die Bedeutungen der einzelnen Parameter und den Unterschied zwischen Buntaufbau und Unbuntaufbau klarzumachen.

2.5.4 Mehr als vier Druckfarben

Die Unvollkommenheiten der Prozessdruckfarben verringern die Anzahl möglicher Mischfarben ganz erheblich. Es sind zwar alle Bunttöne möglich, bei der Buntheit unterliegt der Vierfarbprozess aber starken Beschränkungen. Während es etwa zwei Millionen natürliche oder künstlich herstellbare Körperfarben gibt, erreicht der vierfarbige Druck selbst unter günstigen Bedingungen, auf gestrichenem, weißem Papier, nur knapp die Hälfte davon. Die Primärfarben Cyan, Magenta und Yellow sowie die Sekundärfarbe Rot kommen zwar im vierfarbigen Druck den buntesten Körperfarben noch recht nahe. Große Defizite gibt es aber vor allem bei Orange, grünlichem Gelb und gelblichem Grün sowie Blau und Violett.

Wenn sehr bunte Farben gedruckt werden sollen, reichen also vier Prozessdruckfarben nicht aus. Für Flächen, grafische Elemente oder Logos, die nicht Bestandteile von Bildern sind, werden deshalb häufig Sonderfarben (Schmuckfarben, Spotfarben) verwendet, zum Beispiel aus der Pantone- oder HKS-Skala (vgl. Abschnitt 2.6.7). Diese Druckfarben sind nicht aus Cyan, Magenta und Yellow gemischt, sondern enthalten u. a. orange, rote, grüne, blaue und violette Farbpigmente.

Auch beim Bilderdruck können mehr als vier Druckfarben benutzt werden. Im Siebenfarbprozess kommen Rot (oder Rot-Orange), Grün und Blau hinzu. Diese Druckfarben sind erheblich bunter als die entsprechenden Sekundärfarben des Vierfarbprozesses. Dadurch vergrößert sich der Farbumfang, also die Menge der realisierbaren Farben, gegenüber dem vierfarbigen Druck um etwa 25 % bis 30 %.

Mit Standard-Software können nur vier Farben separiert werden. Zum mehr als vierfarbigen Druck werden deshalb nicht nur erweiterte Druckfarbenskalen gebraucht, sondern auch spezielle Programme, die diese Farben separieren.

Das Hexachrome-System der Pantone Inc. verwendet sechs Prozessdruckfarben: Cyan, Magenta, Yellow, Orange, Grün und Schwarz. Die drei Primärfarben Cyan, Magenta und Yellow sind nicht identisch mit den Druckfarben des Vierfarbprozesses; insbesondere das Magenta ist bläulicher und weniger verschwärzlicht. Die zwei zusätzlichen Druckfarben erweitern den Farbumfang im orangen und grünen Bunttonbereich erheblich. Blaue und violette Farben entstehen zwar wie im Vierfarbprozess durch Mischung aus Cyan und Magenta, gewinnen aber durch das bläulichere Magenta an Buntheit.

Die Farbenskala des ederMCS (Multi Color Separation) enthält neun zusätzliche Druckfarben: die Sekundärton-Farben Rot, Grün und Blau (R, G, B) sowie die Zwischenton-Farben grünes und blaues Cyan (gC, bC), rotes und blaues Magenta (rM, bM), rotes und grünes Yellow (rY, gY). Es könen Farbsätze mit wahlweise fünf bis acht Farben separiert werden:

- CMYK und eine Sekundärton-Farbe (R, G, oder B)
- CMYK und zwei Sekundärton-Farben
- CMYK und alle drei Sekundärton-Farben
- CMYK, alle drei Sekundärton-Farben und eine Zwischenton-Farbe

Anstelle der Sekundär- und Zwischenton-Farben der MCS-Skala können auch frei gewählte Farben aus der HKS- oder Pantone-Skala benutzt werden. In diesem Fall sind fünf bis sieben Farben möglich: CMYK plus eine, zwei oder drei frei gewählte Farben mit roten, grünen und blauen Bunttönen.

2.6 Farbkennzeichnungssysteme

2.6.1 Überblick

Menschen können beim Tagsehen etwa vier Millionen Farben unterscheiden. In der Praxis ist diese Farbenvielfalt zwar etwas eingeschränkt: Die Menge aller natürlichen und künstlich herstellbaren Körperfarben ist etwa halb so groß; im vierfarbigen Druck auf gestrichenem Papier sind nur knapp eine Million Farben realisierbar. Trotz dieser mengenmäßigen Einschränkungen ist es völlig unmöglich, alle vorkommenden Farben eindeutig mit Worten zu beschreiben. Farbkennzeichnungssysteme, gelegentlich auch Farbordnungssysteme oder Farbmodelle genannt, verwenden deshalb keine Wörter, sondern Zahlen: Farben werden numerisch codiert. Die numerische Codierung schafft zugleich die Voraussetzung, Farbinformationen als Daten zu erfassen, zu speichern und mit Algorithmen zu bearbeiten.

2.6.2 RGB

RGB-Farbkennzeichnungen basieren auf der additiven Farbmischung. Für jede der drei Grundfarben wird eine Zahl angegeben, zum Beispiel R 255 G 128 B 64.

Die Skalierung, also die Anzahl der Stufen zwischen dem niedrigsten und höchsten Wert, muss so fein gewählt sein, dass für visuell unterscheidbare Farben auch unterschiedliche Farbwerte zur Verfügung stehen. Üblicherweise wird eine Skala mit den ganzen Zahlen von 0 bis 255 benutzt. Auf diese Weise lassen sich $256^3 = 16777216$ Rot-Grün-Blau-Mischungen kennzeichnen. Der „krumme" Höchstwert 255 hat computertechnische Gründe: Mit einem Byte (acht Bit) können $2^8 = 256$ unterschiedliche Zustände (oder ganze Zahlen) dargestellt werden.

Neben der RGB-Farbkennzeichnung durch drei Zahlen für Rot, Grün und Blau gibt es eine Reihe von Modifikationen. Einige wurden aus technischen Gründen entwickelt, zielen also vor allem auf Vorteile bei der Übertragung und Speicherung von Bilddaten. Bei anderen Varianten geht es um größere Anschaulichkeit und leichtere Handhabbarkeit. Die wichtigsten werden in den folgenden Abschnitten erläutert.

RGB-basierte Farbkennzeichnungssysteme sind nur dann eindeutig, wenn die drei Primärfarben und die Farbtemperatur des Weiß eindeitig definiert sind. Zu jeder Angabe von RGB-Farbwerten gehört die verwendeten RGB-Spezifikation, also zum Beispiel sRGB, Adobe RGB (1998) oder ECI-RGB (Version 1 oder 2).

RGB-Farbkennzeichnungssysteme sind unvollständig; Farben, die sich nicht durch additive Mischung aus Rot, Grün und Blau erzeugen lassen, können nicht durch RGB-Farbwerte gekennzeichnet werden. Wenn es nur darum geht, die von einem Monitor anzeigbaren Farben zu kennzeichnen, ist das natürlich kein Problem. Wird aber ein System zur Kennzeichnung aller Farben gebraucht, sind RGB-Systeme ungeeignet.

2.6.3 YUV, YC_BC_R

In der Fernseh- und Videotechnik werden Farben durch einen Luminanz- (Helligkeits-) und zwei Chrominanzwerte (Buntwerte) gekennzeichnet. In analogen Fernseh- und Videosystemen heißen diese Werte *Y*, *U* und *V* (PAL) bzw. *Y*, *I* und *Q* (NTSC).

Das RGB-System kam bei der Einführung des bunten Fernsehens aus technischen Gründen nicht infrage. Das Buntfernsehen musste abwärts-kompatibel, also auch mit Schwarz-Weiß-Geräten zu empfangen sein. Die *Y*-Komponente liefert die Informationen zur Darstellung helligkeitsrichtiger Bilder mit Schwarz-Weiß-Fernsehgeräten.

Zweitens reicht die Übertragungskapazität (Bandbreite) analoger Fernsehkanäle nicht aus, um vollständige RGB-Signale zu übertragen. Ihr Informationsgehalt müsste so stark reduziert werden, dass die Qualität unzumutbar verschlechtert würde. Im YUV-System lässt sich dagegen der Informationsgehalt der beiden Chrominanzkomponenten kräftig reduzieren, ohne dass die Bildqualität übermäßig darunter leidet. Solange die Helligkeitsabstufungen zwischen den Farben erhalten bleiben, stören etwas eingeschränkte Differenzierungen bei Bunttönen und Buntheiten nicht so sehr. Bei der Erzeugung von PAL-Fernsehsignalen wird der Informationsgehalt der beiden Chrominanzkomponenten *U* und *V* auf jeweils rund ein Viertel der Luminanzkomponente *Y* reduziert.

Die Möglichkeit der kräftigen Datenreduktion ohne übermäßigen Qualitätsverlust ist natürlich auch in der digitalen Fernseh- und Videotechnik sowie bei der Speicherung und Übertragung unbewegter Bilder von Interesse. So verwendet auch das YCC-System der Kodak Photo CD einen Luminanzwert und zwei Chrominanzwerte zur Farbkennzeichnung (vgl. Abschnitt 1.9.3.2); bei der JPEG-Kompression werden RGB-Farbwerte ebenfalls in Luminanz- und Chrominanzwerte umgewandelt (vgl. Abschnitt 1.3.3.1).

Die Buchstaben *U* und *V* werden oft als allgemeine Symbole für Chrominanzwerte verwendet. Das ist streng genommen nicht korrekt; *U* und *V* stehen für spezielle Chrominanzsignale bei der Erzeugung des analogen PAL-Fernsehsignals. Die allgemeinen Symbole der Chrominanzwerte in der Fernseh- und Videotechnik lauten C_B und C_R.

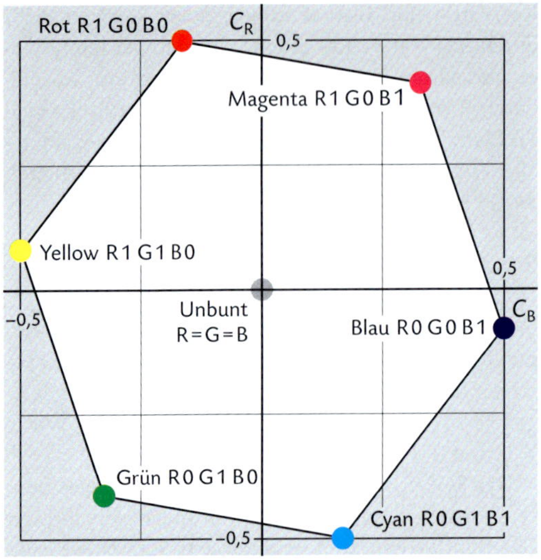

C_B-C_R-Ebene des YC_BC_R-Farbkennzeichnungssystems; die Ecken des Sechsecks repräsentieren die Primär- und Sekundärfarben des RGB-Systems.

Das YC_BC_R-Farbkennzeichnungssystem wurde zwar ursprünglich für das analoge Fernsehen entwickelt, ist inzwischen aber aufgrund der Empfehlung CCIR 601 (ITU-R BT.601) auch in die digitale Fernseh- und Videotechnik übernommen worden (CCIR – *Comité Consultatif International des Radiocommunications;* ITU – *International Telecommunication Union*).

Analoge YC_BC_R-Signale entstehen durch Umrechnung von analogen RGB-Signalen mit den Formeln:

$Y = 0{,}299 \cdot R + 0{,}587 \cdot G + 0{,}114 \cdot B$

$C_B = 0{,}564 \cdot (B - Y)$

$C_R = 0{,}713 \cdot (R - Y)$

R, *G* und *B* haben in diesen Formeln die Minimal- und Maximalwerte 0 und 1. Der Luminanzwert *Y* reicht ebenfalls von 0 bis 1, die beiden Chrominanzwerte C_B und C_R haben die Extremwerte −0,5 und 0,5. Die „krummen" Faktoren inn den Formeln sind erforderlich, um das Luminanzsignal *Y* an das menschliche Helligkeitsempfinden anzupassen, sodass es gleichzeitig als Schwarz-Weiß-Signal dienen kann (Berechnungsbeispiel in Abschnitt 11.10).

Die grafische Darstellung von C_B und C_R im ebenen Koordinatensystem zeigt die Zusammenhänge zwischen Chrominanzwerten und Bunttönen sowie Buntheiten der Farben. Die unbunten Farben liegen im Achsenschnittpunkt ($C_B = 0$; $C_R = 0$); je größer der Abstand vom Achsenschnittpunkt, desto bunter ist die Farbe. Die Farben mit höchsten Buntheiten bilden den Rand eines Sechsecks, das alle Farben einschließt.

Bei der digitalen Codierung von *Y*, C_B und C_R mit jeweils acht Bit Datentiefe werden nicht alle 256 möglichen Stufen genutzt, sondern nur die 220 Stufen von 16 bis 235 (*Y*) bzw. die 225 Stufen von 16 bis 240 (C_B und C_R). Die digital codierten Werte werden mit den Symbolen D_Y, D_{CB} und D_{CR} gekennzeichnet und können mit diesen Formeln ausgerechnet werden:

$D_Y = Y \cdot 219 + 16$

$D_{CB} = C_B \cdot 224 + 128$

$D_{CR} = C_R \cdot 224 + 128$

Für die Ausgabe auf Fernsehbildschirm oder Computer-Display werden YC_BC_R- bzw. $D_YD_{CB}D_{CR}$-Farbwerte in RGB rückumgewandelt. Dafür gibt es entsprechend umgekehrte, nach RGB aufgelöste Formeln.

2.6.4 HSB und HSL

Viele Programme bieten die Möglichkeit, Hue (Buntton), Saturation (Sättigung) und Brightness oder Lightness (Helligkeit) von Farben mit einem HSB- bzw. HSL-Farbwähler zu bestimmen. *H*, *S* und *B* bzw. *L* werden durch Umrechnung von RGB-Farbwerten ermittelt. HSB- und HSL-System ähneln einander, stimmen aber nur beim Buntton völlig überein.

Der Buntton (Hue) wird im HSB- wie im HSL-System durch einen Winkel im Bunttonkreis gekennzeichnet. Rot entspricht 0°, Yellow 60 °, Grün 120°, Cyan 180°, Blau 240°, Magenta 300°. Orange liegt zwischen 0° und 60°, gelbliches Grün und grünliches Gelb zwischen 60° und 120° usf. (zur Berechnung vgl. 11.11.3).

RGB-, YC_BC_R- und $D_YD_{CB}D_{CR}$-Farbwerte

	R	*G*	*B*	*Y*	C_B	C_R		*R*	*G*	*B*	D_Y	D_{CB}	D_{CR}
Rot	1	0	0	0,299	−0,169	0,500	Rot	255	0	0	81	90	240
Yellow	1	1	0	0,886	−0,500	0,081	Yellow	255	255	0	210	16	146
Grün	0	1	0	0,587	−0,331	−0,419	Grün	0	255	0	145	54	34
Cyan	0	1	1	0,701	0,169	−0,500	Cyan	0	255	255	170	166	16
Blau	0	0	1	0,114	0,500	−0,081	Blau	0	0	255	41	240	110
Magenta	1	0	1	0,413	0,331	0,419	Magenta	255	0	255	106	202	222
Weiß	1	1	1	1,000	0,000	0,000	Weiß	255	255	255	235	128	128
Schwarz	0	0	0	0,000	0,000	0,000	Schwarz	0	0	0	16	128	128

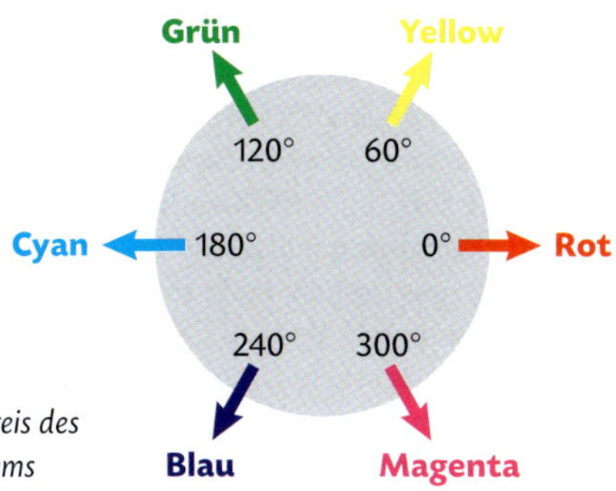

Bunttonkreis des HSB-Systems

Zur Kennzeichnung der Brightness wird im HSB-System einfach der höchste der drei RGB-Farbwerte in Prozent umgerechnet, also durch 255 dividiert und mit 100 multipliziert. Beispiel: R 102 G 204 B 51 – Brightness ist der höchste der drei Farbwerte, also 204, umgerechnet in Prozent: 204 : 255 · 100 % = 80 %

Wenn mindestens einer der drei RGB-Farbwerte den Höchstwert 255 hat, beträgt die Brightness 100 %.

Brightness ist nicht mit empfindungsmäßiger Helligkeit gleichzusetzen; Farben mit gleicher Brightness können vielmehr stark unterschiedliche Helligkeiten haben. So haben zum Beispiel Blau (R 0 G 0 B 255), Cyan (R 0 G 255 B 255) und Weiß (R 255 G 255 B 255) die gleiche Brigthness, nämlich 100 %. Cyan ist aber erheblich heller als Blau und Weiß wiederum erheblich heller als Cyan. Hohe Brightness bedeutet vielmehr, dass der Schwarzanteil der Farbe gering, im Extremfall Null ist. Brightness kennzeichnet also die Nicht-Verschwärzlichung der Farbe, so wie die Saturation (Sättigung) die Nicht-Verweißlichung kennzeichnet.

Um die Saturation im HSB-System zu bestimmen, kann zunächst die prozentuale Entsättigung ausgerechnet werden. Das ist das prozentuale Verhältnis des niedrigsten der drei RGB-Farbwerte zum höchsten. Beispiel: R 102 G 204 B 51 – der kleinste Farbwert (51) wird durch den größten (204) dividiert, das Ergebnis mit 100 multipliziert: 51 : 204 · 100 % = 25 %

Um die Saturation auszurechnen, wird dann einfach die prozentuale Entsättigung von 100 % subtrahiert: 100 % – 25 % = 75 %

Die Lightness im HSL-System ist das arithmetische Mittel (der Durchschnitt) aus höchstem und niedrigstem RGB-Farbwert. Beispiel: R 102 G 204 B 51 – höchster und niedrigster Farbwert werden addiert, das Ergebnis wird durch 2 dividiert: 204 + 51 : 2 ≈ 128

Zur Umwandlung in Prozent wird dieses Ergebnis noch durch 255 dividiert und mit 100 multipliziert: 128 : 255 · 100 % ≈ 50 %

Auch die Lightness des HSL-Systems entspricht nicht dem menschlichen Helligkeitsempfinden. So haben zum Beispiel sowohl Blau (R 0 G 0 B 255) als auch Grün (R 0 G 255 B 0) und Yellow (R 255 G 255 B 0) die Lightness 50 %, obwohl Grün deutlich heller als Blau empfunden wird und Yellow wiederum deutlich heller als Grün.

Bei der Berechnung der Sättigung im HSL-System ist etwas komplizierter: Die Differenz aus höchstem und geringstem RGB-Farbwert wird ins Verhältnis zur Helligkeit gesetzt, wobei für Helligkeiten ab 50 % ein anderer Rechenweg erforderlich ist als für Helligkeiten unter 50 %. Das Beispiel R 102 G 204 B 51 ergibt im HSL-System die Saturation 60 % (zum Rechenweg vgl. Abschnitt 11.11.2).

Obwohl HSB- und HSL-Farbkennzeichnungen stark vom menschlichen Farbempfinden abweichen, können sie recht praktisch sein und die Arbeit erleichtern, wenn es um die Veränderung von Farben geht. Soll zum Beispiel die Helligkeit erhöht werden, ohne dabei Buntton und Sättigung wesentlich zu verändern, wird einfach ein höherer Brightness- bzw. Lightness-Wert eingegeben. In der RGB-Farbkennzeichnung müssten dagegen alle drei Werte im gleichen Verhältnis zum ursprünglichen erhöht werden.

2.6.5 Indizierte Farben

Bei indizierten Farben werden nicht die RGB-Werte selbst in der Bilddatei gespeichert, sondern Farbnummern, die auf Einträge in einer Tabelle verweisen. In dieser Tabelle – auch Palette genannt – ist jeder Farbnummer eine mit RGB-Werten gekennzeichnete Farbe zugeordnet.

Sinn der Sache ist die Verringerung der Dateigröße; früher im Hinblick auf leistungsschwache Zentraleinheiten und Grafikkarten, heute vor allem, um die Übertragung via Internet zu beschleunigen. Deshalb ist die Indexgröße auf acht Bit beschränkt. Gegenüber der RGB-Farbkennzeichung mit 24 Bit ist die Datenmenge auf ein Drittel verringert – allerdings um den Preis, dass nur noch 2^8 = 256 Farben möglich sind.

Bei der Herstellung von Bildern mit indizierten Farben können unterschiedliche Tabellen benutzt werden. Die Systempaletten der Betriebssysteme Windows und Mac OS enthalten jeweils 256 Farben. 216 davon sind in beiden Paletten gleich. Das die sind Farben, die in der RGB-Kennzeichnung ausschließlich die sechs Werte 000, 051, 102, 153, 204 und 255 enthalten, insgesamt also 6^3 = 216. Die Web-Palette, auch 6 × 6 × 6-Palette genannt, enthält nur diese 216 „websicheren" Farben. Mit Bildbearbeitungsprogrammen können auch angepasste Tabellen erzeugt werden, deren Farben dem Bild besser entsprechen. Wenn das Bild zum Beispiel hauptsächlich rote und gelbe Farben enthält, wird die Mehrzahl der 256 Farbnummern zur Kennzeichnung roter und gelber Farben benutzt.

2.6.6 CMYK

CMYK-Farbkennzeichnungen basieren auf der autotypischen Mischung der Prozessdruckfarben. Als Farbwerte werden üblicherweise prozentuale Rastertonwerte (Flächendeckungsgrade) benutzt, also zum Beispiel C 50 % M 80 % Y 95 % K 30 %.

Das CMYK-System ist nicht vollständig, sondern auf die Farben beschränkt, die sich durch autotypische Mischung aus Cyan, Magenta, Yellow und Schwarz erzeugen lassen. Gleichzeitig enthält es aber mehr Informationen, als zur reinen Farbkennzeichnung erforderlich wären. Bei rein trichromatischer Mischung, also ohne Schwarz, gibt es genau eine Möglichkeit, eine bestimmte Tertiärfarbe zu erzeugen. Beim vierfarbigen Druck kann aber dieselbe Tertiärfarbe durch eine Vielzahl unterschiedlicher CMYK-Kombinationen erreicht werden. Im reinen Buntaufbau wird ein helles Braun aus Cyan, Magenta und Yellow erzeugt, im reinen Unbuntaufbau (GCR) dagegen aus Magenta, Yellow und Schwarz, im anteiligen Unbuntaufbau aus allen vier Druckfarben. CMYK-Farbwerte kennzeichnen also nicht nur Farben, sondern auch den Farbaufbau.

CMYK-Farbkennzeichnungen sind nicht eindeutig, denn Rastertonwerte sind keine Farben. Welche Farben tatsächlich entstehen, hängt vom Druckprozess ab, also von Druckverfahren, Druckfarben, Färbung (Farbschichtdicke), Tonwertzunahme und Bedruckstoff. Gleiche CMYK-Daten ergeben auf gelblichem Naturpapier andere Farben als auf glänzend gestrichenem, weißem Papier. Bei der Ausgabe mit Tintenstrahl- oder Laserdruckern entstehen andere Farben als im Offsetdruck oder im Rakel-Tiefdruck.

Diese Unsicherheiten werden durch Normung der Prozessdruckfarben und Standardisierung des Druckprozesses deutlich verringert, also durch Anwendung einheitlicher Arbeitsrichtlinien und Kenngrößen. Die internationale Normenreihe ISO 2846 beschreibt die Prozessdruckfarben. Die Regeln für die Druckprozesse sind in der Normenreihe ISO 12647 festgelegt. Für den Offsetdruck gilt die Norm ISO 12647-2 (Prozesskontrolle für die Herstellung von Raster-Farbauszügen, Andruck, Prüfdruck und Auflagendruck, Teil 2: Flachdruckverfahren). Der vom Bundesverband Druck und Medien e. V. (bvdm) herausgegebene ProzessStandard Offsetdruck (PSO) stimmt weitgehend mit der ISO-Norm überein.

Die fast unübersehbare Vielfalt der Bedruckstoffe wird hier durch fünf typische Papiere repräsentiert:

(1) glänzend gestrichen, holzfrei, ca. 115 g/m²
(2) matt gestrichen, holzfrei, ca. 115 g/m²
(3) glänzend gestrichen LWC (Rolle), ca. 65 g/m²
(4) ungestrichen Offset, weiß, ca. 115 g/m²
(5) ungestrichen Offset, gelblich, ca. 115 g/m²

Wenn CMYK-Farbkennzeichnungen annähernd eindeutig sein sollen, gehören also immer die Angabe von Prozessnorm (beim Offsetdruck ISO 12647-2 oder ProzessStandard Offsetdruck) und Papiertyp dazu.

Das gilt auch für CMYK-Farbtafeln, die in Design und Druckvorstufe benutzt werden. Um gute Übereinstimmung zu erreichen, muss sowohl bei der Herstellung von Farbtafeln als auch beim An- und Fortdruck normgerecht gearbeitet werden. Eine ganz genaue Übereinstimmung des Papiers ist zwar nicht möglich, weil es zu viele Papiersorten gibt. Es lässt sich aber eine gute Annäherung erreichen, wenn Farbtafeln für die fünf Standard-Papiertypen zur Verfügung stehen und jeweils diejenige benutzt wird, deren Papier dem Auflagenpapier am ähnlichsten ist.

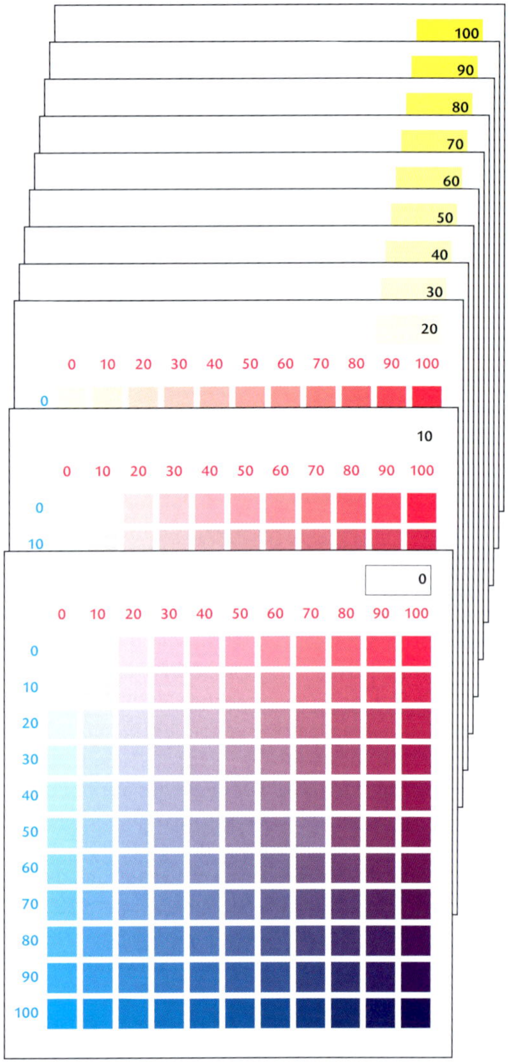

CMYK-Farbtafeln – umfangreichere Tafeln haben feinere Abstufungen, zusätzliche Tafeln enthalten auch Schwarz

2.6.7 Sonderfarben

Die industriellen Druckverfahren Offset-, Flexo-, Tief- und Siebdruck sind nicht auf die Druckfarben Cyan, Magenta, Yellow und Schwarz beschränkt. Es gibt eine große Auswahl weiterer Druckfarben, die zusätzlich oder anstelle der Prozessdruckfarben verdruckt werden können. Zur begrifflichen Abgrenzung werden sie als Sonderfarben, Schmuckfarben oder Spotfarben bezeichnet, gelegentlich auch etwas missverständlich als Vollton- oder Echtfarben.

Farbkennzeichnungssysteme für Sonderfarben verwenden ebenfalls Zahlen – jede Farbe hat eine Farbnummer. Die Verbindung zwischen Farbnummern und Farben wird durch Farbmusterkataloge (Farbfächer) hergestellt. Die Farbnummern stehen zugleich für Rezepturen, also für Arten und Mengen der in den Druckfarben enthaltenen Pigmente.

Das HKS-System wurde von den Druckfarbenherstellern Hostmann-Steinberg und K+E sowie dem Künstlerfarbenhersteller Schmincke entwickelt. Es basiert auf neun bunten Grundfarben, die jeweils nur ein Farbpigment enthalten. Weitere 77 Druckfarben werden durch Mischung aus diesen Grundfarben erzeugt, teilweise unter Hinzunahme von Mischweiß und Mischschwarz. Hinzu kommen noch die Metallic-Farben Gold und Silber, die nicht aus den Grundfarben ermischt werden können.

Es gibt vier HKS-Reihen: K für den Offsetdruck auf gestrichenen Papieren („Kunstdruck"), N für den Offsetdruck auf Naturpapieren, E für Endlosdruck und Z für Zeitungsdruck. Die Rezepturen der N-, E- und Z-Farben sind so abgewandelt, dass sie den K-Farben so ähnlich wie möglich sind. Darüber hinaus gibt es HKS-Farben als Sieb- und Textildruckfarben, Gouachefarben, Autolacke, Folien für Beschriftung, Bautenfarben sowie Granulate für die Kunststoff-Herstellung.

Der Formula Guide der Pantone Inc. enthält 1114 Farben, die aus 14 Grundfarben (13 bunte Farben und Schwarz) sowie ggf. Mischweiß ermischbar sind. Das neue, 2007 vorgestellte Pantone Goe System umfasst 2058 Farben, die sich aus nur noch neun bunten Grundfarben und ggf. Mischweiß (Clear) und -schwarz (Neutral Black) ergeben. Das System besteht aus 165 Hauptfarben (Full Strength Colors), die maximal zwei bunte Grundfarben enthalten, und zahlreichen Varianten davon, die mit Clear verweißlicht und mit Neutral Black verschwärzlicht sind.

Die Mustersammlung RAL Classic des Deutschen Instituts für Gütesicherung und Kennzeichnung e.V. wurde ursprünglich für Anstrichfarben entwickelt, wird heute aber auch in Design und Druck, insbesondere im Siebdruck, verwendet. Sie besteht aus 210 Farben, die mit vierstelligen Nummern und zusätzlichen Farbnamen gekennzeichnet, zum Beispiel „RAL 3001 Signalrot". Die umfangreichere Mustersammlung RAL Effekt besteht aus 490 Farben, darunter 70 Metallic-Farben.

HKS, Pantone und RAL-Mustersammlungen sind auf vergleichsweise wenige Farben beschränkt, also sehr unvollständig. Die Kennzeichnungen durch Farbnummern (und ggf. Zusätze wie K, N usw.) sind weitgehend eindeutig, wobei allerdings Abweichungen vom Farbmusterkatalog nicht auszuschließen sind, wenn andere Bedruckstoffe verwendet oder abweichende Farbschichtdicken gedruckt werden.

Die Kennzeichnung von Farben mit HKS-, Pantone- oder RAL-Farbnummern ist nur sinnvoll, wenn mit genau diesen Farben gedruckt werden soll. Die Systeme sind weder untereinander noch mit einer CMYK-Farbkennzeichnung kompatibel. Die „Übersetzung" von einem System in ein anderes ist zwar durch visuellen Vergleich von Farbmustern oder mithilfe von Tabellen oder Programmen möglich. Das Ergebnis ist bestenfalls eine sehr ähnliche, aber niemals genau dieselbe Farbe. Bei sehr bunten HKS-, Pantone- und RAL-Farben ist eine auch nur annähernd zutreffende „Übersetzung" in CMYK-Farbwerte gar nicht möglich, weil mit den unvollkommenen Prozessdruckfarben keine gleich bunten Mischfarben erzielt werden können.

2.6.8 Empfindungsmäßige Systeme

Alle bisher erläuterten Farbkennzeichnungssysteme basieren auf technischen Verfahren, mit denen Licht- oder Körperfarben erzeugt werden. Jede Farbkennzeichnung ist zugleich die „technische Anleitung" zur Erzeugung einer Licht- oder Körperfarbe, indem sie RGB- oder CMYK-Werte oder die Farbnummer einer Sonderfarbe angibt. Das gilt auch für YC_BC_R-, HSB- oder HSL-Farbkennzeichnungen: Sie enthalten keine Informationen, die nicht schon in den RGB-Farbwerten vorhanden sind, aus denen sie errechnet werden.

Solche Systeme sind zwangsläufig unvollständig. Sie erlauben nur die Kennzeichnung von Farben, die mit der jeweiligen Technik hergestellt werden können. Sie sind niemals ganz eindeutig, weil ja nicht die Farbe (Farbempfindung) selbst gekennzeichnet wird, sondern ein technischer Vorgang zur Erzeugung von Licht- oder Körperfarben. Und sie sind empfindungsmäßig nicht gleichabständig – gleiche zahlenmäßige Unterschiede zwischen Farbwerten werden nicht als gleich große Farbunterschiede empfunden.

Um anstelle eines technischen Prozesses die Farbe selbst zu kennzeichnen, kommen nur empfindungsmäßige Dimensionen – also Helligkeit, Buntton und Buntheit – infrage. Kennzeichnungssysteme, die diese Dimensionen benutzen, können vollständig sein, also alle Farben enthalten, die von Menschen empfunden werden. Sie sind eindeutig, weil anstelle technisch erzeugter Licht- oder Körperfarben die Farbe (Farbempfindung) selbst gekennzeichnet wird. Und sie können bei entsprechender Ausgestaltung zumindest annähernd gleichabständig sein.

Die Trennung der Farbkennzeichnung vom technischen Prozess ist aber auch nicht ganz unproblematisch. Anders als bei der autotypischen Farbmischung oder bei Monitorfarben gibt es ja für die empfindungsmäßigen Dimensionen Buntton, Buntheit und Helligkeit keine technisch definierten, numerischen Skalen. Bei der Konstruktion empfindungsmäßiger Farbkennzeichnungssysteme ging es also zunächst einmal darum, solche Skalen zu entwickeln. Heute liefert die Farbmetrik sehr brauchbare Lösungen für dieses Problem (vgl. CIELAB, Abschnitt 2.7.5). Hier soll aber zunächst eines der ältesten empfindungsmäßigen Systeme erläutert werden, dessen Grundlagen später von der Farbmetrik übernommen und verfeinert wurden.

Der amerikanische Maler Albert Henry Munsell entwickelte seinen 1915 veröffentlichen Color Atlas (spätere Auflagen unter dem Titel Munsell Book of Color) durch logisches und empfindungsmäßiges Ordnen von Farbmustern. Die Farbdimensionen des Munsell-Systems heißen Hue (Buntton), Chroma (Buntheit) und Value (Helligkeitswert).

Die Hue- und Chroma-Abstufungen werden grafisch als Kreis dargestellt. Darin stehen die vom Zentrum ausgehenden Strahlen für fünf Hauptbunttöne (Red, Yellow, Green, Blue, Purple) und fünf Zwischenbunttöne (Yellow-Red, Green-Yellow, Blue-Green, Purple-Blue, Red-Purple). Es kommen noch 30 weitere Zwischenbunttöne hinzu, die in der Abbildung unten rechts der Übersichtlichkeit halber weggelassen sind. Die Bezeichnungen der Bunttöne weichen zum Teil von den heute allgemein üblichen ab; „Blue" entspricht etwa Cyan, „Red-Purple" etwa Magenta.

Die Buntton-Kennzeichnung ist etwas umständlich angelegt: Die zehn genannten Bunttöne sind mit der Zahl 5 und der Abkürzung ihres Namens gekennzeichnet, also 5R, 5YR, 5Y usw. Zur Kennzeichnung der weiteren Zwischenbunttöne kommen die Zahlen 2,5, 7,5 und 10 hinzu. Die drei Bunttöne zwischen 5R und 5YR haben die Kennzeichnungen 7,5R, 10R und 2,5YR.

Die konzentrischen Kreise stehen für die Chroma-Abstufungen: Unbunte Farben liegen im Mittelpunkt (N, neutral), die buntesten auf dem äußeren Kreis (Chroma 16). Da nur die geraden Zahlen benutzt werden, ergeben sich 8 Buntheitsstufen.

Die Value-Skala (Helligkeitsskale) reicht von 0 bis 10. Dabei stehen 0 und 10 für theoretisches, absolutes Schwarz und Weiß; die tatsächlich realisierbaren dunkelsten und hellsten Farben haben die Helligkeitswerte 1 bzw. 9.

Die vollständige Farbkennzeichnung wird in der Form *Hue Value/Chroma* geschrieben, also zum Beispiel 5R 4/12. In der grafischen Darstellung steht die Value-Achse senkrecht auf dem Zentrum des Bunttonkreises, sodass ein zylinderförmiger Farbenraum entsteht. Je heller eine Farbe ist, desto weiter oben liegt sie in diesem Zylinder. Unbunte Farben liegen auf der senkrechten Value-Achse, die Farben mit der höchsten Buntheit 16 auf dem Zylindermantel.

40 Bunttöne, 9 Helligkeits- und 8 Buntheisstufen ergeben rechnerisch 2880 bunte Farben. Das Munsell Book of Color enthält jedoch nur 1605 Farbmuster auf glänzendem bzw. 1300 Farbmuster auf mattem Papier. Bei vielen Kombinationen aus Buntton und Helligkeit wird die Maximale Buntheitsstufe 16 nicht erreicht. So können zum Beispiel helles Purple-Blue oder dunkles Yellow niemals sehr bunt sein; helles Blau ist in jedem Fall kräftig entsättigt, dunkles Yellow in jedem Fall kräftig verschwärzlicht.

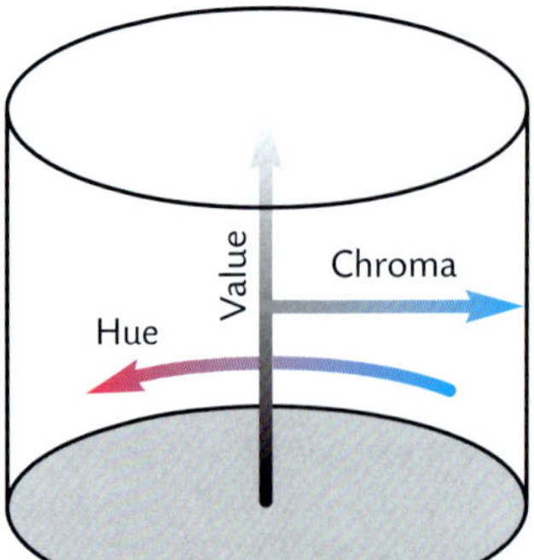

Schema des Munsell-Farbenraums mit Hue (Buntton), Value (Helligkeit), Chroma (Buntheit)

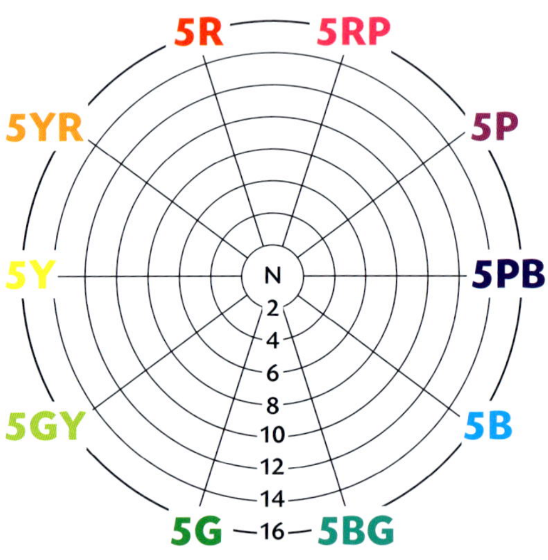

Munsell-System: Bunttöne und Buntheitsstufen

2.7 Farbmetrik

2.7.1 Vorbemerkung

Sinn und Zweck der Farbmetrik ist, Farben eindeutig auf messtechnischer Grundlage zu kennzeichnen. Das scheint auf den ersten Blick ein Widerspruch in sich zu sein: Farben (Farbempfindungen) selbst können nicht gemessen werden – messbar sind nur physikalische Größen wie spektrale Reflexions- oder Transmissionsfaktoren. Mithilfe eines Modells der menschlichen Farbwahrnehmung kann aber eine Beziehung zwischen diesen physikalischen Größen und empfundenen Farben hergestellt werden.

Es gibt zwei farbmetrische Verfahren: Spektral- und Dreibereichsverfahren. Die Unterschiede liegen nur in der Messtechnik; die Ergebnisse, also die ermittelten Farbwerte, sind in beiden Fällen dieselben.

Viele Fachbegriffe und Abkürzungen der Farbmetrik beginnen mit den Buchstaben CIE – zum Beispiel CIE-Normfarbwerte, CIE-Normfarbtafel, CIELAB. Diese Abkürzung steht für die Commission International de l'Éclairage (Internationale Beleuchtungskommission). In diesem Gremium wurden u. a. die wesentlichen Normen für die Farbmetrik erarbeitet.

2.7.2 Spektralverfahren

Beim Spektralverfahren werden die Farbwerte in zwei Schritten bestimmt. Im ersten wird der spektrale Reflexionsfaktor bzw. Transmissionsfaktor einer Körperfarbe oder die spektrale Strahlungsverteilung des von einem Selbstleuchter emittierten Lichts gemessen. Im zweiten Schritt werden daraus mithilfe eines Modells der menschlichen Farbwahrnehmung die Farbwerte berechnet.

Das beim Spektralverfahren benutzte Messgerät heißt Spektralfotometer. Bei Reflexionsmessungen beleuchtet eine im Gerät eingebaute Messlichtquelle die Farbprobe. Die beleuchtete Messfläche ist normalerweise kreisrund, Durchmesser etwa 3 mm bis 5 mm.

Die Messgeometrie wird durch zwei Winkel gekennzeichnet – in der Regel entweder 45°/0° oder 0°/45°. Bei der Messgeometrie 45°/0° fällt das Licht im Winkel von 45° auf die Probe; gemessen wird der Anteil des diffus reflektierten (remittierten) Lichts, der im Winkel von 0° (also senkrecht zur Probe) zurückgeworfen wird. Bei der Messgeometrie 0°/45° ist es umgekehrt.

Das von der Probe reflektierte polychromatische Licht wird durch ein Beugungsgitter in seine unterschiedlichen Wellenlängen aufgefächert und fällt auf eine Zeile fotoelektrischer Sensoren. Bei den gebräuchlichen Geräten sind die Sensorzellen so angeordnet, dass Wellenlängen in Intervallen von 10 nm gemessen werden, also zum Beispiel 380 nm, 390 nm, 400 nm, 410 nm, ..., 700 nm, 710 nm, 720 nm, 730 nm.

Die einzelnen Sensoren wandeln das empfangene Licht in schwache elektrische Ströme um, die von einem Analog-Digital-Wandler digitalisiert und als Daten ausgegeben werden. Diese Daten werden entweder von einem kleinen Rechner im Messgerät aufbereitet und auf einem LC-Display angezeigt oder über ein Interface an einen Computer übergeben. Ergebnis der Messung ist der spektrale Reflexionsfaktor $R(\lambda)$ der Farbprobe. Er kann numerisch als Tabelle oder grafisch als Reflexionskurve dargestellt werden.

Transmissions- und Emissions-Spektralfotometer funktionieren im Grundsatz nicht anders als Reflexionsmessgeräte. Bei Transmissionsmessungen ist die Messlichtquelle so angeordnet, dass die Proben durchleuchtet werden; gemessen wird der spektrale Transmissionsfaktor $R(\lambda)$. Bei Emissionsmessungen entfällt die Messlichtquelle; gemessen wird die spektrale Strahldichteverteilung $S(\lambda)$ eines Selbstleuchters, zum Beispiel eines Monitors.

Um zutreffende Messergebnisse zu liefern, wird das Messgerät kalibriert (geeicht). Zu diesem Zweck wird eine weiße Eichprobe (Weißreferenz) gemessen; das Messergebnis wird gespeichert und dient dann bei den folgenden Messungen als Vergleichswert.

Auf Grundlage des gemessenen spektralen Reflexions- oder Transmissionsfaktors einer Farbprobe oder der gemessenen Spektralverteilung eines Selbstleuchters werden die CIE-Normfarbwerte X, Y und Z errechnet. Diese Farbwerte werden auch Farbvalenz genannt, ihre Ermittlung heißt valenzmetrische Auswertung.

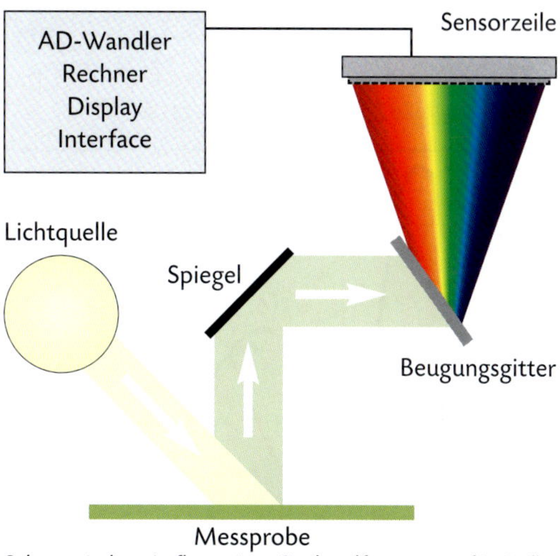

Schematischer Aufbau eines Spektralfotometers für Reflexionsmessungen, Messgeometrie 45°/0°

Die drei Normfarbwerte kennzeichnen die Farbe, also die Empfindung, die – durch das Auge vermittelt – im menschlichen Gehirn entsteht. Der erste Schritt ist deshalb die Frage nach dem Farbreiz, also der spektralen Zusammensetzung des vom Auge aufgenommenen Lichts. Bei Selbstleuchtern, zum Beispiel Monitoren, sind Spektralverteilung und Farbreiz dasselbe – das vom Selbstleuchter abgestrahlte Licht trifft auf das Auge. Bei Nicht-Selbstleuchtern ergibt sich der Farbreiz dagegen aus dem spektralen Reflexionsfaktor (oder Transmissionsfaktor) und der spektralen Strahlungsverteilung der Beleuchtung (vgl. Abschnitt 2.2.3). Deshalb fließt bei Körperfarben die Spektralverteilung der verwendeten Lichtart in die Berechnung der CIE-Normfarbwerte ein.

Zweiter Schritt ist die Verarbeitung des Farbreizes durch Auge und Gehirn. Die zur Berechnung der Farbwerte erforderlichen Informationen sind in den drei Normspektralwertfunktionen $\bar{x}(\lambda)$ („x quer von lambda"), $\bar{y}(\lambda)$ und $\bar{z}(\lambda)$ enthalten. Die Normspektralwertfunktionen quantifizieren die Farbwahrnehmung des farbmetrischen Normalbeobachters, also des Modells des „durchschnittlichen" Menschen mit unbeeinträchtigtem Farbunterscheidungsvermögen.

Es gibt allerdings zwei Normalbeobachter und dem entsprechend zwei Sätze von Normspektralwertfunktionen. Der Grund ist eine Besonderheit im Aufbau der Netzhaut: Zapfen und Stäbchen sind nicht gleichmäßig verteilt. In der Fovea (Netzhautgrube), einem kleinen Bereich in der Mitte der Netzhaut, befinden sich sehr viel mehr Zapfen als an jeder anderen Stelle, aber keine Stäbchen. Wenn die betrachtete Fläche sehr klein ist,

Gesichtsfeldgröße 2° und 10°

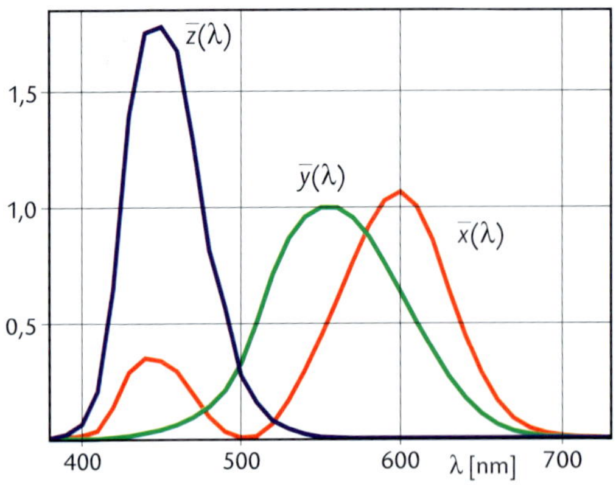

Normspektralwertkurven für 2°-Normalbeobachter

kann sie vollständig auf der Fovea abgebildet werden. Als Modell für dieses rein foveale Sehen wurde der 2°-Normalbeobachter definiert. Die Gesichtsfeldgröße von 2° entspricht der Betrachtung einer kreisrunden Fläche mit rund 10,5 mm Durchmesser aus einem Abstand von 300 mm. Zusätzlich wurde ein 10°-Normalbeobachter definiert, dessen Gesichtsfeld einer Fläche mit rund 52,5 mm Durchmesser bei 300 mm Abstand entspricht.

Die Tabelle auf der nächsten Seite zeigt ein Beispiel für die Berechnung der CIE-Normfarbwerte *X*, *Y*, *Z*. Die gemessenen Reflexionswerte $R(\lambda)$ in Spalte 2 werden mit den Werten der Spektralverteilung $S(\lambda)$ (Spalte 3) und den Normspektralwerten $\bar{x}(\lambda)$, $\bar{y}(\lambda)$ bzw. $\bar{z}(\lambda)$ (Spalten 4 bis 6) multipliziert. Die Ergebnisse in den Spalten 7, 8 und 9 werden summiert und mit einem konstanten Faktor *k* multipliziert. Dieser Faktor ist so gewählt, dass sich für den Normfarbwert *Y* das Maximum 100 ergibt.

Bei Transmissionsmessungen ist die Vorgehensweise genau dieselbe – die spektrale Reflexion $R(\lambda)$ wird lediglich durch die spektrale Transmission $T(\lambda)$ ersetzt. Bei Emissionsmessungen, also Messungen des von Selbstleuchter abgestrahlten Lichts, werden die gemessenen spektralen Strahlungswerte umittelbar mit den Normspektralwerten multipliziert.

Der Rechenweg lässt sich abkürzen, indem die Spektralverteilung $S(\lambda)$, die Normspektralwerte $\bar{x}(\lambda)$, $\bar{y}(\lambda)$ bzw. $\bar{z}(\lambda)$ und der konstante Faktor *k* vorab miteinander multipliziert werden. Das ergibt die Gewichtsfaktoren $W_X(\lambda)$, $W_Y(\lambda)$ und $W_Z(\lambda)$. Zur Ermittlung der CIE-Normfarbwerte *X*, *Y* und *Z* werden dann nur noch die gemessenen Reflexions- oder Transmissionswerte $R(\lambda)$ bzw. $T(\lambda)$ mit den jeweiligen Gewichtsfaktoren multipliziert und die drei Ergebnisspalten aufsummiert. In der Praxis wird die Berechnung vom Rechner des Messgeräts oder vom Computer übernommen, an den es angeschlossen ist.

Damit Messergebnisse miteinander vergleichbar sind, müssen einheitliche, möglichst überall gleiche Messbedingungen eingehalten werden. Bei der Übermittlung von Farbwerten sollten diese Messbedingungen angegeben werden. Sie sind verschiedenen Normen und Richtlinien (ISO 13655, ISO 12647-1, ProzessStandard Offsetdruck – PSO) definiert. Hier die wichtigsten im Überblick:

- Normlicht D50
- 2°-Normalbeobachter
- Messgeometrie bei Reflexionsmessungen: 45°/0° oder 0°/45°
- Unterlage bei Reflexionsmessungen: weiß (matt, Reflexionsfaktor rund 90 %) bei Proofs und einseitig bedruckten Bogen; schwarz (matt, Reflexionsfaktor rund 3 %) bei beidseitig bedruckten Bogen

CIE-Normfarbwerte – Berechnungsbeispiel Messbedingungen: D50, 2°-Normalbeobachter

λ [nm] (1)	$R(\lambda)$ (2)	$S(\lambda)$ (3)	$\bar{x}(\lambda)$ (4)	$\bar{y}(\lambda)$ (5)	$\bar{z}(\lambda)$ (6)	$R(\lambda)S(\lambda)\bar{x}(\lambda)$ (7)	$R(\lambda)S(\lambda)\bar{y}(\lambda)$ (8)	$R(\lambda)S(\lambda)\bar{z}(\lambda)$ (9)
380	0,0902	24,49	0,0014	0,0000	0,0065	0,0031	0,0000	0,0144
390	0,1539	29,87	0,0042	0,0001	0,0201	0,0193	0,0005	0,0924
400	0,2552	49,31	0,0143	0,0004	0,0679	0,1799	0,0050	0,8544
410	0,3536	56,61	0,0435	0,0012	0,2074	0,8708	0,0240	4,1516
420	0,4042	60,03	0,1344	0,0040	0,6456	3,2611	0,0971	15,6649
430	0,4652	57,82	0,2839	0,0116	1,3856	7,6363	0,3120	37,2697
440	0,5490	74,82	0,3483	0,0230	1,7471	14,3068	0,9448	71,7642
450	0,6210	87,25	0,3362	0,0380	1,7721	18,2161	2,0589	96,0164
460	0,6479	90,61	0,2908	0,0600	1,6692	17,0718	3,5224	97,9924
470	0,6584	91,37	0,1954	0,0910	1,2876	11,7549	5,4744	77,4595
480	0,6525	95,11	0,0956	0,1390	0,8130	5,9329	8,6262	50,4542
490	0,6331	91,96	0,0320	0,2080	0,4652	1,8630	12,1097	27,0839
500	0,5985	95,72	0,0049	0,3230	0,2720	0,2807	18,5042	15,5825
510	0,5439	96,61	0,0093	0,5030	0,1582	0,4887	26,4307	8,3128
520	0,4677	97,13	0,0633	0,7100	0,0782	2,8756	32,2537	3,5524
530	0,3750	102,10	0,1655	0,8620	0,0422	6,3366	33,0038	1,6157
540	0,2796	100,75	0,2904	0,9540	0,0203	8,1805	26,8739	0,5718
550	0,1873	102,32	0,4334	0,9950	0,0087	8,3059	19,0687	0,1667
560	0,1089	100,00	0,5945	0,9950	0,0039	6,4741	10,8356	0,0425
570	0,0634	97,74	0,7621	0,9520	0,0021	4,7225	5,8993	0,0130
580	0,0433	98,92	0,9163	0,8700	0,0017	3,9247	3,7264	0,0073
590	0,0345	93,50	1,0263	0,7570	0,0011	3,3106	2,4419	0,0035
600	0,0282	97,69	1,0622	0,6310	0,0008	2,9262	1,7383	0,0022
610	0,0247	99,27	1,0026	0,5030	0,0003	2,4583	1,2333	0,0007
620	0,0241	99,04	0,8544	0,3810	0,0002	2,0393	0,9094	0,0005
630	0,0244	95,72	0,6424	0,2650	0,0001	1,5004	0,6189	0,0002
640	0,0254	98,86	0,4479	0,1750	0,0001	1,1247	0,4394	0,0003
650	0,0301	95,67	0,2835	0,1070	0,0000	0,8164	0,3081	0,0000
660	0,0383	98,19	0,1649	0,0610	0,0000	0,6201	0,2294	0,0000
670	0,0431	103,00	0,0874	0,0320	0,0000	0,3880	0,1421	0,0000
680	0,0409	99,13	0,0468	0,0170	0,0000	0,1897	0,0689	0,0000
690	0,0360	87,38	0,0227	0,0082	0,0000	0,0714	0,0258	0,0000
700	0,0291	91,60	0,0114	0,0041	0,0000	0,0304	0,0109	0,0000
710	0,0250	92,89	0,0058	0,0021	0,0000	0,0135	0,0049	0,0000
720	0,0285	76,85	0,0029	0,0010	0,0000	0,0064	0,0022	0,0000
730	0,0420	86,51	0,0014	0,0005	0,0000	0,0051	0,0018	0,0000
Spaltensummen						138,2058	217,9466	508,6901
Spaltensummen × k (k = 0,095190525)						**X = 13,16**	**Y = 20,75**	**Z = 48,42**

2.7.3 Dreibereichsverfahren

Beim Dreibereichsverfahren wird versucht, die Farbwahrnehmung des menschlichen Auges unmittelbar technisch nachzustellen. Dreibereichs-Fotometer haben, stellvertretend für die drei Zapfenarten der Netzhaut, drei fotoelektrische Sensoren und drei Farbfilter. Die spektralen Empfindlichkeiten der drei Filter-Sensor-Kombinationen müssen entweder genau mit den Normspektralwertfunktionen übereinstimmen oder, soweit das technisch nicht realisierbar ist, so regelmäßig davon abweichen, dass sich die Abweichung rechnerisch korrigieren lässt.

Dreibereichs-Fotometer sind technisch einfacher aufgebaut und deshalb billiger als Spektralfotometer. Weil aber bislang noch keine optimalen Filter-Sensor-Kombinationen hergestellt werden können, ist das Dreibereichsverfahren nicht ganz so genau wie das Spektralverfahren. Dreibereichs-Fotometer werden heute hauptsächlich als Monitor-Colorimeter eingesetzt, also zur Messung der von Monitoren emittierten Lichtfarben.

2.7.4 CIE-Normfarbwerte und CIE-Normfarbwertanteile

Die CIE-Normfarbwerte X, Y und Z kennzeichnen Farben vollständig und eindeutig. Wenn zwei Farben gleiche Normfarbwerte haben, sind sie gleich. Genauer ausgedrückt: Sie sind farbmetrisch identisch.

Farbmetrisch identische Farben können aber metamer sein (vgl. Abschnitt 2.2.5). Dann sehen sie bei der visuellen Abmusterung nur gleich aus, wenn dieselbe Lichtart wie bei der Berechnung der Farbwerte benutzt wird. Ob zwei farbmetrisch identische Farben metamer oder spektral identisch (bedingt bzw. unbedingt gleich) sind, ist an den Normfarbwerten selbst nicht zu erkennen. Dazu ist der Rückgriff auf die spektralen Reflexions- bzw. Transmissionsfaktoren erforderlich. Zwei Farben sind nur dann unbedingt gleich (spektral identisch, nicht metamer), wenn sie genau gleiche spektrale Reflexions- bzw. Transmissionsfaktoren und damit völlig deckungsgleiche Reflexions- bzw. Transmissionskurven haben.

Die CIE-Normfarbwerte X, Y und Z kennzeichnen Farben zwar vollständig und eindeutig, sind aber sehr unanschaulich. Sie vermitteln praktisch keine Vorstellung von Buntton und Buntheit der Farbe. Direkt ablesbar ist nur die Helligkeit: Der Normfarbwert Y ist zugleich der Hellbezugswert der Farbe. Er ist aber empfindungsmäßig nicht gleichabständig: Auf der Y-Skala von 0 (absolutes Schwarz) bis 100 (absolutes Weiß) liegt die empfindungsmäßig mittlere Helligkeit bei etwa 18.

Wegen der praktischen Nachteile der CIE-Normfarbwerte wurden andere Darstellungsformen entwickelt, unter anderem die CIE-Normfarbwertanteile. Die Normfarbwertanteile x und y geben an, wie groß die CIE-Normfarbwerte X und Y im Verhältnis zur Summe aller drei Normfarbwerte sind.

$x = X : (X + Y + Z)$

$y = Y : (X + Y + Z)$

Beispiel: $X = 13{,}2 \quad Y = 20{,}8 \quad Z = 48{,}4$

$x = 13{,}2 : (13{,}2 + 20{,}8 + 48{,}4) \approx 0{,}160$

$y = 20{,}8 : (13{,}2 + 20{,}8 + 48{,}4) \approx 0{,}252$

Entsprechend könnte ein dritter Farbwertanteil z berechnet werden: $z = Z : (X + Y + Z)$. Das ist aber überflüssig, weil die Summe $x + y + z$ immer gleich 1 ist und sich z deshalb aus x und y ergibt. Damit sind die ursprünglichen drei Farbwerte auf nur noch zwei Farbwertanteile reduziert, sodass die grafische Darstellung im zweidimensionalen Koordinatensystem möglich ist.

Zwei Farbwertanteile können aber nicht dieselben Informationen enthalten wie drei Farbwerte. Die Farbwertanteile x und y kennzeichnen die Farbe nicht vollständig, sondern geben nur die Farbart an. Farben mit gleicher Farbart, also gleichen x- und y-Farbwertanteilen, haben gleiche Bunttöne und gleiche Sättigungen, können aber unterschiedlich hell sein. Zur vollständigen Farbkennzeichnung wird zusätzlich der CIE-Normfarbwert Y als Hellbezugswert angegeben.

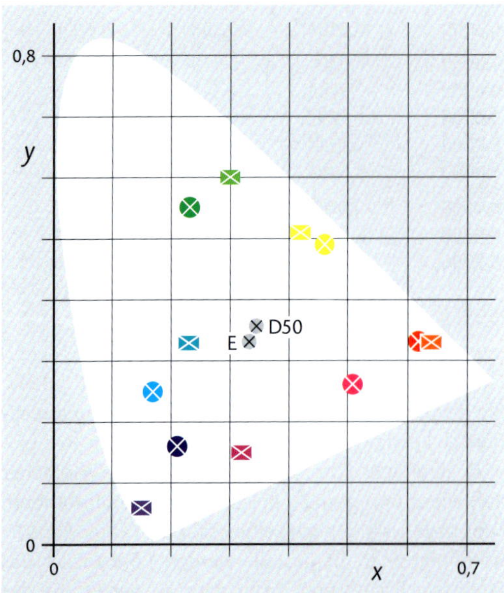

CIE-Normfarbtafel; bunte Kreise kennzeichnen die Farbarten der Primär- und Sekundärfarben des Offsetdrucks (ISO 12647-2, Papiertyp 1), bunte Rechtecke die Farbarten der Primär- und Sekundärfarben nach sRGB-Spezifikation.

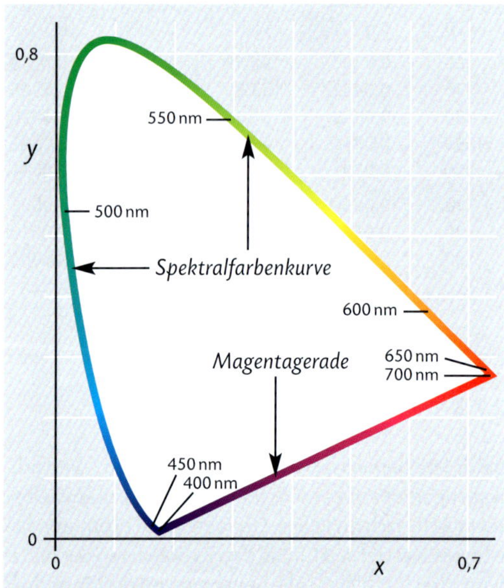

CIE-Normfarbtafel mit Spektralfarbenkurve (Spektralfarbenzug) und Magentagerade (Magentalinie); die Farbarten aller Spektralfarben (monochromatischen Lichter) liegen auf der Spektralfarbenkurve.

Die grafische Darstellung der CIE-Normfarbwertanteile heißt CIE-Normfarbtafel; sie wird in der fachlichen Umgangssprache durchweg „Schuhsohle" genannt. Der Buntton einer Farbart ist aus der Lage in der „Schuhsohle" zu erkennen: Rot liegt rechts unten, Grün oben, Blau links unten.

Der Punkt *E* kennzeichnet die Farbart des energiegleichen Spektrums (vgl. Abschnitt 2.1.3) mit den Farbwertanteilen $x = 0{,}3333$ und $y = 0{,}3333$. Die Normlichtart D50 hat die Normfarbwertanteile $x = 0{,}3457$ und $y = 0{,}3585$, liegt also in der grafischen Darstellung etwas rechts und oberhalb von *E*. Alle unbunten Farben haben dieselbe Farbart wie die Lichtart, die bei der Berechnung der Normfarbwerte verwendet wurde, in der Regel also D50.

Die Farbarten aller Spektralfarben (monochromatischen Lichter) liegen auf dem kurvenförmigen Stück der „Schuhsohlen"-Begrenzung. Es wird deshalb Spektralfarbenkurve oder Spektralfarbenzug genannt. Die geradlinige untere Begrenzung der „Schuhsohle" heißt Magentagerade oder Magentalinie.

Je größer der Abstand einer Farbart vom Unbunt ist, je näher sie an Spektralfarbenkurve oder Magentagerade liegt, desto höher ist ihre Sättigung. Achtung: Von hoher Sättigung kann nicht unmittelbar auf hohe Buntheit geschlossen werden. Hoch gesättigte Farben können zwar sehr bunt sein; sie können aber auch stark verschwärzlicht sein und deshalb sehr geringe Buntheiten haben. Nur der umgekehrte Schluss trifft zu: Farben mit geringen Sättigungen haben auch geringe Buntheiten.

Vollständigen Farbkennzeichnungen durch Farbart (Normfarbwertanteile *x* und *y*) und Hellbezugswert (Normfarbwert *Y*) lassen sich grafisch in einem dreidimensionalen Koordinatensystem darstellen. Dabei ergibt sich ein Farbkörper, dessen Grundfläche die CIE-Normfarbtafel ist. Der Farbkörper verengt sich mit zunehmender Helligkeit – hellere Farben können also nicht so hoch gesättigt sein wie dunklere.

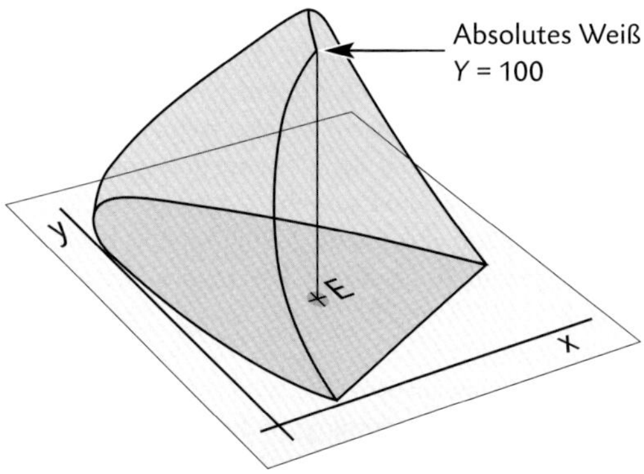

CIE-Farbkörper mit Farbartkoordinaten (x und y) und Hellbezugswert Y

Die CIE-Normfarbtafel mag zwar die Forderung nach Anschaulichkeit etwas besser erfüllen als die CIE-Normfarbwerte *X*, *Y*, *Z*. Tatsächlich ist die CIE-Normfarbtafel aber gar nicht so anschaulich, wie sie auf den ersten Blick aussieht. Die Farbarten haben untereinander keine empfindungsmäßig gleichen Abstände. Teils liegen unterschiedliche Farbarten sehr eng beieinander; sehr kleine geometrische Abstände stehen also für empfindungsgemäß recht große Farbunterschiede. Das gilt insbesondere für die roten und blauen Farbarten in den unteren Ecken der „Schuhsohle". Ähnlich kleine Abstände zwischen Farbarten im grünen Bereich der Farbtafel (in der Spitze der „Schuhsohle") stehen für deutlich kleiner empfundene Unterschiede.

2.7.5 CIELAB

Im Unterschied zu den CIE-Normfarbwerten *X*, *Y*, *Z* und Normfarbwertanteilen *x* und *y* ist das CIELAB-System empfindungsmäßig nahezu gleichabständig. Gleich große zahlenmäßige Unterschiede zwischen CIELAB-Farbwerten stehen für ungefähr gleich stark empfundene Farbunterschiede.

Es gibt zwar andere farbmetrische Systeme, die dieses Kriterium möglicherweise noch etwas besser erfüllen, zum Beispiel CIELUV. Im Medienbereich wird aber heute fast ausschließlich mit dem CIELAB-System gearbeitet.

Die CIELAB-Farbwerte L^*, a^* und b^* entstehen durch Umrechnung aus den CIE-Normfarbwerten *X*, *Y* und *Z*. Die Umrechnungsformeln sollen die empfindungsmäßige Ungleichabständigkeit der Normfarbwerte ausgleichen und sind recht kompliziert (siehe Kasten am Fuß dieser Spalte).

Formeln zur Berechnung der CIELAB-Farbwerte

$L^* = 116 \cdot \sqrt[3]{Y : Y_n} - 16$

$a^* = 500 \cdot (\sqrt[3]{X : X_n} - \sqrt[3]{Y : Y_n})$

$b^* = 200 \cdot (\sqrt[3]{Y : Y_n} - \sqrt[3]{Z : Z_n})$

Falls der Quotient unter der Kubikwurzel kleiner oder gleich 0,008856 ist, wird die Wurzel durch einen der folgenden Ausdrücke ersetzt:

$[7{,}787 \cdot (X : X_n) + 0{,}138]$

$[7{,}787 \cdot (Y : Y_n) + 0{,}138]$

$[7{,}787 \cdot (Z : Z_n) + 0{,}138]$

X_n, Y_n und Z_n sind die Normfarbwerte der zur Berechnung von *X*, *Y* und *Z* verwendeten Lichtart. Für Normlich D50, 2°-Normalbeobachter, gilt:
$X_n = 96{,}42$; $Y_n = 100{,}00$; $Z_n = 82{,}51$

L^* kennzeichnet die Helligkeit auf der Skala von 0 (absolutes Schwarz) bis 100 (absolutes Weiß). Die Farbwerte a^* und b^* können dagegen positiv oder negativ sein. Zur grafischen Darstellung der a^*-b^*-Ebene des CIELAB-Systems wird also ein vollständiges Koordinatensystem mit vier Quadranten gebraucht.

Unbunte Farben haben in jedem Fall die Farbwerte $a^* = 0$ und $b^* = 0$; der Ursprung (Achsenschnittpunkt) des a^*-b^*-Koordinatensystems ist also zugleich der Unbuntpunkt. Je weiter eine Farbe in der a^*-b^*-Ebene vom Unbuntpunkt entfernt liegt, desto höher ist ihre Buntheit. Farben, die auf einem Kreisbogen um den Unbuntpunkt liegen, haben gleiche Buntheiten.

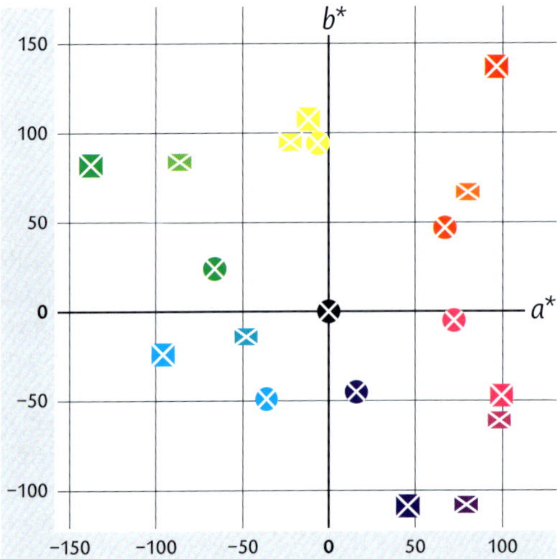

CIELAB: a-b*-Ebene in der Draufsicht; Kreise kennzeichnen Primär- und Sekundärfarben sowie Schwarz des Offsetdrucks (ISO 12647-2, Papiertyp 1), Quadrate und Rechtecke kennzeichnen Primär- und Sekundärfarben nach ECI-RGB- bzw. sRGB-Spezifikation.*

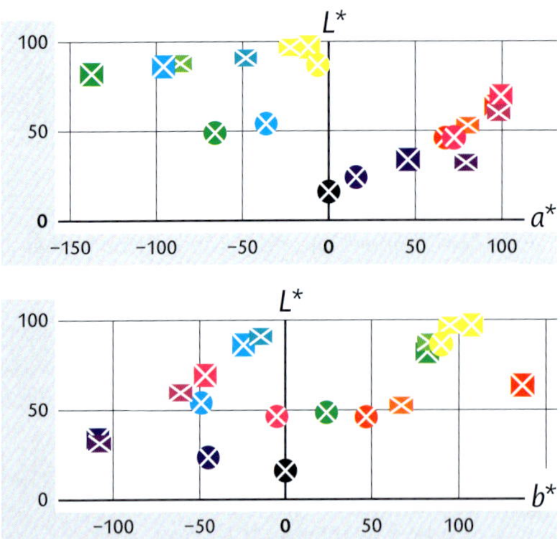

Draufsichten auf L-a*- Ebene und L*-b*-Ebene*

Der Buntton einer Farbe ist an der Richtung zu erkennen, in der sie vom Unbuntpunkt aus gesehen im a^*-b^*-Koordinatensystem liegt. Farben, die auf einem vom Unbuntpunkt ausgehenden Strahl liegen, sind bunttongleich.

Die L^*-Achse steht im dreidimensionalen CIELAB-Koordinatensystem senkrecht auf dem Unbuntpunkt. Alle unbunten Farben ($a^* = 0$; $b^* = 0$) liegen also auf der L^*-Achse. Sie wird deshalb auch als Unbunt- oder Grauachse bezeichnet.

Während die Helligkeit einer Farbe unmittelbar am L^*-Farbwert abgelesen werden kann, sind Buntheit und Buntton in den Farbwerten a^* und b^* „versteckt". Durch einfache Umrechnung aus a^* und b^* lassen sich Buntheit und Buntton aber auch ganz unmittelbar kennzeichnen.

Der Buntheitswert C^*_{ab} entspricht dem Abstand vom Unbunt, also vom Achsenschnittpunkt des a^*-b^*-Koordinatensystems. Er kann mithilfe des Pythagorassatzes ausgerechnet werden :

$$C^*_{ab} = \sqrt{a^{*2} + b^{*2}}$$

Die Quadrate unter dem Wurzelzeichen sind in jedem Fall positiv; negative Vorzeichen von a^* oder b^* können also bei der Berechnung des Buntheitswerts C^*_{ab} einfach weggelassen werden (weitere Erläuterungen und Beispiele zu Berechnungen im CIELAB-System finden Sie in Abschnitt 11.12).

Beispiel: $a^* = -50 \quad b^* = 30$

$$C^*_{ab} = \sqrt{50^2 + 30^2} \approx 58{,}3$$

Der Index $_{ab}$ weist darauf hin, dass C^* hier aus den CIELAB-Farbwerten a^* und b^* errechnet wird. Die etwas umständliche Schreibweise ist nötig, um Verwechslungen zu vermeiden; C^* und einige weitere Symbole werden nicht nur im CIELAB-System verwendet, sondern auch in anderen farbmetrischen Systemen. Wenn ausschließlich im CIELAB-System gearbeitet wird, können die Indizes weggelassen werden, da ja keine Verwechslung zu befürchten ist.

Der Buntton wird durch den Bunttonwinkel h_{ab} gekennzeichnet. Das ist der linksdrehend (gegen den Uhrzeigersinn) gemessene Winkel zwischen dem positiven (rechten) Stück der a^*-Achse und einem Strahl, der vom Unbuntpunkt ausgeht.

Der Bunttonwinkel wird mithilfe der Umkehrung der Tangensfunktion, also Arkustangens (arctan), ermittelt:

$$h_{ab} = \arctan(b^* : a^*)$$

Der Bunttonwinkel hat die Winkeleinheit Grad; das Grad-Zeichen wird allerdings in der Praxis oft weggelassen.

Beispiel: $a^* = -50 \quad b^* = 30$

$$h_{ab} = \arctan[30 : (-50)] \approx 149°$$

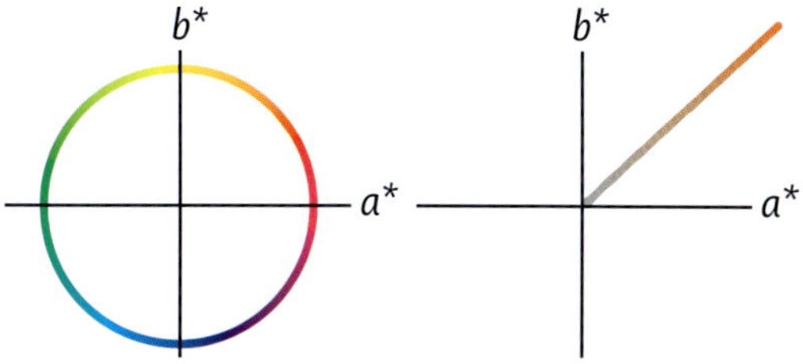

Buntheitsgleiche Farben liegen auf einem Kreisbogen um den Unbuntpunkt, bunttongleiche Farben liegen auf einem vom Unbuntpunkt ausgehenden Strahl.

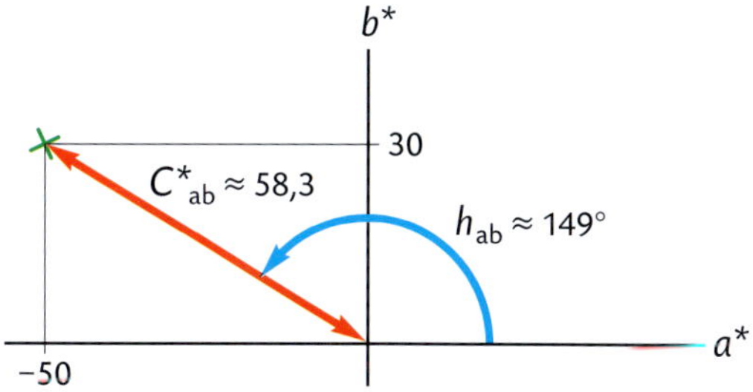

Buntheit C^*_{ab} und Bunttonwinkel h_{ab}

Im Gegensatz zu L^*, a^*, b^* und C^*_{ab} ist der Bunttonwinkel h_{ab} keine empfindungsmäßig gleichabständige Größe. Im CIELAB-System stehen gleiche Strecken für (nahezu) gleiche Farbunterschiede. Gleiche Winkel können aber für ganz unterschiedlich lange Strecken stehen.

Beispiel: Zwei Farben mit Buntheit $C^*_{ab} = 2$ und den Bunttonwinkeln $h_{ab1} = 90°$ und $h_{ab2} = 92°$ liegen im a^*-b^*-Koordinatensystem sehr nahe beieinander. Zwei Farben mit denselben Bunttonwinkeln und der Buntheit $C^*_{ab} = 80$ liegen 40-mal so weit auseinander.

2.7.6 CIELAB-Farbabstand

Da das CIELAB-System empfindungsmäßig ungefähr gleichabständig ist, lassen sich nicht nur einzelne Farben kennzeichnen, sondern auch kleine Farbunterschiede quantifizieren. Der CIELAB-Farbabstand ΔE^*_{ab} („Delta E") gibt an, wie stark sich ähnliche Farben empfindungsmäßig voneinander unterscheiden.

Die miteinander verglichenen Farben werden Bezug (Bezugsfarbe, Soll-Farbe, Vorlage) und Probe (Ist-Farbe, Nachstellung) genannt.

Bei der Berechnung des CIELAB-Farbabstands ΔE^*_{ab} werden zunächst die drei Differenzen ΔL^* („Delta L"), Δa^* und Δb^* aus den Farbwerten von Probe und Bezugsfarbe ermittelt:

$\Delta L^* = L^*_{Probe} - L^*_{Bezug}$

$\Delta a^* = a^*_{Probe} - a^*_{Bezug}$

$\Delta b^* = b^*_{Probe} - b^*_{Bezug}$

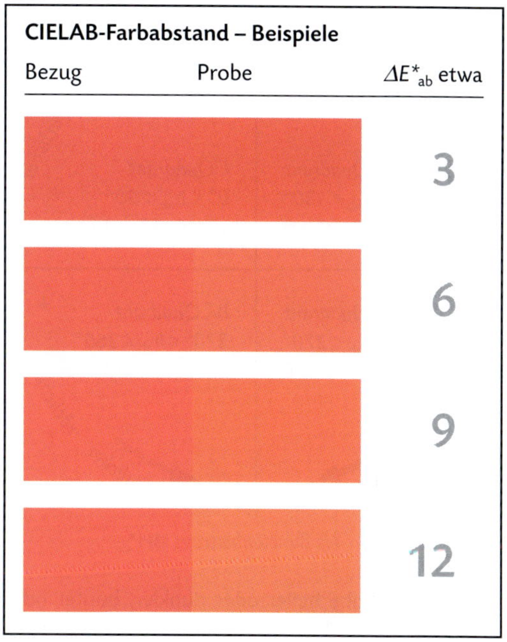

Dann wird der Farbabstand mithilfe eines „räumlichen Pythagorassatzes" ausgerechnet:

$$\Delta E^*_{ab} = \sqrt{\Delta L^{*2} + \Delta a^{*2} + \Delta b^{*2}}$$

Beispiel:

$L^*_{Bezug} = 62$	$L^*_{Probe} = 60$	$\Delta L^* = 60 - 62 = -2$
$a^*_{Bezug} = -21$	$a^*_{Probe} = -20$	$\Delta a^* = (-20) - (-21) = 1$
$b^*_{Bezug} = 42$	$b^*_{Probe} = 45$	$\Delta b^* = 45 - 42 = 3$

$$\Delta E^*_{ab} = \sqrt{2^2 + 1^2 + 3^2} \approx 3{,}7$$

Zur Bewertung und verbalen Kennzeichnung von Farbabständen kann dieses Schema benutzt werden:

- ΔE^*_{ab} unter 0,2: kein sichtbarer Farbunterschied
- ΔE^*_{ab} über 0,2 bis 1,0: sehr geringer Farbunterschied
- ΔE^*_{ab} über 1,0 bis 3,0: geringer Farbunterschied
- ΔE^*_{ab} über 3,0 bis 6,0: mittlerer Farbunterschied
- ΔE^*_{ab} über 6,0 bis 12: großer Farbunterschied
- ΔE^*_{ab} über 12: sehr großer Farbunterschied

Sehr große Farbabstände, die erheblich über $\Delta E^*_{ab} = 12$ liegen, sich nicht sinnvoll bewerten. Zweck der Farbabstandsberechnung ist die objektive Kennzeichnung kleiner Unterschiede zwischen einander ähnlichen Farben. ΔE^*_{ab}-Werte, die erheblich größer als 12 sind, stehen aber nicht für Unterschiede zwischen ähnlichen Farben, sondern lassen nur die Feststellung zu, dass die verglichenen Farben einander nicht ähnlich sind. Um zu dieser Erkenntnis zu gelangen, ist aber keine Farbmetrik erforderlich.

Der CIELAB-Farbabstand kennzeichnet nur die Stärke des Farbunterschieds, sagt aber nichts über Art und Richtung aus. Am ΔE^*_{ab}-Wert ist also nicht zu erken-

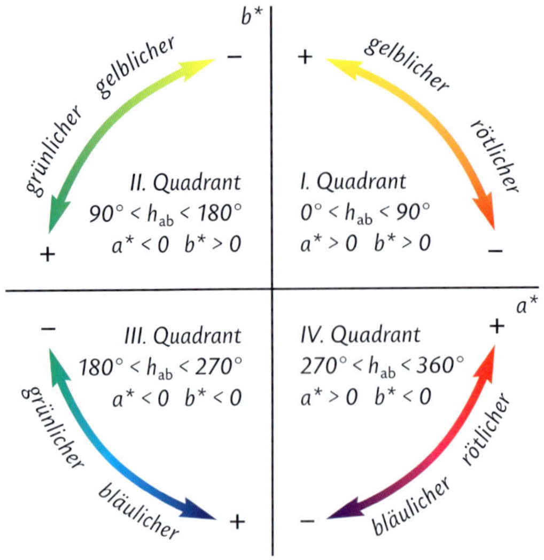

Zur Interpretation des Bunttonbeitrags ΔH^*_{ab}

Richtungen des Bunttonbeitrags

	$\Delta H^*_{ab} > 0$	$\Delta H^*_{ab} < 0$
I. Quadrant $a > 0 \quad b > 0$ $0° < h_{ab} < 90°$	gelblicher	rötlicher
II. Quadrant $a < 0 \quad b > 0$ $90° < h_{ab} < 180°$	grünlicher	gelblicher
III. Quadrant $a < 0 \quad b < 0$ $180° < h_{ab} < 270°$	bläulicher	grünlicher
IV. Quadrant $a > 0 \quad b < 0$ $270° < h_{ab} < 360°$	rötlicher	bläulicher

nen, ob die Probe heller oder dunkler, bunter oder weniger bunt ist als die Bezugsfarbe und wie sich die Bunttöne voneinander unterscheiden. Um diese Informationen zu erhalten, können drei zusätzliche Kennwerte ausgerechnet werden: Helligkeits-, Buntheits- und Bunttonbeitrag zum CIELAB-Farbabstand.

Der Helligkeitsbeitrag ΔL^* ist die Differenz der Helligkeitswerte von Probe und Bezug:

$\Delta L^* = L^*_{Probe} - L^*_{Bezug}$

Entsprechend ist der Buntheitsbeitrag ΔC^*_{ab} die Differenz der bedien Buntheitswerte:

$\Delta C^*_{ab} = C^*_{ab\,Probe} - C^*_{ab\,Bezug}$

Positive Werte von ΔL^* und ΔC^*_{ab} bedeuten also, dass die Probe heller bzw. bunter ist als die Bezugsfarbe, negative Werte bedeuten, dass die Probe dunkler bzw. weniger bunt ist.

Die Differenz der Bunttonwinkel von Probe und Bezug eignet sich nicht als Kenngröße für den Bunttonunterschied, weil der Bunttonwinkel keine empfindungsmäßig gleichabständige Größe ist.

Die Ermittlung des Bunttonbeitrags ΔH^*_{ab} ist deshalb etwas komplizierter. Er wird gewissermaßen als Restgröße ermittelt – Bunttonbeitrag ist der Anteil des Farbabstands, der nicht auf Helligkeits- und Buntheitsunterschied zurückzuführen ist (zur Berechnung vgl. Abschnitt 11.12.2).

Der Bunttonbeitrag ΔH^*_{ab} kann positiv oder negativ sein. Bei seiner Interpretation kommt es darauf an, in welchem Quadranten des a^*-b^*-Koordinatensystems Probe und Bezugsfarbe liegen. So hat zum Beispiel ein Orange positve a^*- und b^*-Werte, liegt also im ersten Quadranten (Bunttonwinkel h_{ab} zwischen 0° und 90°). Ein positiver Bunttonbeitrag bedeutet hier, dass die Probe gelblicher ist als die Bezugsfarbe, ein negativer bedeutet, dass sie rötlicher ist. Cyan hat negative a^*- und b^*-Werte, liegt also im dritten Quadranten (h_{ab} zwischen 180° und 270°). Ein positiver Bunttonbeitrag bedeutet hier, dass die Probe bläulicher ist als die Bezugsfarbe, ein negativer bedeutet, dass sie grünlicher ist (vergleiche Grafik und Tabelle oben).

Beispiel zur Interpretation von CIELAB-Farbabstand und Farbabstandsbeiträgen

$L^*_{Bezug} = 56{,}3 \quad a^*_{Bezug} = -29{,}7 \quad b^*_{Bezug} = 68{,}6$

$L^*_{Probe} = 58{,}2 \quad a^*_{Probe} = -26{,}3 \quad b^*_{Probe} = 65{,}8$

Δ-Wert	Interpreation	Erläuterung
$\Delta E^*_{ab} = 4{,}8$	Mittlerer Farbunterschied	Farbabstand ΔE^*_{ab} liegt zwischen 3 und 6
$\Delta L^* = +1{,}9$	Probe ist heller als Bezugsfarbe	Helligkeitsbeitrag ΔL^* ist positiv
$\Delta C^*_{ab} = -3{,}9$	Probe ist weniger bunt als Bezugsfarbe	Buntheitsbeitrag ΔC^*_{ab} ist negativ
$\Delta H^*_{ab} = +2{,}1$	Probe ist grünlicher als Bezugsfarbe	Bunttonbeitrag ΔH^*_{ab} ist positiv, Probe und Bezugsfarbe liegen im zweiten Quadranten des a^*-b^*-Koordinatensystems

Beim kritischen Umgang mit Farbabständen nach der CIELAB-Farbabstandsformel wird allerdings erkennbar, dass das CIELAB-System empfindungsmäßig nicht exakt gleichabständig ist. Das führt zu einer deutlichen Überbewertung von Farbunterschieden zwischen sehr bunten Farben. Zwei nahezu unbunte Farben unterscheiden sich beim CIELAB-Farbabstand $\Delta E^*_{ab} = 1{,}0$ visuell bereits recht deutlich voneinander; zwei sehr bunte Farben mit dem gleichen CIELAB-Farbabstand sind dagegen visuell kaum oder gar nicht zu unterscheiden.

Hinzu kommt die Überbewertung von Buntheitsunterschieden. Farbabstände mit hohen Buntheitsbeiträgen (ΔC^*_{ab}) werden visuell weniger stark wahrgenommen als gleich große Farbabstände mit hohen Helligkeits- oder Bunttonbeiträgen (ΔL^*_{ab} bzw. ΔH^*_{ab}).

Aus diesem Gründen wurden mehrere erweiterte Farbabstandsformeln und Berechnungsverfahren entwickelt: vom englischen Colour Measuring Committee of the Society of Dyers and Colourists (CMC, ΔE^*_{CMC}), von der CIE (CIE94, ΔE^*_{94} und CIEDE2000, ΔE^*_{00}) und vom Normenausschuss Farbe im Deutschen Institut für Normung (DIN99, ΔE_{99}). Die im Sinne empfindungsmäßiger Gleichabständigkeit besten Formeln dürften zurzeit CIEDE2000 und DIN99 sein.

In der Praxis der Druck- und Medienindustrie hat sich aber noch keine der neuen Formeln durchgesetzt. Auch internationale Normen, zum Beispiel die Prozessnormenreihe ISO 12647, verwenden bei der Angabe von Farbtoleranzen (zulässigen Farbabweichungen) nach wie vor den CIELAB-Farbabstand ΔE^*_{ab}.

2.7.7 CIELUV

Im CIELAB-System lassen sich Helligkeit, Buntheit und Buntton unmittelbar ablesen bzw. durch einfache Berechnung ermitteln. Die Sättigung der Farbe ist dagegen nicht erkennbar; sie ist im CIELAB-System gar nicht definiert. Anhand der CIE-Normfarbwertanteile *x* und *y* können zwar Sättigungsunterschiede geschätzt werden; die Ergebnisse sind aber aufgrund der empfindungsmäßigen Ungleichabständigkeit der „Schuhsohle" nicht sehr aussagekräftig (vgl. Abschnitt 2.7.4).

Das CIELUV-System bietet die Möglichkeit, sowohl Buntheit als auch Sättigung zu berechnen. Im CIELUV-System gibt es Farbwertanteile und Farbwerte (vgl. Formeln im Kasten rechts). Die Farbwertanteile heißen u' und v', die Farbwerte u^* und v^*.

Die Farbwertanteile u' und v' werden aus den CIE-Normfarbwerten (*X, Y, Z*) errechnet. Die Formeln enthalten Korrekturfaktoren zum Ausgleich der empfindungsmäßigen Ungleichabständigkeit. Auch das u'-v'-System ist empfindungsmäßig nicht gleichabständig – die Ungleichabständigkeit ist aber etwas geringer als im *x*-*y*-System. Die grafische Darstellung als u'-v'-Farbtafel zeigt eine gegenüber der CIE-Normfarbtafel (*x*,*y*) kräftig verzerrte „Schuhsohle".

Der Helligkeitswert L^* ist im CIELUV- und im CIELAB-System identisch. Die CIELUV-Farbwerte u^* und v^* werden aus dem Helligkeitswert L^* sowie den CIELUV-Farbwertanteilen u' und v' errechnet.

Die u^*-v^*-Farbwerte unterscheiden sich zwar von den a^*-b^*-Farbwerten derselben Farben; ansonsten ähneln sich aber beide Systeme. Auch im u^*-v^*-Koordinatensystem liegen die unbunten Farben im Achsenschnittpunkt ($u^* = 0$; $v^* = 0$); bunttongleiche Farben liegen auf einem vom Unbuntpunkt ausgehenden Strahl, Farben mit gleicher Buntheit auf einem Kreisbogen um den Unbuntpunkt.

Die CIELUV-Sättigung s_{uv} ist der Quotient aus Buntheit und Helligkeit: $s_{uv} = C^*_{uv} : L^*$

Buntheit C^*_{uv} und Bunttonwinkel h_{uv} werden wie im CIELAB-System errechnet, ebenso der CIELUV-Farbabstand ΔE^*_{uv} sowie Helligkeits-, Buntheits- und Bunttonbeitrag (ΔL^*, ΔC^*_{uv} und ΔH^*_{uv}).

CIELUV: Farbwertanteile und Farbwerte

CIELUV-Farbwertanteile

$u' = 4 \cdot X : (X + 15 \cdot Y + 3 \cdot Z)$
$v' = 9 \cdot Y : (X + 15 \cdot Y + 3 \cdot Z)$

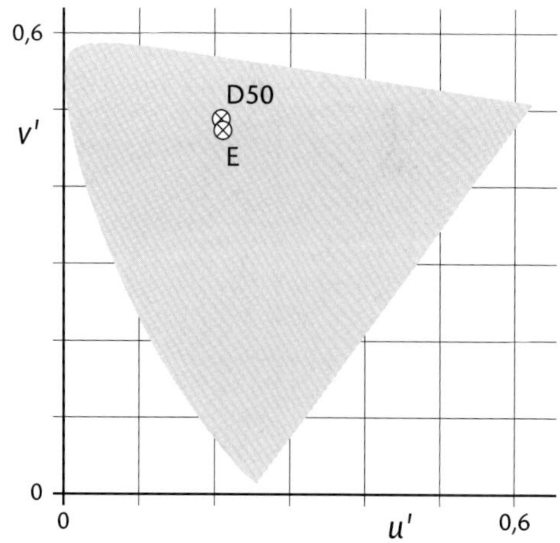

CIELUV-Farbwerte

L^* wird wie im CIELAB-System berechnet.
$u^* = 13 \cdot L^* \cdot (u' - u'_n)$
$v^* = 13 \cdot L^* \cdot (v' - v'_n)$

u'_n und v'_n sind die Farbwertanteile der beleuchtenden Lichtart. Für die Normlichtart D50 gilt:
$u'_n = 0{,}209$; $v'_n = 0{,}488$

2.8 Colour-Management

2.8.1 Sinn und Zweck

Alle Erfassungs- und Ausgabegeräte oder -prozesse haben spezifische Farbwiedergabeeigenschaften, die sie von anderen unterscheiden. Gleiche RGB- oder CMYK-Farbkennzeichnungen stehen deshalb je nach Erfassungs- bzw. Ausgabeprozess für unterschiedliche Farben. Um mit unterschiedlichen Geräten oder Prozessen gleiche Farben zu erzeugen, müssen die Bilddaten an die jeweils spezifischen Farbwiedergabeeigenschaften angepasst werden.

Diese Anpassung stößt allerdings an Grenzen, sobald es um Farben geht, die gar nicht mit allen Geräten oder Prozessen darstellbar sind. Die Menge aller Farben, die mit einem bestimmten Gerät oder Prozess erzeugt werden kann, wird Farbumfang *(Colour Gamut)* genannt.

Das Bild am Fuß dieser Spalte zeigt zweidimensionale Darstellungen der Farbumfänge von Offsetdruck, fotografischem Diapositiv und Monitor in der a^*-b^*-Ebene des CIELAB-Systems (zu CIELAB vgl. Abschnitt 2.7.5). Ähnliche Unterschiede gibt es auch in der dritten Dimension, also bei der Helligkeit. Das dunkelste Schwarz eines fotografischen Dias ist zum Beispiel dunkler als das Schwarz des vierfarbigen Drucks.

Auf dem Weg von Erfassung bis zur Ausgabe durchlaufen Bilder bzw. Seiten oder mehrseitige Dokumente mehrere Produktionsschritte mit unterschiedlichen

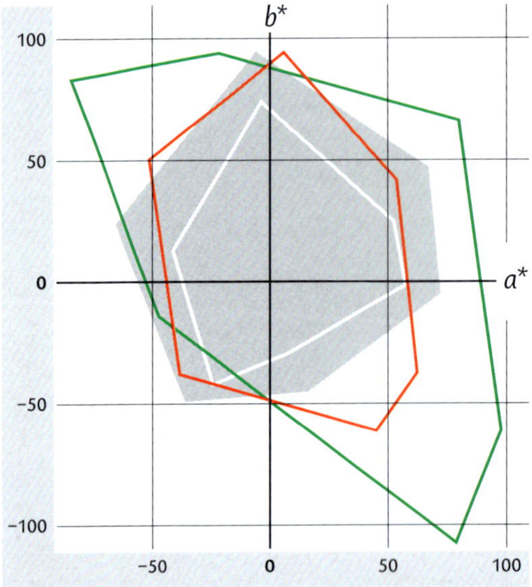

Farbumfänge im a-b*-Koordinatensystem: Offsetdruck auf gestrichenem Papier (graue Fläche) und auf weißem Naturpapier (weiß konturiert), Kleinbilddia (rot konturiert), Monitor (sRGB, grün konturiert)*

Verfahren der Farberzeugungs- und -kennzeichnung. Folglich müssen sie in der Regel mehrfach von einem Farbraum *(Colour Space)* in einen anderen transformiert (umgewandelt) werden, zum Beispiel:

- Aus dem gerätespezifischen RGB-Farbraum von Scanner oder Digitalkamera in einen spezifizierten RGB-Arbeitsfarbraum, zum Beispiel sRGB, Adobe RGB oder CIE-RGB
- Aus einem RGB-Arbeitsfarbraum in einen CMYK-Farbraum für den Auflagendruck
- Aus einem RGB- oder CMYK-Farbraum in den gerätespezifischen RGB-Farbraum eines Monitors
- Aus einem CMYK-Farbraum für den Auflagendruck in den CMYK-Farbraum eines Proofrecorders (Farbprüfdruckers)

Durch Colour-Management sollen diese Transformationen so gesteuert werden, dass erwartbare, konsistente Ergebnisse erzielt werden, die möglichst keine weiteren korrigierenden Eingriffe erfordern.

2.8.2 ICC-Profile

Profile enthalten die Informationen, die zur Transformation von Farbdaten aus einem Farbraum in einen anderen gebraucht werden. Sie beschreiben Farbumfänge und Farbwiedergabeeigenschaften von Erfassungs- und Ausgabegeräten oder -prozessen. Das Profil eines Scanners beschreibt, wie die Farben der Vorlage in RGB-Daten umgesetzt werden. Ein Monitorprofil beschreibt die Umsetzung von RGB-Daten in Farben auf dem Monitor, ein Druckprofil die Umsetzung von CMYK-Daten in gedruckte Farben.

Die programm- und plattformübergreifende Verwendbarkeit von Profilen wird durch eine einheitliche Spezifikation von Dateiformat und -inhalt gewährleistet. Sie wurde vom International Color Consortium (ICC) entwickelt, einer Arbeitsgemeinschaft von inzwischen rund 70 Hard- und Softwareherstellern. Die zurzeit aktuelle ICC-Spezifikation heißt ICC.1:2004-10 (Profile version 4.2.0.0); ISO 15076-1 stimmt im Wesentlichen damit überein. Anmerkung am Rande: Der Name der Arbeitsgemeinschaft enthält das Wort *Color* in der im amerikanischen Englisch üblichen Schreibweise; innerhalb der Spezifikation wird dagegen die im britischen Englisch übliche Schreibung *Colour* verwendet.

Die ICC-Spezifikation unterscheidet sieben Profilklassen; hier nur die vier wichtigsten:

- *Input Device Profile*, im Folgenden kurz Input-Profil genannt, für Scanner und Digitalkameras
- *Display Device Profile* (Display-Profil) für Monitore
- *Output Device Profile* (Output-Profil) für Drucker und Druckprozesse

– *DeviceLink Profile* zur direkten Verbindung von zwei Geräten oder Prozessen

Input-, Display- und Output-Profile werden zusammenfassend *Device Pofiles* (Geräteprofile) genannt. Bei den Display-Profilen wird im Folgenden zwischen Profilen für konkrete Monitore und Profilen für spezifizierte, also in Normen oder anderen Richtlinien beschriebenen RGB-Farbräume unterschieden.

RGB- und CMYK-Daten sind prozessabhängig, also an Erfassungs- oder Ausgabeprozesse gebunden. Gleiche Farben ergeben nur dann gleiche Bilddaten, wenn sie mit demselben, unveränderten Gerät unter unveränderten Bedingungen erfasst werden. Gleiche Bilddaten ergeben nur dann gleiche Farben, wenn sie mit demselben, unveränderten Gerät oder Prozess ausgegeben werden. Eine prozessneutrale, vom Erfassungs- oder Ausgabeprozess unabhängige Farbkennzeichnung ist nur farbmetrisch, also durch CIELAB- oder CIE-XYZ-Farbwerte möglich.

Input-, Display-, und Output-Profile (Geräteprofile) verbinden prozessspezifische und prozessneutrale Farbkennzeichnung für jeweils ein Gerät oder einen Prozess miteinander. Damit enthalten sie die Informationen, die zur Transformation von Bilddaten aus einem prozessabhängigen Farbraum (RGB oder CMYK) in einen prozessneutralen (CIELAB oder CIE-XYZ) gebraucht werden – und umgekehrt. Output-Profile und Display-Profile für spezifizierte RGB-Farbräume funktionieren in beide Richtungen; mit ihrer Hilfe kann sowohl von der prozessabhängigen in die prozessneutrale Farbraumbeschreibung transformiert werden als auch von der prozessneutralen in die -abhängige.

Um zum Beispiel Daten aus einem RGB- in einen CMYK-Farbraum zu transformieren, sind zwei Geräteprofile erforderlich: Das RGB-Profil enthält die Informationen zur Umwandlung von RGB nach CIELAB oder CIE-XYZ, das CMYK-Profil die Informationen zur Umwandlung von CIELAB oder CIE-XYZ nach CMYK (mehr dazu in den folgenden Abschnitten).

DeviceLink-Profile verbinden dagegen die prozessspezifischen Farbkennzeichnungen von jeweils zwei Geräten oder Prozessen miteinander; hier wird also nur ein Profil für die Farbraumtransformation benötigt (mehr dazu in den Abschnitten 2.8.3.5 und 2.8.4.2).

Die Verbindung zwischen prozessspezifischer und prozessneutraler Farbdefinition im Profil kann auf zwei Arten realisiert werden. In Matrix-Profilen wird sie durch eine mathematische Matrix mit 3 mal 3 Elementen dargestellt; bei der Transformation werden die Farbwerte durch Matrizenmultiplikation errechnet. CLUT-Profile enthalten dagegen mehrdimensionale Tabellen *(Colour Look-Up Tables)*. Bei der Transformation werden die Tabellenwerte verwendet; nicht in der Tabelle enthaltene Werte durch Interpolation erzeugt.

Matrix- und CLUT-Profile sind äußerlich an ihren unterschiedlichen Dateigrößen zu erkennen: bei Matrixprofilen meist nur einige, maximal etwa 100 Kibibyte, bei CLUT-Profilen zwischen etwa 500 Kibibyte und zwei Mebibyte. Display-Profile sind häufig als Matrixprofile angelegt, Input-Profile dagegen bevorzugt als CLUT-Profile. Output-Profile sind nach der ICC-Spezifikation nur als CLUT-Profile möglich.

Dateinamen von ICC-Profildateien haben die Extension .icc; unter Windows ist auch .icm möglich.

2.8.3 Erzeugung von ICC-Profilen

2.8.3.1 Input-Profile

Um das Input-Profil eines Scanners zu erzeugen, wird eine Testvorlage (Dia bzw. Aufsichtsvorlage) gescannt. Dabei müssen alle Korrekturfunktionen der Scanning-Software deaktiviert sein – um die Eigenarten des Scanners zu erfassen, werden „rohe", völlig unbearbeitete RGB-Daten gebraucht.

Testvorlagen nach ISO 12641, auch als IT8/7.2 bezeichnet, haben 228 einheitlich genormte und 36 vom Hersteller definierte Farbfelder. Die CIE-XYZ- oder CIELAB-Farbwerte dieser Farben werden als Datei mitgeliefert, können aber auch mit einem Farbmessgerät gemessen werden. Die Profilierungssoftware setzt die CIELAB- oder CIE-XYZ-Farbwerte der Testvorlage in Beziehung zu den vom Scanner erzeugten RGB-Farbwerten und errechnet das Profil.

Bei der Erzeugung des Input-Profils für eine Digitalkamera wird entsprechend vorgegangen. Wichtig ist hier die gleichmäßige Ausleuchtung der Testvorlage.

Zu vielen Scannern und Kameras werden Profile mitgeliefert. Das sind aber in der Regel generische Profile – sie charakterisieren nicht das jeweilige Gerät, sondern gewissermaßen den Durchschnitt einer ganzen Baureihe. Infolge Serienstreuung weichen die einzelnen Scanner oder Kameras mehr oder minder stark von diesem Durchschnitt ab. Zu weiteren Abweichungen kommt es durch alterungsbedingte Veränderungen der Geräte.

2.8.3.2 Display-Profile für Monitore

Zur Erzeugung des Display-Profils eines Monitors ist neben der Profilierungssoftware ein für Emissionsmessungen geeignetes Farbmessgerät – Spektralfotometer oder Dreibereichs-Fotometer (Monitor-Colorimeter) – erforderlich. Bei farbkritischer Arbeit ist es sinnvoll, den Monitor alle zwei bis vier Wochen erneut zu profilieren.

Vor der Profilierung sollte der Monitor etwa 30 Minuten eingeschaltet sein, um seine Dauerbetriebstemperatur zu erreichen. Das Farbmessgerät wird über eine Schnittstelle mit dem Computer verbunden, die Profilierungssoftware wird gestartet. Spektralfotometer mit eigener Messlichtquelle werden nach einer Weißreferenz kalibriert; bei den folgenden Messungen der Monitorfarben ist die Lichtquelle deaktiviert. Bei reinen Emissionsmessgeräten ist wegen der fehlenden Lichtquelle keine Kalibrierung nach Weißreferenz möglich; stattdessen erfolgt ein Dunkelstromabgleich, wobei das Gerät auf eine dunkle Fläche gehalten wird.

Anschließend wird das Messgerät mittels Aufhängevorrichtung vor der Mitte des Monitors angebracht und der Monitor kalibriert. Dabei werden alle hardwareseitig möglichen Einstellungen (Kontrast, Helligkeit, Farbtemperatur des Monitor-Weißes, Monitor-Gamma) optimiert. Das Profilierungsprogramm hilft bei diesen Einstellungen, indem es auf Grundlage wiederholter Messungen anzeigt, ob das jeweilige Optimum erreicht bzw. in welcher Richtung die Einstellung zu korrigieren ist.

Bei der eigentlichen Profilierung stellt die Software nacheinander verschiedene Farben auf dem Monitor dar und löst jeweils eine Messung aus. Die gemessenen Farbwerte werden zu den RGB-Daten dieser Farben in Beziehung gesetzt und zum Profil verrechnet.

Die Monitoreinstellungen dürfen nach der Profilierung nicht mehr verändert werden. Das Profil charakterisiert den Monitor mit den Einstellungen zum Zeitpunkt der Erzeugung – neue Einstellungen erfordern erneute Profilierung. Die Verwendung mitgelieferter generischer Monitorprofile ist wenig sinnvoll, da sich durchweg nicht nachvollziehen lässt, für welche Monitor-Einstellungen sie erzeugt wurden. Hinzu kommen Serienstreuung und Veränderungen durch Alterung.

2.8.3.3 Display-Profile für spezifizierte Farbräume

Profile für spezifizierte, also in einer Norm oder einem anderen Regelwerk beschriebene Farbräume – zum Beispiel sRGB, Adobe RGB (1998) oder CIE-RGB –, zählen ebenfalls zu den Display-Profilen. Sie werden aber aus ganz anderen Gründen verwendet als Display-Profile für konkrete Monitore.

Das Profil eines Monitors dient beim Colour-Management dazu, Farben beliebiger Farbräume korrekt am Monitor darzustellen, indem die Bilddaten in den Farbraum dieses Monitors transformiert werden. Der sRGB-Farbraum wird dagegen vor allem für Bilder verwendet, die in Büro- und Heimanwendungen ohne Colour-Management mit den dort üblichen Monitoren dargestellt werden sollen.

Die Norm IEC 61966-2-1 *(International Electrotechnical Commission)* spezifiziert den sRGB-Farbraum; Primärfarben, Weißpunkt und Gamma entsprechen dem HDTV-Standard *(High Definition Television)*. Der sRGB-Farbraum wird von „guten Durchschnittsmonitoren" mit „normalen" Einstellungen auch ohne Colour-Management annähernd korrekt dargestellt. Deshalb wird sRGB vom World Wide Web Consortium (W3C) für Bilder auf Webseiten empfohlen.

Adobe RGB (1998) und ECI-RGB werden als Arbeits- und Archivierungsfarbräume für Bilder verwendet, die

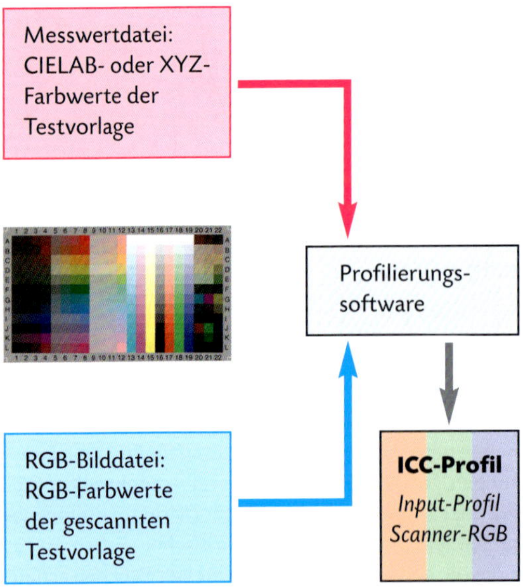

Schema der Herstellung eines Input-Profils

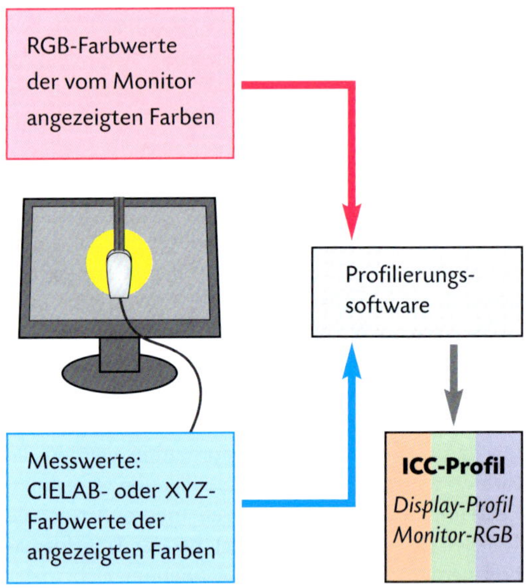

Schema der Herstellung eines Display-Profils

später in andere Farbräume – insbesondere CMYK-Farbräume – transformiert werden. In diesem Fall soll der Farbumfang des Arbeits- oder Archivierungsfarbraums so groß sein, dass er die Farbumfänge aller Farbräume allseitig einschließt, in die voraussichtlich später transformiert wird.

Der sRGB-Farbraum erfüllt diese Bedingung nicht. Zahlreiche Farben des vierfarbigen Offsetdrucks auf gestrichenen Papieren – insbesondere im Cyan- und bläulich-günen Bereich – fehlen im sRGB-Farbraum; sie werden dort nicht gebraucht, weil übliche Monitore sie nicht darstellen. Verlustfreie Transformation von RGB nach CMYK ist aber nur möglich, wenn der RGB-Farbumfang alle Farben enthält, die auch im Druck möglich sind.

Die Farbumfänge von Adobe RGB (1998) und ECI-RGB schließen den CMYK-Farbraum des Offsetdrucks auf gestrichenem Papier annähernd bzw. vollständig ein (vgl. Bild unten). Die beiden RGB-Farbräume haben unterschiedliche Primärfarben und Weißpunkte; bei Adobe RGB (1998) ist das Weiß durch die Normlichtart D65 definiert, beim ECI-RGB durch D50. Adobe RGB ist für den Gammawert 2,2 korrigiert. ECI-RGB hatte in der ersten, 1999 von der European Color Initiative vorgestellten Version den Gammakorrekturwert 1,8. In der aktuellen Version 2 von 2007 sind die RGB-Farbwerte an den farbmetrischen Helligkeitswert L^* angepasst, was einem mittleren Gamma von rund 2,43 entspricht.

Profile für spezifizierte RGB-Farbräume werden zusammen mit Betriebssystemen oder Anwendungssoftware geliefert oder können kostenlos von den Webpräsenzen der Anbieter heruntergeladen werden.

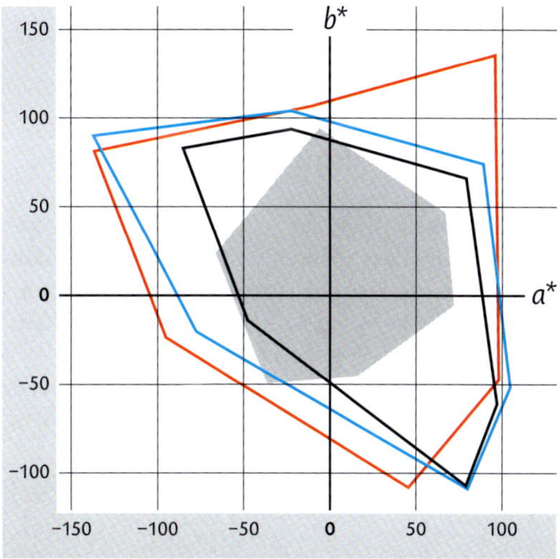

Farbumfänge im a-b*-Koordinatensystem: sRGB (schwarz konturiert), Adobe RGB (cyan), ECI-RGB (rot); zum Vergleich: Offsetdruck, gestrichenes Papier (graue Fläche)*

2.8.3.4 Output-Profile

Um das Profil für einen Drucker oder Druckprozess zu erzeugen, werden die CMYK-Daten einer Testtafel (Testchart) ausgedruckt bzw. auf Druckformen ausgegeben und unter Auflagenbedingungen gedruckt. Die Farben der gedruckten Testtafel werden mit einem Spektralfotometer gemessen, das über eine Schnittstelle mit dem Rechner verbunden ist.

Die Testtafel nach ISO 12642-1, auch als IT8/7.3 bezeichnet, hat 928 Farbfelder, die erweiterte Testtafel nach ISO 12642-2 (IT8/7.4) sogar 1617. Zur Beschleunigung des Messvorgangs gibt es eine Reihe technischer Hilfsmittel, von einfachen Führungslinealen, an denen das Messgerät Zeile für Zeile manuell entlangbewegt wird, bis zu Geräten, die das gesamte Testbild automatisch abtasten.

CMYK-Druckprofile enthalten nicht nur Farbraumbeschreibungen, sondern legen zugleich die genaue Art und Weise Farbseparation fest: UCR-Stärke (maximale Tonwertsumme) beim Buntaufbau, GCR-Stärke und Buntfarbenzugabe (UCA) beim (anteiligen) Unbuntaufbau (vgl. Abschnitt 2.5.3.3). Diese Parameter werden vor der Profilberechnung ausgewählt oder eingestellt und von der Profilierungssoftware in die Berechnung einbezogen.

Wenn nach einem Prozessstandard – zum Beispiel ISO 12647-2 oder ProzessStandard Offsetdruck (PSO) – gedruckt wird, können bereits vorhandene Messdaten für die Profilerzeugung verwendet werden. Die Forschungsgesellschaft Druck e. V. (FOGRA) hat Charakterisierungsdaten für den standardisierten Offsetdruck auf unterschiedlichen Papiertypen und mit

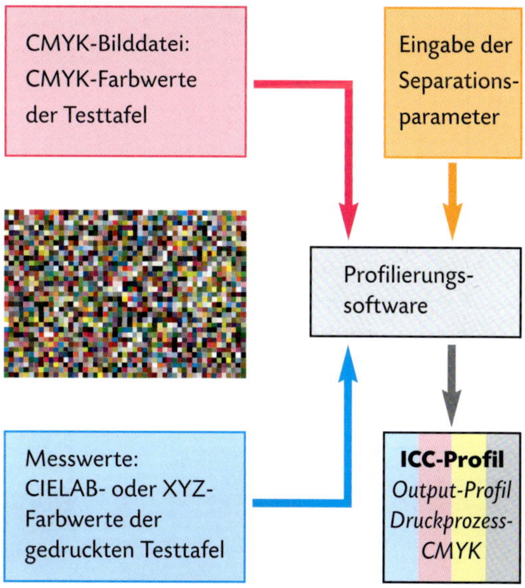

Schema der Herstellung eines Output-Profils

unterschiedlichen Rastern ermittelt; sie können kostenfrei heruntergeladen werden (www.fogra.org).

Anstelle der eigenen Profilerzeugung kann bei standardisiertem Druck auch auf fertige Profile zurückgegriffen werden. Die European Color Initiative (ECI) bietet u.a. Profile für den Offsetdruck auf Basis der FOGRA-Charakterisierungsdaten zum Download an (www.eci.org).

Proofprofile werden ähnlich wie Druckprofile erzeugt (zu Prüfdrucken vgl. auch Abschnitt 6.10). Bevor profiliert wird, ist aber die Linearisierung des Farbprüfdruckers (Proofrecorders) erforderlich. Insbesondere Proofrecorder, die nach dem Tintenstrahlverfahren arbeiten, haben unregelmäßig verlaufende, oft auch von Farbe zu Farbe unterschiedliche Druckkennlinien, die eine sinnvolle Profilierung unmöglich machen.

Bei der Linearisierung geht es um die Glättung der Druckkennlinie. Mithilfe eines Linearisierungs-Tools werden Tonwertskalen gedruckt, zum Beispiel in 5-Prozent-Schritten abgestuft. Die einzelnen Felder der gedruckten Skalen werden mit dem Densitometer gemessen. Aus diesen Messwerten erzeugt das Programm eine Korrekturtabelle (Look-up Table, LUT), mit deren Hilfe der Raster Image Processor (RIP) des Proofrecorders die Daten bei der Ausgabe modifiziert.

Bei der eigentlichen Profilierung wird die Testtafel ausgedruckt und mit dem Spektralfotometer durchgemessen. Nach den gemessenen Farbwerten und den CMYK-Daten des Testbilds erzeugt die Profilierungssoftware das Profil. Hier gibt es natürlich keine fertigen, universell gültigen Messwerte oder Standard-Profile – Proofrecorder müssen individuell profiliert werden.

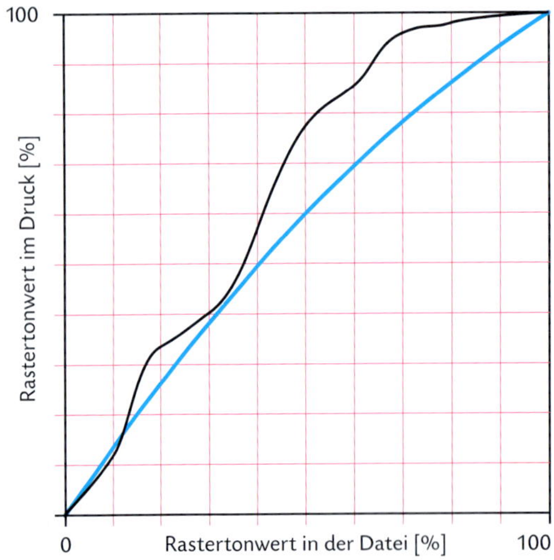

Beispiel für Druckkennlinien von Farbprüfdruckern: unlinearisiert (schwarz), durch Linearisierung geglättet (cyan)

Das Profil charakterisiert nicht den Prüfdrucker schlechthin, sondern die jeweilige Kombination aus Drucker, Bedruckstoff und Druckfarben. Wird eine der Komponenten verändert, also zum Beispiel Papier eines anderen Herstellers verwendet, ist die erneute Profilierung erforderlich. Wenn mit mehreren, an den jeweiligen Bedruckstoff des Auflagendrucks angepassten Proofpapieren gearbeitet wird, ist für jedes Proofpapier ein eigenes Profil erforderlich.

Die Übereinstimmung von Profil und Gerät muss laufend überprüft werden. Deshalb wird bei jedem Proof ein Farbkontrollstreifen, zum Beispiel der Ugra/Fogra-Medienkeil CMYK, mitgedruckt, dessen Farben gemessen und mit Soll-Farbwerten verglichen werden.

2.8.3.5 DeviceLink-Profile

DeviceLink-Profile werden nicht direkt aus Messwerten, sondern durch Verrechnung von zwei schon vorhandenen Geräteprofilen erzeugt. Sie verbinden in der Regel zwei CMYK-Farbräume, zum Beispiel für unterschiedliche Druckverfahren, Papiertypen oder Raster, den Druck nach unterschiedlichen Prozessstandards oder mit unterschiedlich hohen Tonwertsummen.

Zur Erzeugung von DeviceLink-Profilen werden also nur jeweils zwei Geräteprofile sowie die Software gebraucht, die diese zu einem Profil verrechnet.

2.8.4 Farbraum-Transformation

2.8.4.1 Transformation mit Geräteprofilen

Zur Transformation aus einem geräteabhängigen Farbraum in einen anderen sind immer zwei Geräteprofile erforderlich: das Profil des Quellfarbraums (Quellprofil, *Source Profile*) und das Profil des Zielfarbraums (Zielprofil, *Destination Profile*).

Mithilfe des Quellprofils werden die Farbdaten aus dem prozessabhängigen Quellfarbraum zunächst in

Farbkontrollstreifen für Proofs; Farben und Anordnung entsprechen dem Ugra/Fogra-Medienkeil CMYK Version 3.0

einen prozessneutralen Farbraum (CIELAB oder CIE-XYZ) transformiert. Der prozessneutrale Farbraum dient als Zwischen- oder Verbindungsfarbraum und wird als *Profile Connection Space* (PCS) bezeichnet. Anschließend folgt die Transformation aus dem PCS in den prozessabhängigen Zielfarbraum mithilfe des Zielprofils.

Achtung: Die Begriffe Quellprofil und Zielprofil sind nicht gleichbedeutend mit Input- und Output-Profil. Input und Output kennzeichnen Profilklassen, während die Begriffe Quell- und Zielprofil für die Funktionen von Profilen bei der Farbraum-Transformation stehen. Zwar werden Input-Profile ausschließlich als Quellprofile benutzt, Output-Profile können dagegen, ebenso wie Display-Profile für spezifizierte Farbräume, sowohl als Quell- als auch als Zielprofile verwendet werden – sie funktionieren in beiden Richtungen.

Die Umrechnungen selbst werden vom CMM (*Colour Management Module* oder *Colour Matching Module*) erledigt. Die CMMs verschiedener Hersteller unterscheiden sich im Ergebnis nur geringfügig voneinander. Die Qualität der Farbraumtransformation hängt im Wesentlichen von der Qualität der Profile ab.

Um zum Beispiel die mit einem Scanner erfassten RGB-Daten in den ECI-RGB-Farbraum zu transformieren, wird das Profil des Scanners als Quellprofil und das ECI-RGB-Profil als Zielprofil benutzt. Das geschieht normalerweise unmittelbar beim Scannen, die „rohen" RGB-Daten des Scannerfarbraums werden also gar nicht erst dauerhaft gespeichert.

Sollen zum Beispiel Bilder, Seiten oder Dokumente aus dem ECI-RGB-Farbraum in den CMYK-Farbraum eines Offset-Druckprozesses transformiert werden, wird sowohl das ECI-RGB-Profil als auch das CMYK-Druckprofil gebraucht. Das ECI-RGB-Profil dient als Quellprofil, das CMYK-Profil als Zielprofil.

Während der Arbeit mit Bildbearbeitungs-, Grafik- oder Layoutprogrammen werden die Daten aus dem jeweiligen RGB- oder CMYK-Arbeitsfarbraum in den Farbraum des Monitors transformiert. Hier wird also das Profil des Arbeitsfarbraums als Quell- und das Monitorprofil als Zielprofil benutzt.

Einige Programme bieten eine CMYK-Vorschau auf RGB-Daten – Bilder oder Seiten, die in einem RGB-Farbraum angelegt sind, werden am Monitor farblich so dargestellt, wie sie nach der Transformation in CMYK aussehen würden. Dazu sind zwei Farbraum-Transformationen nötig: zunächst aus dem RGB-Arbeitsfarbraum in CMYK, dann von CMYK in den RGB-Farbraum des Monitors.

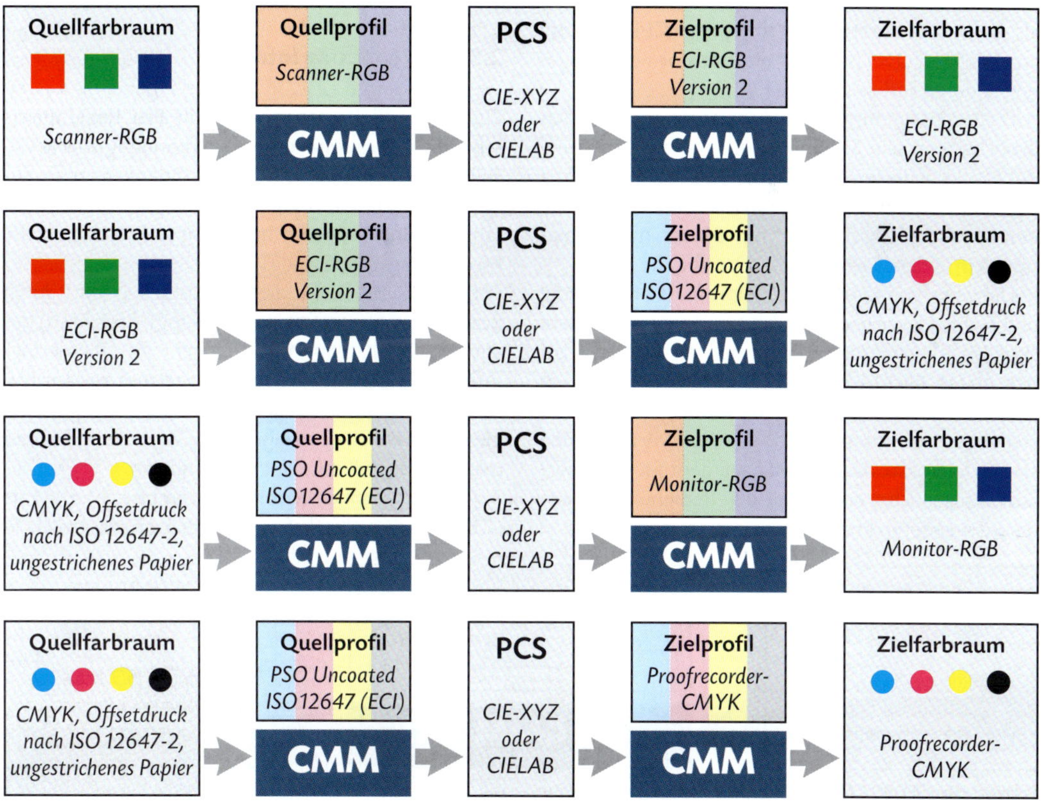

Schemata von Farbraumtransformationen mit Input-, Display und Output-Profilen

Bei der Herstellung von Farbprüfdrucken (Proofs) nach CMYK-Daten wird das CMYK-Profil des jeweiligen Druckprozesses als Quellprofil und Profil des Proofrecorders als Zielprofil verwendet.

Digitale Bilder können auch als CIELAB-Daten gespeichert werden. Um zum Beispiel vom Scanner erfasste RGB-Daten in CIELAB umzuwandeln, wird in jedem Fall das Scanner-Profil als Quellprofil benutzt. Wenn der CIELAB-Farbraum als PCS dient, ist entweder gar kein Zielprofil nötig oder ein „Eins-zu-Eins"-CIELAB-Profil, das die Daten unverändert lässt. Wird der CIE-XYZ-Farbraum als PCS benutzt, beschreibt das Zielprofil die Umwandlung von CIE-XYZ nach CIELAB.

In jedem Fall ist die richtige Wahl von Quell- und Zielprofil entscheidend für die erfolgreiche Transformation in den gewünschten Farbraum. Das Zielprofil ergibt sich unmittelbar aus dem jeweiligen Ziel der Farbraum-Transformation. Etwas schwieriger kann die Wahl des Quellprofils sein. Beim Transformieren „roher" RGB-Daten eines Scanners oder einer Kamera in einen anderen Farbraum dient immer das Input-Profil des jeweiligen Geräts als Quellprofil. In allen anderen Fällen ist das Quellprofil identisch mit dem Zielprofil der unmittelbar vorausgegangenen Farbraum-Transformation. Wurden die von einem Scanner erfassten „rohen" Daten zum Beispiel mit dem ECI-RGB-Profil als Zielprofil transformiert, so ist das ECI-RGB-Profil anschließend Quellprofil für die Transformation in jeden anderen Farbraum.

Dazu muss natürlich das zuletzt verwendete Zielprofil bekannt sein. Sicherste Lösung ist die Einbettung des Profils in die jeweilige Datei. Dann steht es sofort nach dem Öffnen als Quellprofil zur Transformation in den Monitor-Farbraum und für spätere Transformationen in andere Farbräume zur Verfügung.

Die Logik von Quell- und Zielprofil ist offenkundig und nicht schwer nachzuvollziehen. Leider wird diese Logik in Anwendungsprogrammen nicht immer auf den ersten Blick deutlich, weil unterschiedliche Begriffe verwendet werden und die jeweiligen (Vor-)Einstellungen auf unterschiedliche Arten vorzunehmen sind. Erfolgreiches Colour-Management setzt also voraus, sich zunächst einmal mit den Bedienungslogiken der verwendeten Programme vertraut zu machen.

2.8.4.2 Transformation mit DeviceLink-Profil

Bei der Verwendung von DeviceLink-Profilen wird nur ein Profil für die direkte Transformation vom Quell- in den Zielfarbraum gebraucht – der Profile Connection Space entfällt also. DeviceLink-Profile werden vor allem bei der CMYK-CMYK-Transformation vollständiger Seiten oder Dokumente mit Bildern, Grafik und Text eingesetzt, denn hier hat die Transformation mit zwei Output-Profilen als Quell- und Zielprofil erhebliche Nachteile.

Bei der Transformation in den Profile Connection Space mittels Quellprofil bleibt nur die Farbinformation erhalten; die Information über die Art des Farbaufbaus aus Cyan, Magenta, Yellow und Schwarz geht jedoch verloren. Bei der Transformation aus dem PCS in den Zielfarbraum werden dann alle Farben nach den im Zielprofil angelegten Separationsparametern aufgebaut. Schrift, Linien, Flächen, Schlagschatten oder Graustufenbilder, die im ursprünglichen Dokument ausschließlich in schwarzer Druckfarbe angelegt waren, sind nach der Farbraum-Transformation vierfarbig aufgebaut. Bei der direkten Transformation von CMYK noch CMYK mit DeviceLink-Profilen bleibt der Farbaufbau dagegen erhalten.

2.8.4.3 Rendering Intents

Quell- und Zielfarbraum haben in aller Regel unterschiedliche Farbumfänge – der Farbumfang *(Colour Gamut)* des Zielfarbraums ist größer oder kleiner als der des Quellfarbraums. Die Umsetzung eines Farbumfangs in einen anderen heißt *Gamut Mapping* (etwa: Farbumfangs-Anpassung).

Die Art und Weise dieser Umsetzung wird durch *Rendering Intents* (etwa: Umwandlungs-Absichten) bestimmt. Die ICC-Spezifikation sieht vier Rendering-Intents vor *(absolute colorimetric, relative colorimetric, perceptual, saturation)*; einige Anwendungsprogramme bieten zusätzlich noch eine fünfte Variante an *(relative colorimetric* mit *Black Point Compensation)*.

– *Absolute colorimetric* (absolut farbmetrisch): Die Farben des Quellfarbraums werden grundsätzlich in

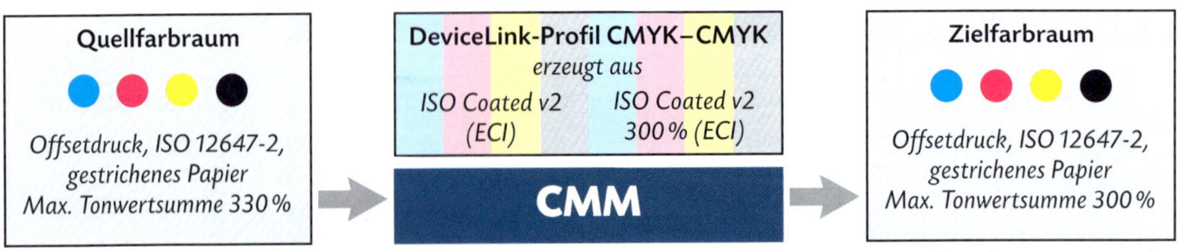

Schema der CMYK-CMYK-Transformation mit DeviceLink-Profil; Zweck der Transformation ist hier die Verringerung der maximalen Tonwertsumme von 330 % auf 300 %.

farbmetrisch identische Farben des Zielfarbraums umgesetzt. Das ist völlig unproblematisch, wenn die Farbumfänge deckungsgleich sind oder der Zielfarbumfang größer ist als der Quellfarbumfang. Bei der Transformation in einen kleineren Farbumfang haben aber viele Farben des Quellfarbumfangs gar keine identische Entsprechung im Zielfarbumfang. Das betrifft vor allem Farben mit hohen Buntheiten sowie sehr helle und sehr dunkle Farben. Sie werden auf kürzestem Weg – also mit geringstmöglichen Farbabständen zu den Quellfarben – auf die Mantelfläche des dreidimensionalen Zielfarbumfangs verschoben.

- *Relative colorimetric* (relativ farbmetrisch): Das Weiß des Quellfarbraums wird auf das Weiß des Zielfarbraums verschoben. Alle anderen Farben verändern sich in gleicher Richtung und Stärke, ihre Farbabstände bleiben untereinander gleich. Bei der Transformation in einen kleineren Zielfarbumfang geschieht dasselbe wie beim absolut farbmetrischen Rendering Intent.
- *Perceptual* (perzeptiv, wahrnehmungsmäßig, empfindungsgerecht), auch *photographic* (fotografisch) genannt: Bei der Transformation in einen kleineren Zielfarbumfang wird der ursprüngliche Farbumfang komprimiert, also auf die geringere Größe des Zielfarbumfangs zusammengedrückt. Farben mit unterschiedlichen Buntheiten sind auch nach der Transformation noch unterschiedlich bunt, Farben mit unterschiedlichen Helligkeiten bleiben unterschiedlich hell – alle Buntheits- und Helligkeitsunterschiede werden aber geringer. Bei der Transformation in einen größeren Zielfarbumfang wird der Farbumfang entsprechend ausgedehnt, Buntheits- und Helligkeitsunterschiede vergrößern sich also.
  Komprimierung und Ausdehnung sind nicht linear. Der äußere, am weitesten vom Unbunt entfernte Bereich des Farbumfangs wird am stärksten komprimiert bzw. ausgedehnt; mit zunehmender Annäherung an den Unbuntpunkt nimmt die Wirkung kontinuierlich ab. Der Weißpunkt des Quellfarbraums wird beim perceptual Rendering Intent auf den Weißpunkt des Zielfarbraums verschoben.
- *Saturation* (sättigungserhaltend): Ähnlich wie *perceptual*, aber mit der Priorität, die Sättigungen der Farben so weit wie möglich zu erhalten. Dieser Rendering Intent wird in der Praxis nur sehr selten benutzt.
- *Relative colorimetric* mit *Black Point Compensation* (relativ farbmetrisch mit Tiefenkompensierung): Hier wird zusätzlich auch das Schwarz des Quellfarbumfangs auf das Schwarz des Zielfarbumfangs verschoben. Wenn das Schwarz des Zielfarbraums heller ist als das Schwarz des Quellfarbraums, werden sehr dunkle Farben nicht farbmetrisch umgesetzt; stattdessen wird der Farbumfang in diesem Bereich komprimiert, ähnlich wie beim perceptual Rendering Intent.

Bei Farbraumtransformationen kommt es also nicht nur auf die richtigen Profile an, sondern auch auf die Wahl des jeweils passenden, angemessenen Rendering Intents. Dazu zwei Beispiele (vgl. auch Bilder und Erläuterungen auf der folgenden Seite):

- Bei der Transformation aus einem RGB-Farbraum in einen CMYK-Farbraum, also vom größeren in den kleineren Farbumfang, wird in der Regel der perceptual Rendering Intent benutzt. Die Farben werden zwar im Druck nicht identisch wiedergegeben; Buntheits- und Helligkeitskontraste sind gegenüber dem RGB-Bild deutlich abgeschwächt. Das Bild erscheint aber farblich in sich schlüssig, es „sieht richtig aus".
  Wenn RGB-Bilder allerdings gar keine sehr bunten Farben enthalten, kommt auch der relativ farbmetrische Rendering Intent infrage. Die Buntheitsreduzierung beim perceptual Rendering Intent kann hier zu unerwünschten Modulations- und Zeichnungsverlusten führen, das Bild erscheint insgesamt „zu grau", „schmutzig" und „flach".
  Um den Verlust von Tiefenzeichnung zu vermeiden, sollte hier gegebenenfalls mit Tiefenkompensierung transformiert werden. Auf diese Weise wird Tiefenzeichnung (Helligkeitsdifferenzierungen in dunklen Bildbereichen) erhalten, die ohne Tiefenkompensierung verloren gehen würde.
- Bei der Transformation aus dem CMYK-Farbraum des Auflagendrucks in den CMYK-Farbraum eines Proofrecorders wird der absolut farbmetrische Rendering Intent benutzt. Der Farbprüfdruck (Proof, vgl. auch Abschnitt 6.10) ist Prognose und zugleich farbverbindliches Muster für den Auflagendruck; alle Farben – einschließlich Papierweiß – sollen so genau wie möglich mit dem standardkonformen Auflagendruck übereinstimmen. Das funktioniert natürlich nur, wenn der Farbumfang des Farbprüfdrucks (Zielfarbumfang) den des Auflagendrucks (Quellfarbumfang) vollständig einschließt, sodass alle Farben farbmetrisch identisch übernommen werden können.

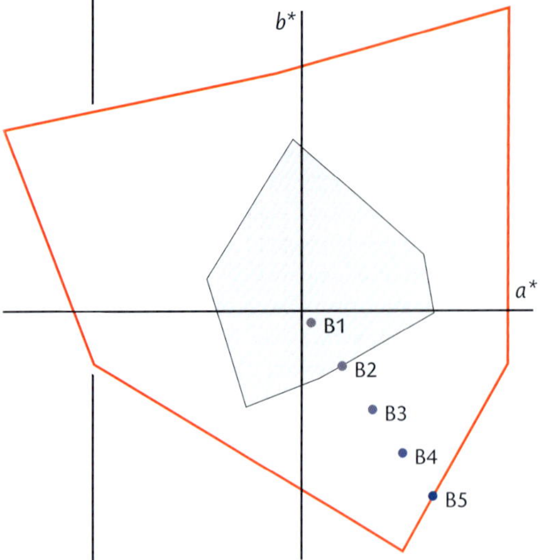

Der größere Quellfarbumfang steht für den ECI-RGB-Farbraum, der kleinere Zielfarbumfang für den Offsetdruck auf weißem Naturpapier.
Die als Beispiele eingetragenen blauen Farben B1 und B2 sind sowohl im Quell- als auch im Zielfarbumfang enthalten, die bunteren blauen Farben B3, B4 und B5 dagegen nur im Quellfarbumfang.

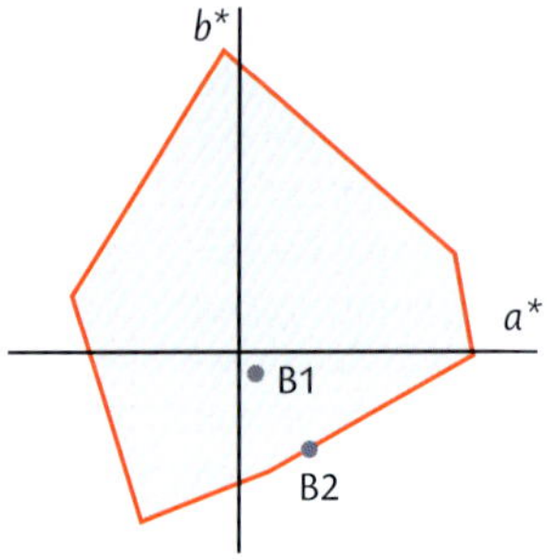

Beim absolut farbmetrischen Rendering Intent werden alle Farben farbmetrisch identisch übernommen, die im Zielfarbumfang darstellbar sind; die anderen werden auf die äußere Begrenzung des Zielfarbumfangs verschoben.
Nur die blauen Farben B1 und B2 werden also unverändert übernommen. B3, B4 und B5 landen in der Nähe von B2 auf der Begrenzung des Zielfarbumfangs; die ursprünglichen Buntheitsunterschiede zwischen B2, B3, B4 und B5 gehen verloren.
Ergebnis: Der absolut farbmetrische Rendering Intent ist hier nicht geeignet.

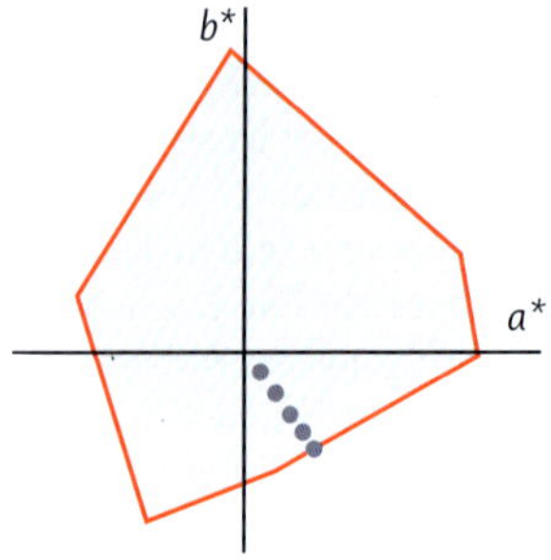

Beim perceptual Rendering Intent sind dagegen alle Farben, die vor der Transformation unterschiedliche Buntheiten hatten, auch danach noch unterschiedlich bunt. Durch die Kompression des Farbumfangs haben sich allerdings die Buntheitsunterschiede verringert und alle Farben sind weniger bunt als vor der Farbraumtransformation.
Keine der gedruckten Farben stimmt farbmetrisch mit den ursprünglichen Farben vor der Farbraumtransformation überein; das gedruckte Bild wirkt aber in sich farblich schlüssig, es „sieht richtig aus".

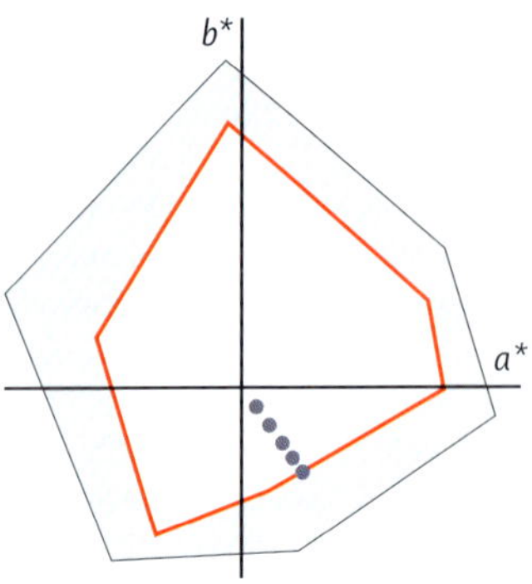

Der kleinere Quellfarbumfang steht für den Offsetdruck auf weißem Naturpapier, der größere Zielfarbumfang für einen Farbprüfdrucker.

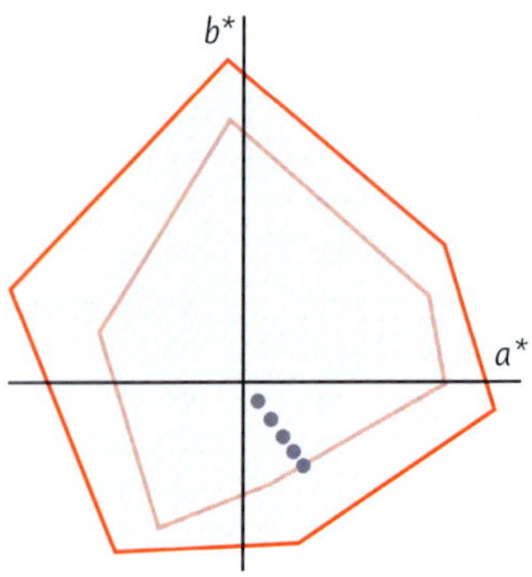

Absolut farbmetrisch: Alle Farben werden farbmetrisch identisch in den Zielfarbumfang übernommen.
Der größere Zielfarbumfang wird nicht vollständig genutzt, der Prüfdruck entspricht dem Offsetdruck auf weißem Naturpapier.

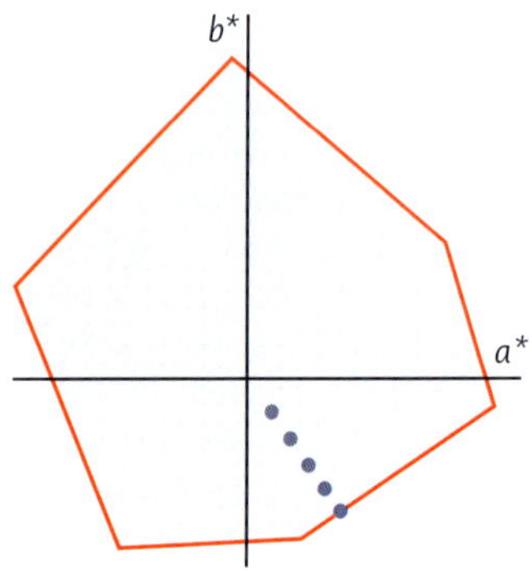

Perceptual: Der Quellfarbumfang wird auf die Größe des Zielfarbumfangs ausgedehnt, der Farbumfang des Druckers vollständig genutzt.
Alle Farben werden bunter als im Offsetdruck – als Prüfdruck also unbrauchbar.

3 Bilderfassung und Bildbearbeitung

3.1 Vorlagen und digitale Bilder

(Repro-)Vorlagen sind zweidimensionale, stoffliche Bilder, also zum Beispiel Fotografien oder Zeichnungen, die mit Scannern oder Kameras erfasst (reproduziert) werden. Zur Kennzeichnung ihrer technischen Eigenschaften wird zunächst zwischen Durchsichts- und Aufsichtsvorlagen unterschieden.

- Bei Durchsichtsvorlagen befinden sich die Bildinformationen auf transparenten Trägermaterialien. Sie werden durchleuchtet, das transmittierte (durchgelassene) Licht wird vom Auge bzw. vom Bilderfassungsgerät aufgenommen.
- Bei Aufsichtsvorlagen befinden sich die Bildinformationen auf (nahezu) lichtundurchlässigen Trägermaterialien. Das von der Vorlage reflektierte Licht wird vom Auge bzw. Bilderfassungsgerät aufgenommen.

Das zweite wichtige Unterscheidungskriterium ist die Anzahl der Farben. Einige der dafür verwendeten Begriffe sind zwar etwas unpräzise oder nicht sehr treffend. Wegen ihrer Praxisüblichkeit sollen sie aber auch hier und im Folgenden benutzt werden.

- Halbtonvorlagen haben sehr viele Farben, die ohne sichtbare Abstufungen kontinuierlich (verlaufend) ineinander übergehen können. Das Wort Halbton ist nicht sehr glücklich gewählt – treffender ist der englische Begriff *Continuous Tone*.
- Schwarzweiß-Vorlagen sind Halbtonvorlagen mit ausschließlich unbunten Farben, also Weiß, Schwarz und zahlreichen Grauabstufungen dazwischen.
- Farbvorlagen sind Halbtonvorlagen, die vor allem bunte Farben enthalten. Treffender wäre hier also der Begriff Buntvorlage.
- Strichvorlagen im engeren Sinn haben nur die Farben Weiß und Schwarz oder zwei andere, stark kontrastierende Farben. Strichvorlagen im weiteren Sinn sind auch Vorlagen mit mehr als zwei Farben; ihre Anzahl ist aber in jedem Fall sehr gering (zum Beispiel drei, vier oder fünf).

Die Anzahl der Farben ist auch ein wesentliches Kriterium zur Beschreibung digitalisierter Bilder. Trotz prinzipiell gleicher Sachverhalte sind hier aber zum Teil andere Begriffe üblich, als bei der Kennzeichnung von Vorlagen.

- Bei bunten Halbtonbildern wird meistens das Farbkennzeichnungssystem angegeben, also von RGB-, CMYK- oder CIELAB-Bildern gesprochen.
- Unbunte Halbtonbilder werden meist als Graustufenbilder, seltener auch als Schwarzweiß-Bilder bezeichnet.
- Bei Strichbildern herrscht ein begriffliches Durcheinander, das zu Missverständnissen führen kann. Neben den „klassischen" Fachbegriffen Strich(bild) und Line Work wird auch von Bitmap und Schwarzweiß gesprochen. Das Wort Bitmap weist zwar auf die für Strichbilder typische Datentiefe von einem Bit hin; es wird aber auch als allgemeiner Oberbegriff für Pixelbilder mit beliebigen Datentiefen benutzt, schließt dann also auch Halbtonbilder mit ein. Der Begriff Schwarzweiß trifft zwar sachlich zu, denn Strichbilder enthalten nur die Farben Schwarz und Weiß, kann aber zu Missverständnissen führen, weil unbunte Halbtonbilder ebenfalls als Schwarzweiß-Bilder bezeichnet werden.

Mit Scannern oder Digitalkameras erfasste Halbton- und Strichbilder sind immer aus kleinen, regelmäßig angeordneten Bildelementen (Pixeln – mehr dazu im folgenden Abschnitt) aufgebaut. Davon zu unterscheiden sind Vektorgrafiken, die aus mathematisch beschriebenen Geraden und Kurven bestehen. In den folgenden Abschnitten geht es im Wesentlichen um Pixelbilder; auf Vektorgrafiken wird in Abschnitt 3.6.8 eingegangen.

Bildgrößen werden in der Form Breite × Höhe angegeben. Eine Angabe wie zum Beispiel 90 mm × 60 mm bedeutet also, dass das Bild 90 mm breit und 60 mm hoch ist. Beim Querformat ist die Breite größer als die Höhe (90 mm × 60 mm),beim Hochformat ist die Höhe größer als die Breite (60 mm × 90 mm).

Der (Reproduktions-)Maßstab kennzeichnet das Verhältnis der Sollgröße (Ausgabegröße) eines Bilds zur Istgröße (Größe der Vorlage). Er bezieht sich immer auf die lineare Ausdehnung, also Breite, Höhe oder eine andere Messstrecke, und wird normalerweise in Prozent angegeben.

$$\text{Maßstab} = \frac{\text{Sollgröße} \cdot 100\,\%}{\text{Istgröße}}$$

Beispiel: Die Vorlage ist 60 mm breit, das gedruckte Bild soll 303 mm breit sein.

$$\frac{303\,\text{mm} \cdot 100\,\%}{60\,\text{mm}} = 505\,\%$$

3.2 Grundlagen der Bilddigitalisierung

3.2.1 Diskretisierung und Quantisierung

Digitale Bilder, die mit Scanner oder Digitalkamera erfasst wurden, bestehen aus Pixeln (Picture Elements, Bildelementen). Pixel können als kleine, quadratische Bildausschnitte verstanden werden, die regelmäßig in den Zeilen und Spalten einer Matrix angeordnet sind. Jedes Pixel ist durch seine Position und seine Farbe definiert. Ein einzelnes Pixel ist farblich homogen, hat also genau eine Farbe, die durch Farbwerte beschrieben wird. Um eine Struktur, einen Verlauf oder ein Bild darzustellen, sind viele Pixel mit entsprechend unterschiedlichen Farben nötig. Pixel sollen möglichst so klein sein, dass sie nicht als einzelne Elemente wahrnehmbar sind, sondern visuell zu „glatten" Bildern integriert werden.

Unter Digitalisierung wird allgemein die Umwandlung kontinuierlicher Analogsignale in eine Folge ganzzahliger, numerischer Werte verstanden. Der Digitalisierungsvorgang besteht logisch aus zwei Schritten: Diskretisierung und Quantisierung. Bei der Diskretisierung wird das Analogsignal in räumlich oder zeitlich gleichen Abständen (äquidistant) gemessen. Dieser Vorgang wird auch Sampling oder Abtastung genannt, die einzelnen Messwerte heißen Samples. Bei der Quantisierung werden diese analogen Messwerte in ganzzahlige Binärwerte umgewandelt.

Scanner und Digitalkameras erfassen also gleichabständige Samples des von Vorlage oder Objekt reflektierten oder transmittierten Lichts (Diskretisierung) und zeichnen die Messergebnisse als Binärwerte auf (Quantisierung). Daraus ergeben sich zwei wichtige Kenngrößen für die digitale Bilderfassung:

- Erstens die Anzahl äquidistanter Messungen je Längeneinheit (Ortsfrequenz) bei der Diskretisierung. Diese Größe heißt in der Digitaltechnik allgemein Sampling-Rate oder Abtastfrequenz. Bei der Digitalisierung von Bildern wird aber meistens der aus der Fotografie entlehnte Begriff (Abtast-)Auflösung *(Resolution)* benutzt.
- Zweitens der Wertevorrat bei der Quantisierung und damit die Anzahl möglicher Farbstufen. Die Größe dieses Wertevorrats heißt in der Digitaltechnik allgemein (Signal-)Auflösung. Um Verwechslungen mit der Abtast-Auflösung zu vermeiden, wird die Signal-Auflösung bei der Digitalisierung von Bildern als Farbtiefe bezeichnet. Zur Kennzeichnung der Farbtiefe dient üblicherweise die Datentiefe (Bittiefe), also die Anzahl der zur Aufzeichnung verwendeten Binärstellen. Eine Datentiefe von zum Beispiel 8 Bit entspricht einer Farbtiefe von $2^8 = 256$ Farben.

3.2.2. Auflösungen

3.2.2.1 Pixel-Auflösung digitaler Bilder

Die (Pixel-)Auflösung digitaler Bilder wird üblicherweise in Pixel per Inch (ppi) oder Pixel per Zentimeter (p/cm oder ppcm) angegeben. Beim Rechnen mit Auflösungen ist es aber günstiger, anstelle dieser praxisüblichen Bezeichnungen die physikalischen Einheiten für Ortsfrequenzen zu benutzen. Das sind die Kehrwerte der Längeneinheiten, also 1/cm („1 geteilt durch Zentimeter") oder cm^{-1} („Zentimeter hoch minus 1") bzw. 1/inch oder $inch^{-1}$.

Der Umrechnungsfaktor zwischen den Einheiten beträgt 2,54 cm/inch. Beispiele:
50/cm · 2,54 cm/inch = 127/inch
200/inch : 2,54 cm/inch ≈ 78,7/cm

Die Pixel-Auflösung digitaler Bilder bezieht sich auf die Ausgabegröße. Wenn ein digitales Bild zum Beispiel die Auflösung 120/cm hat, wird es so ausgedruckt oder -belichtet, dass 120 Pixel eine horizontale oder vertikale Strecke von einem Zentimeter ergeben. Statt Pixel-Auflösung kann deshalb auch der Begriff Ausgabe-Auflösung benutzt werden. Achtung: Diese Ausgabe-Auflösung ist nicht dasselbe wie die Auflösung des Ausgabegeräts. Bei der Ausgabe von Halbtonbildern muss die Auflösung (Aufzeichnungsfeinheit) des Druckers oder Belichters vielmehr ein Mehrfaches der Ausgabe-Auflösung (Pixel-Auflösung) des Bilds betragen (mehr dazu in Abschnitt 6.7).

In der Bilddatei selbst ist die Pixel-Auflösung lediglich eine im Header (Dateikopf, Vorspann) eingetragene Zahl. Sie kann beliebig verändert werden, ohne dass sich dadurch an den gespeicherten Pixeldaten selbst etwas ändert. Die einzig „handfeste" Größe ist die Anzahl der Pixel. Ein zum Beispiel 960 × 720 Pixel großes Bild ist immer 960 Pixel breit und 720 Pixel hoch, unabhängig davon, ob im Dateiheader die Auflösung 24/cm, 60/cm, 120/cm oder irgendeine andere Auflösung eingetragen ist.

Wichtig wird die Auflösung erst bei der Ausgabe mit einem Drucker, Film- oder Computer-to-Plate-Belichter, denn dort entscheidet sie über Größe und Qualität („Glätte" oder „Pixeligkeit") des ausgegebenen Bilds. Je nach der im Dateiheader eingetragenen Auflösung entsteht bei der Ausgabe entweder ein großes, niedrig aufgelöstes („pixeliges") Bild oder ein kleines, hoch

Beide Bilder sind 180 × 160 Pixel groß; die Auflösungen betragen 300/inch (kleines Bild) und 75/inch

aufgelöstes. Um Breite und Höhe des ausgedruckten Bilds auszurechnen, wird die Anzahl der Pixel jeweils durch die Auflösung dividiert.

Beispiel: Auflösung 24/cm, Bildgröße 960 × 720 Pixel
Breite: 960 : 24/cm = 40 cm
Höhe: 720 : 24/cm = 30 cm
Bei der Auflösung 120/cm wird das Bild viel kleiner:
Breite: 960 : 120/cm = 8 cm
Höhe: 960 : 120/cm = 6 cm

Für die Bildschirmdarstellung ist die Auflösung dagegen irrelevant. Bei der Anzeige von Bildern mit Web-Browsern wird normalerweise jedes Pixel der Bilddatei durch jeweils ein Monitorpixel wiedergegeben, also ein Tripel aus je einem roten, grünen und blauen Leuchtstoffpünktchen. Alle Bilder, die zum Beispiel 480 Pixel breit und 360 Pixel hoch sind, werden vom selben Monitor gleich groß ausgegeben, egal, welche Auflösungen in den Headern der Bilddateien eingetragen sind.

In Bildbearbeitungsprogrammen hängt die Größe der Bildschirmdarstellung vom eingestellten Zoom-Faktor ab. Beim Faktor 100 % entspricht ein RGB-Tripel des Monitors jeweils einem Pixel der Bilddatei. Wenn zum Beispiel der Zoom-Faktor 50 % eingestellt ist, werden jeweils zwei nebeneinander und zwei übereinander liegende Pixel des Bilds zu einem Mittelwert zusammengefasst und von einem RGB-Tripel dargestellt. Beim Zoom-Faktor 200 % ist es umgekehrt: Ein Pixel des Bilds wird von zwei nebeneinander und zwei übereinander liegenden RGB-Tripeln des Monitors angezeigt.

3.2.2.2 Detailauflösung digitaler Bilder

Die Wiedergabe kleiner Bilddetails ist ein wesentliches Kriterium für die Qualität fotografischer und gedruckter Bilder: Bei der Abbildung von Textilien sollen nicht nur ihre Farben, sondern auch die Strukturen möglichst gut zu erkennen sein; eine Wiese oder eine Baumkrone soll nicht nur grün aussehen, sondern erkennbar aus Grashalmen bzw. Blättern bestehen.

Die Detailauflösung gibt an, wie viele gleich große Bilddetails höchstens auf einer Längeneinheit wiedergegeben werden können. Bei einer Detailauflösung von zum Beispiel 100/cm sind Bilddetails mit einer Höhe oder Breite von 0,1 mm gerade noch darstellbar.

Die Detailauflösung digitalisierter Bilder ist nur halb so hoch wie die Pixel-Auflösung. Oder umgekehrt: Wenn digitale Bilder eine bestimmte Detailauflösung haben sollen, muss ihre Pixel-Auflösung doppelt so hoch sein. Dieser Zusammenhang wird Sampling-Theorem, Abtast-Theorem, oder – nach den Informationstheoretikern Harry Nyquist und Claude E. Shannon – Nyquist- bzw. Shannon-Theorem genannt. Es gilt nicht nur bei der Bilddigitalisierung, sondern für die Digitalisierung analoger Signale jeder Art: Um Analogsigale ohne Informationsverlust oder -verfälschung zu digitalisieren, muss die Abtast-Frequenz doppelt so hoch sein wie die höchste Frequenz des Analogsignals.

In der Praxis kommt es nicht unbedingt darauf an, alle kleinen Details einer Vorlage oder eines Objekts zu erhalten. Maßgeblich sind vielmehr die Ausgabeprozesse und das menschliche Auge. Sehr kleine Details,

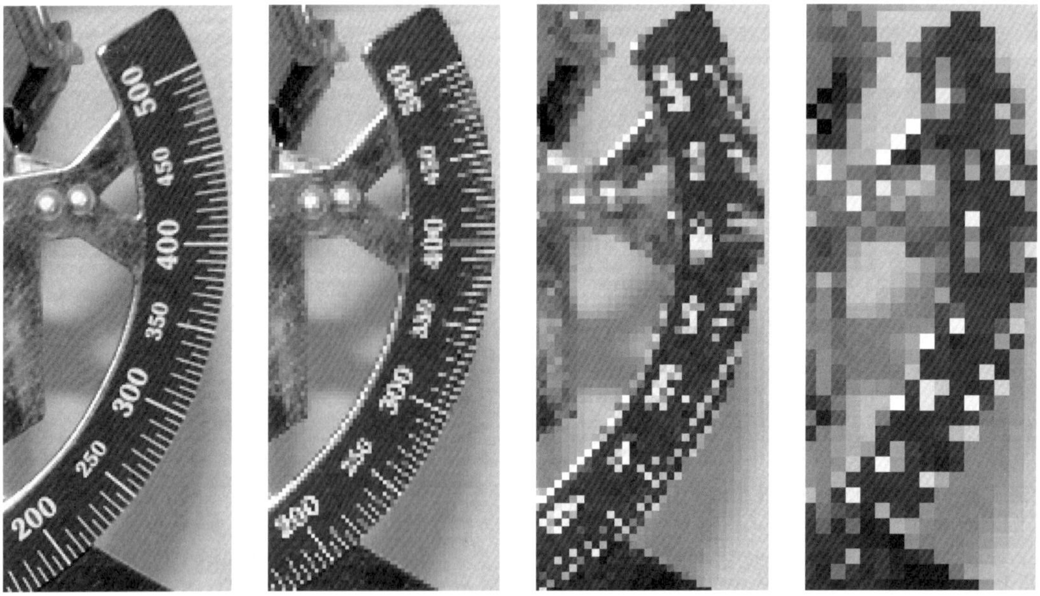

Auflösung 400/inch *Auflösung 200/inch* *Auflösung 100/inch* *Auflösung 50/inch*

Halbtonbilder: Detailwiedergabe bei unterschiedlichen Auflösungen; Darstellung in vierfacher Vergrößerung

die entweder vom jeweiligen Ausgabeprozess nicht wiedergegeben oder vom Auge nicht wahrgenommen werden, dürfen bei der Digitalisierung verloren gehen.

Beim Druck von Halbtonbildern mit autotypischen (periodischen) Rastern entspricht die Detailauflösung der Rasterfrequenz (Rasterfeinheit). Mit einer Rasterfrequenz von zum Beispiel 48/cm können maximal 48 Details pro Zentimeter wiedergegeben werden – die optimale Pixel-Auflösung des digitalen Bilds beträgt in diesem Fall 48/cm · 2 = 96/cm.

Der Faktor, mit dem die Rasterfrequenz hier multipliziert wurde (Abtast- oder Sampling-Faktor), wird in der Praxis meist Qualitätsfaktor genannt. Das bedeutet aber nicht, dass jede Erhöhung dieses Faktors die Qualität entsprechend steigert. Nach dem Abtast-Theorem muss er 2 betragen; höhere Faktoren bringen keine Verbesserung, geringere führen zur Verschlechterung der Detailwiedergabe. Nur wenn keine hohen Ansprüche an die Detailwiedergabe gestellt werden oder die abgebildeten Objekte keine feinen Details enthalten, kann ein etwas kleinerer Faktor benutzt werden, der aber nicht unter 1,5 liegen sollte.

Bei Rasterfrequenzen von mehr als 80/cm (rund 200/inch) genügt normalerweise eine Pixel-Auflösung von 80/cm · 2 = 160/cm oder 200/inch · 2 = 400/inch. Dasselbe gilt für nichtperiodische (frequenzmodulierte) Raster, die autotypischen Rastern bei der Detailwiedergabe deutlich überlegen sind (mehr zum Thema Rasterung in Abschnitt 6.6).

Das menschliche Auge kann zwei Punkte (Bilddetails) gerade noch getrennt wahrnehmen, wenn sie unter einem Winkel von rund einem vierzigstel Grad (0,025°) gesehen werden. Bilder in Zeitschriften, Büchern oder Werbedrucksachen werden normalerweise aus Entfernungen von mindestens 30 cm betrachtet. Bei diesem Betrachtungsabstand entsprechen 0,025° einer Detailgröße von rund 0,13 mm oder einer Auflösung von rund 77 Details pro Zentimeter (rund 196 Details pro Inch).

Bei Strichbildern sind erheblich höhere Auflösungen erforderlich. Hier geht es nicht nur darum, feine Details überhaupt zu erhalten – auch die Strichstärken sollen so wenig wie möglich verändert werden. Selbst kleine Veränderungen sind deutlich zu sehen, weil sich feine Striche bei der Betrachtung zu Grauwerten integrieren. Wenn mehrere nebeneinander liegende feine Striche geringfügig schmaler oder breiter werden, verbinden sie sich visuell zu einem helleren bzw. dunkleren Grau. Hinzu kommt, dass die „Pixeltreppchen" an den Rändern diagonal oder gekrümmt verlaufender Striche wegen des höheren Hell-Dunkel-Kontrasts stärker auffallen als in Halbtonbildern.

Bei einer Auflösung von zum Beispiel 200/cm ist ein Pixel 0,05 mm breit und hoch. Das reicht nach dem Sampling-Theorem zwar aus, um Details ab einer Größe von 0,1 mm wiederzugeben. Die horizontale und vertikale Ausdehnung eines Bilddetails ist aber immer ein ganzzahliges Vielfaches der Pixelbreite bzw. -höhe, bei der Auflösung 200/cm also 0,05 mm, 0,10 mm, 0,15 mm, 0,20 mm usw. Das kann sowohl zur Verstärkung als auch zum Verlust kleiner Strichstärkeunterschiede führen. Sogar gleich starke Striche der Vorlage

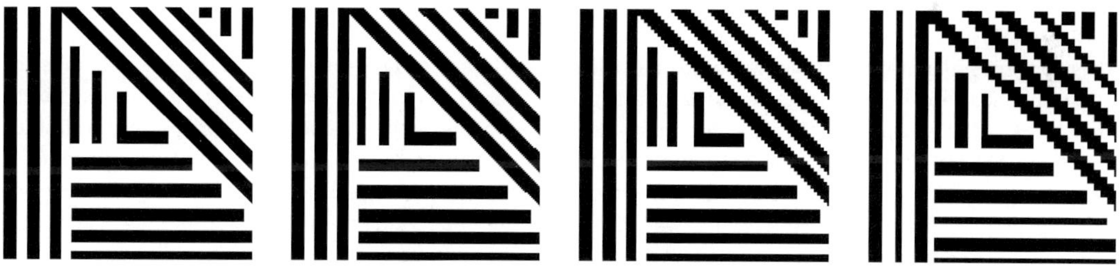

Vorlage · *Auflösung 1200/inch* · *Auflösung 600/inch* · *Auflösung 300/inch*

Strichbilder: Strichstärken und „Pixeltreppen" bei unterschiedlichen Auflösungen; Darstellung in zehnfacher Vergrößerung

Auflösung 2400/inch · *Auflösung 1200/inch* · *Auflösung 600/inch* · *Auflösung 300/inch*

Feinstrichvorlage, mit unterschiedlichen Auflösungen gescannt, Darstellung in Originalgröße

können, je nach ihrer zufälligen Lage zur Pixelmatrix, teils dicker und teils dünner werden.

Dieser Effekt kann zwar nicht vollständig ausgeschlossen werden, lässt sich aber durch höhere Auflösungen erheblich mildern. Die Strichstärken verändern sich in horizontaler oder vertikaler Richtung im ungünstigsten Fall um die Breite bzw. Höhe eines Pixels, bei der Auflösung 200/cm also um maximal 0,05 mm, bei 1000/cm aber nur um maximal 0,01 mm.

Um das für den jeweiligen Ausgabeprozess bestmögliche Ergebnis zu erzielen, muss die Pixel-Auflösung des Strichbilds so hoch sein wie die Auflösung (Aufzeichnungsfeinheit) des Ausgabegeräts. Wenn Bilder keine extrem feinen Striche enthalten, reicht allerdings erfahrungsgemäß eine Pixel-Auflösung von 1200/inch aus, auch wenn die Ausgabegeräte – insbesondere Film- und Computer-to-Plate-Belichter – höhere Aufzeichnungsfeinheiten haben. Bei Bildern mit sehr feinen Strichen (Feinstrich- oder Feinststrichvorlagen), zum Beispiel Federzeichnungen, Holz- oder Kupferstichen, sollte die Pixel-Auflösung des Bilds aber der Aufzeichnungsfeinheit des Belichters entsprechen, um das bestmögliche Ergebnis zu erreichen.

3.2.2.3 Abtast-Auflösung

Scanner haben unterschiedliche Abtast-Auflösungen: Einfache Desktop-Scanner erfassen etwa 1200 Pixel per Inch; bei hochwertigen Flachbettscannern sind Auflösungen von mehr als 5000/inch, bei Trommelscannern sogar von mehr als 10 000/inch möglich.

Maßgeblich ist die tatsächliche Anzahl der erfassten Pixel, die so genannte physikalische Auflösung. Die meist sehr viel höhere interpolierte Auflösung sagt nichts über die Leistungsfähigkeit des Scanners aus. Beim Interpolieren berechnet eine Software zusätzliche Pixel, indem sie Zwischenwerte aus tatsächlich erfassten Pixeln bildet. Dadurch werden zwar Pixel-Auflösung und Bilddatei vergrößert; die Detailauflösung und damit der Informationsgehalt des Bildes ist aber nicht höher als vor der Interpolation. Bilddetails, die beim Scannen nicht erfasst werden, lassen sich nachträglich nicht mehr rekonstruieren.

Die Abtast-Auflösung bezieht sich unmittelbar auf die Abtastung der Vorlage. Eine Auflösung von zum Beispiel 600/inch bedeutet also, dass auf einer ein Inch langen Strecke der Vorlage 600 Messwerte (Pixel) erfasst werden. Das heißt aber nicht, dass diese Auflösung auch im Header der Bilddatei stehen muss und das Bild mit derselben Auflösung ausgegeben wird. Die im vorigen Abschnitt erläuterten Regeln „Rasterfrequenz mal zwei" (bei Halbtonbildern) und „Auflösung des Ausgabegeräts" (bei Strichbildern) beziehen sich auf die Ausgabegröße. Die ist aber normalerweise nicht identisch mit der Größe der Vorlage.

Beispiel: Ein Bild soll 30 cm breit gedruckt werden, Rasterfrequenz 60/cm, Sampling-Faktor 2. Die Vorlage ist 5 cm breit. Erforderliche Pixel-Auflösung des digitalen Bilds: 60/cm · 2 = 120/cm
Durch Multiplikation dieser Auflösung mit der Breite in Zentimeter ergibt sich die Breite des Bilds in Pixeln:
120/cm · 30 cm = 3600
Bezogen auf die 5 cm breite Vorlage, entsprechen diese 3600 Pixel einer Abtast-Auflösung von
3600 : 5 cm = 720/cm.

Damit das 30 cm breite Bild die Pixel-Auflösung 120/cm erhält, muss die 5 cm breite Vorlage also mit der Abtast-Auflösung 720/cm gescannt werden.

Für Strichbilder gilt die Berechnung entsprechend; anstelle der doppelten Rasterfrequenz wird die gewünschte Auflösung eingesetzt, also die Auflösung des Ausgabegeräts oder der Erfahrungswert 1200/inch.

Bei der praktischen Arbeit mit Scannern muss die Abtast-Auflösung nicht ausgerechnet werden. Rasterfrequenz und Qualitätsfaktor (oder die gewünschte Pixel-Auflösung) sowie prozentualer Maßstab (oder die Maße von Vorlage und digitalisiertem Bild) werden im entsprechenden Fenster des Scan-Programms eingetragen – die Software berechnet danach die erforderliche Abtast-Auflösung. Die vorher gezeigte Berechnung ist aber sinnvoll, um vorab zu prüfen, ob die Auflösung des Scanners für eine bestimmte Aufgabe überhaupt ausreicht.

Wenn Bilder für Web oder Multimedia digitalisiert werden, ist nicht die Auflösung, sondern die absolute Anzahl der Pixel in Breite und Höhe des digitalen Bilds von Interesse. Die Abtast-Auflösung ergibt sich aus der Division der Breite (oder Höhe) des Bilds in Pixeln durch die Breite (Höhe) der Vorlage in Zentimeter oder Inch. Beispiel: Das Bild soll 480 Pixel breit werden, Breite der Vorlage 3 inch. Die Abtast-Auflösung beträgt: 480 : 3 inch = 160/inch

Bei der Bilderfassung mit Digitalkameras gelten zwar dieselben Zusammenhänge wie beim Scannen – praktisch kehren sie sich aber um. Ausgangsgrößen sind hier nicht die Auflösungen, sondern Breiten und Höhen der aufgenommenen Bilder in Pixeln. Danach kann rechnerisch entweder die Auflösung oder die Bildgröße bestimmt werden.

Beispiel: Das von der Kamera erfasste Bild ist 2400 Pixel breit und 1800 Pixel hoch. Wenn die Auflösung 120/cm betragen soll, ergibt bei der Ausgabe:
Breite 2400 : 120/cm = 20 cm
Höhe 1800 : 120/cm = 15 cm

Umgekehrt kann begerechnet werden, welche Auflösung sich ergibt, wenn das Bild in einer bestimmten Größe ausgegeben werden soll.

Beispiel: Das 2400 × 1800 Pixel große Bild soll mit einer Breite von 30 cm ausgedruckt werden. Durch Division der Breite in Pixel durch die Breite in Zentimeter ergibt sich die Auflösung:
2400 : 30 cm = 80/cm
(Zur Berechnung von Auflösungen und Bildgrößen vgl. auch Abschnitt 11.2).

3.2.3 Datentiefe und Dynamikumfang

3.2.3.1 Datentiefe digitaler Bilder

Welche Datentiefe (Bittiefe) ein digitales Bild haben muss, hängt von der Art des Bilds, dem menschlichen Farbunterscheidungsvermögen und technischen Einflussgrößen ab.

Strichbilder haben nur zwei Farben – Weiß und Schwarz. Zur Codierung von zwei Farben reicht eine Datentiefe von einem Bit aus, denn ein Bit kann zwei Zustände darstellen. Bei Halbtonbildern muss die Datentiefe erheblich höher sein. Die folgende Darstellung bezieht sich der leichteren Verständlichkeit halber zunächst auf Graustufenbilder; auf bunte Bilder wird am Schluss des Abschnitts eingegangen.

Beim Digitalisieren von Graustufenbildern muss sichergestellt sein, dass kontinuierliche Hell-Dunkel-Übergänge (Verläufe) des Bilds keine sichtbaren Helligkeitssprünge (Abrisse) bekommen. Beim Tagsehen sind visuell etwa 100 Helligkeitsstufen unterscheidbar. Zwei unbunte Farben, deren CIELAB-Helligkeiten L^* um $\Delta L^* = 1$ voneinander abweichen, werden gerade noch unterschiedlich hell wahrgenommen (zu L^* und CIELAB vgl. Abschnitt 2.7.5).

256 Graustufen 64 Graustufen 16 Graustufen
Nur der Verlauf mit 256 Graustufen wirkt kontinuierlich, während die beiden anderen „stufig" aussehen.

Schon aus diesem Grund sollten Graustufenbilder mit deutlich mehr als 100 Stufen quantisiert werden. Hinzu kommt, dass digitalisierte Halbtonbilder Ungenauigkeiten haben, die möglichst nicht sichtbar werden sollen. Beim Quantisieren mit 8 Bit Datentiefe werden die „krummen" Werte der analogen Signale in 256 ganzzahlige Stufen umgewandelt. Ergibt die Quantisierung eines Analogsignals zum Beispiel den Wert 64, so liegt der exakte, ungerundete Wert irgendwo in der Spanne von 63,5 bis 64,5. Es entstehen also rundungsbedingte Fehler von maximal +0,5 bzw. −0,5; die Fehlerspanne beträgt +0,5 − (−0,5) = 1.

Fehler in analogen oder digitalen Signalen werden allgemein Rauschen genannt. Tritt es als Folge der Quantisierung auf, heißt es Quantisierungsrauschen. Die relative Stärke wird als Signal-Rausch-Verhältnis (*Signal to Noise Ratio, SNR*) in Dezibel (dB) angegeben:
$SNR = 20 \cdot \lg(Signalamplitude : Rauschamplitude)$

Die Signalamplitude bei der Datentiefe 8 Bit beträgt 255 (binär 11111111). Die Rauschamplitude entspricht der Fehlerspanne beim Quantisieren, also 1. Daraus ergibt sich das Signal-Rausch-Verhältnis:
$SNR = 20 \cdot \lg(255 : 1) \approx 48\,dB$

Da die Rauschamplitude bei der Berechnung des Quantisierungsrauschens immer gleich 1 ist, kann der Rechenweg auch zu $SNR = 20 \cdot \lg 2^{Datentiefe}$ vereinfacht werden, bei 8 Bit Datentiefe also $20 \cdot \lg 2^8 \approx 48\,dB$.

Das letzte der 8 Bits ist unsicher, sein Wert hängt weniger von der Stärke des Analogsignals und damit vom Bildinhalt ab, als vielmehr von Rundungszufälligkeiten bei der Quantisierung. Damit sich das nicht störend auswirkt, dürfen unmittelbar nebeneinander liegende Graustufen, zum Beispiel mit den Werten 50 und 51 (binär 0011 0010 und 0011 0011), visuell nicht zu unterscheiden sein. Eine Fläche, deren Pixel teils den Wert 50 und teils den Wert 51 haben, darf nicht strukturiert erscheinen, sondern muss „glatt" aussehen.

Das Verhältnis von empfundener Helligkeit L^* und Reflexionsfaktor bzw. relativer Leuchtdichte ist nicht linear. Unbunte Körperfarben haben empfindungsmäßig mittlere Helligkeit ($L^* = 50$), wenn sie rund 18,4 % des auftrefffenden Lichts reflektieren. Ein dunkleres Grau mit $L^* = 25$ entspricht einem Reflexionsfaktor von etwa 4,4 %.

Diese Zusammenhänge gelten entsprechend für selbstleuchtende Medien. Bei der Darstellung eines mittelhell empfundenen Grau ($L^* = 50$) leuchtet der Monitor mit rund 18,4 % der Leuchtdichte bei der Anzeige von Weiß, bei einem dunkleren Grau, Helligkeit $L^* = 25$, mit rund 4,4 %.

Von den rund 100 visuell unterscheidbaren Helligkeitsstufen liegen also etwa 50 im Bereich von 0 % bis 18,4 % Reflexion bzw. relativer Leuchtdichte und etwa 25 im Bereich von 0 % bis 4,4 %. Bei linearer Quantisierung mit 8 Bit Datentiefe würden für diese Bereiche nur die Tonwertstufen von 0 bis 47 (18,4% von 255) bzw. 0 bis 11 (4,4% von 255) zur Verfügung stehen – also zu wenig, um stufenlose Verläufe zu erzeugen und das Quantisierungsrauschen zu verbergen.

Um Graustufenbilder mit der Datentiefe 8 Bit zu speichern, darf die Quantisierung also nicht linear sein; vielmehr müssen die Abstufungen im dunklen Bereich deutlich kleiner sein als im hellen. Scanner und Digitalkameras quantisieren die analogen Lichtsignale zwar zunächst annähernd linear. Vor der Speicherung und weiteren Bearbeitung der Bilddaten wird die Linearität aber in der Regel aufgehoben; RGB- und Graustufenbilder für Monitordarstellung werden Gamma-korrigiert (vgl. auch Abschnitt 2.5.2.2, zur Berechnung Abschnitt 11.9).

Bilddaten nach den Spezifikationen sRG und Adobe RGB (1998) sind für Gamma 2,2 korrigiert, Apple-RGB-Bilder für Gamma 1,8. Anstelle der Quantisierungsstufe 47 bei linearer Quantisierungmit 8 Bit Datentiefe steht hier die Quantisierungsstufe 118 bzw. 100 für mittlere Helligkeit (Reflexionsfaktor bzw. relative Leuchtdichte 18,4%). Bei ECI-RGB Version 2 ist die Quantisierung vollständig an die farbmetrische Helligkeit L^* angepasst; die Quantisierungsstufe 128 steht für mittlere Helligkeit.

CMYK- und Graustufen-Bilddaten für den Druck werden zwar nicht Gamma-korrigiert. Die Korrektur der Tonwertzunahme (vgl. Abschnitt 2.5.3.4) hat aber einen entsprechenden, allerdings schwächeren Effekt. Die Korrektur einer Tonwertzunahme von 15% im Mitteltonbereich entspricht etwa einer Gammakorrektur mit Gamma 1,5. Das reicht aus, weil der Helligkeitsumfang von $L^* = 0$ bis $L^* = 100$ nicht vollständig

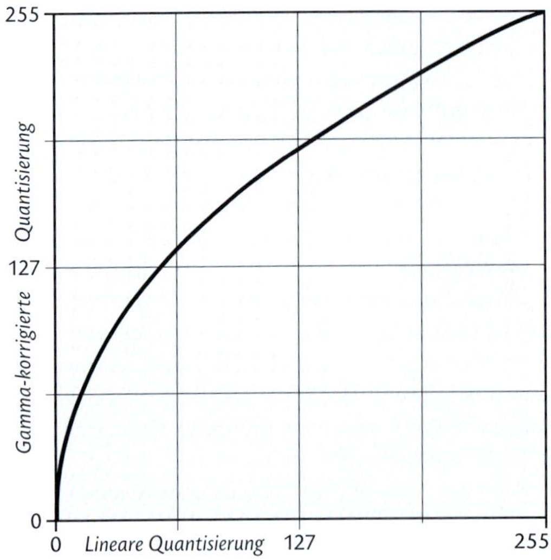

Gammakorrektur mit Gamma = 2,2

ausgenutzt wird. Unbedrucktes, weißes Papier hat eine Helligkeit von etwa 95; die Helligkeit schwarzer Druckfarbe beträgt auf gestrichenem Papier etwa 16, auf Naturpapier etwa 31. Der Helligkeitsunterschied zwischen Weiß und Schwarz liegt also auf gestrichenem Papier bei etwa 79, auf Naturpapier nur bei etwa 64.

Bei bunten Bildern kommt neben den Helligkeitsabstufungen das Problem der Ungleichabständigkeit von Buntheit und Buntton hinzu. Buntton und Buntheit sind nicht direkt aus RGB- oder CMYK-Farbwerten ablesbar, da sie sich ja erst aus der Kombination der drei bzw. vier Farbwerte ergeben.

Entscheidend ist der CIELAB-Farbabstand ΔE^*, der sich aus einer Differenz von 1 bei einer Primärfarbe ergibt, bei RGB mit 24 Bit Datentiefe (8 Bit je Primärfarbe) also zum Beispiel zwischen R064 G000 B000 und R064 G001 B000. Bei linear quantisierten Bilddaten treten in einigen Farbbereichen relativ große Farbabstände von $\Delta E^* = 3$ und mehr auf, während sie in anderen Bereichen sehr klein sind. Die Gamma-Korrektur schafft zwar keine perfekte Gleichabständigkeit, verringert die Unterschiede aber ganz erheblich. Bei Adobe RGB (Gamma 2,2) sind die Farbabstände zwischen unmittelbar benachbarten Farben überwiegend kleiner als $\Delta E^* = 1{,}0$. Bei dunklen Farben liegen sie allerdings zum Teil etwas darüber.

Bei CMYK-Bildern mit 32 Bit Datentiefe (8 Bit je Prozessdruckfarbe) führen Korrektur der Tonwertzunahme und gegenüber RGB kleinerer Farbumfang zu durchweg ausreichend kleinen Farbabständen zwischen unmittelbar benachbarten Farben.

Bei der Quantisierung von CIELAB-Bildern gibt es – anders als bei RGB und CMK – kaum Probleme durch mangelnde Gleichabständigkeit, denn das CIELAB-System ist annähernd gleichabständig. Der Helligkeitswert L^* ist mehr als ausreichend fein abgestuft; eine Qantisierungsstufe entspricht der Helligkeitsdifferenz $\Delta L^* \approx 0{,}4$. Bei a^* und b^* entspricht dagegen eine Quantisierungsstufe bereits einen Farbwertunterschied und damit einem Farbabstand von $\Delta E^* = 1{,}0$. Der a^*- bzw. b^*-Farbwert −127 entspricht der Quantisierungsstufe 0, der Farbwert +128 entspricht der Stufe 255. Vor allem bei Farben mit geringer Buntheit liegt ein Farbabstand von $\Delta E^* = 1{,}0$ aber bereits oberhalb der Wahrnehmbarkeitsschwelle.

Nach allem kann festgestellt werden, dass eine Datentiefe von 8 Bit je Kanal für Graustufen, RGB, CMYK und CIELAB ausreichen dürfte, aber keineswegs übermäßig groß ist. Bei „fertigen" Bildern ist zwar – trotz kleiner Einschränkungen – weitgehend sichergestellt, dass Verläufe stufenlos erscheinen und das Quantisierungsrauschen nicht zu sehen ist. Wenn aber Bilder noch farblich bearbeitet oder mittels Colour-Management in andere Farbräume transformiert werden, kann sich diese Datentiefe als zu gering erweisen. So kann zum Beispiel die Bearbeitung mit Tonwertkorrektur- oder Gradationswerkzeug dazu führen, dass zuvor kontinuierlich erscheinende Verläufe „aufreißen" und das Quantisierungsrauschen teilweise über die Sichtbarkeitsschwelle gehoben wird.

Bei digitalen Bildern, die noch bearbeitet oder in andere Farbräume transformiert werden sollen, sind deshalb höhere Datentiefen sinnvoll. Sie sollten mit 16 Bit (Graustufen), 48 Bit (RGB und CIELAB) bzw. 64 Bit (CMYK) quantisiert und gespeichert werden; nach Abschluss aller Bearbeitungsschritte kann die Datentiefe dann auf 8, 24 bzw. 32 Bit reduziert werden.

3.2.3.2 Datentiefe bei der Bilderfassung

Alle Scanner und Digitalkameras erfassen die Bilddaten mit Datentiefen von bis zu 48 Bit, also bis zu 16 Bit je RGB-Kanal. Selbst einfache Scanner für Büro- und Heimanwendung und Digitalkameras fürs anspruchslose „Knipsen" quantisieren intern mit mehr als 24 Bit. Die höhere interne Datentiefe ist nötig, um überhaupt brauchbare Bilder mit 8 Bit Datentiefe pro Farbkanal zu erzeugen. Wesentliche Gründe sind Rauschen und Gammakorrektur.

Je höher die Datentiefe, desto geringer ist das Quantisierungsrauschen. Nur das jeweils letzte Bit ist unsicher, während die übrigen zuverlässig sind. Bei 8 Bit Datentiefe ergeben sich also 7 zuverlässige Bits; bei 12 Bit Datentiefe sind 11 Bits zuverlässig, bei 16 Bit Datentiefe 15.

Das Signal-Rausch-Verhältnis beträgt bei 12 Bit Datentiefe $20 \cdot \lg 2^{12} \approx 72\,\mathrm{dB}$ und bei 16 Bit Datentiefe $20 \cdot \lg 2^{16} \approx 96\,\mathrm{dB}$. Im vorigen Abschnitt wurde gezeigt, dass sich bei 8 Bit Datentiefe ein *SNR* von rund 48 dB ergibt. Jedes zusätzliche Bit erhöht das *SNR* um rund 6 dB; die Verdoppelung der Bittiefe verdoppelt auch das Signal-Rausch-Verhältnis.

Dieser Zusammenhang gilt aber nur, solange ausschließlich das Quantisierungsrauschen berücksichtigt wird. Beim Scannen und digitalen Fotografieren enthält aber schon das Analogsignal unvermeidbare Fehler, die im fotolelektrischen Sensor (Sensorrauschen), also bei der Umwandlung der Lichtsignale in elektrische Signale, und bei der Verstärkung entstehen (Verstärkerrauschen). Wird ein fotoelektrischer Sensor mehrfach mit exakt gleichen Lichtströmen belichtet, so ergeben sich mehr oder minder stark voneinander abweichende, um einen statistischen Mittelwert gestreute Analogsignale.

Daran lässt sich auch durch noch so hohe Datentiefen nichts ändern. Ein ungünstiges Signal-Rausch-Verhältnis im analogen Signal wird durch Quantisierung mit Datentiefen von 12, 14 oder 16 Bit nicht verbessert. Die höhere Bittiefe bringt nur Vorteile, wenn bereits das Analogsignal von guter Qualität ist, also ein hohes Signal-Rausch-Verhältnis hat.

Bei der Quantisierung mit 8 Bit Datentiefe würden Rauschen des Analogsignals und Quantisierungsrauschen zusammen dazu führen, dass nur 5 oder bestenfalls 6 zuverlässige Bits übrig bleiben. Um 8-Bit-Daten mit 7 zuverlässigen Bits zu erhalten, muss das Analogsignal zunächst mit höherer Datentiefe quantisiert werden. Wenn in der höheren Datentiefe mindestens 8 zuverlässige Bits vorhanden sind, verbleiben nach dem Herunterrechnen auf 8 Bit Datentiefe noch 7 zuverlässige Bits übrig.

Weiterer zwingender Grund für höhere interne Datentiefen ist die Transformation der „rohen" RGB-daten aus dem Geräte-Farbraum in einen spezifizierten RGB-Farbraum und die damit verbundene Gamma-Korrektur. Die unten abgebildeten Tonwert-Histogramme zeigen das anhand eines einfachen Beispiels. Sie visualisieren die relative Häufigkeit der einzelnen Tonwertstufen des Bilds durch senkrechte Linien; Lücken stehen dabei für nicht belegte Stufen.

Im ersten Fall wird ein linear quantisiertes 8-Bit-Graustufenbild mit Gamma 2,2 korrigiert. Dabei verschiebt sich der Ursprungswert 55 auf den Wert 127.

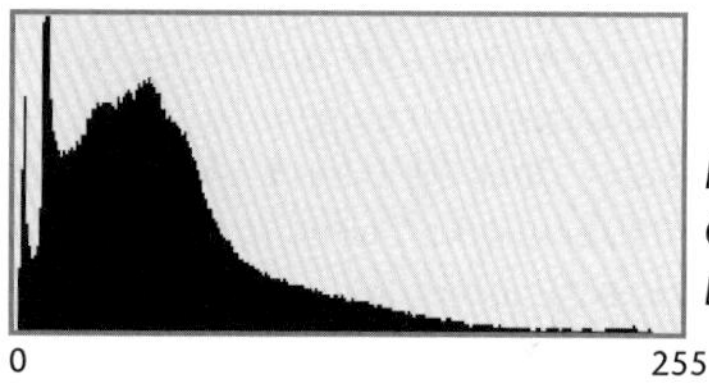

Histogramm vor Gammakorrektur Datentiefe 8 Bit

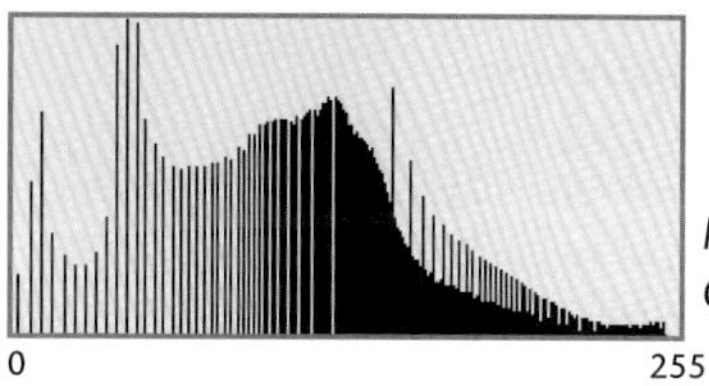

Histogramm nach Gammakorrektur

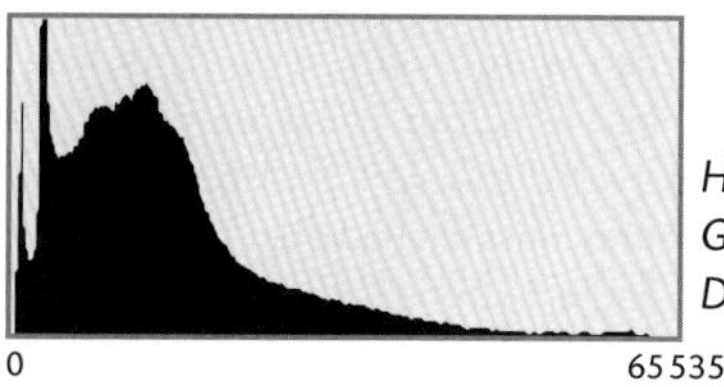

Histogramm vor Gammakorrektur Datentiefe 16 Bit

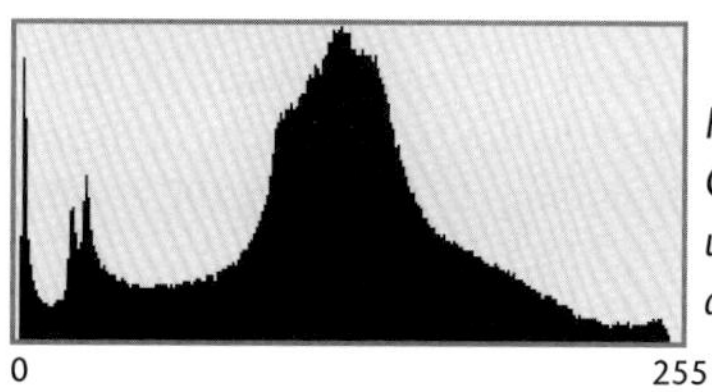

Histogramm nach Gammakorrektur und Umrechnung auf 8 Bit

Die ursprünglich 56 Quantisierungsstufen (0 bis 55) werden also auf 128 Stufen (0 bis 127) verteilt. Dabei bleiben 72 Stufen unbelegt – im Histogramm als Lücken erkennbar. Diese Lückenbildung wird Posterisierung genannt.

Im zweiten Fall hat das linear quantisierte Bild die Datentiefe 16 Bit. Auch hier kommt es zur Posterisierung – aufgrund der erheblich höheren Anzahl von Quantisierungsstufen ($2^{16} = 65\,536$ anstatt $2^8 = 256$) bleibt aber eine ausreichende Anzahl belegter Stufen übrig. Nach der Umwandlung in 8 Bit zeigt das Histogramm deshalb keine Lücken.

Leichte Posterisierung von Bildern mit 8 Bit Datentiefe pro Kanal wirkt sich normalerweise noch nicht nachteilig auf die Bildqualität aus. Starke Posterisierung – so wie im Beispiel gezeigt – führt aber zu sichtbaren Abrissen (Helligkeits-, Buntton- und Buntheitssprüngen) in Verläufen.

Viele Scan-Programme und etwas höherwertige Digitalkameras bieten die Möglichkeit, RGB-Bilddaten mit 16 Bit pro Farbkanal zu speichern, selbst wenn das Gerät intern nur mit 12 oder 14 Bit quantisiert. Dabei werden die intern erzeugten 4096 oder 16 384 Stufen (12 bzw. 14 Bit) auf 65 536 (16 Bit) verteilt. Damit ist das 16-Bit-Bild natürlich stark posterisiert, da ja nur jede sechzehnte bzw. vierte Stufe belegt ist. Durch Gamma-Korrektur und Farbraum-Transformation werden die Lücken im Histogramm teilweise noch vergrößert. Trotz allem verbleiben aber mehr belegte Stufen als bei Speicherung mit 8 Bit – über 2000 bei 12 Bit interner Datentiefe, über 8000 bei 14 Bit. Damit ist ausreichend Reserve für die weitere Bearbeitung vorhanden.

3.2.3.3 Dynamikumfang

Der Begriff Dynamik oder Dynamikumfang bezeichnet die Spanne zwischen höchster und geringster Stärke eines Signals. Bei Bildern oder Objekten ist das der Helligkeitsunterschied zwischen hellster und dunkelster Farbe (Weiß und Schwarz, Licht und Tiefe). Er kann numerisch angegeben werden und wird dann Kontrast- oder Helligkeitsverhältnis (oder -umfang) genannt. Ein Kontrastverhältnis von zum Beispiel 100 (oder 100 : 1) bedeutet, dass ein Bild oder Gegenstand an seiner hellsten Stelle 100-mal so viel Licht reflektiert (bzw. transmittiert oder emittiert) wie an seiner dunkelsten. Bei Aufsichts- und Durchsichtsvorlagen wird dieser Sachverhalt oft logarithmisch als Dichteumfang angegeben. Das Kontrastverhältnis 100 entspricht dem Dichteumfang $\Delta D = 2.00$ ($\lg 100 = 2.00$; vgl. auch Abschnitt 2.1.5).

Bezogen auf Bilderfassungsgeräte, kennzeichnet der Dynamikumfang die Spanne zwischen stärkstem und schwächstem optischen Signal, die noch fehlerfrei verarbeitet werden. Der Dynamikumfang von Scannern wird üblicherweise wie ein Dichteumfang (ΔD) angegeben. Als weitere Kenngröße kommt die Maximal- oder Enddichte (D_{max}) hinzu, also die höchstmögliche Dichte, die noch fehlerfrei verarbeitet wird. Die Maximaldichte ist um etwa 0.10 bis 0.40 höher als der ΔD-Wert. Angaben wie zum Beispiel $\Delta D = 3.3$ und $D_{max} = 3.6$ bedeuten also, dass der Scanner Vorlagen mit Dichteumfängen bis 3.30 fehlerfrei erfasst, soweit deren Maximaldichten nicht höher sind als 3.60.

Daraus folgt, dass Dynamikumfang und Maximaldichte eines Scanners immer mindestens so hoch sein müssen wie der Dichteumfang bzw. die maximale Dichte der Vorlage. Wenn Dynamikumfang oder Maximaldichte zu gering sind, geht Tiefenzeichnung verloren – alle dunklen Farben der Vorlage werden im digitalisierten Bild einheitlich schwarz.

Die Dichteumfänge von Aufsichtsvorlagen sind selten größer als etwa 2.00; fotografische Diapositive erreichen aber Werte um 3.00. Ganz einfache Scanner sind durchweg nur für die Abtastung von Aufsichtsvorlagen ausgerüstet, haben also keine Lichtquelle zum Durchleuchten von Durchsichtsvorlagen. Ihre Dynamikumfänge sind in den technischen Beschreibungen oft gar nicht angegeben, dürften aber normalerweise höher als 2.00 sein, also ausreichend für Aufsichtsvorlagen.

Gute Diascanner und hochwertige Flachbettscanner, die für Aufsichts- und Durchsichtsvorlagen ausgelegt sind, haben Dynamikumfänge von mehr als 3.30 und Maximaldichten von mehr als 3.50; Trommelscanner erreichen sogar Werte um 4.00 bzw. 4.20. Mit solchen Scannern können auch Dias mit extrem hohen Dichteumfängen und Enddichten ohne Verlust an Tiefenzeichnung digitalisiert werden.

Problematisch sind dagegen preiswerte Flachbettscanner, die mit Durchleuchtungseinrichtungen für Dias ausgerüstet sind. Da ihre Dynamikumfänge oft kleiner als 3.00 sind, kommt es bei der Digitalisierung von Diapositiven zu leichten bis kräftigen Verlusten an Tiefenzeichnung. In den technischen Beschreibungen solcher Scanner wird dieser Mangel oft verschleiert, indem anstelle des Dynamikumfangs (ΔD) die etwas höhere Maximaldichte (D_{max}) angegeben wird.

Die Dynamikumfänge von Digitalkameras können wie bei Scannern durch einen ΔD-Wert gekennzeichnet werden; die Angabe einer Maximaldichte ist allerdings nicht sinnvoll und entfällt deshalb. Alternativ werden auch Blendenstufen zur Kennzeichnung des Dynamikumfangs benutzt, zum Beispiel „10 Blenden". Eine Blendenstufe steht für die Verdoppelung bzw. Halbierung des auf den Sensor treffenden Lichtstroms. Die Angabe „10 Blenden" entspricht dem numerischen

Kontrastverhältnis $2^{10} = 1024$ und dem Dichteumfang $\lg 1024 \approx 3.01$ (zur Umrechung vgl. Abschnitt 11.8.3, zur Blendenreihe Abschnitt 3.5.4.1).

Digitalkameras mittlerer bis guter Qualität haben Dynamikumfänge von etwa $\Delta D = 2.40 \ldots 3.00$ (8 bis 10 Blenden); professionelle High-End-Digitalkameras erreichen Werte bis etwa $\Delta D = 3.60$ (12 Blenden).

3.3 Optische Grundlagen

3.3.1 Lichtbrechung (Refraktion)

Beim Übergang von einem optischen Medium in ein anderes verändern Lichtstrahlen, die schräg auf die Grenzfläche treffen, ihre Ausbreitungsrichtungen. Dieser Vorgang heißt (Licht-)Brechung oder Refraktion. An der Grenzfläche zum optisch dichteren Medium ist der Brechungswinkel α_2 kleiner als der Einfallswinkel α_1, der Lichtstrahl wird zum Einfallslot hin gebrochen. An der Grenzfläche zum optisch dünneren Medium ist der Brechungswinkel größer als der Einfallswinkel, der Lichtstrahl wird vom Lot weg gebrochen.

Je größer der Unterschied zwischen den optischen Dichten der beiden Medien, desto stärker wird der Lichtstrahl beim Übergang gebrochen. Die optischen Dichten der Medien werden durch Brechungsindexe (Brechzahlen) quantifiziert. Beispiele (gerundet): Vakuum und Luft 1,00, Wasser 1,33, Glas je nach Sorte etwa 1,46 bis 2,00.

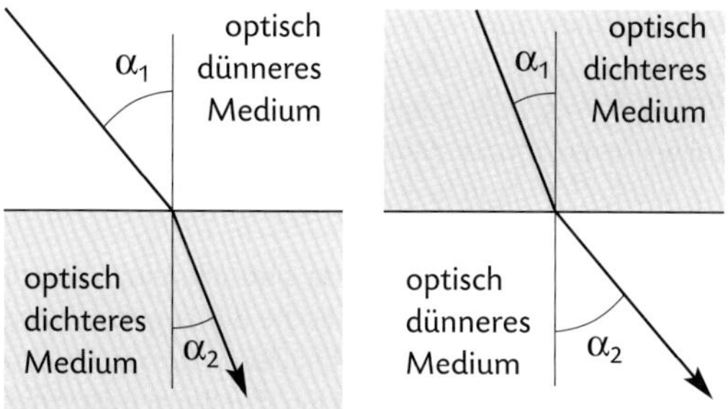

Lichtbrechung (Refraktion) beim Übergang ins optisch dichtere und ins optisch dünnere Medium

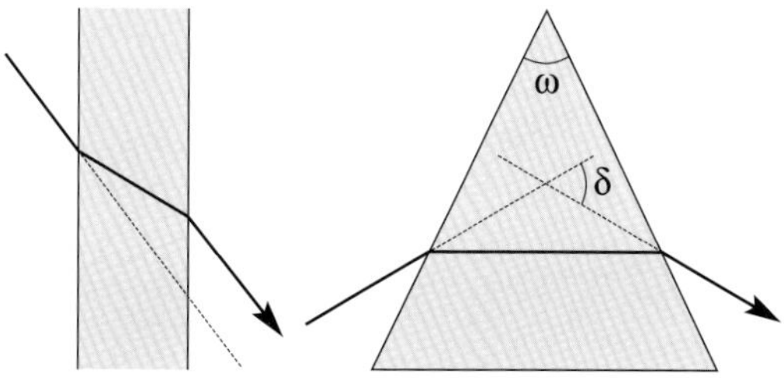

Brechung an planparalleler Platte und Prisma

Beim Durchgang durch Glasplatten, Prismen oder Linsen wird das Licht zweimal gebrochen. Die beiden Brechungen an den Grenzflächen einer planparallelen Glasplatte führen zur Parallelverschiebung des Lichtstrahls. Die Stärke dieser Verschiebung hängt vom ersten Einfallswinkel, dem Brechungsindex des Glases und der Dicke der Glasplatte ab.

Beim Prisma ergibt die zweimalige Brechung des Lichtstrahls eine Gesamtablenkung δ („delta"), deren Größe vom brechenden Winkel ω („omega") des Prismas, dem ersten Einfallswinkel und dem Brechungsindex des Glases abhängt. Unter ansonsten gleichen Bedingungen ist die Gesamtablenkung umso größer, je größer der brechende Winkel ω ist.

Linsen haben gekrümmte Grenzflächen. Sammellinsen (Konvexlinsen) sind in der Mitte dicker, Zerstreuungslinsen (Konkavlinsen) sind in der Mitte dünner als am Rand. Diese zwei Grundformen gibt es in jeweils drei Varianten: bikonvex, plankonvex, konkavkonvex bzw. bikonkav, plankonkav, konvexkonkav.

Am Rand einer Linse ist die Gesamtablenkung am höchsten, weil dort der brechende Winkel zwischen den beiden Grenzflächen am größten ist. Durch die Krümmung der Grenzflächen nimmt dieser Winkel – und damit die Gesamtablenkung – zum Mittelpunkt der Linse hin ab.

Wenn achsenparallele Lichtstrahlen auf eine Sammellinse treffen, schneiden sie sich ausfallseitig in einem Punkt auf der optischen Achse, dem Brennpunkt *F*. Die optische Achse ist das Lot (die Senkrechte) auf dem Mittelpunkt, also der dicksten Stelle der Sammel-

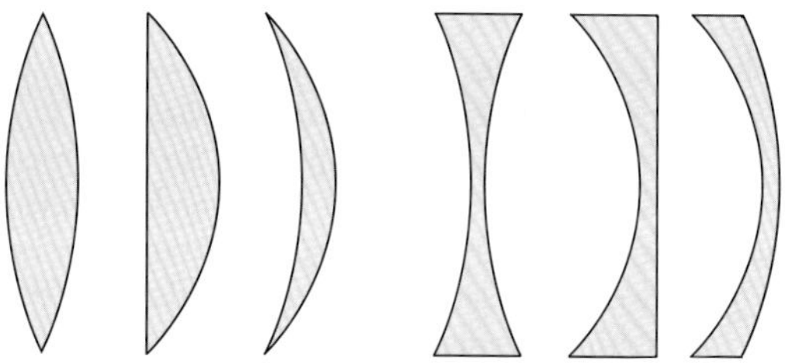

Linsenformen von links nach rechts: bikonvex, plankonvex, konkavkonvex; bikonkav, plankonkav, konvexkonkav

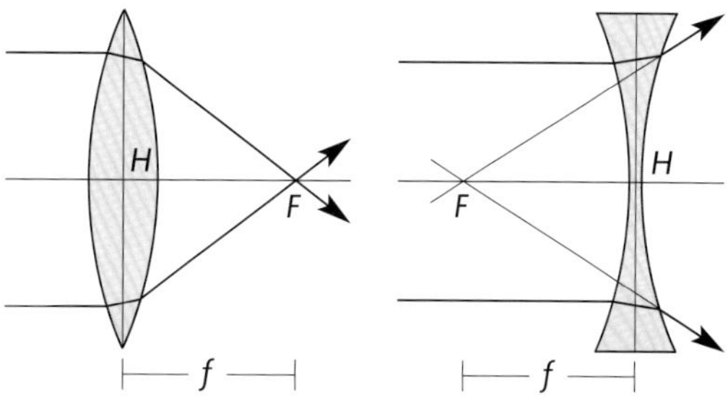

Brennpunkt einer Sammellinse (Konvexlinse) und virtueller Brennpunkt einer Zerstreuungslinse (Konkavlinse)

linse. Die Brennweite *f* ist der Abstand zwischen Brennpunkt *F* und Hauptpunkt *H* der Linse. Der Hauptpunkt liegt auf der optischen Achse; in der Skizze ist er vereinfacht so eingezeichnet, als befinde er sich genau in der Mitte zwischen den zwei Oberflächen der Linse. Tatsächlich hat jede Linse zwei Hauptpunkte, die leicht zur jeweiligen Ausfallseite hin versetzt sind.

Bei Zerstreuungslinsen (Konkavlinsen) haben die Lichtstrahlen keinen ausfallseitigen Schnittpunkt. Hier lässt sich aber ein virtueller Brennpunkt konstruieren, indem die ausfallenden Lichtstrahlen zeichnerisch nach rückwärts verlängert werden.

Die erläuterten Gesetzmäßigkeiten gelten streng genommen nur für monochromatisches Licht. Lichtstrahlen mit unterschiedlichen Wellenlängen werden unterschiedlich stark gebrochen. Bei kürzeren Wellenlängen ist die Lichtbrechung normalerweise stärker als bei längeren. Deshalb wird polychromatisches Licht beim Durchgang durch ein Prisma in seine Wellenlängen (Spektralfarben) zerlegt. Diese Erscheinung heißt Dispersion. Linsen haben infolge dessen auch nicht einen, sondern viele Brennpunkte – je kürzer die Wellenlänge, desto näher liegt der Brennpunkt an der Linse und desto kürzer ist die Brennweite.

3.3.2 Fotografische Optik

In der fotografischen Optik geht es um die Erzeugung von Abbildungen mithilfe von Linsen oder Linsensystemen (Objektiven). Dabei ist es unerheblich, ob die Bilder auf einem lichtempfindlichen Material festgehalten oder vom fotoelektrischen Sensor einer Digitalkamera oder eines Scanners erfasst werden; die optischen Gesetzmäßigkeiten sind dieselben.

Fotografische Bilder können nur mit Sammellinsen erzeugt werden. Objektive sind zwar Kombinationen aus Sammel- und Zerstreuungslinsen, wirken aber im Ergebnis wie Sammellinsen: Achsenparallel auftreffende Lichtstrahlen werden so gebrochen, dass sie sich ausfallseitig in einem Brennpunkt schneiden.

Divergente Lichtstrahlen, die von einem Gegenstandspunkt *P* ausgehen, der außerhalb der gegenstandsseitigen Brennweite liegt, schneiden sich auf der anderen Seite der Linse in einem Bildpunkt *P'*. Bei der geometrischen Konstruktion des Bilds werden drei spezielle Strahlen benutzt, deren Verläufe sich zeichnerisch, also ohne Berechnung von Brechungswinkeln, bestimmen lassen. Um die Konstruktion zu vereinfachen, sind dabei die zwei Brechungen an den Linsenoberflächen durch eine einmalige Richtungsänderung an der Hauptebene ersetzt.

- Ein achsenparallel einfallender Lichtstrahl (Parallelstrahl) wird zum bildseitigen Brennpunkt *F'* hin abgelenkt.
- Ein Lichtstrahl, der durch den gegenstandsseitigen Brennpunkt *F* läuft (Brennpunktstrahl, Brennstrahl), fällt bildseitig achsenparallel aus.
- Ein auf die Linsenmitte treffender Lichtstrahl (Mittelpunktstrahl, Hauptpunktstrahl) durchquert die Linse ohne Ablenkung.

Der Abstand zwischen Gegenstandsebene und Hauptebene heißt Gegenstands- oder Dingweite (*a*), der Abstand zwischen Bildebene und Hauptebene heißt Bildweite (*a'*). Gegenstands-, Bild- und Brennweite stehen in festen quantitativen Beziehungen. Bei vorgegebener Gegenstands- und Brennweite gibt es nur eine genau richtige Bildweite. Umgekehrt gibt es bei vorgegebener Bild- und Brennweite nur eine exakt richtige Gegenstandsweite (Berechnung in Abschnitt 11.13.1).

Eine vollständig scharfe Abbildung ist streng genommen nur möglich, wenn sich alle Gegenstandspunkte in einer Ebene befinden. Das ist beim Scannen oder Fotografieren zweidimensionaler Vorlagen der Fall. Bei dreidimensionalen Objekten sind die Gegenstandspunkte aber unterschiedlich weit von der Linsen-Hauptebene entfernt. Folglich liegen nicht alle Bildpunkte auf der eingestellten Bildebene, sondern teilweise davor oder dahinter. Auf dem Film oder Sensor entstehen dann keine Punkte, sondern kleine Unschärfekreise.

Sehr kleine Unschärfekreise sind allerdings visuell nicht wahrnehmbar. Fotografische Bilder gelten noch als ausreichend scharf, wenn der Durchmesser der Unschärfekreise nicht größer als ein Zweitausendstel der Diagonalen des Aufnahmeformats ist, beim Kleinbild-

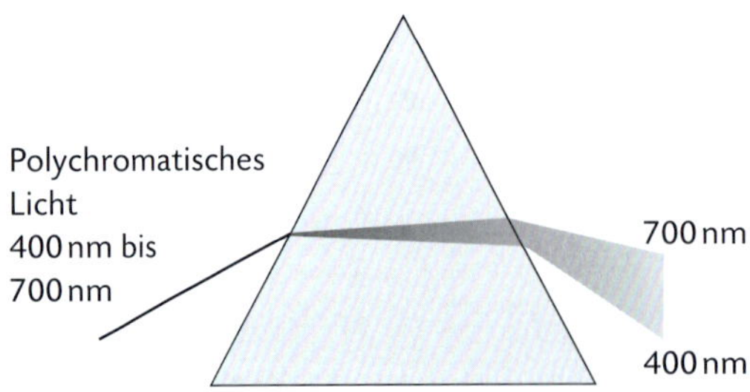

Dispersion am Prisma

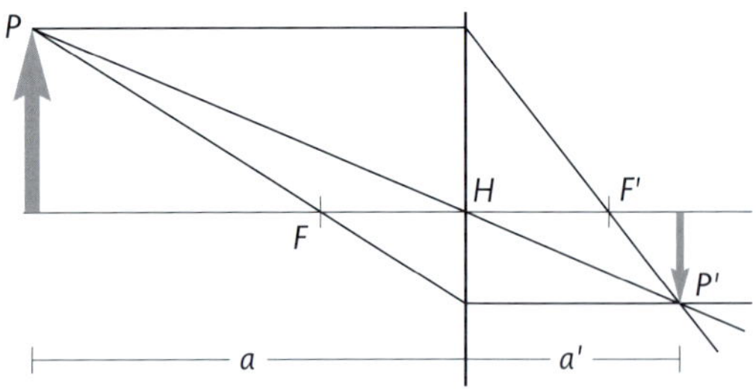

Geometrische Konstruktion des fotografischen Bilds

Format (24 mm × 36 mm) also rund 0,022 mm. Der Bereich vor und hinter der Gegenstandsweite, dessen Punkte noch ausreichend scharf abgebildet werden, heißt Schärfentiefe.

Einfache Sammellinsen erzeugen eine Reihe von Abbildungsfehlern. Licht mit unterschiedlichen Wellenlängen wird unterschiedlich stark gebrochen, sodass sich kein gemeinsamer Brennpunkt für alle Wellenlängen ergibt. Folglich kann das Verhältnis von Gegenstands-, Bild- und Brennweite immer nur für eine Wellenlänge richtig sein, aber niemals für alle Wellenlängen gleichzeitig. Diese Erscheinung heißt chromatische Aberration (Farbabweichung).

Daneben gibt es eine Reihe achromatischer (nicht wellenlängenbedingter) Abbildungsfehler, zum Beispiel die sphärische Aberration (Kugelgestaltsfehler) und den Astigmatismus (Punktlosigkeit), die ebenfalls die Schärfe des Bilds beeinträchtigen. Auch diese Abbildungsfehler sind physikalisch bedingt, also keine Folge von Ungenauigkeiten bei der Linsenherstellung.

Objektive sind Systeme aus mehreren Sammel- und Zerstreuungslinsen, die unterschiedlich geformt und aus unterschiedlichen Glassorten hergestellt sind. Linsenformen, -materialien und -abstände sind so aufeinander abgestimmt, dass Abbildungsfehler ausgeglichen werden. Bei einfachen Objektiven verbleiben deutliche Fehler, während sie bei hochwertigen Objektiven weitgehend korrigiert sind. Absolut vollständige Korrektur aller Abbildungsfehler ist nicht möglich.

Objektive mit variablen, verstellbaren Brennweiten heißen Zoom- oder Vario-Objektive. Die Brennweite wird verändert, indem Linsen oder Linsengruppen gegeneinander verschoben und dadurch die Abstände zwischen den Linsen(gruppen) variiert werden.

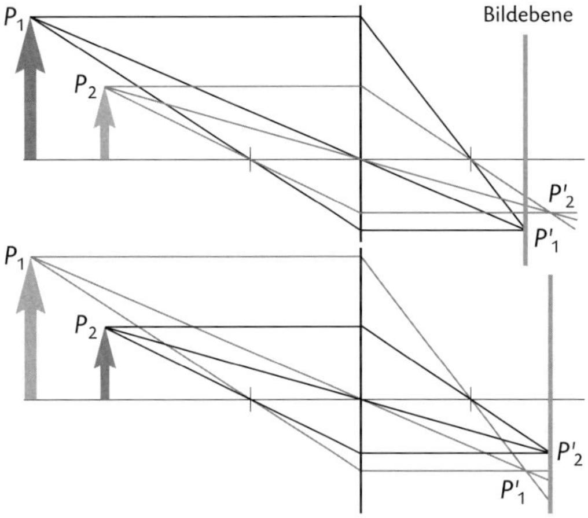

Oben: Scharfstellung auf P_1; P_2 wird unscharf abgebildet, Bildpunkt P'_2 entsteht hinter der Bildebene.
Unten: Scharfstellung auf P_2; P_1 wird unscharf abgebildet, Bildpunkt P'_1 entsteht vor der Bildebene.

3.4 Scanner

3.4.1 Vorbemerkung

Die Darstellung in den folgenden Abschnitten beschränkt sich auf Scanner, die üblicherweise für die Bilddigitalisierung in der Medienvorstufe verwendet werden. Auf Spezialkonstruktionen, die zum Beispiel zum weitgehend automatisierten Digitalisieren von Filmen, Bildarchiven oder Bibliotheken dienen, wird nicht eingegangen.

Scanner sind nach wie vor wichtige Arbeitsgeräte in der Medienvorstufe, haben aber durch die rasche Entwicklung der digitalen Fotografie in den letzten Jahren an Bedeutung verloren. Eine Reihe von Herstellern hat in der Folge die Scannerproduktion eingestellt. Insbesondere die speziell auf Bedürfnisse der Druckvorstufe abgestimmten High-End-Flachbett- und Trommelscanner werden nicht mehr produziert. Da sie aber in Vorstufenbetrieben noch benutzt werden, wird in den folgenden Abschnitten auch kurz auf diese Scannertypen eingegangen.

3.4.2 Flachbettscanner

3.4.2.1 Grundsätzlicher Aufbau

Der Begriff Flachbettscanner weist darauf hin, dass die Vorlage während der Abtastung flach auf einer Glasplatte oder in einem Rahmen liegt – im Gegensatz zum Trommelscanner, bei dem sich die Vorlage auf einer rotierenden Trommel befindet. In der Vergangenheit wurden unterschiedliche Verfahren zur Abtastung flach liegender Vorlagen entwickelt – und bis auf eines wieder aufgegeben. Die heute hergestellten Flachbettscanner arbeiten ausnahmslos nach demselben technischen Prinzip.

Eine röhrenförmige Lampe beleuchtet oder durchleuchtet einen schmalen Streifen der Vorlage. Das reflektierte bzw. transmittierte Licht gelangt entweder direkt oder über einen oder mehrere Spiegel zum Objektiv und wird auf einem Zeilensensor abgebildet. Der Zeilensensor erfasst alle Pixel einer Zeile gleichzeitig (zeitlich parallel); er wandelt die optischen Signale in analoge elektrische Signale um, die anschließend verstärkt, quantisiert und über eine Schnittstelle zum Rechner übertragen werden. Das aus Lampen, ggf. Spiegel, Objektiv und Zeilensensor bestehende Abtastsystem wird während der Abtastung langsam vorgeschoben und erfasst auf diese Weise eine Pixelzeile nach der anderen. Die Rollen können auch vertauscht sein: Das Abtastsystem steht fest, der Vorlagenhalter wird daran entlang bewegt.

Trotz des im Grundsatz immer gleichen Abtastprinzips gibt es wichtige Unterschiede zwischen Flachbettscannern, die sich aus der Qualität der optischen und elektronischen Bauteile und unterschiedlichen technischen Detaillösungen ergeben. Sie entscheiden über praktische Einsatzmöglichkeiten für unterschiedliche Zwecke, Abtastqualität und nicht zuletzt den Preis. Die angebotenen Flachbettscanner lassen sich nach unterschiedlichen Kriterien klassifizieren:

- Nach Eignung für unterschiedliche Vorlagenarten: Aufsichtsscanner, Durchsichtsscanner (Diascanner, Filmscanner) und Universalscanner für beide Vorlagenarten.
- Nach Größe der abgetasteten Fläche (Scanfläche): Aufsichts- und Universalscanner werden häufig durch DIN-Formate gekennzeichnet. Die Scanflächen sind aber oft etwas größer, also zum Beispiel 216 mm × 305 mm (8,5 inch × 12 inch) bei A4-Scannern oder 305 mm × 432 mm (12 inch × 17 inch) bei A3-Scannern. Die Scanflächen reiner Diascanner sind nach fotografischen Aufnahmeformaten bemessen, zum Beispiel Kleinbild (24 mm × 36 mm) oder Mittelformat (bis 60 mm × 90 mm).
- Nach Abtastqualität: Wichtige Kriterien sind maximale Auflösung, Dynamikumfang, Rauschverhalten, Datentiefe sowie Qualität des optischen Systems (Lampe, Spiegel, Objektiv) und mechanischer Bauteile.

  Achtung: Hohe Auflösung ist für sich genommen kein Kriterium für gute Abtastqualität. Einfache A4-Scanner für weniger als 100 Euro bieten heute Auflösungen von zum Beispiel 2400/inch. Nach dem Abtast-Theorem ergibt das eine rechnerische Detailauflösung von 1200 Details pro inch (vgl. Abschnitt 3.2.2.2). Tatsächlich ist die Detailauflösung wegen unzureichender Qualität optischer Bauteile (Objektiv, Spiegel) erheblich geringer.

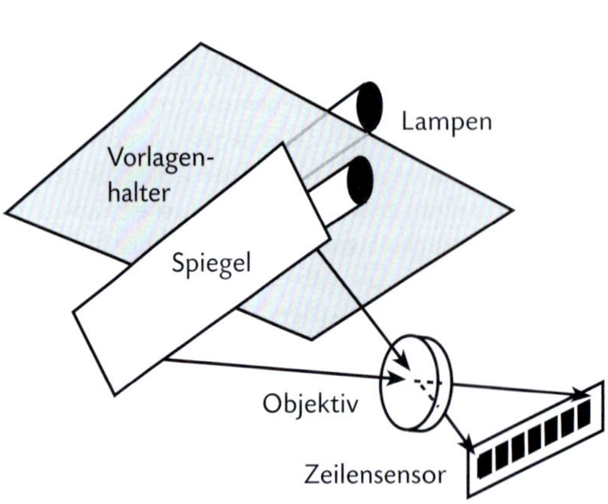

Schematischer Aufbau eines Flachbettscanners

3.4.2.2 CCD-Zeilensensor

Ein CCD-Zeilensensor (CCD-Array) ist ein Mikrochip, auf dessen Oberseite sich mehrere Tausend zeilenförmig nebeneinander angeordnete fotoelektrische Sensorelemente befinden. Jedes Element nimmt jeweils einen Messwert auf, also die Information für eine der drei Farben (Rot, Grün oder Blau) eines Pixels. Die heute hergestellten CCD-Zeilensensoren sind fast ausschließlich trilinear, haben also drei Sensorzeilen, die mit Filterschichten in den Farben Rot, Grün und Blau versehen sind. Dadurch ist es möglich, die Informationen für die drei Farbkanäle bei nur einmaliger Abtastung der Vorlage (One-Pass- oder Single-Pass-Abtastung) aufzunehmen.

Triliniare CCDs haben heute mehr als 10 000 Sensorelemente je Zeile, wobei die Breite des einzelnen Sensorelements weniger als ein hundertstel Millimeter beträgt. Doppel-CCDs haben insgesamt sechs Sensorzeilen, je zwei mit roter, grüner bzw. blauer Filterschicht. Die jeweils zweite Zeile ist um die Breite eines halben Sensorelements seitlich versetzt, die Elemente der beiden Zeilen stehen also „auf Lücke".

CCDs mit nur einer Sensorzeile (monolineare CCDs) werden heute nur noch für spezielle Anwendungen eingesetzt, insbesondere zur hoch aufgelösten Abtastung von Strichvorlagen. Früher dienten monolineare CCDs auch zur Erfassung bunter Halbtonvorlagen. Sie wurden entweder dreimal mit einem roten, grünen bzw. blauen Farbfilter abgetastet (Three-Pass-Abtastung). Oder das von der Vorlage kommende Licht wurde mit einem Strahlenteiler aufgespalten und durch drei Farbfilter auf drei monolineare CCDs gelenkt.

Die Abkürzung CCD bedeutete Charge Coupled Device (etwa: ladungsgekoppelte Vorrichtung, Ladungsverschiebungs-Vorrichtung). Diese Bezeichnung bezieht sich nicht auf das Verfahren der Signalerfassung selbst, sondern auf das Auslesen der erfassten Messwerte.

Die Bilder rechts sollen das Funktionsprinzip des CCD-Zeilensensors veranschaulichen. Diese Darstellung und die folgenden Erläuterungen sind etwas vereinfacht – zum vollständigen Verständnis von Aufbau und Funktionsweise des CCDs sind Kenntnisse der Halbleitertechnik erforderlich, deren Vermittlung den Rahmen dieses Buchs sprengen würde.

Die fotoelektrischen Sensorelemente bestehen aus Halbleitermaterial, normalerweise Silizium. Sie sind über Transistoren (elektronische Schalter) mit dem Schieberegister verbunden. Dieses Register, bildhaft auch Eimerkettenspeicher genannt, besteht aus Halbleitermaterial und Metallelektroden. Halbleiter und Elektroden sind durch eine Isolierschicht voneinander getrennt, haben also keine leitende Verbindung.

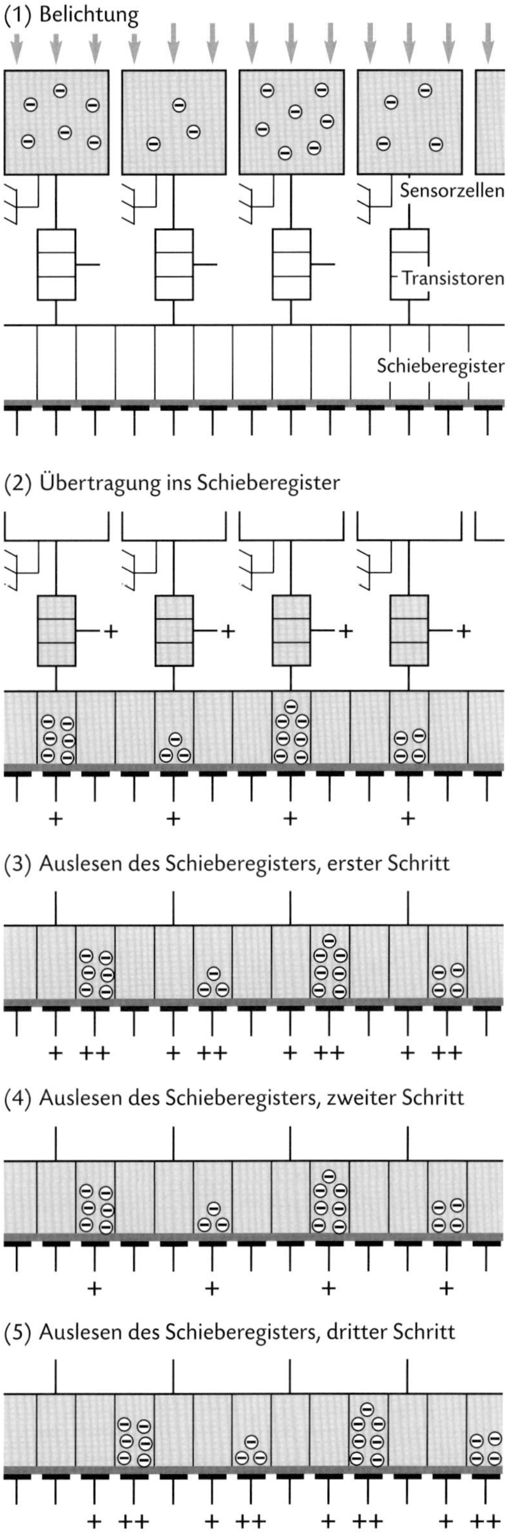

Belichtung und Auslesen eines CCD-Zeilensensors

Die Belichtung der Sensorelemente setzt Elektronen aus den Atomhüllen des Halbleitermaterials frei (lichtelektrischer Effekt), wobei die Anzahl der freigesetzten Elektronen ungefähr proportional zur Belichtung ist. Zum Auslesen werden leitende Verbindungen zwischen den Sensorelementen und dem Schieberegister hergestellt, indem elektrische Spannungen an die Gates (Basen) der Transistoren gelegt werden. Die gleichzeitig an die entsprechenden Elektroden des Schieberegisters gelegten positiven Spannungen ziehen die Elektronen (negative Elementarladungen) an und halten sie an ihren jeweiligen Positionen im Register fest. Die Spannungen sind im Bild durch +-Zeichen symbolisiert.

Der nächste Schritt ist das seitliche Auslesen der Ladungen aus dem Schieberegister. An die Elektroden, die sich unmittelbar rechts (oder links) neben den gespeicherten Ladungen befinden, wird eine höhere positive Spannung gelegt (im Bild durch ++ symbolisiert). Dadurch werden die Ladungen von ihrer ursprünglichen Position zur Elektrode mit der höheren Spannung hin verschoben. Um diesen Vorgang wiederholen zu können, wird zunächst die niedrigere Spannung (+) abgeschaltet und die höhere (++) verringert. Dann geht es weiter, wie oben geschildert, und alle Ladungen verschieben sich um einen weiteren Schritt. Das wiederholt sich so oft, bis das Schieberegister vollständig ausgelesen ist. Die Ladung, die jeweils das Ende des Registers erreicht, fließt als Strom über eine leitende Verbindung zum Verstärker. Von dort wird das verstärkte Signale zum Analog-Digital-Wandler weitergeleitet und quantisiert.

Neben CCD-Sensoren werden vor allem in preisgünstigen Flachbettscannern auch CMOS-Zeilensensoren verwendet. CMOS-Sensoren (CMOS = Complementary Metal Oxide Semiconductor) verbrauchen weniger Energie als CCD-Sensoren. Außerdem können weitere Bauelemente in den CMOS-Chip integriert werden, zum Beispiel Analog-Digital-Wandler und Abtastlichtquelle.

In Flachbettscannern finden sich CMOS-Sensoren vor allem in der Bauform Compact Image Sensor (CIS). CIS-Scanner enthalten weniger Bauteile als CCD-Scanner: Objektiv, Lampe, Reflektor und Spiegel entfallen. Die Sensorelemente selbst sind mit winzigen Kunststofflinsen versehen, als Lichtquellen dienen in den Chip integrierte Leuchtdioden. CIS-Scaner haben geringere Bauhöhen als CCD-Scanner und können aufgrund des niedrigeren Energieverbrauchs über die USB-Schnittstelle mit Strom versorgt werden, Netzteil und Kabel zum Anschluss an das Stromnetz erübrigen sich also. Diesem Vorteil stehen aber auch Nachteile gegenüber: Auflösung und Bildqualität guter CCD-Scanner sind mit CIS-Technik noch nicht realisierbar.

3.4.2.3 Abtastsystem und Auflösung

Bei den meisten Scannern wird die gesamte nutzbare Breite des Vorlagenhalters vom Objektiv auf dem CCD-Zeilensensor abgebildet. Die Vorlagenhalter sind häufig etwas größer als des Format DIN A4, zum Beispiel 8,5 inch × 12 inch, oder DIN A3, zum Beispiel 12 inch × 17 inch. Die kürzere Seite (Breite) liegt parallel zur CCD-Zeile, die längere Seite (Höhe) in Vorschubrichtung des Abtastsystems. Wird zum Beispiel ein CCD mit 20 400 Sensorelementen je Farbe (Rot, Grün, Blau) benutzt, so ergibt sich in CCD-Zeilenrichtung die Auflösung 20 400 : 8,5 inch = 2400/inch. Bei Verwendung eines CCDs mit 40 800 Sensorelementen ist sie doppelt so hoch: 40 800 : 8,5 inch = 4800/inch.

Dia-Scanner erreichen bei vergleichbarer Bauweise noch höhere Auflösungen, weil die abzutastenden Flächen kleiner sind als bei Scannern für Aufsichtsvorlagen. Bei Mittelformaten (bis 60 mm × 90 mm) ist die Abtastfläche nur rund 60 mm breit; ein CCD mit rund 20 000 Sensorelementen je Farbe reicht aus, um Auflösungen von mehr als 8000/inch zu realisieren.

Bei dieser Bauweise gibt es in horizontaler Richtung (CCD-Zeilenrichtung) nur eine mögliche Auflösung. Ein 2400-ppi-Scanner tastet die Vorlage immer mit der Auflösung 2400/inch ab. Alle davon abweichenden Auflösungen werden von der Scan-Software durch Interpolation (Mittelwert-Berechnung) aus den erfassten Pixeln erzeugt.

Das ist nur dann völlig unproblematisch, wenn die interpolierte Auflösung kleiner ist als die tatsächliche Abtast-Auflösung und beide Auflösungen in einem ganzzahligen Verhältnis zueinander stehen. Wird also die Vorlage zum Beispiel mit 2400/inch abgetastet, kann ohne Qualitätsverlust auf 1200/inch, 800/inch, 600/inch, 400/inch usw. umgerechnet werden. Bei allen „krummen" Umwandlungsverhältnissen, also von 2400/inch auf zum Beispiel 1800/inch, 900/inch oder 500/inch, entstehen leichte Verluste an Bildschärfe und Detailwiedergabe.

Die Abtast-Auflösung in Vorschubrichtung wird durch kleinere oder größere Schritte beim Vorschub des Abtastsystems variiert. Bei der Abtast-Auflösung 2400/inch wird es um jeweils 1/2400 inch (also rund 0,011 mm) vorgeschoben, bei der Auflösung 150/inch um 1/150 inch (rund 0,169 mm). Die Schrittlänge entspricht also dem Kehrwert der Abtast-Auflösung.

In den technischen Beschreibungen von Flachbettscannern sind oft zwei unterschiedliche Auflösungen angegeben, zum Beispiel 2400 ppi × 4800 ppi. Die erste Zahl bezieht sich auf die CCD-Zeilenrichtung, die zweite gibt die maximale Auflösung in Vorschubrichtung an. Beim Scannen mit 4800/inch erfolgt nur die vertikale Abtastung mit dieser Auflösung, während horizontal mit 2400/inch abgetastet und anschließend auf 4800/inch interpoliert wird.

Scanner mit zwei Objektiven (Zwei-Linsen-Scanner, Double-Lens-Scanner) digitalisieren wahlweise große Vorlagen mit geringerer oder kleinere Vorlagen mit höherer Auflösung. Das Objektiv mit der kürzeren Brennweite bildet die volle Breite des Vorlagenhalters auf dem CCD ab. Bei der Breite 8,5 inch und CCD-Zeilen mit 40 800 Sensorelementen ergibt das die Auflösung 4800/inch. Das Objektiv mit der längeren Brennweite bildet zum Beispiel eine Breite von 6,375 inch des Vorlagenhalters auf dem CCD ab. Das ergibt die Auflösung 40 800 : 6,375 inch = 6400/inch.

Noch aufwändiger konstruierte Flachbettscanner – insbesondere Mehr-Linsen-Scanner sowie Scanner mit verstellbaren optischen Systemen – werden zwar inzwischen nicht mehr hergestellt, sind aber in vielen Betrieben noch anzutreffen.

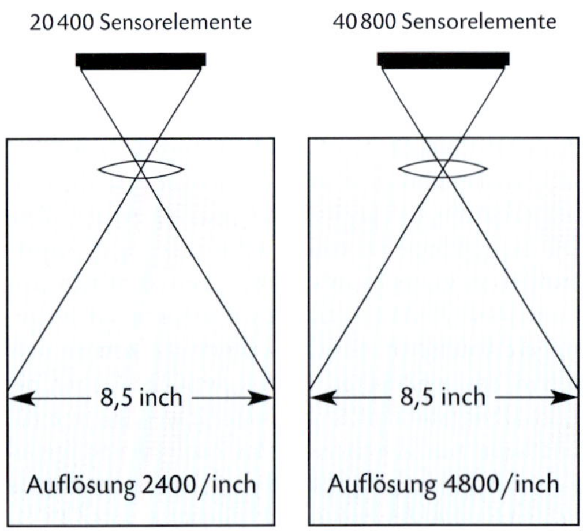

Auflösungen in CCD-Zeilenrichtung

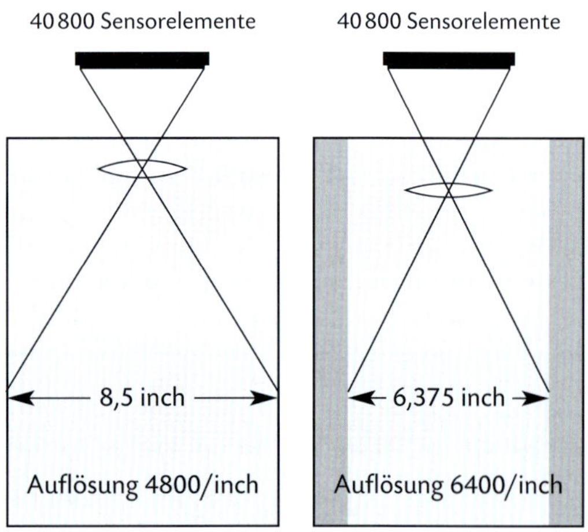

Auflösungen eines Zwei-Linsen-Scanners

Bei Scannern mit verstellbaren optischen Systemen werden Gegenstands- und Bildweite durch Verstellen von Objektiv- und CCD-Ebene stufenlos variiert. Dadurch kann auch in CCD-Zeilenrichtung mit beliebiger Auflösung abgetastet werden, die nachträgliche Interpolation von der abgetasteten auf die gewünschte Auflösung entfällt also. Bei höheren Auflösungen wird auch hier nicht die volle Breite des Vorlagenhalters erfasst, sondern ein mehr oder minder breiter Streifen.

Flachbettscanner dieser Bauart haben oft xy-Abtastsysteme, die nicht nur in Abtastrichtung, sondern auch quer dazu verschiebbar sind, also parallel zur CCD-Zeile. Wenn die Auflösung zu hoch ist, um die Breite des Vorlagenhalters vollständig auf dem CCD abzubilden, werden zwei oder mehr nebeneinander liegende Streifen nacheinander gescannt. Bei großen Vorlagen fasst die Scan-Software die einzelnen Streifen durch Stitching (Zusammenheften) zu einer Bilddatei zusammen.

3.4.3 Trommelscanner

Trommelscanner (Rotationsscanner) sind Flachbettscannern nach wie vor überlegen: Dynamikumfang (ΔD), Enddichte (D_{max}), Signal-Rausch-Verhältnis und maximale Abtastauflösung sind höher, die RGB-Farbtrennung ist präziser. Sie werden aber nicht mehr hergestellt; Scanner mit CCD-Abtastung in Flachbetttechnik sind wegen der weniger aufwändigen Bauweise erheblich billiger und haben den zusätzlichen Vorteil, dass auch nichtflexible Vorlagen abgetastet werden können. Durch Weiterentwicklung der CCD-Technik wurde der Qualitätsvorsprung der Trommelscannner verringert – sie werden vor allem noch dort eingesetzt, wo die Ansprüche an Bildqualität oder Auflösung extrem hoch sind.

Bei Trommelscannern dient eine waagerecht oder senkrecht angeordnete Trommel (Zylinder) als Vorlagenhalter. Trommeln für Durchsichtsvorlagen sind aus glasklarem Kunststoff („Plexiglas") gefertigt. Sie können auch für Aufsichtsvorlagen benutzt werden; bei einigen Scanner-Modellen gibt es dafür aber zusätzliche Trommeln aus undurchsichtigem, schwarzen Material. Die Vorlagen werden mit Klebeband auf der Außenseite der Trommel befestigt.

Durchsichtsvorlagen werden von der Innenseite der Trommel her durchleuchtet. Als Lichtquelle dient eine Halogen- oder Xenonlampe, deren Licht über ein System von Spiegeln und Linsen auf eine kleine Fläche konzentriert wird (Abtastlichtfleck). Die Lichtquelle für Aufsichtsvorlagen befindet sich im Abtastkopf. Das Licht gelangt über Glasfasern und Sammellinsen, die um das Objektiv herum angeordnet sind, zur Vorlage.

Wesentliche Bauteile des Abtastkopfes sind – neben der Beleuchtungseinrichtung für Aufsichtsvorlagen – Abtastobjektiv, Blende, Filtersystem und Fotomultiplier. Der vom Objektiv aufgenommene Lichtkegel durchquert zunächst die Blende, die seinen Durchmesser auf die Größe des abzutastenden Pixels reduziert. Dann wird das Licht durch dichroitische Filter in seine Primärfarbenanteile (Rot, Grün, Blau) aufgespalten.

Dichroitische Filter lassen jeweils einen Wellenlängenbereich durch und reflektieren die übrigen nahezu vollständig – sie werden deshalb auch dichroitische Spiegel genannt. Ein dichroitisches Rotfilter lässt rotes Licht durch und reflektiert grünes und blaues. Zur Farbzerlegung in drei Primärfarben reichen zwei dichroitische Filter aus. Diese Farbtrennung hat aber noch leichte Mängel und wird deshalb durch nachgeschaltete Rot-, Grün- und Blaufilter korrigiert, bevor das Licht auf die drei Fotomultiplier-Röhren gelangt.

Fotomultiplier-Röhren (PMT – *Photomultiplier Tube*) sind fotoelektrische Sensoren und zugleich Verstärker. Sie wandeln Lichtsignale in analoge elektrische Signale

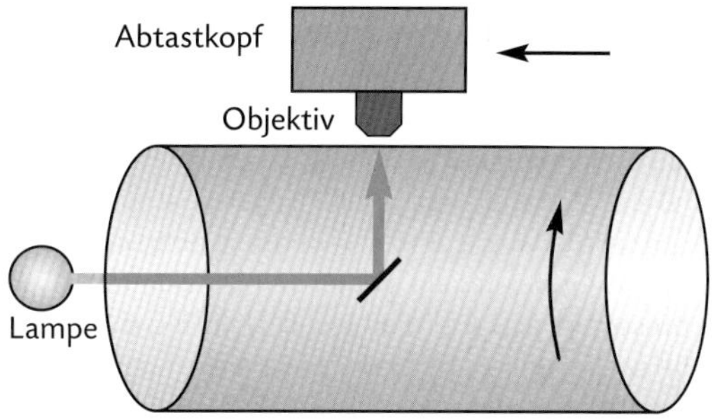

Schematischer Aufbau des Trommelscanners

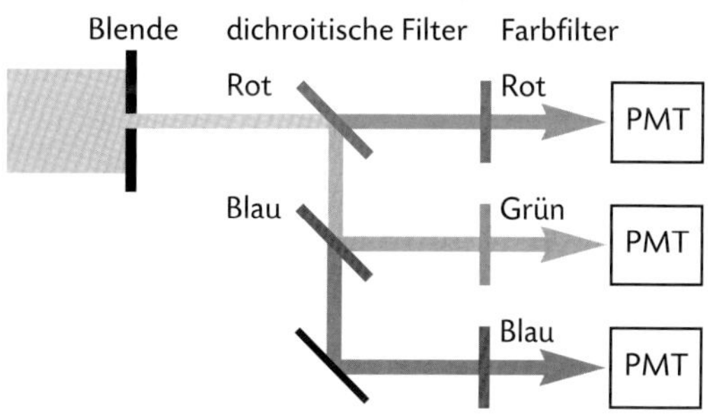

Strahlenverlauf im Abtastkopf des Trommelscanners

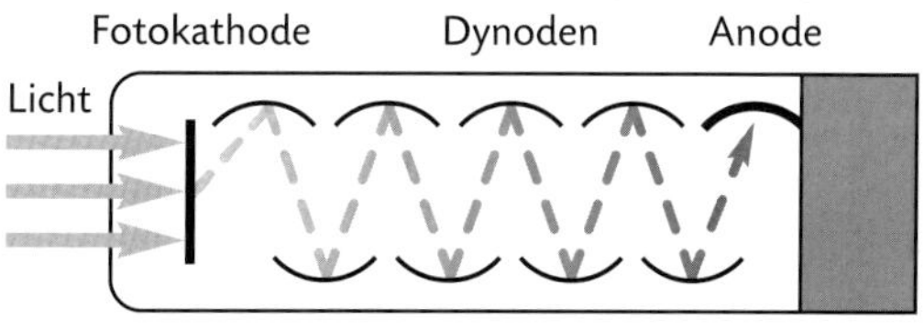

Fotomultiplier-Röhre (PMT – Photomultiplier Tube)

um und verstärken diese gleichzeitig. Im Inneren einer evakuierten (nahezu luftleeren) Glasröhre befinden sich Fotokathode, Anode und acht bis zehn Dynoden. Wenn ein Lichtstrom auf die Fotokathode trifft, werden Elektronen freigesetzt (lichtelektrischer Effekt). Auf dem Weg von der Fotokathode zur Anode prallt der schwache Elektronenstrom auf die treppenförmig angeordneten Dynoden (Prall-Elektroden). Bei jedem Aufprall eines Elektrons werden zusätzliche Elektronen (Sekundärelektronen) freigesetzt. Die Sekundäremissionen der acht bis zehn Dynoden ergeben einen Verstärkungsfaktor von etwa einer Million.

Beim Scannen wird der Abtastkopf langsam an der rotierenden Trommel entlang vorgeschoben. Je höher die Auflösung, desto geringer ist bei unveränderter Umdrehungszahl die Vorschubgeschwindigkeit.

Die Auflösung in Umfangsrichtung der Trommel ergibt sich nicht bei der optischen Abtastung, sondern erst bei der Digitalisierung der Bildsignale. Fotomultiplier erzeugen kontinuierliche Analogsignale, die vom Analog-Digital-Wandler diskretisiert und quantisiert werden. Die Sampling-Frequenz (Anzahl der Messungen pro Sekunde) des Analog-Digital-Wandlers hängt von Auflösung, Umdrehungszahl und Trommelumfang ab. Je höher die Auflösung, desto höher ist bei unveränderter Umdrehungszahl und unverändertem Trommelumfang die Sampling-Frequenz.

Durch Vorschubgeschwindigkeit und Sampling-Frequenz wird zwar die Abtast-Auflösung definiert, nicht aber die Größe des abzutastenden Bildelements. Der Abtastlichtfleck, also die beleuchtete Fläche auf der Vorlage, hat einige Millimeter Durchmesser. Entsprechend groß ist der Querschnitt des Lichtkegels, der durch das Objektiv in den Abtastkopf gelangt. Mit der Blende wird dieser Querschnitt so weit reduziert, dass die jeweils abgetastete Fläche (Abtastpunkt) der Vorlage der Größe eines Pixels entspricht.

Die Blende befindet sich in der Bildebene des optischen Systems. Der Abstand zwischen Hauptpunkt des Objektivs und Blende entspricht also der Bildweite. Um eine scharfe Abbildung zu erhalten, muss aber auch die Gegenstandsweite, also der Abstand zwischen Vorlage und Hauptpunkt, genau stimmen (zu Gegenstands- und Bildweite vgl. Abschnitt 3.3.2). Dias werden normalerweise so montiert, dass ihre Schichtseite der Trommel zugewandt ist – die Oberfläche der Trommel ist also praktisch die Gegenstandsebene. Bei Aufsichtsvorlagen liegt die Gegenstandsebene aber, je nach Dicke der Vorlage, um etwa 0,1 mm bis 0,3 mm über der Trommeloberfläche und damit näher am Objektiv. Deshalb ist für jede Vorlage eine individuelle Einstellung erforderlich – entweder manuell oder automatisch durch ein Autofocus-System.

3.5 Digitale Fotografie

3.5.1 Kameratypen

Das Angebot an Digitalkameras reicht heute von einfachen Kompaktkameras für das private „Knipsen" mit geringem Qualitätsanspruch bis zu professionellen High-End-Kameras. Nach Bauweise, Verwendungszweck und Bildqualität lassen sie sich in fünf Gruppen einteilen:

- Kompaktkameras haben fest mit dem Gehäuse verbundene, nicht auswechselbare Objektive mit unveränderlicher oder variabler Brennweite (Zoom-, Vario-Objektive). Bei der „klassischen" Bauweise dient ein einfaches Linsensystem als Sucher, dessen optische Achse parallel zur optischen Achse des Objektivs liegt. Der Bildausschnitt im Sucher stimmt deshalb nicht ganz genau mit dem tatsächlich aufgenommenen überein. Diese Sucherparallaxe wirkt sich um so stärker aus, je geringer die Gegenstandsentfernung ist.
  Ein kleines LC-Display auf der Gehäuse-Rückwand hat zwei wesentliche Funktionen: Es zeigt wahlweise bereits gespeicherte Bilder oder Vorschaubilder an. In der Vorschaufunktion ersetzt das Display den optischen Sucher; bei ultra-kompakt gebauten Kameras wird auf den optischen Sucher verzichtet. Alle Einstellfunktionen (Blende, Belichtungszeit, Empfindlichkeit, Schärfe, Weißabgleich) sind automatisiert, bei Bedarf wird ein eingebautes Blitzlicht aktiviert. Manuelle Einstellungen sind entweder gar nicht oder nur eingeschränkt möglich.
- Superzoom-Kameras sind Kompaktkameras, deren fest montierte Zoomobjektive einen sehr großen Brennweitenbereich abdecken. Die längste einstellbare Brennweite beträgt hier das 10- bis 18-fache der kürzesten – im Gegensatz zum 3- bis 6-fachen bei einfacheren Kompaktkameras. Sie bieten oft auch erweiterte manuelle Einstellmöglichkeiten so-

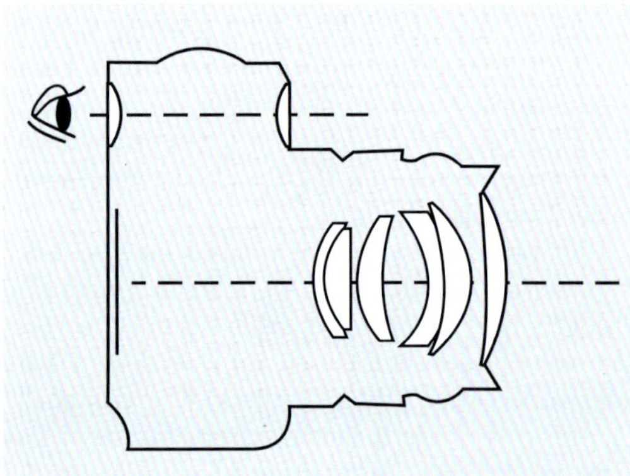

Aufbau der Sucherkamera

wie Anschlüsse für externe Blitzgeräte und haben aufwändigere Suchersysteme, teilweise nach dem SLR-Prinzip.

- Digitale SLR-Kameras (DSLR-Kameras) sind ähnlich wie konventionelle Kleinbild-Spiegelreflexkameras aufgebaut. Die Abkürzung SLR bedeutet Single Lens Reflex und bezieht sich auf das Suchersystem: Das Aufnahme-Objektiv dient zugleich als Sucher-Objektiv. Ein Spiegel lenkt das vom Objektiv kommende Licht zur Suchermattscheibe um; das dort entstehende Bild wird durch ein Prisma betrachtet. Unmittelbar vor der Aufnahme schwenkt der Spiegel nach oben und gibt den Sensor für die Aufnahme frei.
  SLR-Kameras haben auswechselbare Objektive, alle Kameraeinstellungen sind sowohl automatisch als auch manuell möglich. Neben dem eingebauten kann auch ein stärkeres externes Blitzlichtgerät angeschlossen werden. Zur Abgrenzung preisgünstigerer DSLR-Modelle gegenüber (immer noch sehr teuren) High-End-Kameras für professionelle Anwendung wurde der Kurzbegriff *Prosumer* (aus *Pro*fessional und Con*sumer*) erfunden.
- Mittelformat-Systemkameras in SLR-Bauweise sind beim analogen Fotografieren für Aufnahmeformate von 60 mm × 60 mm bis 60 mm × 90 mm ausgelegt. Bei diesem Kameratyp lässt sich nicht nur das Objektiv, sondern auch das Gehäuserückteil auswechseln. Beim konventionellen Fotografieren nimmt es den Film auf; beim digitalen Fotografieren wird ein Digitalrückteil verwendet, das die entsprechenden elektronischen Bauelemente enthält.
  Reine Digital-Mittelformatkameras unterscheiden sich von anderen SLR-Kameras durch die größere Fläche des Sensors.
- Großformatkameras, auch als Fach-, Studio- oder Atelierkameras bezeichnet, sind beim analogen Fotografieren für Filmformate ab 90 mm × 120 mm ausgelegt. Sie bestehen im Wesentlichen aus zwei horizontal und vertikal verschiebbaren und drehbaren Standarten für Objektiv und Mattscheibe bzw. Filmkassette, die durch einen Faltenbalg miteinander verbunden sind. Die Verstellbarkeit der Standarten ermöglicht u. a. Architekturaufnahmen ohne stürzende Linien. Neben vollständig digitalen Fachkameras gibt es Digitalrückteile, die – ähnlich wie bei Mittelformat-Systemkameras – anstelle der Filmkassette verwendet werden.

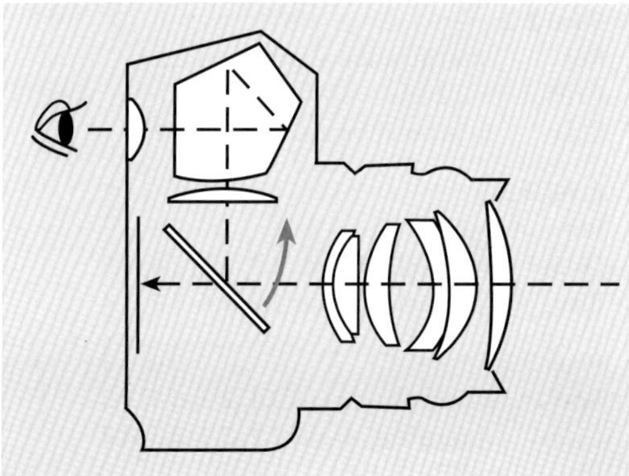

Aufbau der SLR-Kamera

3.5.2 Sensorsysteme und Aufnahmeverfahren

Digitalkameras unterscheiden sich von konventionellen Kameras im Wesentlichen dadurch, dass die Bilder nicht auf lichtempfindlichem fotografischen Film festgehalten, sondern von fotoelektrischen Sensoren erfasst und dann digital gespeichert werden. Dabei handelt es sich überwiegend um CCD-Flächensensoren. Sie funktionieren im Grundsatz wie CCD-Zeilensensoren (vgl. Abschnitt 3.4.2.2); der Auslesevorgang ist aber komplizierter, da ja nicht nur einzelne Zeilen mit wenigen Zehntausend, sondern Flächen mit einigen Millionen oder sogar einigen Zehnmillionen Sensorelementen ausgelesen werden. Die einzelnen Sensorelemente sind meist nahezu quadratisch geformt und bilden eine regelmäßige Matrix aus Zeilen und Spalten. Die achteckigen Sensorelemente des „Super CCD" (Fujifilm) sind diagonal angeordnet.

Neben CCDs werden auch CMOS-Flächensensoren *(Complementary Metal Oxide Semiconductor)* verwendet. Der wesentliche Unterschied zum CCD-Sensor besteht darin, dass die Sensorzellen nicht über Schieberegister ausgelesen werden; beim CMOS-Sensor wird vielmehr jedes Element einzeln adressiert und ausgelesen. CMOS-Sensoren verbrauchen etwa 80 % weniger elektrische Energie als vergleichbare CCDs. Da sich weitere elektronische Bauelemente in den Chip integrieren lassen, zum Beispiel der Analog-Digital-Wandler, können Kameras aus weniger Bauteilen bestehen und kostengünstiger hergestellt werden. Anfängliche Qualitätsprobleme (ungünstiges Rauschverhalten, geringer Dynamikumfang) sind inzwischen gelöst, sodass CMOS-Sensoren heute auch in hochwertigen Kameras verwendet werden.

Die Anzahl der Sensorelemente wird oft in „Megapixel" (Millionen Pixel) angegeben. CCD- und CMOS-Chips in Kompaktkameras haben etwa 6 bis 15 Millionen Sensorelemente (z. B. 3648 × 2736 = 9 980 928, rund 10 Megapixel). In SLR-Kameras sind es etwa 10 bis 20 Millionen (z. B. 4 896 × 3 264 = 15 980 544, rund 16 Megapixel); in Mittelformat- und Fachkameras noch erheblich mehr (z. B. 7212 × 5412 = 39 031 344, rund 39 Megapixel). Rekordhalter war bei Erscheinen dieses Buchs der 60,5-Megapixel-Sensor im Digitalrückteil P65+ der Phase One A/S.

Neben der Anzahl der Sensorelemente ist die physische Größe des Flächensensors von Bedeutung. Je größer der Sensor bei gleicher Pixelzahl, desto größer ist auch die einzelne Sensorzelle. Sensoren mit größeren Zellen sind lichtempfindlicher, erzeugen stärkere Analogsignale und haben günstigeres Rauschverhalten als kleinere (mehr dazu in Abschnitt 3.5.4.2). Von der Sensorgröße hängt auch die Schärfentiefe und damit die Möglichkeit ab, Bilder durch Schärfe und Unschärfe zu gestalten. Je größer der Sensor, desto geringer ist unter ansonsten gleichen Bedingungen die Schärfentiefe (mehr dazu in Abschnitt 3.5.5).

Sensoren in Kompaktkameras sind sehr klein; eine Million Sensorzellen befinden sich hier auf einer Fläche von zwei bis drei Quadratmillimetern. Die Chipgröße wird durchweg in Inch-Bruchteilen angegeben, zum Beispiel 1/1,7". Die aktive Sensor-Fläche ist aber kleiner; beim üblichen Seitenverhältnis 4 : 3 entspricht ihre Breite etwa der Hälfte der Chipgröße, beim 1/1,7"-Sensor also rund 7,5 mm (25,4 mm : 1,7 · 0,5).

Four-Thirds-Chips sind die kleinsten in DSLR-Kameras verwendeten Sensorchips; die Sensorfläche hat eine Diagonale von knapp 22 mm, was beim Seitenverhältnis 4 : 3 dem Format 17,3 mm × 13,0 mm entspricht. Weitere Sensorgrößen wurden von Aufnahmeformaten der analogen Fotografie übernommen, insbesondere Kleinbildformat (36 mm × 24 mm), APS-C-Format (25,1 mm × 16,7 mm) und Kleinbild-Halbformat (24 mm × 18 mm). Die Sensoren in Mittelformat- und Fachkameras haben aktive Sensorflächen bis etwa 54 mm × 40 mm.

Bei den Sensoren im APS-C- und Kleinbild-Halb- und Vollformat sowie bei den noch größeren Sensoren der Mittelformat- und Fachkameras stehen etwa 20 bis 40 Quadratmillimeter für eine Million Sensorzellen zur Verfügung. Verglichen mit Kompaktkamera-Sensoren, sind die einzelnen Sensorzellen also flächenmäßig etwa zehnmal so groß.

Zur RGB-Farbzerlegung wird in Digitalkameras eine Mosaikfilter-Anordnung verwendet: Die Sensorelemente der CCD- oder CMOS-Chips sind im Wechsel mit roten, grünen und blauen Farbfilterschichten versehen. Dabei befindet sich die Hälfte der Sensorelemente hinter Grünfiltern und jeweils ein Viertel hinter Rot- bzw. Blaufiltern. Diese Filter-Anordnung wird nach ihrem Erfinder Bryce E. Bayer auch als Bayer-Mosaik, -Matrix oder -Pattern bezeichnet.

Das vom Sensor erfasste Bild ist also unvollständig; für jedes Pixel ist nur jeweils eine der drei benötigten Farbinformationen (Rot, Grün oder Blau) vorhanden.

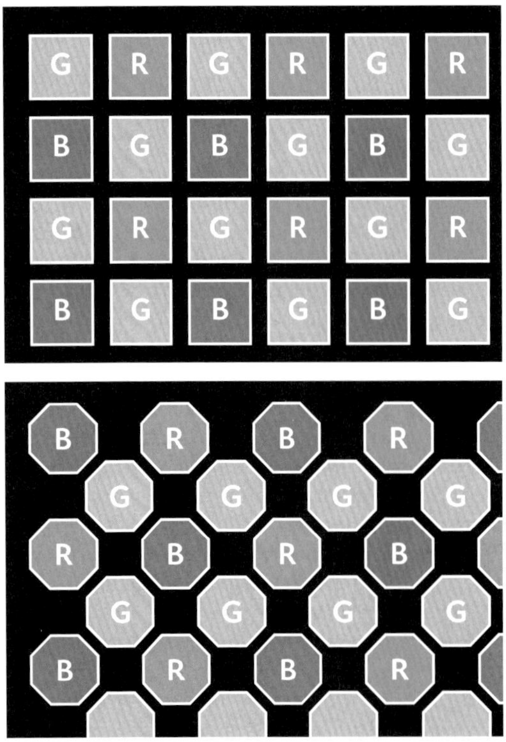

Mosaikfilter-Anordnungen mit quadratischen und mit achteckigen Sensorelementen

Farb-Interpolation

1.1 *Grün*	**2.1** *Rot*	**3.1** *Grün*	**4.1** *Rot*
1.2 *Blau*	**2.2** *Grün*	**3.2** *Blau*	**4.2** *Grün*
1.3 *Grün*	**2.3** *Rot*	**3.3** *Grün*	**4.3** *Rot*
1.4 *Blau*	**2.4** *Grün*	**3.4** *Blau*	**4.4** *Grün*

Pixel 2.2
Rot Interpolation aus 2.1 und 2.3
Grün = 2.2
Blau Interpolation aus 1.2 und 3.2

Pixel 2.3
Rot = 2.3
Grün Interpolation aus 1.3, 2.2, 2.4, 3.3
Blau Interpolation aus 1.2, 1.4, 3.2, 3.4

Pixel 3.2
Rot Interpolation aus 2.1, 2.3, 4.1, 4.3
Grün Interpolation aus 2.2, 3.1, 3.3, 4.2
Blau = 3.2

Um bei einmaliger Belichtung des Sensors (One-Shot, Single-Shot) ein vollständiges RGB-Bild zu erzeugen, werden die fehlenden Farbinformationen durch Interpolation aus benachbarten Pixeln errechnet (Farb-Interpolation, Pattern-Interpolation, Demosaicing).

Nur einer der drei RGB-Farbwerte eines Pixels wird also an seinem tatsächlichen Ort erfasst; die anderen sind Mittelwerte aus Farbinformationen, die links, rechts, ober- und unterhalb davon aufgenommen werden (vgl. Kasten auf der vorhergehenden Seite). Die Detailauflösung ist deshalb nur etwa halb so hoch wie bei nicht farb-interpolierten Bildern. Außerdem kann sichtbares Farbrauschen entstehen, insbesondere in fein strukturierten, unbunten oder nahezu unbunten Flächen, zum Beispiel grauen Textilien. Die einzelnen Pixel sind dann nicht (nahezu) unbunt, sondern – je nach zufälliger Lage zur Motivstruktur – rötlich, gelblich, grünlich usw.

Diese Probleme werden heute im Wesentlichen durch immer höher auflösende Sensoren gelöst bzw. gemildert. In der Vergangenheit wurde eine ganze Reihe anderer technischer Lösungen zur Vermeidung der Farb-Interpolation und zur Steigerung der Auflösung entwickelt und genutzt, die aber inzwischen an Bedeutung verloren haben.

- Kameras mit drei Flächensensoren zerlegen das einfallende Licht mittels Prismen und dichroitischen Filtern in seine Primärfarben (vgl. Bild unten). Diese Bauweise wird heute vor allem bei professionellen Videokameras verwendet.
- Beim Four-Shot-Verfahren, auch als Pixel-Shift bezeichnet, wird das Motiv viermal aufgenommen, wobei sich der Flächensensor jeweils um ein Sensorelement seitlich bzw. in der Höhe verschiebt.

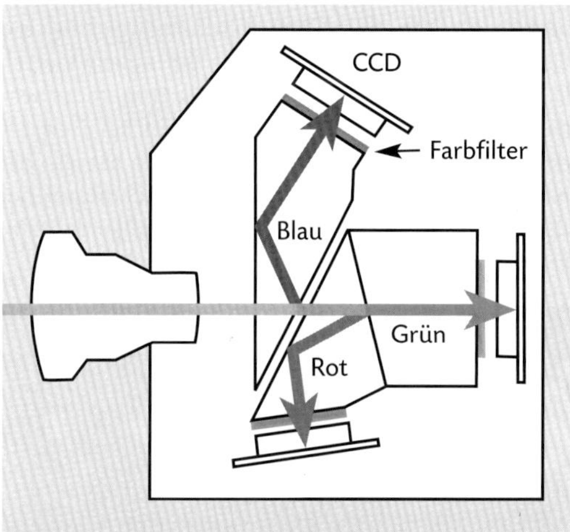

Schema des Lichtteilungssystems einer Videokamera mit drei CCDs; an den rechten Austrittsflächen der beiden linken Prismen befinden sich dichroitische Filter.

- Beim Microscanning (Microstep, Multiple Shot) wird der Flächensensor um noch kleinere Strecken waagerecht und senkrecht verschoben, zum Beispiel um jeweils ein halbes Sensorelement.
- Three-Shot-Kameras nehmen die Rot-, Grün- und Blau-Informationen nacheinander mit einem CCD ohne Mosaikfilter auf, vor dem sich ein Filterrrad oder -schieber befindet.
- Scan-Kameras und -Rückteile mit trilinearen Zeilensensoren (vgl. Abschnitt 3.4.2.2) nehmen das Bild zeilenweise auf, ähnlich wie Flachbettscanner.

Eine ebenfalls nicht mehr ganz neue Entwicklung ist der X3-Sensor der inzwischen von der Sigma Corporation übernommenen Foveon Inc. Jedes einzelne Sensorelement hat hier drei übereinander liegende Ebenen, die den blauen, grünen bzw. roten Anteil des Lichts erfassen. Das ist möglich, weil Licht je nach Wellenlänge unterschiedlich tief in das Halbleitermaterial eindringt, bevor es absorbiert wird und den lichtelektrischen Effekt auslöst. Bei blauem Licht beträgt die Absorptionstiefe in Silizium etwa 200 nm bis 500 nm, bei grünem etwa 500 nm bis 1500 nm und bei rotem etwa 1500 nm bis 3000 nm.

Diese Technik hat sich aber bislang kaum durchgesetzt. Bei Erscheinen dieses Buchs waren X3-Sensoren nur in einer Größe (20,7 mm × 13,8 mm, 2652 × 1768 Dreifach-Sensorelemente) verfügbar und wurden nur in Kameras des Herstellers Sigma eingebaut.

3.5.3 Brennweiten

Die Brennweite des Objektivs bestimmt beim Fotografieren die Größe des erfassten Bildausschnitts. Bei gleichem Kamera-Standpunkt und gleichem Aufnahmeformat ist der Ausschnitt umso kleiner, je länger die Brennweite ist. Eine Brennweite, die etwa so lang ist wie die Diagonale des Aufnahmeformats, wird Normalbrennweite genannt. Beim Kleinbild-Format (KB-Format, 24 mm × 36 mm) beträgt sie also rund 43 mm.

Sensoren in Kompaktkameras sind erheblich kleiner als das KB-Format. Entsprechend kürzer ist ihre Diagonale und damit die Normalbrennweite. Um die Orientierung zu erleichtern, geben Kamerahersteller zusätzlich oder anstelle der tatsächlichen Objektiv-Brennweite an, welcher Brennweite beim KB-Format sie entspricht. Beispiel: Das Zoom-Objektiv einer Kamera mit 9 mm Sensordiagonale deckt den Brennweitenbereich 5,9 mm bis 31,4 mm ab. Beim KB-Format entspricht das rund 28 mm (5,9 mm : 9 mm · 43 mm) bis 150 mm (31,4 mm : 9 mm · 43 mm).

Bei Kameras mit auswechselbaren Objektiven wird der Brenweitenfaktor („Brennweitenverlängerung", Formatfaktor, Crop-Faktor) angegeben. Das ist der

Faktor, um den sich die Brennweite des Objektivs gegenüber dem entsprechenden Filmformat scheinbar verlängert. Ein Brennweitenfaktor von zum Beispiel 1,5 gegenüber KB-Format bedeutet, dass die Brennweite 50 mm bei der DSLR-Kamera denselben Bildausschnitt ergibt wie die Brennweite 50 mm · 1,5 = 75 mm beim Kleinbildformat.

Wenn die Sensorgröße bekannt ist, lässt sich der Brennweitenfaktor leicht ausrechnen. Beispiel: Die aktive Sensorfläche einer DSLR-Kamera ist 24 mm breit und 16 mm hoch. Da Sensor und Kleinbildformat (36 mm × 24 mm) dasselbe Seitenverhältnis (3 : 2) haben, wird einfach die Breite oder Höhe des Filmformats durch entsprechende Seite der Sensorgröße dividiert: 36 mm : 24 mm = 1,5 oder 24 mm : 16 mm = 1,5. Bei ungleichen Seitenverhältnissen werden die Diagonalen der beiden Formate ausgerechnet und entsprechend dividiert

Beim Brennweitenfaktor 1 sind Sensor und Filmformat gleich groß. Sensoren dieser Größe werden auch als Vollformatsensoren bezeichnet.

3.5.4 Belichtung

3.5.4.1 Belichtungszeit und Blende

Die Qualität digitaler wie konventioneller fotografischer Aufnahmen hängt ganz wesentlich von der richtigen Belichtung des Sensors bzw. Films ab. Bei zu geringer Belichtung (Unterbelichtung) entstehen zu dunkle Bilder mit mangelhafter Tiefenzeichnung, bei zu hoher Belichtung (Überbelichtung) werden die Bilder zu hell und die Lichterzeichnung ist mangelhaft. Solche Fehler lassen sich durch nachträgliche digitale Bildbearbeitung nur begrenzt ausgleichen; verlorene Lichter- und Tiefenzeichnung, also fehlende Abstufungen zwischen hellen bzw. dunklen Farben, sind nicht rekonstruierbar.

Beim Fotografieren ist also dafür zu sorgen, dass trotz unterschiedlichster Lichtverhältnisse (direktes Sonnenlicht, bedeckter Himmel, Dämmerung, unterschiedlich starkes Kunstlicht usw.) immer die richtige Lichtmenge auf Sensor oder Film gelangt. Welche Lichtmenge richtig ist hängt von der Empfindlichkeit des Sensors oder Films ab (mehr dazu im folgenden Abschnitt).

Die Belichtung ist das Produkt aus der Beleuchtungsstärke auf Sensor oder Film und der Belichtungszeit. Die Belichtungszeit wird durch den Verschluss gesteuert, die Beleuchtungsstärke durch die Blende.

Der Verschluss befindet sich entweder im Objektiv (Zentralverschluss) oder direkt vor dem Sensor bzw. Film (Schlitzverschluss) und wird für die Zeitdauer der Belichtung geöffnet. Statt Belichtungszeit wird deshalb auch der Begriff Verschlusszeit benutzt.

Die Blende regelt die Beleuchtungsstärke auf dem Sensor oder Film, indem sie je nach Öffnung einen größeren oder kleineren Lichtstrom durchlässt. Sie befindet sich im Objektiv und besteht meist aus Lamellen, die je nach ihrer Stellung eine größere oder kleinere Öffnung freigeben (Lamellenblende, Irisblende).

Maßgeblich ist allerdings nicht die Blendenöffnung selbst, sondern die sich daraus ergebende wirksame Öffnung. Das ist der Durchmesser eines achsenparallel auf die Frontlinse des Objektivs treffenden Lichtkegels, der von der Blende gerade noch durchgelassen wird.

Die Blendenzahl (relative Öffnung) k – kurz „Blende" genannt – ist der Quotient aus Brennweite f und Durchmesser der wirksamen Öffnung d.
Beispiel: f = 40 mm, d = 5 mm
$k = f : d$ = 40 mm : 5 mm = 8

Durchmesser und Blendenzahl sind antiproportional – die Halbierung des wirksamen Öffnungsdurchmessers ergibt also eine Verdoppelung der Blendenzahl. Der von der Blende durchgelassene Lichtstrom wird dabei aber nicht halbiert, sondern auf ein Viertel reduziert. Wenn der Durchmesser eines Kreises (der wirksamen Öffnung) halbiert wird, verringert sich die Fläche (der durchgelassene Lichtstrom) auf ein Viertel. Um die Fläche eines Kreises zu halbieren, muss sein Durchmesser durch $\sqrt{2}$ dividiert werden. Ein Kreis mit dem Durchmesser 5 mm : $\sqrt{2} \approx$ 3,54 mm hat also die halbe Fläche eines Kreises mit 5 mm Durchmesser. Bei der Brennweite 40 mm entspricht das der Blendenzahl: k = 40 mm : 3,54 mm $\approx$ 11,3.

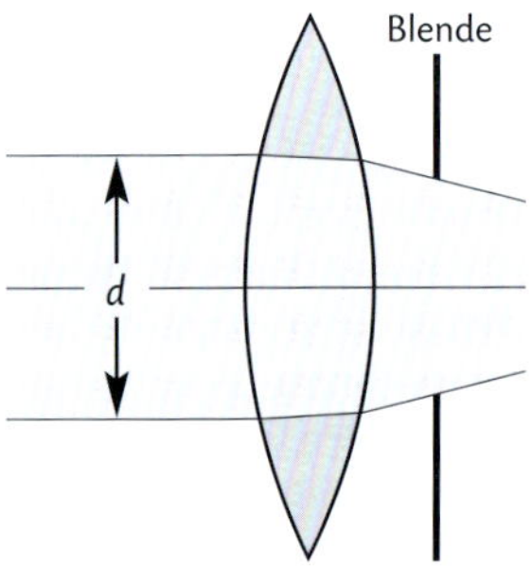

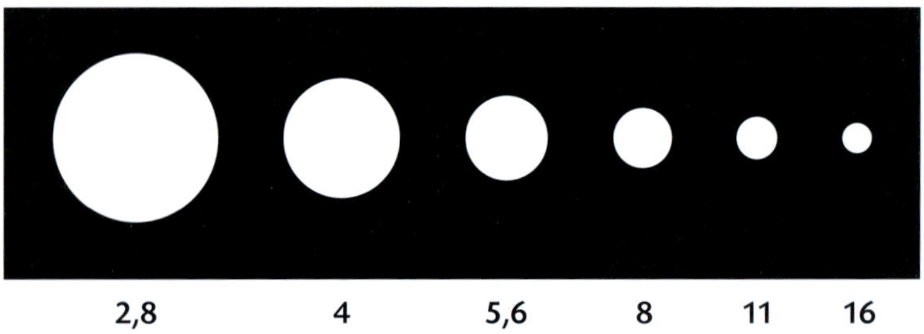

Links: Wirksame Blendenöffnung (d) *Oben: Wirksame Öffnungen bei f = 50 mm*

Die internationale Blendenreihe ist so aufgebaut, dass ein Schritt zur nächsthöheren Blendenzahl einer Halbierung des von der Blende durchgelassenen Lichtstroms entspricht. Sie enthält deshalb neben ganzzahligen auch „krumme" Blendenzahlen, die allerdings gerundet angegeben werden:

1 1,4 2 2,8 4 5,6 8 11 16 22 32 45 ...

Die größtmögliche wirksame Öffnung eines Objektivs, in der fachlichen Umgangssprache auch „Lichtstärke" genannt, wird in der Form f/k oder 1 : k angegeben, also zum Beispiel $f/2{,}8$ oder 1: 2,8. Je kleiner die Blendenzahl hinter dem Schrägstrich oder Doppelpunkt, umso „lichtstärker" ist das Objektiv.

Dieselbe Belichtung kann durch unterschiedliche Kombinationen von Blendenzahl k und Belichtungszeit t realisiert werden. Dabei entspricht ein Schritt in der Blendenreihe jeweils einer Verdoppelung bzw. Halbierung der Belichtungszeit. Beispiel: Bei Blende 8 beträgt die Belichtungszeit 1/125 s. Für die Blendenzahlen von 2,8 bis 16 ergeben sich die folgenden (zum Teil praxisüblich gerundeten) Belichtungszeiten:

k	2,8	4	5,6	*8*	11	16
t [s]	1/1000	1/500	1/250	*1/125*	1/60	1/30

Bei kleinen Blendenzahlen (großen Öffnungen) sind also die Belichtungszeiten vergleichsweise kurz. Dadurch lässt sich Bewegungsunschärfe bei bewegten Motiven und „Verwackeln" durch unruhige Kamerahaltung vermeiden. Große Öffnungen verringern aber die Schärfentiefe: Um zum Beispiel bei einer Landschaftsaufnahme sowohl den Vorder- als auch den Hintergrund ausreichend scharf abzubilden, muss die Blendenöffnung relativ klein sein (vgl. Abschnitt 3.5.5).

Die Einstellung von Belichtungszeit und Blende wird normalerweise automatisch durch einen in die Kamera integrierten Belichtungsmesser und -rechner gesteuert. Viele Kameras haben drei Automatik-Modi:

- Zeitautomatik: Die Blende wird manuell eingestellt, die Belichtungszeit automatisch daran angepasst.
- Blendenautomatik: manuelle Einstellung der Belichtungszeit, automatische Anpassung der Blende
- Programmautomatik: Es wird ein zur Aufnahmesituation passendes Belichtungsprogramm gewählt. Ein Programm mit der Bezeichnung „Sport" stellt zum Beispiel vorrangig kurze Belichtungszeiten ein, um Bewegungsunschärfe zu verhindern; ein Programm mit der Bezeichnung „Landschaft" dagegen vorrangig kleine Blendenöffnungen (große Blendenzahlen), um hohe Schärfentiefen zu erreichen.

Bei bestimmten Motiven kann es allerdings erforderlich sein, die von der Belichtungsautomatik eingestellten Werte zu korrigieren. Der Belichtungsrechner unterstellt, dass die aufgenommenen Objekte einen durchschnittlichen Reflexionsfaktor von rund 20% (Dichte rund 0.7) haben. Ist der tatsächliche Reflexionsfaktor erheblich höher, zum Beispiel bei einer Schneelandschaft oder weißen Textilien, reagiert die Automatik mit zu geringer Belichtung und die Aufnahme wird unterbelichtet.

In diesem Fall muss die Belichtung durch manuelle Korrektur erhöht werden. Der Korrekturwert +1 verringert die Blendenzahl um eine Stufe (zum Beispiel von 8 auf 5,6) oder verdoppelt die Belichtungszeit (zum Beispiel von 1/500 s auf 1/250 s); mit dem Korrekturwert +2 wird die Blendenzahl um zwei Stufen verringert (zum Beispiel von 8 auf 4) oder die Belichtungszeit vervierfacht (z. B. von 1/500 s auf 1/125 s).

Bei sehr dunklen Motiven, deren durchschnittliche Reflexionsfaktoren deutlich geringer als 20 % sind, ist die Belichtung entsprechend zu reduzieren (negative Korrekturwerte, zum Beispiel −1 oder −2).

3.5.4.2 Lichtempfindlichkeit

Die Allgemeinempfindlichkeit fotografischer Filme wird nach internationaler Norm durch zwei Werte gekennzeichnet, zum Beispiel ISO 100/21°. Diese Kennzeichnung gilt entsprechend für digitale Kameras und Rückteile. Die erste Zahl (hier 100) ist proportional zur Lichtempfindlichkeit – ihre Verdoppelung, zum Beispiel von 100 auf 200, entspricht also einer doppelt so hohen Empfindlichkeit. Der zweite Wert ist ein verzehnfachter dekadischer Logarithmus – die Erhöhung um 3°, zum Beispiel von 21° auf 24°, entspricht der Verdoppelung der Empfindlichkeit. Da beide Werte für denselben Sachverhalt stehen, wird in der Praxis durchweg nur der erste benutzt.

Empfindlichkeitszahl und Belichtungszeit sind antiproportional. Wenn zum Beispiel bei ISO 100 die Belichtungszeit 1/125 s erforderlich ist, ergeben sich für ISO 25 bis ISO 800 bei unveränderter Blende folgende (zum Teil praxisüblich gerundete) Belichtungszeiten.

ISO	25	50	*100*	200	400	800
t [s]	1/30	1/60	*1/125*	1/250	1/500	1/1000

Eine Verdoppelung oder Halbierung der Empfindlichkeitszahl entspricht zugleich einer Stufe der internationalen Blendenreihe. Wird bei der Empfindlichkeit ISO 100 zum Beispiel die Blende 5,6 benutzt, so ergeben sich bei unveränderter Belichtungszeit für ISO 25 bis ISO 400 folgende Blendenzahlen.

ISO	25	50	*100*	200	400	800
k	2,8	4	*5,6*	8	11	16

Digitalkameras haben Basis-Lichtempfindlichkeiten von etwa ISO 50 bis ISO 200. Die Empfindlichkeit lässt sich manuell oder programmgesteuert auf höhere Werte umschalten, also zum Beispiel von ISO 100 auf ISO 200, ISO 400, ISO 800 oder ISO 1600. Dadurch kann entweder die Blende weiter geschlossen oder die

Belichtungszeit verkürzt werden, um auch bei ungünstigen Lichtverhältnissen hohe Schärfentiefe zu erreichen bzw. bewegte Motive ohne Bewegungsunschärfe aufzunehmen.

Höhere Empfindlichkeitseinstellungen gehen aber zu Lasten der Bildqualität, weil das Rauschen stärker wird (zum Rauschen vgl. auch Abschnitt 3.2.3.1 und 3.2.3.2). Die Empfindlichkeit des Sensors erhöht sich gar nicht – die Einstellung wirkt sich nur auf die Quantisierung des vom Sensor erzeugten Analogsignals aus. Die analoge Signalstärke, die bei der Quantisierung als Weiß (maximaler Pixelwert) interpretiert wird, ist bei der Einstellung ISO 200 nur halb so hoch wie bei ISO 100; bei ISO 400 beträgt sie gegenüber ISO 100 ein Viertel, bei ISO 800 ein Achtel. Das absolut gleich starke Rauschsignal ist relativ zum Nutzsignal umso stärker, je höher die Empfindlicheit eingestellt und je schwächer damit das ausgewertete Nutzsignal ist.

Aufgrund des nichtlinearen Helligkeitsempfindens (vgl. Abschnitt 3.2.3.1) wird das Rauschen in den Bildtiefen visuell am stärksten wahrgenommen. Technisch bedingt, ist das Rauschen im Blaukanal stärker als in den anderen beiden Farbkanälen. Da Halbleitersensoren für kurze Wellenlängen weniger empfindlich sind als für längere, ist das Nutzsignal im Blaukanal schwächer und folglich die relative Stärke des Rauschsignals höher als im Rot- und Grünkanal.

Die relativ großflächigen Sensoren in SLR-, Mitelformat- und Fachkameras haben günstigere Signal-Rausch-Verhältnisse als die extrem kleinen Sensoren in Kompaktkameras. Je kleiner die einzelne Sensorzelle, desto weniger Elektronen werden durch lichtelektrischen Effekt freigesetzt und umso höher muss die Verstärkung sein, um aus der schwachen Ladung ein messbares Spannungssignal zu machen. Aufnahmen mit großen Sensoren sind auch bei höherer Empfindlichkeitseinstellung, zum Beispiel ISO 800 oder ISO 1600, kaum sichtbar verrauscht. Bei Aufnahmen mit Kompaktkameras ist wegen der sehr kleinen Sensoren durchweg schon bei ISO 400 deutlich sichtbares Rauschen vorhanden.

3.5.4.3 Blooming

Ein besonderes Belichtungsproblem in der digitalen Fotografie ist das Blooming. Das sind Überstrahlungen sehr heller Bildstellen, die als Zeichnungsverluste in hellen Bildbereichen und unscharfe Lichthöfe an den Grenzen zwischen sehr hellen und dunklen Flächen sichtbar werden. Trotz insgesamt richtiger Belichtung werden einzelne Sensorelemente überbelichtet, wenn sich zum Beispiel stark reflektierende Gegenstände (Spiegel, poliertes Metall) oder aktive Lichtquellen (Sonne, Scheinwerfer) im aufgenommenen Ausschnitt befinden. In den überbelichteten Sensorelementen werden so viele Elektronen freigesetzt, dass sie teilweise in benachbarte Elemente „überlaufen". Dieses Phänomen wird auch Übersprechen oder Crosstalk genannt. Es tritt vor allem bei CCD-Sensoren auf, bei CMOS-Sensoren dagegen kaum oder gar nicht.

Im Atelier kann Blooming durch geschickten Aufbau der Objekte und die Ausleuchtung (Vermeidung starker Reflexionen) weitgehend verhindert werden. Bei Aufnahmen in der Natur hilft unter Umständen leichte Unterbelichtung (Einstellung eines negativen Belichtungs-Korrekturwerts), die bei der Bildbearbeitung wieder ausgeglichen wird. Bei kontrastreichen Motiven besteht dann allerdings die Gefahr, dass Tiefenzeichnung verloren geht, weil die Belichtung zu gering für die dunklen Motivbereiche ist.

3.5.5 Schärfe und Schärfentiefe

Um scharfe Bilder zu erzeugen, muss die Bildweite an die Entfernung des aufzunehmenden Objekts (Gegenstandsweite) angepasst werden (vgl. Abschnitt 3.3.2). Diesem Zweck dient die manuelle oder automatische „Entfernungseinstellung" der Kamera. Durch die Einstellung auf zum Beispiel 5 m wird die Bildweite festgelegt, bei der 5 Meter weit entfernte Objektpunkte optimal scharf abgebildet werden.

Die Einstellung kann manuell nach geschätzter Entfernung oder visueller Beurteilung der Schärfe im Sucher der SLR-Kamera erfolgen. Bei der automatisierten Einstellung (Autofocus) wird das vom Bildsensor ausgelesene Bild laufend analysiert, während ein kleiner Elektromotor die Bildweite kontinuierlich verstellt. Sobald scharfe Linien oder Kanten im Bereich der Bildmitte auftreten, wird der Antrieb gestoppt und der Einstellvorgang ist abgeschlossen. In einfachen Kompaktkameras wird derselbe Sensor benutzt, der auch für die Aufnahme dient. DSLR-Kameras haben zusätzliche, kleinere Sensoren, die sich schneller auslesen lassen und dadurch die Einstellung beschleunigt.

Schärfentiefe ist der Bereich vor und hinter der eingestellten Gegenstandsentfernung, der zwar nicht absolut, aber noch ausreichend scharf abgebildet wird. Mit anderen Worten: Die Unschärfe ist hier so gering, dass das Bild visuell noch scharf empfunden wird (vgl. Abschnitt 3.3.2). Die Berechnung der Schärfentiefe ist recht kompliziert (vgl. Abschnitt 11.13.3); die folgende Darstellung beschränkt sich deshalb auf Beispiele. Für die praktische Arbeit gibt es Tabellen und Rechenscheiben.

Die Schärfentiefe hängt von mehreren Faktoren ab: unmittelbar von Blende, eingestellter Gegenstandsentfernung und Brennweite, mittelbar von der Sensorgröße (Aufnahmeformat).

- Kleinere Blendenöffnung (höhere Blendenzahl) führt zu höherer Schärfentiefe. Beim KB-Vollformat (36 mm × 24 mm), Brennweite 50 mm, eingestellte Entfernung 5 m, ergeben sich zum Beispiel diese Schärfentiefebereiche:
  Blende 2,8 — 4,46 m bis 5,70 m
  Blende 5,6 — 4,02 m bis 6,62 m
  Blende 11 — 3,36 m bis 9,80 m
- Größere Einstellentfernung ergibt höhere Schärfentiefe. Beispiele für KB-Vollformat (36 mm × 24 mm), Blende 5,6, Brennweite 50 mm:
  2 m — 1,82 m bis 2,22 m
  5 m — 4,02 m bis 6,62 m
  8 m — 5,75 m bis 13,16 m
- Längere Brennweite führt zu geringerer Schärfentiefe. Beispiele für KB-Vollformat (36 mm × 24 mm), Blende 5,6, eingestellte Entfernung 5 m:
  f = 30 mm — 2,81 m bis 22,84 m
  f = 50 mm — 4,02 m bis 6,62 m
  f = 100 mm — 4,71 m bis 5,33 m

Die mittelbare Abhängigkeit der Schärfentiefe von der Sensorgröße (Aufnahmeformat) ergibt sich aus den bei kleineren Sensoren entsprechend kürzeren und bei größeren Sensoren entsprechend längeren Brennweiten (vgl. Abschnitt 3.5.3). Kompaktkameras erreichen aufgrund kleiner Sensoren und kurzer Brennweiten vergleichsweise hohe Schärfentiefen; bei DSLR-, Mittelformat- und Fachkameras mit größeren Sensoren und längeren Brennweiten sind sie erheblich geringer (vgl. Beispiele im Kasten unten).

Beim anspruchslosen „Knipsen" sind hohe Schärfentiefen von Vorteil: Es besteht kaum Gefahr, dass wichtige Motivteile versehentlich unscharf abgebildet werden. In der anspruchsvolleren Fotografie wird aber der Kontrast zwischen scharf und unscharf abgebildeten Teilen des Motivs bewusst und gezielt als Gestaltungsmittel eingesetzt – er schafft Räumlichkeit und hebt wichtige Teile des Motivs gegenüber weniger wichtigen hervor. Hier geht es also nicht um möglichst hohe Schärfentiefe, sondern um die jeweils richtige, Motiv und Gestaltungsidee entsprechende Lage und Ausdehnung des Schärfebereichs.

Bei der Entfernungseinstellung unendlich (∞) werden sehr weit (theoretisch unendlich weit) entfernte Gegenstandspunkte optimal scharf abgebildet. Die Entfernung des am weitesten vorn liegenden Gegenstandspunkts, der gerade noch ausreichend scharf abgebildet wird (Nahpunkt unendlich), heißt hyperfokale Distanz. Wird die Kamera genau auf diese Entfernung eingestellt, so reicht die Schärfentiefe von der Hälfte der hyperfokalen Distanz bis unendlich.

Für das Kleinbildformat ergeben sich bei der Brennweite 50 mm die folgenden hyperfokalen Distanzen und Schärfentiefen bei Einstellung auf die jeweilige hyperfokale Distanz:

Blende 2,8	hyperfokale Distanz	40,8 m
	Schärfentiefe	20,4 m bis ∞
Blende 5,6	hyperfokale Distanz	20,4 m
	Schärfentiefe	10,2 m bis ∞
Blende 11	hyperfokale Distanz	10,2 m
	Schärfentiefe	5,1 m bis ∞

Bei kleineren Sensoren und Brennweiten sind die hyperfokalen Distanzen kürzer und die Schärfentiefen entsprechend größer. Für Kompaktkamera-Sensoren mit 11 mm Diagonale ergeben sich bei der Brenweite 13 mm folgende Werte:

Blende 2,8	hyperfokale Distanz	10,8 m
	Schärfentiefe	5,4 m bis ∞
Blende 5,6	hyperfokale Distanz	5,4 m
	Schärfentiefe	2,7 m bis ∞
Blende 11	hyperfokale Distanz	2,7 m
	Schärfentiefe	1,35 m bis ∞

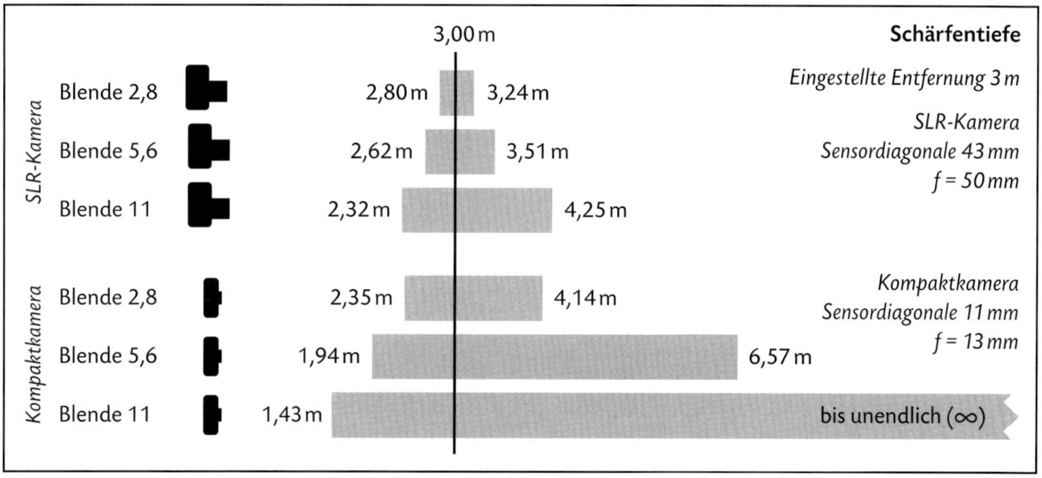

3.5.6 Weißabgleich

Das menschliche Farbempfinden passt sich an die Spektralverteilung der Beleuchtung an (chromatische Adaption, Farbstimmung, vgl. Abschnitt 2.2.5). Glühlampenlicht wird nach kurzer Eingewöhnung als Unbunt empfunden, obwohl der langwellige (rote) Strahlungsanteil viel höher ist als der kurzwellige (blaue).

Der Kamerasensor analysiert das Licht objektiv auf seine Rot-, Grün- und Blauanteile. Ein helles, unbuntes Objekt ergibt bei Tageslicht drei (nahezu) gleich hohe RGB-Farbwerte, zum Beispiel R 230 G 230 B 230, bei Glühlampenlicht aber stark voneinander abweichende, zum Beispiel R 250 G 210 B 140. Alle anderen Farben verschieben sich entsprechend, das Bild erhält einen gelblich-orangen Buntstich. Es sieht „falsch" aus, weil die erfassten und ausgegebenen Farben stark von denen abweichen, die bei direkter Betrachtung des Objekts unter Glühlampenlicht empfunden werden.

Um das zu verhindern, wird die Farbanalyse der Digitalkamera an das menschliche Farbempfinden angepasst, also ebenfalls „umgestimmt". Die drei Farbkanäle werden so aufeinander eingepegelt, dass die von unbunten Flächen reflektierte Strahlung drei gleich hohe Werte für Rot, Grün und Blau ergibt. Dieser Vorgang heißt Weißabgleich (White Balance) und lässt sich mit unterschiedlichen Methoden durchführen.

- Automatisch: Unmittelbar vor der Aufnahme werden die Rot-, Grün- und Blauanteile des vom Sensor aufgenommenen Lichts miteinander verglichen und ins Gleichgewicht gebracht. Das funktioniert recht gut, wenn das Motiv helle, unbunte Flächen enthält oder farblich ausgeglichen ist. Fehler können aber auftreten, wenn unbunte Flächen fehlen und das Motiv überwiegend Farben mit ähnlichen Bunttönen enthält. Problematisch ist auch Mischbeleuchtung, wenn also zum Beispiel ein Motiv teils mit Tageslicht, teils mit Kunstlicht beleuchtet wird.
- Manuell: Die Farbtemperatur der Beleuchtung wird geschätzt oder (besser) mit einem Farbtemperatur-Messgerät ermittelt und auf der Farbtemperatur-Skala der Kamera eingestellt. Einfachere Kameras bieten anstelle der Skala meist nur einige Symbole an, zum Beispiel „Glühlampe", „Leuchtstoffröhre", „Sonne" (Tageslicht bei unbedecktem Himmel) und „Wolke" (Tageslicht, bedeckter Himmel).
- Abgleich (Kalibrierung, Eichung) nach Weißreferenz (Vergleichsweiß): Die Kamera wird auf eine formatfüllende, weiße Fläche gerichtet, zum Beispiel ein weißes Blatt Papier. Die danach ermittelten Pegelwerte für die drei Farbkanäle werden gespeichert und stehen so lange zur Verfügung, bis sie gelöscht oder durch die Werte eines erneuten Weißabgleichs ersetzt werden.

3.5.7 RAW-Formate und -Bearbeitung

Einfache Kompaktkameras speichern die Aufnahmen als sRGB-Bilder mit 24 Bit Datentiefe im JPEG-Format. Bei höherwertigeren Kameras ist auch 48 Bit Datentiefe möglich, teilweise stehen auch andere Dateiformate (zum Beispiel TIFF) und andere RGB-Farbräume (zum Beispiel Adobe-RGB) zur Auswahl. Im Dateiheader werden Metadaten nach der Exif-Spezifikation *(Exchangeable image file format for Digital Still Cameras)* gespeichert, zum Beispiel Kameramodell, Datum, Belichtungszeit, Blende.

Damit aus den vom Analog-Digital-Wandler der Kamera erzeugten Daten fertige, ausgabereife Bilder werden, ist eine Reihe von Modifikationen nötig, u. a. Farb-Interpolation, Weißabgleich, Transformation in einen spezifizierten RGB-Farbraum, Bearbeitung mit digitalen Filtern, gegebenenfalls Herunterrechnen auf 24 Bit Datentiefe und Kompression. Dabei gehen aber Informationen verloren, die in den ursprünglichen, vom Analog-Digital-Wandler erzeugten Daten noch enthalten waren – die Datenmodifikationen lassen sich nach der Speicherung nicht mehr widerrufen, spätere Änderung kann zu Qualitätsverlusten führen.

Alternative zur Speicherung fertiger Bilder sind RAW-Formate. Dabei werden die Daten ohne Bearbeitung so gespeichert, wie sie den Analog-Digital-Wandler der Kamera verlassen. Es gibt zahlreiche RAW-Formate, die sich je nach Hersteller und Kameramodell voneinander unterscheiden; einige Kameras unterstützen auch das von Adobe entwickelte Dateiformat DNG (Digital Negative). RAW-Daten haben immer die volle, vom Analog-Digital-Wandler erzeugte Datentiefe und sind entweder gar nicht oder verlustfrei komprimiert. RAW-Dateien sind deshalb erheblich größer als JPEG-, aber wegen der nicht vorgenommenen Farbinterpolation kleiner als TIFF-Dateien.

Bilder in RAW-Formaten werden nachträglich mit RAW-Convertern „entwickelt". RAW-Converter sind von den Kameraherstellern mitgelieferte Programme, Plug-Ins für Bildbearbeitungsprogramme oder entsprechende Module in Programmen, die speziell zur Bearbeitung von Digitalfotos dienen (zum Beispiel Silverfast DC, Adobe Photoshop Lightroom). RAW-Dateien enthalten umfangreiche Meta-Informationen – anders als die Exif-Daten von JPEG- und TIFF-Dateien dienen sie aber nicht nur zur Information, sondern sind Ausgangsbasis für die weitere Bearbeitung.

Durch die Arbeit mit RAW-Daten werden mehrfache Farbraum-Transformationen vermieden, automatische oder nach Schätzungen vorgenommene Kamera-Einstellungen, zum Beispiel Weißabgleich, lassen sich gezielt in Richtung auf das gewünschte Ergebnis beeinflussen.

3.6 Bildbearbeitung

3.6.1 Vorbemerkung

Professionelle Bildbearbeitungsprogramme enthalten zahlreiche Bildbearbeitungsfunktionen und -werkzeuge, deren auch nur annähernd vollständige Darstellung hier nicht möglich ist. Erst recht kann nicht auf Besonderheiten einzelner Programme eingegangen werden. Die folgenden Abschnitte beschränken sich deshalb auf elementare Einstellungen und Bearbeitungen.

3.6.2 Weiß- und Schwarzpunkt

Unterschiedliche Vorlagen haben stark voneinander abweichende Kontrastverhältnisse. Bei fotografischen Aufsichtsvorlagen sind sie selten höher als 100 (Dichteumfang ΔD = 2.00); Diapositive erreichen dagegen Werte von 1000 (ΔD = 3.00) und mehr. Natürlich beleuchtete Objekte oder Szenen, zum Beispiel Landschaften, haben oft noch erheblich höhere Kontrastverhältnisse (zu Kontrastverhältnis und Dichteumfang vgl. Abschnitt 2.1.5.4).

Im vierfarbigen Druckprozess werden, je nach Bedruckstoff und Druckverfahren, Kontrastverhältnisse von etwa 20 : 1 bis 100 : 1 (ΔD = 1.30 ... 2.00) erreicht. Die Leuchtdichteverhältnisse von Monitoren (Quotienten aus den Leuchtdichten bei Darstellung von Weiß und Schwarz) liegen unter praktischen Bedingungen in der Größenordnung von 100 : 1 bis 200 : 1.

Die Kontrastverhältnisse der Ausgabeprozesse und -geräte sind also nicht übermäßig groß und sollten so weit wie möglich ausgenutzt werden. Das bedeutet: Hellste und die dunkelste Farbe eines Bilds (Weiß- und Schwarzpunkt, Bildlicht und -tiefe) sind mit der größt- bzw. geringstmöglichen Helligkeit wiederzugeben, die der jeweilige Ausgabeprozess erreicht.

Bei RGB-Bilddaten mit 256 Stufen (8 Bit Datentiefe) je Kanal ist das der Fall, wenn der Weißpunkt die Farbwerte R255 G255 B255 und der Schwarzpunkt die Farbwerte R0 G0 B0 hat. Aus praktischen Gründen werden allerdings meist nicht diese Extreme, sondern etwas niedrigere bzw. höhere Werte benutzt.

Einfache TFT-Displays geben Farbabstufungen, die nahe am unteren und oberen Extremwert liegen, oft nur mangelhaft differenziert wieder. Bei RGB-Bildern zur Verwendung auf Webseiten ist es deshalb günstiger, Werte von etwa 5 bzw. 250 für Schwarz- und Weißpunkt zu wählen.

In Graustufenbildern für den Druck wird der Weißpunkt so eingestellt, dass sich die kleinsten Rasterpunkte noch sicher auf die Druckform übertragen lassen, also zum Beispiel 2 %. Der Schwarzpunkt wird auf einen Rastertonwert eingestellt, der sich ebenfalls noch sicher übertragen lässt und im Druck unter Berücksichtigung der Tonwertzunahme gerade eben (oder gerade eben noch nicht) 100 % ergibt, also zum Beispiel 98 %.

Bei CMYK-Bildern betragen die Werte für den Weißpunkt zum Beispiel C4 % M3 % Y3 % K0 %. Cyan muss wegen der Graubalanceproblematik (vgl. Abschnitt 2.5.3.2) etwas über Magenta und Yellow liegen, damit sich eine unbunte Farbe ergibt. Die Werte für den Schwarzpunkt hängen von der Art des Farbaufbaus ab (vgl. Abschnitt 2.5.3.3). Beim Buntaufbau ohne Unterfarbenentfernung (UCR) wird zum Beispiel Cyan auf 97 % und Schwarz auf 80 % eingestellt. Aufgrund der Graubalance-Korrektur ergeben sich für Magenta und Yellow etwa 90 %. Beim Buntaufbau mit Unterfarbenentfernung (UCR) und beim Unbuntaufbau (GCR) erhält Schwarz den höchsten Rastertonwert von zum Beispiel 97 %. Die Werte für Cyan, Magenta und Yellow ergeben sich beim Buntaufbau mit Unterfarbenentfernung aus der maximalen Tonwertsumme (Gesamtfarbauftrag), beim Unbuntaufbau aus GCR-Stärke (Höhe des anteiligen Unbuntaufbaus) und Buntfarbenzugabe.

Hellste und dunkelste Farbe eines Bilds sind nicht immer unbunt. Buntstiche können motivbedingt sein, zum Beispiel beim Bild eines Sonnenuntergangs, oder durch technische Fehler bei der Bildherstellung entstehen, zum Beispiel fehlerhafte Verarbeitung fotografischen Materials oder falschen Weißabgleich beim digitalen Fotografieren. Deshalb muss in jedem Einzelfall entschieden werden, ob der Buntstich erhalten, gemildert oder entfernt werden soll. Beispiel: Die hellste Farbe eines Dias hat einen kräftigen Gelbstich. Mit der

Unzureichende Ausnutzung des Tonwertumfangs im linken Bild (Weiß 15 %, Schwarz 85 %), weitgehende Ausnutzung im rechten (Weiß 2 %, Schwarz 98 %).

Weißpunkt-Einstellung R250 G250 B250 (oder C4% M3% Y3% K0%) wird dieser Buntstich entfernt. Um ihn zu erhalten, werden dem Buntstich entsprechende Farbwerte eingestellt, zum Beispiel R250 G250 B220 (C4% M3% Y15% K0%). Um den Buntstich zu mildern, können zum Beispiel die Werte R250 G250 B235 (C4% M3% Y9% K0%) verwendet werden.

Eine weitere Besonderheit sind Spitzlichter (Glanzlichter), zum Beispiel Lichtreflexe an sehr glatten, spiegelnden Flächen, die heller sind als das „eigentliche" Weiß des Bilds. Beispiel: Bild einer weiß lackierten Limousine mit verchromten Zierleisten. Der Weißpunkt wird nach der hellsten Farbe der Karosserie eingestellt, zum Beispiel auf C4% M3% Y3% K0% bzw. R250 G250 B250. Für die noch deutlich helleren Reflexe an den Chromteilen ergibt sich dadurch der Rastertonwert 0% in allen vier Druckfarben bzw. der Farbwert 255 für Rot, Grün und Blau. Würde der Weißpunkt stattdessen nach dem Spitzlicht eingestellt, ergäbe sich für das hellste Weiß der Karosserie eine erheblich zu dunkle Farbe.

Das Einstellen von Weiß- und Schwarzpunkt (Licht und Tiefe) ist sowohl in professionellen Scan- als auch in Bildbearbeitungsprogrammen möglich. Es wird auch als Weiß- und Schwarzabgleich bezeichnet. Achtung: Der Begriff Weißabgleich hat in diesem Zusammenhang eine andere Bedeutung als beim digitalen Fotografieren (vgl. Abschnitt 3.5.6).

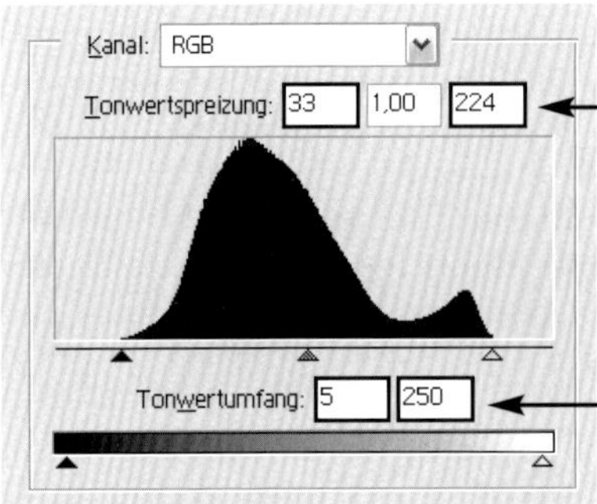

Ist- und Soll-Werte für Weiß- und Schwarzpunkt in der Tonwertkorrektur

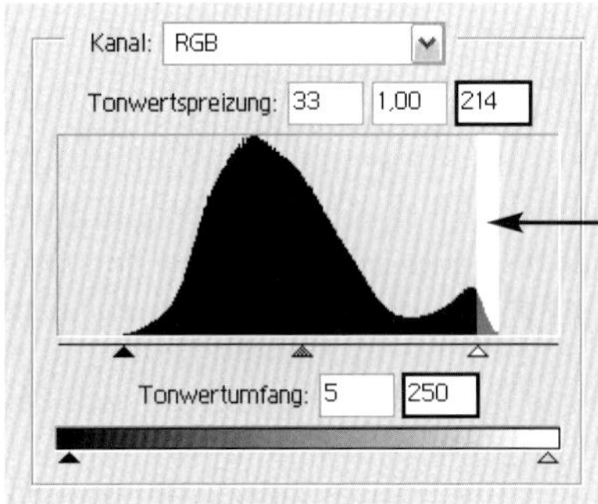

Weißpunkteinstellung mit Spitzlicht – der Ist-Wert 214 steht für das „eigentliche" Weiß

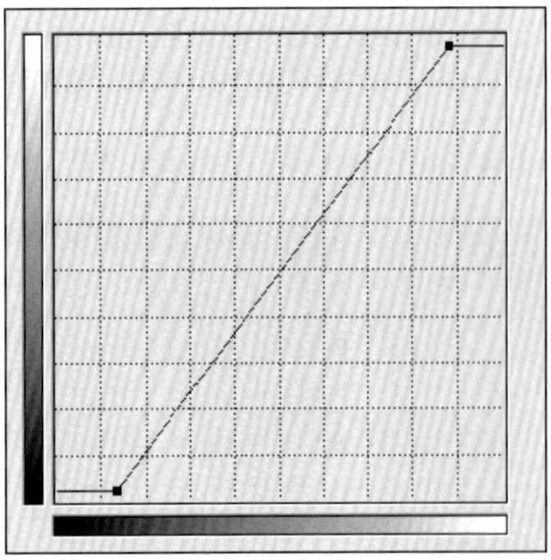

Setzen von Weiß- und Schwarzpunkt mit dem Gradationswerkzeug – gleiche Werte wie oben

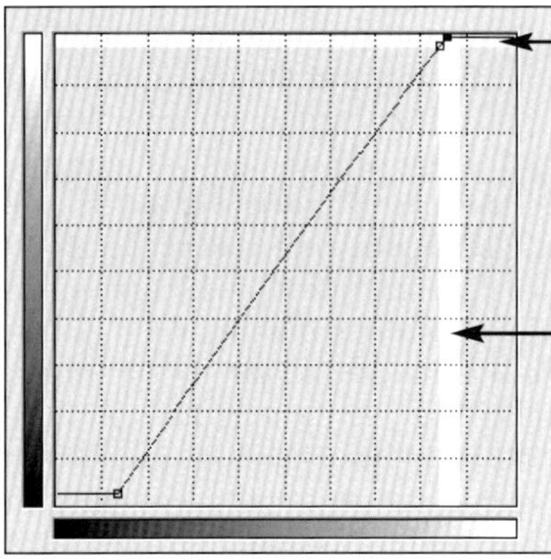

Weißpunkteinstellung mit Spitzlicht – gleiche Werte wie oben

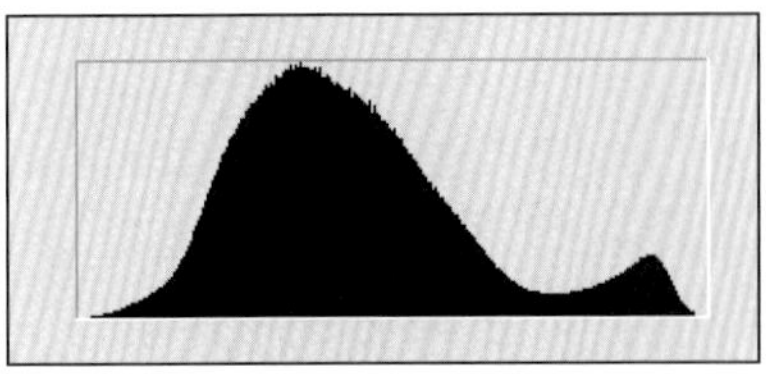

Histogramm des Bilds nach Bildberechnung mit den oben gezeigten Einstellungen

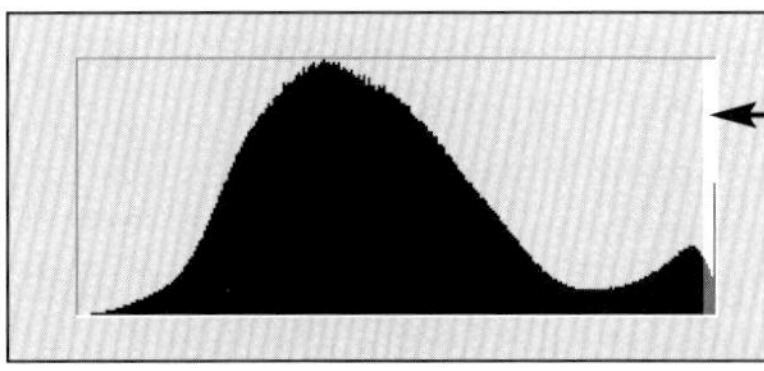

Histogramm des Bilds nach Bildberechnung mit den oben gezeigten Einstellungen

Die genauen Bedienungsabläufe sind zwar nicht in allen Scan-Programmen gleich, folgen aber durchweg dieser Logik: Anhand eines grob aufgelösten Vorschau-Bilds (Pre-Scan) werden die Ist-Werte der hellsten und der dunkelsten Farbe ermittelt – entweder automatisch vom Programm, durch Anklicken der entsprechenden Bildstellen mit der Pipette (Farbaufnehmer) oder durch Eingabe der Werte im Dialogfenster. Die dazu gehörigen Soll-Werte werden eingegeben oder aus einer Voreinstellung übernommen. Beim anschließenden Feindaten-Scan ersetzt das Programm die Ist-Werte des Pre-Scans durch die Soll-Werte.

In Bildbearbeitungsprogrammen werden Weiß- und Schwarzpunkt manuell mittels Tonwertkorrektur oder Gradationswerkzeug oder automatisiert festgelegt. Das Tonwertkorrektur-Fenster zeigt ein Histogramm des Bilds, bei RGB und CMYK wahlweise für alle drei bzw. vier Farbkanäle gleichzeitig oder für jeweils einen Farbkanal. Das Histogramm visualisiert die relative Häufigkeit der einzelnen Tonwertstufen durch senkrechte Linien; nicht vorhandene Linien stehen für unbelegte Stufen. Die am weitesten rechts stehende Linie im Histogramm entspricht dem Ist-Wert des Weißpunkts, die am weitesten links stehende dem Ist-Wert des Schwarzpunkts.

Die Soll-Werte, in Adobe Photoshop „Tonwertumfang" genannt, werden numerisch eingegeben oder durch Verschieben des schwarzen und weißen Pfeils eingestellt. Die Ist-Werte, in Photoshop „Tonwertspreizung" genannt, werden durch numerische Eingabe, Verschieben des weißen bzw. schwarzen Pfeils unter dem Histogramm oder Anklicken der entsprechenden Bildstellen mit den Farbaufnehmern (Pipette) für Schwarz und Weiß festgelegt.

Um Buntstiche zu erhalten, werden Soll- und Ist-Werte für die drei RGB- bzw. vier CMYK-Kanäle gleich eingestellt, wie in den Abbildungen auf der vorigen Seite gezeigt. Um Buntstiche zu mildern oder zu entfernen, werden die Werte für die einzelnen Kanäle entsprechend unterschiedlich eingegeben; die Pipetten erfassen differenzierte Ist-Werte für die drei bzw. vier Farbkanäle.

Im Gradationsfenster sind die Ist- und Soll-Werte, in Photoshop „Eingabe" und „Ausgabe" genannt, auf der waagerechten bzw. senkrechten Achse (x- bzw. y-Achse) des Koordinatensystems abgetragen. Die hier für Weiß und Schwarz gesetzten Kurvenpunkte repräsentieren also zugleich Ist- und Sollwerte.

Bei der summarischen Einstellung von Weiß- und Schwarzpunkt in den drei RGB- bzw. vier CMYK-Kanälen bleiben möglicherweise vorhandene Buntstiche erhalten. Um Buntstiche zu mildern oder zu entfernen, werden Soll- und Ist-Werte für die einzelnen Kanäle entsprechend unterschiedlich bestimmt.

Scanprogramme führen die Weiß- und Schwarzpunktberechnung immer in der internen Datentiefe des Scanners aus, auch wenn das fertig gescannte Bild danach im 8-Bit-Modus gespeichert wird. Bei der Berechnung stehen, je nach interner Datentiefe des Scanners, bis zu 16 Bit, also 2^{16} = 65 536 Stufen je Farbkanal zur Verfügung. Die 16-Bit-Bilddaten werden zwar durch Weiß- und Schwarz-Einstellung, Gammakorrektur, Farbraumtransformation und weitere Bearbeitung kräftig posterisiert. Hinzu kommt, dass mindestens zwei Bits aufgrund des Rauschens unsicher sind, die tatsächlich verwertbare Datentiefe also höchstens 14 Bit (2^{14} = 16 384 Stufen) beträgt (vgl. auch Abschnitt 3.2.3.1). Dennoch verbleiben mehrere tausend belegte und sichere Stufen; nach der Umrechnung auf acht Bit je Kanal ergeben sich also „saubere", nicht posterisierte Bilddaten.

Im Bildbearbeitungsprogramm wird zwangsläufig dagegen mit der Datentiefe (Bittiefe) gearbeitet, in der das digitale Bild vorliegt, also 8 oder 16 Bit pro Farbkanal. Die Berechnung im 8-Bit-Modus kann zu deutlichen Qualitätseinbußen führen. Beispiel: Weiß- und Schwarzpunkt haben die Ist-Werte 224 und 33; sie werden mittels Tonwertkorrektur oder Gradationskurve auf die Soll-Werte 250 und 5 gesetzt. Die ursprünglich 192 Tonwertstufen (von 33 bis 224) werden also auf 246 Stufen (von 5 bis 250) gespreizt. Dabei erhöht sich aber die Anzahl der belegten Stufen nicht – bei der Verteilung von 192 vorhandenen Stufen auf 246 mögliche bleiben zwangsläufig 54 Stufen unbelegt. Im Histogramm sind diese unbelegten Stufen als Lücken (senkrechte weiße Linien) zu erkennen, das Bild ist posterisiert.

Leichte Posterisierung schadet zwar in der Regel nicht; stärkere Posterisierungen können dagegen als Abrisse (Helligkeits-, Buntton- oder Buntheitssprünge) in Verläufen sichtbar werden. Posterisierungen entstehen nicht nur beim Einstellen von Weiß- und

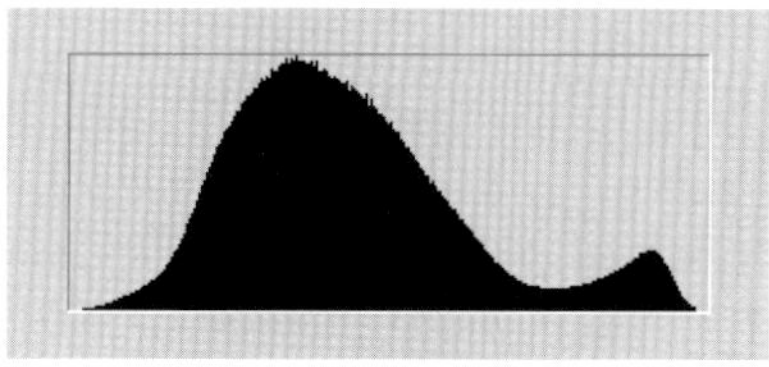

Datentiefe 16-Bit

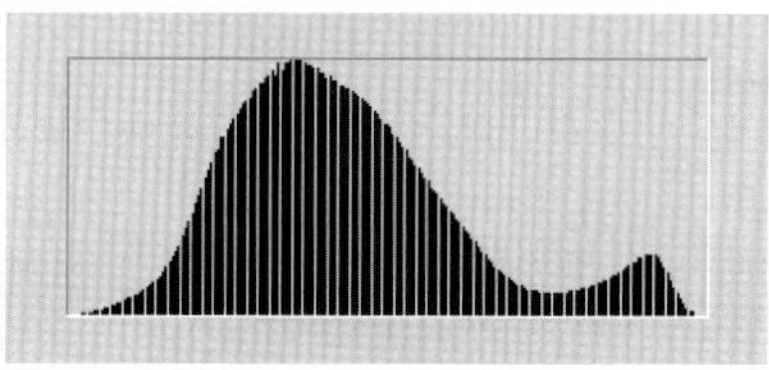

Datentiefe 8 Bit

Histogramme nach Weiß- und Schwarzabgleich im 16- und im 8-Bit-Modus

Schwarzpunkt – verschiedene andere Bildmodifikationen, insbesondere Gradationskorrekturen (vgl. dazu den folgenden Abschnitt), haben denselben Effekt. Mehrere Bearbeitungen eines Bilds, die es jeweils für sich genommen nur unbedeutend posterisieren, können kumuliert eine starke Posterisierung ergeben, die das Bild unbrauchbar macht.

Die mit Scannern oder Digitalkameras erfassten Bilddaten sollten deshalb zunächst mit 16 Bit Datentiefe je Farbkanal gespeichert werden. Im Bildbearbeitungsprogramm werden dann zunächst die Weiß- und Schwarz-Einstellung und alle weiteren „posterisierungsverdächtigen" Korrekturen vorgenommen, bevor die Datentiefe auf acht Bit reduziert wird.

3.6.3 Gradationskurven

Gradationskurven bieten zahlreiche Möglichkeiten zur Modifikation von Helligkeit, Zeichnung und Farbigkeit. Sie gehören zu den wichtigsten Werkzeugen bei der professionellen Bildbearbeitung sowohl in Scan- als auch in Bildbearbeitungsprogrammen.

Eine Gradationskurve beschreibt die Beziehung zwischen Ist- und Soll-Farbwerten. Die Ist-Werte sind auf der horizontalen Achse des Koordinatensystems abgetragen, die Soll-Werte auf der vertikalen. Beim Öffnen des Fensters ist die Kurve linear und steigt im Winkel von 45° an, Ist- und Sollwerte sind identisch.

Die Bezeichnung Gradationskurve wurde aus der Fotografie übernommen, obwohl sie dort einen anderen Sachverhalt beschreibt als bei der digitalen Bildbearbeitung. In der Fotografie kennzeichnet die Gradationskurve den Zusammenhang zwischen Belichtung und daraus resultierender Schwärzung des fotografischen Materials (vgl. auch Abschnitt 6.8.4), bei der digitalen Bildbearbeitung dagegen das Verhältnis von Ist- und Soll-Farbwerten eines Bilds.

Um ein zu dunkles Bild insgesamt aufzuhellen oder ein zu helles dunkler zu machen, muss vor allem der Mitteltonbereich verändert werden. Die Gradationskurve wird deshalb so gekrümmt, dass sich der in der Mitte liegende Farbwert (128, 32768 bzw. 50 %) am stärksten erhöht oder verringert. Bei bunten Bildern wird dieselbe Kurve auf alle drei bzw. vier Farben angewandt, damit sich Bunttöne und Buntheiten möglichst wenig verändern.

Achtung: Gradationskurven funktionieren bei RGB und CMYK genau entgegengesetzt – erhöhte RGB-Farbwerte stehen für hellere Farben, erhöhte CMYK-Rastertonwerte für dunklere.

Nach oben bzw. unten gekrümmte Gradationskurven beeinflussen nicht nur die Helligkeit des Bilds, sondern auch seine Zeichnung. Stärkere oder weniger

Gradationskurven zur Bearbeitung von CMYK- oder Graustufenbildern

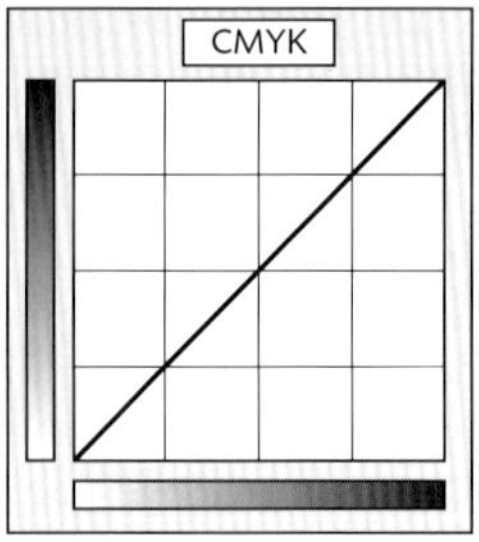

Gradationskurven zur Bearbeitung von RGB-Bildern

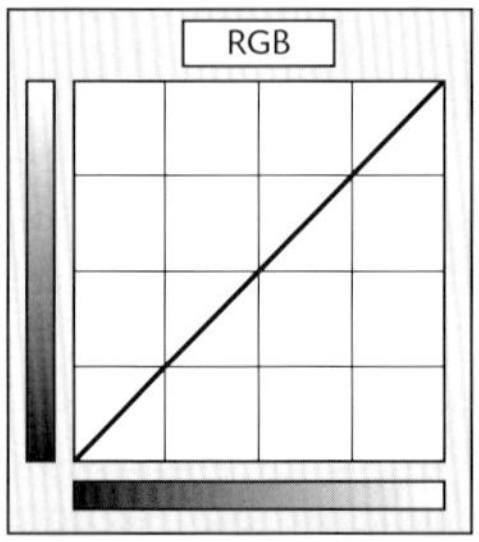

Beispiele

Unverändert

starke Zeichnung entsteht durch höhere bzw. geringere Helligkeitsunterschiede zwischen ähnlich hellen Farben. Um zum Beispiel die Lichterzeichnung zu verstärken, werden die Helligkeitsunterschiede zwischen hellen Farben erhöht. Eine Verstärkung der Tiefen- oder Mitteltonzeichnung wird durch höhere Helligkeitsunterschiede zwischen dunklen Farben bzw. Farben mit mittleren Helligkeiten erreicht.

Auf die Gradationskurve übertragen bedeutet das: Um die Zeichnung in einem bestimmten Helligkeitsbereich zu verstärken, muss der Steigungswinkel des entsprechenden Teilstücks der Kurve größer als 45° sein. Ein Steigungswinkel von genau 45° verändert gar nichts, Steigungswinkel unter 45° führen zur Verflachung der Zeichnung.

Beim Aufhellen eines Bilds wird zugleich die Zeichnung in den dunkleren Farben (RGB-Farbwerte unter 128, CMYK-Rastertonwerte über 50 %) etwas verstärkt, während sie in den helleren Farben leicht verflacht. Beim Abdunkeln ist es genau umgekehrt: Zeichnungsverstärkung in den helleren Farben (über 128 bzw. unter 50 %), Verflachung in den dunkleren. Dieser Nebeneffekt ist durchaus erwünscht: Zu dunkle Vorlagen, zum Beispiel unterbelichtete Diapositive,

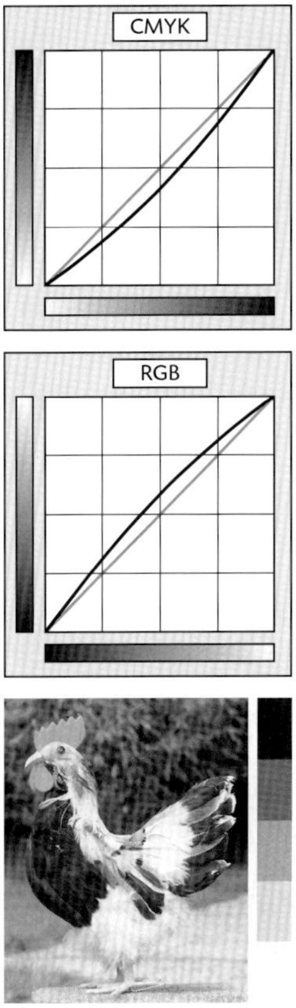

Heller

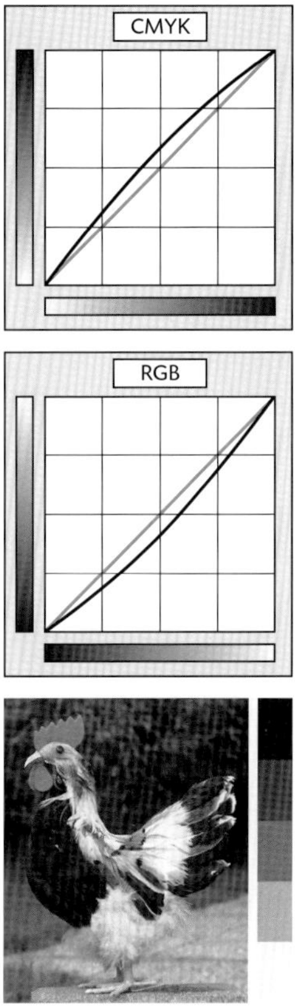

Dunkler

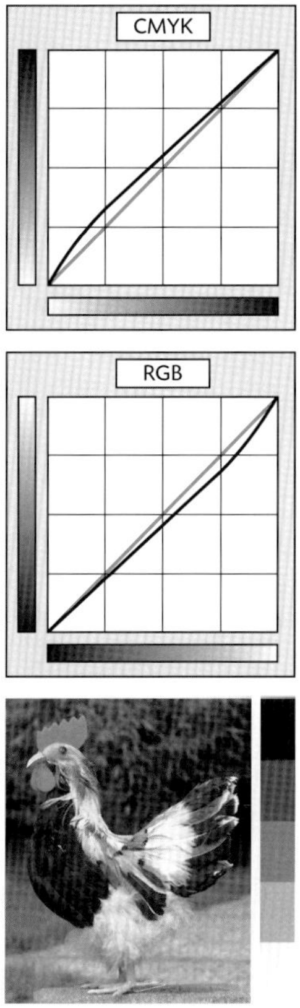

Lichterzeichnung

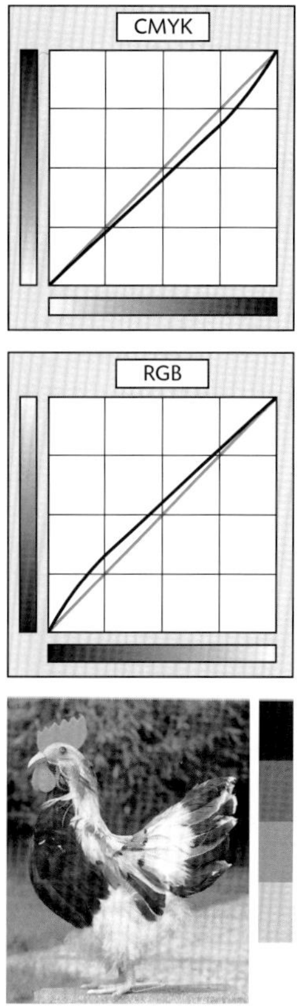

Tiefenzeichnung

haben meistens etwas mangelhafte Tiefenzeichnung, aber sehr gut durchgezeichnete Lichter. Umgekehrt sind zu helle Vorlagen, zum Beispiel überbelichtete Dias, meist etwas arm an Lichterzeichnung, aber in den Tiefen sehr gut durchgezeichnet.

Die Zeichnung lässt sich noch erheblich gezielter und kräftiger verstärken, indem die Steigungen kürzerer Teilstücke der Gradationskurve erhöht werden. Um die Lichterzeichnung eines CMYK-Bilds zu verstärken, wird die Kurve so nach oben gekrümmt, dass sich die stärkste Erhöhung im Vierteltonbereich, also bei einem Ist-Wert von etwa 25 % ergibt. Dadurch verläuft sie bis zum Ist-Wert 25 % erheblich steiler und oberhalb davon etwas flacher. Bei der entsprechenden RGB-Korrektur wird die Kurve so nach unten gekrümmt, dass die stärkste Veränderung bei einem Ist-Wert von etwa 191 liegt.

Zur Verstärkung der Tiefenzeichnung eines CMYK-Bilds wird die Gradationskurve so nach unten gekrümmt, dass sich die stärkste Verringerung im Dreivierteltonbereich, also bei einem Ist-Wert von etwa 75 % ergibt. Die entsprechende RGB-Korrektur erfordert eine Krümmung nach oben, wobei die stärkste Erhöhung bei etwa 64 liegt.

Da die Endpunkte der Kurve in jedem Fall unverändert bleiben, ist die Aufsteilung eines Teilstücks offensichtlich nicht ohne gleichzeitige Verflachung eines anderen Teilstücks möglich. Bessere Zeichnung in einem bestimmten Helligkeitsbereich wird also immer durch schlechtere Zeichnung in den anderen erkauft. Wenn entweder nur die Lichter- oder nur die Tiefenzeichnung verstärkt wird, macht sich das aber kaum störend bemerkbar. Da nur das untere bzw. obere Viertel der gesamten Kurve eine höhere Steigung erhält, verteilt sich die Verflachung auf die übrigen drei Viertel und fällt deshalb im Bild nur wenig auf. Bei Verstärkung der Lichterzeichnung wird das Bild insgesamt etwas dunkler, bei Verstärkung der Tiefenzeichnung dagegen etwas heller.

Um sowohl die Lichter- als auch die Tiefenzeichnung eines Bilds zu verstärken, wird die Kurve wie ein seitenverkehrtes S geformt. Die Aufsteilung im unteren und oberen Viertel der Kurve führt aber zu einer gleich starken Verflachung ihres Mittelstücks. Die Verstärkung der Lichter- und Tiefenzeichnung ergibt also einem gleich starken Zeichnungsverlust im Mitteltonbereich. Dadurch wirkt das Bild insgesamt kontrastärmer, weicher; der Kontrastverlust im Mittelton-

Gradationskurven zur Bearbeitung von CMYK- oder Graustufenbildern

Gradationskurven zur Bearbeitung von RGB-Bildern

Beispiele

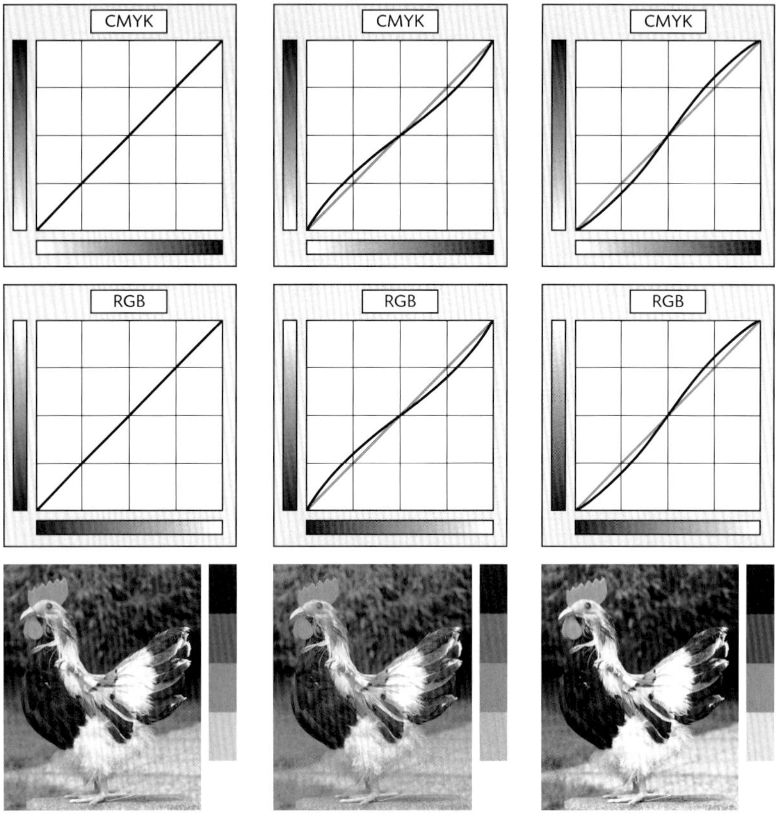

Unverändert *Lichter- u. Tiefenzeichnung* *Mitteltonzeichnung*

bereich wird visuell stärker wahrgenommen als die Kontrastverstärkung in Lichtern und Tiefen.

Um den entgegengesetzten Effekt zu erreichen, wird die Kurve wie ein seitenrichtiges S gekrümmt. Die Verstärkung der Mitteltonzeichnung lässt das Bild insgesamt kontrastreicher, härter erscheinen. Das ist aber mit einem entsprechend starken Verlust an Lichter- und Tiefenzeichnung verbunden.

Zeichnungsverstärkende Gradationskurven können einerseits eingesetzt werden, um Zeichnungsmängel von Vorlagen oder digital fotografierten Bildern auszugleichen. Das setzt natürlich voraus, dass überhaupt Zeichnung vorhanden ist. Lichter- oder Tiefenzeichnung, die durch Fehler beim Fotografieren oder Scannen vollständig verloren gegangen ist, lässt sich nicht mehr rekonstruieren.

Wegen der beschränkten Kontrastumfänge der Ausgabeprozesse und -geräte kann aber auch dann eine Zeichnungsverstärkung erforderlich sein, wenn die Vorlage einwandfrei durchgezeichnet ist. Beispiel: Auf einem Dia mit dem Dichteumfang 3.00 erscheinen weiße Textilien gut durchgezeichnet. Im Druck (Dichteumfang geringer als 2.00) ist die Zeichnung aber erheblich schlechter. Das betrifft zwar alle Kontraste des gesamten Bilds; motivbedingt besonders wichtig ist hier aber die Lichterzeichnung, die durch eine entsprechende Gradationskurve verstärkt werden sollte.

In Bildern mit überwiegend hellen bildwichtigen Farben („Schneebilder“, High-Key-Bilder) muss also in der Regel die Lichterzeichnung verstärkt werden, in Bildern mit überwiegend dunklen bildwichtigen Farben („Nachtbilder“, Low-Key-Bilder) entsprechend die Tiefenzeichnung.

Weiterer wichtiger Anwendungsbereich von Gradationskorrekturen ist die Bearbeitung von Buntstichen. Im Gegensatz zu den Modifikationen von Helligkeit und Zeichnung werden hier unterschiedliche Kurven für die drei bzw. vier Farben benutzt. Beispiel: Licht und Tiefe eines Bilds sind unbunt, im Mitteltonbereich ist aber ein leichter Grünstich vorhanden. Beim RGB-Bild wird die Kurve für den Grün-Kanal leicht nach unten gekrümmt, die anderen beiden bleiben unverändert. Alternativ können auch die Kurven für Rot und Blau nach oben gekrümmt werden – Grün bleibt dann unverändert. Beim CMYK-Bild werden entweder die Kurven für Cyan und Yellow nach unten gekrümmt (M und K unverändert) oder die Magenta-Kurve erhält eine Krümmung nach oben (C, Y und K unverändert).

3.6.4 Skalieren, Spiegeln und Drehen

Größenänderungen, Spiegeln und Drehen digitaler Bilder sind scheinbar triviale Vorgänge. Sie sollten dennoch nicht unterschätzt werden, weil sie sich bei ungeschickter Handhabung negativ auf die Bildqualität auswirken können.

Beim Skalieren (Vergrößern oder Verkleinern) digitaler Bilder gibt es zwei grundsätzlich unterschiedliche Verfahrensweisen: ohne oder mit Pixelneuberechnung (Resampling). Wenn die Bildgröße ohne Pixelneuberechnung verändert wird, bleibt die absolute Anzahl der Pixel gleich und die Auflösung verändert sich antiproportional zur Ausgabegröße. Beispiel: Ein 20 cm breites Bild mit der Auflösung 120/cm wird auf 25 cm Breite vergrößert. Dabei ergibt sich die Auflösung:
120/cm · 20 cm : 25 cm = 96/cm
Das Bild ist vor und nach dem Vergößern 2400 Pixel breit (120/cm · 20 cm bzw. 96/cm · 25 cm). Sein Informationsgehalt bleibt unverändert, das skalierte Bild enthält genau dieselben Bilddetails wie das ursprüngliche. Die Detailauflösung, also die Anzahl der Bilddetails je Zentimeter oder Inch, verändert sich aber proportional zur Pixel-Auflösung und antiproportional zur Ausgabegröße.

Soll das vergrößerte oder verkleinerte Bild dieselbe Pixel-Auflösung haben wie das ursprüngliche, müssen neue Pixel berechnet werden. Beispiel: Ein 20 cm breites Bild mit der Auflösung 120/cm ist 2400 Pixel breit (20 cm · 120/cm). Beim Vergrößern auf 25 cm werden daraus 3000 Pixel (25 cm · 120/cm), beim Verkleinern auf 15 cm sind es 1800 Pixel (15 cm · 120/cm).

Beim Vergrößern nimmt zwar die absolute Anzahl der Pixel zu. Der Informationsgehalt erhöht sich dabei aber nicht – die im ursprünglichen Bild enthaltenen Informationen werden lediglich auf eine größere Anzahl von Pixeln verteilt. Beispiel: Das 2400 Pixel breite Bild (20 cm · 120/cm) wird auf 3000 Pixel (25 cm · 120/cm) skaliert. Das vergrößerte Bild hat zwar die Pixel-Auflösung 120/cm. Da der Informationsgehalt unverändert bleibt, kann aber die Detailauflösung nicht höher sein als bei einer Pixel-Auflösung von 96/cm (2400 : 25 cm).

Beim Verkleinern verringert sich der Informationsgehalt des Bilds; die Detailauflösung kann nach dem Sampling-Theorem maximal halb so groß sein wie die Pixel-Auflösung (vgl. auch Abschnitt 3.2.2.2).

Größenänderungen mit Pixelneuberechnung führen fast immer zu leichter Verschlechterung die Bildqualität. Gebräuchliche Bildbearbeitungsprogramme bieten mehrere Algorithmen an, zum Beispiel Pixelwiederholung, bilineare Interpolation und bikubische Interpolation; in Photoshop seit Version 8.0 mit den zusätzlichen Varianten bikubisch glatter und bikubisch schärfer.

Die Pixelwiederholung fügt Pixel hinzu, deren Werte identisch von benachbarten Pixeln übernommen werden, bzw. entfernt Pixel, ohne die übrigen zu verändern. Bilineare und bikubische Interpolation errechnen dagegen Mittelwerte aus benachbarten Pixeln. Das bilineare Verfahren greift dabei nur auf nebeneinander liegende Pixel zurück, das bikubische dagegen

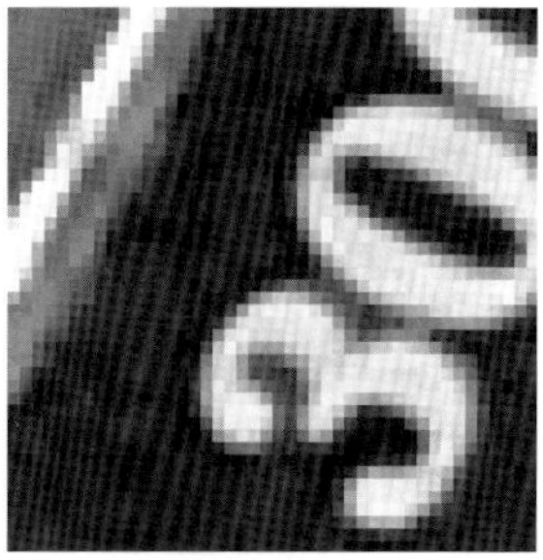

Bilddetail vor dem Skalieren, Auflösung 300/inch

Vergrößerung auf 116 % ohne Pixelneuberechnung, Auflösung rund 259/inch

Vergrößerung auf 116 % mit Pixelwiederholung, Auflösung 300/inch

Vergrößerung auf 116 % mit bikubischer Interpolation, Auflösung 300/inch

Skalieren – Abbildungen in zehnfacher Vergrößerung

auf Quadrate aus neben- und übereinander liegenden Pixeln.

Interpolierende Verfahren verschlechtern meist die Kantenschärfe von Halbtonbildern. Unproblematisch sind nur Verkleinerungen mit ganzzahligen Teilern, also zum Beispiel auf die Hälfte, ein Drittel oder ein Viertel der ursprünglichen Bildgröße. In jedem anderen Fall leidet die Schärfe etwas, egal, ob das Bild vergrößert oder verkleinert wird. Bei der bikubischen Variante ist das Ergebnis etwas besser als bei der bilinearen. Die Pixelwiederholung erhält zwar die Kantenschärfe von Halbtonbildern, erzeugt aber vergröberte, treppenförmige Kanten. Bei Strichbildern bringen Pixelwiederholung und interpolierende Verfahren nahezu gleiche Ergebnisse.

Für Änderungen von Auflösungen gilt entsprechend dasselbe wie beim Vergrößern und Verkleinern. Wird die Auflösung ohne Pixelneuberechnung geändert, so verändern sich Ausgabebreite und -höhe des Bilds antiproportional dazu. Wird die Auflösung dagegen mit Pixelneuberechnung erhöht oder verringert, so verändert sich die absolute Anzahl der Pixel bei unveränderter Ausgabegröße. Eine höhere Auflösung ergibt zwar mehr Pixel, der Informationsgehalt des Bilds bleibt aber gleich, weil keine zusätzlichen Bilddetails entstehen können. Eine verringerte Auflösung ergibt weniger Pixel und einen entsprechend reduzierten Informationsgehalt. Die qualitativen Auswirkungen der unterschiedlichen Berechnungsverfahren sind dieselben wie beim Vergrößern und Verkleinern.

Beim Spiegeln (Kontern) von Bildern werden die Pixel nicht neu berechnet, sondern nur anders angeordnet. Dasselbe gilt für Drehungen um 90°, 180° oder 270°. Jeder andere Drehwinkel erfordert die Neuberechnung aller Pixel. Nur beim Spiegeln und beim Drehen um ganzzahlige Vielfache von 90° bleibt also die Bildqualität unverändert – Drehungen um „krumme" Winkel verschlechtern dagegen die Kantenschärfe und die Wiedergabe kleiner Bilddetails.

Ursprüngliches Bilddetail

Gespiegelt

Gedreht um 90° nach links

Gedreht um 6° nach links

Da Pixelneuberechnungen immer zulasten der Bildqualität gehen, sollten sie auf Fälle beschränkt bleiben, in denen es keine Alternative gibt. Scannen mit richtigem Maßstab und richtiger Auflösung erspart spätere Änderungen am digitalisierten Bild. Anstatt Bilder digital zu drehen, können sie entsprechend vorgewinkelt auf die Glasplatte des Scanners montiert werden.

Wenn keine Vorlagen vorhanden sind, sondern nur Bilddaten vorliegen (Archivbilder, Digitalfotos), lassen sich Pixelneuberechnungen allerdings nicht vermeiden. In diesem Fall sollte sichergestellt sein, dass an den Ausgangsdaten noch keine Pixelneuberechnung vorgenommen wurde, weil jede zusätzliche Veränderung die Qualität weiter verschlechtert.

3.6.5 Unscharfmaskierung

Beim Digitalisieren von Halbtonbildern geht immer etwas Kantenschärfe verloren. Aus einer scharfen Kante auf der Vorlage wird im digitalen Bild ein leicht unscharfer, „weicher" Übergang. Das ist eine unvermeidliche Folge der Diskretisierung. Pixel sind nicht teilbar; wenn ein Pixel auf eine scharfe Kante trifft, so ergibt sich als Pixelwert ein Durchschnitt aus den beiden Farben, zwischen denen sich die Kante befindet.

Die Unscharfmaskierung (USM, Unsharp Masking), auch als Detailkontrast(steigerung) bezeichnet, erhöht die visuell empfundene Schärfe, indem sie die Pixelwerte an beiden Seiten der Kante verändert. Am Rand der helleren Farbfläche wird eine noch hellere Konturlinie erzeugt, am Rand der dunkleren Fläche entsprechend eine noch dunklere. Diese Konturlinien müssen aber so fein sein, dass sie beim Betrachten nur unterschwellig wahrgenommen werden.

Bildbearbeitungs-Algorithmen wie USM, Entrasterung oder Weichzeichnen werden allgemein als digitale Filter bezeichnet. Bei allen digitalen Filtern geht es darum, Pixelwerte zu verändern, wobei Richtung und Stärke der Veränderung von den Werten benachbarter Pixel abhängen.

Anhand eines Graustufenbilds lässt sich die Funktionsweise eines USM-Filters vereinfacht nachvollziehen: Der Wert des jeweils neu zu berechnenden Pixels wird mit dem Durchschnitt der Pixelwerte in seinem Umfeld verglichen. Bei hellerem Umfeld wird das Pixel dunkler gemacht, bei dunklerem Umfeld heller. Wenn Pixel und Umfeld (nahezu) gleich hell sind, geschieht gar nichts. Beim Vergleich zwischen dem neu zu berechnendem Pixel und seinem Umfeld wird immer auf die Ursprungswerte zurückgegriffen, also den Zustand der Umfeld-Pixel vor ihrer Neuberechnung. Bei bunten Bildern ist der Vorgang zwar etwas komplizierter, läuft aber auf dasselbe Ergebnis hinaus.

USM-Filter gibt es sowohl in Bildbearbeitungs- als auch in Scan-Programmen. Sie haben zwar alle dieselbe Funktion, bei Qualität und Bedienung gibt es aber Unterschiede. Die Einstellparameter sind in allen Programmen im Wesentlichen dieselben, tragen aber zum Teil unterschiedliche Bezeichnungen.

- Mit der Einstellung „Stärke", „Konturstärke" oder „Kontur" wird bestimmt, um wie viel heller bzw. dunkler die Konturen im Vergleich zu den ursprünglichen Farbwerten werden. Bei einigen Programmen kann das nur global für alle Konturen bestimmt werden, andere erlauben getrennte Stärke-Einstellung für helle und dunkle Konturen.
- Die Breite der Konturen hängt davon ab, wie groß das Umfeld bei der Berechnung gewählt wird. Je größer das Umfeld, desto breiter werden die Konturen. Diese Einstellung findet sich in den Programmen unter Bezeichnungen wie „Radius", „Konturbreite", „Matrix" oder „Maske". Die Radius- oder Konturbreite 1 Pixel ist gleichbedeutend mit der Matrix- oder Maskengröße 3 × 3 Pixel; 2 Pixel entspricht 5 × 5 Pixel, 3 Pixel entspricht 7 × 7 Pixel.
- Schließlich muss bestimmt werden, ab welchem Pixelwert-Unterschied überhaupt Konturen erzeugt werden sollen. Wenn diese Einsatzschwelle sehr niedrig gesetzt wird, entstehen überall Konturen, wo benachbarte Pixelwerte nur geringfügig voneinander abweichen, im Extremfall sogar innerhalb von Verläufen. Bei sehr hoch gesetzter Schwelle entstehen nur dort Konturen, wo sehr helle an sehr dunkle Flächen stoßen. Diese Einstellung wird „Schwelle", „Schwellenwert" oder „Einsatzpunkt" genannt.

Die richtige Einstellung von Stärke und Schwelle erfordert etwas Übung und Erfahrung. Die beiden Einstellungen beeinflussen einander gegenseitig, die eingestellten Skalenwerte sind nicht proportional zur visuell wahrgenommenen Wirkung. Welche Einstellungen im

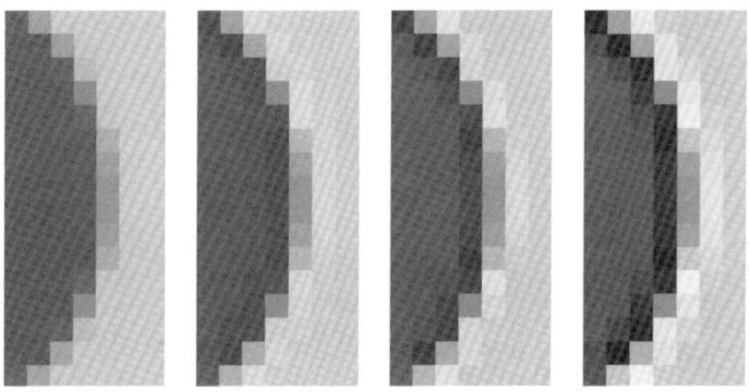

Bilddetail ohne USM (ganz links) und mit unterschiedlichen USM-Stärken geschärft

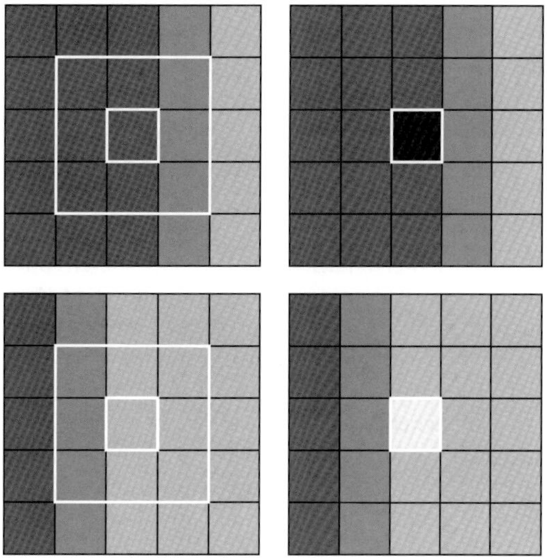

Grundprinzip der Unscharfmaskierung: Das im helleren Umfeld stehende Pixel wird dunkler, das im dunkleren Umfeld stehende wird heller.

Einzelfall richtig sind, hängt auch vom Motiv ab. Die Abbildung eines technischen Geräts sollte eher kräftiger, ein Porträt eher geringer geschärft werden.

Die Breite der Konturen sollte bei Print-Produkten in der Größenordnung des Rasterpunkts liegen. Wenn die Pixelauflösung des Bilds der doppelten Rasterfrequenz entspricht, ist also der Radius auf zwei Pixel einzustellen. Sofern das Programm stufenlose Einstellung zulässt, kommt auch ein etwas geringerer Wert infrage, zum Beispiel 1,5. Bei Bildern für die Monitordarstellung sollte die Konturbreite in der Größenordnung des Monitor-Pixels liegen. Für die Eins-zu-Eins-Darstellung, also Wiedergabe eines Bildpixel durch ein Monitorpixel, ist der Radius auf ein Pixel einzustellen, bei stufenloser Einstellung evtl. etwas höher.

USM-Einstellungen sind nicht sehr fehlertolerant; als typische USM-Fehler sind vor allem zu nennen (und möglichst zu vermeiden):

- Zu breite Konturen, oft in Verbindung mit zu hoher USM-Stärke: Die Konturen wirken nicht visuell unterschwellig, sondern sind deutlich als weiße und schwarze Umrandungen zu sehen.
- Zu hohe USM-Stärke bei ansonsten richtigen Einstellungen: Das Bild ist „überscharf"; es verliert seinen fotografischen Charakter und wirkt im Extremfall wie gezeichnet oder graviert.
- Mottling (Sprenkeln): Bei sehr niedriger Einsatzschwelle und hoher USM-Stärke werden selbst kleine Unterschiede zwischen benachbarten Pixeln wie Kanten geschärft. Weiche Übergänge verlieren ihre Kontinuität und werden durch Konturen zerhackt, das gesamte Bild wirkt unruhig.

- Speckling (Tüpfeln): Vor allem in den Bildtiefen sind unregelmäßig verstreute, kleine helle Punkte zu sehen. Einzelne Pixel waren hier ursprünglich etwas heller als ihre Umgebung. Das kann auf kleine Fehlstellen fotografischer Vorlagen, winzige Staubpartikel oder Rauschen des Erfassungsgerätes zurückzuführen sein. Durch zu hohe USM-Stärke werden diese helleren Pixel deutlich sichtbar gemacht.

Durch Pixelwertinterpolation beim Skalieren oder Drehen von Bildern wird die Stärke von USM-Konturen abgeschwächt und damit die visuelle Schärfewirkung etwas verringert. Erneute Bearbeitung mit dem USM-Filter ist nicht unproblematisch; es können Artefakte entstehen, weil die abgeschwächten, aber noch vorhandenen Konturen nun ihrerseits wie Bilddetails geschärft werden. In diesem Fall ist es also besser, die Schärfung erst nach dem Drehen oder Skalieren vorzunehmen. Wenn dagegen Bildvorlagen in endgültiger Größe, Auflösung und Winkellage gescannt werden, spricht nichts dagegen, die Schärfung schon von der Scan-Software vornehmen zu lassen.

3.6.6 Entrastern

Beim Digitalisieren gedruckter, periodisch (autotypisch) gerasterter Bilder entstehen mehr oder minder grobe Störmuster, die Moirés genannt werden. Sie bilden sich durch Überlagerung (Interferenz) feiner, regelmäßiger Strukturen, hier also der Rasterstruktur des Drucks und der Struktur der abgetasteten Pixelmatrix. Die Größe des Störmusters hängt vom Verhältnis der Abtast-Auflösung zur Rasterfrequenz ab.

Die Rasterstruktur der Vorlage kann mit Entrasterungsfiltern, Weichzeichnungs- oder Störungsfiltern entfernt werden. Sie funktionieren ähnlich wie USM-Filter, nur umgekehrt: Das jeweils neu zu berechnende Pixel wird der Farbe seines Umfelds angenähert. Das Ergebnis hängt ganz wesentlich von der richtigen Umfeldgröße ab. Ist das Umfeld zu klein, verschwindet die Rasterstruktur nicht vollständig und es entsteht Moiré; ist es zu groß, wird das entrasterte Bild unnötig unscharf.

Entrasterungsfilter (Descreening-Filter) professioneller Scan-Programme liefern durchweg gute Ergebnisse. Die Rasterfrequenz (Rasterfeinheit) der Vorlage wird geschätzt oder (besser) mit einem Rasterzähler gemessen und in das entsprechende Programm-Fenster eingetragen. Aus Rasterfrequenz und eingestellter Auflösung errechnet die Software die optimale Umfeldgröße. Dann wird die Vorlage mit hoher Auflösung abgetastet und die Software rechnet die Bilddaten mit einem interpolierenden, weichzeichnenden Verfahren auf die eingestellte Auflösung herunter.

Moirés können auch durch nachträgliche Bildbearbeitung verhindert werden. Zu diesem Zweck wird die Vorlage zunächst mit einer Auflösung abgetastet, die etwa dem Acht- bis Zehnfachen der eigentlich benötigten entspricht. Beim nachfolgenden Reduzieren der Auflösung mit bikubischer Interpolation werden Rasterstruktur und Moiré durch die interpolationsbedingte Unschärfe abgeschwächt oder vollständig entfernt.

Wenn die endgültige Auflösung vergleichsweise niedrig ist, zum Beispiel 96/inch oder 72/inch, reicht die bikubische Interpolation in der Regel aus, um die Rasterstruktur vollständig zu entfernen. Bei höheren Auflösungen, zum Beispiel 300/inch, können die verbleibenden Strukturen mit einem Weichzeichungs- oder Störungsfilter entfernt werden. Das Filter muss ein variables, einstellbares Umfeld haben; einfache Weichzeichner mit fester Umfeldgröße sind ungeeignet. Die erforderliche Umfeldgröße lässt sich aber nur schätzen – oft sind mehrere Versuche nötig.

Bei der Überprüfung am Monitor sollte im Bildbearbeitungsprogramm der Zoom-Faktor 100 % oder besser sogar 200 % eingestellt sein, sodass ein Pixel des Bilds von einem bzw. vier RGB-Tripeln des Monitors wiedergegeben wird. Bei kleineren oder „krummen" Zoom-Faktoren (zum Beispiel 50 % bzw. 150 %) sind zumindest leichtere Moirés kaum zu erkennen.

Die Entrasterung führt immer zu einem leichten bis stärkeren Verlust an Kantenschärfe, der sich durch

Moiré (Interferenzmuster) beim Digitalisieren einer periodisch gerasterten Vorlage

USM nicht vollständig kompensieren lässt. Je gröber der Raster, desto stärker ist die beim Entrastern entstehende Unschärfe. Bei starken Verkleinerungen ist dieser Schärfeverlust noch vergleichsweise gering und deshalb meist unproblematisch. Bei größeren Maßstäben ist die Bildqualität aber merklich eingeschränkt. Gerasterte Vorlagen sind deshalb eine Notlösung, die nur infrage kommen sollte, wenn bessere Vorlagen weder vorhanden noch zu beschaffen sind, also zum Beispiel bei historischen Abbildungen.

Moirés treten nicht nur beim Digitalisieren gerasterter Vorlagen auf. Alle feinen, in sich (nahezu) regelmäßigen Strukturen von Vorlagen oder Objekten können Störmuster verursachen – sowohl beim Scannen als auch beim digitalen Fotografieren. Zur Abgrenzung von den Moirés, die beim Scannen gerasterter Vorlagen entstehen, werden sie Objekt-Moirés genannt.

Auch Objekt-Moirés lassen sich mithilfe digitaler Filter vermeiden oder zumindest mildern – dabei wird aber der Bildinhalt zwangsläufig verfälscht. Beispiel: Ein Hemd mit feinen, weißen und dunkelblauen Streifen wird durch Entfernen des Moirés hellblau, die Streifen verschwinden. Das Moiré-Problem sollte deshalb schon bei der Gestaltung berücksichtigt werden. Entweder wird auf Bilder verzichtet, deren feine Strukturen Moirés erzeugen können, oder sie werden in einer Größe wiedergegeben, bei der die einzelnen Strukturelemente so groß sind, dass kein Moiré entsteht.

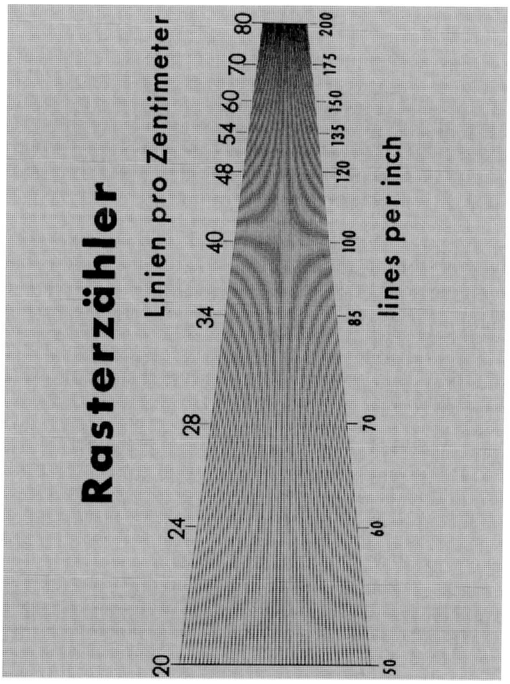

Rasterzähler: Das Interferenzmuster zeigt die Rasterfrequenz an, hier also etwa 40/cm bzw. 100/inch.

3.6.7 Strichbilder

Strichbilder (Line Work, Line Art, Bitmap, Schwarzweiß) haben nur zwei Farben und folglich die Datentiefe ein Bit. Scanner erfassen Strichvorlagen jedoch zunächst als Graustufenbilder, die entweder sofort vom Scan-Programm oder später mit einem Bildbearbeitungsprogramm auf zwei Farben reduziert werden.

Das vom Scanner erfasste Graustufenbild enthält nicht nur die gewünschten zwei Farben Weiß und Schwarz, sondern zahlreiche Helligkeitsstufen dazwischen. Das liegt einerseits an der Vorlage: Das Papier hat keine ganz einheitliche Farbe, gezeichnete oder gedruckte Striche sind nicht vollständig und gleichmäßig tiefschwarz. Hinzu kommt ein unvermeidbarer Effekt bei der Diskretisierung des Bilds: Pixel an den Kanten von Strichen enthalten Zwischenwerte aus Strich- und Papierfarbe.

Entscheidend für die Qualität des digitalen Strichbilds ist der Grenzwert (Schwellenwert) zwischen Graustufen, die in Weiß bzw. Schwarz umgewandelt werden. Je höher der Schwellenwert auf der Skala von Null (Schwarz) bis 255 (Weiß) eingestellt wird, desto dicker werden die Striche und umso dunkler erscheint das Bild. Ist die Schwelle zu hoch gesetzt, so werden schwarze Striche zu dick; weiße Striche in schwarzen Flächen werden zu dünn oder gehen sogar vollständig verloren, das Bild erscheint zu dunkel. Ist die Schwelle zu niedrig gesetzt, so werden schwarze Striche zu dünn oder gehen verloren, das Bild erscheint zu hell.

Besonders problematisch sind Vorlagen, die sowohl sehr feine schwarze als auch sehr feine weiße Elemente enthalten, wie zum Beispiel Holz- oder Kupferstiche. Zusätzliche Erschwernisse sind ungleichmäßige Vergilbung und Stockfleckigkeit des Papiers bei älteren Vorlagen. Wird der Schwellenwert so eingestellt, dass

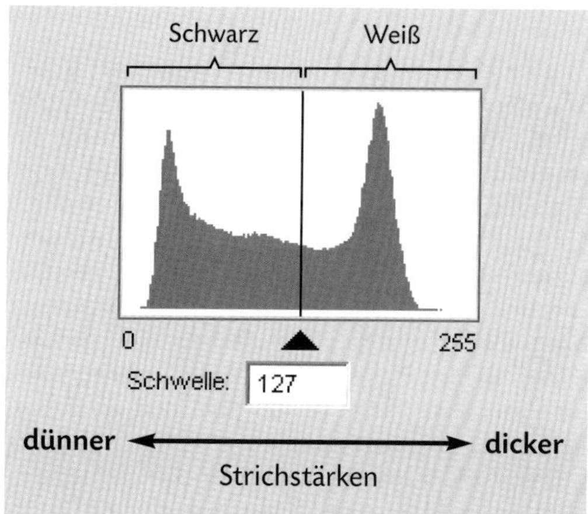

Einstellung des Schwellenwerts in einem Scan-Programm; das Histogramm zeigt die Graustufenverteilung im Pre-Scan.

Auflösung 2400/inch, Schwellenwerte von links: 72, 99, 127, 155; die Vorlage wurde1897 gedruckt.

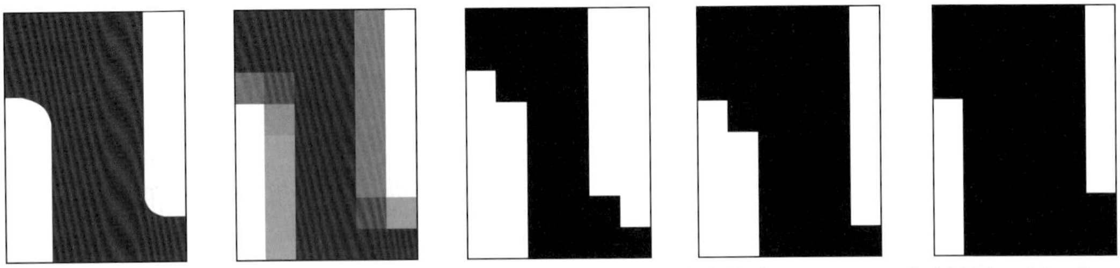

Von links: Strichvorlage (stark vergrößerter Ausschnitt); digitales Graustufenbild; daraus erzeugte Strichbilder, Schwellenwerteinstellung niedrig (etwa 100), mittel (127), hoch (etwa 155)

auch extrem feine schwarze – in der Vorlage oft nur graue – Striche erhalten bleiben, besteht die Gefahr, dass weiße Striche in schwarzen Flächen zugehen. Wird der Schwellenwert umgekehrt nach den feinsten weißen Strichen eingestellt, können die schwarzen wegbrechen. Es gilt also, den richtigen Kompromiss zu finden.

3.6.8 Vektorisieren

Vektorgrafik besteht aus einfachen geometrischen Objekten, also zum Beispiel Geraden, Kurven, Rechtecken, Polygonen (Vielecken) und Kreisen. Kurven werden durch mathematische Funktionen, in der Regel Bézier-Funktionen, beschrieben. Jede Kurve ist durch Anfangs- und Endpunkt sowie Kurvenpunkte (Stützpunkte) definiert, die ihre Krümmung bestimmen. Der Endpunkt einer Kurve kann zugleich Anfangspunkt einer weiteren sein; solche Aneinanderreihungen von Kurven werden Pfade genannt. Geschlossenen Pfade begrenzen eine Fläche, letzter End- und erster Anfangspunkt sind identisch.

Damit aus mathematisch beschriebenen Geraden und Kurven sichtbare grafische Objekte werden, müssen noch Arten, Dicken und Farben von Linien und Kurvenzügen definiert werden. Wenn sie eine Fläche – Rechteck, Polygon, Kreis usw. – einschließen, kommt noch die Füllung hinzu, also Füllfarbe, Verlauf oder Struktur (Muster).

Vektorgrafiken lassen sich beliebig skalieren (vergrößern oder verkleinern), drehen und verzerren, ohne dass Bilddetails, Kantenglätte oder -schärfe darunter leiden. Ob ein Bild glatte oder treppenförmige Kanten hat, hängt hier nicht von den Bilddaten, sondern ausschließlich von der Auflösung des Ausgabegeräts ab. Kurven und schräg verlaufende Linien, die in der Monitordarstellung sichtbare „Treppenstufen" haben, wirken bei der Ausgabe mit hoch auflösenden Film- oder Computer-to-Plate-Belichtern völlig glatt.

Bei Pixelbildern hängt die Dateigröße von der Größe des Bilds, der Auflösung und der Bittiefe ab. Wie groß die Datei einer Vektorgrafik ist, ist dagegen nur von ihrer Komplexität und vom Dateiformat abhängig – eine Auflösung gibt es nicht, die Ausgabegröße ist irrelevant und die Anzahl der Farben spielt ebenfalls keine Rolle. Vektor-Dateien sind in der Regel erheblich kleiner als die Dateien von Pixelbildern.

Es gibt zwei Verfahren zur Erzeugung von Vektorgrafiken – manuell oder durch automatisierte Umwandlung von Pixelbildern. Beim manuellen „Zeichnen" im Grafikprogramm geht es im Ergebnis nur darum, Objekte zu platzieren und Anfangs-, End- und Kurvenpunkte zu setzen – Grafikprogramme stellen dafür aber eine Reihe differenzierter Werkzeuge zur Verfügung. Falls eine gezeichnete, fotografierte oder gedruckte Vorlage vorhanden ist, kann sie gescannt und das Pixelbild als Zeichenhilfe in den Hintergrund gelegt werden.

Zur automatisierten Umwandlung von Pixelbildern in Vektorgrafik wird die entsprechende Funktion eines Grafikprogramms benutzt (automatisches Nachzeichnen, Abpausen, *Autotracing*). Die Qualität des Ergebnisses hängt einerseits von der Vorlage und andererseits von den Voreinstellungen im Programm ab. Bei übermäßig hoher Genauigkeit werden auch kleine Unregelmäßigkeiten oder Fehlstellen der Vorlage exakt abgebildet, bei zu geringer Genauigkeit kann das Ergebnis von den Grundformen der Vorlage abweichen. Zusätzliche manuelle Nachbearbeitung ist nicht immer zu vermeiden. Bei Vorlagen mit sehr schlechter Qualität führt manuelles Vektorisieren oft in kürzerer Zeit zu besseren Ergebnissen als automatisches Nachzeichnen und zeitaufwändige Nachbearbeitung.

Vektorgrafik eignet sich nur für Bilder, die im Wesentlichen aus Strichen und Flächen bestehen, also zum Beispiel Signets, Logos, Geschäftsgrafiken, technische Zeichnungen, Comics und ähnliches. Halbtonbilder lassen sich nicht sinnvoll vektoriell beschreiben. Strichbilder mit sehr vielen und sehr feinen Strichen, zum Beispiel Stiche oder Federzeichnungen, sind problematisch, weil sich beim Vektorisieren eine riesige Anzahl von Anfangs-, End- und Kurvenpunkten ergibt. Sie werden deshalb als hoch aufgelöste Pixelbilder verarbeitet.

Verlustfreies Skalieren und Drehen von Vektorgrafik: ursprüngliche Grafik (links), skaliert auf 250 % und gedreht um 41° (Mitte); skaliert auf 475 % (rechts)

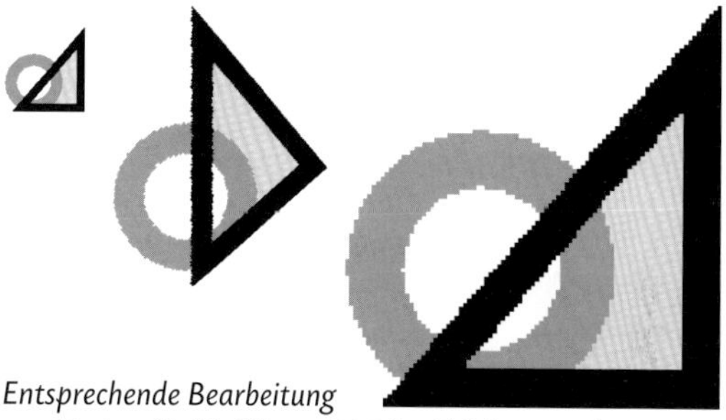

Entsprechende Bearbeitung von Pixelgrafik (Auflösung 300/inch) führt zu unbrauchbaren Ergebnissen. Bei höheren Auflösungen wirken die Kanten zwar etwas glatter, das grundsätzliche Problem bleibt aber bestehen.

4 Typografie

4.1 Vorgeschichte der heutigen Schriften

Die Entwicklung unserer heutigen westeuropäischen Schriftzeichen hat Jahrtausende gedauert. Es ist deshalb unmöglich, das Thema an dieser Stelle auch nur annähernd vollständig darzustellen. Der folgende kurze Abriss ist möglicherweise ein Anstoß, sich weiter damit zu beschäftigen. Dieser Abschnitt behandelt die Entwicklung der Schrift in Westeuropa bis zum Beginn der Drucktechnik. Auf die Entwicklung der Druckschriften wird im Zusammenhang mit der der Klassifikation der Schriften eingegangen (Abschnitt 4.3.1).

Die Verständigung zwischen den Menschen bestand wahrscheinlich sehr lange Zeit aus Lauten (Sprache), Mimik, Gestik, Berührungen, Beschnuppern und Ähnlichem. Noch heute werden all diese Möglichkeiten zwischen Menschen genutzt. Die Zeichensprache der Broker an den Börsen der Welt ist ein gutes Beispiel dafür.

Unser heute wichtigstes Kommunikationsmittel, die Schrift, hat ihren Ursprung vor etwa 60 000 Jahren. In Stein geritzte Höhlenzeichnungen sind im weitesten Sinne Vorläufer unserer Schriftzeichen. Diese Bildzeichen (Piktogramme) können von uns nur interpretiert werden (auch falsch), da die wahre Bedeutung nicht überliefert ist. Außerdem gab es zu dieser Zeit noch keine einheitlichen Zeichen für identische Begriffe oder Ereignisse. Die Bildzeichen können magische Beschwörungszeichen sein. Sie können aber auch aus der puren Lust entstanden sein, Erlebtes, Gedachtes, Gefühltes oder Gesprochenes für sich zu erhalten oder der Nachwelt zu überliefern. Auch Kerbhölzer, Knotenschnüre, gravierte Steine oder auf anderen Materialien hinterlassene Zeichen haben zu unserer heutigen Schrift beigetragen.

Im Laufe der Zeit entwickelten sich aus den Bildzeichen zum Beispiel in Ägypten, Mesopotamien (heute Irak) und China Wortbildzeichen (Ideogramme), in deren späten Formen gleiche oder ähnliche Zeichen für gleiche oder ähnliche Inhalte verwendet wurden. Diese Wortbildzeichen waren in den verschiedenen Kulturen formal unterschiedlich ausgestaltet. Trotzdem gab es innerhalb der Kulturen erste Anfänge von Standardisierungen. Auf diese Weise wurden die Aufzeichnung von Ereignissen, das Erlernen des Aufzeichnens und das Verstehen des Aufgezeichneten vereinfacht und beschleunigt.

Die Hieroglyphen (griechisch: heilige Zeichen, Eingrabungen) der Ägypter sind für die Entwicklung der europäischen Schriften von großer Bedeutung. Sie entwickelten sich von reinen Bildzeichen zu einer Schrift mit stark bildhaftem Charakter, die aber auch abstrakte Lautzeichen enthielt. Durch stete Abwandlung entstanden aus den Bildzeichen Lautzeichen (Phonogramme). Als Geschäfts- und Verwaltungsschrift gab es eine leichter zu schreibende kursive Form (Hieratische Schrift). Durch weitere Vereinfachung wandelte sich diese um 700 v. Chr. zur Demotischen Schrift (griechisch: Volksschrift), die bis etwa 300 n. Chr. einzige Gebrauchsschrift in Ägypten war. Während des Ägyptenfeldzugs von Napoleon I. wurde 1798 bei der Stadt Rosetta beim Ausheben von Schützengräben ein schwarzer Stein gefunden, der den gleichen Text in Griechisch, Demotisch und Hieroglyphen zeigt. Über das lesbare Griechisch und Demotisch gelang es 1822 dem Franzosen Jean François Champollion, die fast 5000 Jahre alten Hieroglyphen zu entschlüsseln.

Etwa 1400 v. Chr. wurden die Hieroglyphen von den Phöniziern übernommen und zu einem Alphabet aus 22 Konsonanten umgeformt. Die Buchstaben erhielten Bezeichnungen aus dem alltäglichen Leben der Menschen: Alf (Rind), beth (Haus), gaml (Kamel), delt (Tür). Über die Handelswege zu Lande und zu Wasser verbreitete sich die Buchstabenschrift in alle Himmelsrichtungen. Um 1000 v. Chr. übernahmen die Griechen das Phönizische Alphabet und fügten ihm die Vokale a, e, i, o, u hinzu.

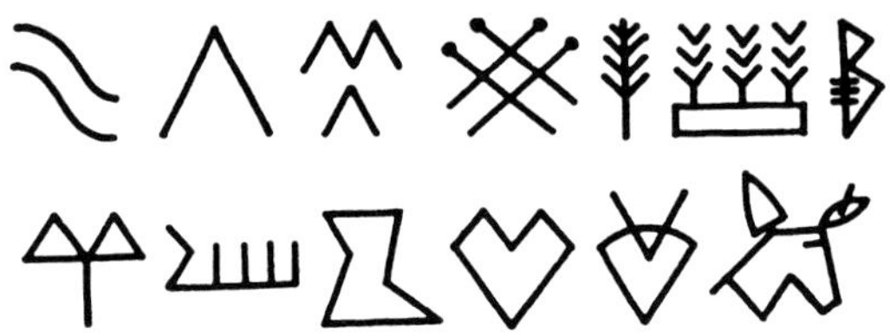

Sumerische Ideogramme, um 3500 – 3000 v. Chr.

Ägyptische phonetische Hieroglyphen, Beginn des 3. Jahrtausends v. Chr.; die Zeichen in der oberen Zeile entsprechen den Lauten v, b, p, f, m, n, die Zeichen in der unteren Zeile entsprechen g, t, c, d, z

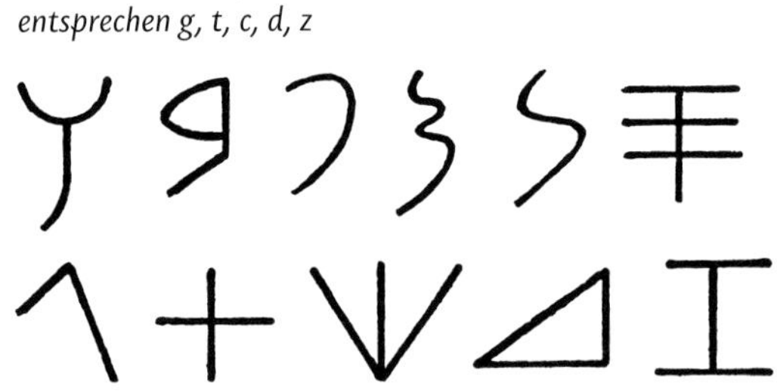

Phönizische Schrift, 9. Jahrhundert v. Chr.; die Zeichen in der oberen Zeile entsprechen den Lauten v, b, p, m, n, s, die Zeichen in der unteren Zeile entsprechen g, t, k, d, z

Die griechische Schrift war ursprünglich ein Versalalphabet, enthielt also nur Großbuchstaben. Ihre endgültige Form erhielt sie 403 v. Chr. durch eine Schriftreform. Die Schreib- und Leserichtung war bis dahin abwechselnd von links nach rechts und von rechts nach links („furchenwendig") und wurde jetzt auf Links-Rechts-Richtung festgelegt. Solche Entwicklungen durchliefen auch andere Schriften, oft auch in anderer Reihenfolge.

In zwei großen Linien gelangte das griechische Alphabet nach West- und Osteuropa. Im achten Jahrhundert v. Chr. von den Etruskern übernommen, ging es an die Römer weiter. Im neunten Jahrhundert n. Chr. verbreitete sich die aus der griechischen Unziale hervorgegangene Schrift in Osteuropa. Sie ist uns heute unter der Bezeichnung kyrillisch bekannt.

Die Entwicklung der westeuropäischen Schriften bis zu den Formen der heute verwendeten Druckschriften hat noch einen langen Zeitraum in Anspruch genommen. Bei allen formalen Ausbildungen und Veränderungen der Buchstaben haben die Werkzeuge, mit denen sie gefertigt wurden, und die Materialien, auf denen sie entstanden, eine große Rolle gespielt. Dazu kamen persönliches Formempfinden, Produktionsgeschwindigkeit und Materialkosten (zum Beispiel beim teuren Pergament).

Die Entwicklung der Schriften, ihrer Formen und Anwendungen sind bis heute eng verbunden mit politischen, wirtschaftlichen, religiösen und allgemein kulturellen Rahmenbedingungen. Schrift spiegelt mehr oder minder stark den allgemeinen Formenkanon einer Epoche in Architektur, Design, Farbe und Zeit(un)geist wider. Schrift verleiht der Sprache und den Gedanken sichtbaren Ausdruck.

Die folgenden Schriften kennzeichnen wesentliche Etappen der Entwicklung in Westeuropa, die später in die Druckschriften einmündete.

- Die Römische Capitalis monumentalis (ab etwa 100 v. Chr.) ist eine in Stein gehauene VERSALSCHRIFT. Mit ihr hat der größte Teil unserer heutigen Großbuchstaben (Versalien) bereits seine endgültige Form erreicht. Zur Vorzeichnung wurde wahrscheinlich stark verdünnte Sepiatinte mit dem Flachpinsel aufgetragen. Der Duktus (Strichführung) ist dem der breiten Rohrfeder (Schilfrohr oder Gänsekiel) ähnlich. Die Entstehung und Entwicklung der Capitalis monumentalis ist eng verbunden mit staatsverherrlichender Architektur, wie Siegessäulen und Triumphbögen. Ihre Grundformen sind Quadrat, Kreis, Dreieck und deren Teilformen. Sie beruht auf dem Zweiliniensystem (obere und untere Begrenzung). Ohne Gliederung sind Wort an Wort, Satz an Satz und Zeile an Zeile gesetzt. Die Lesbarkeit ist stark gemindert, da Versalien eher nacheinander buchstabiert werden. Die Capitalis monumentalis ist zum Beispiel auf der Trajanssäule (114 n. Chr.) in Rom zu sehen.
- Die Capitalis quadrata (ab 2. Jahrhundert n. Chr.) ist eine Schreibschrift römischen Ursprungs mit quadratischer Grundform. Sie wurde mit der breiten Rohr- oder Kielfeder geschrieben. Der Zeitaufwand beim Schreiben war hoch, da zum flüssigen Schreiben die Verbindungsstriche fehlten. Wegen der breiten Laufweite war sie auch unökonomisch, denn Pergament war sehr teuer. Sie wurde bis ins fünfte Jahrhundert als Buchschrift profaner (weltlicher) und klerikaler (kirchlicher) Prachthandschriften verwendet.
- Die Capitalis rustica entstand im zweiten und dritten Jahrhundert (lateinisch *rusticus:* bäuerlich, derb, aber auch frei, leicht). Die Laufweite wurde enger,

Ältere griechische Schrift (8.–7. Jahrhundert v. Chr.) mit Varianten einzelner Zeichen

Etruskische Schrift, 7. Jahrhundert v. Chr.

Capitalis monumentalis aus dem 2. Jahrhundert n. Chr.

der teure Beschreibstoff (Pergament) dadurch besser genutzt. Die Vereinfachung des Schreibvorgangs trug wahrscheinlich auch zur größeren Verbreitung der Schreibfähigkeit bei.

– Neben den Versalschriften Capitalis monumentalis, quadrata und rustica entwickelten sich schneller zu schreibende Gebrauchsschriften: ältere und jüngere Römische Kursive (Cursiva). Sie wurden entweder mit einem angespitzten Holzgriffel auf einer wachsbeschichteten Holztafel eingeritzt oder mit der Rohr- bzw. Kielfeder geschrieben. In eingeritzter Form waren die Zeichen unverbunden, in geschriebener Form zeigten sich aber schon einige Buchstabenverbindungen. Bei der jüngeren Kursive wurden immer mehr Schriftzeichen miteinander verbunden. Die Buchstabenhöhe wurde kleiner, während gleichzeitig deutliche Ober- und Unterlängen entstanden.

Capitalis quadrata aus dem 4. – 5. Jahrhundert

Capitalis rustica aus dem 4. – 5. Jahrhundert

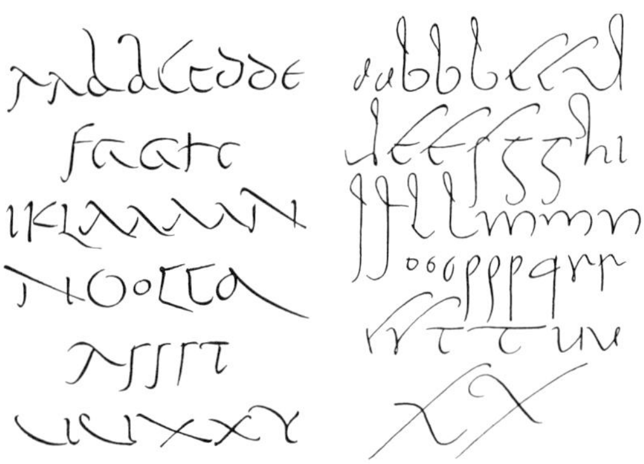
Ältere (links) und jüngere römische Kursive aus dem 2. bzw. 4. Jahrhundert

Unziale aus dem 4. – 5. Jahrhundert

Halbunziale aus dem 6. Jahrhundert

– Die Unziale (Uncialis, ab 4. Jahrnundert) ist eine mit der breiten Rohr- oder Kielfeder geschriebene Mischform aus griechischen und römischen Buchstabenelementen. Die Formenvielfalt der Buchstaben führte zu klarerem Unterscheiden, schnellerem Erfassen und flüssigerem Lesen. Das Vierliniensystem mit Mittel-, Ober- und Unterlängen deutete sich an. Ab der Unziale begann auch die Verbindung von Schrift und Schmuckelementen. Reich verzierte Anfangsbuchstaben (Initialen) und ornamentale Ausschmückungen wurden in den folgenden Jahrhunderten zu wahrer Meisterschaft weiterentwickelt. Die Unziale war bis zum neunten Jahrhundert die wichtigste westeuropäische Buchschrift.
Der Name Unziale bedeutet *literae unciales*, also Buchstaben in der Höhe einer Unze. Eine Unze war ein Zwölftel eines Ganzen in Länge, Gewicht oder Fläche. Da die Handschriften in den wenigsten Fällen einer Person oder einem Entstehungsort zuzuordnen sind, hat man die Höhe der Buchstaben gemessen. Die durchschnittliche Höhe liegt bei einem Zwölftel Faust (vier Finger); das entspricht etwa 6 mm bis 8 mm.

– Die Halbunziale entstand ab dem vierten Jahrhundert: In ihr sind Schriftelemente der Römischen Kursiven und der Unziale verbunden. Großbuchstaben im heutigen Sinne gab es nicht. Sie hatten Minuskelform (Form der Kleinbuchstaben) und waren aus der Unziale abgeleitet. Ober- und Unterlängen waren stark ausgeprägt, das Vierliniensystem des heutigen Schreibens war schon vollständig ausgebildet. Einige Buchstabenformen wie a, e, b, d, r, l sind bis heute fast unverändert geblieben. Handel und expandierendes Christentum trugen zur Verbreitung der Halbunziale bei. Formale Abwandlungen gab es u. a. in Frankreich, Spanien, Irland und England.

– Die Karolingische Minuskel wurde Ende des achten Jahrhunderts auf Anordnung von Kaiser Karl dem Großen (742–814) als allein gültige Schrift in seinem Riesenreich eingeführt. Der angelsächsische Mönch Alkuin, Karls Berater und Freund, war wohl die treibende Kraft für diese Anordnung. In Klöstern entwickelt, wurde sie zur Staatsschrift. Machtpolitische Interessen und Karls Zwangschristianisierungen (zum Beispiel der Sachsen) haben dabei eine große Rolle gespielt. Es gab in seinem Reich viele eigenständige Sprach- und Schriftkulturen, als Nationalschriften bezeichnet, zum Beispiel angelsächsisch, merowingisch, westgotisch, langobardisch, beneventanisch. Durch die verordnete Schrift sollte auch eine Verständigungsbasis zwischen den einzelnen Sprach- und Schriftkulturen geschaffen werden.

Karolingische Minuskel aus dem 10. Jahrhundert

Angelsächsische Minuskel

Merowingische Minuskel

Langobarda

Beneventana

Handschriftliche Textura aus dem 14. Jahrhundert

Die Karolingische Minuskel war bis Anfang des zwölften Jahrhunderts vorherrschende Buchschrift. Alle späteren Schriftformen Westeuropas stammen von ihr ab.

- Die handschriftliche Gotisch, auch als Textura (lat. Gewebe) bezeichnet, entwickelte sich ab dem elften Jahrhundert aus der Karolingischen Minuskel und war im 13. Jahrhundert weitgehend ausgebildet.
  Die ersten gotischen Handschriften entstanden wie die ersten gotischen Bauwerke in Nordfrankreich und England. Ihre Form ist eng verknüpft mit dem gotischen Baustil. Sie ist schlank, eng laufend, hoch strebend. Der Duktus der Breitfeder ist deutlich erkennbar. Durch die enge Laufweite ist das flüssige Lesen beeinträchtigt. Der Name Gotisch soll erst im 16. Jahrhundert in Italien entstanden sein – *gotico* bedeutet barbarisch.

Die Gotisch markiert den Übergang von der geschriebenen zur gedruckten Schrift. Holzschnitt-Drucke aus der ersten Hälfte des 15. Jahrhunderts zeigen Schriften nach dem Vorbild der handschriftlichen Gotisch. Vor der Einführung beweglicher Lettern durch Gutenberg wurde in Europa von Holzschnitttafeln gedruckt, Motive waren Heiligenbilder und Spielkarten. Johannes Gutenberg entwickelte die Drucktype seiner in den Jahren 1454 bis 1456 gedruckten 42-zeiligen Bibel ebenfalls nach dem Vorbild der handschriftlichen Gotisch.

Druckwerke, Bücher und Einzelblätter aus der Frühzeit des Druckens gehören zu den beeindruckendsten Kulturgütern. Den bis 1500 entstandenen Drucken hat man den Namen Wiegendrucke oder Inkunabeln gegeben (lat. *incunabula*: Wiege, Windel).

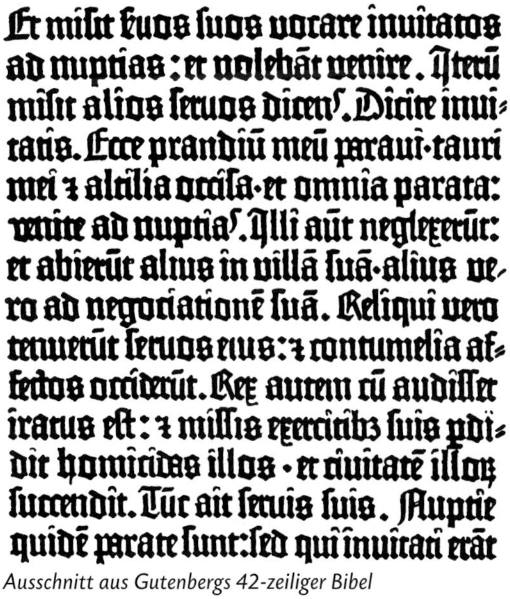

Et misit servos suos vocare invitatos
ad nuptias: et nolebāt venire. Iterū
misit alios servos dicens. Dicite invi-
tatis. Ecce prandiū meū paravi. tauri
mei et altilia occisa. et omnia parata:
venite ad nuptias. Illi aūt neglexerūt:
et abierūt alius in villā suā. alius ve-
ro ad negociationē suā. Reliqui vero
tenuerūt servos eius: et contumelia af-
fectos occiderūt. Rex autem cū audisset
iratus est: et missis exercitibus suis pdi-
dit homicidas illos. et civitatē illorū
succendit. Tūc ait servis suis. Nuptie
quidē parate sunt: sed qui invitati erāt

Ausschnitt aus Gutenbergs 42-zeiliger Bibel

Grund- und Haarstriche

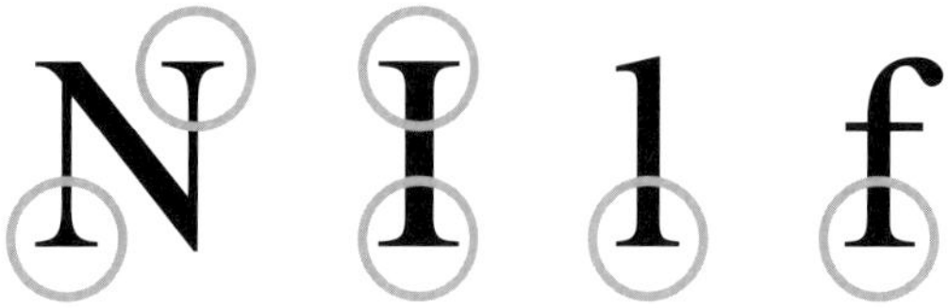

Serifen

Gerade und konkav gerundete Serife

Unterschiedlich ausgeprägte Kehlungen, hier am Übergang zwischen Serifen und Grundstrichen

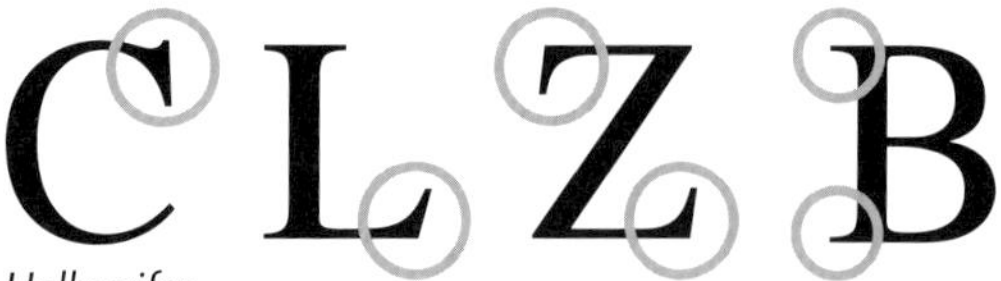

Halbserifen

Dachansätze

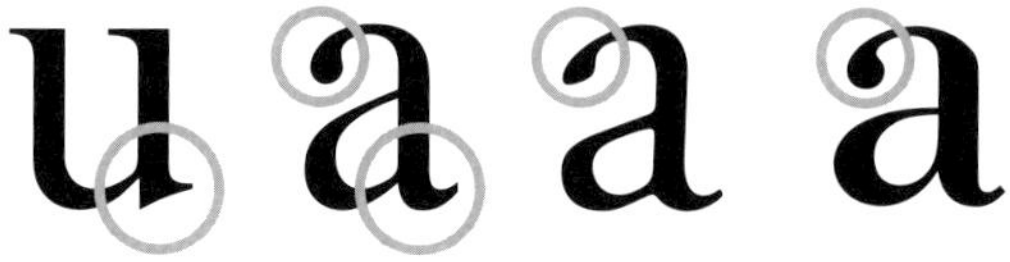

Endstriche und Auslaufpunkte

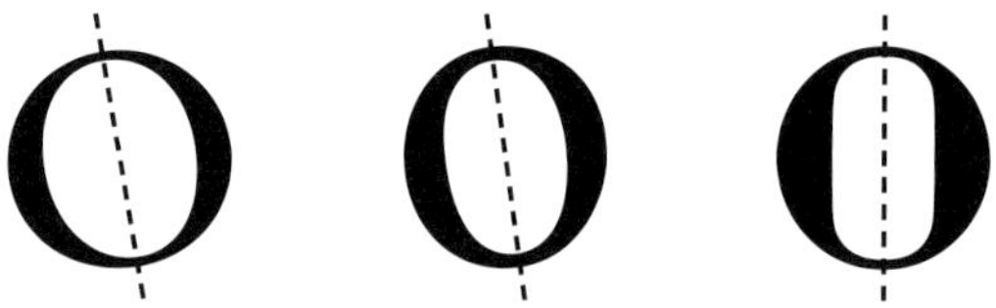

Rundungsachsen: nach links geneigt oder senkrecht

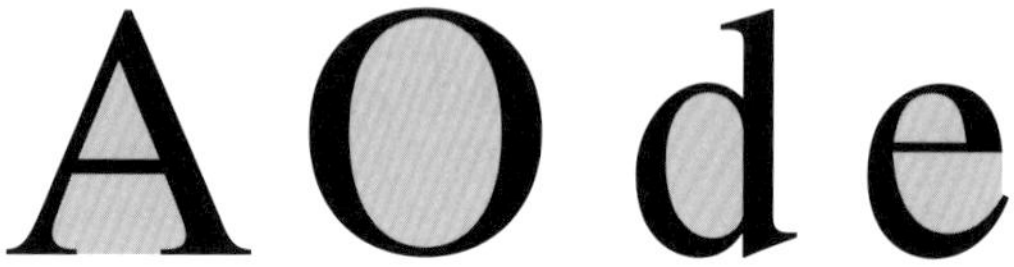

Punzen

Querstrich des e: waagerecht bzw. schräg

Formen von a und g

4.2 Teile und Merkmale der Buchstaben

Es gibt keine einheitlichen Fachausdrücke für die einzelnen Teile der Buchstaben – für ein und dasselbe Element existieren oft mehrere Bezeichnungen. Die im Folgenden jeweils zuerst genannten Begriffe sind die am häufigsten benutzten und werden auch in den weiteren Abschnitten dieses Kapitels verwendet.

- Der Grundstrich (starker Zug, Stamm, Abstrich) ist der dickere Strich des Buchstabenbilds.
- Der Haarstrich (schwacher Zug, Aufstrich) ist der dünnere Teil des Buchstabenbilds. Der Strichstärkeunterschied zwischen Haar- und Grundstrichen ist unterschiedlich stark ausgeprägt.
- Serifen sind gerade oder konkav gerundet.
- Der mehr oder minder stark gerundete Übergang von der Serife zum Grund- oder Haarstrich wird als Kehlung bezeichnet.
- Halbserifen stehen am Kopf und bei einigen Zeichen auch am Fuß von Versalien (Großbuchstaben). Die Halbserifen am Ende von Haarstrichen der Buchstaben C, E, F, G, L, S, Z werden auch Flammen genannt.
- Die Dachansätze (Anstriche) der Gemeinen (Kleinbuchstaben) sind schräg oder waagerecht.
- Die Endstriche der Gemeinen sind schräg oder gerundet.
- Die Auslaufpunkte (Kugelenden, Tropfen) der Gemeinen sind unterschiedlich ausgeprägt.
- Die Achsen der Rundungen, zum Beispiel bei O, C, G, stehen senkrecht oder sind nach links geneigt.

- Punzen sind die ganz oder teilweise vom Buchstabenbild umschlossenen Innenräume der Zeichen.
- Der Querstrich des e liegt waagerecht bzw. mehr oder minder schräg.
- Bei den Gemeinen a und g gibt es je zwei deutlich unterscheidbare Formen.

4.3 Klassifikation der Schriften

4.3.1 Zweck von Schriftklassifikationen

Anzahl und Vielfalt der heute angebotenen Schriften sind nur schwer überschaubar. Schriftklassifikationen gruppieren Schriften nach bestimmten Merkmalen und sollen auf diese Weise Überblick schaffen. Sie sind also kein Selbstzweck, sondern sollten als Hilfsmittel verstanden werden. Schriftklassifikationen bieten gute Orientierungsmöglichkeiten beim ersten, aber auch zweiten Kontakt mit dem Riesenangebot an Schriften. Sie können auch als Grundlage zur sinnvollen Ordnung von Schriften mittels Schriftverwaltungsprogrammen dienen.

Im folgenden Abschnitt wird die Klassifikation der Schriften nach DIN 16518 (1964) vorgestellt. Sie entspricht im Wesentlichen der 1954 von Maximilian Vox vorgeschlagenen und 1962 von der ATYPI (Association Typographique Internationale) übernommenen Vox-ATYPI-Klassifikation.

Seit Einführung der DIN-Norm 1964 hat es viel Kritik und zahlreiche Vorschläge gegeben, sie anders und teilweise differenzierter zu gliedern. Bis heute ist aber keiner dieser Änderungsvorschläge umgesetzt worden. Im folgenden Abschnitt wird auf Möglichkeiten zur sinnvollen Untergliederung der Gruppen V und VI (serifenbetonte bzw. serifenlose Linear-Antiqua) hingewiesen. In Abschnitt 4.3.3 werden zwei Alternativen zur geltenden Norm vorgestellt.

Sowohl DIN 16518 als auch alternative Klassifikationsmodelle gruppieren Schriften teilweise nach kulturhistorischen Epochen, in denen sie erstmals entstanden sind: Renaissance, Barock und Klassizismus. Es gibt aber viele neuere Schriften, die Formmerkmale dieser vergangenen Epochen aufgreifen. Um nur ein Beispiel zu nennen: Die Times von Stanley Morrison aus dem Jahre 1932 ist aufgrund ihrer Formmerkmale in der Gruppe Barock-Antiqua zu finden.

4.3.2 Klassifikation nach DIN 16518

4.3.2.1 Gruppe I: Venezianische Renaissance-Antiqua

Wichtigste Handschrift der Renaissance war die mit der Breitfeder geschriebene Humanistische Minuskel. Die Humanisten lernten die Werke der Antike aus Abschriften kennen, die in der Karolingischen Minuskel

Klassifikation der Schriften nach DIN 16518

Gruppe/Untergruppe		Entstehungszeit	*Englische Bezeichnung*
I	Venezianische Renaissance-Antiqua	ab 15. Jahrhundert	*Humanistic, Venetian*
II	Französische Renaissance-Antiqua	ab 16. Jahrhundert	*Garaldic*
III	Barock-Antiqua	ab 17. Jahrhundert	*Transitional*
IV	Klassizistische Antiqua	ab 18. Jahrhundert	*Didonic, Modern*
V	Serifenbetonte Linear-Antiqua	ab 19. Jahrhundert	*Slab Serif, Mechanistic*
VI	Serifenlose Linear-Antiqua	ab 19. Jahrhundert	*Sans Serif, Lineal, Grotesque*
VII	Antiqua-Varianten		*Decorative and Display*
VIII	Schreibschriften		*Script and Brush*
IX	Handschriftliche Antiqua		*Manual, Graphic*
X	Gebrochene Schriften		*Black Letter*
	a Gotisch	ab 15. Jahrhundert	
	b Rundgotisch	ab 15. Jahrhundert	
	c Schwabacher	ab 15. Jahrhundert	
	d Fraktur	ab 16. Jahrhundert	
	e Fraktur-Varianten		
XI	Fremde Schriften		*Non-Latin*

geschrieben waren. Sie hielten diese Schrift irrtümlich für die ursprüngliche, kopierten sie exakt und fügten teilweise Versalien in unterschiedlichen Formen hinzu.

Auf dem Weg zur Renaissance-Drucktype venezianischer Prägung leisteten u. a. Drucker wie Johann und Wendelin von Speyer, Sweynheim und Pannartz Pionierarbeit. 1465 druckten Sweynheim und Pannartz in Subiaco bei Rom mit einer Type, in der versucht wurde, Versalbuchstaben der Capitalis monumentalis, Kleinbuchstaben der humanistischen Minuskel und Elemente gebrochener Schriften miteinander zu verbinden. Dem Franzosen Nicolas Jenson gelang 1470 in Venedig erstmals perfekt der Versuch, römische Kapitalbuchstaben mit der humanistischen Minuskel zu verbinden. Dieses Alphabet aus Groß- und Kleinbuchstaben (Versalien und Gemeinen) benutzen wir noch heute.

Wesentliche Formmerkmale der venezianischen Renaissance-Antiqua:

- Haar- und Grundstriche unterscheiden sich wenig.
- Die Rundungsachsen sind stark nach links geneigt.
- Der Querstrich des Kleinbuchstabens e liegt schräg.
- Der Dachansatz der Gemeinen ist schräg („wimpelförmig"), seine Kehlung ist nicht sehr deutlich ausgeprägt.
- Die Kehlung zwischen Serifen und Strichen ist kräftig ausgeprägt.
- Die Serifen sind durchweg konkav gerundet. Einige Schriften haben eigenwillig geformte Serifen und sind dadurch gut wiedererkennbar.
- Der Duktus (die Strichführung) erinnert an mit der Breitfeder geschriebene Handschriften.
- Das Schriftbild wirkt ruhig.

Schriften aus dieser Gruppe: Berkeley Old Style, Centaur, Cloister, Guardi, Golden Type, Jenson, Schneidler Mediäval, Tiffany, Trajanus, Weidemann

4.3.2.2 Gruppe II: Französische Renaissance-Antiqua

Anfang des 16. Jahrhunderts begann in Frankreich die Abkehr vom strengen gotischen Lebensstil und die Hinwendung zur Gefühls- und Formenwelt der Renaissance. Frankreich wurde im Herstellen von Schriften und im Buchdruck tonangebend in Europa. Italienische Kleinstaaterei und die teilweise Vereinnahmung der neuen Technik durch den französischen König trugen dazu bei. Im Buchdruck erkannte er ein Mittel zur innerstaatlichen Repression. Durch Erteilung besonderer Privilegien versuchte er, einzelne Drucker für sich zu gewinnen. Durch Zensur und Verfolgung anderer sollte der Druck so genannter staats- und kirchenfeindlicher Werke verhindert werden.

Geoffroy Tory, Robert Estienne, Claude Garamond, Guillaume de Bè, Robert Granjon, Christophe Plantin und andere haben entscheidend zur Entwicklung und Verbreitung der Renaissance-Type französischer Prägung beigetragen. Sie wurde ab der zweiten Hälfte des 16. Jahrhunderts auch in Italien (!), Deutschland, England, den Niederlanden und Spanien gedruckt.

Wesentliche Unterschiede der französichen gegenüber der venezianischen Renaissance-Antiqua:

- Haar- und Grundstriche unterscheiden sich etwas stärker voneinander.
- Der Querstrich des e liegt waagerecht.

Gruppe I: *Venezianische Renaissance-Antiqua*

Hamburgefo
Jenson

Hamburgefo
Centaur

Hamburgefo
Schneidler

Hamburgefo
Weidemann

Gruppe II: *Französische Renaissance-Antiqua*

Hamburgefo
Garamond

Hamburgefo
Palatino

Hamburgefo
Bembo

Hamburgefo
Sabon

Schriften aus dieser Gruppe: Aldus, Bembo, Galliard, Garamond, Goudy Old Style, Hollander, Meridien, Minion, Palatino, Plantin, Sabon, Trump-Mediaeval. Aus den Namen Garamond und Aldus ist die englische Bezeichnung *Garaldic* für die französiche Renaissance-Antiqua entstanden.

4.3.2.3 Gruppe III: Barock-Antiqua

Beim Bilderdruck wurde der Holzstich (Xylographie) im 17. Jahrhundert vom Kupferstich (auch Radierung genannt) abgelöst. Kupferstecher, die handgeschriebene Vorbilder in ihre Arbeit einbezogenen, und Handschreiber beeinflussten sich gegenseitig. Die Schriftentwerfer und Stempelschneider bedienten sich bei beiden und ließen viele Merkmale in ihre Arbeit einfließen. In Holland, England und Frankreich entstandenen Drucktypen mit gemeinsamen Formmerkmalen und regionalen Eigenheiten.

Christoph van Dijk, Michael Fleischmann und Anton Janson (Holland), William Caslon und John Baskerville (England), Phillippe Grandjean und Pierre Simon Fournier (Frankreich) waren herausragende Schrifthersteller dieser Zeit. Viele ihrer Typen wurden immer wieder auf neue Satzherstellungsverfahren umgearbeitet und sind bis heute im Gebrauch.

Die Barock-Antiqua wird auch als Übergangsantiqua *(Transitional)* bezeichnet, weil sie den Übergang von der Renaissance-Antiqua zur klassizistischen Antiqua bildet. Die wesentlichen Formmerkmale:

- Haar- und Grundstriche unterscheiden sich deutlich bis kräftig.
- Die Rundungsachsen stehen fast senkrecht.
- Der Querstrich des e liegt waagerecht.
- Der Dachansatz bei den Gemeinen liegt meist etwas weniger schräg als bei Schriften der Gruppen I und II, die Kehlung ist deutlich sichtbar.
- Die Kehlung der Serifen ist weniger stark ausgeprägt als in Gruppe I und II.
- Die Serifen sind gerade oder gering ausgerundet.
- Der optische Eindruck wird bei Schriften mit vorklassizistischen Merkmalen teilweise unruhig.

Schriften aus dieser Gruppe: Baskerville, Caslon, Concorde, Erhardt, Fleischmann, Fournier, Imprimatur, Janson, Kepler, Times

4.3.2.4 Gruppe IV: Klassizistische Antiqua

Die Einführung der Spitzfeder aus Metall, mit der durch unterschiedlichen Druck sehr dünne oder sehr fette Striche geschrieben werden können, sowie die sich weiter entwickelnde Technik im Kupfer- und Stahlstich hatten Einfluss auf die Form der klassizistischen Antiqua. Trotz stabilerer Metalllegierungen brachen die sehr feinen Serifen oft während des Druckens weg. Deshalb entstanden in der zweiten Hälfte des 19. Jahrhunderts auch Schriften mit – für klassizistische Schriften eigentlich untypischen – Kehlungen.

Klassizistische Merkmale zeigte bereits die „Romain du Roi" von 1754, Hofschrift Ludwigs XV. von Frankreich. Die erste stilreine klassizistische Antiqua wurde 1784 von der Druckerfamilie Didot herausgebracht. Der Italiener Giambattista Bodoni (1740–1813) richtete 1767 die herzögliche Druckerei in Parma ein und

Gruppe III: *Barock-Antiqua*

Hamburgefo
Times

Hamburgefo
Baskerville

Hamburgefo
Caslon

Hamburgefo
Janson

Gruppe IV: *Klassizistische Antiqua*

Hamburgefo
Bodoni

Hamburgef
Walbaum

Hamburgefo
Didot

Hamburgefo
Fenice

leitete sie. Aus diesem Jahr stammt auch sein erster Versuch einer klassizistischen Antiqua. 1790 erschien die uns heute bekannte Bodoni. Bodonis Hauptwerk ist das „Manuale Tipografico" (2 Bände mit rund 650 Seiten), das von seiner Witwe vollendet und 1818 herausgegeben wurde.

In Deutschland wurden die klassizistischen Schriften des Franzosen Didot zunächst mit großer Begeisterung aufgenommen, die jedoch mit den Befreiungskriegen gegen Napoleon I. erlosch. 1830 brachte der Deutsche Justus Erich Walbaum (1768–1837) die Walbaum-Antiqua auf den Markt, die damals jedoch weitgehend unbeachtet blieb. Interesse und reißenden Absatz fand sie erst nach ihrer Wiederentdeckung im Jahre 1910.

Gruppe V: *Serifenbetonte Linear-Antiqua, Egyptienne*

Hamburgefo

Beton

Hamburge

Glypha

Hamburgefo

City

Hamburge

Candida

Gruppe V: *Serifenbetonte Linear-Antiqua, Clarendon*

Hamburge

Clarendon

Hamburg

Volta

Gruppe V: *Serifenbetonte Linear-Antiqua, Italienne*

Hamburgefo

Playbill

Hamburgefo

Old Town

Wesentliche Formmerkmale der Klassizistischen Antiqua:

- Haar- und Grundstriche unterscheiden sich kräftig bis sehr kräftig.
- Die Rundungsachsen stehen senkrecht.
- Serifen und Halbserifen haben optisch die Stärke der Haarstriche.
- Die Serifen sind gerade.
- Serifen und Dachansätze sind in der Regel ohne Kehlung oder mit extrem kleiner Kehlung angesetzt.
- Die Dachansätze der Gemeinen liegen waagerecht oder geringfügig schräg und können leicht ausgerundet sein.

Schriften aus dieser Gruppe: Augustea, Bodoni, Centennial, Didot, Fenice, Iridium, Jeannette, Madison, Tiemann, Walbaum. Aus den Namen Didot und Bodoni ist die englische Bezeichnung *Didonic* für die klassizistische Antiqua entstanden.

4.3.2.5 Gruppe V: Serifenbetonte Linear-Antiqua

Im 19. Jahrhundert entstand durch die Industrialisierung großer Bedarf an Reklame. Gestalter von Werbeplakaten bedienten sich des Steindruckes (Lithografie), der 1796 von Alois Senefelder erfunden wurde. Mit Feder, Pinsel oder Kreide wurden Bilder und Schrift direkt auf den Stein gezeichnet. Dadurch wurde es möglich, Schriften von kompliziertester Gestaltung zu drucken. Dekorative Alphabete und Phantasieschriften aus Bäumen, Blättern, Menschen, Tieren und Architekturelementen wurden geschaffen. Es entstand der Beruf des Schriftlithografen.

Im Bleisatz gab es noch technische Grenzen. 1815 brachte der Engländer Vincent Figgins eine plakative Schrift mit wuchtigen Serifen auf den Markt, die erst später den Namen Egyptienne erhielt. Als Abwandlungen entstanden Schriften mit den Bezeichnungen Clarendon (um 1843) und Italienne. Von England aus verbreiteten sich diese Schriftformen weltweit.

Schriften der Gruppe V haben auffallend betonte, mehr oder minder starke Serifen, die seitlich senkrecht abfallen. Gruppe V wird oft in die Untergruppen Egyptienne, Clarendon und Italienne unterteilt, die aber nicht Bestandteil der Norm DIN 16518 sind.

- Egyptienne-Schriften: Haar- und Grundstriche wirken optisch einheitlich, Serifen und Dachansätze haben die Stärke der Grundstriche und sind ohne Kehlung angesetzt.

Beispiele: Beton, Candida, City, Courier, Gallatin, Glypha, Memphis, Officina serif, Rockwell, Serifa

- Clarendon-Schriften: Haar- und Grundstriche unterscheiden sich sichtbar. Serifen und Dachansätze sind mit kräftiger Kehlung angesetzt und haben die Stärke der Haarstriche.
  Beispiele: Century, Clarendon, Excelsior, Volta
- Italienne-Schriften: Die wuchtigen Serifen, auch als Blockserifen bezeichnet, sind das optisch beherrschende Element.
  Beispiele: Barnum, Old Town, Playbill, Ponderosa, Pro Arte, Westside

4.3.2.6 Gruppe VI: Serifenlose Linear-Antiqua

Serifenlose Schriften mit optisch gleich wirkenden Linien gab es bereits um 450 v. Chr. in Griechenland und später in Italien (Lapidar-Schriften, lat. *lapidarus:* in Stein gehauen). Die Lithografie brachte erste Versuche gezeichneter serifenloser Schriften mit plakativem Charakter hervor. Anonyme Stempelschneider fertigten die ersten serifenlosen Schriften in England.

1803 brachte der Engländer Robert Thorne eine serifenlose Schrift auf den Markt, 1816 folgte William Caslon mit einem serifenlosen Versalalphabet. Der neue Schrifttyp setzte sich zunächst kaum durch und tauchte höchstens im Kleinanzeigenteil von Zeitungen auf. Auch die Bezeichnung Grotesk wurde benutzt und hat sich bis heute erhalten.

1899 stellten zwei deutsche Schrifthersteller (Berthold AG, Berlin, und Bauer & Co., Stuttgart) die Akzidenz Grotesk (AG) vor. Sie bildete später die Grundlage für die Helvetica (1957) des Schweizer Typografen Max Miedinger.

1919 gründete der Architekt Walter Gropius das Bauhaus in Weimar (ab 1925 Hochschule für Gestaltung in Dessau). Grundprinzipien des Gestaltens in Industriedesign, Malerei, Plastik und Architektur waren Funktionalität und Materialgerechtheit. Angestrebt wurde die Verbindung von Handwerk, Kunst und Technik, um auch bei Massenproduktion hochwertiges Design zu ermöglichen. Bekannte Lehrer am Bauhaus waren Lionel Feininger, Paul Klee, Oskar Schlemmer, Wassily Kandinsky, Laszlo Moholy-Nagy und Ludwig Mies van der Rohe. 1932 wurde das Bauhaus auf Antrag der Dessauer Nationalsozialisten geschlossen und 1933 durch die Lehrkräfte aufgelöst.

Auch andere Gruppen wie „De Stijl" in Holland und Kunstrichtungen wie Dadaismus und Konstruktivismus trugen durch den Gebrauch serifenloser Schriften zu deren Verbreitung bei. 1928 erschien die Futura von Paul Renner, die noch heute eine der meistbenutzten serifenlosen Schriften ist. In den 1950er und 1960er Jahren etablierten u. a. die Schweizer Typografie und die Hochschule für Gestaltung in Ulm diesen Schrifttyp gleichberechtigt neben Antiquatypen mit Serifen.

Wesentliche Formmerkmale:

- Versalien und Gemeine haben keine Serifen, Halbserifen oder Dachansätze. Ausnahmsweise können einige Zeichen mit Serifen versehen sein, zum Beispiel der Versalbuchstabe I und die Ziffer 1.
- Haar- und Grundstriche wirken entweder optisch einheitlich oder unterscheiden sich sichtbar.
- Der optische Eindruck ist eher nüchtern, sachlich, emotionslos.

Gruppe VI: *Serifenlose Linaer-Antiqua*

Hamburgefo
Akzidenz Grotesk

Hamburgef
Lucida Sans

Hamburgefo
Futura

Hamburgefo
Rotis Sans Serif

Hamburgef
Univers

Hamburgefo
Franklin Gothic

Hamburgefo
Gill Sans

HAMBURG
Lithos

Schriften aus dieser Gruppe: Akzidenz Grotesk, Antique Olive, Avant Garde, Avenir, Bell Gothic, Corporate S, Eras, Folio, Franklin Gothic, Frutiger, Futura, Gill sans, Helvetica, Imago, Kabel, Lucida sans, Meta, Myriad, Neuzeit S, News Gothic, Officina sans, Rotis sans serif, Scala sans, Stone sans, Syntax, Thesis sans, Today sans, Univers, Vectora

Serifenlose Schriften nordamerikanischer Herkunft tragen oft das Wort *Gothic* (gotisch) in ihrem Namen. In den englischsprachigen Ländern werden serifenlose Schriften auch allgemein *Gothic* genannt. Die Bezeichnung hat wahrscheinlich mit der Grauwirkung des Textes zu tun. Die ersten serifenlosen Schriften waren sehr fett und erinnerten in dieser Hinsicht an die Gotisch.

Alternative Untergliederung der Gruppe V
(entspricht nicht der gültigen Norm DIN 16518)

Gruppe V a: Serifenbetonte Linear-Antiqua, klassizistischer Charakter
Grundlage ihrer Formen ist die klassizistische Antiqua. Die Haarstriche werden zwar verdickt, der Unterschied zu den Grundstrichen bleibt aber deutlich sichtbar. Einige Details der Buchstaben werden stark betont, die Serifen sind stark gekehlt.

Beispiel:
Clarendon **Hamburge**

Gruppe V b: Serifenbetonte Linear-Antiqua, Zeitungsschriften
Die meisten Formmerkmale haben technische Gründe. Da feine Elemente der Buchstaben bei der Maternprägung und im Druck wegbrachen, wurden Striche, Serifen und Kehlungen verstärkt. Die Punzen wurden größer gestaltet, damit sie auf dem saugfähigen Zeitungspapier nicht „zuschmieren".

Beispiel:
Excelsior Hamburgef

Gruppe V c: Serifenbetonte Linear-Antiqua, konstruiert
Striche und Serifen sind optisch gleich stark. Die Serifen sind rechtwinklig ohne Kehlung angesetzt und optisch kräftig betont.

Beispiel:
Beton Hamburgefo

Gruppe V d: Serifenbetonte Linear-Antiqua, Renaissance-Charakter (humanistischer Charakter)
Bögen, Schwünge und Achsen sind von Renaissance-Vorbildern übernommen. Die Serifen sind optisch meist harmonisch zu Haar- und Grundstrichen integriert, nicht ohne Betonung und oft ausgestaltet wie in Gruppe V c.

Beispiel:
Joanna Hamburgefo

Gliederungsvorschlag zur Gruppe VI
(entspricht nicht der gültigen Norm DIN 16518)

Gruppe VI a: Serifenlose Linear-Antiqua, klassizistischer Charakter
Grundlage ihrer Formen ist die klassizistische Antiqua. Serifen und Dachansätze sind entfallen, Grund- und Haarstriche so aneinander angeglichen, dass ein optisch linearer Charakter entsteht. Die Schrift wirkt ruhig, aber auch wenig dynamisch.

Beispiel:
Helvetica Hamburgef

Gruppe VI b: Serifenlose Linear-Antiqua, Renaissance-Charakter (humanistischer Charakter)
Bögen, Schwünge und Achsen sind von Renaissance-Vorbildern übernommen, die Strichstärken sind oft sichtbar differenziert. Die Form des g ist ein weiterer Rückgriff auf Formen der Renaissance. Die Schriften wirken dynamisch, zeigen aber ein ausgeglichenes, ruhiges Gesamtbild.

Beispiel:
Today Sans Hamburgefo

Gruppe VI c: Amerikanische Grotesk
Haar- und Grundstriche unterscheiden sich sichtbar, die Striche verjüngen sich z. T. an den Enden, zum Beispiel beim g. Die Mittellängen sind relativ hoch. Diese Schriften wirken statischer als Schriften mit Renaissance-Charakter.

Beispiel:
Franklin Gothic Hamburgefo

Gruppe VI d: Serifenlose Linear-Antiqua, konstruiert
Die Buchstaben haben einfache, konstruierten Formen, die mit Lineal, Zirkel und Kurvenlineal entstanden sind. Der optische Eindruck ist formal und nüchtern.

Beispiel:
Futura Hamburgef

4.3.2.7 Gruppe VII: Antiqua-Varianten

Zur Gruppe VII gehören alle Antiqua-Schriften, die aufgrund ihrer Formmerkmale nicht den Gruppen I bis VI, VIII und IX zugeordnet werden können, zum Beispiel Schriften des Jugendstils (etwa 1890–1910).

Den Kern dieser Gruppe bilden dekorative Schriften, die häufig nur aus Versal-Alphabeten bestehen. Dazu gehören zum Beispiel:

- verzierte Schriften mit grafischen, ornamentalen oder pflanzlichen Elementen
- durchbrochene Schriften
- horizontal oder diagonal schraffierte Schriften, oft mit Schlagschatten
- Schriften, die aus einer mehr oder weniger starken Kontur (Outline) bestehen, teilweise mit Schlagschatten
- perspektivisch angelegte Schriften mit dreidimensionalen Formen
- Schriften, die zum Beispiel wie in Metall graviert, in Holz geschnitten oder mittels Schablonen gemalt aussehen

Schriften aus dieser Gruppe: Burlington, Buxom, Cabaret, Chevalier, Citation, CoolWool, Copperplate Gothic, Deco Wave, Friz Quadrata, Jokerman, Largo, Madame, Mambo, Rosewood, Saphir, Smaragd, Stencil, Viva. Zu den Jugendstilschriften gehören zum Beispiel Eckmann und Arnold Böcklin.

4.3.2.8 Gruppe VIII: Schreibschriften

Schreibschriften sind Druckschriften, die den Eindruck erwecken sollen, als seien sie mit der Hand geschrieben. Die Strichführung zeigt deutlich die Merkmale des Schreibgeräts, die Buchstaben sind meist durch An- und Endstriche miteinander verbunden. Vorbilder sind „lateinische" Schul- und Kanzleischriften, Kurrentschriften oder Kursive.

Schriften aus dieser Gruppe: Bickley Script, Brush Script, English Script, Kuenstler Script, LinoScript, Mistral, Snell Roundhand, Vladimir Script, Zapfino

4.3.2.9 Gruppe IX: Handschriftliche Antiqua

Zu dieser Gruppe gehören Schriften, die von der Antiqua oder deren Kursiven abstammen. Das Alphabet ist handschriftlich abgewandelt, der Duktus des Schreibgerätes deutlich erkennbar. Das Schriftbild ist oft bewegter als beim Vorbild.

Schriften aus dieser Gruppe: AdPro, Ariadne, Enviro, Herculanum, Kristen, Ondine, Papyrus, Persona, Post Antiqua, Time Script

Gruppe VII: *Antiqua-Varianten*

HAMBURGE

Copperplate Gothic

HAMBU

Saphir

Hamburgefo

Cabaret

HAMBU

Smaragd

Hamburgefo

Eckmann

Gruppe VIII: *Schreibschriften*

Hamburgefo

Mistral

Hamburgefo

Snell Roundhand

Gruppe IX: *Handschriftliche Antiqua*

Hamburgefo

Post Antiqua

Hamburgefo

Ondine

Hamburgefo

Kristen

Gruppe X a: *Gotisch*

Hamburgefo

Wilhelm-Klingspor-Gotisch

Hamburgefo

Old English Text

Hamburgefo

Fette Gotisch

Gruppe X b: *Rundgotisch*

Hamburgefo

San Marco

Gruppe X c: *Schwabacher*

Hamburgefo

Alte Schwabacher

Gruppe X d: *Fraktur*

Hamburgefo

Walbaum-Fraktur

Hamburgefo

Luthersche Fraktur

Hamburgefo

Wittenberger Fraktur

Gruppe X e: *Fraktur-Varianten*

Hamburgefo

Lucida Blackletter

4.3.2.10 Gruppe X: Gebrochene Schriften

Die gebrochenen Schriften entstanden ursprünglich in der Zeit der Renaissance (15. und 16. Jahrhundert). Da sie sich zum Teil ganz erheblich voneinander unterscheiden, ist Gruppe X in Untergruppen gegliedert.

Vorbild der Gotisch (Untergruppe X a) ist die handschriftliche Textura des 13. Jahrhunderts (vgl. auch Abschnitt 4.1). Wesentliche Formmerkmale:

- Die Rundungen der Gemeinen sind konsequent, die der Versalien teilweise gebrochen (geknickt).
- Anstriche und Endstriche der Gemeinen sind rauten- oder würfelförmig.
- Die Oberlängen bei b, h, k, l sind häufig gespalten.
- Die Versalien haben oft vertikale Doppelstriche, horizontale Striche in den Punzen oder andere Zierelemente.
- Die Mittellänge ist übermäßig hoch.
- Punzen und Laufweite sind sehr eng, die Lesbarkeit wird dadurch stark beeinträchtigt.
- Der Grauwert des Textes ist sehr dunkel.
- Schriften aus dieser Untergruppe: Caslon-Gotisch, Fette Gotisch, Manuskript-Gotisch, Old English Text, Weiß-Gotisch, Wilhelm-Klingspor-Gotisch

Vorbilder der Rundgotisch (Untergruppe X b) sind im 14. Jahrhundert in Spanien und Italien entstandene Handschriften. Zwischen 1486 und etwa 1540 war die Rundgotisch, auch Rotunda genannt, häufig verwendete Druckschrift, geriet dann aber bald in Vergessenheit und wurde erst am Beginn des 20. Jahrhunderts wiederentdeckt.

- Die Punzen sind offener, die Mittellängen niedriger, die Laufweite ist breiter und die Lesbarkeit besser als bei der Gotisch.
- An die Stelle der gebrochenen Striche treten überwiegend Rundungen, die rauten- und würfelförmigen An- und Endstriche entfallen.
- Schriften aus dieser Untergruppe: San Marco, Wallau, Weiß-Rundgotisch

Der Ursprung der Schwabacher (Untergruppe X c) ist im fränkischen Raum zu suchen – mit dem Ort Schwabach hat sie aber nichts zu tun. Sie entstand zuerst in geschriebener und in Holz geschnittener Form. 1483 soll sie der Ulmer Drucker Lienhard Holle erstmals als Drucktype verwendet haben. Die Schwabacher wurde zur viel verwendeten Schrift, blieb aber auf den deutschen Sprachraum begrenzt.

- Die Rundungen sind noch etwas schwungvoller als bei der Rotunda.
- Die Anstriche bei den Gemeinen sind würfelförmig und die Endstriche schräg abgeschnitten.
- Die Mittellängen sind noch niedriger, die Punzen zum Teil noch offener als bei der Rotunda. Die Lesbarkeit ist dadurch gut.

- Der Dachansatz bei b, h, k, l ist kräftig ausgeprägt; charakteristisch auch der stark ausgeprägte Querbalken beim g.
- Die Versalien sind breit, haben dynamische Schwünge und oft unverwechselbare Formen.
- Schriften aus dieser Untergruppe: Alte Schwabacher, Alt-Schwabacher, Nürnberger Schwabacher

Das Wort Fraktur (Untergruppe X d) kommt vom lateinischen *frangere* (brechen, knicken). Die ersten in Fraktur gedruckten Werke in Deutschland sind das Gebetbuch Kaiser Maximilians, gedruckt vom Ausgburger Hofdrucker Hans Schönsperger (zwischen 1508 und 1513), und Schriften von Albrecht Dürer.

Am Ende des 18. und Beginn des 19. Jahrhunderts passten Unger, Breitkopf und Walbaum die Fraktur dem Zeitgeschmack des Klassizismus an. Im 20. Jahrhundert entstanden Frakturschnitte von Schneidler, Tiemann und Weiß, die sich wieder an den historischen Vorbildern orientierten. Bis 1941 war die Fraktur die meistverwendete Drucktype in Deutschland.

- Die Buchstaben enthalten Elemente sowohl der Gotisch als auch der Schwabacher; gebrochene Striche und Schwünge stehen im Wechsel.
- Anstriche und Endstriche bei den Gemeinen sind rauten- oder würfelförmig.
- Die Oberlängen bei b, h, k, l sind gespalten, gegabelt oder kelchförmig.
- Die Mittellänge ist höher und die Laufweite schmaler als bei der Schwabacher, die Lesbarkeit bleibt gut.
- Typisch für die Versalien sind die mehr oder minder stark ausgeprägten „Elefantenrüssel".
- Schriften aus dieser Untergruppe: Fette Fraktur, Luthersche Fraktur, Unger-Fraktur, Walbaum-Fraktur, Wittenberger Fraktur, Zentenar-Fraktur

Zur Untergruppe X e (Fraktur-Varianten) gehören gebrochene Schriften, die nicht den Gruppen X a bis X d zugeordnet werden können. Schriften aus dieser Untergruppe: American Text, Claudius, Gotharda, Linotext, Lucida Blackletter, Rhapsodie.

Gebrochene Schriften werden heute vor allem zu dekorativen Zwecken benutzt. Beispiele sind die Gastronomie mit ihren Außenbeschilderungen und Speisenkarten, Werbung für Altstadtfeste oder Mittelaltermärkte, historisierende Buchtitel und vieles mehr. Dabei ist eine enorm hohe Fehlerquote bei der Verwendung der Kleinbuchstaben ſ und s zu beobachten.

Das s der Antiqua-Schriften wird in gebrochenen Schriften durch ſ (langes s) bzw. s (rundes oder kurzes s) wiedergegeben. Für ss steht entweder ſſ, sſ oder ſs. Für ß steht auch in gebrochenen Schriften das ß.

- Das ſ steht im Anlaut am Anfang von Wörtern und Silben: ſagen, ſauber, leſen, Roſe, Muſeum, Manuſkript
- Das s steht im Auslaut am Ende von Wörtern oder Silben: das, aus, bisher, Globus, Haushalt, Muskel
- Das ſſ steht als Doppellaut (Inlaut) innerhalb von Wörtern: laſſen, meſſen, kaſſieren, Waſſer, Geheimniſſe
- Wenn s im Aus- und ſ im Anlaut zusammentreffen, bleibt es bei sſ: ausſehen, Weisſagung, Hausſegen
- Das ſ steht in den Buchstabenverbindungen ſch, ſp und ſt: ſchön, anſchauen, Schauſpiel, Weſte, Herbſt
- Wenn s im Aus- und ch, p oder t im Anlaut zusammentreffen, bleibt es bei sch, sp bzw. st: Verlagschef, Lackmuspapier, Donnerstag
- Beim ss im Auslaut kann aus ästhetischen Gründen anstelle von ss die Kombination ſs benutzt werden: dass, blass, Regenguss oder: daſs, blaſs, Regenguſs

4.3.3 Alternativen zu DIN 16518

Seit Einführung der Norm DIN 16 518 gab es viel Kritik und zahlreiche alternative Vorschläge. Kritisiert wurden u.a. die Aufteilung der Renaissance-Antiqua in zwei Gruppen, die schriftgeschichtlich fragwürdige Verwendung des Begriffs Barock, die unscharfe Abgrenzung zwischen handschriftlicher Antiqua und Schreibschrift sowie das Fehlen von Untergruppen, insbesondere in den Gruppen V, VI und VII.

Klassifikation der Schriften – Normentwurf 1998

Gruppe 1 **Gebrochene Schriften**	Gruppe 2 **Römische Serifenschriften**	Gruppe 3 **Lineare Schriften**	Gruppe 4 **Serifenbetonte Schriften**	Gruppe 5 **Geschriebene Schriften**
Gotische	*Renaissance-Antiqua*	*Grotesk*	*Egyptienne*	*Flachfederschrift*
Rundgotische	*Barock-Antiqua*	*Anglo-Grotesk*	*Clarendon*	*Spitzfederschrift*
Schwabacher	*Klassizismus-Antiqua*	*Konstruierte Grotesk*	*Italienne*	*Rundfederschrift*
Fraktur		*Geschriebene Grotesk*		*Pinselschrift*
Varianten	*Varianten*	*Varianten*	*Varianten*	*Varianten*
Dekorative	*Dekorative*	*Dekorative*	*Dekorative*	*Dekorative*

Bislang konnte sich die Fachwelt jedoch auf keine Erneuerung der Norm einigen. Der gescheiterte Normentwurf aus dem Jahre 1998 sah die Reduzierung der Klassifikation auf fünf Hauptgruppen vor, die in jeweils fünf bzw. sechs Untergruppen untergliedert werden sollten (vgl. Übersicht auf der vorigen Seite).

Ein interessanter Vorschlag von Max Bollwage aus dem Jahr 2000 teilt die Schriften zunächst nach ihren Formprinzipien in vier Gruppen ein:

1 Schriften nach humanistischem Formprinzip
2 Schriften nach klassizistischem Formprinzip
3 Schriften aus dekorativen und freien Formen
4 Schriften aus geschriebenen Formen

Jede Gruppe ist in fünf Untergruppen unterteilt. Wesentliche Kriterien sind das Vorhandensein oder Fehlen von Serifen sowie der Strichstärkekontrast.

A Serifenschriften mit deutlichem Strichkontrast
B Serifenschriften mit geringem Strichkontrast
C serifenlose Schriften mit deutlichem Strichkontrast
D serifenlose Schriften mit geringem Strichkontrast
E Schriften mit anderen Strukturen

Beispiele für die Einordnung von Schriften in Gruppen und Untergruppen:

- Garamond: Gruppe 1 A (humanistisches Formprinzip, Serifenschrift mit deutlichem Strichkontrast).
- Helvetica: Gruppe 2 D (klassizistisches Formprinzip, serifenlose Schrift mit geringem Strichkontrast).
- Saphir: Gruppe 3 A (dekorative und freie Formen, Serifenschrift mit deutlichem Strichkontrast)
- Snell Roundhand: Gruppe 4 C (geschriebene Formen, serifenlose Schrift mit deutlichem Strichkontrast)

Für gebrochene Schriften ist in diesem Klassifikationsmodell keine spezielle Gruppe oder Untergruppe vorgesehen. Sie werden in Gruppe 4, Untergruppe E eingeordnet (Schriften aus geschriebenen Formen mit anderen Strukturen).

4.4 Vertikale Ausdehnung der Schrift

4.4.1 Maßsysteme

Gesetzliche Längeneinheiten in Deuschland und vielen anderen Ländern (aber nicht in den USA) sind das Meter und dessen Bruchteile. Die Maße von Schriften werden aber selten in metrischen, sondern meist in speziellen typografischen Einheiten angegeben.

Das heute wichtigste typografische Maßsystem basiert auf der in den USA üblichen Längeneinheit Inch. Die Einheiten heißen Point (pt) und Pica (P).

72 pt = 1 inch
12 pt = 1 P
6 P = 1 inch

In Millimeter umgerechnet, ergibt sich daraus:
1 inch = 25,400 mm
1 pt = 25,400 mm : 72 ≈ 0,353 mm
1 Pica = 25,400 mm : 6 ≈ 4,233 mm

Die Längeneinheit Point wird auch in der Seitenbeschreibungssprache PostScript und in den meisten Layout-, Grafik- und Textverarbeitungsprogrammen verwendet. Um Verwechslungen mit anderen typografischen Einheiten zu vermeiden, die ebenfalls Point (oder Punkt) heißen, werden die Begriffe Big Point, DTP-Point oder PostScript-Point (PS-Point) benutzt.

Neben dem Big-Point-System gibt es noch zwei weitere typografische Einheitensysteme, die allerdings in der Praxis inzwischen eine geringere Rolle spielen. Der Printer's Point im älteren amerikanischen System (Pica-System) entspricht rund 0,351 mm. Ein Pica (12 pt) entspricht hier rund 4,218 mm, rund 72,27 Point entsprechen einem Inch.

Das deutsch-französische Normalsystem mit den Einheiten Punkt (p) und Cicero (c) ist ursprünglich vom französischen Königsfuß (*pied de roi*) abgeleitet. Es wurde von Fournier und Didot erfunden und von Berthold weiterentwickelt.

1 p ≈ 0,375 mm (genau 0,376 mm)
12 p = 1 c ≈ 4,5 mm (genau 4,513 mm)

Layout-, Grafik- und Textverarbeitungsprogramme rechnen zwar intern durchweg mit Big Point, lassen aber auch Eingaben in Millimeter, Zentimeter, Punkt, Cicero oder Printer's Point zu und rechnen diese automatisch um. Beim Einstellen der gewünschten Maßeinheit ist etwas Vorsicht geboten und oft auch Findigkeit gefragt, da manche Programme recht frei mit den Bezeichnungen und Definitionen typografischer Einheiten umgehen. In den deutschsprachigen Programmversionen werden Big Point, Printer's Point und Punkt nach deutsch-französischem Normalsystem oft ohne Unterschied Punkt genannt.

4.4.2 Schriftgröße

Die vertikale Position der Buchstaben wird durch die Grundlinie (englisch *baseline*) – auch Schriftlinie genannt – definiert. Alle Buchstaben einer Zeile stehen auf dieser gemeinsamen Linie, selbst wenn sie unterschiedliche Größen haben oder zu unterschiedlichen Schriftfamilien oder -schnitten gehören. Die Grundlinie bildet gleichzeitig die optische Bezugslinie zwischen nebeneinander stehenden Zeilen und Textblöcken. Fachausdruck: Die Zeilen halten Register oder Linie.

Alle Druckschriften, ausgenommen reine Versalalphabete, haben Mittel-, Ober- und Unterlängen, basieren also auf einem Vierliniensystem.

- Oberlänge ist die von der Grundlinie aus gemessene Höhe der Gemeinen b, d, f, h, k und l, also der „großen Kleinbuchstaben“.
- Mittellänge ist die von der Grundlinie aus gemessene Höhe der Gemeinen ohne Oberlänge, also der „kleinen Kleinbuchstaben“. Sie wird auch x-Höhe genannt.
- Unterlänge ist die Höhe des unterhalb der Grundlinie stehenden Teils der Gemeinen g, j, p, q, y.

Nach DIN 16 507-2 (Drucktechnik – Schriftgrößen – Teil 2: Digitaler Satz und verwandte Techniken) werden Mittel-, Ober- und Unterlänge von der Grundlinie aus gemessen. Abweichend von der Norm wird allerdings unter Oberlänge häufig nur der Teil der „großen Kleinbuchstaben“ verstanden, der über die Mittellänge hinausragt.

Versalhöhe ist die Höhe der Versalien (Großbuchstaben) ohne Akzente oder Umlautpunkte. Die Versalhöhe ist bei vielen Schriften etwas kleiner als die Oberlänge der Gemeinen. Großbuchstaben sind hier also etwas niedriger als Kleinbuchstaben mit Oberlänge: Bb, Dd, Ff, Hh, Kk, Ll. Bei einigen Schriften, insbesondere Schreibschriften, sind allerdings Versalien höher als Gemeine mit Oberlänge: *Bb, Dd, Ff, Hh.*

Versalbuchstaben mit Akzenten und Versalumlaute überragen sowohl Versalhöhe als auch Oberlänge; ihre Höhe wird Akzenthöhe genannt.

Damit die Buchstaben visuell gleich groß wirken und Linie halten, sind Buchstaben mit Rundungen und Spitzen leicht überzeichnet – sie reichen etwas unter die Grundlinie und sind etwas höher als Buchstaben, die oben waagerecht enden.

Schriftgröße, auch Schriftgrad genannt, ist der vertikale Raum, der für die Buchstaben zur Verfügung steht. Dieser Raum wird aber von unterschiedlichen Schriften in unterschiedlichem Ausmaß genutzt. Die Schriftbildhöhe, also die Summe aus Oberlänge oder ggf. höherer Versalhöhe und Unterlänge ist in der Regel etwas kleiner als die Schriftgröße, die Summe aus Akzenthöhe und Unterlänge dagegen deutlich größer.

Es ist deshalb praktisch unmöglich, die Schriftgröße durch Nachmessen anhand eines Drucks exakt zu bestimmen. Nur als Faustregel für Schätzungen kann davon ausgegangen werden, dass die Oberlänge rund 70 % der Schriftgröße entspricht. Die genaue Bestimmung der Schriftgröße gelingt aber – insbesondere bei kleinen Schriften – in der Regel nur durch Vergleich mit Probesatz derselben Schrift.

Die Schriftgröße wird heute meist in Big Point angegeben, andere typografische und metrische Einheiten sind aber ebenfalls möglich.

Schriftgrößen werden nach ihren Verwendungszwecken grob in Gruppen unterteilt. In der deutschen Fachsprache wird üblicherweise zwischen drei, gelegentlich auch vier Größengruppen unterschieden:
- *Konsultationsgrößen:* bis etwa 8 pt
- *Lesegrößen:* von etwa 9 pt bis 12 pt
- *Schaugrößen:* größer als etwa 12 pt

Bei der Unterteilung in vier Größengruppen reichen die *Schaugrößen* bis etwa 48 pt; Schriftgrößen oberhalb 48 pt werden dann als *Plakatgrößen* bezeichnet.

In der englischen Fachsprache wird zwischen vier, gelegentlich auch fünf Größengruppen unterschieden.

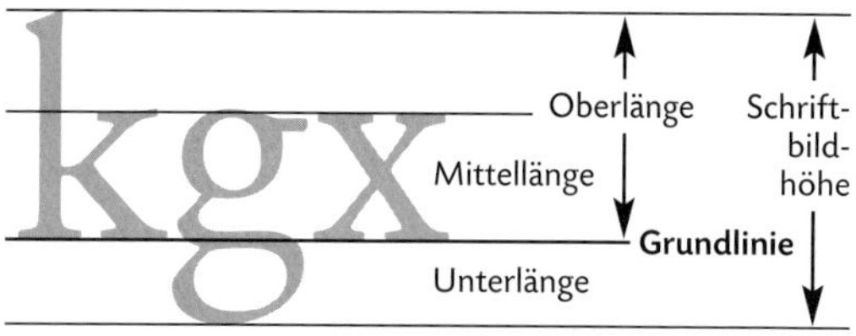

Ober-, Mittel- und Unterlänge, Schriftbildhöhe

Versal- und Akzenthöhe

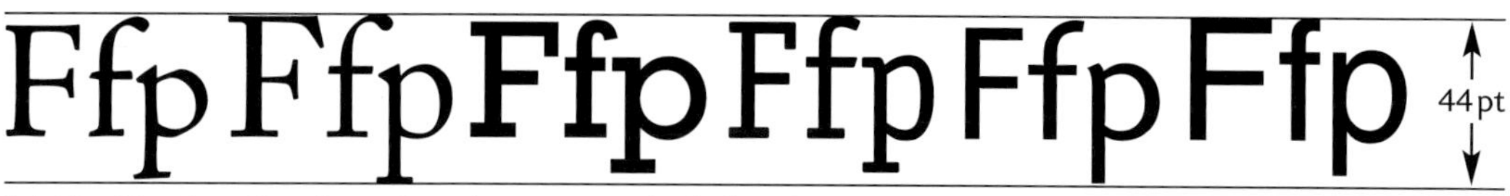

Schriftgröße 44 pt; die sicht- und messbaren Unterschiede der Schriftbildhöhen sind beträchtlich.

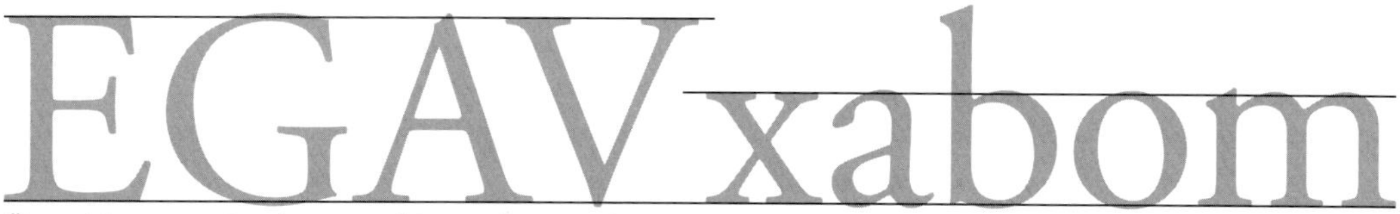

Überzeichnung von Rundungen und Spitzen bei Versalien und in den Mittellängen von Gemeinen

- *Caption:* bis etwa 8 pt
- *Text (Regular):* von etwa 9 pt bis 13 pt
- *Subhead:* von etwa 13 pt bis 24 pt
- *Display:* größer als etwa 24 pt

Bei der Unterteilung in fünf Gruppen steht *Poster* für Schriftgrößen oberhalb etwa 72 pt; *Display* bezeichnet dann Schriftgrößen von etwa 25 pt bis 72 pt.

Die visuell wahrgenommene Größe der Schrift hängt nicht nur von der tatsächlichen, messbaren vertikalen Ausdehnung ab, sondern auch von Mittellänge und Strichstärke. Schriften mit relativ hoher Mittellänge wirken größer als Schriften mit kleinerer Mittellänge. Fette und extrafette Schriften wirken aufgrund der engeren Innenräume (Punzen) etwas kleiner als die entsprechenden Schriften mit normaler oder magerer Strichstärke.

4.4.3 Zeilenabstand und Durchschuss

Der Zeilenabstand (englisch *leading, linespace*) ist der Abstand zwischen den Grundlinien von zwei aufeinander folgenden Zeilen. Schriftgröße und absoluter Zeilenabstand werden oft in der Kurzform n/m pt angegeben, also zum Beispiel 9/12 pt (gesprochen: „Neun auf Zwölf Point").

Der Zeilenabstand kann auch relativ in Prozent der Schriftgröße angegeben werden. Beispiel: Zeilenabstand 12,5 pt, Schriftgröße 10 pt; prozentualer Zeilenabstand 12,5 pt : 10 pt · 100 % = 125 %.

Die prozentuale Angabe hat den Vorteil, dass Layout-Programme zu jeder verwendeten Schriftgröße automatisch einen Zeilenabstand verwenden, der zur Schriftgröße relativ gleich ist. Die Einstellung auf zum Beispiel 130 % ergibt bei der Schriftgröße 10 pt den Zeilenabstand 13 pt, bei der Schriftgröße 12 pt aber den Zeilenabstand 15,6 pt. Aus gestalterischer Sicht sind solche Automatismen jedoch nicht immer erwünscht. Bei Verwendung unterschiedlicher Schriften

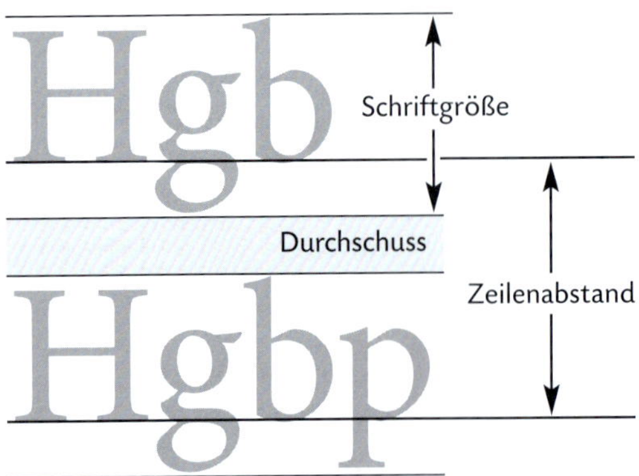

Zeilenabstand und Durchschuss

Im Laufe der Zeit entwickelten sich aus den Bildzeichen zum Beispiel in Ägypten, Mesopotamien und China Wortbildzeichen, in deren späten Formen gleiche oder ähnliche Zeichen für gleiche oder ähnliche Inhalte verwendet wurden. Sie sind in den verschiedenen Kulturen formal unterschiedlich ausgestaltet. Trotzdem gibt es innerhalb der Kulturen erste Anfänge von Standardisierungen.

Zeilenabstand 100 % (kompress)

Im Laufe der Zeit entwickelten sich aus den Bildzeichen zum Beispiel in Ägypten, Mesopotamien und China Wortbildzeichen, in deren späten Formen gleiche oder ähnliche Zeichen für gleiche oder ähnliche Inhalte verwendet wurden. Sie sind in den verschiedenen Kulturen formal unterschiedlich ausgestaltet. Trotzdem gibt es innerhalb der Kulturen erste Anfänge von Standardisierungen.

Zeilenabstand 110 %

Im Laufe der Zeit entwickelten sich aus den Bildzeichen zum Beispiel in Ägypten, Mesopotamien und China Wortbildzeichen, in deren späten Formen gleiche oder ähnliche Zeichen für gleiche oder ähnliche Inhalte verwendet wurden. Sie sind in den verschiedenen Kulturen formal unterschiedlich ausgestaltet. Trotzdem gibt es innerhalb der Kulturen erste Anfänge von Standardisierungen.

Zeilenabstand 120 % – die Standard-Voreinstellung in vielen Programmen reicht bei der Garamond aus

Im Laufe der Zeit entwickelten sich aus den Bildzeichen zum Beispiel in Ägypten, Mesopotamien und China Wortbildzeichen, in deren späten Formen gleiche oder ähnliche Zeichen für gleiche oder ähnliche Inhalte verwendet wurden. Sie sind in den verschiedenen Kulturen formal unterschiedlich ausgestaltet. Trotzdem gibt es innerhalb der Kulturen erste Anfänge von Standardisierungen.

Zeilenabstand 130 %

Im Laufe der Zeit entwickelten sich aus den Bildzeichen zum Beispiel in Ägypten, Mesopotamien und China Wortbildzeichen, in deren späten Formen gleiche oder ähnliche Zeichen für gleiche oder ähnliche Inhalte verwendet wurden. Sie sind in den verschiedenen Kulturen formal unterschiedlich ausgestaltet. Trotzdem gibt es innerhalb der Kulturen erste Anfänge von Standardisierungen.

Zeilenabstand 140 %

oder Schriftgrößen wird der Zeilenabstand normalerweise individuell bestimmt.

Wenn Schriftgröße und Zeilenabstand gleich sind (relativer Zeilenabstand 100 %), wird der Satz kompress genannt. Ist der Zeilenabstand größer als die Schriftgröße (Zeilenabstand > 100 %), wird von durchschossenem oder splendidem Satz gesprochen.

Durchschuss ist der Abstand von der unteren Begrenzung der Schriftgröße einer Zeile bis zur oberen Begrenzung der Schriftgröße in der nächsten Zeile. Rechnerisch ist der Durchschuss also die Differenz aus Zeilenabstand und Schriftgröße. Beispiele: Bei der Schriftgröße 9 pt und einem Zeilenabstand von 12 pt beträgt der Durchschuss 12 pt − 9 pt = 3 pt. Bei der Schriftgröße 9 pt und einem Durchschuss von 2 pt beträgt der Zeilenabstand 9 pt + 2 pt = 11 pt.

Der relative Durchschuss in Prozent der Schriftgröße ergibt sich, indem der prozentuale Zeilenabstand um 100 % vermindert wird. Beispiel: Zeilenabstand 125 %, Durchschuss 125 % − 100 % = 25 %.

Der Standard-Zeilenabstand ist in Layout- und Textverarbeitungsprogrammen häufig auf 120 % voreingestellt. In vielen Fällen ist dieser Standardwert aber nicht optimal und sollte nach oben oder (seltener) unten korrigiert werden.

Um gute Lesbarkeit und ruhiges Schriftbild zu erzielen, muss zwischen den Zeilen ausreichend Weißraum vorhanden sein, der sie optisch voneinander trennt. Beim Satz in Konsultations- und Lesegrößen sollte der Zeilenabstand so groß gewählt werden, dass der Weißraum zwischen den Zeilen optisch etwas höher wirkt als die Breite der Weißräume zwischen den Wörtern innerhalb der Zeilen.

Wie viel Weißraum zwischen den Zeilen verbleibt, hängt ganz wesentlich von der Mittellänge der Schrift ab. Je höher die Mittellänge, desto geringer ist der Weißraum bei unverändertem Zeilenabstand. Schriften mit höherer Mittellänge erfordern also größere Zeilenabstände als Schriften mit normaler oder kleiner Mittellänge.

Die Mittellänge der Garamond entspricht etwa 40 % der Schriftgröße, die der Helvetica rund 53 %. Bei der Garamond reicht der Zeilenabstand von 120 % aus; selbst bei leichter Verringerung – zum Beispiel auf 115 % – verbliebe noch ausreichend Weißraum zwischen den Zeilen. Bei der Helvetica ist deutlich größerer Zeilenabstand von mindestens 130 % erforderlich (vgl. Beispiele in den Kästen links und rechts).

Text, der am Monitor gelesen wird, erfordert etwas mehr Zeilenabstand als gedruckter Text. Auf Webseiten und in anderen Non-Print-Medien sollte der Zeilenabstand für Lesetext mindestens 130 % betragen, bei Schriften mit hohen Mittellängen eher 140 % bis 150 % (zur Web-Typografie vgl. Abschnitt 9.3).

Im Laufe der Zeit entwickelten sich aus den Bildzeichen zum Beispiel in China, Ägypten und Mesopotamien Wortbildzeichen, in deren späten Formen gleiche Zeichen für gleiche Inhalte verwendet wurden. Sie sind in den verschiedenen Kulturen unterschiedlich ausgestaltet. Aber innerhalb der Kulturen gibt es erste Anfänge von Standardisierungen.

Zeilenabstand 100 % (kompress)

Im Laufe der Zeit entwickelten sich aus den Bildzeichen zum Beispiel in China, Ägypten und Mesopotamien Wortbildzeichen, in deren späten Formen gleiche Zeichen für gleiche Inhalte verwendet wurden. Sie sind in den verschiedenen Kulturen unterschiedlich ausgestaltet. Aber innerhalb der Kulturen gibt es erste Anfänge von Standardisierungen.

Zeilenabstand 110 %

Im Laufe der Zeit entwickelten sich aus den Bildzeichen zum Beispiel in China, Ägypten und Mesopotamien Wortbildzeichen, in deren späten Formen gleiche Zeichen für gleiche Inhalte verwendet wurden. Sie sind in den verschiedenen Kulturen unterschiedlich ausgestaltet. Aber innerhalb der Kulturen gibt es erste Anfänge von Standardisierungen.

Zeilenabstand 120 % – die Standard-Voreinstellung in vielen Programmen ist für die Helvetica zu gering

Im Laufe der Zeit entwickelten sich aus den Bildzeichen zum Beispiel in China, Ägypten und Mesopotamien Wortbildzeichen, in deren späten Formen gleiche Zeichen für gleiche Inhalte verwendet wurden. Sie sind in den verschiedenen Kulturen unterschiedlich ausgestaltet. Aber innerhalb der Kulturen gibt es erste Anfänge von Standardisierungen.

Zeilenabstand 130 %

Im Laufe der Zeit entwickelten sich aus den Bildzeichen zum Beispiel in China, Ägypten und Mesopotamien Wortbildzeichen, in deren späten Formen gleiche Zeichen für gleiche Inhalte verwendet wurden. Sie sind in den verschiedenen Kulturen unterschiedlich ausgestaltet. Aber innerhalb der Kulturen gibt es erste Anfänge von Standardisierungen.

Zeilenabstand 140 %

Bei großen Schriften und geringem Textumfang, zum Beispiel in Anzeigen, auf Verpackungen oder Plakaten, kann der Zeilenabstand stärker variiert werden als bei Lesetexten. Die zweizeilige Headline einer Anzeige oder eines Plakats kann durchaus kompress oder sogar subkompress (Zeilenabstand kleiner als 100 %) gesetzt werden, wenn sich in der ersten Zeile entweder gar keine Buchstaben mit Unterlängen befinden oder nur an Stellen, wo in der zweiten Zeile keine Versalbuchstaben oder Gemeine mit Oberlängen stehen.

4.5 Horizontale Ausdehnung der Schrift

4.5.1 Dickte und Laufweite

Die gesamte Buchstabenbreite heißt Dickte. Sie besteht aus Vorbreite, Zeichenbreite und Nachbreite. Nachbreite eines Zeichens und Vorbreite des nachfolgenden bilden zusammen den Zeichenabstand.

Die Bestimmung von Vor- und Nachbreiten aller Zeichen einer Schrift wird Zurichtung genannt. Da es hierbei um visuelle Phänomene geht, differieren Vor- und Nachbreiten metrisch oft erheblich.

Die (relativ seltenen) Schriften, bei denen alle Zeichen gleich breite Dickte haben, heißen unproportionale Schriften oder Monospace-Schriften. Schriften mit individuellen Dickten werden im Gegensatz dazu auch proportionale Schriften genannt.

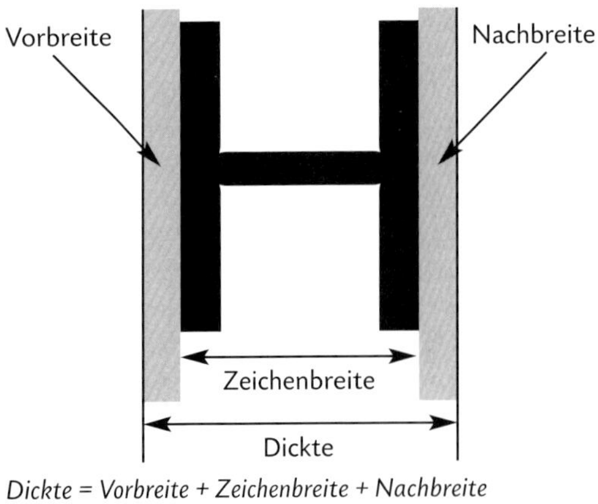

Dickte = Vorbreite + Zeichenbreite + Nachbreite

Dickten der Zeichen B, V und C

Die Addition der Dickten einer Schrift ergibt die Laufweite. Sie wird entweder als Raumbedarf für eine bestimmte Anzahl von Zeichen (häufig 100) angegeben oder als Anzahl der Zeichen, die in eine bestimmte Strecke (zum Beispiel 100 mm, 24 Pica) passen.

Laufweitenangaben sind immer mit etwas Vorsicht zu verwenden. Wie viele Zeichen sich in einer Zeile oder einer Spalte unterbringen lassen, hängt nicht nur von der verwendeten Schrift ab, sondern auch von Zeilenbreite, Satzart (Block-, Rau- oder Flattersatz, vgl. Abschnitt 4.8) und nicht zuletzt von Inhalt und Sprache des gesetzten Texts. Häufiges Vorkommen breiter Buchstaben wie w oder m verringert die Anzahl der Zeichen, die in eine Zeile passen, ebenso lange Silben oder Wörter, die nicht getrennt werden können (zum Beispiel Schwamm).

Oft stimmen optischer Eindruck einer Schrift und ihre tatsächliche Laufweite nicht überein – eine optisch breit wirkende Schrift kann dennoch relativ schmal laufen und umgekehrt. Wenn zum Beispiel aus wirtschaftlichen Gründen viel Text auf einer Seite untergebracht werden soll, ohne dass eine übermäßig gedrängte Wirkung entsteht, wird eine schmal laufende Schrift gewählt, die aber optisch nicht zu schmal wirkt. Soll dagegen ein kurzer Text möglichst viel Raum einnehmen, wird eine breiter laufende Schrift benutzt.

4.5.2 Spationieren und Unterschneiden

Sowohl beim Spationieren *(Spacing)* als auch beim Unterschneiden *(Kerning)* werden die Zeichenabstände verändert, also vergrößert oder verringert.

- Spationieren ist die Veränderung der Laufweite durch einheitliches Vergrößern oder Verringern der Zeichenabstände innerhalb eines Worts, einer Zeile oder des gesamten Texts.
- Unterschneiden ist das automatische oder manuelle Verändern der Abstände innerhalb bestimmter kritischer Buchstabenpaaren.

Das Ausmaß dieser Veränderungen wird in Bruchteilen des Schriftgrößengevierts angegeben. Das Geviert ist ein (gedachtes) Quadrat, dessen Seitenlänge der Schriftgröße entspricht. Bei der Schriftgröße 9 pt ist das Geviert also 9 pt breit, bei der Schriftgröße 12 pt ist es 12 pt breit usw. In den Layout-Programmen InDesign und QuarkXPress werden Unterschneidungs- und Spationierungswerte in Tausendsteln bzw. Zweihundertsteln des Gevierts angegeben.

Beim Spationieren werden alle Zeichenabstände innerhalb eines Worts, einer Zeile, eines Absatzes oder des gesamten Texts um den gleichen Betrag verändert. Der Begriff Spationieren stand zwar ursprünglich nur für das Vergrößern von Zeichenabständen, wird heute aber auch für das Verringern verwendet, da es sich um gleiche technische Vorgänge handelt.

Beim Satz in Lesegrößen (9 pt bis 12 pt) ist keine Spationierung erforderlich – sie würde in der Regel sogar schaden, weil die meisten Schriften für diese Schriftgrößen optimal zugerichtet sind. Bei Konsultationsgrößen (8 pt und kleiner) wirkt die Schrift dagegen oft etwas zu gedrängt. Hier lassen sich Schriftbild und Lesbarkeit durch leichtes Vergrößern der Zeichenabstände (positiver Spationierungswert) verbessern.

Bei Schau- und Plakatgrößen wirken die Zeichenabstände vieler Schriften etwas zu weit und sollten verringert werden (negativer Spationierungswert). Ob und gegebenenfalls wie stark hier spationiert wird, sollte für jede Schrift und Schriftgröße gesondert entschieden werden. Manche Schriften vertragen kräftige Spationierung, andere nur geringe oder gar keine.

Bei Negativdarstellung – weiße Schrift auf schwarzer Fläche – sollten die Zeichenabstände in der Regel etwas vergrößert werden. Weiße Elemente im schwarzen Umfeld werden visuell etwas größer wahrgenommen als gleich große schwarze Elemente im weißen Umfeld. Folglich erscheinen die Abstände zwischen den weißen Buchstaben kleiner, besonders deutlich bei fetten Schriften.

Auch in sorgfältig zugerichteten Schriften gibt es kritische Zeichenpaare, die sichtbare Lücken in die Wörter reißen, weil die Zeichen zu weit auseinander stehen. Besonders deutlich ist das bei Kombinationen aus „überhängenden" Versalien und runden Kleinbuchstaben ohne Oberlänge, zum Beispiel Ta, Vo, Wo, und bei vielen Versalpaaren, zum Beispiel TA, WA, LT. Andere Kombinationen wirken etwas zu eng, die Abstände zwischen den Buchstaben sind also zu gering.

Unterschneiden bedeutet zwar streng genommen, dass Zeichen enger aneinander gerückt werden. In der Praxis wird auch das Auseinanderrücken von Zeichen so bezeichnet, weil der technische Vorgang gleich ist.

Zu jeder digitalen Schrift gehört eine Unterschneidungstabelle, in der die kritischen Buchstabenpaare und die erforderlichen Veränderungen der Abstände enthalten sind. Layoutprogramme erkennen die problematischen Verbindungen anhand der Tabelle und rücken die Buchstaben automatisch näher aneinander bzw. weiter auseinander, wenn die Unterschneidungsfunktion des Programms aktiviert ist.

Beim Mengensatz in Konsultations- oder Lesegrößen (Schriftgrößen bis etwa 12 pt) reicht das automatische Unterschneiden normalerweise aus – vorausgesetzt, dass die Unterschneidungstabelle der Schrift sorgfältig ausgearbeitet ist. Bei großen Schriftgrößen muss oft manuell nachgearbeitet werden, also zum Beispiel bei Headlines oder Schriften auf Plakaten.

Das Layoutprogramm InDesign bietet neben dem dort „metrisch" genannten Unterschneiden nach Tabellenwerten zusätzlich die Option des „optischen" Unterschneidens. Dabei wird nicht auf die Unterschneidungstabelle zurückgegriffen; das Programm errechnet die Zeichenabstände anhand der Zeichenformen. Zugleich wird bei Bedarf automatisch spationiert – je nach Schriftgröße positiv oder negativ.

Spationierung *–50/1000*
Spationierung *–25/1000*
Spationierung *–10/1000*
Spationierung
Spationierung *+10/1000*
Spationierung *+25/1000*
Spationierung *+50/1000*

Spationierungen mit negativen und positiven Werten

Woche Volt Tag WATT
Woche Volt Tag WATT

Ohne Unterschneidung (obere Zeile), automatische Unterschneidung (untere Zeile)

4.5.3 Ligaturen

Ligaturen (lateinisch *ligatura*: Band, Verbindung) sind meist zwei, seltener drei optisch und formal miteinander verbundene Buchstaben. Ligaturen wurden erfunden, um flüssigeres Schreiben zu ermöglichen und die Schreibgeschwindigkeit zu steigern. Beim Typenguss aus Blei dienten sie zur Steigerung der Setzgeschwindigkeit. Auch häufig vorkommende Wörter wurden so gegossen; sie hießen Logotypes (Wortbuchstaben).

Während es sich zum Beispiel bei den Ligaturen ch und ck im Bleisatz nur um näher aneinander gerückte Buchstaben handelte, waren und sind insbesondere

ff fi ffi fl ft
ﬀ ﬁ ﬃ ﬂ ﬅ

Einzelbuchstaben und Ligaturen

die Ligaturen der Buchstabenkombinationen ff, fi, ffi, fl und ft abweichend von den Einzelbuchstaben gestaltet. Sie werden deshalb auch in der digitalen Satztechnik verwendet, um die optische Geschlossenheit des Schriftbilds zu verbessern und sichtbare Brüche innerhalb von Wörtern zu vermeiden.

Gut ausgebaute OpenType-Fonts enthalten noch zahlreiche weitere Ligaturen, darunter allerdings auch solche, für die es im deutschsprachigen Satz gar keine sinnvolle Verwendung gibt – zum Beispiel fb, ffb, fh, ffh, ffj, fk, ffk.

Buchstabenkombinationen wie ff oder fi werden nicht in jedem Fall durch Ligaturen ersetzt. Bei der Entscheidung, ob Einzelbuchstaben oder Ligaturen zu verwenden sind, gelten die folgenden Regeln.

- Ligaturen werden gesetzt, wenn die Buchstaben im Wortstamm zusammengehören:
  Kaffee schlaff Erfindung fingieren Reflexion fliegen heften Geschäft
- Zwischen Wortstamm und Endung steht normalerweise keine Ligatur. Ausnahme: fi
  höflich kaufte aber: streifig muffig
- In den Wortfugen zusammengesetzter Wörter stehen ebenfalls keine Ligaturen:
  Kauffrau Chefingenieur Auflauf Auftrag
- Am Ende von Abkürzungen werden Ligaturen auch dann verwendet, wenn die vollständigen Wörter an den entsprechenden Stellen keine Ligaturen haben:
  Aufl. aber: Auflage
- Nur im Zweifelsfall, wenn also die Anwendung der bisher genannten Regeln kein eindeutiges Ergebnis bringt, werden Ligaturen nach der Gliederung des Worts in Sprechsilben gesetzt.

Bei weniger anspruchsvollem Mengensatz wird aus Kostengründen häufig auf Ligaturen verzichtet, weil ihre regelgerechte Verwendung noch nicht vollständig automatisierbar ist. Sind Ligaturen in Layoutprogrammen aktiviert, werden alle entsprechenden Buchstabenfolgen automatisch ersetzt.

TYPOGRAFIE

Versalien ohne Unterschneidung

TYPOGRAFIE

Automatisch unterschnitten

TYPOGRAFIE

Versalausgleich; gegenüber dem Beispiel darüber wurden diese Veränderungen (tausendstel Geviert) vorgenommen:
T *–50* **Y** *+10* **P** *+5* **O** *+35* **G** *+35* **R** *–10* **A** *+5* **F** *+20* **I** *+15* **E**

4.5.4 Versalausgleich

Satz in Großbuchstaben (Versalsatz) wirkt ohne manuelle Nachbearbeitung der Zeichenabstände oft unruhig und löchrig. Durch Versalausgleich soll das Verhältnis von bedruckter und unbedruckter Fläche im Wort optisch harmonisiert und ein möglichst einheitlicher Grauwert erreicht werden.

Beim Versalausgleich wird mit den geringsten Mitteln des Verringerns oder Erweiterns der Buchstabenabstände innerhalb des Worts gearbeitet. Oft bleiben Abstände auch unverändert. Versalausgleich ist keine messtechnische Angelegenheit, sondern hängt allein vom Auge ab. Viele Wörter wirken bereits aufgrund der automatischen Unterschneidungen recht ausgewogen und erfordern nur wenig Korrektur: MAMA, MOMO, LOTTO. Wörter mit Buchstaben wie A, K, L, V, W, Y sind sehr schwierig auszugleichen: LAND, AMERIKA, KANADA, TYPOGRAFIE, VENTILATOR.

Da es auf die optische Wirkung ankommt, spielen beim Versalausgleich zahlreiche Faktoren eine Rolle:

- Schrift mit oder ohne Serifen
- optisch einheitliche oder stark voneinander abweichende Strichstärken
- Schriftschnitt (normal, fett, kursiv) und Laufweite
- Umfeld mit weiteren typografischen Bezugsgrößen
- Farbigkeit und Kontrast zwischen Versalzeile und Untergrund (Fond)
- Satzart (Mittelachse, Flattersatz, freier Zeilenanfall)

4.6 Schriftschnitte

4.6.1 Strichstärken und Zeichenbreiten

Die formalen Varianten einer Schrift werden Schriftschnitte oder Schriftstile genannt. Der Begriff Schriftschnitt leitet sich vom Schneiden der Stahlstempel (Patrizen) ab, die zur Herstellung der Gussmatrizen angefertigt wurden (vgl. auch Abschnitt 4.11). Schriftschnitte unterscheiden sich hinsichtlich Strichstärke, Zeichenbreite und -stellung (senkrecht oder schräg) voneinander. Wie kräftig die Striche, die Breiten der Zeichen und ihre Neigung jeweils sind, ist nicht durch Norm oder Tadition festgelegt, sondern wird von den Schriftgestalter(inne)n individuell bestimmt. Deshalb ist es oft nicht ganz einfach, anhand des Drucks festzustellen, ob der verwendete Schnitt zum Beispiel *thin* oder *light*, *extra bold* oder *heavy*, *condensed* oder *narrow* heißt.

Bei den gebräuchlichen Schriften gibt es neben dem Grundschnitt eine mehr oder minder große Anzahl von Variationen sowohl der Strichstärken als auch der Zeichenbreiten. Zur Kennzeichnung beider Sachver-

	condensed (schmal)		extended (breit)
ultra light	Hamburgefo	Hamburgefo	Hamburgefo
light	Hamburgefo	Hamburgefo	Hamburgefo
regular	Hamburgefo	Hamburgefo	Hamburgefo
medium	Hamburgefo	Hamburgefo	Hamburgefo
bold	Hamburgefo	Hamburgefo	Hamburgefo

halte werden heute überwiegend englische, teils aber auch noch deutsprachige Begriffe verwendet. Bei der Strichstärke sind das, in aufsteigender Reihenfolge:

- ultra light, extra mager
- thin
- light, mager
- semi light, halbmager
- regular, normal
- book, buch
- medium, semibold, halbfett
- demibold, demi, dreiviertelfett
- bold, fett
- extra bold, extra fett
- heavy
- black
- extra black

Es dürfte allerdings keine Schrift geben, zu der alle genannten Strichstärkevarianten angeboten werden.

Bei sehr mageren und sehr fetten Schnitten sind Verwendung und Bedeutung der Begriffe nicht ganz einheitlich. Häufig entfallen Zwischenstufen, sodass zum Beispiel *heavy* oder *black* unmittelbar auf *bold* folgt. Gelegentlich steht *heavy* auch für eine Strichstärke zwischen *bold* und *extra bold*. Vereinzelt tauchen weitere Begriffe auf, zum Beispiel *ultra* für einen sehr fetten Schnitt.

Auch die Bezeichnung *book* wird nicht einheitlich verwendet. Dem Wortsinne nach handelt es sich um den Schnitt für Mengensatz in Büchern (Werksatz). Das ist häufig eine Strichstärke, die etwas kräftiger als die der Grundschrift ist. Bei einigen Schriften gibt es allerdings keinen Schnitt mit der Bezeichnung *regular*, sodass *book* für die Grundschrift steht. Ausnahmsweise kann *book* sogar einen Schriftschnitt bezeichnen, der etwas magerer ist als die Grundschrift.

Die Zeichenbreiten sind meist auf maximal fünf Varianten beschränkt. In aufsteigender Reihenfolge:

- ultra condensed, narrow, compressed, extra schmal
- condensed, schmal
- normal (meist ohne besondere Kennzeichnung)
- extended, breit
- ultra extended, wide, extra breit

Bei einigen Schriften gibt es ferner die Bezeichnungen *ultra compressed*, *semi-condensed* und *semi-extended*.

4.6.2 Kursive und schräge Schriftschnitte

Kursive Schriftschnitte sind grafisch eigenständig entwickelte Variationen der senkrecht stehenden Grundschrift und ihrer fetten, mageren, breiten oder schmalen Schnitte. Die Bezeichnung kursiv kommt vom lateinischen Wort *currere* (laufen) und bezeichnet die Stellung von Handschriften (Kurrentschriften), die sich beim schnellen Schreiben nach rechts neigen.

Die englische Bezeichnung *italic* (italienisch) für kursiv ist abgeleitet von der in der Literatur als Italika bekannten Buchschrift. Sie wurde gegen Ende des 15. Jahrhunderts von Aldus Manutius und seinem genialen Stempelschneider Francesco Griffo entwickelt und rund 150 Jahre lang in Europa als Buchschrift verwendet. Die englische Bezeichnung *roman* (römisch) für die nicht-kursive Grundschrift oder den Normalschnitt ist eine Verbeugung vor der Leistung der beiden deutschen Drucker Sweynheim und Pannartz, die im 15. Jahrhundert in Subiaco bei Rom eine gut lesbare Buchschrift druckten.

Kursive Schriftschnitte lassen zwar die Verwandschaft zur jeweiligen Grundschrift erkennen, haben aber deutlich eigenständige Formmerkmale. Sie stehen nicht einfach nur schräg; an die Stelle gerader Linien und Ecken der Grundschrift treten Schwünge und Rundungen, Serifen der Gemeinen entfallen oder werden durch geschwungene Endstriche ersetzt. In vielen Schriften wechseln die Formen der Kleinbuchstaben a und f *(af)*. Häufig haben kursive Schnitte auch etwas oder sogar deutlich geringere Laufweiten als die entsprechenden Grundschriften.

Zu einer Reihe von Schriften, insbesondere aus den Gruppen V und VI nach DIN 16518 (serifenbetonte und serifenlose Linear-Antiqua) gibt es keine kursiven, sondern schräge (englisch: *oblique, slanted*) Schnitte. Sie sind nach rechts geneigt, haben aber keine eigenständigen, von der Grundschrift abweichenden Formen.

Schräge Schriftschnitte sind aber keine nach rein geometrischen Parametern verformten Grundschriften; Rundungen, Schwünge und Strichstärkevariationen sind vielmehr individuell an die Schrägstellung angepasst. Der Vergleich des schrägen Schnitts der Franklin Gothic mit der „elektronisch" schräg gestellten (geneigten) Grundschrift zeigt das recht deutlich (Abbildung am Fuß der rechten Spalte).

4.6.3 Echte und „elektronische" Schnitte

Mit Layout, Grafik- und Textverarbeitungsprogrammen ist es möglich, Schriftmodifikationen wie schräg, fett, schmal oder breit „elektronisch", also künstlich aus den jeweiligen Grundschriften zu erzeugen. Dadurch wird aber die Strichführung negativ verändert. Der optisch ebenmäßig wirkende Grauwert des Texts und das fein ausgeprägte optische Gleichgewicht zwischen senkrechten, waagerechten und schrägen Strichen sowie den überzeichneten Rundungen, Bögen und Kurven gehen verloren (vgl. Abbildungen am Fuß dieser und der folgenden Seite).

4.6.4 Kapitälchen

Kapitälchen (englisch *small capitals* oder *small caps*) sind Buchstaben mit Versalformen, deren Höhe etwa der Mittellänge von Kleinbuchstaben entspricht. Kapitälchen sind keine „verkleinerten Versalien"; ihre Strichstärken und Dickten sind vielmehr denen der Versalien und Gemeinen derselben Schrift optisch angeglichen.

Wenn es zu einer Schrift keine Kapitälchen gibt oder kein Font mit Kapitälchen zur Verfügung steht, werden sie oft künstlich erzeugt (falsche Kapitälchen). Für Versalien und Gemeine wird eine bestimmte Schriftgröße gewählt, als falsche Kapitälchen werden Versalien mit kleinerer Schriftgröße benutzt. Dadurch unterscheiden sich die Strichstärken erheblich; falsche Kapitälchen wirken zu mager und zu schmal, Umlautpunkte und Akzente sind zu klein und stehen zu niedrig.

Dieser formale Bruch lässt sich etwas mildern, indem für die falschen Kapitälchen der nächst fettere Schriftschnitt benutzt wird, also zum Beispiel halbfett (medium, semibold) anstelle von normal oder dreiviertelfett (demibold) anstelle von halbfett. Die geringeren Zeichenbreiten falscher Kapitälchen sowie ihre zu kleinen Umlautpunkte und Akzente lassen sich aber auf diese Weise nicht kompensieren. Falsche Kapitälchen in jeder Form sind Notlösungen, die nur bei Drucksachen mit geringem Qualitätsanspruch in Frage kommen sollten.

4.6.5 Schnitte für verschiedene Schriftgrößen

Während früher die Bleisatztypen für jede Schriftgröße individuell angefertigt werden mussten, wird heute nur noch ein digitaler Font gebraucht, der sich dank mathematischer Konturbeschreibung verlustfrei in jeder gewünschten Größe darstellen lässt. Neben der Kostenersparnis werden dadurch auch gestalterische

KAPITÄLCHEN ECHTE

Grundschrift mit echten Kapitälchen

KAPITÄLCHEN FALSCHE

Versalien und falsche Kapitälchen in der Grundschrift

KAPITÄLCHEN FALSCHE

Versalien in der Grundschrift, falsche Kapitälchen aus dem Schriftschnitt semibold

Hamburgefo

Grundschrift (Caslon)

Hamburgefon

Kursiver Schnitt (Caslon italic)

Hamburgefo

Elektronisch geneigte Grundschrift

Hamburgefo

Grundschrift (Franklin Gothic)

Hamburgefo

Schräger Schnitt (Franklin Gothic oblique)

Hamburgefo

Elektronisch geneigte Grundschrift

Möglichkeiten erweitert: Während zu Zeiten des Bleisatzes nur eine begrenzte Anzahl abgestufter Schriftgrößen zur Verfügung stand, ist heute jede möglich.

Diese Vorteile werden allerdings durch einen Nachteil erkauft: Im Bleisatz wurden Strichstärken, Zeichenbreiten und -abstände an die Größen angepasst – die 48-Punkt-Schrift war keine exakt proportionale Vergrößerung einer kleineren Schrift, die 6-Punkt-Schrift keine exakt proportionale Verkleinerung einer größeren. Bei kleinen Schriften waren Haarstriche und Serifen relativ etwas kräftiger sowie Zeichen-, Vor- und Nachbreiten etwas breiter als bei größeren.

Die meisten digitalen Schriften sind heute für Lesegrößen optimiert – mit der Folge, dass sie bei Verwendung in Konsultationsgrößen etwas zu fein, zu schmal und zu eng stehend erscheinen, bei Verwendung in Schau- und Plakatgrößen dagegen etwas zu schwer, zu breit und zu weit auseinander stehend.

Die Mängel beim Zeichenabstand können zwar in Layout- und Grafikprogrammen durch Spationieren ausgeglichen werden (vgl. Abschnitt 4.5.2); Strichstärken und Zeichenbreiten lassen sich aber nicht korrigieren. Deshalb wurden zu einigen digitalen Schriften bis zu vier Varianten für die Schriftgrößengruppen Caption, Text, Subhead und Display entwickelt.

Hamburgefo Hamburgefons
Hamburgefo Hamburgefons
Hamburgefo Hamburgefons
Hamburgefo Hamburgefons

Minion in den Varianten (von oben) Caption, Regular (Text), Subhead, Display; Schriftgrößen 28 pt und 7 pt

4.6.6 Schriftfamilien und -systeme

Zur Schriftfamilie gehören alle Schnitte einer Schrift, also zum Beispiel die Times in den Schnitten roman, italic, semibold, semibold italic usw.

1957 konzipierte der Schweizer Adrian Frutiger die Univers als serifenlose Linear-Antiqua mit stark ausgeprägtem „Familiencharakter". Sie umfasst heute nach mehreren Überarbeitungen rund 60 Schnitte: neun Strichstärken (ultra light, thin, light, regular, medium, bold, heavy, black, extra black), vier Zeichenbreiten (compressed, condensed, basic, extended) sowie schräge Schnitte.

Derart umfangreiche Schriftfamilien werden auch als Schrift-Großfamilien bezeichnet. Weitere Beispiele aus dem Bereich der serifenlosen Schriften sind Helvetica, die als Neue Helvetica aus mehr als 50 Schnitten besteht, Optima und Optima nova, Frutiger, Frutiger next und Neue Frutiger, Cronos und Myriad. Minion und Kepler sind Beispiele für Großfamilien aus Renaissance- bzw. Barock-Antiqua.

Schriftsysteme, auch als Schrift-Clans oder Schriftsippen bezeichnet, enthalten nicht nur unterschiedliche Schriftschnitte, sondern bestehen aus mehreren aufeinander abgestimmten Schriftcharakteren.

Kurt Weidemann entwickelte 1990 die Corporate ASE als Hausschriften-System für den Daimler-Benz-Konzern. Es besteht aus Barock-Antiqua, serifenloser und serifenbetonter Linear-Antiqua (Egyptienne).

Als eines der bestsortierten Schriftsysteme gilt die FF Thesis (Lucas de Groot, 1994) mit den Charakteren TheSans (serifenlos), TheSerif (serifenbetont) und TheMix. Das ist im Grundsatz serifenlose Schrift, die aber bei einigen Buchstaben Serifen im Dachansatz oder in den Endungen hat. Später kamen noch Monospace-Varianten von TheSans, TheSerif und TheMix sowie eine Barock-Antiqua (TheAntiqua) hinzu.

Weitere Beispiele für Schriftsysteme sind ITC Officina, Rotis, Compatil und Syntax.

Hamburgefo

Grundschrift (Myriad)

Hamburgefonstiv

Schmaler Schriftschnitt (Myriad condensed)

Hamburgefonstiv

Elektronisch schmal gestellte Grundschrift

Hamburgefo

Grundschrift (Caslon)

Hamburgefo

Fetter Schnitt (Caslon bold)

Hamburgefo

Elektronisch gefettete Grundschrift

4.7 Ziffern und Zahlen

4.7.1 Versal- und Minuskelziffern

Das Wort Ziffer (lateinisch *cifra*) ist vom arabischen Wort *cifr* entlehnt. Die arabischen Ziffern wurden aber nicht in Arabien erfunden, sondern stammen ursprünglich aus Indien. Sie wurden von Kreuzrittern nach Europa gebracht und über die arabische Universität in Toledo (Spanien) verbreitet. Auch Wanderungsbewegungen aus dem indischen Raum über die arabische Welt nach Westeuropa haben dazu beigetragen.

In Indien sind diese Zeichen ab dem 6. Jahrhundert nachweisbar, im 11. Jahrhundert tauchten sie erstmals in Spanien auf. Ihre Verbreitung ging schleppend voran; Widerstände gab es auch vonseiten der Kirche. Die praktischen Vorteile der arabischen Ziffern und des dezimalen Stellensystems wurden erst mit der Entstehung des Bürgertums und des Handels erkannt.

Die Ziffern wurden im Laufe der Jahrhunderte immer wieder abgewandelt, um eindeutige, unverwechselbare Zeichen zu schaffen. Diese Veränderungen kamen erst mit der Verbreitung gedruckter Rechenbücher zum Stillstand. Das Rechenbuch von Adam Ries aus dem Jahre 1550 enthält bereits alle heutigen Ziffernformen.

Heute gibt es zwei Arten von arabischen Ziffern als Drucktypen: Versal- und Minuskelziffern.

- Versalziffern (englisch *lining figures*), auch Majuskel- oder Normalziffern genannt, haben gleiche Höhen wie die Versalien der jeweiligen Schrift.
- Minuskelziffern (englisch *oldstyle figures, non-lining figures*), auch Mediävalziffern oder nautische Ziffern genannt, haben Mittel-, Ober- und Unterlängen.

Die Dickten der Ziffern sind entweder individuell nach den Zeichenbreiten oder einheitlich auf die Breite der Ziffer 0 zugerichtet.

- Ziffern mit einheitlichen Dickten werden Tabellenziffern (englisch *tabular figures*) oder Halbgeviertziffern genannt, weil ihre Dickte bei vielen Schriften einem Halbgeviert entspricht.
- Ziffern mit individuell festgelegten, den Zeichenbreiten angepassten Dickten heißen proportionale Ziffern *(proportional figures)*.

Technisch sind vier Kombinationen von Ziffernform und Zurichtung möglich; tatsächlich benutzt werden aber normalerweise nur drei davon.

- Tabellen-Versalziffern werden vor allem im Tabellensatz verwendet. Hier müssen alle Zifffern gleiche Dickten haben, damit sie Kolonne halten, also exakt untereinander stehen. Auch in naturwissenschaftlichen und mathematischen Werken, insbesondere beim Formelsatz, werden oft Tabellenziffern verwendet.
- Proportionale Versalziffern werden überall verwendet, wo es nicht auf Kolonnenhaltigkeit ankommt, also bei einzelnen Zahlen innerhalb eines Texts oder allein stehenden Zahlen. Das Schriftbild wirkt ruhiger als bei Tabellenziffern, weil die Abstände zwischen den Ziffern optisch ausgeglichen sind. Mehrstellige Zahlen treten allerdings etwas aus dem Text hervor; sie wirken wie Wörter, die in Versalien gesetzt sind. Das kann als störend empfunden werden, aber auch durchaus erwünscht sein, zum Beispiel in „zahlenlastigen" Sachtexten.
- Proportionale Minuskelziffern fügen sich am besten in einen aus Groß- und Kleinbuchstaben gesetzten Text ein; Zahlen wirken optisch wie aus Kleinbuchstaben gesetzte Wörter. In belletristischen Texten, also zum Beispiel Romanen oder Erzählungen, werden überwiegend Minuskelziffern verwendet.
- Tabellen-Minuskelziffern sind von geringer Bedeutung, weil beim Tabellen- und Formelsatz überwiegend Versalziffern benutzt werden. Bei allen anderen Anwendungen von Minuskelziffern, also Zahlen innerhalb des Texts oder allein stehenden Zahlen, ist die proportionale Variante zu bevorzugen.

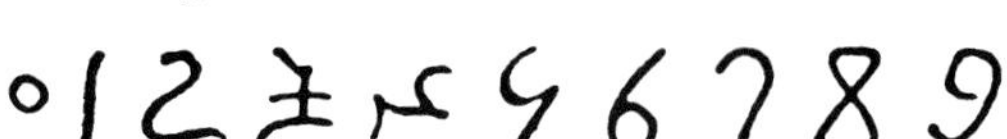

Indische Ziffern

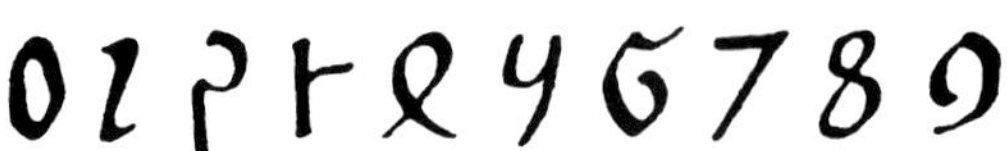

Westarabische Ziffern

Europäische Ziffern, 12. Jahrhundert

0112134156789

Versalziffern als Tabellenziffern

0112134156789

Versalziffern als Proportionalziffern

0112134156789

Minuskelziffern als Tabellenziffern

0112134156789

Minuskelziffern als Proportionalziffern

4.7.2 Zahlengliederungen

Längere Ziffernfolgen werden gegliedert, um ihre Lesbarkeit zu verbessern. Je nach Art der Zahlen werden dazu kleine Abstände, meist Achtelgevierte, oder Gliederungszeichen verwendet. Abstände zwischen Ziffern oder zwischen Zahlen und Einheitensymbolen sollen sich im Blocksatz nicht vergrößern und sind deshalb als Festabstände einzugeben.

- Ganze Zahlen mit mehr als drei Ziffern und Dezimalbrüche mit mehr als drei Ziffern links oder rechts vom Komma werden von rechts nach links bzw. von links nach rechts in Dreiergruppen unterteilt.
  34 782 8 000 000 000 5,379 58 0,000 005
- Jahreszahlen werden nicht gegliedert. Bei anderen vierstelligen Zahlen kann aus ästhetischen Gründen auf die Gliederung verzichtet werden.
  2008 9 879 oder **9879 0,234 8** oder **0,2348**
- Physikalische Einheiten (zum Beispiel m, m², kg, s, °C) werden durch einen Abstand von etwa einem Achtelgeviert von der Zahl getrennt. Ausnahme: Bei Winkelangaben stehen Grad-, Minuten- und Sekunden-Zeichen ohne Abstand hinter der Zahl.
  2,5 m 23,6 kg 28 s 22 °C 45° 16°42'30"
- Währungsbeträge mit Dezimalstellen werden durch Komma unterteilt. Bei „glatten" Beträgen können die Nullen hinter dem Komma durch einen Nullersatzstrich (Halbgeviertstrich) ersetzt werden. Das Währungssymbol kann auch vor der Zahl stehen.
  299,95 € €299,95 54 620,– € €54 620,–
- Insbesondere in Preisangaben werden auch Punkte als Gliederungszeichen verwendet.
  84.995,– € €84.995,–
- Bei Datumsangaben in traditioneller Schreibweise folgt auf die Punkte hinter Tag und Monat jeweils ein Abstand von etwa einem Achtelgeviert. Nach ISO 8601 (DIN EN ISO 8601) werden Jahr, Monat und Tag durch Divise (Bindestriche) getrennt.
  23. 12. 1951 2008-09-03
- Uhrzeiten werden traditionell durch einen Punkt in Stunden und Minuten unterteilt; auf den Punkt folgt kein Abstand. Nach ISO 8601 wird ein Doppelpunkt benutzt, und zwar sowohl zwischen Stunden und Minuten als auch zwischen Minuten und Sekunden.
  18.54 18:54 18:54:30
- Telefon- und Faxnummern mit mehr als drei Stellen werden von rechts nach links durch Achtelgevierte in Zweiergruppen aufgeteilt. Vorwahlnummern stehen in Klammern und werden ebenfalls gegliedert. Hauptanschluss- und Durchwahlnummern von Nebenstellenanlagen werden durch Divis (Bindestrich) voneinander getrennt.
  49 42 (0 48 23) 49 42
  (0 48 23) 49 42-77
- Internationale Telefon- und Faxnummern werden mit dem Zeichen + eingeleitet; die Vorwahl wird nicht eingeklammert.
  +49 48 23 49 42
- Telefon- und Faxnummern werden allerdings häufig abweichend von den genannten Regeln nach Merkbarkeitskriterien geglieder, also zum Beispiel:
  340 440 54 anstelle von **34 04 40 54**
- Postleitzahlen werden nicht gegliedert, Postfachnummern wie Telefonnummern in Zweiergruppen.
  25510 Itzehoe Postfach 22 33 44
- Bankkontonummern werden von rechts in Dreiergruppen gegliedert, Bankleitzahlen in eine Zweier- und zwei Dreiergruppen. Der Zusatz „BLZ" steht links von der Bankleitzahl. Wenn Kontonummer und Bankleitzahl unmittelbar hintereinander in einer Zeile gesetzt werden, steht die Bankleitzahl links und ist in runde Klammern gefasst. Der Zusatz „BLZ" kann dann auch weggelassen werden.
  Bankkonto 9 876 543 210
  BLZ 200 100 30
  (BLZ 200 100 30) 9 876 543 210
  (200 100 30) 9 876 543 210
- Kontonummern für internationalen Zahlungsverkehr (IBAN, *International Bank Account Number*) werden links beginnend in Vierergruppen gegliedert.
  IBAN DE52 2001 0030 9876 5432 10
- Bei der dezimalen Klassifikation der Abschnitte von wissenschaftlichen Texten, Fach- und Lehrbüchern werden die Nummern von Abschnitten und Unterabschnitten durch Punkte voneinander getrennt.
  3 Bilderfassung und Bildbearbeitung
  3.2 Grundlagen der Bilddigitalisierung
  3.2.1 Diskretisierung und Quantisierung

4.7.3 Römische Ziffern und Zahlen

Die römischen Zahlen waren in der römischen Welt der Antike und bis zum 15. Jahrhundert in Westeuropa das allgemein benutzte Zahlensystem. Heute werden sie nur noch relativ selten benutzt, überwiegend als Ordnungszahlen (Ordinalzahlen):

- Regentennamen (Ludwig XIV.)
- Kapitelbezeichnungen (V. Kapitel)
- In Kombination mit arabischen Ziffern und Buchstaben zur Gliederung von Sachtexten (III Grafische Techniken, 3 Radierung, a Geschichte)
- In Kombination mit arabischen Ziffern im Dramensatz (III1 – Dritter Akt, erste Szene)
- Paginierung der Titelei, wenn die erste Textseite des Buchs die arabische Seitenzahl 1 tragen soll, insbesondere in Sachbüchern und wissenschaftlichen Werken

- Nummerierung der Bände eines Werks (Band IV)
- Nummerierung von Olympischen Spielen (XXI. Olympische Spiele)
- Antikisierende Darstellung von Jahreszahlen

Das römische Zahlensystem ist kein Positions-, sondern ein Additionssystem. Die Ziffern haben also keine Stellenwerte (Einer, Zehner, Hunderter), sondern werden addiert oder (seltener) subtrahiert. Die sieben Ziffern werden durch Großbuchstaben dargestellt:
- I (1)
- V (5)
- X (10)
- L (50)
- C (100, lateinisch *centum*)
- D (500, lateinisch *dimidius:* die Mitte)
- M (1000, lateinisch *mille*)

Für das Schreiben und den Satz römischer Zahlen gelten diese Regeln:
- Die Ziffern werden im Grundsatz von links nach rechts in absteigender Reihenfolge geordnet.
  MCCXVII (1000+100+100+10+5+1+1=1217)
- Die Ziffern I, X und C dürfen höchstens dreimal nebeneinander stehen, V, L und D nur einzeln.
  VIII (8) LXXXV (85) MDCCC (1800)
- Um diese Forderung zu erfüllen, kann eine kleinere von einer größeren Ziffer subtrahiert werden; sie steht dann links von der zu vermindernden. Dabei soll I nur von V oder X subtrahiert werden, X nur von L oder C, C nur von D oder M. Die Ziffern V, L und D dürfen nicht subtrahiert werden.
  IV (5−1=4) IX (10−1=9) XC (100−10=90)
  Bei mehreren gleichen Ziffern wird immer die rechts stehende vermindert.
  XXIX (29) MDCCXCIV (1794)
- Um kürzere und leichter lesbare Zahlen zu erhalten, wird I gelegentlich auch von L, C, D oder M subtrahiert und X von D oder M:
  XD statt CDXC (490) IM statt MCMXCIX (1999)
- Da es keine größere Ziffer als M gibt, muss diese unter Umständen mehr als dreimal nebeneinander stehen. Praktisch stellt sich diese Frage aber kaum, da Jahreszahlen heute normalerweise die größten Zahlen sind, die in römischen Ziffern gesetzt werden.

Die heute angewandten Regeln für das Schreiben und Setzen römischer Zahlen stammen nicht aus dem Rom der Antike, sondern aus dem späten Mittelalter. Bis dahin gab es teilweise andere Schreibregeln und Ziffern, insbesondere auch größere als die heute verwendeten:
- IↃ (500)
- CIↃ (1000)
- IↃↃ (5000)
- CCIↃↃ (10 000)
- IↃↃↃ (50 000)
- CCCIↃↃↃ (100 000)

4.8 Satzarten

4.8.1 Rau- und Blocksatz

Satzarten unterscheiden sich durch die Art des Zeilenfalls. Es geht also um die Fragen, wie die Zeilen untereinander stehen, ob sie gleich oder unterschiedlich breit sind und wie stark sich Zeilenbreiten ggf. voneinander unterscheiden.

Rausatz ist die einfachste, anspruchloseste Satzart. In die vorgegebene Zeilenbreite werden jeweils so viele Wörter oder abgetrennte Wortteile gesetzt, wie hineinpassen. Die Zwischenräume zwischen den Wörtern sind gleich und bleiben in jedem Fall unverändert. Dieser und die drei folgenden Absätze sind im Rausatz gesetzt.

Rausatz ist asymmetrisch (anaxial). Er wird meist linksbündig gesetzt, die linke Satzkante ist also glatt, die rechte wirkt aufgrund unterschiedlicher Zeilenbreiten mehr oder minder rau. Rechtsbündiger Rausatz ist möglich, wird aber wegen schlechterer Lesbarkeit nur für kleine Textmengen benutzt.

Bei geringem Anspruch an die typografische Gestaltung wird überwiegend Rausatz verwendet, also zum Beispiel für Brieftexte, Memos, Arbeits- und Informationspapiere oder einfache Broschüren. Auch in Zeitungen, Zeitschriften und Büchern wird Rausatz als Gestaltungsmittel eingesetzt, um zum Beispiel bestimmte Textarten von anderen abzusetzen.

Layout-, Grafik- und sogar vergleichsweise einfache Textverarbeitungsprogramme erzeugen Rausatz automatisch. Sobald die eingestellte Zeilenbreite so weit gefüllt ist, dass kein weiteres vollständiges Wort mehr hineinpasst, sucht die automatische Worttrennung nach einer Trennmöglichkeit.

Beim Blocksatz sind alle Zeilen gleich breit; der Satz ist achsensymmetrisch (axial), sowohl links- als auch rechtsbündig. Wie beim Rausatz stehen hier so viele Wörter und abgetrennte Wortteile in der Zeile, wie hineinpassen. Die Angleichung der Zeilenbreiten wird durch Vergrößern oder Verringern der Wortzwischenräume erreicht. Die letzte, nicht vollständig gefüllte Zeile des Absatzes hat unveränderte Wortzwischenräume und steht in der Regel linksbündig. Die erste Zeile des Absatzes kann eingezogen werden, so wie in diesem Buch. Der Einzug sollte mindestens ein Geviert betragen; auf Überschriften oder Leerzeilen folgende Absätze erhalten keinen Einzug.

Blocksatz ist die wirtschaftlichste Satzart – bei gegebener Zeilenbreite, Schrift und Schriftgröße passen mehr Zeichen in eine Zeile als bei allen anderen Satzarten. Neben ästhetischen Erwägungen dürfte das ein wichtiger Grund für seine häufige Verwendung in Zeitungen, Zeitschriften und Büchern sein.

Layoutprogramme erzeugen Blocksatz automatisch nach eingestellten Parametern. In jeder Schrift ist die Breite des normalen Wortabstands (Leerzeichen) definiert; in den Grundschnitten vieler Schriften ist das etwa ein Viertelgeviert, bei schmal laufenden Schriften etwas weniger. In den Blocksatz-Einstellungen wird festgelegt, auf bis zu wie viel Prozent er verringert oder erhöht werden soll, also zum Beispiel auf 70 % bzw. 150 %. Der untere Wert wird vom Programm niemals unterschritten; der obere wird nur überschritten, wenn es nicht anders geht. Sobald Überschreitung des Maximalwerts droht, sucht die automatische Worttrennung nach einer Trennmöglichkeit.

Guter Blocksatz lässt sich nur bei ausreichend breiten Zeilen realisieren. Je weniger Wörter die Zeile enthält, desto größer werden die Abstände. Große Wortabstände stören die gleichmäßige Grauwirkung, vor allem, wenn mehrere untereinander stehen („Satzwürmer"). Bei weniger als rund 40 Zeichen pro Zeile ist optisch ausgeglichener Blocksatz kaum noch möglich. Auch bei mehr als 40 Zeichen kann es schwierig werden, wenn der Text viele lange Wörter enthält.

Die Qualität des Blocksatzes hängt ganz wesentlich von den Worttrennungen ab – sowohl den vorgenommenen als auch den unterlassenen. Die automatischen Worttrennungen von Layout-, Grafik- und Textverarbeitungsprogrammen arbeiten mit einem relativ einfachen Regelwerk, das zwar viele korrekte, aber auch zahlreiche fehlerhafte oder unschöne Trennungen erzeugt. Hinzu kommen Ausnahmelexika, in denen alle Wörter mit ihren Trennfugen verzeichnet sind, die abweichend vom Regelwerk zu trennen sind. Ein Ausnahmelexikon ist niemals vollständig – es lässt sich aber erweitern, sodass eimal aufgetretene fehlerhafte Trennungen künftig nicht mehr vorkommen.

Sowohl beim Rau- als auch beim Blocksatz sollten diese Regeln beachtet werden:

– Auf Worttrennungen, die den Lesefluss hemmen oder den Sinn des Worts entstellen können, ist zu

	Minimal	Optimal	Maximal
Wortabstand:	70%	100%	150%
Zeichenabstand:	0%	0%	0%
Glyphe-Skalierung:	100%	100%	100%

Einstellung der Blocksatzparameter (Adobe InDesign). In der ersten Zeile stehen minimaler, optimaler und maximaler Wortabstand in Prozent des normalen Wortabstands. Die weiteren Einstellungen ermöglichen auch Variationen von Zeichenabstand und Zeichenbreiten – auf diese Möglichkeiten sollte im Interesse eines ausgeglichenen Satzbilds mit gleichmäßigem Grauwert aber besser verzichtet werden.

Der Druck mit Einzelbuchstaben aus Ton oder Kupfer wurde schon Jahrhunderte vor Gutenberg in China und Korea entwickelt und angewendet. Vor der Erfindung beweglicher Lettern wurde in Europa auch schon von Holzschnitttafeln gedruckt, Motive waren Heiligenbilder und Spielkarten. Die Druckstöcke wurden mit Farbe versehen, Papier darauf gelegt und das Motiv abgerieben. Seit 1420 wurden in den Niederlanden auch Bilder und Texte in Kombination so hergestellt und oft anschließend manuell koloriert. In Frankreich, Belgien und Italien wurden zur gleichen Zeit Bestrebungen unternommen, die in die gleiche Richtung wie Gutenbergs Überlegungen zielten. Dem Nie-

Blocksatz mit rund 60 Zeichen pro Zeile

Der Druck mit Einzelbuchstaben aus Ton oder Kupfer wurde schon Jahrhunderte vor Gutenberg in China und Korea entwickelt und angewendet. Vor der Erfindung beweglicher Lettern wurde in Europa auch schon von Holzschnitttafeln gedruckt, Motive waren Heiligenbilder und Spielkarten. Die Druckstöcke wurden mit Farbe versehen, Papier darauf gelegt und das Motiv abgerieben. Seit 1420 wurden in den Niederlanden auch Bilder und Texte in Kombination so herge-

Der Druck mit Einzelbuchstaben aus Ton oder Kupfer wurde schon Jahrhunderte vor Gutenberg in China und Korea entwickelt und angewendet. Vor der Erfindung beweglicher Lettern wurde in Europa auch schon von Holzschnitttafeln gedruckt, Motive waren Heiligenbilder und Spielkarten. Die Druckstöcke wurden mit Far-

Der Druck mit Einzelbuchstaben aus Ton oder Kupfer wurde schon Jahrhunderte vor Gutenberg in China und Korea entwickelt und angewendet. Vor der Erfindung beweglicher Lettern wurde in Europa auch schon von Holz-

Blockssatz mit rund 40, 30 bzw. 20 Zeichen pro Zeile. Die Spalten sehen zunehmend löchriger aus.

Der Druck mit
Einzelbuchsta-
ben aus Ton oder
Kupfer wurde
schon Jahrhun-
derte vor Guten-
berg in China
und Korea ent-
wickelt und an-
gewendet. Vor
der Erfindung
beweglicher
Lettern wurde in
Europa auch

Der Druck mit
Einzelbuchsta-
ben aus Ton oder
Kupfer wurde
schon Jahrhun-
derte vor Guten-
berg in China
und Korea ent-
wickelt und an-
gewendet. Vor
der Erfindung
b e w e g l i c h e r
Lettern wurde in
Europa auch

Der Druck mit
Einzelbuchstaben
aus Ton oder
Kupfer wurde
schon Jahrhun-
derte vor Guten-
berg in China
und Korea ent-
wickelt und an-
gewendet. Vor
der Erfindung
beweglicher Let-
tern wurde in
Europa auch

Rund 15 Zeichen pro Zeile. Die Spalte hat jetzt große weiße Löcher, zweite und drittletzte Zeile lassen sich mit normalen Mitteln nicht mehr ausgleichen (links). Beim „erzwungenen Blocksatz" (Mitte) werden die Abstände zwischen den Buchstaben vergrößert, um die Zeile zu füllen. Im rechten Beispiel sind die Abstände zwischen den Buchstaben verringert, sodass das ganze Wort bzw. die erste Silbe des nächsten Worts in die Zeile passt.

verzichten (vollen-den, Spargel-der). Zusammengesetzte Wörter sind möglichst an den Wortfugen zu trennen (Wasser-sport, Spar-kasse).
- Kurze Personen- und Ortsnamen (Müller, Kassel) sollen nicht getrennt werden, zusammengesetzte möglichst in der Wortfuge (Ober-müller, Nieder-pöcking). Abgekürzter Vorname und Familienname (A. Meier) sollen in derselben Zeile stehen.
- Abkürzungen werden nicht getrennt, auch wenn sie sehr lang sind (JArbSchG, ArbStättV).
- Zahlen werden niemals getrennt. Bei Größen müssen Zahl und Einheitensymbol (50 cm, 25 kg, 21 °C) in derselben Zeile stehen.
- Übermäßig viele Trennungen in Folge wirken wegen der zahlreichen Trennstriche am rechten Satzrand unschön und stören den Lesefluß. Faustregel: Worttrennungen an mehr als drei aufeinander folgenden Zeilenenden sind zu vermeiden.

Es ist nicht immer möglich, alle diese Forderungen zu erfüllen. Die Anzahl aufeinander folgender Trennungen kann zwar durch eine entsprechende Einstellung im Programm begrenzt werden. Jede vorgenommene oder unterlassene Trennung hat aber Auswirkungen auf die folgenden Zeilen des Absatzes. Um zum Beispiel eine unschöne Trennung oder zu große Wortabstände in der zwölften Zeile eines Absatzes zu vermeiden, kann es erforderlich sein, die Trennungen ab der ersten Zeile zu verändern.

Layoutprogramme berücksichtigen zwar die Auswirkungen von Trennungen auf nachfolgende Zeilen. Um durchgängig gute Ergebnisse ohne unschöne Trennungen zu erhalten, sind aber in aller Regel Überprüfung und Nachbearbeitung erforderlich. Die Entscheidung, ob im Einzelfall der Grauwert oder die bessere Trennung Vorrang haben soll, kann kein Programm, sondern nur ein Mensch treffen.

4.8.2 Flattersatz und freier Zeilenfall

Beim Flattersatz sind die Zeilen unterschiedlich breit; Flattersatz ist asymmetrisch (anaxial), meistens links-, seltener rechtsbündig. Die Wortabstände sind gleich und werden nicht verändert.

Flattersatz ist aber nicht dasselbe wie Rausatz. Beim Rausatz kommt es im Wesentlichen darauf an, möglichst viele Wörter oder abgetrennte Wortteile in einer gegebenen Breite unterzubringen. Die Form der rauen Satzkante ergibt sich aus den Zufälligkeiten von Wortlängen und Trennmöglichkeiten. Beim Flattersatz geht es dagegen um die bewusste Gestaltung eines rhythmischen, dynamisch wirkenden Satzbilds:
- Die aufeinander folgenden Zeilen sind im Wechsel breiter und schmaler.
- Die Zeilenbreiten unterscheiden sich deutlich voneinander, die Flatterzone ist relativ breit.
- Auf Worttrennungen wird soweit wie möglich verzichtet.
- Bei sehr kurzen Texten kann versucht werden, den Zeilenfall an Sprachrhythmus oder Inhalt anzupassen; die Zeile endet dort, wo beim Sprechen oder Lesen eine kurze Pause entsteht oder entstehen soll.

Guter Flattersatz lässt sich nicht automatisch erzeugen. Im Programm können zwar breite Flatterzone und Verbot aufeinander folgender Trennungen vorgegeben werden. Wenn ein Wort in der Flatterzone endet, bleibt der Rest der Zeile frei, auch wenn noch ein abgetrenntes Wortteil hineinpassen würde. Der regelmäßige Wechsel der Zeilenbreite bei gleichzeitigem Verzicht auf Trennungen erfordert aber in jedem Fall manuelle Nachbearbeitung. Flattersatz ist zeitaufwändiger und damit teurer in der Herstellung als Rau- oder Blocksatz und nimmt bei gleicher Textmenge, Schrift und Schriftgröße deutlich mehr Raum ein.

Flattersatz hat eine Richtung; linksbündiger Flattersatz weist nach rechts, rechtsbündiger nach links. Er ist rhythmisch und wirkt dynamisch, während Rau- und Blocksatz eher statisch anmuten. Linksbündiger Flattersatz ist lesefreundlicher als Block- oder Rausatz; rechtsbündiger ist schwerer lesbar und kommt deshalb nur bei sehr kurzen Texten infrage.

Beim Mittelachsensatz liegen die Mitten aller Zeilen auf einer gemeinsamen vertikalen Symmetrieachse. Die Wortzwischenräume sind gleich, die Zeilen wie beim Flattersatz im Wechsel schmaler und breiter. Mittelachsensatz wird auch als Flattersatz mit Zeilen auf Mitte bezeichnet. Der Zeilenfall soll dem Inhalt des Textes folgen, auf Worttrennungen ist zu verzichten. Mittelachsensatz wirkt aufgrund seiner Symmetrie eher statisch. Die Lesbarkeit ist ähnlich eingeschränkt wie beim rechtsbündigen Flattersatz; Mittelachsensatz kommt deshalb nur für sehr kurze Texte infrage.

Der freie Zeilenfall ist weder links- noch rechtsbündig, noch stehen die Zeilen auf Mitte zueinander. Sie

Zeilenfall bei Flattersatz (links), Rausatz (Mitte) und Blocksatz

sind aber auch nicht völlig frei und beziehungslos angeordnet. Rhythmus und Beziehungen entstehen vielmehr durch senkrechte Achsen, die nicht immer auf den ersten Blick erkennbar sind. Die Wortzwischenräume sind im Grundsatz gleich. Kleine Veränderungen sind allerdings möglich, um Bündigkeit zu den senkrechten Achsen herzustellen. Freier Zeilenfall eignet sich nur für sehr kurze Texte wie zum Beispiel Buch- und DVD-Titel oder Headlines auf Plakaten und in Anzeigen.

Guter freier Zeilenfall ist oft schwierig zu realisieren, nicht selten sogar unmöglich. Ob eine inhaltlich sinnvolle und typografisch interessante Anordnung zu finden ist, hängt von Textinhalt, Wortlängen, Anfangs- und Endbuchstaben der Wörter ab.

Der
Fall ist
gar nicht
so frei
wie oft
angenommen
wird.

Der
Fall ist
gar nicht
so frei
wie oft
angenommen
wird.

Freier Zeilenfall – die senkrechten Achsen zeigen, dass die Zeilen nicht zufällig und ohne optische Bezüge auf der Fläche stehen. „Lockerheit" und Regelmäßigkeit bilden eine Beziehung, die nicht auf den ersten Blick offensichtlich wird.

Die Gliederung ist aber gerade das Wesen der Sprache; es ist nichts in ihr, das nicht Teil und Ganzes sein könnte. Die Wirkung ihres beständigen Geschäfts beruht auf der Leichtigkeit, Genauigkeit und Übereinstimmung ihrer Trennungen und Zusammensetzungen.

Die Gliederung
ist aber gerade das Wesen der Sprache;
es ist nichts in ihr,
das nicht Teil
und Ganzes sein könnte.
Die Wirkung ihres beständigen Geschäfts
beruht auf der Leichtigkeit,
Genauigkeit und Übereinstimmung
ihrer Trennungen
und Zusammensetzungen.

Die Gliederung
ist aber gerade das Wesen der Sprache;
es ist nichts in ihr,
das nicht Teil
und Ganzes sein könnte.
Die Wirkung ihres beständigen Geschäfts
beruht auf der Leichtigkeit,
Genauigkeit und Übereinstimmung
ihrer Trennungen
und Zusammensetzungen.

Die Gliederung
ist aber gerade das Wesen der Sprache;
es ist nichts in ihr,
das nicht Teil
und Ganzes sein könnte.
Die Wirkung ihres beständigen Geschäfts
beruht auf der Leichtigkeit,
Genauigkeit und Übereinstimmung
ihrer Trennungen
und Zusammensetzungen.

Ein Zitat Wilhelm von Humboldts – ganz oben ungegliedert im linksbündigen Rausatz. Darunter nach inhaltlichen Gesichtspunkten gegliedert als rechts- bzw. linksbündiger Flattersatz sowie als Mittelachsensatz.

4.9 Typografische Kontraste

4.9.1 Kontrastarten

Sinnvoll verwendete typografische Kontraste strukturieren die Seite und erleichtern die Orientierung. Sie erfüllen zwei Funktionen: Hervorhebung und Abgrenzung. Überschriften (Rubriken) werden zum Beispiel durch Schriftgröße oder fetteren Schriftschnitt gegenüber dem Text hervorgehoben. Durch Schrift, Schriftschnitt und Satzart können zum Beispiel Text und Bildlegenden (Bildunterschriften) oder Kommentare und Berichte in einer Tageszeitung gegeneinander abgegrenzt werden.

Kontrastwirkungen lassen sich mit unterschiedlichen typografischen Mitteln erzeugen:
- Schriftgröße
- Schriftfette
- Buchstabenform
- Textur
- Richtung
- Farbe

Größere Schrift tritt hervor, springt ins Auge und signalisiert Wichtigkeit, Vorrangigkeit; kleinere Schrift tritt in den Hintergrund. Überschriften werden durch größere Schrift hervorgehoben. Fußnoten in wissenschaftlichen Werken werden durch kleinere Schrift vom Text abgegrenzt und treten etwas in den Hintergrund.

Schriften in fetteren Schnitten springen ebenfalls beim ersten Blick ins Auge. Fettere Schnitte heben zum Beispiel Überschriften oder Zusammenfassungen am Beginn längerer Zeitungs- oder Zeitschriftenartikel hervor. In Sachtexten werden auch **Stichwörter** auf diese Weise hervorgehoben (aktiv ausgezeichnet), um das Auffinden von Textstellen beim „diagonalen Lesen" zu erleichtern.

Bei den Kontrastwirkungen durch unterschiedliche Buchstabenformen können drei Fälle unterschieden werden:
- Groß- und Kleinbuchstaben haben unterschiedliche Formen. In VERSALIEN gesetzte Wörter oder Zeilen kontrastieren deutlich gegenüber gemischt aus Versalien und Gemeinen gesetzten. Großbuchstaben treten aus dem übrigen Text hervor und signalisieren Wichtigkeit oder Vorrangigkeit.
- Grundschrift, kursive (oder schräge), breite und schmale Schnitte sowie Kapitälchen kontrastieren miteineinander, ohne eine Hierarchie zu bilden. Diese Kontraste signalisieren Besonderheit, Andersartigkeit, aber keine Vor- und Nachrangigkeit. Sie können für unterschiedliche Zwecke eingesetzt werden, zum Beispiel zur Abgrenzung von Bildlegenden und Marginalien (Randbemerkungen) gegenüber dem Text oder zur integrierten Auszeichnung innerhalb des Texts. Betonungen in direkter Rede, Fachbegriffe und fremdsprachige Wörter werden oft in *kursiver Schrift* gesetzt, Personen-, Orts- und Markennamen in KAPITÄLCHEN.
- Buchstabenformen und Strichführung (Duktus) unterschiedlicher Schriften unterscheiden sich mehr oder minder stark voneinander. Sinnvolle, deutlich sichtbare Kontraste erfordern entsprechend deutliche Formunterschiede. Durch passende Schriftwahl lassen sich auch inhaltliche Gegensatzpaare illustrieren, zum Beispiel *Statik – Dynamik* (klassizistische und Renaissance-Antiqua) oder *Gegenwart – Vergangenheit* (serifenlose Linear-Antiqua und Fraktur).

Die Textur des gesetzten Texts entsteht aus dem Zusammenwirken von Schriftgröße, Fette, Buchstabenformen, Zeilenabstand und Satzart. Durch Kombinieren dieser Gestaltungsmittel entstehen Texturen, die zum Beispiel leicht, schwer, locker, kompakt, ruhig, statisch oder dynamisch wirken.

Unterschiedliche horizontale Richtungen – nach rechts und nach links – werden insbesondere durch links- bzw. rechtsbündigen Flattersatz erzeugt. Breite Zeilen betonen die Horizontale, hohe, schmale Textspalten oder vertikal verlaufende (um 90° gedrehte) Zeilen betonen die Vertikale.

Unterschiedliche Schrift- und Hintergrundfarben ergeben, je nach Farbwahl, mehr oder minder deutliche Kontraste. Dabei sind aber auch die jeweiligen Kontraste zwischen Schrift- und Hintergrundfarbe zu beachten. Schwarze Schrift auf weißem Hintergrund (oder weiße auf schwarzem) bildet den höchstmöglichen Helligkeitskontrast; bei allen anderen Farbkombinationen ist er geringer. Bunte Schriften oder Hintergründe heben den Text nicht in jedem Fall hervor, sondern können ihn sogar visuell etwas zurücktreten und weniger wichtig erscheinen lassen (vgl. auch Abschnitt 5.2.5.1).

4.9.2 Regeln für die Schriftmischung

Bei der Verwendung unterschiedlicher Schriften und Schriftschnitte im selben Produkt oder auf derselben Seite (Schriftmischung) sollten einige Regeln beachtet werden. Die drei wichtigsten Grundregeln:
- Schriftmischung soll typografische Kontraste erzeugen. Schriften und Schnitte, die sich nur geringfügig voneinander unterscheiden, bilden keine markanten Kontraste und sollten nicht gemischt werden.
- Mit Schriftmischung ist generell sparsam umzugehen – viele Schriften und Schnitte erhöhen nicht in jedem Fall die Übersichtlichkeit, sondern wirken oft eher chaotisch.

- Schriften und Schnitte dürfen nicht wahllos verwendet werden, sondern sind den unterschiedlichen Textkategorien nach einem klaren, durchgängig gültigen Konzept zuzuordnen.
  Beispiel: Renaissance-Antiqua als Grundschrift für Text, kursiver Schnitt und Kapitälchen für integrierte Auszeichnung innerhalb des Texts, serifenlose Linear-Antiqua für Bildlegenden, fetter und halbfetter Schnitt für Haupt- und Zwischenüberschriften

Die verwendeten Schriften und Schnitte sollen einerseits Kontraste bilden, sich also deutlich voneinander unterscheiden, andererseits aber auch zusammenpassen und nicht zu disharmonisch wirken. Grundregeln:

- Das Mischen von Schnitten derselben Schriftfamilie oder von Schriften und Schnitten desselben Schriftsystems (Schrift-Clans) ist in der Regel unproblematisch.
- Schriften aus derselben Gruppe nach DIN 16518 sollten in der Regel nicht gemischt werden, weil sie einander zu ähnlich sind. Venezianische und französische Renaissance-Antiqua sind wie eine Gruppe zu behandeln. Auch Mischungen von Renaissance- und Barock-Antiqua bzw. Barock- und klassizistischer Antiqua können problematisch sein.
- Schriften mit unterschiedlichen Schräglagen, zum Beispiel Schreibschriften und kursive oder schräge Schnitte unterschiedlicher Antiqua-Schriften, sollten nicht gemischt werden.

Die Frage, ob Duktus (Strichführung) und Proportionen (Verhältnisse von Mittel-, Ober- und Unterlänge) der gemischten Schriften einander ähneln sollen, lässt sich nicht eindeutig beantworten. Renaissance-Antiqua und serifenlose Linear-Antiqua mit Renaissance-Charakter passen zum Beispiel aufgrund ihrer Gemeinsamkeiten gut zusammen, die Mischung lässt keinen formalen Bruch entstehen. Solche Brüche können aber wegen des hohen Kontrasts durchaus erwünscht sein, sodass nichts dagegen spricht, zum Beispiel klassizistische Antiqua und Renaissance-Antiqua oder Renaissance-Antiqua und konstruierte serifenlose Linear-Antiqua zu mischen.

4.10 Textkorrektur

Die Textkorrekturzeichen, auch Satzkorrekturzeichen genannt, sind nach DIN 16511 genormt. Damit soll gewährleistet werden, dass Korrekturen im Sinne des Korrigierenden exakt ausgeführt werden. In der Praxis finden sich aber oft Korrekturzeichen, die von der Norm abweichen. Solange der Korrekturauftrag zur richtigen Korrektur führt, ist das in Ordnung. Trotzdem ist anzustreben, die standardisierten Zeichen zu benutzen, um die Kommunikation auch über größere Distanzen zu vereinfachen und ökonomischer zu gestalten (zum Beispiel weniger Rückfragen per Telefon oder E-Mail).

Die wichtigsten Korrekturzeichen nach DIN 16511 sind im Duden (Band 1, Die deutsche Rechtschreibung) anhand von Beispielen erläutert. Dort finden sich auch einige Korrekturzeichen nach TGL 0-16511, dem bis 1990 in der DDR gültigen Standard. Sie sind vor allem in den neuen Bundesländern üblich und optisch oft sinnfälliger als die DIN-Korrekturzeichen.

4.11 Entwicklung der Satzherstellung

Schon Jahrhunderte vor Gutenberg wurde in China und Korea mit Einzelbuchstaben aus Ton oder Kupfer gedruckt. Um 1440 erfand Johannes Gutenberg den Guss von Einzelbuchstaben (Lettern) aus Blei, Antimon und Zinn und das dazu benötigte Handgießinstrument. In Frankreich, Belgien und Italien gab es zur gleichen Zeit ähnliche Überlegungen und Versuche; dem Niederländer Coster soll sogar schon vor Gutenberg der Guss von Lettern mittels Sandgussformen gelungen sein.

Der manuelle Bleisatz wurde mehr als 500 Jahre lang praktiziert. Die zusammengebaute Druckform bestand aus druckendem Setzmaterial wie Buchstaben, Linien, Schmuck und nichtdruckendem Blindmaterial. Das Blindmaterial war etwas niedriger, sodass es beim Drucken nicht eingefärbt wurde. Es diente als Füllmaterial zwischen Buchstaben, Wörtern, Zeilen, Textblöcken sowie Bildern und Texten.

Bleibuchstaben (Lettern) und kleines Blindmaterial lagen im Setzkasten, der in 125 Fächer unterteilt war. Die Aufteilung des Setzkastens entsprach der Häufig-

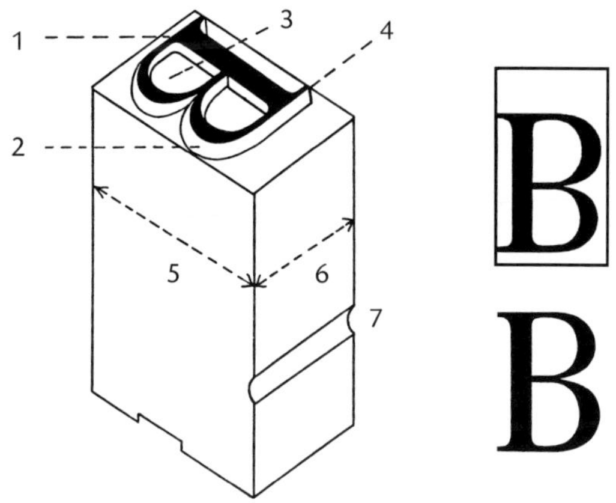

Bleibuchstabe mit (1) Schriftbild, (2) Konus, (3) Punze, (4) Schriftlinie, (5) Schriftkegel (Schriftgrad), (6) Dickte, (7) Signatur. Rechts oben das seitenverkehrte Schriftbild in der Draufsicht, darunter der gedruckte Buchstabe.

keit, in der die Buchstaben in einer Sprache vorkommen. Buchstaben wie e, n, a, d, m, r usw. hatten für den Setzer die kürzesten Greifwege.

Die Arbeitswerkzeuge des Setzers waren Winkelhaken, Setzlinie, Setzschiff, Kolumnenschnur, Ahle, Pinzette, Typometer. Die gewünschte Setzbreite wurde am Winkelhaken mit Blindmaterial eingestellt, dann das Blindmaterial entfernt und die Setzlinie eingelegt. Der Winkelhaken lag in der linken Hand des Schriftsetzers; mit der rechten Hand nahm er die Buchstaben aus den Fächern und setzte sie auf die Setzlinie. Die Zeile wurde dann bei Rau- und Flattersatz durch Auffüllen mit Blindmaterial, beim Blocksatz durch Verringern oder Erweitern der Wortzwischenräume ausgeschlossen. Danach wurde die Setzlinie herausgezogen, auf die gesetzte Zeile gelegt und mit dem Setzen der nächsten Zeile begonnen. Wenn der Winkelhaken mit Zeilen gefüllt war, wurden sie herausgehoben und auf dem Setzschiff platziert. Die Kolumnenschnur diente zum Ausbinden der fertig gestellten Satzform.

Bei der Schriftherstellung wurde das Buchstabenbild bis gegen Ende des 18. Jahrhunderts erhaben und seitenverkehrt manuell in Stahl geschnitten. Diese Patrize wurde per Hammerschlag in eine Kupferplatte geschlagen, sodass ein vertieft liegendes, seitenrichtiges Buchstabenbild entstand. Diese Matrize wurde in das Gießinstrument eingespannt und es konnten Lettern mit seitenverkehrtem Bild gegossen werden. Ab dem 18. Jahrhundert wurden die Stempel in Blei geschnitten. Es ist weicher und lässt größere Feinheiten im Buchstabenbild zu, was die Schriften des Klassizismus wahrscheinlich erst möglich machte. Vom Bleistempel wurde eine galvanoplastische Abformung hergestellt, mit Zink hintergossen und als Gussmatrize verwendet. Die letzte Verbesserung war die gebohrte Matrize, die sich besonders gut für den Guss kleiner Schriftgrade eignete. Der seitenrichtige Umriss des Buchstabens wurde zunächst stark vergrößert in Messing graviert, mit einem Storchschnabel (Pantograph) abgefahren und von einem Bohrer in einen Messingblock gefräst.

Erst Mitte des 19. Jahrhunderts löste die Handgießmaschine das von Gutenberg erfundene Handgießinstrument ab. 1855 wurde auf der Weltausstellung in Paris die „non-plus-ultra" gezeigt, eine maschinell gegossene 2-Punkt-Schrift. Sie sollte wohl mehr die neuen Möglichkeiten der Gießtechnik zeigen, als tatsächlich für den Satz benutzt werden. 1860 wurde die Komplettgießmaschine vorgestellt, eine Verbindung von Gießautomat, Schleifvorrichtung und Justierapparat, mit der Lettern ohne manuelle Nachbearbeitung in großen Mengen und gleichmäßiger Qualität hergestellt werden konnten. Ab 1875 war sie in praktisch allen Schriftgießereien im Einsatz.

Die Idee des maschinellen Schriftsatzes wurde über Jahrzehnte verfolgt und trieb zum Teil kuriose Blüten. Eine 1887 vorgestellte Setzmaschine, in deren Entwicklung der Schriftsteller Mark Twain sein gesamtes Vermögen investiert hatte, bestand aus rund 1800 Hauptbauteilen und über 800 Rädern und Achsen – die Patentprüfung dauerte acht Jahre.

Echten Fortschritt brachte erst die Erkenntnis, dass der Einzelbuchstabe nicht Grundlage des maschinellen Setzens sein muss. 1884 baute der Uhrmacher Ottmar Mergenthaler in Baltimore (USA) die „Linotype" (engl. *line of types:* Zeile aus Buchstaben). Sie verbindet den Setz- und Gießvorgang sowie das Ablegen der Matrizen. Am 3. Juli 1886 wurde sie erstmals für den Satz der „New York Tribune" industriell eingesetzt.

Der Setzer tippte auf einer Klaviatur den Buchstaben an. Dadurch wurde die Matrize im Magazin mechanisch ausgelöst und rutschte durch ihren Kanal auf den umlaufenden Sammelriemen, der sie zum Sammler transportierte; als Wortzwischenräume dienten Ausschlusskeile. War die Zeile annähernd gefüllt, wurde sie durch Hebeldruck abgeschickt und es konnte mit dem Setzen der nächsten Zeile begonnen werden. Die abgeschickte Matrizenzeile wurde auf Setzbreite ausgeschlossen, indem die Keile von unten nach oben zwischen die Matrizen gedrückt wurden.

Die Matrizen wurden nun vor die Gießform platziert und mit einer etwa 290 °C heißen Blei-Antimon-Zinn-Legierung abgegossen. Es folgten Beschnitt der Zeile am Fuß und an den Seiten, Herausdrücken aus der Gießform und Transport auf das Zeilenschiff. Parallel

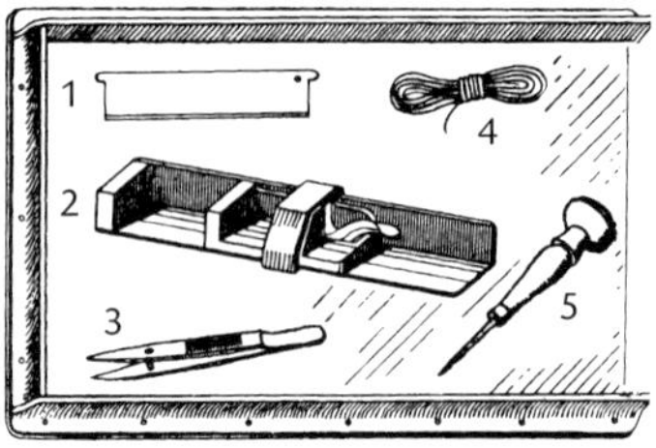

Setzschiff mit
1 Setzlinie
2 Winkelhaken
3 Pinzette
4 Kolumnenschnur
5 Ahle

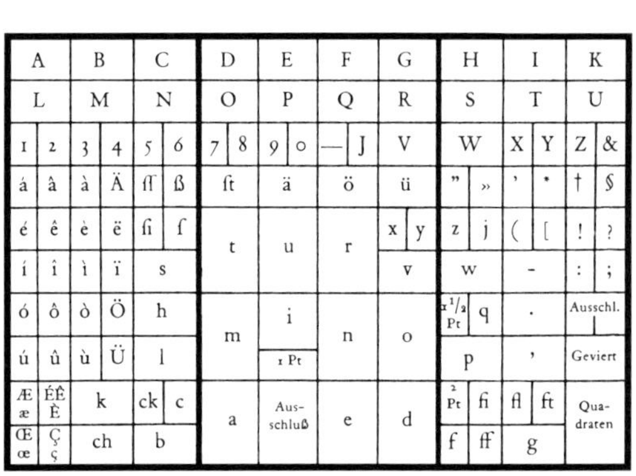

Einteilung eines Setzkastens

dazu erfolgte das Ablegen: Die Matrizen wurden von den Keilen getrennt, von einer rotierenden Spindel erfasst und an die Ablegezahnstange weitergegeben. Unterschiedliche Zahnungen am Kopf der Matrizen und entsprechende Längsrippen der Zahnstange sorgten dafür, dass die Matrizen ausgeklinkt wurden und in die richtigen Magazinkanäle fielen.

1896 brachte Tolbert Lanston seine Einzelbuchstaben-Setzmaschine auf den Markt, die Monotype. Texterfassung und Buchstabenguss waren technisch und räumlich voneinander getrennt. Zur Texterfassung diente ein Taster, der für jedes Zeichen eine Lochkombination in einen Papierstreifen stanzte. Dickten der Buchstaben und Wortzwischenräume wurden automatisch gezählt; war die Zeile fast voll, ertönte ein Glockenzeichen. Der verbleibende Raum wurde angezeigt und ebenfalls als Lochkombination eingetastet. Beim späteren Gießen wurde dieser Restraum automatisch auf die Wortzwischenräume verteilt.

Der Lochstreifen wurde in die Gießmaschine eingelegt und dort mit Druckluft gelesen. Die Gießmatrizen befanden sich in einem Matrizenrahmen, der beweglich in der Gießmaschine angeordnet war. Für jedes Zeichen wurde die entsprechenden Matrize vor die Gießform gebracht, die Dickte des Zeichens eingestellt und flüssiges Metall in den Gussraum gedrückt.

Einsatzgebiete der Monotype waren vor allem anspruchsvoller Werksatz, wissenschaftliche und mathematische Bücher sowie Werke mit kompliziertem Tabellensatz. Das erstklassige Schriftenangebot trug wesentlich zur Verbreitung der Monotype bei.

Die Fernsetzeinrichtung TTS (Teletypesetter) von 1932 eröffnete neue technische, länder- und kontinentübergreifende Möglichkeiten. Der Text wurde zunächst mit einem Lochstreifentaster (Perforator) erfasst. Die Perforation wurde mechanisch gelesen und in elektrische Impulse umgewandelt, die per Leitung oder Funk an beliebige Orte gesendet werden konnten. Ein Empfänger wandelte die Signale um und der angeschlossene Perforator erstellte einen identischen Lochstreifen, der zur Steuerung einer Gieß- oder später einer Fotosetzmaschine diente.

Das Einbinden von Computertechnik in die Satzherstellung brachte am Anfang der 1960er Jahre eine Weiterentwicklung im maschinellen Bleisatz. Am 10. Juni 1963 wurde die neue Technik auf einer Konferenz der amerikanischen Zeitungsverleger vorgestellt. Von Chicago wurden Texte nach Camden in New Jersey übertragen und dort von einem Rechner in einen satzreifen Lochstreifen gewandelt. Die Daten wurden von der NASA zum Nachrichtensatelliten Relay I gesendet, von dort zur Bodenstation in Goonhill (Großbritannien) und weiter per Leitung an ihre endgültigen Ziele. Wenige Minuten später liefen die Setzmaschinen bei den Zeitungen Manchester Guardian, Glasgow Herold und Scotsman in Edinburgh an. Die Einführung von

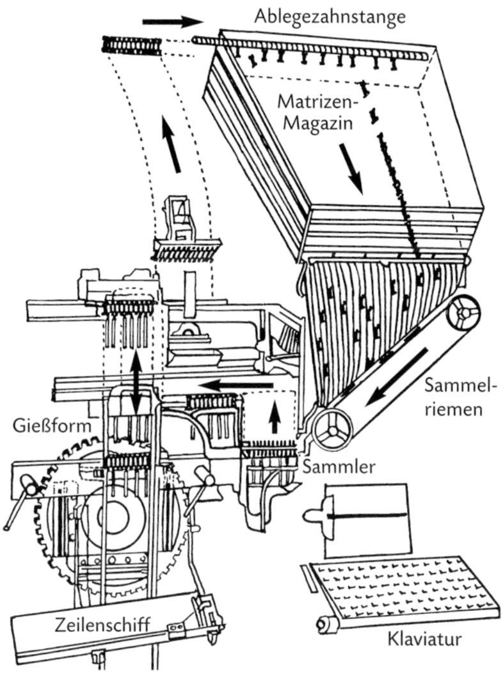

Schematische Skizze der Linotype-Setzmaschine; die Pfeile zeigen den Kreislauf der Matrizen beim Setzen und Ablegen.

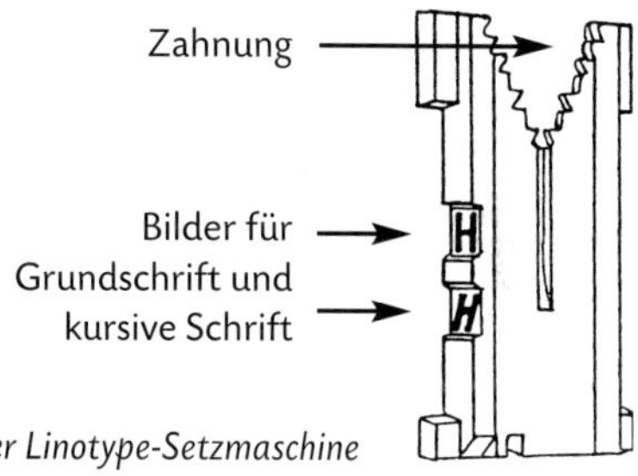

Eine Matrize der Linotype-Setzmaschine

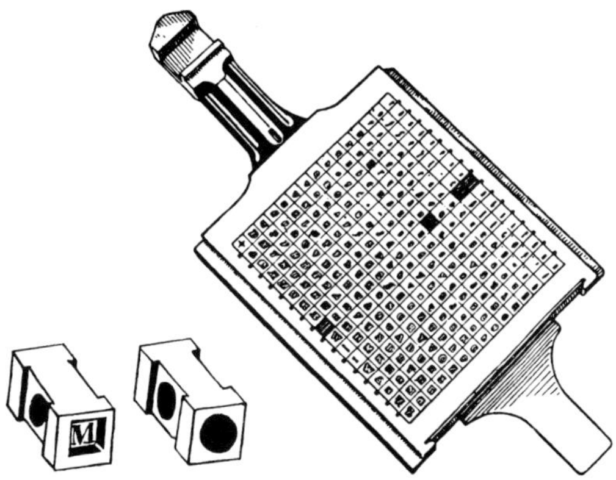

Matrizenrahmen der Monotype-Gießmaschine; links eine einzelne Matrize in Vorder- und Rückansicht.

Satzrechnern in deutschen Zeitungsverlagen begann Mitte der 1960er Jahre.

Frühe Versuche in Richtung Fotosatz gab es schon Ende des 19. Jahrhunderts: 1897 entwickelte der Ungar E. Przolt die erste Fotosetzmaschine, die aber nicht serienmäßig gebaut wurde. Zur ernst zu nehmenden Alternative zum Bleisatz entwickelte sich der Fotosatz erst ab den 1950er Jahren. Das Prinzip der ersten Generation von Fotosetzmaschinen (optomechanischen Maschinen) bestand darin, dass Negative aus Glas oder Kunststoff mechanisch vor einer Lichtquelle positioniert wurden. Durch das Negativ wurde ein Lichtimpuls geschickt, der den Buchstaben entweder im direkten Kontakt oder über ein optisches System auf Film oder Fotopapier abbildete.

1946 brachte Intertype den Fotosetter auf den Markt, 1950 folgte die Linofilm von Linotype. Diese Maschinen waren noch nach dem Prinzip des maschinellen Zeilengusses gebaut: In die Metallmatrizen waren Buchstabennegative aus Glas eingelassen. Der gesamte Kreislauf der Matrizen („Fotomats") entsprach dem des Zeilengusses, nur dass hier nicht gegossen, sondern belichtet wurde. Die 1951 vorgestellte Monophoto verwendete Schriftrahmen mit Buchstabennegativen und wurde durch Lochstreifen gesteuert. In der weiteren Entwicklung der Fotosatz-Technik wurden die Fotomats bzw. Schriftrahmen von meist kreisrunden Schriftscheiben abgelöst und Magnetbänder oder Floppy Discs als Datenträger eingesetzt. Datenträgergesteuerte Fotosatzmaschinen erreichten Spitzenleistungen von bis zu 300000 Zeichen pro Stunde.

Ab etwa 1965 wurden zahlreiche Titel- und Akzidenz-Fotosatzgeräte angeboten und eingesetzt. Die Arbeitsweisen ähneln sich. Die negativen Schriftbildträger wurden manuell mit dem gewünschten Buchstaben vor einer Lichtquelle positioniert und dann Buchstabe für Buchstabe belichtet. Die gestalterischen Möglichkeiten gegenüber dem Bleisatz wurden damit erweitert: Schriftgrößen konnten stufenlos eingestellt und Buchstaben übereinander belichtet werden. Auch optisches Verzerren, Hinterlegen mit Rastern, Kreis- oder Wellensatz waren nun möglich.

Fotosatzgeräte wie die Diatype erforderten einen hohen Zeitaufwand an Vorarbeit in Form von maßgerechten Layouts. Alle Satzarten außer linksbündigem Rau- oder Flattersatz erforderten zweimaliges Setzen; einmal blind, um den Raumbedarf zu ermitteln, und einmal mit Belichtung. Es gab keine Möglichkeit, das Gesetzte während der Arbeit zu sehen, sodass Fehler erst bei der Entwicklung des Films oder Fotopapiers erkennbar wurden.

Neben manuell zu bedienenden Fotosatzgeräten und datenträgergesteuerten Maschinen gab es tastaturgesteuerte Fotosatzmaschinen, bei denen es möglich war, eine oder mehrere Zeilen einzugeben, auf einem Display zu überprüfen und erst dann zum Belichten abzuschicken. Solche Maschinen hatten einfache Satzrechner, mit deren Hilfe die Zeilen automatisch ausgeschlossen wurden.

Schriftscheibe eines Fotosatzgeräts

Ab etwa 1960 kamen die ersten CRT-Maschinen auf den Markt, in der deutschen Fachsprache auch Lichtsatzmaschinen genannt. Sie zeichneten die Buchstaben mithilfe von Kathodenstrahlröhren (*cathode ray tubes*) auf Film oder Fotopapier auf. In den 1970er Jahren wurden die Kathodenstrahlröhren durch Laser ersetzt.

Die ersten digitalen Schriften bestanden aus punktweise gespeicherten Zeichen, je nach Schriftgröße mit Auflösungen von etwa 15000 bis 1500000 Bildpunkten pro Geviert. Es handelte sich also um Bitmap-Fonts, obwohl dieser Begriff damals noch nicht gebräuchlich war (vgl. Abschnitt 1.12.5). Später folgten Schriften mit mathematischer Umrissbeschreibung, also Vorläufer der heutigen Outline-Fonts.

Von allen jemals gebauten Setzmaschinen hatten CRT-Maschinen die höchsten Leistungen – Spitzenwerte lagen bei mehr als einer Million ausgegebener Zeichen pro Stunde. Gleichzeitig markiert diese Technik das Ende der reinen Satzmaschinen und den Übergang zu den heutigen komplexen Systemen aus Soft- und Hardware, die es ermöglichen, Text, Bild und Grafik integriert zu bearbeiten und auszugeben. In den 1970er Jahren begann die Entwicklung der elektronischen Bildverarbeitung (EBV); Text und Bild wurden aber zunächst noch durch manuelle Film- oder Papiermontage zusammengeführt. Das folgende Jahrzehnt brachte die digitale Integration von Text und Bild zur elektronischen Ganzseitenmontage.

5

Gestaltung von Print-Produkten

5.1 Der Gestaltungsprozess

5.1.1 Briefing

Vor dem Gestaltungsprozess steht das Briefing (englisch: Anweisungen, Instruktionen). Es ist zentraler Bestandteil der Auftragserteilung an Werbeagenturen oder -abteilungen, Druckvorstufenbetriebe, Druckereien und andere Medien gestaltende oder produzierende Betriebe.

Das Briefing soll alle Informationen liefern, die zur Durchführung des Auftrags gebraucht werden. Welche das sind, hängt natürlich von der Art des Auftrags ab: Geht es zum Beispiel um die Gestaltung einzelner Prospekte, Anzeigen oder Plakate, die Werbekampagne für ein Produkt, die Entwicklung eines Logos oder eines vollständigen Corporate Designs?

Als Beispiel soll hier das Agentur-Briefing für eine Produktwerbung dienen. Es enthält im Wesentlichen folgende Punkte:

- Produkt: Gebrauchswert (Funktion, Verwendungsmöglichkeiten, Nutzen), zusätzliche Vorteile (Benefits) für Käufer(innnen), einzigartiger Verkaufsvorteil (Unique Selling Proposition – USP)
- Markt: Marktanteil des Unternehmens, Umsatz, Absatzwege, Mitbewerber, Marktprognosen
- Zielgruppen: Informationen über potenzielle Käufer(innen), soziale Merkmale (zum Beispiel Einkommen, Beruf, Alter, Bildungsstand), Einstellungen und Vorlieben (Präferenzen), Kaufgewohnheiten und -anlässe
- Marketingsziele: zum Beispiel Erhöhung des Marktanteils, Gewinnung neuer Kunden, Einführung eines neuen Produkts, Erschließen neuer Absatzwege, Positionierung als Premium-Produkt
- Kommunikationsziele: zum Beispiel Erhöhung des Bekanntheitsgrades, Verbesserung des Produkt- oder Marken-Images, Ansprache bisher vernachlässigter Zielgruppen
- Stil, Tonalität (Tonality): Hier können im einfachsten Fall Stichwörter wie seriös, sachlich, kompetent, wertvoll, emotional, billig oder reißerisch stehen. Falls es ein ausgearbeitetes Corporate Design gibt, ist das natürlich maßgeblich für den Stil der Werbung.
- Genaue Beschreibung der Aufgaben, also zum Beispiel Prospekt, Anzeigenkampagne, Mailingaktion, umfassende Werbekampagne mit Anzeigen, Plakaten, Radio, TV usw.
- Zeitplan und Termine für Re-Briefing, gestalterische Leistungen, Präsentation, technische Produktion und De-Briefing
- Etat für gestalterische Leistungen und technische Produktion
- Ansprechpartner(innen) mit E-Mail, Telefon- und Faxnummern

Briefings sind oft standardisiert; Werbeagenturen verwenden Checklisten für unterschiedliche Auftragsarten, um sicherzustellen, dass alle relevanten Informationen geliefert bzw. abgefragt werden. Neben der Vollständigkeit ist die möglichst kurze Formulierung von Bedeutung, sodass alle am Gestaltungsprozess Beteiligten den Inhalt rasch erfassen und ständig überblicken können. Umfangreiche und detaillierte Marktanalysen, Absatzstatistiken oder Branchenberichte gehören nicht ins Briefing, können aber als Anlagen beigefügt werden.

Beim Re-Briefing legt die Agentur dem Auftraggeber ihr Verständnis für den Auftrag vor. Es soll zeigen, ob die Aufgabenstellung richtig verstanden wurde und das Briefing wirklich alle relevanten Angaben enthielt. Unklarheiten und Missverständnisse können bei dieser Gelegenheit ausgeräumt werden, bevor sie Kosten verursachen.

Das De-Briefing ist die Rückmeldung (Feed-back) des Auftraggebers, die Beurteilung der geleisteten Arbeit. Es ist vor allem für die künftige Zusammenarbeit von Bedeutung.

5.1.2 Von der Idee zum Layout

Am Anfang der Gestaltung steht die Gestaltungsidee. Sie kann von vornherein festgelegt sein, zum Beispiel bei über längere Zeit immer wieder identisch gestalteten Anzeigen, Wurfsendungen, Broschüren- oder Buchreihen. In diesem Fall sind Vorgaben umzusetzen, die allenfalls sehr behutsam variiert werden dürfen. Völlig neue Ideen sind schon aus Zeitplan- und Etatgründen nicht realisierbar und vom Auftraggeber auch gar nicht gewünscht. Anzeigen einer Discount-Kette oder Wurfsendungen eines Baumarkts sollen ein konstantes Erscheinungsbild haben und ihre Adressaten nicht durch ungewohnte Gestaltungen irritieren.

Die Suche nach neuen Gestaltungsideen beginnt mit dem Brainstorming – allein oder in der Gruppe. Es wird – erst einmal völlig ungeordnet – alles geäußert, zusammengetragen und dokumentiert, was mit dem Thema zu tun hat und möglicherweise zur Lösung beitragen kann. Begriffe werden notiert, grafische Ideen als Scribbles – einfache Skizzen – festgehalten. In dieser Phase wird meistens reichlich für den Papierkorb produziert, bis sich ein tragfähiger Gestaltungsansatz herauskristallisiert. Das heißt nicht, dass dann alle Notizen und Scribbles entsorgt werden sollten; ein zunächst Erfolg versprechender Ansatz kann sich auch als Sackgasse erweisen, sodass erneut in die Ideensuche eingestiegen werden muss.

Die Qualität einer Gestaltungsidee hängt nicht nur von ihrer Neuigkeit oder Originalität ab. Wesentliche Fragen sind, ob das Briefing vollständig und angemessen umgesetzt ist, sich die Idee im vorgesehenen Medium technisch darstellen lässt und der vorgesehene Kostenrahmen eingehalten werden kann. Eine geniale Idee ist wertlos, wenn sie zum Beispiel dem Corporate Design des Auftraggebers widerspricht, im vorgesehenen Druckverfahren gar nicht umgesetzt werden kann oder nur mit unverhältnismäßigem technischen – und damit finanziellen – Aufwand realisierbar ist.

Auf die Scribbles folgen die Rohlayouts (englisch *roughs*), mit deren Hilfe verschiedene Größen und Anordnungen von Elementen, unterschiedliche Schriften und Farben ausprobiert werden. Das Rohlayout kann interne Grundlage für die gestalterische Weiterentwicklung sein, aber auch dem Auftraggeber einen ersten Eindruck über Ideen und Entwicklungsrichtungen vermitteln.

Es zeigt Positionierungen und Gewichtungen auf der Fläche, Bildgrößen, Textanordnungen, Satzarten, Schriftgrößen und Farben. Bilder werden durch Platzhalter repräsentiert; das sind entweder Farbflächen, Skizzen, Bilder aus dem Archiv oder grob aufgelöste, unbearbeitete Versionen der Bilder, die später tatsächlich verwendet werden sollen. Text wird durch Linien, graue Balken oder Blindtext dargestellt. Blindtext hat mit dem später zu druckenden Text inhaltlich nichts zu tun, zeigt aber Schrifttyp, -schnitt und -größe, Zeilenabstand, Satzbreite und Satzart sowie die Grauwirkung.

Das Reinlayout zeigt das endgültige, fertige Gestaltungsprodukt mit konkreten Bildern und Texten. Lediglich die technische Aufbereitung der Bilder für den Druck (Auflösung, Farbkorrekturen) fehlt möglicherweise noch. Ausgedruckte Reinlayouts sind verbindlich hinsichtlich Größe und Position aller Elemente einschließlich Typografie, müssen aber nicht farbverbindlich sein.

Wenn Layouts bereits wie das fertige Printprodukt aussehen, wird von Präsentationslayouts gesprochen. Sie sollen weitgehend farbverbindlich sein und werden deshalb technisch wie Farbprüfdrucke (Proofs, Validation Prints) hergestellt (vgl. Abschnitt 6.10). Oberfläche, Glanz und im Idealfall auch die Haptik des Papiers entsprechen dem späteren Produkt.

Zur Präsentation mehrseitiger Produkte (Broschüren, Faltblätter), Buchumschläge oder Verpackungen werden Dummys (Attrappen) gebaut, um die dreidimensionale Form des Endprodukts zu zeigen. Vor allem die Dummys für Produktverpackungen werden oft sehr aufwändig hergestellt – zum Teil sogar im Druckverfahren und auf dem Bedruckstoff des Endprodukts – und mit echten Füllgütern befüllt.

5.2 Gestaltungsgrundlagen

5.2.1 Fläche, Linie, Spannung

Gestaltung von Printprodukten ist – vereinfacht ausgedrückt – die Anordnung von Flächen und Linien auf größeren Flächen. Die größeren Flächen werden dabei durch Papier- oder Seitenformat vorgegeben, die kleineren Flächen sind – überwiegend rechteckige – Bilder, grafische Objekte und Textblöcke. Die folgenden Überlegungen geben Anhaltspunkte, sind aber keine zwingenden Regeln oder Patentrezepte. Im Zweifel hilft nur visuelles Überprüfen der optischen Wirkung.

Die Wirkung eines Rechtecks hängt vom Seitenverhältnis ab. Wenn die Breite kleiner ist als die Höhe (Hochformat), scheint es zu stehen und wirkt eher dynamisch und leicht. Ist die Breite größer als die Höhe (Querformat), scheint es zu liegen und wirkt eher passiv und schwer. Das Quadrat ist weder das eine noch das andere, es erscheint neutral und spannungslos.

Schon in der Antike entstanden Vorstellungen über Harmonie und Ästhetik von Größenverhältnissen (Proportionen), die vor allem in der Renaissance und im Klassizismus wieder aufgegriffen und weiterentwickelt wurden. Der goldene Schnitt, bei dem die längere Strecke rund 1,618-mal so lang ist wie die kürzere, ist eines der ältesten bekannten Verhältnisse, das auch heute noch vielfältig angewendet wird.

Beim **goldenen Schnitt**, auch stetige oder harmonische Teilung genannt, ist der Quotient aus längerer und kürzerer Strecke gleich dem Quotienten aus der Summe beider Strecken und der längeren. Die längere Strecke wird als Major, die kürzere als Minor bezeichnet. Es gilt also:

$$\frac{\text{Major}}{\text{Minor}} = \frac{\text{Minor} + \text{Major}}{\text{Major}}$$

Wird für den Minor die Zahl 1 in die Gleichung eingesetzt, so ergibt sich für den Major die irrationale Zahl 1,618033988… ≈ 1,618

Minor = 1 | Major ≈ 1,618

Die Glieder der Fibunacci-Folge, auch Lameé'sche Zahlenreihe genannt, enthalten Annäherungen an das Verhältnis des goldenen Schnitts. Jedes Glied der Folge ist die Summe aus den beiden vorhergehenden: 1, 1, 2, 3, 5, 8, 13, 21, 34, 55, 89, 144, … Der Quotient aus zwei aufeinander folgenden Gliedern entspricht annähernd dem Verhältnis des goldenen Schnitts – umso genauer, je höher die Glieder gewählt werden:

8 : 5 = 1,600 21 : 13 ≈ 1,615 144 : 89 ≈ 1,618

Die Blätter spätmittelalterlicher Handschriften hatten das Seitenverhältnis 2 : 3; Gutenberg übernahm es für das Format seiner 42-zeiligen Bibel.

Das Seitenverhältnis der DIN-Formate (1 : $\sqrt{2}$, rund 1 : 1,414; vgl. Abschnitt 7.9.5) ist nicht ästhetisch, sondern technisch und wirtschaftlich begründet. Verglichen mit den zuvor genannten Verhältnissen, wirkt es eher plump und nähert sich der Spannungslosigkeit des Quadrats an.

Bei Büchern entsteht eine interessante Doppeldeutigkeit: Während die einzelne Buchseite durchweg ein stehendes Rechteck (Hochformat) ist, bildet die Doppelseite des aufgeschlagenen Buchs ein liegendes Rechteck.

Durch die Platzierung von Elementen (Bildern, grafischen Objekten, Textblöcken) in der Fläche entstehen unterschiedliche Wirkungen. Die Anordnung in der Mitte wirkt ruhig, ausgeglichen, neutral und spannungslos. Achtung: Ein genau in der geometrischen Mitte angeordnetes Objekt erscheint visuell etwas unterhalb der Mitte zu stehen; die optische (visuelle) Mitte liegt oberhalb der geometrischen. Sie lässt sich nicht durch Messen und Rechnen bestimmen, sondern ausschließlich visuell. Ihre genaue Position hängt von Größe, Form und Farbe des Objekts sowie vom Seitenverhältnis der Fläche ab, auf dem es platziert wird.

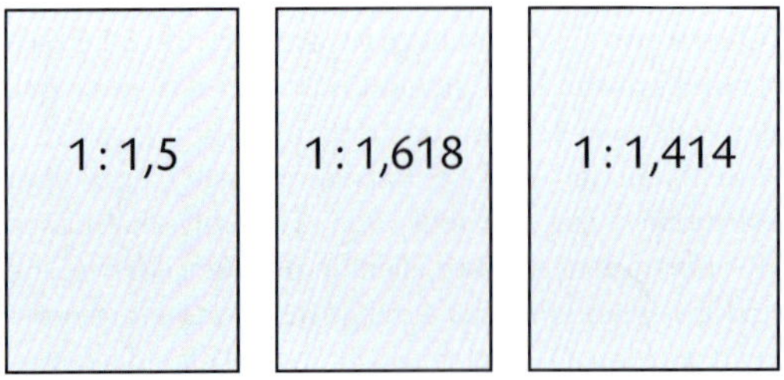

Seitenverhältnisse

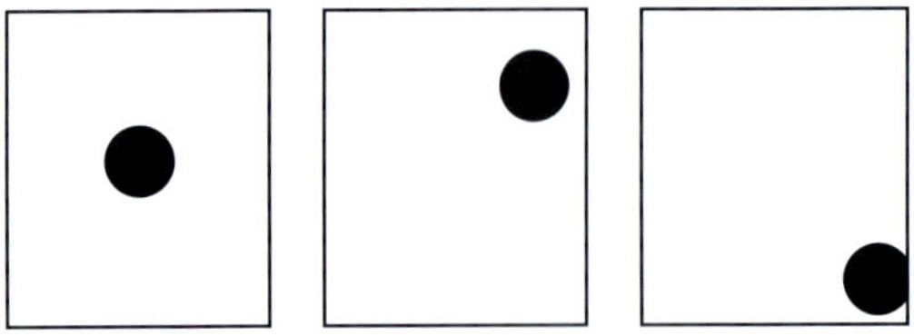

Ruhige, spannungslose Wirkung des Elements in der optischen Mitte und zwei spannungsreiche Platzierungen außerhalb der Mitte

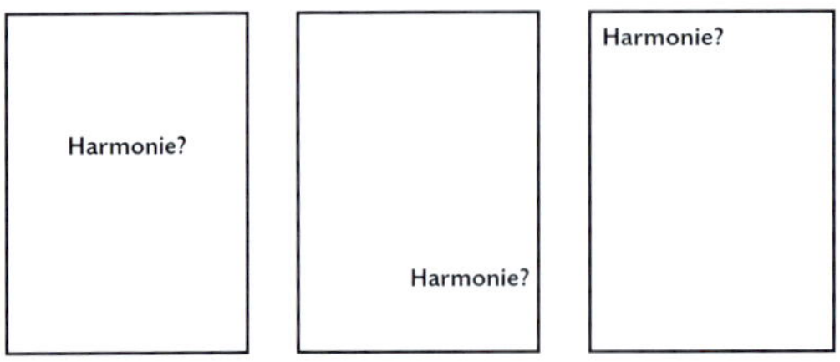

Die horizontal mittige und vertikal nach dem goldenen Schnitt bestimmte Position wirkt ruhig und spannungsarm.

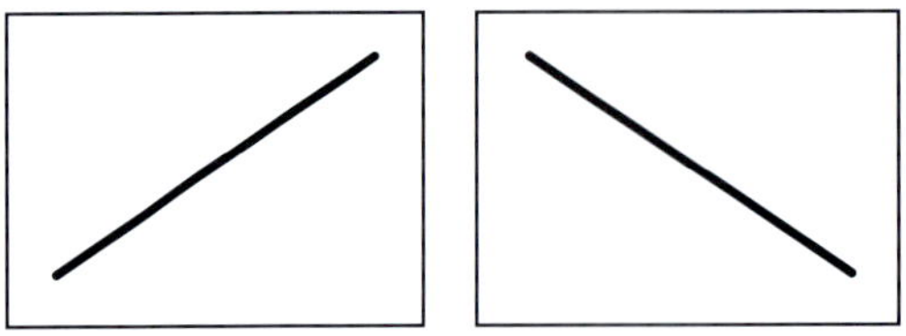

Anstieg, steigende Tendenz (links), Gefälle, fallende Tendenz

Eine ebenfalls ruhige, ausgeglichene Wirkung entsteht, wenn die Räume ober- und unterhalb des Objekts nach dem Verhältnis des goldenen Schnitts aufgeteilt sind.

Dynamische, spannungsreiche Wirkungen entstehen, wenn Objekte weder mittig noch sonst in irgendeiner Weise symmetrisch angeordnet sind und auch keine als harmonisch empfundenen Verhältnisse wie der goldene Schnitt vorliegen.

Wird ein Element oben in der Fläche angeordnet, wirkt es leichter, wird es unten angeordnet, ist die Wirkung schwerer. Hier spielen aber auch Farbe und Form eine Rolle: Dunkle Elemente wirken schwerer als helle, liegende Rechtecke zum Beispiel schwerer als Kreise. Wird ein dunkles, liegendes Rechteck nach oben gestellt, so wirkt es nicht unbedingt leichter, sondern erscheint eher kopflastig.

Für Linien gilt sinngemäß dasselbe wie für Hoch- und Querformate: Horizontale Linien erscheinen eher passiv und ruhend, vertikale eher aktiv und aufstrebend. Linien haben zwar objektiv keine Richtung; dennoch scheinen waagerechte Linien eher nach rechts als nach links zu weisen. Das hängt mit der gewohnten Leserichtung zusammen und gilt folglich nur für Betrachter(innen) aus Kulturkreisen, in denen von links nach rechts gelesen wird. Eine Linie, deren Endpunkte links unten und rechts oben liegen, scheint nach oben zu weisen und Anstieg oder steigende Tendenz zu symbolisieren. Liegen die Endpunkte links oben und rechts unten, scheint die Linie eher nach unten zu weisen und Gefälle oder fallende Tendenz zu symbolisieren.

5.2.2 Figur-Grund-Unterscheidung

Obwohl auf Papier gedruckte oder gezeichnete Elemente zweidimensional sind, scheinen bestimmte Elemente im Vordergrund und andere im Hintergrund zu stehen. Bei der Figur-Grund-Unterscheidung geht es um die Frage, welche Eigenschaften der Elemente dazu beitragen, dass sie auf bzw. hinter dem anderen zu liegen scheinen.

- Das kleinere Element wird eher als Figur vor dem größeren Hintergrund wahrgenommen.

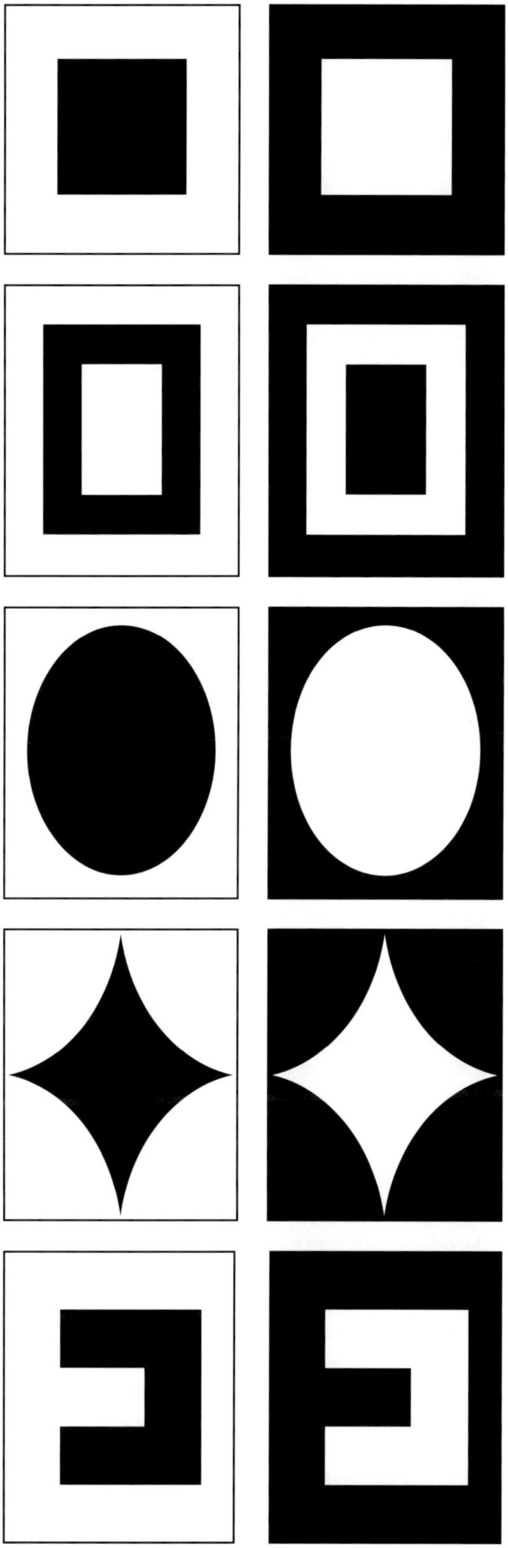

Figur-Grund-Beziehungen

- Das dunklere Element wird eher als Figur vor dem helleren Hintergrund wahrgenommen.
- Das buntere Element wird eher als Figur vor dem weniger bunten Hintergrund wahrgenommen.
- Elemente mit warmen Farben werden eher als im Vordergrund stehend wahrgenommen als Elemente mit kalten Farben (vgl. auch Abschnitt 5.2.5.1).
- Konvexe Formen werden werden eher als im Vordergrund stehend wahrgenommen als konkave.
- Einfache, symmetrische Formen werden eher als im Vordergrund stehend wahrgenommen als komplexere oder asymmetrische.

Durch Kombination können ganz eindeutige, aber auch mehrdeutige Figur-Grund-Beziehungen entstehen. Ein kleines, dunkles Rechteck liegt eindeutig vor dem helleren Hintergrund. Beim hellen Rechteck ist die Beziehung dagegen mehrdeutig: Liegt das Rechteck vor dem Hintergrund oder bietet ein dunkler Rahmen den Durchblick auf den helleren Hintergrund?

Die Platzierung von Elementen erzeugt immer zwei Figuren. Eine wird – gewissermaßen als Positiv – von den Elementen selbst gebildet, die andere als Negativ von der frei gebliebenen Hintergrundfläche. Solche Negativformen sind immer mitzubedenken, um keine unbeabsichtigten (Neben-)Wirkungen zu erzeugen; sie können aber auch ganz gezielt als Gestaltungsmittel eingesetzt werden.

5.2.3 Gestaltgesetze

Der Begriff Gestaltgesetz geht auf die am Beginn des 20. Jahrhunderts von Wertheimer, Köhler und Koffka begründete Gestaltpsychologie zurück. In der Gestaltungslehre werden sie heute als Beschreibungen bestimmter Eigenheiten der menschlichen Wahrnehmung verstanden – unter weitgehender Vernachlässigung des ursprünglichen theoretischen Hintergrunds.

Die ursprünglich von Max Wertheimer formulierten Gestaltgesetze wurden vielfach ergänzt, abgewandelt und neu formuliert, sodass es heute zahlreiche Varianten gibt und gelegentlich Zweifel aufkommen können, was genau eigentlich „die Gestaltgesetze" sind. Mit der folgenden Aufzählung wird versucht, die wesentlichen Aussagen in knapper Form darzustellen.

- Gesetz der Nähe: Gleiche oder einander ähnliche Elemente mit geringeren Abständen werden als zusammengehörig wahrgenommen.
- Gesetz der Ähnlichkeit: Gleiche oder einander ähnliche Elemente werden als zusammengehörig wahrgenommen.
- Prägnanzgesetz: Elemente, die sich durch Größe, Form oder Farbe von anderen unterscheiden, werden bevorzugt wahrgenommen.

- Gesetz der Geschlossenheit: Linien, Bögen oder andere Elemente, die gemeinsam eine einfache Figur (Rechteck, Dreieck, Kreis) umschließen, werden eher zusammengehörig wahrgenommen als Elemente, bei denen das nicht der Fall ist.
- Gesetz der einfachen Gestalt: Mehrdeutige oder unvollständige Figuren werden als einfache Formen wahrgenommen.
- Gesetz der einfachen Fortsetzung: Einander schneidende Linien werden wahrgenommen, als folgten sie dem einfachsten, geradlinigen Weg.

Links: Nähe – Zusammengehörigkeit der untereinander stehenden Elemente aufgrund geringerer Abstände
Rechts: Ähnlichkeit – Zusammenghörigkeit von Elementen durch gleiche Form und Farbe

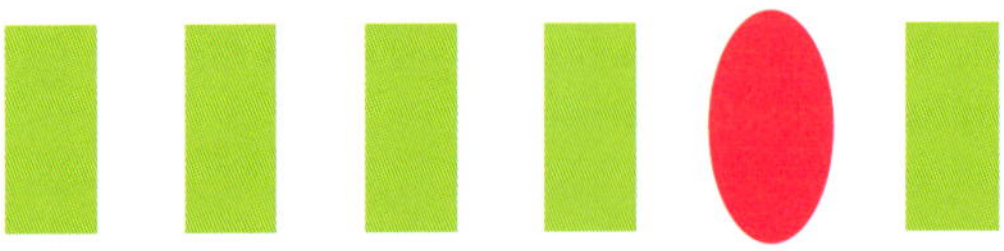

Prägnanz – Bevorzugte Wahrnehmung aufgrund Unterschiedlichkeit gegenüber anderen Elementen

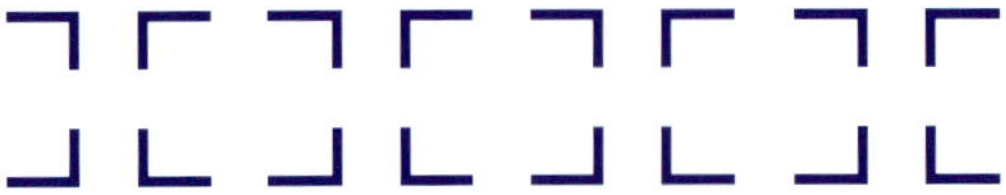

Geschlossenheit – Zusammengehörigkeit von Linien, die einfache Figuren einschließen

Einfache Gestalt: Das grüne Element wird als vollständiges Rechteck wahrgenommen – nicht als Rechteck mit halbkreisförmiger Aussparung.

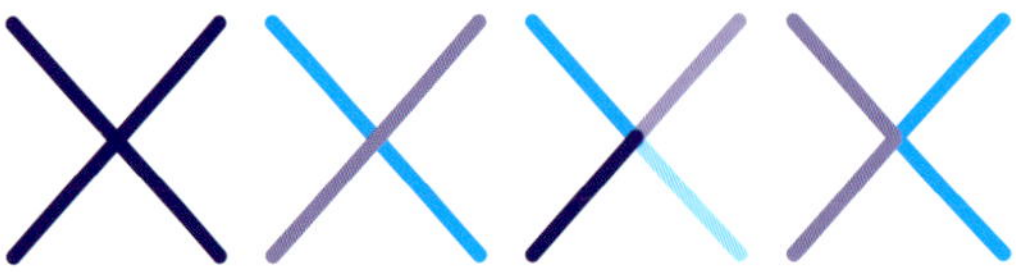

Einfache Fortsetzung: Es werden zwei gerade, durchgehende Striche wahrgenommen, obwohl es sich auch um vier einzelne oder um zwei v-förmig gebrochene handeln könnte.

5.2.4 Gestaltungsraster

Gestaltungsraster geben den Seiten von Büchern, Broschüren, Zeitschriften, Zeitungen, Faltblättern oder Anzeigenserien folgerichtige, schlüssige Erscheinungsbilder. Das heißt nicht, dass alle Seiten einer Zeitschrift oder Anzeigen einer Serie gleich aussehen; Gestaltungsraster schaffen vielmehr den Rahmen für zahlreiche Variationen.

Für die Verwendung von Gestaltungsrastern sprechen neben gestalterischen auch praktische Gründe. Es wäre ausgesprochen unrationell, bei der Aufteilung jeder Seite eines Katalogs, einer Broschüre oder Zeitschrift immer wieder bei Null anzufangen. Wenn mehrere Gestalter(innen) am selben Objekt arbeiten, gewährleisten Gestaltungsraster die Einheitlichkeit, unabhängig von persönlichen Vorlieben und Stilvorstellungen der Beteiligten.

Gestaltungsraster beziehen sich immer auf das vorab festgelegte oder vorgegebene Seitenformat. Darin werden zunächst Größe und Position des Satzspiegels festgelegt, also der für Text zur Verfügung stehenden Fläche. Text steht in der Regel innerhalb des Satzspiegels, während Bilder, grafische Elemente oder Farbflächen auch angeschnitten (randabfallend) sein können, also bis zur Formatkante reichen.

Kleinste vertikale Einheit des Satzspiegels ist der Zeilenabstand. Das Grundlinienraster garantiert, dass nebeneinander stehende Textzeilen und Bildbegrenzungen Linie (Register) halten.

Horizontal wird der Satzspiegel in Spalten aufgeteilt. Je mehr Spalten, desto mehr Variationsmöglichkeiten gibt es und umso „lockerer" kann die Gestaltung der einzelnen Seiten und des gesamten Produkts wirken. Zwei- und dreispaltige Gestaltungsraster wirken relativ statisch und streng, das Ordnungsprinzip ist noch auf den ersten Blick erkennbar. Bei größeren Spaltenzahlen ist die Wirkung lockerer, wobei ungerade Spaltenzahlen generell spannungsreichere und dynamischere Gestaltungen erlauben als gerade. Die Spalten können zusätzlich vertikal unterteilt werden, sodass gleich oder unterschiedlich hohe Zellen (Rechtecke oder Quadrate) entstehen.

Gestaltungsraster können über das reine Rasternetz hinaus auch Vorgaben für die Positionierung bestimmter Elemente (Logo, Headline, Bild, Text) enthalten. Je enger und umfassender diese Vorgaben gefasst sind, desto weniger Variationsmöglichkeiten verbleiben und umso ähnlicher sehen die einzelnen Seiten aus. Ob eine solche gestalterische Vereinheitlichung sinnvoll und angemessen ist, hängt natürlich vom Produkt ab. Zu einem Geschäftsbericht kann sie durchaus passen, in einer Zeitschrift für Jugendliche wäre sie sicherlich verfehlt.

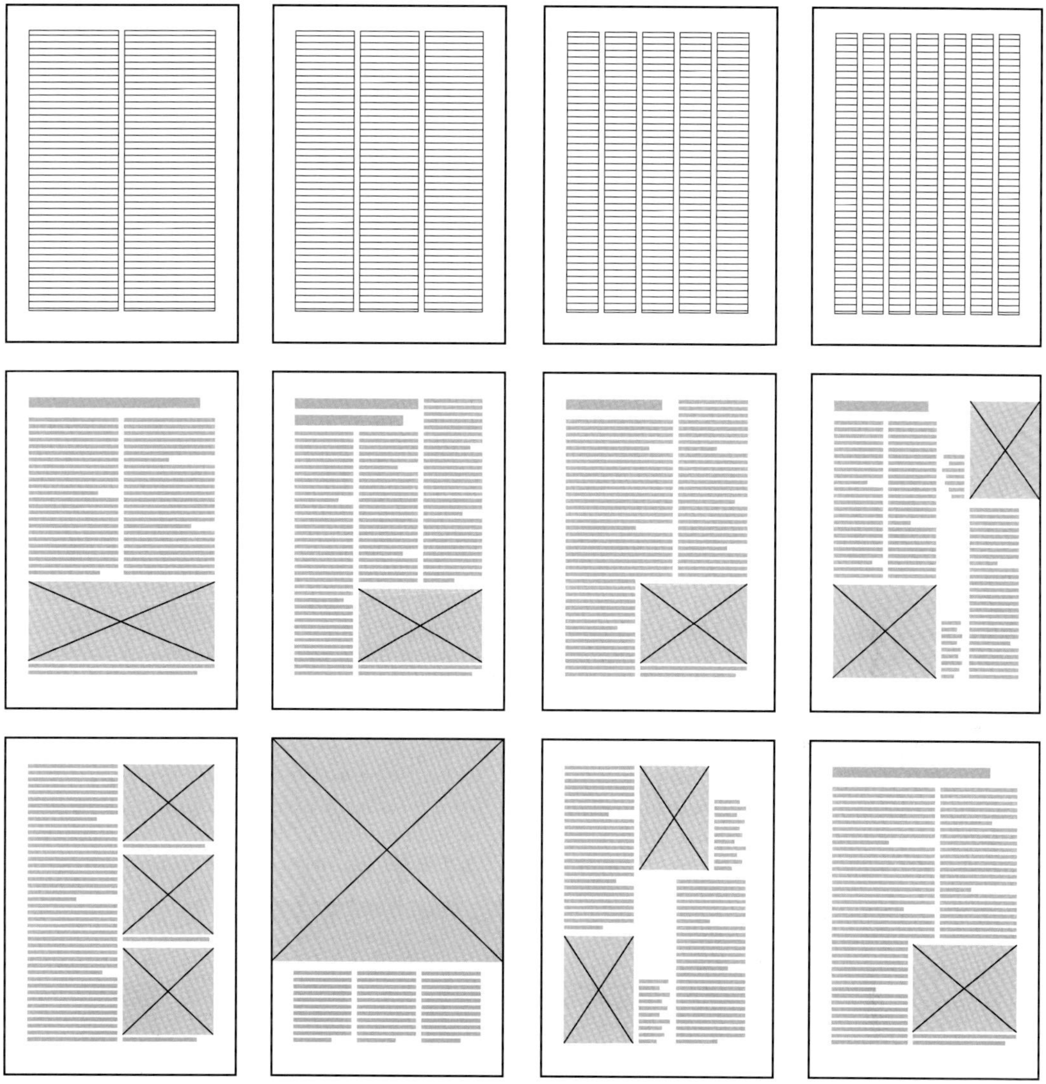

Gestaltungsraster mit zwei, drei, fünf und sieben Spalten und einige Beispiele danach gestalteter Seiten. Durchkreuzte Rechtecke stehen für Bilder, horizontale Balken für Textzeilen.

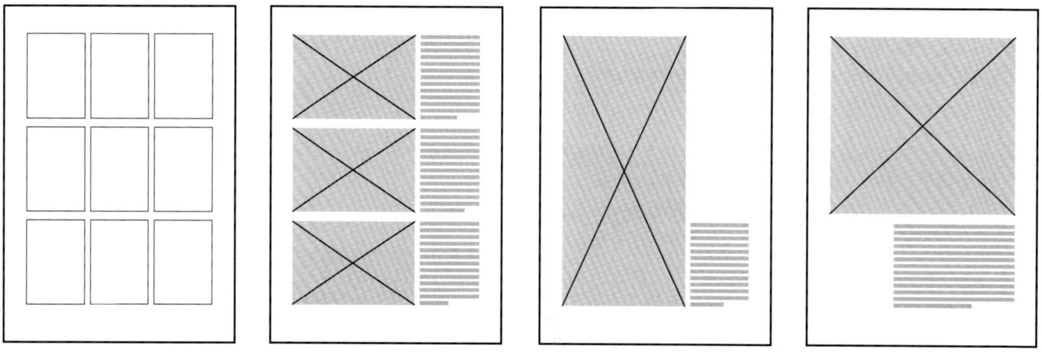

Durch vertikale Drittelung des dreispaltigen Satzspiegels entsteht ein Gestaltungsraster mit neun Zellen, die einzeln oder zusammengefasst mit Text oder Bildern gefüllt werden oder frei bleiben.

5.2.5 Farbe

5.2.5.1 Farbkontraste

Farbe ist das Merkmal, das grafische Objekte, also zum Beispiel Linien, Flächen oder Buchstaben, von ihren jeweiligen Umgebungen unterscheidet. Farbe ist also konstitutiv für die visuelle Kommunikation – um Informationen in sichtbarer Form zu verbreiten, sind mindestens zwei Farben erforderlich. „Einfarbige" Drucksachen haben bereits zwei Farben: Druckfarbe und unbedrucktes Papier. Beim farblichen Gestalten geht es also nicht um Farben an sich, sondern um ihre Verhältnisse zueinander, um Farbkontraste.

Da Farben drei empfindungsmäßige Dimensionen haben, gibt es drei Arten von Farbkontrasten:

- Helligkeitskontraste zwischen bunten oder unbunten Farben
- Buntheitskontraste zwischen bunten oder zwischen bunten und unbunten Farben
- Bunttonkontraste

Wenn es um das rasche und mühelose Erfassen von Informationen geht, spielen Helligkeitskontraste die wichtigste Rolle. Längere Texte (in Büchern, Broschüren, Zeitungen usw.) werden deshalb normalerweise mit schwarzer Druckfarbe auf weißem Papier gedruckt. Kräftige Helligkeitskontraste zwischen (nahezu) unbunten Farben garantieren gute Lesbarkeit auch bei kleinen Schriften, schwacher Beleuchtung und aus größerer Entfernung. Buntheits- und Bunttonkontraste verschlechtern die Lesbarkeit, weil die Helligkeitskontraste zwischen Schrift und Umgebung geringer sind. Bunte Schriften auf weißem Papier sind schlechter lesbar als schwarze. Dasselbe gilt für schwarze oder bunte Schriften auf bunten Hintergründen.

Allerdings kann ein extrem hoher Helligkeitskontrast zwischen Schrift und Papier auch als störend empfunden werden, vor allem bei starker Beleuchtung. Die weiße Fläche scheint die schwarzen Buchstaben zu überstrahlen, feine Haarstriche und Serifen sind kaum zu erkennen. Dieser Effekt wird auch Dazzling (Blendung) genannt. Aus diesem Grund sind zum Beispiel Werkdruckpapiere normalerweise nicht hochweiß, sondern leicht grau oder gelblich.

Wenn es nicht um Lesetext, sondern zum Beispiel um Headlines, Logos oder grafische Elemente geht, spricht natürlich nichts gegen die Verwendung bunter Farben. Dabei sollte aber nicht auf deutliche Helligkeitskontraste verzichtet werden. Sie begünstigen das rasche und mühelose Erkennen von Formen erheblich stärker als reine Buntheits- oder Bunttonkontraste.

Helligkeitskontraste haben zwei interessante Nebeneffekte, die in jedem Fall bedacht werden sollten und sich als Gestaltungsmittel einsetzen lassen:

- Ein helles Objekt im dunklen Umfeld wirkt etwas größer als ein geometrisch gleich großes dunkles Objekt im hellen Umfeld.
- Dunkle Farben erscheinen „schwerer", helle „leichter". Ein dunkleres Objekt scheint eher nach unten zu drücken, ein helles eher nach oben zu steigen.

Kräftige Helligkeitskontraste zwischen unbunten Farben garantieren gute Lesbarkeit auch bei kleinen Schriften, schwacher Beleuchtung und aus größerer Entfernung.

Buntheits- und Bunttonkontraste verschlechtern die Lesbarkeit, weil die Helligkeitskontraste zwischen Schrift und Umgebung geringer sind. Bunte Schriften auf weißem Papier sind schlechter lesbar als schwarze.

Dasselbe gilt für schwarze oder bunte Schriften auf bunten Hintergründen. Buntheits- und Bunttonkontraste verschlechtern die Lesbarkeit, weil die Helligkeitskontraste zwischen Schrift und Umgebung geringer sind.

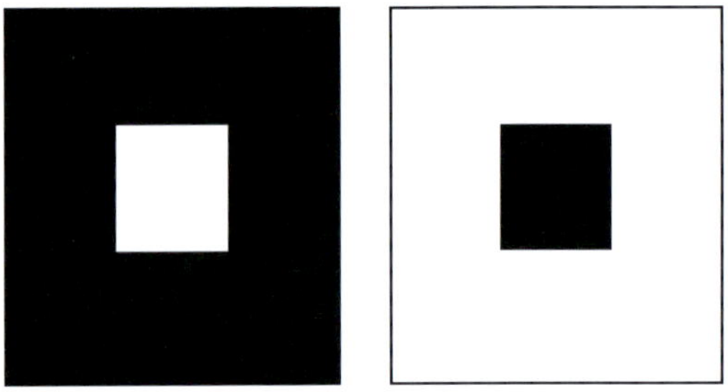

Ein helles Objekt im dunklen Umfeld sieht etwas größer aus als ein gleich großes dunkles Objekt im hellen Umfeld.

Dunkle Farben wirken „schwerer" als helle. Die links gezeigte Anordnung ist schlüssig, die rechte wirkt „kopflastig".

Buntheitskontraste sind hervorragend geeignet, um Akzente zu setzen und Wichtiges gegenüber weniger Wichtigem hervorzuheben. Farben mit hoher Buntheit haben Signalcharakter, wenn sie mit weniger bunten oder unbunten Farben kontrastieren.

Um den Signalcharakter bunter Farben zur vollen Entfaltung zu bringen, müssen aber zwei Bedingungen erfüllt sein: Erstens sollte die unbunte oder weniger bunte Farbe eine deutlich größere Fläche einnehmen und die buntere möglichst allseitig umschließen. Der Simultankontrast (simultane Wechselwirkung, vgl. Abschnitt 2.2.5) mit dem unbunten oder wenig bunten Umfeld steigert die empfundene Buntheit der bunteren Farbe. Zweitens ist ein ausreichender Helligkeitskontrast erforderlich, die bunte Farbe sollte also deutlich heller oder dunkler sein als das weniger bunte Umfeld. Wenn der Helligkeitskontrast zu gering ist, kann sogar das Gegenteil der beabsichtigten Wirkung eintreten.

Helligkeits- und Buntheitskontraste sind quantitative Größen: Farben sind mehr oder minder hell und mehr oder minder bunt – Helligkeits- bzw. Buntheitskontraste können folglich stärker oder schwächer sein. Bei Bunttonkontrasten ist das nicht so eindeutig. Munttöne, die im Farbkreis nahe beieinander liegen – zum Beispiel Rot und Orange –, sehen zwar „verwandt" aus, während weiter auseinander liegende – zum Beispiel Rot und Grün – keine solche „Verwandschaft" haben. Daraus kann geschlossen werden, dass Grün und Rot einen stärkeren Bunttonkontrast bilden als Orange und Rot. Die Frage, ob sich Grün und Rot stärker, gleich oder weniger stark voneinander unterscheiden als zum Beispiel Blau und Rot oder Cyan und Rot, lässt sich aber nicht so eindeutig beantworten.

Zwei Bunttöne, die einander im Farbkreis gegenüber stehen, bilden ein komplementäres Paar. Komplementärkontrasten wird oft eine harmonische Erscheinung zugeschrieben; sie sollen ein Gleichgewicht bilden, eine statische, ruhende Wirkung haben. Das wird unter anderem damit begründet, dass die Mischung komplementärer Farben Unbunt ergibt, die beiden Farben also gewissermaßen latent das gesamt Spektrum repräsentieren. Bei Komplementärkontrasten treten keine Bunttonverschiebungen durch simultane Wechselwirkungen auf, die bei anderen Kombinationen bunter Farben mehr oder minder ausgeprägt zu beobachten sind.

Die Sonderstellung der Komplementärkontraste ist aber durchaus umstritten. Nach Ewald Hering („Sechs Mitteilungen zur Lehre vom Lichtsinne", erste Veröffentlichung 1872 – 1876) gibt es vier Elementarfarben (einfache Farben), die zwei opponente Paare bilden: Rot und Grün sowie Yellow und Blau. Sie ergeben sich aus der sinnlichen Erfahrung, dass ein Rot zwar gelblich (Orange) oder bläulich (Magenta) aussehen kann, aber nicht grünlich. Entsprechend gibt es kein rötliches Grün, kein gelbliches Blau und kein bläuliches Yellow.

Opponente Farben und Komplementärfarben sind also nicht dasselbe. Blau und Yellow sind zwar sowohl opponent als auch komplementär. Rot und Grün sind opponent, aber nicht komplementär, Rot und Cyan dagegen komplementär, aber nicht opponent. Die gele-

Dieses Bild soll einen klassischen Trugschluss bei der farblichen Gestaltung illustrieren: Beabsichtigt ist die Hervorhebung der oberen Zeile durch eine Farbe mit hoher Buntheit. Entgegen der gestalterischen Absicht scheint aber die weiße Schrift eine höhere Wichtigkeit zu signalisieren und die rote tritt eher etwas zurück.

Rot und Schwarz bilden zwar einen hohen Buntheitskontrast; Rot (M 100 % Y 100 %) hat auf gestrichenem Papier eine Buntheit (C^*_{ab}) von rund 80 und auf ungestrichenem Papier von rund 60. Die Helligkeitsdifferenz (ΔL^*) zwischen Schwarz und Rot beträgt aber auf gestrichenem Papier nur etwa 30 und auf ungestrichenem sogar nur etwa 20. Zwischen Weiß und Schwarz liegen dagegen je nach Papiertyp Helligkeitsdifferenzen von etwa 78 bzw. 63.

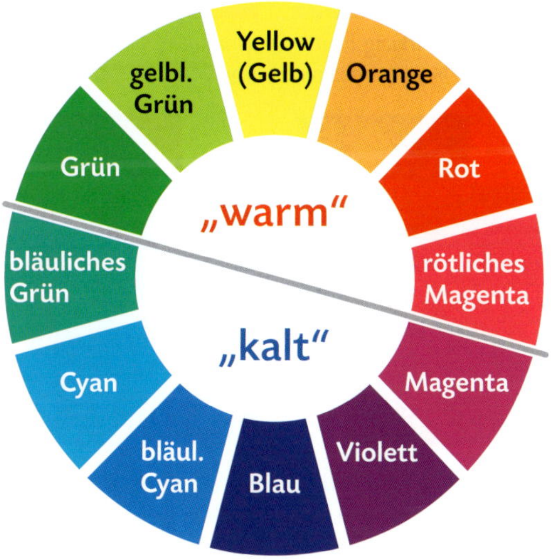

„Warme" und „kalte" Farben im zwölffarbigen Bunttonkreis – Magenta und Cyan entsprechen hier nicht den Prozessdruckfarben; es wurde vielmehr versucht, die Bunttonfehler annähernd auszugleichen.

gentlich zu hörende und zu lesende Behauptung, Rot und Grün seien Komplementärfarben, beruht offensichtlich auf unzutreffender Gleichsetzung von opponenten und komplementären Farben.

Ein spezieller Aspekt der Bunttonkontraste sind Kalt-Warm-Kontraste. Bläuliche Farben werden allgemein mit niedrigen Temperaturen, Kälte oder Frost assoziiert, rötliche und gelbliche mit höheren Temperaturen, Wärme oder Feuer. Nicht von ungefähr dienen die Farben Rot und Blau (oder Cyan) an Wasserhähnen, Heizungsreglern oder Thermometern als Symbole für Heiß und Kalt bzw. Plus- und Minustemperaturen.

Der zwölffarbige Bunttonkreis lässt sich dementsprechend in eine „kalte" (bläuliche) und eine „warme" (rötliche und gelbliche) Hälfte teilen. Komplementärkontraste sind deshalb zugleich – mehr oder minder stark ausgeprägte – Kalt-Warm-Kontraste.

Ein weiterer interessanter Effekt ist die räumliche Wirkung von Bunttonkontrasten. Besonders ausgeprägt ist dieser Effekt bei Rot und Blau: Rot scheint vorn, Blau weiter hinten zu liegen. In schwächerer Form ist das auch bei Rot und Grün, Rot und Cyan sowie Grün und Blau zu beobachten.

Räumliche Wirkung bunter Farben: Rote Objekte scheinen eher vorn, blaue eher hinten zu liegen.

Links wird die räumliche Wirkung, die durch Überdeckung und Größenverhältnis entsteht, durch die Farben unterstützt und verstärkt: Das rote Objekt scheint eindeutig vor dem blauen zu liegen. Rechts gibt es einen Widerspruch: Überdeckung und Größenverhältnis sprechen zwar dafür, dass das blaue Objekt vor dem roten liegt, die Farben vermitteln aber eher das Gegenteil.

Dieses Phänomen hat physikalische und physiologische Ursachen: Kurzwelliges (blaues) Licht wird im Auge stärker gebrochen als langwelliges (rotes) Licht (chromatische Aberration, vgl. Abschnitt 3.3.2). Wenn ein rotes Objekt mit optimaler Schärfe gesehen wird, erscheint ein gleich weit entferntes blaues Objekt leicht unscharf – und umgekehrt. Genau derselbe Effekt tritt auf, wenn gleichfarbige Objekte unterschiedlich weit entfernt sind: Nur eines wird optimal scharf gesehen, das andere leicht unscharf.

Das Auge passt sich an unterschiedliche Gegenstandsentfernungen an, indem es seine Linse mithilfe des Ziliarmuskels verformt und so die Brennweite verändert (Akkommodation). Bei der Betrachtung weiter entfernter Objekte ist eine längere Brennweite erforderlich als bei näheren. Zugleich ist aber aufgrund der chromatischen Aberration bei blauen Objekten (kürzeren Wellenlängen) eine etwas längere Brennweite erforderlich als bei gleich weit entfernten roten Objekten (längeren Wellenlängen).

Räumliche Wirkungen, die durch Überdeckungen und Größenverhältnisse von Objekten erreicht werden, lassen sich also durch die Farbwahl noch unterstützen. Andererseits können aber Rot-Blau-Kontraste eine ausgesprochen irritierende Wirkung haben: Die Grenzen zwischen Rot und Blau erscheinen unscharf oder scheinen sogar zu flimmern – eine Folge der ständig wechselnden Akkommodation des Auges auf Rot bzw. Blau. Rote Schrift auf blauem Untergrund (oder umgekehrt) ist deshalb sehr schlecht lesbar und lässt die Augen rasch ermüden.

5.2.5.2 Farbkontraste nach J. Itten

In seinem erstmals 1960 erschienenen Buch „Kunst der Farbe" beschreibt der Maler und Kunsterzieher Johannes Itten sieben Farbkontraste, für die er zum Teil eigene Begriffe einführt. Da diese Begriffe in der Gestaltungslehre nach wie vor verbreitet sind, werden sie hier kurz aufgelistet. Soweit sie nicht selbsterklärend sind, folgt jeweils eine kurze Erläuterung.

- Farbe-an-sich-Kontrast: Kontrast zwischen bunten Farben mit unterschiedlichen Bunttönen (Bunttonkontrast)
- Hell-Dunkel-Kontrast
- Kalt-Warm-Kontrast
- Komplementär-Kontrast
- Simultan-Kontrast: simultane Wechselwirkung
- Qualitäts-Kontrast: Kontrast zwischen Farben mit unterschiedlichen Buntheiten oder zwischen bunten und unbunten Farben (Buntheitskontrast)
- Quantitäts-Kontrast: Kontrastwirkung durch Größenverhältnisse von Farbflächen (Mengenkontrast)

5.2.5.3 Farbharmonien

Im Zusammenhang mit farblichem Gestalten werden häufig Begriffe aus der Musik übernommen. Ein Buch von Harald Küppers trägt sogar den Titel „Harmonielehre der Farben", Johannes Itten verwendet in seiner „Kunst der Farbe" unter anderem die Begriffe Farbklang, Komposition und Farbakkordik. Solche Analogien sollten aber nicht überstrapaziert werden. Bislang ist es jedenfalls nicht gelungen, eine Farb-Harmonielehre zu entwickeln, die ähnlich umfassend und in sich schlüssig ist wie die Lehre von den Akkorden und Akkordfolgen in der Dur-Moll-tonalen Musik. Wahrscheinlich ist das auch gar nicht möglich – Farbkombinationen und musikalische Akkorde sind ebensowenig dasselbe wie Sehen und Hören.

Im Zusammenspiel von zwei oder mehr Farben entstehen aber durchaus Anmutungen, die über das rein Farbliche hinausgehen. Sie sind allerdings nicht messbar und auch begrifflich nur schwer zu fassen. Um sie zu beschreiben, werden durchweg übertragene Begriffe benutzt, die eigentlich nichts mit Farben zu tun haben: Statik und Dynamik, Ruhe und Spannung.

Die folgende kurze Darstellung ist nicht als zwingendes Regelwerk zu verstehen – es handelt sich vielmehr um Ratschläge , die recht nützlich sein können, aber keinen Anspruch auf absolute Gültigkeit erheben.

Mit diesen Farbzusammenstellungen werden eher statische, ruhige Wirkungen erzielt:

- Zwei oder mehr Farben mit (nahezu) gleichen Bunttönen, zum Beispiel Orange und Braun
- Zwei oder mehr Farben, deren Bunttöne im selben Viertel des Farbkreises liegen, zum Beispiel Rot, Orange, Yellow
- Zwei Farben, deren Bunttöne einander im Farbkreis gegenüber liegen (komplementäres Paar)
- Drei Farben, deren Bunttöne im Farbkreis an den Ecken eines gleichseitigen oder eines spitzwinkligen gleichschenkligen Dreiecks liegen, z.B. Rot, Grün, Blau oder Rot, bläuliches Grün, bläuliches Cyan
- Vier Farben, deren Bunttöne im Farbkreis an den Ecken eines Quadrats oder Rechtecks liegen (zwei komplementäre Paare), zum Beispiel Yellow, bläuliches Grün, Blau, rötliches Magenta bzw. Rot, Grün, Cyan, Magenta

Im Umkehrschluss ergeben sich die eher dynamisch und spannungsreich wirkenden Farbkombinationen:

- Zwei Farben, deren Bunttöne im Farbkreis weder nahe beieinander noch einander gegenüber liegen, zum Beispiel Yellow und Cyan, Orange und Violett
- Drei Farben, deren Bunttöne im Farbkreis an den Ecken eines unregelmäßigen Dreiecks liegen, zum Beispiel Magenta, Orange, bläuliches Grün
- Vier Farben, deren Bunttöne im Farbkreis an den Ecken eines unregelmäßigen Vierecks liegen, zum Beispiel Orange, Grün, Cyan, Magenta

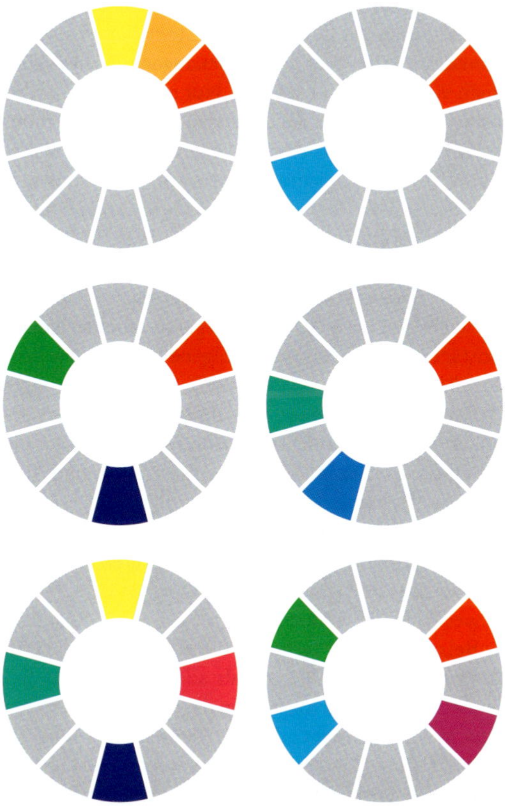

Beispiele zur Bestimmmung von eher statisch und ruhig wirkenden Farbkombinationen mithilfe des Farbkreises

Beispiele zur Bestimmmung von eher dynamisch und spannungsreich wirkenden Farbkombinationen

Einfache, auf den ersten Blick erkennbare Ordnungsprinzipien ergeben statische, ruhige Wirkungen (Beispiele oben). Störungen einfacher Ordnungsprinzipien ergeben dynamische, spannungsreiche Wirkungen.

Dynamik und Spannung einer Farbkombination hängen nicht nur von den Farben selbst ab, sondern auch von ihrer Anordnung zueinander. Statische, ruhige Wirkungen entstehen durch einfache und offensichtliche Ordnungsprinzipien, also zum Beispiel:

- Bunttongleiche oder unbunte Farben, nach Helligkeit geordnet
- Bunttongleiche Farben, nach Buntheit geordnet
- Farben mit unterschiedlichen Bunttönen, in der Reihenfolge des Farbkreises geordnet

Dynamische, spannungsreiche Wirkungen lassen sich erzielen, indem logische Abfolgen gestört oder unterbrochen werden. Es geht also nicht darum, Farben völlig ungeordnet oder (scheinbar) zufällig zu verwenden. Eine spannungsreiche Wirkung wird vielmehr erzeugt, indem ein einfaches, leicht erkennbares Ordnungsprinzip durchbrochen wird, weil sich zum Beispiel eine Farbe am „falschen" Ort befindet.

5.2.5.4 Technische Umsetzung

Jede Gestaltungsidee steht unter dem Vorbehalt ihrer technischen Umsetzbarkeit. Kein Medium kann alle existierenden Farben darstellen; was im einen Medium möglich ist, geht im anderen entweder gar nicht oder nur zu erheblich erhöhten Kosten, weil zum Beispiel zusätzliche Druckfarben (Sonderfarben) nötig werden. Diese Einschränkungen beziehen sich im Wesentlichen auf Farben mit hoher Buntheit – weniger bunte Farben sind in jedem Medium darstellbar.

Bei der Auswahl von Farben für Printprodukte sollten ausschließlich Farbmuster benutzt werden, die im selben Verfahren hergestellt sind, wie das geplante Produkt. Beim vierfarbigen Druck ist das eine CMYK-Farbmischtafel auf einem Papier, das dem vorgesehenen Auflagenpapier zumindest ähnlich ist. Wenn Sonderfarben gedruckt werden sollen, ist der Musterkatalog der verwendeten Sonderfarbenskala verbindlich, also zum Beispiel ein HKS- oder Pantone-Farbfächer; auch hier ist natürlich auf das richtige Papier zu achten.

Gleiche Druckfarben auf identischen Papieren sehen nicht unter allen Umständen gleich aus – das Licht, unter dem Drucksachen betrachtet werden, spielt eine wichtige Rolle. Je nach Lichtart sind Kontraste stärker oder schwächer und Farben heller oder dunkler, bunter oder weniger bunt. Helligkeits- und Buntheitskontrast zwischen Blau und Schwarz sind zum Beispiel bei Glühlampenlicht geringer als bei Tageslicht. Schwache Kontraste zwischen sehr dunklen Farben sind bei hellem Licht noch gut zu sehen, verschwinden aber bei schwächerer Beleuchtung.

Erfahrene Gestalter(innen) wissen zwar, bei welchen Farben und Kontrasten mit Problemen zu rechnen ist. Farbliche Gestaltungen, die immer wieder verwendet und über längere Zeit Bestand haben sollen – zum Beispiel bei Produktverpackungen –, sollten aber auch visuell getestet werden. Nur so lässt sich zuverlässig feststellen, ob die unvermeidbaren Abweichungen im akzeptablen Bereich liegen oder die gestalterische Absicht zunichte machen können. Zu diesem Zweck werden Muster hergestellt – entweder mithilfe eines Farbprüfdruckers oder, falls sich bestimmte Sonderfarben auf diese Weise nicht darstellen lassen, aus entsprechend bedruckten Papieren.

Neben der nach ISO 3664 vorgeschriebenen Normlichtart D50 werden meist folgende Lichtarten bzw. -quellen benutzt:

- Normlicht D65 (6500 K, „kaltes" Tageslicht)
- „Cool-White"-Leuchtstoffröhren (rund 4000 K), die typischerweise in Verkaufsräumen, Büros und Ausstellungsräumen verwendet werden
- Glühlampen (2700 K, Normlicht A)

Es gibt spezielle Prüfleuchten mit mehreren Lichtquellen, sodass die Lichtart durch einfaches Umschalten gewechselt werden kann.

Bei den Tageslichtarten D50 und D65 sollte die Prüfung sowohl mit 2000 Lux als auch mit 500 Lux Beleuchtungsstärke erfolgen, um die Helligkeit im Freien bzw. in von Tageslicht erhellten Räumen zu simulieren. Bei den beiden anderen Lichtarten reicht 500 Lux aus; in ausschließlich mit Kunstlicht beleuchteten Räumen werden in der Regel keine wesentlich höheren Beleuchtungsstärken erreicht.

5.3 Corporate Design

5.3.1 Grundlagen

Corporate Design (CD) ist die grafisch einheitliche Gestaltung aller medialen Auftritte (im weitesten Sinne) eines Unternehmens oder einer anderen Institution. Es ist Bestandteil der Corporate Identity, des nach außen und innen vertretenen Selbstbilds. Das CD-Handbuch (CD-Manual) enthält die verbindlichen Gestaltungsrichtlinien und illustriert sie anhand von Beispielen. Solche Handbücher können mehre hundert Seiten stark sein, ihre Ausarbeitung ist entsprechend zeitaufwändig und teuer.

Wesentliche Bestandteile des Corporate Designs sind Logo, Hausfarbe(n), Hausschrifte(n) und Gestaltungsraster für unterschiedliche Zwecke (Geschäftsdrucksachen, Broschüren für interne und externe Verwendung, Anzeigen u.v.m.).

Hausfarben im engeren Sinne sind exklusive, vom Farbenhersteller speziell angeriebene Druckfarben, die auf dem Markt nicht erhältlich sind. Im weiteren Sinne sind es die im Corporate Design eines Unternehmens verwendeten Farben. Dabei kann es sich um Sonderfarben, CMYK-Farbwerte oder auch RGB-Farbwerte für Nonprint-Produkte handeln.

Hausschriften im engeren Sinne sind exklusiv für das Unternehmen entworfene Schriften, Schriftfamilien oder Großfamilien. Ein Beispiel ist die Corporate ASE, die 1990 von Kurt Weidemann für die Daimler Benz AG entwickelt wurde, inzwischen allerdings für nicht im Wettbewerb stehende Produkte anderer Unternehmen freigegeben ist. Hausschriften im weiteren Sinne sind frei verfügbare Schriften, die einheitlich im Corporate Design verwendet werden.

Die Gestaltungsraster bestimmen oft nicht nur die Positionen der Elemente, sondern schreiben zum Beispiel auch Schriften, Schnitte und Schriftgrößen für jeden Verwendungszweck detailliert vor. Selbst der Charakter von Bildern (Perspektive, Ausschnitt, Farbigkeit) kann vorgegeben sein. Es hängt immer von der Größe und Bedeutung eines Unternehmens ab, ob so etwas sinnvoll und auch bezahlbar ist und ob der gewünschte Effekt sich messen lässt. Viele durchgestylte Images waren und sind so bis ins letzte Detail reglementiert, dass ihnen etwas „Bürokratisches" anhaftet und sie nach außen zwar straffe Strukturen, aber keine Flexibilität und Lockerheit signalisieren.

Ein vollständig und bis ins letzte Detail ausgearbeitetes Corporate Design kommt wegen der hohen Kosten nur für größere Unternehmen und Konzerne infrage. Weniger finanzkräftige Unternehmen beschränken sich oft auf Logo, Farbe(n) und Schrift(en) sowie eine Grundausstattung der wichtigsten Drucksachen.

5.3.2 Logo

Der Begriff Logo (griechisch *logos*: Wort) wird heute allgemein als Oberbegriff für Firmenzeichen verwendet, mit denen Unternehmen und Institutionen sich oder ihre Produkte und Dienstleistungen kennzeichnen. Speziellere Begriffe beschreiben dieses breite Spektrum anhand seiner gestalterischen Formen.

- Das Signet (lateinisch *signum*: Zeichen) ist ein grafisch gestaltetes Zeichen; seine Wurzeln sind u.a. archaische Körperbemalungen und ritterliche Wappen. „Signieren" bedeutet, ein unverwechselbares, möglichst nicht nachahmbares Zeichen zu setzen und damit etwas Charakteristisches (Signifikantes) zu schaffen. Signets sind grafisch reduzierte, stilisierte Formen von realen Bildern (wie Gesicht, Auto, Vogel), Buchstaben oder Ziffern; auch abstrakte oder rein geometrische Formen sind möglich.
- Die Logotype ist ein Schriftzug, der meist aus frei zugänglichen Schriften besteht. Das gestalterische Moment besteht in der Wahl der Schrift, ihrer Farbigkeit und dem Hinzufügen von grafischen Elementen wie Linie, Punkt oder freier Strich. Es gibt aber auch Lösungen, die auf handschriftlichen Vorlagen basieren oder geometrisch konstruiert sind.
- Wort-Bild-Zeichen oder -Marken sind Kombinationen der genannten Elemente, deren grafische Bestandteile in unterschiedlichen Positionen und Gewichtungen zueinander stehen.

Archaisches Bodypainting, Wappenschild, Logo

Aus realen Bildern abgeleitete Signets

Logotypes

Entwicklung eines Wort-Bild-Zeichens

Im Vorfeld jeder Entwurfsarbeit sind die technischen Wiedergabemöglichkeiten zu bedenken. Ein Logo sollte grafisch so „gebaut" sein, dass es in allen Größen, in und auf allen Medien sowohl bunt, schwarzweiß, positiv und negativ darstellbar ist, also geeignet für alle Druckverfahren und Bedruckstoffe, Bildschirm, Kopierer und Fax. Es sollte sich auch in unterschiedliche Materialien prägen und auf Textilien sticken lassen. Zu bedenken sind auch Werbeträger wie zum Beispiel Displays in Verkaufsräumen und auf Messeständen, Fahrzeuge, Banden in Sportstadien und vieles mehr.

Ein Logo muss sich auch für einfarbig schwarz gedruckte Zeitungsanzeigen eignen und sollte auf einem Fax oder der Schwarzweiß-Kopie eines Geschäftsbriefs genauso eindeutig und prägnant sein wie im Original. Es muss seine Signifikanz (Signalwirkung), Einprägsamkeit und Unverwechselbarkeit aus der grafischen Form beziehen, nicht aus der Farbigkeit. Das lässt sich leicht testen, indem das Logo mit einem Schwarzweiß-Kopierer oder Faxgerät kopiert wird. Am Ergebnis ist sofort sichtbar, ob die bunte Lösung ihre Wirkung und Gültigkeit behält oder zu einer undefinierbaren grauschwarzen Fläche zusammenläuft. Bunte Farben können zwar für den Schwarzweiß-Druck in Graustufen umgesetzt werden. Diese Darstellung fällt aber gegenüber der bunten Version oft deutlich ab und lässt außerdem grafische Schwächen deutlich hervortreten.

Die Kopie mit einem Schwarzweiß-Kopierer oder Faxgerät zeigt die Mängel der beiden linken Logos – die beiden rechten funktionieren sowohl bunt als auch schwarzweiß.

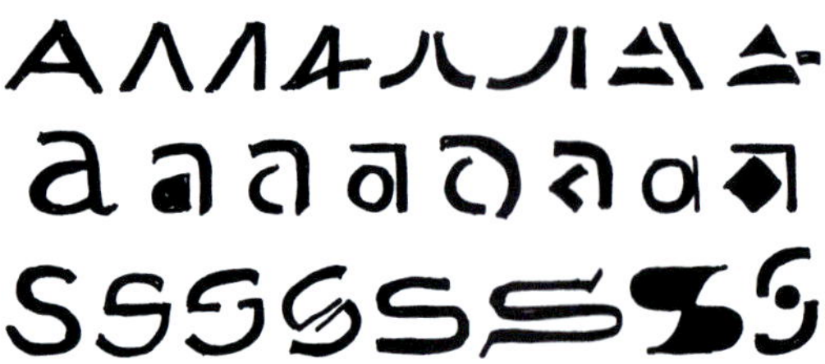

Variationen von Einzelbuchstaben

Übermäßige formale Angleichung von Buchstaben und Verwendung von Ligaturen kann Wörter unlesbar machen.

Jedes Druckverfahren hat seine spezifischen Eigenarten. Im Rakel-Tiefdruck werden alle druckenden Elemente in Näpfchen zerlegt, sodass auch bei Buchstaben und Linien ein leichter „Sägezahneffekt" entsteht und extrem feine Linien verloren gehen können. Beim Flexodruck gibt es Quetschränder – feine Linien werden dadurch etwas dicker, negativ in Flächen gestellte Linien können „zugehen". Bei der Auswahl von Schriften und anderen Gestaltungselementen ist darauf zu achten, dass eine Strichstärke von etwa 0,1 mm im kleinsten Wiedergabemaßstab nicht unterschritten wird. Ein weiteres Problem sind Passerdifferenzen im mehrfarbigen Druck, insbesondere bei Zeitungen.

Bei der Ideensuche ist der Blick in gedruckte Publikationen über Logos und ins World Wide Web hilfreich, um sich einen Überblick über schon Vorhandenes zu verschaffen. Das darf natürlich nicht dazu verführen, ein vorhandenes Logo nur etwas abzuändern, um es dann dem Kunden als eigene Idee zu verkaufen und sich später den Vorwurf des Plagiats (Diebstahl geistigen Eigentums) einzuhandeln – mit den entsprechenden rechtlichen und finanziellen Folgen.

Grundlage vieler Logos sind Buchstaben oder Buchstabenkombinationen, die oft grafisch verändert, mit anderen Elementen kombiniert oder auf ihre Hauptbestandteile reduziert sind, sodass ein eigenständiges, starkes Zeichen entsteht. Nicht alle Buchstaben eignen sich gleich gut für Kombinationen. Dies liegt an ihrer jeweiligen Symmetrie oder Asymmetrie. Buchstaben sollten nicht willkürlich verbogen werden, nur damit sie zu- oder aneinander passen; die Erkennbarkeit der einzelnen Zeichen muss immer erhalten bleiben.

Bei konstruierten Schriftzügen wird oft versucht, die Formen der Einzelbuchstaben einander stark anzunähern. Das kann zwar sehr kompakte Logos ergeben, beeinträchtigt aber das schnelle Erfassen und kann zu Verwechslungen führen. Wenn Versalien in fetten Schnitten verwendet und dazu noch Ligaturen eingearbeitet werden, bleibt manchmal nichts übrig als ein optisch interessantes, aber unlesbares Gebilde.

5.3.3 Beispiel: Print Contor

5.3.3.1 Briefing

Beim vorliegenden fiktiven Auftrag geht es um die Entwicklung von Logo und Teilen eines Corporate Designs für die Druckerei Print Contor. In die Beispiele sind Ideen von Auszubildenden eingeflossen, die an diesem Projekt gearbeitet haben. Die wichtigsten Auszüge aus dem Briefing:

- Unternehmen: Druckerei mit Druckvorstufe, Bogenoffsetdruck bis 70 cm × 100 cm, Druckweiterverarbeitung, 25 Beschäftigte. Das Unternehmen präsentiert sich am Markt als Universaldienstleister („Alles aus einer Hand"), bei Bedarf (z. B. Druckveredelung) wird mit anderen Unternehmen zusammengearbeitet. Jeder Auftrag wird von der Vorbesprechung bis zur Auslieferung von einem festen Ansprechpartner technisch und logistisch betreut.

- Markt: Der überwiegende Teil der Aufträge stammt aus der Tourismusbranche (Kataloge, Broschüren, Prospekte, Plakate). Daneben werden zwei monatlich erscheinende Fachzeitschriften und Akzidenzen (Gelegenheitsdrucksachen) produziert.
- Marketingziele: Bindung vorhandener und Gewinnung neuer Kunden, insbesondere außerhalb der saisonabhängigen Tourismusbranche
- Kommunikationsziele: Die neue Firma Print Contor (früher: Druckerei im Kontorhaus) soll bekannt gemacht und als regionale Marke für Qualitätsdruck etabliert werden.
- Tonalität: kompetent, kundenorientiert, präzise, innovativ, zuverlässig
- Aufgabe: Logoentwicklung; Vorschläge zur Verwendung im Rahmen eines noch zu entwickelnden Corporate Designs (Anzeigen, Geschäftsdrucksachen)

5.3.3.2 Logoentwicklung

Am Beginn der Realisierung stand die Sammlung von Begriffen aus den Bereichen Technik, Materialien und Produkte. In dieser Phase wurde noch nicht danach gefragt, ob oder in welcher Form sich diese Begriffe grafisch umsetzen lassen oder ob sie bereits in den Logos anderer Unternehmen verwendet werden. Aus einer ellenlangen Liste wurden im ersten Filterungsprozess u. a. Begriffe wie Druckkontrollstreifen, Passkreuz, Beschnittmarken, CMYK, Tastatur, Maus und Monitor gestrichen; Hauptgrund war ihre fast schon inflationäre Verwendung. Im Kern blieben die Begriffe Zylinder, Walze, Papierbogen, der Name Print Contor und seine Abkürzung PC übrig.

Da die Abkürzung PC allgemeingültig für Personal Computer steht, konnte ein reines Typologo schon in dieser Phase ausgeschlossen werden. Ganz wurde dieser Ansatz aber nicht verworfen, da in „unbrauchbaren" Lösungsansätzen Möglichkeiten stecken können, die anfangs nicht gesehen werden. Für die Entwurfspraxis bedeutet das, alle Entwicklungsschritte bis zum Schluss aufzubewahren und am besten an eine Pinwand zu heften, da oftmals viele unvollständige Teillösungen – richtig kombiniert – zur gewünschten Gesamtlösung führen.

Die ersten Scribbles entstanden schon in halbwegs stilisierter Form, wobei für die Darstellung des Zylinders und seiner Geschwindigkeit überwiegend Kreis, Pfeile und comicartige „Bewegungslinien" verwendet wurden. Der Papierbogen wurde als Rechteck (linear oder flächig) dargestellt und nebenbei gab es immer wieder Versuche, die Buchstaben P und C zu legieren oder in irgendeiner Art mit Kreis und Rechteck zu verbinden. Letztlich blieben der Kreisbogen des Buchstabens P und das C übrig, wobei der Ausgangspunkt zwar Buchstaben waren, das Endergebnis aber eine halbabstrakte, klare geometrische Form ist: zwei Halbkreise, die so angeordnet sind, dass ihre Mittelpunkte auf einer im Winkel von 45° ansteigenden Geraden liegen.

Die Gründe, sich für diesen Ansatz zu entscheiden und mit ihm weiterzuarbeiten, lagen hauptsächlich in

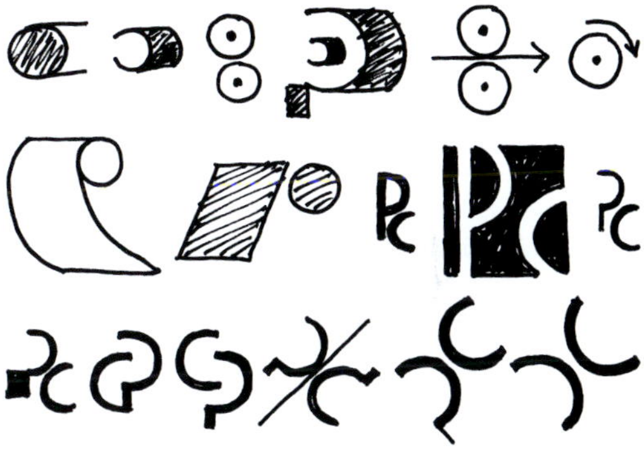

Scribbles mit Variationen der Begriffe Walze, Zylinder, Papier und der Buchstabenkombination PC

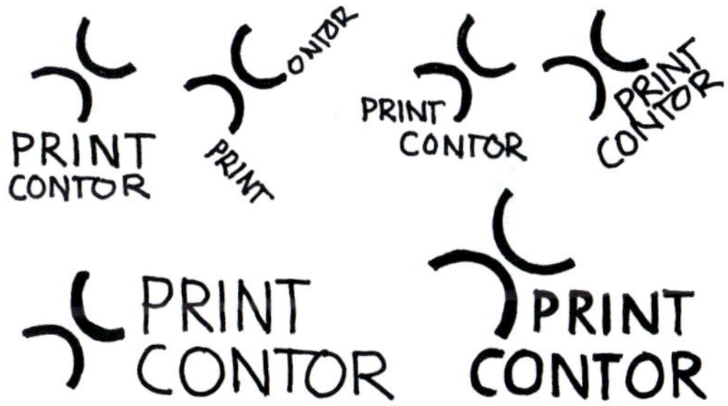

Verbindung von Signet und Typografie – einige Versuche

Fertig!

den Möglichkeiten, die sich aus einfachen Grundformen ergeben. Ein solches Zeichen kann in allen medialen Auftritten eingesetzt und dabei auch farblich variiert, multipliziert und in Ausschnitten dargestellt werden, ohne dass die Wiedererkennung eingeschränkt wird. Typografische Aktualisierung aus Gründen des Zeitgeschmacks ist genauso möglich wie die Erweiterung auf neue Firmensparten.

Nun galt es, das aus den zwei Halbkreisen gebildete Signum mit der Typografie, also dem Namen Print Contor zu verbinden. Als Schrift wurde die FF Thesis, The Sans, semibold gewählt. Relativ rasch fiel die Entscheidung für Versalien, da sie in diesem Fall ruhigere Wortbilder ergeben und die zwei kurzen Wörter auch in Großbuchstaben problemlos lesbar sind. Nach zahlreichen Versuchen wurde die unten gezeigte Lösung gefunden.

Ein Logo zu entwickeln und es selbst für gut und gelungen zu befinden ist eine Seite; dies dem Auftraggeber so zu verkaufen, dass die Richtigkeit dieser Lösung für ihn nachvollziehbar und akzeptierbar ist, die andere. Zur Nachvollziehbarkeit für den Kunden gehören auch die grafische Ableitung des Symbols und dessen oft schwer fassbare emotionale Wirkung. Folgende Argumente wären in diesem Fall anzuführen:

- Die beiden Kreissegmente stehen für die Zylinder einer Druckmaschine.
- Die Anordnung von links unten nach rechts oben zeigt Dynamik und Weiterentwicklungsfähigkeit.
- Die nach beiden Seiten offenen Symbole haben etwas Einladendes und wirken trotzdem kompakt.
- Seine optische Spannung bezieht das Logo aus den diagonal angeordneten Halbkreisen und der horizontal dazu gesetzten Schrift, wobei die Versalien zur Kompaktheit der Typografie beitragen und Stabilität signalisieren.
- Die als Akzent gesetzte Farbe Rot wirkt durch ihre Position als Signal und Eyecatcher (Blickfang).
- Die FF Thesis ist eine Großfamile mit insgesamt 144 Schnitten. Das differenzierte Angebot der 1994 von Lucas de Groot vorgestellten Type bietet viele Kombinations- und Anwendungsmöglichkeiten im Rahmen eines Corporate Designs. Ihr optischer Eindruck ist sachlich aber nicht „kühl", was in ihrem von

Scribbles für Textanzeigen im Quer- und Hochformat und für eine Anzeigenreihe in Fachzeitschriften und Tageszeitungen

Renaissance-Elementen bestimmten Duktus begründet ist. Versalien und Gemeine sind mit viel Sorgfalt entworfen und dokumentieren den Sachverstand, der dahinter steht. Die The Sans ist zeitgemäß und lässt auch bei Laufweite und Lesbarkeit keine Wünsche offen. Das Unternehmen kann mit dieser aktuellen Schrift Begriffe wie Kompetenz, Präzision und Innovation signalisieren.

5.3.3.3 Anzeigen

Im Rahmen eines Gesamterscheinungsbildes müssen auch Anzeigen für verschiedene Drucktechniken und Bedruckstoffe in unterschiedlichen Größen und Formaten erstellt werden. Die Grundlage bildet das Manuskript des Kunden, das oft in der vorgelegten Form Mängel aufweist und einer Überarbeitung bedarf, um beim Leser den gewünschten Effekt zu erzielen. Zu einer solchen Optimierung gehören Umformulierung, Streichung und Kürzung von Textpassagen und vor allem das Herausarbeiten der Kernbotschaft, die später in einem Slogan oder einer Headline – auch mit Bildunterstützung – münden soll.

Viele Anzeigen in Tages- und Wochenzeitungen sind Textanzeigen in Schwarzweiß, wobei sogar große Firmen aus Kostengründen auf bunte Farben verzichten. Um wahrgenommen zu werden, müssen sich solche Anzeigen vom überwiegend aus Text bestehenden Umfeld abheben. Klare Gliederung und Anordnung des Textes sowie Hervorhebung der Kernaussage durch Größe, Position oder Farbe sind eine „Dienstleistung" am Auge des Lesers. Die unbedruckte Fläche ist, wie andere Gestaltungsmittel auch, in die Überlegungen mit einzubeziehen und sollte nicht als „ungenutzt", sondern als nützlich empfunden werden, denn damit besteht die Möglichkeit, sich gegen die textliche Informationsflut abzugrenzen. Je kleiner das Format, desto deutlicher wird diese Notwendigkeit sichtbar. Im Hinblick auf Lesbarkeit sind außerdem Schriften in Typ, Schnitt und Größe so zu wählen, dass in der jeweiligen Drucktechnik und Darstellungsform die Informationen verlustfrei ankommen, wobei Satzart, Textbreite und Zeilenabstand wie bei allen anderen Publikationsformen eine wichtige Rolle spielen.

Im Rahmen des Print-Contor-Projekts wurden Stellenanzeigen als Textanzeigen im Hoch- und Querformat entwickelt. Die Scribbles zeigen unterschiedliche Raumaufteilungen und Textmengen mit unterschiedlichen Größen und Stellungen des Logos. Die Anzeigen sind für den Stellenanzeigenteil einer Tageszeitung vorgesehen, Druck einfarbig schwarz.

Mit der vierteiligen Anzeigenreihe soll Print Contor für seine Kompetenz in Druckvorstufe, Druck, Druckweiterverarbeitung und Distribution (Auslieferung) werben. Die vier Anzeigen sind für einfarbig schwarzen Druck in Tageszeitungen und in Fachzeitschriften ausgelegt. Sie können in einer Ausgabe erscheinen, aber auch über vier Ausgaben verteilt. Die Möglichkeit des mehrfarbigen Drucks und der Einsatz als Plakatwerbung ist konzeptionell und formal mitbedacht. Die schwarzen Schriftbalken mit der weißen Schrift (Pixel, Druck, ...) erhalten dann bunte Farben, die ebenfalls für den oberen Halbkreis des Logos verwendet werden.

5.3.3.4 Geschäftsdrucksachen

Zu den Geschäftsdrucksachen gehören zum Beispiel Geschäftskarten, Briefblätter, Kurzmitteilungs-, Rechnungs- und Lieferscheinformulare, Briefhüllen, Aufkleber für Versandtaschen, Päckchen und Pakete. Da Geschäftsdrucksachen ein Medium des unmittelbaren Kontakts zu (potenziellen) Kunden sind, lohnt sich auch hier eine sorgfältige Gestaltung. Geschäftsdrucksachen sind aber nicht nur Image- und Werbeträger, sondern müssen auch praktisch funktionieren.

Für Briefblätter legt die Norm DIN 676 (Geschäftsbrief) unter anderem fest, in welchen Positionen Absender und Anschrift stehen müssen, damit sie im Sichtfenster der Briefhülle sichtbar sind. Bei Form A ist oben ein 27 mm hoher Streifen für den Briefkopf vorgesehen; bei der häufiger verwendeten Form B ist er 45 mm hoch. Die Position des Logos ist nicht genormt – aus praktischen Gründen sollte es oben in der Mitte oder rechts stehen, damit abgeheftete Briefe, Rechnungen oder Lieferscheine beim Durchblättern des Ordners leichter gefunden werden.

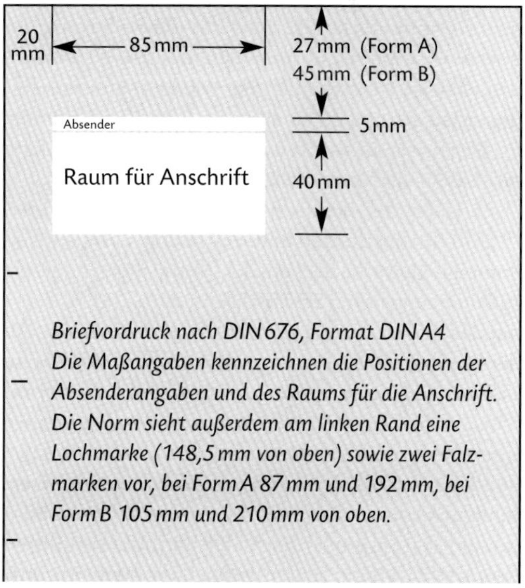

Briefvordruck nach DIN 676, Format DIN A4
Die Maßangaben kennzeichnen die Positionen der Absenderangaben und des Raums für die Anschrift. Die Norm sieht außerdem am linken Rand eine Lochmarke (148,5 mm von oben) sowie zwei Falzmarken vor, bei Form A 87 mm und 192 mm, bei Form B 105 mm und 210 mm von oben.

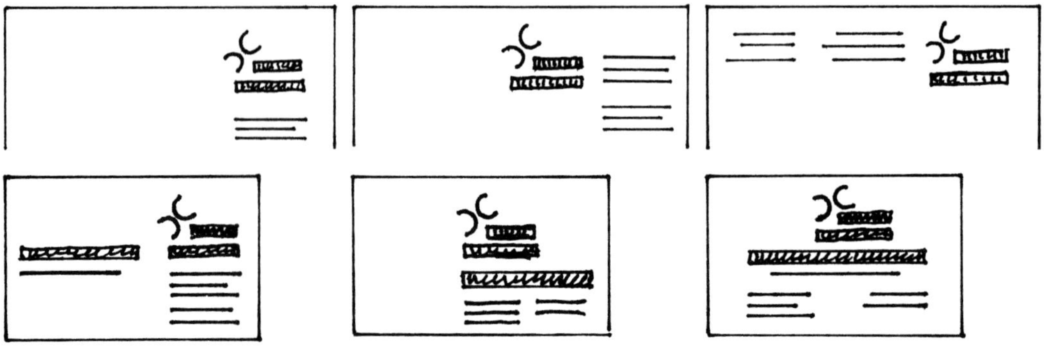

Scribbles für Briefblätter und Geschäftskarten

Geschäfts- und Visitenkarten haben üblicherweise das Kreditkartenformat 86 mm × 54 mm. Davon sollte nicht abgewichen werden, da die entsprechenden Fächer in Brieftaschen und Terminplanern für dieses Format eingerichtet sind.

5.4 Plakat

5.4.1 Geschichte

Das Wort „Plakat" stammt aus der niederländischen Sprache (plakkaat), die es ihrerseits aus dem Französichen (placard: Anschlagzettel, Aushang) übernommen hatte. Plakate sind ein fester Bestandteil des öffentlichen Raumes, sowohl im Freien als auch in Gebäuden (Außen- und Innenplakate). Sie transportieren Inhalte aus Wirtschaft, Kultur, Sozialem, Politik und staatlicher Verwaltung. Man findet sie auf Plakatwänden, Litfasssäulen, Mauern, Bauzäunen, Fußböden und in luftiger Höhe auf Baugerüsten oder an Gebäuden. Der öffentliche Raum ist das ideale Terrain, um über eine Sache zu informieren und für sie zu werben, da unzählige Menschen immer wieder in Kontakt mit dem Medium und damit auch der Botschaft kommen. Im Gegensatz zu anderen Medien lassen sich Plakate nicht abschalten oder beiseite legen.

Vorläufer der heutigen Plakate sind zum Beispiel Graffiti (Ritzinschriften und -zeichnungen) im antiken Pompeji, Gewerbezeichen des Mittelalters oder die Ankündigungen von Schaustellern, die bis ins 18. Jahrhundert die Hauptauftraggeber für Plakate waren. Ab der zweiten Hälfte des 15. Jahrhunderts entwickelte sich das gedruckte Plakat zunächst in rein typografischer Form, also ohne Bilder oder andere illustrative Elemente. Produktwerbung entstand erst im 19. Jahrhundert; mithilfe der 1796 von Alois Senefelder erfundenen Lithografie (Steindruck) konnten jetzt bunte Bildplakate in großen Formaten und hohen Auflagen hergestellt werden. Später wurden mit dieser Technik auch Großflächen-Plakate in mehreren Einzelstücken gedruckt und beim Kleben, wie heute auch, zu einer großen Werbefläche zusammen gefügt.

Ab 1890 erlebte das Plakat in Europa seine erste Blütezeit und begann eigene, medienspezifische Darstellungsformen zu entwickeln. In Frankreich haben zu dieser Entwicklung besonders Chéret, Steinlen, Toulouse-Lautrec, Grosset, Mucha und Cappiello beigetragen.

Zwischen 1918 und 1933 entwickelte sich das Plakat in seinen Gestaltungsformen unter dem Einfluss von Expressionismus, Kubismus und Konstruktivismus ständig weiter. Unter dem Einfluss der beiden letztgenannten Stilrichtungen bekamen Plakate eine klare bildliche und typografische Struktur, die besonders der Franzose Alexander Cassandre mit seinen Werbeplakaten für Eisenbahn, Schifffahrtslinien, Pastillen oder Verbundglas beherrschte.

Von 1933 bis 1945 entstanden in Europa viele Plakate gegen Faschismus und Krieg, die oft unter Lebensgefahr produziert und verbreitet wurden. Auch die totalitären Regime nutzten natürlich das Plakat, um in allen gesellschaftlichen Bereichen ihre menschenverachtenden Ideen publik zu machen.

Der Neuanfang ab 1945 war aufgrund der politischen und gesellschaftlichen Rahmenbedingungen in Europa nicht einfach. Je nach Umfeld begannen ganz unterschiedliche und oft sehr spannende Entwicklungen, wie etwa in Polen und der Schweiz. Die Suche nach einer neuen, eigenständigen Plakatsprache war nicht ohne Rückbesinnung auf die Zeit des Bauhauses und die damit verbundenen Strömungen denkbar. Von diesem Wiederaufgriff der Gestaltungsmöglichkeiten, ihrer konsequenten Weiterentwicklung und der Einbeziehung neuer technischer Möglichkeiten profitiert die Gestaltung auch in anderen Bereichen bis heute.

Zum Schluss noch einige namentliche Hinweise auf Plakatgestalter der letzten Jahrzehnte, die bemerkenswerte Arbeiten geschaffen haben: Leupin, Michel, Kieser, Hillmann, Müller-Brockmann, Tomaszewski,

Lenica, Cieślewicz, Rambow, Lienemeyer, van de Sand, Grapus, Carson, Brody, Matthies, Fukuda, Arnoldi, Ott und Stein. Bücher und Austellungen mit ihren Arbeiten bringen immer wieder gute Anregungen.

5.4.2 Plakate gestalten

Plakate müssen plakativ sein; sie sollen den Blick auf sich ziehen, Interesse wecken und ihre Botschaft möglichst schon bei kurzem Hinsehen vermitteln. Der „Sprung ins Auge" wird oft durch einen Eye-Catcher erreicht; das kann ein Bild, ein grafisches Objekt oder auch ein Wort sein. Er soll Interesse wecken, sodass ein zweiter und dritter Blick die übrigen Informationen des Plakats aufnimmt.
Plakate sollten nicht mit Informationen überfrachtet werden – sie erzählen keine Geschichten und sind keine Nachschlagewerke, sondern haben eher den Charakter von Schlagzeilen. Seit vielen Jahren ist auf Plakaten besonders im kulturellen Bereich zu beobachten, dass die Logos aller Sponsoren erscheinen und die Gestaltung beeinträchtigen. Denn einerseits droht die Gefahr einer bildlichen Überfrachtung. Hinzu kommt, dass für sich gut gestaltete Logos wegen ihrer unterschiedlichen Form, Farbe und Typografie oft weder zueinander noch zur Farb- und Formensprache des Plakats passen.

Bei der Gestaltung von Plakaten spielt die Fernwirkung eine besondere Rolle. Kleine Details und Schriften sind aus größerer Entfernung nicht zu erkennen. Farbkontraste – insbesondere Helligkeitskontraste – erscheinen in der Fernwirkung verringert, sollten also etwas kräftiger angelegt werden als bei Print-Produkten, die aus der Nähe betrachtet werden.

Die Gedankengänge und Arbeitsschritte bei der Plakatgestaltung sollen im Folgenden an vier vom Verfasser selbst entworfenen Beispielen erläutert werden. Auf diese Weise muss nichts in das Endergebnis hinein interpretiert werden; die einzelnen Überlegungen und Entwicklungsschritte – sowie das mehrfache Scheitern – sind vielmehr bestens bekannt. Bis zum fertigen Plakat wird eine große Menge gestalterischer „Sondermüll" produziert, der aber sein muss, um den Kopf frei zu bekommen für das Wesentliche der Aufgabe.

Wer sich mit Plakatgestaltung beschäftigt, hat Unmengen von gelungenen Lösungen gesehen, sich damit auseinander gesetzt und sie im Kopf gespeichert. Es ist völlig legitim und notwendig, sich Anregungen zu holen, nur darf das Endprodukt kein Plagiat werden, weil das aus unterschiedlichen Gründen mehr als peinlich werden kann.

Entwurfstechniken sind verschieden; jeder geht seinen eigenen Weg und findet irgendwann heraus, welche Methode am ehesten zum Erfolg führt. Meine Scribbles sind meist nur etwa 5 cm × 7 cm groß, weil ich die Fläche so am besten überblicke und mich nicht in Details verzettele. Außerdem kann ich leicht die Fernwirkung überprüfen, indem ich das Scribble an die Wand hefte und zwei Schritte zurücktrete.

5.4.3 Beispiel „Bayerisches Jazzweekend"

Diesen Entwurf habe ich im Rahmen eines öffentlich ausgeschriebenen Wettbewerbs eingereicht. Eine der Begründungen für die Ausschreibung lautete, das bisher verwendete Plakat entspreche „nicht mehr ganz dem Zeitgeschmack". Es zeigte Gebäude der historischen Regensburger Innenstadt aus der Vogelperspektive; die Typografie war aus einer gebrochenen Schrift, einer Antiqua mit Serifen und dem handgezeichneten Wort Jazz gemischt. Vorgegeben waren nur die mehrfarbige Ausführung sowie das Format DIN A1. Über die Zielgruppe musste nicht lange nachgedacht werden: Menschen, die sich für Jazz interessieren.

Es gibt offenbar internationale grafische und typografische Kürzel für Jazz, die immer wieder verwendet werden. Zu den ständig zitierten Bildelementen gehören Saxophon, Trompete, Klaviertastatur und Schlagzeug oder Menschen, die diese Instrumente spielen. Mein Entwurf sollte „ganz anders" werden. Aber wie?

Die ersten Ideen und Scribbles waren rein formal, noch wenig durchdacht und beschränkten sich auf den Schriftzug „Jazz" als zentrales Gestaltungselement. Dazu wurden krampfhaft bayerische Rauten und Farbigkeiten bemüht, die das Ganze auch nicht überzeugender machten. Obwohl diese Lösung schon im Ansatz schlecht war, habe ich bestimmt noch weitere zwei Dutzend Variationen produziert.

Erst die Beschäftigung mit dem Wesen des Jazz brachte die notwendigen und richtigen Anstöße. Eine Jazzband besteht aus Individuen, die musikalisch improvisieren und sich vom Kollektiv entfernen dürfen, aber immer wieder vom Rest der Gruppe zurück geholt und integriert werden. Es ist also eine sehr demokratische Form des gemeinsamen Musizierens. Im Entwurf stehen die Striche, die das Wort JAZZ bilden, für Individuen, Instrumente und Klangfarben. Die Farben der Striche sollen das unterstreichen und in ihrer Anordnung und Beziehung der musikalischen Spannung zwischen Einzelmusiker und Gruppe entsprechen.

Das Motiv erschließt sich nicht auf den ersten Blick und sieht erst einmal so aus, wie zum Beispiel Free-Jazz für das ungeübte Ohr klingt. Es wirkt als Eye-Catcher, schafft aber zunächst eine Irritation, die dazu auffordern soll, noch ein zweites Mal hinzusehen. Die Worte „bayerisches jazzweekend regensburg" sind in der

Palatino bold italic gesetzt. Der Schrifttyp zeigt klare Federzugelemente, ist in seiner Größe dem Motiv klar untergeordnet und passt im Duktus zum manuell gezeichneten Wort JAZZ. Ein weiteres gestalterisches Spannungsmoment entsteht aus der Mischung von Versalien im Motiv und Minuskeln im Text. Blauer Fond und weiße Schrift sind ein dezenter Hinweis, dass das Ereignis in Bayern stattfindet.

Die Räume oben links und rechts sowie unten sind für Termine, Namen von Veranstaltern und Musikern und Logos von Sponsoren freigehalten. Da das Vorgängerplakat 16 Jahre lang benutzt wurde, konnte man auch hier von mehr als einem Einsatz ausgehen. Die Gestaltung sah vor, das Motiv jährlich in neuen Farbkombinationen zu drucken, um es so als „Marke Jazzweekend Regensburg" zu etablieren.

Der prämierte Entwurf zeigt übrigens ein Saxophon, eine Hand und am Rand den Regensburger Dom.

5.4.4 Beispiel „Theaterpass"

Auftraggeber dieses Plakats war der Kulturring der Jugend in Hamburg, der seit 1945 erfolgreich junge Menschen an Kultur aus den Bereichen Theater, Oper, Konzert (Klassik, Rock und Jazz), Film und bildende Kunst heranführt. Zielgruppe waren Schüler(innen) ab 14 Jahren, Azubi, Student(inn)en, Wehr- und Ersatzdienstleistende, die mit dem Theaterpass des Kulturrings vergünstigte Karten für zahlreiche Kulturveranstaltungen bekommen konnten. Vorgegeben waren das Theaterpass-Logo und das Format DIN A1. Das Plakatmotiv sollte außerdem für Prospekte und Aufkleber (DIN A4 bzw. A6) verwendet werden.

Da es einen Faltprospekt mit detaillierten Informationen zu Produkt und Anbieter geben sollte, war auf dem Plakat nur wenig Text zu platzieren, was dem Wesen und der Funktion von Plakaten nur gut tut. Kein Mensch stellt sich vor eine Werbefläche und schreibt seitenweise Infos ab.

Ich wollte zunächst ein großes, kräftiges Symbol entwickeln, das den größten Teil der Fläche einnehmen sollte. Auf mehrere Blätter verteilt, entstanden grafische Kürzel für die Begriffe Musik, Ballett, Kino, Bewegung, Theater, Sprache, Hören und bildende Kunst. Sie waren spontan mit schwarzem Filzstift aufs Papier gezeichnet und wirkten unfertig. Aus diesen Einzelteilen sollte durch kollageartiges Übereinanderlegen eine kompakte Form entstehen. Aber weder die amorphe Gestalt noch deren Details waren in irgendeinem Betrachtungsabstand zu erkennen und verfehlten eindeutig das Ziel.

Der letzte Rettungsversuch einer falschen Grundidee war der massive Einsatz bunter Farben, was aber – wie das Scribble zeigt – die gravierenden gestalterischen Mängel nur noch deutlicher aufzeigte. Farbe ist ein wichtiges Gestaltungsmittel, das richtig eingesetzt sein will und eine Idee in ihrer Aussage verstärken und nicht zukleistern soll.

Irgendwann habe ich alle Scribbles ausgebreitet und geordnet, um noch mal einen Überblick über diese Grundbausteine zu gewinnen. Diese Anordnung entsprach dem späteren Plakat, wobei noch das Auge und die Wörter Theater, Konzert, Oper, Kino und Kunst hinzu kamen. Das Skizzenhafte und Unfertige passte hervorragend zu einer sich ständig im Wandel befindlichen Kultur und der an Graffiti erinnernde Duktus war die grafisch richtige Ansprache der Zielgruppe. Das rechteckige Theaterpass-Logo und die regelmäßige Aufteilung der Fläche stehen im formalen Widerspruch zum Charakter der gezeichneten Elemente und schaffen ein Spannungsverhältnis.

5.4.5 Beispiel „Frei Baden"

Auftraggeber war eine Elterninitiative, die es Kindern ermöglicht, das Stadtteilfreibad kostenlos zu benutzen. Technische Vorgaben waren das Format DIN A3 und die Vervielfältigung mit einem Farbkopierer. Ein größeres Format kam nicht infrage – einerseits aus Kostengründen, andererseits, weil das Plakat hauptsächlich für Fensterwerbung in den Geschäften des Stadtteils bestimmt war. Das Plakat sollte einen unbedruckten Rand haben, um zusätzliche Ausgaben für überformatiges Papier und anschließenden Beschnitt zu vermeiden.

Das Motto der Aktion sollte zunächst „Tag der offenen Tür" lauten. Ich fand, dass es nicht zum Thema passte, da es eher nach einer Institution klang, die ihre Tore für die interessierte Bevölkerung öffnet, um Einblick in ihre Arbeit zu geben. Das veränderte und akzeptierte Motto lautete dann „FREI BADEN". Es beschreibt das Anliegen exakt und enthält außerdem den Hinweis auf den Ort des Geschehens, das Freibad.

Der geänderte Slogan hat sich positiv auf die Entwurfsarbeit ausgewirkt und die Lösung schnell vorangebracht. Bis zum Endprodukt gab es nur zwei Scribbles und die Vorarbeiten dauerten eine gute Stunde, was natürlich die absolute Ausnahme ist und vielleicht alle zehn Jahre einmal vorkommt.

Kinder mögen es bunt und fühlen sich von klaren, leuchtenden Farben angesprochen. Grafische und typografische Elemente mussten wegen des kleinen Formats auf das Wesentliche reduziert werden, mit wenig „Schnickschnack" drum herum. Die Optik sollte nicht perfekt und schon gar nicht gelackt wirken, deshalb wurde alles manuell auf Karton gemalt.

Scribbles aus der ersten und zweiten Entwicklungsphase; diese und alle weiteren Scribbles sind auf ungefähr zwei Drittel der Originalgröße verkleinert.

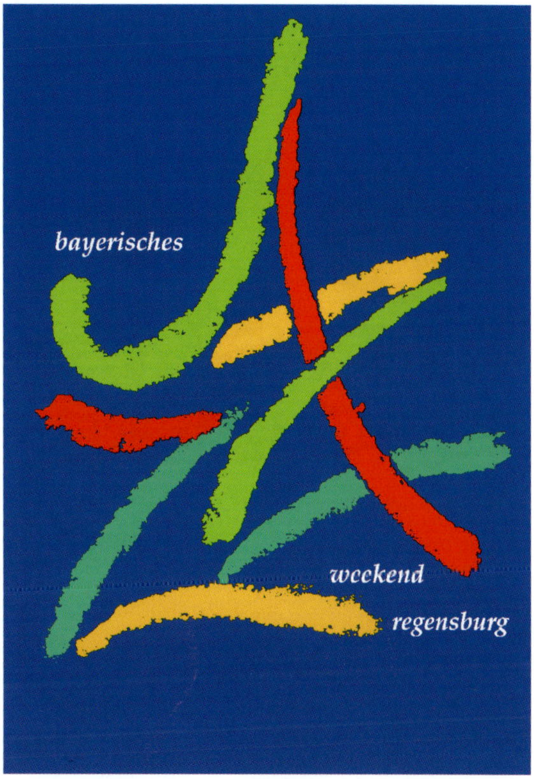

Plakatentwurf „Bayerisches Jazzweekend Regensburg", Format DIN A1

Scribbles des ersten, später aufgegebenen Ansatzes

Plakat, Prospekttitel und Aufkleber „Theaterpass" für den Kulturring der Jugend, Hamburg, Formate DIN A1, DIN A4 und DIN A6

Scribbles zum rechts abgebildeten Plakat

Plakat „Frei Baden" für eine Elterninitiative in Hamburg-Neuwiedenthal, Format DIN A3

Scribbles aus der ersten und zweiten Entwicklungsphase

Plakat und Prospekttitel „Drauf zu" für eine Woche Kinder- und Jugendtheater, Kulturring der Jugend und Kampnagelfabrik, Hamburg,
Formate DIN A1 und DIN A5

Die „kalten“ Farben Blau und Cyan stehen für Wasser, Kühle, Erfrischung. Kinder sind zwar nicht zu sehen, offensichtlich wird aber getobt, Wasser spritzt auf und die wellenförmigen Balken inklusive Schrift sind in Bewegung. Wasserspritzer und farbige Linien, die die Flugbahn des Balls markieren, sind comicartig gezeichnet, also die richtige Bildsprache für Kinder. Der Ball kommt von irgendwo geflogen, springt dem Betrachter entgegen und wird so zum Eye-Catcher. Die Farben und ihre Anordnung auf dem Ball sind bei den „Springlinien“ und im Text wieder aufgegriffen und stellen optische Verbindungen zwischen den Elementen her.

5.4.6 Beispiel „Drauf zu“

Auftraggeber waren Kulturring der Jugend und das Kulturzentrum Kampnagelfabrik in Hamburg, die ein Kinder- und Jugendtheater-Festival planten. Vorgegeben waren Plakatformat (DIN A1) und Text, insbesondere das Motto der Veranstaltungsreihe: „Drauf zu“. Das Plakatmotiv sollte außerdem als Titelseite für ein Faltblatt im Format DIN A5 dienen.

Das Gestalten von Plakaten für Theater, Oper und Film ist eine interessante, aber oft auch sehr schwierige Aufgabe. Die tragenden Elemente dieser Metiers, nämlich Sprache, Musik, Bewegung oder Kamerafahrten und Zeitfaktor, lassen sich nur schwer mit grafischen Mitteln darstellen. Der abgebildete Entwurf entstand in Gemeinschaftsarbeit mit einer geschätzten Kollegin.

Relativ früh entstand die Idee mit der Figur, die vieles verkörpern und darstellen sollte – und bei den ersten Versuchen heillos überfrachtet wurde. Sie bestand aus kräftigen schwarzen Konturen, die durch leuchtende Farbkleckse aufgelockert waren, und wirkte sehr massig. Bei der weiteren Entwicklungsarbeit haben wir dem Männchen erst einmal den Januskopf mit den an die lachende und die traurige Theatermaske erinnernden Gesichtsausdrücken verpasst. Der Kopf war das richtige Motiv, wirkte aber für das Motto „Drauf zu“ noch viel zu statisch.

In weiteren Arbeitsschritten wurde versucht, die Figur aus immer weniger Strichen zu formen und eine grafische Verquickung der beiden Charaktere herzustellen. Durch das Bein scheint das Phantasiewesen gleichsam in die Szene („Drauf zu“) und dem Betrachter entgegen zu springen. In der Schlussversion besteht die Grafik nur noch aus fünf geformten Linien und es entsteht eine Art Vexierbild, da nicht klar ist, welcher Strich zu welchem Teil der Figur gehört und wo die eine beginnt und die andere endet. Die ursprünglich schwarzen Linien wurden bunt, um dem Charakter der Phantasiefigur gerecht zu werden. Durch das Wechselspiel zwischen Fläche und Linien wirkt die Figur teils in die Fläche integriert und tritt teils aus ihr hervor. Die räumliche Wirkung wird durch die Farben, insbesondere die Rot-Blau-Kontraste, unterstützt. Motiv und Typografie sind mit Farbstiften, Tusche und Pinsel gezeichnet.

5.5 Buchgestaltung – Werksatz

5.5.1 Vorbemerkung

Der Sammelbegriff „Werke“ steht für Texte und Textsammlungen, die in gebundener Form – als Bücher – publiziert werden, zum Beispiel Romane, Novellen, Kurzgeschichten- und Gedichtsammlungen, Sach- und Fachtexte, wissenschaftliche Abhandlungen, Lexika, Wörterbücher und vieles mehr. Werksatz ist also die typografische Gestaltung und technische Umsetzung von Buchtexten.

Zur Buchgestaltung gehören natürlich auch Dinge wie Bindung und Einband, die mitentscheidend sind für den Gebrauchswert eines Buchs. Auch die ansprechende, verkaufsfördernde „Verpackung“ – also Einband und ggf. Schutzumschlag – sollte nicht vernachlässigt werden.

Gute Buchgestaltung orientiert sich immer am Inhalt des Werks – und der steht auf den Innenseiten. Der Münchner Typograf Philipp Luidl hat es auf den Punkt gebracht: „Bücher werden von innen nach außen gestaltet.“ Die Buchgestaltung beginnt also sinnvollerweise beim Werksatz, mit den Elementen Schrift, Absatz, Satzspiegel und Seite.

5.5.2 Grundschrift, Zeilenabstand, Satzart

Oberstes Ziel bei der Wahl der Grundschrift für ein Buch ist gute Lesbarkeit. Für belletristische Werke (Fiction), also zum Beispiel Romane, Erzählungen und Kurzgeschichten, Dramen oder Gedichte, werden heute überwiegend Schriften aus den Gruppen I bis III der Klassifikation nach DIN 16518 (Renaissance- und Barock-Antiqua) verwendet. In Sach-, Fach- und Lehrbüchern sowie Nachschlagewerken (Non-Fiction) kommen häufig auch Schriften der Gruppe VI (serifenlose Linear-Antiqua) und gelegentlich der Gruppe V (serifenbetonte Linear-Antiqua) zum Einsatz.

Der Schriftcharakter soll zum Inhalt des Werks passen, zumindest aber nicht im offensichtlichen Widerspruch dazu stehen. Eine serifenlose Linear-Antiqua passt zum Beispiel nicht zu einem Roman, dessen Handlung im 17. Jahrhundert spielt, eine Jugendstilschrift nicht zu einem Informatik-Handbuch.

Die Größe der Grundschrift liegt meist im Bereich von 9 pt bis 12 pt (Lesegrößen). Schriftgrößen unter 9 pt (Konsultationsgrößen) kommen nur für Nachschlagewerke (Lexika und Wörterbücher) infrage. Der Zeilenabstand beträgt je nach Schrift und Satzbreite etwa 115 % bis 130 % der Schriftgröße. Er muss umso größer bemessen sein, je höher die Mittelhöhen der Schrift und je länger die Zeilen sind.

Häufigste Satzart ist der Blocksatz. Vor allem in Fach- und Sachbüchern wird gelegentlich auch linksbündiger Rausatz verwendet, insbesondere bei relativ schmalen Spalten, die guten Blocksatz mit gleichmäßiger Grauwirkung erschweren. Linksbündiger Flattersatz wäre zwar aus gestalterischer Sicht eine gute Alternative, wird aber aus wirtschaftlichen Gründen kaum benutzt. Mittelachsensatz und rechtsbündiger Rau- oder Flattersatz kommen wegen der erschwerten Lesbarkeit nicht infrage.

Belletristische Texte werden fast immer einspaltig gesetzt, Nachschlagewerke dagegen meist zweispaltig, gelegentlich auch dreispaltig. In Sach-, Fach- und Lehrbüchern sind sowohl ein- als auch zweispaltiger Satz anzutreffen. Damit sich die Augen beim Lesen einer Spalte nicht in die daneben liegende verirren, ist ein ausreichender Abstand zwischen den Spalten erforderlich – bei Lesetexten 12 pt bis 16 pt, in Nachschlagewerken auch weniger. Zur optischen Trennung können Spaltenlinien – feine senkrechte Linien – zwischen die Spalten gesetzt werden.

Bei der Entscheidung zwischen ein- oder mehrspaltigem Satz spielen Schriftgröße und Satzbreite eine Rolle. Im einspaltigen Satz sollten nicht mehr als etwa 60, höchstens aber 70 Zeichen in einer Zeile stehen. Faustregel: Die Satzbreite in Zentimeter soll etwa der Schriftgröße in Point entsprechen. Breitere Zeilen erschweren das Lesen, weil der Anfang der nächsten Zeile nicht mehr mühelos mit den Augen zu finden ist.

Im mehrspaltigen Satz ergeben sich zwangsläufig kürzere Zeilen – es besteht also keine Gefahr, das Limit von etwa 60 bis 70 Zeichen pro Zeile zu überschreiten. Die Zeilen dürfen aber auch nicht zu kurz sein – um guten Blocksatz mit gleichmäßiger Grauwirkung und ohne übermäßig viele Trennungen zu erhalten, sind mindestens 40 (besser 50) Zeichen pro Zeile erforderlich. Sehr kurze Zeilen hemmen auch den Lesefluss, weil die Augen ständig hin- und herspringen müssen.

5.5.3 Textgliederung

Alle längeren Texte sind inhaltlich und optisch gegliedert; kleinste Einheit ist der Absatz. Zwischen zwei Absätzen befindet sich normalerweise kein zusätzlicher vertikaler Leerraum; der Abstand zwischen der letzten Schriftlinie eines Absatzes und der ersten des folgenden entspricht also dem normalen Zeilenabstand. Um den Beginn des Absatzes optisch zu verdeutlichen, kann die erste Zeile eingezogen werden – so wie in diesem Buch. Der Einzug sollte mindestens ein Geviert betragen. Auf Überschriften oder Zwischenschläge folgende Absätze erhalten in der Regel keinen Einzug.

Zwischenschläge sind zusätzliche vertikale Abstände zwischen aufeinander folgenden Absätzen. Sie haben meist die Höhe einer Zeile und werden deshalb auch Leer- oder Blindzeilen genannt. Zweck ist die inhaltliche und optische Gliederung längerer Kapitel, zum Beispiel in Romanen. Eine oder mehrere Leerzeilen stehen auch zwischen dem Ende eines Kapitels oder Abschnitts und der folgenden Überschrift sowie zwischen Überschrift und folgendem Absatz.

Haupt- und Zwischenüberschriften, zusammenfassend Rubriken genannt, können auf unterschiedliche Weise vom Text abgesetzt werden: durch größere Schriften, Versalien, andere Schnitte derselben Schriftfamilie (halbfett, fett, kursiv, Kapitälchen), völlig andere Schriften und – in mehrfarbig gedruckten Büchern – durch ihre Farbe.

In Fach- und Lehrbüchern werden zum Teil auch Wörter innerhalb des Texts hervorgehoben (aktiv ausgezeichnet), um das Auffinden wichtiger Begriffe zu

Einleitend sei darauf hingewiesen, dass das lateinische Wort *initium* Anfang oder Eingang bedeutet. Initialen haben gliedernde, den Text strukturierende, aber auch schmückende Funktion. Initialen sind meist vergrößerte Versalien aus der Grundschrift oder einer anderen Schrifttype. Außerdem können sie durch ihre Farbe und besonders durch ihre Stellung zum Text hervorgehoben werden. Auch Verbindungen von Buchstaben mit Fotos, Zeichnungen und grafischen Elementen sind möglich. Initialen waren früher reich an Farbigkeit, Ornamentik und

Einleitend sei darauf hingewiesen, dass das lateinische Wort *initium* Anfang oder Eingang bedeutet. Initialen haben gliedernde, den Text strukturierende, aber auch schmückende Funktion. Initialen sind meist vergrößerte Versalien aus der Grundschrift oder einer anderen Schrifttype. Außerdem können sie durch ihre Farbe und besonders durch ihre Stellung zum Text hervorgehoben werden. Auch Verbindungen von Buchstaben mit Fotos, Zeichnungen und grafischen Elementen sind möglich. Initialen waren früher reich an Farbigkeit, Ornamentik und bildlichen Darstellungen. Prächtige Beispiele sind in alten Handschriften, aber auch in frühen Drucken zu finden, wo sie nach dem Druck des

Einleitend sei darauf hingewiesen, dass das lateinische Wort *initium* Anfang oder Eingang bedeutet. Initialen haben gliedernde, den Text strukturierende, aber auch schmückende Funktion. Es sind meist vergrößerte Versalien aus der Grundschrift oder einer anderen Schrifttype. Außerdem können sie durch ihre Farbe und besonders durch ihre Stellung zum Text hervorgehoben werden. Auch Verbindungen von Buchstaben mit Fotos, Zeichnungen und grafischen Elementen sind möglich. Initialen waren früher reich an Farbigkeit, Ornamentik und bildlichen Darstellungen. Prächtige Beispiele sind in alten Handschrif-

Einleitend sei darauf hingewiesen, dass das lateinische Wort initium Anfang oder Eingang bedeutet. Initialen haben gliedernde, den Text strukturierende, aber auch schmückende Funktion. Initialen sind meist vergrößerte Versalien aus der Grundschrift oder einer anderen Schrifttype. Außerdem können sie durch ihreFarbe und besonders durch ihre Stellung zum Text hervorgehoben werden. Auch Verbindungen von Buchstaben mit Fotos, Zeichnungen und grafischen Elementen sind möglich. Initialen waren früher reich an Farbigkeit, Ornamentik und bildlichen Darstellungen. Prächtige Beispiele sind in alten Handschriften, aber auch in frü-

Einleitend sei darauf hingewiesen, dass das lateinische Wort *initium* Anfang oder Eingang bedeutet. Initialen haben gliedernde, den Text strukturierende, aber auch schmückende Funktion. Initialen sind meist vergrößerte Versalien aus der Grundschrift oder einer anderen Schrifttype. Außerdem können sie durch ihre Farbe und besonders durch ihre Stellung zum Text hervorgehoben werden. Auch Verbindungen von Buchstaben mit Fotos, Zeichnungen und grafischen Elementen sind möglich. Initialen waren früher reich an Farbigkeit,

Einleitend sei darauf hingewiesen, dass das lateinische Wort *initium* Anfang oder Eingang bedeutet. Initialen haben gliedernde, den Text strukturierende, aber auch schmückende Funktion. Es sind meist vergrößerte Versalien aus der Grundschrift oder einer anderen Schrifttype. Außerdem können sie durch ihre Farbe und besonders durch ihre Stellung zum Text hervorgehoben werden. Auch Verbindungen von Buchstaben mit Fotos, Zeichnungen und grafischen Elementen sind möglich. Initialen waren früher reich an Farbigkeit, Or-

Initialen in unterschiedlichen Stellungen zum Grundtext

erleichtern. Meist wird dafür ein anderer Schriftschnitt derselben Familie verwendet, zum Beispiel halbfett. Solche Auszeichnungen haben aber nicht nur Vorteile: Beim „Querlesen" erschweren sie das Auffinden nicht ausgezeichneter Begriffe. Sogar der Lesefluss kann gestört werden: Der Blick wird vom hervorgehobenen Wort angezogen, bleibt daran hängen oder springt immer wieder dort hin.

Initialen sind vergrößerte Buchstaben am Beginn eines Einzeltextes, Kapitels oder Abschnitts; das lateinische Wort *initium* bedeutet Anfang oder Eingang. Sie haben gliedernde, den Text strukturierende, aber auch schmückende Funktion. Initialen sind meist vergrößerte Versalien aus der Grundschrift oder einer anderen – zur Grundschrift oft stark konträren – Schrifttype. Außerdem können sie durch ihre Farbe und besonders durch ihre Stellung zum Text hervorgehoben werden. Auch Verbindungen von Buchstaben mit Fotos, Zeichnungen und grafischen Elementen sind möglich. Initialen waren früher reich an Farbigkeit, Ornamentik und bildlichen Darstellungen. Prächtige Beispiele sind in alten Handschriften, aber auch in frühen Drucken zu finden, wo sie nach dem Druck des schwarzen Textes manuell eingefügt wurden.

5.5.4 Satzspiegel und Seitenformat

Als Satzspiegel oder Kolumne wird die mit dem Mengensatz bedruckte Fläche bezeichnet. Zum Satzspiegel gehören in der Regel auch die Rubriken und – falls vorhanden – Fußnoten. Außerhalb des Satzspiegels stehen Marginalien und Seitenzahlen (toter Kolumnentitel). Lebende Kolumnentitel werden je nach ihrer Position auf der Seite unterschiedlich behandelt.

Lebende Kolumnentitel sollen die Orientierung im Buch erleichtern; sie enthalten zum Beispiel – ggf. gekürzte – Wiederholungen der Kapitelüberschriften oder – bei Nachschlagewerken – erstes und letztes Stichwort der jeweiligen Seite. Wenn der lebende Kolumnentitel am Kopf der Kolumne steht, wird er durch Zwischenraum, oft mit zusätzlicher Linie, optisch vom Mengensatz getrennt. Er kann aber auch am Fuß der Seite links bzw. rechts neben die Seitenzahl gesetzt werden. Der am Kopf stehende lebende Kolumnentitel wird als Bestandteil des Satzspiegels behandelt, der am Fuß platzierte dagegen in der Regel nicht.

Die Seitenzahl wird auch als Pagina ([lateinisch]: Seite), Kolumnenziffer oder toter Kolumnentitel bezeichnet. Seiten, die im aufgeschlagenen Buch links vom Bund stehen, haben gerade Seitenzahlen, rechts vom Bund stehende Seiten haben ungerade. Unbedruckte Seiten (Vakatseiten, Leerseiten) werden zwar mitgezählt, aber normalerweise nicht paginiert. Die Seitenzahl steht oben oder unten auf der Seite, bündig mit einer Kante des Satzspiegels, eingerückt oder mittig. Sie kann auch Bestandteil eines lebenden Kolumnentitels am Kopf der Seite sein. Weitere Varianten sind möglich, wie zum Beispiel dieses Buch zeigt.

Seitenzahlen werden häufig in der Grundschrift gesetzt; es gibt aber interessante Alternativen, zum Beispiel durch abweichende Schriftgrößen und -schnitte oder Kombination mit Linien. Die Gestaltung von Seitenzahlen sollte ihrer Funktion angemessen sein. Bei der Arbeit mit Fach- und Lehrbüchern, deren Inhalte weitgehend über Inhalts- und Stichwortverzeichnisse erschlossen werden, haben sie große praktische Bedeutung. In Romanen sind Seitenzahlen weniger wichtig, in Nachschlagewerken mit alphabetisch geordneten Stichwörtern praktisch überflüssig.

Fußnoten sind vor allem in wissenschaftlichen Werken zu finden. Sie stehen am Fuß des Satzspiegels, haben meist denselben Schrifttyp und -schnitt wie die Grundschrift, werden aber um 1 pt bis 2 pt kleiner gesetzt. Die optische Trennung vom Grundtext wird durch Leerraum und oft zusätzlich durch waagerechte Linienstücke von etwa 15 mm bis 45 mm Breite erreicht.

Marginalien stehen am linken oder rechten Rand der Seite neben dem Satzspiegel (italienisch *margo*:

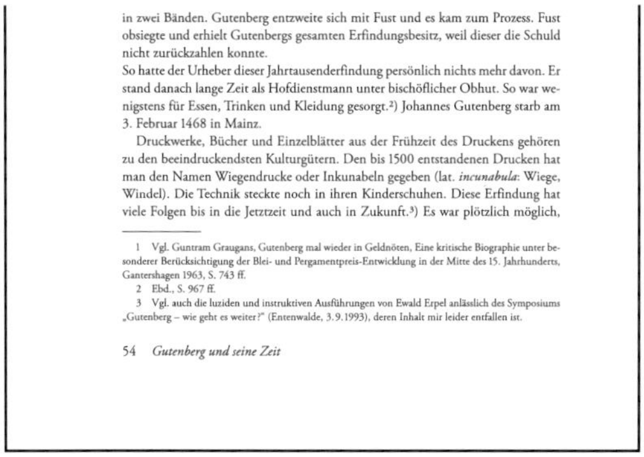

in zwei Bänden. Gutenberg entzweite sich mit Fust und es kam zum Prozess. Fust obsiegte und erhielt Gutenbergs gesamten Erfindungsbesitz, weil dieser die Schuld nicht zurückzahlen konnte.
So hatte der Urheber dieser Jahrtausenderfindung persönlich nichts mehr davon. Er stand danach lange Zeit als Hofdienstmann unter bischöflicher Obhut. So war wenigstens für Essen, Trinken und Kleidung gesorgt.[2]) Johannes Gutenberg starb am 3. Februar 1468 in Mainz.

Druckwerke, Bücher und Einzelblätter aus der Frühzeit des Druckens gehören zu den beeindruckendsten Kulturgütern. Den bis 1500 entstandenen Drucken hat man den Namen Wiegendrucke oder Inkunabeln gegeben (lat. *incunabula*: Wiege, Windel). Die Technik steckte noch in ihren Kinderschuhen. Diese Erfindung hat viele Folgen bis in die Jetztzeit und auch in Zukunft.[3]) Es war plötzlich möglich,

1 Vgl. Guntram Graugans, Gutenberg mal wieder in Geldnöten, Eine kritische Biographie unter besonderer Berücksichtigung der Blei- und Pergamentpreis-Entwicklung in der Mitte des 15. Jahrhunderts, Gantershagen 1963, S. 743 ff.

2 Ebd., S. 967 ff.

3 Vgl. auch die luziden und instruktiven Ausführungen von Ewald Erpel anlässlich des Symposiums „Gutenberg – wie geht es weiter?" (Entenwalde, 3.9.1993), deren Inhalt mir leider entfallen ist.

54 *Gutenberg und seine Zeit*

Fußnoten, lebender Kolumnentitel am Fuß der Seite

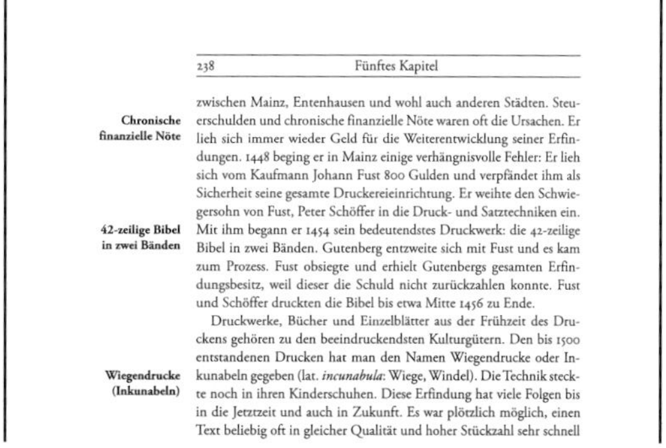

238 Fünftes Kapitel

zwischen Mainz, Entenhausen und wohl auch anderen Städten. Steuerschulden und chronische finanzielle Nöte waren oft die Ursachen. Er lieh sich immer wieder Geld für die Weiterentwicklung seiner Erfindungen. 1448 beging er in Mainz einige verhängnisvolle Fehler: Er lieh sich vom Kaufmann Johann Fust 800 Gulden und verpfändet ihm als Sicherheit seine gesamte Druckereieinrichtung. Er weihte den Schwiegersohn von Fust, Peter Schöffer in die Druck- und Satztechniken ein. Mit ihm begann er 1454 sein bedeutendstes Druckwerk: die 42-zeilige Bibel in zwei Bänden. Gutenberg entzweite sich mit Fust und es kam zum Prozess. Fust obsiegte und erhielt Gutenbergs gesamten Erfindungsbesitz, weil dieser die Schuld nicht zurückzahlen konnte. Fust und Schöffer druckten die Bibel bis etwa Mitte 1456 zu Ende.

Druckwerke, Bücher und Einzelblätter aus der Frühzeit des Druckens gehören zu den beeindruckendsten Kulturgütern. Den bis 1500 entstandenen Drucken hat man den Namen Wiegendrucke oder Inkunabeln gegeben (lat. *incunabula*: Wiege, Windel). Die Technik steckte noch in ihren Kinderschuhen. Diese Erfindung hat viele Folgen bis in die Jetztzeit und auch in Zukunft. Es war plötzlich möglich, einen Text beliebig oft in gleicher Qualität und hoher Stückzahl sehr schnell

Chronische finanzielle Nöte

42-zeilige Bibel in zwei Bänden

Wiegendrucke (Inkunabeln)

Marginalien, lebender Kolumnentitel am Kopf der Kolumne

Rand, Begrenzung). In Sach- und Fachbüchern werden zum Beispiel zentrale Begriffe des Textes am Rand wiederholt, damit sie leichter aufzufinden sind. Marginalien können auch Überschriften ersetzen, indem sie den Inhalt eines Absatzes oder mehrerer Absätze in knapper Form kennzeichnen. Möglich sind außerdem Erläuterungen oder zusätzliche Informationen zum Text, ggf. kombiniert mit kleinen Bildern oder Grafiken. Auch Bildlegenden (Bildunterschriften) werden gelegentlich als Marginalien neben die im Satzspiegel stehenden Bilder platziert.

Marginalien können sich durch Schrifttyp, Schriftschnitt oder Farbe vom Grundtext unterscheiden. Sie sind in der Größe der Grundschrift oder um 1 pt bis 2 pt kleiner und mit entsprechend verringertem Zeilenabstand gesetzt. Mehrzeilige Marginalien werden „hängend" an den Text angebunden: Die erste Marginalzeile und die Bezugszeile im Grundtext halten Linie. Der seitliche Abstand zum Satzspiegel soll etwa ein Geviert der Grundschrift betragen. Wegen der sehr kurzen Zeilen kommt nur Rausatz infrage – entweder durchgehend linksbündig, bei links vom Satzspiegel stehenden Marginalien aber auch rechtsbündig, um die Anbindung an den Grundtext zu verdeutlichen.

Größe, Seitenverhältnis und Anordnung des Satzspiegels stehen in Beziehung zum Format der Seite. Bücher haben meist „freie" Seitenformate; DIN-Formate (vgl. Abschnitt 7.9.5) sind eher die Ausnahme als die Regel. Bei belletristischen Werken sind es überwiegend „schlanke" Hochformate, deren Seitenverhältnisse (Breite : Höhe) etwa dem goldenen Schnitt (rund 1 : 1,62, vgl. Abschnittt 5.2.1) entsprechen. Für Fach- und Lehrbücher finden auch DIN-Formate (A4, A5 und A6) Verwendung bzw. nicht genormte Formate, deren Seitenverhältnis annäherd dem der DIN-Formate ($1 : \sqrt{2}$) entspricht. Ferner sind in diesem Bereich auch „quadratischere" Formate mit Seitenverhältnissen von etwa 1 : 1,3 bis 1 : 1 zu finden. Querformate sind relativ selten; sie werden vor allem bei Bildbänden sowie Bilderbüchern für Kinder verwendet.

Die Bestimmung des Seitenformats kann zwar ein wichtiger Schritt bei der Buchgestaltung sein. In vielen Fällen steht es allerdings nicht zur Disposition, weil zum Beispiel alle Bücher einer Verlagsreihe dasselbe Format haben. Auch wirtschaftliche Gesichtspunkte, zum Beispiel die optimale Ausnutzung des Druckmaschinenformats, können bei der Formatwahl eine Rolle spielen.

Dass Buchseiten leere Ränder haben, entstand in der Zeit der Handschriften aus einer praktischen Notwendigkeit: Tinten und Tuschen hatten keine gute Haftung am Beschreibstoff. Um zu verhindern, dass das Geschriebene mit den Fingern abgerieben wurde, setzte man es deutlich vom Rand ab. Daraus ergab sich wahrscheinlich das Bestreben, beschriebene bzw. bedruckte Fläche und Seitenformat in ein „harmonisches" Verhältnis zu setzen.

Die Drucktechnik entstand in Europa in der Renaissance, also der Zeit des Rückgriffs auf antike, griechische und römische Formideale. Es lag nahe, diese Ideale aus Bildhauerei und Architektur auch in der Typografie aufzugreifen. Ein Beispiel ist der goldene Schnitt, der bis heute ein oft genutztes Mittel ist, um Seiten- und Satzspiegelformate sowie die Anordnung

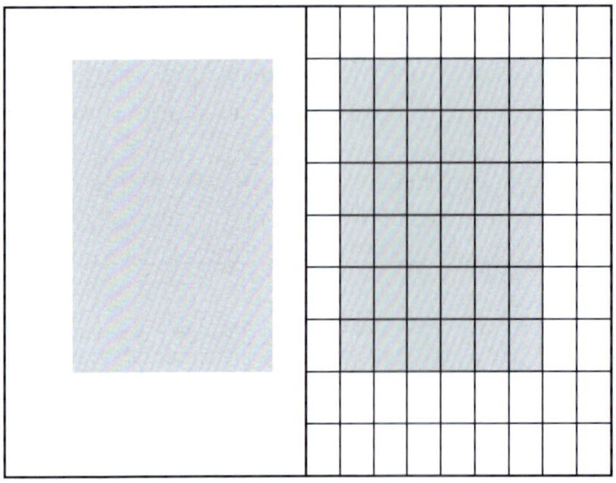

Festlegung von Satzspiegel und Rändern nach der Teilungsmethode, hier mit Teiler 9. Formatbreite und -höhe werden im Verhältnis 1 : 6 : 2 auf Rand am Bund, Satzspiegel und Rand am seitlichen Schnitt bzw. Rand am Kopf, Satzspiegel und Rand am Fuß verteilt. Der Satzspiegel erhält dadurch zwangsläufig dasselbe Seitenverhältnis wie das Seitenformat. Das geht natürlich auch mit anderen Teilern.

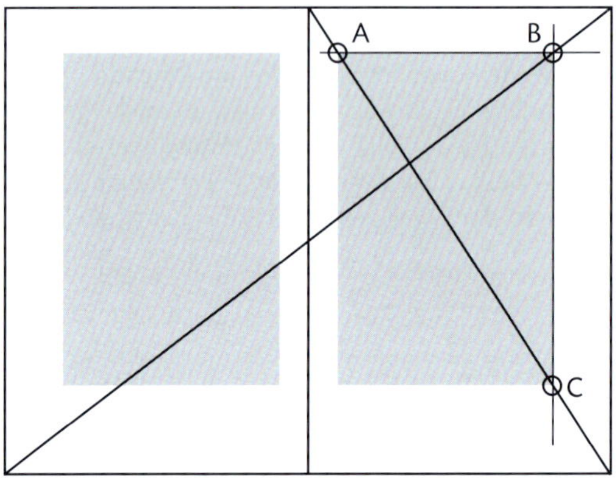

Punkt A auf der kurzen Diagonalen definiert die Ränder an Kopf und Bund. Die Punkte B und C sind Schnittpunkte der Waagerechten durch A mit der langen Diagonalen und der Senkrechten durch B mit der kurzen. Seite und Satzspiegel haben dasselbe Seitenverhältnis, die Ränder an Fuß und seitlichem Schnitt sind doppelt so breit wie die Ränder an Kopf bzw. Bund.

des Satzspiegels auf der Seite zu bestimmen. Es gibt aber viele gleichberechtigte Möglichkeiten – mit rechnerischen Mitteln, durch geometrische Konstruktion oder mithilfe des geübten Blicks für Proportionen.

Der Satzspiegel wird in der Regel so auf der Seite platziert, dass der unbedruckte Rand am Bund schmaler ist als der Rand am seitlichen Schnitt und der Rand am Kopf schmaler als der Rand am Fuß. Bei der Beurteilung der optischen Wirkung geht es immer um die Doppelseite des aufgeschlagenen Buchs. Die Ränder am Bund müssen also schon deshalb schmaler sein, weil sie eine unbedruckte, weiße Fläche in der Mitte der Doppelseite bilden.

In vertikaler Richtung wird der Satzspiegel oberhalb der geometrischen Mitte angeordnet, weil er sonst optisch nach unten fallen würde. Auch praktische Gründe sprechen für breitere Ränder am Fuß und am seitlichen Schnitt: Hier werden die Seiten beim Lesen und Blättern angefasst – es muss also ausreichend Platz vorhanden sein, damit der Daumen nicht den Text verdeckt.

Taschenbücher haben oft einen – im Verhältnis zum Seitenformat – sehr großen Satzspiegel, um möglichst viel Text auf der vergleichsweise kleinen Seite unterzubringen. Wenn die Ränder am Bund zu schmal sind, muss das Buch gewaltsam aufgebogen werden, um die ersten bzw. letzten Buchstaben am Bund lesen zu können – mit entsprechend verheerenden Folgen für die Klebebindung. Um das zu vermeiden, wird der Satzspiegel etwas weiter nach außen gerückt, sodass der Rand am Bund etwa gleich breit oder sogar etwas breiter ist als der Rand am seitlichen Schnitt.

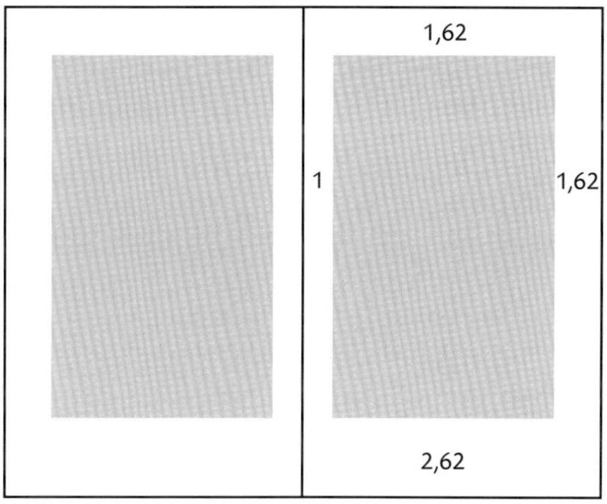

Seitenformat und Satzspiegel im Seitenverhältnis des goldenen Schnitts (rund 1 : 1,62). Die Ränder oben und am seitlichen Schnitt sind gleich breit, die übrigen Maßverhältnisse entsprechen dem goldenen Schnitt. Das Seitenformat ist günstiger ausgenutzt als in den links dargestellten Beispielen, ohne dass der Rund am Bund zu schmal ist.

5.5.5 Beispiel: Die Gestaltung dieses Buchs

Am Beispiel des vorliegenden Buchs lässt sich nachvollziehen, wie Buchseiten gestaltet werden. Wichtig sind zunächst die unveränderbaren Vorgaben und allgemeineren Zielformulierungen, aus denen sich die Reihenfolge der Entscheidungen ergibt.

Das Seitenformat 170 mm × 240 mm sollte gegenüber den Vorgängerausgaben nicht geändert werden. Hinzu kamen wirtschaftliche und praktische Überlegungen: Trotz der großen Textmenge sollte der Umfang des Buchs in der Größenordnung von etwa 500 Seiten liegen. Einerseits, damit Produktionskosten und Verkaufspreis nicht zu hoch werden. Andererseits darf ein Lehrbuch, das von seinen Benutzer(inne)n häufig hin- und hergetragen wird, nicht übermäßig dick und schwer sein.

Aufgrund dieser Vorgaben wurden Schriftgröße und Zeilenabstand vorläufig mit etwa 9 pt und rund 120 % festgelegt. Im Zusammenhang mit der Seitenbreite von 170 mm ergab sich daraus zwangsläufig die Entscheidung für ein zweispaltiges Layout. Einspaltiger Satz hätte bei ökonomischer Nutzung des Seitenformats zu äußerst leseunfreundlichen Zeilenbreiten von 130 mm bis 140 mm geführt. Eine lesefreundliche Breite von etwa 90 mm hätte zwar Raum für Marginalien gelassen, gleichzeitig aber den Umfang des Buchs auf fast das Eineinhalbfache erhöht.

Beim zweispaltigen Satz ergeben sich Spaltenbreiten von 65 mm bis 70 mm, also ausreichend, um guten Blocksatz zu realisieren. Die Entscheidung für Blocksatz fiel aufgrund der Überlegung, dass die Seiten durch zahlreiche Überschriften und Bilder optisch bereits etwas unruhig wirken würden. Rausatz hätte diese Unruhe noch verstärkt, Blocksatz lässt die Seiten etwas „aufgeräumter" aussehen.

Bei der Wahl der Grundschrift spielten mehrere Überlegungen eine Rolle. Am Anfang stand die Entscheidung für eine serifenlose Schrift – einerseits, um an die ebenfalls in einer serifenlosen Linear-Antiqua gesetzten Vorgängerausgaben anzuknüpfen, andererseits, weil sich die an der Gestaltung Beteiligten einig waren, dass eine serifenlose Schrift gut zu Charakter und Inhalt des Buchs passt. Gesucht wurde eine serifenlose Linear-Antiqua, die

- in der Größe 9 pt bei etwa 120 % Zeilenabstand gut und flüssig lesbar ist,
- nicht konstruiert wirkt, sondern einen lebhaften Duktus hat,
- relativ schmal läuft, ohne gedrängt zu wirken.

Am besten geeignet erschien eine von der Renaissance-Antiqua abgeleitete Schrift. Nach längerem Suchen und mehreren Probelayouts mit verschiedenen Schriften fiel die Wahl auf die Today Sans von Volker

Küster. Sie erfüllt die oben genannten Forderungen nahezu perfekt. Die angebotenen Schnitte (regular, italic, medium, bold usw.) reichen aus, um alle typografischen Kategorien wie Grundschrift, Rubriken, Bildlegenden und Kolumnenziffern abzudecken. Auch Mediävalziffern und Kapitälchen sind vorhanden.

Schriftgrößen und -schnitte wurden dann wie folgt bestimmt:

- Grundschrift: 9 pt regular
- Überschriften: 10 pt bold und medium
- Bildlegenden: 9 pt italic

Der Zeilenabstand wurde mit einheitlich 11 pt (rund 122 %) festgelegt. Rubriken haben einen Abstand von einer Leerzeile zum folgenden Text; zwischen Grundtext und nachfolgender Rubrik stehen zwei Leerzeilen. Die Einzüge am Anfang von Absätzen und in Aufzählungen mit Spiegelstrichen sind ein Geviert breit.

Die endgültige Festlegung von Satzspiegel und Rändern ergab diese Maße:

- Satzspiegelbreite 400 pt
- Spaltenabstand 14 pt, Spaltenbreite 193 pt
- Satzspiegelhöhe 592 pt (54 Zeilen)
- Rand am Bund 36 pt, seitlich 46 pt
- Rand oben 38 pt, unten 48 pt

Die Seitenzahlen stehen mittig im linken bzw. rechten Rand neben der Kolumne, halten Linie mit der 22. Zeile des Satzspiegels und sind in Mediävalziffern, Schriftgröße 12 pt, gesetzt. Die Linie darüber liegt auf der Grundlinie der 21. Zeile und ist immer so breit wie eine dreistellige Seitenzahl. Für diese etwas ungewöhnliche Lösung sprachen mehrere Argumente:

- Die Seitenzahlen sollen ins Auge springen, weil sie gebraucht werden, um Textstellen nach den Angaben im Inhaltsverzeichnis oder Register zu finden.
- Der Satzspiegel konnte etwas höher angelegt werden als bei oben oder unten stehenden Seitenzahlen (54 anstelle von 52 Zeilen).
- Das ansonsten eher sachliche, „trockene" Seitenlayout erhält ein typisches, eigenständiges Merkmal.

Bilder stehen überwiegend am Fuß der Seite und sind je nach Inhalt ein- oder zweispaltig. Teilweise sind Bilder und Textpassagen mit Linien umrandet, um sie deutlich vom Grundtext abzusetzen. Die Stellung der Bilder hat auch technische Gründe: Textänderungen oder Überarbeitungen für Folgeauflagen sind einfacher zu handhaben, wenn die Bilder auf festen Positionen stehen. Außerdem würde der Text durch „eingestreute" Abbildungen in zu viele Einheiten zergliedert, was die Übersicht erschwert und den Lesefluss hemmt. Einige Bilder stehen allerdings am Kopf der Seite, meist aus chronologischen, aber auch aus optischen Gründen, damit das Layout nicht zu starr wirkt.

Bei Bildern mit flächigem Charakter wurde versucht, die obere und untere Begrenzung mit dem daneben stehenden Text Linie halten zu lassen. Dieses Prinzip ließ sich allerdings aufgrund von Abbildungscharakter und Bildausschnitt oder einfach wegen des vorhandenen Platzes nicht ganz konsequent durchhalten.

Bildunterschriften (Bildlegenden) sind in gleicher Schriftgröße und mit gleichem Zeilenabstand wie der Grundtext gesetzt, damit sie mit daneben stehenden Textzeilen Linie halten. Der kursive Schriftschnitt wurde benutzt, weil er sich deutlich und unverwechselbar vom Grundschnitt unterscheidet und schmaler läuft, sodass auch längere Bildunterschriften nicht übermäßig viel Raum beanspruchen.

Die Hauptüberschriften der zehn Kapitel wurden auf vorangestellte Titelseiten gesetzt. Das entspricht einem bereits seit Jahren zu beobachtenden Trend bei der Gestaltung von Fach- und Lehrbüchern, ist also nicht besonders originell. Für diese Lösung spricht aber, dass die erste Textseite des Kapitels nicht mit Rubriken überfrachtet wird.

5.5.6 Titelei und Anhang

Titelei ist der Sammelbegriff für alle Seiten, die dem eigentlichen Buchtext vorangestellt sind. Sie kann folgende Teile enthalten:

- Schmutztitel
- Sammeltitel
- Haupttitel
- Impressum
- Widmungstitel
- Vorwort
- Inhaltsverzeichnis
- Abkürzungsverzeichnis

Die Seitenzählung beginnt immer mit der ersten Seite der Titelei, normalerweise also beim Schmutztitel. Schmutz-, Reihen- und Haupttitel, Impressum und Widmungstitel tragen aber keine Seitenzahl. Bei Fachbüchern und wissenschaftlichen Werken werden die Seiten der Titelei gelegentlich auch getrennt vom eigentlichen Text gezählt und mit römischen Zahlen paginiert. Der Inhalt des Werks beginnt dann nach der Titelei mit der arabisch paginierten Seite 1.

Der Schmutztitel trägt knappe Angaben zur Identifizierung des Werks: Verfassernamen (meist ohne Vornamen), Buchtitel (evtl. schlagwortartig verkürzt), gelegentlich auch Namen, Signet oder Logotype des Verlags. Der Schmutztitel ist ein Relikt aus der Frühzeit der Buchproduktion: Bücher wurden häufig als Buchblocks verkauft, da der Einband in Leder oder Pergament sehr teuer war. Um den Buchblock und vor allem das Titelblatt vor Verschmutzung zu schützen, wurde ein kräftiges Blatt Papier vorgelegt, das mit dem stark reduzierten Haupttitel bedruckt war.

Einen Sammeltitel gibt es bei Schriftenreihen und mehrbändigen Ausgaben, zum Beispiel den gesammelten Werken eines Verfassers. Er steht auf der Rückseite des Schmutztitels (Seite 2). Gestalterisch sollte der Sammeltitel dem Haupttitel angepasst sein. In Werken ohne Sammeltitel bleibt die Rückseite des Schmutztitels entweder leer (Vakatseite) oder wird zum Beispiel für Informationen über Buch („Zu diesem Buch") oder Verfasser(in) genutzt.

Der Haupttitel ist die Seite 3 des Buchs. Er enthält den bzw. die vollständigen Verfasser(innen)namen mit Vornamen, den vollständigen Titel – ggf. mit Untertitel – sowie den Verlagsnamen. Weitere mögliche Angaben sind Herausgeber, Verlagsort, Auflage und Erscheinungsjahr, Buchreihe, Hinweis auf Abbildungen („Mit 1274 überwiegend farbigen Abbildungen und 85 Tabellen") sowie Signet oder Logotype des Verlags.

Das Impressum (lateinisch: das Ein- oder Aufgedrückte) ist der Pflichteintrag gemäß deutschem Presserecht. Es befindet sich normalerweise auf der Rückseite des Haupttitels (Seite 4). Die wichtigsten Inhalte sind:

- Verlag und Verlagsort
- Copyright-Vermerk
- Firma und Ort des Herstellers (Gesamtherstellung oder aufgeteilt in Satz, Druck, Binden)
- Erscheinungsjahr und Auflage
- Inernational Standard Book Number (ISBN)

Das Impressum steht meist am Fuß der Seite und ist in der Grundschrift oder um 1 pt bis 2 pt kleiner gesetzt. Bei dünnen, durchscheinenden Papieren, insbesondere Dünndruckpapieren, stört das Impressum möglicherweise die Gestaltung des Haupttitels. Deshalb kann es auch auf der letzten Seite des Buchs stehen; die Rückseite des Haupttitels bleibt dann leer.

Der Widmungstitel (Dedikationstitel) weist auf eine Person oder Gruppe hin, die entweder zum Gelingen des Werks beigetragen hat oder der es allgemein gewidmet sein soll. Anstelle einer Widmung kann hier auch ein Denk- oder Leitspruch (Motto) stehen. Früher wurden auch Bilder von hoch gestellten Persönlichkeiten oder Heiligen gedruckt, denen das Werk gewidmet wurde. Heute sind Widmungstitel meist sehr schlicht gestaltet: Zwei bis drei Zeilen Flatter- oder Mittelachsensatz in der Grundschrift oder etwas größer, oft in der optischen Mitte der Seite angeordnet.

Das Vorwort steht bzw. beginnt auf Seite 5, oder – wenn ein Dedikationstitel vorhanden ist – auf Seite 7. Es enthält je nach Werktyp Anmerkungen von Autor, Herausgeber oder Verlag zu Idee, Entstehung, Zweck oder Anspruch des Buchs. In Fach- und Lehrbüchern kann es auch Hinweise zu Gliederung und Handhabung enthalten. Es ist selten länger als zwei Druckseiten und endet meist mit der Angabe von Verlagsort, Monat und Jahr sowie Verfasser, Herausgeber und Verlag. Umfangreichere Benutzungshinweise in Fach- und Lehrbüchern können auch getrennt vom Vorwort auf der folgenden oder den folgenden Seiten stehen.

Das Inhaltsverzeichnis ist meist der letzte Teil der Titelei. Es ermöglicht das schnelle Auffinden von Kapiteln und Abschnitten und ist deshalb vor allem in Fach- und Lehrbüchern von Bedeutung. Sehr umfangreichen Inhaltsverzeichnissen ist gelegentlich eine Inhaltsübersicht – ein stark reduziertes Inhaltsverzeichnis – vorangestellt. In belletristischen Werken kann das Inhaltsverzeichnis auch am Schluss stehen, meist auf der vorletzten Seite.

Wenn in einem Werk Abkürzungen benutzt werden, von denen nicht angenommen wird, dass sie allgemein bekannt sind, bildet das Abkürzungsverzeichnis den letzten Teil der Titelei.

Die Gestaltung von Vorwort, Inhalts- und ggf. Abkürzungsverzeichnis entspricht im Wesentlichen den folgenden Seiten des Buchs. Umfangreiche Inhalts- und Abkürzungsverzeichnisse können in einer um 1 pt bis 2 pt kleineren Schrift gesetzt sein.

Auf den Text des Werks kann ein Anhang mit unterschiedlichen Inhalten folgen, zum Beispiel:

- Nachwort
- Anmerkungen oder Erläuterungen
- Quellenverzeichnis
- Bibliografie
- Zeittafel
- Register

Das Nachwort erfüllt ähnliche Funktionen wie ein Vorwort, ist aber meist länger. Anmerkungen oder Erläuterungen zum Text erklären Begriffe und geben Hinweise auf historische und soziale Zusammenhänge oder politische und literarische Anspielungen.

Das Quellenverzeichnis (Literaturverzeichnis) in wissenschaftlichen Werken enthält die vollständigen bibliografischen Angaben zu allen wörtlich oder sinngemäß zitierten Quellen: Autor, Titel und Untertitel des zitierten Werks, ggf. Bandnummer, Erscheinungsort, Auflage, Erscheinungsjahr. Bei Veröffentlichungen im Internet sollten URL und Aktualisierungsdatum angegeben sein. Die Quellenangaben sind normalerweise alphabetisch nach Verfassernamen geordnet.

Bibliografien (Literaturhinweise) in Fachbüchern sind – mehr oder minder vollständige – Listen von Veröffentlichungen zum selben Thema und zu angrenzenden Themengebieten. Sie können auch kommentiert sein, also Hinweise zu Inhalt, Anspruch, Relevanz oder Qualität der genannten Veröffentlichungen enthalten.

Zeittafeln erscheinen in Biografien oder geschichtlichen Werken. Sie enthalten in gut gegliederter Anordnung und chronologischer Reihenfolge wichtige

Lebensdaten von Personen oder andere geschichtliche Daten; oft wird auch auf zeitliche parallele Ereignisse oder Entwicklungen hingewiesen.

Das Sach-, Personen- und Ortsregister, kurz als Register oder Index bezeichnet, dient zum raschen Auffinden von Begriffen, Personen- oder Ortsnamen im Buch. Hinter den alphabetisch geordneten Begriffen und Namen stehen die entsprechenden Seitenzahlen; ein f hinter der Seitenzahl bedeutet, dass der gesuchte Begriff oder Name auch auf der folgenden Seite behandelt wird; ein ff weist auf mehr als zwei aufeinanderfolgende Seiten hin. Sach-, Personen- und Ortsregister können auch voneinander getrennt sein, insbesondere in Werken, die zahlreiche Personen- oder Ortsnamen enthalten. Register sind meist mehrspaltig und um 1 pt bis 2 pt kleiner als der Grundtext gesetzt. Sie sollten immer ganz am Schluss des Buchs stehen, damit sie ohne umständliches Blättern zu finden sind.

6

Druckvorstufe

6.1 Vorbemerkung

Dieses Kapitel beginnt mit Layout-Daten und endet mit der Herstellung von Druckformen und Prüfdrucken. Sein Inhalt ist damit nicht in jedem Fall identisch mit Aufgabenumfang von Vorstufenbetrieben oder -abteilungen. Häufig gehören auch Bilddigitalisierung mit Scannern und Herstellung von Vektorgrafiken dazu, gelegentlich auch das digitale Fotografieren. Diese Themen werden in Kapitel 3 dieses Buchs behandelt. Das in der Druckvorstufe wichtige Wissen über Licht und Farbe, insbesondere zur CMYK-Farbseparation, findet sich in Kapitel 2 und soll hier nicht wiederholt werden. Druckformen werden häufig nicht in Vorstufenbetrieben oder -abteilungen hergestellt, sondern in Druckereien bzw. deren Formherstellungsabteilungen. Sachlich gehört die Druckformherstellung aber zur Druckvorstufe, sodass es sinnvoll erscheint, sie in diesem Kapitel zu behandeln.

6.2 Layout-Daten

Die Layout-Daten eines Printprodukts, also zum Beispiel eines Buchs, einer Anzeige, eines Etiketts oder eines Plakats, werden im Folgenden als Dokument bezeichnet. Layout-Dokumente enthalten Text, Bilder und grafische Elemente wie Flächen, Linien oder komplexere Grafiken. Diese Elemente stammen aus unterschiedlichen Quellen, werden mit unterschiedlichen Geräten und Programmen erzeugt und bearbeitet sowie in Dateien unterschiedlichen Typs gespeichert.

Als Rahmen zur Integration dienen meist Layout-Programme wie QuarkXPress oder InDesign, bei Dokumenten mit wenig Text und komplexer Grafik auch Grafikprogramme. Die folgende Darstellung bezieht sich auf übliche Layout-Programme.

Text kann bei jedem Layout-Programm direkt über die Tastatur eingegeben werden. Mögliche Varianten sind Texterfassungs- oder Redaktionssysteme, die zwar die Datenformate der Layout-Programme verwenden, jedoch keine oder nur eingeschränkte Layout-Funktionen bieten. Manuelle Erfassung umfangreicher Texte nach hand- oder maschinenschriftlichen Manuskripten dürfte heute die Ausnahme sein. Die meisten Autor(inn)en benutzen Textverarbeitungsprogramme, sodass die Texte bereits in codierter Form vorhanden sind. Solche Textdaten, die zum Beispiel in einer Variante des MS-Word- oder Open-Office-Formats oder im programmunabhängigen Rich Text Format zugeliefert werden, lassen sich mithilfe von Importfiltern in Layout-Dateien übernehmen. Umfangreiche Texte auf Papier können auch mittels OCR (Optical Character Recognition, optische Zeichenerkennung, vgl. 1.11.5) erfasst werden. Zu diesem Zweck werden die Seiten gescannt und von einem OCR-Programm in codierte Textdaten übersetzt. Die mit Textverarbeitungsprogrammen oder mittels OCR erfassten Daten müssen aber iim Regelfall noch bearbeitet werden, um sie an typografische Erfordernisse und Regeln anzupassen.

Text, also codierte Zeichen, wird in jedem Fall zum Bestandteil der Layout-Datei. Das gilt aber nicht für die Schriften, also die digitalen Beschreibungen der Zeichenformen. Schriften (Fonts) bleiben separate Dateien, auf die das Layout-Programm sowohl für die Anzeige auf dem Monitor als auch beim Ausdrucken zugreift. Sie sind normalerweise im Font-Ordner auf der Festplatte des Arbeitsplatzrechners oder eines Servers gespeichert.

Einfache grafische Elemente – zum Beispiel Linien, Pfeile, Kurven, Rechtecke, Vielecke, Kreise, Ellipsen oder Kombinationen daraus – lassen sich problemlos mit jedem Layout-Programm erzeugen. Komplexere Vektorgrafiken und Pixelbilder werden mithilfe von Grafik- und Bildbearbeitungsprogrammen erstellt bzw. bearbeitet und mit dem Layout-Programm lediglich platziert. Die Layout-Datei enthält nur Verweise auf diese Bild- und Grafikdateien, die selbst nicht zu Bestandteilen der Layout-Datei werden, und zeigt Vorschauen als Platzierungshilfen.

Dazu müssen Bilder und Grafiken in geeigneten Datenformaten vorliegen. Neben programm- und plattformunabhängigen Formaten wie TIFF und EPS unterstützen aktuelle Layout-Programme auch proprietäre Formate von Grafik- und Bildbearbeitungsprogrammen. Auch komplette Seiten oder Anzeigen im Portable Document Format (PDF) können in Layout-Dokumente eingebunden werden.

Platzierte Vektorgrafiken und Pixelbilder lassen sich mit Layoutprogrammen eingeschränkt modifizieren, insbesondere drehen, spiegeln, skalieren (vergrößern oder verkleinern) und verzerren. Solche Modifikationen werden zwar im Vorschaubild angezeigt; die Da-

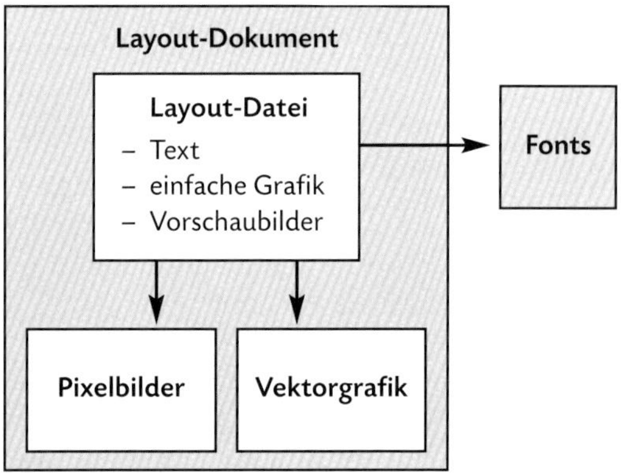

teien der platzierten Elemente bleiben aber unverändert. Die Modifikationen sind lediglich als Befehle in der Layout-Datei gespeichert und werden bei Anzeige der Vorschaubilder und Ausgabe des Dokuments wirksam.

Im Zusammenhang mit Layout-Dokumenten der hier beschriebenen Art wird auch von „offenen" Daten oder Dateien gesprochen, weil sie noch uneingeschränkt bearbeitet werden können. Bei strenger Betrachtungsweise ist das nicht ganz korrekt, da sich platzierte EPS- und PDF-Dateien selbst nicht oder nur noch sehr eingeschränkt bearbeiten lassen. Ihre Größen und Positionen bleiben aber veränderbar.

6.3 Ausgabe-Workflow

6.3.1 Produktionsschritte

Zum digitalen Ausgabe-Workflow gehören alle Produktionsschritte nach Erstellung des Layout-Dokuments bis zur Ausgabe auf Film oder Druckform bzw. – bei Computer-to-Press und Computer-to-Paper – bis zur Übergabe an die Druckmaschine.

Erster Schritt ist in der Regel die Überprüfung der vom Auftraggeber gelieferten oder aus einer anderen Betriebsabteilung übernommenen Daten. Denn unentdeckte Fehler können in letzter Konsequenz zur kostenträchtigen Ausgabe fehlerhafter Filme, Druckformen oder Drucke führen.

Dabei geht es sowohl um die technische Intaktheit der Daten als auch um Aspekte, die ihre Eignung für Ausgabe und Druck bestimmen. Typische Fehler: Pixelbilder mit zu geringen Auflösungen oder in falschen Farbmodi, versehentliche Verwendung von Sonderfarben, fehlende oder defekte Fonts, fehlende Beschnittzugabe, Haarlinien (extrem dünne Linien – Faustregel für den Offsetdruck: Linienstärke mindestens 0,1 mm oder 0,25 pt).

Solche und andere Fehler können zwar durch Öffnen und Prüfen jeder einzelnen Datei gefunden werden. Erheblich rationeller, sicherer und umfassender ist aber die Preflight genannte Prüfung mithilfe von Prüfprogrammen oder -modulen. Durch Erstellung eines Prüfprofils oder Auswahl eines bereits vorhandenen wird bestimmt, auf welche Fehler und potenziellen Probleme die Daten beim Preflight untersucht werden sollen. Nach Ablauf erscheint ein Protokoll, das Fehler und Probleme auflistet oder angibt, dass keine gefunden wurden. Reparable Mängel werden anschließend korrigiert, bei irreparablen der Zulieferer der Daten informiert.

Wenn fehlerfreie Daten vorliegen, folgend die weiteren Produktionsschritte, wobei die Reihenfolge nicht in allen Punkten der folgenden Aufzählung entsprechen muss.

- Konvertierung in ein Produktionsdatenformat: Die Daten werden in das Format gewandelt, in dem sie die folgenden Produktionsschritte durchlaufen sollen, also zum Beispiel PostScript, PDF oder TIFF/IT.
- Anlegen von Überfüllungen (Trapping): Aufgrund kleine Passerabweichungen im Druck können weiße „Blitzer" zwischen unmittelbar aneinander stoßenden Elementen entstehen. Durch Überfüllen wird dafür gesorgt, dass solche Elemente einander leicht überlappen (vgl. Abschnitt 6.4.1).
- Digitale Bogenmontage (vgl. Abschnitt 6.5): Nutzen oder Seiten werden so positioniert, wie sie später auf dem Druckbogen stehen sollen. Nutzen sind Mehrfachexemplare kleinformatiger Produkte, also zum Beispiel Etiketten, Geschäftskarten oder Handzettel. Wenn es um die Anordnung der Seiten von Büchern oder Broschüren geht, wird der Vorgang als Ausschießen bezeichnet.
  Im Offset-, Tief- und Siebdruck geht das im Regelfall nicht ohne digitale Bogenmontage, weil die Druckform das vollständige Druckbild für einen Druckbogen bzw. Rollenabschnitt trägt. Nur im Zeitungs-Offsetdruck wird mit Einzelseiten-Druckplatten gearbeitet. Die Druckformzylinder von Zeitungs-Rollenoffsetdruckmaschinen nehmen jeweils vier, acht oder zwölf solcher Platten auf. Im Flexodruck lassen sich kleinere Druckplatten durch positionsgenaues Aufkleben auf die Formzylinder der Druckmaschine zu größeren Formen zusammenstellen. Auch hier werden aber zunehmend komplette Druckformen, insbesondere Sleeves, hergestellt, sodass digitale Montage erforderlich ist. Sleeves sind hohle, zylindrische Druckformen, die auf die Formzylinder der Druckmaschinen geschoben werden.
- Ausgabe von Prüfdrucken (Proofs, vgl. 6.10): Farblich verbindliche Contract-Proofs prognostizieren das Ergebnis des späteren Auflagendrucks; nach Freigabe durch den Auftraggeber dienen sie als farbverbindliche Vorlagen für die Auflage. Form-Proofs (Imposition-Proofs) werden zur Bogenrevision ausgedruckt, also zur Überprüfung, ob Nutzen oder Seiten in korrekten Positionen montiert sind.
- Im Colour-Management-Workflow (vgl. Abschnitt 6.3.4) kommen noch Farbraum-Konvertierung und ggf. Flachrechnen von Transparenzen hinzu.

Ziel und Ende des Ausgabe-Workflows ist die Datenausgabe auf einen materiellen Informationsträger. Schlagwortartig wird unterschieden zwischen:

- Computer-to-Film
- Computer-to-Plate (-Cylinder, -Screen)
- Computer-to-Press
- Computer-to-Paper

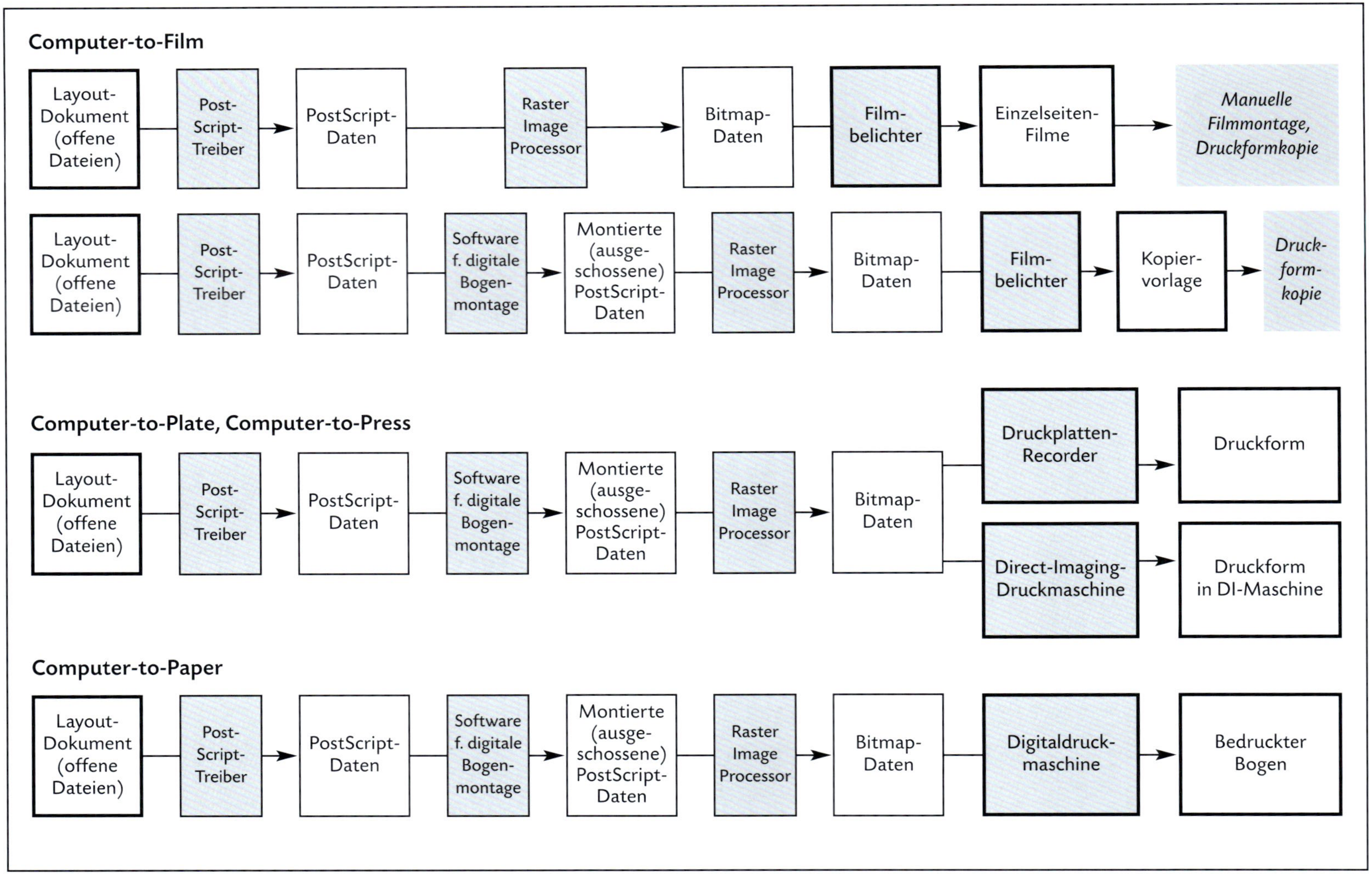

Computer-to-Verfahren und Ausgabe-Workflow, hier am Beispiel eines reinen PostScript-Workflows

Der Begriff Computer-to-Film kennzeichnet die Datenausgabe mit Filmbelichtern. Es entstehen also Filme, die bei der Druckformherstellung als Kopiervorlagen dienen. Zwei Varianten sind möglich: Bei der älteren werden Filme von Einzelseiten- oder -nutzen ausgegeben und dann manuell zu einer Kopiervorlage mit zum Beispiel 8 Seiten oder 24 Nutzen montiert. In der moderneren Variante werden druckplattengroße Filme mit mehreren, bereits endgültig positionierten Seiten oder Nutzen ausgegeben.

Computer-to-Plate bezeichnet die direkte, filmlose Bebilderung von Offset- oder Flexodruckplatten mithilfe von Druckplatten-Recordern. Im Rakel-Tiefdruck wird von Computer-to-Cylinder gesprochen, im Siebdruck von Computer-to-Screen.

Bei Computer-to-Press geht es – wie bei Computer-to-Plate – um die Datenausgabe auf eine Druckform. Die Technik zur Druckform-Bebilderung ist hier aber Bestandteil der Druckmaschine. Die Druckform wird also nicht fertig in die Maschine gespannt, sondern entsteht erst in der Druckmaschine. Computer-to-Press, auch als Direct Imaging (DI) bezeichnet, gibt es bisher nur im Offsetdruck.

Computer-to-Paper kennzeichnet dagegen Druckverfahren ohne permanente, materielle Druckform. Die wichtigsten Verfahren sind elektrofotografischer Druck („Laserdruck") und Tintenstrahldruck, zusammenfassend als Digitaldruck bezeichnet.

6.3.2 Daten im Ausgabe-Workflow

Schon auf dem denkbar kürzesten Weg vom Layout-Dokument zum materiellen Informationsträger müssen die Daten zweimal umgewandelt werden.

Mit der Funktion „Drucken" werden im Layout-Programm geöffnete Layout-Datei und alle darin platzierten Bild- und Grafikdateien abgeschickt. Da aber kein Ausgabegerät offene Dateien „versteht", werden alle Bestandteile des Dokuments in eine programm- und systemunabhängige Seitenbeschreibung konvertiert, normalerweise PostScript (vgl. Abschnitt 1.12). Das geschieht mithilfe eines so genannten Treibers aus dem Layout-Programm heraus.

Bei der zweiten Umwandlung wird diese Seitenbeschreibung übersetzt (interpretiert) und in eine Bitmap zur Ansteuerung des Ausgabegeräts konvertiert, also eine „Landkarte" aus druckenden und nicht druckenden Elementen. Das ist die Aufgabe des Raster Image Processors (RIP), eines Programms oder Spezialrechners (Soft- bzw. Hardware-RIP) am Ende des digitalen Ausgabe-Workflows (vgl. Abschnitt 6.7.1).

Digitale Bogenmontage und Anlegen von Überfüllungen (Trapping) finden normalerweise zwischen den beiden Datenkonvertierungen statt. Es gibt zwar Möglichkeiten zur digitalen Montage offener Dateien; Überfüllungen können bereits in Layout- und Grafikprogrammen erzeugt werden. In den meisten Workflow-Lösungen werden aber die Dokumente erst nach der Umwandlung ins Produktionsdatenformat montiert und überfüllt.

Die unterschiedlichen Daten und Datenformate lassen sich nach Art und Verwendung oder Funktion einteilen. Nach Datenart kann zwischen offenen Daten (Dateiformate von Layout- oder Grafikprogrammen und darin platzierter Bilder und Grafiken), Daten in Seiten- oder Dokumentbeschreibungssprachen (PDF, PostScript) und Pixeldaten (zum Beispiel TIFF/IT) unterschieden werden. Nach Verwendung oder Funktion lassen sie sich in Arbeitsdaten (Layout-Daten), Austauschdaten und Produktionsdaten unterteilen.

Arbeitsdaten beim Erstellen von Layouts haben zwangsläufig Datenformate der jeweils verwendeten Layout- oder Grafikprogramme und der platzierten Bilder und Grafiken.

PostScript, EPS (Encapsulated PostScript) und PDF (Portable Document Format) sind Produktionsdatenformate auf Basis komplexer Seiten- bzw. Dokumentbeschreibungssprachen. Der „Klassiker" PostScript und die Variante EPS werden zunehmend durch PDF verdrängt. Die letzte PostScript-Spezifikation stammt aus dem Jahr 1997, Weiterentwicklungen wird es nicht mehr geben.

Hauptnachteil von PostScript und EPS ist die geringere Produktionssicherheit, es kommt also häufiger zu Fehlern bei der Ausgabe als bei PDF oder Pixelformaten. Editieren ist zwar möglich, gestaltet sich aber schwieriger als bei PDF – es erfordert spezielle Tools und umfassende Kenntnisse. Die Datenmenge ist erheblich kleiner als bei Pixelformaten, aber in der Regel größer als bei PDF.

Die Produktionssicherheit von PDF liegt irgendwo zwischen PostScript- und Pixeldaten. PDF ist kein spezielles Druckvorstufenformat, sondern kann auch für zahlreiche andere Anwendungen – zum Beispiel im Office- oder Online-Bereich – verwendet werden. Es kommt also darauf an, druckvorstufengerechte PDF-Dateien zu erzeugen. Zu diesem Zweck wurden die PDF/X-Spezifikationen geschaffen (mehr dazu im folgenden Abschnitt). Bei konsequenter Einhaltung dieser Vorgaben bieten PDF-Workflows recht hohe Produktionssicherheit.

PostScript- und PDF-Daten können grundsätzlich in zwei Formen vorliegen und verarbeitet werden: composite oder separiert. Composite bedeutet, dass jede Seite die vollständigen Farbinformationen enthält. Separiert heißt, dass die Seiten bereits in Farbauszüge für Cyan, Magenta, Yellow und Schwarz sowie ggf. Sonderfarben aufgespalten sind. Das war früher erforderlich, um bestimmte Probleme zu vermeiden, die bei der Erzeugung von Composite-PostScript auftraten. Gleichzeitig wurde dadurch der RIP entlastet. Heute wird fast ausschließlich mit Composite-Daten gearbeitet, weil die Separation eine Reihe von Nachteilen hat, u.a. größere Datenmenge und sehr stark eingeschränkte Editierbarkeit. Colour-Management beim Ausdrucken von Proofs funktioniert nicht mit einzelnen Farbauszügen – hier müssten sie also wieder zu Composite-Daten vereinigt werden.

Pixel-Produktionsdatenformate werden auch als CT/LW-Formate *(continuous tone/line work)* bezeichnet. Die Dateien enthalten Unterstrukturen für Halbtonbilder und Strichelemente sowie die Informationen über ihre Positionierung.

Neben TIFF/IT (ISO 12639) gibt es eine Reihe herstellerspezifischer Varianten, die auf TIFF/IT oder dem älteren, ursprünglich von Scitex entwickelten CT/LW-Format basieren. Pixeldaten können auch in PostScript-, EPS- oder PDF-Dateien „verpackt" sein; in diesem Fall wird von „flachem" PostScript, EPS bzw. PDF gesprochen. Im ursprünglich von Linotype-Hell entwickelten Delta-Format sind die Daten „vorgerippt", entsprechen also Display-Listen, wie sie bei der Interpretation von Seitenbeschreibungssprachen im Raster Image Processor erzeugt werden (vgl. Abschnitt 6.7.1).

Vorteile von Pixeldaten sind sehr hohe Produktionssicherheit und Entlastung des Raster Image Processors. Da keine Interpretation nötig ist, kann es dabei nicht zu Fehlern kommen; die Aufgabe des RIPs ist auf die Erzeugung der Ausgabe-Bitmap beschränkt. Nachteile sind vergleichsweise große Datenmengen und stark eingeschränkte Editierbarkeit, sodass Last-Minute-Korrekturen kaum noch möglich sind. Im Offsetdruck haben Pixeldaten-Workflows deshalb in den letzten Jahren an Bedeutung verloren. In der Tiefdruck-Vorstufe sind dagegen insbesondere TIFF/IT-Workflows wegen ihrer hohen Produktionssicherheit recht weit verbreitet, weil Fehler bei der Gravur von Tiefdruckzylindern hohe Kosten verursachen.

Beim Datenaustausch, also der Übergabe der Daten in den Ausgabe-Workflow, sind prinzipiell alle Datenarten vorstellbar, die vom Lieferer der Daten erzeugt und vom Empfänger verarbeitet werden können.

- Die Übergabe offener Dateien hat den Vorteil, dass noch vorhandene Fehler „direkt an der Quelle" korrigiert werden können. Voraussetzung ist aber in jedem Fall, dass die richtige Version des verwendeten Layout- oder Grafikprogramms und alle verwendeten Fonts beim Empfänger der Daten vorhanden sind. Kein Problem beim innerbetrieblichen Datenaustausch, wohl aber bei der Übergabe durch externe Auftraggeber. Mitliefern von Fonts ist in der Regel nicht zulässig, weil die Lizenzen nur Nutzung im Betrieb des Erwerbers und Einbettung in Dateien gestatten.
- PostScript und EPS waren in der Vergangenheit als Austauschformate recht weit verbreitet. Viele Layout- und Grafikprogramme bieten die Möglichkeit der Fonteinbettung beim EPS-Export; mithilfe eines Tools (FontIncluder) ist auch nachträgliche Einbettung in PostScript- und EPS-Dateien möglich. Inzwischen wurden aber PostScript und EPS weitgehend durch PDF verdrängt.
- PDF dürfte heute das wichtigste Datenaustauschformat sein. Für Austauschdaten gilt natürlich dasselbe wie für Produktionsdaten: Sie müssen druckvorstufengerecht sein, was am einfachsten und sichersten durch Einhaltung einer PDF/X-Spezifikation zu gewährleisten ist.
- Pixelformate garantieren zwar sehr sicheren Datenaustausch, sind aber nur sinnvoll, wenn im Ausgabe-Workflow mit demselben Format gearbeitet wird. Mengenmäßig spielen sie beim Datenaustausch nur eine geringe Rolle.

6.3.3 PDF/X

Das Portable Document Format (PDF) hat zwei Funktionen in der Druckvorstufe: Es ist Datenaustauschformat – zum Beispiel bei der Übergabe der Daten vom Auftraggeber an die Druckerei – und zugleich Produktionsdatenformat im Ausgabe-Workflow.

Die vom Auftraggeber gelieferten PDF-Dateien sollen möglichst so beschaffen sein, dass sie ohne zeit- und kostenaufwändige Konvertierungen oder Reparaturen („PDF-Bastelei") in den Ausgabe-Workflow übernommen werden können. Sie müssen also alles enthalten, was für den Ausgabe-Workflow erforderlich ist, und dürfen nichts enthalten, was ihn stört.

Diese Bedingungen sind in PDF/X-Spezifikationen festgelegt (PDF/X-1a, PDF/X-2, PDF/X-3, PDF/X-4, PDF/X-4p, PDF/X-5) und international genormt (ISO 15930); das X steht für *Exchange*, also (Daten-)Austausch.

Wesentliche Gemeinsamkeiten und Unterschiede der PDF/X-Spezifikationen betreffen die Vollständigkeit der PDF-Dateien, zulässige Farbräume und PDF-Versionen:

- PDF/X-1a, PDF/X-3 und PDF/X-4 regeln den vollständigen digitalen Datenaustausch (*complete exchange, blind exchange*); alle Daten und Informationen, die zur Ausgabe gebraucht werden, müssen in die PDF-Datei integriert sein.
- PDF/X-2 und PDF/X-5 regeln den unvollständigen digitalen Datenaustausch (*partial exchange, open ex-*

change); hier sind auch Verweise zum Beispiel auf Bilder oder Schriften möglich, die nicht Bestandteil der PDF-Datei sind.
- PDF/X-4p regelt ebenfalls den unvollständigen Datenaustausch, lässt aber im Gegensatz zu PDF/X-2 und PDF/X-5 nur Verweise auf externe, nicht eingebettete ICC-Profile zu.
- PDF/X-1a erlaubt nur Graustufen (GS), CMYK und Spotfarben (Sonderfarben).
- Alle übrigen Spezifikationen lassen neben Graustufen, CMYK und Spotfarben auch RGB-Farbräume und den CIELAB-Farbraum zu.
- PDF/X-1a:2001, PDF/X-2:2002 und PDF/X-3:2002 verwenden die PDF-Version 1.3 (1999).
- PDF/X-1a:2003, PDF/X-2:2003 und PDF/X-3:2003 verwenden die PDF-Version 1.4 (2001).
- PDF/X-4, PDF/X-4p und PDF/X-5 verwenden die PDF-Version 1.6 (2005).

In der Praxis hat sich der vollständige Datenaustausch nach PDF/X-1a oder PDF/X-3 weitgehend durchgesetzt; der unvollständige nach PDF/X-2 spielt nur eine sehr geringe Rolle. In den kommenden Jahren wird die noch relativ neue Spezifikation PDF/X-4 wahrscheinlich an Bedeutung gewinnen.

Von den zulässigen Farbräumen abgesehen, stimmen die Spezifikationen PDF/X-1a und PDF/X-3 weitgehend überein:
- Alle Bilder und Schriften müssen als Objekte in der PDF-Datei enthalten sein.
- Das beschnittene Endformat (*TrimBox*) muss definiert sein, das unbeschnittene Format (*BleedBox*), soweit es produktionstechnisch erforderlich ist.
- Der Überfüllungsschlüssel (*Trapped Key*) muss auf „ja" oder „nein" (*true* oder *false*) gesetzt sein; der Wert „unbekannt" (*unknown*) ist nicht erlaubt.
- Die Ausgabebedingungen und das entsprechende ICC-Profil müssen im *OutputIntent Dictionary* angegeben bzw. eingebettet sein.
- Bei Verwendung von RGB oder CIELAB in PDF/X-3-Dateien muss auch das entsprechende ICC-Profil eingebettet sein.

Unzulässig sind nach beiden Spezifikationen:
- Separierte, also in Einzelfarbauszüge aufgespaltene Daten
- Kommentare innerhalb des beschnittenen bzw. unbeschnittenen Seitenformats
- Verschlüsselungen
- LZW- und JBIG2-Komprimierung
- Transferkurven, also Funktionen, die bei der Ausgabe im RIP Tonwertveränderungen zur Anpassung an ein Ausgabegerät auslösen

Rastereinstellungen sind zwar erlaubt, aber nicht verbindlich für die Ausgabe.

Transparente Objekte sind in PDF/X-1a:2001 und PDF/X-3:2002 nicht vorgesehen, weil PDF 1.3 sie nicht unterstützt. Ab PDF 1.4 ist Transparenz zwar möglich, nach PDF/X-1a:2003 und PDF/X-3:2003 aber nicht zulässig. Durch diese Beschränkung sollte die problemlose Datenausgabe mit allen PostScript-RIPs sichergestellt werden. Während PDF-Dateien von neueren PostScript-RIPs und PDF-RIPs auf Basis der Adobe PDF Print Engine (APPE) direkt verarbeitet werden, mussten sie für die Ausgabe mit älteren RIPs vorab in PostScript transformiert werden. In PostScript ist aber, ebenso wie in PDF 1.3, keine Transparenz möglich.

Bei der „klassischen" Methode der PDF-Erzeugung werden die Layout-Daten aus dem Anwendungsprogramm heraus zunächst mittels PostScript-Treiber in PostScript transformiert. Die PostScript-Datei wird an einen PDF-Erzeuger, zum Beispiel Acrobat Distiller,

PDF/X-Spezifikationen

PDF/	ISO	PDF-Version	Datenaustausch	Farbräume	Transparenz
X-1a:2001 X-1a:2003	15930-1 15930-4	1.3 1.4	vollständig	GS, CMYK, Spot	nein
X-2:2002 X-2:2003	DIS 15930-2*) 15930-5	1.3 1.4	unvollständig	GS, CMYK, Spot, RGB, CIELAB	nein
X-3:2002 X-3:2003	15930-3 15930-6	1.3 1.4	vollständig	GS, CMYK, Spot, RGB, CIELAB	nein
X-4 X-4p	15930-7 15930-7	1.6 1.6	vollständig unvollständig**)	GS, CMYK, Spot, RGB, CIELAB	ja
X-5	15930-8	1.6	unvollständig	GS, CMYK, Spot, RGB, CIELAB	ja

*) Entwurf, nicht als ISO-Norm verabschiedet
**) mit Verweis auf externes, nicht eingebettetes Profil

übergeben, der sie zur PDF-Datei konvertiert. Da PostScript keine Transparenz unterstützt, werden transparente Objekte vorab vom Anwendungsprogramm flachgerechnet (Flattening, Transparenzreduzierung) – sie werden zusammen mit den dahinter liegenden Objekten in kleinere, nicht transparente und einander nicht überdeckende Objekte oder Pixelbilder umgewandelt.

Die neueren Spezifikationen PDF/X-4, PDF/X-4p und PDF/X-5 lassen Transparenz zu. Wenn die PDF-Datei direkt – ohne Umweg über PostScript – mit dem Exportmodul eines Anwendungsprogramms erzeugt wird, kann zwischen Transparenzreduzierung und -erhaltung gewählt werden. Die frühzeitige Entfernung von Transparenzen hat zwar den Vorteil, dass bei der weiteren Verarbeitung keine tranzparenzbedingten Fehler auftreten können. Nachteilig ist, dass im PDF-Dokument kaum noch Korrekturen an den bereits flachgerechneten Objekten möglich sind.

Bei der Umwandlung offener Layout-Dokumente in PDF/X-Dateien kommt es zunächst auf die Einstellung der richtigen Optionen im jeweils verwendeten PDF-Erzeuger bzw. Exportmodul an. Zusätzlich sollte jede erzeugte Datei mit einem Prüfprogramm auf ihre PDF/X-Konformität überprüft werden. Das erste praxistaugliche Programmmodul zur Prüfung auf PDF/X-Konformität war der PDF-Inspektor der Callas Software GmbH. Seine Funktionen wurden inzwischen in Adobe Acrobat Professional (seit Version 6.0) integriert.

Bei dieser Prüfung können auch bestimmte Mängel beseitigt werden, indem zum Beispiel der Überfüllungsschlüssel auf einen zulässigen Wert gesetzt, der Eintrag im OutputIntent Dictionary ergänzt oder das Profil eingebettet wird. Gleichzeitig lässt sich die Datei nach Kriterien überprüfen, die nicht zu einer PDF/X-Spezifikation gehören, zum Beispiel Auflösung von Pixelbildern, Farbmodi oder Anzahl der Farben.

Transparenzreduzierung: Die Grafik links wurde aus zwei Objekten aufgebaut– das hellere ist transparent (Deckkraft 50 %) und liegt vor dem dunkleren. Durch Flachrechnen entstehen sechs kleinere, nicht transparente Objekte.

PDF/X-Konformität bedeutet nicht, dass die Daten in jeder Hinsicht fehlerfrei und „gut zum Druck" sind. So kann zum Beispiel eine PDF-Datei, die Haarlinien enthält oder deren Bilder nur mit 72/inch aufgelöst sind, durchaus PDF/X-konform sein. Dasselbe gilt zum Beispiel bei generell unzureichender Qualität von Bildern oder Fehlern im Text. Linienstärke, Bildauflösung und -qualtät sowie fehlerfreier Text sind keine Kriterien für PDF/X-Konformität.

6.3.4 Colour-Management-Workflow

Farben werden bei der Arbeit mit Layout- und Grafikprogrammen in der Regel durch CMYK-Farbwerte oder Sonderfarben definiert, Pixelbilder meist schon im Zuge der Bildbearbeitung von RGB in CMYK oder Graustufen transformiert. Der Ausgabe-Workflow ist folglich reiner CMYK-Workflow, ggf. erweitert um Sonderfarben.

Die RGB–CMYK-Transformation in der Bildbearbeitung bedeutet frühe Festlegung (Early Binding) auf einen Druckstandard, also u. a. auf Druckverfahren, Papiertyp und maximale Tonwertsumme. Alternativen zum Early Binding sind Intermediate und Late Binding (dazwischen liegende bzw. späte Festlegung).

- Beim Intermediate Binding werden RGB-Bilder im Layout platziert. Die Transformation in CMYK wird entweder bei der PDF-Erzeugung vom Layout-Programm erledigt, oder es wird zunächst eine PDF-Datei mit RGB-Bildern erzeugt und unmittelbar danach konvertiert.
- Beim Late Binding werden PDF-Dateien mit RGB-Bildern erzeugt und unverändert in den Ausgabe-Workflow übernommen. Die Transformation nach CMYK kann an unterschiedlichen Stellen des Ausgabe-Workflows stattfinden, im Extremfall ganz am Ende beim Rendering im Raster Image Processor (vgl. Abschnitt 6.7.1). Beim Late Binding wird also das Colour-Management in den Ausgabe-Workflow verlegt, der dadurch zum Colour-Management-Workflow wird.

Anstelle von RGB kann in beiden Fällen auch der CIELAB-Farbraum verwendet werden; in der Praxis ist er aber bedeutungslos.

Das Colour-Management bleibt normalerweise auf bunte Pixelbilder beschränkt. Sie werden bei der PDF-Erzeugung für Colour-Management gekennzeichnet und mit Profilinformationen versehen. Die Farben von Schrift, grafischen Elementen und Graustufenbildern werden dagegen von Anfang an nicht durch RGB-, sondern durch CMYK-Farbwerte bzw. Graustufen definiert. Andernfalls würde ja die Farbraumtransformation zum nicht erwünschten vierfarbigen Aufbau auch von schwarzer Schrift, schwarzen Linien und Graustufenbildern führen.

Diese Mischung aus RGB, CMYK und Graustufen hat Konsequenzen für das Flachrechnen (Flattening) von Transparenzen. Wenn zum Beispiel ein transparentes Objekt mit CMYK-Farbdefinition über einem RGB-Bild liegt, würde das Flachrechnen zu einem unbrauchbaren Ergebnis führen. Solange Bilder, grafische Objekte und Schrift in unterschiedlichen Farbmodi vorliegen, muss auch die Transparenz erhalten bleiben. Flachrechnen ist also der letzte Schritt, der erst vorgenommen werden darf, nachdem die Bilder nach CMYK transformiert wurden.

Colour-Management-Workflows sind im Grundsatz mit Daten nach allen PDF/X-Spezifikationen außer PDF/X-1a möglich. PDF/X-2 und PDF/X-3 erlauben jedoch keine Transparenzen, kommen also nur infrage, wenn das Layout ohne transparente Objekte angelegt wurde. Wenn Transparenzen vorhanden sind, kommen nur PDF/X-4, PDF/X-4p und PDF/X-5 in Betracht.

Late Binding hat sich bislang noch nicht allgemein durchgesetzt. Das mag einerseits daran liegen, dass PDF/X-Spezifikationen, die Transparenzen erlauben, erst seit 2008 zur Verfügung stehen. Es gibt aber noch eine Reihe weiterer Gründe.

- Late Binding verschiebt die Verantwortung für korrekte Farbraumtransformation. Das ist zwar kein Problem, wenn Layouterstellung und Bildbearbeitung einerseits und Datenausgabe andererseits im selben Betrieb oder Unternehmen stattfinden. Die Übertragung der Verantwortung vom externen Auftraggeber an die Druckerei hat aber nicht zu vernachlässigende rechtliche und wirtschaftliche Konsequenzen.
- Es gibt noch keine verbindlichen Standards für die Farbraumtransformation vollständiger Dokumente im Ausgabe-Workflow. Deshalb ist das Ergebnis der Farbraum-Transformation nicht immer sicher vorhersehbar.
- Farbraumtransformation von RGB nach CMYK ist keine bloße Umdefinition, sondern führt wegen der unterschiedlichen Farbumfänge immer zu farblichen Veränderungen. Bei hohem Qualitätsanspruch werden Bilder deshalb nach der Transformation überprüft und ggf. nachbearbeitet. Diese Möglichkeit entfällt aber bei Late Binding.
- Wenn vorher geklärt ist, wie gedruckt werden soll, bringen Late und Early Binding keine durchgreifenden Vor- bzw. Nachteile. Die nachträgliche Anpassung an spezifische Druckbedingungen, zum Beispiel geringere maximale Tonwertsumme, kann durch Colour-Management mit DeviceLink-Profil erfolgen.

Im Digitaldruck sind RGB-Workflows vergleichsweise häufig anzutreffen, wobei aber Late Binding nicht das Hauptmotiv ist. Digitaldruckereien verarbeiten häufig Dokumente, die mit Office-Anwendungen erzeugt wurden und folglich gar keine anderen Farbmodi als RGB haben können. Anstelle aufwändiger „Bastelei" mit oft zweifelhaftem Erfolg werden einfach die kompletten Dokumente transformiert, wobei in Kauf genommen wird, dass im vierfarbigen Druck auch Schrift und Graustufenbilder aus vier Farben aufgebaut werden.

6.3.5 Workflow-Management mit JDF

Workflow-Management lässt sich allgemein und annähernd wörtlich als Handhabung, Regelung oder Leitung des Arbeits- oder Produktionsablaufs übersetzen. Wichtige Stichwörter im Zusammenhang mit dem Management digitaler Workflows sind Job-Tickets, Mehrfachnutzung von Informationen und Parametern, Vernetzung und Automatisierung.

- Digitale Job-Tickets: Sie enthalten alle auftragsbezogegen Informationen, die an jeder Stelle des Produktionsablaufs abrufbar sind und in den einzelnen Produktionsschritten durch zusätzliche Informationen ergänzt werden.
- Mehrfach-Nutzung von Informationen und Parametern: Es wird, soweit möglich, auf Informationen zurückgegriffen, die bereits bei vorgelagerten Produktionsschritten eingegeben, erfasst oder erzeugt wurden. Beispiel: Beim Programmieren des Planschneiders oder beim Einrichten der Falzmaschine wird auf den Einteilungsbogen der digitalen Bogenmontage zurückgegriffen; anhand vom RIP erzeugter Bitmaps werden Farbzonenvoreinstellungen für die Offsetdruckmaschine berechnet. Das bedeutet im Umkehrschluss, dass alle benötigten Informationen möglichst nur einmal eingegeben oder erfasst werden; zeitaufwändige und fehleranfällige Mehrfacheingaben oder -erfassungen gleicher Informationen sollen also ausgeschlossen werden.
- Vernetzung von Komponenten: Dabei geht es nicht nur um Kabel und Hardware-Schnittstellen, sondern vor allem um einheitliche Jobbeschreibungs- und Kommunikationssprachen, die von allen Soft- und Hardwarekomponenten „verstanden" und „gesprochen" werden.
- Automatisierung: Prozesse können automatisch gestartet und durchgeführt werden, wobei die erforderlichen Parameter dem Job-Ticket entnommen werden.

Neuere Workflow-Management-Systeme basieren auf JDF *(Job Definition Format)*. Vorläufer waren u.a.

PJTF *(Portable Job Ticket Format)* und PPF *(Print Production Format).*

JDF (*Job Definition Format*) ist zunächst ein umfassendes, hersteller-, programm- und plattformunabhängiges Job-Ticket-Format für den gesamten Workflow von der Druckvorstufe (*prepress*) über Druck (*press*) und Druckweiterverarbeitung (*postpress*) bis zur Auslieferung (*delivery*). JDF basiert auf der Meta-Sprache XML (*Extensible Markup Language*, vgl. auch 10.5.1).

Die JDF-Spezifikation geht aber über die bloße Definition eines Job-Ticket-Formats hinaus: Sie beschreibt zugleich das Konzept zur Vernetzung von Systemkomponenten und zur Automatisierung von Produktionsprozessen sowie ihrer Steuerung und Überwachung. Auch betriebswirtschaftliche und kaufmännische Aufgaben wie Kostenrechnung, Kalkulation oder Angebotserstellung können integriert werden. JDF ist ein offenes Konzept, das unterschiedliche Umsetzungen erlaubt – es gibt also nicht *den* JDF-Workflow, sondern unterschiedliche, auf JDF basierende Lösungen.

Die JDF-Spezifikation wird von der internationalen Organisation CIP4 (*International Cooperation for the Integration of Processes in Prepress, Press and Postpress*) veröffentlicht und weiterentwickelt. Fassung 1.0 erschien im April 2001, die bei Redaktionsschluss dieses Buchs aktuelle Fassung 1.4a im Dezember 2009 (www.cip4.org/documents/jdf_specifications/index.html).

Die Spezifikation ist zu umfangreich und komplex, um ihren wesentlichen Inhalt auch nur annähernd vollständig in knapper und nachvollziehbarer Form darzustellen. Deshalb soll nur in aller Kürze auf Grundprinzipien von Jobbeschreibung und Vernetzungskonzept eingegangen werden.

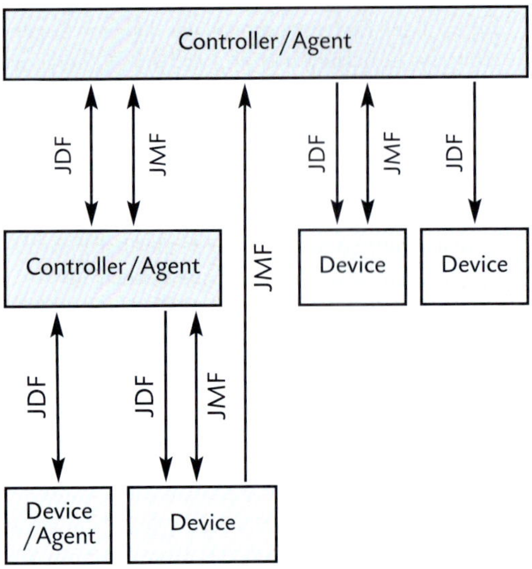

Beispiele für Interaktionen von Agenten, Controllern und Devices (Geräten) mittels JDF und JMF

Die JDF-Jobbeschreibung besteht aus baumartig (hierarchisch) angeordneten Knoten (*Nodes*).

- Produktknoten *(product nodes)* beschreiben End- oder Teilprodukte wie zum Beispiel Buch, Buchblock, Buchdecke oder Schutzumschlag.
- Prozessknoten *(process nodes)* beschreiben Einzelprozesse wie zum Beispiel digitale Bogenmontage, Druckplattenbebilderung, Druck oder Falzen.
- Prozessgruppenknoten *(process group nodes)* und kombinierte Prozesse *(combined processes)* fassen Prozesse zusammen.

Die Verbindungen von aufeinander folgenden Prozessen werden durch Ressourcen (*Resources*) repräsentiert. Jeder Prozess konsumiert und erzeugt Ressourcen. Ressource ist der Oberbegriff für alle Outputs von Prozessen, die – soweit es sich nicht um Endprodukte handelt – als Inputs in andere Prozesse einfließen. Dabei kann es sich sowohl um materielle Produkte (zum Beispiel Druckplatte, Druckbogen) als auch um Daten (zum Beispiel des digital montierten Bogens) oder Parameter (zum Beispiel Einteilungsbogen, Farbzoneneinstellungen) handeln.

Software zur Steuerung und Überwachung des gesamten Workflows wird in der Terminologie der JDF-Spezifikation als *Management Information System* (MIS) bezeichnet. MIS sind also – um einen anderen Begriff zu verwenden – Workflow-Management-Programme.

Zum JDF-Workflow gehören vier logische Komponenten:

- Agenten erzeugen und modifizieren JDF.
- Controller empfangen JDF, wählen Geräte für bestimmte Aufgaben aus und reichen JDF an sie weiter. Controller können zugleich als Agenten fungieren, also auch JDF erzeugen oder modifizieren.
- Geräte (*Devices*) empfangen JDF, interpretieren es und führen die Anweisungen entweder selbst aus oder steuern Maschinen. Auch Geräte können zugleich Agenten sein.
- Maschinen (*Machines*) sind nicht JDF-fähige Hard- oder Software, die von JDF-Geräten mit maschineneigenen Anweisungen gesteuert werden.

Die Grafik links unten auf dieser Seite zeigt einige mögliche Varianten der Zusammenarbeit von Agenten, Controllern und Geräten. Controller und Geräte kommunizieren untereinander über das *Job Messaging Format* (JMF). Mittels JMF meldet das Gerät zum Beispiel seine Bereitschaft oder Beschäftigung an den Controller; bei der Einrichtung eines neuen Geräts fragt der Controller ab, welche Prozesse das Gerät ausführen kann. JMF basiert, ebenso wie JDF, auf der Meta-Sprache XML.

6.4 Überfüllung und Beschnitt

6.4.1 Anlegen von Überfüllungen (Trapping)

Beim Drucken sind kleine Passerabweichungen unvermeidlich. Wenn zwei mit unterschiedlichen Druckfarben zu druckende Flächen in den Layout-Daten exakt aneinander stoßen, können sie im Druck entweder geringfügig überlappen oder eine feine, unbedruckte Linie frei lassen. Während kleine Überlappungen kaum auffallen, sind auch sehr feine weiße Linien zwischen bedruckten Flächen deutlich als „Blitzer" zu sehen.

Durch Überfüllen *(Trapping)* der zu druckenden Objekte wird erreicht, dass aneinander stoßende Elemente bereits in den Seitendaten leicht überlappen. Kleine Passerabweichungen ergeben dann auf dem Druckbogen zwar etwas größere oder kleinere Überlappungen, es entstehen aber keine weißen „Blitzer".

Achtung: Der englische Fachbegriff *Trapping* ist doppeldeutig; er wird sowohl fürs Überfüllen als auch für die Farbannahme beim Übereinanderdruck mehrerer Druckfarben benutzt.

Im Offsetdruck sollen Überfüllungen etwa 0,1 mm stark sein; bei sehr leichten, weniger dimensionsstabilen Papieren oder sehr großen Druckbogenformaten nötigenfalls auch etwas mehr. Wenn Bedruckstoffe mit geringer Dimensionsstabilität verarbeitet werden, zum Beispiel beim Bedrucken von Kunststofffolien im Flexodruck, sind noch erheblich stärkere Überfüllungen erforderlich.

Die Formen und Strichstärken von Buchstaben, Linien und anderen grafischen Objekten dürfen durch Überfüllungen nicht sichtbar verändert werden. Einfache Grundregel: Das Objekt in der jeweils dunkleren (zeichnenden) Farbe bleibt unverändert. Um die Richtung der Veränderung zu verdeutlichen, wird auch von Über- und Unterfüllen (*spread* bzw. *choke*) gesprochen.

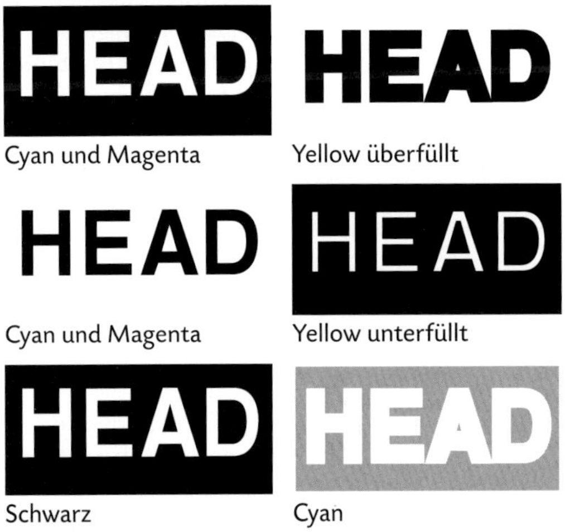

Überfüllungen – der Deutlichkeit halber übertrieben stark dargestellt

Beispiele (Abbildungen rechts): Bei einer gelben Headline in blauer Fläche werden die gelben Buchstaben etwas dicker gemacht (Überfüllung, *spread*), die Aussparungen in der blauen Fläche bleiben unverändert. Im umgekehrten Fall – blaue Headline in gelber Fläche – bleiben die blauen Buchstaben unverändert, die Aussparungen in der gelben Fläche werden etwas enger gemacht (Unterfüllung, *choke*).

Um grafisch angelegte schwarze Flächen „schwärzer" aussehen zu lassen, wird zusätzlich zum Schwarz meist noch Cyan mit etwa 40 % Rastertonwert gedruckt. Aussparungen in solchen Flächen, zum Beispiel weiße Schriften, müssen auf der Cyan-Druckform größer (offener) als auf der Schwarz-Druckform sein. Sonst besteht die Gefahr, dass durch kleine Passerabweichungen cyanfarbene Rasterpunkte an den Rändern der weißen Buchstaben sichtbar werden.

Schwarze Schrift oder Linien, die in buntfarbigen Flächen stehen, werden dort normalerweise nicht ausgespart, sondern einfach überdruckt. Bei großflächigen schwarzen Elementen, zum Beispiel großen, fetten Schriften, kann das aber zu unbefriedigenden Ergebnissen führen. Der Übereinanderdruck von Schwarz mit zum Beispiel Yellow (oder Cyan und Yellow) ergibt ein grünliches Schwarz, beim Übereinanderdruck mit Magenta (oder Magenta und Yellow) sieht es bräunlich aus. In solchen Fällen sollten die schwarzen Elemente besser ausgespart und, damit sie „schwärzer" aussehen, zusätzlich zum Schwarz mit etwa 40 % Cyan gedruckt werden.

Mit Layout- und Grafikprogrammen lassen sich Überfüllungen unmittelbar bei der Herstellung von Seiten bzw. Grafiken erzeugen. Das geschieht weitgehend automatisch; lediglich die Parameter müssen richtig eingestellt werden, also insbesondere die Überfüllungsstärke. Aus verschiedenen Gründen kann es aber günstiger sein, das Überfüllen *(Trapping)* an einen späteren Punkt des Ausgabe-Workflows zu verlegen. Layout- und Grafikprogramme zeigen beim Überfüllen oft noch einige Unzulänglichkeiten. Im ungünstigsten Fall können Überfüllungen sogar wieder verloren gehen, insbesondere bei der Konvertierung aus dem Datenformat des Layout- oder Grafikprogramms in die Seitenbeschreibungssprache. Spezielle Trapping-Programme sind meist sicherer und zuverlässiger.

Bei der Integration von Grafiken und Seiten, die aus unterschiedlichen Quellen stammen (zum Beispiel neu erstellte, aus anderen Dokumenten übernommene oder von Auftraggebern gelieferte), ist oft nicht sichergestellt, dass alle Objekte überhaupt bzw. mit denselben Parametern überfüllt sind. Überprüfung und Korrektur der offenen Dateien sind zeitaufwändig und fehleranfällig. Hier dürfte es in der Regel günstiger sein, bei der Erstellung von Grafiken und Seiten auf Überfüllungen zu verzichten bzw. bereits vorhandene zu verwerfen und sie von einem Trapping-Programm berechnen zu lassen.

Trapping-Programme bearbeiten Dokumente, die bereits in eine Seitenbeschreibungssprache (PostScript, PDF) oder ein Pixelformat (z.B. TIFF/IT) konvertiert wurden. Die berechneten Überfüllungen können überprüft und gegebenenfalls verworfen oder verändert werden. Beim In-RIP-Trapping ist das Überfüllen an das Ende des Workflows verlegt, wird also bei der Berechnung der Ausgabe-Bitmap im Raster Image Processor (vgl. Abschnitt 6.7) mit erledigt. Das ist das rationellste Verfahren, hat aber den Nachteil, dass sich Überfüllungen nicht mehr überprüfen und korrigieren lassen.

6.4.2 Beschnittzugabe

Wenn Bilder, Flächen oder Linien bis an den Rand des Endformats reichen, werden sie als angeschnitten oder randabfallend bezeichnet. In diesem Fall ist bereits im Layout eine Beschnittzugabe zu berücksichtigen.

Würde zum Beispiel das allseitig angeschnittene Bild einer Postkarte im Endformat 148 mm × 105 mm angelegt und gedruckt, so können durch kleine Ungenauigkeiten beim Schneiden der Druckbogen feine, weiße Ränder stehen bleiben. Deshalb wird an allen vier Seiten jeweils etwa 3 mm Beschnitt hinzugegeben; das Bild ist also im Layout 154 mm × 111 mm groß anzulegen.

Das gilt natürlich entsprechend für Buch- und Zeitschriftenseiten mit angeschnittenen Elementen. Hier muss aber zwischen Produkten mit Heftung und Produkten mit Klebebindung unterschieden werden. Bei Faden- oder Drahtheftung wird am Bund kein Beschnitt zugegeben, weil hier ja gar kein Schnitt erfolgt. Rechts stehende Seiten (ungerade Seitenzahlen) erhalten oben, unten und rechts Beschnittzugabe, linke Seiten (gerade Seitenzahlen) dagegen oben, unten und links. Bei klebegebundenen Produkten wird an allen Seiten Beschnitt hinzugegeben, weil der Buchblock vor der Klebung am Rücken gefräst wird.

6.5 Bogenmontage

6.5.1 Nutzenmontage

Bei der manuellen oder digitalen Bogenmontage geht es um das druck- und weiterverarbeitungsgerechte Positionieren von Nutzen oder Seiten auf der Druckplatte. Das Anordnen der Druckbilder von mehreren identischen Produkten heißt Nutzenmontage. Wenn die einzelnen Produkte nicht identisch sind (zum Beispiel Bildpostkarten mit unterschiedlichen Motiven, Visitenkarten mit unterschiedlichem Text), wird von einer Sammelform gesprochen. Das Anordnen der Seiten von Büchern, Broschüren oder Zeitschriften wird Ausschießen genannt (mehr dazu im folgenden Abschnitt 6.5.2). Ausschießen heißt auf Englisch *impose* (Verb) bzw. *imposition* (Nomen). Einer dieser Begriffe – oder eine Abwandlung davon – ist in den Namen vieler Programme zur digitalen Bogenmontage enthalten.

Die folgende Darstellung bezieht sich schwerpunktmäßig auf Montagen für den Bogenoffsetdruck, kann aber mit kleinen Modifikationen auch auf den Rollenoffsetdruck und andere Druckverfahren übertragen werden.

Grundlage jeder Montage ist der Einteilungsbogen (Standbogen). Bei manueller Montage wird er durch Linieren auf Folie oder maßhaltigem Karton erstellt, bei digitaler Montage durch Eingabe von Parametern im Montageprogramm oder Übernahme und ggf. Modifikation gespeicherter Standard-Einteilungen.

Bei der manuellen Montage für den Offsetdruck werden seitenverkehrte Filme (vgl. Abschnitt 6.8.1) mit der Schichtseite nach oben auf der Montagefolie

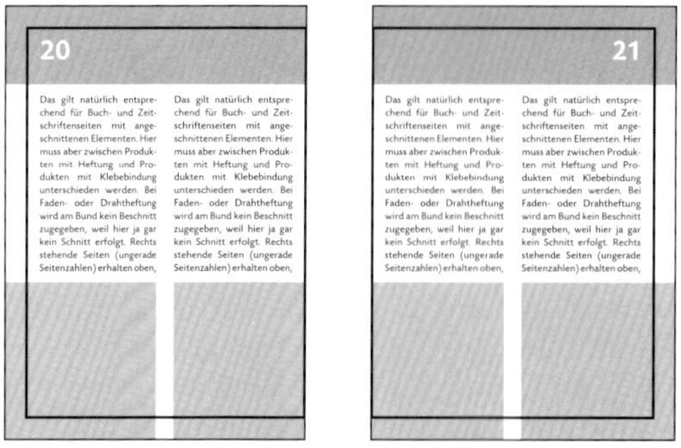

Beschnittzugabe bei gehefteten Produkten

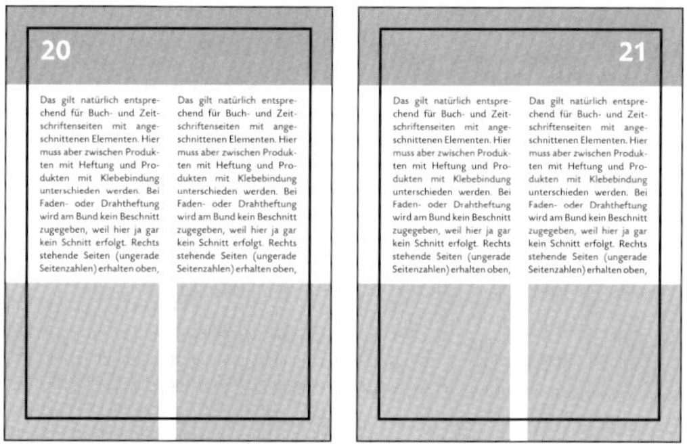

Beschnittzugabe bei klebegebundenen Produkten

Die Beschnittzugabe ist hier der Deutlichkeit halber übertrieben dargestellt; normalerweise beträgt sie 3 mm.

fixiert; folglich ist hier auch der Einteilungsbogen seitenverkehrt angelegt. Montageprogramme stellen die Einteilung dagegen durchweg seitenrichtig auf dem Monitor dar; die Skizzen in diesem und im folgenden Abschnitt sind ebenfalls seitenrichtig. Einteilungsbogen werden normalerweise so dargestellt, dass die in Maschinenrichtung vorderen Kanten von Druckplatte und Druckbogen unten liegen.

Die vordere Kante des Druckbogens ist gegenüber der Vorderkante der Druckplatte ein Stück nach hinten versetzt, da der vordere Plattenrand zum Einspannen in der Druckmaschine benötigt wird. In horizontaler Richtung ist der Bogen in der Regel mittig zur Druckplatte ausgerichtet.

An der vorderen Bogenkante befindet sich der nicht bedruckbare Greiferrand; der Druckanfang liegt deshalb um etwa 10 mm bis 15 mm nach hinten versetzt.

Zur Montage gehört auch die Platzierung von Kontroll- und Hilfselementen für Druck und Weiterverarbeitung. Das sind insbesondere:

- Passkreuze zur visuellen Kontrolle des Passers beim mehrfarbigen Druck. Vor allem im Rollendruck werden auch maschinell lesbare Kontrollelemente verwendet.
- Druckkontrollstreifen zur messtechnischen und visuellen Kontrolle von Färbung, Tonwertzunahme, Graubalance, Farbannahme sowie auf Schieben und Dublieren (vgl. 7.8.2). Wenn nur ein Kontrollstreifen verwendet wird, so wird er am Bogenende platziert. Weitere können am Bogenanfang und auch in Bogenmitte zwischen den Nutzen angebracht werden.
- Kontrollelemente zur visuellen Überwachung der vorderen und seitlichen Ausrichtung des Bogens in der Druckmaschine. In vielen Druckmaschinen wird die Bogenausrichtung heute mittels Lichtschranken überwacht, sodass Elemente zur visuellen Kontrolle nicht mehr nötig sind.
- Schnittmarken für die Weiterverarbeitung
- Anlagewinkel informieren die Weiterverarbeitung über die Anlage des Bogens in der Druckmaschine. Die erste Anlage in Schneide- und Falzmaschine soll mit der Anlage in der Druckmaschine übereinstimmen. Anstelle mitgedruckter Anlagewinkel werden oft auch nur einzelne Bogen oder die entsprechenden Stapelkanten nachträglich mit einem kräftigen Marker gekennzeichnet.

Wenn die Nutzen (oder Seiten) so montiert sind, dass ihre kürzere Seite parallel zu Bogenvorderkante liegt, wird von stehenden Nutzen oder stehender Anordnung gesprochen. Liegt die längere Nutzenseite parallel zur Bogenvorderkante, so wird von liegenden Nutzen oder liegender Anordnung gesprochen. Das Bild auf dieser Seite zeigt also liegende Nutzen.

Nutzen ohne angeschnittene Bilder oder grafische Elemente werden unmittelbar aneinander stoßend montiert und später durch einfache Schnitte voneinander getrennt (Trennschnitt). Bei Nutzen mit angeschnittenen Elementen sind dagegen Zwischenräume erforderlich, die bei der Weiterverarbeitung herausgeschnitten werden (Rausschnitt, Zwischenschnitt; vgl. auch Abschnitt 8.3.1).

Bei der Montage für den beidseitigen Druck (Schön- und Widerdruck) sind zunächst zwei drucktechnische Varianten zu unterscheiden. Rollenoffsetdruckmaschinen bedrucken obere und untere Bahnseite mit ober- und unterhalb der Papierbahn angeordneten Druckwerken. Bei Bogenoffsetdruckmaschinen ist eine vergleichbare Bauweise möglich, aber relativ selten. Die meisten Bogendruckmaschinen drucken nur auf die oben liegende Seite des Bogens; um die Rückseite

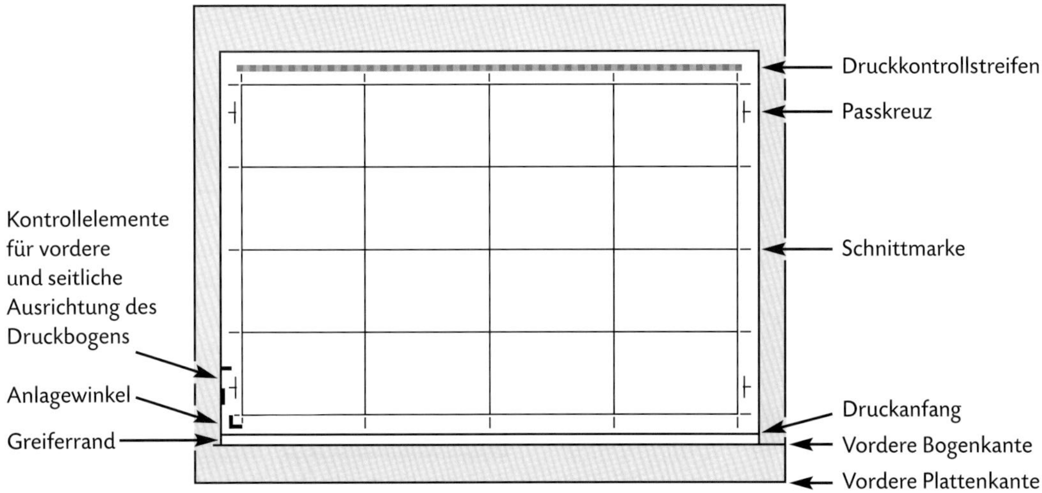

Einteilungsbogen mit 16 liegenden Nutzen sowie Kontroll- und Hilfselementen

zu bedrucken, muss der Bogen also gewendet (umschlagen oder umstülpt) werden.

- Beim Umschlagen erfolgt die Wendung über die seitliche Kante des Druckbogens. Die Hauptanlagekante des Bogens, also seine vordere, zuerst in die Druckmaschine einlaufende Kante, bleibt unverändert. Die seitliche Anlagekante wechselt von links nach rechts oder von rechts nach links.
- Beim Umstülpen wird der Druckbogen über seine vordere Kante gewendet. Die Hauptanlagekante des Bogens wechselt also von vorne nach hinten, die seitliche Anlagekante bleibt unverändert.

Beim beidseitigen Druck in zwei Maschinendurchläufen, also zum Beispiel beim beidseitig vierfarbigen Druck mit einer Vierfarben-Druckmaschine, werden die Druckbogen zum Bedrucken der Rückseite im Regelfall umschlagen. Beim ersten Durchgang wird die oben liegende Seite des Bogens bedruckt, beim zweiten Durchgang nach dem Wenden des Stapels die dann oben liegende Seite.

Bogendruckmaschinen haben zwei Seitenmarken; der Bogen kann beim Einlaufen in die Druckmaschine wahlweise an der linken oder rechten Kante ausgerichtet werden. Nach dem Umschlagen des Bogens wird statt der linken die rechte Seitenmarke benutzt (oder umgekehrt), sodass der Bogen immer an derselben Kante ausgerichtet wird. Auf diese Weise halten vorder- und rückseitiger Druck auch dann noch exakt Register, wenn die Druckbogen kleine Maßdifferenzen haben, also nicht exakt gleich breit sind.

Umstülpt wird in Druckmaschinen, die den Bogen in einem Maschinendurchlauf beidseitig bedrucken. Bei zum Beispiel beidseitig vierfarbigem Druck mit einer Achtfarben-Druckmaschine werden die Bogen innerhalb der Maschine durch eine Wendetrommel nach dem vierten Druckwerk umstülpt (vgl. Abschnitt 7.4).

Die Greifer der Druckmaschine fassen den Bogen an der in Transportrichtung vorn liegenden Kante. Beim Umstülpen sind deshalb zwei Greiferränder zu berücksichtigen, einer an der vorderen Bogenkante, einer an der hinteren, die nach dem Umstülpen vorn liegt. Entsprechend ist auch der Raum für den Druckkontrollstreifen doppelt zu berücksichtigen.

Von der Wendeart hängt es ab, wie die Nutzen auf den Druckplatten für den rückseitigen Druck stehen müssen. Die Abbildungen auf der folgenden Seite zeigen unterschiedliche Varianten mit vier und acht identischen Nutzen sowie für Sammelformen mit vier und acht unterschiedlichen Produkten.

Beim Druck in zwei Maschinendurchläufen ist eine weitere Variante möglich. Dabei wird eine Hälfte der Druckplatte mit Vorderseiten-Nutzen, die andere mit Rückseiten-Nutzen belegt. Nach dem ersten Druckgang wird der Stapel gewendet (in der Regel umschlagen) und dann nochmals von derselben Druckplatte bzw. – beim mehrfarbigen Druck – denselben Druckplatten bedruckt. Im Gegensatz zum Druck von zwei Druckformen für Vorder- und Rückseite wird dieses Verfahren als Druck von einer Form bezeichnet.

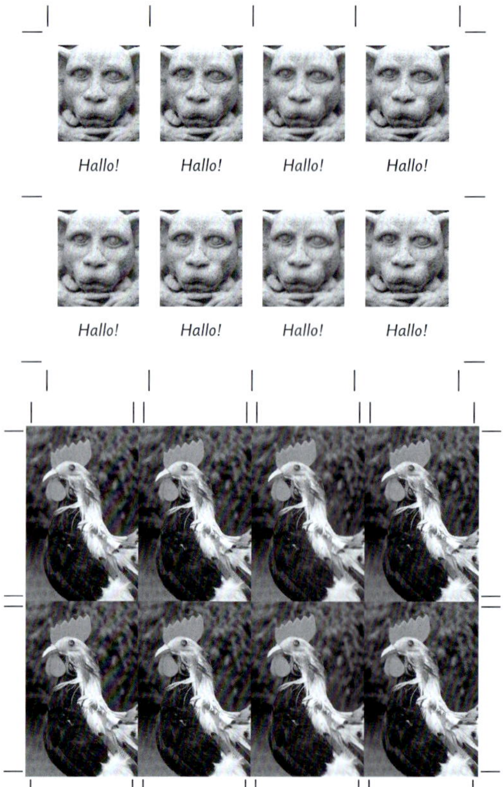

Nutzenmontagen mit je acht stehenden Nutzen für Trennschnitt (oben) und Rausschnitt

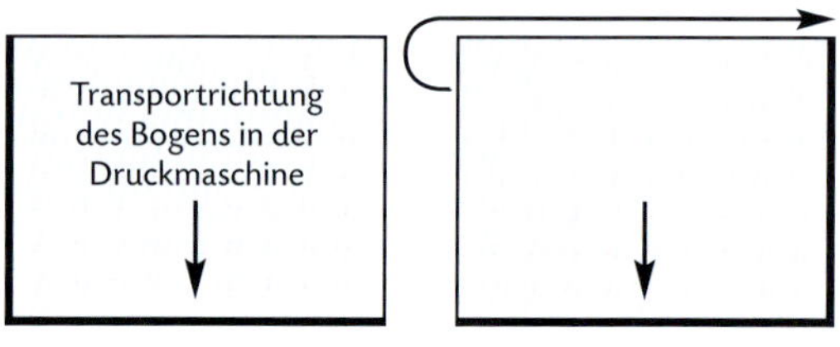

Wendeart Umschlagen: Die seitliche Anlagekante des Bogens wechselt von links nach rechts (oder umgekehrt).

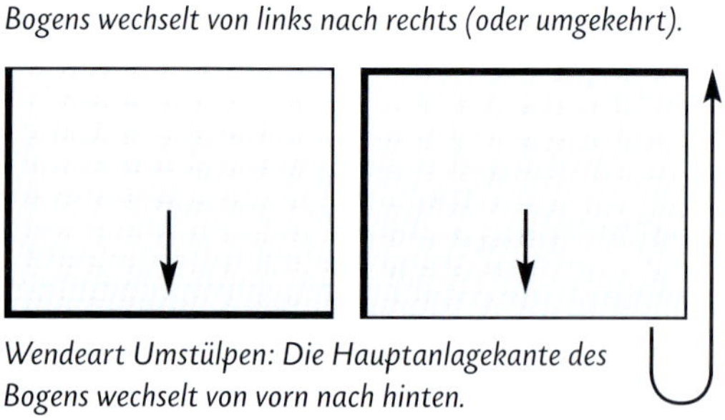

Wendeart Umstülpen: Die Hauptanlagekante des Bogens wechselt von vorn nach hinten.

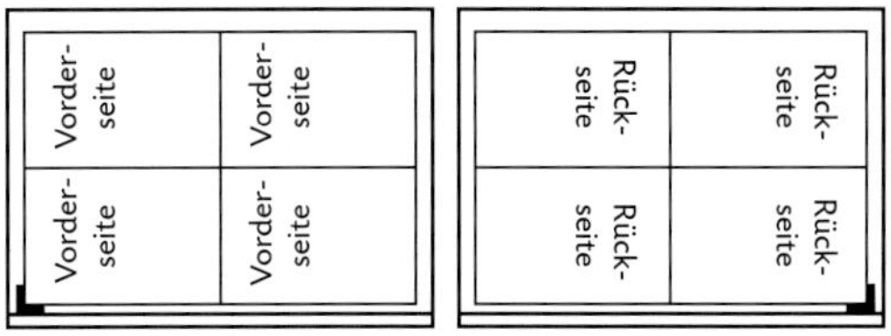

Vier identische Nutzen in liegender Anordnung, Druck von zwei Formen, Wendeart Umschlagen

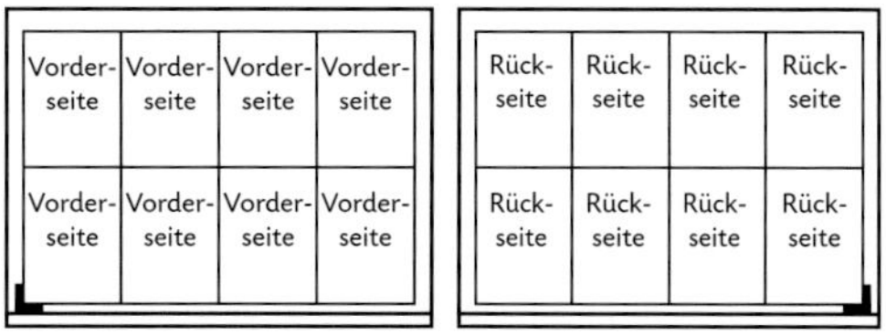

Acht identische Nutzen in stehender Anordnung, Druck von zwei Formen, Wendeart Umschlagen

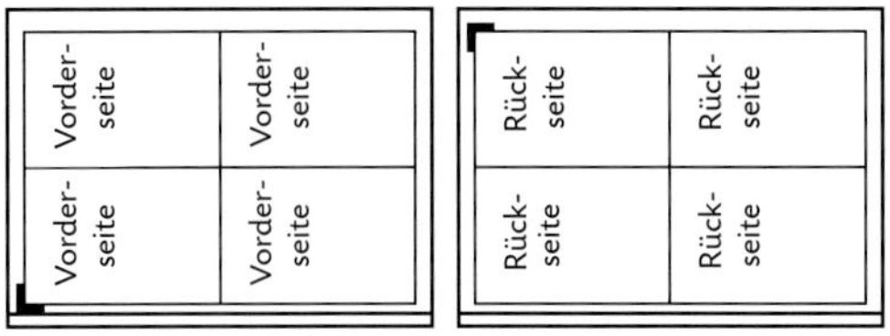

Dasselbe, Wendeart Umstülpen

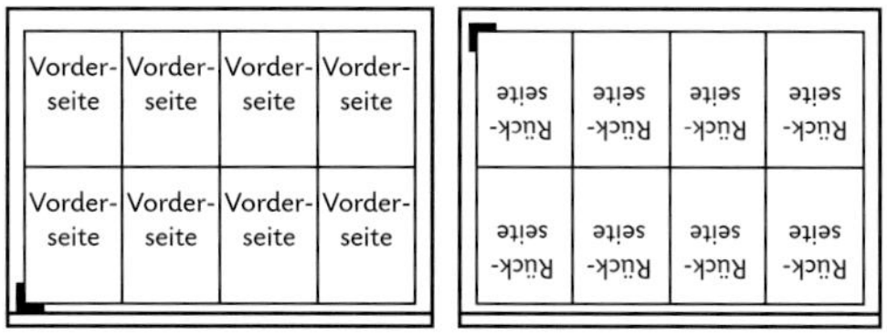

Dasselbe, Wendeart Umstülpen

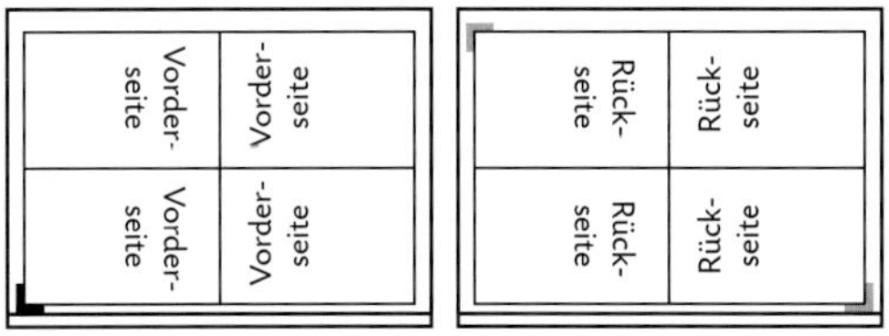

Vier identische Nutzen, Kopf an Kopf montiert; Druck von zwei Formen, beide Wendearten sind möglich.

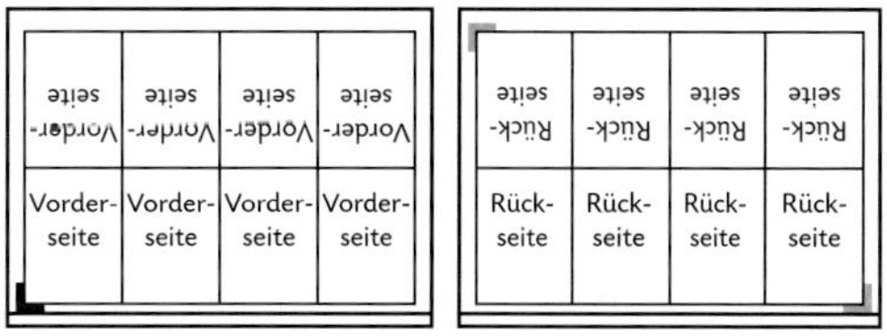

Acht identische Nutzen, Kopf an Kopf montiert; Druck von zwei Formen, beide Wendearten sind möglich.

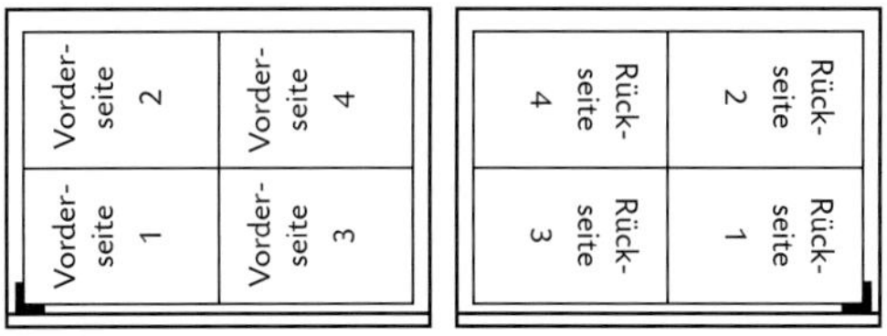

Sammelform mit vier unterschiedlichen Produkten, Druck von zwei Formen, Wendeart Umschlagen

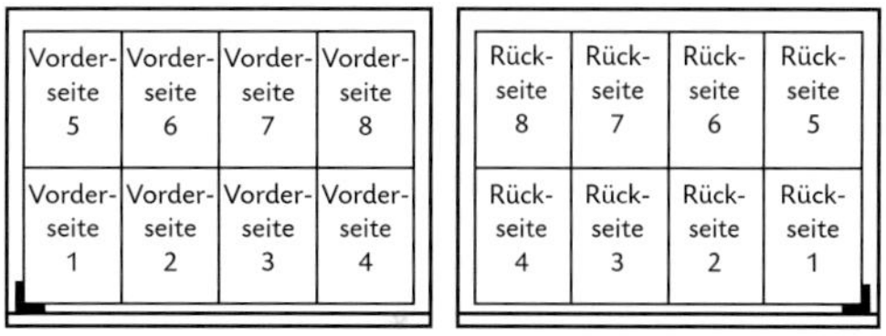

Sammelform mit acht unterschiedlichen Produkten, Druck von zwei Formen, Wendeart Umschlagen

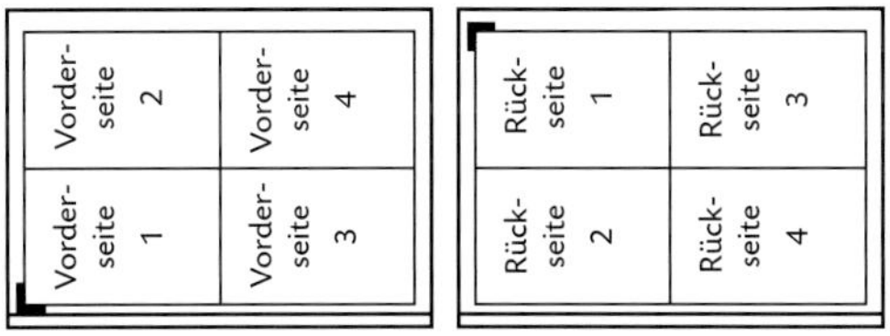

Dasselbe, Wendeart Umstülpen

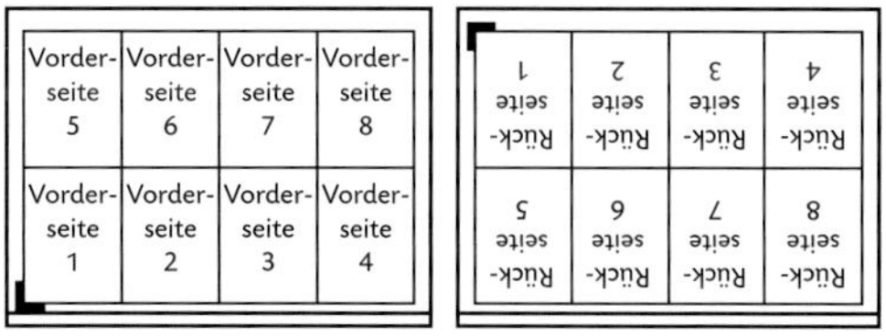

Dasselbe, Wendeart Umstülpen

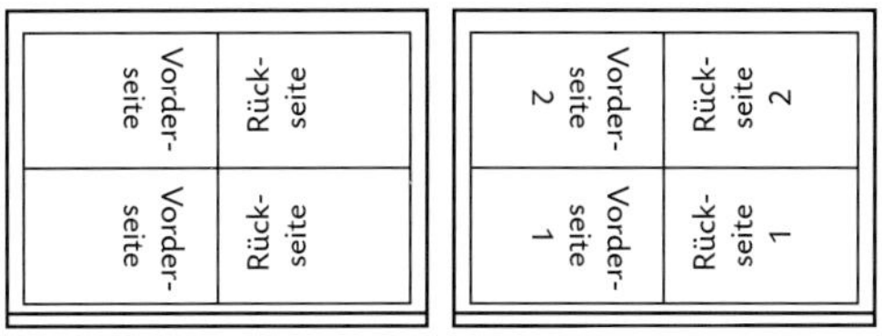

Links vier identische Nutzen, rechts Sammelform mit zwei unterschiedlichen Produkten zu jeweils zwei Nutzen, Druck von einer Form, Wendeart Umschlagen

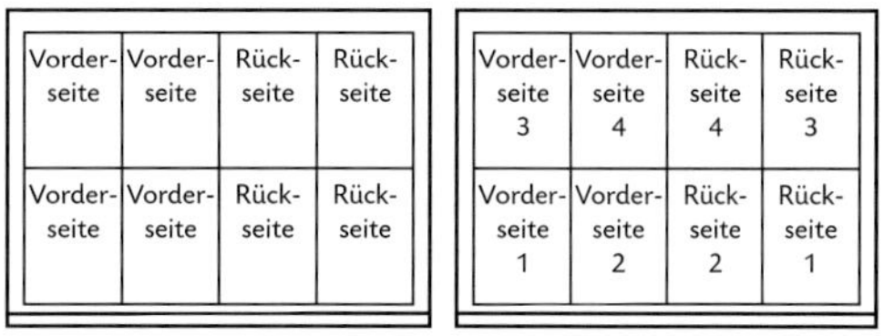

Links acht identische Nutzen, rechts Sammelform mit vier unterschiedlichen Produkten zu jeweils zwei Nutzen, Druck von einer Form, Wendeart Umschlagen

Der Druck von zwei Formen wurde früher Schön- und Widerdruck (Gegendruck) genannt. Heute werden diese Begriffe auch allgemein benutzt, gleichgültig, ob von zwei Formen oder von einer Form gedruckt wird. Schöndruck bezeichnet den ersten Druckgang, Widerdruck den zweiten Druckgang auf den bereits einseitig bedruckten Bogen.

6.5.2 Ausschießen

Ausschießen ist das falzgerechte Anordnen der Seiten von Büchern, Broschüren oder Zeitschriften zu Druckformen. Nach dem Drucken wird der Bogen einmal oder mehrmals gefalzt. Beim Durchblättern des gefalzten Bogens ergibt sich beim korrekt ausgeschossenen Bogen die fortlaufende Seitennummerierung.

Um richtig im Sinne von Druck und Weiterverarbeitung auszuschießen, müssen Arbeitsschritte und technische Abläufe vorab verbindlich festgelegt werden. Insbesondere folgende Parameter sind zu bestimmen:

- Zusammentragen oder Sammeln der Falzbogen
- Falzschema
- Wendeart des Druckbogens beim Bedrucken von Vorder- und Rückseite
- Druck von einer oder zwei Druckformen

Bücher, Broschüren und Zeitschriften bestehen in der Regel aus mehreren gefalzten Druckbogen, die entweder zusammengetragen oder gesammelt sind.

- Beim Zusammentragen werden die gefalzten Bogen aufeinander gelegt, beginnend mit dem letzten und endend mit dem ersten. Es entstehen also mehrlagige Produkte, zum Beispiel Bücher, Kataloge oder umfangreiche Broschüren.
- Beim Sammeln werden die gefalzten Bogen ineinander gesteckt, beginnend mit dem letzten (ganz innen liegenden) und endend mit dem ersten (ganz außen liegenden) Bogen. Es entstehen also einlagige Produkte. Die einzelnen Bogen können lose ineinander gesteckt bleiben wie bei Zeitungen oder durch den Bund mit Metallklammern geheftet werden wie bei Magazinen, Zeitschriften und weniger umfangreichen Broschüren.

Jeder Druckbogen beginnt mit einer ungeraden Seitenzahl (Kolumnenziffer, Pagina) und endet mit einer geraden. Titelei und unbedruckte Seiten (Vakatseiten) in einem Buch, Seiten mit angeschnittenen Bildern oder Anzeigenseiten in Zeitschriften haben zwar normalerweise keine gedruckten Seitenzahlen, müssen aber selbstverständlich mitgezählt werden.

Bei zusammengetragenen Produkten lässt sich sehr einfach bestimmen, welche Seiten auf den jeweiligen Falzbogen gehören. Bei zum Beispiel 16-seitigen Bogen befinden sich die Seiten 1 bis 16 auf dem ersten Bogen, die Seiten 17 bis 32 auf dem zweiten, die Seiten 33 bis 48 auf dem dritten usw.

Die erste Seitenzahl eines Bogens entspricht der Summe der Seiten der vorherigen Bogen plus Eins; die letzte Seitenzahl entspricht der Nummer des Bogens, multipliziert mit der Anzahl der Seiten auf einem Bogen. Beispiel: Zusammengetragenes Produkt, 16-seitige Bogen. Welche Seitenzahlen haben erste und letzte Seite des siebten Bogens?

Erste Seite: $6 \cdot 16 + 1 = 97$
Letzte Seite: $7 \cdot 16 = 112$

Bei gesammelten Produkten ist es etwas schwieriger. In einem zum Beispiel 64-seitigen Heft aus 16-seitigen Falzbogen trägt der erste Bogen die Seiten 1 bis 8 und 57 bis 64. Die Seitenzahlen des 16-seitigen Bogens bilden hier also zwei Gruppen mit jeweils acht aufeinander folgenden Seiten, die in der vorderen und hinteren Hälfte des Hefts liegen.

Die erste Seite eines Falzbogens entspricht zwar auch hier der Anzahl der davor liegenden Seiten plus Eins. Im Unterschied zum gesammelten Produkt ergeben sich die jeweils davor liegenden Seiten aber durch Multiplikation der Anzahl der Bogen mit der halben Seitenanzahl eines Falzbogens. Die letzte Seite der in der ersten Hälfte des Hefts liegenden Gruppe entspricht der Bogennummer, multipliziert mit der halben Seitenanzahl eines Falzbogens. Die erste Seite der Gruppe in der zweiten Hälfte des Hefts ergibt sich, indem die um Eins verminderte letzte Seitenzahl der Gruppe in der ersten Hälfte von der letzten Seite des Hefts subtrahiert wird. Die letzte Seite des Bogens ergibt sich entprechend durch Subtraktion der um Eins verminderten ersten Seite des Bogens von der letzten Seite des Hefts.

Beispiel: Gesammeltes Produkt, 64 Seiten, 16-seitige Bogen. Welche Seiten gehören zum dritten Bogen?

Erste Seite des Bogens: $2 \cdot 8 + 1 = 17$
Letzte Seite, erste Hälfte: $3 \cdot 8 = 24$
Erste Seite, zweite Hälfte: $64 - (24 - 1) = 64 - 23 = 41$
Letzte Seite des Bogens: $64 - (17 - 1) = 64 - 16 = 48$

Beim Druck von zwei Formen wird zwischen äußerer und innerer Form unterschieden. Zu den Seiten der äußeren Form gehören in jedem Fall erste und letzte

Zusammentragen (links) und Sammeln (rechts)

Seite des Druckbogens, zu den Seiten der inneren Form zweite und vorletzte.

Welche Seiten zur äußeren bzw. inneren Form gehören, lässt sich für jede Seitenzahl pro Bogen und für jeden Bogen leicht herausfinden. Nachdem die Seitenzahlen des jeweiligen Bogens ermittelt sind, werden sie Vierer-Reihen untereinander geschrieben. Die ganz links und die ganz rechts stehenden Seitenzahlen gehören zur äußeren Form, die übrigen zur inneren. Dieses Verfahren funktioniert für jeden Bogenumfang und sowohl für zusammengetragene als auch gesammelte Produkte.

Beispiel: Welche Seiten gehören zur äußeren, welche zur inneren Form des ersten 16-seitigen Bogens?

1	2	3	4
5	6	7	8
9	10	11	12
13	14	15	16

Zur äußeren Form gehören also die Seiten 1, 4, 5, 8, 9, 12, 13 und 16, zur inneren gehören die Seiten 2, 3, 6, 7, 10, 11, 14 und 15. Zur Überprüfung können die Seitenzahlen der inneren Form und die Seitenzahlen der äußeren Form summiert werden. Die beiden Summen sind gleich, im Beispiel 68.

Maßgeblich für die Anordnung der Seiten sind Falzschema und Wendeart beim Drucken. Beim Falzen gibt es oft mehrere Möglichkeiten – je mehr Seiten sich auf einem Bogen befinden, umso mehr unterschiedliche Varianten sind bei der Weiterverarbeitung denkbar (vgl. auch Abschnitt 8.4.2). Für draht- oder fadengeheftete ein- und mehrlagige Produkte gelten allerdings zwei wichtige Einschränkungen: Erstens muss immer eine gerade Anzahl von Seiten nebeneinander auf dem Bogen stehen. Zweitens sind die Bogen so zu falzen, dass der letzte Falz (Bruch) im Bund liegt. Der Bund ist die links liegende, geschlossene Kante des gefalzten Bogens.

Für 16-seitige Bogen (acht Seiten Schön- und acht Seiten Widerdruck) eines gehefteten Produkts sind zum Beispiel zwei ganz unterschiedliche Falzschemata möglich (vgl. Bilder unten):

- Dreibruch-Kreuzfalz: Der erste Bruch halbiert die längere Bogenseite; der zweite Bruch erfolgt quer zum ersten, der dritte wiederum quer zum zweiten.
- Einbruch-Mittenfalz mit Zweibruch-Parallelmittenfalz im Kreuz. Der erste Bruch halbiert die kürzere Bogenseite, der zweite steht quer zum ersten, der dritte parallel zum zweiten.

Welche Möglichkeit gewählt wird, hängt unter anderem von der Konfiguration der Falzmaschine ab. In vielen Betrieben werden Standard-Falzschemata verwendet; Bogen mit gleichen Seitenzahlen werden immer auf dieselbe Art ausgeschossen und verarbeitet, obwohl auch andere Varianten möglich sind. Auf diese Weise wird Zeit für das Einrichten der Falzmaschine gespart und die bei häufigen Umstellungen leicht auftretenden Fehler werden vermieden.

Die Beispiele auf der folgenden Seite zeigen Ausschießschemata für 16-seitige Bogen im Dreibruch-Kreuzfalz mit den Wendearten Umschlagen und Umstülpen. Während es bei vier- und achtseitigen Bogen nur eine Möglichkeit gibt, die Seiten korrekt auszuschießen, sind beim 16-seitigen Bogen im Dreibruch-Kreuzfalz bereits zwei Varianten möglich. Der Unterschied liegt in der Richtung des letzten Falzes (vgl. auch Abschnitt 8.4.2). Die beiden Ausschießschemata auf der folgenden Seite zeigen den Unterschied.

Druck- und Falzbogen sind nicht in jedem Fall dasselbe. Bei kleinen Seiten- und großen Druckmaschinenformaten passen oft mehr Seiten auf den Druckbogen, als buchbinderisch verarbeitet werden können. Mehr als vier Falzbrüche (32 Seiten) sind in der Regel nicht möglich. Dickere und steifere Papiere, die dem Falzen einen höheren Widerstand entgegensetzen, erlauben nur drei oder sogar nur zwei Brüche (16 bzw. 8 Seiten). Ich solchen Fällen wird der Druckbogen in mehrere Falzbogen aufgeteilt. Aus einem zum Beispiel 64-seitigen Druckbogen werden durch Trennschnitte zwei 32-seitige, vier 16-seitige oder acht achtseitige Falzbogen.

Beim Druck in zwei Maschinendurchläufen können auch zwei identische Nutzen eines Falzbogens aus einer Form gedruckt werden. Die Bogen werden im ers-

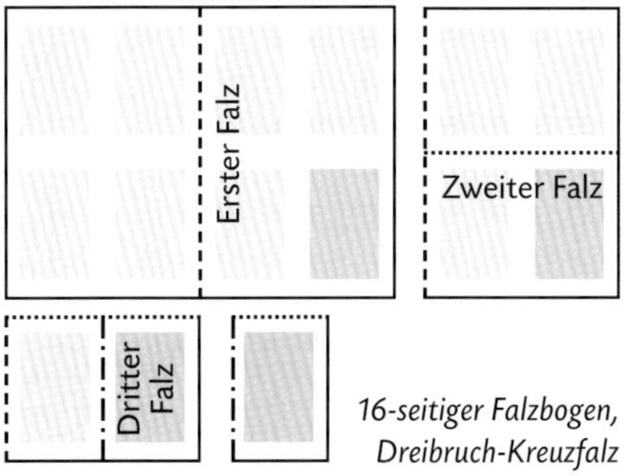

16-seitiger Falzbogen, Dreibruch-Kreuzfalz

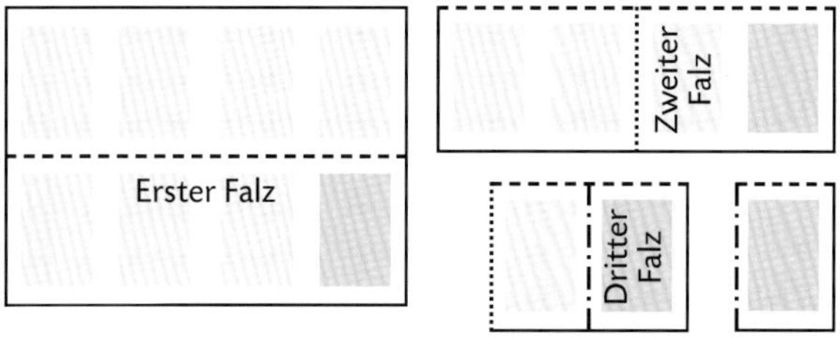

16-seitiger Falzbogen, Einbruch-Mittenfalz und Zweibruch-Parallelmittenfalz im Kreuz. Achtung: In beiden Darstellung wird immer das links bzw. oberhalb des Falzes liegende Teil nach hinten weggeklappt.

ten Maschinendurchlauf zum Beispiel mit den Seiten 1 bis 16 bedruckt. Der Stapel einseitig bedruckter Bogen wird dann gewendet (in der Regel umschlagen) und alle Bogen werden nochmals mit den Seiten 1 bis 16 bedruckt. Auf diese Weise entstehen zwei identische Falzbogen (Nutzen) mit jeweils 16 Seiten, die vor dem Falzen durch einen Schnitt getrennt werden.

Das Ausschießschema ist im Grundsatz dasselbe wie beim Druck von zwei Formen. Die beiden Hälften des Druckbogens entsprechen äußerer und innerer Form beim Druck 16-seitiger Bogen von zwei Formen.

Beim digitalen Ausschießen wird in der Regel auf bereits vorhandene, gespeicherte Ausschießschemata zurückgegriffen. Um manuell ein neues Ausschießschema zu entwickeln, wird ein Blatt Papier nach dem Schema des späteren Falzbogen gefalzt und fortlaufend durchnummeriert. Das wieder aufgefaltete Blatt zeigt die Positionen der Seiten auf dem Falzbogen.

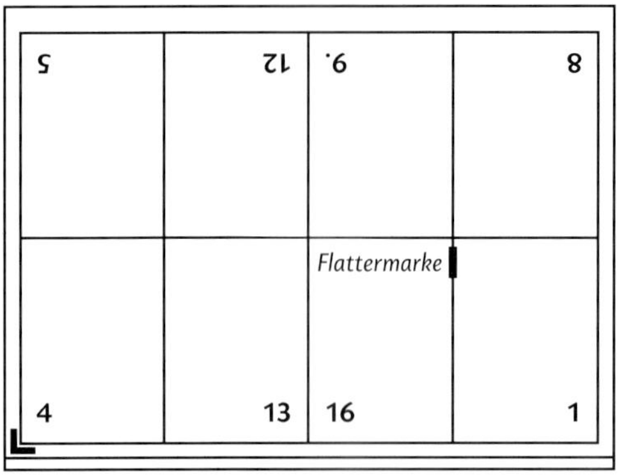

Dreibruch-Kreuzfalz, äußere Form

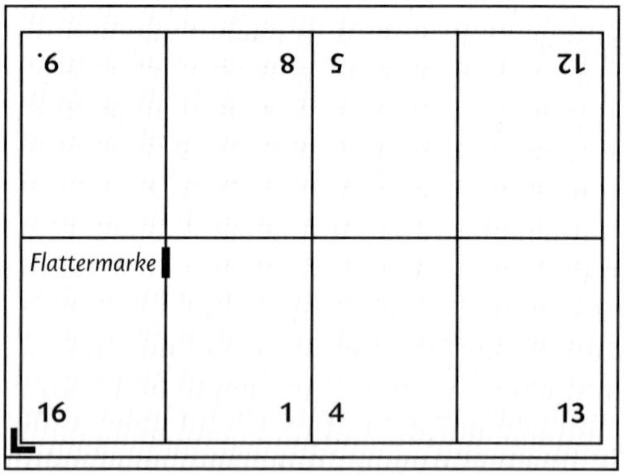

Alternatives Schema, Dreibruch-Kreuzfalz, äußere Form

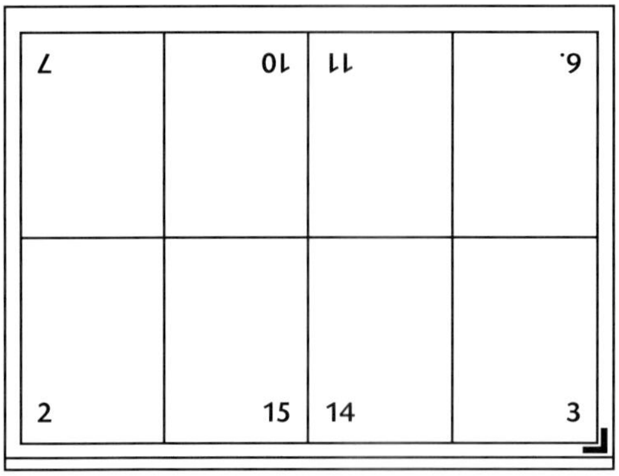

Innere Form für Wendeart Umschlagen

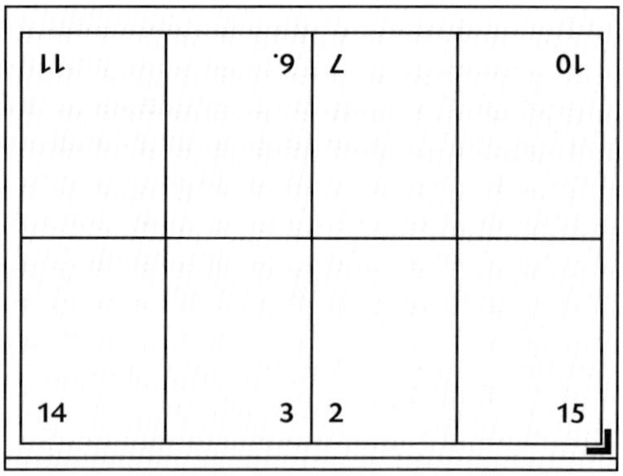

Alternatives Schema, innere Form, Wendeart Umschlagen

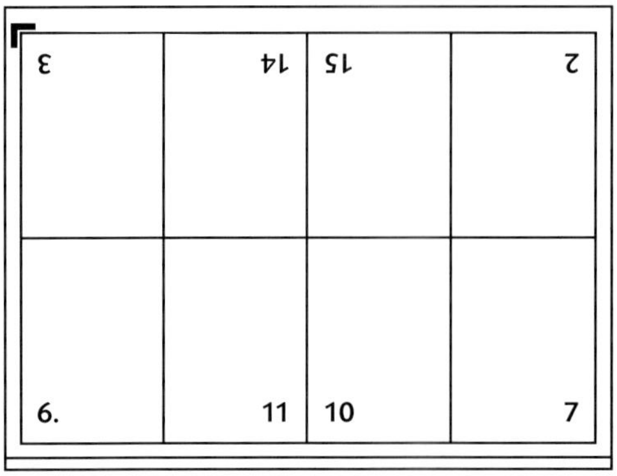

Innere Form für Wendeart Umstülpen

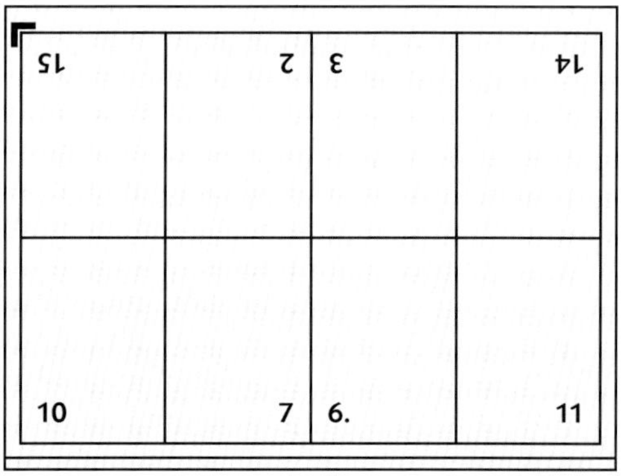

Alternatives Schema, innere Form, Wendeart Umstülpen

Zur Überprüfung, ob richtig ausgeschossen wurde, gibt es einige Regeln:

- Seiten mit ungeraden Zahlen stehen rechts, Seiten mit geraden Zahlen links vom Bund.
- Erste und letzte Seite des Druckbogens stehen im Bund nebeneinander.
- Seiten, die im Bund nebeneinander stehen, ergeben in der Addition ihrer Seitenzahlen die gleiche Summe wie die Addition der Seitenzahlen der ersten und letzten Seite des Druckbogens (also zum Beispiel 1 + 16 = 17; 8 + 9 = 17; 4 + 13 = 17; 5 + 12 = 17).
- Bei allen Bogen, die nach demselben Schema ausgeschossen sind, steht dasselbe Seitenpaar, zum Beispiel die dritte und vierte Seite des Bogens, an der Falzanlage; beim ersten 16-seitigen Bogen also die Seiten 3 und 4, bei den folgenden die Seiten 19 und 20 , 35 und 36, 51 und 52 und so fort.
- Die Seiten stehen entweder ausschließlich Kopf an Kopf (bei 8- und 16-seitigen Bogen) oder sowohl Kopf an Kopf als auch Fuß an Fuß (zum Beispiel bei 32-seitigen Bogen), aber niemals Kopf an Fuß.

Bei der Positionierung der einzelnen Seiten auf dem Druckbogen ist der erforderliche Beschnitt zu berücksichtigen. Alle durch den Rücken mit Faden oder Draht gehefteten und fadengesiegelten Produkte werden dreiseitig, oben, unten und rechts beschnitten, aber natürlich nicht am Bund. Klebegebundene Produkte werden dagegen vor der Bindung am Bund gefräst, sodass auch hier eine Zugabe erforderlich ist (vgl. Abschnitt 8.6.2).

Für die Kommunikation zwischen Druck und Weiterverarbeitung und zur Überprüfung des Produkts werden Kontroll- und Hilfselemente benutzt:

- Die Anlage in der Falzmaschine wird durch gedruckte oder auf einen Bogen gezeichnete Anlagewinkel gekennzeichnet. Die Anlage in Druck- und Falzmaschine soll identisch sein. Beim Druck im einfachen Nutzen markiert der Anlagewinkel deshalb zugleich die Anlage in der Druckmaschine (vgl. Bilder auf der vorherigen Seite). Beim Druck von zwei Nutzen aus einer Form stehen die Winkel links und rechts vom Trennschnitt (vgl. Bilder unten).

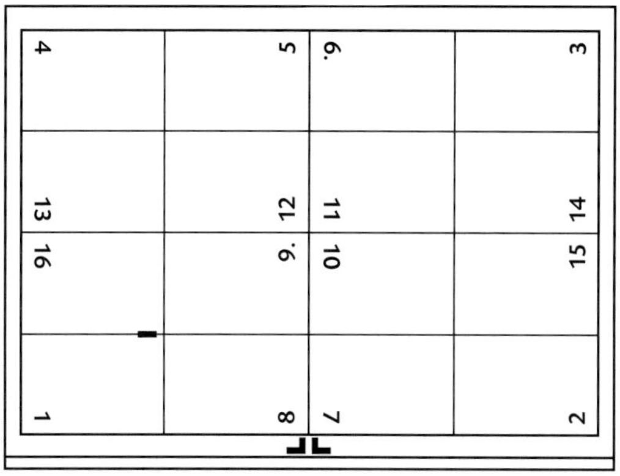

Ausschießschema für den Druck von zwei identischen16-seitigen Nutzen von einer Form, Wendeart Umschlagen, Dreibruch-Kreuzfalz

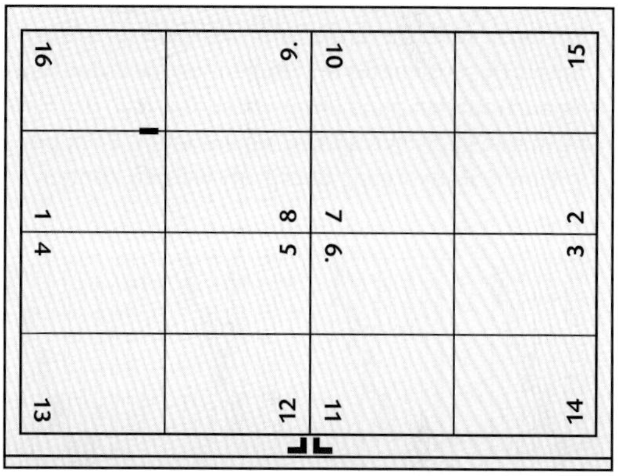

Alternatives Ausschießschema für den Druck von zwei identischen16-seitigen Nutzen von einer Form, Wendeart Umschlagen, Dreibruch-Kreuzfalz

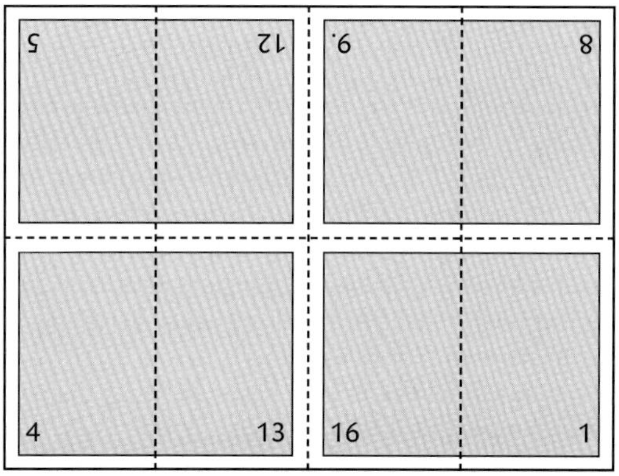

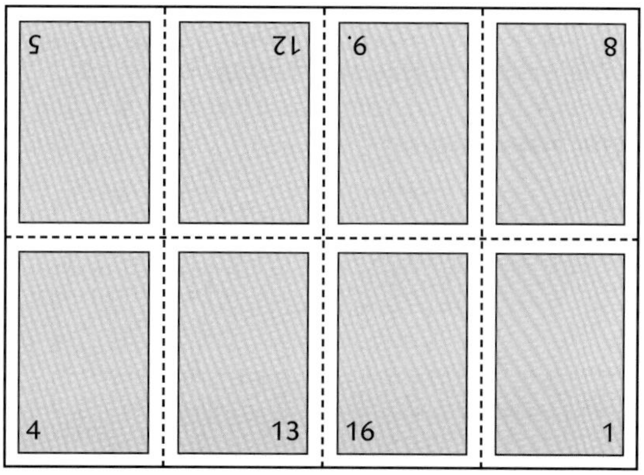

Beschnitt bei Heftung (links) und bei Klebebindung (rechts). Die grauen Flächen kennzeichnen das beschnittene Seitenformat, die unterbrochnenen Linien die Falze; der Beschnitt ist hier der Deutlichkeit halber übertrieben dargestellt.

- Flattermarken sind schmale schwarze Rechtecke, die nach dem Falzen exakt auf dem Bund zwischen erster und letzter Seite jedes Druckbogens stehen. Sie werden von Bogen zu Bogen um ihre eigene Höhe nach unten versetzt und bilden so eine „Treppe". So kann am Rücken des zusammengetragenen Produkts visuell oder durch Einscannen die richtige Reihenfolge der Lagen überprüft (kollationiert) werden. Bei Druckprodukten, die gesammelt werden, stehen die Flattermarken am Kopf und fallen durch Beschnitt weg.
- Die Bogensignatur ist die mitgedruckte Nummerierung der Druckbogen. Sie steht auf der ersten Seite des Druckbogens und wird auf der dritten mit hochgestelltem Stern wiederholt. Die Bogensignatur der ersten Seite heißt Prime, die der dritten heißt Sekunde. Neben der Prime steht häufig die Bogennorm; das ist der verkürzte Werktitel, mit dessen Hilfe sich die Zugehörigkeit der Druckbogen zum jeweiligen Druckwerk überprüfen lässt. Prime, Bogennorm und Sekunde stehen oft am Fuß der Seiten. Sie fallen heute in der Regel durch Beschnitt weg; in älteren Büchern sind sie unterhalb des Satzspiegels zu sehen. Bogensignatur und Bogennorm werden häufig auch auf den Bund unter- oder oberhalb der Flattermarke gedruckt, sodass sie auf einen Blick oder in einem Scanvorgang überprüft werden können.

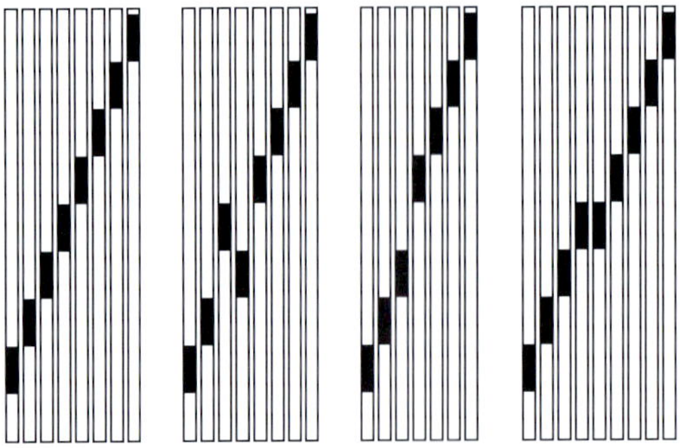

Die Flattermarken zeigen (von links nach rechts): korrekt zusammengetragenes Exemplar, vertauschte Bogen, fehlender Bogen, doppelter Bogen

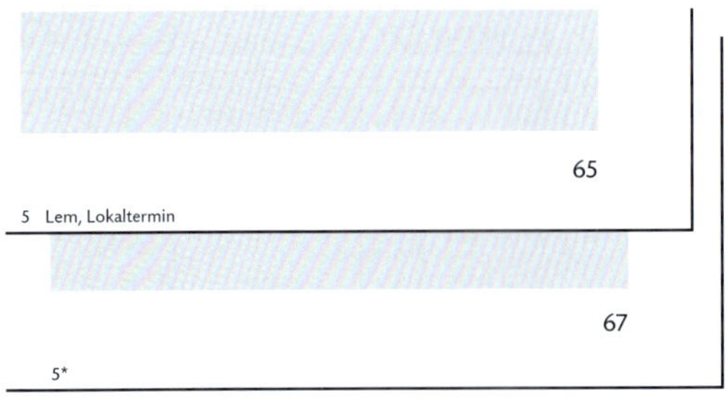

Bogensignatur: Prime mit Bogennorm (oben) und Sekunde

6.6 Rasterung

6.6.1 Grundlagen

Im Offset-, Flexo- und Siebdruck ist die Dicke der übertragenen Druckfarbenschicht nicht variabel. Auf eine bestimmte Stelle des Druckbogens wird entweder eine Farbschicht von bestimmter Dicke übertragen oder nicht. Zwischenstufen und kontinuierliche Übergänge wie im fotografischen Halbtonbild sind nicht möglich. Im Druck werden sie durch Rasterpunkte simuliert.

Rasterpunkte können periodisch (regelmäßig) oder nichtperiodisch (unregelmäßig) angeordnet sein. Bei periodischen Rastern ist die Anzahl der Punkte auf einer Längeneinheit oder in einer Flächeneinheit an allen Stellen des Bildes gleich. Die Größe der Punkte ist variabel – hellere und dunklere Farben werden durch kleinere und größere Punkte simuliert. Bei nichtperiodischen Rastern ist es genau umgekehrt: Alle Rasterpunkte sind gleich groß, die Anzahl der Punkte je Längen- oder Flächeneinheit ist variabel. Hellere und dunklere Farben entstehen hier also durch weniger oder mehr Punkte.

In den folgenden Abschnitten geht es um die Grundlagen der Rasterung im Offset-, Flexo- und Siebdruck, und zwar unabhängig von der Ausgabetechnik. Auf welche Weise Raster erzeugt werden, wird im Abschnitt zur RIP-Technik (Abschnitt 6.7) behandelt.

Im Rakel-Tiefdruck liegen die Verhältnisse etwas anders: Die Farbschichtdicke ist variabel, weil die kleinen, farbführenden Vertiefungen (Näpfchen) der Druckform unterschiedlich tief sein können. Bei der Rasterung im Rakel-Tiefdruck stehen spezielle Eigenarten sowohl des Druckverfahrens als auch der Formherstellungsverfahren im Vordergrund. Sie wird deshalb im Abschnitt über die Herstellung von Druckformen für den Rakel-Tiefdruck behandelt (Abschnitt 6.9.3).

6.6.2 Periodische Raster

Periodische Raster werden auch als autotypische oder amplitudenmodulierte Raster (AM-Raster) bezeichnet. Die Rasterfrequenz (Rasterfeinheit) gibt an, wie viele Rasterpunkte sich auf einer Strecke von einem Zentimeter oder einem Inch befinden. Gemessen und gezählt wird in der Winkelrichtung des Rasters. In dieser Richtung sind die Abstände zwischen den Zentren der Rasterpunkte am kleinsten.

Der praxisübliche Begriff Rasterweite ist doppeldeutig. In der Praxis ist damit zwar meistens dasselbe wie mit den Begriffen Rasterfrequenz und -feinheit gemeint. Er wird aber auch gleichbedeutend mit den Begriffen Rasterkonstante und Rasterperiode verwendet, also dem Kehrwert der Rasterfrequenz (vgl. weiter unten).

Rasterfrequenzen werden in der Praxis meist mit den Einheiten Linien pro Zentimeter (L/cm) und Lines per Inch (lpi) gekennzeichnet. Diese Begriffe stammen noch aus der Zeit, als Rasterungen fotomechanisch mit Distanzrastern erzeugt wurden, die aus verkitteten Glasplatten mit geätzten Linien bestanden. Heute könnte zutreffender von Rasterpunkten pro Zentimeter oder Screen Dots per Inch gesprochen werden. Beim Rechnen mit Rasterfrequenzen ist es aber ohnehin günstiger, die Kehrwerte der Längeneinheiten Zentimeter oder Inch zu benutzen. Statt 60 L/cm also 60/cm oder $60\,cm^{-1}$ und statt 150 lpi entsprechend 150/inch oder $150\,inch^{-1}$.

Der Abstand zwischen den Zentren zweier unmittelbar nebeneinander liegender Rasterpunkte heißt Rasterkonstante oder Rasterperiode. Rechnerisch ist

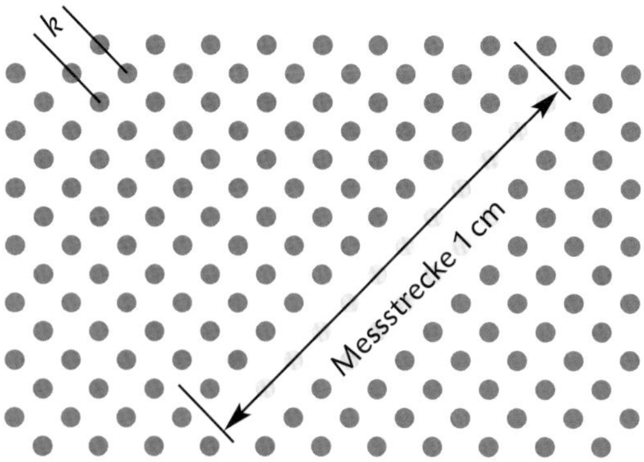

Rasterfrequenz 12/cm (ein sehr grober Raster); die Rasterkonstante k beträgt 1 : 12/cm · 10 mm/cm ≈ 0,83 mm

Rasterzellen

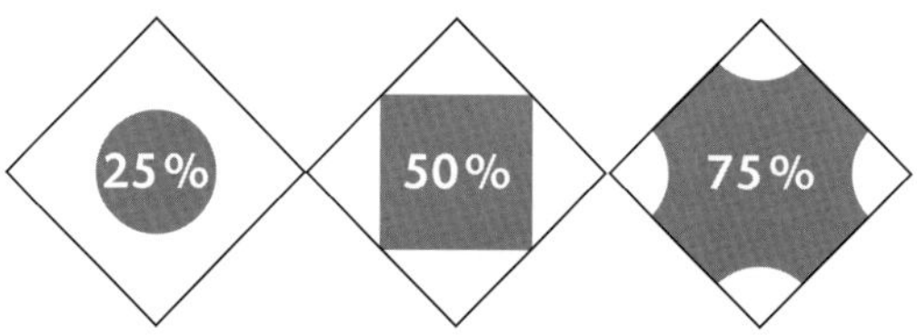

Rasterzellen, Rasterpunkte und Rastertonwerte

die Rasterkonstante k einfach der Kehrwert der Rasterfrequenz. Weil sie sehr klein ist, wird sie meist in Millimeter angegeben.
Beispiele 1: Rasterfrequenz 40/cm
$k = 1 : 40/cm \cdot 10\,mm/cm = 0{,}25\,mm$
Beispiele 2: Rasterfrequenz 150/inch
$k = 1 : 150/inch \cdot 25{,}4\,mm/inch \approx 0{,}17\,mm$

Die Rasterzelle (Rasterquadrat, Rastermasche) ist die quadratische Fläche, die für einen Rasterpunkt zur Verfügung steht. Der Rasterpunkt steht in der Mitte der Rasterzelle und füllt sie mehr oder minder aus; er kann niemals größer als die Rasterzelle sein. Die Fläche der Rasterzelle A_{RZ} ist das Quadrat der Rasterkonstanten k. Beispiel: $k = 0{,}25$ mm
$A_{RZ} = k^2 = 0{,}25^2\,mm^2 = 0{,}0625\,mm^2$

Der Rastertonwert A – auch Flächendeckungsgrad oder kurz Tonwert genannt – ist das prozentuale Verhältnis der Fläche des Rasterpunkts zur Fläche der Rasterzelle. Er gibt also an, zu wie viel Prozent die Rasterzelle vom Rasterpunkt ausgefüllt wird. Beispiel: Rasterpunkt $0{,}0125\,mm^2$, Rasterzelle $0{,}0625\,mm^2$.
$A = 0{,}0125\,mm^2 : 0{,}0625\,mm^2 \cdot 100\,\% = 20\,\%$

Rasterpunkte können unterschiedlich geformt sein. Bei der „klassischen" quadratischen Punktform sind sie zwar im Mitteltonbereich (Tonwerte um 50 %) quadratisch, bei geringeren Rastertonwerten aber nahezu kreisförmig. Oberhalb des Mitteltonbereichs entstehen mit zunehmendem Rastertonwert annähernd kreisrunde Löcher. Beim Tonwert 50 % berühren sich benachbarte quadratische Rasterpunkte an allen vier Ecken, es kommt so zum Punktschluss. In einem gedruckten Verlauf führt der Punktschluss zu einem leichten, aber durchaus sichtbaren Abriss (Helligkeitssprung), weil die Tonwertzunahme im Druck an dieser Stelle leicht, aber sprunghaft ansteigt.

Kettenrasterpunkte zeigen in dieser Hinsicht ein günstigeres Verhalten. Sie sind im Mitteltonbereich nahezu rautenförmig. Es gibt deshalb keinen Punktschluss beim Tonwert 50 % – in einer Richtung berühren sich die Punkte bereits bei etwa 40 %, in der anderen aber erst bei etwa 60 %. In einem gedruckten Verlauf entstehen zwei leichte Abrisse, die jeweils nur etwa halb so stark sind wie beim Punktschluss quadratischer Rasterpunkte. Kettenrasterpunkte werden auch als elliptische Punkte bezeichnet, weil die Rasterpunkte im Viertelton- und die Rasterlöcher im Dreivierteltonbereich annähernd ellipsenförmig sind.

Beim Druck von Graustufenbildern soll der Raster so gewinkelt sein, dass die Rasterstruktur visuell möglichst wenig stört. Das ist bei einem Winkel von 45° der Fall, weil diagonale Strukturen nicht so deutlich wahrgenommen werden wie waagerechte oder senkrechte.

Beim Druck mit mehr als einer Druckfarbe werden die Raster für die einzelnen Farbauszüge unterschiedlich gewinkelt. Dabei entstehen Interferenzmuster (Überlagerungs-, Störmuster), die als Moirés bezeichnet werden. Das Moiré ist am kleinsten und visuell am unauffälligsten, wenn die Winkeldifferenz zwischen Rastern mit gleicher Frequenz genau 30° beträgt.

Im Vierfarbprozess lässt sich die 30°-Bedingung jedoch nur für drei Druckfarben erfüllen, indem zum Beispiel die Winkel 15°, 45° und 75° benutzt werden. Der nächste um 30° größere Winkel, also 105°, ist im Ergebnis dasselbe wie 15° (105° – 90° = 15°).

Der Raster der vierten Druckfarbe wird deshalb auf 0°, 30° oder 60° gelegt. Durch die Winkeldifferenz von nur 15° zum benachbarten Winkel entsteht natürlich ein relativ grobes Moiré. Es ist aber im gedruckten Bild praktisch nicht zu sehen, wenn die hellste Druckfarbe, also Yellow, auf den „schlechten" Winkel gelegt wird. Die Zuordnung der Winkel kann also zum Beispiel so aussehen:

- Cyan 15°
- Magenta 75°
- Yellow 0°
- Schwarz 45°

Die Winkel für Cyan, Magenta und Schwarz dürfen untereinander vertauscht werden. Nach ISO 12467-2 soll die dominante Farbe auf 45° liegen, also die Druckfarbe, bei der die Rasterstruktur visuell am auffälligsten ist. Beim Unbuntaufbau (GCR) oder beim Buntaufbau mit kräftiger Unterfarbenentfernung (UCR, vgl. Abschnitt 2.5.2.3) ist das meist die Druckfarbe Schwarz, vor allem natürlich in Bildern mit dunklen Motiven. Wenn dagegen orange oder hellbraune Farben, zum Beispiel Hautfarben, überwiegen, fällt die Rasterstruktur im Magenta am stärksten auf. In diesem Fall ist es also günstiger, Magenta auf 45° und Schwarz auf 75° zu legen.

Die Rasterwinkel werden häufig im Uhrzeigersinn (rechtsdrehend) relativ zur Senkrechten angegeben. Auf ein Zifferblatt übertragen, liegt der Winkel 0° also auf 12 Uhr und der Winkel 90° auf 3 Uhr. Rasterwinkel können auch nach mathematischen Regeln angegeben werden, also gegen den Uhrzeigersinn (linksdrehend), wobei 0° auf 3 Uhr und 90° auf 12 Uhr liegt. Welche Form der Winkelangabe benutzt wird, ist letzten Endes gleichgültig, solange alle Winkel eines Winkelsystems auf gleiche Art gekennzeichnet werden.

Bei Rastern mit quadratischer Punktform sind die Winkel 45° und 135° nicht voneinander zu unterscheiden. Dasselbe gilt für 15° und 105° sowie 75° und 165°. Raster mit quadratischen Punkten haben zwei gleichwertige Achsen, die einen Winkel von 90° bilden. Bei Kettenrasterpunkten gibt es dagegen eine Hauptachse in Richtung des ersten Punktschlusses und eine Nebenachse in Richtung des zweiten. Die Winkelangaben beziehen sich hier auf die Hauptachse.

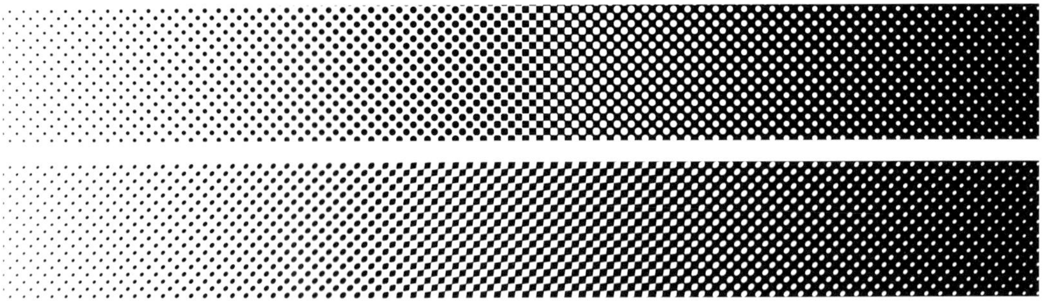

Quadratische Rasterpunkte (oben) und Kettenrasterpunkte (elliptische Rasterpunkte, unten)

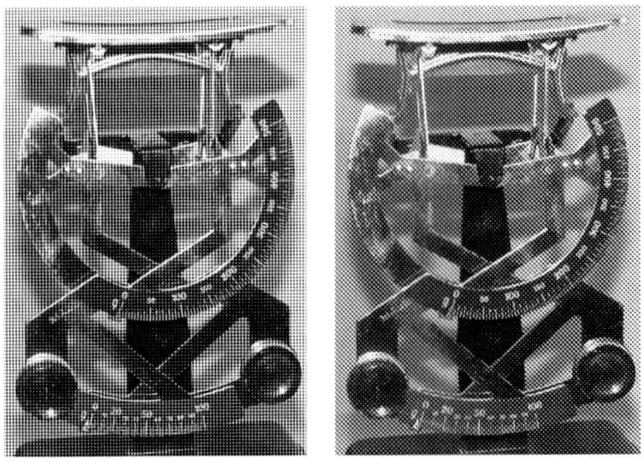

Beim Rasterwinkel 0° (links) ist die Rasterstruktur auffälliger und störender als beim Rasterwinkel 45° (rechts).

Moirés beim Übereinanderlegen von zwei Rastern; die Winkeldifferenzen betragen (von links) 5°, 15° und 30°.

Bei Rastern mit Hauptachse sind nach ISO 12647-2 Winkeldifferenzen von 60° zwischen Cyan, Magenta und Schwarz einzuhalten. Daraus ergeben sich die Winkel 15°, 75°, 135° oder 45°, 105°, 165°. Yellow wird auch hier auf 0°, 30° oder 60° gelegt. Die dominante Druckfarbe soll auf 45° bzw. 135° liegen.

Auch bei korrekten Winkeln ist das gedruckte Bild nicht „absolut moiréfrei" – das Störmuster ist aber sehr klein. Es hat die Form kleiner Ringe, die als Raster-Rosetten bezeichnet werden. Theoretisch wäre es zwar denkbar, völlig moiréfreie Bilder zu drucken, wenn die Raster für alle vier Druckfarben exakt gleiche Winkel haben. Praktisch ist das nicht realisierbar, weil beim Drucken kleine Passerdifferenzen auftreten. Obwohl diese Abweichungen sehr klein sind, würden sie bei gleichen Rasterwinkeln dazu führen, dass sich die Rasterpunkte auf einem Druckbogen stärker überdecken, auf einem anderen aber weniger. Einander überdeckende Rasterpunkte ergeben hellere Mischfarben mit etwas anderen Bunttönen und Buntheiten als nebeneinander liegende. Dieses Phänomen heißt Farbdrift oder Farbspiel.

Beim Druck mit mehr als vier Farben (vgl. Abschnitt 2.5.3) ist es allerdings nicht zu vermeiden, den Rastern für mindestens zwei Druckfarben gleiche Winkel zuzuweisen. Im Hexachrome-Prozess werden die (ungefähr komplementären) Druckfarben Cyan und Orange bzw. Magenta und Grün auf gleiche Winkel gelegt. Da die Bilder unbunt aufgebaut sind, wird die Verschwärzlichung der Tertiärfarben nicht durch die jeweilige Komplementärfarbe erzeugt, sondern durch die Druckfarbe Schwarz. Es gibt deshalb keine Mischfarben, die gleichzeitig Cyan und Orange bzw. Magenta und Grün enthalten.

Beim Siebenfarbprozess ist diese Vorgehensweise nicht möglich, weil Blau nicht denselben „schlechten" Winkel wie Yellow (0°, 30° oder 60°) erhalten darf. Hier werden die sechs bunten Druckfarben im Wechsel auf nur zwei Winkel gelegt, also zum Beispiel Cyan 105°, Blau 165°, Magenta 105°, Rot 165° usw. Das ist möglich, weil die Mischfarben aufgrund des Unbuntaufbaus aus nur zwei benachbarten Druckfarben (zum Beispiel Cyan und Blau, Blau und Magenta) und Schwarz entstehen.

Im Offsetdruck sind alle bisher genannten Rasterwinkel problemlos verwendbar. Beim Flexodruck gibt es dagegen eine drucktechnisch bedingte Einschränkung: Zur Einfärbung der Druckform dient eine Rasterwalze, deren Oberfläche mit kleinen, regelmäßig angeordneten Näpfchen versehen ist (vgl. Abschnitt 7.3.1.2). Durch Überlagerung der Näpfchenstruktur mit dem Raster der Druckform kann vor allem bei den Winkeln 0° und 45° (oder 135°) ein Moiré entstehen. Um das zu verhindern, wird das gesamte Rasterwinkelsystem um 7,5° gedreht. Die Abstände zwischen den Winkeln bleiben dabei unverändert; statt zum Beispiel 0°, 15°, 45°, 75° werden die Winkel 7,5°, 22,5°, 52,5°, 82,5° benutzt.

Beim Siebdruck kann es bei den Winkeln 0° und 45° (90° und 135°) zu Moirés kommen, weil sich Rasterstruktur und Maschenstruktur des Siebgewebes überlagern. Deshalb wird entweder das Siebgewebe im Winkel von 7,5° auf den Siebrahmen gespannt oder ein um 7,5° gedrehtes Rasterwinkelsystem wie im Flexodruck benutzt.

Raster sollen im Idealfall so fein sein, dass keine Rasterpunkte zu erkennen sind und gedruckte Bilder wie fotografische Halbtonbilder aussehen. Dieses Ideal ist aber in vielen Fällen nicht realisierbar. Das menschliche

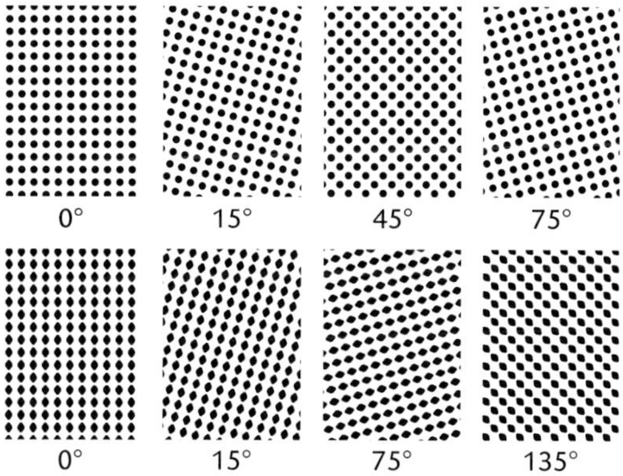

Rasterwinkel für quadratische Rasterpunkte (Raster ohne Hauptachse; oben) und für Kettenrasterpunkte (Raster mit Hauptachse; unten)

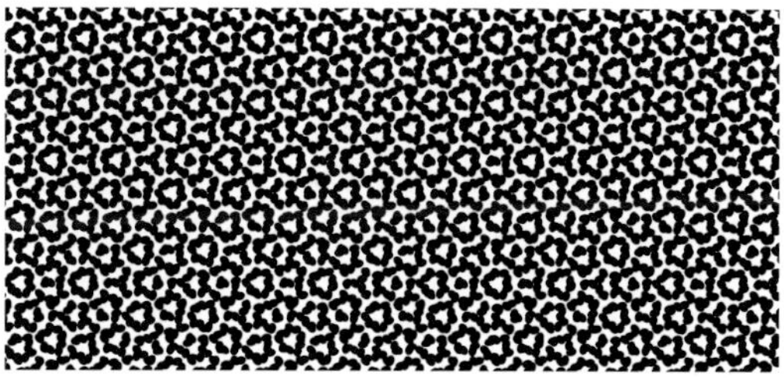
Raster-Rosetten

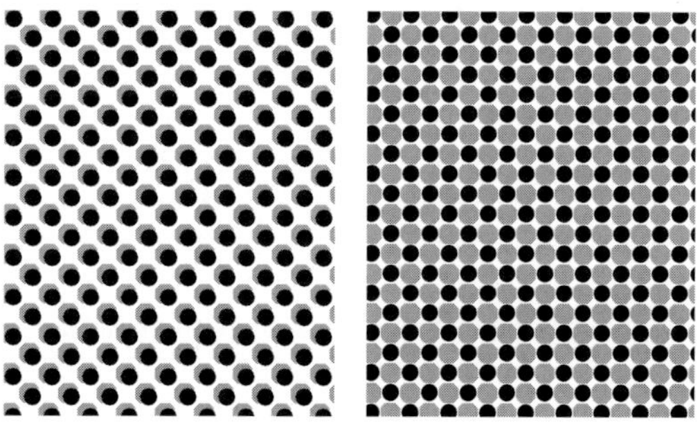
Farbdrift im Druck bei Rastern mit identischen Winkeln

Auge nimmt zwei Punkte gerade noch getrennt wahr, wenn sie unter einem Winkel von etwa einem vierzigstel Grad (0,025°) liegen. Bei der Betrachtung einer Zeitschrift oder eines Buchs aus 30 cm Abstand entspricht das einer Rasterkonstanten von rund 0,13 mm und einer Rasterfrequenz von rund 77/cm. Bei einem Plakat, das aus 2 m Abstand betrachtet wird, ergibt sich eine Rasterkonstante von rund 0,87 mm und eine Rasterfrequenz von etwa 11,5/cm. Im ersten Fall sind also ab einer Rasterfrequenz von etwa 80/cm (oder rund 200/inch) keine Punkte mehr zu sehen, im zweiten Fall bereits ab 12/cm (oder rund 30/inch).

Die beim mehrfarbigen Druck entstehenden Raster-Rosetten sind dann aber noch erkennbar. Ihre wahrgenommene Größe entspricht etwa dem 1,5-fachen der Rasterkonstanten. Wenn also keine Rosetten zu sehen sein sollen, müssen die genannten Rasterfrequenzen noch mit dem Faktor 1,5 multipliziert werden. Das ergibt etwa 120/cm (rund 300/inch) bei 30 cm Betrachtungsabstand und etwa 18/cm (rund 45/inch) bei 2 m Abstand.

Sehr grobe Raster sind in jedem Druckverfahren und auf praktisch jedem Bedruckstoff möglich. Feine Raster stoßen aber bei der Druckformherstellung und beim Drucken an technische Grenzen.

Um bei konventioneller Plattenkopie eine sichere Übertragung aller Bildinformationen vom Film auf die Druckform sicherzustellen, dürfen die Rasterpunkte im Bildlicht und die Rasterlöcher in den Bildtiefen nicht zu klein sein. Im Offsetdruck mit der Rasterfrequenz 60/cm sollen niedrigster und höchster Rastertonwert mindestens 2 % bzw. höchstens 98 % betragen. Feinere Raster erfordern entsprechend höhere bzw. niedrigere Grenzwerte: 4 % und 96 % bei 80/cm, 8 % und 92 % bei 120/cm. Je feiner der Raster, desto geringer ist also der übertragbare Tonwertumfang.

Bei filmloser Herstellung von Offsetdruckplatten (Computer-to-Plate) sind zwar noch kleinere Rasterpunkte und -löcher möglich. Damit sie noch stabil gedruckt werden können, sollte ihr Durchmesser aber nicht kleiner als etwa 20 Mikrometer (= 0,02 mm) sein. Daraus ergeben sich realisierbare Tonwertumfänge von rund 1 % bis 99 % (Rasterfrequenz 60/cm), 2 % bis 98 % (80/cm) und 4,5 % bis 95,5 % (120/cm).

Die Tonwertzunahme im Druck ist bei feinen Rastern höher als bei groben. Wenn sie bei der Rasterfrequenz 60/cm zum Beispiel 14 % im Mittelton (bei 50 %) beträgt, erreicht sie unter ansonsten gleichen Bedingungen bei der Rasterfrequenz 80/cm etwa 17 % und bei 120/cm etwa 22 %.

Die Tonwertzunahme kann zwar in jedem Fall durch entsprechend entgegengesetzte Bearbeitung der Bilddaten ausgeglichen werden. Je höher die Tonwertzunahme, desto stärker sind aber die Schwankungen im Fortdruck und umso schwieriger wird es, konstante Ergebnisse zu erzielen. Die Schwankungsbreite ist ungefähr proportional zur Rasterfrequenz: Wenn die Tonwertzunahme bei der Rasterfrequenz 60/cm zum Beispiel um ±3 % schwankt, sind es bei 80/cm unter ansonsten gleichen Bedingungen etwa ±4 % und bei 120/cm etwa ±6 %. Je höher die Rasterfrequenz, umso höher sind folglich die Anforderungen an Steuerung und Überwachung der Tonwertzunahme im Druck.

Die „richtige" Rasterfrequenz ist immer ein Kompromiss: Einerseits sollen Rasterpunkte und -rosetten möglichst unauffällig sein. Andererseits wird ein möglichst hoher Tonwertumfang angestrebt und die Tonwertschwankungen im Fortdruck sollen noch gut beherrschbar sein.

Im Zeitungsdruck werden Rasterfrequenzen von etwa 30/cm bis 44/cm benutzt. Im Bogen- und Rollenoffsetdruck liegen sie in diesen Bereichen:

- Naturpapier, maschinenglatt 36/cm ... 48/cm
- Naturpapier, satiniert 40/cm ... 54/cm
- Gestrichenes Papier 54/cm ... 90/cm

Im Flexodruck sind, soweit die Bedruckstoffe das zulassen, Rasterfrequenzen bis etwa 60/cm möglich, im Siebdruck bis 40/cm.

6.6.3 Nichtperiodische Raster

Nichtperiodische Raster (NP-Raster) werden auch als stochastische (zufallsbedingte) oder frequenzmodulierte Raster (FM-Raster) bezeichnet. Die unterschiedlichen Rastertonwerte entstehen hier nicht durch Variation der Punktgröße, sondern durch Variation der Anzahl gleich großer Punkte.

Die Bezeichnung Raster ist streng genommen nicht korrekt: Raster sind eigentlich regelmäßige Gliederungen von Flächen durch Punkte, Linien oder andere Strukturelemente. Beim NP-Raster sind die Punkte aber gerade nicht regelmäßig angeordnet, sondern scheinbar zufällig verteilt.

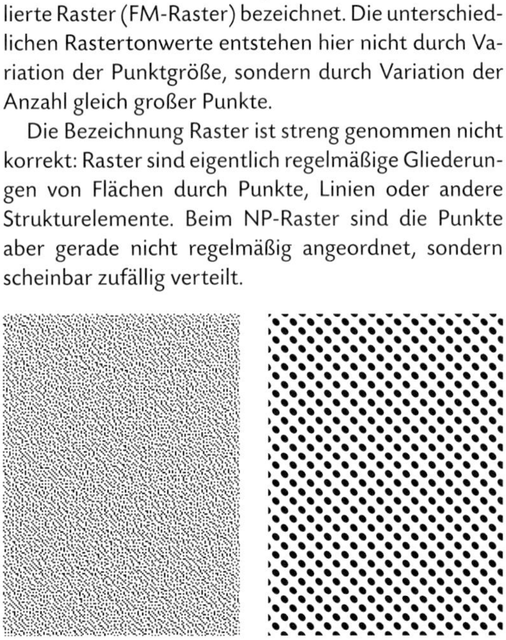

NP-Raster mit 20 µm Punktgröße und periodischer Raster, 60/cm, beide in zehnfacher Vergrößerung

Tatsächlich ist die Anordnung der Punkte ein Kompromiss aus Zufall und Regelmäßigkeit. Bei völlig zufälliger Verteilung entstehen raue, unruhig wirkende, unregelmäßige Strukturen. Eine zu regelmäßige Anordnung ergibt dagegen sichtbare, sich regelmäßig wiederholende Muster. Es kommt also darauf an, die Punkte einerseits so unregelmäßig anzuordnen, dass sich keine sichtbaren, regelmäßigen Strukturen bilden, andererseits aber so regelmäßig, dass die entstehenden Strukturen nicht zu unruhig wirken.

Da die Punkte unregelmäßig angeordnet sind, lässt sich die Feinheit von NP-Rastern nicht durch Rasterfrequenzen kennzeichnen. Stattdessen wird der Punktdurchmesser in Mikrometer (µm = 1/1000 mm) angegeben, wobei der Einfachheit halber unterstellt wird, dass die Punkte kreisrund seien. Tatsächlich ähneln sie eher Quadraten mit mehr oder minder stark abgerundeten Ecken.

NP-Raster haben gegenüber periodischen Rastern eine Reihe von Vorteilen. Bei der im Offsetdruck üblichen Punktgröße von 20 µm sind auch bei geringem Betrachtungsabstand keine Punkte zu erkennen. Sie schließen sich zwar im Mitteltonbereich zu größeren Gebilden zusammen, die aber so klein bleiben, dass sie visuell nicht wahrgenommen werden.

Wegen der unregelmäßigen Anordnung der Punkte kann kein Moiré entstehen. Im mehrfarbigen Druck sind deshalb keine Winkelungen erforderlich, sodass sich keine Rosetten bilden. Die Detailauflösung ist deutlich höher als bei periodischen Rastern. Nichtperiodisch gerastert gedruckte Bilder kommen also fotografischen Halbtonbildern recht nahe.

Als Nachteil ist nur die leichte Rauigkeit in glatten, strukturlosen Flächen zu nennen. Dieser Effekt wird auch als sichtbares Rauschen (visible noise) bezeichnet. Für Grafiken mit unstrukturierten Farbflächen und Verläufen sind NP-Raster deshalb nicht so gut geeignet wie für Bilder mit ausgeprägten Strukturen.

Nichtperiodische Raster verhalten sich im Druck anders als periodische. Die Druckkennlinien verlaufen unterschiedlich: NP-Raster haben im Vierteltonbereich meist eine geringere Tonwertzunahme, nehmen aber im Mittel- und vor allem im Dreivierteltonbereich stärker zu als periodische Raster. Primär- und Sekundärfarben werden vor allem bei mittleren Rastertonwerten etwas bunter und auch die Graubalance weicht von den Verhältnissen bei periodischen Rastern ab.

Es ist also nicht damit getan, bei der Datenausgabe einfach die Option NP-Raster zu wählen. Das Rasterungsverfahren ist vielmehr schon bei der Erzeugung und Bearbeitung der CMYK-Bilddaten zu berücksichtigen; beim Colour-Management sollten spezielle Profile für den nichtperiodisch gerasterten Druck benutzt werden.

6.6.4 Hybridraster

Hybridraster – auch crossmodulierte Raster genannt – sind „Mischungen" aus periodischem und nichtperiodischem Raster. Der periodische Anteil überwiegt aber; nur in den sehr niedrigen und sehr hohen Tonwertbereichen sind die Punkte bzw. Löcher nichtperiodisch angeordnet. Der Wechsel von periodischer zu nichtperiodischer Anordnung erfolgt immer dann, wenn die Durchmesser von Rasterpunkten bzw. -löchern nicht mehr weiter verringert werden können, weil dann die zur sicheren Übertragung erforderliche Mindestgröße unterschritten würde.

Wesentlicher Vorteil gegenüber periodischen Rastern sind höhere Tonwertumfänge bei hohen Rasterfrequenzen. Bei der Frequenz 120/cm liegen niedrigster und höchster Tonwert periodischer Raster bei rund 4,5 % bzw. 95,5 % (vgl. Abschnitt 6.6.2). Mit Hybridrastern lassen sich dagegen Tonwertumfänge realisieren, die von etwa 0,5 % bis 99,5 % reichen. Es können also sehr feine Raster mit visuell kaum oder gar nicht wahrnehmbaren Punkten und Rosetten gedruckt werden, ohne dass es dabei zur – bei periodischen Rastern unvermeidbaren – Einschränkung des Tonwertumfangs kommt.

Vorteil gegenüber nichtperiodischen Rastern ist die höhere Glätte strukturloser Flächen. In den Tonwertbereichen mit regelmäßig angeordneten Rasterpunkten kann, anders als beim nichtperiodischen Raster, kein sichtbares Rauschen auftreten. Dieser Vorteil kommt insbesondere dann zum Tragen, wenn neben Bildern auch größere gerasterte Flächen und andere grafische Elemente ohne Struktur gedruckt werden.

Für die Tonwertschwankungen feiner Hybridraster im Fortdruck gilt dasselbe wie für feine periodische Raster. Auch hier sind also die Anforderungen an Steuerung und Überwachung der Tonwertzunahme höher als beim Druck gröberer Raster.

Hybridraster sind im Grundsatz wie periodische Raster aufgebaut, haben also regelmäßig angeordnete Rasterpunkte. Sie werden deshalb genau wie periodische Raster gewinkelt.

Hybridraster

6.7 Raster Image Processing

6.7.1 Grundlagen der „Rasterisation"

Die englischen Wörter *rasterised* und *rasterisation* kennzeichnen einen völlig anderen Sachverhalt als die deutschen Wörter „gerastert" bzw. „Rasterung". Ein *raster image* ist ein digitales Bild, das aus einer regelmäßigen Matrix quadratischer Bildelemente (Pixel) besteht (vgl. Abschnitt 3.2). Der englische Begriff *raster image* ist also im Sinne von „Pixelbild" zu verstehen; *rasterised* bedeutet sinngemäß „gepixelt" oder „aus Pixeln bestehend", *rasterisation* ist die Erzeugung eines Pixelbildes. Ein Raster Image Processor berechnet also Bilder, die aus Pixeln bestehen.

In der deutschen Fachsprache bezeichnet der Begriff Raster dagegen das Punktmuster, mit dessen Hilfe Halbtöne im Druck simuliert werden (vgl. Abschnitt 6.6). Der entsprechende englische Fachbegriff lautet *half-tone sreeen*, häufig verkürzt zu *half-tone* oder *screen*.

Vor allem im Bereich der Non-Print-Medien wird allerdings das Wort „Rasterbild" – die scheinbar wörtliche Übersetzung von *raster image* – auch im Sinne von Pixelbild benutzt. Was im konkreten Einzelfall mit Wörtern wie „Rasterbild", „gerastert" oder „Rasterung" gemeint ist, lässt sich deshalb oft nur aus dem Zusammenhang erschließen.

Raster Image Processor, abgekürzt RIP, ist ein Programm (Software-RIP) oder ein Spezialrechner (Hardware-RIP) zur Erzeugung von Pixelbildern für die Ausgabe auf Film, Druckplatte oder mittels digitaler

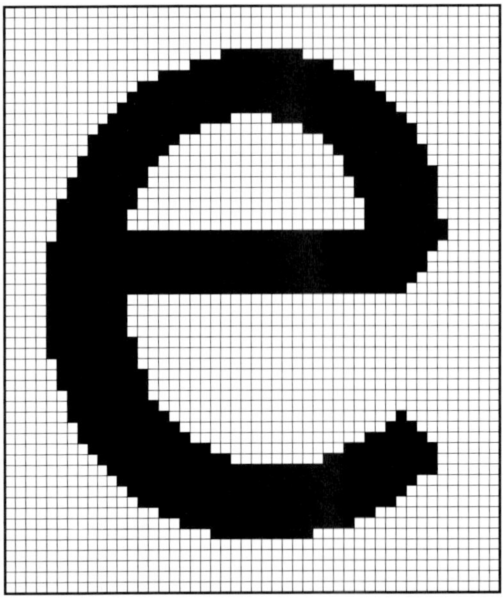

Bitmap mit der Auflösung 2400/inch in rund 130facher Vergrößerung; der Buchstabe hat die Schriftgröße 3 pt.

Drucktechnik. Das ist die letzte erforderliche Datenmodifikation im digitalen Workflow.

Um Verwechslungen mit den Pixeln von Bilddateien zu vermeiden, werden die Elemente der vom RIP berechneten und vom Belichter oder Drucker ausgegebenen Bitmap im Folgenden als Recorder-Elemente bezeichnet. Das Recorder-Element ist die kleinste adressierbare Einheit – Recorder-Elemente sind nicht teilbar. Die Kanten vektoriell beschriebener Buchstaben oder grafischer Objekte werden also, soweit sie nicht exakt waagerecht oder senkrecht verlaufen, zu Treppchen. Das macht sich aber bei ausreichend hoher Auflösung nicht störend bemerkbar.

Die Umwandlung der PostScript- oder PDF-Seitenbeschreibung zur Ausgabe-Bitmap besteht aus drei logischen Schritten: Interpretation, Rendering und Screening.

- Bei der Interpretation werden die komplexen, mathematisch beschriebenen PostScript- oder PDF-Objekte in grafische Primitive umgewandelt, also vergleichsweise einfache geometrische Formen wie zum Beispiel Dreiecke oder Trapeze. Schriftzeichen (Glyphen) werden in allen verwendeten Größen in Bitmaps umgewandelt, Pixelbilder gegebenenfalls dekomprimiert und auf der Festplatte abgelegt. Das Ergebnis der Interpretation heißt Display-Liste; sie enthält im Wesentlichen grafische Primitive sowie Verweise auf Schriftzeichen und Bilder.
- Beim Rendering, auch Scan-Converting genannt, werden die durch Konturen beschriebenen grafischen Primitiven mit Pixeln gefüllt und die Daten für die Ausgabe auf Film oder Druckplatte separiert, also in Farbauszüge aufgeteilt. Außerdem kann hier eine Farbraumtransformation stattfinden, also die Umwandlung von RGB oder CIELAB nach CMYK. Zu diesem Zweck werden die benötigten ICC-Profile (vgl. Abschnitt 3.7.2) vorab in Colour Rendering Dictionaries umgewandelt.
- Beim Screening, auch Halftoning genannt, werden schließlich die periodisch, nichtperiodisch oder hybrid gerasterten Ausgabe-Bitmaps erzeugt.

Die 2006 von Adobe vorgestellte PDF Print Engine führt Interpretation und Rendering aus; PDF-RIPs auf dieser Basis bestehen also aus Adobe PDF Print Engine (APPE) und einem Screening-Modul. In Pixeldaten-Workflows ist die Funktion des RIPs im Wesentlichen aufs Screening beschränkt.

Die Auflösung der zu erzeugenden Bitmaps ergibt sich aus der Aufzeichnungsfeinheit (Auflösung) des Ausgabegeräts. Wenn der Druckplattenrecorder zum Beispiel mit einer Feinheit von 2400 Recorder-Elementen pro Inch aufzeichnet, muss auch die vom RIP erzeugte Bitmap mit 2400/inch aufgelöst sein. Die Aufzeichnungsfeinheit von Ausgabegeräten wird meist in den Einheiten dpi (dots per inch) oder d/cm (dpc) angegeben. Das englische Wort *dot* (Punkt) ist in diesem Zusammenhang gleichbedeutend mit dem hier verwendeten Begriff Recorder-Element.

Die Datentiefe (Bittiefe) hängt vom Ausgabemedium ab. Auf Filmen und Druckplatten für den Offset-, Flexo- oder Siebdruck sollen nur zwei Zustände dargestellt werden: druckend oder nicht druckend (Bildstelle oder bildfreie Stelle). Die erforderliche Datentiefe beträgt also 1 Bit. Beim mehrfarbigen Druck wird je eine Bitmap mit einem Bit Datentiefe für jede Druckfarbe erzeugt. Im Vierfarb-Prozess entstehen also vier Bitmaps zur Übertragung auf vier separate Druckplatten oder Filme.

Bei der Ausgabe mit digitalen Druckern oder Digitaldruckmaschinen ist die Datentiefe höher. Tintenstrahldrucker variieren zum Beispiel auch die Sättigung der auf den Bedruckstoff übertragenen Druckfarbe. Zu diesem Zweck wird entweder die Tröpfchengröße variiert oder es wird eine variable Anzahl extrem kleiner Tröpfchen auf dieselbe Stelle des Bedruckstoffs gebracht. Wenn zum Beispiel bis zu sieben solcher Mikrotröpfchen derselben Druckfarbe übereinander gedruckt werden können, ergeben sich acht mögliche Zustände (0, 1, 2, ..., 6, 7 Tröpfchen) und damit eine Datentiefe von 3 Bit je Farbe.

6.7.2 Erzeugung periodischer Raster

Bei der periodischen (autotypischen, amplitudenmodulierten) Rasterung werden die Farbwert-Abstufungen von Halbtonbildern in Rasterpunkte unterschiedlicher Größe umgewandelt. Zu diesem Zweck werden quadratische Rasterzellen berechnet; eine Rasterzelle kann also zum Beispiel aus 12 × 12 oder 16 × 16 Recorder-Elementen bestehen. In einer 16 × 16 = 256 Elemente großen Zelle ergeben zum Beispiel 64 druckende Recorder-Elemente rechnerisch den Rastertonwert 25 %. Insgesamt sind hier 256 + 1 = 257 unterschiedliche Tonwerte realisierbar (0, 1, 2, ..., 255, 256 druckende Recorder-Elemente; zur Berechnung von Rasterzellengröße und Tonwertstufen vgl. 11.7).

Um Rasterwinkel zu erzeugen, werden die Rasterzellen gedreht. Dabei besteht allerdings das Problem, dass sich die Matrix der Recorder-Elemente nicht drehen lässt – sie besteht immer aus Zeilen und Spalten in 0°- und 90°-Richtung. Es gilt also das Kunststück zu vollbringen, auf 0°, 15°, 45° und 75° gewinkelte Rasterzellen in einer waagerecht und senkrecht strukturierten Matrix unterzubringen.

Der Winkel 0° ist unproblematisch: Die Winkel von Rasterzellen und Recorder-Elementen stimmen überein, ihre Kanten kommen genau zur Deckung. Auch der 45°-Winkel ist leicht zu realisieren: Die Kantenlage der Rasterzelle ergibt sich aus einer ganz einfachen, regelmäßigen Schrittfolge: Auf jeden Schritt in der Senkrechten folgt ein Schritt in der Waagerechten.

Der Winkel 15° lässt sich aber nicht durch eine regelmäßige Schrittfolge erzeugen. Wenn zum Beispiel auf drei senkrechte (vertikale) Schritte ein waagerechter (horizontaler) folgt, ergibt sich ein Winkel von rund 18,4°. Folgt der waagerechte Schritt erst auf vier senkrechte, so beträgt der Winkel rund 14°. Die Winkel werden mithilfe des Arcustangens, der Umkehrung der Tangensfunktion, ermittelt:

$\arctan(1:3) \approx 18{,}43°$

$\arctan(1:4) \approx 14{,}04°$

Es gibt also offenbar keine einfache, regelmäßige Schrittfolge, mit der sich ein Winkel von auch nur annähernd 15° realisieren ließe. Das liegt daran, dass der Tangens des Winkels 15° eine irrationale Zahl ist.

Rationale Zahlen, auch sehr „krumme", lassen sich als Brüche mit ganzzahligen Zählern und Nennern schreiben. In Dezimalschreibweise ist die Anzahl der Nachkommastellen entweder endlich oder sie wiederholen sich periodisch. Irrationale Zahlen haben dagegen unendlich viele Dezimalstellen, die sich nicht periodisch wiederholen. Sie lassen sich deshalb auch nicht als Brüche mit ganzzahligen Zählern und Nennern notieren. Bezogen auf das Rasterwinkelproblem bedeutet das: Der Winkel 15° kann nicht durch eine Folge ganzer Schritte in der Senkrechten und Waagerechten beschrieben werden. Dasselbe gilt für den Winkel 75°.

Eine Lösung dieses Dilemmas kann darin bestehen, Winkel mit einfachen Schrittfolgen zu verwenden und gleichzeitig die Rasterfrequenzen zu variieren. Solche Rastersysteme heißen Rationalraster; das erste wurde 1973 von der Firma Hell auf den Markt gebracht.

Neben 0° für Yellow und 45° für Schwarz werden Winkel von rund 18,43° für Cyan (Schrittfolge 3 – 1) und 71,57° für Magenta (Schrittfolge 1 – 3) verwen-

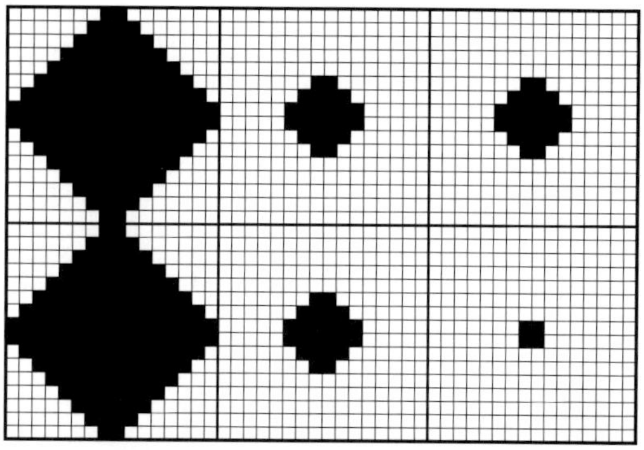

Sechs Rasterzellen aus jeweils 16 × 16 = 256 Recorder-Elementen; bei einer Belichter-Auflösung von 2400/inch entspricht das der Rasterfrequenz 2400/inch : 16 = 150/inch.

det. Bei einer nominellen Rasterfrequenz von zum Beispiel 60/cm ergeben sich tatsächliche Frequenzen von rund 56/cm (Yellow), 63/cm (Cyan und Magenta) und 85/cm (Schwarz). Das entstehende Störmuster (Moiré) ist bei dieser Kombination von Winkeln und Rasterfrequenzen sehr klein – es zeigt allerdings nicht die gewohnten runden Raster-Rosetten, sondern eher quadratische Strukturen.

Bei der frühen PostScript-Rasterung (Level 1, ab 1985) waren bereits wechselnde Schrittfolgen möglich; ein waagerechter Schritt konnte zum Beispiel im Wechsel auf drei oder vier senkrechte folgen. Jede Rasterzelle wurde aber einzeln berechnet; deshalb gab es nur wenige Variationsmöglichkeiten und die Winkel wichen immer noch erheblich von 15° und 75° ab.

Beispiel: Zwischen unterer und oberer Ecke einer Rasterzelle liegen 15 senkrechte und 4 waagerechte Schritte. Das ergibt zum Beispiel die Schrittfolge:

senkrecht	4	4	3	4
waagerecht	1	1	1	1

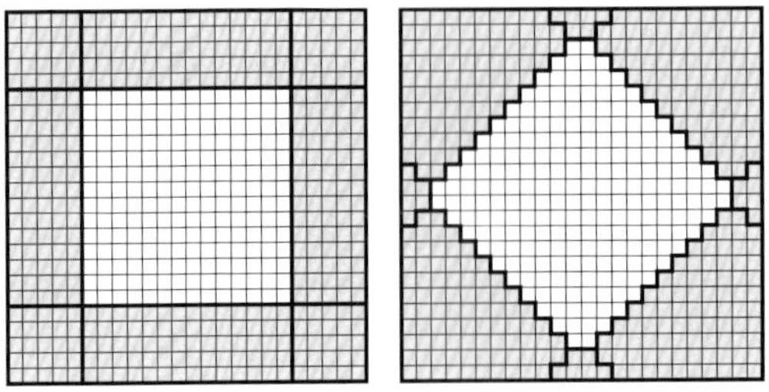

Rasterzellen mit den Winkeln 0° und 45°; diese Winkel sind in jedem Fall unproblematisch.

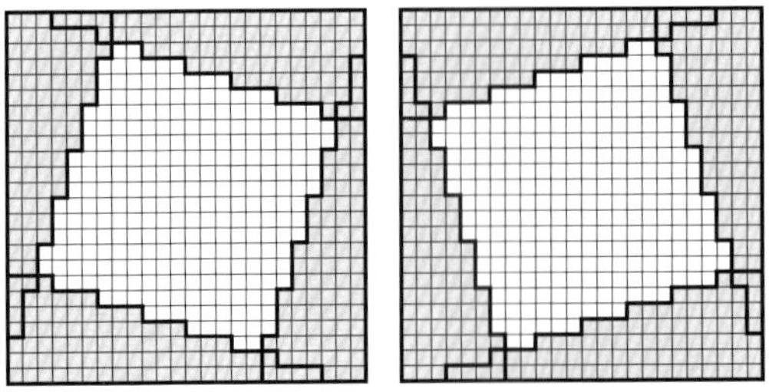

Rationalraster, Winkel rund 18,43° (links), 71,57° (rechts)

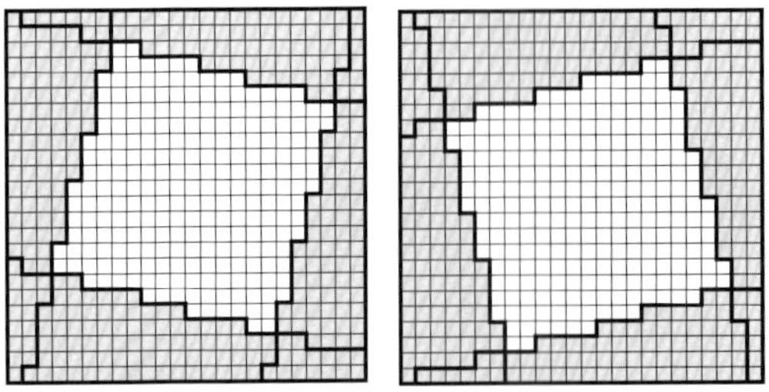

Rasterzellen nach PostScript Level 1, Winkel rund 14,93° (links) und 75,07° (rechts)

Der Rasterwinkel beträgt arctan(4 : 15) ≈ 14,93° anstelle von 15°. Anstelle von 75° ergibt sich der Winkel arctan(15 : 4) ≈ 75,07°. Die Winkelabweichungen von jeweils 0,07° mögen klein erscheinen; tatsächlich vergröbern Winkelungsfehler in dieser Größenordnung bereits die Rasterrosetten beim Zusammendruck der vier Farben sehr deutlich.

Bei anderen Rasterzellengrößen waren die Ergebnisse zum Teil noch erheblich schlechter. Deshalb standen in Abhängigkeit von der Aufzeichnungsfeinheit des jeweiligen Belichters nur wenige Rasterfrequenzen – so genannte „best lpi" – zur Verfügung, bei denen sich halbwegs brauchbare Winkel ergaben.

Die Level-1-Rasterung war ein technologischer Rückschritt; bereits in den 1970er Jahren wurden erheblich bessere Rasterungsverfahren entwickelt, zum Beispiel die Superzellen-Technik des englischen Herstellers Crossfield und die Irrationalrasterung von Hell. Solche Systeme waren aber zunächst nicht kompatibel mit PostScript-RIPs. Inzwischen ist dieses Problem natürlich Vergangenheit, sodass auch unter PostScript optimale Rasterwinkel möglich sind.

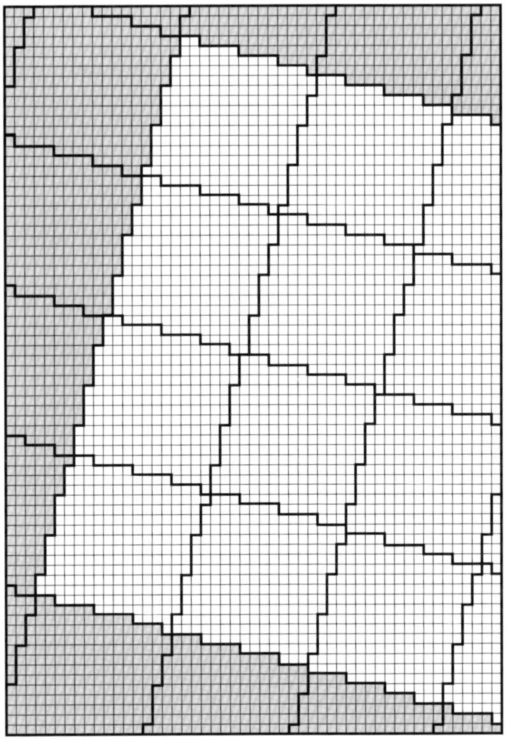

Ausschnitt einer Superzelle aus 4 × 4 Rasterzellen, Rasterwinkel rund 14,995°. Reale Superzellen sind noch erheblich größer und bringen noch bessere Annäherungen an die Winkel 15° und 75°.

Bei der Superzellen-Technik werden keine einzelnen Rasterzellen berechnet, sondern größere Gruppen – Superzellen. Das ergibt längere Schrittfolgen, sodass genauere Annäherungen an die Soll-Winkel möglich sind. Beispiel: 4 × 4 Rasterzellen bilden eine Superzelle. Zwischen unterer und oberer Ecke der Superzelle liegen 56 senkrechte und 15 waagerechte Schritte. Die Schrittfolge kann dann zum Beispiel so aussehen:

senkrecht	4 4 4 3 4 4 4 3 4 4 3 4 4 4 3
waagerecht	1 1 1 1 1 1 1 1 1 1 1 1 1 1 1

Der Winkel beträgt also arctan(15 : 56) ≈ 14,995°. Entsprechend gut ist die Annäherung an den Winkel 75°: arctan(56 : 15) ≈ 75,005°.

Tatsächlich sind die berechneten Superzellen noch erheblich größer als in diesem Beispiel und die Abweichungen gegenüber den Soll-Winkeln 15° und 75° infolgedessen noch deutlich kleiner; sie betragen nur wenige zehntausendstel Grad.

Diese Genauigkeit wird von Irrationalrastern noch übertroffen. Ihre Berechnung geht nicht von der Belichtermatrix aus, sondern von hoch aufgelösten digitalen Modellen optimal gewinkelter Rasterzellen. Bei der Transformation auf die Belichtermatrix entstehen daraus zwar auf den ersten Blick ähnliche Schrittfolgen wie bei den Superzellen – beim Winkel 15° folgt auch hier auf jeweils drei oder vier senkrechte Schritte ein waagerechter. Während sich die Schrittfolge, und damit die Abweichung vom Soll-Winkel, aber bei Superzellen identisch wiederholt (im Beispiel nach 56 senkrechten und 11 waagerechten Schritten), gibt es bei Irrationalrastern keine solche Regelmäßigkeit. Ob ein waagerechter Schritt auf drei oder vier senkrechte folgt, hängt ausschließlich davon ab, welche Alternative jeweils die bessere Annäherung an den Soll-Winkel ergibt.

6.7.3 Erzeugung von NP- und Hybridrastern

Bei nichtperiodischen (frequenzmodulierten, stochastischen) Rastern sind die kleinen druckenden Elemente scheinbar regellos angeordnet. Ein vergleichsweise einfaches Verfahren zur Berechnung der Positionen von druckenden und nicht druckenden Elemente ist die Error-Diffusionnach dem Floyd-Steinberg-Algorithmus (vgl. Kasten rechts). Die heute zur Berechnung von NP-Rastern verwendeten Algorithmen sind jedoch erheblich komplexer.

Die Anordnung der druckenden Elemente ist ein Kompromiss aus Zufall und Regelhaftigkeit. Eine völlig zufällige Anordnung lässt Bilder, insbesondere „glatte" Flächen und Verläufe, sehr rau erscheinen (Rauschen, visible noise). Bei streng regelhafter Anordnung ergeben sich dagegen sichtbare Wiederholstrukturen. Die

Die **Error Diffusion** nach dem **Floyd-Steinberg-Algorithmus** veranschaulicht das Grundprinzip der Berechnung nichtperiodischer Raster. Es handelt sich um ein vergleichsweise einfaches Verfahren – die tatsächlich verwendeten Algorithmen sind erheblich komplizierter.
Es werden Elemente berechnet, die alternativ die Zustände „druckend" oder „nicht druckend" haben können. Jedes einzelne Element repräsentiert also für sich genommen entweder den Rastertonwert 100 % oder 0 %. Um zum Beispiel den Rastertonwert 60 % zu realisieren, ist eine größere Anzahl druckender und nicht druckender Elemente erforderlich – der Fehler wird „gestreut".

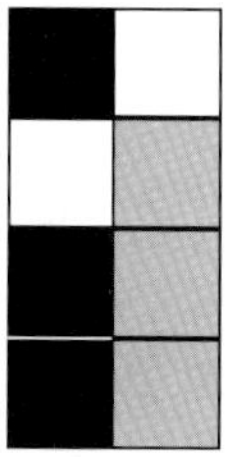

Beispiel: Beim aktuellen Stand der Berechnung sieht die Ecke des Bilds wie in der nebenstehenden Skizze aus. Die schwarzen Quadrate stehen für druckende Elemente, die weißen für nicht druckende, die grauen für noch nicht berechnete.
Den bereits berechneten Elemente werden die statistischen Gewichte 1, 5, 3 und 8 zugewiesen. Das Element mit dem Fragezeichen soll berechnet werden. Die Gewichte der druckenden Elemente werden addiert und durch die Summe aller Gewichte dividiert:

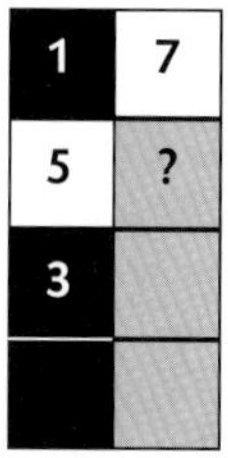

(1 + 3) : (1 + 5 + 3 + 7) = 0,25
Das Ergebnis 0,25 ist kleiner als der Soll-Wert 0,6 (60 %); das Element wird deshalb auf den Zustand „druckend" gesetzt.
Um das nächste Element zu berechnen, werden die Gewichte um ein Element nach unten verschoben.

(5 + 3 + 7) : (1 + 5 + 3 + 7) = 0,9375
Das Ergebnis ist größer als der Soll-Wert 0,6 (60 %), das Element wird also auf den Zustand „nicht druckend" gesetzt.
Die Skizze rechts zeigt den Stand nach den zwei Berechnungsschritten. Vier der sieben bereits berechneten Elemente haben den Zustand „druckend"; das entspricht einem Rastertonwert von rund 57 %.

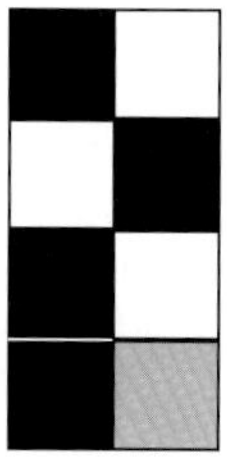

Die folgenden Berechnungen bringen noch bessere Annäherungen an den Soll-Tonwert 60 %.

NP-Rasterungsmodule unterschiedlicher Hersteller zeigen leicht voneinander abweichende Ergebnisse: Einige neigen etwas stärker zu Wiederholstrukturen, andere zeigen geringfügig stärkeres Rauschen.

Im einfachsten Fall könnte je ein Recorder-Element als druckendes bzw. nicht druckendes Element des Rasters verwendet werden. Da im Offsetdruck üblicherweise mit einer Punktgröße von 20 µm gearbeitet wird, würde eine Aufzeichnungsfeinheit von 500/cm ausreichen. Tatsächlich werden die druckenden Elemente von NP-Rastern meist aus mehreren Recorder-Elementen aufgebaut. Bei einer Aufzeichnungsfeinheit von zum Beispiel 1000/cm bildet ein Quadrat aus vier Recorder-Elementen mit Seitenlängen von jeweils 10 µm einen 20 µm großen druckenden Punkt.

Hybridraster werden wie periodische Raster gewinkelt, entweder mittels Superzellen-Technik oder Irrationalraster-Verfahren. Hinzu kommt die Berechnung der nichtperiodisch angeordneten Punkte in Bereichen mit sehr niedrigen und sehr hohen Rastertonwerten.

6.8 Datenausgabe auf Film

6.8.1 Filme als Kopiervorlagen

Bei der konventionellen, kopiertechnischen Druckformherstellung werden die Informationen von einem Film (Kopiervorlage) durch Belichten auf die lichtempfindliche Kopierschicht eines Druckformrohlings übertragen. Die Datenausgabe auf Film markiert hier also das Ende des digitalen Workflows.

Die kopiertechnische Herstellung von Druckformen wird zwar zunehmend durch filmlose Verfahren verdrängt. Angesichts der Vielzahl unterschiedlicher Typen von Druckplattenrohlingen für direkte Bebilderung wird aber zum Beispiel im Offsetdruck auf die kopierte Druckplatte als Vergleichsmaßstab zurückgegriffen.

Der fertige Film, die Kopiervorlage, besteht im Wesentlichen aus einem transparenten Polyester-Schichtträger mit einer Stärke von etwas weniger als 0,1 mm, einer dünnen, ebenfalls transparenten Rückschicht und der eigentlichen Bildschicht (Genaueres zum Filmaufbau im folgenden Abschnitt). An den schwarzen Stellen der Bildschicht sind zahlreiche feine Silberkörnchen in den Schichtbildner eingebettet, während die transparenten Stellen allenfalls minimale Silberspuren (Grundschleier) enthalten.

Damit Filme als Kopiervorlagen geeignet sind, müssen sie eine ganze Reihe strenger Anforderungen erfüllen. Nach dem ProzessStandard Offsetdruck (PSO, vgl. Abschnitt 7.8.3) sind vor allem die folgenden Kriterien einzuhalten:

- Die Dichte der ungeschwärzten, transparenten Partien (Blankfilm) soll möglichst kleiner als 0.10, auf keinen Fall jedoch höher als 0.15 sein (zur Dichte vgl. Abschnitt 2.1.5).
- Die Dichte auch der kleinsten Rasterpunkte soll mindestens um 2.5 über der Dichte des Blankfilms liegen. Das ist in der Regel der Fall, wenn die Dichte einer größeren geschwärzten Fläche um mindestens 3.5 über der Blankfilmdichte liegt.
- Schwarze und transparente Teile sollen möglichst scharf gegeneinander abgegrenzt sein. Die Flanken an den Rändern von Rasterpunkten, also die Übergangsbereiche zwischen Schwarz und Transparent, sollen bei Rasterfrequenzen bis rund 60/cm nicht breiter als 4 µm sein, bei feineren Rastern nicht breiter als ein Vierzigstel der Rasterkonstanten.

Je nach Übertragungs- und Druckverfahren werden positive oder negative bzw. seitenrichtige oder seitenverkehrte Filme verwendet. Auf Positivfilmen sind die druckenden Stellen (Bildstellen) schwarz und die nicht druckenden Stellen (bildfreien Stellen) transparent; auf Negativfilmen ist es umgekehrt. Bei der Beurteilung, ob ein Film seitenrichtig oder seitenverkehrt ist, wird er immer von der Schichtseite her betrachtet. Die Schichtseite ist daran zu erkennen, dass sie etwas matter als die Rückseite aussieht. Gelegentlich werden auch die Begriffe „Schicht oben" und „Schicht unten" benutzt. Damit ist gemeint, dass die Bildschicht des Films oben bzw. unten liegt, wenn das Druckbild bei der Betrachtung seitenrichtig ist. „Schicht oben" bedeutet also seitenrichtig, „Schicht unten" bedeutet seitenverkehrt.

Ob Positiv- oder Negativfilme gebraucht werden, hängt vom Übertragungsverfahren ab (vgl. Abschnitte 6.9.1.1, 6.9.2.1, 6.9.4). Die schwarzen Partien des Films

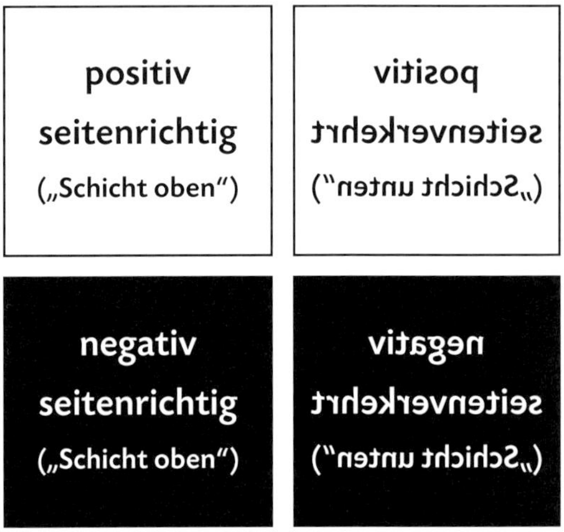

Positiv und negativ, seitenrichtig und seitenverkehrt, jeweils bei oben liegender Schichtseite betrachtet

können auf der Druckform zu Bildstellen werden und die transparenten zu bildfreien Stellen. Das ist zum Beispiel beim Siebdruck der Fall, sodass dort positive Kopiervorlagen (Positivfilme) verwendet werden. Im Flexodruck ist es umgekehrt: Hier werden die transparenten Partien der Kopiervorlage zu Bildstellen auf der Druckform und die schwarzen zu bildfreien Stellen. Zur Herstellung von Flexo-Druckformen werden deshalb negative Kopiervorlagen (Negativfilme) verwendet.

Im Offsetdruck gibt es beides: Auf Positivplatten werden die schwarzen Partien der Kopiervorlage zu Bildstellen, auf Negativplatten dagegen die transparenten. Positivplatten werden also nach Positivfilmen belichtet, Negativplatten nach Negativfilmen.

Bei der Übertragung des Druckbilds müssen sich Bildschicht des Films und lichtempfindliche Kopierschicht des Druckformrohlings in unmittelbarem Kontakt befinden (Schicht-auf-Schicht-Prinzip). Sonst

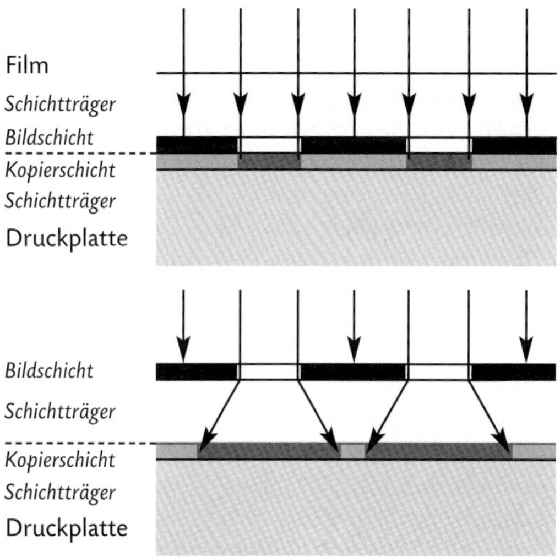

Korrekte Druckformkopie Schicht auf Schicht (oben), Unterstrahlung beim Kopieren durch den Schichtträger (unten)

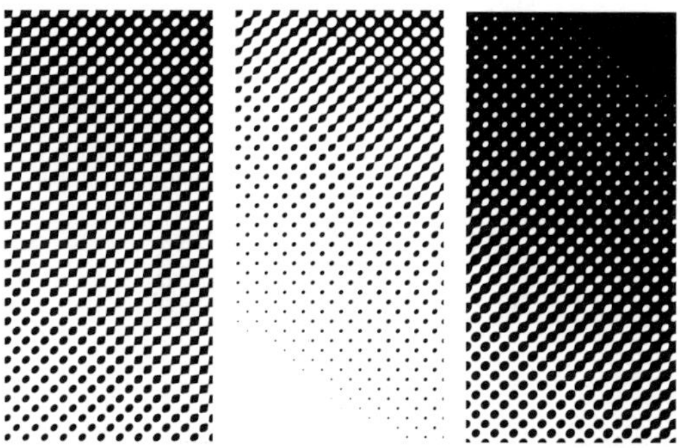

Korrekte Übertragung (links), spitzere Rasterpunkte durch Unterstrahlung bei Positivkopie (Mitte), vollere Rasterpunkte durch Unterstrahlung bei Negativkopie (rechts)

kommt es zu Unterstrahlungen, das Kopierlicht fällt schräg unter die schwarzen Partien der Kopiervorlage. Bei der Positivkopie werden die Rasterpunkte dann kleiner (spitzer) als auf der Kopiervorlage oder gehen sogar vollständig verloren. Bei der Negativkopie werden die Rasterpunkte größer (voller) und die Rasterlöcher in den Bildtiefen gehen zu.

Bei den direkten Druckverfahren (Flexodruck, Siebdruck) wird das Druckbild unmittelbar von der Druckform auf den Bedruckstoff übertragen. Um seitenrichtige Drucke zu erhalten, müssen die Druckformen also seitenverkehrt sein. Bei indirekten Druckverfahren, insbesondere beim Offsetdruck, wird das Druckbild zunächst von der Druckform auf einen Zwischenträger, das Gummituch, übertragen und von dort auf den Bedruckstoff. Damit bei dieser zweimaligen Übertragung seitenrichtige Drucke entstehen, müssen die Druckformen seitenrichtig sein.

Um das Schicht-auf-Schicht-Prinzip bei der Kopie einzuhalten, werden zur Herstellung seitenverkehrter Druckformen seitenrichtige Filme und zur Herstellung seitenrichtiger Druckformen seitenverkehrte Filme gebraucht. Kopiervorlagen für den Flexo- und Siebdruck (seitenverkehrte Druckform) müssen also seitenrichtig sein, Kopiervorlagen für den Offsetdruck (seitenrichtige Druckform) dagegen seitenverkehrt.

6.8.2 Aufbau des fotografischen Materials

In diesem und den folgenden Abschnitten geht es um Line- und Hard-Dot-Filme, also fotografisches Material zur Herstellung von Kopiervorlagen für Offset-, Flexo- oder Siebdruck. Die in der Bildnisfotografie verwendeten Schwarzweiß-, Color- und Umkehrmaterialien (Diafilme) sind also nicht berücksichtigt.

Filme bestehen im Wesentlichen aus sechs Schichten. Von oben nach unten sind das (in Klammern jeweils die ungefähren Schichtdicken):

- Schutzschicht (1 µm): Schützt die darunter liegende lichtempfindliche Schicht vor Beschädigungen.
- Lichtempfindliche (fotografische) Schicht (5 µm): Kleine, fein verteilte Silberhalogenid-Kristalle in einem Schichtbildner aus Gelatine. Die oft gehörte Bezeichnung „Emulsion" ist sachlich falsch – Emulsionen bestehen aus zwei nicht miteinander mischbaren Flüssigkeiten, zum Beispiel Öl und Wasser, wobei die eine in Form von Tröpfchen in der anderen verteilt ist.
- Haftschicht (1 µm): Sorgt für stabile Verbindung von lichtempfindlicher Schicht und Schichtträger.
- Schichtträger: Heute durchweg aus Polyester gefertigt. Da die Dicken der übrigen Schichten sehr gering und kaum variabel sind, hängt die Gesamtdicke des

Films im Wesentlichen vom Schichtträger ab. Die zur Herstellung von Kopiervorlagen benutzten Filme sind meist rund 0,1 mm (100 µm) dick.
- Haftschicht (1 µm)
- Eingefärbte Rückschicht (5 µm) aus Gelatine. Sie hat zwei Funktionen: Als Lichthofschutzschicht (Anti-Halo-Schicht) absorbiert sie Licht, das durch die lichtempfindliche Schicht hindurch bis zur Unterseite des Schichtträgers gelangt. Würde dieses Licht an der Unterseite des Schichtträgers reflektiert, träfe es seitlich versetzt von der Rückseite her wieder auf die lichtempfindliche Schicht und würde dort Lichthöfe (Halos) um belichtete Partien herum erzeugen. Als Non-Curling-Schicht verhindert sie Welligkeit und Aufrollen des Films bei Feuchtigkeitsaufnahme.

6.8.3 Fotografischer Prozess

Als lichtempfindliche Substanzen in fotografischen Schichten dienen Silberhalogenide, also chemische Verbindungen aus Silber und einem Halogen (Salzbildner), hier insbesondere Chlor, Brom oder Iod (weitere Halogene sind Fluor und Astat). In fotografischen Schichten wird überwiegend Silberbromid (AgBr) verwendet, daneben auch Silberiodid (AgI) und Silberchlorid (AgCl). Die im Folgenden am Silberbromid erläuterten Zusammenhänge gelten entsprechend für die anderen Silberhalogenide.

Chemische Verbindungen zwischen Metallen und Halogenen werden durch Ionenbindung zusammengehalten. Während in Atomen die Anzahl der negativ geladenen Elektronen mit der Anzahl der positiv geladenen Protonen im Atomkern übereinstimmt, haben Ionen mehr oder weniger Elektronen als Protonen. Ein Silberion hat, genau wie ein Silberatom, 47 Protonen, aber nur 46 Elektronen. Silberionen tragen eine elektrisch positive Elementarladung und werden mit dem Symbol Ag^+ gekennzeichnet. Beim Bromion ist es umgekehrt: 35 Protonen stehen 36 Elektronen gegenüber; es trägt eine elektrisch negative Elementarladung und wird durch das Symbol Br^- gekennzeichnet.

Im Silberbromid sind Silber- und Bromionen durch elektrostatische Anziehungskräfte aneinander gebunden. Sie bilden dreidimensionale, in sich regelmäßige Ionen-Kristallgitter, die genau gleich viele Silber- und Bromionen enthalten. Ein Kristall besteht aus etwa zehn Millionen bis einer Milliarde Silber- und ebenso vielen Bromionen. Filme zur Herstellung von Kopiervorlagen sind relativ feinkörnig; ihre mittleren Korngrößen liegen bei etwa 0,2 µm.

Durch Einwirkung elektromagnetischer Strahlung wird die Ionenbindung aufgebrochen. Das funktioniert mit Röntgenstrahlung, ultravioletter Strahlung und kurzwelligem sichtbaren Licht bis zur Wellenlänge von rund 500 nm. Durch Aufbringen von Farbstoffen kann Silberbromid aber auch für andere Wellenlängen – sowohl im sichtbaren als auch im infraroten Bereich – spektral sensibilisiert (empfindlich gemacht) werden.

Die einwirkende Strahlungsenergie spaltet das Silberbromid in Silber und Brom auf. Es gibt mehrere recht komplizierte Theorien darüber, wie das genau vor sich geht. Hier soll nur das Ergebnis interessieren: Bromionen geben je ein Elektron ab, Silberionen nehmen je ein Elektron auf – aus den Ionen wird also atomares Brom bzw. Silber.

Es ist zwar möglich, Silberbromid durch Strahlungseinwirkung vollständig in atomares Silber und Brom aufzuspalten. Dazu wird aber sehr viel Energie gebraucht, die Strahlung müsste also sehr stark sein oder sehr lange einwirken. Stattdessen wird fotografisches Material so schwach belichtet, dass jeweils nur einige Silberionen an der Oberfläche des Korns in Atome umgewandelt werden. Auf diese Weise entsteht ein latentes, kaum oder gar nicht sichtbares Bild.

Das latente Bild wird durch die nachfolgende Entwicklung verstärkt, wobei die Silberatome als Entwicklungskeime wirken. Silberbromidkristalle mit Entwicklungskeimen werden vom Entwickler vollständig in Silber und Brom aufgespalten, alle übrigen bleiben weitgehend unverändert.

Entwickler werden heute gebrauchsfertig oder als Konzentrate geliefert, die nur noch mit Wasser zu verdünnen sind. Ihre genauen Zusammensetzungen sind Betriebsgeheimnisse der Hersteller. Neben dem Lösemittel Wasser und einer Reihe von Zusätzen enthalten sie vier wesentliche Bestandteile:
- Reduktionsmittel, zum Beispiel Hydrochinon (1, 4-Dihydroxibenzol), Phenidon (1-Phenyl-3-Pyrazolidon). Es gibt bei der Entwicklung Elektronen ab, die von den Silberionen aufgenommen werden. Wäh-

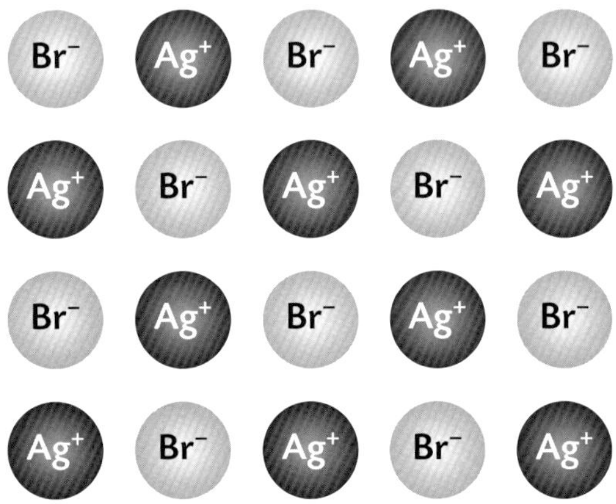

Ionen-Kristallgitter – hier nur zweidimensional dargestellt, tatsächlich aber dreidimensional

rend das Silber reduziert wird, oxidiert gleichzeitig das Reduktionsmittel (Redoxreaktion).

- Aktivierungsmittel (Alkali), zum Beispiel Kaliumhydroxid (KOH), Natriumhydroxid (NaOH). Reduktionsmittel funktionieren nur in alkalischen Lösungen. Das Reduktionsmittel gibt bei der Entwicklung Wasserstoff-Ionen (H^+) ab, die sich mit Hydroxil-Ionen (OH^-) des Alkalis zu Wasser (H_2O) verbinden.
- Klärungsmittel (Antischleiermittel, Verzögerungsmittel), zum Beispiel Kaliumbromid (KBr), Natriumbromid (NaBr). Reduktionsmittel entwickeln auch unbelichtete Silberbromid-Kristalle und erzeugen Schleier in unbelichteten Teilen der Schicht. Das Klärungsmittel verhindert das weitgehend. Es ist im gebrauchsfertigen Entwickler enthalten, entsteht aber auch als Abbauprodukt bei der Entwicklung, indem sich Brom aus den entwickelten Silberbromidkristallen mit Kalium oder Natrium des Alkalis verbindet.
- Konservierungsmittel, zum Beispiel Natriumsulfit (Na_2SO_3), sollen verhindern, dass das Reduktionsmittel mit Sauerstoff reagiert und dadurch seine Wirksamkeit verliert.

Nach der Entwicklung befindet sich in den unbelichteten Partien der Schicht noch lichtempfindliches Silberbromid, das bei der nachfolgenden Fixierung entfernt wird. Wesentliche Bestandteile von Fixierbädern sind:

- Fixiersalz, z. B. Ammoniumthiosulfat [$(NH_4)_2S_2O_3$]. Aus Fixiersalz und Silberbromid entsteht in einem mehrstufigen Prozess ein wasserlösliches Silberkomplexsalz.
- Säuerungsmittel, z. B. Kaliumdisulfit ($K_2S_2O_5$) oder Essigsäure (CH_3COOH), neutralisieren Entwickleralkali, das mit dem entwicklerfeuchten Film ins Fixierbad verschleppt wird. Außerdem entfalten härtende Zusätze ihre Wirkung nur in sauren Lösungen.
- Härtezusätze, zum Beispiel Kalialaun [Kalium-Aluminiumsulfat, $KAl(SO_4)_2$], verhindern übermäßig starkes Aufquellen der Gelatine beim Fixieren und Wässern, verringern die Klebrigkeit und machen sie widerstandsfähiger gegenüber Wärmeeinwirkung beim Trocknen sowie mechanischen Belastungen.

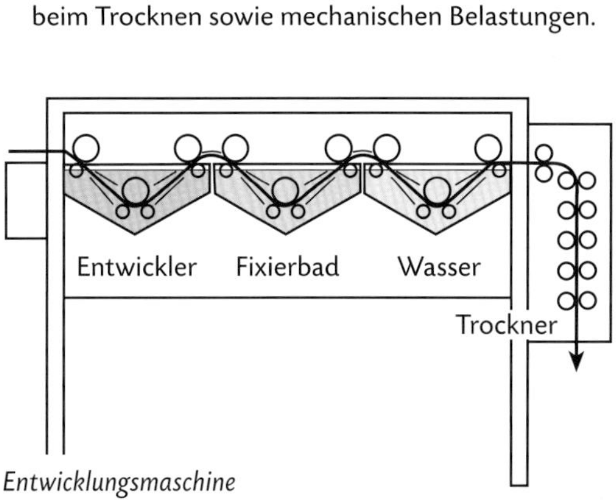

Entwicklungsmaschine

Nach dem Fixieren werden Filme gewässert, um Chemikalienreste aus der Gelatine zu entfernen. Bei der abschließenden Trocknung verdunstet das in der Gelatine enthaltene Wasser. Alle Verarbeitungsschritte erfolgen in Durchlauf-Entwicklungsmaschinen. Die Filme werden mittels Walzen durch drei Schalen oder Tanks mit Entwickler, Fixierbad und Wasser und zum Schluss durch den Heißlufttrockner transportiert.

Um die Entwicklungsdauer auf 20 s bis 30 s zu verkürzen, wird der Entwickler auf etwa 30 °C bis 40 °C temperiert und mittels Umwälzpumpe ständig in Bewegung gehalten. Verbrauch aktiver Bestandteile von Entwickler und Fixierbad, Anreicherung von Abbauprodukten sowie sinkender Säuregehalt des Fixierbads durch eingeschlepptes Entwickleralkali werden laufend durch Zufuhr frischer Chemikalien ausgeglichen (Auffrischung, Regeneration).

Verbrauchte fotografische Bäder sind umweltschädlich. Nach der Technischen Anleitung Abfall (Zweite Allgemeine Verwaltungsvorschrift zum Abfallgesetz) sind sie als besonders überwachungsbedürftige Abfälle zu entsorgen.

6.8.4 Eigenschaften fotografischer Filme

In Abschnitt 6.8.1 wurde bereits erläutert, dass Kopiervorlagen geringe Blankfilmdichten, hohe Dichten in den geschwärzten Partien und schmale Flanken an den Rändern von Rasterpunkten haben sollen. Geringe Blankfilmdichte ergibt sich, wenn die Entwicklung unbelichteter Silberhalogenid-Kristalle weitgehend verhindert wird und nur ein sehr schwacher Grundschleier entsteht. Entwickler für Line- und Hard-Dot-Filme enthalten mehr Klärungsmittel als die in der Bildnis- und Röntgenfotografie verwendeten Halbtonentwickler.

Um hohe Dichten in den belichteten Partien zu erreichen, wird viel Silber gebraucht. Das setzt einerseits entsprechend große Mengen an Silberhalogenid in den lichtempfindlichen Schichten voraus und andererseits einen Entwickler, der die Silberionen der belichteten Kristalle vollständig reduziert. Entwickler für Line- und Hard-Dot-Filme enthalten deshalb starke Reduktionsmittel in Kombination mit starken Alkalien.

Die Breite der Flanken zwischen stark geschwärzten und blanken Filmstellen hängt von der Gradation ab. Die Dichte des entwickelten Films ist unter ansonsten gleichen Bedingungen umso höher, je stärker er mit Licht bestrahlt wurde. Die Bestrahlung, Einheit J/m^2 (Joule pro Quadratmeter), ist das Produkt aus Bestrahlungsstärke (W/m^2) und Bestrahlungsdauer.

Der Zusammenhang zwischen Bestrahlung und sich daraus ergebender Dichte lässt sich grafisch als Gradationskurve darstellen. Da die Dichte (D) ein logarithmischer Wert ist, wird die Bestrahlung ebenfalls logarithmisch ($\lg H_e$) angegeben.

Die Gradationskurve beginnt links mit einem waagerechten Stück – eine sehr schwache Bestrahlung bewirkt also gar nichts. Die Kurve geht dann in einen längeren, mehr oder minder steil ansteigenden Abschnitt über, der in der Regel leicht S-förmig gekrümmt ist. Am rechten Ende geht die Kurve wieder in die Waagerechte über – das Material hat seine maximale Dichte erreicht, die durch stärkere Bestrahlung nicht mehr erhöht wird.

Bei Line- und Hard-Dot-Filmen verläuft die Gradationskurve extrem steil – kleine Bestrahlungsunterschiede erzeugen also große Dichteunterschiede. Solche Materialien werden deshalb als ultra-steil oder ultra-hart arbeitend bezeichnet.

Die Steilheit der Gradationskurve wird durch den mittleren Gradienten gekennzeichnet. Zu seiner Berechnung werden zunächst zwei Dichten am oberen und unteren Ende des steigenden Kurvenstücks festgelegt, zum Beispiel 3.50 und 0.20. Dann wird die Differenz dieser beiden Dichten (ΔD) durch die Differenz aus den entsprechenden logarithmischen Bestrahlungswerten ($\Delta \lg H_e$) dividiert: $\bar{G} = \Delta D : \Delta \lg H_e$

Beispiel: Die Dichte 3.50 entsteht beim logarithmischen Bestrahlungswert 1.00, die Dichte 0.20 beim logarithmischen Bestrahlungswert 0.40.
$\bar{G} = (3.50 - 0.20) : (1.00 - 0.40) = 5{,}5$

Die mittleren Gradienten von Line- und Hard-Dot-Filmen liegen in Größenordnungen von etwa 20, sind also noch erheblich höher als im Berechnungsbeispiel.

Je höher der mittlere Gradient, umso schmaler werden unter ansonsten gleichen Bedingungen die Flanken. Der auf das Material treffende Laserspot ist in sich nicht ganz homogen – seine Energie nimmt vielmehr zum Rand hin ab. Außerdem wird das Licht in der fotografischen Schicht leicht gestreut, ein kleiner Anteil gelangt also in Bereiche, die gar nicht direkt vom Laserspot getroffen werden. Bei einem mittleren Gradienten von zum Beispiel 1,0 würden sehr breite Flanken entstehen, also weiche Verläufe von Schwarz nach Transparent. Bei einem mittleren Gradienten von zum Beispiel 20 wird die Flanke viel schmaler, weil bereits vergleichsweise kleiner Bestrahlungsunterschiede große Dichtunterschiede erzeugen.

Die Gradation hängt sowohl von den Silberhalogenid-Kristallen als auch von der Entwicklung ab. Kleine Kristalle und starke Reduktionsmittel in Verbindung mit sehr wirksamen Klärungsmitteln ergeben hohe mittlere Gradienten. Bei Hard-Dot-Filmen wird diese Wirkung noch durch chemische Zusätze in den fotografischen Schichten gesteigert. Das sind – vereinfacht ausgedrückt – „trockene" Reduktions- und Klärungsmittel, die erst bei der Entwicklung mit einem speziellen Hard-Dot-Entwickler aktiviert werden.

Weitere wichtige Eigenschaften fotografischer Materialien sind (Allgemein-)Empfindlichkeit und spektrale Empfindlichkeit. Filme, die in Film-Recordern mit Laserstrahlen belichtet werden, müssen recht hohe Empfindlichkeiten haben, damit trotz relativ schwacher Laser und extrem kurzer Bestrahlungsdauer ein latentes Bild entsteht. Die Einwirkungsdauer des Laserstrahls auf einen zu belichtenden Punkt liegt bei schnellen Filmrecordern im Nanosekunden-Bereich ($1\,\text{ns} = 10^{-9}\,\text{s} = 0{,}000\,000\,001\,\text{s}$).

Gesteigert wird die Empfindlichkeit vor allem durch chemische Sensibilisierung (chemische Reifung) der Kristalle bei der Schichtherstellung, indem Verbindungen aus Silber, Gold und Schwefel auf die Kristalloberflächen gebracht werden. Damit sich das latente Bild schnell und wirkungsvoll entwickeln lässt, müssen die Entwicklungskeime an den Kristalloberflächen liegen. Bei unbehandelten Kristallen können sie aber an allen Stellen innerhalb eines Kristalls entstehen, während sie sich bei chemisch sensibilisierten bevorzugt an den Oberflächen bilden.

Unbehandeltes Silberbromid ist empfindlich für Röntgen-, UV- und kurzwellige sichtbare Strahlung bis etwa 500 nm Wellenlänge. Die Laser in Filmrecordern emittieren aber meist Licht mit 630 nm bis 650 nm. Damit das überhaupt eine Wirkung auf die fotografische Schicht hat, muss sie für diese Wellenlängen spektral sensibilisiert (farbsensibilisiert) sein. Zu diesem Zweck werden spezielle Farbstoffe auf die Oberflächen der Silberhalogenid-Kristalle gebracht. Diese Farbstoffe absorbieren Licht mit Wellenlängen von mehr als 500 nm und geben deren Energie an die Silberbromid-Kristalle ab.

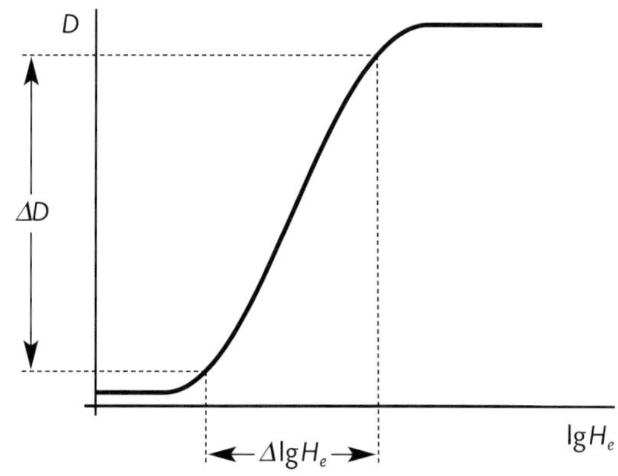

Gradationskurve mit den Größen zur Berechnung des mittleren Gradienten

6.8.5 Filmbelichter

Filmbelichter (Film-Recorder) lassen sich drei grundlegenden Bauweisen zuordnen:

- Capstan- oder Flachbettbelichter
- Indrum-Belichter
- Rotationsbelichter (Außentrommel-Belichter)

Allen Filmbelichtern ist gemeinsam, dass Laser zur Belichtung des fotografischen Materials benutzt werden. Die Bauweisen unterscheiden sich vor allem durch unterschiedliche Techniken, mit denen der Laserstrahl auf das lichtempfindliche Material gelenkt wird.

In Capstan-Recordern schiebt eine Transportwalze, der Capstan, den Film während der Aufzeichnung langsam vor. Der Strahl des unbeweglich angeordneten Lasers wird durch ein Polygon-Spiegelrad quer zur Vorschubrichtung abgelenkt. Auf dem Weg vom Spiegelrad zum Film durchquert der Laserstrahl ein Objektiv; hier wird er so gebündelt, dass der auf den Film treffende Laserspot den richtigen Durchmesser bekommt. Bei Belichtern in Flachbett-Bauweise wird das Material nicht von einer Walze vorgeschoben, sondern ist auf einer Platte – dem flachen „Bett" – fixiert, die sich langsam vorwärts bewegt. Das Belichtungssystem ist bei Capstan- und Flachbett-Belichtern gleich aufgebaut. Die Flachbett-Bauweise ist vor allem bei CtP-Recordern für Offsetplatten anzutreffen, während Film-Recorder meist Transportwalzen haben.

Bei Indrum-Recordern liegt das Material während der Belichtung unbewegt auf der Innenwand einer Halb- oder Dreiviertel-Trommel. Die Belichtungseinheit aus Laser, Objektiv und einflächigem Drehspiegel wird langsam axial in der Trommel vorgeschoben. Dabei ist der Laser so justiert, dass sein Strahl exakt auf der gedachten Trommelachse liegt. Der schnell rotierende Spiegel (40 000 Umdrehungen pro Minute und mehr) lenkt den Laserstrahl zum Material hin; bei jeder Spiegelumdrehung wird eine Schreiblinie aufgezeichnet.

Bei Rotationsbelichtern ist das Material während der Belichtung auf der Außenseite einer Trommel fixiert. Während die Trommel rotiert, schiebt sich der Belichtungskopf in Achsenrichtung daran entlang. Da die Trommel wegen ihrer Masse und Unwucht nur vergleichsweise langsam rotieren kann, zeichnen Rotations-Recorder immer mit mehreren Laserstrahlen parallel auf („Lichtharke"). Sie können, wie im Bild gezeigt, durch Aufspaltung eines kräftigen Lasers in mehrere Teilstrahlen entstehen. Das geschieht im Kompaktmodulator, der gleichzeitig die Teilstrahlen unabhängig voneinander moduliert, also an- und ausschaltet. Heute werden überwiegend akusto-optische Modulatoren (AOM) verwendet. Sie nutzen die Tatsache, dass bestimmte Kristalle, zum Beispiel Tellurdioxid, bei Druckänderungen ihr Brechungsverhalten ändern. Diese Druckänderungen werden in Form von Schallwellen auf die Kristalle übertragen. Eine andere technische Lösung ist die Verwendung mehrerer Laserdioden, die baulich zu einer Multidiodenleiste zusammengefasst sind.

Das fotografische Material wird bei allen Film-Recordern von der Rolle zugeführt. In Capstan-Recordern schiebt sich das Material während des Belichtungsvorgangs langsam vor und rollt entsprechend langsam ab. Bei Indrum-Belichtern wird die Trommel vor der Belichtung mit Material beschickt. Es wird also so viel Filmlänge vorgeschoben, dass die Trommel in Umfangsrichtung mit unbelichtetem Material ausge-

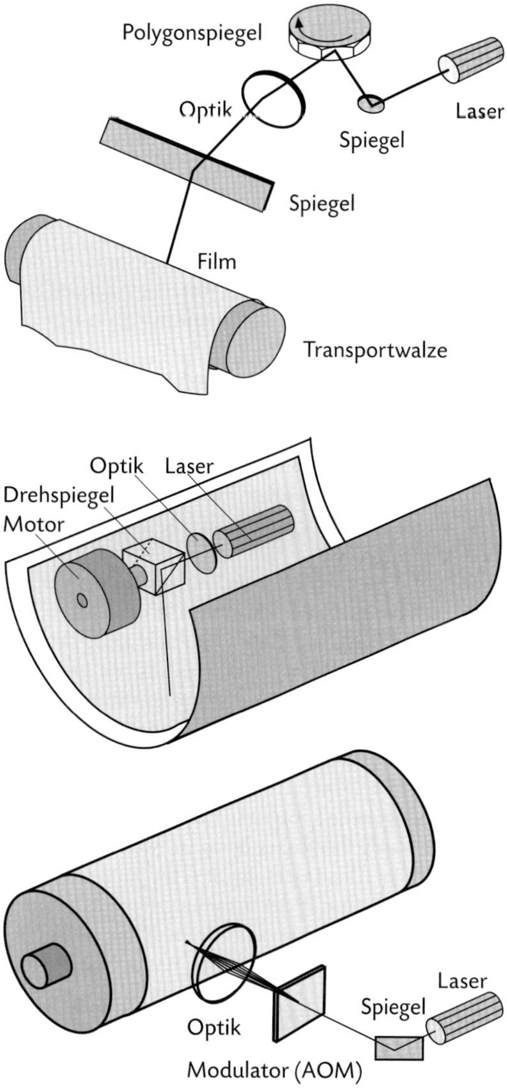

Von oben: Capstan-, Indrum- und Rotations-Recorder

füllt ist, wobei das zuvor belichtete Material gleichzeitig hinausgeschoben wird. Während das Material bei Capstan- und Indrum-Recordern ausgabeseitig von Querschneidern geschnitten wird, ist der Querschneider beim Rotations-Recorder beschickungsseitig angeordnet; vor dem Aufspannen wird der Film auf die Länge des Trommelumfangs zugeschnitten.

Bei der Ausgabe von druckplattengroßen Filmen wird mit einer im Belichter eingebauten Stanze eine Registerlochung angebracht. Bei der Plattenkopie werden die Registerlöcher am Rand des Films und entsprechende Löcher am Druckplattenrand auf passende Registerstifte gesetzt, sodass eine standgenaue Übertragung des Druckbilds möglich ist.

Das belichtete Material läuft entweder in eine entnehmbare, lichtdichte Kassette, aus der es manuell an eine Entwicklungsmaschine übergeben wird. Oder Recorder und Entwicklungsmaschine sind aneinander gekoppelt und die belichteten Filmabschnitte werden automatisch übergeben.

6.8.6 Linearisierung von Filmbelichtern

Durch die Linearisierung soll sichergestellt werden, dass die vom Belichter auf den Film übertragenen Rastertonwerte genau den Rastertonwerten in den Dateien entsprechen.

Die Recorder-Elemente bilden eine regelmäßige Matrix aus gleich breiten Spalten und Zeilen und sind deshalb zwangsläufig quadratisch. Der Laserspot, also der Querschnitt des auf den Film treffenden Laser-Lichtkegels, ist aber bei den meisten Belichtern kreisrund. Recorder-Element und Laserspot sind also nicht deckungsgleich.

Der Spot-Durchmesser ist normalerweise etwas größer als die Breite des Recorder-Elements, aber kleiner als seine Diagonale. Bei der Aufzeichnungsfeinheit 1000/cm ist das Recorder-Element 10 µm breit und hat eine Diagonale von rund 14 µm. Ein Spot mit zum Beispiel 11 µm Durchmesser schließt das quadratische Recorder-Element nicht vollständig ein, sondern lässt die Ecken frei.

Die angegebene Spotgröße bezieht sich auf ein einzelnes, allseitig frei stehendes geschwärztes Element auf dem Film. Der Laserspot ist nicht ganz scharf begrenzt; die Intensität der Strahlung nimmt vielmehr zum Rand hin kontinuierlich ab. Im äußeren Randbereich ist die Strahlung so schwach, dass sie nicht mehr ausreicht, um den Film zu schwärzen. Wenn mehrere Spots aneinander stoßen, addieren sich aber die geringen Intensitäten in den Randbereichen mehrerer Spots zu einer Bestrahlung, die zur Schwärzung des Films ausreicht.

Im Ergebnis kann zwar die Fläche eines einzelnen, frei stehenden Spots etwa so groß wie die Fläche eines Recorder-Elements sein. Die Gesamtfläche von zum Beispiel 10, 50 oder 100 zusammenhängenden Spots ist aber in der Regel größer als die Fläche von 10, 50 oder 100 Recorder-Elementen. Wenn in einer Rasterzelle mit 16 × 16 = 256 Recorder-Elementen 128 Spots belichtet werden, ergibt sich kein Rastertonwert von genau 50 %, sondern zum Beispiel 54 %. Um exakt den Tonwert 50 % zu erhalten, müssten hier also etwa 119 Spots belichtet werden.

Solche Abweichungen werden bei der Linearisierung ermittelt und ausgeglichen. Zu diesem Zweck wird eine Linearisierungsskala ausgegeben. Sie besteht aus kleinen Feldern mit vorgegebenen, in 5- oder 10-Prozent-Schritten abgestuften Soll-Rastertonwerten. Die Rastertonwerte auf dem Film werden mit dem Densitometer gemessen, notiert und in die entsprechenden Tabellenfelder der Linearisierungs-Software eingetragen. Jedem Soll-Rastertonwert (10 %, 20 %, 30 %, ..., 80 %, 90 %) steht jetzt also der auf dem Film gemessene Ist-Wert (zum Beispiel 11 %, 23 %, 33 %, ..., 83 %, 92 %) gegenüber. Die Software errechnet daraus eine Korrektur-Tabelle (Look-up-Table, LUT).

Der Raster Image Processor (RIP) verwendet die Korrektur-Tabelle bei der Berechnung der Ausgabe-Bitmap, sodass die Rastertonwerte auf den ausbelichteten Filmen den Soll-Werten entsprechen. Für unterschiedliche Rasterfrequenzen sind unterschiedliche Tabellen erforderlich. Sie werden in einer kleinen Datenbank verwaltet, damit der Raster Image Processor auf die jeweils richtige Tabelle zugreifen kann.

Die Linearisierung bezieht sich auf das komplette Ausgabesystem aus Belichter, fotografischem Material und Entwicklung. Sobald sich ein Parameter ändert,

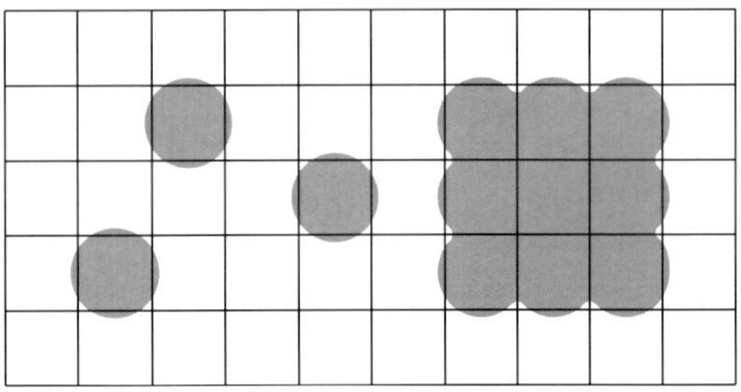

Quadratische Recorder-Elemente und kreisrunde Spots

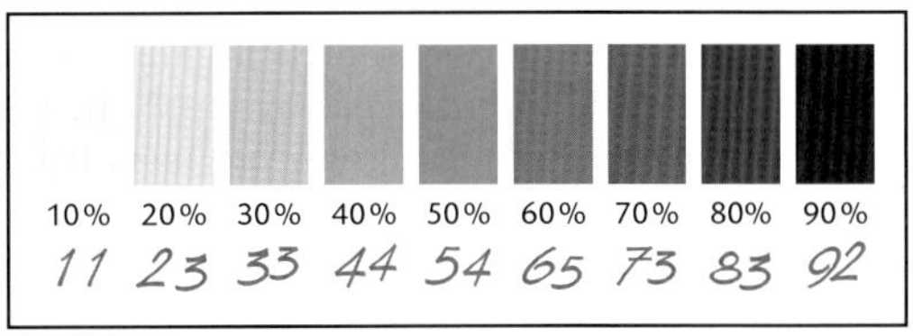

Linearisierungsskala mit Soll- und Ist-Rastertonwerten

stimmt die Korrektur-Tabelle nicht mehr. Wenn also eine andere Filmsorte oder ein anderer Entwickler benutzt wird als bisher, ist eine neue Linearisierung erforderlich. Auch bei Verwendung derselben Materialsorte kann es Abweichungen geben, wenn die Filme nicht aus derselben Herstellungs-Chargen stammen.

Rastertonwerte auf Filmen werden mit Transmissions-Densitometern ermittelt. Gemessen wird dabei nicht die absolute oder relative geometrische Fläche des einzelnen Rasterpunkts, sondern der Transmissionsfaktor oder die Dichte einer kleinen gerasterten Fläche mit etwa 50 bis 100 Rasterpunkten (zu Transmissionsfaktor und Dichte vgl. Abschnitt 2.1.5.1). Dieses Messergebnis wird vom Rechner des Messgeräts in einen prozentualen Rastertonwert umgewandelt und auf dem Display angezeigt (zur Berechnung vgl. Abschnitt 11.8.4).

Bezugsgröße für die Messung des Transmissionsfaktors ist der vom nicht geschwärzten Film (Blankfilm) durchgelassene Lichtstrom. Der Transmissionsfaktor des Blankfilms ist also als 100 % definiert, seine Dichte als lg(100 % : 100 %) = 0.00. Das Densitometer wird dehalb vor der Messung auf einer ungeschwärzten Stelle des Films auf Null kalibriert („genullt").

6.8.7 Laser

In diesem Abschnitt soll ein kurzer Überblick zu den wichtigsten Lasertypen gegeben werden, die in Filmbelichtern, aber auch in Geräten zur direkten Bebilderung von Offsetdruckplatten, Flexodruckformen, Tiefdruckzylindern oder Siebdruckschablonen eingesetzt werden.

Das Kurzwort Laser bedeutet *light amplification by stimulated emission of radiation* (Lichtverstärkung durch angeregte Emission von Strahlung). Damit wird auf die quantenmechanische Natur der Erzeugung und Verstärkung der Laserstrahlung hingewiesen. Da ein Exkurs zum quantentheoretischen Hintergrund den Rahmen dieses Buches sprengen würde, soll hier nur das Ergebnis interessieren: Laserstrahlung ist monochromatisch, alle emittierten Wellen haben also gleiche Wellenlängen; die einzelnen Strahlen des abgestrahlten Lichtkegels sind untereinander nahezu parallel.

Die unterschiedlichen Lasertypen sind nach den Medien benannt, in denen die monochromatische Strahlung erzeugt und verstärkt wird.

- Bei Feststofflasern dienen Kristalle als Lasermedien. In der Druckvorstufe sind das vor allem Nd-YAG-Laser; die Abkürzung bedeutet Neodym-Yttrium-Aluminium-Granat. Nd-YAG-Laser emittieren infrarote Strahlung mit 1064 nm Wellenlänge. Die Wellenlänge kann aber auch auf 532 nm halbiert werden, sodass sichtbares grünes Licht entsteht. Zu diesem Zweck wird die Strahlung in bestimmten Winkeln durch spezielle Kristalle geschickt, insbesondere Kaliumdihydrogenphosphat. In diesem Fall wird von frequenzverdoppelten Nd-YAG- oder kurz FD-YAG-Lasern gesprochen. Wellenlänge und Frequenz sind antiproportional, verdoppelte Frequenz bedeutet also halbierte Wellenlänge.
- In Gaslasern dienen unterschiedliche Gase als Lasermedien. Argon-Ionen-Laser emittieren meist Strahlung mit 488 nm; es sind aber auch andere Wellenlängen im Bereich von 350 nm bis 538 nm möglich. Die Wellenlänge von Helium-Neon-Lasern beträgt meist 633 nm (sichtbares Rot), bei CO_2-Lasern liegt sie im langwelligen Infrarotbereich von 9500 nm bis 10 600 nm.
- Halbleiterlaser, auch als Diodenlaser oder Laserdioden bezeichnet, funktionieren ähnlich wie Leuchtdioden: Beim Übergang von Elektronen aus einer Halbleiterschicht in eine andere wird Energie freigesetzt und als Strahlung abgegeben. Die ersten praxisreifen Diodenlaser gaben infrarote Strahlung ab; sie werden noch heute in CD-Laufwerken verwendet. Später kamen Diodenlaser mit sichtbar roter Strahlung (630 nm bis 680 nm) und zuletzt mit kurzwelliger Strahlung hinzu („Violettlaser", 405 nm bis 410 nm).

In Filmbelichtern werden heute überwiegend Diodenlaser mit sichtbarer roter Strahlung benutzt. Die übrigen erwähnten Lasertypen finden sich vor allem in Geräten zur direkten Bebilderung von Druckformen.

Die in Filmbelichtern verwendeten Laser haben Leistungen im Tausendstel-Watt-Bereich. Zum Vergleich: Eine Glühlampe mit 60 W Leistungsaufnahme gibt eine Strahlungsleistung von etwa 1 Watt ab. Dass trotz geringer Laser-Leistungen hohe Bestrahlungsstärken erreicht werden, liegt an der Konzentration der Strahlung auf eine sehr kleine Fläche. Während sich Glühlampenlicht divergent ausbreitet, wird die Laserstrahlung bei der Filmbelichtung auf eine Fläche von etwa 0,0001 mm^2 konzentriert. Bei nur einem Milliwatt (tausendstel Watt) Laserleistung ergibt das eine Bestrahlungsstärke in der Größenordnung von zehn Millionen Watt pro Quadratmeter.

Damit stellt sich die Frage nach der Gefährlichkeit von Lasern, insbesondere der Gefahr schwerer Augenschäden und Hautverbrennungen. Nach der Norm DIN EN 60825-1 und der Unfallverhütungsvorschrift BGV B2 werden Laser in sieben Laser-Gefährdungsklassen eingeteilt.

- Klasse 1: Die Laserstrahlung ist ungefährlich.
- Klasse 1M: Die Laserstrahlung ist für das Auge ungefährlich, solange der Strahlquerschnitt nicht durch optische Instrumente verkleinert wird.

- Klasse 2: Die Laserstrahlung liegt im sichtbaren Spektralbereich. Sie ist bei kurzzeitiger Einwirkung (bis 0,25 s) auch für das Auge ungefährlich.
- Klasse 2M: Die Laserstrahlung liegt im sichtbaren Spektralbereich. Sie ist bei kurzzeitiger Einwirkung (bis 0,25 s) auch für das Auge ungefährlich, solange der Strahlquerschnitt nicht durch optische Instrumente verkleinert wird.
- Klasse 3R: Die Laserstrahlung ist gefährlich für das Auge.
- Klasse 3B: Die Laserstrahlung ist gefährlich für das Auge und häufig auch für die Haut.
- Klasse 4: Die Laserstrahlung ist sehr gefährlich für das Auge und gefährlich für die Haut. Auch diffus gestreute Strahlung kann gefährlich sein. Die Laserstrahlung kann Brand- und Explosionsgefahr verursachen.

Laser der früheren Klasse 3A entsprechen einer der aktuellen Klassen 1M oder 2M.

Laser der Klassen 2, 2M, 3R, 3B und 4 müssen direkt am Gerät mit Laserwarnzeichen, Laserklasse und dazugehörigem Warnhinweis (z. B. „Laserstrahlung – Nicht dem Strahl aussetzen" bei Klasse 3) versehen sein. Bei Lasern der Klassen 1 und 1M kann auf die Kennzeichnung am Gerät verzichtet werden, wenn die schriftliche Gebrauchsinformation einen entsprechenden Hinweis enthält.

Die in Filmbelichtern und zur direkten Bebilderung von Druckformen verwendeten Laser sind je nach Wellenlänge und Stärke den Klassen 2M, 3R oder 3B zuzuordnen. Laser in Film- und CtP-Belichtern befinden sich in allseitig geschlossenen Gehäusen; beim Öffnen wird die Stromversorgung automatisch unterbrochen. Totz gefährlicher Laser sind die Geräte also nicht gefährlich, solange sie sachgemäß benutzt, überwacht und instandgehalten werden. Gefahren drohen nur, wenn der Laser durch unsachgemäße Manipulation bei geöffnetem Gehäuse eingeschaltet wird.

Laserwarnzeichen
Symbol und Rahmen schwarz, Hintergrund gelb

6.9 Druckformherstellung

6.9.1 Druckformen für den Offsetdruck

6.9.1.1 Kopie

Bei der kopiertechnischen Herstellung von Offset-Druckformen wird das Druckbild fotomechanisch durch Belichten von einem Film (Kopiervorlage) auf einen Druckformrohling übertragen. Beim „nassen" Offsetdruck besteht der Druckformrohling aus einer 0,1 mm bis 0,5 mm dicken Aluminiumplatte mit elektrolytisch oxidierter (eloxierter) Oberfläche. Darauf befindet sich die lichtempfindliche Kopierschicht mit einer Dicke von etwa 1 µm bis 2 µm.

Vereinfacht ausgedrückt, ist das eloxierte Aluminium wasserfreundlich, während die Kopierschicht Wasser abweist und Druckfarbe annimmt (vgl. auch die genauere Darstellung in Abschnitt 7.3.2). Bei der kopiertechnischen Herstellung von Offset-Druckformen geht es also darum, die Kopierschicht an den bildfreien (nicht druckenden) Stellen zu entfernen und das eloxierte Aluminium freizulegen, während sie an den Bildstellen (druckenden Stellen) stehen bleibt.

Es gibt positiv und negativ wirkende Kopierschichten; in der Praxis wird kurz von Positiv- und Negativplatten bzw. Positiv- und Negativkopie gesprochen.

- Positiv wirkende Kopierschichten sind im unbelichteten Zustand unlöslich. Durch Strahlungseinwirkung kommt es zu fotochemischen Reaktionen; die Schichten werden „zersetzt", sodass sie sich mit Entwicklern in lösliche Substanzen umwandeln und entfernen lassen. Als Kopiervorlagen dienen Positivfilme, also Filme mit geschwärzten Bildstellen und transparenten bildfreien Stellen.
- Negativ wirkende Kopierschichten sind im unbelichteten Zustand löslich und werden durch fotochemische Reaktionen „gehärtet", also in unlösliche Substanzen umgewandelt. Als Kopiervorlagen dienen Negativfilme; die Bildstellen sind transparent, die bildfreien Stellen geschwärzt.

Positiv wirkende Kopierschichten bestehen aus einem Bindemittel (Schichtbildner), einer lichtempfindlichen Substanz (Sensibilisator), in der Regel einer Diazoverbindung, und einem Farbstoff. Bei der Belichtung wird die Diazoverbindung in Stickstoff und Carbonsäure aufgespalten, während das Bindemittel zunächst unverändert bleibt. Die Belichtung verändert auch den in der Kopierschicht enthaltenen Farbstoff, sodass eine grobe visuelle Überprüfung des Kopierergebnisses möglich ist und bereits belichtete Platten nicht mit unbelichteten verwechselt werden können.

Bei der anschließenden Entwicklung mit einer alkalischen (basischen) wässrigen Lösung werden Carbonsäure und Bindemittel an den belichteten Stellen der Kopierschicht in lösliche Substanzen umgewandelt und zusammen mit dem Farbstoff ausgewaschen. Zum Schluss wird die Druckplatte noch mit Wasser gespült, um Entwicklerreste und darin gelöste Schichtbestandteile zu entfernen.

Als negativ wirkende Kopierschichten werden heute ganz überwiegend Fotopolymere verwendet. Das sind Kohlenwasserstoffverbindungen, deren Moleküle sich unter Lichteinwirkung zu Makromolekülen (Großmolekülen) vernetzen (polymerisieren). Die unbelichtete Kopierschicht ist ein Gemisch aus Monomeren und Präpolymeren (nicht bzw. teilweise vernetzten Molekülen), einem aus Sensibilisator und Initiator bestehenden Anregersystem sowie Farbstoff.

Bei der Belichtung absorbiert der Sensibilisator die auftreffende Energie und gibt sie an den Initiator ab, der daraufhin in Radikale zerfällt. Radikale sind sehr reaktionsfreudige Atomgruppen, die sich sofort mit Monomer- oder Präpolymer-Molekülen verbinden. Das setzt eine Kettenreaktion in Gang: Verbindungen aus Radikal und Monomer- oder Präpolymer-Molekül sind ebenfalls sehr reaktionsfreudig und verbinden sich mit weiteren Molekülen usw.

Bei der Entwicklung werden unbelichtete, nicht polymerisierte Teile der Kopierschicht abgelöst – je nach Schichttyp mit organischem Lösemittel oder wässrigem Auswaschmittel.

Die entwickelte und gespülte Druckplatte ist im Grundsatz fertig zum Druck. Bei einigen Plattentypen kann die Kopierschicht durch Wärmeeinwirkung (Einbrennen, Tempern) zusätzlich gehärtet und damit auflagenstabiler gemacht werden. Zum Schluss wird die Druckplatte meist noch konserviert (gummiert), indem eine wässrige Dispersion eines natürlichen oder synthetischen Gummis aufgetragen und getrocknet wird. Die Konservierung schützt das eloxierte Aluminium vor atmosphärischen Einflüssen, die seine Wasserfreundlichkeit beeinträchtigen können.

Die Arbeitsschritte nach der Belichtung, also Entwickeln, Spülen, Gummieren und Trocknen der Druckformen, erfolgen meist maschinell in Durchlauf-Entwicklungsmaschinen (Platten-Prozessoren).

Druckformrohlinge für den wasserlosen Offsetdruck (Waterless-Platten) bestehen aus fünf Materialien. Von oben nach unten:
- transparente Schutzfolie
- farbabweisende Schicht aus Dimethylsilikon
- farbfreundliche Polymerschicht
- Haftschicht
- Aluminium als Trägermaterial

Bei der Übertragung des Druckbilds wird an den Bildstellen das Polymer freigelegt, während an den bildfreien Stellen die Silikonschicht stehen bleibt. In positiv wirkenden Kopierschichten verbindet sich das Silikon an den belichteten, bildfreien Stellen dauerhaft mit der Polymerschicht. In negativ wirkenden Schichten sind Silikon und Polymer bereits miteinander verbunden – die Belichtung löst diese Verbindung an den Bildstellen auf. Nach der Belichtung wird die Schutzfolie entfernt und eine Entwicklerflüssigkeit (Quellflüssigkeit) aufgebracht. Das Silikon quillt an den Bildstellen auf und wird mechanisch durch Bürsten abgetragen.

Kopieranlagen für Offset-Druckplatten bestehen im Wesentlichen aus einem Kopierrahmen, in den das Kopiergut eingelegt wird, und einem Lampengehäuse mit Lichtquelle, Reflektor und Kühlgebläse. Als Kopierlichtquellen werden überwiegend Metall-Halogenid-Lampen verwendet, kurz MH-Lampen genannt.

Die spektralen Empfindlichkeiten üblicher Kopierschichten reichen von rund 300 nm bis 450 nm; fotochemischen Reaktionen werden durch ultraviolette Strahlung und kurzwelliges sichtbares Licht ausgelöst. Fotochemisch wirksame Strahlung wird als aktinische Strahlung bezeichnet. Die spektrale Strahldichteverteilung von MH-Lampen stimmt gut mit den spektralen Empfindlichkeiten der Kopierschichten überein, ihre Strahlung hat einen hohen aktinischen Anteil.

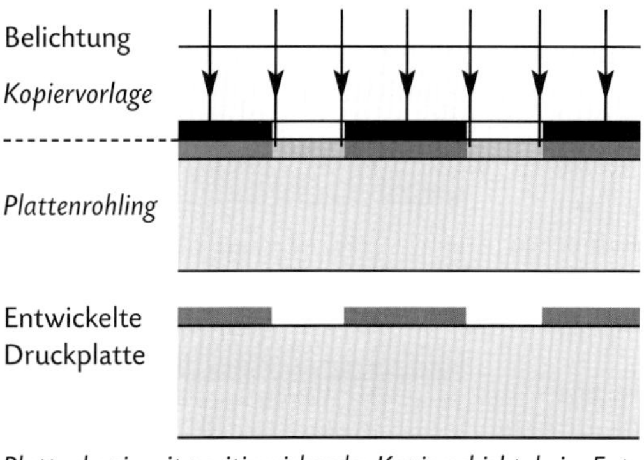

Plattenkopie mit positiv wirkender Kopierschicht; beim Entwickeln werden die belichteten Teile der Schicht entfernt.

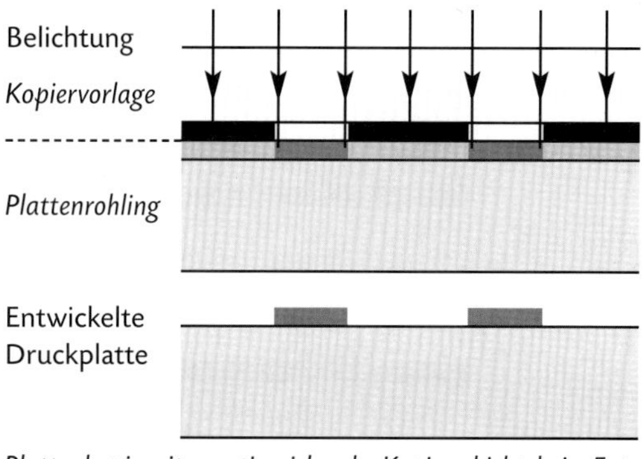

Plattenkopie mit negativ wirkender Kopierschicht; beim Entwickeln werden die unbelichteten Teile der Schicht entfernt.

MH-Lampen geben gesundheitsschädliche kurzwellige Strahlen ab. Ultraviolette Strahlung wird nach ihrer biologischen Wirksamkeit unterteilt in:
- UV A (Wellenlängen von 315 nm bis 380 nm),
- UV B (Wellenlängen von 280 nm bis 315 nm),
- UV C (Wellenlängen unter 280 nm).

Die kurzwelligen Strahlungsarten UV B und UV C sind sehr gesundheitsschädlich; sie verursachen, in Abhängigkeit von der Dosierung, schwere Verbrennungen (Erythem, „Sonnenbrand"), Hautkrebs und Augenschäden. Auch UV A ist gesundheitlich nicht ganz unbedenklich; es beschleunigt die Hautalterung und kann, insbesondere bei sehr hohen Bestrahlungsstärken, die Augen akut und langfristig schädigen (Horn- und Bindehautentzündung, grauer Star).
Zum Schutz vor UV A und UV B dienen vor den Kopierlichtquellen angebrachte UV-Schutzfilter, die nur Wellenlängen oberhalb von 315 nm durchlassen. Vor UV A und Blendung durch den sichtbaren Anteil des Kopierlichts schützen Vorhänge oder Gehäuse um die Kopieranlage, die während des Belichtungsvorgang geschlossen sind.

Der Kopierrahmen besteht aus einer flexiblen Decke und einer gerahmten Glasplatte mit hoher UV-Durchlässigkeit. Druckformrohling und Kopiervorlage liegen bei der Belichtung dazwischen. Damit unmittelbarer Kontakt zwischen Kopiervorlage und Druckformrohling entsteht, wird Luft aus dem Kopierrahmen abgepumpt, also Unterdruck erzeugt. Der höhere äußere Luftdruck presst dann die Decke und damit das Kopiergut gegen die Glasplatte.

Beim Abpumpen der Luft besteht allerdings die Gefahr, dass an den Rändern ein sehr enger, luftdichter Kontakt zwischen Kopiervorlage und Druckformrohling entsteht und die in der Mitte eingeschlossene Luft nicht mehr entweichen kann. Um das zu verhindern, wird der Unterdruck langsam und in mehreren Stufen aufgebaut. Viele Kopierrahmen haben Federsysteme, mit denen die Decke in der Mitte gegen die Glasplatte gedrückt wird, andere streichen verbliebene Lufteinschlüsse mit rotierenden Walzen aus. Durch Einbettung kleiner „Abstandhalter" (Mikropigmentierung) haben die Oberflächen der Kopierschichten außerdem eine leichte Rauigkeit, die das Entweichen der Luft zwischen Kopiervorlage und Kopierschicht erleichtert.

Bei unzureichendem Kontakt zwischen Kopiervorlage und Kopierschicht strahlt das Kopierlicht schräg unter die geschwärzten Partien der Kopiervorlage (Hohlkopie, Unterstrahlung). Auf positiv wirkenden Kopierschichten werden die druckenden Elemente – zum Beispiel Rasterpunkte – kleiner („spitzer") als auf der Kopiervorlage oder gehen sogar vollständig verloren. Bei negativ wirkenden Kopierschichten werden die druckenden Elemente größer („voller"), Rasterlöcher in den Bildtiefen gehen zu.

Auch bei gutem Kontakt zwischen Kopiervorlage und Kopierschicht kommt es aber bei der Übertragung von Rasterpunkten zu leichten Tonwertveränderungen. Das hat im Wesentlichen zwei Ursachen:
- Leichte Unterstrahlung ist nicht zu vermeiden. Über der Bildschicht des Films befindet sich noch die etwa 1 µm dicke Schutzschicht; zwischen Film und Kopierschicht verbleibt außerdem in jedem Fall eine, allerdings sehr dünne, Luftschicht. Hinzu kommt die Streuung des Lichts in der 1 µm bis 2 µm dicken Kopierschicht des Druckplattenrohlings.
- Rasterpunkte auf Kopiervorlagen sind nicht absolut randscharf, sondern haben Flanken, also schmale Übergangsbereiche mit kontinuierlich abfallenden Dichten.

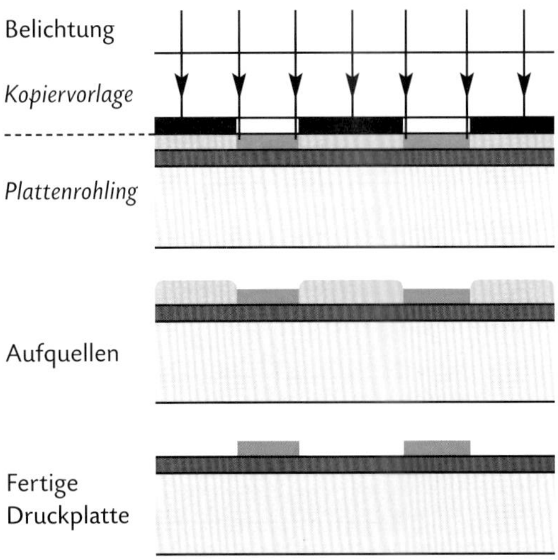

Kopie einer Waterless-Platte mit positiv wirkender Schicht

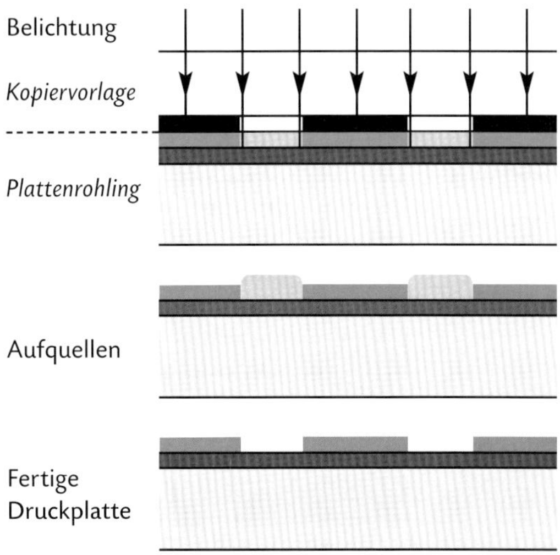

Kopie einer Waterless-Platte mit negativ wirkender Schicht

Wie stark sich beides auf das Kopierergebnis auswirkt, hängt von der Belichtung ab. Je stärker die Belichtung, desto spitzer werden die Rasterpunkte bei Positivkopie und desto voller werden sie bei Negativkopie. Es liegt also nahe, mit eher knappen Belichtungen zu arbeiten, um die Veränderung möglichst gering zu halten. Andererseits muss die Belichtung aber so stark sein, dass positiv wirkende Diazo-Schichten sich ohne Rückstände entwickeln lassen und negativ wirkende Fotopolymer-Schichten ausreichend stabil vernetzt werden.

Tonwertabnahme und -zunahme können grafisch als Kopierkennlinien dargestellt werden. Auf der Abszisse (*x*-Achse) des Koordinatensystems wird der Rastertonwert im Film, auf der Ordinate (*y*-Achse) der Rastertonwert auf der Druckplatte abgetragen. Bei positiv wirkenden Kopierschichten hängt die Kopierkennlinie etwas durch (Tonwertabnahme), bei negativ wirkenden Schichten ist sie etwas nach oben gekrümmt (Tonwertzunahme).

Zum Eintesten und zur laufenden Überprüfung der Belichtung werden Kontrollelemente mit sehr feinen Strichen (Mikrolinien) benutzt. Sie sind Bestandteile von Druckkontrollstreifen oder spezieller Kopier-Kontrollstreifen und werden zusammen mit dem Druckbild auf die Platte übertragen. Auf der entwickelten Platte wird mit dem Fadenzähler überprüft, welche Striche des Kontrollelements dort noch vorhanden bzw. bei der Übertragung verloren gegangen sind.

Die Stärke der feinsten Striche, die auf der Platte noch zu mehr als 50 % vorhanden sind, ist der Kennwert für die Kopie. Er wird als Strichstärke in Mikrometer, zum Beispiel 10 µm, oder als K-Wert, zum Beispiel K-10, angegeben. Nach ProzessStandard Offsetdruck (PSO, vgl. Abschnitt 7.8.3) gelten bei Positivplatten folgende Kopier-Kennwerte:

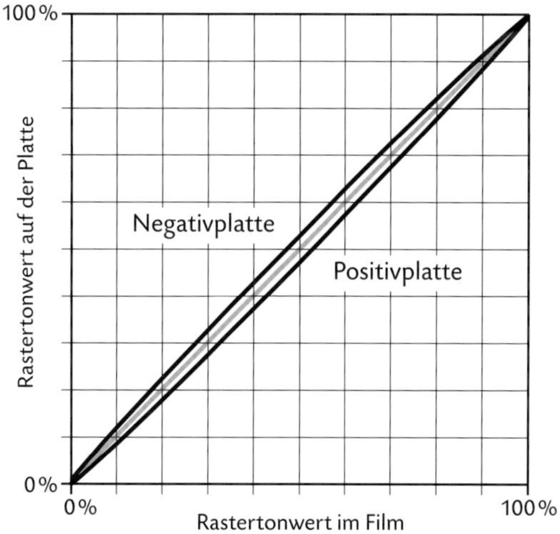

Kopierkennlinien für Positiv- und Negativplatte

- Rasterfrequenz 60/cm: 10 µm oder 12 µm
- Rasterfrequenz 80/cm: 10 µm
- Nichtperiodische Raster mit 20 µm Mindest-Punktdurchmesser: 8 µm

Wenn diese Werte eingehalten werden, kommt es bei der Rasterfrequenz 60/cm im Mitteltonbereich zur Tonwertabnahme um 1,5 % (10 µm) bis 2,5 % (12 µm).

Aus einem Kopierkennwert von zum Beispiel 10 µm darf aber nicht geschlossen werden, dass bereits Rasterpunkte und -löcher mit 10 µm Durchmesser problemlos übertragen werden können. Der Mindest-Durchmesser sicher übertragbarer Rasterpunkte und -löcher ist rund zweieinhalbmal so groß wie der Kopierkennwert. Nach ProzessStandard Offsetdruck (PSO) sollen deshalb die Tonwerte auf der Kopiervorlage bei der Rasterfrequenz 60/cm nicht kleiner als 2 % und nicht größer als 98 % sein. Bei 80/cm liegen die entsprechenden Grenzwerte bei 4 % und 96 %.

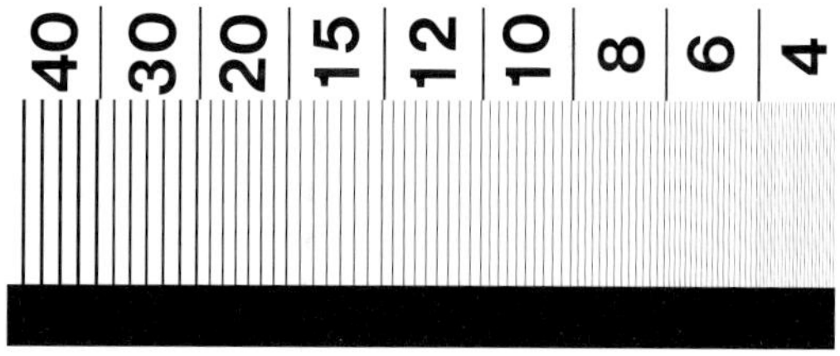

Kontrollelement mit Mikrolinien zur Überprüfung der Kopie in stark vergrößerter Darstellung; die Zahlen geben die Strichstärken in Mikrometer (µm) an.

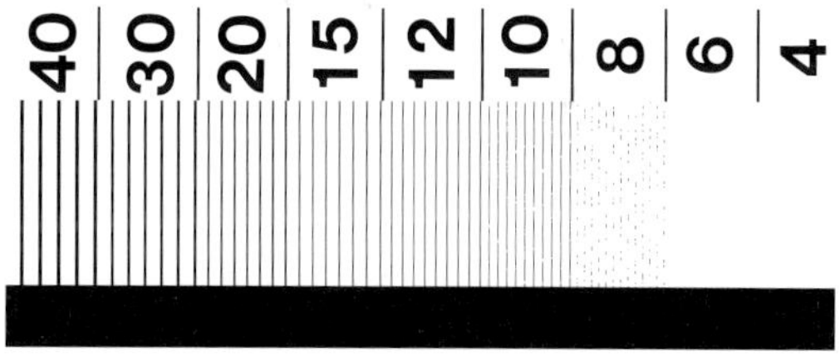

Kopie mit Kennwert 10 µm (K-10) – die 10 µm dicken Linien sind mehr als zur Hälfte vorhanden, die 8 µm dicken dagegen deutlich weniger als zur Hälfte.

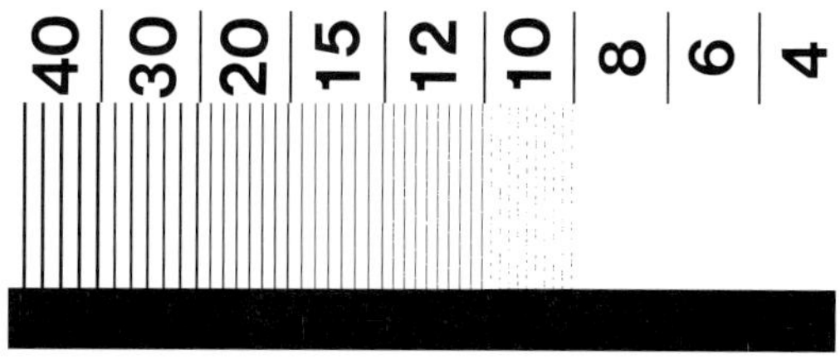

Kopie mit Kennwert 12 µm (K-12) – die 12 µm dicken Linien sind mehr als zur Hälfte vorhanden, die 10 µm dicken deutlich weniger als zur Hälfte.

6.9.1.2 Computer-to-Plate

Die meisten Computer-to-Plate-Recorder (CtP-Belichter) für Offset-Druckplatten sind ähnlich wie Filmbelichter aufgebaut, also in Indrum- (Innentrommel-), Rotations- (Außentrommel-) oder Flachbettbauweise. Wesentliche Unterschiede gegenüber Filmbelichtern bestehen einerseits bei der Materialzuführung: Aluminium-Druckplatten sind weniger flexibel als Film und kommen nicht von der Rolle, sondern sind bereits zugeschnitten. Die Druckformrohlinge werden entweder manuell in eine Einzugsvorrichtung gelegt oder mit einem Beschickungsautomaten zugeführt.

Der zweite wichtige Unterschied gegenüber Filmbelichtern sind die Laser: Sie haben zum Teil erheblich höhere Leistungen und emittieren andere Wellenlängen. Dabei kann es sich sowohl um sichtbares Licht als auch um nicht sichtbare infrarote Strahlung handeln. Aus diesem Grund wird anstelle von Belichtung häufig der Begriff Bebilderung (Imaging) verwendet.

Bei den Druckformrohlingen für Laser-Bebilderung ist die Situation etwas unübersichtlich. In den vergangenen Jahren sind zahlreiche Neuentwicklungen auf den Markt gekommen, die sich in der Praxis mehr oder minder bewährt haben. Andere Neuheiten sind nicht über das Stadium der Ankündigung oder des Prototyps hinausgekommen. Plattentypen aus der Anfangszeit der CtP-Technik Mitte der 1990er Jahre sind zum Teil schon wieder vom Markt verschwunden.

Die Vielzahl der Plattentypen lässt sich nach unterschiedlichen Kriterien ordnen:

- Bebilderung mit sichtbarem Licht und mit infraroter Strahlung; im zweiten Fall wird auch von Thermo- oder Thermalplatten gesprochen.
- Chemische Entwicklung des bebilderten Rohlings, chemiearme Entschichtung mit als relativ unproblematisch einzustufenden Chemikalien und chemiefreie Weiterverarbeitung
- Platten mit (chemischer, chemiearmer oder chemiefreier) Nachbehandlung und prozessarme Platten, die unmittelbar nach der Bebilderung in die Druckmaschine gespannt und dort entschichtet werden
- Positiv oder negativ arbeitende Schichten; durch Laserbestrahlung entstehen bildfreie Stellen (positiv arbeitend) bzw. Bildstellen (negativ arbeitend).
- Speziell für CtP-Verfahren entwickelte und konventionelle Druckplattenrohlinge
- Druckplattenrohlinge für den „nassen" Offsetdruck und Waterless-Platten

CtP-Polymerplatten für die Bebilderung mit sichtbarer Strahlung sind im Grundsatz wie konventionelle Negativplatten mit Fotopolymerschichten aufgebaut. Durch abgewandelte Initiatorsysteme sind die Schichten jedoch erheblich empfindlicher, sodass Bestrahlungen von etwa 0,5 J/m² (Joule pro Quadratmeter) bis 2 J/m² zur Bebilderung ausreichen, während bei konventionellen Kopierschichten bis zu 5000 J/m² erforderlich sind. Die spektralen Empfindlichkeiten sind alternativ an die Emissionen von Argon-Ionen-Lasern (488 nm), violetten Diodenlasern (405 nm) oder frequenzverdoppelten Nd-YAG-Lasern (FD-YAG-Laser, 532 nm) angepasst. Beim Entwickeln gibt es keinen wesentlichen Unterschied gegenüber konventionellen Fotopolymerplatten.

Silberhalogenid-Diffusionsplatten, kurz als Silberplatten bezeichnet, sind sehr lichtempfindlich, sodass Bestrahlungen von nur 0,01 J/m² bis 0,03 J/m² ausreichen. Ihre spektralen Empfindlichkeiten sind an rote oder violette Laserdioden (630 nm bis 680 nm bzw. 405 nm), Argon-Ionen-Laser (488 nm) oder frequenzverdoppelte Nd-YAG-Laser (532 nm) angepasst.

Silberplatten-Rohlinge haben Schichtträger aus Aluminium oder Kunststoff und zwei Schichten: eine lichtempfindliche Silberhalogenid-Schicht und eine nicht lichtempfindliche Keimschicht (Empfängerschicht), die eine geringe Menge fein verteiltes metallisches Silber enthält. Die bildfreien Stellen werden belichtet, sodass in der Silberhalogenid-Schicht ein negatives latentes Bild entsteht.

Bei der Verarbeitung mit einem speziellen Entwickler wird an den belichteten Stellen Silber reduziert. Gleichzeitig wandelt sich das unbelichtete Silberhalogenid in lösliches Silberkomplexsalz um, dessen Silberionen in die Keimschicht diffundieren. Da die Keimschicht kleine Mengen Silber (Entwicklungskeime) enthält, reduziert der Entwickler die diffundierten Sil-

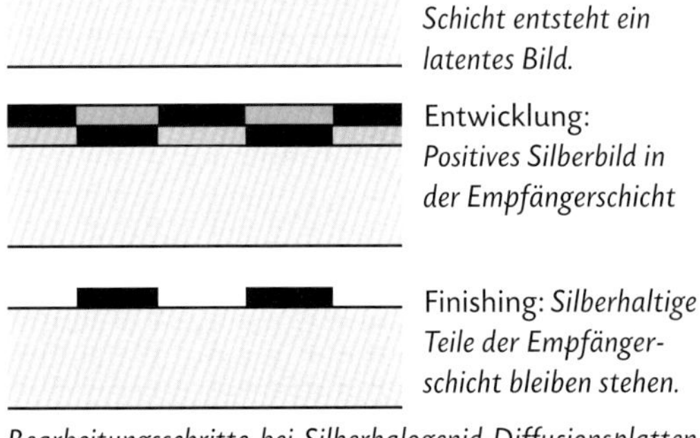

Bearbeitungsschritte bei Silberhalogenid-Diffusionsplatten mit Aluminium-Träger

berionen hier ebenfalls zu metallischem Silber. Nach allem sind also zwei fotografische Bilder entstanden: ein negatives in der Silberhalogenid-Schicht und ein positives in der Keimschicht.

Bei Aluminiumplatten befindet sich die Empfängerschicht direkt auf der eloxierten Oberfläche und die lichtempfindliche Schicht darüber. Die entwickelte Platte wird in einem zweiten Arbeitsschritt (Finishing) entschichtet. Dabei wird die obere Schicht vollständig und die Empfängerschicht an den bildfreien Stellen abgetragen. Zurück bleiben also die silberhaltige Empfängerschicht (Bildstellen) und das freigelegte eloxierte Aluminium (bildfreie Stellen).

Bei Silberplatten mit Kunststoff-Schichtträger sind die Schichten umgekehrt angeordnet: Die lichtempfindliche Schicht befindet sich direkt auf der Kunststofffolie und die Keimschicht darüber. Nach Entwicklung und chemischer Nachbehandlung sind die silberfreien Stellen der Empfängerschicht wasserfreundlich; die silberhaltigen Bildstellen weisen das Feuchtwasser ab und nehmen die Druckfarbe an. Solche „Offset-Folien" oder „Polyester-Platten" sind zwar nur für kleinere Auflagen und Maschinenformate geeignet. Aufgrund des flexiblen Trägermaterials und ihrer hohen Lichtempfindlichkeit haben sie aber den Vorteil, dass sie auch in Filmbelichtern belichtet werden können, also kein spezieller CtP-Belichter erforderlich ist.

Thermoplatten (Thermalplatten) werden mit Nd-YAG-Lasern (Wellenlänge 1064 nm) oder Infrarot-Laserdioden (810 nm bis 840 nm) bebildert; die Bestrahlungsstärken von etwa $500\,J/m^2$ bis $2000\,J/m^2$ sind vergleichsweise hoch. Hinter dem Oberbegriff „Thermoplatte" verbergen sich unterschiedliche Techniken:

- Thermisch vernetzende (polymerisierende) Platten haben Fotopolymerschichten, die durch entsprechend abgewandelte Initiatorsysteme für infrarote Strahlung sensibilisiert sind.
- Thermisch lösliche Schichten werden durch Infrarotbestrahlung vom festen in den löslichen Zustand umgewandelt.
- Bei der Ablation (Abtragung) wird entweder die Schicht selbst oder eine darunter liegende, wärmeabsorbierende Zwischenschicht durch kurzzeitiges starkes Erhitzen verdampft oder verbrannt.
- Bei der thermischen Verschmelzung werden thermoplastische Partikel zu einer stabilen Schicht verschmolzen.

Bei thermisch polymerisierende und thermisch löslichen Platten wird die Schicht nach der Bebilderung an den bildfreien Stellen entfernt (ausgewaschen). Platten mit Ablation oder Verschmelzung werden dagegen nach der Bebilderung nur noch abgespült oder feucht abgerieben. Oder sie werden ganz ohne Nachbearbeitung in die Druckmaschine gespannt und laufen bei den ersten Zylinderumdrehungen frei, wobei die ablösbaren Schichtpartikel von Feuchtmittel oder Druckfarbe abtransportiert werden.

Alle bisher genannten Plattentypen wurden speziell für die CtP-Technik entwickelt. Auch konventionelle, ursprünglich für die fotomechanische Kopie nach Positiv- oder Negativfilmen entwickelte Druckplattenrohlinge können digital bebildert werden. Nachteilig ist zwar die deutlich geringere Empfindlichkeit, die spezielle Recorderkonstruktionen erfordert und den Bebilderungsvorgang tendenziell verlangsamt. Hauptvorteil sind die geringeren Materialkosten: Konventionelle Druckplattenrohlinge werden zu deutlich geringeren Preisen gehandelt als spezielle CtP-Platten. Zudem können bei der Umstellung von Kopie auf CtP die vorhandenen Anlagen zur Nachbehandlung der Druckplatten weiter verwendet werden.

Das erste Verfahren zur digitalen Bebilderung konventioneller Druckplattenrohlinge (CtcP – Computer-to-conventional-Plate) wurde schon Mitte der 1990er Jahre vom Hersteller Basysprint vorgestellt und seitdem laufend weiterentwickelt. Die Recorder (UV-Setter) verwenden UV-haltiges Kopierlicht, das über ein DMD (Digital Mirror Device) auf den Druckplattenrohling gelenkt wird. Das ist ein Mikrochip mit rund 800 000 winzigen, einzeln steuerbaren Spiegeln (vgl. Abschnitt 1.13.4). Jeder dieser Spiegel steht für ein zu belichtendes bzw. nicht zu belichtendes Recorder-Element. Je nach Stellung des Spiegels wird das Licht entweder in Richtung Druckplattenrohling reflektiert oder nicht. Ein optisches System bringt das reflektierte Teilbild noch auf die richtige Größe, bevor es auf die Platte gelangt. Je nach Auflösung und daraus sich er-

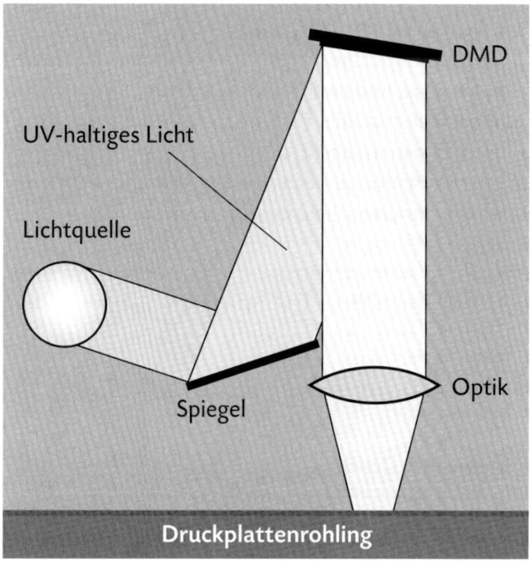

Funktionsprinzip des UV-Setters (Basysprint)

gebender Einstellung der Optik ist ein Teilbild etwa 0,8 cm² bis 6,3 cm² groß. Lichtquelle, DMD, optisches System und weitere Bauteile befinden sich im Belichtungskopf, der über den flach liegenden Druckplattenrohling bewegt wird.

Der 2007 von der Lüscher AG vorgestellte Recorder XPose! UV bebildert konventionelle Druckplattenrohlinge mit starken Violett-Laserdioden nach dem Indrum-Prinzip.

Der Vollständigkeit halber sind noch zwei Verfahren zu nennen, bei denen die Bildstellen gewissermaßen auf den unbeschichteten Rohling „gedruckt" werden: Elektrofotografie („Laserdruck") und Inkjet.

Bei Computer-to-Plate kommt es, ebenso wie bei konventioneller Plattenherstellung, auf korrekte Tonwertübertragung an. Bei konventioneller Kopie geschieht das in zwei Schritten: Linearisierung des Filmbelichters sowie Eintesten und laufende Überprüfung der Kopie mithilfe von Mikrolinienfeldern (vgl. Abschnitt 6.9.1.1). Bei filmloser Druckplattenherstellung wird dagegen der CtP-Recorder unmittelbar nach den auf der Druckplatte erzeugten Rastertonwerten linearisiert.

Densitometrisches Messen von Rastertonwerten auf Druckplatten ist nicht ganz unproblematisch. Einerseits ist der Kontrast zwischen Bildstellen und bildfreien Stellen geringer als auf Filmen, andererseits entsteht aufgrund der rauen Oberfläche ein kräftiger Lichtfangeffekt. Um die tatsächliche, geometrische Flächenbedeckung zu ermitteln, muss die Wirkung des Lichtfangs rechnerisch eliminiert werden. Das geschieht mithilfe des Korrekturwerts in der Yule-Nielsen-Formel (vgl. Abschnitt 11.8.6). Die Höhe dieses Korrekturwerts lässt sich mit praxisüblicher Technik nicht ermitteln, wird aber in der Regel vom Hersteller der Druckplattenrohlinge angegeben.

Densitometrische Vergleichsmessungen auf Platten gleichen Typs sind zwar recht zuverlässig, Absolutmessungen aber unsicher. Präziser sind Messungen mit digitalen Bildanalysegeräten, kurz Dotmeter genannt. Sie funktionieren ähnlich wie Digitalkameras und erfassen ein hoch aufgelöstes Graustufenbild von einer etwa einen Quadratmillimeter großen Fläche. Die Software macht daraus ein digitales Bild mit 1 Bit Datentiefe. Der Rastertonwert ergibt sich dann als prozentualer Anteil der schwarzen an allen erfassten Pixeln. Um Messfehler zu vermeiden, sollten die Platten vor der Messung nicht gummiert werden.

Bleibt noch die Frage zu klären, wie die „richtige" Linearisierung aussehen soll, wie also die Tonwerte der Datei in Tonwerte auf der Platte umzusetzen sind. Analog zur Anforderung an die korrekte Tonwertübertragung bei Filmbelichtung könnte gefordert werden, dass Rastertonwerte auf der Platte genau mit den Bilddaten übereinstimmen sollen. Dabei bliebe jedoch unberücksichtigt, dass sich unterschiedliche Plattentypen im Druck unterschiedlich verhalten: Einige drucken etwas „spitzer", andere etwas „voller", als es die auf der Druckplatte gemessenen Tonwerte zunächst erwarten lassen.

Maßgeblich ist letzten Endes nicht der auf der Platte gemessene Tonwert, sondern das Ergebnis im Druck. Druckplatten sind also so zu bebildern, dass die Tonwertzunahme im Druck innerhalb der von ProzessStandard Offsetdruck (PSO) und ISO 12647-2 vorgegebenen Toleranzen liegt. Diese Vorgaben beziehen sich nach wie vor auf konventionell hergestellte Druckplatten, da bei der Vielzahl unterschiedlicher CtP-Plattentypen keine einheitliche Festlegung möglich ist.

Nach allem hat die Linearisierung von CtP-Recordern zwei Aufgaben: Erstens sind – wie beim Filmbelichter – Abweichungen auszugleichen, die sich aus den nicht übereinstimmenden Geometrien von Laserspot und Recorder-Element ergeben, zweitens die drucktechnische Eigenart des verwendten Plattentyps. Deshalb ist es sinnvoll, CtP-Recorder in zwei Schritten zu linearisieren.

Zunächst wird eine Korrektur-Tabelle (Look-up-Table, LUT) erzeugt, mit der die Übereinstimmung von Rastertonwerten in den Bilddaten und auf der Druckplatte erreicht wird. Eine zweite Tabelle korrigiert die im Druck auftretenden Abweichungen von den Soll-Werten nach ProzessStandard Offsetdruck (PSO) und ISO 12647-2. Zur deutlichen Unterscheidung wird der

Tonwerte Datei	**5 %**	**10 %**	**20 %**	**30 %**	**40 %**	**50 %**	**60 %**	**70 %**	**80 %**	**90 %**	**95 %**
Messwerte Platte	5,4	10,6	21,3	32,0	42,7	53,2	63,0	72,3	81,1	90,8	95,3
Sollwerte Druck	**7,0**	**14,0**	**27,6**	**40,7**	**53,0**	**64,3**	**74,5**	**83,4**	**90,7**	**96,3**	**98,4**
Messwerte Druck	9,2	16,5	29,6	44,0	55,7	66,9	76,8	85,6	93,0	97,3	99,1

Tonwerte in der Datei und Messwerte auf der Platte sind Grundlage für die Linearisierung des Recorders, Soll- und Messwerte im Druck sind Grundlage für die Prozesskalibrierung. Sollwerte im Druck entsprechen ISO 12647-2 für Cyan, Magenta und Yellow, Papiertyp 1 und 2 (glänzend bzw. matt gestrichen, holzfrei); die Messwerte sind Beispiele.

erste Vorgang als Linearisierung bezeichnet, der zweite als Prozesskalibrierung.

Zur Linearisierung werden Linearisierungsskalen mit in 5- oder 10-Prozent-Schritten abgestuften Rastertonwerten ausgegeben. Die Linearisierungs-Software erzeugt die Linearisierungstabelle aus Tonwerten der Datei und auf der Platte gemessenen Tonwerten.

Um Abweichungen von den standardisierten Soll-Tonwerten im Druck festzustellen, wird eine Testform ausgegeben. Dabei verwendet der RIP die Linearisierungstabelle; alle Tonwerte auf den Druckplatten entsprechen also genau den Tonwerten in der Datei der Testform. Die Testform wird dann unter standardisierten Bedingungen gedruckt. Auf dem Druckbogen gemessene Tonwerte und Soll-Tonwerte bilden die Grundlage für die Erzeugung der Prozesskalibrierungs-Tabelle.

Bei der Bebilderung von Druckplatten für die Produktion greift der RIP auf beide Tabellen zu, sodass sowohl Linearisierung als auch Prozesskalibrierung wirksam werden.

6.9.2 Druckformen für den Flexodruck

6.9.2.1 Kopie

Das lichtempfindliche Material der Druckformrohlinge für die kopiertechnische Herstellung von Flexo-Druckformen (Flexo-Klischees) ist ein Fotopolymer. Genau wie bei negativ wirkenden Kopierschichten von Offsetdruckplatten wird das Material durch die Belichtung an den Bildstellen gehärtet, während die unbelichteten bildfreien Stellen anschließend mit wässriger Auswaschflüssigkeit oder organischem Lösemittel entfernt werden. Die lichtempfindlichen Schichten der Druckformrohlinge für den Flexodruck sind aber viel dicker als bei Offsetdruckplatten. Der Flexodruck ist ein Hochdruckverfahren – die fertige Druckform hat also ein Relief aus erhabenen Bildstellen und vertieft liegenden bildfreien Stellen.

Es gibt ein- und mehrschichtige Flexo-Druckplatten. Einschichtplatten-Rohlinge bestehen aus einer etwa 0,8 mm bis 6,5 mm dicken Fotopolymerschicht, die auf der Rückseite mit einer dünnen Stabilisierungsfolie, meist aus Polyester, und auf der Vorderseite mit einer Schutzfolie belegt ist, die vor der Hauptbelichtung entfernt wird. Mehrschichtplatten bestehen aus der lichtempfindlichen Fotopolymerschicht und einer nicht lichtempfindlichen Trägerschicht. Zwischen den beiden Schichten liegt noch eine Stabilisierungsfolie; außerdem sind Ober- und Unterseite des Rohlings mit Schutzfolien abgedeckt.

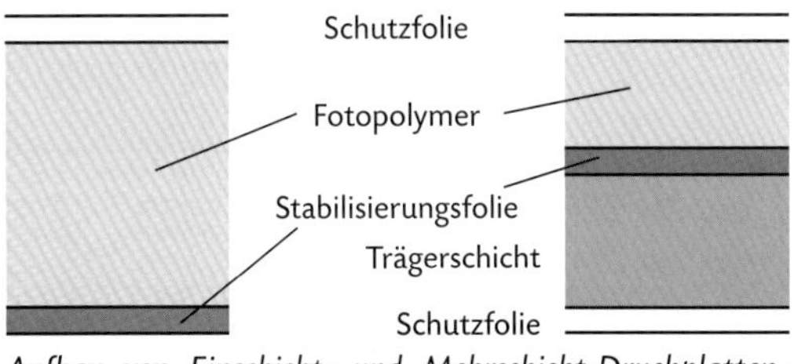

Aufbau von Einschicht- und Mehrschicht-Druckplatten-Rohlingen für den Flexodruck

Der Plattenrohling wird zunächst ohne Kopiervorlage von der Rückseite her vorbelichtet. Dadurch wird der untere Bereich der Fotopolymerschicht vollflächig vernetzt und auf diese Weise die Relieftiefe begrenzt. Je stärker die Rückseitenbelichtung bei gleicher Plattenstärke, desto flacher wird das Relief, desto geringer ist also der Höhenunterschied zwischen erhabenen Bildstellen und vertieft liegenden bildfreien Stellen.

Bei der anschließenden Hauptbelichtung wird das Druckbild, ähnlich wie bei der Offset-Plattenkopie, in einem Vakuum-Kopierrahmen von der Kopiervorlage auf den Rohling übertragen. Strahlungsquellen sowohl für die Vor- als auch für die Hauptbelichtung sind spezielle Leuchtstoffröhren (Niederdruck-Quecksilberdampflampen), deren hauptsächliche spektrale Emission im langwelligen UV-Bereich (UV A) liegt.

Als Kopiervorlagen dienen seitenrichtige Negativfilme. Da der Flexodruck ein direktes Druckverfahren ist, werden seitenverkehrte Druckformen gebraucht – um bei der Belichtung einen unmittelbaren Kontakt zwischen Filmschicht und Plattenrohling herzustellen,

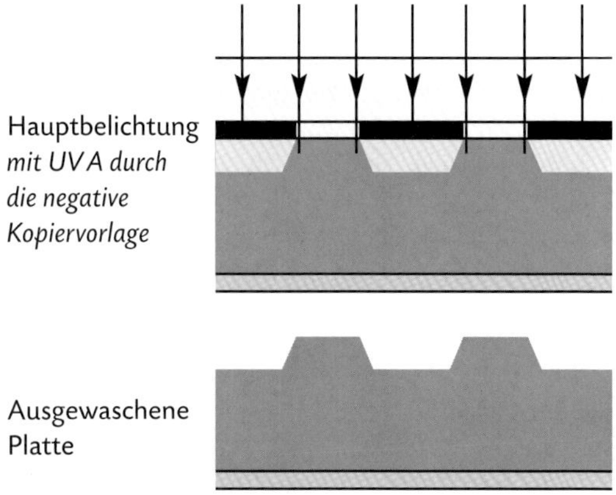

Arbeitsschritte bei der Kopie von Flexodruckplatten; es folgen noch Nachhärtung und Entklebung mit UV A und UV C.

müssen die Kopiervorlagen also seitenrichtig sein. Meist werden Filme mit matter (leicht rauer) Schichtseite verwendet, um Hohlkopien durch Lufteinschlüsse zwischen der Kopiervorlage und der sehr glatten Oberfläche des Plattenrohlings zu vermeiden.

Nach der Hauptbelichtung werden die nicht polymerisierten Teile ausgewaschen. Es folgt eine gründliche Trocknung, bei der die ins Polymer eingedrungene Auswaschflüssigkeit verdunstet wird.

Rückseiten- und Hauptbelichtung reichen allerdings nicht aus, um das Fotopolymer ganz vollständig zu vernetzen. Um der Druckplatte ihre endgültige Härte und Festigkeit zu geben, ist noch eine etwa 10- bis 15-minütige Nachbelichtung mit UV-A-Strahlung nötig. Außerdem hat die belichtete und ausgewaschene Platte eine klebrige Oberfläche. Diese Klebrigkeit wird durch Bestrahlung mit UVC beseitigt.

Nachhärtung und Entklebung erfolgen meist gleichzeitig in Finishern. Das sind allseitig geschlossene Bestrahlungsgeräte, die mit mit UV-A- und UV-C-Strahlungsquellen bestückt sind. Weil die UV-Strahlung gesundheitsschädlich ist (vgl. Abschnitt 6.9.1.1), müssen Finisher so konstruiert sein, dass während des Betriebs keine Strahlung austreten kann und die Strahler automatisch ausgeschaltet werden, wenn das Gerät zum Einlegen oder Entnehmen von Platten geöffnet wird.

6.9.2.2 Computer-to-Plate

Auch im Flexodruck haben Computer-to-Plate-Techniken stark an Bedeutung gewonnen. Grundsätzlich sind zwei Verfahren zu unterscheiden:
- Laserbebilderung von Polymerplatten mit Maskenschicht, auch als LAMS *(Laser Ablation Mask System)* bezeichnet
- Lasergravur von Gummi- oder Kunststoffplatten, auch Direktgravur genannt

Die Bebilderungs- bzw. Gravieranlagen sind entweder nach dem Flachbettprinzip aufgebaut oder arbeiten rotativ nach dem Außentrommelprinzip.

LAMS-Rohlinge sind ähnlich wie konventionelle Rohlinge aufgebaut; auf der Oberseite der Fotopolymerschicht liegt die 3 µm bis 5 µm dicke schwarze Maskenschicht (LAMS-Schicht). Sie wird an den Bildstellen durch Laserbestrahlung abgetragen, sodass ein Negativ des Druckbilds entsteht. Bei der folgenden Hauptbelichtung mit UVA hat die Maske dieselbe Funktion wie die Kopiervorlage bei konventioneller Plattenherstellung.

Die übrigen Arbeitsschritte – Rückseitenbelichtung, Auswaschen, Trocknen, Nachbelichtung und Entkleben – entsprechen dem konventionellen Verfahren. Lediglich die Reihenfolge von Rückseiten- und Hauptbelichtung ist häufig vertauscht.

Beim Druck mit LAMS-Platten ist die Tonwertzunahme geringer und der realisierbare Tonwertumfang höher als bei kopierten Klischees. Da sich die Maskenschicht unmittelbar auf dem Fotopolymer befindet, wird das Licht bei der Hauptbelichtung nicht so stark gestreut wie bei der Kopie, sodass eine günstigere Reliefform mit steileren Punktflanken entsteht.

Die Direktgravur in Gummi oder Elastomer kommt mit sehr viel weniger Arbeitsschritten als das LAMS-Verfahren aus. Bei der Herstellung von Gummiplatten verdampft ein starker CO_2-Laser den Gummi an den vertieft liegenden Nichtbildstellen. Gummidruckformen sind sehr auflagenstabil, erlauben aber nur Rasterfeinheiten von bis etwa 40/cm. Bei der Gravur von Elastomer-Platten werden starke Festkörperlaser verwendet. Elastomere sind elastisch verformbare Polymere. Hier sind Rasterfeinheiten bis etwa 80/cm realisierbar.

6.9.3 Druckformen für den Rakel-Tiefdruck

6.9.3.1 Grundlagen

Bei der Herstellung von Druckformen für den Rakel-Tiefdruck geht es darum, kleine Vertiefungen (Näpfchen) zu erzeugen, die je nach Tonwert unterschiedliche Volumina haben und deshalb mehr oder weniger Druckfarbe aufnehmen. Diese Näpfchen sind normalerweise regelmäßig angeordnet und in jedem Fall durch Stege voneinander getrennt. Die Stege sind als Stütze für die Rakel erforderlich, mit der die Druckfarbe beim Einfärben der Druckform von den bildfreien Stellen entfernt wird (vgl. Abschnitt 7.3.3.1). Auch flächige Elemente, Buchstaben oder Linien, die in anderen Druckverfahren nicht gerastert werden, bestehen hier aus voneinander getrennten Näpfchen – unter dem Fadenzähler deutlich als „Sägezahnung"

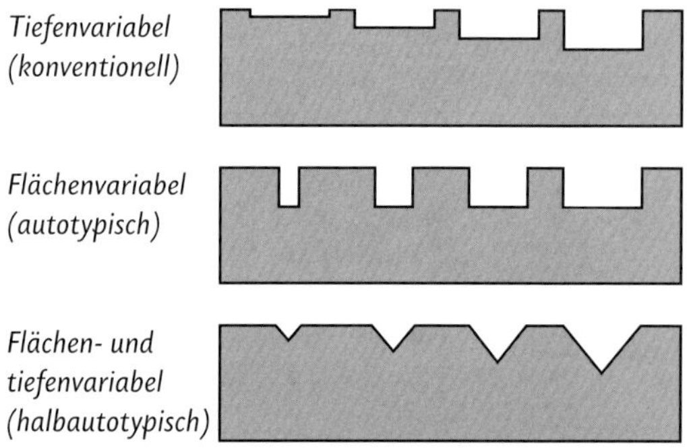

Näpfchen-Querschnitte bei konventionellen, vollautotypischen und halbautotypischen Tiefdruckformen

an den Rändern zu erkennen (vgl. auch Abschnitt 7.3.7).

Die Näpfchen-Volumina lassen sich auf drei Arten variieren:

- Näpfchen können bei gleicher Oberfläche unterschiedlich tief sein, also flächenkonstant und tiefenvariabel. Da dies das älteste Verfahren ist, wird auch von konventionellen Tiefdruckformen gesprochen.
- Umgekehrt können die Näpfchen bei gleicher Tiefe unterschiedliche Oberflächen haben. Tiefdruckformen mit flächenvariablen und tiefenkonstanten Näpfchen werden auch (voll-)autotypisch genannt.
- Schließlich können sowohl Fläche als auch Tiefe variiert werden – Näpfchen mit kleinen Oberflächen haben dann auch vergleichsweise geringe Tiefen, Näpfchen mit größeren Oberflächen sind entsprechend tiefer. Tiefdruckformen mit flächen- und tiefenvariablen Näpfchen werden auch halbautotypisch genannt.

Heute wird überwiegend mit flächen- und tiefenvariablen Näpfchen (halbautotypisch) gedruckt. Eine gewisse, allerdings mengenmäßig kleinere Rolle spielen daneben auch (voll-)autotypische Druckformen, während das konventionelle Verfahren mit nur tiefenvariablen Näpfchen praktisch verschwunden ist.

Die Bild- und Textinformationen werden heute direkt aus dem Datenbestand mittels Gravieranlagen auf die Tiefdruckformen übertragen (Computer-to-Cylinder). Filme oder vergleichbare materielle Informationsträger und kopiertechnische Übertragungsverfahren werden nicht mehr verwendet.

6.9.3.2 Elektromechanische Gravur

Das mengenmäßig wichtigste Verfahren zur Herstellung von Tiefdruckformen ist die elektromechanische Gravur. Elektromechanisch gravierte Druckformen für den Rakel-Tiefdruck sind halbautotypisch, haben also flächen- und tiefenvariable Näpfchen.

Der Druckformrohling ist ein Stahlzylinder, der mit einem etwa 1 mm bis 3 mm dicken Grundkupfer beschichtet ist. Vor der Gravur wird durch Galvanisieren eine weitere, etwa 80 µm dicke Kupferschicht aufgebracht, das Gravierkupfer. Zwischen Grund- und Gravierkupfer kann sich zusätzlich eine etwa 1 µm dünne Trennschicht befinden. Sie ist von Bedeutung, wenn das Gravierkupfer nach dem Druck entfernt wird, um den Zylinder durch erneutes Verkupfern wieder zur Gravur vorzubereiten. Die Trennschicht ermöglicht es, die äußere Kupferschicht – auch Ballardhaut genannt – mechanisch abzureißen. Beim Verfahren ohne Trennschicht wird das Gravierkupfer dagegen durch Drehen oder Drehfräsen entfernt.

In der Gravieranlage rotiert der Zylinder mit konstanter Umdrehungszahl. Ein Diamantstichel bewegt sich mit einer konstanten Frequenz von etwa 4000 Hz bis 8000 Hz (Hertz = Schwingungen pro Sekunde) auf und ab. Dabei dringt er mehr oder weniger tief in das Gravierkupfer ein und schneidet tiefere oder flachere Näpfchen. Bedingt durch die Form des Stichels sind die Näpfchen wie vierseitige Hohlpyramiden geformt, laufen als nach unten hin spitz zu. Tiefere Näpfchen haben deshalb zwangsläufig auch größere Oberflächen als weniger tiefe.

Während der Zylinder bei der Gravur rotiert, wird der Gravierkopf mit dem Stichel langsam seitlich vorgeschoben. Nach einer Zylinderumdrehung hat sich der Gravierkopf so weit seitlich bewegt, dass die nächste Gravierlinie den richtigen Abstand zur vorher gravierten erhält. Der Vorschub je Umdrehung hängt von der Rasterfrequenz (Anzahl der Näpfchen pro Zentimeter) und der Näpfchengeometrie (quadratisch, gestaucht oder gelängt, vgl. weiter unten) ab. Bei quadratischen Näpfchen lässt sich der Graviervorschub je Umdrehung leicht ausrechnen, indem die Rasterkonstante (vgl. Abschnitt 6.6.2) durch die Quadratwurzel aus 2 dividiert wird.

Beispiel: Bei der Rasterfrequenz 70/cm ergibt sich die Rasterkonstante:

$1 : 70/\mathrm{cm} \cdot 10\,\mathrm{mm/cm} \approx 0{,}14\,\mathrm{mm}$

Der Vorschub des Gravierkopfes je Umdrehung beträgt folglich:

$0{,}14\,\mathrm{mm} : \sqrt{2} \approx 0{,}10\,\mathrm{mm}$

Obwohl ein Stichel 4000 bis 8000 Näpfchen pro Sekunde erzeugt, würde die Gravur eines Zylinders mit nur einem Stichel sehr lange dauern. Bei einer Rasterfeinheit von 70 Näpfchen pro Zentimeter und einer Stichelfrequenz von zum Beispiel 6000 Hz wird eine Fläche von etwas mehr als 0,4 m^2 pro Stunde graviert. Ein 360 cm breiter Zylinder mit 96 Zeitschriftenseiten hat aber eine zu gravierende Oberfläche von mehr als sechs Quadratmetern. Um den Graviervorgang zu beschleunigen, sind Gravieranlagen mit mehreren parallel arbeitenden Gravierköpfen bestückt. Auf einem 360 cm breiten Zylinder lassen sich zum Beispiel zwölf

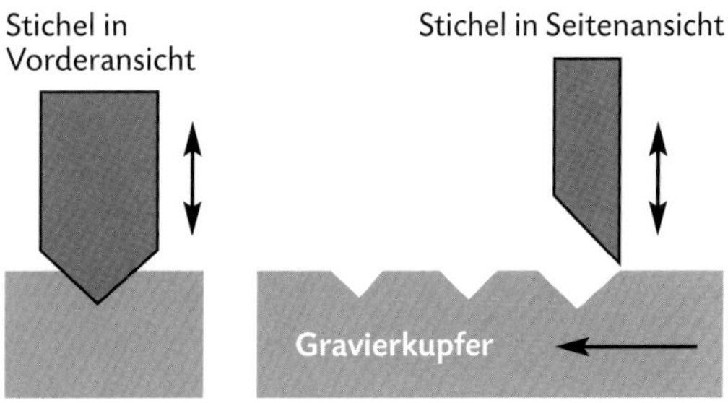

Gravur flächen- und tiefenvariabler Näpfchen

Zeitschriftenseiten nebeneinander im liegenden Format (längere Formatseite parallel zur Zylinderachse) unterbringen. Das ergibt zwölf Stränge, für die jeweils ein Gravierkopf eingesetzt wird.

Die beim Gravieren entstehenden Grate werden mit Schabern entfernt, die sich direkt an den Gravierköpfen befinden. Nach der Gravur wird die Zylinderoberfläche poliert und galvanisch verchromt. Die Verchromung ist nötig, weil das Gravierkupfer vergleichsweise weich ist und deshalb keine ausreichende Widerstandsfähigkeit gegenüber mechanischen Beanspruchungen durch Rakel und Papier hat. Chrom ist etwa fünfmal so hart wie Kupfer.

Aus den Techniken des Rakel-Tiefdrucks und der elektromechanischein Gravur ergeben sich spezifische, von allen anderen Druckverfahren abweichende Besonderheiten bei der Rasterung (vgl. Abschnitt 6.6.2). Das betrifft vor allem die Form der Rasterpunkte (Näpfchenoberflächen) und die Rasterwinkel im mehrfarbigen Druck.

Im Rakel-Tiefdruck sind die Näpfchen immer durch Stege voneinander abgegrenzt. Näpfchen mit quadratischer Oberfläche ergeben den Rasterwinkel 45° – sowohl die Stege als auch die kleinsten Abstände zwischen den Zentren benachbarter Näpfchen liegen in 45°-Richtung. Um andere Winkel zu erzeugen, werden

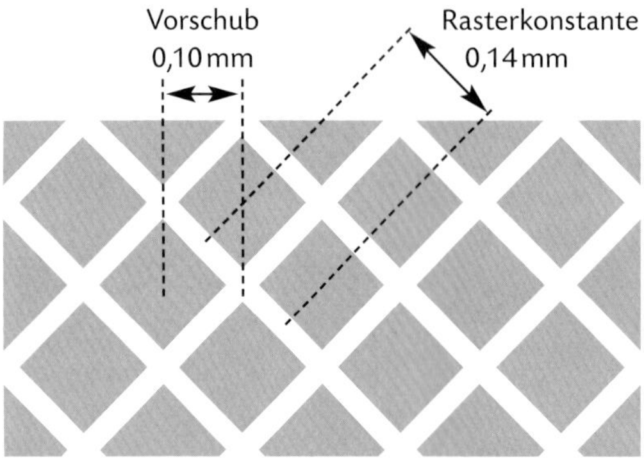

Vorschub des Gravierkopfes und Rasterkonstante, quadratische Näpfchen (Rasterwinkel 45°), Frequenz 70/cm

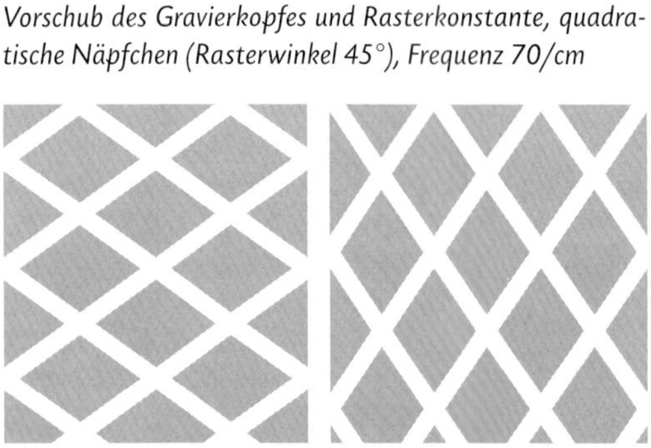

Gestauchte Näpfchen (links) und gelängte Näpfchen. Die Gravierrichtung verläuft senkrecht, die Winkel betragen rund 55° und rund 35°.

rautenförmig gelängte oder gestauchte Näpfchen graviert. Gestauchte Näpfchen entstehen, indem die Umdrehungszahl des Zylinders bei unveränderter Stichelfrequenz erhöht wird. Umgekehrt entstehen gelängte Näpfchen, wenn der Zylinder bei unveränderter Frequenz des Stichels langsamer rotiert.

Die in den anderen Druckverfahren verwendeten Winkel 15° und 75° sind hier allerdings nicht realisierbar, weil die Näpfchen nicht derart stark gestaucht bzw. gelängt werden können. Stattdessen wird mit „krummen" Winkeln von etwa 35° bzw. 55° gearbeitet. Da es unmöglich ist, durch Stauchen oder Längen der Näpfchen den Winkel 0° zu erzeugen, stehen nur drei Winkel zur Verfügung – einer davon muss also beim vierfarbigen Druck doppelt belegt werden.

Bei gleichen Rasterfrequenzen würden die Doppelbelegung eines Winkels und die Winkeldifferenzen von erheblich weniger als 30° sowohl Farbdrift als auch ein relativ grobes Moiré verursachen. Um beides zu verhindern, werden die Rasterfrequenzen variiert. Nur die Druckformen für Cyan- und Magenta haben gleiche Rasterfrequenzen; die Schwarz-Druckform wird mit einem feineren, die Yellow-Druckform mit einem gröberen Raster graviert. Also zum Beispiel so:

- Cyan 70/cm, gestauchte Näpfchen
- Magenta 70/cm, gelängte Näpfchen
- Yellow 58/cm, quadratische Näpfchen
- Schwarz 100/cm, gestauchte Näpfchen

Das verbleibende Moiré ist zwar etwas gröber als bei den „klassischen" Winkeln 0°, 15°, 45°, 75° und gleichen Rasterfrequenzen. Im halbautotypischen Rakel-Tiefdruck machen sich diese Muster aber nicht störend bemerkbar. Das liegt einerseits an der variablen Näpfchentiefe: Im Druck sind kleinere Rasterpunkte zugleich heller, weil die übertragenen Farbschichten dünner sind. Bei helleren Farben sind Störmuster weniger deutlich zu sehen als bei dunkleren. Ab dem Dreivierteltton kommt es zur Stegüberflutung – auf dem Bedruckstoff entstehen keine voneinander abgegrenzten Punkte, sondern nahezu gleichmäßige, geschlossene Flächen mit unterschiedlich dicken Farbschichten. In dunklen Farben kann also kein Moiré sichtbar werden, weil auf dem Bedruckstoff gar keine Rasterpunkte vorhanden sind.

6.9.3.3 Lasergravur

Neben der elektromechanischen Gravur werden, mit mengenmäßig zurzeit aber noch geringerer Bedeutung, zwei weitere Verfahren angewandt: direkte und indirekte Lasergravur.

Bei der direkten Lasergravur werden die Näpfchen unmittelbar durch Einwirkung starker Laserstrahlung auf das Graviermetall erzeugt. Als Graviermetall wird Zink und neuerdings auch Kupfer verwendet.

Bei der indirekten Lasergravur ist die verkupferte Zylinderoberfläche mit einer säurefesten Schicht versehen (LAMS-Schicht, *Laser Ablative Mask System*), die vom Laser überall dort abgetragen wird, wo Näpchen entstehen sollen. Die eigentliche Erzeugung der Näpfchen geschieht dann bei der nachfolgenden Ätzung.

Die Lasergravurverfahren ermöglichen es, Form und Anordnung der Näpfchen zu variieren – ähnlich wie die mit Film- oder CtP-Belichtern erzeugten Rasterpunkte für den Offsetdruck. Dadurch sind auch nichtperiodische Raster möglich und der „Sägezahneffekt" am Rand von Schriftzeichen und Linien kann deutlich gemildert werden. Neben halbautotypischen (flächen- und tiefenvariablen) können auch vollautotypische (nur flächenvariable) oder nur tiefenvariable Näpfchen erzeugt werden.

6.9.4 Druckformen für den Siebdruck

Der Siebdruck ist ein Durchdruckverfahren; die Bildstellen der Siebdruckform lassen Druckfarbe durch, während die bildfreien Stellen undurchlässig sind (vgl. auch Abschnitt 7.3.4).

Der Siebdruckform-Rohling besteht meist aus einem rechteckigen, flachen Metallrahmen, der mit feinem Netzgewebe, dem Schablonenträger, bespannt ist. Das Gewebe besteht aus Kunststoff- oder Metalldrähten.

Drähte sind einadrig (monofil) – im Gegensatz zu Fäden, bei denen es sich um mehradrige (multifile), gedrillte Gebilde handelt. Da die früher verwendeten Fadengewebe (zum Beispiel aus Naturseide) den aktuellen Qualitätsanforderungen nicht mehr genügen, wird heute praktisch ausschließlich Drahtgewebe aus Polyester, Polyamid, Carbonfaser oder nichtrostendem Stahl eingesetzt.

Zur genaueren Beschreibung des Gewebes werden neben dem Material die Gewebefeinheit (Drahtzahl, Drähte pro Zentimeter) und die Drahtdicke in Mikrometer angegeben. Ein Polyestergewebe mit zum Beispiel 120 Drähten pro cm und einer Drahtdicke von 34 µm wird kurz als PET 120-34 gekennzeichnet.

Je nach Verwendungszweck werden Gewebefeinheiten von 10/cm bis etwa 200/cm verwendet. Bei relativ feinen Drähten sind die Gewebemaschen breiter als die Dicke des Drahts; bei vergleichsweise dicken Drähten sind sie schmaler. Die Maschenweite ist die Differenz aus Kehrwert der Drahtzahl und Drahtdicke. Beispiel: Beim 100-40-Gewebe beträgt Kehrwert der Drahtdicke 1 : 100/cm · 10 000 µm/cm = 100 µm und die Maschenweite 100 µm – 40 µm = 60 µm.

Um sehr kleine Bildelemente, also vor allem Rasterpunkte mit Tonwerten unter 10 % und Rasterlöcher bei Tonwerten über 90 %, sicher übertragen zu können, sind feine Gewebe erforderlich. Als einfache Faustregel kann gesagt werden, dass die Drahtzahl mindestens viermal so groß sein soll wie die Rasterfrequenz. Der Durchmesser des kleinsten noch sicher übertragbaren Rasterpunkts hängt aber sowohl von

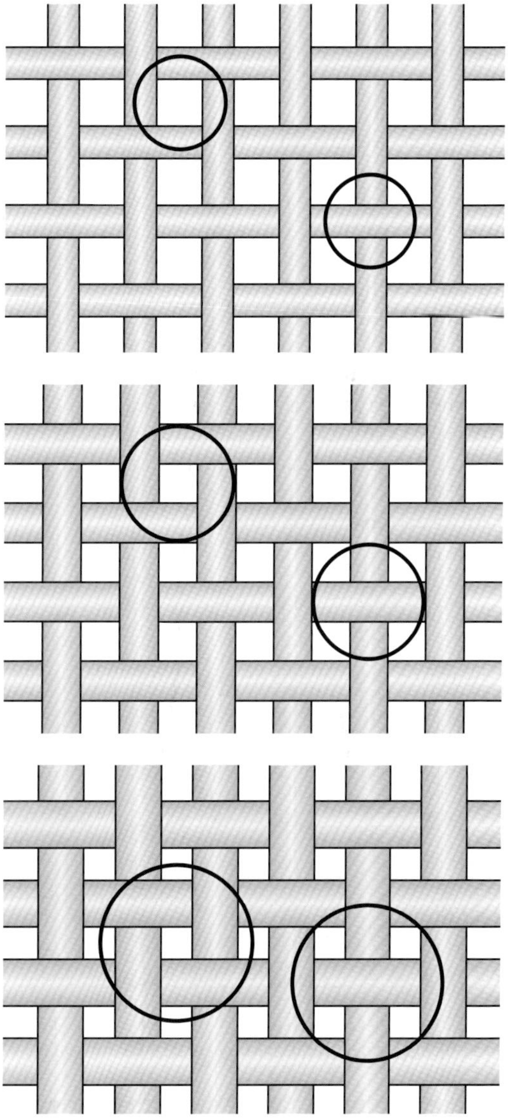

Gewebe mit gleichen Drahtzahlen und unterschiedlich dicken Drähten. Im oberen Bild ist die Maschenweite größer als die Drahtdicke, im mittleren sind Maschenweite und Drahtdicke gleich, im unteren ist die Maschenweite kleiner als die Drahtdicke. Die Kreise kennzeichnen jeweils das kleinste sicher übertragbare Element in unterschiedlichen Lagen auf dem Gewebe.

der Drahtzahl als auch von der Dicke der Drähte ab. Je nach Verhältnis von Maschenweite und Drahtdicke gelten diese Regeln:

- Wenn die Maschenweite größer als die Drahtdicke ist, soll der Durchmesser des kleinsten Rasterpunkts mindestens so groß sein wie die Summe aus Maschenweite und Drahtdicke, oder, was dasselbe ist, der Kehrwert der Drahtzahl. Dabei soll aber die dreifache Drahtdicke nicht unterschritten werden.
- Sind Maschenweite und Drahtdicke annähernd gleich, soll der Durchmesser des kleinsten Rasterpunkts zwei Maschenweiten plus einer Drahtdicke entsprechen.
- Wenn die Maschenweite kleiner als die Drahtdicke ist, soll der Durchmesser des kleinsten Rasterpunkts dem zweifachen Kehrwert der Drahtzahl (zwei Maschenweiten plus zwei Drahtdicken) entsprechen.

Beispiel: 120-34-Gewebe. Die Maschenweite beträgt:
$1 : 120/\text{cm} \cdot 10\,000\,\mu\text{m/cm} - 34\,\mu\text{m} \approx 49\,\mu\text{m}$
Die Maschenweite (49 µm) ist größer als die Dicke eines Drahts (34 µm). Es gilt also die erste der drei genannten Regeln.
Maschenweite plus Drahtdicke: $49\,\mu\text{m} + 34\,\mu\text{m} = 83\,\mu\text{m}$
Dreifache Drahtdicke: $34\,\mu\text{m} \cdot 3 = 102\,\mu\text{m}$

Bei der Rasterfrequenz 30/cm entspricht der Punktdurchmesser von 102 µm (= dreifache Drahtdicke) einem Rastertonwert von rund 7 %.

Ein 180-27-Gewebe erlaubt Durchmesser ab 84 µm (Maschenweite rund 28,6 µm, zwei Maschenweiten plus Drahtdicke rund 84 µm). Das entspricht etwa 5 % Tonwert bei der Rasterfrequenz 30/cm. Wesentlich kleinere Punktdurchmesser als 80 µm sind im Siebdruck nicht realisierbar.

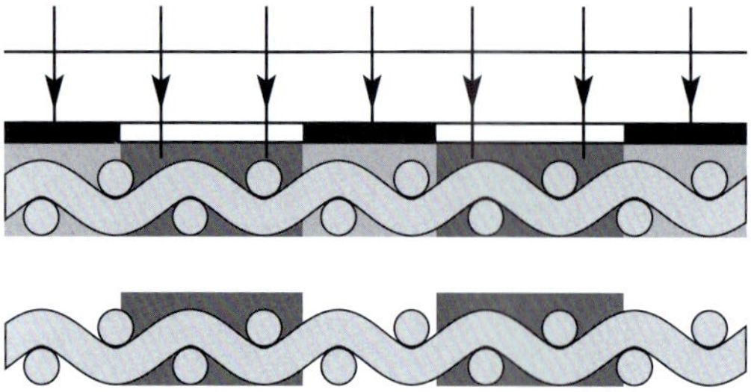

Herstellung einer Direktschablone: Belichtung der Schablonenschicht (oben) und ausgewaschene Schablone (unten)

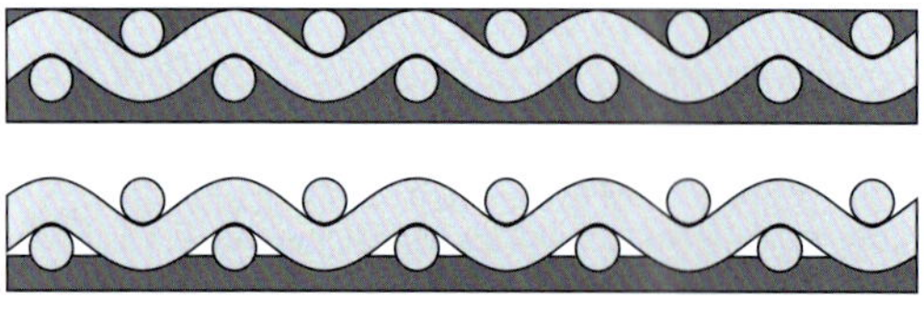

Direktschablonen (oben) liegen im Gewebe, Indirektschablonen (unten) liegen am Gewebe

Um bildfreie Stellen zu erzeugen, wird das Gewebe teilweise mit einer Schablone verschlossen oder abgedeckt. Bei der kopiertechnischen Schablonenherstellung gibt es zwei Verfahren: direktes und indirektes.

Beim direkten Verfahren (Direktschablone) wird das Siebgewebe zunächst mit einer lichtempfindlichen Schicht versehen. Dazu dienen heute durchweg Beschichtungsgeräte, die das zunächst flüssige Schichtmaterial beidseitig gleichmäßig in und auf das Gewebe streichen. Die lichtempfindlichen Substanzen der Kopierschichten sind Diazoverbindungen, Fotopolymere oder Kombinationen aus beidem.

Die getrocknete Schicht wird mit UV-haltigem Licht einer MH-Lampe belichtet. Als Kopiervorlagen werden seitenrichtige Positivfilme verwendet. Der Film liegt bei der Belichtung mit seiner Schichtseite auf der Seite des Schablonenträgers, die beim Drucken dem Bedruckstoff zugewandt ist. Die Kopierschicht wird durch die Belichtung vernetzt (gehärtet). Beim Auswaschen werden die unbelichteten Teile der Schicht entfernt (Bildstellen), während die belichteten und vernetzten Teile stehen bleiben (bildfreie Stellen).

Bei der Indirektschablone befindet sich die Kopierschicht zunächst nicht auf dem Siebgewebe, sondern auf einem Schichtträger aus Kunststoff. Nach dem Belichten und Auswaschen wird die Schablone vom Schichtträger auf das Gewebe übertragen. Die noch feuchte Schicht haftet auf dem Gewebe; beim Trocknen entsteht dann eine feste Verbindung, sodass die Trägerfolie abgezogen werden kann.

Indirektschablonen haben den Vorteil, dass die Abgrenzung zwischen Bildstellen und bildfreien Stellen schärfer und präziser ist als bei direkt hergestellten. Die Schablone befindet sich hier nicht im, sondern am Gewebe. Nachteilig sind aber der umständlichere Herstellungsprozess und die geringere Auflagenfestigkeit.

Schließlich gibt es noch eine Kombination aus indirektem und direktem Verfahren. Dabei wird die unbelichtete Kopierschicht von einem Schichtträger auf das Gewebe übertragen und anschließend nach der Kopiervorlage belichtet.

Vor allem bei sehr großen Formaten ist es günstiger, das Druckbild zu projizieren, statt es im direkten Kontakt auf die Kopierschicht zu übertragen. Bei der Projektionskopie sind Vergrößerungen bis auf das Zehnfache möglich. Um zum Beispiel eine 2 m × 3 m große Schablone herzustellen, muss die Kopiervorlage nur 20 cm × 30 cm groß sein.

Dabei darf allerdings nicht vergessen werden, dass sich die Rasterfrequenz antiproportional zur Bildgröße verändert. Wenn die Kopiervorlage eine Rasterfrequenz von 60/cm hat, ergibt sich bei zehnfacher Vergrößerung in der Schablone die Rasterfrequenz 6/cm. Um zum Beispiel 30/cm in der Schablone zu erreichen, müsste die Kopiervorlage bei zehnfacher Vergrößerung die Rasterfrequenz 300/cm haben. Derart feine Raster lassen sich aber praktisch weder herstellen noch könnten sie in brauchbarer Qualität projiziert werden. Starke Vergrößerungen kommen nur infrage, wenn das Druckbild keine Raster enthält oder ein sehr grober Raster nicht stört, zum Beispiel bei Großdisplays und -plakaten, die aus größeren Entfernungen betrachtet werden.

Neben der Kopie gibt es mehrere Computer-to-Screen-Verfahren, mit denen sich Druckbilder filmlos auf das Siebgewebe (englisch *screen*) bringen lassen. Beim Tintenstrahlverfahren (Ink Jet) wird das Gewebe zunächst mit einer lichtempfindlichen Kopierschicht versehen. Ein großformatiger Tintenstrahldrucker in Flachbett-Bauweise bedruckt die Bildstellen mit lichtundurchlässiger Druckfarbe. Die Kopierschicht wird dann wie bei der konventionellen Kopie belichtet, das aufgedruckte Bild übernimmt die Funktion der Kopiervorlage. Beim anschließenden Auswaschen der Schablone wird auch die aufgedruckte Farbe entfernt.

Vor allem Rundsiebe für den rotativen Siebdruck werden auch mit Lasern bebildert. Es gibt zwei Varianten: Entweder wird das Siebgewebe mit einer lichtempfindlichen Schicht versehen, die durch Einwirkung des Laserstrahls an den bildfreien Stellen vernetzt. Oder die Schicht wird bereits vor der Bebilderung vollständig vernetzt und dann von einem starken Laser an den Bildstellen abgetragen.

6.10 Prüfdrucke

In der deutschen Fachsprache stehen die Begriffe Prüfdruck und Proof-Print (oder kurz Proof) für Drucke, die Eigenschaften des Auflagendrucks simulieren, aber mit völlig anderen technischen Verfahren hergestellt werden. Drucke für Prüfzwecke, die im selben Druckverfahren wie die spätere Auflage produziert werden, heißen Andrucke. Proofs werden also zum Beispiel mit Tintenstrahldruckern hergestellt, Andrucke dagegen zum Beispiel auf Offsetdruckmaschinen. In der englischen Fachsprache heißt beides *proof print*; der Andruck auf einer Druckmaschine wird *on-press proof print* genannt, die Druck-Simulation mit einem anderen Verfahren *off-press proof print*.

Prüfdrucke (Proofs) werden an unterschiedlichen Stellen des Produktionsablaufs und zu unterschiedlichen Zwecken hergestellt. Im Wesentlichen wird unterschieden zwischen:
- Layout-Proof (Stand-Proof)
- Imposition-Proof (Form-Proof)
- Validation-Print
- Contract-Proof

Layout-Proofs dienen während des Gestaltungsprozesses zur Überprüfung auf Vollständigkeit, Richtigkeit, Position (Stand) und Größe aller Elemente (Text, Bild, Grafik) einer Seite oder Doppelseite. Sie werden zum Teil schon in frühen Phasen des Gestaltungsprozesses ausgedruckt, auch wenn die endgültigen, bearbeiteten Bilder noch gar nicht in den Seitenlayouts enthalten sind, sondern durch Platzhalter (grob aufgelöste, farblich unbearbeitete Bilder oder graue Flächen) vertreten werden. Gedruckt wird meist mit kleinformatigen Laser- oder Tintenstrahldruckern (bis etwa Überformat DIN A3); Farbverbindlichkeit ist im Regelfall weder gegeben noch angestrebt.

Impositon-Proofs (Form-Proofs) sind Ausdrucke vollständiger Druckbogen in der Druckvorstufe, meist mit großformatigen Tintenstrahldruckern. Sie dienen zur Bogenrevision, also zur Überprüfung, ob die Seiten richtig ausgeschossen sind und an den richtigen Positionen auf dem Druckbogen stehen. Außerdem lassen sich Seiten oder Nutzen noch einmal auf Fehler überprüfen – ähnlich wie beim Layout-Proof. Auch Imposition-Proofs sind in der Regel nicht farbverbindlich.

Contract-Proofs und Validation-Prints sind farbverbindliche Prüfdrucke. Contract-Proofs dienen als verbindliche Vorschau des zu erwartenden Druckergebnisses und zugleich als verbindliche Vorlage für den Auflagendruck. Im Vertrag (Contract) zwischen Auftraggeber und Druckerei können Verbindlichkeit des Proofs und maximal zulässige Abweichungen vereinbart werden. Dabei wird üblicherweise auf die Toleranzen nach ISO 12647-2 und ProzessStandard Offsetdruck (PSO) zurückgegriffen.

Validation-Prints dienen als Belege während des Gestaltungsprozesses; die Anforderungen an die Farbverbindlichkeit sind gegenüber dem Contract-Proof leicht abgeschwächt.

Farbverbindliche Proofs werden meist mit hochwertigen Tintenstrahldruckern erzeugt, die über Hard- oder Software-RIPs angesteuert werden. Farbverbindlichkeit ist nur durch Colour-Management erreichbar (vgl. Abschnitt 2.8). Zunächst muss also ein ICC-Profil des Prüfdruckgeräts (Proofrecorders) hergestellt werden. Dieses Profil charakterisiert allerdings nicht das Gerät schlechthin, sondern die Kombination aus Gerät, Papier und Tinten. Sobald also anderes Papier oder andere Tinten verwendet werden sollen, ist auch ein neues Profil zu erstellen.

Gedruckt wird auf Spezialpapieren – Auflagenpapiere sind nicht zum Bedrucken mit Tintenstrahldruckern geeignet. Zur Anpassung an die Farbe des Auflagenpapiers wird entweder entsprechend gefärbtes Prüfdruckpapier verwendet oder die Farbe des Auflagenpapiers zusammen mit dem eigentlichen Druckbild auf hochweißes Prüfdruckpapier gedruckt.

Die Transformation aus dem Farbraum des Auflagendrucks in den Farbraum des Prüfdruckgeräts erfolgt mit dem absolut farbmetrischen Rendering Intent. Dabei werden alle Farben des Auflagen-Druckprozesses, also auch das Papierweiß, farbmetrisch identisch in den Farbraum des Prüfdruckgeräts übertragen (vgl. Abschnitt 2.8.4.3).

Der Druck von Sonderfarben ist nicht möglich – sie können nur mit den Prozessfarben des Prüfdruckgeräts simuliert werden. Das gelingt aber nur, soweit die Sonderfarben im Farbumfang des Prüfdruckgeräts liegen. Bei sehr bunten Sonderfarben können deshalb nur Bunttöne und Helligkeiten korrekt wiedergegeben werden, nicht aber die Buntheiten. Metallic-Druckfarben sind nur im Hinblick auf die Farbigkeit korrekt darstellbar, der typische Metallic-Effekt fehlt jedoch.

Zur Qualitätsüberwachung und -dokumentation werden Kontrollstreifen mitgedruckt. Solche Kontrollstreifen gibt es in unterschiedlichen Datenformaten und Layouts. Der Ugra-FOGRA-Medienkeil CMYK, Version 3, enthält 71 Farbfelder sowie ein Feld für das Papierweiß (vgl. Übersicht unten und bunte Abbildung am Ende von Abschnitt 2.8.3.4).

Zum Medienkeil gehören Tabellen mit den CIELAB-Soll-Farbwerten für unterschiedliche Druckbedingungen. Diese Farbwerte entsprechen den von der FOGRA ermittelten Charakterisierungsdaten, auf denen auch die Offset-Profile der ECI basieren (vgl. Abschnitt 2.8.3.4). Die Farben des ausgedruckten Medienkeils werden mit dem Spektralfotometer gemessen und mit den Soll-Farbwerten verglichen.

Nach den in ISO 12627-7 (Prüfdruckerstellung unter Verwendung digitaler Daten) festgelegten Abweichungstoleranzen dürfen die folgenden Farbabstände (ΔE^*_{ab}) und Bunttondifferenzen (ΔH^*_{ab}) nicht überschritten werden (zur Bedeutung von ΔE^*_{ab} und ΔH^*_{ab} vgl. Abschnitt 2.7.6):

- ΔE^*_{ab} Papierweiß 3,0
- ΔE^*_{ab} Primärfarben (C, M, Y, K) 5,0
- ΔH^*_{ab} Primärfarben (C, M, Y, K) 2,5
- ΔE^*_{ab} aller Farbfelder, Mittelwert 3,0
- ΔE^*_{ab} aller Farbfelder, Maximum 6,0
- ΔH^*_{ab} Buntgraufelder (aus CMY aufgebaute, annähernd unbunte Farben), Mittelwert 1,5

Entsprechende Richtlinien für Validation-Prints soll die Norm ISO 12647-8 bringen, die voraussichtlich Ende 2010 veröffentlichungsreif sein wird. Bis dahin gilt die Empfehlung, die Toleranzen für Contract-Proofs aus ISO 12647-7 mit einer Ausnahme zu übernehmen: Der

Ugra-FOGRA-Medienkeil CMYK, Version 3

Feld	C	M	Y	K	Feld	C	M	Y	K	Feld	C	M	Y	K
01	100	0	0	0	25	100	100	0	0	49	100	100	100	0
02	70	0	0	0	26	70	70	0	0	50	70	70	70	0
03	40	0	0	0	27	40	40	0	0	51	40	40	40	0
04	20	0	0	0	28	20	20	0	0	52	20	20	20	0
05	10	0	0	0	29	10	10	0	0	53	10	10	10	0
06	0	100	0	0	30	0	100	100	0	54	20	70	70	0
07	0	70	0	0	31	0	70	70	0	55	40	70	70	20
08	0	40	0	0	32	0	40	40	0	56	40	100	100	20
09	0	20	0	0	33	0	20	20	0	57	40	100	40	20
10	0	10	0	0	34	0	10	10	0	58	40	40	100	20
11	0	0	100	0	35	100	0	100	0	59	100	40	100	20
12	0	0	70	0	36	70	0	70	0	60	100	40	40	20
13	0	0	40	0	37	40	0	40	0	61	100	100	40	20
14	0	0	20	0	38	20	0	20	0	62	10	40	40	0
15	0	0	10	0	39	10	0	10	0	63	0	40	100	0
16	0	0	0	10	40	10	6	6	0	64	0	100	40	0
17	0	0	0	20	41	20	12	12	0	65	40	100	0	0
18	0	0	0	40	42	40	27	27	0	66	40	0	100	0
19	0	0	0	60	43	60	45	45	0	67	100	0	40	0
20	0	0	0	80	44	80	65	65	0	68	100	40	0	0
21	0	0	0	100	45	100	85	85	0	69	0	0	0	0
22	0	100	0	100	46	100	0	0	100	70	0	0	100	100
23	0	70	70	60	47	20	100	70	60	71	0	70	0	60
24	0	0	70	80	48	70	0	70	80	72	70	0	0	80

Die Farbfelder des Medienkeils sind horizontal von links nach rechts durchnummeriert. In der Abbildung am Ende von Abschnitt 2.8.3.4 befinden sich also die Felder 1–24 in der oberen Zeile, die Felder von 25–48 in der mittleren und die Felder von 49–72 in der unteren.

maximale Farbabstand (ΔE^*_{ab}) für alle Farbfelder darf beim Validation-Print 8 gegenüber 6 beim Contract-Proof betragen.

Bei sorgfältiger Profilierung des Prüfdruckers und laufender Überwachung der Ergebnisse stimmen Proofs farblich weitgehend mit den simulierten Druckprozessen überein. Die Rasterstrukturen weichen aber meist vom Auflagendruck ab. Die Ausgabefeinheiten vieler Prüfdruckgeräte sind zu gering, um feine periodische (autotypische) Raster zu drucken; stattdessen werden meist nichtperiodische Raster erzeugt. Es gibt allerdings auch hoch auflösende Proofsysteme, die mit dem Auflagendruck übereinstimmende Rasterung ermöglichen. In diesem Fall wird ausdrücklich von Rasterproofs *(half-tone type proof prints)* gesprochen.

Andrucke werden im selben Druckverfahren wie der spätere Auflagendruck hergestellt, allerdings meist nicht auf denselben Druckmaschinen, sondern auf speziellen Andruckmaschinen. Um Farbverbindlichkeit zu erreichen, müssen dieselben Normen und Regeln wie beim Auflagendruck eingehalten werden, also zum Beispiel ISO 12647-2 (vgl. 7.8.3). Zum Teil gelten sogar noch engere Toleranzen: Nach ISO 12467-2 darf die Tonwertzunahme auf dem Abstimmbogen (OK-Bogen) des Auflagendrucks in Mittel- und Dreivierteltton um maximal 4 % bzw. 3 % vom Soll-Wert abweichen, im Andruck aber nur um 3 % bzw. 2 %.

Andrucke bringen in der Regel die beste Annäherung an den Auflagendruck. Die farbliche Verbindlichkeit sorgfältig hergestellter Proofs ist zwar gleich hoch. Da Andrucke im selben Druckverfahren und auf dem gleichen Papier wie die spätere Auflage hergestellt werden, geht die Übereinstimmung aber noch weiter. Sie schließt Art und Feinheit der Rasterung, Glanz von Papier und Druckfarbe, Opazität, Oberflächenstruktur und sogar Haptik des Papiers ein. Sonderfarben und Metallic-Farben sind kein Problem und auch Veredelungen, zum Beispiel Lackieren oder Prägen, sind möglich. Wesentlicher Nachteil gegenüber Proofs ist der erheblich höhere Zeit- und Kostenaufwand.

Proofs und Andrucke sind dauerhafte, archivierbare Produkte. Die flüchtige Simulation des Druckergebnisses am Monitor wird als Softproofing bezeichnet.

Es gibt zurzeit keine praxistaugliche internationale Standardisierung der Anforderungen an Softproofing-Systeme. Die Kriterien der Softproof-Norm ISO 12646 von 2008 werden allgemein als ungeeignet angesehen. Bei Erscheinen dieses Buchs gab es einen Änderungsentwurf sowie eine Initiative zur Schaffung einer ganz neuen Norm (ISO 14861). Richtlinien zur Zertifizierung von Softproofing-Systemen wurden von IDEAlliance (International Digital Enterprise Alliance) und FOGRA (Forschungsgesellschaft Druck e. V.) entwickelt.

Farbverbindliches Soft-Proofing ist nur mit sehr hochwertigen Monitoren möglich, die CMYK-Farbumfänge vollständig und stabil darstellen. Wesentliche Voraussetzungen sind außerdem sorgfältige, in regelmäßigen, kurzen zeitlichen Abständen wiederholte Kalibrierung und Profilierung (vgl. Abschnitt 2.8.3.2).

Das Monitor-Weiß muss der normgerechten Beleuchtung bei Abmusterung von reflektierenden Medien entsprechen, ist also auf D50 einzustellen (vgl. Abschnitt 2.3). Genauso wie beim Abmustern von Proofs und Drucken ist für ein unbuntes, mattes und nicht zu helles Umfeld zu sorgen, um simultane Wechselwirkungen zu vermeiden.

Die Kontrastumfänge moderner Monitore erscheinen auf den ersten Blick mehr als ausreichend. Dabei ist aber zu berücksichtigen, dass die Angaben in den technischen Spezifikationen auf Messungen im Dunkelraum basieren. Bei der praktischen Anwendung ist Streulicht nicht vollständig zu vermeiden. Wenn seine Stärke nur 1 % der maximalen Monitor-Leuchtdichte entspricht, verringert sich der Kontrastumfang von zum Beispiel 800 : 1 bereits auf 808 : 9 ≈ 90 : 1. Durch Abschirmung des Monitors gegen von oben und seitlich einfallendes Licht lässt sich dieser Effekt aber so weit begrenzen, dass der verbleibende Kontrastumfang höher als 100 : 1 ist, also die Umfänge von Drucken, Proofs und fotografischen Aufsichtsvorlagen erreicht oder sogar übertrifft.

Die maximalen Leuchtdichten hochwertiger Monitore reichen von etwa 250 cd/m² bis 350 cd/m². Das ergibt Helligkeiten, die der Beleuchtung reflektierender Medien mit rund 800 Lux bis 1100 Lux entsprechen. ISO 3664 verlangt für den kritischen Vergleich jedoch 2000 Lux Beleuchtungsstärke (vgl. Abschnitt 2.3); 1500 Lux gilt als gerade noch ausreichend. Das entspricht rund 640 cd/m² bzw. 480 cd/m². Heutige Monitore erreichen also die beim kritischen Vergleich erforderliche Leuchtdichte noch nicht ganz. Sie übertreffen aber bereits die zur praktischen Bewertung benötigte Leuchtdichte von rund 160 cd/m², die der Beleuchtungsstärke 500 Lux entspricht.

Neben solchen technischen Beschränkungen, die wahrscheinlich in einigen Jahren nicht mehr gelten werden, schränkt auch die menschliche Farbwahrnehmung die Möglichkeiten des Softproofings ein: Die Wahrnehmung von Farben wird offenbar auch durch die Darbietungsform beeinflusst. Von Selbstleuchtern dargestellte Farben und Farben reflektierender Medien (Körperfarben) werden trotz farbmetrischer Identität unterschiedlich empfunden. Zurzeit ist es noch nicht möglich, die Farben selbstleuchtender Displays durch rechnerische Transformation an die Farbempfindung bei Betrachtung reflektierender Medien anzupassen.

Druckverfahren und Druckmaterialien

7.1 Ursprünge des Druckens

Die Anfänge des Druckens werden meist auf die Person Gutenbergs zurückgeführt. Johannes Gutenberg wirkte im Zeitraum von etwa 1435 bis 1455 in Mainz und in Straßburg. Bis auf einige kleinere Gerätschaften kann man ihn aber nicht als Erfinder, vor allem nicht als den Erfinder des Druckens bezeichnen. Gedruckt wurde schon weit vor seiner Zeit, sogar mit individuell zusammensetzbaren Buchstabentypen. Diese Techniken hatten allerdings mehr dekorative Zwecke und befriedigten kaum ein Informationsbedürfnis, das in diesen Zeiträumen wohl auch nicht vorhanden war.

Das Geniale an Gutenbergs Werk ist vor allem, eine in der Gesamtheit ihrer Elemente ausgezeichnet abgestimmt funktionierende Systemtechnik entwickelt zu haben, die in der Lage war, schriftliche und später auch bildliche Informationen in großer Zahl zu vervielfältigen. Diese konnten einerseits allen zugänglich gemacht werden und andererseits brachte diese neue Technik ein rapide anwachsendes Informationsbedürfnis bei den Menschen hervor, was den Ausstoß an gedruckten Informationen ständig steigerte. So wurde die Drucktechnik in über fünfhundert Jahren zum Träger unseres wichtigsten Kulturelementes, zum fast grenzenlos gewordenen Informationsaustausch. Erst in diesen Jahrzehnten stehen wir offensichtlich angesichts der Digitalisierung von Daten vor einer neuen Kultur beeinflussenden Welle.

Die wichtigsten Elemente der Gutenberg-Technik sind die Möglichkeiten, erhabene Buchstabenbilder in Form von Lettern aufgrund einer jeweiligen Matrize in beliebiger Menge in Blei abzugießen und sie zu Wörtern, Zeilen, Sätzen und Seiten in einer Druckform zusammenzufügen. Diese Druckformen wurden eingefärbt und in einer hölzernen Hebelpresse unter starkem Druck mit dem Papier in Kontakt gebracht, sodass die Farbe auf das Papier übertragen wurde. Dies ist der Ursprung des Buchdrucks.

Neben der Technik, Texte in Form des Buchdrucks zu verbreiten, gab es damals die Möglichkeit, Bilder durch Kupferstich oder Radierung wiederzugeben. Dabei wurden die Darstellungen in Form von feinen Linien in Kupferplatten geritzt oder geätzt (Radierung). Die Druckfarbe wird in diese vertieften linienförmigen Druckelemente hinein gedrückt und die Oberfläche

Kupferstich: Die Bildstellen wurden in eine Kupferplatte hinein geritzt oder bei der Radierung geätzt.
Das Bild zeigt ein Fantasieportrait Johannes Gutenbergs von André Thevet aus dem Jahre 1584, das etwa 1660 als Kupferstich gedruckt wurde.

Holzschnitt: Die nicht druckenden Stellen wurden aus der ebenen Holzplatte herausgeschnitten, damit die Bildstellen erhaben stehen blieben, um eingefärbt zu werden.
Das Bild zeigt eine Druckerei im 16. Jahrhundert. An der hölzernen Schraubenpresse arbeiten der Pressmeister, der gerade den bedruckten Bogen abnimmt, und der Ballenmeister, der mit den damals üblichen Lederballen die Druckform einfärbt. Im Hintergrund sieht man die Bleisetzerei.

der Kupferplatte farbfrei gewischt. Das dagegen gepresste Papier saugt dann die Druckfarbe aus den Vertiefungen heraus. Diese Techniken bilden die historische Grundlage des Tiefdruckverfahrens.

Später wurden bildliche Darstellungen mittels Holzschnitt wiedergegeben. Indem man die bildfreien Stellen aus der ebenen Holzplatte herausschnitt, entstand eine Hochdruckform, bei der die stehen gebliebenen erhabenen Stellen eingefärbt und abgedruckt wurden. Holzschnitte sind noch bis vor etwa hundert Jahren dazu benutzt worden, fotografische Abbildungen weitgehend manuell auf Holzplatten zu übertragen, um sie dann in Zeitungen, Zeitschriften und Büchern zu vervielfältigen.

Im Laufe der Zeit vervollkommneten viele Verbesserungen und neue Erfindungen die Drucktechnik. Um 1812 realisierte Friedrich König ein neues Druckmaschinensystem, die Schnellpresse. Die immer noch durch das Blei bedingt ebene Druckform wurde dabei nicht mehr auf der vollen Fläche mit Druck belastet, sondern linienweise durch einen Zylinder als Gegendruckelement. Durch die Reduzierung der Druckbelastung auf die streifenförmige Zone, wo der Zylinder die Druckform berührt, wurden große Kräfte gespart, was unter anderem größere Maschinenformate ermöglichte. Allerdings musste die Maschine diese Kräfte während des gesamten Abrollvorgangs des Zylinders aufrecht erhalten.

Um 1885 konstruierten Ottmar Mergenthaler und andere Erfinder Bleisetzmaschinen, die das mühselige Zusammenfügen der Lettern von Hand mechanisierten (vgl. Abschnitt 4.11). Dadurch konnten meist zeilenweise viel größere Textmengen in kurzer Zeit weiterhin in Form von Blei hergestellt werden, was unter anderem den Druck von aktuellen Tageszeitungen ermöglichte. Erst in der Mitte des jetzt vergangenen Jahrhunderts wurde das Blei durch Fotosatz und Offsetdruck weitgehend ersetzt. Heute wird auch der Film immer mehr durch digitalisierte Daten entbehrlich.

In der Zeit um 1880 erfand Georg Meisenbach ein technisches Verfahren, Halbtonbilder in kleine Rasterpunkte zu zerlegen, wodurch es möglich wurde, Tonwertverläufe drucktechnisch mit nur einer Druckfarbe darzustellen. Dadurch ließen sich Bilder der aufkommenden Fotografie fast naturgetreu im Druck wiedergeben. Eine derartige Druckform wurde Autotypie genannt. Bei ihr sind die Rasterpunkte in einer gleichmäßigen Netzstruktur angelegt, ihre Mittelpunkte also gleichabständig. Je nach darzustellendem Tonwert innerhalb des Bildes sind die Rasterpunkte auf Kosten des sie umgebenden Papierweißes unterschiedlich groß und weisen gleiche Schwärzung auf. Den flächenmäßigen Anteil der gedruckten Rasterpunkte an dem sie umgebenden Papierweiß kann das menschliche Auge kaum auflösen, sodass dem Betrachter abgestufte Halbtöne vorgetäuscht werden (vgl. Abschnitt 6.6).

Anfang des 19. Jahrhunderts entwickelte sich aus dem Prinzip des Kupferstichs das Rakel-Tiefdruckverfahren, das Massenauflagen in hervorragender Qualität produzieren kann, zum Beispiel illustrierte Magazine und Kataloge, aber auch Verpackungen, Dekore und Tapeten.

Die Anwendung der Farbenlehre und fotografische Auszugstechniken ermöglichten die Wiedergabe von farbigen Vorlagen durch den Mehrfarbendruck. Theoretisch lassen sich nur mit den drei Buntfarben Cyan, Magenta und Yellow in gerasterter Form alle Farbabstufungen darstellen. Dies gelingt in der Praxis jedoch nur unvollkommen, sodass zur Erhöhung der Tiefen die Farbe Schwarz und teilweise auch andere Buntfarben zur Unterstützung herangezogen wurden (vgl. Abschnitt 2.5.2 und 2.5.3).

1796 revolutionierte Alois Senefelder die Drucktechnik durch die Erfindung des Steindrucks, Lithografie genannt. In einer Zeit, in der es noch keine Fotografie gab, konnten Bilder und Schriften auf ebene Kalksandstein-Oberflächen gezeichnet oder geschrieben werden. Dazu eigneten sich zahlreiche Techniken mit Pinsel, Kreide oder Feder in flächiger oder punktierter Ausführung, die bereits in der darstellenden Kunst bekannt waren, nun aber durch Drucken, auch farbig, vervielfältigt werden konnten. Die gezeichnete oder geschriebene Steinoberfläche diente direkt als Druckform und musste vor dem Einfärben gefeuchtet, das heißt mit einem dünnen Wasserfilm versehen werden. Da die fetthaltigen Druckelemente bei der Feuchtung trocken blieben, nahmen nur sie die anschließend aufgetragene Druckfarbe an. Weil beim Steindruck druckende und nicht druckende Stellen in einer Ebene liegen, bezeichnete man dieses Verfahren als Flachdruck. Dieses hat sich heute in Form des Offsetdrucks zum wichtigsten Druckverfahren entwickelt.

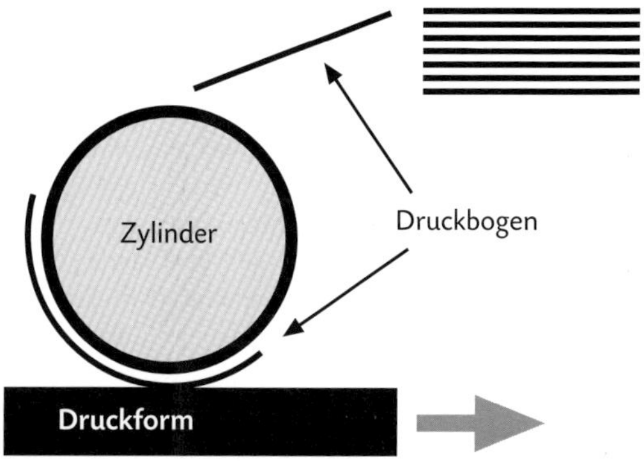

Prinzip der Schnellpresse. Von einem Gegendruckzylinder gehalten und geführt, bekommen die Druckbogen streifenförmigen Kontakt mit der eingefärbten Druckform.

Den Schritt zum Offsetdruck als indirekten Flachdruck machten Anfang des zwanzigsten Jahrhunderts – unabhängig voneinander – Ira W. Rubel und Caspar Hermann, indem sie die Druckfarbe erst von der Druckform auf ein Gummituch und dann aufs Papier übertragen ließen. Das elastische Gummituch passt sich auch rauen und unebenen Bedruckstoffen an und macht diese somit problemlos bedruckbar.

Sehr alt ist die Anwendung von Schablonentechniken, bei denen Farbe durch Öffnungen hindurch gedrückt wird, um sie auf einen Untergrund zu übertragen. Hier liegen die Anfänge der heutigen Siebdrucktechniken mit ihrer Vielzahl technischer und künstlerischer Anwendungsmöglichkeiten.

7.2 Drucken

Drucken ist die technische Vervielfältigung von Texten, Grafiken und Bildern. Im klassischen Sinne geschieht dies durch Zusammenwirken von Druckform, Druckfarbe, Bedruckstoff und Druck, der durch ein Gegendruckelement in der Druckmaschine erzeugt wird.

Physikalisch gesehen, unterliegt dieser Druckvorgang dem Prinzip Druck = Kraft pro Fläche. Die Druckmaschine erzeugt Kraft, mit der das Gegendruckelement den Bedruckstoff gegen die eingefärbte Druckform führt. Die Druckfarbe entwickelt beim Einfärben Adhäsionskräfte (Anhangskräfte) zu den druckenden Stellen der Druckform. Durch den Druck, mit dem das Gegendruckelement den Bedruckstoff gegen die eingefärbte Druckform presst, entsteht auch Adhäsion zwischen Bedruckstoffoberfläche und Farbe. Beim Trennen von Bedruckstoff und Druckform ziehen beide Adhäsionen am Druckfarbenfilm, sodass er sich spaltet. Der Anteil, der auf den Bedruckstoff übergeht, erzeugt das Druckbild. Etwas anders erfolgt die Einfärbung im Tiefdruck. Hierbei wird eine vollständige Entleerung der Druckform-Näpfchen angestrebt, sodass hierbei keine Farbspaltungsvorgänge ablaufen.

Um einwandfreie Farbübertragung zu gewährleisten, mussten die früheren Buchdruckmaschinen eine Kraft aufbringen, die das Gegendruckelement mit etwa 500 Newton pro Quadratzentimeter gegen die Druckform drückt. Anders ausgedrückt: Jeder Quadratzentimeter der druckenden Elemente musste mit rund 50 Kilogramm belastet werden. Im Offsetdruck genügt etwa ein Zehntel davon, jedoch werden hierbei zwangsläufig, weil es sich um ein Flachdruckverfahren handelt, auch die nicht druckenden Stellen belastet.

Je nach Beschaffenheit von Druckform und Gegendruckelement, sind die Druckprinzipe unterschiedlich. Bei der Gutenberg-Presse waren sowohl Druckform als auch Gegendruckelement, Tiegel genannt, flach. Dieses Prinzip, kurz als flach-flach gekennzeichnet, fand durchgängige Anwendung bei Druckmaschinen bis in unsere heutige Zeit (Heidelberger Tiegel). Nachteilig ist daran, dass – wenn auch nur für die kurze Zeit des Abdrucks – die gesamte Fläche der Druckform belastet werden muss. Der sehr hohe Kraftaufwand schränkt die Größe des Druckformates ein.

Fortschritte brachte die Erfindung der Schnellpresse durch Friedrich König. Da ein Zylinder als Gegendruckelement eingesetzt wurde, erfolgte die Druckbelastung nun nur noch streifenförmig. Da zu dieser Zeit noch von Blei oder von Steinplatten gedruckt wurde, waren die Druckformen naturgemäß immer noch flach, sodass die Schnellpressen nach dem Prinzip flach-rund arbeiteten. Zwar waren durch die Krafteinsparung größere Formate möglich, jedoch mussten bei jedem Druckvorgang in der Maschine schwere Blei- oder Steinformen hin und her bewegt werden.

Fast alle heutigen Druckmaschinen arbeiten nach dem Prinzip rund-rund. Die Möglichkeit, Flachdruckplatten auf Zylinder zu spannen oder nahtlose Tief-

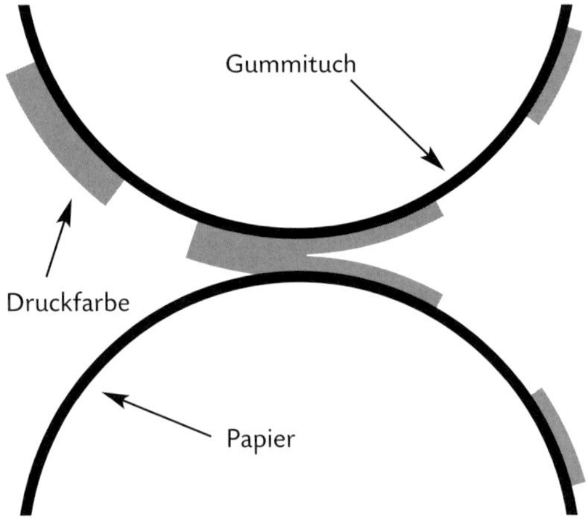

Farbspaltung im Offsetdruck. An den Berührungsstellen zwischen zwei Walzen, zwischen Walzen und Druckform, zwischen Druckform und Gummituch und – wie hier abgebildet – zwischen Gummituch und Papier spaltet sich die Farbschicht auf und wird dadurch immer dünner.

Farbübertragung im Tiefdruck. Beim Kontakt mit dem Papier entleeren sich die Näpfchen der Druckform, wodurch die Bedruckstoffoberfläche mit unterschiedlicher Schichtdicke in unterschiedlich großen Rasterpunkten eingefärbt wird.

druckzylinder einzusetzen, bringt den Vorteil der kraftsparenden streifenweisen Druckbelastung zusammen mit den ebenfalls kraftsparenden rotativen Maschinenabläufen. Solche Abrollvorgänge funktionieren nur, wenn ein elastisches Element gegen ein hartes arbeitet. Bei den meisten Druckverfahren ist die Druckform hart, sodass das heute durchweg zylindrische Gegendruckelement mit einem elastischen Aufzug aus Kartonlagen oder Gummitüchern bezogen ist. Ein rein metallischer Gegendruckzylinder kann dagegen nur gegen eine elastische Druckform laufen, wie zum Beispiel im Flexodruck.

Während das Zusammenwirken von Druckform, Bedruckstoff und Gegendruck für die Hauptdruckverfahren Hochdruck, Tiefdruck und Flachdruck nach wie vor Gültigkeit hat, unterscheiden sich die Abläufe bei den in letzter Zeit hinzugekommenen Verfahren des so genannten Digitaldrucks teils erheblich davon. Der Begriff des Druckens erfährt somit eine Erweiterung, die ihn von seinen physikalischen Ursprüngen löst. Heute gibt es Druckverfahren, die berührungslos ohne Druck funktionieren, wie der Tintenstrahldruck, der Farbtröpfchen auf den Bedruckstoff spritzt. Andere Druckverfahren übertragen Druckfarbe durch elektrostatische Anziehungskräfte, wobei lediglich eine Berührung ohne nennenswerten Anpressdruck erforderlich ist.

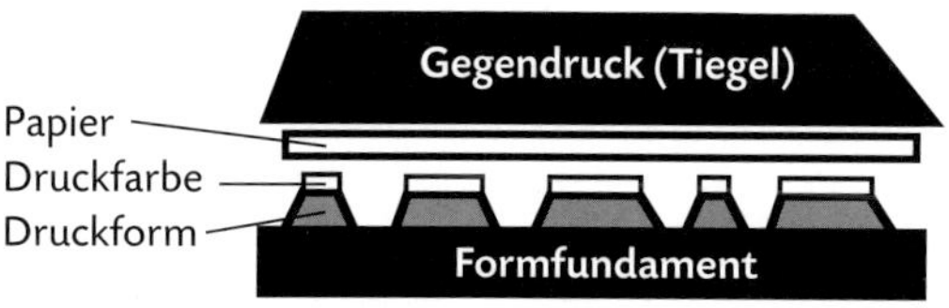

Druckprinzip flach-flach (Tiegeldruck)

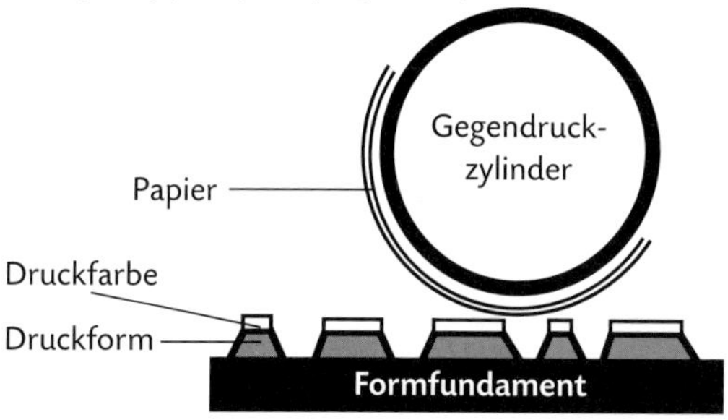

Druckprinzip flach-rund (Schnellpresse)

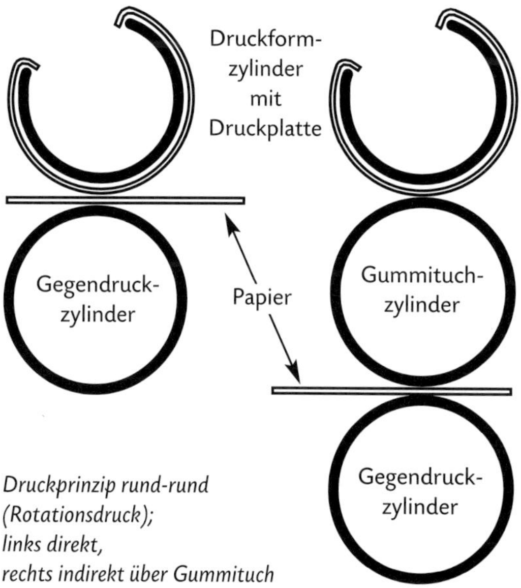

Druckprinzip rund-rund (Rotationsdruck); links direkt, rechts indirekt über Gummituch

Hoch-, Tief- und Flachdruck und auch der Siebdruck leiten ihre Bezeichnungen von der spezifischen Art der Druckform her. Bei den neueren Druckverfahren haben wir es aufgrund der Digitalisierung meist nicht mehr mit materiellen Druckformen, sondern mit latenten (nicht sichtbaren) Druckbildspeichern zu tun.

Druckfarben sind je nach Druckverfahren und ihrem Einsatzgebiet recht vielfältig in ihrer Zusammensetzung und ihrem Trocknungsverhalten. Heute müssen sie nicht mehr allein dick- oder dünnflüssig sein, es werden auch pulverförmige Toner eingesetzt. Ebenso hat die Vielfalt der bedruckbaren Stoffe zugenommen, wenn auch Papier mit seiner fast unüberblickbaren Sortenvielfalt immer noch der meistverwendete Bedruckstoff ist.

7.3 Die Druckverfahren

7.3.1 Hochdruck

Im Hochdruck werden Druckformen eingesetzt, bei denen die nicht druckenden Stellen vertieft und die Druckelemente hoch liegen. Dadurch kommen beim Einfärben die mit Druckfarbe versehenen Walzen nur mit den an der Oberfläche liegenden druckenden Stellen in Berührung, während die vertieft liegenden nicht druckenden Stellen von den einfärbenden Walzen nicht erreicht werden und somit ungefärbt bleiben. Anschauliches Alltagsbeispiel für eine Hochdruckform ist der Stempel.

7.3.1.1 Buchdruck

Das älteste Hochdruckverfahren ist der Buchdruck. Hochdruckformen können zu Satz zusammengefügte Bleilettern, maschinell gesetzte und gegossene Zeilen aus Blei, geätzte oder abgegossene Klischees aus Metall (Zink, Blei) und ausgewaschene Kunststoffplatten oder Kombinationen davon sein. Mithilfe dieser

Klischees werden Texte, Bilder und Grafiken wiedergegeben. Bei den modernen Auswaschplatten wird die Kunststoffschicht durch eine Bildbelichtung so verändert, dass sie meist mit Wasser an den Nichtbildstellen ausgewaschen werden kann, um die druckenden Stellen erhaben stehen zu lassen.

Das Das Prinzip des Buchdruckverfahrens ist wegen der vertieften und erhaben liegenden Elemente sehr einleuchtend, hat jedoch durch die Physik bedingte Nachteile. Um Druckfarbe von den druckenden Elementen der Druckform auf das Papier übertragen zu können, müssen diese mit einem Druck von etwa 500 Newton pro Quadratzentimeter belastet werden. Es ist Aufgabe der Druckmaschine, diesen Druck zu erzeugen. Das geschieht bekanntlich dadurch, dass das Gegendruckelement mit einer bestimmten Kraft gegen die Druckform gepresst wird.

Diese Kraft wirkt aber auf druckende Elemente, die unterschiedlich groß sein können. So bestehen Druckformen aus großen und kleinen Rasterpunkten, Vollflächen, unterschiedlich großen und fetten Schriftbildern und mehr oder weniger großen bildfreien, also drucklosen Nichtbildstellen. Für die Kraft, die die Druckmaschine abgibt, gilt das physikalische Gesetz Druck = Kraft pro Fläche. Wenn die von der Maschine erzeugte einheitliche Kraft auf unterschiedlich große Flächen wirkt, entstehen dort unterschiedliche Druckgrößen. Der erforderliche Druck von 500 Newton pro Quadratzentimeter wird bei flächigeren Bildstellen bei weitem nicht erreicht, auf gerasterten Flächen jedoch zum Teil erheblich überschritten. Zur gleichmäßigen Farbübertragung ist aber überall gleicher Druck erforderlich. Die Druckmaschine müsste demnach für jedes Druckelement eine gezielte Kraftgröße zur Verfügung stellen, was sie aber nicht kann, weil nur das gesamte Gegendruckelement mit einheitlicher Kraft gegen die Druckform gepresst wird.

Buchdruckformen verlangen daher eine so genannte Zurichtung. Man belegt das Gegendruckelement mit Papierlagen, und zwar umso dicker, je flächiger das Druckelement ist. Beim Abdruck erzeugen diese Reliefs zusätzliche Elastizitätskräfte, die den Druck verstärken und auf das für diese Tonwertstelle notwendige Maß von etwa 500 N/cm^2 bringen. Bilder wurden meist in vier Tonwertbereiche eingeteilt, die sich dann in vier Dickenabstufungen bei der Zurichtung wiederfanden. Dies geschah früher durch Ausschneiden oder Ausreißen in aufwändiger, kunstvoller Handarbeit. Der Handausschnitt wurde später durch mechanische, aber immer noch aufwändige Zurichteverfahren ersetzt. Die in Form von Kreide-, Staub- oder Quellreliefs hergestellten Zurichtungen mussten passgenau in den Tiegel- oder Zylinderaufzug eingebaut werden und waren auch in ihrer Herstellung nicht unkompliziert.

Neben der langwierigeren und relativ teuren Druckformherstellung ist der Zwang zur Zurichtung sicherlich einer der schwer wiegenden Gründe, die dazu führten, dass der Buchdruck heute fast vollständig durch den Offsetdruck verdrängt worden ist.

Ein weiterer Nachteil der Buchdruckformen ist, dass sie als dicke Metallelemente flach und für rotative Druckverfahren zunächst ungeeignet sind. So hat man im Tageszeitungsdruck die flachen Bleiseiten in eine Spezialpappe, eine so genannte Mater, gepresst, sodass eine Hohlform der Druckform entstand. Diese wurde rund gebogen und innen mit Blei ausgegossen. Die dadurch gewonnenen Rundformen (Stereos) konnten schließlich in die Maschine eingebaut und rotativ abgedruckt werden. Die später aufkommenden Kunststoffklischees, die aus der Kunststoffschicht und einer dünnen Eisen- oder Aluminium-Trägerplatte bestanden, ließen sich zwar runden, haben den Buch-

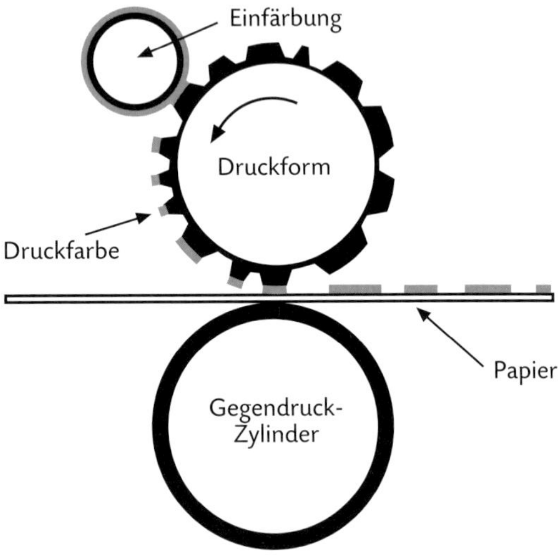

Schema des Buchdrucks. Die erhabenen Formoberteile werden eingefärbt und übertragen die Farbe als Druckbild auf das Papier.

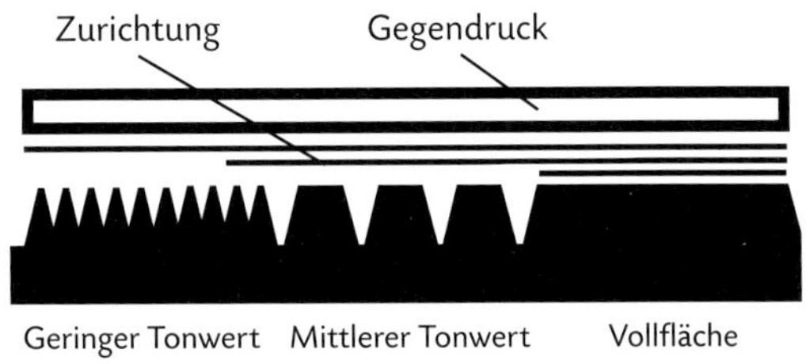

Prinzip der Zurichtung im Hochdruck. Wenn sich die auf der gesamten Fläche gleich bleibende Kraft auf unterschiedlich große Druckelemente verteilt, bekommen flächige Bildstellen zu wenig Druck. Durch die dort verstärkte Zurichtung werden zusätzliche Elastizitätskräfte erzeugt, die zu höherem Druck führen.

druck jedoch wegen der anderen Nachteile (Zurichtung, hohe Kosten) nicht mehr retten können.

Für den Buchdruck typische Produkte werden heute durchweg vom Offsetdruck bewältigt. Dies sind Bücher, Zeitungen, Zeitschriften und der große Bereich der Akzidenzen. Letztere sind bei Bedarf produzierte Drucksachen wie zum Beispiel Prospekte, Broschüren, Flugblätter oder Visitenkarten.

7.3.1.2 Flexodruck

Während der Buchdruck ständig an Bedeutung verloren hat, vollzog sich bei einem anderen Hochdruckverfahren, dem Flexodruck, ein enormer technologischer Aufschwung. Wie beim Buchdruck sind die druckenden Stellen erhaben, um eingefärbt zu werden, während die nicht druckenden Stellen vertieft sind. Wie der Name andeutet, besteht die Druckform jedoch aus flexiblen, elastischen Materialien. Da diese unter Druckbelastung Elastizitätskräfte als Gegenkräfte entwickeln, ist keine Zurichtung erforderlich. Der Druckvorgang selbst erfordert wesentlich geringere Druckgrößen und dadurch weniger Kraft als im Buchdruck.

In den Anfängen des Flexodrucks, früher auch wegen der suppigen Farbe Anilindruck genannt, benutzte man Druckformen aus galvanisiertem Gummi. Damit wurden anspruchslose Drucksachen wie Aufdrucke auf Wellpappen-Packmittel und Ähnliches hergestellt. Wegen der großen Walk-Verformungen des Gummis waren hochwertige Druckbilder wie Raster und feine Schriften nicht sauber darzustellen. Durch die heutigen Druckformen aus hochwertigen flexiblen Kunststoffen sind die Qualitätsmöglichkeiten des Flexodrucks enorm gesteigert worden. Meist mehrschichtige Kunststofflagen leiten die Verformungen bei der Belastung der druckenden Stellen mehr in die Tiefe der Druckform ab als in die Breite. Dadurch wird die Wiedergabe relativ feiner Raster und Schriften möglich. Allerdings ist die Tonwertzunahme im Flexodruck immer noch größer als in anderen Druckverfahren. Typisch ist auch der Quetschrand, den die gedruckten Elemente aufweisen.

Die Flexodruck-Klischees werden entweder als Ganzes oder als Teile auf Stahlzylinder passgenau geklebt. Oder es wird Sleeve-Technik angewandt, bei der nahtlose Hülsen die Druckform tragen. Die Sleeves werden auf die Zylinder aufgeschoben, wobei sie durch Pressluft leicht gedehnt werden, die aus der Zylinderoberfläche austritt. Nach Abschalten der Luft spannen sich die Sleeves fest auf den Zylinder. Die Druckformen der Sleeves werden normalerweise durch Lasergravur hergestellt.

Flexodrucktypisch ist das Einfärbesystem, mit dem die dünnflüssige Druckfarbe an die Druckform abgegeben wird. Dies geschieht über eine Rasterwalze aus hartem Metall oder mit noch widerstandsfähigerer, aber teurer Keramik-Oberfläche. Die Rasterwalze ist mit einer einheitlichen Näpfchenstruktur versehen. Winzig kleine Vertiefungen von identischer Form und gleichem Volumen sind gleichmäßig auf der Walzenoberfläche angeordnet. Durch direkten Durchlauf durch die Farbwanne oder mittels einer Schöpfwalze wird die Oberfläche der Rasterwalze bei jeder Umdrehung mit Druckfarbe überflutet. Anschließend streift ein Rakelmesser aus Stahl die Oberfläche der Rasterwalze farbfrei, sodass nur noch das Näpfchensystem

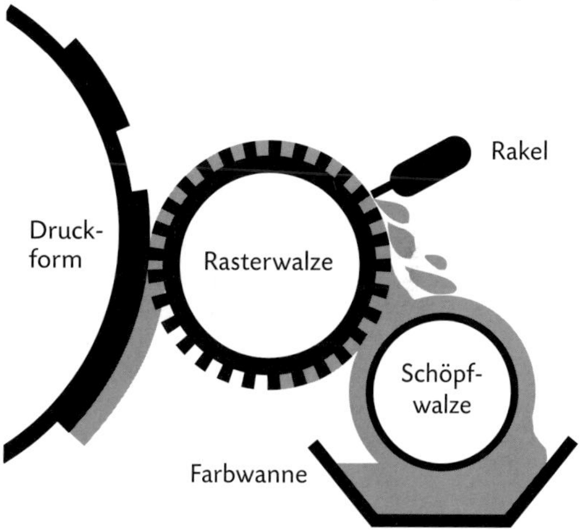

Schema eines Flexodruckwerks. Eine Schöpfwalze überflutet die Oberfläche der Rasterwalze, die Rakel macht deren Oberfläche farbfrei, sodass nur die Näpfchen gefüllt sind. Bei der Berührung mit den erhabenen druckenden Stellen entleeren sich die Näpfchen. Bei der nächsten Rasterwalzen-Umdrehung sind wieder alle frisch gefüllt.

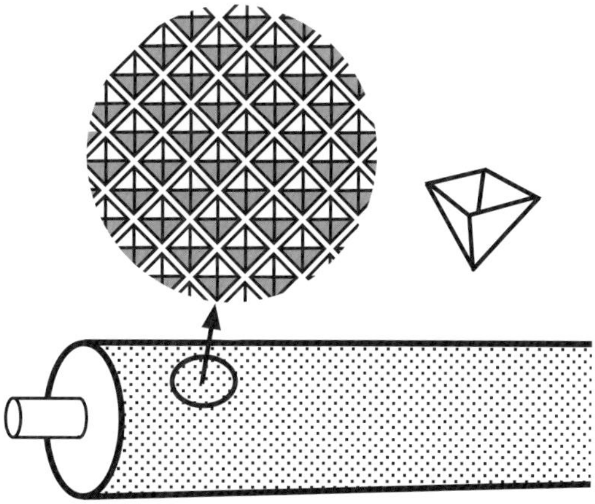

Rasterwalze: Die gesamte Oberfläche trägt eine einheitliche Näpfchenstruktur. Deren Volumen bestimmt die Farbmenge, die an die Druckform übergeben wird.

mit Farbe gefüllt ist. Dadurch ist die Farbmenge definiert, die an die Druckform im Kontakt mit der Rasterwalze abgegeben wird. Wo die erhabenen druckenden Formteile die Rasterwalze berühren, geben die Näpfchen ihren Farbinhalt an diese Oberflächen ab. An den nicht druckenden Stellen bleiben die Näpfchen gefüllt. Bei der nächsten Umdrehung wird die Rasterwalze erneut überflutet und abgerakelt, sodass wieder ein Farbfilm in der durch das Näpfchenvolumen definierten Größe zur Verfügung steht. Im Gegensatz zu Buch- und Offsetdruck wird nach jeder Zylinderumdrehung ein völlig neues Farbprofil erzeugt.

Gerakelt wird heute meist mit Kammerrakeln, die gleichzeitig auch das Überfluten der Rasterwalze mit Druckfarbe übernehmen. Die Druckfarbe wird in eine

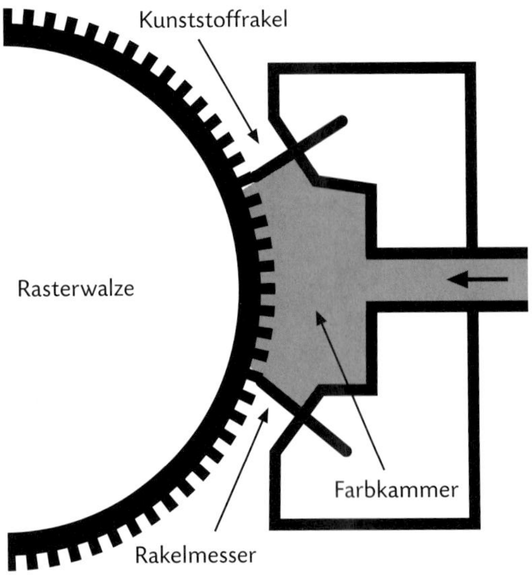

Prinzip der Kammerrakel. Die lösemittelhaltige Druckfarbe wird in einem geschlossenen System aufgetragen, was die vorzeitige Verdunstung verhindert und kontinuierlichen Zulauf garantiert.

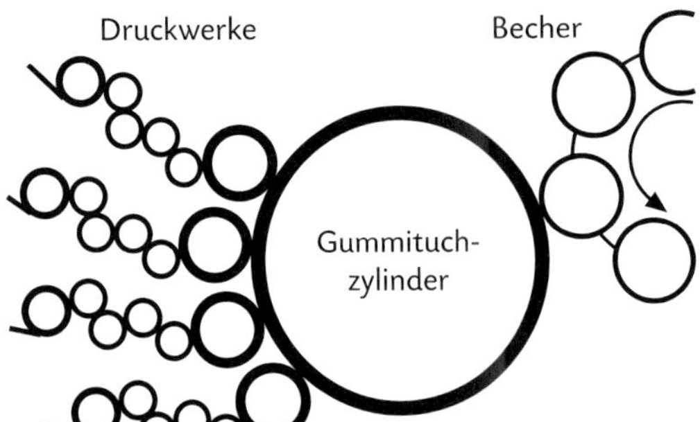

Prinzip des Behälterdrucks. Die vier Hochdruckwerke links drucken ihre Farben auf den großen Gummituchzylinder. Das Gummituch gibt alle vier Farben absolut passerhaltig jeweils an die herangeführten Becher oder Eimer ab.

Kammer gepumpt, die auch das Rakelmesser trägt. Die aus diesem geschlossenen System auf die Rasterwalze gepresste Farbe wird sofort abgerakelt, der Überschuss läuft zurück. Farbwanne und Schöpfwalzen sind dabei überflüssig, und die Lösemittelverdunstung bereits im Farbwerk wird verhindert.

Die Menge der Druckfarbe, die an die Druckform abgegeben wird, hängt hauptsächlich von der Rasterweite der Näpfchen (Näpfchen auf einen Zentimeter) und dem Näpfchenvolumen (Näpfchenöffnung, Näpfchentiefe) ab, die ja bei allen Näpfchen einer Rasterwalze gleich groß sind.

Die dünnflüssigen Flexodruckfarben sind wie Tiefdruckfarben auf Lösemittel aufgebaut und trocknen demzufolge extrem schnell. Zum Teil werden auch wasserbasierende und UV-härtende Farbsysteme eingesetzt. Dadurch eignen sie sich auch für den Druck auf nicht saugenden Materialien. Flexodruck findet fast ausschließlich als Rollendruck Anwendung, wobei die Bedruckstoffe aus Papier, einer Vielzahl verschiedener Kunststoff-Folien, Verbundmaterialien oder Metallen bestehen können. Die erzeugten Druckprodukte liegen schwerpunktmäßig im Verpackungsbereich. Dazu zählen vor allem Tragetaschen, Säcke, Beutel, Kartonagen und andere flexible oder steife Packmittel sowie Geschenkpapiere und Getränkedosen.

7.3.1.3 Letterset

Eine wenig angewendete Form des Buchdrucks ist Letterset, bei dem harte Hochdruckformen – meist aus Kunststoff – über ein Gummituch abgedruckt werden. Man findet diese indirekte Form des Hochdrucks im Wertpapierdruck und beim Bedrucken von Gegenständen wie Eimern oder Bechern, meist aus Kunststoff. Dabei geben mehrere Druckwerke ihre Farbe an ein einziges Gummituch ab. Vorteil dieser Technik ist der Umstand, dass die Farben passgenau auf dem Gummituch stehen und in diesem Zustand an das zu bedruckende Gut abgegeben werden. Passerschwankungen sind dabei vermieden, weil das Druckgut nicht an mehreren Druckwerken vorbeigeführt werden muss. Dies wäre bei körperartigen Materialien wie Eimern auch problematisch.

7.3.2 Flachdruck

Unter den Druckverfahren hat der Flachdruck seit vielen Jahren die größte Bedeutung, zumal er den Buchdruck in nahezu allen Bereichen abgelöst hat. Das Verfahren in der aktuellen Form des Offsetdrucks hat sich aus dem von Aloys Senefelder vor über 200 Jahren erfundenen Steindruck entwickelt. Das an sich komplizierte Druckverfahren verdankt seine heutige Bedeutung vor allem der einfachen und kostengünstigen Druckformherstellung. Als sich seine dominierende Rolle in der Druckindustrie abzeichnete, kam es zum rasanten technologischen Aufschwung in der Druckmaschinentechnik. Durch immer vollkommenere Automatisierung wurde der Flachdruck trotz seiner komplizierten Abläufe heute zu einem sicheren Verfahren, um qualitativ hochwertige Druckerzeugnisse kostengünstig zu produzieren. Auch die Peripherie – wie Druckfarben, Bedruckstoffe und Druckplattenmaterialien – passte sich in hervorragender Weise den Besonderheiten des Verfahrens an.

Wie die Bezeichnung „Flachdruck" ausdrückt, werden bei diesem Verfahren Druckformen eingesetzt, die völlig eben sind, sodass druckende und nicht druckende Stellen im Prinzip keine Höhenunterschiede aufweisen. Die Trennung von einzufärbenden Bildstellen und farbfreien Nichtbildstellen wird durch chemisch-physikalische Oberflächenbeschaffenheiten auf der Druckform erreicht, die unterschiedliches Verhalten gegenüber wässrigen Lösungen aufweisen.

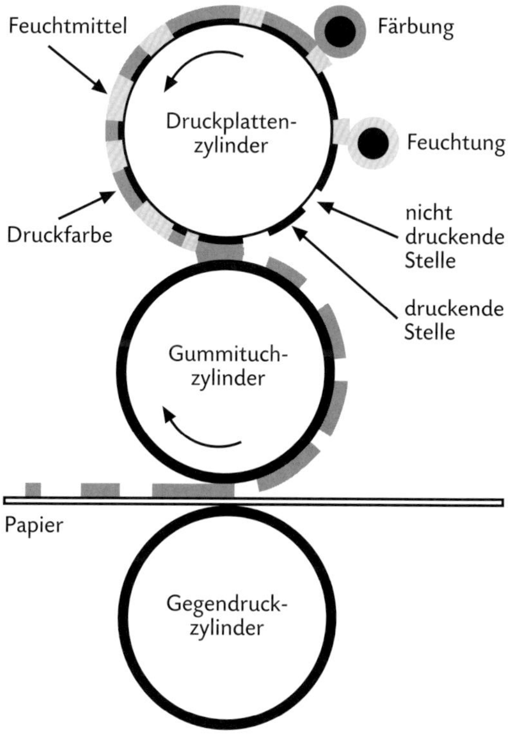

Schema des Flachdrucks. Druckende und nicht druckende Stellen liegen auf der Druckformoberfläche in einer Ebene. Getrennt werden sie durch ihr gegensätzliches Verhalten gegenüber Wasser. Nur die im Prinzip trockenen druckenden Stellen nehmen Farbe an.

Nicht druckende Stellen werden meist durch das Trägermaterial der einige Zehntel Millimeter dicken Druckplatten dargestellt. Das ist vorwiegend Aluminium, aber auch Kunststofffolie. Aluminium als unedles Metall oxidiert an der Oberfläche sehr schnell und leicht. Das führt dazu, dass sich auf diesem Metall bei Benetzung geschlossene Wasserfilme bilden. Wesentlich unterstützt wird dieser Effekt dadurch, dass die Aluminium-Oberflächen aufgeraut und anschließend elektrolytisch mit einer Oxidschicht versehen werden. Diese technisch erzeugte Oxidation der Plattenoberfläche ist gleichmäßiger und vor allem poröser als Aluminium selbst.

Vor dem Druck erfolgt eine Behandlung der Platte mit Gummiarabikum-Lösung, die auch nach dem Abwaschen Reste hinterlässt, die eine filmmäßige Benetzung der nicht druckenden Stellen fördern. Zweck all dieser Maßnahmen ist es, an den nicht druckenden Stellen eine Oberfläche zu schaffen, die gegenüber dem Wasser so hohe Adhäsionskräfte entwickelt, dass diese die Oberflächenspannung des Feuchtmittels überwinden und geschlossene Wasserfilme erzeugen können. Dies noch unterstützend, gibt man dem Feuchtmittel oberflächenspannungssenkende Zusätze hinzu. Druckende Stellen dagegen werden normalerweise von dünnen Kunststoffschichten gebildet, die nur geringe Adhäsionskräfte gegenüber Wasser aufweisen.

Es hat viel Forschungsarbeit gekostet, die tatsächlichen Ablauf-Zusammenhänge des Flachdrucks zu ergründen, weil sie in ihren Wechselwirkungen äußerst kompliziert sind. An dieser Stelle kann deshalb nur der Versuch einer groben Beschreibung angestrebt werden.

Wir wissen heute, dass im Flachdruck keine Abstoßung von fettiger Druckfarbe und wässrigem Feuchtmittel stattfindet, sondern eine im Gleichgewicht befindliche Emulsionsbildung, die den Druckprozess ermöglicht. Auf den Walzenoberflächen im Feuchtwerk vermengen sich Druckfarbe und Feuchtmittel. Allerdings überwiegt hier der wässrige Anteil. Bei den Farbauftragswalzen im Farbwerk, die ihrerseits Feuchtmittel aufnehmen, ist es eher umgekehrt. Die Feuchtauftragswalze und die üblichen vier Farbauftragswalzen übertragen – vereinfacht ausgedrückt – alle eine Farb-Wasser-Emulsion, bei der sich von der Feuchtauftragswalze bis zur vierten Farbauftragswalze der Druckfarbenanteil zunehmend durchsetzt.

Die auf den einzelnen Walzen des Feucht- und Farbwerks unterschiedlich eingestellte Emulsion kommt nun in Kontakt mit nicht druckenden und druckenden Stellen auf der Platte. Die Wechselwirkung zwischen der Emulsion und den unterschiedlichen Oberflächen unterliegt den chemisch-physikalischen Gesetzen der

Grenzflächenspannung. Die flüssige Emulsion bildet mit den festen Oberflächen eine Grenzfläche aus. Die Grenzfläche erzeugt zwischen den Stoffen eine Spannung, die auf die in den Flüssigkeiten beweglichen Teilchen wirkt. Die Grenzflächenspannung hat grundsätzlich das Bestreben, die Grenzfläche zwischen den Stoffen zu verkleinern. Je nach Art der zusammenkommenden Stoffe kann ihre Wirkung jedoch kleiner oder größer ausfallen.

Die nicht druckenden Stellen weisen gegenüber sehr wässrigen Emulsionen, wie sie sich auf der Feuchtauftragswalze befinden, sehr niedrige Grenzflächenspannungen aus. Dadurch ist die Tendenz, die Grenzfläche zu verkleinern, gering. Die wässrige Emulsion breitet sich demzufolge in geschlossenen Filmen auf den nicht druckenden Stellen aus.

Druckende Stellen erzeugen dagegen hohe Grenzflächenspannungen gegenüber wässrigen Emulsionen. Sie nehmen zwar einen Teil der Emulsion an, jedoch sorgt hier die hohe Spannung dafür, dass sich die Oberflächenspannung in der Flüssigkeit durchsetzen kann. Es bilden sich vereinzelte Wassertropfen. Gegenüber der zunehmend stark zur Druckfarbe tendierenden Emulsionen auf den Farbauftragswalzen zeigen die druckenden Stellen dagegen geringe Grenzflächenspannungen, sodass hier eine flächige Einfärbung durch Spaltung der Farbe erfolgt. Die geringen Feuchtmittelmengen auf den druckenden Stellen werden leicht von der Emulsion aufgenommen und verarbeitet.

Die filmmäßige wässrige Emulsion auf den nicht druckenden Stellen hat gegenüber stark farblastigen Emulsionen wiederum eine hohe Grenzflächenspannung, sodass dort keine Farbe abgesetzt werden kann. Vielmehr werden von den Farbauftragswalzen Farbpartikel aufgenommen, die sich noch in der wässrigen Emulsion auf den nicht druckenden Stellen befinden.

Das Feuchtmittel besteht aus Wasser mit einer Reihe von Zusatzmitteln, in erster Linie Isopropanol (Isopropyl-Alkohol), der die Oberflächenspannung des Wassers zur besseren Benetzbarkeit senken soll.

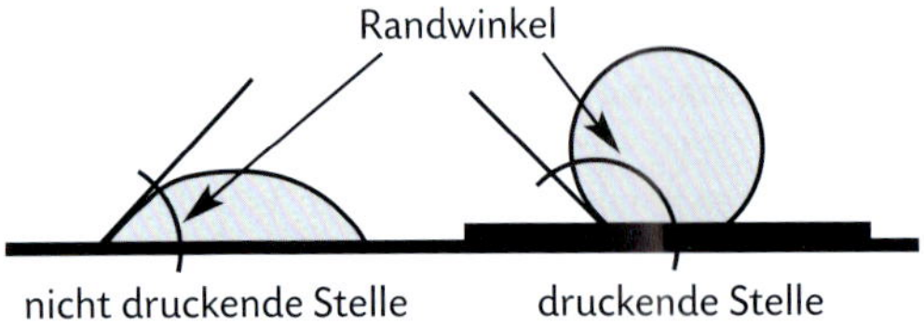

Wirkung der Grenzflächenspannung im Flachdruck. Niedrige Grenzflächenspannung auf nicht druckenden Stellen führt zum Abflachen der Wassertropfen, hohe dagegen zur Tropfenbildung auf druckenden Stellen. Das Maß für die Grenzflächenspannung ist der Randwinkel der Tropfen. Je größer er ist, desto größer ist die Grenflächenspannung.

7.3.2.1 Offsetdruck

Die im Flachdruck eingefärbten Bildstellen geben die Druckfarbe heute durchweg zunächst an die Oberfläche eines auf einen Zylinder gespannten Gummituchs ab. Seine Weichheit und Elastizität ermöglicht es, dass auch raue, genarbte und strukturierte Papieroberflächen oder sogar harte Bleche optimal bedruckt werden können. Dieses Verfahren des indirekten Druckens über ein Gummituch trägt die Bezeichnung Offsetdruck. An sich ist Offsetdruck in den meisten Druckverfahren möglich. Da er im Flachdruck fast ausschließlich praktiziert wird, werden diese Begriffe bei der Bezeichnung des Druckverfahrens kaum unterschieden. Die häufig benutzte Kennzeichnung „Offsetdruck" meint somit das heutige Flachdruckverfahren.

Das Flachdruckverfahren als Offsetdruck findet vor allem Anwendung im Bereich des Bogendrucks in einer großen Formatpalette. Bogen-Druckmaschinen sind für Formate von DIN A4 aufwärts bis zu Formaten teilweise über DIN A0 hinaus ausgelegt. Gedruckt wird ein- oder mehrfarbig mit Maschinen mit einer größeren Anzahl von Druckwerken, wobei zwölffarbiger Druck – verteilt auf beide Bogenseiten – in einem Maschinen-Durchlauf durchaus möglich ist.

Daneben hat der Flachdruck in Rollendruckmaschinen ebenfalls große Bedeutung. Hier werden kilometerlange Papierbahnen von Rolle bedruckt und anschließend in der Druckmaschine weiterverarbeitet, meist gefalzt. Man unterscheidet den Rollendruck auf

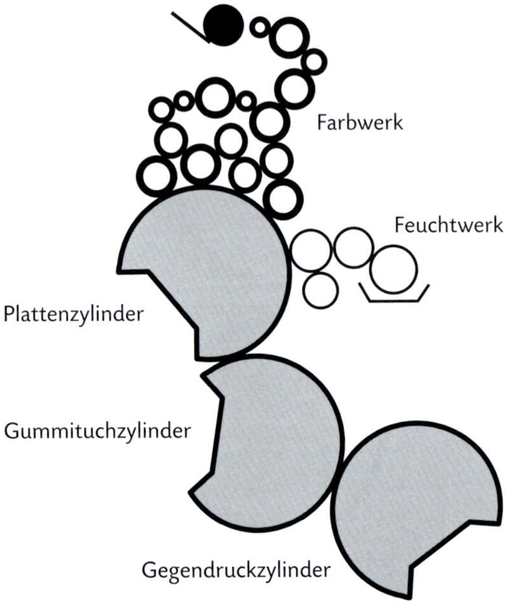

Offsetdruckwerk. Dieses umfasst neben den drei Zylindern für Druckform, Gummituch und Bedruckstoff das Feuchtwerk und das Farbwerk.

einfachen ungestrichenen Papieren, vor allem den Druck von Tageszeitungen, und den Qualitätsdruck von meist mehrfarbigen Werbedrucksachen auf gestrichenen Papieren, die allerdings den Einsatz eines kostenintensiven Heißlufttrockners für die Druckfarbe in der Druckmaschine erfordern. In jedem Fall muss die aufgedruckte Farbe in Sekundenschnelle vor dem Falzapparat der Druckmaschine trocken sein. Im zeitungsmäßigen Rollen-Offsetdruck trocknet sie aufgrund der Papierbeschaffenheit durch Wegschlagen, was bei hochwertigeren gestrichenen Papieren nicht gelingt und daher den Trockner notwendig macht. Trotz der hohen Kosten, die der Betrieb des Trockners verursacht, ist der Rollen-Offsetdruck wegen seiner preiswerten und schnellen Druckformherstellung besonders gegenüber dem Tiefdruck konkurrenzfähig.

7.3.2.2 Wasserloser Offsetdruck

Eine seit längerer Zeit praktizierte Variante ist der wasserlose Offsetdruck. Hierbei sind die bildfreien Stellen der Druckplatten mit einer silikonhaltigen Schicht versehen. Diese nehmen keine Farbe an, sodass die druckenden Stellen ohne Feuchtung eingefärbt werden können.

Bei der Erforschung dieser Verfahrenstechnik wurde festgestellt, dass die nicht druckenden Stellen die Farbe eigentlich nicht abstoßen. Vielmehr treibt das Silikon der nicht druckenden Stellen bei der Einfärbung eine Flüssigkeit aus der Farbe heraus, die eine Trennschicht zwischen dieser und der Plattenoberfläche bildet. Dadurch entstehen vergleichbare Grenzflächenverhältnisse wie bei der konventionellen Feuchtung.

Diese vorteilhafte Technik bedingt jedoch höhere Kosten bei den eingesetzten Materialien und bei höheren Auflagen eine Kühlung des Farbwerks der Druckmaschine. Bei der ständigen Erwärmung des ungekühlten Farbwerks würden die Druckfarben dünnflüssiger, was dazu führt, dass die nicht druckenden Stellen doch Farbe annehmen.

7.3.2.3 Blechdruck

Im herkömmlichen Offsetdruck werden vor allem Papier und Karton bedruckt. Als Verfahrensvariante eignet er sich auch für den Bedruckstoff Blech. Bogenförmige Bleche werden durch spezielle Offsetdruckmaschinen geführt und meist mehrfarbig bedruckt. Die harten Bleche erfordern ein elastisches Farbübertragungsmedium wie das Gummituch im Offsetdruck. Vor dem Druck werden die Bleche meist grundiert oder lackiert. Nach dem Druck werden die flachen Bleche in separaten Verarbeitungsprozessen zum Beispiel zu Dosen, Eimern, Flaschenverschlüssen, Schildern oder Blechspielzeugen verformt.

7.3.2.4 Lichtdruck

Eine technologisch interessante Variante des Flachdrucks ist der Lichtdruck, der allerdings vorwiegend historische Bedeutung hat. Druckform ist eine durch Chromsalze lichtempfindlich gemachte Gelatineschicht, die auf eine Glasplatte gegossen und getrocknet wird. Diese Schicht wird durch ein ungerastertes Negativ belichtet. Wo an den Bildstellen Licht in die Gelatine eindringt, findet eine den Tonwerten entsprechende Härtung statt und die Gelatine verliert ihre natürliche Wasseraufnahmefähigkeit.

Nach der Belichtung wird die Gelatine-Druckform gefeuchtet. An den nicht belichteten, also mehr oder weniger ungehärteten Stellen hat die Gelatine eine abgestufte Quellfähigkeit. Wo die Gelatine stark aufgequollen ist, werden nur wenige Farbpartikel angenommen. Umgekehrt gelangt mehr Druckfarbe auf die Stellen, die mehr oder weniger stark gehärtet sind. Dadurch lassen sich nach dem Einfärben rasterlose Tonwertdarstellungen erzeugen, die aufgrund des abgestuften Quellverhaltens der Gelatine eine mikroskopische Kornstruktur aufweisen, die der einer fotografischen Abbildung gleicht. Oft sind Lichtdrucke kaum von ihrer Original-Vorlage zu unterscheiden.

Um 1900 herum wurde dieses Verfahren sehr häufig zur Reproduktion von fotografischen Aufnahmen eingesetzt. Heute wird es nur noch von einzelnen handwerklichen Spezialisten angewendet, meist um alte wertvolle Dokumente von berühmten Persönlichkeiten zu kopieren. Während die empfindlichen Originale archiviert werden, zeigen viele Museen die nach ihnen hergestellten Lichtdrucke. Kein anderes Druckverfahren kann Vorlagen so originalgetreu wiedergeben. Für eine stabile Produktion von höheren Auflagen ist das Lichtdruckverfahren aber nicht geeignet.

7.3.3 Tiefdruck

7.3.3.1 Rakel-Tiefdruck

Aus den künstlerischen Techniken Kupferstich und Radierung hat Karl Klietsch um 1890 ein industrielles Druckverfahren entwickelt, das durch riesige Dimensionen bei der Herstellung von Massendrucksachen gekennzeichnet ist: den Rakel-Tiefdruck.

Dem im technischen Ablauf vergleichsweise sehr einfachen Druckverfahren, das allerdings höchste

Qualitätsansprüche erfüllt, steht eine sehr kostspielige Druckformherstellung gegenüber. Somit kann der Rakel-Tiefdruck nur bei sehr hohen Auflagen wirtschaftlich produzieren.

Die Tiefdruckform besteht aus einem nahtlosen Metallzylinder mit einer dünnen Kupferoberfläche. Diese Kupferhaut trägt die eigentliche Druckform, die aus winzig kleinen Vertiefungen, Näpfchen genannt, besteht. Im Druckbild stellen sie im Prinzip Rasterpunkte dar. Die Herstellung solcher Druckform-Zylinder geschieht heute meist durch elektromechanische Gravur. Ein winzig kleiner spitzer Diamantstichel dringt bis zu knapp 50 tausendstel Millimeter tief in die Kupferoberfläche ein und hinterlässt dort ein Näpfchen in Form einer vierseitigen Hohlpyramide. Bei der Gravur entsteht auf der gesamten Zylinderoberfläche eine gleichmäßige Näpfchenstruktur mit konstanter Frequenz, die einer Rasterfrequenz von meist 70 Linien pro Zentimeter entspricht. Der Gravierstichel wird über digitalisierte Bilddaten so gesteuert, dass er je nach Tonwert mehr oder weniger tief in die Kupferschicht eindringt. Dunkle Bildstellen (Tiefen) ergeben aufgrund stärkeren Eindringens des Stichels somit größere Näpfchenvolumina, während die Näpfchen an hellen Bildstellen (Lichter) nur ein geringes Farbaufnahmevermögen haben (zur Formherstellung vgl. Abschnitt 6.9.3).

Typisch für gravierte Tiefdruckformen sind also Näpfchen mit unterschiedlicher Tiefe und entsprechend unterschiedlicher Oberflächenöffnung. Die einzelnen Näpfchen sind durch die stehen gebliebenen Zylinderoberflächen, Stege genannt, getrennt. Die Größe der Oberflächenöffnung geht auf Kosten der Stege, das heißt, bei hellen Tonwerten sind die Stege im Verhältnis zu den Näpfchen flächenmäßig größer, bei den tiefen Tonwerten ist es umgekehrt. Die so angelegten Näpfchen bringen je nach Tonwert dickere oder dünnere Druckfarbenschichten auf den Bedruckstoff. Da bei dünnen Farbschichten das Papierweiß mehr hindurch scheint, sind diese Bildstellen zum Beispiel bei schwarzer Druckfarbe mehr oder weniger grau, während Näpfchen mit einem größeren Volumen so dicke Farbschichten übertragen, dass die Bildstelle schwarz aussieht.

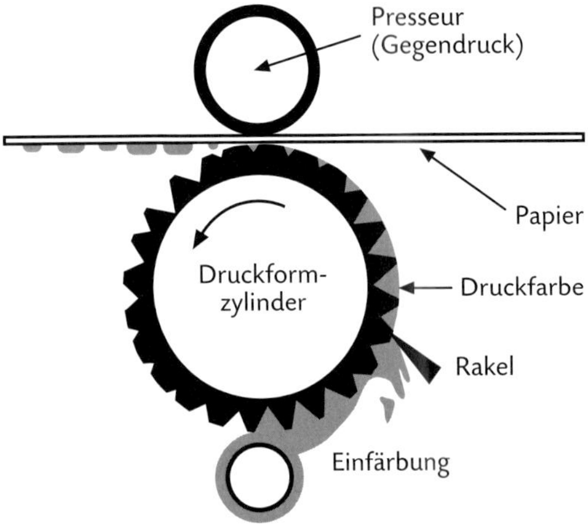

Schema des Tiefdrucks. Nach dem Rakelvorgang sind alle Näpfchen mit Farbe gefüllt und geben diese unter Anpressdruck an den Bedruckstoff ab.

Das Einfärben der Druckform geschieht durch Überflutung der gesamten Zylinderoberfläche mit der dünnflüssigen, lösemittelhaltigen Druckfarbe. Im einfachsten Fall taucht der rotierende Druckformzylinder selbst in die Farbwanne ein oder er wird über eine Schöpfwalze mit Farbe versorgt. Ein auf der Zylinderoberfläche liegendes scharfes Stahlmesser rakelt diese farbfrei, sodass nur die Näpfchen randvoll mit Farbe gefüllt sind.

Damit diese Rakel einwandfrei auf der Zylinderoberfläche aufliegt, ist es notwendig, dass die einzelnen Näpfchen durch die Stege getrennt sind, die die eigentliche Zylinderoberfläche bilden und somit der Stahlrakel Auflagefläche bieten. Dies erfordert jedoch, dass in der Druckform auch Vollflächen und Schriften gerastert werden. Im Druckbild macht sich das normalerweise nicht bemerkbar, weil hier relativ dicke Farbschichten zwar näpfchenweise übertragen werden, jedoch auf dem Bedruckstoff zulaufen (Stegüberflutung). In helleren Bildstellen sind dagegen Rasterstrukturen im Druckbild zu erkennen, die zudem unterschiedliche Dichteabstufungen zeigen. Diese nahezu echte Halbtondarstellung ist ein wesentliches Qualitätsmerkmal des Tiefdrucks. Allerdings macht sich die Tatsache, dass vollflächige Bildteile auch gerastert werden müssen, bei der Wiedergabe von Schriften negativ bemerkbar. Die Ränder der Buchstabenbilder zeigen im Druck einen so genannten Sägezahneffekt, also gezackte Konturen, die durch die Struktur der Stege bedingt sind. Dies ist ein sicheres Erkennungsmerkmal für Drucksachen, die im Tiefdruck produziert wurden.

Wegen der sehr aufwändigen und teuren Druckformherstellung hat der Tiefdruck bei Massenauflagen seine Stärke. Dies sind vor allem Illustrierte und Magazine, Werbedrucksachen in hohen Auflagen, Versandhauskataloge und auch Tapeten und Verpackungen. Spezialanwendungen gibt es im Dekordruck, wie zum Beispiel Holzimitationen, die auf Papier gedruckt und anschließend auf Kunststoffe oder Spanplatten laminiert und oberflächenveredelt werden.

Während früher auch Bogentiefdruck praktiziert wurde, ist dies heute selten geworden. Nahezu alle Tiefdruckauflagen werden im Rollendruck produziert. Dies erfordert zugfeste Bedruckstoffe mit sehr glatten, meist gestrichenen Oberflächen. Die lösemittelhaltige Druckfarbe lässt den Druck nicht nur auf Papier, sondern auch auf Folien und anderen nicht saugenden Materialien zu. Vorteil ist zudem eine extrem schnelle Druckfarbentrocknung.

Ein Tiefdruckwerk besteht u. a. aus der Farbwanne, aus der heraus meist eine Schöpfwalze die dünnflüssige Tiefdruckfarbe direkt an den Formzylinder abgibt. Die pneumatisch gesteuerte Rakel macht die Zylinderoberfläche farbfrei und reibt die Farbe in die Näpfchen hinein. Von einer Gegendruckwalze, Presseur genannt, wird die Bedruckstoffbahn gegen die Druckform gedrückt, sodass die Näpfchen ihren Farbinhalt im Kontakt übertragen können. Bei den heute insbesondere im Illustrationstiefdruck üblichen Bahnbreiten von bis über vier Meter hängen die Zylinder in der Mitte um einige tausendstel Millimeter durch. Presseure sind deshalb hoch komplizierte technische Bauteile, die, in Segmente unterteilt, eigenen pneumatischen Verhältnissen unterliegen, um einen gleichmäßigen Anpressdruck über die gesamte Zylinderbreite zu garantieren.

Bei den hohen Produktionsgeschwindigkeiten unterstützt man die Entleerung der Druckform-Näpfchen auf den Bedruckstoff durch elektrostatische Kräfte. Indem man den Presseur auflädt, zieht er praktisch die entgegengesetzt geladene Druckfarbe aus den Näpfchen heraus. Eine leichte Erwärmung lässt die lösemittelhaltige Druckfarbe noch schneller trocknen, sodass auch bei Bahngeschwindigkeiten von etwa 15 Metern pro Sekunde im Mehrfarbendruck die aufgedruckte Farbe getrocknet ins nächste Druckwerk läuft.

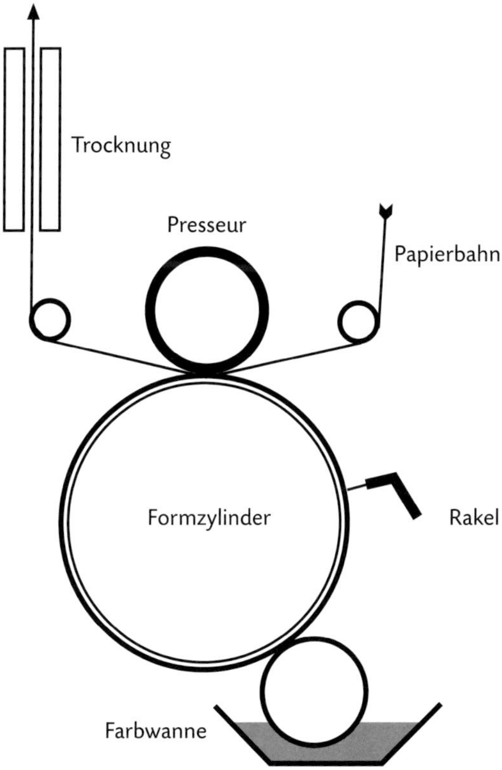

Schema eines Tiefdruckwerks

7.3.3.2 Stahlstich

Für die Herstellung von Wertpapieren wird ein besonderes Tiefdruckverfahren angewendet. Die Tiefdruckform ist eine Stahlplatte, in die das zu druckende Bild in Form von feinen Linien hineingraviert worden ist. Auch hier wird die gesamte Druckformoberfläche eingefärbt. Ein Wischvorgang drückt die Farbe in die vertieften Gravuren und macht die nicht druckende Oberfläche farbfrei. Der Anpressdruck für das Papier erfolgt über einen Presseur, der sehr hohe Kräfte erzeugt und aufgrund von Gummituch oder Papieraufzügen eine weiche Oberfläche hat. Dadurch erzeugt er neben dem eigentlichen Farbübertrag auch eine leichte Prägung des Bedruckstoffs. Bei neuen Geldscheinen zum Beispiel kann man diesen zusätzlich erhöhten Farbauftrag fühlen.

7.3.3.3 Tampondruck

Ein wenig bekanntes, jedoch in unserem Alltag durch seine Produkte vielfältig vertretenes Druckverfahren ist der Tampondruck. Er ist ein indirektes Tiefdruckverfahren. Die meist kleinformatige Druckform entsteht als Auswaschklischee, wie es im Buchdruck verwendet wurde, also aus hartem Kunststoff. Für den Tampondruck werden jedoch die druckenden Stellen nach der Belichtung durch Positiv-Film ausgewaschen, wodurch eine Tiefdruckform entsteht.

Die meist lösemittelhaltige Druckfarbe wird mit geschlossenen, topfartigen Systemen in die vertieften Druckelemente gewischt und die Oberfläche gleichzeitig farbfrei gemacht. Jetzt wird der Tampon auf das eingefärbte Klischee gedrückt. Es handelt sich dabei um einen Körper aus hochwertigem elastischen Silikonkautschuk. Dieser nimmt an seiner Berührungsfläche die Druckfarbe auf und überträgt sie nach einer Schwenkbewegung auf die Oberfläche des zu bedruckenden Gegenstands.

Die Besonderheit des Tampondrucks ergibt sich daraus, dass sich der Tampon an nahezu alle Oberflächengestaltungen und Körperformen anpassen lässt. Je nach Druckauftrag werden spitze, halbrunde, eckige oder längliche Tamponformen unterschiedlicher Härte eingesetzt. Dadurch ist eine fast unbegrenzte Anpassung an vielfältige Bedruckgüter möglich. Auch äußerst feine Details lassen sich im Tampondruck wiedergeben. Als Beispiele aus der fast unbegrenzten Vielfalt seien hier Feuerzeuge, Kugelschreiber, Tachometerscheiben, CDs, Tastaturen, Gerätebeschriftungen und feinste Beschriftungen auf Spielzeug- und Sammlermodellen genannt.

Einsetzbar sind Druckfarben, die durch Oxidation, Lösemittelverdunstung, wasserbasierend oder durch UV-Bestrahlung trocknen.

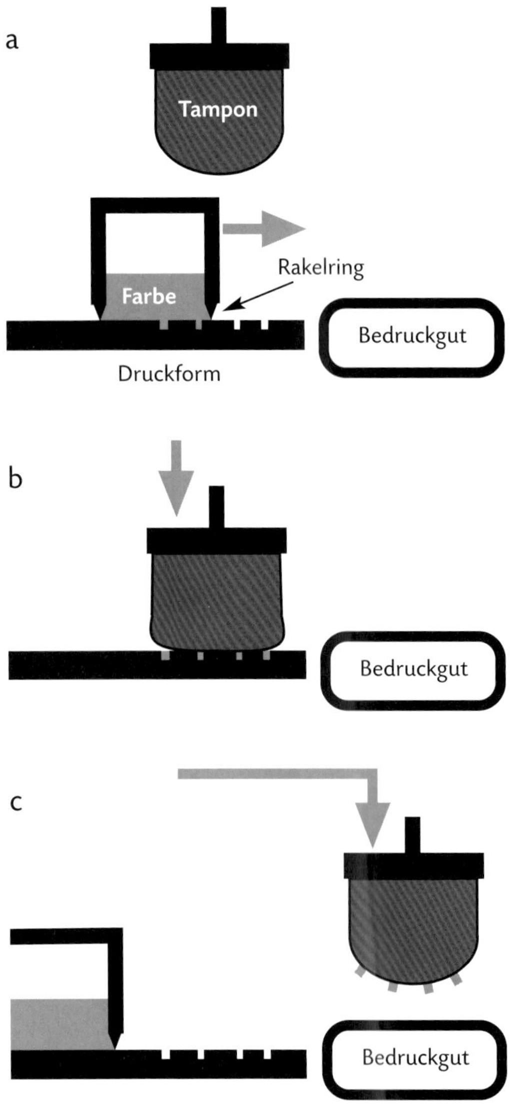

Tampon-Druck. (a) Die Tiefdruckform wird mit einem geschlossenen Farbtopf gefüllt und an der Oberfläche abgerakelt. (b) Der elastische Silikon-Kautschuk-Tampon nimmt die Farbe von der Druckform ab. (c) Der Tampon drückt die Farbe auf das Bedruckgut.

7.3.4 Siebdruck

Grundidee des Siebdrucks ist die uralte Technik des Schablonierens. Druckfarbe wird durch offen gelassene Stellen einer Schablone auf den darunter liegenden Untergrund gedrückt. Der Siebdruck ist also ein Durchdruckverfahren.

Beim modernen Siebdruck wird die Schablone von einem Gewebe getragen, das auf einen Rahmen, meist aus Metall, gespannt ist. Das Gewebe (Sieb) besteht meist aus Kunststoffdrähten, kann für spezielle Aufträge auch aus feinen Metalldrähten gefertigt sein. Beim Befestigen auf den Rahmen ist eine gleichmäßige Spannung sicherzustellen, sodass das aufgespannte Gewebe einem rechteckigen Trommelfell gleicht.

Das Gewebe ist Träger der Druckschablone, die die eigentliche Druckform darstellt. Gängige Technik ist, die Oberfläche oder beide Seiten des Gewebes mit einer lichtempfindlichen Schicht zu versehen. Bei der Druckformherstellung werden die druckenden Stellen nach der Belichtung durch einen positiven Film mit Wasser ausgewaschen, sodass das Gewebe wieder frei liegt. Es ist auch möglich, die Schablone außerhalb des Gewebes herzustellen, um sie dann nachträglich mit diesem zu verbinden (vgl. Abschnitt 6.9.4).

An den nicht druckenden Stellen bildet die Schablone einen farbundurchlässigen Film, der die ihn tragenden Gewebemaschen verschließt. Die Übertragung der Druckfarbe erfolgt durch die Maschenöffnungen an den schichtfreien Stellen des Gewebes. Merkmale der Siebdruckform sind also offene Gewebemaschen an den druckenden Stellen und durch die Schablonenschicht verschlossene Maschen an den nicht druckenden.

Beim Druckvorgang ist die Siebdruckform normalerweise einige Millimeter über dem zu bedruckenden Material fixiert. Ein Vorrat der Siebdruckfarbe befindet sich im das Gewebe tragenden Siebdruckrahmen. Mit einer Rakel aus Gummi oder flexiblem Kunststoff wird die Farbe über die komplette Siebfläche ohne Druck ausgestrichen. Bei diesem Vorgang, dem Fluten, füllen sich die kleinen Hohlräume der Maschenöffnungen an den druckenden Stellen des Gewebes mit Druckfarbe.

Beim eigentlichen Druckvorgang streift die Rakel unter Druck nochmals in entgegengesetzter Richtung über die gesamte Siebfläche. Dabei drückt sie das Gewebe auf das zu bedruckende Material, wodurch dieses linienförmigen Kontakt mit der in den Maschenöffnungen befindlichen Druckfarbe bekommt. Hinter der sich bewegenden Rakel schnellt das überspannte Sieb wieder vom Bedruckstoff ab, wobei sich die Siebmaschen entleeren und die Farbe auf die Bedruckstoffoberfläche übertragen wird. Die Tatsache, dass das Sieb nur durch den Rakeldruck mit dem Bedruckstoff Kontakt bekommt und dann wieder hoch schnellt, nennt man Absprung. Zwar ist Druck unter ständigem Kontakt des Siebes mit dem Bedruckstoff möglich und in Sonderfällen auch erforderlich, jedoch garantiert der ruckartige Absprung eine problemlose Maschenentleerung.

Die Siebdrucktechnik hat gegenüber allen anderen Druckverfahren den Vorteil, dass einerseits alle Stoffe, die druckfarbenähnliche Konsistenz haben, beim Rakelvorgang durch die Siebmaschen gedrückt werden können. Neben fast allen Druckfarbentypen, auch lösemittelhaltigen, eignen sich Lacke, elektrisch leitfähige Metallpasten bis hin zur Schokolade zum Bedrucken geeigneter Untergründe. Andererseits kann eine Vielzahl von Materialien bedruckt werden. Somit sind dem Siebdruck, was druckfarbenähnliche Beschichtungsstoffe und zu bedruckende Materialien angeht, fast keine Grenzen gesetzt.

Das Volumen der Maschenöffnungen bestimmt die Menge an Farbe, die übertragen wird. Das Maschenvolumen hängt von der Drahtstärke und der Gewebefeinheit ab, die durch die Anzahl der Drähte pro Zentimeter bestimmt wird. Bei feinen Gewebestrukturen

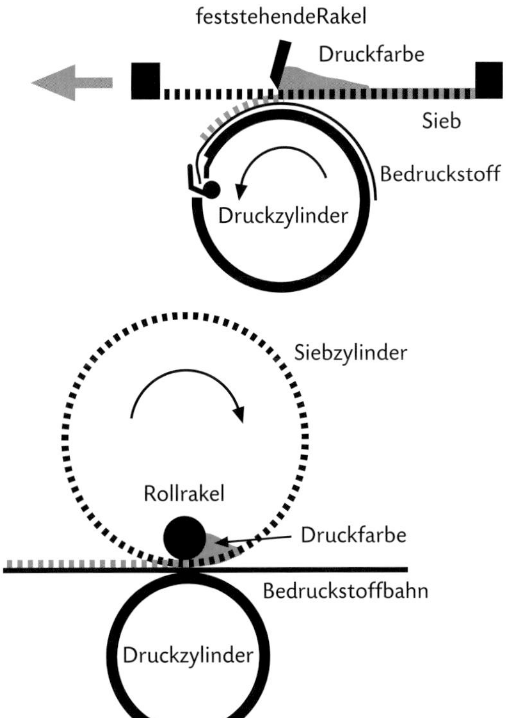

Siebdruckmaschinen. Oben Zylinder-Siebdruckmaschine für Bogendruck, unten Rotations-Siebdruck mit Siebzylinder und Rollrakel, die – unter Magnetkraft nach unten gezogen – im Siebzylinder rotiert.

ist im Siebdruck auch die Wiedergabe von gerasterten Vorlagen problemlos möglich. Dabei sollte die Drahtzahl des Gewebes pro Zentimeter etwa das Vierfache der gedruckten Rasterfrequenz betragen, um den Rasterpunkten sicheren Halt zu bieten.

Verglichen mit anderen Druckverfahren, sind die im Siebdruck übertragenen Druckfarben-Schichten teils wesentlich dicker. Dadurch erhöht sich einerseits die Brillanz des Druckbildes und auch die Deckfähigkeit und Leuchtkraft, zum Beispiel auf farbigen Untergründen. Andererseits können diese dicken Schichten Trocknungsprobleme mit sich bringen. Diesen versucht man gerecht zu werden durch einzelnes Auslegen der Bogen bei siebdrucktypischen Kleinauflagen, durch den Einsatz von Heißlufttrocknern bzw. durch lösemittelhaltige oder UV-trocknende Druckfarben. In zunehmendem Maße setzen sich umweltfreundliche wasserbasierende Farbsysteme durch.

Siebdruck wird in vielen Fällen handwerklich betrieben, indem die Bogenanlage und -auslage noch manuell geschehen. So genannte Halb-, Dreiviertel- oder Vollautomaten mechanisieren diese Vorgänge mehr oder weniger. Moderne Siebdruck-Bogenmaschinen arbeiten vergleichbar mit dem Schnellpressensystem. Sie verfügen über einen Druckzylinder, der mittels Greifersystem die Druckbogen trägt und linienförmig gegen das flach liegende Sieb drückt, während sich der Zylinder unterhalb des Siebes auf diesem abwickelt. Von oben drückt die fest stehende Rakel an der Berührungslinie mit dem Zylinder die Druckfarbe durch die Siebmaschen. Das Sieb macht eine ständige Hin- und Herbewegung, wobei die eine Richtung dem Fluten der Maschen mit Farbe und die andere Richtung dem eigentlichen Druckvorgang dient. Insgesamt ist die Druckgeschwindigkeit im Siebdruck geringer als bei anderen Bogendruckverfahren.

Auch rotativer Siebdruck ist möglich, bei dem die Druckform durch einen Siebzylinder gebildet wird. Dieser wickelt sich auf einer Bedruckstoffbahn in Rollenware ab, wobei die Rakel im Innern des Zylinders die Farbe auf den Bedruckstoff drückt.

Daneben gibt es zahlreiche Spezialanwendungen des Siebdrucks. Neben dem Bedrucken von flächigen Bedruckstoffen aus Papier oder Kunststoff können Gläser, Glasscheiben, Plexiglas, Textilien, elektrische Leiterplatten und geformte Gegenstände beschichtet werden. Im letzteren Fall müssen Siebe konstruiert werden, die sich aufgrund der Rahmengestaltung der Form des zu bedruckenden Gegenstandes anpassen. Das Gleiche gilt für die Ausformung der Rakel. Häufig werden auch Materialien bedruckt, die anschließend im Transferverfahren auf Oberflächen von Gegenständen übertragen und meist zur besseren Haltbarkeit eingebrannt werden.

7.3.5 Digitaldruck

Parallel zu den klassischen Hauptdruckverfahren haben sich in letzter Zeit Vervielfältigungstechniken entwickelt, die man immer in Einheit mit vollständigem digitalen Datenfluss sehen muss (vgl. auch Abschnitt 6.3). In der Druckvorstufe werden zu druckende Text-, Bild- und Grafikelemente auch mehrfarbig aufbereitet, digitalisiert und zu Seitenlayouts integriert. Diese werden zu kompletten Druckbogen zusammengestellt; falls erforderlich, wird dabei digital ausgeschossen. Der digital beschriebene Druckbogen wird – zum Beispiel als Postscript-File – an einen Raster Image Processor (RIP) und von dort an die Ausgabe-Einheit weitergegeben. Normalerweise ist auch die Weiterverarbeitung des Produktes – etwa durch Falzen und Heften – integrierter Teil des kontinuierlichen Workflows.

Durch die Ausgabe-Einheit unterscheiden sich einzelne Digitaldruck-Techniken. Die heute am meisten verbreiteten Systeme sind die Elektrofotografie und das Ink-Jet-Verfahren. Eine mehr untergeordnete Rolle spielen Magnetografie, Ionografie, Thermosublimation und -transfer und auch die Fotografie. Da allen gemeinsam ist, dass sie im Gegensatz zu den klassischen Druckverfahren keine materielle Druckform haben, wird von Non-Impact-Druckverfahren gesprochen. Diese Bezeichnung drückt im übertragenen Sinn aus, dass hier zwar eine Berührung des Übertragungssystems mit dem Bedruckstoff stattfinden kann, dazu jedoch kein physikalischer Kraftaufwand erforderlich ist, um wie bei den herkömmlichen Druckverfahren die Druckfarbe mittels Druck zu übertragen.

Wesentliches Merkmal der Digitaldruckverfahren ist auch, dass vor jedem einzelnen Druckvorgang der imaginäre Bildträger völlig neu aufgebaut wird. Wenn man hier von einer Art Druckform sprechen kann, so wird diese für jede Zylinderumdrehung erneut erzeugt. Dies schafft Möglichkeiten, die die klassischen Druckverfahren nicht bieten können. So lassen sich Drucke personalisieren: Während bei jedem Druckvorgang immer dasselbe Druckbild erzeugt wird, lässt sich beim Digitaldruck jedes Exemplar zum Beispiel mit anderen Namen und Adressen oder auch variablen Texten oder Bildelementen versehen. Viele Digitaldruckmaschinen arbeiten im Rollendruck. Dabei müssen die Rapporte, die durch eine Fomzylinderumdrehung gegeben sind, nicht unbedingt das gleiche Druckbild tragen. Unterschiedliche Textseiten können in der Rolle nicht nur nebeneinander, sondern auch hintereinander liegen, die dann zu mehrseitigen Produkten inline verarbeitet werden. So könnte ein komplett ausgeschossenes Exemplar vielleicht vier Zylinderumdrehungen erforderlich machen. Darüber hinaus besteht die Möglichkeit, meterlange Bilder zum Beispiel für Messedekorationen zu drucken, indem nach jeder Zylinderumdrehung das weiterführende Bildelement erzeugt und nahtlos angedruckt wird.

Die Digitaldruckverfahren haben heute einen eigenen Markt, der aus dem Bereich der Fotokopie herauswächst und in den Auflagenbereich des Offsetdrucks fließend hineinreicht. Auflagen von einem gedruckten Exemplar bis zu mehreren Tausend sind wirtschaftlich in einer Qualtät zu erzeugen, die nahezu dem Offsetdruck entspricht.

7.3.5.1 Elektrofotografie

Das elektrofotografische Druckverfahren entwickelte sich aus der xerografischen Technologie, die seit vielen Jahrzehnten als Kopierverfahren eingesetzt wird.

Zentrale Einheit eines solchen Drucksystems ist eine Trommel mit Fotohalbleiter-Schicht auf der Oberfläche. Diese wird über ein so genanntes Lade-Corotron mit einem Koronadraht gleichmäßig auf der gesamten Zylinderoberfläche negativ oder positiv aufgeladen. Die sich drehende Trommel läuft nun an einem Balken mit Laser- oder LED-Dioden vorbei. Bei einem seitlichen Abstand der Dioden von 42,3 Mikrometern untereinander ergibt sich eine Auflösung von 600 dpi. Diese Dioden werden vom digitalen Daten-

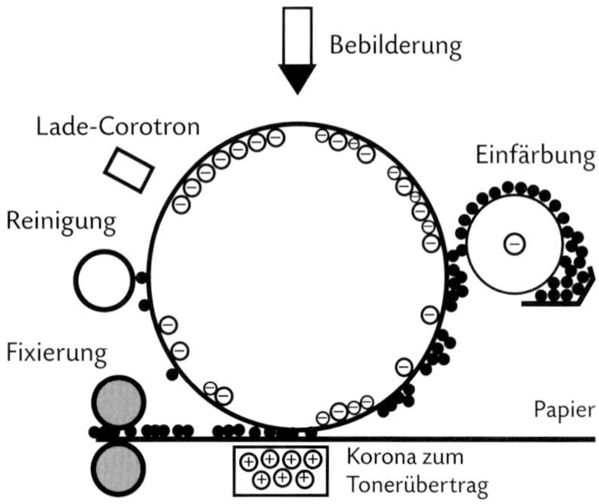

Prinzip der Elektrofotografie. Ein Lade-Corotron lädt die gesamte Zylinderoberfläche gleichmäßig negativ auf. An den Bildstellen fließt bei der Belichtung die Ladung ab. Die negativ geladenen Tonerteilchen haften an den entladenen Bildstellen und werden von den negativ geladenen Nichtbildstellen abgestoßen. Eine unterhalb der Papierbahn befindliche Korona zieht mit ihrer positiven Ladung die negativen Tonerteilchen auf das Papier. Der Toner wird dort mit Hitze fixiert. Die Zylinderoberfläche wird zur neuen Bebilderung von Ladungs- und Tonerresten gereinigt.

fluss gespeist und bebildern dadurch die Trommeloberfläche. Indem an den belichteten Punkten die Ladung abfließt, entsteht ein latentes (nicht sichtbares) Bild auf der Trommeloberfläche. Wie herkömmliche Druckbilder sind auch diese normalerweise gerastert, jedoch entstehen auch abgestufte Ladungshäufungen, die Halbtoncharakter haben. Somit lassen sich auch mit geringeren Auflösungen hohe Tonwertabstufungen im Druckbild erzielen.

Die Einfärbung der Trommel erfolgt über Puder- oder Flüssigtoner. Die ebenfalls negativ bzw. positiv geladenen Tonerpartikel haften an den entladenen Stellen der Trommel, während sie von den Ladungen abgestoßen werden. Dadurch wird das spätere Druckbild auf der Trommel sichtbar. Dieser Vorgang wird deshalb, in Anlehnung an den klassischen fotografischen Prozess, als Entwickeln bezeichnet.

Das zu bedruckende Material wird nun gegen die rotierende Trommel geführt. Unterhalb des Bedruckstoffs in der Druckzone wird eine entgegengesetzte Ladung erzeugt, die die negativ bzw. positiv geladenen Tonerteilchen anzieht. Diese lösen sich von der Trommeloberfläche und hängen sich an die vorbeigeführte Bedruckstoffoberfläche. Da sie dort noch ungebunden sind, werden sie in einer speziellen Einheit durch Hitze angeschmolzen und durch Druck an die Bedruckstoffoberfläche fixiert.

Die Trommel wird darauf gereinigt, um erneut gleichmäßig zur neuen Bebilderung geladen zu werden. Hier sei nochmals erwähnt, dass es sich dabei nicht um dasselbe Druckbild handeln muss.

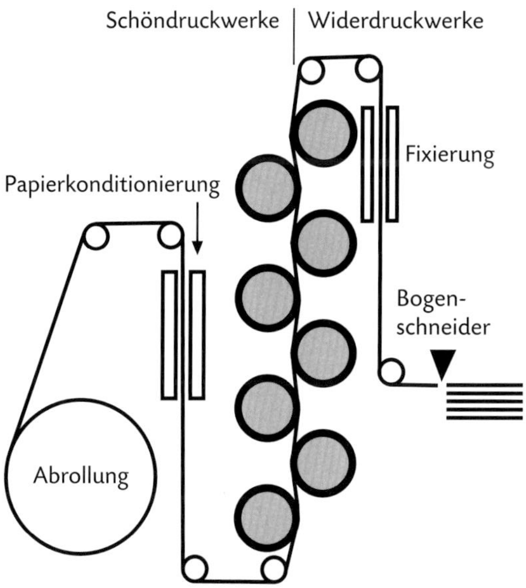

Schema einer Digitaldruckmaschine mit Rollendruck für den Druck von vier Farben jeweils im Schön- und Widerdruck.

Die meist für den Mehrfarbendruck ausgelegten Maschinen verfügen über eine bestimmte Anzahl von Druckwerken, die jeweils aus Fotohalbleitertrommel, dem Corotron, Bebilderungseinheit, Entwicklungsstation zur Tonerübertragung, Druckzone zum Papier und Ladungslösch- und Reinigungsstation bestehen. Vier solcher Druckwerke – hintereinander geschaltet – erlauben den Druck der üblichen Prozessfarben Cyan, Magenta, Yellow und Schwarz auf eine Bogen- oder Bahnseite, vier gegenüber liegende entsprechende Druckwerke den vierfarbigen Druck auf die andere Papierseite. Am Auslauf hinter den Druckwerken erfolgt die gemeinsame Fixierung aller Farben. Es schließen sich Weiterverarbeitungsstationen an, die fertige Produkte auswerfen. Beim Druck von der Rolle kann das bedruckte Papier in der Ausgabestation wieder aufgerollt oder zu Blättern oder Bogen geschnitten ausgelegt werden.

Gegenüber herkömmlichen Druckmaschinen muss in elektrostatisch arbeitenden Systemen für eine exakte Klimatisierung und für stets ausgewogene elektrostatische Ladungszustände in allen Bereichen gesorgt sein. Eine komplizierte Mess- und Regelausstattung ist für diese Systeme unabdingbar.

7.3.5.2 Ink-Jet-Druck

Beim Ink-Jet-Druckverfahren (Tintenstrahldruck) findet keine direkte Berührung des Drucksystems mit der Bedruckstoffoberfläche statt. Die Maschine erzeugt grundsätzlich feine Farbtröpfchen, die gegen den Bedruckstoff geschossen werden und dort an der Oberfläche haften bleiben. Die Tröpfchen werden meist aus flüssigen Druckfarben generiert, die auf dem Papier trocknen, oder aus Wachs, das über Heizelemente zur Tropfenbildung verflüssigt wird und auf dem Papier wieder erstarrt. Die Bebilderung erfolgt entweder zeilenweise Tropfen für Tropfen oder über quer zum Bedruckstoff liegenden Balken, die mehrere Druckköpfe tragen, die gleichzeitig Tropfen erzeugen. Weil neben der Aufrasterung auch Tröpfchenansammlungen oder Variationen der Tröpfchengröße an bestimmten Bildstellen möglich sind, erzielt man eine gewisse Halbtonwirkung. Somit sind schon bei 300 oder 600 dpi hohe Auflösungen im Bild erreichbar.

Es gibt zwei grundsätzlich verschiedene Arten der Tropfensteuerung. Beim einen System werden Tropfen in gleich bleibender Frequenz (Continuous Flow) erzeugt. Sollen die Tropfen Bildstellen bilden, bleiben sie ungeladen und fliegen ungestört geradeaus auf den Bedruckstoff. An Nichtbildstellen werden die Tropfen elektrostatisch geladen und dadurch vom Papier weggelenkt und wieder aufgefangen.

Andere Systeme erzeugen nur dann Tröpfchen, wenn sie auch zur Herstellung von Bildstellen benötigt werden (Drop on Demand Ink Jet). Die Tropfen können durch Erhitzen und Verdampfen der Farbe gebildet werden (Bubble-Jet). Der entstehende Überdruck schleudert das Farbtröpfchen durch eine Düse nach außen. Ein anderes Verfahren arbeitet mehr mechanisch durch Vibrationen der Düsenkanäle, hervorgerufen durch piezo-elektrische Beeinflussung. Dadurch werden die Tropfen durch die Düse herauskatapultiert.

Die Anwendung von Ink-Jet ist recht vielfältig. Einfache Systeme dienen als gängige Ausgabegeräte für Heim- oder Bürocomputer. In der Druckindustrie bestimmen sie heute den Proof-Sektor. Mit kalibrierten Geräten und den Prozessfarben Cyan, Magenta, Yellow und Schwarz lassen sich Proofs erstellen, die den Bedingungen der meisten Druckverfahren sehr nahe kommen (vgl. Abschnitt 6.10).

Schließlich besteht heute ein wichtiger Markt für Riesenposter und überdimensionale Werbeflächen, wie man sie zahlreich an eingerüsteten Hausfassaden findet. Meist Kleinauflagen auf Papier oder Gewebe werden oft einige Meter breit und etliche Meter lang zeilenweise von Ink-Jet-Köpfen bebildert. Der über solche riesigen Bedruckstoffbreiten ständig hin und her fahrende Düsenkopf erlaubt natürlich nur vergleichsweise geringe Produktionsgeschwindigkeiten, was bei den Kleinstauflagen jedoch kaum eine Rolle spielt.

7.3.6 Computer-to-Press-Verfahren

Die moderne Entwicklung der Drucktechnik ist gekennzeichnet durch einen durchgängigen Fluss von digitalisierten Daten, angefangen bei der Erfassung von Text-, Bild- und Grafikvorlagen bis hin zur Ausgabe auf Papier, auf andere Bedruckstoffe und auch auf andere Medien. Letztlich schließt sich die Druckweiterverarbeitung dem Datenfluss an. In diesem digitalen Workflow ist die Datenausgabe auf Film nicht mehr sinnvoll, weil sie einen Bruch der digitalen Kette erzeugt. Logische Konsequenz ist die Computer-to-Plate-Technologie, bei der Offsetdruckplatten mittels Laserstrahl direkt filmlos bebildert werden. Ein weiterer logischer Schritt ist, die Bebilderung der Platte in die Druckmaschine zu verlegen, was zur Computer-to-Press-Technologie führt.

Diese Verfahren fanden vor etlichen Jahren vor allem in den kleinformatigen Bereich Eingang. Dabei werden auf dem Plattenzylinder Druckplatten bebildert, die allerdings vor jedem Auftrag erneuert werden müssen. Die Platten werden entweder vor der Bebilderung automatisch auf den Zylinder gezogen oder sind als Endlosware aufgerollt im Innern des Zylinders. Nach jedem Auftrag wird der abgedruckte Teil eingezogen und eine neue Oberfläche aus dem Magazin herausgespult.

Die Computer-to-Press-Technologie, auch Direkt-Imaging (DI) genannt, steht in Konkurrenz zum Digitaldruck, dem sie fälschlicherweise oft zugeordnet wird. Gemeinsam haben sie die nahtlose Einbindung des Ausgabegerätes in den digitalen Work-Flow; DI-Maschinen sind aber herkömmliche Offsetdruckmaschinen. Sie arbeiten mit permanenter Druckform, die unter anderem keine Personalisierung zulässt. Die Bedienung solcher Maschinen soll jedoch einfach und problemlos sein; sie drucken in der Regel wasserlos und haben zonenlose Kurzfarbwerke mit Rasterwalzen-Technologie.

Der digitale Workflow gleicht dem des Digitaldrucks. Die digitalisierten Daten steuern Laserdioden, die auf Balken vor den einzelnen Plattenzylindern der meist vierfarbig druckenden Maschinen angebracht sind.

Die speziellen wasserlos druckenden Platten haben von oben in die Tiefe gehend folgenden Schichtaufbau: Eine nicht Farbe annehmende silikonhaltige Schicht, eine wärmeabsorbierende Zwischenschicht und schließlich die farbannehmende Schicht. Bei der Bebilderung nimmt die wärmeabsorbierende Schicht die Energie von Laserstrahlen auf, wodurch sie und die darauf liegende Silikonschicht verdampfen. Dadurch

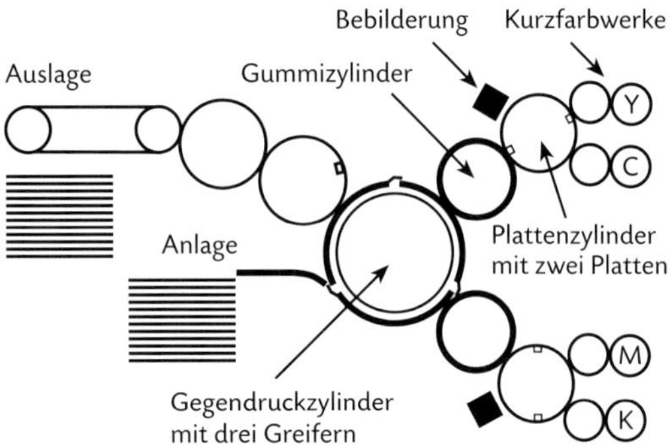

Schematische Darstellung der Computer-to-Press-Druckmaschine KBA 74 Karat. Der Gegendruckzylinder erfasst über die Saugbänder-Anlage während einer Umdrehung drei Druckbogen. Diese werden dabei an zwei Doppeldruckwerken vorbei geführt. Deren Plattenzylinder tragen jeweils zwei Druckplatten, oben Yellow und Cyan, unten Magenta und Schwarz. Die Platten werden über Kurzfarbwerke mit Kammerrakel, also zonenlos eingefärbt.
Vor dem Auflagendruck werden die Druckplatten in der Maschine von den Laserdioden der beiden Bebilderungseinheiten oben und unten bebildert und nach dem Druck automatisch ausgeworfen.

wird an den Bildstellen die farbführende Schicht frei gelegt, während an den nicht druckenden Stellen die farbabweisende Schicht erhalten bleibt. Die Bebilderung erfolgt gleichzeitig in allen Druckwerken bei drehenden Plattenzylindern und dauert einige Minuten. Nach einer Reinigungsphase für die Erosionsreste ist die Maschine voreingestellt druckbereit.

Offenbar haben sich die hohen Erwartungen bei Einführung der DI-Technologie nicht erfüllt, sodass heute nur noch wenige Hersteller kleinformatige DI-Maschinen anbieten.

Die DI-Technik fand auch Eingang in Druckmaschinen mit größeren Formaten. Dabei werden herkömmliche Mehrfarben-Druckmaschinen ebenfalls in den digitalen Workflow eingebunden. Zur Bebilderung in den Druckwerken selbst werden vor die einzelnen Plattenzylinder Laserbelichter geschwenkt. Die Plattenzylinder ziehen automatisch thermisch zu bebildernde Druckplatten ein und dienen bei der anschließenden Bebilderung als Außentrommeln. Gedruckt wird herkömmlich mit Feuchtung, die Einstellung der Farbzonen erfolgt automatisch durch Berechnung der in die Zonen einfließenden Pixel.

Auch hier verdrängen die heute schnellen und sicheren Einrichtesysteme für extern bebilderte Druckplatten die DI-Technologien weitgehend vom Markt, zumal DI-Maschinen während der Bebilderung nicht produzieren können.

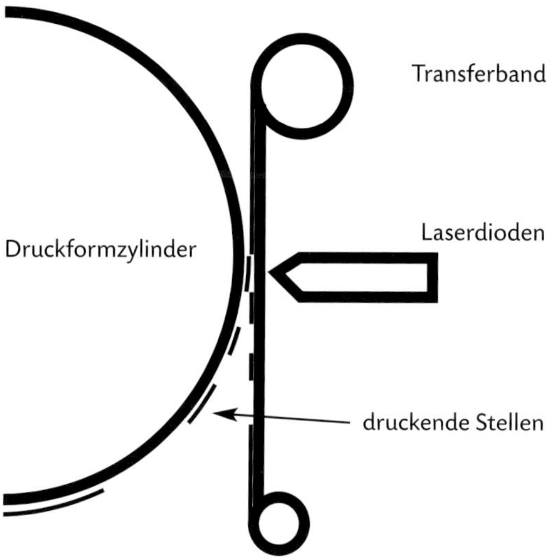

Computer-to-Press nach dem MAN-DICOweb-Prinzip. Eine farbführende Schicht wird bei Berührung mit einem sie tragenden Farbband durch Laserbelichtung direkt auf die Zylinderoberfläche aufgetragen und durch Hitze fixiert. Die Bildstellen werden nach dem Druck zur neuen Bebilderung abgewaschen.

Ein weitergehender Schritt im Direct-Imaging-Verfahren ist die Möglichkeit, die Zylinderoberflächen in der Druckmaschine direkt zu bebildern, wodurch das Einspannen oder Einziehen von Druckplatten entfällt. Beim bisher einzigen, für den Rollendruck entwickelten Verfahren rollt ein Band mit einem später farbführenden Kunststoffmaterial auf der wasserführenden Zylinderoberfläche ab. Ein Laserstrahl verdampft an den druckenden Stellen den Kunststoff der Trägerfolie, der sich auf der Zylinderoberfläche niederschlägt und dadurch Farbannahme ermöglicht. Nach einem Fixiervorgang durch Hitze steht ein Druckformzylinder zur Verfügung, der im klassischen Offsetdruck mit Feuchtung eingesetzt wird. Nach Beendigung des Druckauftrags wird die Zylinderoberfläche gereinigt und kann für den nächsten Auftrag wieder bebildert werden. Dieses Verfahren konnte sich offensichtlich nicht durchsetzen; in der Praxis eingesetzte Druckwerke mit dieser Technologie sind kaum bekannt.

7.3.7 Merkmale der Druckverfahren

Durch bestimmte Eigenheiten lassen sich vor allem die klassischen Druckverfahren am Druckbild identifizieren. Dazu ist ein Fadenzähler oder ein Mikroskop erforderlich.

Der alte Buchdruck und der Flexodruck weisen Quetschränder an den Kanten der Druckelemente auf, die besonders deutlich bei Schriftzeichen zu erkennen sind. Im Gegensatz zum Flexodruck erzeugen die harten Druckformen des Buchdrucks beim Druck von Schriften außerdem eine Schattierung. Das ist eine

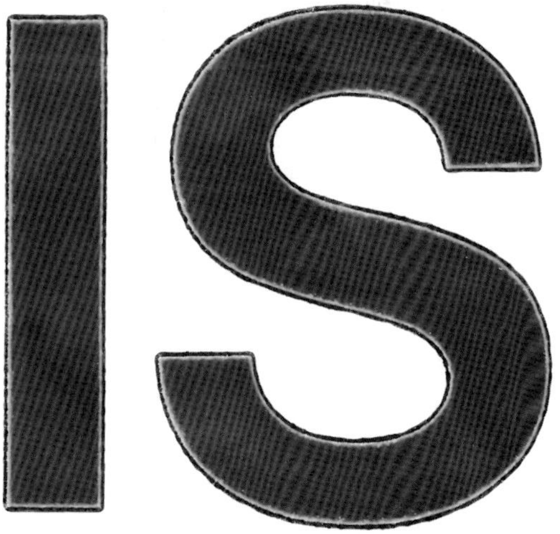

Hochdruckverfahren zeigen Quetschränder an den Kanten der druckenden Elemente. Das Bild zeigt einen Flexodruck auf Kunststofffolie in rund dreifacher Vergrößerung.

Typisch für Rakel-Tiefdruck sind Schriften mit deutlichem Sägezahneffekt – hier in rund zwölffacher Vergrößerung.

leichte Prägewirkung, die auf der Rückseite des Papiers im Schräglicht zu erkennen oder zu fühlen ist.

Erzeugnisse des Rakel-Tiefdrucks erkennt man relativ leicht am Sägezahneffekt an den Kanten der gedruckten Schriftbilder, weil in diesem Druckverfahren aufgrund der Näpfchenstruktur auch Schriften aufgerastert werden müssen. Da die Näpfchen ein unterschiedliches Volumen haben, sind die Rasterpunkte bei gedruckten Bildern unterschiedlich gedeckt.

Offsetdrucke zeigen gewöhnlich einen autotypischen Raster, bei dem die Rasterpunkte gleichmäßig gedeckt sind und keine Quetschränder aufweisen.

Siebdrucke erkennt man meistens an auffallend dicken Farbschichten. Oft zeigen sie auch einen leichten Sägezahneffekt, der durch die Maschenstruktur der Schablone hervorgerufen wird.

7.4 Bauarten von Bogen-Druckmaschinen

Jede Bogen-Druckmaschine besteht aus drei Hauptbaugruppen: Anlage, Druckwerk und Auslage. Der Anleger vereinzelt die Bogen des Anlagestapels und führt sie der eigentlichen Anlage zu, die den Druckbogen exakt ausrichtet. In dieser Position wird der Bogen an das Greifersystem des Druckwerks abgegeben.

Da Bogendruck vorwiegend im Offsetdruck praktiziert wird, umfasst das Druckwerk neben Farb- und Feuchtwerk drei Zylinder. Der Plattenzylinder nimmt die Druckplatte auf und der Gummituchzylinder das Gummituch. Platte und Gummituch werden an ihren beiden Kanten in Schienen befestigt, mit denen sie auf der Zylinderoberfläche liegend gespannt werden. Dabei steht die vordere Schiene auf Null-Position, während die hintere Schiene spannt. Die Einspannvorrichtung bedingt einen nicht nutzbaren Raum im Zylinderumfang, den so genannten Kanal. Der dritte Zylinder ist der Gegendruckzylinder, der ein Greifersystem trägt, das den in der Anlage ausgerichteten Bogen zum Bedrucken durch das Druckwerk führt.

Nach dem Feuchten durch das Walzensystem des Feuchtwerks färbt das Farbwerk die Offsetplatte auf dem Plattenzylinder ein. Diese gibt das Druckbild an den Gummituchzylinder, der es seinerseits an die Bedruckstoffoberfläche auf dem Gegendruckzylinder überträgt. Somit ist das Druckbild auf der Platte seitenrichtig, auf dem Gummituch seitenverkehrt und auf dem Bedruckstoff schließlich wieder seitenrichtig. Zur konventionellen Druckplattenherstellung sind daher seitenverkehrte Filme erforderlich.

Ein Auslagegreifersystem nimmt den bedruckten Bogen vom Gegendruckzylinder ab und führt ihn der Auslage zu, wo die Bogen wiederum gestapelt werden.

Das Druckwerk bildet eine in sich geschlossene Baugruppe, die es ermöglicht, in Reihenbauweise beliebig viele Druckwerke hintereinander zu schalten. Dadurch entstehen Mehrfarben-Druckmaschinen, die maximal so viele Farben drucken können, wie Druckwerke vorhanden sind. Dabei wird die technische Möglichkeit genutzt, an beliebiger Stelle zwischen zwei Druckwerken Wendeeinrichtungen fest einzubauen, sodass Druckbogen bei einem einzigen Maschinendurchlauf auch zweiseitig und gegebenenfalls auch mehrfarbig bedruckt werden können.

Neben reinen Einfarben-Druckmaschinen gibt es zum Beispiel Zweifarben-Druckmaschinen, wobei zwischen den beiden Druckwerken gewendet werden kann. Die Wendeeinrichtungen sind umstellbar, sodass solche Maschinen, ohne zu wenden, den Bogen auf

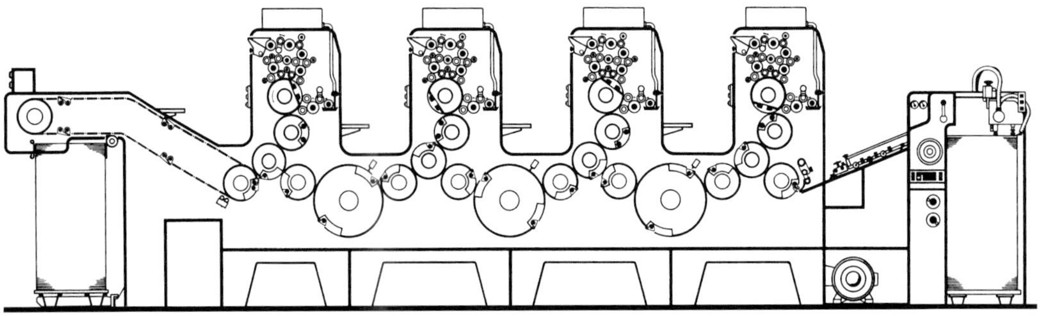

Mehrfarben-Offsetdruckmaschine für Bogendruck in Reihenbauweise

einer Seite zweifarbig (2/0) bedrucken können oder mit Wenden beide Bogenseiten jeweils einfarbig (1/1). So drucken umstellbare Vierfarb-Maschinen 4/0- oder 2/2-farbig, wobei die Wendeeinrichtung sinnvollerweise in der Mitte liegt. Fünffarben-Druckmaschinen eignen sich zum 1/4 Druck mit der Wendeeinrichtung nach dem ersten Druckwerk.

Beim Wenden entsteht die Problematik, dass die frisch bedruckte Bogenseite nach dem Wenden gegen die Gegendruckzylinder der folgenden Druckwerke gepresst wird und dort abschmieren könnte. Neuere, allerdings aufwändige und teure Techniken der speziellen Oberflächengestaltung von Gegendruckzylindern lassen heute Mehrfarbendrucke auf beiden Bogenseiten in einem Maschinendurchlauf zu. Deshalb sind Achtfarben-, Zehnfarben- oder sogar Zwölffarben-Druckmaschinen in Reihenbauweise keine Seltenheit mehr.

Eine Wendeeinrichtung besteht bei den meisten Systemen aus einer Übergabetrommel, einer meist doppelt großen Speichertrommel und der eigentlichen Wendetrommel. Beim Nicht-Wenden wird der Bogen so über diese drei Trommeln geführt, dass die Greifersysteme ihn jeweils an der Vorderkante übergeben. Dies entspricht der Übergabe der Druckbogen zwischen zwei Druckwerken von Mehrfarbmaschinen in Reihenbauweise, die keine Wendeeinrichtung haben.

Beim Wenden nimmt die Übergabetrommel den Bogen an der Vorderkante vom Gegendruckzylinder des ersten Druckwerks ab und übergibt ihn an den Greifer der Speichertrommel. Diese führt den Bogen mit seiner Vorderkante an der Wendetrommel vorbei. Sobald die Bogenhinterkante die Berührungsstelle zwischen Speicher- und Wendetrommel passiert, dreht der Greifer der Wendetrommel heraus und erfasst die Bogenhinterkante. In dieser Weise führt er den Bogen dem Gegendruckzylinder des zweiten Druckwerks zu, nachdem der Greifer der Speichertrommel die Bogenvorderkante losgelassen hat. Dadurch ist der Druckbogen in der Druckmaschine umstülpt worden.

Beim Umstellen der Maschine vom Nicht-Wenden auf Wenden müssen die Druckwerke hinter der Wendeeinrichtung um das Maß einer Bogenhöhe gegenüber den davor liegenden Druckwerken verdreht werden. Deshalb kann der Greifer der Wendetrommel den Bogen an seiner Hinterkante fassen statt an seiner Vorderkante beim Nicht-Wenden. Außerdem ist die Greiferfunktion des Wendetrommel-Greifers umzustellen, weil er beim Wenden aus der Trommel herausdrehen muss, um die Bogenhinterkante zu erfassen. Schließlich muss der Bogen zur einwandfreien Greiferübergabe straff auf der Speichertrommel gespannt sein, was durch eine Sauglufteinrichtung erfolgt, die auf das Bogenende eingestellt werden muss. Die Umstellvorgänge erfolgen an modernen Bogen-Druckmaschinen automatisch vorwiegend über Pneumatik, nachdem der Drucker lediglich das Bogenformat eingegeben hat.

Die heute bis zu zwölf Druckwerke umfassenden Druckmaschinen können vor der Auslage noch durch ein oder zwei Lackwerke ergänzt werden, wenn eine entsprechende Oberflächenveredlung der Drucksache gewünscht wird. Diese im Vergleich zu Druckwerken

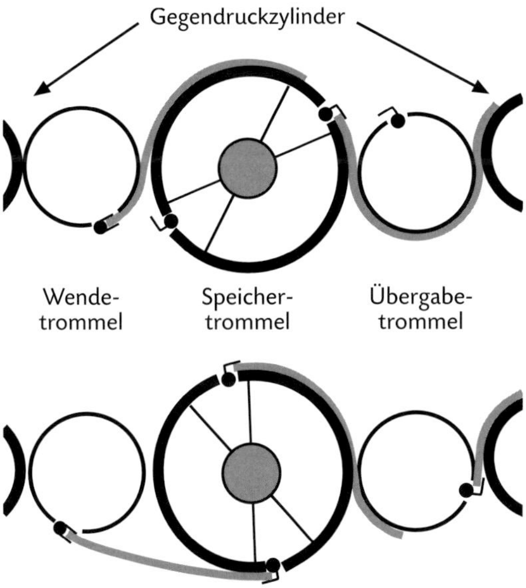

Wendeeinrichtung. Im oberen Bild wird der Bogen ohne Wendung übergeben, im unteren wird er umstülpt.

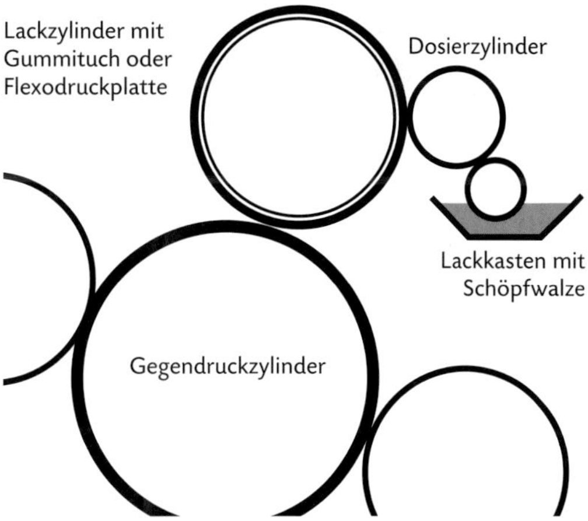

Inline-Lackierwerk einer Offsetdruckmaschine. Ein Dosierzylinder egalisiert die von der Schöpfwalze erzeugte Lackschicht und überträgt sie auf das vollflächige Gummituch beziehungsweise auf die Flexodruckform auf dem Lackzylinder. Der Gegendruckzylinder führt den Bogen aus dem letzten Druckwerk an den Lackzylinder und dann zur Auslage.

einfach aufgebauten Lackierwerke bestehen im Wesentlichen aus einem Gegendruckzylinder, der den bedruckten Bogen gegen einen Lackzylinder drückt. Dieser ist normalerweise mit einem Gummituch bespannt, auf dessen Oberfläche farblose Dispersionslacke flächig aufgetragen werden, die diese auch flächig an die Bedruckstoffoberfläche abgibt. An Stelle des Gummituchs können Flexodruckplatten aufgeklebt werden, über die im Hochdruckverfahren Druckbilder oder Flächen mit Aussparungen mit Lack aufgetragen werden können.

Auf dem Weg zur Auslage kann der Bogen an Strahlungstrocknern vorbei geführt werden. Infrarottrockner beschleunigen die Druckfarbentrocknung etwas, Ultraviolettbestrahlung lässt Farbsysteme schlagartig trocknen, wird jedoch weniger bei Druckfarben als vielmehr bei Lacken eingesetzt.

Während die Reihenbauweise mit identischen Druckwerken heute üblich ist, findet man auch Bogendruckmaschinen mit sogenannten Fünf-Zylinder-Systemen. Jeweils zwei Platten- und Gummituchzylinder arbeiten platzsparend gegen einen gemeinsamen Gegendruckzylinder, sodass in einem Greiferschluss zwei Farben auf eine Bogenseite gedruckt werden. Auch diese Doppeldruckwerke lassen sich mit Wendemöglichkeit hintereinander schalten, sodass zum Beispiel zwei solcher Druckeinheiten eine umstellbare Vierfarben-Druckmaschine für den 4/0- oder 2/2-farbigen Druck bilden.

Satelliten-Druckwerke sind im Bogendruck selten. Hier drucken alle Druckwerke gegen einen gemeinsamen großen Gegendruckzylinder. Einmal angelegt, läuft der zu bedruckende Bogen in einem einzigen Greiferschluss an allen Druckwerken vorbei. Das garantiert absolute Passgenauigkeit aller Farben.

Im Gegensatz zum Rollendruck können Bogen auch mehrmals durch die Druckmaschine laufen, wenn diese weniger Druckwerke hat, als Farben zu drucken sind. Abgesehen vom Lackieren, finden in Bogendruckmaschinen keine Weiterverarbeitungsvorgänge wie zum Beispiel Falzen oder Schneiden statt. Im Einzelfall sind Rillen, Perforieren und Nummerieren möglich. Besonders im kleinformatigen Offsetdruck erlauben dies einbaubare Zusatzaggregate. Ältere, längst nicht mehr gebaute Hochdruckmaschinen wie Tiegel und Schnellpressen sind auch heute noch bei Sonderarbeiten wie Stanzen, Rillen, Perforieren, Blind- und Heißfolienprägen geschätzt.

Formatklasse	max. Bogenformat
00	35 cm × 50 cm
01	46 cm × 64 cm
0b	50 cm × 70 cm
1	56 cm × 83 cm
2	61 cm × 86 cm
3	65 cm × 96 cm
3b	72 cm × 102 cm
4	78 cm × 112 cm
5	89 cm × 126 cm
6	100 cm × 140 cm
7	110 cm × 160 cm

Bogen-Druckmaschinen sind auf beliebige Druckbogenformate einstellbar, die nach oben durch die Zylinderbreite und durch den nutzbaren Zylinderumfang begrenzt sind. Aufgrund der verdruckbaren Maximalformate werden Bogen-Druckmaschinen in Formatklassen eingeteilt.

Die Druckleistung von Bogen-Offsetdruckmaschinen wurde ständig gesteigert und liegt heute maximal etwa bei 18 000 Druck pro Stunde. Die in der Praxis gefahrene Geschwindigkeit hängt von vielfältigen Bedingungen ab, so zum Beispiel von der Art des Papiers, der Maschineneinstellung, der Druckfarbentrocknung und auch vom Raumklima. Somit wird im alltäglichen Fortdruck kaum die vom Hersteller angegebene Maximalleistung erreicht. Inzwischen gehen die technologischen Bestrebungen vorwiegend dahin, die Rüstzeiten als erheblichen Kostenfaktor zu senken.

7.5 Bogenlauf in der Offsetdruckmaschine

Indem der Lauf des Druckbogens durch die Druckmaschine verfolgt wird, sollen die Funktionen der einzelnen Aggregate am Beispiel des Offsetdrucks erläutert werden.

7.5.1 Anlage

Der Anleger hat die Aufgabe, die gestapelten Bogen zu vereinzeln, um sie dem Druckwerk zuzuführen. Bei kleinformatigen Druckmaschinen findet man meist Einzelbogenanleger. Dieser bläst Luft gegen den oberen Bereich der Vorderkante des Stapels, um ihn aufzulockern. Eine Leiste mit Saugern hebt den obersten Bogen an seiner Vorderkante an und gibt ihn über eine Kippbewegung an einen Tisch ab, der ihn mittels Transportbänder und Andruckröllchen der Anlage zuführt. Dort läuft der Bogen gegen Vordermarken, die ihn in Form von Anschlägen stoppen. Der Bogen steht nun kurze Zeit still, während die Maschine natürlich weiterläuft. In dieser Ruhezeit ist der Bogen nach vorne exakt zur Druckmaschine positioniert. Indem er durch Schieben oder Ziehen gegen den seitlichen Anschlag der Seitenmarke bewegt wird, bekommt er seine definierte Position seitlich zur Druckmaschine.

Bogen-Druckmaschinen haben sowohl auf der Bedienungsseite (Maschinenlauf links) und auf der Antriebsseite (Maschinenlauf rechts) Seitenmarken, die je nach Bedarf in Betrieb genommen werden können.

Nach dieser Ruhephase des Bogens in der Anlage, die zu seiner genauen Ausrichtung zur Maschine dient, muss er jetzt wieder auf Maschinengeschwindigkeit beschleunigt werden, damit ihn das Greifersystem des rotierenden Gegendruckzylinders übernehmen kann. Diese Bogenübergabe erfolgt durch Schwinggreifer, die zwischen Anlage und Zylindergreifer eine Hin- und Herbewegung machen, oder durch Registertrommeln, aus denen sich ein Greifersystem herausdreht, um den in der Anlage ruhenden Bogen zu erfassen und zu beschleunigen.

Der Einzelbogenanleger kann den nächsten Bogen erst dann der Anlage zuführen, wenn der vorauslaufende Bogen diese komplett verlassen hat. Die notwendige Ruhezeit in der Anlage bedingt daher einen Abstand zwischen den einlaufenden Druckbogen. Dieser begrenzt die Maschinengeschwindigkeit.

Höhere Laufgeschwindigkeit bei angemessenen Ruhezeiten der Bogen in der Anlage ermöglichen Schuppenanleger, wie man sie in mittel- und großformatigen Druckmaschinen findet. Diese führen die Druckbogen über den Bändertisch der Maschine geschuppt zu, wobei die Vorderkante des Folgebogens von dem vorauslaufenden Bogen überdeckt ist. Während der erste Bogen in der Anlage ruht, nähert sich bereits mit Maschinengeschwindigkeit die Vorderkante des zweiten Bogens unter dem ersten Bogen den Vordermarken. Dadurch ist kein Sicherheitsabstand zwischen den einlaufenden Bogen erforderlich. Während der erste Bogen die Anlage verlässt, liegt der zweite schon ruhend in den Vordermarken.

Allerdings muss der Schuppenanleger die Bogen im Stapel von der Hinterkante aus vereinzeln, was technisch komplizierter ist. Der Vorgang beginnt damit, dass Luft gegen den oberen Bereich der Bogenhinterkanten geblasen wird. Diese lockern dadurch auf. Ein Kippsaugerpaar hebt die Hinterkante des obersten

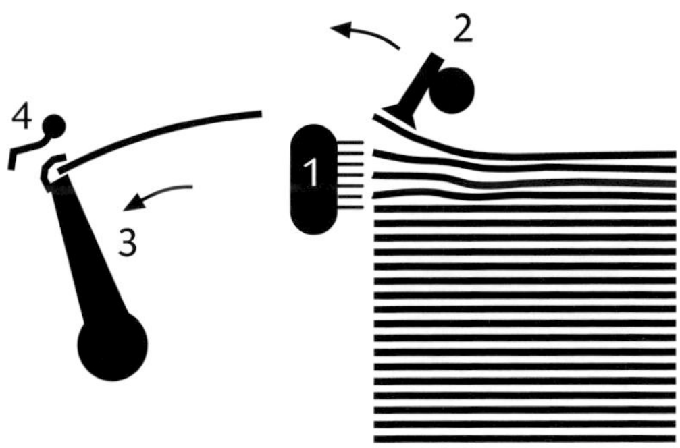

Einzelbogenanleger. Blasluft lockert die Stapelvorderkante im Bereich 1 auf. Der Kippsauger 2 saugt die Bogenvorderkante an und schiebt den Bogen in einer Pendelbewegung auf den Anlagetisch. Der Greifer 3 führt den Bogen den Vordermarken 4 zu, die nach unten gehen, wenn der Vorbogen durchgelaufen ist. Nachdem der Druckbogen in Ruhestellung in den Vordermarken-Anschlägen und auch seitlich ausgerichtet ist, beschleunigt ein Schwinggreifer ihn wieder auf Maschinengeschwindigkeit, um ihn an den Zylindergreifer abzugegeben.

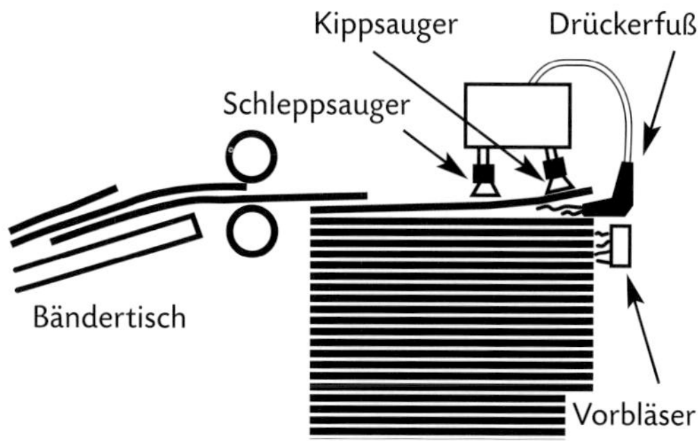

Schuppenanleger. Die Bogen werden von der Stapelhinterkante aus vereinzelt und geschuppt der Anlage zugeführt.

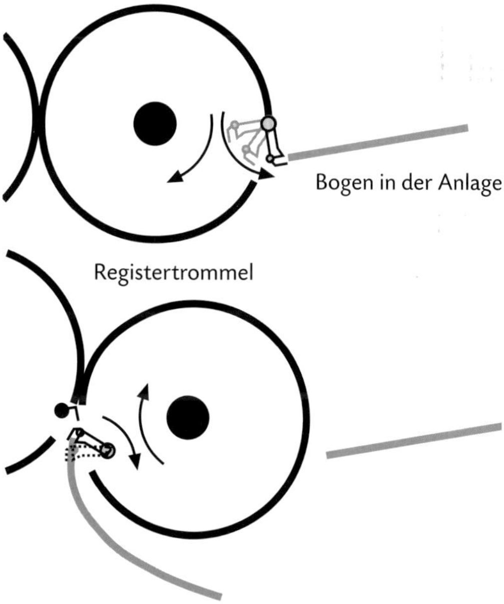

Bogenübergabe mit Registertrommel.
Oben: Der Greifer in der Registertrommel dreht entgegen der Trommeldrehung. In dem Augenblick, in dem der Greifer den Bogen in der Anlage übernimmt, hat er dieselbe Drehgeschwindigkeit wie die Trommel, daher steht er relativ zum Bogen.
Unten: Auf dem Weg zum Zylindergreifer dreht der Trommelgreifer in derselben Richtung wie die Trommel. Dadurch beschleunigt er den Bogen wieder auf Maschinengeschwindigkeit.

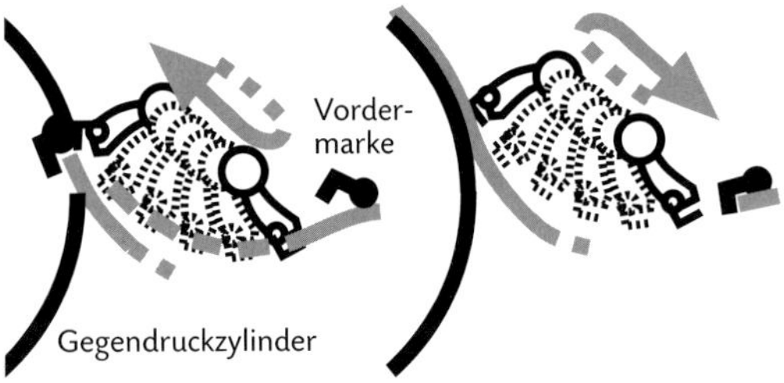

Bogenübergabe durch Schwinggreifer.
Links: Der Schwinggreifer erfasst den in der Anlage ruhenden Bogen, beschleunigt ihn auf dem Weg zum Gegendruckzylinder auf Maschinengeschwindigkeit und gibt ihn an den Zylindergreifer ab.
Rechts: Die Schwinggreifer-Welle wird leicht angehoben, um den Weg für den durchlaufenden Bogen frei zu geben. Er schwingt erhöht zur Anlage zurück.

Bogens an. In den frei werdenden Raum zwischen dem obersten und dem folgenden Bogen schiebt sich ein so genannter Drückerfuß, der Luft zwischen den obersten Bogen und den Reststapel bläst. Dadurch flattert der oberste Bogen mit seiner ganzen Fläche auf einem Luftkissen, während der Drückerfuß auf den Reststapel drückt. In diesem Zustand ergreift ein Schleppsaugerpaar den flatternden obersten Bogen und schiebt ihn nach vorne auf den Bändertisch, nachdem die Kippsauger ihn frei gegeben haben.

Das frühere System von Transportbändern, Andruckrollen und Bürsten auf dem Bändertisch wird heute weitgehend durch Saugbänder ersetzt, die den Bogen vom Anleger zur Anlage führen. Auf diesem Weg passieren die Bogen eine Doppelbogenkontrolle, die die Bogenzufuhr automatisch unterbricht, wenn der Anleger fälschlicherweise mehrere Bogen gezogen hat. Vor den Vordermarken werden durch Sensoren die einlaufenden Bogen auf Fehl- oder Schrägbogen kontrolliert, die ebenfalls die Bogenzufuhr stoppen, wenn ein solcher Fall eintritt.

7.5.2 Druckwerk

Im Offsetdruck gliedert sich das Druckwerk in drei Zylinder und das Farb- und Feuchtwerk. Ein Zylinder trägt die Druckplatte, ein zweiter das Gummituch, und der dritte Zylinder ist der Gegendruckzylinder, der den zu bedruckenden Bogen führt und ihn gegen das Gummituch drückt. Alle drei Zylinder sind zahnradgetrieben, was ein punktgenaues Drucken auch nach beliebig vielen Zylinderumdrehungen garantiert. Meist sind alle Zylinder gleich groß. Manche Druckmaschinen haben doppelt große Gegendruckzylinder, die auf ihrer Oberfläche zwei Bogen mit zwei Greifersystemen tragen. Dadurch halbiert sich einerseits ihre Umdrehungszahl, andererseits ist dies im Kartondruck vorteilhaft, weil diese recht steifen Materialien beim Bedrucken nicht so stark gekrümmt werden müssen.

Auf Platten- und Gummituchzylinder befinden sich so genannte Aufzüge, die aus der Druckplatte bzw. dem Gummituch und Unterlagen aus Papier oder Folien bestehen. Durch die Unterlagen können unterschiedliche Materialdicken bei Platte oder Gummituch ausgeglichen werden. Da bei den meisten modernen Druckmaschinen der Abstand zwischen Platten- und Gummituchzylinder nicht verstellbar ist, bestimmt die jeweilige Aufzugstärke die Druckbeistellung, auch Pressung genannt, zwischen den Zylindern. Damit ist das Maß gemeint, mit dem die harte Druckplatte einerseits und das Papier auf dem Gegendruckzylinder andererseits in das elastische Gummituch hinein gedrückt werden. Normalerweise ist eine Druckbeistellung von einem Zehntel Millimeter erforderlich, um eine einwandfreie Farbübertragung zu garantieren.

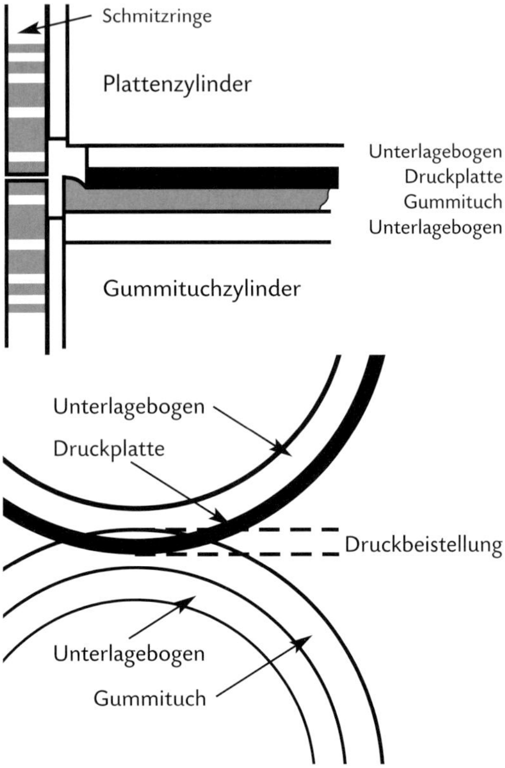

Zylinderaufzüge und Druckbeistellung. Unterlagen und Platte bilden zusammen den Plattenaufzug. Der Gummiaufzug besteht aus Unterlagen und Gummituch. Die Aufzughöhe wird immer im Vergleich zur Höhe der Schmitzringe gemessen und angegeben. Die Druckbeistellung gibt an, um wie viel zehntel Millimeter die Platte beziehungsweise der Bedruckstoff ins Gummituch hinein drückt.

Platten- und Gummituchzylinder haben seitlich so genannte Schmitzringe, die äußerst präzise geschliffen und poliert sind. Bei den heute üblichen Schmitzringläufer-Maschinen sind sie beim Drucken in ständigem Kontakt, was einen ruhigen Maschinenlauf gewährleistet. Dabei ist zu berücksichtigen, dass bei jeder Zylinderumdrehung der Druck schlagartig einsetzt, wenn die Zylinderkanäle ohne Berührung durchgelaufen sind. Einen Teil dieses Stoßes sollen die Schmitzringe von den Zylinderlagern fernhalten.

Die Schmitzringe bilden das Grundmaß der Aufzughöhen. So kann die Druckplattenoberfläche beispielsweise 0,2 Millimeter über Schmitzring stehen. Wenn das Gummituch 0,1 Millimeter unter Schmitzring aufgezogen ist, ist bei Schmitzringberührung eine Druckbeistellung von 0,1 Millimetern gewährleistet. Mit eigens dafür konstruierten Messuhren lassen sich diese Einstellungen am Platten- und auch am Gummituchzylinder nachmessen. Das präzise Aufeinander-Abstimmen von Aufzugsdicken und der Druckbeistellung bei den aufeinander abrollenden Zylinderoberflächen nennt man Abwicklung.

Um unterschiedlichen Bedruckstoff-Dicken gerecht zu werden, muss der Abstand zwischen dem Gummituchzylinder und dem Gegendruckzylinder variabel einstellbar sein. Da der Gegendruckzylinder mit der gesamten Bogenanlage fixiert sein muss, ist der Gummituchzylinder mittels einer Skala zum Gegendruckzylinder verstellbar, ohne dabei seine Position zum Plattenzylinder zu ändern. Der Gegendruckzylinder hat statt Schmitzringen so genannte Messringe, die im Durchmesser kleiner sind als die Schmitzringe am Platten- und Gummituchzylinder.

Zur Rüstzeitreduzierung werden Gummitücher und auch Gegendruckzylinder meist über automatische Wascheinrichtungen gereinigt.

7.5.3 Feuchtwerk

Feuchtwerke sind Walzensysteme, die die Aufgabe haben, wässriges Feuchtmittel in Form von geschlossenen Flüssigkeitsfilmen auf die nicht druckenden Stellen der Druckplatte im Flachdruck zu übertragen. Konventionelle Feuchtwerke stammen aus einer Zeit, die durch die Theorie geprägt war, dass fetthaltige Druckfarbe und Feuchtmittel einander abstoßen. Auch heute noch sind solche Feuchtwerke in Gebrauch, die mit textilbezogenen Walzen arbeiten und relativ große Wassermengen auf die früher sehr rauen Plattenoberflächen abgeben können.

Ein Feuchtheber nimmt während einer Pendelbewegung Feuchtmittel von einer im Wasserkasten rotierenden Schöpfwalze (Duktor) ab und gibt dieses über eine Verreibwalze an die meist zwei Feuchtauftragswalzen ab. Die Feuchtmittelzufuhr wird über die Einstellung der Taktlänge des Hebers und seiner Verweildauer am Duktor dosiert. Die Auftragswalzen werden durch den Feuchtheber immer portionsweise, also nicht kontinuierlich mit Feuchtmittel versorgt. Dies spielt jedoch wegen der großen Speicherwirkung der aus Plüsch bestehenden Walzenbezüge kaum eine Rolle. Allerdings erfordern die heutigen Druckplatten sehr dünne Wasserfilme, die schnell und sehr fein dosiert werden müssen. Diese Bedingungen können die trägen konventionellen Feuchtwerke mit textilbezogenen Walzen nicht mehr erfüllen.

Moderne Feuchtwerke übertragen das Feuchtmittel über glatte textilfreie Oberflächen auf die nicht druckenden Stellen der Druckplatte. Weil druckende und nicht druckende Stellen im Flachdruck auf einer Ebene liegen, laufen die Gummioberflächen der Feuchtauftragswalzen auch über die eingefärbten druckenden Stellen, wodurch sie sehr schnell eine dünne Farbschicht erhalten. Dadurch entsteht das Problem, dass Feuchtmittel in Form von geschlossenen Flüssigkeitsfilmen über diese Oberflächen transportiert werden muss.

Die im Wasser angelegte Oberflächenspannung führt dazu, dass die glatten und eingefärbten Walzenoberflächen nicht gleichmäßig benetzt werden und zur Tropfenbildung neigen. Zur Herabsetzung der Oberflächenspannung müssen in modernen Feuchtwerken daher Netzmittel dem Feuchtmittel zugegeben werden. Nur dadurch sind die unumgänglichen Flüssigkeitsfilme erreichbar.

Als solches Netzmittel ist Isopropanol (Isopropyl-Alkohol, IPA) allgemein gebräuchlich. Die Gesundheitsgefährdung, die durch die ständige Verdunstung bedingt ist, und auch die hohen Kosten führen seit vielen Jahren zum Zwang zur Alkoholreduzierung im Offsetdruck. Während Alkoholzusätze oft deutlich über zehn Prozent im Feuchtmittel betrugen und auch noch anzutreffen sind, bemüht man sich, diese im Idealfall sogar auf Null zu reduzieren.

Möglichkeiten dazu sind weiterentwickelte Feuchtsysteme mit exakter Justierung, Alkohol-Ersatzstoffe mit Netzmittelwirkung, oberflächenspannungs-senkende Walzenoberflächen, zum Beispiel aus Keramik, und eine optimale Einhaltung des Farb-Wasser-Gleichgewichts beim Druck.

In den modernen Feuchtwerken werden geringe Feuchtmittelmengen in Form von dünnen Feuchtfilmen auf die Platte übertragen. Die portionsweise Dosierung mittels hin und her pendelnder Heber garantiert keine kontinuierliche gleichmäßige Feuchtmittelzufuhr. Deshalb arbeiten moderne Feuchtwerke heberlos (Filmfeuchtwerke).

Bei den meisten Systemen überträgt die Schöpfwalze (Duktor) eine Feuchtmittelmenge aus dem Wasserkasten an die Dosierwalze, wobei in deren Walzenspalt eine Vordosierung durch Abquetschen erfolgt. Duktor und Schöpfwalze bilden eine separate Baueinheit, die einen eigenen elektromotorischen Antrieb hat, über den die exakte Feuchtmitteldosierung erfolgt. Eine zweite Baueinheit bilden ein seitlich sich hin und her bewegender Feuchtreiber und eine meist einzelne Feuchtauftragswalze. Beide laufen zahnradgetrieben synchron mit dem Plattenzylinder. Somit ergibt sich zwischen den beiden Baueinheiten ein Schlupf; das sind Reibungsunterschiede im Walzenspalt zwischen den nicht synchron laufenden Feuchtwerksteilen. Die Einheit Duktor/Dosierwalze dreht immer langsamer als die Einheit Verreiber/Auftragswalze. Erhöht der Drucker die Umdrehungsgeschwindigkeit der Duktor-Dosierwalzen-Einheit, steht ein höheres Angebot an geschöpftem Feuchtmittel zur Verfügung. Damit wird auch die im Schlupfbereich abrasierte Feuchtmittelmenge größer, die dann an die Druckplatte übertragen werden kann.

Die heutigen Feuchtwerke arbeiten zudem geschwindigkeitskompensiert. Die Fließdynamik des im Feuchtwerk aufrecht erhaltenen Wasserstroms bewirkt, dass zum Beispiel bei Verdoppelung der Druckmaschinengeschwindigkeit und der damit verbundenen doppelten Umdrehungszahl des Feuchtwerks mehr als doppelt so viel Feuchtmittel zur Druckplatte transportiert wird. Um dies auszugleichen, erhöht sich bei zunehmender Maschinengeschwindigkeit die Zunahme der Feuchtwerksumdrehungen automatisch unterproportional.

Da nach aktueller Technik Feuchtwerke unter anderem den Prozess der Emulsionsbildung einleiten müssen, haben moderne Druckmaschinen eine Verbindungswalze zwischen der Feuchtauftragswalze und der ersten Farbauftragswalze, um eine schnelle Emulsionsbildung zwischen Feuchtmittel und Druckfarbe zu schaffen. Diese Walze ist allerdings abstellbar, wenn der Anteil der nicht druckenden Stellen den der druckenden stark überwiegt.

Während konventionelle Heberfeuchtwerke früher oft mit reinem Leitungswasser betrieben werden konnten, verlangen moderne Feuchtwerke ausgewogen dosierte Feuchtmittelkomponenten, die dem Wasser in eigens dafür vorgesehenen Aufbereitungsanlagen zugemischt werden. Neben der Netzmittelwirkung zur Senkung der Oberflächenspannung durch das heute noch meist unentbehrliche Isopropanol oder durch Ersatzstoffe spielen pH-Wert, elektrische Leitfähigkeit und Wasserhärte eine entscheidende Rolle. Chemische Puffersubstanzen halten den pH-Wert im leicht sauren Bereich konstant (pH ca. 5,5). Dies soll durch ständiges sehr leichtes Anätzen die metallischen Oberflächen der nicht druckenden Stellen frei halten. Um kalkhaltige Ablagerungen zu verhindern, sollte das eingesetzte Wasser den Wert von 12 Grad Deutscher Härte (dH-Wert) nicht überschreiten. Andere Zusatzstoffe haben antimikrobielle Wirkungen, um das Feuchtmittel längere Zeit stabil und sauber zu halten.

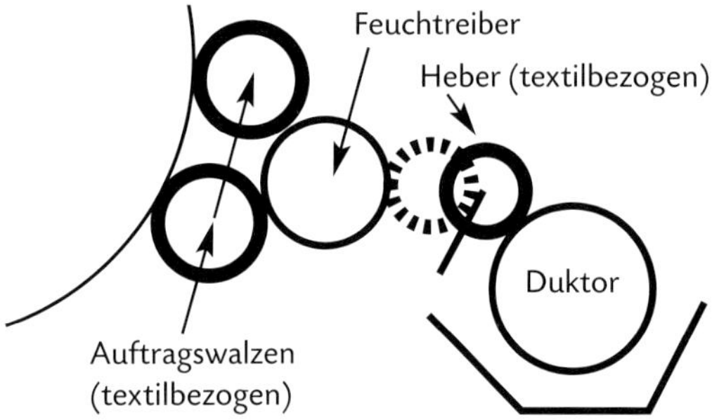

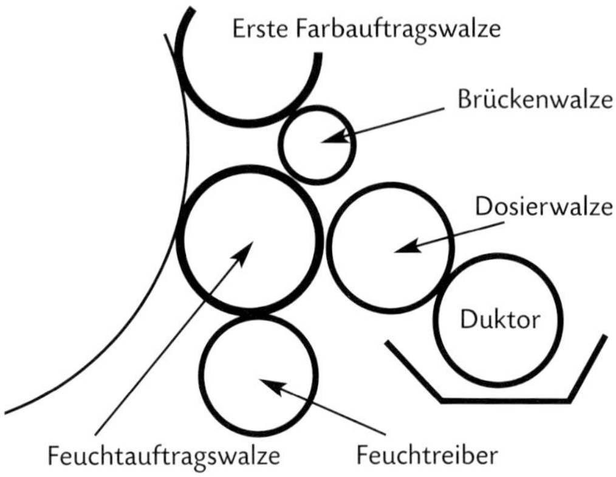

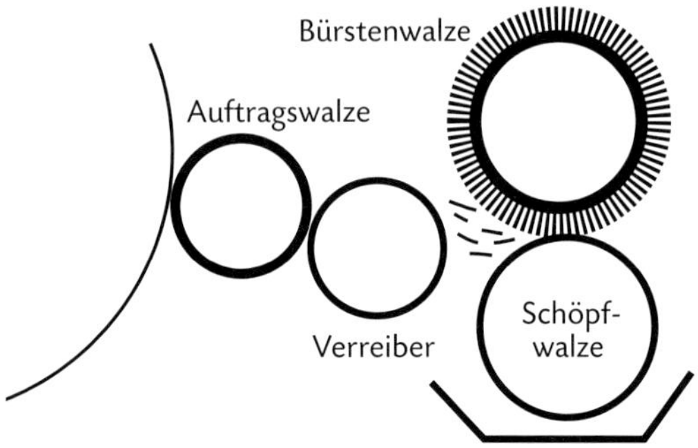

Merkmale des konventionellen Feuchtwerks (oben) sind Heber, textilbezogene Walzen mit großer Speicherwirkung und daher träger Reaktion.
Bei Filmfeuchtwerken (Mitte) erfolgt die Dosierung durch den separaten Antrieb von Duktor und Dosierwalze. Zwischen Dosier- und Auftragswalze tritt ein Schlupf auf.
Bürstenfeuchtwerke (unten) sprühen Feuchtmittel auf Verreiber und Auftragswalze und werden meist im Zeitungsdruck eingesetzt.

Die richtige Dosierung der meist salzhaltigen Zusatzstoffe im Feuchtmittel kann durch Messen der elektrischen Leitfähigkeit überprüft werden. Aufwändige Aufbereitungsanlagen zur Dosierung und Konstanthaltung des Feuchtmittels gehören heute zu jeder modernen Offsetdruckerei.

Ist das Farb-Feuchtmittel-Gleichgewicht gestört, kann dies zu starker Emulsionsbildung führen, wenn die Wasserführung zu hoch ist. An den Rändern des Druckbildes können sich so genannte Wassernasen bilden. Eine zu geringe Feuchtung führt zum Schmieren, bei dem Nichtbildstellen Farbe annehmen. Das Schmieren ist vom Tonen zu unterscheiden. Auch beim Letzteren nehmen nicht druckende Stellen Farbe an, jedoch liegt die Ursache daran, dass sich dort durch schlechte Plattenentwicklung oder Oxidbildung farbannehmende Stellen gebildet haben.

7.5.4 Farbwerke

Je nach Druckverfahren wird die Druckfarbe mit sehr unterschiedlichen Übertragungssystemen auf beziehungsweise in die druckenden Elemente der Druckform gebracht. Dort, wo lösemittelhaltige Druckfarbe eingesetzt wird, müssen die Übertragungswege wegen der raschen Verdunstung sehr kurz sein. Dies ist im Tief-, Flexo- und Siebdruck der Fall.

Im Tiefdruck gelangt die dünnflüssige Farbe meist mittels einer Übertragswalze direkt in die Näpfchen der Druckform, von der nicht druckenden glatten Zylinderoberfläche wird sie abgerakelt. Sieht man von Veränderungsmöglichkeiten des Rakelwinkels ab, so ist eine Dosierung der Färbung während des Fortdrucks am Einfärbesystem nicht möglich. Auf den Bedruckstoff kommt das, was in den Näpfchen enthalten ist. Beim Einrichten stellt der Tiefdrucker die Farbintensität durch Zugabe von Verschnitt ein. Verschnitt ist im Prinzip pigmentfreie Tiefdruckfarbe, sodass bei gleicher Farbschichtdicke durch Verschnittzugabe die Pigmentkonzentration reduziert wird und die Farbsättigung abnimmt. Nur so können im Tiefdruck die Teilfarben im Mehrfarbendruck aufeinander abgestimmt werden.

Ähnliche Verhältnisse liegen im Flexodruck vor. Übertragen wird die Farbmenge, die dem Näpfchenvolumen der Rasterwalze entspricht. Auch hier ist eine Veränderung der Dosierung im Fortdruck im Prinzip nicht möglich. Zur Aufrechterhaltung eines stabilen Fortdrucks ist sie auch nicht wünschenswert, was letztlich für alle Druckverfahren gilt. Wie im Tiefdruck wird im Flexodruck mit gleich bleibenden Schichtdicken gedruckt; die Farbsättigung wird beim Einrichten durch Verschnittzugabe zu einer hoch pigmentierten Stammfarbe eingestellt. Es sind jedoch Rasterwalzen mit unterschiedlichen Näpfchenvolumen einsetzbar, sodass die Schichtdicke auf die speziellen Anforderungen des Druckbildes abgestimmt werden kann. Rasterdrucke und glatte Bedruckstoffoberflächen verlangen zum Beispiel geringere Farbschichtdicken als Flächendrucke oder raue, saugfähige Untergründe.

Der Weg, den die Druckfarbe im Siebdruck zum Bedruckstoff hin macht, ist extrem kurz. Auch hier gibt es kaum Einflussnahmen auf die Färbung am Einfärbesystem selbst. Unterschiedliche Drahtstärken bei einzelnen Siebdruckgeweben bedingen unterschiedliche Maschenvolumen, die somit zu veränderten Schichtdicken auf dem Papier führen. Eine notwendige Anpassung an die verschiedenen Druckaufträge, Bedruckstoffe, Druckfarben und Druckbedingungen ist dadurch möglich.

Während also im Tief-, Flexo- und Siebdruck mit gleich bleibender Schichtdicke gedruckt wird und die Farbsättigung meist über die Pigmentierung der Druckfarbe mittels Verschnittzugabe erfolgt, sind die Verhältnisse im Offsetdruck und früher im Buchdruck umgekehrt. Es wird mit einer pastösen Farbe gedruckt, deren Pigmentgehalt weitgehend unverändert bleibt, wobei jedoch die Schichtdicke verändert beziehungsweise eingestellt wird. Dies geschieht über umfangreiche Walzensysteme, die so kompliziert arbeiten, dass sie heute meist elektronisch gesteuert werden.

Die erste Schichtdickenfestlegung geschieht bei Offsetfarbwerken bereits im Farbkasten. Ein so genanntes Farbmesser, meist in Form einer dünnen Metallplatte, liegt im spitzen Winkel an der Oberfläche einer Stahlwalze, Duktor genannt, an. Die Kante des Farbmessers bildet zur Duktoroberfläche einen einstellbaren Spalt, der einige hundertstel Millimeter beträgt. Der sich drehende Duktor zieht den im Farbkasten befindlichen Farbvorrat durch diesen Spalt, wodurch sich auf der Duktoroberfläche die Ausgangsschichtdicke der Druckfarbe bildet. Die Farbschicht wird von Walze zu Walze weitergegeben, um schließlich die Druckform einzufärben.

In der Breite der Druckform können jedoch sehr unterschiedliche Druckdichten in Form von bildfreien Stellen, Schrift, Rastern oder Vollflächen liegen. Während bildfreie Stellen im Druckablauf keine Farbe benötigen, verlangen Vollflächen dagegen maximale Färbung. Dazwischen liegende Druckdichten setzen sich prozentual sehr unterschiedlich aus druckenden und nicht druckenden Stellen zusammen. Daher ist das Farbwerk in der Breite in etwa 30 Millimeter messende Zonen unterteilt, innerhalb derer die einlaufende Farbmenge über das Farbmesser regulierbar ist. Dadurch wird die Farbzufuhr an die in diesen Zonen vorhandene Druckdichte angepasst.

Herkömmlich geschah dies durch Zonenschrauben, die, unterhalb liegend, das durchgehende Farbmesser mehr oder weniger gegen den Duktor drückten. Das dadurch bewirkte Verbiegen des Farbmessers rief Nebenwirkungen in anderen Farbzonen hervor. Da diese Zonenschrauben heute meist elektronisch gesteuert und geregelt werden, würden diese Nebenwirkungen die Elektronik zu ständigen, letztlich unkontrollierbaren Eingriffen veranlassen. Moderne Farbmesser sind daher zonenweise geteilt, etwa in Form von Schiebern, Stellzylindern oder Einfräsungen, die das Farbmesser segmentieren.

Sinn und Ziel der Farbprofileinstellung über die Zonenschrauben ist es letztlich, auf allen Druckelementen über den gesamten Fortdruck hin dieselbe Schichtdicke zu halten. Ein mehr oder weniger großer Rasterpunkt soll also mit Druckfarbe beschichtet werden, die die gleiche Schichtdicke aufweist wie zum Beispiel eine Vollfläche im selben Druckbild.

Farbwerke im Bogen-Offsetdruck und oft auch im Rollen-Offsetdruck sind Heberfarbwerke. Eine hin und her pendelnde Walze nimmt die Farbe vom Duktor ab und überträgt sie an die nächste Walze. Meist bestimmt die Verweildauer des Hebers an dem sich drehenden Duktor die Farbmenge, die ins Farbwerk eingegeben wird. Dadurch wird die Schichtdicke der Druckfarbe insgesamt reguliert, während sie zudem über die Zonenschrauben individuell auf die Belange der Druckform angepasst werden muss.

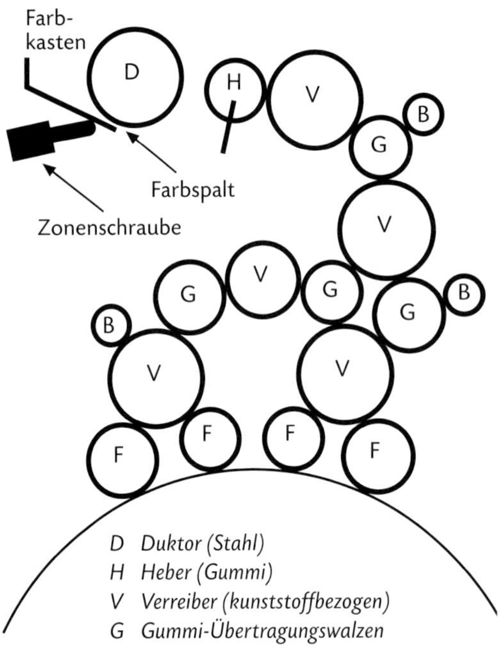

Offsetfarbwerk. Die meisten Farbwerke im Offsetdruck sind vorderlastig. Der Hauptfarbstrom geht auf kurzem Weg mit weniger Spaltstellen auf die ersten beiden Auftragswalzen, um eine zu starke Emulsionsbildung zu verhindern.

Die Einstellung der Zonenschrauben soll über die gesamte Fortdruckzeit eine stabile Farbversorgung garantieren. Guten Druckern gelang und gelingt es, diese Einstellung beim Einrichten gefühlsmäßig vorzunehmen, jedoch sind während des Fortdrucks Korrekturen erforderlich, die Farbschwankungen erzeugen. Auch durch veränderte Druckbedingungen, zum Beispiel durch ständige Erwärmung der Druckmaschine, werden Farbschwankungen innerhalb der Auflage hervorgerufen.

Deshalb bedient man sich heute meist elektronischer Daten zur Voreinstellung der Farbzonen. Diese Daten kann ein Plattenscanner erzeugen, der die zu druckende Platte den späteren Farbzonen der Druckmaschine entsprechend abtastet und das prozentuale Verhältnis von druckenden zu nicht druckenden Stellen innerhalb einer Farbzone errechnet. Meist über Speicherkassetten werden die Daten in die Druckmaschine eingelesen, die dann die Zonenvoreinstellung automatisch vornimmt.

Bei Computer-to-Plate-Produktion ist die Anzahl der druckenden Recorder-Elemente bekannt, die der Laserstrahl bei der Plattenbelichtung in einer Farbzone erzeugt. Sie steht in direktem Verhältnis zur später erforderlichen Farbmenge in dieser Zone. Die Voreinstellung der Zonenschrauben erfolgt aufgrund dieser aus der Druckvorstufe stammenden Daten automatisch und macht den Plattenscanner entbehrlich.

Vom Farbkasten über den Farbheber läuft die Druckfarbe über ein System von vielen Walzen, wobei stets eine mit harter Kunststoffoberfläche mit einer

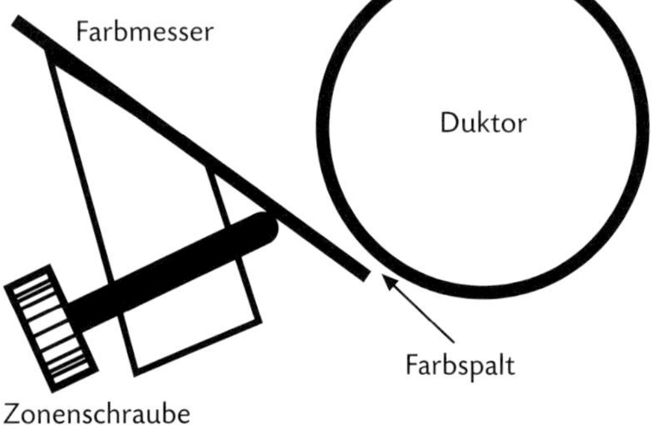

Farbkasten mit Zonenschrauben. Durch Hinein- und Herausdrehen der Zonenschraube wird das Farbmesser enger oder weiter an die Duktoroberfläche gestellt. Dadurch wird die Dicke der Farbschicht in dieser Zone auf dem Duktor definiert.

aus Gummi abwechselt. Die harten Walzen werden über Zahnräder synchron zum Plattenzylinder von der Maschine angetrieben, während die Gummiwalzen durch Reibung mitlaufen. Fast alle der harten Walzen sind Verreiber, die neben ihrer Drehbewegung nach beiden Seiten seitlich ausgelenkt werden. Das Ausmaß der seitlichen Auslenkung und der Einsatzpunkt der Auslenkung zur Stellung des Plattenzylinders ist einstellbar. Letzteres verändert den so genannten Farbabfall, ein abnehmendes Farbschichtdickenprofil, das normalerweise vom Bogenanfang zum Bogenende auftritt. Die Ursache liegt in der seitlichen Verreibung. Sie bewirkt ein seitliches Ablenken des durch das Farbwerk laufenden Farbflusses, was eine Verzögerung verursacht.

Der Farbfluss der Druckfarbe unterliegt beim Durchgang durch das Walzensystem des Farbwerks den Gesetzen der Farbspaltung. Ein auf einer Walze befindlicher Farbfilm wird im Walzenspalt zur benachbarten Walze aufgespalten, sodass etwa die Hälfte des Farbfilms auf diese übergeht, während die andere Hälfte auf der ursprünglichen Walze verbleibt.

Von Walzenspalt zu Walzenspalt verringert sich im Farbwerk die ursprünglich am Duktor festgelegte Farbschichtdicke, sodass von einigen zehntel Millimetern Schichtdicke schließlich einige tausendstel Millimeter auf den druckenden Stellen der Platte ankommen. Dies ist gewollt, weil im Offsetfarbwerk ja Schichtdicken variiert und dosiert werden müssen. Durch Zonenschrauben, Duktorvorschub und Hebertakt ist dies im oberen Bereich des Farbwerks an dicken Schichten

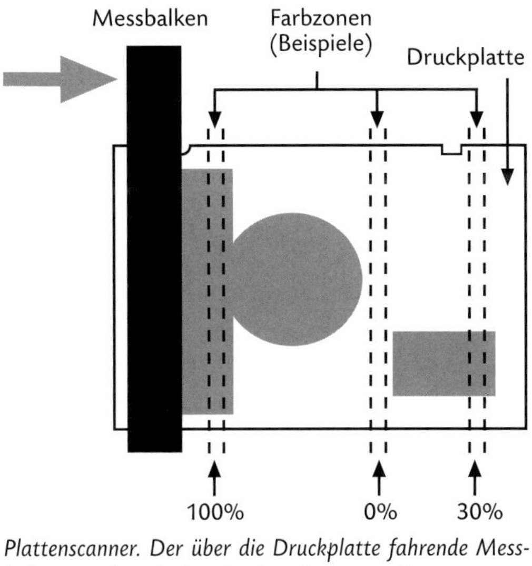

Plattenscanner. Der über die Druckplatte fahrende Messbalken errechnet in den einzelnen Farbzonen den prozentualen Anteil der druckenden Stellen. Mit diesen Werten erfolgt eine Voreinstellung der Zonenschrauben in der Druckmaschine.

möglich, sodass die kalibrierten Schichtdicken ständig verdünnt werden, bis sie das Maß erreicht haben, das auf dem Bedruckstoff erforderlich ist. In dieser Feinheit von einigen tausendstel Millimetern wäre eine Dosierung technisch nicht möglich.

Bei einem gewollten oder ungewollten Maschinenstopp läuft jedoch das Farbwerk weiter, ohne dass Farbe zugeführt oder abgenommen wird. Dadurch bilden sich auf allen Walzen sehr schnell gleiche Schichtdicken aus, also im oberen Bereich geringere und zur Platte hin dickere. Somit führen nach jedem Stopper die Auftragswalzen einen Farbüberschuss, der sich über einige Makulaturbogen wieder einpendeln muss.

Im Offsetfarbwerk übertragen meist vier Auftragswalzen die Druckfarbe auf die druckenden Stellen der Druckplatte. Dabei entsteht folgendes Problem, das durch das Walzensystems des Farbwerks gelöst werden muss. Die Farbabnahme geschieht natürlich nur dort, wo druckende Stellen auf der Druckplatte vorhanden sind. Somit markieren sich diese im Farbschichtenprofil auf den Farbauftragswalzen. Diese Störstellen im Farbschichtprofil können sich im weiteren Verlauf der Einfärbung reproduzieren und müssen daher so schnell wie möglich egalisiert werden. Dies geschieht durch die seitliche Verreibung der Farbreiber und durch unterschiedlich große Walzendurchmesser, die verhindern, dass die Störstellen immer auf dieselbe Umfangsstelle gelangen. Da sich die Störstellen im Farbwerk von den Auftragswalzen nach oben in Richtung Farbkasten abbilden, ist auch die große Anzahl von Walzen erforderlich, um sie möglichst schnell zu egalisieren.

Offsetfarbwerke sind durchweg vorderlastig. Im unteren Bereich des Farbwerks wird der Farbfilm in zwei Richtungen aufgespalten. Über einen relativ kurzen Weg erreicht er die beiden vorderen Auftragswalzen, während der zweite Zweig über eine größere Anzahl von Walzen die beiden hinteren Auftragswalzen mit Farbe versorgt. Somit erzielt man wesentlich dickere Farbschichten auf den ersten beiden Auftragswalzen, die dem Feuchtmittel auf der Druckplatte einen Widerstand gegen zu starke Emulsionsbildung entgegenhalten.

In jedem Fall nehmen die Farbauftragswalzen Feuchtmittel auf, das aufgrund der Farbspaltung im Farbwerk nach oben wandert. Im Normalfall verdunstet das Waser auf diesem Weg. Einerseits beschleunigt die durch Reibung entstehende Wärme im Farbwerk die Verdunstung, andererseits sorgt diese Verdunstung wiederum für ständige Kühlung.

Um eine stabile Farbversorgung sicherzustellen, müssen die Walzen zu den Verreibern und zur Platte hin im Anpressdruck exakt justiert sein. Dies geschieht über Federdruck. Kontrolliert wird über die abgedrückte Streifenbreite, die eingefärbte Walzen im Stillstand zeigen, oder über den Zug von Papierstreifen zwischen den Walzen.

Offsetfarbwerke unterliegen ständig dem Zwang der Störstellenbeseitigung wegen der Profilbildung auf den Auftragswalzen, der zonenweisen Farbjustierung, der genauen Einstellung der vielen Walzen und der Makulaturaussonderung nach Stoppern. Deshalb sind sie komplizierte techische Aggregate, die ohne elektronische Steuerung kaum noch den heutigen hohen Qualitätsansprüchen an Drucksachen genügen können.

Die einfachen Einfärbesysteme im Tief-, Flexo- und Siebdruck erfüllen diese Ansprüche jedoch ohne diesen technischen Aufwand. Ihr Hauptmerkmal ist, dass nach jeder Zylinderumdrehung durch erneutes vollständiges Füllen der Näpfchen von Druckform oder Rasterwalze oder durch Fluten von Gewebemaschen sofort der Urzustand wieder hergestellt wird. Störstellen im Farbabnahmeprofil werden also unmittelbar beseitigt und eine zonenweise Einstellung erübrigt sich.

Aus dieser Überlegung heraus wurden so genannte Anilox-Kurzfarbwerke für den Offsetdruck entwickelt. Sie sind im Prinzip identisch mit den Flexodruckfarbwerken. Lediglich eine Farbwalze aus Gummi muss den Unterschied zwischen harter Rasterwalze und harter Druckplatte im Offsetdruck überbrücken. Während

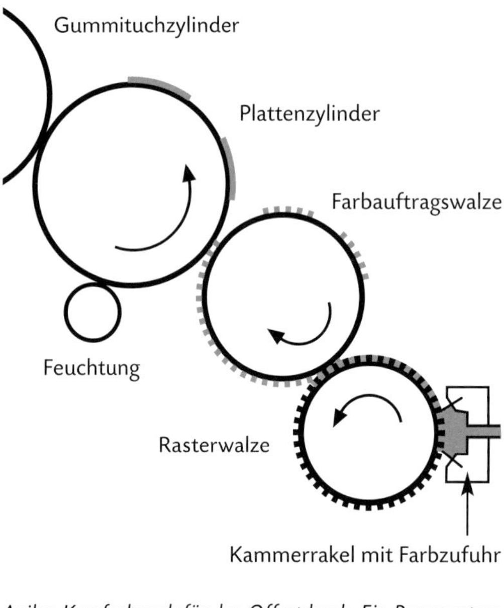

Anilox-Kurzfarbwerk für den Offsetdruck. Ein Pumpsystem mit Kammerrakel versorgt die Rasterwalze mit Farbe. Über die Auftragswalze wird die zuvor gefeuchtete Offsetdruckplatte auf dem Plattenzylinder eingefärbt.

eine wegen der Rasterwalze dünner eingestellte Offsetdruckfarbe den Prozess kaum stört, gelangt über den extrem kurzen Einfärbeweg rückwärts viel Feuchtmittel in den Farbkasten, weil Zeit und Gelegenheit zum Verdunsten fehlen.

Im Zeitungsdruck findet das Anilox-Farbwerk heute bereits Anwendung. Im Zusammenhang mit wasserlosem Offsetdruck könnten sich hier Perspektiven auftun.

7.5.5 Bogenauslage

Am Ende des letzten Druckwerks werden die einseitig oder zweiseitig bedruckten Bogen an Auslagegreifer abgegeben. Dies sind auf Wellen gelagerte Greifersysteme, die seitlich von rotierenden Ketten bewegt werden. Sie transportieren die Bogen zur Auslage, wo sie wieder exakt zu Stapeln gesammelt werden.

Kurz bevor diese Greifer den Bogen vorderseitig gegen Anschläge transportieren und loslassen, wird er an seiner Hinterkante durch eine Saugwalze abgebremst und gestrafft. So kann er relativ sanft senkrecht nach unten auf seinen Vorgänger fallen. Dabei bildet sich ein Luftkissen aus, was eine Berührung der Bogen unter Druck zunächst verhindert. Dadurch wird die Gefahr des Abliegens der noch frischen Druckfarbe vermindert. Seitlich sich bewegende Geradestoßer erzeugen eine glatte Stapelkante rechts und links.

Die ständig aufeinander fallenden Druckbogen unterliegen einer zunehmenden Gewichtsbelastung. Da Offsetdruckfarbe normalerweise Stunden braucht, um vollständig durchzutrocknen, besteht immer die Gefahr des Abschmierens der gedruckten Farbe auf die Unterseite des darüber liegenden Bogens. Um das zu verhindern, kann ein feinkörniger Stärkepuder auf die Oberfläche des Druckbogens geblasen werden, bevor der nächste Bogen auf ihn fällt. Der Puder dient dann als Abstandhalter, wobei die Kornstärke auf die Flächenmasse der jeweiligen Druckbogen abgestimmt werden sollte. Das Pudern ist zwangsläufig mit einer besonderen Verschmutzung der Druckmaschine im Auslagebereich verbunden und kann durch Mattierung auch das Druckbild beeinflussen.

Bei erhöhter Abliegegefahr aufgrund glatter, wenig saugfähiger Bedruckstoffoberflächen oder dicker Kartonmaterialien empfehlen sich neben dem Pudern das Fahren kleiner Stapel und die Reduzierung der Maschinengeschwindigkeit.

Moderne Logistiksysteme steuern heute vollautomatisch den Transport unbedruckter und bedruckter Stapel nicht nur zur und von der Druckmaschine, sondern auch den gesamten Materialfluss innerhalb der Produktion.

7.6 Rollendruck

Im Vergleich zum Bogendruck ist das Hindurchführen von Bedruckstoffen in Rollenform durch die Druckmaschine unkomplizierter. Der Rollendruck entwickelte sich zu teilweise gigantischen Dimensionen mit vielfältigen Möglichkeiten, was Formatgröße, Druckgeschwindigkeiten und spezielle Verarbeitungs- und Druckweiterverarbeitungstechniken innerhalb der Druckmaschine angeht. Dagegen ist die Variabilität der zu druckenden Formate sehr eingeschränkt.

Flexodruck wird ausschließlich als Rollendruck betrieben. Auch Tiefdruck ist durchweg Rollendruck, nur bei bestimmten Spezialanwendungen wie beim Druck von Metallikfarben findet Bogentiefdruck Anwendung, oft in Verbindung mit Bogenoffsetdruck.

Rollenoffsetdruck hat sich dagegen als fast gleichberechtigte Produktionsform zum Bogenoffsetdruck entwickelt. Generell sind hohe Auflagen die Stärke des Rollendrucks. Im Bereich mittlerer Auflagen besteht im Offsetdruck sogar eine Konkurrenzsituation zwischen Rolle und Bogen. Im Siebdruck wird ebenfalls von Rolle produziert, jedoch seltener. Moderne Digitaldruckmaschinen im elektrofotografischen Verfahren drucken meist von Rolle.

Grundprinzip des Rollendrucks ist, die Papierbahn unter leicht steigendem Zug durch die gesamte Druckmaschine einschließlich Weiterverarbeitung zu führen. Das stetige kontrollierte Ziehen beim Führen der Bahn garantiert Passer- und Registergenauigkeit im Druckwerk und in den Weiterverarbeitungsaggregaten. Auftretende Differenzen werden meist automatisch durch Zugveränderungen korrigiert.

Der Druckablauf beginnt mit der Abrollstation, auf der die Papierbahn von der Rolle abgewickelt wird und in die Maschine einläuft. Rollenwechsel bei laufender Maschine ohne Reduzierung der Druckgeschwindigkeit ist Stand der Technik.

Direkt hinter der Abrollung wird der erste Zug aufgebaut. Anpressrollen drücken die Papierbahn gegen eine Zugwalze, deren Umdrehungszahl unabhängig steuerbar ist. Dazu misst eine entsprechende Einrichtung ständig den Zug und korrigiert ihn gegebenenfalls über die Zugwalze.

So läuft die Bahn ins eigentliche Druckwerk, das aus mehreren Druckeinheiten besteht. Je nach Druckverfahren, Produkt und zu druckender Farbenzahl gibt es erhebliche Unterschiede. Zwischen den Druckeinheiten erfolgen auch hier die Zugkontrolle und -korrektur, besonders, wenn die Bahn zwischen den Druckeinheiten frei geführt wird. Hinzu kommt eine ständige Regelung des Seitenregisters der durchlaufenden Bahn. Die Regelung von Passer und Register erfolgt über Messmarken.

Schließlich läuft die Papierbahn in den Falzapparat oder andere spezielle Weiterverarbeitungsstationen ein. Auch hier wird eine registerhaltige Verarbeitung über entsprechende Zugwalzen geregelt. Üblicherweise wird am Ende der Druckmaschine das fertige Produkt ausgeworfen.

7.6.1 Haupt-Maschinen-Aggregate

7.6.1.1 Rollenwechsler

Es ist heute Stand der Technik, die Papierrollen bei laufender Druckmaschine zu wechseln, meist ohne dass die Maschinengeschwindigkeit wesentlich reduziert wird. Dabei kommen zwei Systeme zur Anwendung: Rollenwechsel mit Papierbahnspeicher und automatischer Wechsel bei ablaufender Rolle (Autopaster).

Bei kleinformatigeren Rollendruckmaschinen im Akzidenz-Offsetdruck findet man direkt hinter der Abrollung einen Papierbahnspeicher. Dieser besteht aus einer oberen und einer unteren Bühne mit einer Reihe horizontal angeordneter Spindeln, die einen etwa maschinenhohen Abstand zueinander haben. Die von der Rolle ablaufende Papierbahn wird schlangenlinienförmig vertikal durch dieses Spindelsystem geführt. Diese zwischen den Spindeln befindliche Bahnlänge bildet einen Speicher, der für den Rollenwechsel zur Verfügung steht, um die Druckmaschine während dieser Zeit mit Papier zu versorgen.

Zum Rollenwechsel wird die ablaufende Rolle angehalten, die Papierbahn gekappt und deren Ende mit der Klebestelle der ebenfalls stehenden Vorratsrolle in Verbindung gebracht. Die neue Rolle wird nun auf die Drehzahl beschleunigt, die erforderlich ist, um die neue Bahn – an die Maschinengeschwindigkeit angepasst – einlaufen zu lassen.

In der Stillstandszeit und der Zeit zum Ankleben der neuen Bahn senkt sich das obere Spindelsystem in Richtung des unteren. Während kein neues Papier eingegeben wird, laufen die sich verkürzenden Windungen in die Druckmaschine. Es sind nur wenige Sekunden, bis dieser Papierspeicher leer ist. Dann haben die oberen Spindeln ihre unterste Stellung erreicht. Die Zeit reicht jedoch zum Ankleben der neuen Bahn bei stehenden Rollen aus. Während der weiteren Produktion schieben sich die beweglichen Spindeln wieder nach oben und füllen den Speicher für den nächsten Rollenwechsel.

Beim automatischen Rollenwechsel im Autopaster wird die neue Bahn in Maschinengeschwindigkeit an die ablaufende Bahn der alten Rolle geklebt. Dazu muss die Vorratsrolle zuvor auf dieselbe Umfangsgeschwindigkeit gebracht werden, die die ablaufende

Rolle hat. Dabei hat die dickere Vorratsrolle eine wesentlich langsamere Umdrehungszahl als die ablaufende Rolle, deren Windungen immer kürzer geworden sind, was zu einer ständigen Erhöhung der Umdrehungszahl während der Produktion geführt hat. Die einlaufende Bahngeschwindigkeit ist dabei gleich geblieben. Da diese der Umfangsgeschwindigkeit der Rolle entspricht, müssen diese bei alter und neuer Rolle gleich sein. In diesem Zustand wird die mit einer Klebestelle vorbereitete Vorratsrolle durch Schwenkbewegung mit der ablaufenden Bahn in Kontakt gebracht, wodurch sich die Bahnen verbinden. Die alte Rolle wird sofort gekappt, sodass das Bahnende der alten Rolle den Anfang der neuen Rolle in die Maschine zieht. Die Exemplare mit der Klebestelle werden automatisch aussortiert.

Der Abrollung nachgeordnet ist das Einzugwerk. Mittels eines Walzensystems wird hier die Bahnspannung aufgebaut, die einen gewissen Zug gegenüber der leicht gebremsten Abrollung ausübt. Die während des gesamten Maschinendurchlaufs aufrecht erhaltene Bahnspannung garantiert kontrollierte und geregelte Bahnführung in allen Maschinenaggregaten.

7.6.1.2 Druckwerk-Steuerung

Die einzelnen Druckeinheiten im Rollendruckwerk wurden und werden noch durch Wellen und Zahnräder miteinander verbunden, die die Drehbewegung des Hauptantriebes weiterleiten und an die einzelnen Aggregate übertragen. Immer mehr setzt sich aber der wellenlose Antrieb durch, wobei jede Druckeinheit von einem separaten Motor angetrieben wird. Eine Elektronik synchronisiert die Motore untereinander. Dadurch sind mechanische Verwindungen ausgeschaltet; Umfangsregister und Bahnspannung zwischen den Druckeinheiten können exakt eingestellt und automatisch korrigiert werden.
Während des Fortdrucks auftretende Passerdifferenzen werden elektronisch erkannt und nachgeregelt. Dies geschieht durch Verstellen des Seitenregisters,

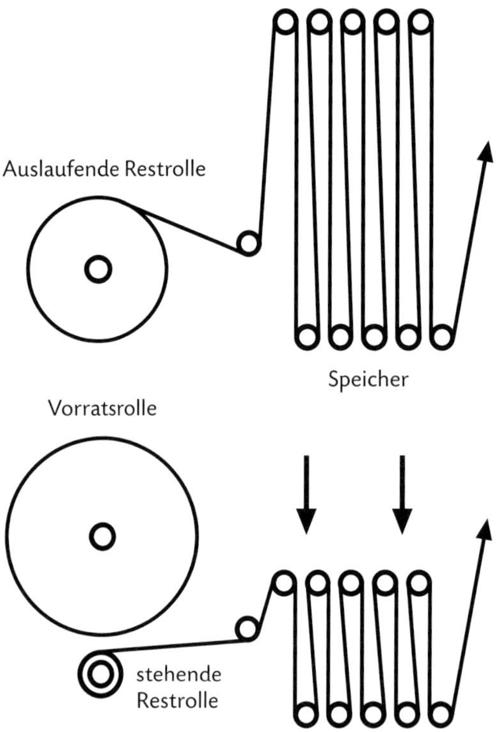

Rollenwechsel mit Speicher. Oben: Gefüllter Speicher bei normaler Produktion. Unten: Bei stehenden Rollen wird die neue Bahn an die Restrolle geklebt. Die Druckmaschine wird in dieser Zeit mit dem Papiervorrat versorgt, der sich schlaufenförmig zwischen der oberen und der unteren Spindelgruppe befindet. Indem sich die oberen Spindeln senken, läuft der Papiervorrat in die Druckmaschine.

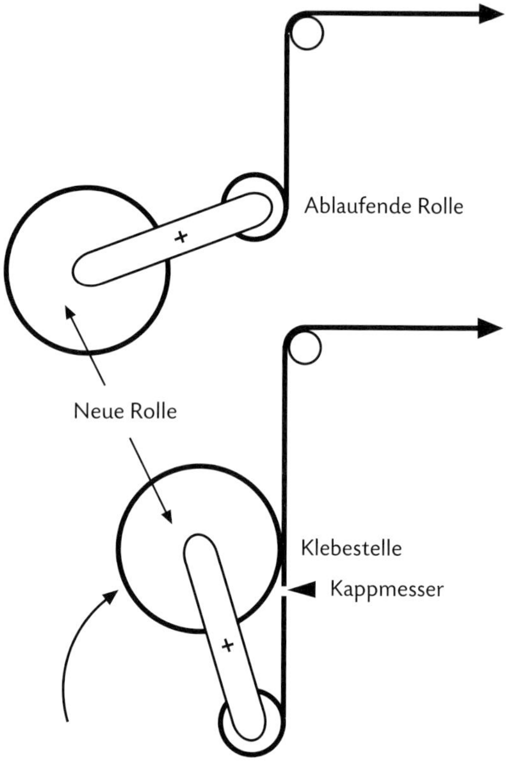

Rollenwechsel durch Autopaster. Die Vorratsrolle erhält eine Klebestelle, wird zum Rollenwechsel auf dieselbe Umfangsgeschwindigkeit wie die ablaufende Rolle beschleunigt und durch Drehung des Rollenträgers mit der einlaufenden Bahn in Kontakt gebracht. Die neue Bahn klebt sich an die ablaufende, diese wird gekappt.

normalerweise über die Bahnkantensteuerung, die die in die Druckwerke einlaufende Papierbahn seitlich versetzen kann. Daneben korrigiert man Passerdifferenzen in Umfangsrichtung durch das Umfangsregister, wobei die Druckeinheiten minimal vor- oder nacheilen. Auch durch Zugveränderungen der Bahn lassen sich Passerdifferenzen im Umfang ausgleichen. Teilweise sind auch leichte Schrägstellungen der Plattenzylinder möglich, um diagonale Differenzen im Druckbild auszugleichen. Grundsätzlich werden möglichst außerhalb des Druckbildes angebrachte Passer- und Registermarken abgelesen, um auftretende Differenzen zu erkennen und sie dann automatisch zu korrigieren.

7.6.1.3 Falzwerk

Normalerweise haben Falzapparate einen Überbau, der vorwiegend aus einem System von Wendestangen besteht. Dies sind im 45-Grad-Winkel angeordnete lose drehbare Spindeln. Da die Papierbahnen vor dem Falzen oft mit rotierenden Längsschneidern in Stränge, also Teilbahnen getrennt werden, lassen sich die seitlich parallel laufenden Stränge mithilfe der Wendestangen übereinander legen. Durch die 45°-Anordnung der Wendestange wird der Strang rechtwinklig abgelenkt. Eine zweite Wendestange führt ihn wieder geradeaus, wenn seine Position genau über dem Strang erreicht ist, auf den er gelegt werden soll.

Mithilfe von Wendestangen können Papierbahnen auch zwischen den Druckeinheiten gewendet werden, wobei die Unterseite zur Oberseite wird. Die nun folgenden Druckwerke bedrucken das Papier dann im Widerdruck, wenn keine Doppeldruckwerke genutzt werden.

Im Überbau lassen sich auch so genannte Pflugfalze herstellen. Dabei wird die durchlaufende Bahn wie mit einem Pflug zum Beispiel auf ein Drittel umgeklappt, sodass die Hälfte der Bahn zweilagig und die andere Hälfte einlagig in den Falzapparat läuft. Der Pflugfalz kann auch beidseitig erfolgen, was eine Art Fensterfalzung erzeugt.

Vom Pflugfalz abgesehen, erfolgt die erste Falzung meist im Trichter, der die Bahn in Längsrichtung falzt. Als Trichter bezeichnet man ein speziell geformtes Blech, das die Papierbahn oder den Strang zwingt, doppellagig zu werden. Unter Druck laufende Walzenpaare führen dann den scharfkantigen Längsfalz aus.

Eine Tageszeitung besteht aus mehreren Teilprodukten, Bücher genannt. Jedes dieser Teilprodukte ist mehrlagig über einen eigenen Trichter gelaufen. Diese einzelnen längsgefalzten Trichterstränge werden aufeinander gelegt und erhalten einen gemeinsamen Querfalz, der dem Produkt die Geschlossenheit gibt. Besonders im Zeitungsdruck können mehrere Trichter in Gebrauch sein, die parallel oder auch übereinander angeordnet sind. Letzteres führt zu doppelt längs gefalzten Bahnen oder Strängen.

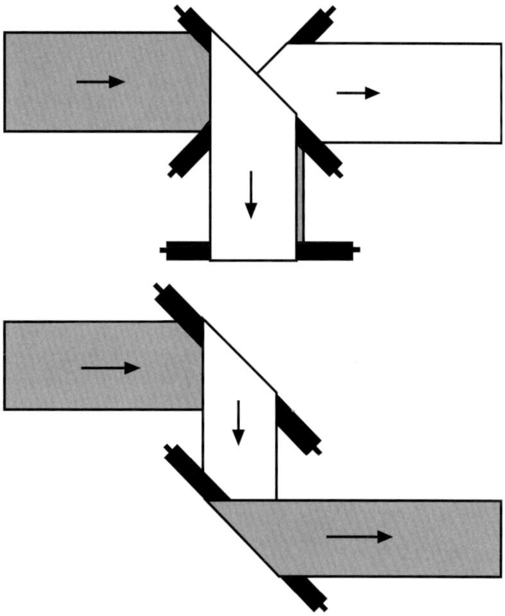

Funktionsmöglichkeiten von Wendestangen. Oben: Wenden der Bahn von Schön- auf Widerdruck. Unten: Seitliches Versetzen der Bahn beziehungsweise von Strängen.

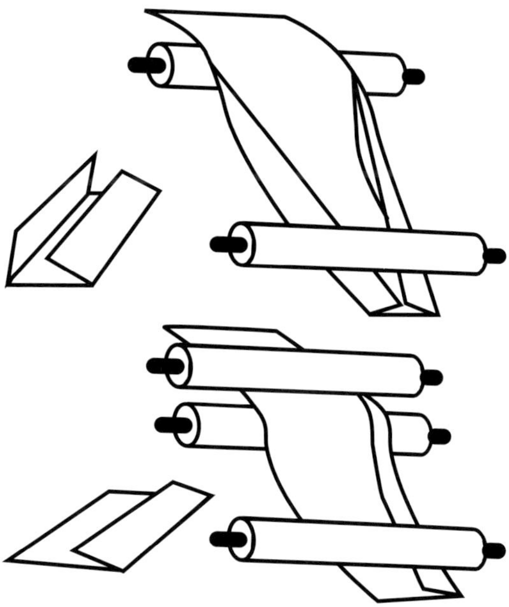

Pflugfalz. Umlenkung der Bahn zum beidseitigen Einschlag (oben) bzw. zum einseitigen Einschlag.

Die erste Falzung quer zur Bahn findet im Klappen- oder Trommelfalzwerk statt. Ein Klappenfalzwerk besteht aus Schneidzylinder, Falzmesserzylinder und Falzklappenzylinder. Der meist aus dem Trichter kommende mehrlagige Strang läuft, über Zugwalzen gesteuert, auf den Falzmesserzylinder. Dessen Oberfläche ist in Sektoren eingeteilt, die durch rinnenförmige Schneidleisten begrenzt sind. Der gegen den Falzmesserzylinder arbeitende Schneidzylinder trägt gezahnte Messer, die im ständigen Rhythmus in die Schneidleisten des Falzmesserzylinders schlagen. Dadurch wird der Papierstrang blattförmig in Abschnittspakete unterteilt. Damit diese nicht mehr zwangsgeführten Pakete auf dem Zylinder gehalten werden, fahren Nadeln, Punkturen genannt, aus dem Zylinder heraus und durchstoßen die vordere Kante der Blattlagen, um diese zu halten und zu fixieren. Auf dem Falzmesserzylinder kann auch gesammelt werden. Zu diesem Zweck läuft das von den Punkturen gehaltene Blattpaket ungefalzt einmal herum. Dann legt sich das Folge-Blattpaket darauf und wird ebenfalls von den Punkturen gehalten. Damit nicht identische Blattpakete aufeinander gelegt werden, hat der Schneidzylinder meist eine gerade Zahl von Messern (meist zwei) und der Falzmesserzylinder eine ungerade Zahl von Sektoren, zum Beispiel drei.

Nun erfolgt der eigentliche Falz, und zwar an der Berührungsstelle zwischen Falzmesserzylinder und Falzklappenzylinder. Zwischen jeweils zwei Schneidleisten auf dem Falzmesserzylinder liegen Falzmesser, die an der Berührungsstelle zum Falzklappenzylinder herausstoßen und die Papierlagen in die Falzklappen des Falzklappenzylinders drücken. Falzklappen sind zwei Stahlschienen, die zangenmäßig schließen, wenn die Papierlagen in sie hinein gedrückt worden sind. Dadurch werden der scharfe Falz hergestellt und gleichzeitig das Produkt auf dem Zylinder im Falz festgehalten.

Die Einteilung der Sektoren auf den Oberflächen der drei Zylinder werden als Zahlenverhältnis (Teilung)

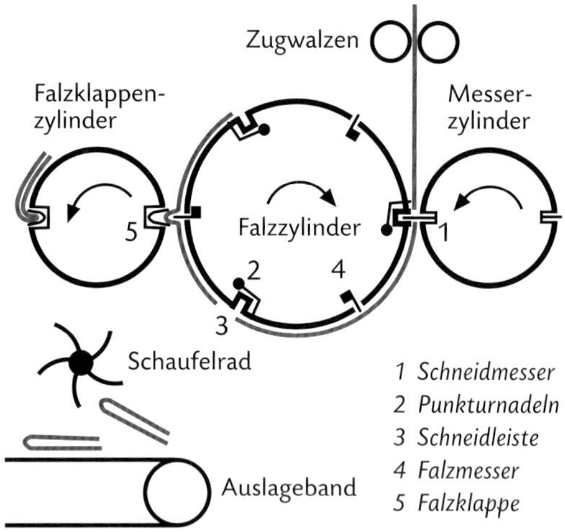

Klappenfalz-Apparat. Zwischen Messer- und Falzzylinder wird die Bahn in Abschnitte geschnitten, die bei Bedarf auch gesammelt werden können. Zwischen Falz- und Falzklappenzylinder werden der Abschnitt beziehungsweise die gesammelten Lagen gefalzt. Die Falzklappen halten das Falzprodukt fest und lassen es über das Schaufelrad auf das Auslageband fallen.

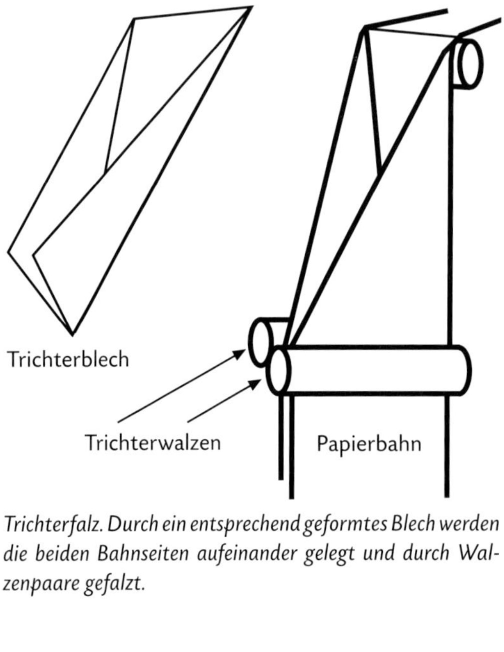

Trichterfalz. Durch ein entsprechend geformtes Blech werden die beiden Bahnseiten aufeinander gelegt und durch Walzenpaare gefalzt.

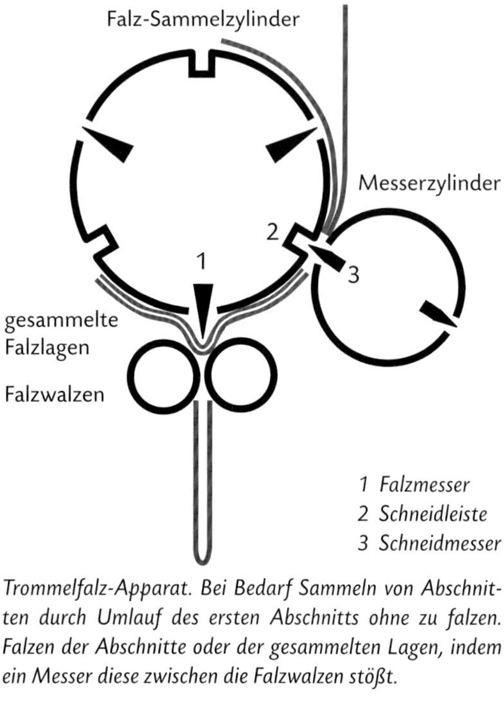

Trommelfalz-Apparat. Bei Bedarf Sammeln von Abschnitten durch Umlauf des ersten Abschnitts ohne zu falzen. Falzen der Abschnitte oder der gesammelten Lagen, indem ein Messer diese zwischen die Falzwalzen stößt.

ausgedrückt, das die Arbeitsweise des Falzapparates charakterisiert. 2:3:2 signalisiert, dass der Schneidezylinder zwei Messer hat, der Falzmesserzylinder drei Falzmesser und der Falzklappenzylinder zwei Falzklappen.

Nach der weiteren Drehung des Zylinders öffnen sich die Falzklappen, und das Produkt fällt in die Schaufeln eines Schaufelrades, um über Transportbänder ausgelegt zu werden. Allerdings kann zuvor bei Bedarf ein dritter Falz gemacht werden. Es ist ein zur Papierbahn gesehener Längsfalz, der zum Querfalz einen Kreuzbruch darstellt. Hergestellt wird er in einem Aggregat, das der Messer- oder Schwertfalzung der Bogen-Falzmaschine gleicht (vgl. Abschnitt 8.4.1).

Eine Variante zum Falzklappen-Apparat ist das Trommelfalzwerk. Dieses besteht aus Schneid- und Falzmesserzylinder, die ähnlich zusammen arbeiten wie beim Klappenfalzwerk. Die Falzung erfolgt jedoch dadurch, dass die herausstoßenden Falzmesser die Papierlagen nicht in Falzklappen, sondern in ein Falzwalzenpaar drücken, die den eigentlichen Falz herstellen und das Produkt weiterführen.

Je nach Erzeugnis werden die Exemplare noch innerhalb der Produktionslinie dreiseitig beschnitten, wodurch auch die Löcher abgeschnitten werden, die die Punkturen hinterlassen haben. Bei der unbeschnittenen Tageszeitung sind sie zum Beispiel an den Rändern noch sichtbar.

7.6.2 Flexo-Rollendruck

Zwei Druckmaschinenkonzepte finden im Flexodruck Anwendung: die Reihenbauweise und das Zentralzylindersystem, auch Einzylinder-Maschine genannt. Da im Flexodruck neben Papier oft instabile, dehnbare Folienbahnen verdruckt werden, ist es problematisch, solche Materialien kontrolliert und passerhaltig über freie Strecken zwischen den Druckwerken bei Reihenbauweise zu führen. Daher geht der Trend zur Zentralzylinder-Maschine. Bei ihr arbeiten vier oder mehr Druckwerke, die die Bahn einseitig bedrucken, gegen einen gemeinsamen großen Gegendruckzylinder. Vorteil ist, dass die Bahn beim Durchlauf durch alle Druckwerke fest auf dem Gegendruckzylinder fixiert ist, sodass auch sehr dehnbare Materialien passergenau bedruckt werden können. Falls die andere Bahnseite bedruckt werden soll, was aber im Verpackungsbereich kaum üblich ist, ist eine zweite Druckeinheit erforderlich. Die Herstellung solcher Druckmaschinen ist wegen der hohen Anforderungen an die exakten Rundlaufeigenschaften der großen Gegendruckzylinder sehr kostspielig.

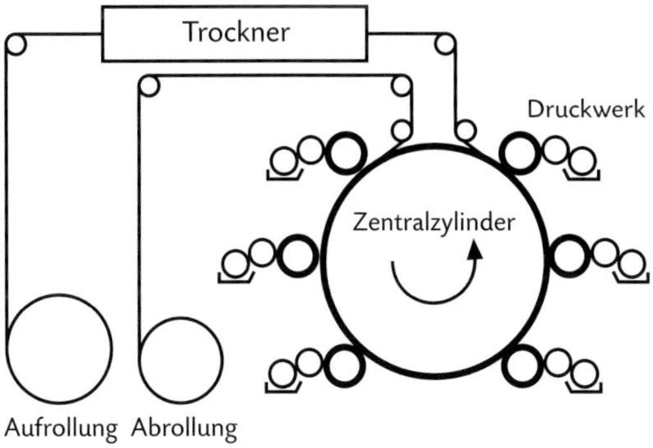

Schema einer Zentralzylinder-Flexodruckmaschine mit Satelliten-Druckwerk für 6/0-Druck. Vorteil ist besonders bei Foliendruck, dass alle sechs Farben passgenau auf die auf dem großen Zylinder fixierte Bahn gedruckt werden.

Die Weiterverarbeitungsmöglichkeiten sind im Flexodruck aufgrund der weit gefächerten Produktpalette vielfältig. Von der einfachen Wiederaufrollung der Bahn bis hin zu Fertigungsstraßen zur Herstellung von Säcken, Beuteln und Tragetaschen sind Varianten möglich. Flexodruckmaschinen können auch Bestandteil von kompletten Fertigungsstraßen für Packmittel sein.

7.6.3 Rollentiefdruck

Tiefdruckwerke zeichnen sich im Vergleich zu anderen Druckverfahren durch einfache Konstruktion aus, die trotzdem hohe Druckqualität und einen stabilen Druckprozess gerade bei sehr hohen Auflagen ermöglicht. Ein solches Druckwerk besteht aus Formzylinder, Presseur als Gegenzylinder, Rakeleinrichtung, Farbwerk, das normalerweise lediglich aus einer Farbwanne und einer Einfärbewalze besteht, und Trocknung mit Lösemittelrückgewinnung.

Die Formzylinder sind im Umfang nahtlos und im Durchmesser nicht festgelegt. Unterschiedliche Zylinderdurchmesser führen zu unterschiedlichen Rapportlängen auf der gedruckten Papierbahn. Die Druckwerke sind umsteuerbar, können also in beide Richtungen drehen. Das erleichtert den Schön- und Widerdruck, weil die Papierbahn selbst nicht gewendet werden muss, sondern zum Widerdruck von der anderen Seite in das folgende Druckwerk geführt wird.

Die Anzahl der zu druckenden Farben bestimmt die Anzahl der Druckwerke, wobei jeweils ein Druckwerk eine Farbe druckt. Meist durch Erwärmung unterstützt, trocknet die lösemittelhaltige Tiefdruckfarbe schon im Druckwerk, sodass sie trocken ins nächste einläuft.

Riesige Dimensionen sind typisch für Tiefdruckmaschinen. Sie sind meist in mehreren Etagen des Gebäudes angeordnet, wobei die Rollenträger im Keller sind, die meist zahlreichen Druckwerke und der Falzapparat im mittleren Teil und der Überbau mit der Bahnführung im oberen Stockwerk.

Hauptanwendungsgebiet des Rollentiefdrucks ist der Illustrationsdruck, also der Druck von Zeitschriften, Katalogen und Werbedrucksachen. Bei einer Zylinderbreite von zum Beispiel 3,6 Meter und liegender Seitenanordnung (lange Formatseite in Bahnbreite) finden insgesamt 96 Seiten auf dem Zylinder Platz, zwölf in der Breite und acht im Umfang. Druckgeschwindigkeiten von 15 Meter pro Sekunde werden im Illustrationstiefdruck heute mühelos erreicht, wobei der Falzapparat die Grenzen setzt.

Nach dem Druck wird die Papierbahn im Illustrationsdruck üblicherweise in Stränge geteilt, deren Anzahl meistens der Zahl der in Zylinderbreite liegenden Seiten entspricht. Die Stränge werden im Falzapparatüberbau durch Wendestangen seitlich ausgelenkt, bis sie alle registerhaltig übereinander liegen. Dieses Strangpaket wird dem Falzapparat zugeführt und zunächst in Strangabschnitte quergeschnitten, die jeweils zwei Seiten hintereinander liegend umfassen. Die Strangabschnitte eines Zylinderumfangs werden gesammelt und mit einem Querfalz versehen. Bei zwölf liegend angeordneten Seiten in der Zylinderbreite und acht Seiten im Umfang ergibt sich somit bei zweiseitigem Druck ein zweimal 96-seitiges Falzprodukt, also mit 192 Seiten.

Daneben sind im Rollentiefdruck auch andere Weiterverarbeitungsmöglichkeiten gegeben wie Trichterfalzungen, Quer- und zusätzliche Längsfalzungen. Weitere Anwendungsbereiche findet der Rollentiefdruck im Verpackungssektor, im Dekordruck und in der Tapetenherstellung.

7.6.4 Rollenoffsetdruck

Rollenverarbeitung im Flachdruck findet hauptsächlich in drei Bereichen statt: im Zeitungs-, Akzidenz- und Endlosformulardruck. Dadurch ergibt sich eine große Vielfalt in der Konfiguration der Druckwerke, in den Formatgrößen und in den Weiterverarbeitungsvorgängen. Gemeinsam ist der indirekte Flachdruck über Gummituch. Vereinzelt findet man im Zeitungsbereich auch Druck von der Platte unmittelbar auf die Papierbahn ohne Gummizylinder, Di-Litho genannt. Auch der wasserlose Offsetdruck hat besonders im Rollendruck eine gewisse Bedeutung erlangt.

7.6.4.1 Zeitungsdruck

Die Tageszeitung ist ein sehr vielfältiges Produkt, das von Tag zu Tag im Aufbau und im Umfang mitunter stark variiert. Deshalb sind Druckmaschinenkonzepte notwendig, die diese Flexibilität ermöglichen. Es sind heute riesige Anlagen über einige Stockwerke, die gleichzeitig mehrere Rollen drucken können und viele Druckeinheiten bereit stellen, um auch dem heutigen Trend zur Mehrfarbigkeit in der Tageszeitung gerecht zu werden. Wie bei allen Rollendruckverfahren muss die Druckfarbe vor dem Einlauf der Bahn in den Falzapparat trocken sein. Da im Zeitungsdruck saugfähige, relativ raue Naturpapiere verdruckt werden, geschieht die Druckfarbentrocknung durch Wegschlagen. Dies garantiert niedrige Herstellungskosten, wobei die vergleichsweise geringe Qualität der Farbe bei diesem Produkt toleriert wird.

Typisch für moderne Zeitungsrotationen ist die vertikale Bahnführung. Von der Abrollung im Keller geht

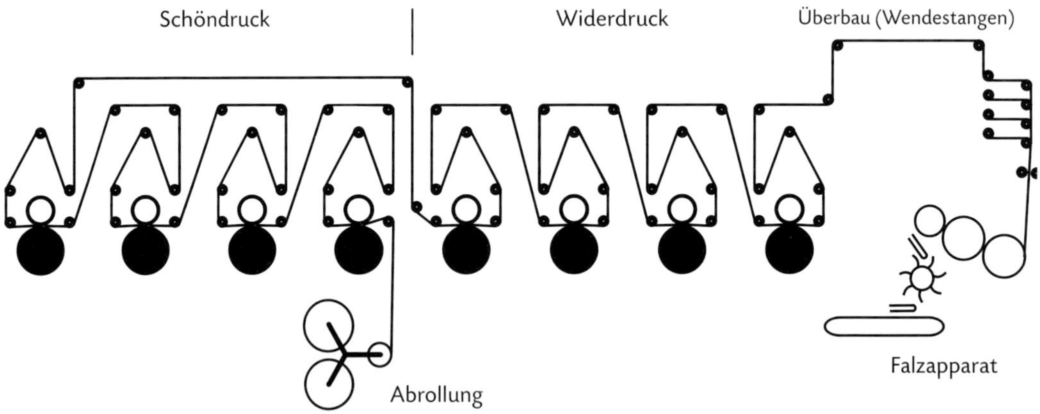

Tiefdruck-Rotation mit acht Druckwerken für Illustrationsdruck. Der Widerdruck erfolgt hier, indem die Widerdruckwerke umgesteuert werden, also andersherum drehen als die Schöndruckwerke, was im Tiefdruck möglich ist. Dieses Beispiel der Bahnführung ist nur eines von vielen für diese Maschine.

die Papierbahn senkrecht nach oben und wird meist in so genannten Achtertürmen bedruckt. Wie die Bezeichnung andeutet, handelt es sich um acht Druckwerke, die paarweise übereinander angeordnet sind. Jedes Paar besteht aus zwei Platten- und Gummituchzylindern, wobei Letztere gegeneinander laufen, also gleichzeitig den Gegendruckzylinder für das andere Druckwerk bilden (Gummi gegen Gummi). Somit wird in einem Achterturm die Papierbahn auf beiden Seiten vierfarbig bedruckt. Solche Achtertürme oder teilweise heute sogar Zwölfertürme mit jeweils eigener Abrollung zu mehreren aneinander gereiht, stellen nur ein mögliches Grundschema der modernen Produktionsanlagen für Zeitungsdruck dar. Weitere Druckwerkskonfigurationen sind denkbar und werden angewendet, sodass jede Zeitungsrotation eine individuell gebaute Großanlage ist.

Die Plattenzylinder tragen normalerweise mehrere Druckplatten jeweils in der Größe einer Zeitungsseite. Das lässt eine schnelle Umrüstung beim Übergang auf lokale oder spezielle Ausgaben innerhalb der Tagesauflage zu.

Als Feuchtwerke werden meist Bürstenfeuchtwerke oder ähnlich arbeitende Systeme eingesetzt. Diese

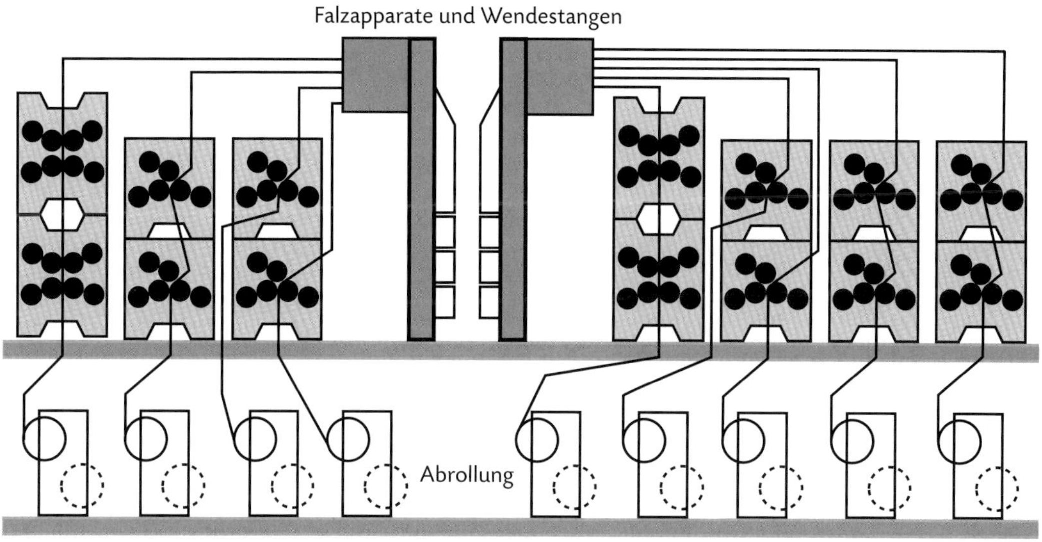

Beispiel einer Zeitungsdruck-Konfiguration. Das täglich sich ändernde Produkt erfordert solche Großanlagen mit variablen Bahnführungen und Farbbelegungen sowie mehrere Falzapparate.

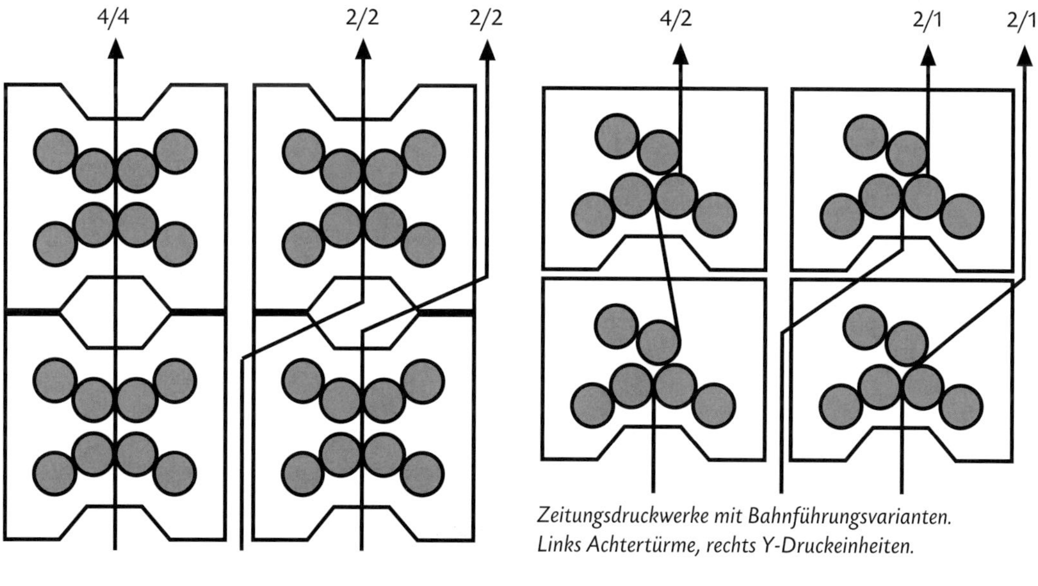

Zeitungsdruckwerke mit Bahnführungsvarianten. Links Achtertürme, rechts Y-Druckeinheiten.

sprühen das Feuchtmittel berührungslos auf die Auftragswalze, was den Vorteil hat, dass Verschmutzungen, die gerade beim Zeitungsdruckpapier anfallen, nicht rückwärts ins Feuchtwerk transportiert werden.

Teilweise finden im Zeitungsdruck Kurzfarbwerke (Anilox) Anwendung, die – wie im Flexodruck – aus Schöpfwalze und Rasterwalze mit Abrakelung bestehen. Hinzu kommt noch eine Auftragswalze aus Gummi, weil die einzufärbende Druckform im Gegensatz zum Flexodruck metallisch hart ist.

Die Weiterverarbeitung im Falzapparat geschieht gewöhnlich über mehrere Trichter und anschließenden gemeinsamen Querfalz.

7.6.4.2 Akzidenz-Rollenoffsetdruck

Weil in diesem Bereich Massenauflagen von mehrfarbigen Werbedrucksachen auf meist gestrichene Papiere gedruckt werden, ist die Druckfarbentrocknung durch reines Wegschlagen nicht mehr möglich und würde auch die Qualitätsansprüche nicht erfüllen. Deshalb kommen im Akzidenz-Rollenoffsetdruck Heat-set-Farben zur Anwendung, die durch Verdampfen von Mineralölen trocknen. Dazu sind kostenaufwändige Heißluft-Trockner zwischen der Druckeinheit und dem Falzapparat erforderlich. Außerdem verlängern sie die Anlage erheblich. Bei der erforderlichen Verweildauer der bedruckten Bahn von einer Sekunde im Trockner ist bei einer durchaus realistischen Druckgeschwindigkeit von 15 Metern pro Sekunde eine Trocknerlänge von 15 Metern erforderlich.

Da die Bahn und die aufgedruckte Farbe auf weit über hundert Grad Celsius aufgeheizt werden, werden auch die Harzbestandteile in der Farbe dickflüssig. Das Vorbeiführen der Bahn an Kühlwalzen am Ende des Trockners lässt diese Substanzen erstarren und sich verfestigen. Eine sehr gute Verankerung der Druckfarbe auf dem Bedruckstoff mit hohem Glanz ist die Folge. Oft sind vor dem Falzapparat auch eine Konditionierung des spröde gewordenen Papiers mittels Feuchtigkeit und ein Silikonauftrag zur Erhöhung der Scheuerfestigkeit für den Falzvorgang notwendig.

Im Gegensatz zum Zeitungsdruck verläuft die Bahnführung durch die Druckwerke hier horizontal. Durchgesetzt haben sich Schön- und Widerdruckwerke, die Gummi-gegen-Gummi arbeiten. Der eine Gummizylinder ist gleichzeitig der Gegendruckzylinder des anderen. Eine solche Druckmaschine besteht aus mindestens vier Schön- und Widerdruckwerken, die in Reihenbauweise angeordnet sind. Oft ist noch ein so genanntes Eindruckwerk vorgeschaltet. Es vereinigt zwei Druckwerke, von denen jeweils eines stillgelegt ist und bei laufender Produktion eingerichtet werden kann, um dann in Aktion gesetzt zu werden, wenn Teilauflagen zum Beispiel Texte in einer anderen Sprache verlangen.

Die Rollenbreiten und Zylinderumfänge sind normalerweise auf DIN-Formate ausgelegt. So spricht man zum Beispiel von Acht- oder Sechzehnseiten-Maschinen, wobei vom A4-Format ausgegangen wird.

Die Falzapparate im Akzidenzbereich stellen normalerweise einen ersten Längsfalz im Trichter her, wonach die Bahn oder Stränge in Abschnitte geteilt werden, die, eventuell auch gesammelt, einen Querfalz erhalten. Ein dritter Falz in Längsrichtung ist möglich, wonach das Produkt seitlich ausgeführt wird.

In die Weiterverarbeitung einer Rollendruckmaschine sind auch Aggregate zum Leimauftrag und Perforieren; es sind Heftmöglichkeiten oder Eindruckwerke mit Personalisierungsmöglichkeiten – oft im Ink-Jet-Verfahren – integrierbar.

7.6.4.3 Endlosformulardruck

Rollenoffsetdruck wird als Produktionsverfahren für den Druck von Formularen aller Art eingesetzt. Die Besonderheiten liegen in der Vielfalt der Weiterverarbeitung, die weitgehend in der Druckmaschine erfolgt. Dies können Längsperforation, Querperforation, Lochungen, Heftungen und Verleimungen sein. Neben herkömmlichen Falzungen werden auch quergeschnittene Bogen, zick-zack- oder wickelgefalzte Produkte ausgelegt. Trennsätze mit Durchschreibpapieren müssen zusammengefügt und teilweise auch mit speziellen

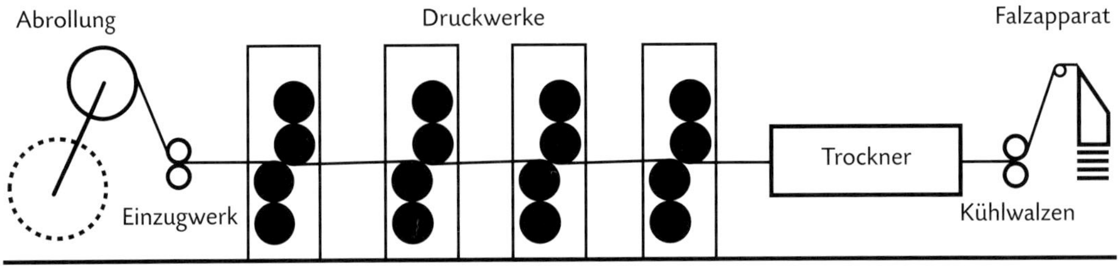

Akzidenz-Rollenoffsetdruckmaschine mit vier Doppeldruckeinheiten Gummi gegen Gummi für 4/4-Druck

Materialien bedruckt werden. Personalisierte oder nummerierte Auflagen erfordern entsprechende Eindruckmöglichkeiten. Historisch bedingt, erfolgen heute noch Formatangaben im Endlosdruck in Zoll.

7.7 Leitstandtechnik

Bei den riesigen Dimensionen, die insbesondere Rollendruckmaschinen haben können, ist es unmöglich, Kontrollen und Einstellungskorrekturen in angemessener Zeit an den einzelnen Aggregaten vorzunehmen. Fehlerscheinungen, die in aus der Produktion gezogenen Exemplaren erkannt werden, haben ihre Ursache vielleicht in weit zurück liegender Produktionszeit, sodass eine Menge Makulatur gefahren wurde. Somit ist es unumgänglich, solche riesigen Produktionsanlagen von zentralen Stellpulten aus zu überwachen und zu steuern.

Diese Leitstände überprüfen automatisch insbesondere Bahnspannung, Umfangs-, Seiten- und auch Diagonalregister sowie den Passer. Das Gleiche gilt für Abrollung, Trockner und Falzaggregate. Abweichungen von Tolerenzbereichen werden angezeigt und können durch Fernverstellung korrigiert werden. Spezielle Videosysteme zeigen – stark vergrößert – den Zustand von Mess- und Passmarken an. Sie können auch Ausschnitte der Farbbilder von der durchlaufenden bedruckten Bahn wiedergeben und mit Referenzdarstellungen vergleichen. So können über Bildschirm auch Farbschwankungen erkannt und ausgeglichen werden.

Inzwischen ist Leitstandtechnik auch im Bogendruck Standard geworden. Heute übliche Mehrfarbmaschinen mit bis zu zwölf Druckwerken in Reihenbauweise sind so groß geworden, dass die Wege einfach zu lang sind, um Einstellungskorrekturen am Ort der Fehlerquelle in angemessener Zeit vorzunehmen. Steuerpulte mit Normlichtquellen zur Betrachtung von Probebogen zeigen fast alle Maschinenfunktionen und das eingestellte Farbprofil der Farbwerke im Offsetdruck an. Vom Pult aus kann der Drucker über Fernsteuerung fast alle Einstellungen vornehmen und korrigieren. Bildschirme verdeutlichen tabellarisch densitometrische oder farbmetrische Soll- und Ist-Zustände. Man lässt den Drucker jedoch noch bewusst Probebogen aus der laufenden Produktion ziehen, um zunächst einen visuellen Abgleich vorzunehmen. Da Messungen normalerweise an Messfeldern erfolgen, besteht die Gefahr, dass Fehlerscheinungen im Druckbild, etwa durch Verschmutzung, von der Automatik nicht erkannt werden. Erst auf Befehl des Druckers werden auf dem Stellpult an gezogenen Bogen densitometrische oder farbmetrische Messungen durchgeführt und ausgewertet.

Darüber hinaus zeigen sich Tendenzen, die Qualitätssicherung auch im Bogendruck weiter zu automatisieren. So wird insbesondere im Verpackungs- und Etikettendruck direkt im Druckbild farbmetrisch gemessen. Ein Spektralfotometer fährt auf gezogenen Bogen in Sekundenschnelle zuvor festgelegte markante Druckbildstellen an und misst den Zustand ihrer Färbung, um diese dann zu regeln.

Schließlich sind weitere Regeleinrichtungen für den Bogendruck in der Lage, in regelmäßigen Abständen das komplette Druckbild zu scannen, um es mit einem abgespeicherten Referenzbild zu vergleichen, das dem OK-Bogen entspricht. Damit ist ein weiterer Schritt hin zur automatischen Qualitätskontrolle innerhalb der laufenden Druckmaschine getan.

So hat auch im Bogendruck die Leitstandtechnik zur erheblichen Verkürzung der Rüstzeiten, zur Stabilisierung der Produktion und – damit verbunden – zur Kostensenkung geführt.

7.8 Qualitätssicherung und -kontrolle

Qualität von Drucksachen definier- und messbar zu machen ist im Vergleich zu Produkten anderer Industriezweige sehr schwierig. Viele Dinge wie Druckverfahren, Bedruckstoffarten, Farbsysteme, Druckmaschinentypen und Druckbedingungen wirken bei der Erstellung von Druckprodukten zusammen. Sie unterliegen schließlich noch der optischen Wahrnehmung des Menschen, sodass auch Bewertungsmaßstäbe wie Ästhetik, Geschmack, Farbempfinden und Gestaltungsmöglichkeiten eine Rolle spielen.

7.8.1 Densitometrie und Farbmetrik

Zur Messung und Steuerung von Druckqualität wurden komplette Systeme erstellt und weiter entwickelt. Als ein solches ist heute die Densitometrie allgemein gebräuchlich. Daneben wird aber in zunehmendem Maße auch mit farbmetrischen Verfahren gearbeitet.

Mit Densitometern werden die Dichten von Druckfarbenschichten und Rastertonwerte gemessen (zu den Grundlagen der Densitometrie siehe Abschnitt 2.1.5). Vor der Messung wird das Densitometer auf einer unbedruckten Stelle des Bogens auf Null kalibriert (genullt); das Papierweiß ist damit in jedem Fall als Dichte 0.00 definiert, egal, ob es hochweiß, gelblich oder leicht grau ist.

Die Messung der bunten Druckfarben Cyan, Magenta und Yellow erfolgt hinter komplementärfarbigen Filtern. In das Messgerät sind drei Farbfilter in den Farben Rot zur Messung von Cyan, Grün zur Messung von Magenta und Blau zur Messung von Yellow eingebaut. Es wird also nicht die gesamte Reflexion des mit der jeweiligen Druckfarbe bedeckten Bedruckstoffs gemessen; erfasst werden vielmehr nur die in den Hauptabsorptionsbereichen der Druckfarben auftretenden Nebenreflexionen (Verweißlichungen). Die in Cyan, Magenta und Yellow gemessenen Dichten kennzeichnen also die Sättigungen der Druckfarben.

Schwarz könnte zwar ohne Filter gemessen werden; normalerweise wird aber ein spezielles Grünfilter benutzt. Das ist sinnvoll, weil die empfundene Helligkeit der schwarzen Druckfarbe im Wesentlichen von den mittleren Wellenlängen abhängt (vgl. Abschnitt 2.1.4)

Während bei älteren Densitometern das jeweils richtige Filter manuell in den Strahlengang gedreht werden musste, haben heutige Geräte eine automatische Farbenerkennung. Intern führen sie immer vier Messungen hinter den vier verschiedenen Filtern parallel durch und identifizieren die Farbe durch Vergleich der Messwerte untereinander. Wenn die Dichten für Cyan, Magenta und Yellow deutlich voneinander abweichen, steht der höchste Wert für die gemessene Druckfarbe. Sind die drei Dichten nahezu gleich, handelt es sich um die Druckfarbe Schwarz und die dafür gemessene Dichte wird angezeigt. Beispiel: Die Messung ergibt 1.55 für Cyan, 0.40 für Magenta und 0.12 für Yellow. Damit ist die gemessene Druckfarbe als Cyan identifiziert; das Gerät zeigt die Dichte 1.55 und ein Symbol für Cyan an. Wenn sich Dichten von zum Beispiel 1.92 (Cyan), 1.89 (Magenta), 2.08 (Yellow) und 1.90 (Schwarz) ergeben, werden die Dichte 1.90 und ein Symbol für Schwarz angezeigt.

Densitometer zur Messung der Farbdichten von Druckfarben sind außerdem mit Polarisationsfiltern ausgerüstet, damit der unterschiedliche Glanz ungetrockneter und getrockneter Druckfarbe die Messergebnisse möglichst wenig beeinflusst. Dadurch ist es möglich, die Farbdichten eines frisch aus der Druckmaschine kommenden Bogens aussagekräftig mit denen eines bereits getrockneten Bogens zu vergleichen.

Die gemessene Farbdichte hängt in erster Linie von der Schichtdicke und der Pigmentkonzentration der Druckfarbe ab. Mithilfe der gemessenen Dichten werden im Offsetdruck die Schichtdicke und im Tief- und Flexodruck die Pigmentierung an Sollwert-Vorgaben angepasst. Ein gemessener Dichtewert ist jedoch noch keine Qualitätsaussage.

Im Offsetdruck müssen die Teilfarben für einen Mehrfarbendruck in ihrer Sättigung aufeinander abgestimmt werden. Dies geschieht praktisch durch Variation der Druckfarbenschichten mittels Zonenschrauben oder Duktorvorschubs. Die Farbdichte ist annähernd proportional zur Dicke der Druckfarbenschicht. Eine bestimmte prozentuale Über- oder Unterschreitung der Soll-Farbdichte entspricht einer etwa gleich großen prozentualen Abweichung von der Soll-Farbschichtdicke.

Es gibt Empfehlungen und zum Teil hauseigene Standards, die für bestimmte Papierklassen und Druckfarben optimale Schichtdicken festlegen, deren Dichtewerte als Vorgaben für den Auflagendruck benutzt werden. Realistischer als solche Empfehlungen sind aber in der Regel die Dichtewerte von fortdruckgerechten Andrucken oder Proofs, die für den Auflagendruck übernommen werden. Die Volltondichten der einzelnen Teilfarben des OK-Bogens werden dann im Allgemeinen als Sollwerte für die Steuerung der Färbung des Auflagendrucks festgesetzt und fortlaufend in der Produktion kontrolliert. Im Bogendruck werden die Volltondichten an gezogenen Bogen ständig gemessen und bei Überschreiten eines Toleranzbereichs nachgesteuert.

Eine prozessbedingte Größe im Offsetdruck ist die Tonwertzunahme beim Rasterdruck. Rasterpunkte werden immer flächig größer abgebildet, als sie ursprünglich auf dem Film beziehungsweise im Datensatz oder auf der Druckplatte waren. Die zahlenmäßige Bestimmung der Tonwertzunahme erfolgt als Differenz des prozentualen Tonwertes im Film oder Datensatz zum gedruckten Tonwert. Wird eine Tonwertvorgabe von beispielsweise 30 % mit 48 % im Druck wiedergegeben, so beträgt die Tonwertzunahme 48 % – 30 % = 18 %.

Darstellen lässt sich die Tonwertzunahme, die über den gesamten Tonwertbereich von 0 bis 100 Prozent unterschiedlich ist, durch eine Druckkennlinie. Dazu wird ein Kontrollstreifen mit Rasterfeldern in normalerweise 10-prozentiger Abstufung gedruckt, densitometrisch ausgemessen und das Ergebnis in ein Koordinatensystem eingetragen. Diese Druckkennlinie ist

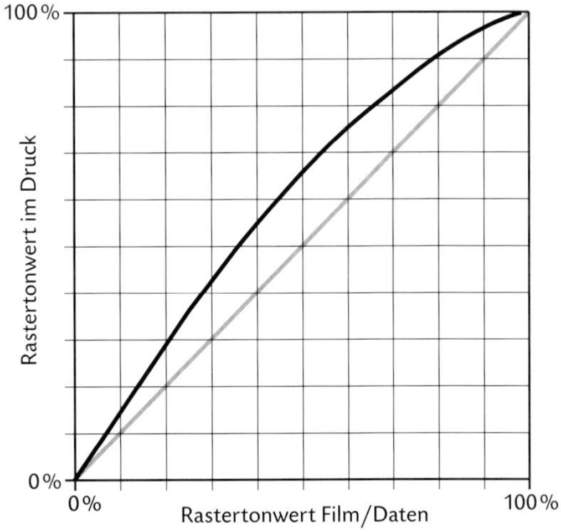

Druckkennlinie

eine Art Visitenkarte der Druckmaschine und hängt von der Pressung der Zylinder, der Art der Gummitücher und von der Zusammensetzung der Druckfarbe ab. Mit ihr werden in der Druckvorstufe die Tonwerte um die jeweilige Tonwertzunahme im Druck reduziert, sodass sie im Druckbild kompensiert sind.

Bei der densitometrischen Bestimmung von Rastertonwerten wird immer zuerst die Volltondichte gemessen, also die Dichte einer vollständig mit Druckfarbe bedeckten Fläche. Das Densitometer speichert diesen Dichtewert. Dann folgt die Messung im Raster, und der Rechner des Messgeräts ermittelt aus Raster- und Volltondichte den Rastertonwert nach der Murray-Davies-Formel (vgl. Abschnitt 11.8.5).

Unter Berücksichtigung der Tonwertzunahme hat das Druckbild eine optimale Färbung, wenn bei genügender Sättigung der Vollflächen die Tonwertzunahme in den Rastern nicht zu hoch ist. Diese kompromisshafte Farbzoneneinstellung kann zahlenmäßig durch den Druckkontrast erfasst und beschrieben werden. Der relative Druckkontrast K berechnet sich nach dieser Formel:

$$K = \frac{D_{\text{Vollton}} - D_{\text{Raster}}}{D_{\text{Vollton}}}$$

Innerhalb einer Färbungsreihe von Überfärbung (Neigung zum Zulaufen der Raster) bis zur Unterfärbung (zu geringe Volltonsättigung) liegt der optimal gefärbte Bogen, dessen Färbung als Normalfärbung bezeichnet wird. Dieser normal gefärbte Bogen hat den höchsten Kontrastwert innerhalb der Färbungsreihe.

Durch Dichtemessung der jeweiligen Volltöne und der Rastertöne im Dreivierteltonlassen sich die Kontrastwerte errechnen und vergleichen. Moderne Densitometer tun das automatisch. Die Volltondichte des Bogens mit Normalfärbung kann dann als Sollwert zur Steuerung des Fortdrucks benutzt werden.

Dichtewerte sind nach wie vor gut zur Steuerung von Ein- und Mehrfarbendruckmaschinen geeignet. Allerdings sind Densitometer „farbenblind“, weil sie lediglich Schichtdickenveränderungen oder Änderungen der Pigmentkonzentration feststellen. So kann ein Densitometer Magenta nicht von Rot unterscheiden, wobei beide Farben dieselben Farbdichten aufweisen können.

Die Farbfilter herkömmlicher Densitometer sind auf die Prozessdruckfarben abgestimmt; spezielle Messfilter für Sonderfarben gibt es nicht. Als Lösung bietet sich zwar die Möglichkeit, auf die jeweils höchste der vier für Cyan, Yellow, Magenta und Schwarz gemessenen Dichten zurückzugreifen. Während das bei dunklen oder hoch gesättigten Sonderfarben gut funktioniert, ist die densitometrische Kontrolle heller, gering gesättigter Sonderfarben recht unzuverlässig. Bei geringer Sättigung ergeben sich hinter allen Farbfiltern entsprechend geringe Dichten; sehr kleine Abweichungen von der Soll-Dichte stehen also für vergleichsweise große Abweichungen der Farbschichtdicke.

Von den drei Parametern einer Farbe erkennt das Densitometer im Prinzip nur Sättigungsänderungen. Zusätzliche Informationen über Bunttöne und Helligkeiten liefert die Farbmetrik (vgl. Abschnitt 2.7). Seitdem Farbmessgeräte zuverlässig, relativ unkompliziert in der Handhabung und vor allem preiswert geworden sind, hat die Farbmetrik auch in der Druckindustrie einen wichtigen Stellenwert bekommen.

Als Messgeräte dienen in der Regel Spektralfotometer. Diese erfassen unter Berücksichtigung einer festgelegten Lichtart die exakte Reflexionskurve einer gedruckten Farbe und verrechnen diese mit den Farbreizkurven des Normalbeobachters, wodurch auch das menschliche Sehvermögen für Farbe mit in die Messung einbezogen wird. Das Ergebnis sind die Normfarbwerte X, Y und Z. Durch Umrechnung ergeben sie für die betreffende Farbe drei Koordinaten, die einen genauen Farbort in einem Farbraum als Punkt markieren. In der Druckindustrie hat sich weitgehend das CIELAB-System durchgesetzt, das Farben eindeutig durch die Farbwerte L^*, a^* und b^*kennzeichnet (vgl. Abschnitt 2.7.5).

Anders als Densitometer werden Farbmessgeräte nicht auf Papierweiß kalibriert, sondern auf Absolutweiß. Das ist ein theoretisches Weiß mit den Farbwerten $L^* = 100$, $a^* = 0$, $b^* = 0$. Da sich ein solches Weiß nicht technisch herstellen lässt, wird zwar eine nicht absolutweiße Eichprobe (Weißreferenz) verwendet, meist eine kleine Kachel aus Keramik oder Kunststoff. Dabei wird aber das Gerät so kalibriert, das ein theoretisches Absolutweiß die Messwerte $L^* = 100$, $a^* = 0$, $b^* = 0$ ergeben würde.

Die Steuerung von Druckmaschinen mittels Farbmetrik erfolgt ebenfalls durch Soll-Ist-Vergleich unter Festlegung eines Toleranzbereiches. Der Soll-Wert ist im CIELAB-System als Farbort vorgegeben. Auch der gemessene Ist-Wert wird in diesem System abgelegt. Die Strecke zwischen Soll- und Ist-Wert heißt Farbabstand (Symbol ΔE^*) und kennzeichnet das Ausmaß der Farbabweichung. ΔE^* wird mithilfe der CIELAB-Farbabstandsformel berechnet (vgl. Abschnitt 2.7.6). Verlässt ΔE^* den festgelegten Toleranzbereich, kann die Druckmaschine nachgesteuert werden mit dem Ziel, dass der Ist-Wert wieder auf den Sollwert zurückgeführt wird.

Die Messung und Steuerung von Sonderfarben stellt kein Problem dar. Gleiche Farbabstände stehen im CIELAB-System für nahezu gleich empfundene Farbunterschiede. Die Abweichung vom Soll-Wert, ab der regelnd eingegriffen werden sollte, ist also bei jeder Druckfarbe etwa gleich groß., egal, ob sie hell oder dunkel, gering oder hoch gesättigt ist.

Spektralfotometer sind inzwischen zu Universal-Messgeräten in der Drucktechnik geworden, weil man mit ihnen auch Dichtewerte im herkömmlichen Sinne bestimmen kann. Zum Messen der so genannten spektralen Dichte wird die erfasste Reflexion der Druckfarbe mit im Messgerät abgespeicherten theoretischen Filterkurven verrechnet; daraus ergeben sich Dichtewerte, die proportional zu den Druckfarben-Schichtdicken sind. Diese Messtechnik ist speziell für Sonderfarben geeignet, weil sich ihnen genau entsprechende Filterkurven zuordnen lassen, während herkömmliche Densitometer nur Filter für die Prozessdruckfarben haben.

Zuverlässige Dienste leistet die Farbmetrik auch beim Bestimmen und Mischen von Druckfarben, insbesondere Sonderfarben, wie sie häufig im Verpackungsdruck vorkommen.

Trotz aller Vorteile kann die Farbmetrik aber die Densitometrie nicht vollständig ersetzen. Neben der Farbe bleibt die Tonwertzunahme im Offsetdruck ein zentraler Parameter. Farbabweichungen im Druck können sowohl auf zu dünne oder zu dicke Druckfarbenschichten zurückzuführen sein als auch auf Veränderungen bei der Tonwertzunahme. Die Tonwertzunahme ist aber nur densitometrisch messbar.

7.8.2 Kontrollelemente

Qualitätskontrollen werden meist nicht im Druckbild selbst, sondern an mitgedruckten Kontrollelementen ausgeführt, die – in Kontrollstreifen vereinigt – außerhalb des Beschnitts mitgedruckt werden.

Ein Teil dieser Streifen enthält Messfelder für die standardisierte Plattenkopie (vgl. Abschnitt 6.9.1.1). Vollton- und Rasterfelder (meist 40 % und 80 % Tonwert) in den Prozessfarben dienen der Fortdrucksteuerung über die Volltondichte und der Ermittlung von Tonwertzunahme und Druckkontrast.

Vollflächige Übereinanderdrucke von jeweils zwei Grundfarben ergeben Felder mit Rot, Grün und Blau. Mit ihrer Hilfe lassen sich Aussagen über die Farbannahme machen. Auch ein dreifarbiger Übereinanderdruck liegt vor. In einem Rasterfeld erzeugen die drei Buntfarben einen neutralen Grauwert, mit dem sich auch visuell die Farbbalance prüfen lässt. Sobald sich die Farbführung einer Teilfarbe ändert, zeigt das Messfeld einen Buntstich. Meist liegt daneben zur Referenz ein Rasterfeld mit einem Grau, das aber nur durch die Druckfarbe Schwarz erzeugt wird und daher keinen Buntstich zeigt.

Ein Feld aus Kombinationen von senkrechten, waagerechten und diagonalen Linien mit gleich großen Spalten zeigt Schieben und Dublieren an. Schieben entsteht durch Abwicklungsfehler, bei denen Rasterpunkte und auch die waagerechten Linien des Kontrollfelds in Umfangsrichtung des Zylinders ausgezogen und dadurch breiter werden. Beim Dublieren, das etliche Ursachen haben kann, wie nicht festgespannte Gummitücher, nicht planliegendes Papier, mangeln-

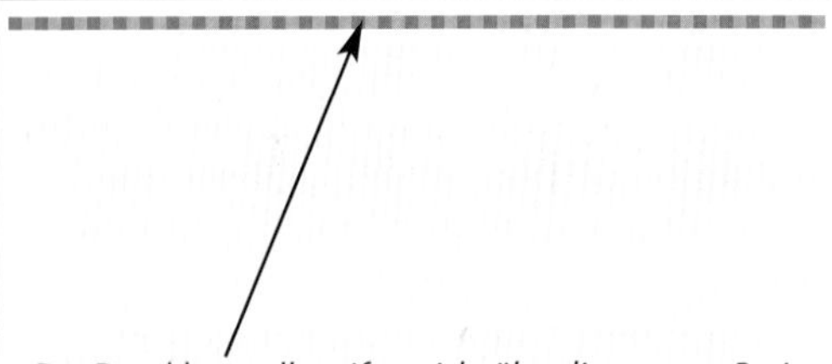

Der Druckkontrollstreifen reicht über die gesamte Breite des Druckbogens, wobei sich die Abfolge der Kontrollelemente nach jeweils etwa 12 cm bis 15 cm wiederholt. Die einzelnen Felder sind etwa 6 mm × 6 mm groß.

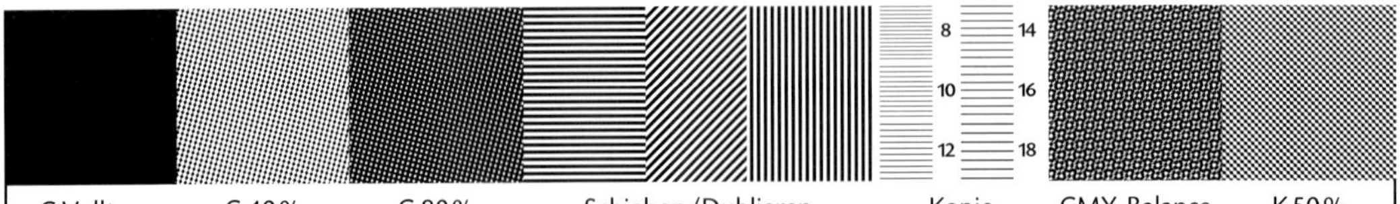

Ausschnitt eines Druckkontrollstreifens in rund dreifacher Vergrößerung. Die Druckkontrollstreifen verschiedener Hersteller unterscheiden sich zwar in Anordnung und Design der einzelnen Felder – ihre Funktionen sind aber im Wesentlichen dieselben.
Die drei linken Felder dienen zur Messung des Volltons (Dichte und CIELAB-Farbwerte) sowie der effektiven Rastertonwerte für 40 % und 80 %. Das D-Feld zeigt Schieben und Dublieren an. Wird das linke dunkler, sind die waagerechten Linien breiter geworden, was Schieben (Abwicklungsfehler) anzeigt. Bei Dunklerwerden des rechten oder mittleren Feldes liegt seitliches oder schräges Dublieren vor. Das Mikrolinienfeld dient zur Überprüfung der Kopie. Das Balance-Feld zeigt ein dreifarbig aufgebautes Mittelton-Grau, zum Beispiel C 50 % M 40 % Y 40 %. Verändert sich die Farbführung einer bunten Druckfarbe, bekommt dieses Feld einen sichtbaren Buntstich. Als Referenz liegt daneben ein mit schwarzer Druckfarbe erzeugtes Grau.

den Greiferschluss oder Maschinenfehler, findet ein seitlicher oder diagonaler Versatz statt. Somit zeigt ein Dunklerwerden des waagerechten Linienfeldes Schieben an, ein dunkleres Feld der senkrechten Linien oder diagonalen signalisiert Dublieren.

Die Kontrollstreifen liegen für herkömmliche Plattenkopien als Filmstreifen vor, die verlässliche Daten nur in unkopiertem Originalzustand liefern, oder sie sind digitalisiert für die Computer-to-...-Verfahren und für den Digitaldruck. Daneben gibt es auch Versionen für die Negativkopie.

Mithilfe spezieller Marken lassen sich heute auch im Bogendruck Passer- und Registerdifferenzen automatisch erkennen und korrigieren.

7.8.3 Standardisierung

Um Drucksachen in konstanter und wiederholbarer Qualität herzustellen, werden Druckprozesse standardisiert. Kennwerte und Arbeitsrichtlinien sollen sicherstellen, dass gleiche Daten bei Verwendung gleicher Bedruckstoffe (nahezu) gleiche Ergebnisse im Druck bringen. Solche Regelwerke können auf betrieblicher Ebene erstellt werden oder betriebsübergreifend von Verbänden oder Normungsgremien.

Die Entwicklung umfassender betrieblicher Standards kommt nur für Großbetriebe infrage; für Klein- und Mittelbetriebe sind Zeit- und Kostenaufwand viel zu hoch. Überbetriebliche Standards haben aus Sicht der Auftraggeber von Drucksachen außerdem den Vorteil, dass sie von allen Druckereien, die diese Regelwerke anwenden, annähernd gleiche Qualität erwarten können. Die Daten für eine Anzeige, eine Broschüre, ein Plakat oder irgendein anderes Druckprodukt werden nicht auf die spezielle Arbeitsweise einer bestimmten Druckerei abgestimmt, sondern auf einen Druckprozess nach allgemein zugänglichem und anerkanntem überbetrieblichen Standard.

Die folgende Darstellung bezieht sich exemplarisch auf den Offsetdruck. Die Entwicklung überbetrieblicher Regelwerke begann hier bereits in den 1970er Jahren. 1981 gab der Bundesverband Druck e.V. (bvd; heute Bundesverband Druck und Medien e.V., bvdm) das von der Forschungsgesellschaft Druck (FOGRA) erarbeitete Handbuch zur Standardisierung im Offsetdruckverfahren heraus, in der Praxis kurz als „bvd-FOGRA-Standard" bezeichnet. Dieses Regelwerk wurde laufend weiterentwickelt und dem jeweiligen Stand der Technik angepasst; die aktuelle Auflage heißt ProzessStandard Offsetdruck (PSO). Eine kurze Zusammenfassung der wichtigsten Regel und Kennwerte enthält der MedienStandard Druck des bvdm (MSD, www. bvdm-online.de/Aktuelles/Downloads.php).

Zentrale Punkte des bvd-FOGRA-Standards wurden in die 1996 verabschiedete Internationale Norm

Soll-Werte nach ISO 12647-2*)

Farbwerte (*L**, *a**, *b**) für schwarze Unterlage

	Papiertyp 1 und 2			Papiertyp 4		
Cyan	54	−36	−49	58	−25	−43
Magenta	46	72	−5	54	58	−2
Yellow	87	−6	90	86	−4	75
Schwarz	16	0	0	31	1	1

Farbwerte (*L**, *a**, *b**) für weiße Unterlage

	Papiertyp 1 und 2			Papiertyp 4		
Cyan	55	−37	−50	60	−26	−44
Magenta	48	74	−3	56	61	−1
Yellow	89	−5	93	89	−4	78
Schwarz	16	0	0	31	1	1

Tonwertzunahme bei 50%, Positiv-/Negativplatten**)

	Papiertyp 1 und 2	Papiertyp 4 und 5
C, M, Y	14%/20%	20%/25%
Schwarz	17%/23%	23%/28%

*) ISO 12647-2:2004/Amendment 1:2007
**) Rasterfrequenz 60/cm

Papiertypen nach ISO 12647-2*)

Papiertyp	Beschreibung	Flächenmasse	Farbe (*L**, *a**, *b**) auf Unterlage schwarz			weiß		
1	glänzend gestrichen, weiß, holzfrei	ca. 115 g/m²	93	0	−3	95	0	−2
2	matt gestrichen, weiß, holzfrei	ca. 115 g/m²	92	0	−3	94	0	−2
3	glänzend gestrichen, LWC (Rolle)	ca. 70 g/m²	87	−1	3	92	0	5
4	ungestrichen, weiß, Offset	ca. 115 g/m²	92	0	−3	95	0	−2
5	ungestrichen, gelblich, Offset	ca. 115 g/m²	88	0	6	90	0	9

*) ISO 12647-2:2004/Amendment 1:2007

ISO 12647-2 *(Process control for the production of halftone colour separations, proof an production prints – Part 2: Offset lithographic processses)* übernommen. 2004 erschien die überarbeitete Fassung dieser Norm, eine Ergänzung (Amandment 1) folgte 2007.

Die übrigen Teile der Normenreihe ISO 12647 beziehen sich auf allgemeine Parameter und Messmethoden (Teil 1), Zeitungsdruck (Teil 3), Rakeltiefdruck (Teil 4), Siebdruck (Teil 5), Flexodruck (Teil 6) und digitale Prüfdruckherstellung (Teil 7).

Der ProzessStandard Offsetdruck ist zwar wesentlich umfangreicher und detaillierter als ISO 12647-2; die zentralen Richtlinien und Kennwerte beider Regelwerke stimmen aber überein. Wichtige Parameter sind CIELAB-Farbwerte der Volltöne der Prozessdruckfarben und Tonwertzunahme im Druck.

Um die Vielzahl unterschiedlicher Papier- und Kartonsorten in den Griff zu bekommen, wurden fünf typische Papiere definiert (vgl. Tabelle am Fuß der vorigen Seite). Der für die Auflage verwendete Bedruckstoff wird jeweils dem Typ zugeordnet, dem er in Farbe und Glanz am nächsten kommt.

Die Beschränkung auf nur fünf Papiertypen hat sich aber als etwas problematisch erwiesen. Bei der nächsten Überarbeitung von ISO 12647-2 und PSO werden voraussichtlich noch drei hinzukommen: aufgebessertes LWC-Papier (LWC improved), satiniertes Naturpapier (SC, Super-Calandred) und einfaches, „maschinengestrichenes" Bilderdruckpapier (MFC, Mashine Finished Coating, MFC). Die entsprechenden Farbwerte wurden bereits von der FOGRA ermittelt und sind u. a. im MedienStandard Druck, Ausgabe 2010, zu finden.

Neben den Soll-Werten für Farben und Tonwertzunahme geben ISO 12647-2 und PSO zulässige Abweichungen und Schwankungsbreiten vor. Die Abweichungstoleranzen geben an, wie stark die Werte des Abstimmbogens (OK-Bogen) höchstens von den Soll-Werten abweichen dürfen. Bei den Schwankungsbreiten geht es um Abweichungen zwischen Fortdruck und Abstimmbogen; mindestens 68 % der Fortdruckbogen müssen innerhalb der Schwankungsbreite liegen.

Bei den Volltönen der Prozessdruckfarben Cyan, Magenta, Yellow und Schwarz beträgt die Abweichungstoleranz $\Delta E^* = 5$ und die Schwankungsbreite $\Delta E^* = 4$. Die Tonwertzunahme im Mittelton (50 %) darf um höchstens ±4 % vom Soll-Wert abweichen; dabei soll allerdings die Spreizung zwischen den Druckfarben Cyan, Magenta und Yellow, also die größte Differenz der effektiven Rastertonwerte untereinander, nicht größer als 5 % sein. Die zulässige Schwankungsbreite der Tonwertzunahme beträgt ±4 %.

Auflagenbogen sollen bei der Farbmessung auf einer schwarzen Unterlage liegen (Dichte 1.5 ±0.2), um das Durchscheinen des rückseitigen Drucks zu verhindern. Bei Andrucken und Farbprüfdrucken wird dagegen eine weiße Unterlage verwendet.

7.9 Bedruckstoff

7.9.1 Geschichte des Papiers

Der wichtigste Werkstoff der Druckindustrie, das Papier, ist über 2000 Jahre alt und stammt aus China. Vor ihm dienten Papyrus und Pergament als Beschreibstoffe. Papyrus ist etwa 5000 Jahre alt und stammt aus Ägypten. Es wird aus dem in Streifen geschnittenen Mark der Papyruspflanze hergestellt. Die Streifen wurden in zwei Lagen senkrecht und waagerecht übereinander gelegt. Durch Pressen und Hämmern verband der austretende Saft diese beiden Lagen, sodass nach dem Trocknen ein flächiges Blatt entstand, das sich wegen seiner Brüchigkeit aber nicht falzen lässt. Umfangreichere, auf Papyrus geschriebene Werke wurden deshalb in Form von Rollen gelesen und archiviert.

Etwa 3300 Jahre alt ist das aus Kleinasien stammende Pergament. Hergestellt wird es aus Tierhaut, die in Kalkmilch aufgeweicht wird. Nach dem Abschaben der Haare wird die Haut zum Trocknen auf Rahmen gespannt und dann glatt geschabt. Dadurch entsteht ein sehr fester, haltbarer Beschreibstoff, der noch von Gutenberg und späteren Druckern neben dem Papier verarbeitet wurde.

Die Kunst des Papiermachens blieb etliche Jahrhunderte in China Geheimnis. Danach breitete sie sich nach Korea und Japan aus. Der Weg, den es seit seiner ersten Herstellung in China zu uns machte, dauerte fast eineinhalb tausend Jahre und führte über Arabien, Nordafrika, Spanien und Italien. 1390 stellte Ulman Stromer in Nürnberg das erste Papier in Deutschland her, gerade mal knapp 40 Jahre vor dem ersten Bücherdruck Johannes Gutenbergs.

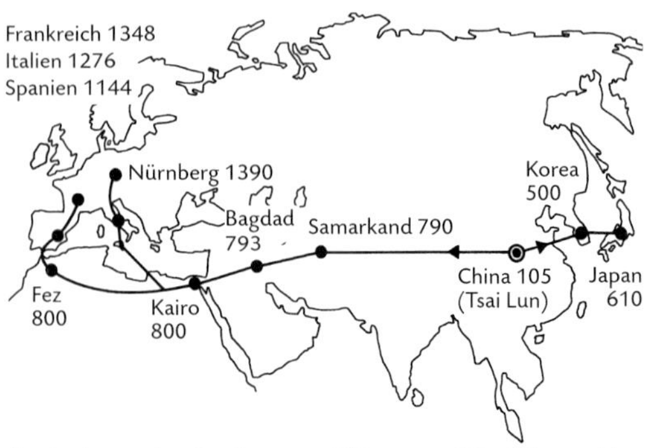

Ausbreitung des Papiers von China aus. Die Jahreszahlen stehen für die ersten Papiermachereien in den jeweiligen Regionen.

7.9.2 Papierherstellung

7.9.2.1 Papierrohstoffe

„Papier ist ein flächiger, im wesentlichen aus Fasern meist pflanzlicher Herkunft bestehender Werkstoff, der durch Entwässerung einer Faseraufschwemmung auf einem Sieb gebildet wird" (DIN 6730).

Die als Rohstoffe dienenden Fasern waren ursprünglich textiler Art. Als sie später knapp wurden, entdeckte man, dass sich pflanzliche Rohstoffe, vor allem Holz, ebenfalls zum Papiermachen eignen. Dazu muss das Holz von Laub- und Nadelbäumen in seine Faserstruktur zerlegt werden. Dies geschieht durch mechanisches Schleifen und chemischen Aufschluss durch Kochen von Holzschnitzeln in Lauge oder Säure. Letzteres ergibt Zellstoff, der die reine Holzfaser darstellt, während geschliffene Holzfasern noch von harzigen, nichtfaserigen Bestandteilen des Holzes umgeben sind.

Zur Papiermacherei eignen sich nur Fasern, die erstens längliche Gestalt haben und zweitens eine

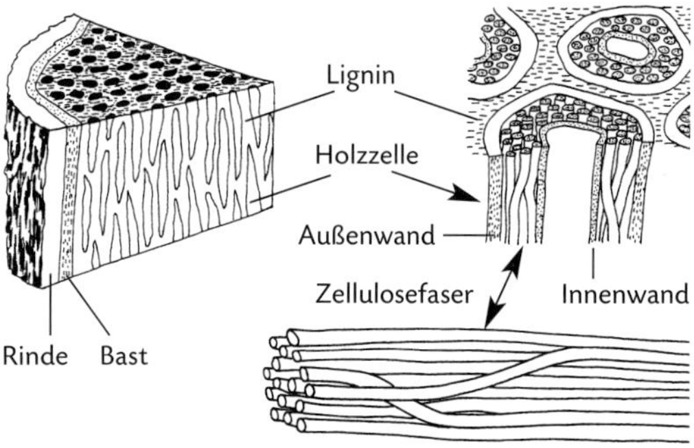

Aufbau der Zellulose. Abgesehen von der Rinde, besteht die Holzsubstanz aus den Zellulosefasern und harzigen Kittsubstanzen, vorwiegend Lignin. Die für die Papierherstellung wichtigen Fasern bestehen aus einer Innen- und einer Außenwand. Dazwischen befinden sich Bündel von Fibrillen, die eine kettenförmige chemische Struktur haben. An ihrer Oberfläche treten regelmäßig OH-Gruppen auf, die die Bindestellen zwischen den Papierfasern darstellen.

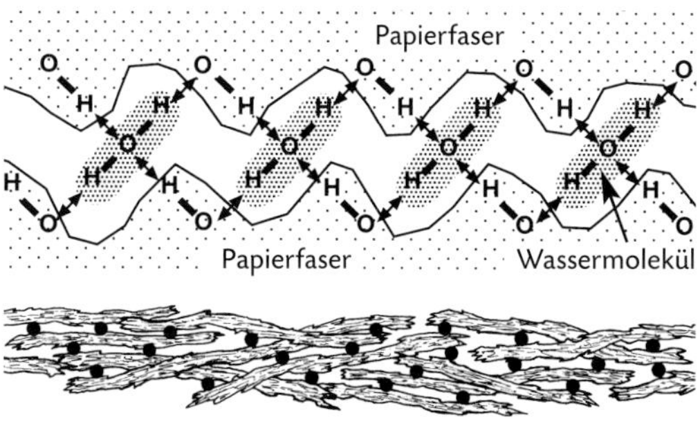

Wasserstoffbrücken-Bindung zwischen Papierfasern

bestimmte chemische Struktur aufweisen, nämlich OH-Gruppen an ihrer Oberfläche in regelmäßigen Abständen. Diese Bedingungen erfüllen neben dem Holz auch natürliche Textilfasern und einige Gräser. Die OH-Gruppen sind die Bindemöglichkeit für das Fasergefüge, das letztlich das Papier ausmacht.

Die Fasern werden zunächst in Wasser aufgeschwemmt. Indem man dieses stufenweise entfernt, kommen die Faseroberflächen so dicht in Kontakt, dass sich die OH-Gruppen über eine Molekülschicht des Wassers verbinden. Nur durch diese chemische Bindung über Wasserstoffbrücken bekommt das Papier seine Festigkeit.

Heute gelangen vorwiegend Holzfasern zum Einsatz, entweder als Holzstoff (mechanisch aufbereitet) oder als Zellstoff (chemisch aufbereitet). Für besonders hochwertiges, strapazierfähiges Papier kommen noch textile Fasern (Hadern) in Frage. Eine besondere Rolle spielt seit vielen Jahren die Wiederverwendung von Altpapier (Recycling). Sie macht heute über 50 % bei der gesamten Papierherstellung aus. Bei Druckpapieren ist die Quote jedoch wesentlich geringer, weil diese Recyclingpapiere die hohen Anforderungen oft nicht erfüllen. Wenn bedruckte Altpapiere wieder verwendet werden, machen ihre Fasern vorher einen De-Inking-Prozess durch, wobei Druckfarbenreste durch Aufschwemmen gelöst werden.

7.9.2.2 Funktion der Papiermaschine

An den Verfahrensschritten der Papierherstellung hat sich seit ihres Bestehens im Prinzip kaum etwas verändert. Nur die handwerkliche Herstellungstechnik ist einer großindustriellen Produktion gewichen, die heute Papier in riesigen Dimensionen und Mengen herstellt, um den unvorstellbaren Bedarf zu decken. Grundsätzlich vollzieht sich der Prozess in folgenden Schritten:

- Stoffaufbereitung, bei der der Faserbrei, also eine Aufschwemmung der Fasern in Wasser, hergestellt wird.
- Aufbringen des Faserbreis auf ein engmaschiges Sieb.
- Erster Entwässerungsschritt durch Abfließen von Wasser durch die Siebmaschen.
- Zweiter Entwässerungsschritt durch Herauspressen von weiterem Wasser mithilfe von Druck zwischen saugfähigen Filztüchern.
- Dritter Entwässerungsschritt durch Verdampfen des Restwassers mittels Hitze.

Für Art und Qualität des späteren Papiers ist ein Mahlprozess entscheidend, dem die Fasern unterzogen werden. In Kegelmühlen, so genannten Refinern, werden die in Wasser aufgeschwemmten Fasern gekürzt.

Das kann auf zwei grundsätzliche Arten erfolgen. Entweder durch glatten Schnitt oder durch einen stumpfen Schnitt, bei dem die Fasern an der Schnittfläche gleichsam ausgefranst, fibrilliert werden. Dadurch sind weitere OH-Gruppen frei gelegt, die zwar für größere Festigkeit sorgen, jedoch die Transparenz des Papiers erhöhen. Kurze, glatte Fasern ergeben ein lockeres, sehr saugfähiges Papiergefüge. Die Art der Mahlung der eingesetzten Fasern entscheiden weitgehend über die Beschaffenheit des gewünschten Papiers.

In einer Stoffzentrale kommen gemahlene Faserstoffe, eine Palette von Hilfsstoffen und das Wasser dosiert zusammen. Dies in einem ununterbrochenen kontinuierlichen Prozess, weil die zu versorgende Papiermaschine rund um die Uhr läuft.

Nach einigen Reinigungsstationen bringt ein Stoffauflauf die Faseraufschwemmung, die zu etwa 98 % aus Wasser besteht, absolut gleichmäßig dosiert ständig auf ein rotierendes Siebband. Dieses kann im Einzelfall bis zu 12 Meter breit sein und läuft mit einer Geschwindigkeit von etwa 10 bis 15 Metern pro Sekunde. Durch Schwerkraft und unterstützt durch Unterdruck, läuft ein Teil des Wassers durch die Siebmaschen ab. Die zusammenrückenden Fasern bilden auf der gesamten Sieboberfläche eine dünne, gleichmäßige, noch sehr nasse Papierschicht.

Eine Siebwalze, Egoutteur genannt, läuft oben auf dem Sieb mit und verdichtet unter leichtem Druck das nasse Papiergefüge von oben. Dieser Egoutteur kann auch die Funktion der Wasserzeichenherstellung übernehmen. Auf seiner Oberfläche trägt er zu diesem Zweck ein ornamenthaftes Drahtgeflecht, das bei jeder Umdrehung des Siebzylinders in die nasse Papierbahn drückt und dadurch Fasern verdrängt. Diese Herabsetzung der Faserstoffkonzentration wird bei der weiteren Papierbildung mit eingetrocknet und zeigt sich später als leicht transparentes Abbild des Ornamentes. Da sich dieses nicht mehr aus dem Papier entfernen lässt, spricht man vom echten Wasserzeichen. Halbechte und unechte Wasserzeichen werden durch nachträgliches Prägen beziehungsweise durch Aufdrucken von fettiger Farbe hergestellt.

Bei herkömmlichen Langsiebpapiermaschinen erfolgt die Entwässerung auf dem Sieb immer nach unten, also einseitig. Dies führt zur Zweiseitigkeit beim Papier, womit eine unterschiedliche Oberflächenbeschaffenheit am Papier gemeint ist. Daher setzt man zunehmend so genannte Duoformer ein. Sie bestehen

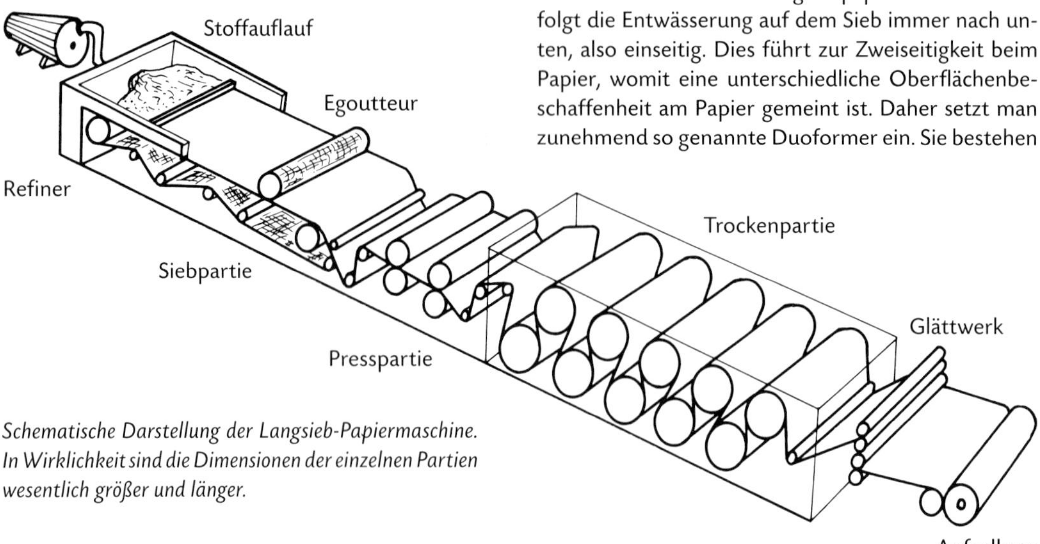

Schematische Darstellung der Langsieb-Papiermaschine. In Wirklichkeit sind die Dimensionen der einzelnen Partien wesentlich größer und länger.

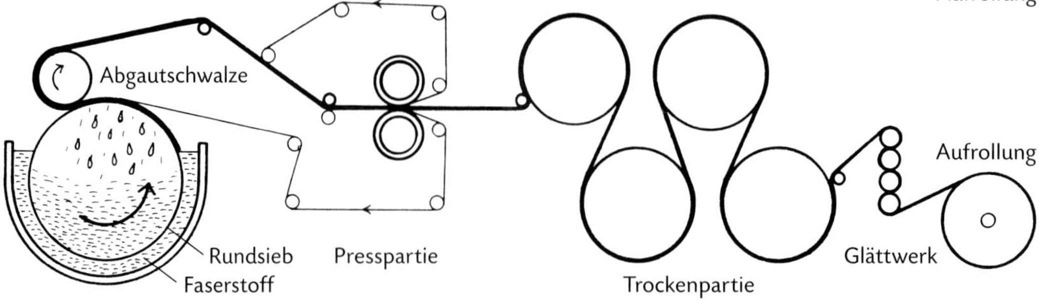

Rundsieb-Papiermaschine. Durch die Rotation des Siebzylinders in der Ganzstoffaufschwemmung lagern sich die Fasern auf der Sieboberfläche an, während das Wasser nach innen abläuft.

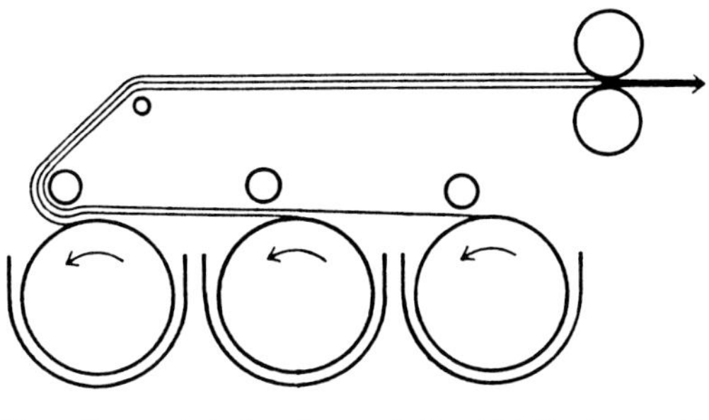

Herstellung mehrlagiger Pappen in Rundsieb-Papiermaschinen. In diesem Beispiel erzeugen drei Rundsiebe drei Materialbahnen, die auch unterschiedlich beschaffen sein können. Führt man sie vor der Presspartie aufeinander (gautschen), verbinden sie sich noch durch die chemisch-physikalischen Bindekräfte der OH-Gruppen (Wasserstoffbrücken).

aus zwei synchron laufenden Sieben, zwischen denen sich der Faserbrei befindet. Die Entwässerung in diesem System erfolgt durch Saugkräfte durch beide Siebe hindurch, also auf Ober- und Unterseite der eentstehenden Papierbahn. Dadurch erzielt man gleiche Beschaffenheiten auf beiden Papierbahnseiten.

Am Ende des Siebes, also dort, wo es zurückläuft, muss die sich bildende Papierbahn abgehoben werden. Aufgrund ihres noch hohen Wassergehaltes hat sie allerdings kaum Festigkeit ausgebildet. Durch Saugwalzen wird sie vom Sieb abgehoben und sofort zwischen von oben und von unten kommende endlos rotierende Filzbahnen geführt. Zwischen den Filzen liegend, läuft die Bahn zwischen unter Druck rotierende Presswalzen. Dieser Druck aktiviert die Saugkraft der Filztücher, die weiteres Wasser aus der Papierbahn entfernen. Am Ende der Presspartie hat das Papier schon so viel Wasser abgegeben, dass es genügend Festigkeit ausgebildet hat, um frei geführt zu werden.

Das vollständige Zusammenkommen aller OH-Gruppen auf den Faseroberflächen wird erst in der Trockenpartie erreicht. Sie besteht aus einer großen Anzahl von Stahlzylindern, die innen mit Wasserdampf beheizt sind. Über deren Oberflächen läuft in Schlangenlinienform die Papierbahn, um völlig zu trocknen.

Bevor die Bahn am Ende der Papiermaschine aufgerollt wird, kontrollieren Sensoren die wichtigsten Daten des Papiers, und ein Glättwerk verdichtet durch Druck das Fasergefüge.

Neben der hier beschriebenen Langsieb-Papiermaschine werden auch Rundsieb-Maschinen eingesetzt. Sie eignen sich vorwiegend zur Herstellung mehrlagiger Pappen, weil mehrere Rundsiebe – hintereinander geschaltet – mehrere, auch unterschiedliche Stoffbahnen bilden. Diese werden noch nass zusammengeführt und verbinden sich durch ihre natürlichen Bindekräfte über Wasserstoffbrücken.

7.9.2.3 Hilfsstoffe

Neben Art und Herkunft der eingesetzten Fasern und ihrer Mahlung beeinflusst noch eine ganze Reihe von Hilfsstoffen die Papierqualität. Die wichtigsten unter ihnen sind Füllstoffe und Leim.

Wie ihr Name sagt, füllen Füllstoffe die Hohlräume im Papiergefüge. Es handelt sich dabei um eine Viel-

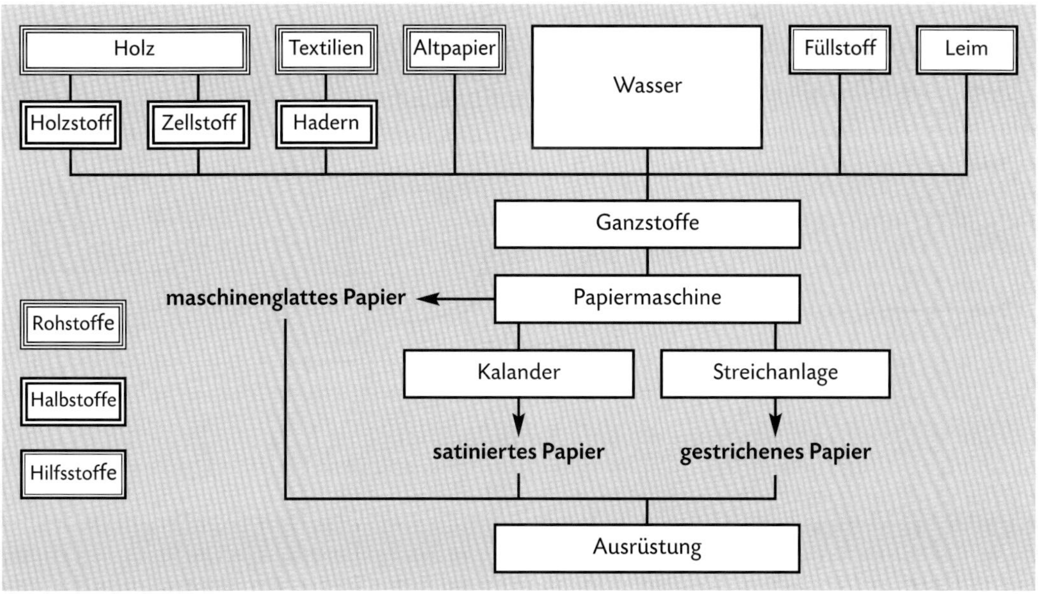

Schema der Papierherstellung

zahl von kreidigen Substanzen. Sie machen das Papier vor allem schwerer, glatter und meist weißer, verringern aber bei zu großer Zugabe die Festigkeit.

Leim verbindet nicht die Fasern, sondern nimmt dem Papier die natürliche Saugfähigkeit, wenn dies gewünscht wird. Man unterscheidet Stoffleimung und Oberflächenleimung. Im ersten Fall wird der Leim in Form von winzigen Harzteilchen dem Faserbrei zugegeben, die in der Hitze der Trockenpartie der Papiermaschine schmelzen und sich über die Fasern ergießen. Zur Oberflächenleimung wird der Leim dünn auf die Papieroberfläche aufgetragen, um zum Beispiel Offsetpapieren Widerstandsfähigkeit gegenüber dem Feuchtmittel zu geben. Bei Tiefdruckpapieren und besonders bei Lösch- und Filterpapieren ist Leimung unerwünscht, weil die Saugfähigkeit erhalten bleiben soll.

Daneben werden verschiedene technische Hilfsstoffe eingesetzt, die den sehr schnell ablaufenden Entwässerungsprozess unterstützen. Ein Teil dieser Substanzen übersäuert allerdings die maschinell hergestellten Papiere, wodurch sie in wenigen Jahrhunderten zerstört werden.

Wichtigster Hilfsstoff ist das Wasser. Bei den heutigen Dimensionen der Papierfabrikation sind kaum vorstellbare Wassermengen in bestimmter Qualität erforderlich. Da die Natur dieses Wasser in dieser Menge nicht mehr liefern kann, haben Papierfabriken geschlossene Wasserkreisläufe mit Kläranlagen.

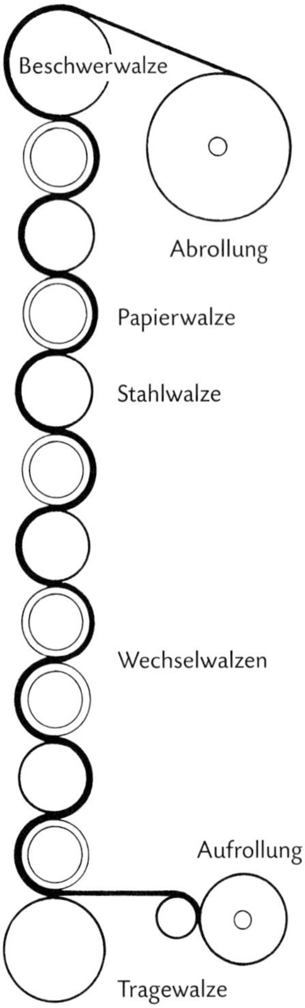

Kalander. Harte Stahl- und weiche papierbezogene Walzen wechseln einander ab. Dadurch entsteht ein Bügeleffekt auf der Papieroberfläche, bei dem Reibung, Druck, Hitze und Feuchtigkeit zusammenwirken. Ergebnis sind satinierte Papiere.

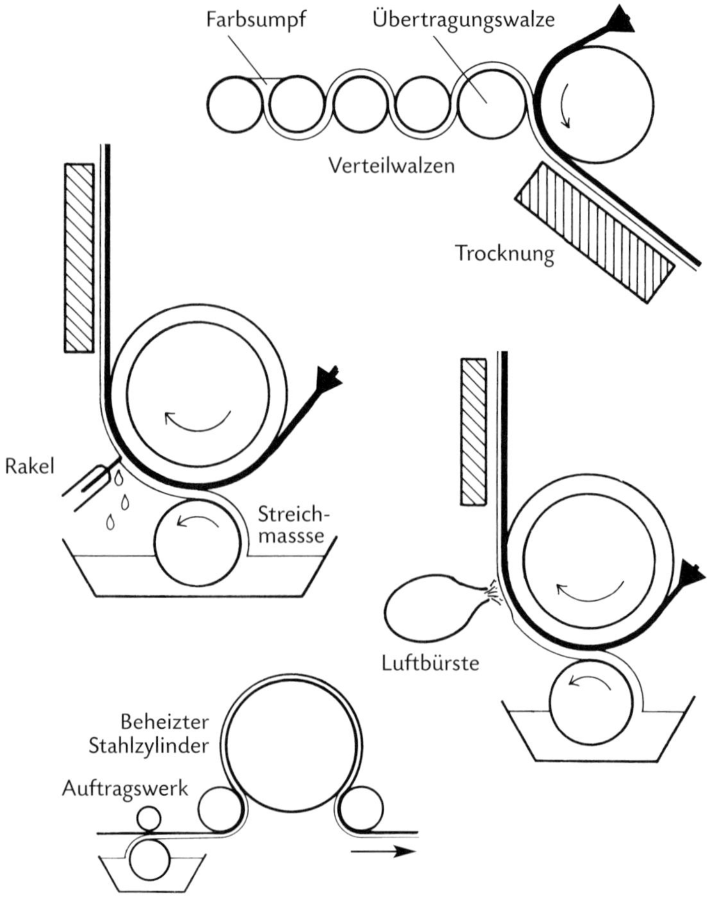

Streichverfahren (von oben nach unten):
- *Walzenstreichverfahren, bei dem die Streichmasse durch Walzenspalte läuft und dadurch egalisiert wird.*
- *Beim Rakelstreichverfahren streicht ein Stahlband die Streichmasse glatt.*
- *Statt einer Rakel kann auch eine so genannte Luftbürste die Streichmasse glätten.*
- *Herstellung gussgestrichener Papiere. Die Bahn läuft mit der noch nassen Streichmasse gegen einen spiegelglatten, heißen Zylinder.*

7.9.2.4 Papier-Veredlung

Papier, das die Papiermaschine verlässt, heißt maschinenglatt. Es genügt in den seltensten Fällen den Qualitätsansprüchen, die an Druckpapiere gestellt werden. Grundsätzlich gibt es zwei Möglichkeiten, die Oberflächeneigenschaften des maschinenglatten Papiers zu verbessern: mechanisches Glätten oder Streichen.

Geglättet wird Papier im Kalander. Dieser besteht aus einer Anzahl übereinander angeordneter Walzen, bei denen immer eine harte Walze aus Stahl und eine mit weichem Papierüberzug abwechselt. Indem die harte Oberfläche in die weiche eindrückt, kommt es zu Reibungsvorgängen, die Papierunebenheiten egalisieren und Oberflächen glätten. Unterstützend wirkt die durch die Reibung entstehende Hitze in den Walzenspalten. Papiere, die einer solchen Behandlung unterzogen wurden, heißen satiniert oder sogar hochsatiniert.

Reicht Satinieren nicht aus, werden Papiere häufig gestrichen. Eine Dispersionsfarbe mit kreidigen Pigmenten wird in separaten Streichanlagen durch Walzenbeschichtung, Rakelvorgänge oder durch Luft auf der Papieroberfläche verteilt. Beim Durchlauf durch einen Heißluft-Trockner trocknet die Streichmasse matt auf und erzeugt mattgestrichene Papiere. Soll die gestrichene Oberfläche glänzend sein, durchlaufen auch diese Papiere einen Kalander. Normalerweise werden beide Papierbahnseiten mit einem zweifachen Strich versehen.

Hochglänzende, allerdings wenig saugfähige Oberflächen erreicht man im Gussstreich-Verfahren. Nach dem Auftrag der Streichmasse durch Walzen wird die noch nasse Papierbahn gegen einen beheizten Zylinder mit spiegelglatter Oberfläche geführt. Die Streichmasse trocknet im Kontakt durch die Hitze, wobei sich der Spiegelglanz auf die Papieroberfläche überträgt. Das Ergebnis sind gussgestrichene Papiere, meist für edle Verpackungen oder hochwertige Kataloge.

Der Strich kann auch einseitig erfolgen. Man spricht dann von Chromopapieren, die vorwiegend im Verpackungs- und Etikettendruck eingesetzt werden.

7.9.2.5 Ausrüstung

Ergebnis der maschinellen Papierherstellung sind Rollen. Für den Bogendruck werden diese durch rotierende Messer meist in schmalere Rollen und mit Querschneidern in Bogen unterteilt. Diese werden direkt auf Paletten gestapelt oder als Ries verpackt und versandfertig gemacht. Für den Rollendruck genügt ein Längsschneiden auf die gewünschte Rollenbreite.

7.9.3 Papierarten

7.9.3.1 Oberflächenbeschaffenheit

Neben der Verdruckbarkeit, die gegeben ist, wenn Papier problemlos durch die Druckmaschine läuft, spielt die Bedruckbarkeit eine große Rolle. Sie hängt weitgehend von der Oberflächenbeschaffenheit des Papiers ab. Unter diesem Gesichtspunkt teilt man Bedruckstoffe in zwei Kategorien ein: Naturpapiere und gestrichene Papiere.

Naturpapiere sind alle ungestrichenen Papiere. Papier, das die Papiermaschine unbehandelt verlässt, heißt maschinenglatt und hat die raueste Oberfläche. Es findet meist als Werkdruckpapier für den Bücherdruck nur mit Schrift Verwendung. Dieses Papier zeigt oft Zweiseitigkeit, es hat unterschiedliche Ober- und Unterseiten. Da der Entwässerungsprozess bei der Herstellung auf dem Sieb immer nach unten erfolgt, werden Faser- und Füllstoffteilchen mit herausgerissen. Dies macht die Unterseite rauer und dunkler, zumal sich auch die Gewebestruktur des Siebes hier markiert. Die etwas schlechter bedruckbare Unterseite heißt Siebseite, die glattere und hellere Oberseite Filzseite, weil sie bei der handwerklichen Herstellung als erste mit Filztüchern in Berührung kam. Durch die Duoformertechnik in der Siebpartie der Papiermaschine lässt sich Zweiseitigkeit vermeiden (vgl. 7.9.2.2).

Eine Oberflächenbehandlung bei Naturpapieren erfolgt durch Satinieren im Kalander. Der unter Druck, Feuchtigkeit und Hitze ausgeübte Bügeleffekt glättet

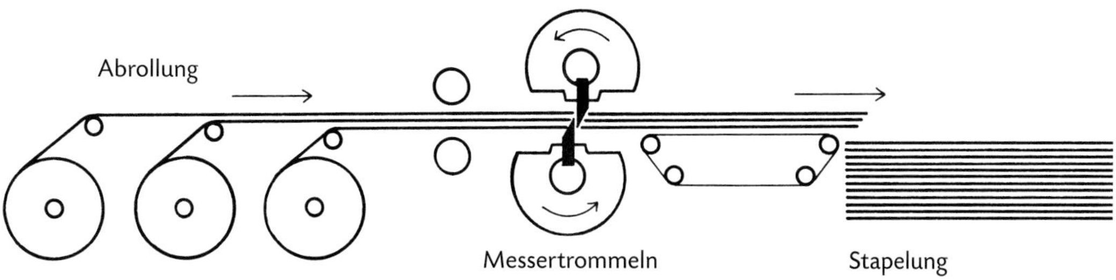

Schematische Darstellung eines Querschneiders. Aus den Rollen werden Bogen geschnitten. Die Länge des Umfangs der rotierenden Messerzylinders bestimmt die eine Formatseite des Bogens, die Rollenbreite die andere.

die Oberfläche mechanisch. Dies kann abgestuft erfolgen bis zu hochsatinierten Papieren. Während zum Beispiel Zeitungsdruckpapiere nur sehr schwach satiniert sind, zeigen Schreibpapiere oder ungestrichene Druckpapiere eine hohe Glätte.

Eine weiter gehende Oberflächenglätte kann durch Streichen mit Dispersionsfarben erfolgen. Auch hierbei gibt es Qualitätsabstufungen, die sich aus der Beschaffenheit des Streichrohpapiers, dem angewandten Streichverfahren, die Dicke des Strichs und der Strichqualität ergeben.

Unterste Qualitätsstufe der gestrichenen Papiere sind die Bilderdruckpapiere, die man wiederum in aufsteigende Qualitätsklassen als konsum-, standard- und spezialgestrichen untergliedert. Es folgt die Klasse der matt- oder glänzend gestrichenen Originalkunstdruckpapiere. Deren Bedruckbarkeit erfüllt höchste Ansprüche für Raster- und Farbdrucke.

Für Spezialzwecke verwendet man schließlich noch gussgestrichene Papiere, die in einem aufwändigen speziellen Streichverfahren eine spiegelglatte Oberfläche haben. Die weißen, bunt- und metallfarbigen Sorten bieten wegen der dichten Oberfläche kaum oder gar keine Saugfähigkeit, sodass sie oft Trocknungsprobleme bereiten oder Spezialfarben erfordern.

Ist nur eine Papierseite in einer der Qualitätsstufen gestrichen, spricht man von Chromopapieren.

Die Qualitätsklassen gelten natürlich auch für Rollenpapiere. Jedoch soll aus diesem Bereich das LWC-Papier (light-weight-coated) genannt werden. Weil hieraus die riesigen Massenauflagen von illustrierten Magazinen, Katalogen und Werbung im Tief- und Rollenoffsetdruck produziert werden, muss es kostengünstig, gut bedruckbar, reißfest und für den Tiefdruck glatt sein. Dies wird durch dünne, meist holzhaltige Streichrohpapiere mit relativ dünnem Strich erreicht. Die Qualität ist mit den konsumgestrichenen Papieren vergleichbar und liegt bei maximal 72 Gramm pro Quadratmeter Flächenmasse. Die heute eingesetzten Papiere liegen weit darunter, sodass man schon von ULWC (Ultra-light-weight-coated) spricht, die bis hinunter zu einer Flächenmasse von 35 Gramm pro Quadratmeter reichen.

7.9.3.2 Stoffzusammensetzung

Als Faserstoffe für die Papierherstellung dienen – in steigender Qualität genannt – Holzstoff, Zellstoff und Hadern. Man teilt die Papiere nach Art und relativem Anteil der Faserstoffe ein, indem Klassen mit Buchstaben für den Faserstoff und Zahlen für deren Prozentanteil gebildet werden. H100 steht für ein Papier aus 100 % Hadern. H50 dagegen für 50 % enthaltene Hadern, wobei die jeweils fehlenden Prozentanteile von der darunter liegenden Qualitätsklasse, in diesem Fall Zellstoff, ausgefüllt werden. Z70 bedeutet 70 % Zellstoff und 30 % Holzstoff. Papiere mit weniger als 30 % Zellstoff bezeichnet man mit ZVF. Abweichungen bis 5 % sind zulässig.

In der Praxis wird nur eine sehr grobe Stoffeinteilung in holzfreie (Feinpapiere) und holzhaltige (mittelfeine) Papiere vorgenommen. Ist der Holzstoffanteil größer als 5 %, ist das Papier holzhaltig oder sogar stark holzhaltig. Holzhaltige Papiere vergilben je nach ihrem Holzstoffanteil mehr oder weniger stark bei Lichteinwirkung, zeigen meist geringere Festigkeit, jedoch hohe Opazität (Undurchsichtigkeit). Werden eine hohe Festigkeit, Beanspruchbarkeit und Alterungsbeständigkeit wie zum Beispiel bei Geldscheinen verlangt, erreicht man dies durch Haderneinsatz.

7.9.3.3 Karton und Pappe

Ab einer Flächenmasse von 600 Gramm pro Quadratmeter spricht man von Pappe. In Deutschland wird außerdem noch zwischen Papier (bis 190 Gramm pro Quadratmeter) und Karton (190 bis 600 Gramm pro Quadratmeter) unterschieden.

Bei den besonders im Bereich der Verpackung eingesetzten Kartons und Pappen kennzeichnet man die Sorten mit U und G für ungestrichen oder gestrichen und mit jeweils einem weiteren Buchstaben: G = guss-

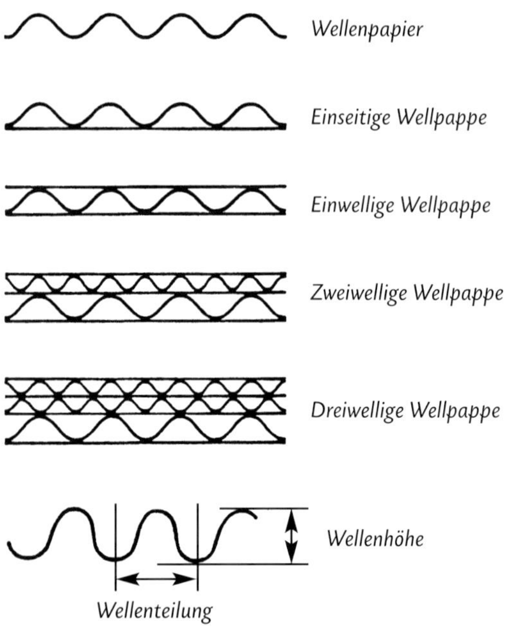

Aufbau und Arten von Wellpappen

gestrichen, C = Chromo- oder Chromoersatzkarton, Z = Zellstoffkarton, D = Duplexkarton (zweilagig) und T = Triplexkarton (dreilagig). Hinzu kommt noch eine Zahl von 1 bis 3, die Qualitätsstufen angibt, insbesondere der Stoffzusammensetzung.

UT1 wäre ein dreilagiger, ungestrichener Karton, holzfrei und weiß. GD2 ist gestrichener Duplexkarton mit holzhaltiger Schicht. UC1 und UC2 sind Chromoersatzkarton. Diese meist dreilagigen Kartons dienen vorwiegend der Faltschachtel-Herstellung. Um sie an der Außenseite bedruckbar zu machen, haben sie eine weiße Zellstoffschicht. Ein- und Rücklage sind meist grau und holzhaltig. Der Karton ist ungestrichen, weil Faltschachteln Klebebereiche aufweisen. Chromokarton dagegen ist einseitig gestrichen.

Eine Besonderheit innerhalb der Packstoffe ist die Wellpappe. Man unterscheidet ein-, zwei- und dreiwellige Pappe. Die Welle selbst ist bestimmt durch Wellenhöhe und Wellenteilung (Strecke von Wellenberg zu Wellenberg). Die Größenordnung solcher Wellen kennzeichnet man mit Buchstaben von A (Grobwelle) bis F (Miniwelle).

7.9.3.4 Selbstdurchschreibende Papiere

Wenn Formulare in mehrfacher Ausfertigung gebraucht werden, benutzt man Trennsätze mit selbstdurchschreibenden Papieren (SD-Papiere). Sie funktionieren auf chemischer Grundlage und haben heute Durchschreibpapiere mit Karbonbeschichtung (Kohlepapiere) weitgehend abgelöst.

Bei einem dreilagigen Trennsatz ist die Unterseite des obersten Blattes mit einer so genannten Geberschicht versehen. Sie besteht aus winzigen Kapseln mit einer bestimmten Chemikalie. Die Oberseite des Zwischenblattes ist mit einer Nehmerschicht gestrichen, die einen anderen chemischen Stoff enthält. Durch den Druck des Schreibgerätes auf das Deckblatt platzen die kleinen Kapseln der Geberschicht und geben ihre Flüssigkeit frei. Diese reagiert mit der Nehmerschicht, indem eine Dunkelfärbung an diesen Stellen auf der Oberseite des Zwischenblattes eintritt. Der Vorgang wiederholt sich zwischen dem zweiten und dem untersten Blatt.

Die Beschichtungen der Blätter werden mit den Buchstaben C (Coated = beschichtet), B (Back = rückseitig beschichtet, Geberschicht) und F (Front = oberseitig beschichtet, Nehmerschicht) gekennzeichnet. Demzufolge ist das Deckblatt CB, das Zwischenblatt CFB und das unterste Blatt CF.

Bei anderen SD-Papieren liegen Geber- und Nehmerschicht auf der jeweiligen Blattoberseite direkt aufeinander und reagieren erst bei Druckeinwirkung durch das Schreibgerät. Sollen Stellen von der Durchschreibfähigkeit ausgespart werden, kann die Nehmerschicht mit einer Neutralisationsfarbe bedruckt werden, die sie funktionsunfähig macht.

7.9.4 Papiereigenschaften

7.9.4.1 Papierlaufrichtung

Seitdem Papier maschinell hergestellt wird, hat es eine Laufrichtung. In dem Augenblick, in dem der Stoffauflauf den sehr wässrigen Faserbrei auf das Sieb drückt, entsteht durch die Siebbewegung ein fließender Strom. Dieser veranlasst einen Teil der länglichen Fasern, sich mit der Länge in Fließrichtung auszurichten. Mit dieser tendenziellen Längsausrichtung der Fasern trocknet das Papier ein und erhält somit herstellungsbedingt seine Laufrichtung.

Während bei der Rolle die Laufrichtung naturgemäß immer in Rollenlänge liegt, haben Bogenpapiere – durch die Laufrichtung bedingt – in ihren beiden Dimensionen unterschiedliche Materialeigenschaften. In Laufrichtung hat das Papier eine höhere Zug- und Falzfestigkeit, quer zur Laufrichtung eine höhere Dehnfähigkeit, die durch mechanischen Zug oder durch Feuchtigkeitsaufnahme ausgelöst werden kann. Man spricht von Quer- oder Dehnrichtung, die im Bogen immer senkrecht zur Laufrichtung liegt.

Bei einer Reihe von Produkten ist daher die Papierlaufrichtung zu beachten. Falzen, Rillen, Nuten und Perforieren sollten immer parallel zur Laufrichtung erfolgen. Bei Büchern und Heften empfiehlt sich die Laufrichtung parallel zum Rücken. Aufgrund der besonderen Falzbedingungen im Rollendruck wird dies oft nicht realisiert.

Im Bogendruck lassen sich Passerdifferenzen durch Änderung der Druckbildlänge mittels Plattenaufzügen korrigieren, wenn die Laufrichtung parallel zur Zylinderachse liegt. Dagegen stapeln sich Papiere mit Laufrichtung in Umfangsrichtung meist besser in der Auslage.

Mit einer Reihe von Prüfmethoden lässt sich die Laufrichtung der Bogen bestimmen. Bei Reiß-, Fingernagel-, Feucht-, Falz- und Biegeprobe prüft man beide Formatseiten durch Einreißen, Dehnen, Falzen, Biegen oder Beobachten einer Wölbungsneigung. Die Laufrichtung liegt immer parallel zum glatteren Riss, zur geringeren Dehnung, zum glatteren Falz, zur leichteren Biegung und auf dem Rücken der Wölbung.

Bei Druckbogen ergibt sich die spezielle Laufrichtung dadurch, wie die Bogen aus der Rolle geschnitten worden sind. Liegt die längere Formatseite in Rollenbreite, verläuft die Laufrichtung parallel zur kurzen Bogenseite. Wegen der langen Bogenseite in Rollenbreite geht man von einer breiteren Bahn aus und nennt die Papiere, bei denen die Laufrichtung auf die breite Bogenseite zuläuft, Breitbahn. Liegt dagegen die kurze Formatseite in Rollenbreite, ist die Bahn vergleichsweise schmaler gewesen, sodass diese Papiere Schmalbahn heißen. Bei ihnen läuft die Laufrichtung auf die schmale Bogenkante zu.

Neben der üblichen Kennzeichnung der Bogenpapiere mit Schmal- und Breitbahn war man bestrebt, die Kennzeichnung der Laufrichtung im Zusammenhang mit dem Bogenformat anzugeben. Die aktuelle Vorschrift sieht vor, diejenige Formatseite bei der Angabe der Formatseiten nach hinten zu stellen, die parallel zur Laufrichtung liegt. 70 cm × 100 cm ist demzufolge Schmalbahn, während 100 cm × 70 cm Breitbahn ist.

Daneben gibt es noch Laufrichtungskennzeichnungen aus früherer Zeit, die leider immer noch in Gebrauch sind und oft Verwirrung schaffen. So unterstreicht man diejenige Formatseite, die parallel zur Querrichtung, also senkrecht zur Laufrichtung liegt. Bei einer anderen Möglichkeit hängt man an die Formatseite ein M (Maschinenrichtung), die parallel zur Laufrichtung liegt. Schmalbahn wäre demnach also zum Beispiel 70 cm × 100 cm oder 70 cm × 100 cm M, Breitbahn 70 cm × 100 cm oder 70 cm M × 100 cm.

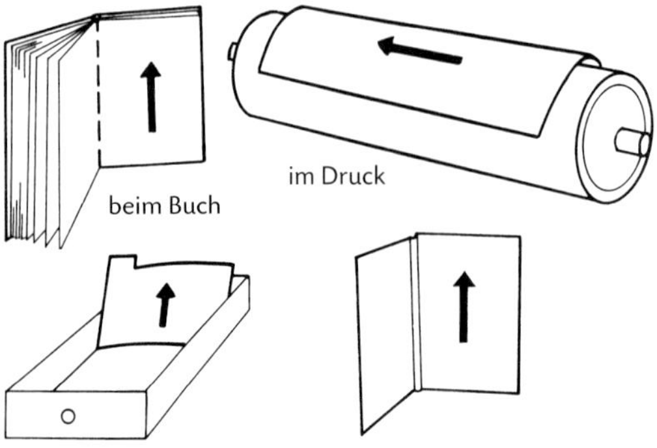

Beachten der Papierlaufrichtung

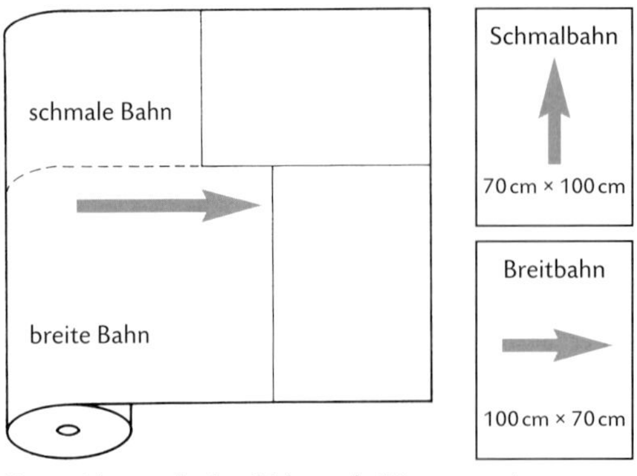

Kennzeichnung der Laufrichtung bei Formatpapieren

7.9.4.2 Druckrelevante Papiereigenschaften

Neben Laufrichtung und Zweiseitigkeit sollten Druckerinnen und Drucker weitere Papiereigenschaften beachten.

Dicke und Schwere des Papiers wird durch die Flächenmasse (früher Quadratmetergewicht) in Gramm pro Quadratmeter ausgedrückt. Gleichzeitig ist aus dieser Größe auch die Masse von einem Bogen DIN A0 ablesbar, weil dieser eine Fläche von einem Quadratmeter hat.

Im engen Zusammenhang mit der Flächenmasse steht das Papiervolumen, das hier kein Raummaß, sondern das Verhältnis von Papierdicke in 1000stel Millimeter (Mikrometer) zur Flächenmasse in Gramm pro Quadratmeter ist. Die meisten Druckpapiere haben ein etwa einfaches Volumen. Materialien mit höherem Volumen sind relativ dicke Papiere mit lockerem Gefüge.

Insbesondere für den Rollendruck ist die Zugfestigkeit eines Papiers maßgeblich, weil die Bahn beim Drucken ständigem Zug unterliegt. Auch die Weiterreißfestigkeit ist in diesem Zusammenhang wichtig. Sie beschreibt in Messwerten die Tatsache, dass eine bereits eingerissene Bahn sehr viel leichter weiter- oder durchreißt als eine unverletzte.

Die Rupffestigkeit spielt im Druck dann eine Rolle, wenn sich Papier und Druckform beziehungsweise Gummituch trennen. Zwischen ihnen spaltet sich die Druckfarbe, deren dabei auftretender Zug so groß sein

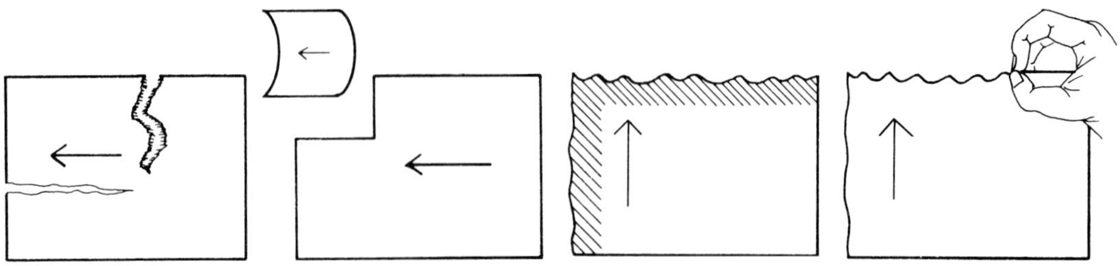

Prüfmethoden zur Feststellung der Laufrichtung: Reißprobe, Feuchtprobe, Randfeuchtprobe, Fingernagelprobe.

kann, dass Teile aus dem Papier herausgerissen werden, was man als Rupfen bezeichnet.

Die Saugfähigkeit gegenüber wässrigen Flüssigkeiten und das Wegschlagverhalten gegenüber öligen Bestandteilen der Druckfarbe können weitere wichtige Parameter des Druckprozesses in den verschiedenen Druckverfahren sein.

Besonders im Offsetdruck, wo ja mit Wasser gearbeitet wird, ist der Alkali- oder Säuregehalt im Papier interessant. Naturpapiere geben meist Säuren ab, die das Feuchtmittel während des Fortdrucks beeinflussen können. Gestrichene Papiere reagieren oft alkalisch.

Schließlich ist gerade bei zweiseitigem Druck eine zu hohe Transparenz unerwünscht.

Diese und eine Reihe anderer Papiereigenschaften werden unter genau festgelegten Laborbedingungen geprüft und zahlenmäßig angegeben.

7.9.5 Normformate

Die als DIN-Formate bekannten genormten Papiergrößen unterliegen folgenden Grundsätzen:

- Die Formate einer Formatreihe ergeben sich durch fortgesetztes flächenmäßiges Halbieren (Hälfteln) des Ausgangsformates.
- Beim Halbieren bleibt das Seitenverhältnis bei allen entstehenden DIN-Formaten immer gleich, nämlich $1 : \sqrt{2}$, also rund 1 : 1,414. Aufgrund dieses Seitenverhältnisses verhält sich die kurze zur langen Formatseite wie die Seite eines Quadrates zu seiner Diagonalen.
- Ausgangsformat der so genannten Vorzugsreihe ist DIN A0 mit einer Fläche von einem Quadratmeter.

Aus diesen Voraussetzungen ergeben sich rechnerisch die beiden Formatseiten des DIN-A0-Formates mit 841 mm und 1189 mm. Davon ausgehend, errechnen sich die weiteren A-Formate, indem immer die lange Seite halbiert wird. Kommastellen, die im Millimeterbereich auftreten, werden abgerundet.

DIN A0:	841 mm × 1189 mm	1 m^2
DIN A1:	594 mm × 841 mm	1/2 m^2
DIN A2:	420 mm × 594 mm	1/4 m^2
DIN A3:	297 mm × 420 mm	1/8 m^2
DIN A4:	210 mm × 297 mm	1/16 m^2
DIN A5:	148 mm × 210 mm	1/32 m^2
DIN A6:	105 mm × 148 mm	1/64 m^2

usw.

Neben der Vorzugsreihe A gibt es abhängige Formate wie die die B- und C-Reihe für zum Beispiel Aktendeckel oder Briefhüllen. Hier gelten die gleichen Grundsätze bei jedoch anderen Ausgangsformaten. DIN B0 hat die Seitenlängen 1000 mm × 1414 mm, bei DIN C0 sind es 917 mm × 1297 mm.

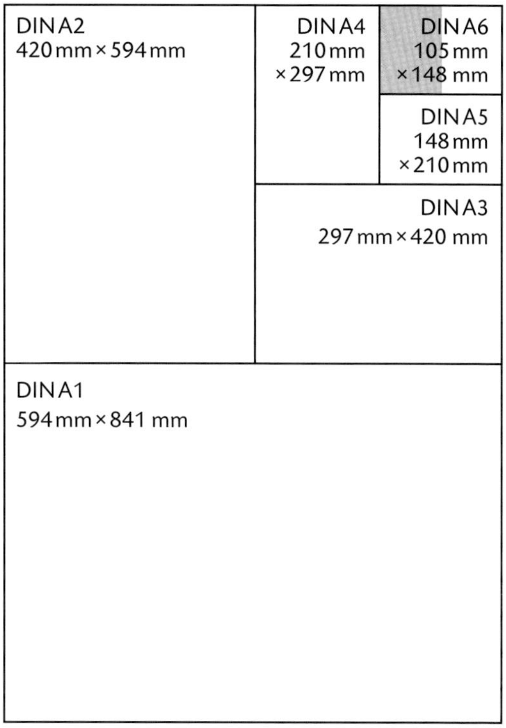

Entstehung der kleineren Formate der DIN-A-Reihe durch Teilung des Ausgangsformats DIN A0 (841 mm × 1189 mm)

Bei Druckbogen hat man zu den A-Formaten den notwendigen Beschnitt hinzugegeben, der flächenmäßig jeweils 5 Prozent ausmacht. Ausgangsformat dieser Rohformatreihe ist 860 mm × 1220 mm. Durch Halbieren entstehen daraus die kleineren Rohformate A1 = 610 mm × 860 mm und A2 = 430 mm × 610 mm. Diese Rohformate haben sich heute meist als zu klein erwiesen, da sie neben dem Beschitt noch Greiferkanten, Passkreuze und Kontrollstreifen außerhalb des Druckbildes aufnehmen müssen. An ihre Stelle sind andere Druckbogenformate getreten, wie zum Beispiel 700 mm × 1000 mm und 500 mm × 700 mm.

7.9.6 Klima und Papier

Weil Papier aus Fasern hergestellt wird, die meist von pflanzlichen Lebewesen stammen, ist es hygroskopisch. Das heißt, es nimmt je nach Feuchtigkeitszustand Wasser auf oder gibt Wasser ab. Da es sich dabei mehr oder weniger verändert, entsteht durch Klimaeinflüsse ein großer Teil der alltäglichen Druckschwierigkeiten, insbesondere durch das Zusammenwirken von Temperatur und Luftfeuchte.

Während uns die Zusammenhänge der Temperatur geläufig sind, sind die Verhältnisse der Luftfeuchte schwieriger zu verstehen. Die Luft ist ein Gasgemisch. Als solches hat sie eine molekulare Struktur, die durch gewisse räumliche Abstände gekennzeichnet ist. Dadurch ist in der Luft Platz unter anderem für Wasser, das, wenn es zum Beispiel verdunstet, molekular zerlegt, von der Luft aufgenommen und verarbeitet wird.

Die absolute Luftfeuchte gibt an, wie viel Gramm Wasser zu einer bestimmten Zeit in einem Kubikmeter Raumluft enthalten ist. Dieser einfache Zusammenhang beschreibt jedoch nicht die klimatischen Einflüsse, die auf das Papier ausgeübt werden. Dies tut vielmehr die relative Luftfeuchte, die angibt, zu wie viel Prozent eine Luft mit Feuchtigkeit gesättigt ist. Sie unterliegt dabei der Tatsache, dass erwärmte Luft eine größere Menge Wasser aufnehmen kann als kalte. Die maximale Sättigung tritt also bei kälterer Luft schon bei einer geringeren Wassermenge ein. Im Punkt der Sättigung, der eine relative Feuchte von 100 % darstellt, gibt die Luft den Feuchtigkeitsüberschuss in Form von Nebel und schließlich sogar als Tropfen ab.

Das Wesen der relativen Luftfeuchte soll an einem Beispiel verdeutlicht werden. Wir nehmen an, dass die Luft in einem Drucksaal bei der gerade herrschenden Temperatur maximal 12 Gramm Wasser pro Kubikmeter aufnehmen kann. Wenn tatsächlich nur vier Gramm in einem Kubikmeter vorhanden sind, ist die Luft zu einem Drittel mit Feuchtigkeit gesättigt. Als Prozentangabe beträgt die relative Luftfeuchte dann 33,3 %. Nach einigen Stunden hat sich durch den Betrieb der Maschinen die Temperatur im Drucksaal merklich erhöht. Die Folge ist, dass die Luft nun nicht mehr 12 Gramm, sondern maximal 16 Gramm Wasser pro Kubikmeter verarbeiten kann. Da die Temperaturerhöhung jedoch keine Feuchtigkeit ein- oder abgeführt hat, sind immer noch tatsächlich 4 Gramm Wasser in einem Kubikmeter Luft vorhanden. Im Verhältnis zum Maximum von 16 Gramm ist die Luft nun zu einem Viertel gesättigt, was einer relativen Feuchte von 25 % entspricht. Somit ist die relative Feuchte nur durch Veränderung der Raumtemperatur gefallen. Steigende Temperaturen bewirken also eine Senkung der relativen Luftfeuchte und umgekehrt.

Allgemein beschreibt die relative Luftfeuchte den prozentualen Sättigungsgrad der Luft mit Wasser, gemessen an ihrem maximalen Aufnahmevermögen bei einer bestimmten Temperatur.

Die bereits erwähnte Hygroskopie des Papiers wird durch die relative Luftfeuchte beeinflusst. Es besteht eine Wechselwirkung zwischen dieser und der Stapelfeuchte, die – wie die relative Luftfeuchte – den prozentualen Sättigungsgrad mit Feuchtigkeit eines Papierstapels angibt.

So wird sich ein Papierstapel, der sich längere Zeit in einem Lagerraum mit 55 % relativer Luftfeuchte befindet, auf eine Stapelfeuchte mit ebenfalls 55 % einstellen. Wird dieser Papierstapel jedoch in einen Verarbeitungsraum mit einer relativen Luftfeuchte von 40 % gefahren, so ist er um 15 % feuchter als die Raumluft. Die Folge wird sein, dass sich die Stapelfeuchte angleicht, indem das Papier Feuchtigkeit abgibt. Dies geschieht zunächst von den Stapelrändern her, die sich beim Trockenerwerden zusammenziehen. Dadurch wirft der Stapel in der Mitte eine Beule auf. Diese Erscheinung, die also auftritt, wenn die Stapelfeuchte höher ist als die Luftfeuchte, nennt man Tellern. Je nach Feuchtigkeitsunterschied kann dieser Zustand mehrere Stunden anhalten.

Umgekehrt würde ein Papierstapel Feuchtigkeit aufnehmen, wenn er trockener als die Raumluft ist. Die in die Stapelränder eindringende Feuchtigkeit dehnt das Papier dort in Wellenform, woher die Bezeichnung Randwelligkeit herrührt. Randwellig wird also ein Stapel, wenn die Raumfeuchte höher als die Stapelfeuchte ist.

Sind die Feuchteunterschiede nicht extrem, verschwinden Randwelligkeit und Tellern nach Stunden. In dieser Zeit ist das Papier jedoch kaum verdruckbar.

Grundsätzlich hilft gut klimatisiertes Papier, die meisten Druckschwierigkeiten zu vermeiden. Da ein Drucksaal im Tagesverlauf eher wärmer wird, kann eine einfache Befeuchtungsanlage durch Anheben der absoluten Feuchte bewirken, dass auch die sinkende relative Luftfeuchte erhöht und damit möglichst konstant gehalten wird.

Sehr unangenehme Druckschwierigkeiten können durch statische Aufladung des Papiers auftreten. Dies ist dann der Fall, wenn Druckbogen Überschüsse oder Mangel an Elektronen erfahren haben. Um diese Ladungszustände auszugleichen, müssten Elektronen ab- bzw. zufließen können. Da Papier jedoch ein

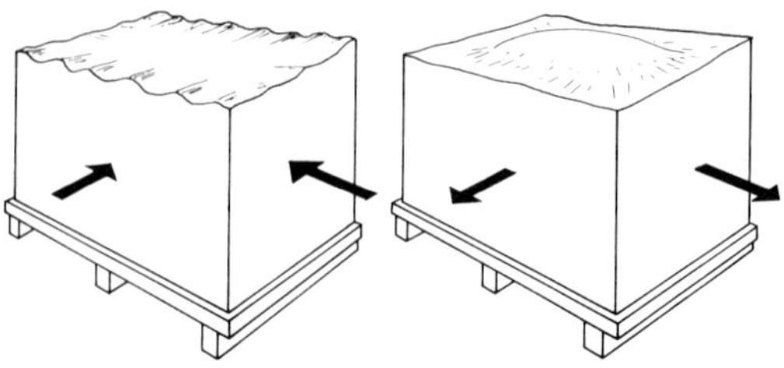

Randwelligkeit und Tellern
Links: Die relative Luftfeuchte ist höher als die Stapelfeuchte, der Stapel nimmt vom Rand her Feuchtigkeit auf. Das Papier wirft in diesem Bereich Wellen, weil es sich dehnt, es wird randwellig.
Rechts: Die relative Luftfeuchte ist geringer als die Stapelfeuchte, der Stapel gibt vom Rand her Feuchtigkeit ab. Das Papier zieht sich am Rand zusammen und wirft eine Ausbeulung in der Mitte auf, es tellert.

schlechter elektrischer Leiter ist, gelingt dies nur bei einem gewissen Feuchtigkeitsgehalt, weil Wasser die Elektronen gut leitet. Somit kann kaum eine statische Ladung auftreten, wenn Papier ordnungsgemäß klimatisiert ist. Ein Zustand von 20 °C und vor allem konstante 55 % relative Luftfeuchte werden als optimal angesehen.

7.9.7 Folien als Bedruckstoff

Neben Papier als häufigstem Bedruckstoff werden auch Folien unterschiedlicher Art bedruckt. Diese bestehen überwiegend aus Kunststoffen, aber auch aus Metall, meistens aus Aluminium.

Kunststoffe werden durch chemische Vorgänge wie Polymerisation, Polyaddition oder Polykondensation erzeugt. Gemeinsam ist, dass sich aus Einzelmolekülen Großmoleküle bilden. Bei der Polymerisation verbinden sich gleichartige Moleküle, ohne sich selbst zu verändern, meist zu Ketten. So erfolgt auch Polyaddition, jedoch strukturieren sich die Moleküle dabei um. Bei der Polykondensation verbinden sich gleiche oder unterschiedliche Moleküle, wobei sie sich verändern und auch Wasser abspalten. Im Gegensatz zum Papier sind Folien gefügelose, glatte, einheitliche Stoffe.

Gewöhnlich geschieht die Herstellung der Kunststofffolien, indem ein Granulat – durch Hitze verflüssigt – durch Düsen gepresst wird. Ringdüsen erzeugen dabei Schläuche, die plan gelegt eine zweilagige Kunststofffolienbahn bilden. Schlitzdüsen erzeugen dagegen einlagige Bahnen. In beiden Fällen spricht man von Extrudieren. Bedruckbare Kunststoffe werden selten kalandriert. Dabei wird der flüssige Kunststoff meist zu dickeren Bahnen ausgewalzt.

Das Bedrucken solcher Folien unterliegt völlig anderen Druckbedingungen als beim Papier. Ihre glatte, nicht saugfähige Oberfläche erfordert spezielle Druckfarben, insbesondere lösemittelhaltige oder UV-trocknende Systeme. Somit hat der Offsetdruck die meisten Probleme beim Foliendruck. Wegen der Dehnfähigkeit ist die Bahnführung von Folien schwieriger.

Manche Folien müssen erst durch Vorbehandlung bedruckbar gemacht werden, weil sie sonst gar keine Druckfarbe annehmen. Normalerweise geschieht die Vorbehandlung in einer Korona, die durch sehr hohe elektrische Spannungen einen Funkenschlag erzeugt, der die Folienoberfläche chemisch verändert.

Für bestimmte Verpackungszwecke werden Verbundfolien gebraucht, bei denen zwei oder mehrere Folienarten flächig verklebt sind. So kann zum Beispiel eine Schicht aus Aluminium der Verpackung Aromafestigkeit verleihen, während die andere Schicht aus Papier bedruckbar ist.

Die folgende Übersicht zeigt die häufigsten Folienarten, ihre Haupteigenschaften und Verwendungsmöglichkeiten.

- Polyethylen (PE): Meist milchig trübe, wasserdichte Folie. Geschmacks- und geruchslos, sterilisationsfähig, daher sehr gut für Lebensmittelpackungen und Tragetaschen geeignet. Nach Vorbehandlung mit lösemittelhaltigen Farben bedruckbar.
- Polypropylen (PP): Ähnlich wie PE, klar und hart, gegenüber Chemikalien beständig, nach Vorbehandlung mit lösemittelhaltigen Farben bedruckbar, auch als Schrumpffolie beim Verpacken verwendbar.
- Polyester (PETP): Folie mit hoher Reißfestigkeit, glasklar, kratz- und kochfest, geschmacks- und geruchlos, geeignet für Lebensmittelverpackungen und als Schrumpffolie, jedoch nicht schweißbar und schlecht zu bedrucken.
- Polyvinylchlorid (PVC): Wasserdicht, unempfindlich gegenüber Chemikalien, Ölen und Fetten, gut verschweißbar. Neben Lebensmittelpackungen geeignet für Dekorfolien, Buchhüllen, Klebestreifen usw. In allen Druckverfahren bedruckbar.
- Polyamid (PA): Folie mit hoher Dehnfähigkeit und Zähigkeit, sehr temperaturbeständig, klar, kratzfest, geruchs- und geschmacksfrei, widerstandsfähig gegenüber Ölen, Fetten und auch Chemikalien, daher gut geeignet als Packstoff für Lebensmittel und Chemikalien und als Koch- und Gefrierbeutel. Bedruckbar im Tief-, Flexo- und Siebdruck.
- Polystyrol: Klare Folie mit hohem Glanz und großer Festigkeit, jedoch oft spröde. Luftdurchlässig und empfindlich gegenüber Chemikalien. Zum Verpacken von Lebensmitteln nicht geeignet. Nach Vorbehandlung im Tief-, Flexo- und Siebdruck bedruckbar.
- Polycarbonat (PC): Transparent, geruchs- und geschmacksfrei, beständig gegen hohe Temperaturen, daher gut geeignet zum Verpacken sterilisierter Güter. Kaum bedruckbar.
- Polyvinylalkohol (PVA): Wasserlösliche Folie, geeignet für lösliche Verpackungsgüter, die zusammen mit der Verpackung aufgelöst werden können.
- Zellglas (Cellophan): Wird aus pflanzlicher Zellulose gewonnen, glasklar, glänzend, geringe Reißfestigkeit, brennt leicht, feuchtigkeitsempfindlich, aber feuchtigkeitsundurchlässig und oft spröde. Nach spezieller Beschichtung bedruckbar.

7.10 Druckfarbe

7.10.1 Werkstoff Druckfarbe

Unabhängig von Druckverfahren und Produkten, hat Druckfarbe im Druckprozess vier Hauptaufgaben. Sie soll

- färben, also auf meist weißem Untergrund das Druckbild zeigen,
- mehr oder weniger flüssig sein, um über Walzen und andere Systeme transportierbar zu sein,
- auf dem Bedruckstoff möglichst schnell trocknen,
- mit dem Bedruckstoff eine dauerhafte Verbindung eingehen.

Diese Aufstellung zeigt, dass die Anforderungen an den Werkstoff Druckfarbe sehr unterschiedlich und vielfältig sind. Demzufolge ist Druckfarbe kein einheitlicher Stoff, sondern ein Gemenge aus unterschiedlichen Substanzen, die unterschiedliche Funktionen übernehmen. Darüber hinaus sind die Druckbedingungen in den einzelnen Druckverfahren sehr verschieden, sodass es eine ganze Palette von Druckfarbentypen gibt. Abgesehen von den im Digitaldruck verwendeten Tonern, enthalten alle folgende Hauptbestandteile: Firnis, Pigmente und Hilfsmittel.

Pigmente sind staubförmige Farbmittel, die der Druckfarbe die Färbung geben und somit die erste der oben aufgeführten Anforderungen erfüllen. Für die anderen drei Anforderungen, Flüssigsein, Trocknen und sich dauerhaft verbinden, sorgt der meist farblose Firnis. Die Hilfszusätze unterstützen diese Prozesse oder haben rein technische Funktionen beim Herstellungsprozess der Farbe.

7.10.2 Firnisarten

7.10.2.1 Leinölfirnis

Die Druckfarben für die einzelnen Druckverfahren und für spezielle Produktionsbereiche unterscheiden sich hauptsächlich in der Art und Zusammensetzung der Firnisse.

Das klassische Bindemittel seit der frühen Druckfarbenherstellung und auch für Ölfarben der Malerei ist der Leinölfirnis. Rohstoff ist Leinöl, das man durch Pressen von Leinsamen (Flachs) gewinnt. Kocht man dieses Leinöl unter Abschluss von Sauerstoff, verdickt es sich bis zur pastösen Konsistenz. Mit Pigmenten vermengt, setzte man diese Druckfarbe im Buchdruck und später auch im Flachdruck ein.

Wenn Leinölfirnisfarbe als dünner Film auf der Bedruckstoffoberfläche verteilt ist, bietet er eine große Angriffsfläche für Luftsauerstoff. Dieser dringt in die Farbschicht ein, und die Sauerstoffatome werden wie Brücken zwischen die kettenförmigen Leinölfirnis-Moleküle eingebaut. Dadurch verlieren sie nach und nach ihre Beweglichkeit, der Farbfilm wird hart, also trocken. Die Trocknung vollzieht sich chemisch, und zwar oxidativ.

Mit Leinölfirnis erreicht man sehr gute, beständige Farbschichten, die in sich durchhärten. Die Trocknung erfordert demzufolge keine saugenden Untergründe, ist jedoch sehr langsam und vollzieht sich über viele Stunden. Reine Leinölfirnisfarben werden deshalb heute im Offsetdruck nur noch als Spezialfarben auf nicht saugenden Materialien eingesetzt.

7.10.2.2 Physikalisch trocknende Firnisse

Weil die chemisch-oxidative Trocknung für heutige Produktionsverhältnisse zu langwierig ist, hat man andere Trocknungsverfahren entwickelt. Ein Teil arbeitet nach folgender Grundidee: Man löst eine harte Substanz (Hartharz) in einer Flüssigkeit auf. Als Druckfarbenfilm trocknet dieses Gemenge dadurch, dass man die Flüssigkeit auf irgendeinem Weg entfernt, sodass das Harz wieder ungelöst, also hart auf der Papieroberfläche verbleibt und die Farbpigmente dadurch bindet. Etwa drei Systeme arbeiten nach diesem Schema, die sich durch die Art unterscheiden, wie man die Flüssigkeit abführt.

- Kompositionsfirnis: Firnisbestandteile sind Hartharz, das man in Mineralölen löst. Im Gegensatz zu pflanzlichen Ölen wie Leinöl sind diese dünnflüssiger und trocknen selbst nicht. Zusammen mit dem gelösten Harz bekommen sie jedoch pastöse Druckfarbenkonsistenz. Nach dem Aufdruck dringt der Mineralölanteil ins Papier ein und verbleibt dort weiterhin flüssig. Diesen schnellen Vorgang nennt man Wegschlagen. Das mineralölfreie Harz verfestigt sich sehr schnell auf der Oberfläche und bindet dort die Pigmente. Auf nicht saugenden Untergründen funktioniert diese Farbe nicht. In gewisser Weise „schwimmt" die Harzschicht auf der Ölschicht im Papier, wodurch dieses Farbsystem wenig abriebfest ist. Den Vorteil der sehr schnellen Trocknung nutzt man daher im Zeitungsdruck und im Werkdruck, wo Schrift auf maschinenglatte Papiere gedruckt wird.
- Tiefdruck- und Flexodruckfirnis: Als Flüssigkeit, in der das Hartharz gelöst ist, dient hier Lösemittel. Dies sind Substanzen, die schon etwa bei Zimmertemperatur verdunsten. Das ist auch der Weg, über den sie aus den gedruckten Farbschichten abgeführt werden. Bei den schnellen Druckabläufen unterstützt man das Verdunsten durch Wärmezufuhr. In

großen Tiefdruckanlagen ist die Lösemittelrückgewinnung wirtschaftlich.

Das die Pigmente bindende Harz verankert sich sehr gut sogar auf glatten Kunststofffolien, zumal das mit ihren Oberflächen in Kontakt kommende Lösemittel diese leicht anlöst. Da die Lösemittelverdunstung sehr schnell einsetzt, sind sehr kurze Wege vom Farbkasten zur Druckform erforderlich. Diese Bedingung erfüllen Tief-, Flexo- und auch Siebdruck. Im Offsetdruck sind lösemittelhaltige Farben nicht verdruckbar.

Als flüchtige Lösemittel dienen im Illustrationstiefdruck das benzolähnliche Toluol und im Verpackungsdruck Alkohole, die im Gegensatz zu Toluol Lebensmittelverträglichkeit haben. Diese Lösemittel sind einerseits gekennzeichnet durch ihre Verdunstungszahl, die angibt, wie viel mal sie langsamer verdunsten als Äther, und andererseits durch ihren MAK-Wert. Dies ist die maximale Arbeitsplatzkonzentration, die aus Gesundheitsschutzgründen vorschreibt, wie viel Gramm Lösemittel maximal in einem Kubikmeter Raumluft enthalten sein dürfen.

- Heat-set-Firnis: Im Rollenoffsetdruck wird wie in allen Rollen-Verfahren wegen der Weiterverarbeitung in der Druckmaschine schnelle Druckfarbentrocknung verlangt. Auf den dort üblichen hochwertigeren Papieren genügt Trocknung durch Wegschlagen nicht. Deshalb löst man die Hartharze zwar auch in Mineralölen, jedoch schlagen diese nur geringfügig weg und werden in Heißlufttrocknern verdampft. Das auf der Papierbahn zurück bleibende Harz wird bei den weit über hundert Grad hohen Temperaturen plastisch. Dadurch setzt es sich einerseits gut in den Papierporen fest und bekommt eine glatte Oberfläche. Kühlwalzen sorgen anschließend dafür, dass sich das Harz in diesem Zustand verfestigt, sodass eine strapazierfähige, glänzende Druckfarbenschicht entsteht. Der hohen Farbqualität und der schnellen Trocknung stehen die hohen Kosten zum Betrieb des Trockners entgegen, in dem obendrein die verdampften Minerale durch Verbrennen zerstört werden müssen.

7.10.2.3 Kombinationsfirnis

Diese Firnisart, die zur Herstellung normaler Offsetdruckfarben dient, hat ihre Bezeichnung aus der Tatsache, dass zwei Trocknungsarten kombiniert werden. Man versucht, die Schnelligkeit der Trocknung durch Wegschlagen mit der hohen Qualität der Leinölfirnistrocknung zu kombinieren.

In modernen Offsetdruckfarben ist Leinölfirnis als Naturprodukt kaum noch vorhanden. Vielmehr setzt man synthetisch hergestellte, so genannte Alkydharze ein, die wie Leinölfirnis pastös sind und ebenfalls durch Oxidation chemisch trocknen. Dazu brauchen auch sie einige Stunden.

Zur Firnisherstellung wird das übliche Hartharz im dickflüssigen Alkydharz gelöst, was eine extrem zähflüssige Substanz ergibt. Um diese auf die pastöse Offsetdruckfarben-Konsistenz zu bringen, mischt man dünnflüssiges Mineralöl hinzu. Die Trocknung des Druckfarbenfilms geschieht in zwei Phasen.

Als Erstes schlagen die Mineralöle in sehr kurzer Zeit weg. Da ihr Anteil im Vergleich zum reinen Kompositionsfirnis gering ist, wirkt sich das kaum qualitätsmindernd aus. Auf der Papieroberfläche verbleibt das zähflüssige Alkydharz-Hartharz-Gemenge mit den Pigmenten, das im Stapel über eine längere Zeit durchtrocknen muss. Im Vergleich zum Leinölfirnis ist diese Substanz wesentlich dickflüssiger und hat wenig Klebkraft. Außerdem trocknet nur noch der Alkydharzanteil oxidativ durch, weil der Hartharzanteil ja harte Substanz darstellt. Somit besteht erheblich geringere Abliegegefahr im Stapel in der Auslage. Die ständige

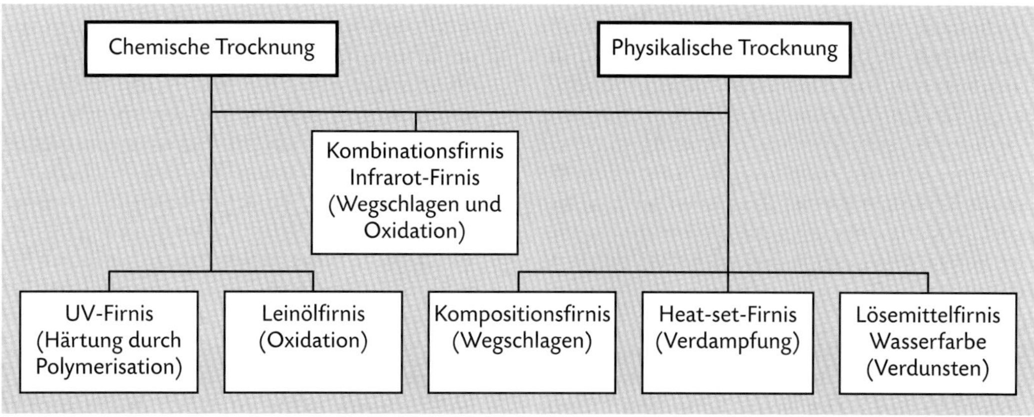

Übersicht über Firnisarten und ihre Trocknung

Gewichtszunahme der sich stapelnden Bogen ist jedoch oft schneller als die oxidative Druckfarbentrocknung, sodass Pudern oder das Fahren kleinerer Stapel erforderlich werden kann.

7.10.2.4 Wasserbasierende Firnisse

Winzige Harzteilchen schwimmen in wässrigen Lösemitteln und bilden mit diesen eine Dispersion. Im verseiften Zustand kann man sich die kleinen Harzteilchen wie winzige vom Wasser durchweichte Schwämmchen vorstellen. Nachdem diese Dispersion als dünner Film aufgedruckt wurde, verdunstet das Wasser, und die Harzteilchen rücken zusammen und verbinden sich aufgrund ihrer Klebrigkeit. Alkalische Verbindungen wie Ammoniak sorgen dafür, dass die Harzschicht beim Durchtrocknen nun wasserunlöslich wird. Somit entstehen harte widerstandsfähige Druckfarben- beziehungsweise Lackfilme.

Dieser überwiegend physikalisch ablaufende Trockenmechanismus ist nicht so schnell wie der mit herkömmlichen Lösemitteln, jedoch wesentlich umweltverträglicher.

7.10.2.5 IR- und UV- trocknende Firnisse

Vor allem im Bogenoffsetdruck wird von der Möglichkeit Gebrauch gemacht, spezielle Kombinationsfirnisse durch infrarote Wärmestrahlung schneller zu trocknen. Dies geschieht durch entsprechende Strahler, an denen der Bogen auf seinem Weg zur Auslage vorbeiläuft. Diese Strahlung beschleunigt den Vorgang der chemischen Oxidation etwas, zumal es durch die Bestrahlung gelingt, eine erhöhte Temperatur im Auslagestapel aufrecht zu erhalten. Diese Offsetdruckfarben trocknen sowohl ohne als auch mit Strahlung.

Die kurz als UV-Farben bezeichneten Firnisse stellen eine Besonderheit dar, weil sie im Grunde Kunststoffe sind, die bei UV-Strahlung polymerisieren und dadurch fast schlagartig durchhärten. Die Grundbausteine des Firnis sind Monomere (Einzelmoleküle) und Präpolymere. Letztere sind vorvernetzte Moleküle, die zusammen mit den dünnflüssigen Monomeren die pastöse Konsistenz ergeben. Da die von den Strahlern in der Druckmaschine gelieferte UV-Energie nicht für eine völlige Vernetzung ausreicht, enthält der Firnis Fotoinitiatoren. Dies sind Substanzen, die Energie gespeichert haben und diese an die Polymere abgeben, sobald sie der UV-Bestrahlung unterliegen. Dies bewirkt dann die sekundenschnelle Durchhärtung.

Nachteile dieses Systems sind hohe Kosten für die Materialien, Erzeugung von gesundheitsschädlichem

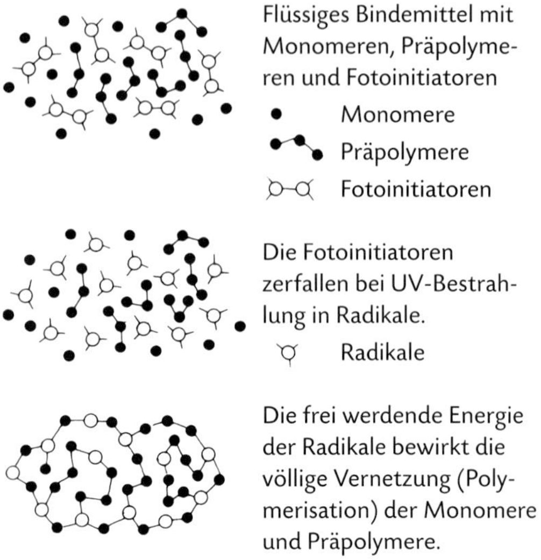

UV-Härtung

Ozon durch die Strahler, das abgesaugt werden muss, und erhöhte Allergiegefahr durch die speziellen Stoffe, zumal auch herkömmliche Waschmittel nicht einsetzbar sind.

UV-trocknende Farben findet man teilweise im Sieb-, Flexo- und Tampondruck, im Offsetdruck seltener. Häufiger wird UV-Strahlung zur Härtung von Lacken eingesetzt. Eine Weiterentwicklung zeichnet sich bei der Härtung mittels Elektronenstrahlung ab, die so energiereich ist, dass Fotoinitiatoren entbehrlich sind.

7.10.3 Pigmentarten

Farbmittel teilt man ein in Farbstoffe und Farbpigmente. Während Farbstoffe in gelöster Form, also als farbige Flüssigkeiten vorliegen, werden Pigmente ungelöst als pulverförmige Substanzen verarbeitet. Abgesehen von wenigen Farbtinten für bestimmte Digitaldruck-Verfahren, werden für die Herstellung von Druckfarben nur Pigmente eingesetzt.

- Als Schwarzpigment wird seit eh und je Ruß verwendet. In großen Industrieanlagen wird Ruß in eigens dafür durchgeführten Verbrennungsprozessen erzeugt. Gase, zerstäubtes Öl oder Gemische daraus werden verbrannt, um den sich dabei absetzenden Ruß in unterschiedlichen Qualitäten zu gewinnen. Verschiedene Schwarztöne erzeugt man durch bestimmte Teilchengrößen und -formen bei den Rußen und vor allem durch Schönung. Dabei werden der Schwarzfarbe dunkle Buntpigmente, meist Blau, hinzugefügt.
- Weißpigmente entstehen durch chemische Fällungsprozesse. Indem ein gelöstes Metallsalz mit ei-

ner Säure zusammen kommt, fällt pulverförmiges Weißpigment aus, das gefiltert und getrocknet wird. Je nach Art ergeben sie deckende, halbdeckende oder lasierende Weiß- oder Transparentweiß- beziehungsweise Mischweißfarben.

- Buntpigmente: Ausgangsstoffe für die heute in großer Vielzahl produzierten bunten Pigmente sind Teer und Erdöl. Durch fraktionierte Destillation dieser Substanzen trennt man Zwischenprodukte ab, die sich in großer Vielfalt chemisch umwandeln lassen. Das Ziel ist, Stoffe herzustellen, die Lichtenergie aufnehmen und absorbieren. Je nachdem welcher Wellenlängenbereich verschluckt wird, erzeugt der abgestrahlte Rest die spezielle Farbigkeit. Die sich im Bereich der organischen Chemie abspielenden Vorgänge sind in der Praxis äußerst kompliziert. Am Ende stehen durchweg Farbstoffe, also farbige Flüssigkeiten. Um daraus die für die Druckfarbenherstellung notwendigen Pigmente zu machen, erzeugt man, vereinfacht ausgedrückt, ein Weißpigment, auf dessen Oberfläche sich der Farbstoff dauerhaft niederschlägt. Dieser Prozess heißt Verlackung, das Ergebnis sind Farblacke, die also farbige Pigmente darstellen.
- Metallpigmente: Für bestimmte Wirkungen – besonders im Verpackungsdruck – sind Farben mit Metalleffekt erwünscht. Durch Schmelzen und anschließendes Zerstäuben von Metallen entstehen Metallperlchen, die zu Pigmenten zermahlen werden. Für Silberfarben dienen Aluminium-Pigmente, Goldfarben entstehen in unterschiedlicher Tönung aus Kupfer und Messing-Legierungen. Außerdem lassen sich Aluminium-Pigmente an ihrer Oberfläche anfärben, sodass man über die ganze Palette der Metalliktöne verfügt. Bei Offsetdruckfarbe neigen die schweren Metallpigmente dazu, sich abzusetzen. Deshalb geht man meist von Zweikomponenten-Farben aus, bei denen Pigmentpaste erst unmittelbar vor dem Druck in den Firnis gerührt wird.

7.10.4 Druckfarbenherstellung

Letztlich geht es bei der Produktion von Druckfarben um die innige Vermischung von Pigmenten, Firnissen und Hilfsstoffen. Das Einrühren der pulverförmigen Pigmente in zähflüssige Firnisse bereitet jedoch Probleme, die technisch gelöst werden müssen.

Es besteht die Gefahr, dass die Pigmente beim Dispergieren, wie man den Vorgang nennt, klumpenförmige Ansammlungen bilden. Außerdem ist sicher zu stellen, dass die Pigmente absolut gleichmäßig im Firnis verteilt sind. Nur so lassen sich glatte, nicht wolkige Flächen drucken.

Es sind mehrere Prozessschritte erforderlich, um die hohen Anforderungen zu befriedigen. Zuerst werden die Anteile von Pigmenten, Firnissen und Hilfsstoffen nach Rezept genau abgewogen. In einem Rührgerät (Dissolver) werden sie innig vermischt, was aber noch keine Klumpenfreiheit garantiert. Die völlige Dispergierung erfolgt auf Dreiwalzenstühlen oder in Rührwerkskugelmühlen.

Der Dreiwalzenstuhl besteht aus drei Stahlwalzen, die mit unterschiedlicher Drehzahl gegeneinander laufen. In den Walzenspalten werden Pigmentansammlungen zwischen den reibenden Zylinderoberflächen zerquetscht. Von Nachteil ist dabei die portionsweise Beschickung mit vordispergierter Druckfarbe. In der Rührwerkskugelmühle erfolgt der Durchgang kontinuierlich. Die Mühle ist mit einer Vielzahl von kleinen Stahlkugeln gefüllt, die in Drehungen versetzt werden. Zwischen diese ständigen Abrollbewegungen der Kugeln gelangt die von unten nach oben gepumpte Druckfarbe. Dadurch werden kleinste Pigmentklumpen zermalmt. Die in der Mühle auftretenden hohen Reibungskräfte erfordern ständige Kühlung und begrenzen den Durchlauf sehr dickflüssiger Farben.

Das Hineinmischen von Pigmenten in dünnflüssigere Lösemittel-Farben ist einfacher und geschieht in Kugelmühlen. Das sind geschlossene, mit Stahlkugeln gefüllte Kugelbehälter, die sich ständig drehen.

7.10.5 Lacke

Lackierungen dienen der Veredlung von Drucksachen, wenn diese höheren Glanz, Schutz, mehr Scheuerfestigkeit oder größere Attraktivität erhalten sollen. Durch Bedrucken mit Lack kann man Bildpartien durch höheren Glanz oder Mattierung hervorheben.

Es gibt mehrere Arten von Lacken und Lackierverfahren. Dispersionslacke haben im Offsetdruck heute eine starke Verbreitung gefunden. Ihr Aufbau entspricht weitgehend dem der wasserbasierenden Firnisse. Wasserlösliche Harzdispersionen werden dünn aufgedruckt und wandeln sich nach Verdunsten des Wassers durch in ihnen enthaltene alkalische Substanzen in trockene, wasserunlösliche Schichten um. In Offsetdruckmaschinen geschieht das meistens in integrierten Lackwerken, die den Dispersionslack nicht nur vollflächig auftragen, sondern mittels Flexodruckplatten auch Druckbilder im Hochdruck lackieren können (Inline-Lackierung). Solche Lackierungen erfüllen optimal die heutigen Qualitätserwartungen.

Qualitätssteigerungen erreicht man durch Maschinenlackierungen, wobei lösemittelhaltige Lacke in separaten Lackiermaschinen vollflächig aufgedruckt werden. Nach dem Verdunsten des Lösemittels verbleiben hochwertige, widerstandsfähige Harzschichten mit hohem Glanz auf der Bedruckstoffoberfläche. Allerdings können die in diesen Lacksystemen enthaltenen Lösemittel in eine zerstörerische Wechselwirkung mit der Druckfarbe treten, die sie veredeln sollen.

So genannte Drucklacke sind im Kontakt zur zuvor aufgebrachten Druckfarbe unbedenklich. Sie haben den gleichen Firnisaufbau wie herkömmliche Druckfarben und können daher im Offsetdruckwerk ohne Feuchtung vollflächig oder mit Feuchtung als Druckbilder verarbeitet werden. Allerdings trocknen sie langsam, zeigen geringeren Glanz und neigen teilweise zum Vergilben.

7.10.6 Eigenschaften von Druckfarben

7.10.6.1 Konsistenz

Die Konsistenz beschreibt das Fließverhalten eines Stoffes. Sie fasst das Zusammenwirken einer Reihe von so genannten rheologischen Eigenschaften zusammen. Darunter versteht man solche, die für bestimmte Fließeigenschaften verantwortlich sind. Bei Druckfarben sind es vor allem zwei dieser Eigenschaften, die den Druckprozess entscheidend beeinflussen: Viskosität und Zügigkeit.

Die Viskosität beschreibt, ob eine Flüssigkeit dick- oder dünnflüssig ist. Physikalisch ist sie definiert als Maß für die innere Reibung einer Flüssigkeit. Die Teilchen, meist Moleküle, aus denen eine Flüssigkeit aufgebaut ist, unterliegen Bindekräften, die jedoch nicht so starr sind, dass die Teilchen ihre Beweglichkeit verlieren würden. Deshalb können solche Stoffe fließen, wobei sich die Teilchen gegeneinander verschieben. Dabei arbeiten sie jedoch gegen ihre Bindekräfte an. Sind diese groß, ist die Flüssigkeit dickflüssig, sind sie gering, so ist der Stoff entsprechend dünnflüssig.

Bei den höherviskosen (dickflüssigeren) Buch- und Offsetdruckfarben kann eine zu dünne Einstellung ein Auseinanderlaufen der Rasterpunkte und eine damit verbundene Tonwertzunahme bewirken. Im Flächendruck ist sie vorteilhafter. Durch die Spachtelprobe beurteilt man die Viskosität von pastösen Druckfarben. Der Drucker beobachtet, ob die Farbe schnell oder langsam von der Spachtel läuft, und zieht daraufhin die entsprechenden Schlüsse auf den zu erwartenden Druckprozess.

Im Tief- und Flexodruck spielt die Viskosität eine größere Rolle. Hier muss sie vom Drucker auf die Trocknungs- und Maschinengeschwindigkeit, die Beschaffenheit der Druckform und auf den Bedruckstoff eingestellt werden. Dazu wird an der Druckmaschine mit Auslaufbechern eine Viskositätsmessung ausgeführt, indem man die Zeit misst, die die dünnflüssige Farbe im Becherinhalt braucht, um durch eine Düse auszulaufen.

Die Zügigkeit spielt im Buch- und Offsetdruck eine größere Rolle, weil hier im Farbwerk, bei der Druckform und beim Gummituch Farbspaltvorgänge stattfinden. In den Berührungszonen zwischen Walzen, Druckform und Gummituch sowie Gummituch und Bedruckstoff wird die Farbe übertragen, indem der Farbfilm gegen die inneren Bindungskräfte seiner Teilchen aufgerissen wird. Diesen Widerstand, den die Druckfarbe ihrer Spaltung entgegensetzt, misst die

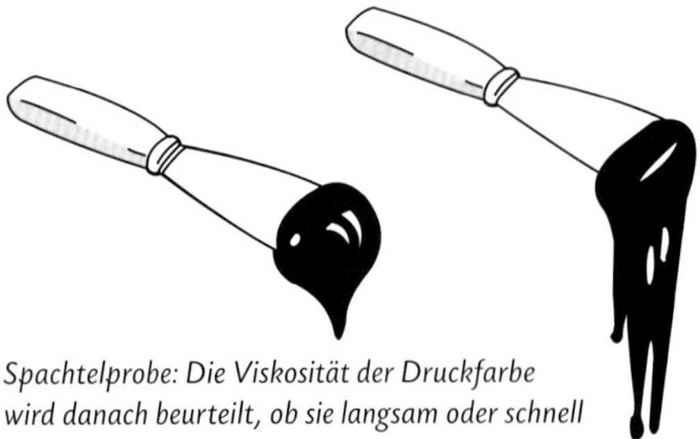

Spachtelprobe: Die Viskosität der Druckfarbe wird danach beurteilt, ob sie langsam oder schnell von der Spachtel fließt.

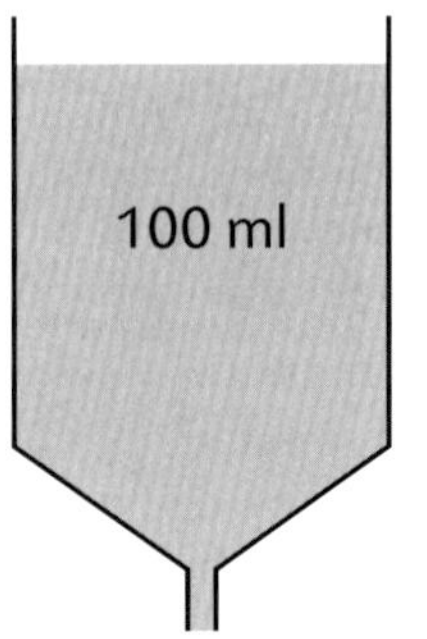

Auslaufbecher zum Messen der Viskosität von lösemittelhaltigen Druckfarben und Dispersionslacken. Der Messbecher enthält 100 Milliliter Flüssigkeit. Die Zeit, die diese brauchen, um durch die Düse auszulaufen, ist das Maß für die Viskosität.

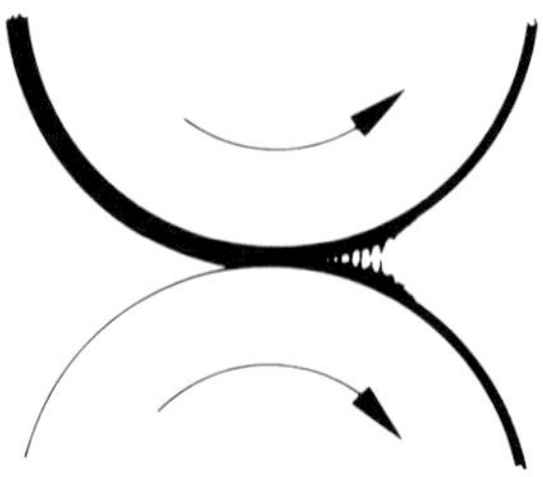

Wirkung der Zügigkeit: Beim Spalten der Druckfarbe zum Beispiel zwischen zwei Walzen zieht die Farbe Fäden.

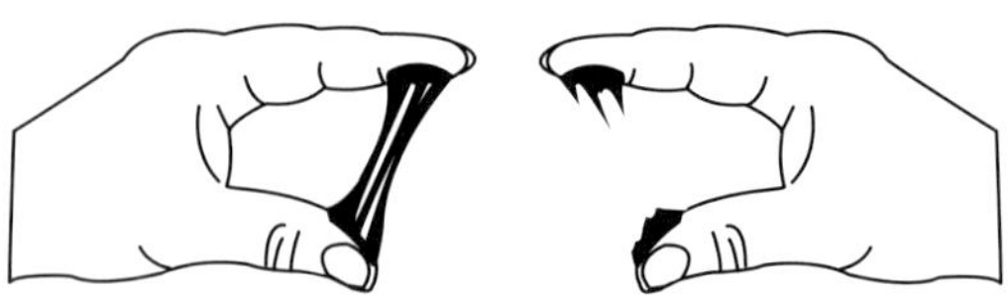

Fingerprobe: Die Länge der Fäden, die die Druckfarbe beim Spalten zwischen den Fingern zieht, dient zur Beurteilung ihrer Zügigkeit.

Zügigkeit. Der Drucker beurteilt sie durch die Fingerprobe. Etwas Druckfarbe wird zwischen Daumen und Zeigefinger gedrückt. Trennen sich die Finger, zieht die Farbe wie auch bei den Spaltstellen in der Druckmaschine Fäden, bevor sie abreißt. Lange Fäden deuten auf eine schlechtere Spaltfähigkeit als kürzere hin. Daher bezeichnet man eine zügige, schwer spaltbare Farbe als lang, eine weniger zügige als kurz.

Ein bestimmtes Maß an Zügigkeit muss eine pastöse Druckfarbe haben, um einwandfrei verarbeitet werden zu können. Eine zu hohe Zügigkeit kann zum Rupfen führen, die Druckfarbe zieht beim Spalten Teilchen aus der Papieroberfläche heraus.

Da Konsistenz ein Oberbegriff ist, müssen zu ihrer Beschreibung immer Viskositäts- und Zügigkeitsangaben gemacht werden, also eine Kombination aus den Zuständen dünn oder dick für Viskosität und kurz oder lang für Zügigkeit. Somit kann die Konsistenz vier Extremzustände annehmen: dünn-kurz, dick-kurz, dünnlang und dick-lang.

Bei Druckschwierigkeiten, die auf das Verhalten der Druckfarbe zurückzuführen sind, muss der Drucker immer fragen, ob die Ursache bei der Viskosität oder bei der Zügigkeit liegt. Erst dann kann er die richtigen Mittel zur Behebung der Probleme auswählen. Die Entscheidung ist jedoch oft nicht einfach, weil Viskosität und Zügigkeit immer zusammen wirken, sodass sie schlecht zu unterscheiden sind.

7.10.6.2 Normdruckfarben

Rein theoretisch lassen sich mithilfe von drei Grundfarben alle Farben eines Farbbilds drucktechnisch wiedergeben. In der Praxis sind jedoch durch die technischen Herstellungsmöglichkeiten, durch Druckverfahren und Druckbedingungen sowie Bedruckstoffe sehr enge Grenzen gesetzt. So kommt zur Verbesserung der Tiefenwirkung dunkler darzustellender Bildbereiche die vierte Farbe Schwarz hinzu. Darüber hinaus engen alle technisch herstellbaren Druckfarben den drucktechnisch darzustellenden Farbumfang sehr stark ein.

Über Jahrzehnte haben sich die Farben Cyan, Magenta und Yellow der so genannten Europa-Skala nach DIN 16539 (Europäische Farbenskala für den Offsetdruck, 1971) durchgesetzt und bewährt. Auf den durch sie darstellbaren Farbumfang haben sich die Reproduktionsprozesse und Prüfbedingungen eingestellt. Aufgrund veränderter Druckbedingungen wie zum Beispiel die Verschiebung zum Nass-in-Nass-Druck oder den Rollendruck wurde die Normung oft angepasst und findet sich heute in Gestalt der internationalen Normenreihe ISO 2846 wieder. Dabei sind über den Offsetdruck hinaus Zeitungs-, Tief-, Flexo- und Siebdruck einbezogen.

Grundsätzlich sieht diese Normung kein Herstellungsverfahren oder bestimmte Materialeigenschaften vor. Vielmehr gibt sie Richtlinien zum Vergleich und zur Übereinstimmung mit einem Soll-Farbort in Abhängigkeit von bestimmten Schichtdicken und der Lasurfähigkeit an.

Neben den Druckfarben nach ISO 2846 und der alten Europa-Skala gab und gibt es andere Normdruckfarben-Skalen, die aber relativ bedeutungslos sind. Wichtiger sind nicht genormte Farbmischsysteme wie zum Beispiel HKS oder Pantone, die von einigen Herstellern eingeführt wurden. HKS und Pantone basieren auf neun bzw. vierzehn Grundfarben, mit denen sich eine Vielzahl von Farben nach Farbfächern und Rezepten nachmischen lässt (vgl. Abschnitt 2.6.7).

7.10.6.3 Echtheiten, weitere Eigenschaften

Echtheiten sind bestimmte Eigenschaften, die für Druckfarben unter genormten Bedingungen geprüft und angegeben werden. Für Offsetdruckfarben werden auf den Etiketten der Farbgebinde Angaben zu Lichtechtheit, Deckfähigkeit, Trocknung, Lacklösemittelechtheit und Alkaliechtheit gemacht.

- Lichtechtheit: Farbige Pigmente verlieren mit der Zeit durch Lichteinwirkung mehr oder weniger ihre Fähigkeit, bestimmte Wellenlängenbereiche des Lichtes zu absorbieren. Dadurch strahlen sie immer mehr Wellenlängen ab, sodass sie heller werden, sie bleichen aus. Dieses Ausbleichverhalten beschreibt die Lichtechtheit. Um sie für eine bestimmte Druckfarbe zu bestimmen, benutzt man die Wollskala. Diese besteht aus acht Textilstreifen, von denen jeder mit einem Farbstoff getränkt ist, dessen Ausbleichverhalten bei Lichteinwirkung jeweils genau bekannt und genormt ist. Die acht Farbstoffe sind in ihrem Ausbleichverhalten abgestuft.
  Bei der Bestimmung der Lichtechtheit führt man mit den acht Textilstreifen und der zu prüfenden Druckfarbe eine vierstufige Belichtung durch. Beurteilt wird danach nicht die Intensität der Ausbleichung, sondern die Art der sichtbaren Abstufung. Die Druckfarbe bekommt die Lichtechtheit desjenigen Farbstoffs, der die gleiche Art von Stufung zeigt. Sind zum Beispiel die Stufungen des Streifens 5 und die der Druckfarbe identisch, erhält sie die Lichtechtheit WS 5, wobei WS für Wollskala steht.
  WS 1 ist eine sehr geringe, WS 8 eine hervorragende Lichtechtheit. Es hängt vom Produkt ab, welche Lichtechtheit eingesetzt werden muss. Schaufensterdekorationen, Außenplakate, Tapeten, Kalender

und Druckerzeugnisse, die in ähnlicher Weise längere Zeit dem Licht ausgesetzt sind, erfordern Druckfarben mit hoher Lichtechtheit.
Grundsätzlich erhalten Mischfarben immer die Lichtechtheit derjenigen Teilfarbe, die in der Mischung die geringste hat.

- Deckfähigkeit: Im Mehrfarbendruck kommen Farbmischungen dadurch zustande, dass die unteren Farbschichten durch die darüber liegenden hindurch scheinen. Deshalb müssen solche Farben lasierend sein, sich also wie transparente Farbfilter auf den Untergrund legen. In anderen Fällen wird verlangt, dass die Druckfarben ihren Untergrund völlig abdecken. Dazu müssen sie deckend sein.
  Ob eine Druckfarbe deckend oder eine andere lasierend ist, hängt davon ab, in welcher Weise ein in die Farbschicht dringender Lichtstrahl auf seinem Weg abgelenkt wird. Gebrochen wird er grundsätzlich vom farblosen Firnis und von Pigmentoberflächen, wenn er auf diese trifft. Sind die Brechungswinkel von Firnis und Pigment sehr unterschiedlich, tritt der Lichtstrahl sehr schnell wieder aus der Farbschicht aus, ohne dass er den Untergrund erreicht hat. Die Farbe ist in diesem Fall deckend. Bei lasierenden Druckfarben ist das Brechungsverhalten von Pigmenten und Firnis etwa gleich. Der Lichtstrahl geht dann ohne wesentliche Ablenkung durch die Farbschicht und erreicht den Untergrund.
  Deckende Farben werden mit „d" und lasierende mit „l" gekennzeichnet, die Zwischenzustände mit „ld", für leicht deckend.
- Trocknung: Weil unterschiedliche Offsetdruckfarben sowohl chemisch, physikalisch oder kombiniert trocknen können, ist ihre Trocknungsart auf dem Dosenetikett vermerkt. Sie wird angegeben mit oxidativ, wegschlagend oder oxidativ und wegschlagend.
- Lacklösemittelechtheit: Diese Angabe sagt aus, ob ein Druckfarbenfilm mit einem lösemittelhaltigen Lack veredelt werden kann, ohne dass das Lacklösemittel die Farbe angreift oder gar zerstört. Dabei unterscheidet man zwei Gruppen von Lösemitteln: nitrohaltige und alkoholische. Deshalb werden getrennte Aussagen zu Nitro und Sprit (Spiritus, Alkohol) gemacht. Mit dem Zusatz „ja" oder „+" wird die Widerstandsfähigkeit gegenüber dem jeweiligen Lösemittel ausgedrückt. Die Aussage Nitro: nein und Sprit: nein bedeutet, dass für diese Druckfarbe keine Maschinenlackierung angebracht ist. Sie kann jedoch mit lösemittelfreien Dispersions- oder Drucklacken veredelt werden.
- Alkaliechtheit: Druckfarben sollen alkaliecht sein, wenn sie mit Dispersionslacken, Folienkaschierungen und Klebern in Berührung kommen. Diese Substanzen reagieren meist alkalisch mit der betreffenden Druckfarbe. Das Gleiche gilt für alkalische Füllgüter in bedruckten Packstoffen. Ist die Druckfarbschicht nicht alkaliecht, kann sie leicht durch diese Einflüsse angegriffen oder zerstört werden.

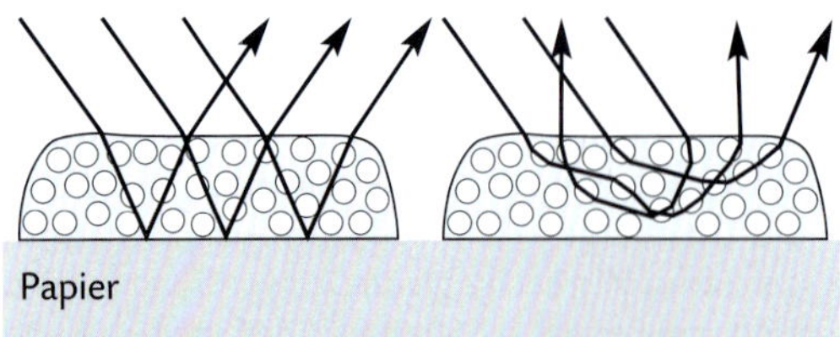

Deckfähigkeit von Druckfarben. Links: Das Lichtbrechungsverhalten von Firnis und Pigmenten ist etwa gleich. Der Lichtstrahl wird kaum abgelenkt und erreicht den Untergrund. Rechts: Firnis und Pigmente brechen unterschiedlich. Dadurch wird der Lichtstrahl so stark abgelenkt, dass er den Untergrund nicht erreicht.

7.10.6.4 Druckhilfsmittel

Nach wie vor ist es eine wichtige Aufgabe des Druckers, die Druckfarbe an die speziellen Druckbedingungen anzupassen. Dazu steht eine Reihe von Druckhilfsmitteln zur Verfügung.

- Druckpasten sind stockige, geleeartige Substanzen, die die Zügigkeit der Farbe herabsetzen, ohne wesentlich die Viskosität zu beeinflussen.
- Drucköle machen die Farbe dünnflüssiger, aber auch kürzer. In begrenztem Maße wird sie durch zähflüssige Firnisse dicker.
- Wachsartige Substanzen werden zur Erhöhung der Scheuerfestigkeit eingesetzt.
- Misch- und Transparentweiß setzen die Sättigung der Farbe herab.
- Um die oxidative Trocknung zu beschleunigen, werden Trockenstoffe zugemischt. Sie wirken in Form von chemischen Katalysatoren, die die Oxidation schneller ablaufen lassen.

Zu beachten ist, dass alle diese Zusatzmittel die Pigmentkonzentration herabsetzen und eventuell zu dickeren Farbschichten zwingen.

Im Tief- und Flexodruck beeinflusst der Drucker vor allem durch Verschnitt und Verdünnung die Druckfarbe. Verschnitt ist die Mischung aus Hartharz und Lösemittel und setzt die Pigmentkonzentration der Stammfarbe herab. Dies ist notwendig, um die Farbintensität im Mehrfarbendruck den Teilfarben anzupassen. Verdünnung ist reines Lösemittel und beeinflusst die Viskosität, die Trocknungsgeschwindigkeit, das Farbübertragungsverhalten und auch die Gradation des Druckbildes im Tiefdruck.

8 Druckweiterverarbeitung

8.1 Überblick

Buchbinderische Tätigkeit wird heute unterteilt in eine handwerkliche und zwei industrielle Fachrichtungen. Die offizielle Bezeichnung des handwerklichen Bereichs, die Einzel- und Sonderfertigung, beschreibt den Aufgabenbereich dieser Fachrichtung bereits recht gut. Dabei wird in kleinen Stückzahlen bis hin zum Einzelstück und zu großen Teilen von Hand oder mit kleineren Maschinen und Geräten gearbeitet.

Die so genannte Serienfertigung bezieht sich dagegen auf die industrielle Produktion größerer Stückzahlen. Sie unterteilt sich in zwei Berufsschwerpunkte: Druckweiterverarbeitung und Buchfertigung. In der Druckweiterverarbeitung geht es vor allem um die Herstellung von verschiedenen Broschurenarten, in der Buchfertigung neben mehrlagigen Broschuren auch um Deckenbände.

Im Folgenden wird überwiegend von der Serienfertigung die Rede sein. Dabei wird der Begriff Druckweiterverarbeitung nicht im Zusammenhang mit der beruflichen Fachrichtung verwendet, sondern als Oberbegriff für die Produktionsschritte im Anschluss an das Drucken.

Die Aufgabe der Druckweiterverarbeitung besteht darin, die Produkte der Druckerei in die Form zu bringen, in der sie den Verbraucher erreichen sollen. Dabei ist die Produktpalette sehr breit gefächert. Beginnend beim einfachen Falzprospekt, geht sie über das aufwändig produzierte Mailing zu unterschiedlichsten Broschurenarten bis hin zum Deckenband.

So unterschiedlich einige dieser Produkte auch sind, so werden sie doch alle unter Verwendung der immer gleichen Grundtechniken hergestellt. Bei diesen Techniken handelt es sich um Schneiden, Falzen, Sammeln oder Zusammentragen und Kleben oder Heften. Hinzu kommen noch spezielle Produktionsschritte wie Prägen, Rücken runden, Schnitt färben und anderes. Die genannten Haupttechniken werden innerhalb der Herstellung eines Produktes unterschiedlich miteinander kombiniert und teilweise mehrfach angewandt.

Das Schneiden ist zunächst beim Beschneiden der Druckbogen, später des Buchblocks und beim Schneiden der Einzelteile für die Buchdecke erforderlich. Auch das Kleben ist an verschiedenen Stellen notwendig. Der Buchblock wird möglicherweise klebegebunden, aber auch ein fadengehefteter Buchblock wird nach dem Heften mit Klebstoff abgeleimt, um ihm seine endgültige Festigkeit zu geben. Die Buchdecke wird durch Verkleben ihrer Einzelteile hergestellt. Schließlich werden Inhalt und Umschlag oder Decke durch Verkleben miteinander verbunden.

8.2 Produkte

Es gibt verschiedene Möglichkeiten, die Produkte der Druckweiterverarbeitung zu ordnen. Hier soll nach den notwendigen Arbeitsgängen vorgegangen werden, also vom einfachen zum komplexen Produkt. Der Buchbinder bekommt vom Drucker in der Regel die ein- oder beidseitig bedruckten Bogen geliefert.

Die einfachste Art der Druckweiterverarbeitung besteht im Beschneiden der Druckbogen. Wenn es sich dabei um den einzigen Schritt der Weiterverarbeitung handelt, geschieht dies oft bereits in der Druckerei, zum Beispiel bei Briefbogen, Postkarten oder Plakaten.

Der nächste Schritt ist meistens das maschinelle Falzen des Produktes oder einzelner Bestandteile. Das mögliche Endprodukt ist hier der Falzprospekt. Dabei

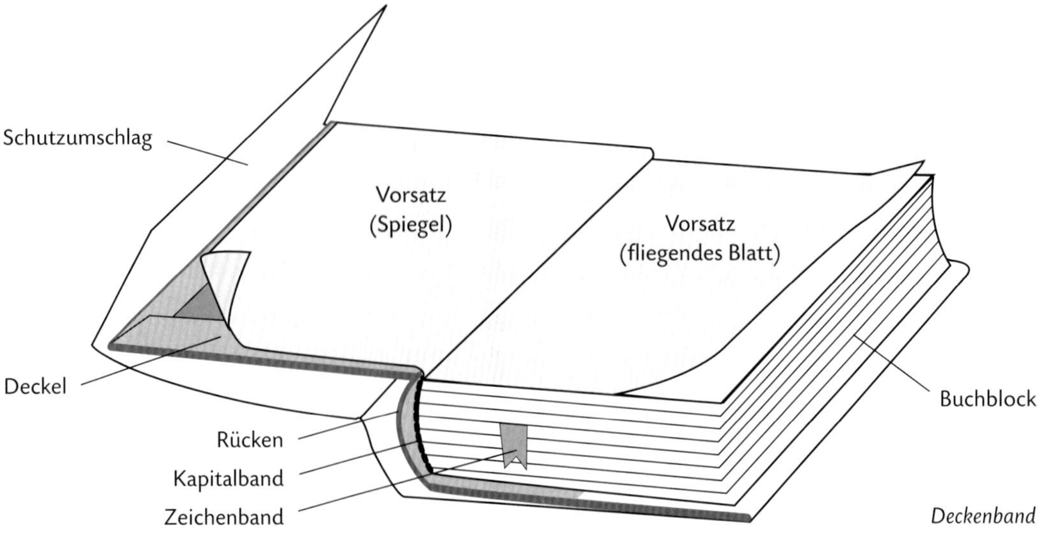

Deckenband

existiert eine große Bandbreite unterschiedlichster Ausführungsmöglichkeiten – der Fantasie sind fast keine Grenzen gesetzt. Im Zusammenhang mit Falzprospekten steht heute auch der gesamte Bereich der Werbemailings. Sehr aufwändig gefalzte Prospekte mit angeklebten Zusatzelementen und integrierten Umschlägen, welche einzig und alleine die Falzmaschine mit Zusatzaggregaten durchlaufen haben, sind hier zu finden.

Besteht ein Produkt aus mehreren Falzbogen, die nach dem Falzen zusammengebracht und miteinander verbunden werden müssen, so unterscheidet man zwischen den Einbandarten Broschur und Deckenband.

Beim Deckenband handelt es sich um das, was landläufig unter dem Begriff Buch verstanden wird. Buchblock und Buchdecke, die dem Einband seinen Namen gibt, werden in getrennten Arbeitsgängen hergestellt und anschließend durch Einhängen oder Anpappen miteinander verbunden.

Man unterscheidet bei den Deckenbänden zwischen Ganz- und Halbbänden. Dabei ist die Buchdecke des Ganzbandes vollständig mit demselben Material überzogen. Der Halbband ist dagegen am Buchrücken mit dem „edleren", in der Regel stabileren Material versehen, während für die Buchdeckel das einfachere verwendet wird. Die am stärksten beanspruchte Stelle der Buchdecke, das Falzgelenk, das die Scharnierfunktion beim Öffnen des Buches erfüllt, ist dabei stets durch das belastbarere Material verstärkt. Beide Einbände erhalten ihren Namen durch das Überzugsmaterial des Buchrückens. Ist die ganze Decke mit Leder überzogen, so handelt es sich um einen Ganzlederband, ist nur der Rücken mit Leder überzogen, die Buchdeckel aber mit Gewebe oder Papier, so liegt ein Halblederband vor. In gleicher Weise gibt es Gewebe- und Halbgewebebände und Papier- bzw. Pappbände.

Broschur ist ein sehr umfassender Begriff. Man kann eine allgemein gültige Definition nur ausschließend formulieren: Bei einem Druckprodukt handelt es sich dann um eine Broschur, wenn es kein Deckenband ist und wenn es nicht in einer handwerklichen Sondertechnik gebunden wurde. Dabei können sehr einfache bis aufwändige Einbände vorliegen. Man ordnet sie unter anderem nach ihrem Umfang in Einzelblattbroschur, einlagige und mehrlagige Broschur.

Bei Einzelblattbroschuren werden die Blätter des Werkes nicht fest miteinander verbunden, sondern durch Ringmechaniken, Spiralen, Plastik- oder Drahtkämme zusammengehalten.

Ein über Kreuz gefalzter Bogen oder einige ineinander gesteckte Doppelblätter bilden eine Lage oder ein Heft. Die Druckbogen für einlagige Broschuren werden nach dem Falzen ineinander gesteckt, sodass wiederum eine einzige, aber dickere Lage entsteht. Die Verbindung der Einzelteile erfolgt hier durch Rückstichheftung, bei der Drahtklammern oder Faden durch den Falzbruch der Lage geführt werden. Typisch für diese Einbandart sind zum Beispiel Zeitschriften in Drahtrückstichheftung oder der Reisepass in Fadenrückstichheftung.

Die einzelnen Falzbogen von mehrlagigen Broschuren werden durch Aufeinanderlegen zusammengebracht, also zusammengetragen, bevor sie gebunden werden. Mehrlagige Broschuren können einen größeren Umfang haben als einlagige. Die Bindetechnik kann unterschiedlich sein: Klebebindung, Fadensiegeln, Fadenheften oder Blockdrahtheftung.

Die Kategorie der mehrlagigen Broschur lässt sich noch weiter unterteilen. Die einfachste und geläufigste Form ist die zweifach oder vierfach gerillte Broschur. Der Buchblock ist dabei von einem Umschlag umgeben, der an zwei oder vier Stellen durch je eine Rille mit einer Art Scharnier versehen ist. Zwischen den äußeren Rillen ist der Umschlag mit dem Buchblock am Rücken fest verklebt – das klassische Taschenbuch. Ist ein unbedruckter Broschurenumschlag aus Karton mit ei-

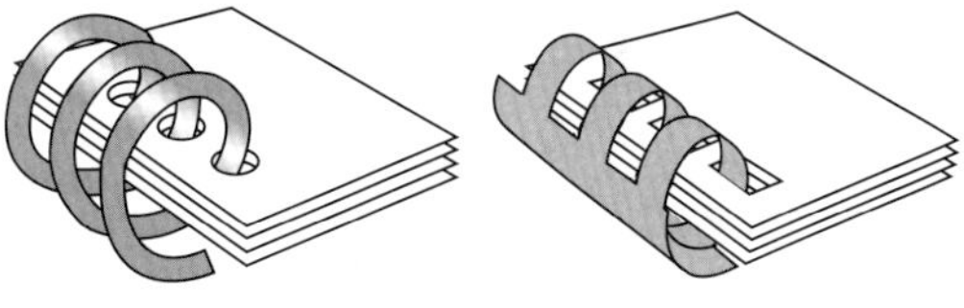

Einzelblattbroschuren mit Spiralbindung (links) und mit Plastikkamm

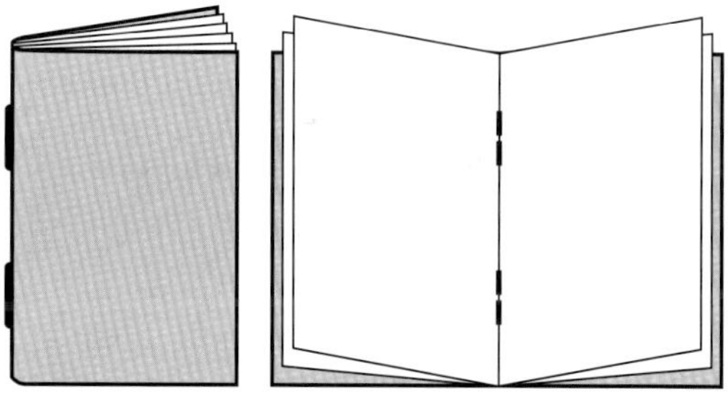

Einlagige Broschur mit Drahtrückstichheftung

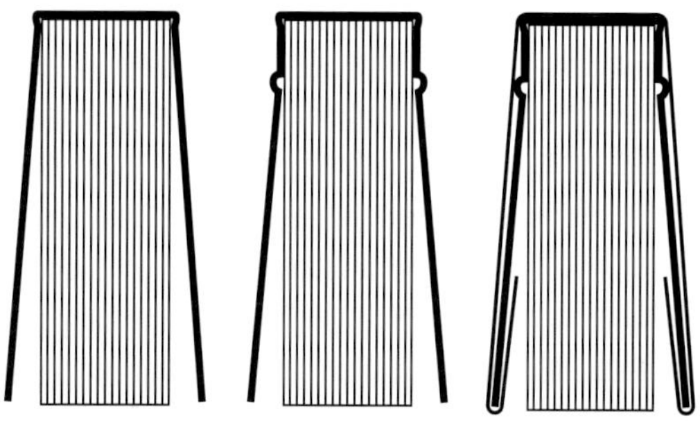

Mehrlagige Broschuren: zweifach gerillte Broschur, vierfach gerillte Broschur, Englische Broschur

nem zusätzlichen Schutzumschlag versehen und am Rücken verklebt, so spricht man von einer Englischen Broschur.

Weiter gibt es Broschuren, bei denen der Buchblock am Rücken mit einem Gewebestreifen eingefasst (gefälzelt) ist. Der äußere Kartonumschlag klebt dann nicht am Rücken des Buchblocks, sondern mit einem schmalen Streifen an der letzten Buchblockseite. Hierbei handelt es sich um die so genannte Schweizer Broschur. Der Vorteil liegt darin, dass das Gewebefälzel erheblich elastischer ist als der Umschlagkarton und somit das Aufschlagverhalten des Buches deutlich verbessert wird. Die Schweizer Broschur wird deshalb auch der Gruppe der Lay-Flat-Broschuren zugeordnet. Sie haben das Ziel, das Aufschlagverhalten von Broschuren dem von Deckenbänden anzunähern oder sogar zu übertreffen. In der Regel geschieht dies dadurch, dass der Buchblockrücken ohne feste Verbindung zum Umschlagrücken seine Flexibilität behalten kann. Zu nennen sind hier beispielsweise Otabind- und Eurobind-Broschur. In diesem Bereich sind dem Erfindergeist kaum Grenzen gesetzt, immer neue Broschurenformen zu entwickeln.

Eine weitere Besonderheit in der Gruppe der Broschuren stellt die Steife Broschur dar. Der Buchblock wird hier wie beim Deckenband mit Vorsätzen versehen. Auf die Vorsätze werden, ein Stück vom Falz abgesetzt, die Deckel aus Pappe geklebt. Anschließend werden Rücken und Deckel überzogen. Die Deckel können auch eine kleine Vorderkante haben. Diese Broschurenart kommt schwerpunktmäßig im handwerklichen Bereich vor. Das Buch steht durch die festen Deckel deutlich besser im Regal als Broschuren mit Kartonumschlag.

Über den Deckenband und die Broschur hinaus gibt es nur im handwerklichen Bereich Einbandarten, die als handwerkliche Sondertechniken in unserem Zusammenhang eine untergeordnete Rolle spielen.

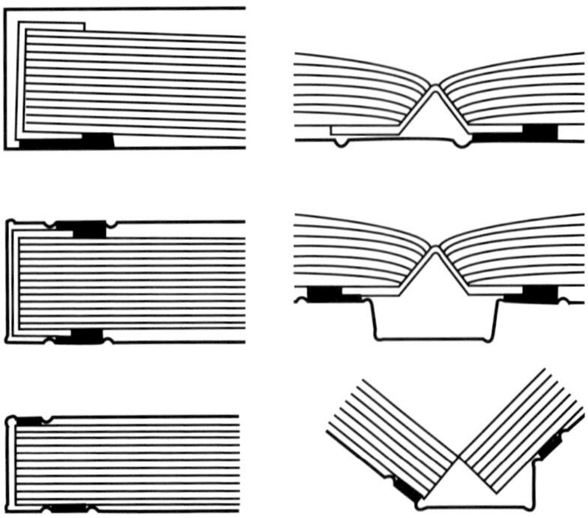

Lay-Flat-Broschuren von oben nach unten: Schweizer Broschur, Otabind-Broschur, Eurobind-Broschur

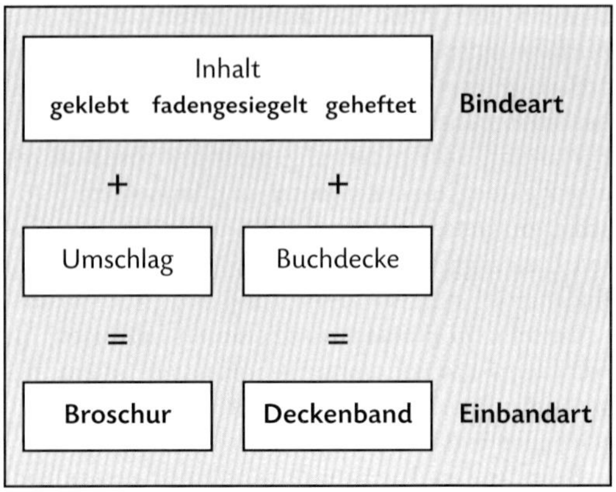

Abschließend sei noch einmal auf den Unterschied zwischen Einbandart und Bindeart hingewiesen. Die Einbandarten mehrlagige Broschur oder Ganzgewebeband geben keinerlei Information über die Bindeart (geklebt, geheftet, fadengesiegelt). Letztere ist allerdings der entscheidende Faktor, wenn es zum Beispiel um die Haltbarkeit des Produktes geht.

8.3 Schneiden

8.3.1 Beschneiden, Trennschnitt, Rausschnitt

Der Arbeitsgang, der bei absolut jeder Druckweiterverarbeitung beteiligt ist, ist das Schneiden. Druckbogen müssen nach dem Drucken in der Regel ge- oder beschnitten werden. Von Beschneiden spricht man, wenn am Bogenrand geschnitten werden muss, um etwa Größenunterschiede auszugleichen. Der Begriff Schneiden wird dagegen benutzt, wenn Nutzen voneinander getrennt werden. Der Nutzen ist dabei immer das Stück eines ganzen Bogens oder einer Rolle, das für die weitere Verwendung benötigt wird. Werden auf einem Druckbogen zum Beispiel mehrere Prospekte nebeneinander gedruckt, so ist der einzelne Prospekt der einzelne Nutzen.

Dabei unterscheidet man den einfachen Trennschnitt vom so genannten Rausschnitt. Bei letzterem befindet sich zwischen den einzelnen Nutzen ein nicht nutzbarer Streifen, sodass zwei Schnitte nötig sind, um die Nutzenränder anzuschneiden. Rausschnitte (auch Zwischenschnitte genannt) werden bei angeschnittenen Motiven benötigt, damit das Motiv über den eigentlichen Nutzenrand hinaus gedruckt werden kann. Somit wird das Papierblitzen vermieden, das ansonsten durch kleinste Schneid- oder Druckdifferenzen ausgelöst würde.

Geschnitten wird nicht nur unmittelbar nach dem Drucken, sondern auch während der nachfolgenden Weiterverarbeitung bis hin zum Endbeschnitt des Buchblocks oder der Broschur.

8.3.2 Schneidemaschinen

Für unterschiedliche Schneidaufgaben gibt es unterschiedliche Maschinen. Grundsätzlich arbeiten aber alle Schneidemaschinen nach einem von zwei Prinzipien. Sie sind nach den zwei einfachsten Schneidwerkzeugen benannt: Messer und Schere.

- Beim Messerschnittprinzip geht es um nur ein Messer, welches das Schneidgut durchtrennt, das auf einer Schneidunterlage liegt und von einem zusätzlichen Werkzeug fixiert (festgehalten) wird. Kurz gesagt: „Messer gegen Unterlage".
- Beim Scherenschnittprinzip hingegen arbeiten zwei Messer gegeneinander (Ober- und Untermesser oder Messer und Gegenmesser) und zerquetschen das Schneidgut zwischen ihren Kanten. Kurz: „Messer gegen Gegenmesser".

Die verwendeten Messer haben je nach Schneideprinzip unterschiedliche Eigenschaften. So ist etwa der Schliffwinkel eines Messers, das für den Messerschnitt eingesetzt wird, deutlich schlanker als bei Scherenschnitt-Messern. Die schlankeren Messer beim Messerschnitt sind wesentlich empfindlicher und müssen daher schneller nachgeschärft und ausgetauscht werden. So wie auch bei den einfachen Werkzeugen Messer und Schere, finden die beiden Schneideprinzipien unterschiedliche Verwendung. Im Messerschnitt lässt sich zum Beispiel wesentlich dickeres Schneidgut durchtrennen als im Scherenschnitt.

Der wohl bekannteste Vertreter des Messerschnittprinzips ist der Planschneider, auch Schnellschneider genannt. Er dient dem Schneiden von flach (plan) liegenden Bogen. Die Bogen werden dabei hinten an einen beweglichen Anschlag, den Sattel, und seitlich angelegt. Der Abstand zwischen Sattel und Messer bestimmt das Schneidmaß. Die Satteleinstellung erfolgt entweder durch direkte Maßeingabe an der Eingabetastatur oder durch automatischen Ablauf einer zuvor programmierten Schneidfolge. Die Fixierung des Schneidgutes geschieht durch den Pressbalken, der mit hoher, verstellbarer Kraft auf das Schneidgut drückt. Das Messer fährt in einer seitlichen Schwingbewegung in das Schneidgut hinein (Schwingschrägschnitt), welche den Kraftaufwand und somit den Verschleiß am Messer klein hält. Die eigentliche Schneidunterlage ist die aus Kunststoff bestehende Schneidleiste, die in eine Nut des Auflagetisches eingesetzt ist.

Der Planschneider lässt sich frei programmieren, sodass stets die gleiche Schnittreihenfolge wiederholt

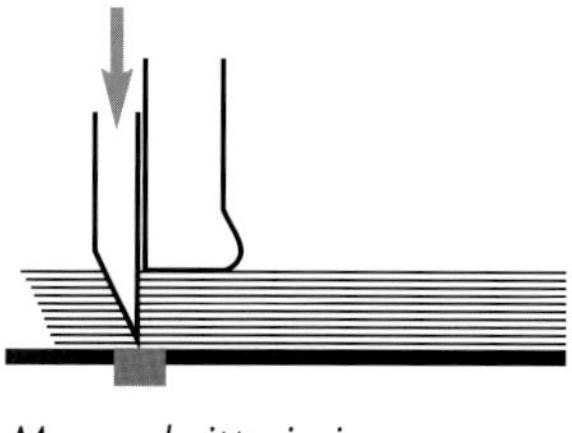

Messerschnittprinzip

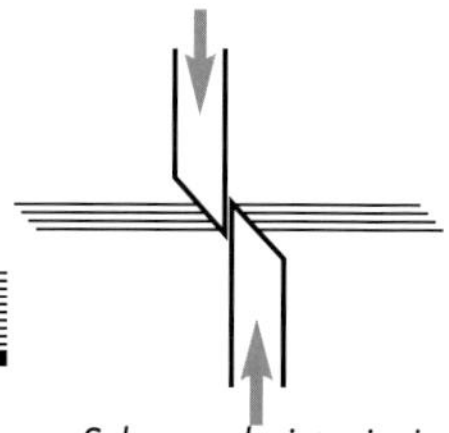

Scherenschnittprinzip

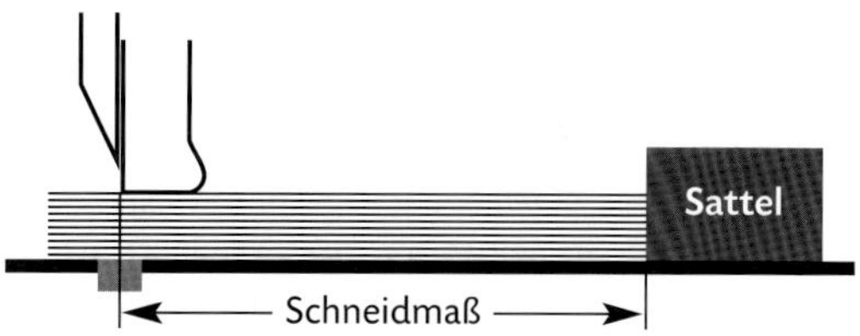

Schneidmaß beim Planschneider

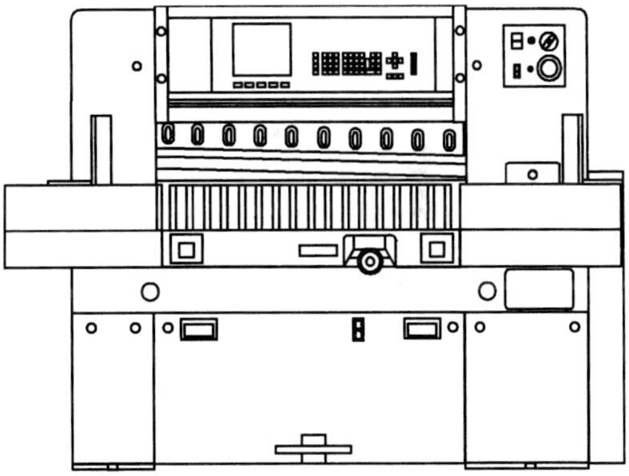

Planschneider

Beschneiden eines Druckbogens

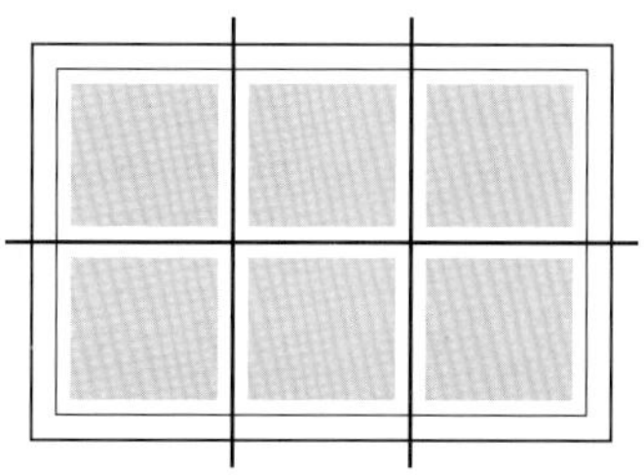

Trennschnitt

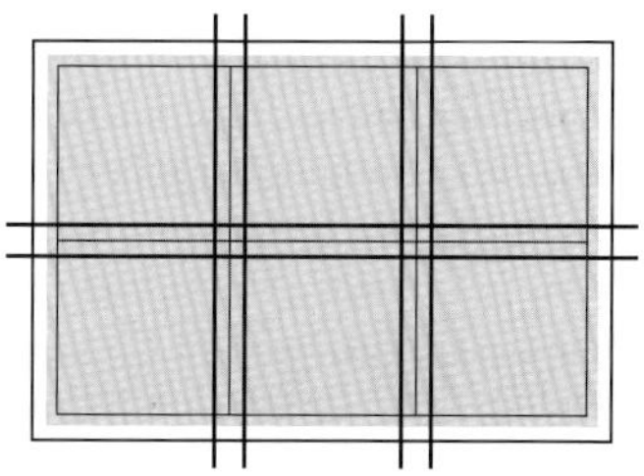

Rausschnitt (Zwischenschnitt)

durchgeführt werden kann, ohne immer wieder die nötigen Maße von Hand einzugeben. Nach erfolgtem Schnitt setzt sich dann der Sattel automatisch in Bewegung zum nächsten Maß. Der zu schneidende Bogenstapel wird in der Zwischenzeit vom Bediener gedreht und neu angelegt, bevor dieser den nächsten Schnitt auslöst. Um das Drehen des Stapels zu erleichtern, ist der Auflagetisch mit Kugelventilen versehen, die unter dem Stapel ein Luftpolster aufbauen.

Beim Programmieren der Schneidreihenfolge ist grundsätzlich darauf zu achten, dass die Schneidanlage (entspricht der Druckanlage) nicht zu früh abgeschnitten wird und unnötige Drehungen des Schneidgutes vermieden werden. Das Programmieren kann in vielen Fällen unabhängig vom Planschneider am Computer bereits in der Arbeitsvorbereitung erfolgen. Je nach Ausstattung bietet das benutzte Programm nach Eingabe der Auftragsparameter bereits eine Schnittreihenfolge an, die übernommen oder verändert werden kann. Das fertige Schneidprogramm kann dann per Speicherkarte, Diskette oder online auf den Planschneider übertragen werden.

Um eine gute Schneidqualität zu erzielen, müssen die Faktoren Schneidgut, Messerbeschaffenheit und Presskraft richtig aufeinander abgestimmt sein.

Druck- und Schneidanlage müssen übereinstimmen; außerdem ist dafür zu sorgen, dass die Bogen an der Schneidanlage ganz genau übereinander liegen. Dies wird mithilfe des Rütteltisches erreicht. Die Bogen werden durch manuelles Auffächern durchlüftet, sodass sie nicht aneinander haften, und auf einen schrägen Tisch in einen Anschlagwinkel gelegt. Der Tisch macht schnelle Rüttelbewegungen, sodass die Bogen alle in den Winkel hineinfallen. Ist die gewünschte Stapelhöhe für das Schneiden erreicht (abhängig vom Material des Schneidgutes und der Schneidemaschine bis etwa 16 cm), wird der Rüttelvorgang beendet und die Luft zwischen den Bogen herausgestrichen, damit sie nicht mehr verrutschen. Schließlich kippt der Tisch in die Waagerechte und der Stapel kann dem Schneiden zugeführt werden.

Verschiedene Hilfsgeräte erleichtern heute die Arbeit am Planschneider und gestalten sie Zeit und Personal sparender. Dies geht bis zum automatischen Beschicken mit andernorts vorgestapelten Bogenstapeln und dem vollautomatischen Absetzen der fertig geschnittenen Nutzenstapel auf Paletten. Auch die automatische Entsorgung der Schneidabfälle ist inzwischen eine verbreitete Technik.

Das Beschneiden von fertigen Buchblocks oder Broschuren erfolgt im Dreischneider. Dieser arbeitet ebenfalls im Messerschnittprinzip. Jeder der drei Schnitte des Rundumbeschnittes wird hier durch ein eigenes Messer ausgeführt. Dabei arbeiten die Messer für den Kopf- und Fußbeschnitt gleichzeitig, das für den Vorderschnitt allein. Das Schneidmaß, also das Maß des beschnittenen Buchblocks, wird durch die Position der Messer zueinander bestimmt. Bei der Schneidunterlage handelt es sich auch hier um Kunststoffschneidleisten. Das Fixieren des Schneidgutes erfolgt durch den Pressstempel, der individuell auf das gewünschte Blockformat angepasst werden muss. Der Einsatz einer solchen Maschine lohnt sich also nur bei einer entsprechend hohen Stückzahl, da der Aufwand des Einrichtens erheblich ist.

Bei neu entwickelten Dreischneidern wird das Schneidgut zwischen Kopf- und Fußbeschnitt sowie dem folgenden Vorderbeschnitt an eine zweite Position transportiert. Die Pressung erfolgt beim Vorderbeschnitt durch einen Pressbalken und zwischen den Messern für Kopf- und Fußbeschnitt durch einen maßverstellbaren Pressstempel, der mit einer „Jalousietechnik" arbeitet. Solche Maschinen sind sehr variabel einsetzbar und vollautomatisch umzurüsten, sodass sie auch für kleine Stückzahlen gut geeignet sind.

Der Rundumbeschnitt von einlagigen Produkten erfolgt nach dem Scherenschnittprinzip im Trimmer.

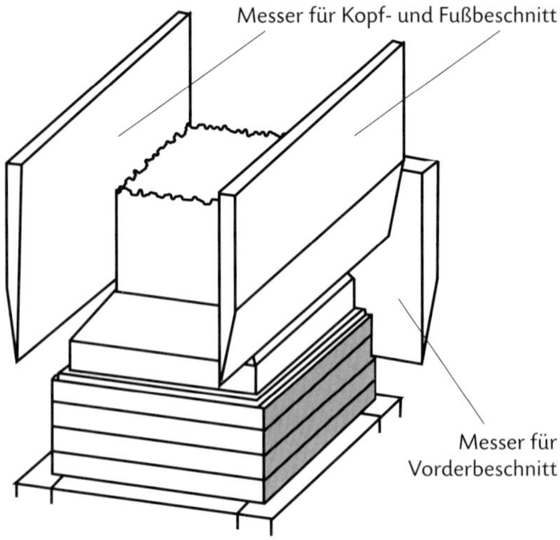

Dreischneider

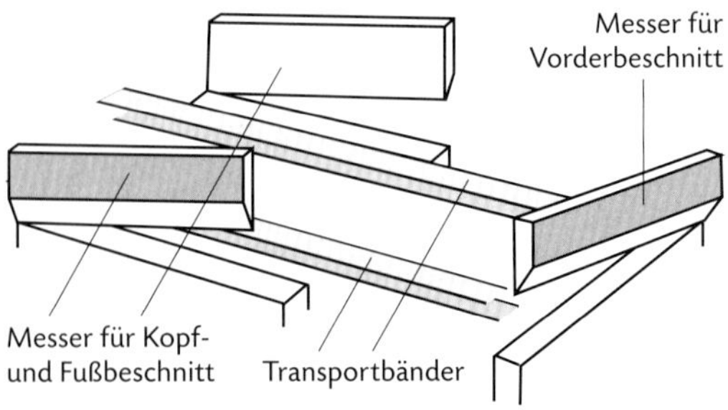

Trimmer

Die beiden Messerpaare für Kopf- und Fußschnitt arbeiten gleichzeitig, das für den Vorderbeschnitt hingegen einzeln. Die Fixierung des Schneidgutes erfolgt hier durch variabel einstellbare Pressschienen, das Schneidmaß wird durch die Positionen der Messerpaare bestimmt.

Das Schneidgut befindet sich beim Vorderbeschnitt in einer anderen Position als beim Kopf- und Fußbeschnitt. Es erfährt an der ersten Position den einen und nach Weitertransport über Bänder an der nächsten Position den zweiten Beschnitt. Die Reihenfolge von Kopf- und Fuß- sowie Vorderbeschnitt ist nicht immer gleich.

Ein wichtiger Unterschied zwischen Dreischneidern und Trimmern besteht in der Dicke des Schneidguts. Während der Dreischneider dicke Buchblocks ebenso beschneiden kann wie mehrere übereinander gestapelte dünne Broschuren, ist der Trimmer nur für einzelne Hefte in einer Stärke von maximal etwa 2 cm bis 3 cm geeignet.

8.4 Falzen

8.4.1 Falzmaschinen

Der für den Laien ungewohnte Begriff Falzen meint das Falten mit einem Hilfsmittel. Das älteste dieser Hilfsmittel ist neben dem Fingernagel das Falzbein. Wie der Name vermuten lässt, handelt es sich um ein Werkzeug, das aus Knochen gefertigt ist und in der Form an einen kurzen, gedrungenen Brieföffner erinnert. Das Falzbein wird beim Falzen von Hand dazu genutzt, einen möglichst scharfen Falzbruch zu erzeugen. Heute wird allerdings kaum noch von Hand gefalzt, erst recht nicht in der industriellen Produktion.

Auch beim Falzen kann man die Arbeitsweisen der verschiedenen Maschinen in unterschiedliche Prinzipien unterteilen. Die beiden wichtigsten sind das Schwert- oder Messerfalzprinzip und das Taschen- oder Stauchfalzprinzip. Daneben gibt es noch den Trichter- und den Falzklappenfalz, die überwiegend in den Falzwerken von Rollenrotationsdruckmaschinen zu finden sind (vgl. Abschnitt 7.6.1.3).

Hier soll der Blick auf die beiden zuerst genannten Falzprinzipien gerichtet werden. Beiden gemeinsam ist, dass die Aufgabe des Falzbeins durch gegenläufig rotierende Walzen übernommen wird. Diese Maschinenteile erzeugen den eigentlichen Falzbruch. Der Unterschied zwischen den Falzprinzipien besteht darin, wie das Papier zwischen diese Walzen gelangt.

Beim Schwertfalz stößt ein Metallschwert oder -messer den Bogen von oben zwischen die darunter liegenden Falzwalzen. Der Bogen wird zunächst durch Laufbänder in das Falzwerk transportiert und an zwei Vorderanschlägen und einem Seitenanschlag ausgerichtet. Die Bewegungsrichtung ist dabei parallel zu Falzschwert und -walzen. Einen kurzen Moment lang muss sich der Bogen dann flach ausrichten, bevor das von oben kommende Falzschwert ihn zwischen die Falzwalzen stößt, die ihn erfassen und falzen. Die Lage des Falzbruches wird dadurch bestimmt, wie der Bogen unter dem Falzschwert zu liegen kommt, das heißt, in welche Position ihn die Bogenanschläge führen.

Das Schwertfalzprinzip ist ein getaktetes Falzprinzip. Das Falzschwert muss immer genau im richtigen Moment ausgelöst werden, damit der Falzbogen in der notwendigen Weise zugeführt werden kann.

Das zentrale Teil beim Taschenfalz ist die Falztasche, eine Konstruktion aus Metall, die zur kurzzeitigen Aufnahme eines Teils des Falzbogens dient. Der Bogen wird von Walzen in das Falzwerk transportiert. Der erste Bogenteil läuft dabei in die Falztasche, bis die Bogenvorderkante über die gesamte Bogenbreite am Taschenanschlag anstößt. Gleichzeitig wird der hintere Bogenteil fortlaufend durch die Walzen weiter transportiert, sodass sich der Bogen zwischen den Walzen des Falzwerkes durchwölbt (staucht). Dieser Stauch wird vom nächsten Walzenpaar erfasst und gefalzt.

Die Lage des Falzbruches wird hier von der Position des Taschenanschlags bestimmt. Dafür ist es wichtig, dass der Bogen ohne großen Widerstand in die Falztasche einlaufen kann, aber zugleich daran gehindert wird, sich in ihr zu wellen oder durchzuwölben. Das erfordert eine äußerst präzise Einstellung der Falztasche. Der Abstand von Taschenober- und -unterseite wird lichte Weite genannt. Der Raum zwischen den drei am Falzvorgang beteiligten Walzen wird nach seiner Funktion als Stauchraum bezeichnet.

Der Taschenfalz ist nicht taktgebunden, das heißt, alle Maschinenteile können permanent durchlaufen, da der Bogen quasi im Durchlaufen gefalzt wird. Zu einem Taschenfalzwerk gehören meist drei bis sechs, in Spezialfalzmaschinen auch mehr, abwechselnd oben und unten angeordnete Falztaschen. Jede einzelne arbeitet dabei nach dem beschriebenen Ablauf.

Um mehrere Falzungen an einem Bogen durchzuführen, muss dieser mehrere Falzwerke durchlaufen. Diese können je nach Lage der Falzbrüche parallel oder senkrecht zueinander stehen. Es gibt reine Schwertfalzmaschinen, reine Taschenfalzmaschinen und Kombifalzmaschinen.

Bei Schwertfalzmaschinen sind die einzelnen Falzwerke untereinander und jeweils um 90 Grad zueinander verdreht angeordnet. Der Bogen durchläuft dabei das erste, oberste Falzwerk, wird durch die Falzwalzen nach unten gezogen und anschließend wieder unter dem darunter liegenden nächsten Falzschwert flach ausgerichtet, wo er seinen nächsten Falzbruch erhält. In dieser Weise können drei oder vier Falzwerke untereinander angebracht sein. Nach jedem Falzwerk besteht auch die Möglichkeit, den Bogen aus der Maschine herauszuführen.

Bei reinen Taschenfalzmaschinen besteht jedes Falzwerk aus mehreren parallel angeordneten Falztaschen. Um kreuzende Falzbrüche zu erzeugen, werden mehrere Taschenfalzwerke hintereinander angeordnet, die jeweils im rechten Winkel zueinander stehen. Der Falzbogen wird nach dem Verlassen des ersten Falzwerkes auf einen Transporttisch ausgeworfen, der ihn in das nächste Falzwerk weiterleitet.

Bei Kombifalzmaschinen handelt es sich um eine Verbindung eines Taschenfalzwerkes mit anschließenden Schwertfalzwerken. Dies ermöglicht in sehr kompakter Bauweise eine hohe Variationsmöglichkeit bei den durchführbaren Falzarten.

8.4.2 Falzarten

Die einfachste Falzart ist der Einbruchfalz für einen vierseitigen Bogen. Hierbei ist nur von Bedeutung, ob der Bruch genau in der Bogenmitte oder außerhalb derselben durchgeführt werden soll. Wird mittig gefalzt, so spricht man vom Mittenfalz.

Sobald mindestens zwei Falzbrüche durchgeführt werden, unterscheidet man zwischen Parallel-, Kreuz- und Kombifalzarten.

Bei Parallelfalzarten liegen alle Falzbrüche zueinander parallel. Die klassischen Bezeichnungen der unterschiedlichen Möglichkeiten lauten:
- Parallelmittenfalz
- Zickzackfalz oder Leporellofalz
- Wickelfalz
- Fensterfalz oder Altarfalz

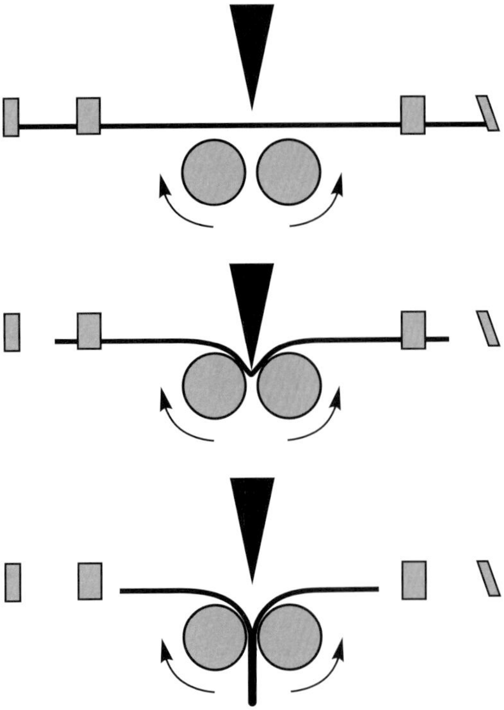

Schwertfalz: Der Bogen läuft – durch Bänder befördert – in das Falzwerk gegen zwei Vorderanschläge. Ein gefederter Seitenanschlag drückt ihn gegen einen festen Seitenanschlag in die richtige Position unter dem Falzschwert.
Nachdem der Bogen ausgerichtet ist, schlägt ihn das von oben kommende Falzschwert zwischen die beiden gegenläufig rotierenden Falzwalzen.
Die Falzwalzen erfassen den Bogen, falzen ihn und transportieren ihn gleichzeitig aus dem Falzwerk heraus zum nächsten Falzwerk oder zur Auslage.

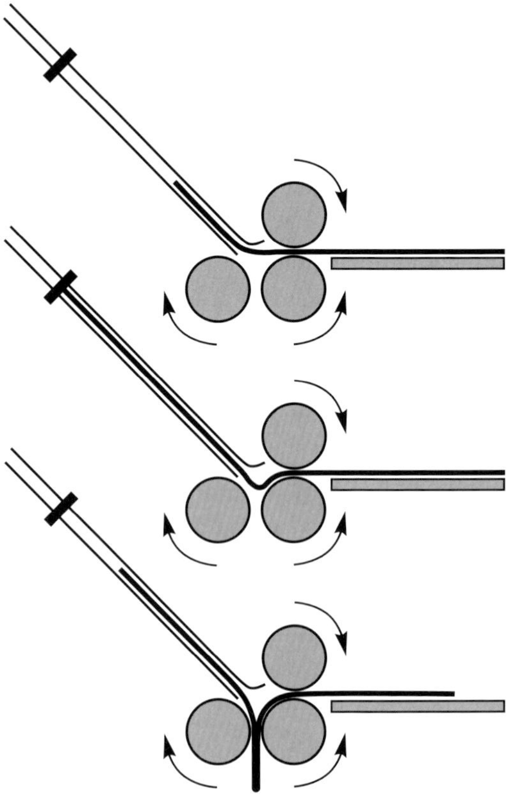

Taschenfalz: Der Falzbogen wird durch die ersten beiden Walzen in die Falztasche hineingeschoben.
Die Bogenvorderkante stößt an den Taschenanschlag, während das Bogenende weitergeschoben wird. Dadurch staucht sich der Bogen im Bereich zwischen den Walzen.
Das zweite Walzenpaar erfasst den Bogenstauch und falzt den Bogen. Dieses Walzenpaar kann gleichzeitig als das erste Walzenpaar der nächsten Falztasche dienen.

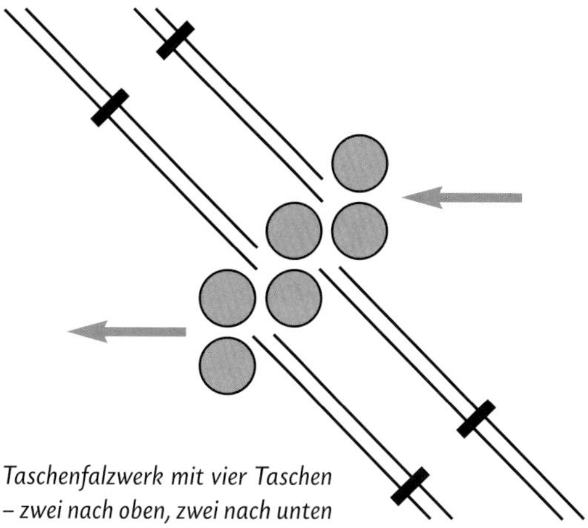

Taschenfalzwerk mit vier Taschen – zwei nach oben, zwei nach unten

Diese Falzarten werden meist im Taschenfalz erzeugt, da die parallel angeordneten Taschen des Falzwerkes eine einfache und platzsparende Durchführung ermöglichen.

Bei den Kreuzfalzarten werden mehrere Mittenfalzungen nacheinander um 90° versetzt durchgeführt, sodass bei geöffnetem Falzbogen die Falzbrüche über Kreuz liegen. Von Kombinationsfalzungen wird gesprochen, wenn unterschiedliche Falzarten über Kreuz miteinander kombiniert werden. Ein Bogen wird also zum Beispiel zunächst durch einen Zweibruch-Zickzackfalz gedrittelt und anschließend durch einen Mittenfalz quer zu den ersten Brüchen halbiert, sodass ein zwölfseitiger Bogen entsteht.

Leider ist es bisher nicht gelungen, eine einheitliche Sprachregelung für die Benennung von Falzarten zu finden. Zunächst ist die äußere Falzform zu benennen. Das ließe sich durch Aufzählen der aufeinander folgenden Falzschritte bewältigen. Der Kreuzbruch wird als Falzart zunächst nur durch die Anzahl seiner Brüche und die Seitenzahl des gefalzten Bogens bezeichnet. Dabei ist der Dreibruch-Kreuzfalz der häufigste Fall.

Eine Angabe wie zum Beispiel „16 Seiten Dreibruch-Kreuzfalz" ist aber nicht eindeutig. Durch dreimaliges Mittenfalzen über Kreuz entsteht zwar in jedem Fall ein Bogen mit einem Umfang von sechzehn Seiten. Für die Anordnung der Seiten auf dem Falzbogen ist aber entscheidend, in welcher Weise der Falzbogen durch die Falzmaschine läuft. Die beiden Varianten, die auf der folgenden Seite zu sehen sind, haben zwar denselben Namen. Der Stand der Seiten auf den Falzbogen macht aber die Unterschiede deutlich – es ergeben sich zwei unterschiedliche Ausschießschemata (zum Ausschießen vgl. Abschnitt 6.5.2).

Es hat unterschiedliche und vor allem unterschiedlich gut nachvollziehbare Versuche gegeben, die Bezeichnungen eindeutig zu regeln – leider ohne Erfolg. Inzwischen geben die Hersteller von Falzmaschinen Falzartenkataloge zu ihren Maschinen heraus, welche die häufigsten Falzarten in durchnummerierter Form enthalten. Das ergibt aber herstellerabhängige Falzartenbenennungen, die nicht uneingeschränkt und von jedem sofort nachvollzogen werden können.

Die beste Möglichkeit bei der Verständigung über Falzarten liegt daher immer noch in der Darstellung durch ein Falzschema. Das ist die stark vereinfachte schematische Zeichnung der Stationen einer Falzmaschine, die der beschriebene Falzbogen durchläuft.

Für das Erstellen und Lesen von Falzschemata gibt es einige einfache Grundregeln:

- Das Falzschema wird von unten nach oben „gelesen".
- Man kann es sich als Darstellung einer Kombifalzmaschine aus der Vogelperspektive vorstellen.
- Durchgezogene Linien bedeuten eine Tasche nach oben oder ein Falzschwert; die Falzwalzen ziehen also den Bogen nach unten.
- Gestrichelte Linien bedeuten eine Tasche nach unten; die Falzwalzen ziehen den Bogen folglich nach oben.
- Wenn nichts anderes vermerkt ist, wird der Bogen an den einzelnen Falzstationen in der Mitte gefalzt.

Einbruchfalz

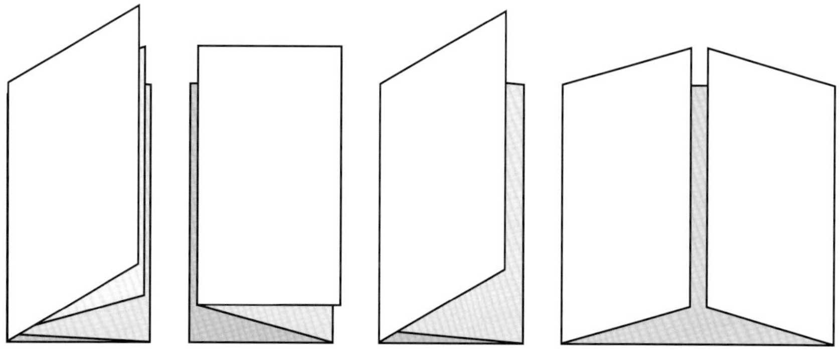

Parallelfalzarten: Parallelmittenfalz, Zickzackfalz, Wickelfalz, Fensterfalz. Die Falzarten sind hier mit zwei Brüchen dargestellt, die Bezeichnungen lassen sich auf entsprechende Erweiterungen übertragen.

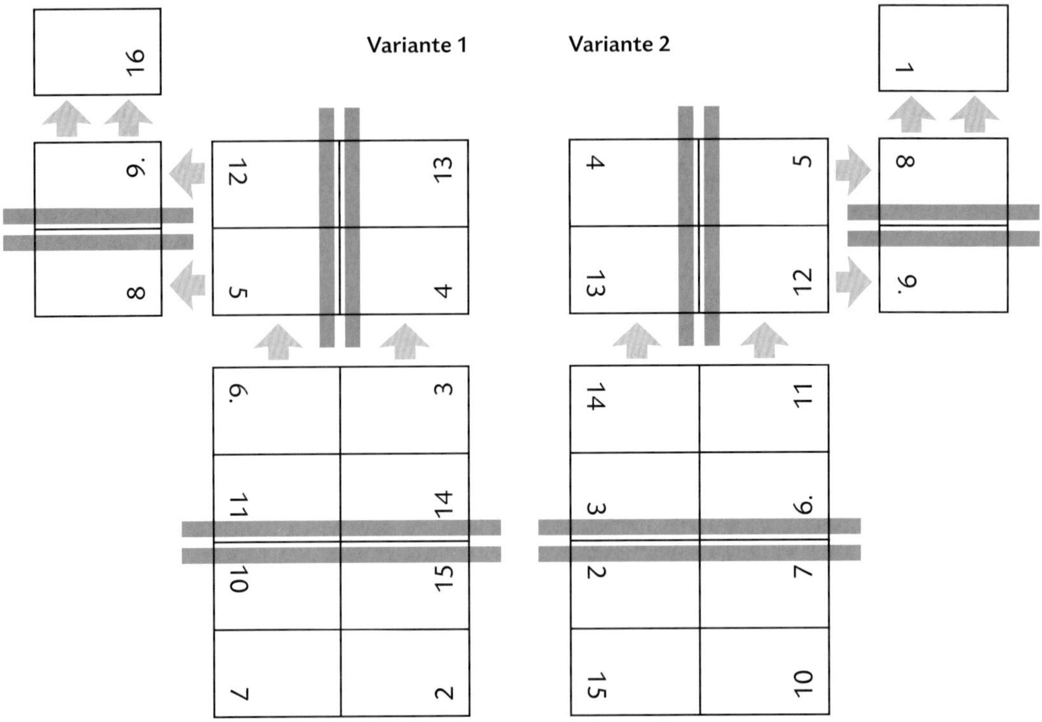

16 Seiten Dreibruch-Kreuzfalz in zwei Varianten
Die grauen Balkenpaare symbolisieren die jeweils unter dem Bogen liegenden Falzwalzen. Der Bogen wird von den Falzwalzen in jedem Fall nach unten gezogen, es handelt sich also um Schwertfalzwerke oder um Taschenfalzwerke mit jeweils einer Tasche nach oben.

Der entscheidende Unterschied zwischen den beiden Varianten besteht darin, dass der Bogen nach dem zweiten Bruch nach links bzw. nach rechts ausgelegt und an das dritte Falzwerk übergeben wird. Je nach Variante müssen die Seiten unterschiedlich auf dem Druckbogen angeordnet sein; es ergeben sich also zwei unterschiedliche Ausschießschemata.

Falzschema	**Erläuterung**	**Falzart**
	Der Bogen durchläuft zwei obere Falztaschen und wird in jeder mittig gefalzt	Parallelmittenfalz
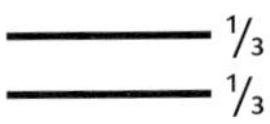	Der Bogen durchläuft zwei obere Falztaschen und wird in jeder um ein Drittel seiner ursprünglichen Einlauflänge gefalzt	Wickelfalz
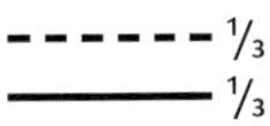	Der Bogen durchläuft eine obere und eine untere Falztasche und wird in jeder um ein Drittel seiner ursprünglichen Einlauflänge gefalzt	Zickzackfalz (Leporellofalz)
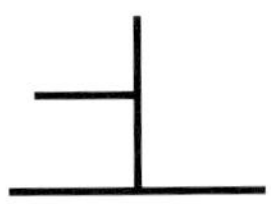	Der Bogen durchläuft eine Kombifalzmaschine: Erster Falzwerk: obere Tasche Zweites Falzwerk: Schwert Drittes Falzwerk: Schwert links	Dreibruch-Kreuzfalz (vgl. Bild auf dieser Seite, Variante 1)
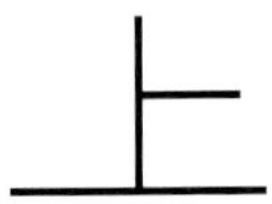	Der Bogen durchläuft eine Kombifalzmaschine: Erster Falzwerk: obere Tasche Zweites Falzwerk: Schwert Drittes Falzwerk: Schwert rechts	Dreibruch-Kreuzfalz (vgl. Bild auf dieser Seite, Variante 2)

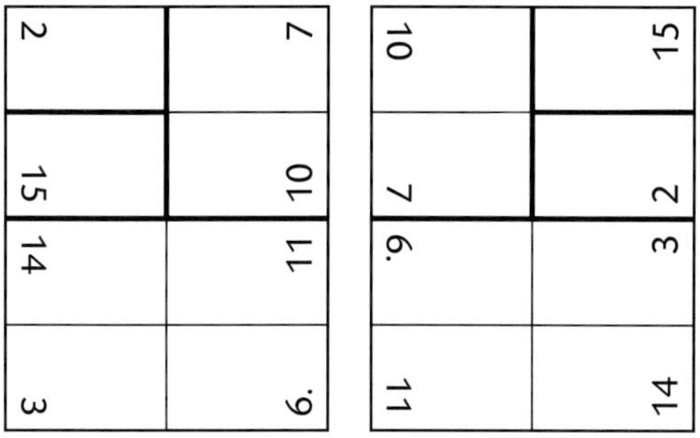

Am wieder aufgefalzten Bogen zeigen die Innenbrüche (die nach unten weisenden Falze) das Falzschema.

Die beiden letzten Beispiele in der Tabelle machen deutlich, dass die beiden oben genannten Dreibruchfalzarten sich durch die Darstellung der Falzschemata unterscheiden lassen. Am auseinandergefalzten Bogen kann man das Falzschema übrigens anhand der Innenbrüche erkennen (in der Darstellung der Falzbogen oben mit dickeren Linien eingezeichnet). Dies ist eine einfache Möglichkeit, zu kontrollieren, ob das richtige Falzschema nachgefalzt wurde.

8.4.3 Zusatzfunktionen der Falzmaschine

Heutige Falzmaschinen können sehr viel mehr als nur Falzen. Zunächst sind da Funktionen, die das Falzen erleichtern und beschleunigen können. Dazu zählen Schneiden, Perforieren und Rillen der Falzbogen.

Das Schneiden oder Perforieren in der Falzmaschine erfolgt mit einem Messer (für die Perforation mit unterbrochener Schneidkante), das um eine Transportwelle herumliegt und gegen die scharfe Kante einer Muffe auf der Gegenwelle läuft. Es wird also im Scherenschnittprinzip geschnitten.

Perforiert werden Falzbogen, um der Luft, welche durch das Falzen im Falzbogen eingeschlossen wird, eine Möglichkeit zum Entweichen zu schaffen und die Papierverdrängung zu erleichtern. Das wird im Regelfall bei Falzbogen durchgeführt, die drei und mehr Kreuzbrüche aufweisen. Von der Bindeart abhängig wird dann ab dem zweiten Bruch eine Perforation durchgeführt. Der letzte Bruch darf nur bei Bogen perforiert werden, die später durch Klebebindung weiterverarbeitet werden. Heftungen oder Fadensiegeln benötigen einen geschlossenen letzten Falzbruch.

Beim Rillen handelt es sich um ein reines Verformen bzw. Verdrängen des Papiers mithilfe eines stumpfen Werkzeuges, das zwischen zwei runden Muffenseiten läuft. Rillen ist vor allem dann notwendig, wenn dickeres Papier oder Karton quer zu seiner Laufrichtung gefalzt werden soll.

Die beschriebenen Techniken sind auch getaktet möglich; Schnitte, Perforationen oder Rillen müssen also nicht über die gesamte Länge des Falzproduktes reichen, sondern können an beliebiger Stelle beginnen wie auch enden.

Auch Kleben ist innerhalb der Falzmaschine möglich. Beim Falzkleben werden in Kombination mit anschließendem Schneiden vollständige einlagige Broschuren hergestellt, wie sie etwa als Zeitungsbeilagen zu finden sind.

Hierbei wird der Falzbogen vor dem Einlauf in das erste Falzwerk mit einer taktgesteuerten Leimdüse der Länge nach mit Klebstoff versehen. Anschließend wird meist im Wickelfalz gearbeitet und schließlich der letzte Bruch als Kreuzbruch an der verklebten Stelle gefalzt. Beim Auslaufen aus dem letzten Falzwerk wird das Produkt an Kopf und Fuß beschnitten, sodass ein fertiges Heft die Falzmaschine verlässt. Die Leimauf-

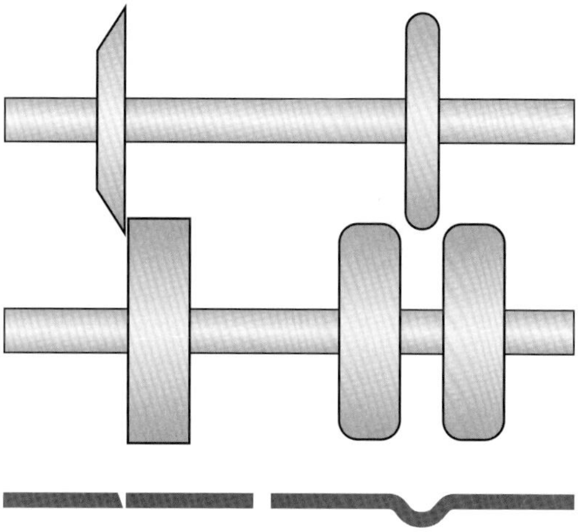

Schneiden und Rillen in der Falzmaschine

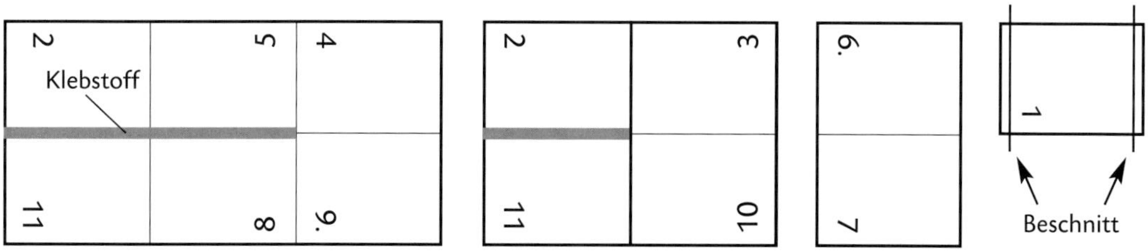

Falzkleben einer einlagigen Broschur mit zwölf Seiten; Zweibruch-Wickelfalz und Mittenfalz im Kreuz

tragsgeräte ermöglichen auch das Ankleben von Karten und Beilagen sowie das Verkleben zu Postkarten oder Briefumschlägen.

Viele dieser Möglichkeiten werden speziell bei der Mailing-Produktion genutzt. Diese Briefwurfsendungen zu Werbezwecken ziehen ihre Wirksamkeit unter anderem aus ihrem zum Teil sehr aufwändigen Aufbau. Dabei ist wichtig, sich mit seinem Produkt von der Masse abzuheben. Unterschiedlichste gestalterische Vorstellungen müssen sich also bei möglichst geringem Preis in hoher Produktionsgeschwindigkeit umsetzen lassen. Das erfordert den Einsatz sehr variabler Falzmaschinen. Schließlich findet auch die erste Stufe des Fadensiegelns in einem Aggregat der Falzmaschine statt. Dazu später mehr (Abschnitt 8.6.4).

8.5 Sammeln und Zusammentragen

Besteht ein Produkt aus mehreren Falzbogen, so müssen diese nach dem Falzen in der richtigen Reihenfolge und Weise zusammengebracht werden. Es gibt zwei grundsätzlich unterschiedliche Verfahren: Sammeln und Zusammentragen.

- Beim Sammeln handelt es sich um ein Ineinander- oder Umeinanderlegen von in der Mitte geöffneten Bogen. Das Ergebnis ist immer ein einlagiges Produkt, auch wenn es aus mehreren Falzbogen besteht.
- Beim Zusammentragen geht es dagegen um das Aufeinanderlegen geschlossener Bogen. Das Ergebnis ist hier der Rohblock, also der Buchblock vor dem Binden.

Das Sammeln erfolgt in der Regel maschinell und in Verbindung mit dem Zusammenfügen durch Drahtheften in Sammelheftern. Zunächst wird das Produkt durch Sammeln aus den einzelnen Falzbogen zusammengestellt. Die Falzbogen werden dabei in der Mitte geöffnet und anschließend auf eine Sammelkette aufgeworfen. Das Öffnen erfolgt durch Sauger oder Greifer mithilfe eines Greiferfalzes. Dieser kann die Form eines Vor- oder eines Nachfalzes haben; entscheidend ist, dass die Bogen beim letzten Falzbruch außerhalb der Mitte gefalzt werden. Dadurch entsteht entweder ein breiterer erster Bogenteil (Vorfalz) oder ein breiterer zweiter Bogenteil (Nachfalz).

Die Sammelkette transportiert die Bogen unter allen Anlegern hindurch, bis schließlich der Umschlag als letztes Teil umgelegt wird. Dieser kann je nach Maschinenkonfiguration gefalzt oder ungefalzt verarbeitet werden. Es wird also von innen nach außen gesammelt.

Bestandteile des Sammelaggregates können auch eine oder mehrere Beilagenanklebestationen sein. Dabei wird auch hier sehr auf flexible Maschineneinsatzmöglichkeiten geachtet. Die unterschiedlichen Anlegerstationen sind daher häufig frei gegeneinander austauschbar bzw. miteinander kombinierbar.

Ist der Sammelvorgang abgeschlossen, so wird das einlagige Rohheft einer Drahtheftstation zugeführt, geheftet und anschließend im Trimmer dreiseitig beschnitten, bevor es ausgelegt wird.

Das Zusammentragen kann sowohl mit Einzelblättern als auch mit Falzbogen erfolgen. Zusammentragmaschinen sind entweder als Einzelmaschinen aufgestellt oder führen direkt (inline) in einen Klebebinder hinein. Im Bereich Einzelblattzusammentragen erfolgt es auch in Verbindung mit Drahtheftstationen und optionalem Trimmer zur Produktion von einlagigen Broschuren.

Beim Zusammentragen von Falzbogen müssen die Einzelbogen nicht geöffnet werden. Es wird in einem Sammelkanal oder auf ein Transportband zusammengetragen. Der fertig zusammengetragene Rohblock wird anschließend entweder auf Paletten abgesetzt, um dann der nachfolgenden Bindetechnik zugeführt zu werden oder läuft direkt in die Rüttelstation des Klebebinders hinein.

In der Regel sind die Stationen der Zusammentragmaschinen in einer Reihe nebeneinander angeordnet. Es ist aber auch eine Anordnung im Kreis möglich. Einzelblattzusammentragmaschinen können vor allem im Bereich kleinerer Auflagen auch als Turm aufgebaut sein.

Beim Zusammentragen wie beim Sammeln gilt das Augenmerk besonders der Kontrolle, ob alle Bogen genau einmal und in der richtigen Reihenfolge vorhan-

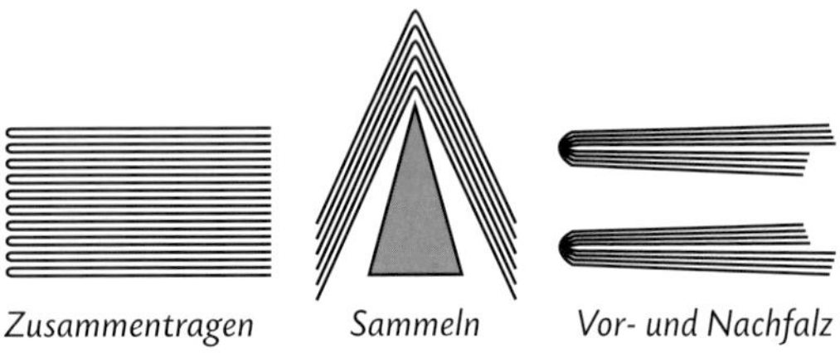

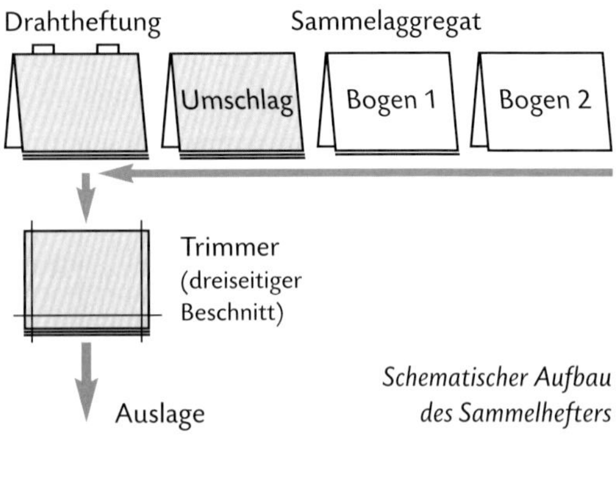

Schematischer Aufbau des Sammelhefters

den sind. Das Buchbinderhandwerk nennt diesen Vorgang Kollationieren. Die einfachste Kontrollmethode besteht in der visuellen Prüfung der Flattermarken am Rücken des fertig zusammengetragenen Rohblocks oder am Kopf der gesammelten Rohlage.

Maschinell finden die Kontrollen an mehreren Stellen des Arbeitsablaufes statt. Die richtigen Bogen müssen an den richtigen Anlegerstationen richtig herum aufgelegt werden. Das überprüfen Kontrolleinrichtungen an der Anlegerstation. Der Falzbogen wird anhand von Hilfsmarken oder des Druckbilds optisch erkannt, sodass fehlerhaft angelegte Bogen nicht zu fehlerhaften Exemplaren führen. Die Bogen müssen richtig aus der Anlegerstation vereinzelt und herausbefördert werden. Fehl- und Doppelbogenkontrollen sorgen dafür, dass alle Bogen genau einmal im Produkt vorhanden sind. Die Doppelbogenkontrolle ist nur in Zusammentragmaschinen sinnvoll; im Sammelhefter fällt ein zweiter Bogen immer neben die Sammelkette.

Der Drahttransport führt den Rohstoff für die Heftklammer in den Heftkopf und bestimmt die Länge des Drahtrohlings. Nach dem Zuschneiden durch ein Messer und die Kante der Abschneidepatrone liegt der Rohling symmetrisch im Heftkopf.

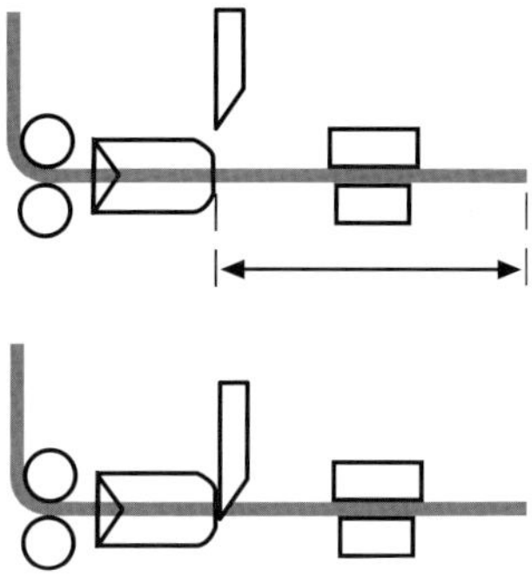

Die Klammerformung erfolgt, indem die Umbieger den Drahtrohling um den Biegeblock herumbiegen.

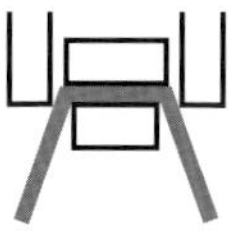

Der Treiber drückt die geformte Klammer in das Heftgut. Dazu muss auch die Drahtdicke der Heftgutqualität und -dicke angemessen sein.

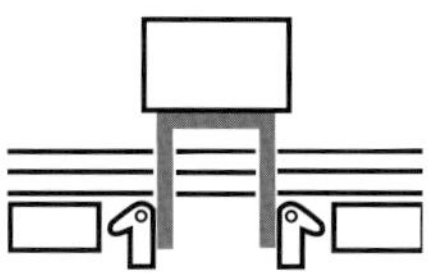

Der Stempel drückt nun von unten die Umbiegeplättchen hoch, sodass die Klammer geschlossen wird. Die Schenkel der geschlossenen Klammer müssen dabei über ihre ganze Länge am Heftgut anliegen und dürfen sich in der Mitte nicht berühren.

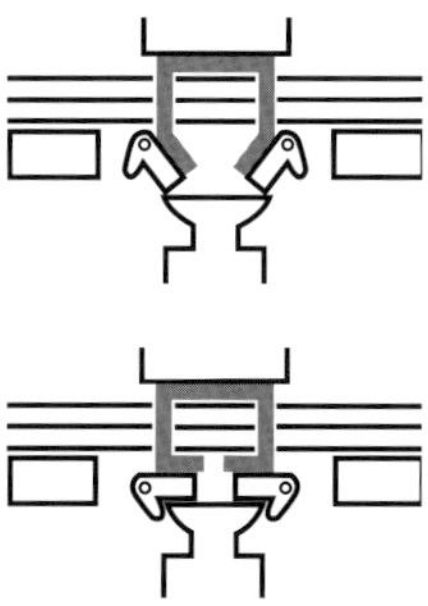

Werden Fehler durch die Kontrolleinrichtungen entdeckt, so gibt es verschiedene Reaktionsmöglichkeiten der Maschine. Neben dem Aufleuchten von Warnleuchten und Anzeigen auf Bediendisplays werden die fehlerhaften Exemplare durch eine Schleuse aussortiert. Bei Sammelheftern ist das damit verbunden, dass diese Exemplare nicht geheftet werden. Treten Fehler mehrfach in Folge auf, so wird die Maschine gestoppt.

8.6 Binden

8.6.1 Drahtheften

Drahtheften ist eine häufig angewandte Bindetechnik, die preiswert und schnell, aber nicht sehr alterungsbeständig ist. Es gibt zwei Formen des Drahtheftens. Das Rückstich-Drahtheften bezeichnet das Heften von einlagigen Produkten durch den Rücken, das heißt durch den Falzbruch der Lage. Das Blockdrahtheften (auch seitliches Drahtheften genannt) erfolgt in der Regel bei mehrlagigen Produkten. Hierbei durchdringt der Heftdraht die Lagen von oben nach unten ein Stück neben dem Rücken des Produktes. Diese Heftung wird mit Flachdraht ausgeführt, der einen rechteckigen Querschnitt aufweist, während die Rückstichheftung mit Runddraht erfolgt.

Beide Arten der Drahtheftung unterscheiden sich zwar im Aussehen, aber nicht in der eigentlichen Technik des Heftvorganges. Es wird Draht von der Spule verarbeitet, der zunächst zur Heftklammer geformt werden muss, bevor diese in das Heftgut eingebracht und schließlich geschlossen werden kann.

Eine qualitativ gute Drahtheftung lässt sich am Aussehen der Heftklammer erkennen. Sie muss am Heftgut anliegen, darf es aber nicht quetschen oder gar einschneiden. Die Schenkel müssen gleich lang sein, sollen sich bei der geschlossenen Klammer gerade nicht berühren und dürfen keine abstehenden scharfen Kanten aufweisen.

8.6.2 Kleben und Klebebinden

Das Kleben spielt in der Buchbinderei eine zentrale Rolle und ist in unterschiedlichen Arbeitsgängen nötig. Man kann unterscheiden zwischen flächigem Verkleben von unterschiedlichen Materialien, dem Kaschieren, dem Verbinden verschiedener Teile (zum Beispiel Broschurblock und -umschlag) und dem Verbinden einzelner Blätter zu einem Block, dem Klebebinden. So muss etwa bei der Produktion von Buchdecken oder Ordnern ein Überzugsmaterial flächig mit Pappen und Karton verklebt werden. Zunehmend werden in Zeitschriften oder Werbesendungen Warenproben oder CDs eingeklebt, genauso wie Adressaufkleber oder andere Etiketten auf Umschlägen oder Paketen ihren Halt finden müssen. Der umfangreichste Einsatz der Klebetechnik in der Buchbinderei liegt aber in der Klebebindung von Buchblocks. Um Letzteres soll es im Folgenden hauptsächlich gehen.

Kleben bedeutet das Verbinden zweier Teile mittels Klebstoff, der durch Adhäsion an den Teilen haftet und durch Kohäsion in sich zusammenhält.

Um zu kleben, wird der Klebstoff entweder ein- oder beidseitig auf die Kleblinge oder Substrate aufgetragen. Damit ein möglichst guter Kontakt zwischen dem aufgetragenen Klebstoff und dem Klebling zustande kommt, muss der Klebstoff die Oberfläche des Kleblings gut benetzen und einen guten Halt zu dessen Oberfläche entwickeln. Je größer die benetzte Fläche, desto wirksamer kommt die Adhäsion (die Anhangkraft) des Klebstoffes zum Tragen.

Nach dem Auftragen beginnt die offene Zeit des Klebstoffes. Sie endet, wenn der Klebstoff eine Klebrigkeit erreicht hat, bei der sich die zusammengefügten Teile nicht mehr ohne Beschädigung voneinander trennen lassen. Der Prozess des Abbindens hat dann begonnen. Dies geschieht abhängig von der Art des Klebstoffes durch Verdunsten eines Lösungs- oder Dispergiermittels, durch Abkühlen und Erhärten oder durch innere chemische Reaktion. Die innere Festigkeit nach dem Aushärten bezeichnet die Kohäsion des Klebstoffes.

Geklebt wird in der Buchbinderei schon, seit es sie gibt. In früherer Zeit wurden dazu ausschließlich Klebstoffe aus natürlichen Bestandteilen verwendet. Dabei handelte es sich zum einen um Stärkekleister aus pflanzlicher Stärke, zum anderen um Knochen- oder Hautleim, der aus tierischem Eiweiß besteht. Diese beiden Klebstoffe werden auch heute noch in der Buchbinderei verwendet, machen aber schon lange nicht mehr den Hauptanteil der Klebstoffe aus. Die heute wichtigsten Klebstoffarten sind:

- Dispersionsklebstoffe
- Hotmelt (Schmelzkleber)
- PUR-Klebstoff

Diese Klebstoffe werden vor allem für Klebebindungen verwendet. Bei der Entscheidung für einen bestimmten Klebstoff sind immer das zu verklebende Papier sowie die Qualitätsanforderungen im Zusammenspiel mit dem Kostenaspekt zu berücksichtigen. Hohe Verarbeitungsgeschwindigkeiten stehen oft im Widerstreit zu guten Festigkeitseigenschaften der Klebung.

Der Namensgeber des ersten Verfahrens zur Klebebindung von Büchern war Emil Lumbeck, der 1938 das Klebebinden von Einzelblättern mit Kunstharzdispersionsklebstoff entwickelte. Auch heute noch wird im Buchbindehandwerk gelumbeckt. Damit beschreibt man das Klebebinden von Einzelblättern, die vor dem Leimauftrag aufgefächert werden. Der Klebstoff berührt so nicht nur die sehr schmale Blattkante, sondern auch, auf einem schmalen aber entscheidenden Streifen, die Blattober- und -unterseite. Die Leimauftragsfläche ist somit vergrößert, damit der Klebstoff seine Adhäsionskraft besser zur Wirkung bringen kann.

Bei der heutigen maschinellen Klebebindung spielt genau dieser Aspekt eine entscheidende Rolle. Das zu bindende Papier muss an den Blattkanten so vorbereitet werden, dass eine möglichst große Leimauftragsfläche für einen festen Halt des Blattes in der Klebstoffschicht sorgt.

Der Aufbau eines Klebebinders zeigt die notwendigen Arbeitsschritte der Klebebindung. Der Klebebinder wird mit Rohblocks (zusammengetragenen Buchblocks) oder fadengehefteten Buchblocks bestückt. In den meisten Fällen ist er inline mit einer Zusammentragmaschine verbunden. Er kann allerdings auch manuell beschickt werden. Die Buchblocks werden dann nach dem Zusammentragen oder Fadenheften auf Paletten zwischengelagert und zum anschließenden Kleben von Hand in den Klebebinder eingelegt. Für fadengeheftete Buchblocks und bereits klebegebundene Blocks, die ein zweites Mal durch den Klebebinder laufen (etwa zur Herstellung einer Schweizer Broschur), gibt es auch automatische Blockanleger, die ein höheres Arbeitstempo erlauben.

Die erste Station der zu klebenden Blocks ist die Rüttelstation. Hier wird dafür gesorgt, dass alle Falzbogen des Blocks am Rücken bündig liegen. Das ist auch bei fadengehefteten Buchblocks nötig, da die maschinelle Fadenheftung eine gute, aber in sich recht lockere Bindung zwischen den Einzellagen erzeugt. Für die anschließende Verarbeitung auf dem Klebebinder ist es entscheidend, dass alle Bogen am Rücken bündig liegen. Im Zusammenhang mit der Rüttelstation besteht auch die Möglichkeit, Vorsätze zum Buchblock hinzuzufügen, falls diese erwünscht und nicht schon in ei-

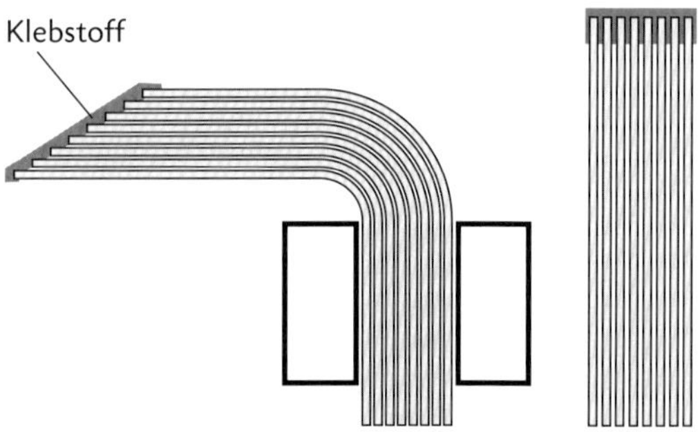

Lumbeckverfahren: links das Aufbringen des Klebstoffs auf die aufgefächerten Blätter, rechts der geklebte Buchblock

Klebstoffe

Kleister basiert auf pflanzlicher Stärke, die durch Erhitzen in einem hohen Wasseranteil zu einer dickflüssigen Masse gequollen ist. Der hohe Wasseranteil bewirkt bei Verklebungen mit Papier oder Pappe ein starkes Dehnverhalten. Kleister wird in der handwerklichen Buchbinderei in erster Linie dort eingesetzt, wo man diesen hohen Wasseranteil nutzen kann, etwa bei der Verarbeitung von Leder. In der industriellen Druckweiterverarbeitung wird er dagegen so gut wie gar nicht eingesetzt.

Glutinklebstoffe: Grundlage sind tierische Eiweiße – die Begriffe Knochen- oder Hautleim deuten die Herkunft dieser Klebstoffe an. Sie werden erwärmt und enthalten auch einen gewissen Wasseranteil, der aber erheblich geringer ist als bei Kleister. Sie haben ebenfalls eine sehr lange Tradition, werden aber auch heute noch in der industriellen Buchfertigung bei der Herstellung von Buchdecken eingesetzt.

Dispersionsklebstoffe: Mit der Entwicklung der Kunstharzdispersionsklebstoffe wurde zum ersten Mal die Möglichkeit für elastische Verklebungen geschaffen.
Die Grundstoffe vieler synthetischer Klebstoffe sind Kunstharze. Auch die im Haushalt üblichen Alleskleber enthalten Kunstharze als klebende Bestandteile. Dort liegen sie allerdings in gelöster Form vor. In Dispersionsklebstoffen sind die kettenförmigen Kunstharzteilchen (Polyvinylacetat) dagegen nicht gelöst, sondern werden feinst verteilt im Dispergiermittel Wasser in der Schwebe gehalten. Um ein vorzeitiges Vernetzen der Kunstharzteilchen zu verhindern, sind sie von Schutzkolloiden umhüllt. Wenn das Wasser verdunstet, berühren sich die Kolloidhüllen und platzen auf; die Kunstharzteilchen fangen an, ein Gitter zu bilden und sich zu vernetzen.
Kunstharze sind normalerweise hart und spröde. Um einen elastischen Klebstofffilm zu erhalten, wird das Gitter aus den Kunstharzteilchen von gezielt eingebrachten Störteilchen eines Weichmachers daran gehindert, absolut fest und starr zu werden. Abgebundener Dispersionsklebstoff bleibt also in gewissem Maß elastisch, wodurch er sich gut zur Klebebindung von Buchblocks eignet. Tatsächlich gibt es die Klebebindung erst, seit dieser Klebstoff entwickelt worden ist.

Hotmelt (Schmelzkleber) ist ein thermoplastischer Kunststoff. Er wird durch Erhitzen verflüssigt und erstarrt nach dem Auftragen durch Abkühlen. Das Prinzip entspricht dem einer Heißklebepistole. Die Verarbeitungstemperatur liegt bei 160 °C und höher. Der Hauptbestandteil ist Ethylvinylacetat (EVA) oder Polyamid.
Der große Vorteil von Hotmelt liegt in seiner hohen Verarbeitungsgeschwindigkeit. Der Abbindeprozess erfolgt sehr schnell, sodass das Produkt rasch durch Beschneiden weiterverarbeitet werden kann. Die Elastizität ist bei Hotmelt allerdings erheblich geringer als bei Kunstharzdispersionsklebstoffen. Dies führt zu einer Versteifung des Buchrückens, die sich beim Aufschlagen des Buches negativ auswirkt. Man spricht dabei von hoher Klammerwirkung und meint die Tatsache, dass der Buchrücken sich beim Aufschlagen nicht durchwölben lässt.

PUR-Klebstoff: PUR steht für Polyurethan, eine Verbindung aus mittelgroßen Molekülen, die mit sehr reaktionsfreudigen Endgruppen versehen sind. Der Klebstoff funktioniert ähnlich wie Sekundenkleber. Die Verkettungsreaktion wird von Wasserteilchen aus der Luftfeuchtigkeit ausgelöst und schreitet dann als Kettenreaktion sehr schnell innerhalb des Klebstoffes fort. PUR-Klebstoffe werden in der Buchbinderei ebenfalls in Form von Schmelzklebstoffen verarbeitet und binden daher in zwei Stufen ab. Durch das Erkalten findet ein erstes, sehr schnelles Verfestigen statt, durch die innere chemische Reaktion ein zweites Vernetzen, das zu einer völligen Veränderung des Gefüges führt. Ist dieser Klebstoff ausgehärtet, so lässt er sich nicht durch Erhitzen wieder aufschmelzen wie Hotmelt, sondern er bleibt stabil.

nem vorgelagerten Arbeitsgang an den ersten und letzten Bogen angeklebt worden sind. Am Ende dieser Arbeitsgänge werden die Buchblocks in Transportklammern eingepresst, sodass sie sich auf dem weiteren Weg durch die Maschine nicht mehr in sich verschieben können.

So vorbereitet, werden die Buchblocks der Rückenbearbeitungsstation zugeführt. Diese wird ausschließlich für Buchblocks eingeschaltet, die klebegebunden werden sollen. Fadengeheftete oder fadengesiegelte Buchblocks durchfahren diese Station ohne Bearbeitung. Die Rückenbearbeitung hat drei Aufgaben. Zuerst werden die Blattkanten der Einzelblätter freigelegt, dann werden sie aufgeraut, um die Kontaktfläche zwischen Papier und Klebstoff zu maximieren. Schließlich wird der entstandene Papierstaub sorgfältig entfernt, da er ansonsten den Klebstoff von dem zu klebenden Papier abhalten würde.

Das Freilegen und Aufrauen der Blattkanten geschieht mit Fräswerkzeugen, die unterhalb des Buchblocks rotieren. Je nach Aufbau können sie Papierspäne oder Papierstaub vom Buchblockrücken abtrennen und hinterlassen unterschiedliche Strukturen am bearbeiteten Rücken.

Zum Freilegen der Blattkanten wird der Buchrücken einige Millimeter abgefräst, indem Späne abgeschnitten werden. Die Klebstoffangriffsfläche kann zum einen durch Aufrauen des Rückens und Freilegen von Einzelfasern erfolgen, zum anderen werden hierfür auch quer zum Rücken verlaufende Einkerbungen angebracht. Der Effekt ist vergleichbar mit dem Auffächern beim Lumbecken; auch hier wird die Kontaktfläche zwischen dem Papier und dem Klebstoff vergrößert und somit die Haltbarkeit der Klebebindung erheblich gesteigert.

Die so vorbereiteten Buchblocks werden nun der Klebstoffauftragsstation zugeführt. Für die Rückenbeleimung wird der Klebstoff meistens mittels Walzen aus einem Vorratsbecken auf den Buchblockrücken übertragen. Die Schichtdicke des Auftrags ist dabei regulierbar. Häufig sind mehrere Klebstoffauftragsstationen hintereinander angebracht. Dies ermöglicht den Auftrag verschiedener Klebstoffe (Two-Shot-Verfahren), um die erwünschten Klebstoffeigenschaften bestmöglich miteinander zu kombinieren.

In zunehmendem Maß gibt es inzwischen auch Klebstoffauftragssysteme mit Düsenauftrag. Der Klebstoff wird hier berührungsfrei auf den Buchrücken oder als zweite Schicht auf den Umschlagrücken gesprüht. Auch für die anschließende Seitenbeleimung wird sowohl mit Auftragswalzen als auch mit Auftragsdüsen gearbeitet. Düsenauftrag ist in erster Linie in Kombination mit PUR-Klebstoff sinnvoll, weil dadurch so lange wie möglich der Kontakt mit der Luftfeuchtigkeit vermieden werden kann.

Nachdem der Rücken und eventuell die benachbarten Seiten mit Klebstoff versehen sind, kann der Buchblock gefälzelt werden. Das Fälzel ist ein Papier- oder Gewebestreifen, der um den Rücken herum geklebt wird. Er dient der Verstärkung des Buchscharniers. Bei fertigen Deckenbänden ist das Fälzel nur noch unter dem Vorsatz zu ertasten. Bei Broschuren kommt das Fälzel nur in Ausnahmefällen vor, zum Beispiel bei der Schweizer Broschur und anderen Lay-Flat-Broschuren.

Als Nächstes erreicht der geklebte Buchblock die Umschlaganlegestation. Hier werden Broschurenumschläge aus Karton zunächst gerillt und dann unter dem Buchblock ausgerichtet, bevor sie von unten und seitlich festgedrückt werden.

Jetzt müssen die nahezu fertigen Broschuren oder Buchblocks genügend Zeit haben, damit der Klebstoff so weit abbinden kann, dass sie im Dreischneider beschnitten werden können. Abhängig vom verwendeten Klebstoff, gibt es verschiedene Möglichkeiten, den Abbindevorgang zu beschleunigen.

Dispersionsklebstoff kann durch Infrarotlampen (IR) aufgeheizt werden, wodurch das Verdunsten des Dispergiermittels beschleunigt wird. Ein Problem stellt aber die Haut dar, die sich dabei an der Klebstoffoberfläche bildet, weil das Aufheizen von außen nach innen verläuft. Sie hindert das von innen verdunstende Wasser am Austritt aus der Klebstoffschicht.

Eine zweite Möglichkeit ist die Hochfrequenz-Trocknung (HF). Nach dem Prinzip der Mikrowelle werden hier die Klebstoffteilchen in Schwingung versetzt, sodass Reibungswärme entsteht, die das Wasser beschleunigt verdunsten lässt. Das Abbinden erfolgt von innen nach außen und somit deutlich schneller als bei Infrarot-Aufheizung. In beiden Fällen muss der aufgewärmte Klebstofffilm anschließend abkühlen, bevor beschnitten werden kann.

Hotmelt und PUR-Klebstoff werden über eine Kühlstrecke geleitet und sind danach relativ schnell ausreichend stabil für das Beschneiden der Bücher oder Broschuren.

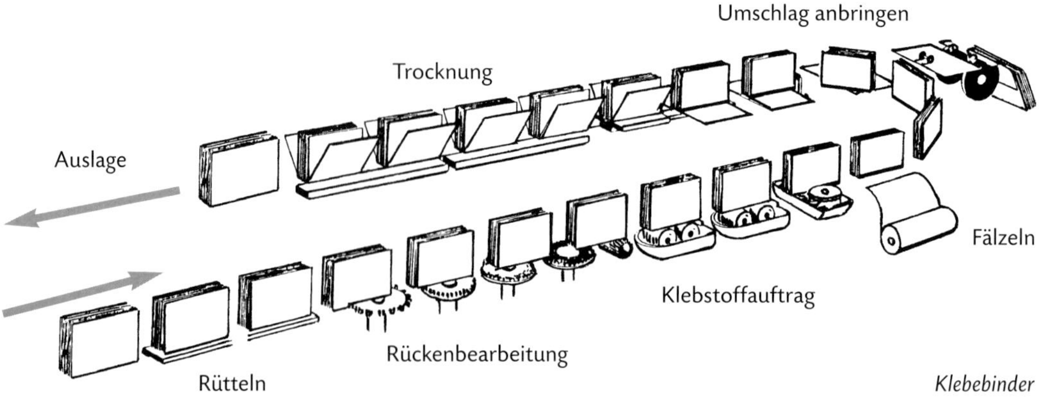

Klebebinder

8.6.3 Fadenheften

Das Fadenheften ist wohl die älteste Technik beim Binden von Büchern. Im Gegensatz zum Klebebinden, bei dem Einzelblätter durch Klebstoff miteinander verbunden werden, benötigt man für das Fadenheften im Rücken geschlossene Lagen.

Es wird Lage für Lage gearbeitet. Das heißt, dass das Arbeitstempo erheblich geringer ist als bei einer Klebebindung. Bei Letzterer bedeutet ein Maschinentakt die Produktion eines ganzen Buchblocks, bei der Fadenheftung dagegen entspricht ein Maschinentakt nur dem Heften einer einzelnen Lage. Zum Heften müssen die Lagen nach dem Zusammentragen wieder vereinzelt und in der Lagenmitte geöffnet werden. Anders als bei einem Sammelhefter, ist das mittige Öffnen allerdings hier deutlich erschwert, da zum Beispiel angeklebte Vorsätze oder Einzelseiten ein mehrmaliges Öffnen durch Sauger und Greifer nötig machen, bis die Bogenmitte erreicht ist. Der geöffnete Bogen wird dann einem hausdachähnlichen Heftsattel zugeführt, der anschließend in die Heftposition der Maschine fährt.

Im Inneren des Sattels befinden sich Vorstechnadeln, die Löcher von innen nach außen vorstechen. Im zweiten Schritt dringen fadenführende Nähnadeln und Hakennadeln in das Bogeninnere ein. Ein Fadenschieber ergreift dann die Fadenschlinge jeweils einer Nähnadel und führt sie der zugehörigen Hakennadel zu. Diese Aufgabe wird in einigen Maschinen von Pressluft übernommen, die den Faden durch Führungsdüsen zur Hakennadel bläst. So wird der Faden nicht mechanisch beansprucht und es kommt seltener zu Fadenabrissen.

Beim Verlassen des Bogens zieht die Hakennadel die Fadenschlinge und die Nähnadel das andere Fadenende aus dem Bogen heraus. Gleichzeitig fährt der Heftsattel in die Ausgangsposition zurück, um den nächsten geöffneten Bogen aufzunehmen. Beim Heften des nächsten Bogens rutscht die Fadenschlinge des ersten Bogens über den Schaft der Hakennadel. Auf diese Weise wird die neue Fadenschlinge durch die alte hindurchgezogen. Dabei macht die Hakennadel eine 180°-Drehung, damit die alte Schlinge auf dem Hakenrücken von der Nadel gleiten kann. Das Prinzip funktioniert wie beim Häkeln von Luftmaschen. Es gibt auch Hakennadeln, deren Haken korkenzieherartig gewunden sind, sodass keine Drehung erforderlich ist.

Ähnlich wie bei der Rückstichdrahtheftung wird der Faden bei der Fadenheftung durch den Bund der Lage

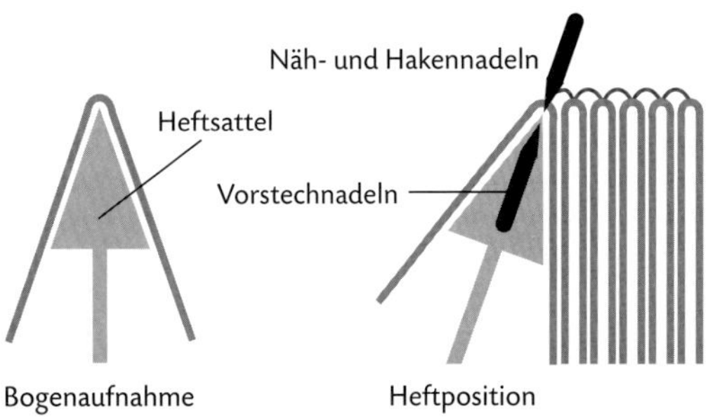

Fadenheftmaschine: Bogenaufnahme und Heftposition

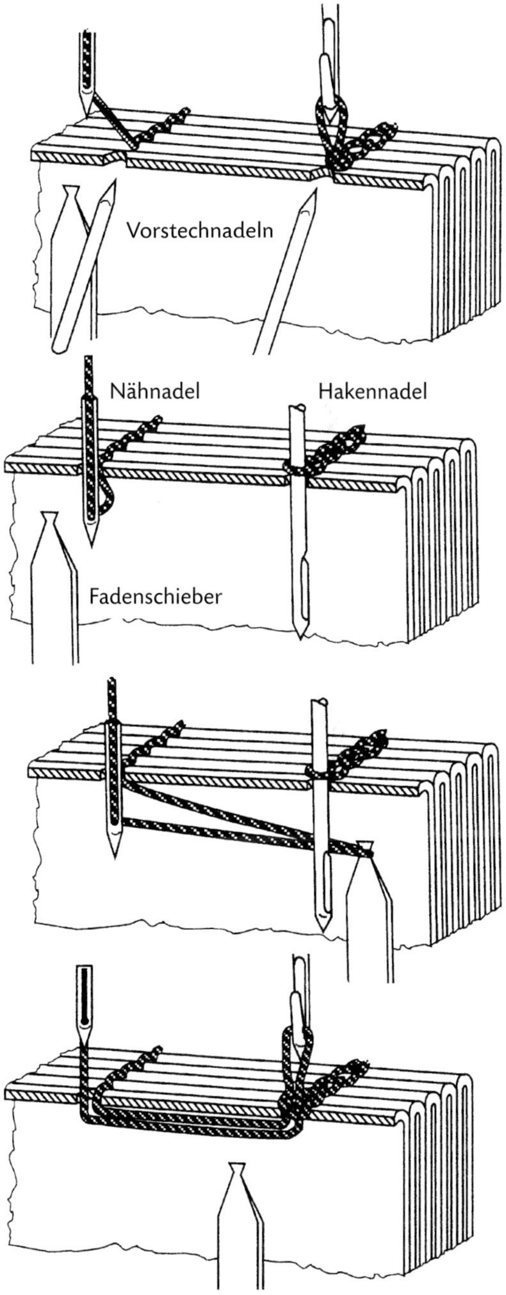

Stichbildung bei der Fadenheftmaschine

gestochen und verbindet diese somit in sich. Anschließend wird der Faden ebenso durch die nächste Lage gezogen, sodass außerdem eine Verbindung zwischen den benachbarten Lagen entsteht. Die Fäden werden von Lage zu Lage miteinander verkettet. Bedingt durch diese Schlingenbildung, liegt der Heftfaden bei maschinell fadengehefteten Büchern in der Lagenmitte immer doppelt. Um einen zu starken Auftrag durch den Heftfaden zu vermeiden, ist dieser für die Maschinenheftung sehr dünn. In der Regel handelt es sich um synthetisches Material mit sehr hoher Festigkeit.

Beim maschinellen Fadenheften kann mit unterschiedlichen Sticharten gearbeitet werden. Dabei gibt die Rückensteigung des Buchblocks den entscheidenden Ausschlag. Von Rückensteigung spricht man, wenn der Buchblock am Rücken dicker ist, als im vorderen Teil. Sie kommt durch Auftragen von Falzbrüchen, Klebstoff und Heftfaden zustande. Beim einfachen Heftstich liegen die Heftfäden in allen Lagen an denselben Stellen. Wird dagegen mit einem versetzten Heftstich gearbeitet, so liegen die Fäden von Lage zu Lage jeweils um eine Stichbreite versetzt, das heißt nur in jeder zweiten Lage übereinander. Buchblocks mit vielen, dünnen Lagen sollten versetzt geheftet werden. Bei Büchern aus wenigen Lagen ist die vom Heftfaden verursachte zusätzliche Steigung in der Regel kein Problem.

8.6.4 Fadensiegeln

Das Fadensiegeln ist eine Kombination aus Fadenheftung und Klebebindung. Das Binden eines Buchblocks erfolgt hier in zwei voneinander getrennten Einzelschritten.

- Fadensiegeln: Verbinden der einzelnen Lagen in sich (in der Falzmaschine vor dem letzten Falzbruch)
- Klebebinden: Verbinden der Lagen zu einem Buchblock (nach dem Zusammentragen im Klebebinder)

Das eigentliche Fadensiegeln findet also während des Falzens vor dem letzten Falzbruch statt. Dafür wird die Falzmaschine durch eine Fadensiegelstation ergänzt. Der verwendete Faden setzt sich aus zwei miteinander verzwirnten Einzelfäden zusammen, dem Trägerfaden und dem siegelfähigen Teil. Beim Trägerfaden handelt es sich um einen hochreißfesten Viskosefaden. Der siegelfähige Faden besteht dagegen aus thermoplastischem Polypropylen mit ebenfalls hervorragenden Festigkeitseigenschaften.

In der Siegelstation werden die beiden Enden von kurzen Fadenstücken (etwa 3 cm bis 4 cm) von innen nach außen durch den Falzbogen gestoßen. Der Vorgang ist vergleichbar mit dem Eintreiben von Drahtklammern in ein Produkt, deshalb spricht man hier auch von Fadenklammern. Die Fadenenden werden von speziell geformten Siegelnadeln durch das Papier gestoßen. Dabei durchstechen die Nadeln, die vorne keine Spitze haben, sondern abgeflacht sind, den Bogen quer zum späteren letzten Falzbruch, sodass kleine Schnitte im Papier entstehen.

Die Bogen werden nach dem Einstechen der Fadenklammern über eine beheizte Siegelschiene geführt. Die Hitze führt dabei zum Schmelzen des siegelfähigen Fadenanteils, welcher jetzt als Schmelzklebstoff wirkt, sodass der Trägerfaden mit dem Papier verklebt wird. Die Doppelblätter der Einzellage werden also wie bei der Fadenheftung durch Faden zusammengehalten. Die Anzahl und die Position der Fadenklammern pro Bogen ist bei dem Verfahren einstellbar.

Nach dem Fadensiegeln erreichen die Bogen das letzte Falzwerk der Falzmaschine und erhalten dort ihren letzten Falzbruch. Sind alle Lagen fertig gefalzt und gesiegelt, so werden sie auf der Zusammentragmaschine zu Rohblocks zusammengetragen und gelangen zum Klebebinder. Hier findet der zweite Teil der Bindung statt: Die fadengesiegelten Lagen werden durch Klebebindung zu Buchblocks miteinander verbunden. Dabei ist die Rückenbearbeitungsstation des Klebebinders außer Funktion gesetzt. Durch das Klebebinden von geschlossenen Lagen ist die Klebstoffangriffsfläche deutlich größer als bei Einzelblättern. Der Klebstoff dringt allerdings an den Übergangsstellen zwischen zwei benachbarten Lagen relativ weit in den Rücken ein, sodass das Aufschlagen an diesen Stellen manchmal heikel sein kann. Außerdem bekommt der Klebstoff bei gestrichenen Papieren nur Kontakt zum Strich und nicht zu den Papierfasern. Die Haltbarkeit wird dadurch verschlechtert.

Das Fadensiegeln ist ein Kompromiss zwischen Klebebindung und Fadenheften. Auf der einen Seite lie-

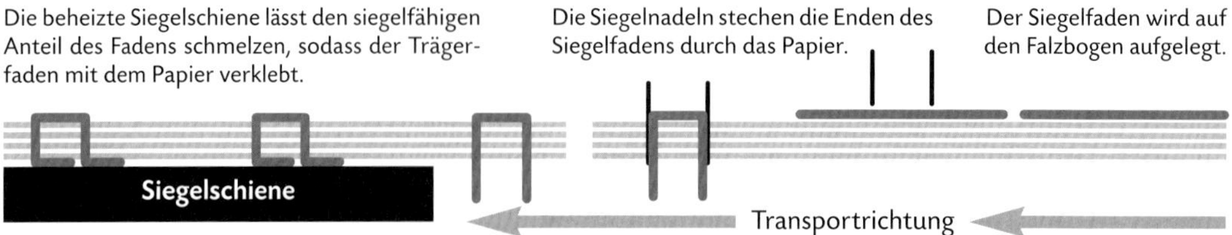

Fadensiegeln

gen geschlossene Lagen vor, die wie bei der Fadenheftung ein gutes Aufschlagverhalten fördern und die Blockstabilität erhöhen, weil keine Einzelblätter aus dem Gefüge herausreißen können. Auf der anderen Seite ist keine erneute Vereinzelung der Lagen des zusammengetragenen Rohblocks nötig, da nach dem Zusammentragen blockweise auf dem Klebebinder weiterverarbeitet werden kann. Der Zeitfaktor ist hier also wesentlich günstiger als bei der Fadenheftung.

8.7 Deckenherstellung

Im industriellen Bereich bestehen Buchdecken in der Regel aus vier Teilen: den beiden Buchdeckeln, der Rückeneinlage und dem Überzugsmaterial. Die Decken werden auf vollautomatischen Buchdeckenautomaten hergestellt. Das Prinzip ist dabei immer gleich: Das Überzugsmaterial wird mit Glutinklebstoff angeschmiert und auf einer Grundplatte mit Vakuum abgelegt. Dann werden die zuvor auf Format geschnittenen Deckelpappen und die Rückeneinlage aufgelegt. Das Material für die Rückeneinlage kommt meist von einer Rolle und wird in der Maschine auf das genaue Maß zugeschnitten.

Anschließend werden an der Ober- und Unterkante der Decke die Einschläge des Überzugs umgelegt, die Ecken geformt und zuletzt die Vordereinschläge umgeschlagen. Zum Schluss wird die Decke noch einmal überall angerieben und dann ausgelegt.

Zur Produktion von Decken für Halbbände muss die Decke zweimal hintereinander durch die Maschine laufen. Dabei werden im ersten Durchgang die Deckel und die Rückeneinlage durch den Überzug des Rü-

Überzugsmaterialien

Überzugspapier: Es gibt zahlreiche Sorten; allen ist aber gemeinsam, dass sie für die Einbandgestaltung die Möglichkeit des Bedruckens bieten. Die meisten Überzugspapiere verfügen über Griffschutz durch spezielle Leimung und Oberflächenbehandlung. Ansonsten empfiehlt es sich, das Papier nach dem Bedrucken mit einer Schutzschicht zu versehen. Diese kann durch Lackieren oder Laminieren aufgebracht werden. Beim Laminieren wird eine dünne Kunststofffolie mittels Hitze auf das Papier übertragen und darauf fixiert.

Bucheinbandgewebe: Es gibt offene und geschlossene Gewebesorten; der Unterschied liegt in der Behandlung des Gewebes nach dem Weben.

- Bei offenen Geweben liegt das eingefärbte Gewebe auf der sichtbaren Seite offen, ist also nicht beschichtet. Zum Schutz gegen Feuchtigkeit kann es mit einer leichten Appretur versehen sein.
- Von geschlossenen Geweben wird gesprochen, wenn das Gewebe mit Appretur durchdrungen ist und die eigentliche Gewebestruktur und der Webfaden nicht mehr zu sehen sind. Die Appretur ist dann der Farbgeber für das Gewebe.

Die meisten Gewebe für die maschinelle Buchdeckenherstellung sind auf der Unterseite papierbeschichtet. Dies soll einerseits das Durchschlagen des Klebstoffes verhindern; andererseits darf das Gewebe nicht luftdurchlässig sein, da es innerhalb des Buchdeckenautomaten mehrfach mit Vakuum angesaugt wird. Es gibt auch bedruckbare Bucheinbandgewebe, die der Einbandgestaltung zusätzliche Möglichkeiten bieten.

Kunstleder: Als Trägermaterialien dienen neben Gewebe auch Papier oder Faservlies. Die sehr dicke Beschichtung besteht aus verschiedenen Kunststoffen und kann unterschiedliche Oberflächenstrukturen erhalten, so etwa Ledernarbungen oder auch andere Effekte.

Kunststoff: Reine Kunststoffdecken bestehen aus Kunststofffolien, die im Gegensatz zum Kunstleder keine Trägermaterialien (Gewebe, Papier oder Vlies) enthalten. Sie werden nicht auf dem Buchdeckenautomaten gefertigt, sondern durch Hochfrequenzverschweißen aus mehreren Kunststoffschichten hergestellt. Dabei können die Deckel auch durch eingearbeitete Pappen zusätzlich verstärkt werden.
Beim verwendeten Kunststoff handelt es sich meistens um PVC (Polyvinylchlorid), das in unterschiedlich harten Varianten verarbeitet werden kann, sodass die Kombination unterschiedlich steifer PVC-Arten den Buchdeckeln eine ausreichende Verstärkung gibt.

Leder: Das traditionsreichste der hier besprochenen Überzugsmaterialen ist das Leder, also gegerbte Tierhaut. Bei der industriellen Buchdeckenherstellung wird allerdings in der Regel nicht mit Leder der vollen Hautdicke gearbeitet, sondern mit geteiltem Spaltleder. Es ist dünner als Vollleder und kann deshalb maschinell verarbeitet werden.
Außerdem gibt es Überzugsmaterial, das aus Lederfasern und Bindemittel zusammengepresst und mit Narbung versehen ist. Der Rohstoff ist zwar ebenfalls Leder, das Überzugsmaterial hat aber nicht die mechanischen Eigenschaften einer echten Lederhaut.

ckens miteinander verbunden. Im zweiten Durchgang folgt das Überziehen der beiden Deckel mit dem zweiten Material.

Bevor die Buchdecken endgültig fertig sind, werden sie an den Deckeln noch ausgebogen, das heißt ein wenig nach innen gebogen, um einem Aufsperren der Buchdecke am fertigen Buch entgegenzuwirken.

Wie bereits erläutert, gibt es unterschiedliche Materialien für den Überzug von Buchdecken (vgl. Abschnitt 8.2 sowie den Kasten auf der vorhergehenden Seite). Mit der Wahl eines bestimmten Materials bestimmt man entscheidend über den ersten Eindruck, den ein Buch auf den Benutzer macht. Außerdem ist bei der Auswahl darauf zu achten, welchen Verwendungszweck das Buch erfüllen soll. Für ein Nachschlagewerk sollte ein robusteres Material benutzt werden als für einen Gedichtband.

Zum Verzieren von Buchdecken werden diese sehr häufig beprägt. Es handelt sich um eine Form des Hochdrucks, bei der die Druckform beheizt ist. Die Farbe kommt hierbei von einer Prägefolie. Durch Druck und Hitze wird die Farbschicht der Folie von der Trägerschicht abgelöst und auf den Bedruckstoff, hier den Überzug der Buchdecke, übertragen. Die Farbschicht der Prägefolien ist mehrlagig und weist neben der eigentlichen Farbschicht auch eine Haftschicht auf, die für dauerhaften Kontakt zwischen Farbschicht und Bedruckstoff sorgt. Außerdem verleiht eine Schutzschicht über der Farbschicht der Prägung Widerstandsfähigkeit gegenüber mechanischer Beanspruchung.

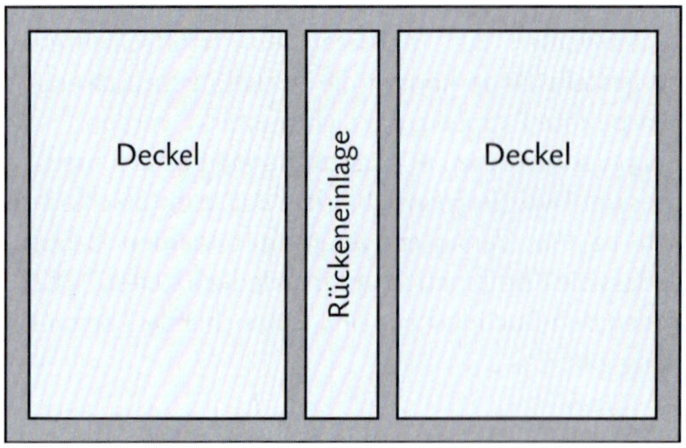

Buchdecke: Deckel, Rückeneinlage und Überzugsmaterial

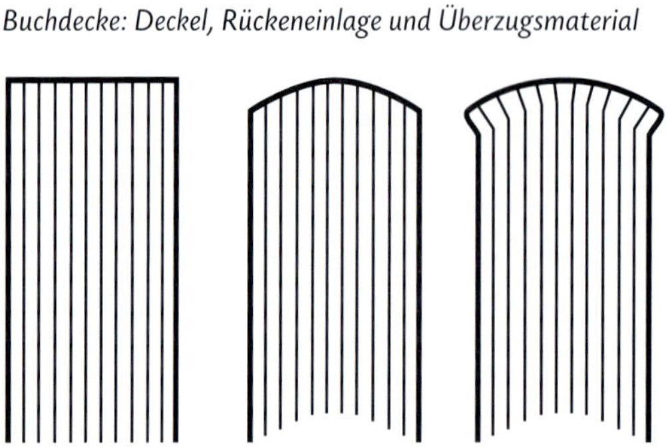

Buchblock: gerundet (Mitte) und abgepresst (rechts)

Neben den klassischen Prägefarben Gold und Silber gibt es Prägefolien in zahlreichen Farben und mit vielen Effekten. Nicht zuletzt werden heute besonders gerne Holografie-Effekte bei Prägungen eingesetzt.

8.8 Buchherstellung

Bei der Buchherstellung wird aus fast fertigem Buchblock und Buchdecke das Endprodukt hergestellt. Dabei durchläuft der Buchblock noch einige Bearbeitungsschritte, bevor er mit der Decke zusammengefügt und anschließend in Form gepresst wird.

Der Buchblock kann zur Verzierung oder zu seinem Schutz einen gefärbten Buchschnitt erhalten. Er kann am Kopfschnittt oder an allen drei Seiten angebracht werden und entweder farbig oder metallisch sein. Am bekanntesten ist sicher der Goldschnitt. Er wird ähnlich der Deckenprägung von einer Transferfolie durch Hitze auf den glatt geschliffenen Buchschnitt übertragen. Das Verfahren unterscheidet sich dadurch grundlegend vom handwerklichen Anbringen eines Goldschnitts, bei dem Blattgold mit dem Bindemittel Eiweiß auf den Buchschnitt gearbeitet wird.

Die meisten Schritte zur Fertigstellung des Buches finden auf der Buchfertigungsstraße statt. Diese wird mit fertigen Buchdecken und nahezu fertigen Buchblocks bestückt.

Ab einer Dicke von etwa 1 cm werden Buchblocks im Regelfall gerundet. Die Rundung dient zum einen dem Ausgleich der Rückensteigung, die durch das Binden entstanden ist, zum anderen lässt sie das Buch weniger klobig wirken. Der Buchblock wird zunächst – auf dem Vorderschnitt stehend – durch eine Vorwärmeinheit geführt, die den Rücken für das Runden und Abpressen vorbereitet. Das Runden erfolgt dann mit zwei Walzen, die den Buchblock unter sehr starkem Druck verformen. Die Rundung sollte dabei symmetrisch und nicht allzu ausgeprägt sein.

Beim anschließenden Abpressen wird der Rücken des Buchblocks gewissermaßen nach beiden Seiten aufgefächert. Ein hin und her schaukelndes Formstück treibt von der Mitte aus, wie von einem Scheitel, die Lagen oder Blätter nach außen. Auf diese Weise entsteht ein Falz, der rund 2 mm bis 3 mm vom Rücken abgesetzt ist und einen Winkel von etwa 45° hat. Er verhilft dem Buchblock zu einem besseren Sitz in der Buchdecke und nimmt die Buchdeckel in einer passenden Versenkung auf.

Das Hinterkleben des Buchblockrückens dient seiner Verfestigung. Gleichzeitig wird bei diesem Arbeitsgang an Kopf und Fuß das Kapitalband angeklebt.

In der Maschine wird dazu das Kapitalband zunächst an das Hinterklebmaterial geklebt. Beides zusammen wird dann auf den mit Klebstoff versehenen Blockrücken aufgelegt und angedrückt. Falls ein oder mehrere Zeichenbänder vorgesehen sind, so sind diese zuvor angeklebt und in den Buchblock eingelegt worden. Dies kann maschinell oder von Hand geschehen sein.

Die ersten Arbeitsgänge der Buchfertigungsstraße wurden bereits erläutert. Nach der Blockformung wird wie beschrieben das Zeichenband angeklebt, bevor der Buchblock hinterklebt und mit dem Kapitalband an Kopf und Fuß versehen wird.

Jetzt ist der Buchblock bereit, in die Decke eingehängt zu werden. Dies geschieht nach dem so genannten Paternosterprinzip. Ein Schwert wird genau mittig zwischen die Seiten des Buchblocks geführt. Es hebt den Block nach oben und führt ihn zwischen zwei Leimwalzen hindurch, sodass die Vorsätze eingeleimt werden. Der Buchblock wird nun von unten in die bereit liegende Buchdecke geführt und mit Walzen angepresst.

Als nächstes kommt das Buch in die Buchformpresse, in der es zunächst gepresst wird. Die Falzgelenke erhalten beim Falzeinbrennen ihre endgültige Form durch beheizte Metallschienen. Das Aufheizen bewirkt eine Reaktivierung des abgebundenen Glutinklebstoffes der Decke, sodass das Überzugsmaterial an den Fälzen eine gute Verbindung mit den Vorsätzen des Buchblocks eingehen kann. Zum Schluss kann noch ein Schutzumschlag um das fertige Buch gelegt werden, bevor es der Verpackungsmaschine zugeführt wird.

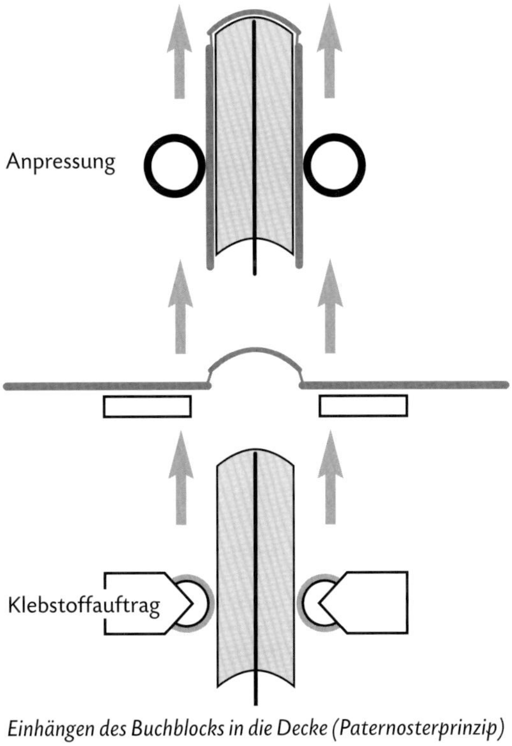

Einhängen des Buchblocks in die Decke (Paternosterprinzip)

8.9 Book on Demand

Mit dem Themenbereich Book on Demand (Buch auf Bestellung) ist die Weiterverarbeitung von Produkten des Digitaldrucks gemeint. Die Besonderheit dieses Weiterverarbeitungssektors besteht darin, dass in kleinsten Auflagen bis hin zur Herstellung eines einzigen Exemplares gearbeitet werden muss. Es gibt also keine Zuschussbogen, die zum Einrichten einer Maschine verwendet werden könnten und der Rüstaufwand muss äußerst gering sein, um eine maschinelle Produktion überhaupt rentabel zu machen.

Das Thema ist noch relativ jung in der Druckweiterverarbeitung. Häufig findet die Weiterverarbeitung von diesen Produkten auch sofoert in der Druckerei oder auch inline direkt mit der Druckmaschine verbunden statt. Die Maschinen müssen also sehr zuverlässig und nahezu fehlerfrei arbeiten.

Bei der Weiterverarbeitung in diesem Bereich sind weitgehend alle Produkte der Buchbinderei herstellbar. Es wird gefalzt und geschnitten, für die Bindung stehen von der Einzelblattbindung durch Drahtkamm über die Drahtheftung oder die Klebebindung bis hin zur Fadenheftung alle Techniken offen. Auch die Produktpalette geht vom Loseblattwerk über das Softcover, also die Broschur, bis hin zum Hardcover, also den Deckenband.

Das Einrichten der Maschinen erfolgt zu großen Teilen vollautomatisch über Stellmotoren. Eine Datenverbindung mit der Druckvorstufe beziehungsweise der Druckmaschine befördert die auftragsbezogenen Daten, zum Beispiel Blockformat und Seitenzahl, vollautomatisch zu den entsprechenden Maschinen und ermöglicht somit ein unmittelbares und automatisches Rüsten. Um die gefragte Flexibilität zu erreichen, sind die Maschinen in vielen Fällen modular miteinander kombinierbar.

Bei der Herstellung von Deckenbänden können die Buchdecken von Hand oder vollautomatisch maschinell angefertigt werden. In beiden Fällen muss sicher gestellt sein, dass die richtige Decke den passenden Buchblock erreicht. Zu diesem Zweck können Decken und Buchblocks mit maschinell lesbaren Markierungen, zum Beispiel Barcodes, versehen werden.

Auch bei höheren Auflagen ist im Bereich Digitaldruckweiterverarbeitung auf extreme Genauigkeit zu achten, da es sich oft um personalisierte Produkte handelt. Es darf hier kein Ausschuss produziert werden, da dieser nicht einfach durch überzählig gedruckten Zuschuss ausgeglichen werden kann.

8.10 Verpacken und Versenden

Viele Produkte der Druckweiterverarbeitung werden nach ihrer Fertigstellung in Kunststofffolie eingeschweißt. Man spricht auch von Einschrumpfen. Bei den Folien handelt es sich um thermoplastischen Kunststoff. Sie sind bei ihrer Herstellung in erhitztem Zustand gestreckt und dann in gestreckter Form wieder abgekühlt worden. Werden dieserart vorbehandelte Folien erneut erhitzt, so nehmen sie ihren ursprünglichen Zustand wieder ein, schrumpfen also auf ihre ursprüngliche Größe zusammen.

Dieser Effekt wird bei der Folienverpackung ausgenutzt, um die Produkte eng umschlossen zu schützen. Die Folie wird zunächst recht locker um das zu verpackende Produkt herumgelegt, durch Verschweißen verschlossen und anschließend in einen Heiztunnel gefahren.

Die Verpackung kann das Packgut vollkommen umschließen oder seitlich offen bleiben. Bei einer vollständig geschlossenen Verpackung muss zumindest ein Teil der Folie mit Luftlöchern versehen sein, damit die eingeschlossene Luft während des Schrumpfens entweichen kann.

In den Bereich Verpackung fällt natürlich auch das Einschlagen in Papier oder das Verpacken in maßgefertigte Kartonagen. Beides kann von Hand oder maschinell geschehen.

Für den Versand werden die Pakete entweder mit adressierten Etiketten beklebt oder per Inkjet-Druck direkt mit einem Adressenaufdruck versehen. Die Adressen liegen dabei im Regelfall in Dateien vor, sodass sie postoptimiert, das heißt nach Postleitzahlen geordnet, aufgebracht werden können.

9 Webdesign

9.1 Screen- und Webdesign

Screen- und Webdesign sind nicht dasselbe. Beim Screendesign geht es ums Visuelle, um die sichtbare, von Monitoren oder vergleichbaren Displays dargestellte Oberfläche. Websites, mono- und multimediale Präsentationen, Info-Terminals, Programme, Computerspiele und vieles mehr haben gestaltbare und gestaltungsbedürftige Oberflächen.

Webdesign ist die Konzeption und Gestaltung von Websites. Hier geht es nicht nur ums Visuelle, sondern auch um logische Beziehungen und Verknüpfungen. Konzeption, Planung und Realisierung von Site- und Navigationsstruktur sind – neben dem Screendesign – wesentliche Bestandteile des Webdesigns.

9.2 Stationen des Gestaltungsprozesses

Die Arbeit an einem Web-Projekt beginnt in der Regel mit dem Briefing durch den Auftraggeber. Es enthält die Informationen, die zur Auftragsdurchführung gebraucht werden – knapp formuliert, aber möglichst vollständig (vgl. auch Abschnitt 5.1.1). Beim Re-Briefing legt der Auftragnehmer sein Verständnis des Auftrags vor. Auf diese Weise sollen Unklarheiten und Missverständnisse ausgeräumt werden, bevor sie Kosten verursachen.

Welche Informationen das Briefing genau enthalten muss, hängt natürlich von Inhalt und Umfang des Projekts ab. Wichtige Bestandteile sind zum Beispiel:

- Wesentlicher Inhalt der Site
- Funktionen der Site (Werben, Informieren, Unterhalten usw.)
- Mit der Site verfolgte Ziele (Bekanntheitsgrad erhöhen, Absatz von Produkten steigern, Zugang zu neuen Zielgruppen finden usw.)
- Zielgruppen
- Gibt es ein Corporate-Design, das für die Website übernommen werden soll?
- Ist bereits ein Domain-Name vorhanden, der übernommen bzw. weiter verwendet werden soll?
- Ergebnisse und Erfahrungen früherer Web-Projekte oder Multimedia-Produktionen
- Stil, Tonalität (sachlich, seriös, kompetent, reißerisch, schrill, billig usw.)
- Technische Rahmenbedingungen
- Termine für Re-Briefing, Präsentationen und Veröffentlichung der Site

Die folgenden Aufzählung benennt weitere wichtige Stationen im Gestaltungsprozess der Website.

- Strukturplan: Nach Festlegung der wesentlichen Inhalte werden die logischen Positionen der Seiten und ihre Beziehungen bestimmt, zum Beispiel hierarchische Über- und Unterordnungen oder lineare Abfolgen.
- Navigationsplan: Festlegung der Verlinkungen und damit der Navigationsmöglichkeiten innerhalb der Site.
- Seiten- und Navigationsskizzen (Wireframes): einfache grafische Darstellungen der wesentlichen Elemente und Funktionen der Seiten ohne Festlegung des Designs.
- Gestaltungsraster: Festlegung von grafischen und typografischen Elementen, die auf allen Seiten gleich sein sollen (Logo, Headline der Site, Navigation), sowie der Räume und Positionen für die von Seite zu Seite unterschiedlichen Inhalte (Text, Bilder, Grafiken).
- Die grafische Demoversion zeigt das visuelle Erscheinungsbild der Startseite und einiger weiterer Seiten. Sie wird häufig mit einem Bildbearbeitungsprogramm angelegt. Anstelle des endgültigen Inhalts können Blindtext und Platzhalter für Bilder verwendet werden.
- Storyboard oder Storybook: Beides bezeichnet die verbindliche, detaillierte Vorlage zur Umsetzung des Web-Projekts. Für jede Seite wird eine Planungsskizze mit inhaltlichen und technischen Angaben angelegt. Zur Visualisierung dienen manuelle Scribbles oder grob und vorläufig mit einem HTML-Editor erzeugte Seiten.
- Die HTML-Demoversion entspricht visuell bereits der fertigen Website; die Vorgaben des Gestaltungsprozesses sind vollständig umgesetzt. Technische Optimierungen, Skripte, Programmierungen oder Datenbankanbindungen fehlen aber noch.
- Usability-Tests: Auch wenn sich alle am Gestaltungsprozess Beteiligten um hohe Benutzerfreundlichkeit bemühen, entsteht nicht in jedem Fall eine nutzerfreundliche Site. Zur Überprüfung werden Usability-Tests mit unterschiedlichen Methoden und in unterschiedlichen Stadien des Gestaltungsprozesses durchgeführt.

9.3 Web-Typografie

9.3.1 Schriften

HTML-Seiten enthalten codierten Text; zu seiner Darstellung wird in der Regel auf Fonts zurückgegriffen, die auf dem Zielrechner installiert sind. Damit beschränkt sich die Schriftauswahl auf Fonts, die auf nahezu jedem Rechner zur Verfügung stehen.

Mit dem Projekt *Core Fonts for the Web* versuchte Microsoft ab 1996, eine kleine Auswahl von Fonts als Standard für das Web zu etablieren. Zu den *Core Fonts* gehörten ursprünglich die Schriften Andale Mono, Arial, Comic Sans MS, Courier New, Georgia, Impact, Times New Roman, Trebuchet MS und Verdana sowie der Dingbats-Font Webdings (Pfeile, Symbole und dekorative Zeichen). Diese Fonts gehörten zum Lieferumfang von Betriebssystemen und Anwendungssoftware und standen auch zum kostenlosen Download zur Verfügung. Obwohl das Projekt schon 2002 eingestellt wurde, gehören diese Fonts – mit Ausnahme von Andale Mono – auch heute noch zur Grundausstattung von Windows- und Mac-Rechnern.

Eine 2009 veröffentlichte Untersuchung ergab, dass die folgenden zehn Fonts auf mehr als 98 % aller Rechner vorhanden waren, die im deutschsprachigen Raum zur Darstellung von Webseiten benutzt wurden:

- Arial [OHamburgefonstiv]
- Arial Black **[OHamburgefonstiv]**
- Comic Sans MS [OHamburgefonstiv]
- Courier New [OHamburgefonstiv]
- Georgia [OHamburgefonstiv]
- Impact **[OHamburgefonstiv]**
- Tahoma [OHamburgefonstiv]
- Times New Roman [OHamburgefonstiv]
- Trebuchet MS [OHamburgefonstiv]
- Verdana [OHamburgefonstiv]

Diese Schriften sind in der Regel auch als fette, kursive und fett-kursive (bold, italic, bold italic) Varianten vorhanden; Ausnahmen bilden Arial Black und Impakt, bei denen diese Varianten ohnehin nicht sinnvoll sind.

Am häufigsten auf Webseiten anzutreffen sind die serifenlosen Schriften Arial und Verdana sowie die Serifenschriften Georgia und Times New Roman.

Die Arial wurde 1989/1990 als preisgünstige Alternative zur Helvetica entwickelt. Vorbild war die Grotesque 215 (Monotype), deren Zurichtung so modifiziert wurde, dass Dickten und Laufweite mit der Helvetica übereinstimmen. Die Times New Roman entspricht weitgehend der Times von Stanley Morrison (1931); vertikale Ausdehnungen, Strichstärken und Zurichtung sind leicht modifiziert.

Verdana und Georgia wurden speziell als Schriften für das Web entwickelt (Matthew Carter, 1996). Die Verdana läuft vergleichsweise breit, hat relativ hohe Mittellängen, große Innenräume (Punzen) und einfache Zeichenformen. Deshalb ist sie auch in kleinen Schriftgrößen noch recht gut am Monitor lesbar. Sie hat allerdings einen gestalterischen Fehler: Schließende Anführungszeichen (Gänsefüßchen) erscheinen um 180° gedreht („Verdana“). Anstelle der Gänsefüßchen sollten deshalb Guillemets (spitze Anführungszeichen) verwendet werden (»Verdana«).

Die Georgia ist eine Barock-Antiqua mit relativ hohen Mittellängen und großen Innenräumen. Eine Besonderheit sind die Mediävalziffern (1234567890).

Die serifenlose Schrift Tahoma hat ähnliche Zeichenformen wie die Verdana, läuft aber erheblich schmaler. Die Trebuchet MS läuft ähnlich schmal, hat aber eigenständige Zeichenformen; auffällig ist insbesondere die Form des Kleinbuchstabens g (g).

Wegen der Beschränkung auf einige wenige Schriften ist es – anders als im Print-Design – nicht möglich, Webseiten schon durch die Wahl der Grundschrift eigenständig, wiedererkennbar und an den Inhalt angepasst zu gestalten. Es gibt zwar bereits seit Jahren Techniken zur Einbettung von Fonts, die beim Aufruf von Webseiten heruntergeladen werden und temporär für die Textdarstellung zur Verfügung stehen. Wegen inkompatibler Standards, fehlender oder unzureichender Unterstützung durch Browser und ungeklärter Lizenzfragen wurde diese Möglichkeit aber bislang kaum genutzt.

Das kann sich möglicherweise in Zukunft ändern – was aber nicht bedeutet, dass dann alle existierenden Schriften problemlos auch auf Webseiten verwendbar sind. Zentrales Problem ist die vergleichsweise geringe Auflösung von Monitoren und Notebook-Displays. Damit Schriften annähernd „wie gedruckt" aussehen, müsste die Auflösung mindestens 600/inch (besser 1200/inch) betragen – tatsächlich liegt sie aber in der Größenordnung von etwa 80/inch bis 100/inch bei Desktop- und bis etwa 120/inch bei Notebook-Displays. Zeichen wirken deshalb „pixelig", schräg verlaufende Striche und Bögen haben „Treppenstufen".

Diese Schriften sind auf mehr als 98 % aller Rechner vorhanden; Schriftgröße 18 Pixel, Darstellung ohne Schriftglättung.

Strichstärken, Weiten und Formen der Innenräume (Punzen) sowie Abstände zwischen den Zeichen werden verfälscht.

Durch Schriftglättung werden diese Effekte zwar etwas gemildert. Geglättete Schriften wirken jedoch unscharf und können zu rascherer Ermüdung beim Lesen führen: Die Augen versuchen ständig – aber natürlich erfolglos –, sich auf eine Gegenstandsentfernung einzustellen, bei der die Zeichen scharf aussehen. Vor allem bei kleinen Schriften dürfte die „pixelige" Darstellung der geglätteten vorzuziehen sein. Im berufsgenossenschaftlichen Leitfaden für die Gestaltung von Bildschirm- und Büroarbeitsplätzen (BGI 650, vgl. auch Abschnitt 1.16) wird deshalb eine Zeichenschärfe verlangt, die gedrucktem Text möglichst nahe kommt. Ob Text im Browser geglättet angezeigt wird, hängt von der benutzerseitigen Einstellung des Zielrechners ab, lässt sich also gestaltungsseitig nicht beeinflussen.

Am besten geeignet sind Schriften, die speziell für die Darstellung am Monitor entwickelt und optimiert wurden. Diese Optimierung bezieht sich einerseits auf die Gestaltung der Zeichen – kräftige, überwiegend gleich starke Striche, vergleichsweise einfache Buchstabenformen, offene Innenräume, relativ große Mittelhöhen. Gleichzeitig sind aber auch die Hints (Instruktionen, vgl. Abschnitt 1.12.5) dieser Fonts speziell für die Darstellung mit grob auflösenden Ausgabegeräten optimiert. Die Beispiele unten auf dieser Seite zeigen den Unterschied bei der Darstellung monitor-optimierter und nicht für den Monitor optimierter Schrift.

Arial (monitor-optimiert) und Gill Sans (nicht monitor-optimiert), „pixelige" Darstellung ohne Schriftglättung; ganz unten zum Vergleich die beiden Schriften in hoher Auflösung

Neben den bereits genannten *Core Fonts* gibt es eine ganze Reihe monitor-optimierter Schriften, zum Beispiel die Clear Type Collection von Microsoft (Calibri, Cambria, Candara, Consolas, Constantia, Corbel) und die Webschriften von Adobe (Web Type Pro, zum Beispiel Myriad Web, Minion Web).

9.3.2 Schriftgröße, Zeilenabstand, Satzart

Gute Lesbarkeit sollte immer und unabhängig vom Medium oberstes Ziel typografischen Gestaltens sein. Speziell die Monitortypografie ist aber ein ständiges Ringen um gute Lesbarkeit unter technisch unzulänglichen Bedingungen. Das Lesen am Monitor ist anstrengender als in Print-Produkten; es kommt rascher zur Ermüdung und der Inhalt des Texts prägt sich schlechter ins Gedächtnis ein.

Neben der Wahl geeigneter Schriften kommt es vor allem auf ausreichende Schriftgröße und nicht zu geringen Zeilenabstand an. Schriftgrößen für HTML-Text werden heute durch Cascading Stylesheets (CSS, vgl. Abschnitt 10.3) in Pixeln, einer Längeneinheit (meist pt) oder relativ zur elementeigenen Schriftgröße (Einheit em) definiert. Gelegentlich ist auch noch das veraltete HTML-Font-Tag mit den Schriftgrößenstufen von 1 bis 7 anzutreffen (vgl. Abschnitt 10.2.3.6).

Die Längeneinheit Point (Punkt, 1 pt = 1/72 inch, vgl. Abschnitt 4.4.1) wird am Monitor unversehens zur relativen Einheit. Um Schrift am Monitor anzuzeigen,

Arial (monitor-optimiert) und Gill Sans (nicht monitor-optimiert), Darstellung mit Schriftglättung; ganz unten zum Vergleich die beiden Schriften in hoher Auflösung

ist die Umwandlung von Point in Pixel erforderlich: Die Schriftgröße in Point wird durch 72 pt/inch dividiert und mit der Monitorauflösung multipliziert. Betriebssysteme rechnen aber nicht mit der tatsächlichen physischen Auflösung des Monitors, sondern verwenden einen fiktiven Wert, in der Regel 96/inch. Bei dieser rechnerischen Auflösung stellt der Monitor zum Beispiel eine 12-pt-Schrift in der Größe 16 Pixel dar (denn 12 pt : 72 pt/inch · 96/inch = 16).

Gute Lesbarkeit am Monitor erfordert neben dem intakten Schriftbild vor allem ausreichend große Zeichen. Nach dem berufsgenossenschaftlichen Leitfaden BGI 650 soll die Versalhöhe mindestens 3,2 mm betragen. Bei Monitorauflösungen von etwa 80/inch bis 100/inch entspricht das Versalhöhen von 10 bis 12 Pixeln und Schriftgrößen von 15 bis 17 Pixeln.

Maßgeblich für gute Lesbarkeit ist aber nicht allein die Versalhöhe – wichtigstes Kriterium dürfte vielmehr die visuell wahrgenommene Größe der Zeichen sein. Sie hängt vor allem von Mittellänge und Größe der Innenräume (Punzen) ab. Als Faustregel für die Mindestschriftgröße kann davon ausgegangen werden, dass die Mittellänge nicht kleiner als 7 Pixel sein darf. Diese Bedingung erfüllen Verdana und Tahoma bereits bei der Schriftgröße 12 Pixel, Arial, Trebuchet und Georgia bei 13 Pixel, Times New Roman bei 14 Pixel. Die Lesbarkeit der Tahoma ist allerdings wegen der sehr eng stehenden Zeichen etwas schlechter als bei der gleich großen Verdana.

In welcher Größe die Zeichen tatsächlich am Monitor erscheinen, hängt allerdings nicht nur von der Definition im HTML- oder CSS-Quelltext ab, sondern auch von Browsereinstellungen. Alle neueren Browser erlauben sowohl das Zoomen der vollständigen Seite als auch individuelle Schriftgrößeneinstellungen.

Schriftgrößen

Point	Millimeter	Pixel	HTML
8	2,82	11	1
9	3,12	12	
10	3,53	13	2
11	3,88	15	
12	4,23	16	3
13	4,59	17	
14	4,94	19	4
15	5,29	20	
16	5,64	21	
18	6,35	24	5
20	7,06	27	
24	8,47	32	6
28	9,88	37	
32	11,29	43	
36	12,70	48	7

Größen in Pixel für Auflösung 96/inch. Die Zuordnungen der HTML-Schriftgrößen sind nur Anhaltswerte; die tatsächliche Darstellungsgröße ist browserabhängig.

Guter Blocksatz ist auf Web-Seiten nicht realisierbar. Browser bieten weder automatische Worttrennung noch echte Blocksatz-Funktion. Wortabstände werden nur vergrößert, aber nicht verringert, sodass oft extrem große Abstände entstehen und der Text löchrig und zerrissen aussieht.

Guter Blocksatz ist auf Web-Seiten nicht realisierbar. Browser bieten weder automatische Worttrennung noch echte Blocksatz-Funktion. Wortabstände werden nur vergrößert, aber nicht verringert, sodass oft extrem große Abstände entstehen und der Text löchrig und zerrissen aussieht.

Browserdarstellung von Blocksatz und linksbündigem Satz

Der Zeilenabstand sollte generell etwas großzügiger bemessen sein als in gedruckten Produkten: mindestens 130 % der Schriftgröße, bei Schriften mit hohen Mittellängen besser 140 % bis 150 %.

Da die Größe des Weißraums zwischen den Zeilen wesentlich von der Mittellänge der Schrift abhängt, ist es sinnvoll, sich auch bei der Wahl des Zeilenabstands an der Mittellänge zu orientieren. Als grober Richtwert kann das Zweieinhalbfache der Mittellänge dienen. Bei zum Beispiel 7 Pixel Mittellänge sollte der Zeilenabstand also nicht kleiner sein als $7 \cdot 2{,}5 \approx 18$ Pixel.

Bevorzugte Satzart für Lesetext im Web ist linksbündiger Satz. Rechtsbündiger Satz und Mittelachsensatz sollten wegen der schlechteren Lesbarkeit nur für sehr kleine Textmengen verwendet werden.

Guter Blocksatz ist nicht realisierbar. Browser bieten weder automatische Worttrennung noch echte Blocksatz-Funktion. Wortabstände werden nur vergrößert, aber nicht verringert, sodass oft extrem große Abstände entstehen und der Text löchrig und zerrissen wirkt.

Fehlende Worttrennungen können sich auch beim linksbündigen Satz störend bemerkbar machen. Die Zeilenbreiten sind oft extrem unterschiedlich; der Zeilenfall wirkt unschön, wenn mehrere schmale oder mehrere breite Zeilen unmittelbar aufeinander folgen. Für dieses Problem gibt es bislang keine befriedigende Lösung. Es ist zwar möglich, bedingte Trennungen in den Text einzufügen, die von allen neueren Browsern interpretiert werden. Das ist aber recht arbeitsaufwändig und macht den Quelltext unübersichtlich.

9.4 Farben

Beim farblichen Gestalten sind weniger die einzelnen Farben für sich, sondern ihre Verhältnisse zueinander – die Farbkontraste – von Bedeutung (vgl. Abschnitt 5.2.5.1). Um überhaupt etwas auf dem Monitor darzustellen, werden ja bereits zwei Farben gebraucht, zum Beispiel die Farben von Schrift und Hintergrund.

Bei der Schriftdarstellung kommt es vor allem auf Helligkeitskontraste an. Schwarze Schrift auf hellem Hintergrund hat die beste Lesbarheit. Ein völlig weißer Hintergrund (R255 G255 B255) wird allerdings gelegentlich als störend empfunden; die weiße Fläche scheint zu blenden und die Zeichen zu überstrahlen (Dazzling). Alternativ kann deshalb auch sehr helles Grau (etwa R245 G245 B245) oder eine helle, sehr stark entsättigte bunte Farbe als Hintergrund verwendet werden.

Durch Farbkontraste und -harmonien lassen sich ruhige, statische oder dynamische, spannungsreiche Anmutungen erzeugen; hier gilt im Grundsatz dasselbe wie bei der Gestaltung von Print-Produkten (vgl. Abschnitt 5.2.5). Die reinen Primärfarben des Monitors sollten wegen ihrer hohen Buntheiten allerdings eher sparsam eingesetzt werden, also nicht großflächig, sondern zum Beispiel als farbliche Akzente im weniger bunten Umfeld. Auf Rot-Blau-Kontraste sollte verzichtet werden, weil es an den Kanten zu Unschärfe- und Flimmerwirkungen kommt (vgl. Abschnitt 5.2.5.1).

Die Beschränkung auf 216 „web-sichere" Farben ist heute nicht mehr erforderlich. Neuere Browser stellen in Verbindung mit 24- oder 32-Bit-Grafikkarten alle RGB-Kombinationen gleich sicher (oder unsicher) dar. Abweichende Farbdarstellungen sind vor allem auf individuelle Monitoreinstellungen zurückzuführen.

9.5 Bilder und Animationen

Bei der Verwendung von Bildern auf Webseiten sind drei Einschränkungen zu berücksichtigen: erstens die – im Vergleich zu codiertem Text – großen Datenmengen, zweitens die gegenüber Fotos oder Drucken recht grobe Auflösung des Monitors, drittens die unsichere Farbwiedergabe.

Solange ADSL und andere schnelle Übertragungsverfahren noch nicht allgemein zugänglich waren, kam es darauf an, die Datenmengen möglichst gering zu halten. Es galt die Faustregel, dass die vollständige Übertragung einer Seite mittels 56-Kilobit-Modem nicht länger zehn Sekunden dauern sollte. Bei einer effektiven Übertragungsrate von etwa 40000 bit/s entspricht das rund 50 Kilobyte.

Diese enge Beschränkung ist zwar heute nicht mehr erforderlich. Unnötig große Datenmengen sollten aber nach wie vor vermieden werden. Komfortables Surfen setzt voraus, dass die aufgerufenen Seiten nahezu verzögerungsfrei auf dem Display erscheinen. Auch die Kosten für Webspace und Datentransfer sollten nicht vergessen werden.

Bei der skalierbaren, verlustbehafteten JPEG-Kompression kommt es darauf an, einen Kompromiss zwischen Bildqualität und Dateigröße zu finden. Bei verlustfreier Komprimierung grafisch angelegter Bilder nach dem LZW- oder LZ77-Verfahren (GIF bzw. PNG) wird die Dateigröße vor allem durch die Anzahl der Farben beeinflusst. Beschränkung auf vier, acht oder 16 Farben führt zu deutlich kleineren Dateien als die Verwendung von 256 Farben.

Es gibt zwar erheblich leistungsfähigere Kompressionsverfahren als JPEG, LZW und LZ77; für Webseiten kommen sie aber bislang nicht infrage, da die Darstellung in gängigen Browsern gar nicht oder nur mithilfe zusätzlicher, vorab zu installierender Plugins möglich ist (zu Bilddatenformaten und Kompressionsverfahren vgl. Abschnitte 1.2.6 und 1.3.3.1).

Am stärksten wird die Datenmenge der Web-Seite natürlich durch Größe und Anzahl der verwendeten Bilder beeinflusst. Eine Halbierung der Bildgröße, zum Beispiel von 360 × 240 Pixel auf 180 × 120 Pixel, verringert die Datenmenge ja bereits auf ein Viertel. Briefmarkengroße Bildchen mit zum Beispiel 60 × 60 Pixel beanspruchen bei entsprechender Kompression weniger als ein Kilobyte. Ob derart kleine Bildchen gestalterisch sinnvoll sind, darf allerdings bezweifelt werden.

Bei der Verwendung von Bildern kommt es auf die Bildaussage an. Bilder können eigenständige Informationen liefern, die im Text nicht vorhanden oder verbal gar nicht darstellbar sind. Sie können die Aussage des Texts verstärken, indem sie verbal Dargestelltes grafisch wiederholen und unterstreichen. Im schlechtesten Fall haben sie dagegen nur dekorative Funktion, liefern also keine relevanten Informationen, sondern setzen lediglich „Farbtupfer" auf die Seite.

Am Monitor dargestellte Halbtonbilder zeigen erheblich weniger Details als Fotografien oder Drucke. Ein zum Beispiel 360 Pixel breites Bild erscheint auf Desktop-Displays in einer Breite von etwa 4 Inch (rund 10 Zentimeter). Mit 360 Pixeln lassen sich nach dem Abtast-Theorem (vgl. Abschnitt 3.2.2.2) maximal 180 Bilddetails darstellen. Halbtonbilder für Printzwecke haben Pixelauflösungen in der Größenordnung von 300/inch; bei der Breite 4 Inch ergibt das 1200 Pixel und maximal 600 darstellbare Bilddetails. Die vergleichsweise grobe Monitorauflösung ist bei Motivwahl und Festlegung von Bildausschnitt und -größe zu berücksichtigen.

Der sRGB-Farbraum (vgl. 2.5.2.1 und 2.8.3.3) gilt heute als Standard-Farbraum für Bilder im Web. Diesen Farbraum können die meisten neueren Displays zumindest annähernd korrekt darstellen. Mindestvoraussetzung ist allerdings die richtige Einstellung von Kontrast, Helligkeit und Monitor-Weiß; die Monitore vieler Nutzer(innen) sind aber eher schlecht als recht „nach Auge und Gefühl" eingestellt. Colour-Management wird es auf absehbare Zeit nur im Bereich professioneller Mediengestaltung geben. Die unsichere Farbwiedergabe bleibt also ein unlösbares Problem, vor allem bei der Darstellung farbkritischer Produkte, zum Beispiel Textilien. Hier hilft im Zweifel nur der Hinweis, dass mit technisch bedingten farblichen Abweichungen vom Original zu rechnen ist.

Durch Animationen lassen sich manche Sachverhalte viel besser veranschaulichen als mit Worten oder unbewegten Bildern. Wenn es zum Beispiel um das Funktionsprinzip einer Maschine geht, kann eine GIF-Animation oder ein kleiner Flash-Film den Sachverhalt anschaulicher darstellen, als eine ganze Folge unbewegter Bilder oder eine lange verbale Beschreibung.

Leider werden Animationen auf vielen Webseiten als bloße Blickfänge ohne relevante Aussage eingesetzt, zum Beispiel in Form blinkender, fliegender und explodierender Schriftzüge oder als primitive „Wackelbilder". Bewegte Bilder ziehen den Blick auf sich – was aber im Umkehrschluss bedeutet, dass sie von anderen, möglicherweise erheblich wichtigeren Inhalten der Seite ablenken.

9.6 Seitenlayout

9.6.1 Flexible oder feste Seitengröße

Webseiten können flexible oder feste Größen haben. Bei flexibler Größe passt sich die Darstellung an die Breite des Browserfensters an. Durch Verändern der Fenstergröße oder Zoomen des Inhalts ergeben sich also jeweils unterschiedliche Darstellungen.

Das heißt aber nicht, dass die gesamte Seite mit allen Elementen auf die jeweilige Fensterbreite skaliert würde – angepasst werden nur die Breiten von Textzeilen, sodass sich je nach Breite des Fensters ein anderer Zeilenfall ergibt. Je schmaler das Browserfenster und je höher der Zoomfaktor, umso weniger Text passt in die einzelne Zeile und umso mehr Zeilen werden es. Wenn

Flexible Seitengröße (www.wob11.de): Seitenkopf, Navigationsleiste und Text im Content-Bereich passen sich an die Fensterbreiten an; auch im kleineren Fenster bleiben alle Elemente ohne horizontales Scrollen erreichbar.

Feste Seitengröße (www.denic.de): vollständige Darstellung der Breite im rund 1000 Pixel breiten Fenster (links); bei Darstellung im kleineren Fenster sind rechts liegende Navigationselemente nur durch horizontales Scrollen erreichbar.

Elemente mit fester Größe wegen zu geringer Breite des Browserfensters nicht mehr nebeineinander passen, werden sie untereinander dargestellt.

Die Flexibilität kann etwas eingeschränkt werden, indem maximale und minimale Breite von Seite oder Textspalte festgelegt werden. Auf diese Weise lässt sich zum Beispiel verhindern, dass Textzeilen in sehr breiten Browserfenstern leseunfreundlich breit dargestellt werden.

Bei reinen Textseiten ist diese flexible Anpassung völlig unproblematisch. Komplexere Seiten mit Text, Bildern und grafischen Elementen zeigen dagegen je nach Breite des Anzeigebereichs ganz unterschiedliche Erscheinungsbilder. Das muss beim Seitenlayout berücksichtigt werden und führt in der Regel zu etwas schlichter gestalteten Seiten.

Die Alternative sind Seiten mit festgelegten Breiten. Alle Elemente behalten – unabhängig von der Breite des Browserfensters – ihre Positionen und Größen. Nachteilig ist dabei, dass die Seite unter Umständen nicht vollständig angezeigt wird, weil der Anzeigebereich des Browsers schmaler ist als die Seite. Um an alle Informationen zu gelangen, muss die Seite dann horizontal gescrollt werden. Die Anforderungen barrierefreier Gestaltung (vgl. Abschnitt 10.11) sind mit festen Seitengrößen nicht vollständig erfüllbar.

Feste Seitengrößen sollten so gewählt werden, dass ihre Breite auf möglichst vielen Displays vollständig darstellbar ist. Desktop- oder Notebook-Displays mit weniger als 1024 Pixel Breite dürfte es heute kaum noch geben. Der Trend geht vielmehr seit einigen Jahren zu breiteren Displays (Seitenverhältnis 16 : 10 oder 16 : 9) mit Breiten von 1280 Pixeln und mehr.

Viele Webseiten mit festen Größen sind heute für Monitor- bzw. Fenstergrößen von 1024 × 768 Pixeln (XGA) angelegt. Die Werte beziehen sich auf die äußere Ausdehnung des Browserfensters einschließlich Rahmen, Scrollbars, Funktions- und Statusleisten. Der Anzeigebereich, also die Fläche, die tatsächlich für die Anzeige der Seite zur Verfügung steht, ist entsprechend kleiner.

Die genaue Größe hängt von Betriebssystem, Browsertyp und individueller Konfiguration der Menüleisten ab. Als Quasi-Standards für die nutzbare Fenstergröße gilt 955 × 600 Pixel, wobei eine recht großzügige Sicherheitsreserve berücksichtigt ist. Die angegebene Höhe kann ohne Weiteres überschritten werden, da vertikales Scrollen – im Gegesatz zum horizontalen – kaum als störend empfunden wird. Die Höhe des Anzeigebereichs ist aber nicht völlig irrelevant, denn sie bestimmt die Höhe des Top-Screens, also des Teils der Seite, der unmittelbar beim Öffnen sichtbar wird.

Vollständige Darstellung der 955 Pixel breiten Seite ist auf 1024 Pixel breiten Displays allerdings nur möglich, wenn die Seite nicht aufgezoomt und die Sidebar (Verlauf, Lesezeichen) ausgeblendet ist. Vollständige Darstellung aufgezoomter Seiten oder bei eingeblendeten Sidebars erfordert größere Displaybreiten.

Unberücksichtigt bleiben auch die erheblich kleineren Displays von Smartphones. Gute Darstellung desselben Layouts sowohl auf Desktop- oder Notebook-Displays als auch auf Smartphones ist bei fester Seitengröße nicht realisierbar. Das erfordert entweder vergleichsweise schlichte Layouts mit flexibler Anpassung oder zwei unterschiedliche Layouts für Computer- und Smartphone-Displays.

9.6.2 Gestaltungsraster und Templates

Gestaltungsraster garantieren das folgerichtige und wiedererkennbare Erscheinungsbild aller Seiten des Webauftritts und erleichtern die Orientierung auf den einzelnen Seiten – Elemente mit gleicher Funktion stehen immer in derselben Position.

Die Entwicklung beginnt mit Scribbles (Freihandskizzen), die dann schrittweise in Gestaltungsraster umgesetzt werden. Sie können mit Grafik- oder Bildbearbeitungsprogrammen angelegt oder auch manuell gezeichnet werden.

Webseiten haben drei wesentliche Funktionsbereiche, deren Größen und Positionen im Gestaltungsraster festgelegt sein sollten: Site-Identifikation, Navigation und Inhalt (Content). Hinzu kommen oft noch Servicebereich und Seitenfuß (Footer).

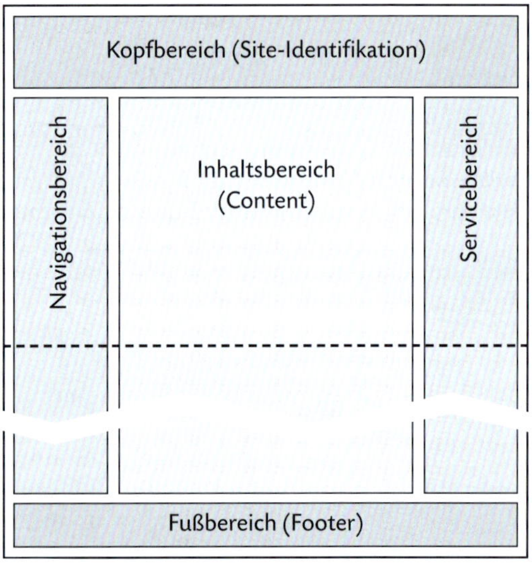

Festlegung von Größen und Positionen der Bereiche; die Höhen von Navigations-, Inhalts- und Servicebereich sind variabel. Die unterbrochene horizontale Linie kennzeichnet das untere Ende des Top-Screens.

- Die Identifikation der Website (Logo, Name der Site, des Anbieters oder des Produkts) steht in der Regel im Kopfbereich der Seite; links oben ist die bevorzugte Position für das Logo.
- Navigationselemente, also Verweise (Links) zu anderen Seiten derselben Site, sind meist als Spalte links oder (seltener) rechts neben dem Inhaltsbereich oder als Zeile am Kopf der Seite angeordnet.
- Der Service-Bereich enthält zum Beispiel Quicklinks, Suchfunktion, Download-Angebote, zusätzliche Informationen zum Seiteninhalt oder Links zu thematisch verwandten Seiten.
- Im Footer stehen zum Beispiel Copyright-Vermerk, Aktualisierungsdatum und andere kurze Angaben. Hier werden oft auch Verweise wiederholt, um das Zurückscrollen zur Navigation im oberen Bereich der Seite zu ersparen. Bei Seiten, die erheblich höher als der Anzeigebereich des Browsers sind, ist auch ein Verweis zum Seitenanfang sinnvoll.

Erster Schritt beim Anlegen des Gestaltungsrasters ist das Festlegen von Größen und Positionen der Bereiche. Weit verbreitet sind heute dreispaltige Layouts mit Navigations-, Content- und Servicespalte. Identifikationsbereich am Kopf der Seite und Footer reichen meist über die gesamte Breite. Die Höhen von Navigations-, Content- und Servicespalte bleiben zunächst unbestimmt; sie ergeben sich für jede einzelne Seite aus dem Raumbedarf für den Content.

Im nächsten Schritt werden Größen, Positionen und Farben der Elemente festgelegt, die auf allen Seiten gleich sind. Das betrifft insbesondere Kopf- und Fußbereich, Hauptnavigation und unveränderliche Teile des Servicebereichs. Site-Identifikation und Hauptnavigation sollten immer vollständig im Top-Screen stehen, also sofort nach dem Öffnen der Seite im Browser sichtbar sein.

Die Gestaltung des Inhaltsbereichs bleibt zunächst flexibel, um Anpassungen an die Inhalte einzelner Seiten oder Seitengruppen zu ermöglichen. Schriften, Schriftgrößen und Zeilenabstände für Text und Headlines werden definiert. Um trotz variabler Gestaltung ein folgerichtiges Erscheinungsbild zu garantieren, wird der Inhaltsbereich in Spalten oder Zellen aufgeteilt. Die Vorgaben dieses Gestaltungsrasters werden dann für unterschiedliche Seitentypen innerhalb des Webauftritts konkretisiert, indem die Räume und Positionen für Headlines, Textabsätze und Bilder festgelegt werden.

Zur technischen Umsetzung werden Templates (Schablonen, Musterseiten) nach den Vorgaben des Gestaltungsrasters erzeugt. Das sind HTML-Seiten mit allen unveränderlichen Elementen sowie vorgegebenen Positionen und Räumen für die von Seite zu Seite unterschiedlichen Inhalte.

Bei der Erzeugung statischer Webseiten sichert das Arbeiten mit Templates die durchgängige Einhaltung gestalterischer Vorgaben bei der technischen Realisierung und ist erheblich rationeller, als jede Seite einzeln aufzubauen. Spätere Änderungen am Layout müssen jeweils nur einmal am Template vorgenommen werden, um für alle Seiten wirksam zu werden. Bei dynamischen Websites bilden Templates die Rahmen, in die jeweils neue Inhalte geladen werden.

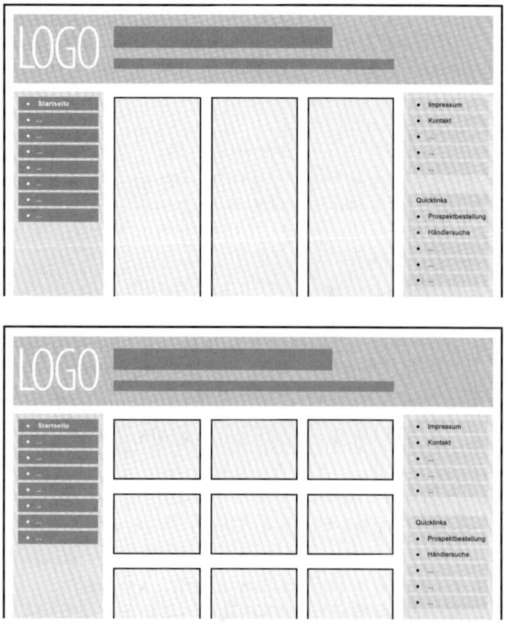

Festlegung der Positionen unveränderlicher Elemente im Kopf-, Navigations- und Servicebereich, Aufteilung des Content-Bereichs in Spalten (oben) oder Zellen (unten)

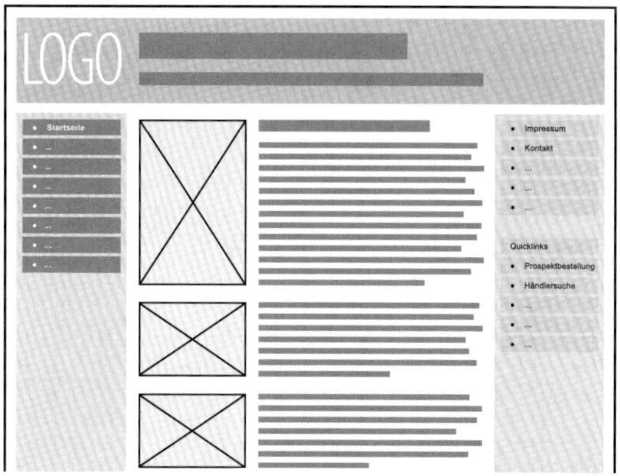

Beispiel für die Füllung des oben gezeigten Zellenrasters mit Bildern und Text. Da der vertikale Abstand zwischen den Zellen genau einer Zeile entspricht, können übereinander liegende Zellen zu größeren Textblöcken zusammengefasst werden.

9.7 Struktur und Navigation

9.7.1 Grundstrukturen

Jeder Webauftritt (Website) besteht aus mehreren Seiten (Webpages), die eine logische Struktur bilden und aufeinander verweisen. Es gibt vier Grundstrukturen, die sich zum Teil miteinander kombinieren lassen.

- Lineare (sequenzielle) Struktur: Die Seiten folgen aufeinander wie die Seiten oder Kapitel eines Buchs. Es gibt keine Über- und Unterordnungsverhältnisse, sondern ein logisches Nacheinander; jede Seite verweist auf die folgende. Nicht-interaktive Präsentationen haben zwangsläufig lineare Strukturen.
- Bei der jump-linearen (sprung-linearen) Struktur gibt es eine zusätzliche Seite, die auf alle anderen verweist, also die Funktion eines Inhaltsverzeichnisses hat. Die Seiten können entweder direkt von dort angesprungen oder, wie bei der einfachen linearen Struktur, nacheinander durchgeblättert werden.
- Baumstruktur, hierarchische Struktur: Hier gibt es eindeutige Über- und Unterordnungsverhältnisse – jede übergeordnete Seite verweist auf mehrere untergeordnete. Übergeordnete Seiten haben allgemeinere, überblickartige Inhalte, untergeordnete enthalten speziellere, ins Detail gehende Informationen. Die Struktur ähnelt also der Gliederung eines Sach- oder Fachbuchs mit Kapiteln, Abschnitten und Unterabschnitten.
  Die Baumstruktur kann flexibel an unterschiedliche Inhalte und Umfänge von Websites angepasst werden; für fast jeden Zweck lässt sich der passende Baum konstruieren. Auch die nachträgliche Erweiterung ist möglich, ohne die Grundstruktur infrage zu stellen. Darin liegt aber auch eine Gefahr: Werden wiederholt zusätzliche Seiten an mehr oder minder passenden Stellen angehängt, kann die ursprünglich übersichtliche, klare Baumstruktur rasch zum fast undurchschaubaren Gestrüpp werden.
- Matrixstruktur (Gitter-, Tabellenstruktur): Die Seiten stehen logisch in den Spalten und Zeilen einer Matrix oder Tabelle – jede Seite entspricht einem Tabellenfeld. Die Spalten können zum Beispiel für Produkte stehen, die Zeilen für bestimmte Informationen dazu (Produktbeschreibung, technische Daten, Zubehör, Preise). Jede Seite verweist auf Seiten

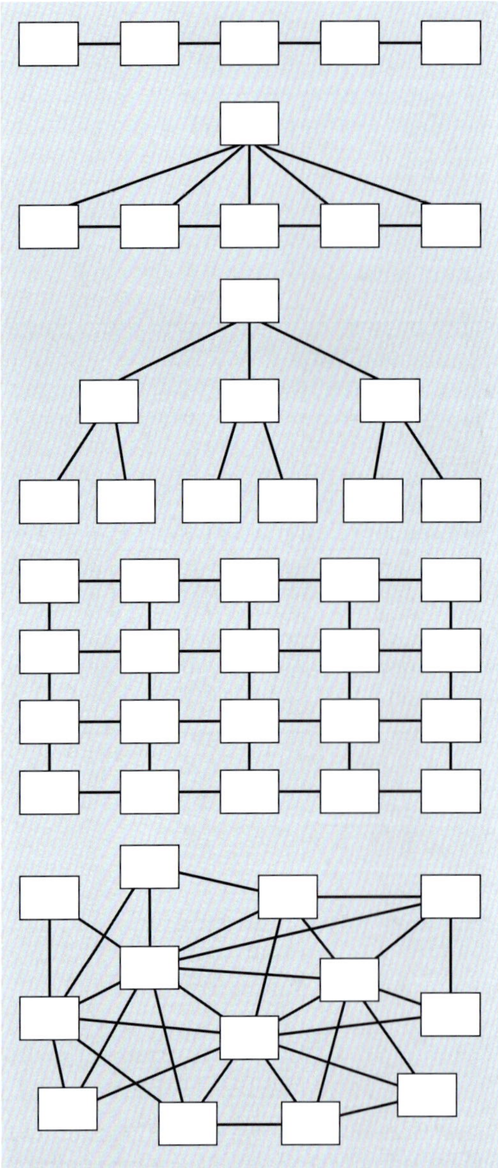

Logische Strukturen (von oben): linear, jump-linear, Baum, Matrix, Netz

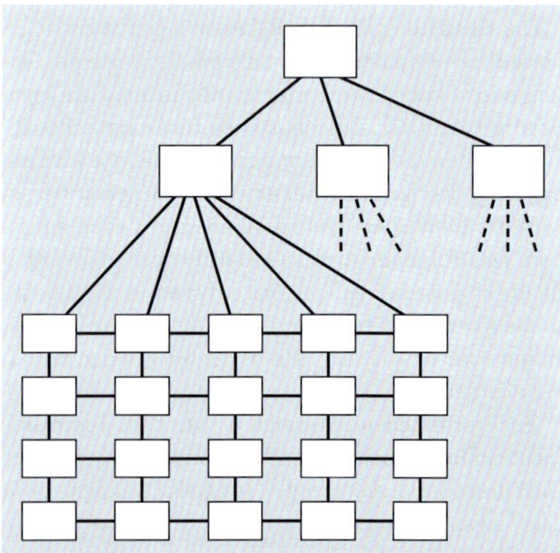

Verbindung von Baum- und Matrixstruktur

derselben Spalte und derselben Zeile. Wer umfassende Informationen zu einem Produkt sucht, ruft die Seiten derselben Spalte auf, wer zum Beispiel die technischen Daten der Produkte miteinander vergleichen möchte, sucht Seiten derselben Zeile auf. Matrixstrukturen können zwar problemlos um zusätzliche Spalten oder Zeilen ergänzt werden; das Anhängen einzelner Seiten sprengt jedoch die Struktur. Zum Aufbau kompletter Websites ist die Matrixstruktur wegen ihrer strengen Regelmäßigkeit weniger geeignet. Sie kann aber zum Beispiel anstelle eines sich weiter verzweigenden Astes in eine Baumstruktur eingebaut werden.

- Netzstruktur, Random-Struktur (engl. *random:* zufällig, aufs Geratewohl): Hier gibt es weder ein Nacheinander, noch Über- und Unterordnungen oder Spalten und Zeilen. Die Seiten bilden Knoten eines Netzes; jeder Netzknoten verweist auf mehrere Seiten, die wiederum als Knoten fungieren. Das mag zwar der Grundidee des Internets, dem freien Navigieren zwischen unterschiedlichsten Informationsquellen, am nächsten kommen. Umfangreichere Netzstrukturen sind aber schwer zu überblicken und stellen hohe Anforderungen sowohl an die Navigationsgestaltung als auch an die Findigkeit der Nutzer(innen).

9.7.2 Struktur- und Navigationsplan

Da die meisten Websites hierarchisch strukturiert sind, beziehen sich die Überlegungen und Beispiele in diesem Abschnitt im Wesentlichen auf diese Struktur. Sie ist flexibler als die Matrix- und übersichtlicher als die Netzstruktur. Schon wegen der weiten Verbreitung wird beim erstmaligen Aufsuchen einer unbekannten Website durchweg eine Baumstruktur erwartet. Hinzu kommt, dass Computerbenutzer(innen) aufgrund der Organisation der Dateiablage in Ordnern und Unterordnern mit hierarchischen Strukturen vertraut sind.

Struktur und Navigation der Site hängen zwar miteinander zusammen, sind aber nicht dasselbe. Im ersten Fall geht es um logische Über- und Unterordnungen der Seiten, im zweiten um ihre Verlinkung. Trotz identischer Strukturpläne kann die Navigation recht unterschiedlich gestaltet sein. Andererseits müssen bestimmte Anforderungen an die Navigation bereits bei der Strukturplanung berücksichtigt werden.

Eine zentrale Forderung lautet, dass jede Seite mit möglichst wenigen Mausklicks – höchstens vier, besser nur zwei oder drei – von der Startseite aus erreichbar sein muss. Deshalb darf die Hierarchie nicht übermäßig viele Ebenen enthalten – kurze Wege zur untersten Ebene erfordern flache Hierarchien.

Je flacher die Hierarchie, umso breiter ist sie, umso mehr untergeordnete Seiten stehen also auf jeder Seite zur Auswahl. Die Faustregel „Sieben plus Zwei" geht davon aus, dass das menschliche Gehirn sieben Elemente optimal aufnehmen und verarbeiten kann. Bis zu neun lassen sich noch recht gut erfassen, mehr als neun sind schwer überschaubar und können verwirrend wirken. Übermäßig breite Hierarchien sollten also ebenso vermieden werden wie übermäßig tiefe.

Zur Entwicklung des Strukturplans werden zunächst die Einzelthemen gesammelt und mit möglichst eindeutigen Begriffen gekennzeichnet. Zu den Einzelthemen werden dann Oberbegriffe gebildet, sachlich zusammengehörige Oberbegriffe erhalten ggf. übergeordnete Oberbegriffe. Bei umfangreichen Sites ist

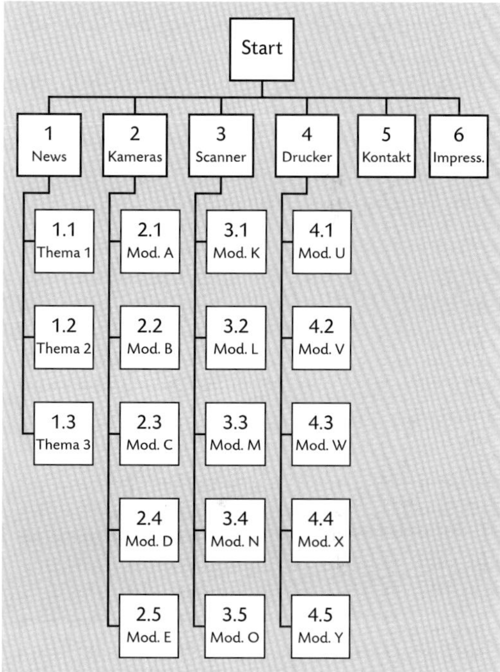

Einfacher Strukturplan. Die Seiten der unteren Ebene sind aus Platzgründen unter- statt nebeneinander gezeichnet.

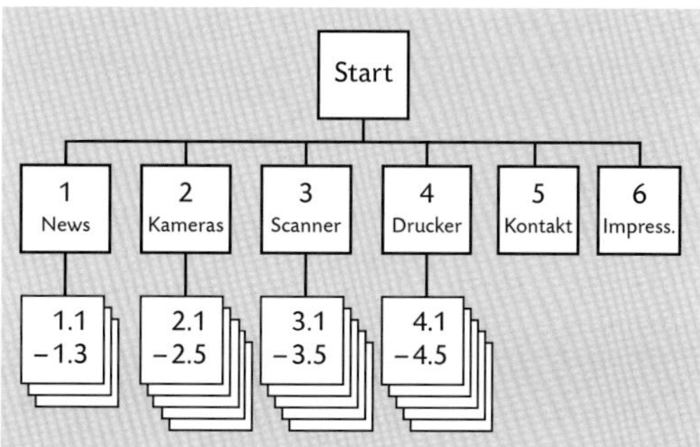

Darstellung der unteren Hierarchieebene durch Seitenstapel

das wegen der Vielzahl von Themen und Oberbegriffen kein ganz einfaches Unterfangen. Eine hilfreiche Technik ist das *Card Sorting*: Die Themen werden auf Kärtchen notiert, nach sachlichen Gesichtspunkten in Stapel aufgeteilt und mit Oberbegriffen versehen.

Im grafisch dargestellten Strukturplan repräsentieren Rechtecke die Seiten, verbindende Linien veranschaulichen die Zweige der Baumstruktur. Die Seiten der unteren Hierarchieebene werden aus Platzgründen oft unter- statt nebeneinander gezeichnet oder als Seitenstapel dargestellt.

Strukturpläne für umfangsreiche Sites können partitioniert, also in mehrere Teile zerlegt dargestellt werden. Die einzelnen Teile beginnen bzw. enden mit Verknüpfungsstellen. Solche Teildarstellungen sind vor allem dann sinnvoll, wenn es nicht nur um Über- und Unterordnungsverhältnisse geht, sondern um festgelegte Abläufe, in denen bestimmte Seiten zwingend aufeinander folgen oder der Aufruf einer bestimmten Seite von der Erfüllung bzw. Nichterfüllung einer Bedingung abhängt. Solche bedingten Abfolgen lassen sich als Ablaufdiagramme darstellen; typisches Beispiel ist der Bestellvorgang in einem Online-Shop.

Auf Basis des Strukturplans wird die interne Verlinkung der Site entwickelt, der Navigationsplan. Er kann grafisch durch Einzeichnen von Pfeilen in den Strukturplan dargestellt werden. Solche Pfeilschemata werden wegen der Vielzahl der Verweise aber rasch unübersichtlich; zusammengefasste Pfeile und Doppelpfeile schaffen zwar mehr Übersichtlichkeit, können aber zu Mehrdeutigkeiten führen. Übersichtlicher und eindeutiger sind Teilpläne, die jeweils nur die von einer Seite ausgehenden Links zeigen.

Navigationsskizzen *(Wireframes)* sind ein gutes Mittel zur eindeutigen Notierung aller Verweise, die auf den jeweiligen Seiten vorhanden sein sollen. Dabei wird auch die ungefähre Anordnung skizziert, zum Beispiel in einer Navigationsspalte bzw. -zeile oder innerhalb des Texts. Navigationsskizzen sollen aber in der Regel keine Festlegungen auf eine bestimmte Gestaltung von Seiten und Navigationselementen sein.

Bei der Entwicklung des Navigationsplans sollten folgende Regeln und Hinweise beachtet werden:

– Zu jedem Weg gehört ein Rückweg – untergeordnete Seiten müssen Verweise auf die jeweils übergeordneten enthalten. Der Zurück-Button des Brow-

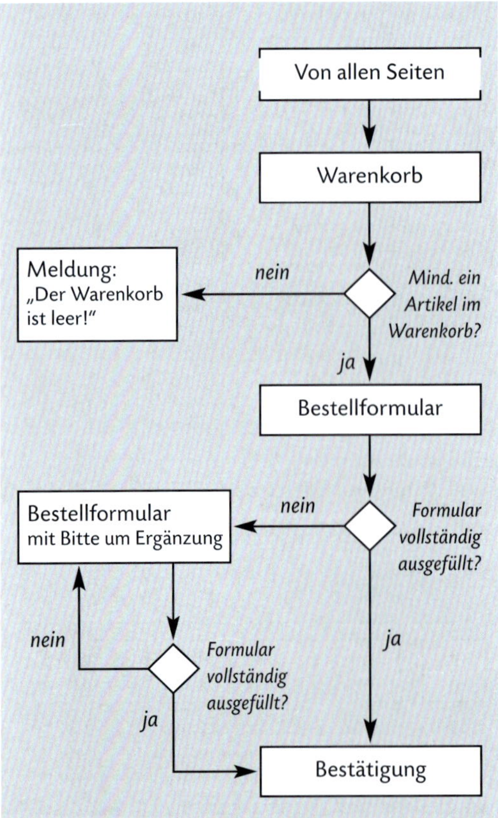

Partition eines Strukturplans: Ablauf des Bestellvorgangs in einem Online-Shop

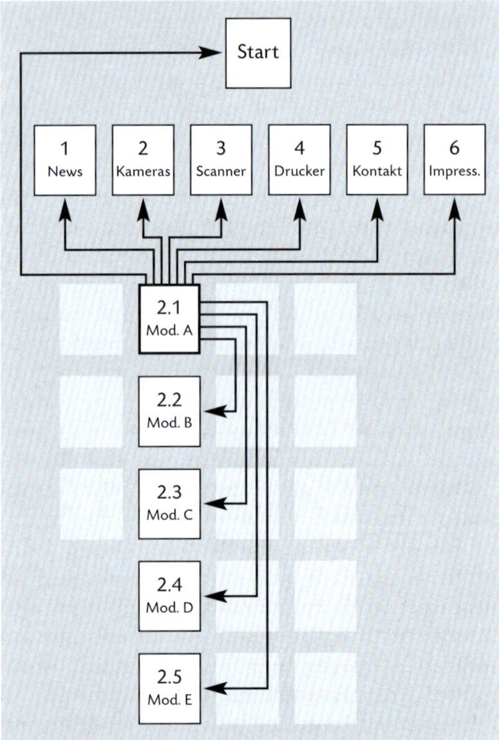

Teil-Navigationsplan: Die in den Strukturplan gezeichneten Pfeile zeigen die von Seite 2.1 ausgehenden Verweise; die von Seite 2.1 aus nicht direkt erreichbaren Seiten sind der Übersichtlichkeit halber ausgeblendet.

sers ist kein Ersatz; wenn die untergeordnete Seite zum Beispiel über einen Suchdienst erreicht wurde, führt er ja gar nicht zur übergeordneten Seite, sondern zurück zur Trefferliste des Suchdienstes.

- Startseite (Homepage) und Impressum sollen von jeder Seite aus unmittelbar erreichbar sein; dasselbe gilt – soweit vorhanden – für Sitemap, Site-Index oder Suchmaschine und in Online-Shops für den Warenkorb.
- Bei Bedarf sind weitere direkte Links zu legen. Wenn auf Seiten mit Produktbeschreibungen zum Beispiel die Zusendung von Prospekten angeboten wird, sollte ein direkter Verweis zum E-Mail-Bestellformular führen.
- Neben vertikalen Verweisen auf unter- und übergeordnete Seiten sind horizontale und diagonale „Abkürzungen" (Crosslinks) sinnvoll. In der abgebildeten Struktur also zum Beispiel horizontal innerhalb derselben Ebene von Seite 2.1 auf die Seiten 2.2, 2.3, 2.4 und 2.5, diagonal zur übergeordneten Ebene, zum Beispiel von Seite 2.1 auf die Seiten 1, 2, 3, 4, 5 und 6. Auf diese Weise werden lästige Jojo-Effekte beim Navigieren vermieden; wer sich im Beispiel nach Modell A (2.1) gleich über Modell B (2.2) informieren möchte, muss dazu nicht erst auf die bereits bekannte übergeordnete Seite springen.
- Übergeordnete Seiten können auch vollständig übersprungen werden. Das kommt Nutzer(inne)n entgegen, die nach einer speziellen Information (im Beispiel etwa zu einem bestimmten Kameramodell) suchen und an der übergeordneten Seite nicht interessiert sind. Die entsprechenden Verweise können in Menüs dargestellt werden, die beim Berühren des jeweils übergeordneten Verweises mit dem Mauszeiger erscheinen.
- Durch Quicklinks kann unmittelbar von der Startseite auf Seiten verwiesen werden, die als besonders wichtig eingeschätzt oder sehr häufig aufgerufen werden. Quicklinks sind aber kein geeignetes Mittel zur nachträglichen Reparatur missglückter Strukturen. Wenn die Navigation zu besonders wichtigen Seiten übermäßig viele Schritte erfordert, sollten Site- und Navigationsstruktur entsprechend überarbeitet werden.
- Bei umfangreichen Sites mit vielen Seiten kann die Regel „Sieben plus Zwei" nicht immer eingehalten werden, weil sie zu übermäßig tiefen Hierarchien führen würde. Hier hilft die logische und grafische Unterteilung in Haupt- und Metanavigation: Die Hauptnavigation verweist auf die eigentlichen Inhalte der Site, die Metanavigation auf Impressum, Kontakt, Sitemap und ähnliches.

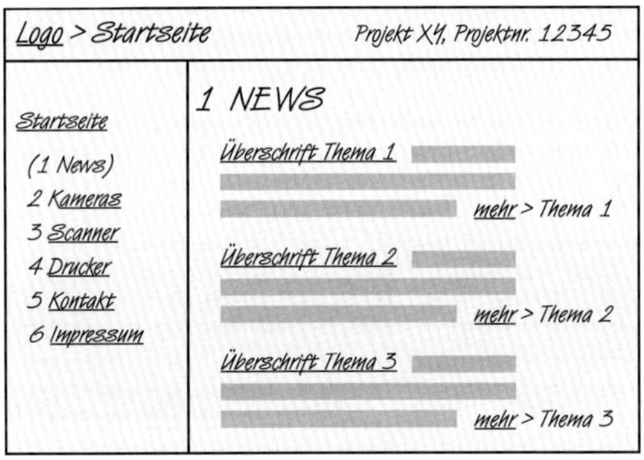

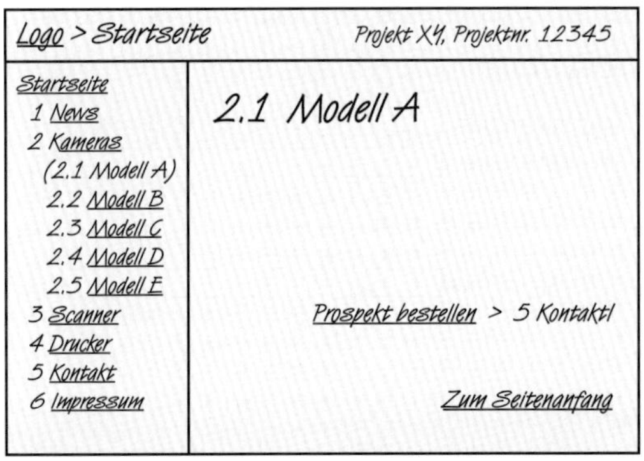

Navigationsskizzen (Wireframes); die untere Skizze entspricht dem links gezeigten Teil-Navigationsplan.

Die Seite „Museum Hamburg" wird direkt aufgerufen, die übergeordnete Seite „Kultur & Tickets" übersprungen.

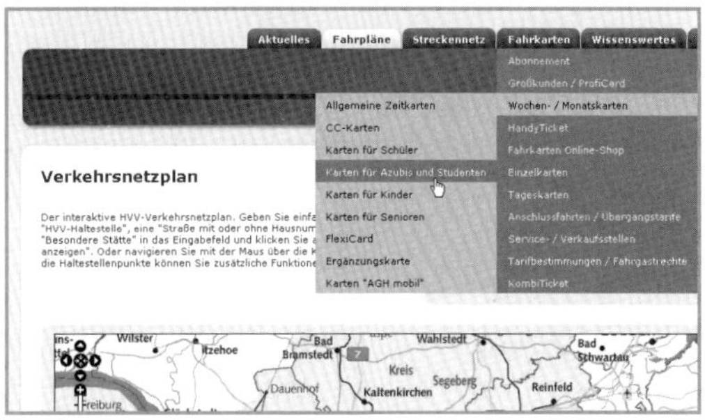

Menü und Untermenü erlauben das Überspringen von zwei Ebenen der Hierarchie („Fahrkarten" und „Wochen-/Monatskarten"); die Seite „Karten für Azubis und Studenten" ist von der oberen Ebene aus direkt aufrufbar.

9.7.3 Navigationselemente

Die Gestaltung von Navigationselementen sollte sich am Bekannten, allgemein Üblichen orientieren; Nutzer(innen) sollen möglichst mühelos und ohne langes Nachdenken durch zuvor unbekannte Sites navigieren. Das funktioniert nur, wenn Navigationselemente mit einem Blick aufzufinden sind und ihre Bedeutung zweifelsfrei erkennbar ist.

Eine gut gestaltete Navigation soll Antworten auf die fünf „W-Fragen" geben:

- Wo bin ich?
- Woher komme ich (und wie geht es dahin zurück)?
- Wohin geht es als nächstes?
- Wo ist das, was ich suche?
- Was gibt es sonst noch in dieser Webpräsenz?

Allgemein übliche Gestaltungen sind Navigationsspalten am linken oder (seltener) rechten Rand und Navigationszeilen am Kopf der Seite. In umfangreichen Sites wird oft auch beides verwendet: Die Zeile enthält Hauptkategorien, die Spalte verweist auf untergeordnete Seiten der jeweils aktivierten Hauptkategorie. .

Das Logo – meist oben links angeordnet – dient in den meisten Websites zugleich als Verweis zur Startseite. Die Hauptnavigationsspalte oder -zeile enthält Verweise auf die Startseite und die ihr unmittelbar untergeordneten Seiten.

Die Hauptnavigation sollte auf allen Seiten identisch gestaltet sein. Sie kann von Fall zu Fall um zusätzliche Verweise auf untergeordnete Seiten ergänzt werden; die Hauptkategorien sollten jedoch nicht wechseln, sodass Startseite und ihr unmittelbar untergeordnete Seiten von jeder beliebigen Seite aus direkt erreichbar bleiben.

Navigationselemente sollten durch Veränderungen signalisieren, dass etwas geschehen ist oder geschehen wird. Beim Berühren mit dem Mauszeiger kann sich zum Beispiel die Farbe verändern, eine auf den Begriff zeigende Pfeilspitze erscheinen oder die Schaltfläche zu einem plastisch wirkenden Button werden. Beim Mausklick erfolgt dann eine weitere farbliche Veränderung oder ein Button erscheint gedrückt.

Verweise im Content-Bereich der Seite sind sinnvoll, wenn ein unmittelbarer Bezug zum Text besteht, also zum Beispiel in Nachrichtenseiten mit Kurzmeldungen, die auf längere Fassungen verweisen. Die Überschriften der Kurzmeldungen dienen meist zugleich als Verweistexte; am Ende der Meldung erscheint zusätzlich ein Verweisbegriff wie „mehr" oder „weiter".

Navigationszeilen und -spalten dienen nicht nur zum Navigieren, sondern auch zur Orientierung; sie können anzeigen, welche Seite aktuell geöffnet ist und welche bereits vorher besucht wurden. Die geöffnete Seite lässt sich zum Beispiel durch die Farbigkeit von Verweisbegriff und Hintergrund, fettere Schrift oder ein Symbol (Pfeilspitze, Quadrat) kennzeichnen, bereits besuchte Seiten durch geringeren Kontrast zwischen Hintergrundfarbe und Schrift.

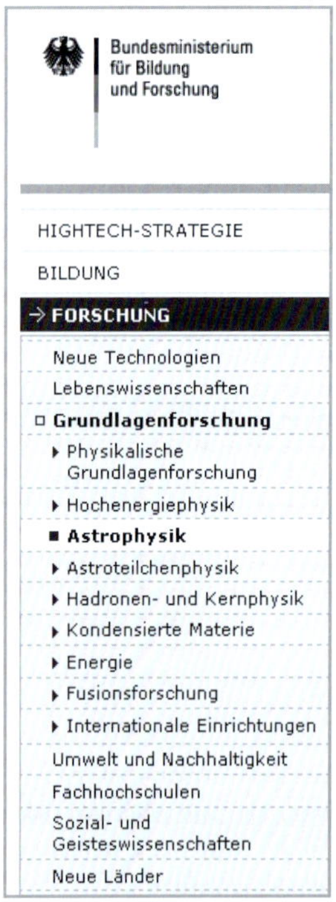

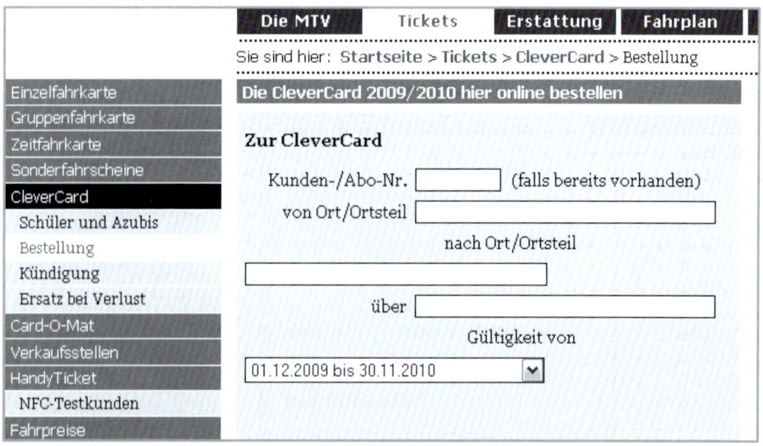

Kennzeichnung von Haupt- und Unterkategorien der geöffneten Seiten durch Farbe, Schriftvariante, Symbole oder Linien (www.bmbf.de, www.nzz.ch, www.mtv-web.de).

Vor allem bei sehr umfangreichen Sites können zusätzliche Orientierungs- und Suchhilfen sinnvoll sein. Sie sind kein Ersatz für übersichtliche, folgerichtige Strukturen und gut gestaltete Navigationen, sondern Ergänzungen.

Die Lage der aktuell aufgerufenen Seite innerhalb der Hierarchie lässt sich durch ein kleines Navigationsprotokoll *(Breadcrumbs)* verdeutlichen. Es zeigt die von der Homepage zur geöffneten Seite führende Verweiskette und dient als zusätzliche Navigationszeile. Beispiel: Home > Produkte > Modell XY > Datenblatt

Sitemaps sind Inhaltsverzeichnisse mit Verweisen auf alle Seiten der Website. Ihre Gliederung entspricht der Site-Struktur, die Hierarchieebenen werden zum Beispiel durch unterschiedliche Schriftgrößen, Farben oder Einzüge symbolisiert. Die Sitemap liefert einen Überblick über das Informationsangebot der gesamten Site und kann den Zugang zur gesuchten Seite beschleunigen. Bei der gezielten Suche nach ganz speziellen Informationen zeigt sich aber ihre Beschränktheit – Sitemaps wiederholen nur die Ober- und Unterbegriffe, die bereits in der Navigation vorhanden sind.

Der Site-Index besteht dagegen aus alphabetisch geordnete Schlagwörtern, die als Verweise auf die jeweiligen Seiten führen. Die Erstellung eines umfangreichen Site-Indexes ist mit erheblichem redaktionellen Aufwand verbunden – jeder Seite werden Stichwörter zugeordnet, wobei aber jedes Stichwort nur genau einmal vorkommen darf, da sonst keine eindeutige Zuordnung von Verweis und Seite möglich ist. Site-Indexe können auch thematisch beschränkt sein, zum Beispiel als Liste der Produkte eines Herstellers oder der Reiseziele eines Reiseveranstalters.

Site-interne Suchmaschinen durchsuchen die Texte aller Seiten nach frei formulierten Suchbegriffen. Die Treffer werden, ähnlich wie bei Web-Suchmaschinen, als Liste angezeigt und verweisen auf die Fundstellen.

Sitemap und Index sollten von jeder anderen Seite aus unmittelbar erreichbar sein; die Suchfunktion kann auch in kompakter Form am Kopf oder in der Servicespalte jeder Seite erscheinen.

9.8 Domain-Name

Der Domain-Name ist das Aushängeschild für Unternehmen, Organisationen und Personen im Internet; über ihn wird die Site im Web gefunden. Er sollte möglichst kurz, aussagekräftig, unverwechselbar und leicht merkbar sein und darf die Namensrechte anderer Personen, Unternehmen oder Organisationen nicht verletzen (vgl. Abschnitt 9.10).

Nach Ziffer V der DENIC-Domainrichtlinien (www.denic.de/de/domainrichtlinien.html) gelten folgende Regeln für die Formulierung von Domain-Namen unter der Top-Level-Domain .de:

- Es dürfen nur Buchstaben, Ziffern und Bindestriche verwendet werden.
- Maximal 63 Zeichen (ohne Top-Level-Domain .de)
- Groß- und Kleinschreibung werden nicht unterschieden.
- Umlaute und Buchstaben mit Akzenten (zum Beispiel á, à, é, è) sind möglich, das ß aber nicht. Die zulässigen Zeichen sind im Anhang der DENIC-Domainrichtlinien aufgelistet. Domain-Namen, die solche Nicht-ASCII-Zeichen enthalten, werden als IDNs bezeichnet *(Internationalised Domain Names)*.
- An Anfang und Ende des Domain-Namens darf kein Bindestrich stehen, außerdem nicht zugleich an dritter und vierter Stelle.

Bei IDNs bezieht sich die Höchstlänge von 63 Zeichen auf die zum ACE-String *(ASCII Compatible Encoding)* konvertierte Fassung. Der ACE-String beginnt mit den Zeichen xn--; die nicht zum ASCII-Zeichensatz gehöri-

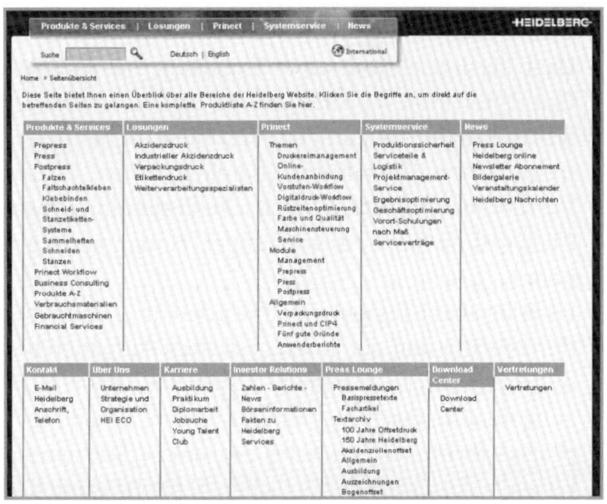

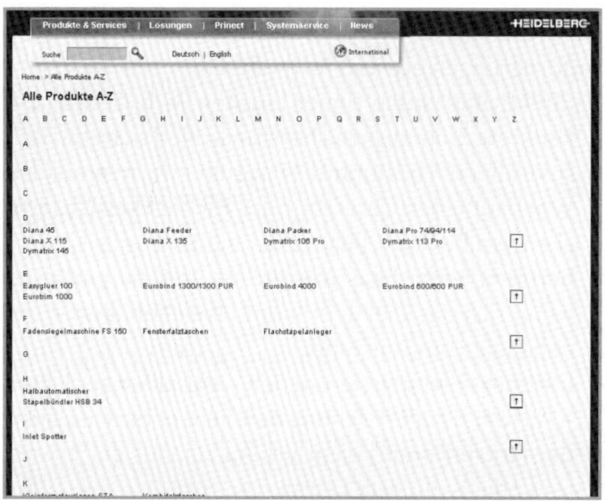

Such- und Orientierungshilfen: Sitemap (Seitenübersicht), Site-Index (Alle Produkte A–Z), Suchfunktion und Breadcrumbs am Kopf der Seiten (www.heidelberg.com)

gen Zeichen sind durch eine nachgestellte Codierung ersetzt. Beispiel: Der IDN „wörterbücher.de" lautet als ACE-String „xn--wrterbcher-ecb1f.de". Einen IDN-ACE-Konvertierer gibt es beim DENIC (www. denic.de, Domains – Allgemeine Informationen – IDN-Konvertierung).

Bei der Vielzahl der Internet-Präsenzen ist es mittlerweile nicht mehr ganz einfach, einen geeigneten Namen zu finden, der noch nicht vergeben ist. In den Datenbanken der Vergabestellen und bei den meisten Webhosting-Providern lässt sich abfragen, ob ein Name noch frei ist.

Die Registrierung erfolgt normalerweise über einen Webhosting-Provider, der die Anmeldung im Auftrag übernimmt (vgl. Abschnitt 10.10.2). Der Anmelder ist nach der Registrierung Inhaber der Domain und hat das Recht, sie zu nutzen, zu verkaufen, zu vermieten, zu verschenken oder zu vererben. Er bestimmt den administrativen Ansprechpartner (admin-c), der als Bevollmächtigter berechtigt ist, alle die Domain betreffenden Angelegenheiten verbindlich zu entscheiden. Es ist zwar möglich, aber nicht sinnvoll, den Webhosting-Provider als administrativen Ansprechpartner zu benennen, da dieser die Domain im Streitfall dekonnektieren (abtrennen) kann, sodass die Website nicht mehr erreichbar ist.

9.9 Usability

Der Begriff Usability lässt sich als Nutzbarkeit, Gebrauchstauglichkeit oder Nutzerfreundlichkeit übersetzen. ISO 9241 (Ergonomische Anforderungen für Bürotätigkeiten mit Bildschirmgeräten) beschreibt Usability allgemein als das Ausmaß, in dem ein Produkt durch bestimmte Benutzer in einem bestimmten Zusammenhang verwendet werden kann, um damit bestimmte Ziele effektiv, effizient und zur Zufriedenheit zu erreichen. Auf Websites bezogen, lassen sich diese Anforderungen etwa so formulieren:

- Effektivität: Nutzer(innen) suchen Websites auf, um konkrete Ziele zu erreichen; sie wollen sich zum Beispiel über ein bestimmtes Produkt informieren, den Wortlaut eines Gesetzes oder Fachartikels ausdrucken, ein Buch bestellen oder ein Software-Update herunterladen. Eine Website ist effektiv gestaltet, wenn sich das Ziel überhaupt erreichen lässt – unabhängig vom Aufwand.
- Effizienz: Hier geht es um den – vor allem zeitlichen – Aufwand zur Erreichung des Ziels; er darf aus Sicht der Nutzer(innen) nicht größer sein als der erwartete oder realisierte Ertrag.
- Zufriedenheit ist das „weichste" Kriterium: Nutzer(innen) sind zufrieden, wenn sie ihr Ziel mit geringem Aufwand erreicht haben und ihre Erwartung an die Website zumindest erfüllt wurde, im günstigen Fall sogar übererfüllt.

Usability sollte zentraler Gesichtspunkt bei Planung und Realisierung von Web-Sites sein. Dazu lassen sich Arbeitsrichtlinien formulieren, zum Beispiel (ohne Anspruch auf Vollständigkeit):

- Übersichtliche, durchschaubare Sitestruktur
- Hierarchie weder zu tief noch zu breit (höchstens vier Ebenen einschließlich Startseite bzw. maximal neun Auswahlmöglichkeiten)
- Folgerichtige, nachvollziehbare Zuordnung von Unter- und Oberkategorien
- Allgemein übliche und verständliche Navigationsbegriffe
- Funktionelle Navigationselemente an festen Positionen
- Kurze Navigationswege
- Alternative Navigationsmöglichkeiten (Sitemap, Index, Suchmaschine)
- Eindeutige Kennzeichnung der geöffneten Seite
- Übersichtliche Seitengestaltung
- Wesentlicher Seiteninhalt im Top-Screen erkennbar
- Lesefreundliche Typografie
- Kurze Ladezeiten

Die an der Entwicklung einer Site Beteiligten können die Usability aber nur schwer oder gar nicht beurteilen. Wer zum Beispiel an der Strukturplanung mitgearbeitet hat, findet selbst in einer aus Nutzersicht völlig missglückten Struktur noch alle Seiten und Themen ohne Schwierigkeiten. Bemühungen um hohe Nutzerfreundlichkeit reichen allein nicht aus; Websites müssen vielmehr auf ihre Usability überprüft werden.

Usability-Überprüfungen können mehrfach und in unterschiedlichen Entwicklungsstadien durchgeführt werden. Grundlage ist zuerst ein Papierprototyp aus einfachen Seitenskizzen, später der HTML-Prototyp, zum Schluss die fertige Website. Mögliche Verfahren sind zum Beispiel:

- Usability-Inspektion durch Experten: Fachkundige Gutachter(innen) prüfen, ob die Eigenschaften der Site mit allgemein gültigen Prinzipien zur benutzerfreundlichen Gestaltung übereinstimmen. Dieses Verfahren wird auch heuristische Evaluation (etwa: Auswertung anhand vorläufiger Annahmen) genannt.
- Usability-Lab: Testpersonen werden im „Labor" bei der Bewältigung der ihnen gestellten Aufgaben beobachtet. Solche Aufgaben sollen der realen Nutzung der Site möglichst nahe kommen; sie sind teils präzise formuliert und eng begrenzt („Suchen Sie bitte die Anschrift der örtlichen Niederlassung des Unternehmens heraus"), teils lassen sie mehr Freiheit („Suchen Sie nach Software, die Sie gern aus-

probieren würden"). Der Testverlauf wird durch Aufzeichnung der Aktionen in der Site sowie Video- und Audioaufnahmen dokumentiert. Bei der Auswertung nach unterschiedlichen Kriterien (Bewältigung der Aufgaben, Zeitaufwand, Um- und Irrwege beim Navigieren, Benutzung oder Nichtbenutzung bestimmter Funktionen, Fehlbedienungen) werden dann die Schwachstellen der Site ermittelt.
- Online-Panel: Die Site wird von Personen beurteilt, die sich zur Teilnahme an Online-Befragungen bereit erklärt haben und in der Datenbank eines Konsum- oder Marktforschungsunternehmens registriert sind. Zur Abfrage werden standardisierte Fragebogen verwendet, die eine computergestützte Auswertung ermöglichen.

Neben Tests der Usability von Websites gewinnt die Prüfung auf Barrierefreiheit (Zugänglichkeit, Accessibility) zunehmende Bedeutung. Die Prüfkriterien ergeben sich unmittelbar aus Anlage 1 der Verordnung zur Schaffung barrierefreier Informationstechnik nach dem Behindertengleichstellungsgesetz (Barrierefreie Informationstechnik-Verordnung, BITV) und den Zugänglichkeitsrichtlinen für Web-Inhalte des W3C (vgl. Abschnitt 10.11).

9.10 Rechtliches

Dieser Abschnitt ist ein ganz kurzer Überblick zu einigen wichtigen rechtlichen Regelungen im Zusammenhang mit der Gestaltung und Veröffentlichung von Websites. Eine auch nur annähernd vollständige Behandlung dieses Rechtsgebiets ist hier nicht möglich – sie würde ein ganzes Buch füllen.

Bei der Wahl des Domain-Namens dürfen die Rechte anderer Personen, Unternehmen, Organisationen oder öffentlich-rechtlicher Körperschaften (Gemeinden, Städte) am jeweiligen Namen nicht verletzt werden. Das Namensrecht nach § 12 des Bürgerlichen Gesetzbuchs (BGB) gilt auch bei Domain-Namen. Beispiel: Paul Meier hat das Recht auf einen Domain-Namen wie www.paul-meier.de. Wenn Erwin Schulz diesen Domain-Namen angemeldet hat, kann Paul Meier die Herausgabe fordern und gerichtlich durchsetzen.

Bei Namensgleichheit gilt das „Windhundprinzip": Wer die Domain zuerst angemeldet hat, darf sie auch behalten. Der Domain-Inhaber muss allerdings auf seiner Startseite deutlich auf die Webpräsenz der namensgleichen Person hinweisen und einen entsprechenden Link anbringen, wenn sie es verlangt.

Den umfassendsten Schutz genießen eingetragene Marken und Markennamen mit überragendem Bekanntheitsgrad. Das gilt auch für allgemein bekannte Abkürzungen solcher Namen und sogar für abgewandelte Schreibweisen oder ähnlich klingende Wörter. Auch Schlüsselwörter in Meta-Tags (vgl. Abschnitte 10.2.4.1 und 10.9.5) dürfen keine Markenrechte verletzen. Verstöße können unter Umständen ruinöse Schadensersatzforderungen, Gerichts- und Anwaltskosten nach sich ziehen. Auskunft über eingetragene Marken erteilt das deutsche Patent- und Markenamt (www.dpma.de).

Gattungsbegriffe wie zum Beispiel www.email.de oder www.typografie.de sind ohne Einschränkung zulässig. Die Gestaltung der Website darf aber bei durchschnittlichen Nutzer(inne)n nicht den unzutreffenden Eindruck erwecken, der Domain-Inhaber sei einziger Anbieter der im Domain-Namen genannten Waren oder Dienstleistungen.

Alle Websites, die nicht ausschließlich persönlichen oder familiären Zwecken dienen, müssen mit einer Anbieterkennzeichnung (Impressum) versehen sein. Diese Informationspflicht ist im Staatsvertrag für Rundfunk und Telemedien (Rundfunkstaatsvertrag – RStV) und im Telemediengesetz (TMG) geregelt. Die Regelungen in RStV und TMG beziehen sich auf Telemedien; dieser Oberbegriff schließt Webpräsenzen ein.

Der vollständige Text des RStV kann von der Website der Arbeitsgemeinschaft der Landesmedienanstalten heruntergeladen werden (www.alm.de/111.html); die Texte von TMG und allen im Folgenden noch genannten Gesetzen und Verordnungen sind in der Webpräsenz des Bundesministeriums der Justiz zu finden(www.gesetze-im-internet.de).

Nach § 55 Absatz 1 RStV sind Name und Anschrift des Anbieters anzugeben, bei juristischen Personen (zum Beispiel Aktiengesellschaft, GmbH, eingetragener Verein) auch Name und Anschrift des Vertretungsberechtigten (Vorstand, Geschäftsführer).

Anbieter von Telemedien mit journalistisch-redaktionell gestalteten Angeboten, die insbesondere Inhalte periodischer Druckerzeugnisse in Text oder Bild wiedergeben, müssen außerdem einen Verantwortlichen mit Namen und Anschrift benennen (§ 55 Abs. 2 RStV).

§ 5 Absatz 1 des Telemediengesetzes verlangt eine Reihe weiterer Angaben. Die wichtigsten sind:
- Name und die Anschrift, bei juristischen Personen zusätzlich Rechtsform und Namen der Vertretungsberechtigten
- Angaben, die eine schnelle elektronische Kontaktaufnahme und unmittelbare Kommunikation ermöglichen, einschließlich E-Mail-Adresse
- Angabe der Aufsichtsbehörde, falls die Tätigkeit des Anbieters eine behördliche Zulassung erfordert
- Angaben über Kammerzugehörigkeit, gesetzliche Berufsbezeichnung sowie Bezeichnung und Zugänglichkeit berufsrechtlicher Regelungen bei be-

stimmten freien Berufen (z. B. Rechtsanwalt, Notar, Steuerberater, Arzt)
- Handels-, Vereins-, Partnerschafts- oder Genossenschaftsregister und Registernummer, falls der Anbieter in eines dieser Register eingetragen ist
- Umsatzsteuer-Identifikationsnummer oder Wirtschafts-Identifikationsnummer (soweit vorhanden)

Diese Informationspflichten gelten nach dem Wortlaut von § 5 Absatz 1 TMG für „geschäftsmäßige, in der Regel gegen Entgelt angebotene Telemedien". Als „geschäftsmäßig" gilt jede ernsthafte, nicht nur vorübergehende Betätigung – auf die Gewinnerzielungsabsicht (Gewerbsmäßigkeit) kommt es nicht an. Da die Beschränkung auf entgeltliche Angebote dem Sinn der Vorschrift offensichtlich widerspricht, wird allgemein empfohlen, die Informationen nach § 5 Absatz 1 TMG in allen geschäftsmäßig angebotenen Websites anzugeben.

Die Angaben müssen leicht erkennbar, unmittelbar erreichbar und ständig verfügbar sein. Am besten ist ein Verweis auf jeder Seite, mindestens aber auf der Startseite. Zur Kennzeichnung werden die Begriffe „Anbieterkennzeichnung" oder „Impressum" empfohlen; auch „Kontakt" gilt als zulässig. Verstöße gegen § 5 TMG können als Ordnungswidrigkeiten mit Bußgeld bis zu 50 000 EUR geahndet werden.

Alle persönlichen geistigen Schöpfungen, also zum Beipiel Texte, Grafiken oder Musik, unterliegen dem Schutz des Gesetzes über Urheberrecht und verwandte Schutzrechte (Urheberrechtsgesetz, UrhG). Nach § 12 UrhG hat nur der Urheber das Recht zu bestimmen, ob und wie seine Arbeit veröffentlicht wird. Er kann anderen Personen Nutzungsrechte einräumen – normalerweise gegen Bezahlung. Es ist also nicht zulässig, zum Beispiel Texte aus Zeitschriften abzuschreiben oder Bilder von fremden Webseiten zu kopieren, um sie auf der eigenen zu veröffentlichen. Soweit Website-Betreiber nicht selbst Urheber sind, müssen sie die Nutzungsrechte für alle Bestandteile und Inhalte vor der Veröffentlichung erwerben.

Für Werbung im Internet gelten mit wenigen Ausnahmen dieselben Regeln wie in der Print-, Rundfunk- und Fersehwerbung. Werbung per E-Mail ist nur zulässig, wenn zum Empfänger ein Geschäftskontakt besteht oder Privatpersonen ihr ausdrückliches Einverständnis gegeben haben. Das Urheberrechtsgesetz verbietet unter anderem das Verbreiten und Bewerben von Programmen, mit denen wirksame technische Maßnahmen zur Nutzungsbeschränkung, zum Beispiel Kopiersperren von Bild- und Tonträgern, überwunden werden können.

Verweise auf Webseiten anderer Anbieter oder ihre Einbindung in eigene Frames sind nur zulässig, wenn klar erkennbar bleibt, dass es sich um fremde Angebote handelt. Verlinkung auf Seiten konkurrierender Unternehmen ist nicht zulässig, da beim Verbraucher der unzutreffende Eindruck einer Partnerschaft entstehen könnte.

Auf fremde Seiten darf nur verlinkt werden, solange dort keine rechtswidrigen Inhalte zu finden sind. Das Problem besteht darin, dass Inhalte verändert werden können, ohne dass der Verweisende es rechtzeitig bemerkt. Ob sich das Haftungsrisiko durch einen Disclaimer wirksam ausschließen lässt – also den Hinweis, dass es sich um fremde Inhalte handelt, für die der Anbieter nicht haftet –, ist zurzeit noch unklar.

Auch Gästebücher und Foren entwickeln schnell ein unkontrolliertes Eigenleben. Betreiber sind zur regelmäßigen Überprüfung und zur Entfernung rechtswidriger Inhalte verpflichtet.

Betreiber von Online-Shops müssen neben dem Telemediengesetz (TMG) auch Regelungen im Bürgerlichen Gesetzbuch (BGB), die BGB-Informationspflichten-Verordnung (BGB-Info-V) und die Preisangabenverordnung (PAngV) beachten.
- Kund(inn)en sind vor dem Bestellvorgang über Art, Umfang und Zweck der Datenerhebung und -speicherung zu informieren und darauf hinzuweisen, dass sie ihre Einwilligung zur Datenspeicherung jederzeit widerrufen können (§ 13 TMG).
- Nach § 312 d Absatz 1 BGB haben Käufer(innen) das Recht, den Kaufvertrag ohne Begründung innerhalb von zwei Wochen zu widerrufen bzw. die gelieferte Ware zurückzugeben (§§ 355, 356 BGB). Der Betreiber des Shops muss ausdrücklich auf dieses Recht hinweisen (§ 1 Absatz 1 Ziffer 9 BGB-Info-V).
- Potenziellen Käufer(inne)n ist vor dem Bestellvorgang zu erklären, wie der Shop funktioniert und welche technischen Schritte zum Vertragsschluss führen (§ 3 Ziffer 1 BGB-Info-V).
- Liefer- und Versandkosten sind anzugeben. Preise müssen unmittelbar bei den angebotenen Waren stehen; Verweise, die zu den Preisangaben führen, reichen nicht aus. Es ist ausdrücklich darauf hinzuweisen, dass die gesetzliche Mehrwertsteuer in den angegebenen Preisen enthalten ist.

10

Sprachen und Technologien für das World Wide Web

10.1 Vorbemerkung

Im Folgenden werden grundlegende Strukturen und Eigenschaften von Sprachen und Technologien vorgestellt, um Informationen im Internet (*Interconnected Networks,* verbundene Netze) bereitzustellen und in Web-Browsern abzubilden. Vollständige Beschreibungen und Referenzen dieser zum Teil sehr komplexen Sprachen und Technologien würden allerdings den Rahmen dieses Kapitels sprengen – hierzu wird auf die einschlägige Fachliteratur verwiesen. Zu empfehlen ist das sehr umfangreiche und ausführliche Tutorial SELFHTML (de.selfhtml.org).

10.2 HyperText Markup Language (HTML)

10.2.1 Grundlagen

Die von Tim Berners-Lee entwickelte plattformunabhängige textbasierte Auszeichnungssprache HTML (*HyperText Markup Language*) ist das weltweit erfolgreichste und am weitesten verbreitete Dateiformat. HTML dient zur strukturierten Darstellung von Text, Grafik und multimedialen Inhalten auf Web-Seiten. Die meisten Inhalte des World Wide Web werden durch HTML dargestellt.

HTML ist eine untergeordnete Sprache von SGML (*Standard Generalized Markup Language*) mit spezieller Ausrichtung auf HyperText-Funktionalität. Mit HTML werden Überschriften, Textabsätze, Listen, Tabellen und Formulare erzeugt. Anklickbare Verweise (Hyperlinks) verweisen auf beliebige Web-Seiten oder andere Datenquellen im Internet. Grafiken, Videos und Sounds werden durch Referenzierung (Bezugnahme) auf deren Dateien eingebunden. Im Grundsatz ist HTML eine einfache Strukturierungssprache für Textdokumente, die sich aber auch als Basis zum Erstellen gestalteter Web-Seiten-Layouts eignet.

HTML bietet Schnittstellen für Erweiterungssprachen wie Cascading Style Sheets (CSS) und JavaScript. Mit CSS werden Stilvorlagen zur Gestaltung von HTML-Elementen hergestellt, JavaScript ermöglicht Interaktionen zwischen Benutzer und Browser. Die Interaktion von HTML, CSS und JavaScript, zum Beispiel zum Bewegen von Grafiken auf der Web-Seite oder zur Veränderung von Form und Farbe von Texten, wird als DHTML (*Dynamic HTML*) bezeichnet.

In HTML-Dateien können grundsätzlich alle Zeichen des Unicode-Zeichensatzes verwendet werden. Mit der Codierung UTF-8 lassen sich alle Zeichen des Unicode-Standards codieren. Dennoch ist es sinnvoll, sich auf den ASCII-Zeichensatz zu beschränken, um mögliche Probleme bei Sonderzeichen, Umlauten und dem ß zu vermeiden. Diese Zeichen lassen sich durch benannte Zeichen (Entitäten) umschreiben. In HTML- und Texteditoren (zum Beispiel Notepad) lässt sich meist die Codierung auswählen.

Zwar gibt es sehr mächtige Programme, die auf das Editieren von HTML spezialisiert sind oder auf grafischem Weg die Erstellung vollständiger Internet-Sites ermöglichen – HTML ist aber an kein kommerzielles Software-Produkt gebunden.

Eine unabhängige Organisation, das W3-Konsortium (W3C, www.w3.org), ist für die Standardisierung von Web-Sprachen und somit auch für HTML zuständig. In der kurzen Geschichte von HTML gibt es folgende, vom W3C festgelegte Sprach-Spezifikationen.

- HTML 1.0 (Ende 1993) für Überschriften,Textabsätze, Verweise und Bildintegration
- HTML 2.0 (November 1995): erweitert um Formulartechnik
- HTML 3.2 (14. Januar 1997): Tabellen, Textfluss um Bilder und Multimedia-Referenzierungen (Applets)
- HTML 4.0 (18. Dezember 1997): Einbindung von Stylesheets, Frames und Skriptsprachen, Internationalisierung, Trennung in die Varianten Strict, Frameset und Transitional. Am 24. April 1998 erscheint eine leicht korrigierte Version.
- HTML 4.01 (24. Dezember 1999) ersetzt HTML 4.0 mit vielen kleineren Korrekturen.
- XHTML 1.0 (26. Januar 2000): Neudefinition von HTML 4.01 auf der Grundlage von XML (Extensible Markup Language, erweiterbare Auszeichnungssprache, vgl. Abschnitt 10.5.1). XML ist ebenfalls eine untergeordnete Sprache von SGML. Am 1. August 2002 erscheint eine überarbeitete Version.
- XHTML 1.1 (31. Mai 2001), auch als modulares XHTML bezeichnet, erweitert XHTML 1.0 um Module zur Entwicklung von Programmoberflächen für verschiedene Ausgabegeräte (PDA, TV).
- XHTML 2.0: Der Entwurf vom Juli 2006 basiert nicht mehr auf HTML 4.01. Ziel ist die vollständige Trennung von Auszeichnung und Stil. Die Arbeiten wurden 2009 zugunsten von HTML5 eingestellt.
- HTML5: Im Entwurf vom 25. August 2009 ist nicht nur die Sprache HTML5, sondern das Vokabular der Sprachformen HTML5, XHTML5 und DOM5 definiert. Ziel ist die Verwendung als klassisches HTML, als XML-Formulierung und als DOM-Abbildung. DOM *(Document Object Model)* enthält Programmierschnittstellen zum direkten Zugriff auf strukturierte Daten in HTML- und XML-Dokumenten.

Heute erstellte Web-Seiten sollten die Anforderungen von XHTML (Extensible HTML, erweiterbares HTML) erfüllen (vgl. Abschnitt 10.5.2). Das W3C empfiehlt die Version XHTML 1.0 Strict; sie ist vollständig kompatibel zu XML und anderen XML-basierten Auszeichnungssprachen und ermöglicht vollständige Trennung von Inhalt und Layout.

Die Akzeptanz von XHTML ist aber weit hinter den Erwartungen zurückgeblieben; ein Großteil der Web-Inhalte wird weiterhin in HTML eingestellt. XHTML findet sich vor allem in Anwendungen für mobile Endgeräte, in Unternehmensanwendungen und speziellen Web-Anwendungen, wie zum Beispiel Blogs.

Die zukünftige Version HTML5 stellt sowohl eine „klassische" HTML-Syntax als auch eine XML-Syntax bereit. Außerdem sind Programmierschnittstellen zur Einbindung dynamischer Inhalte sowie Schnittstellen für Multimediainhalte vorgesehen, zum Beispiel zur Steuerung von Audio- und Video-Elementen. HTML5 ist also nicht nur als Auszeichnungssprache, sondern zugleich als Sammlung von Programmierwerkzeugen konzipiert, die HTML, XML und DOM unter einem Dach vereinigt.

HTML hat den Zweck, textorientierte Dokumente logisch zu beschreiben, also typische Elemente von Textdokumenten – Überschriften, Absätze, Listen, Tabellen oder Referenzen auf Grafiken – auszuzeichnen.

Die Auszeichnungsstruktur ist hierarchisch gegliedert. Auf Überschriften folgen Textabsätze und Tabellen, in Tabellen befinden sich Grafiken usw. Einige Elemente haben Unterelemente: Listen bestehen aus Listenpunkten, Tabellen aus Tabellenzellen.

Auszeichnungen stehen immer am Anfang und am Ende des Elements. Eine Überschrift ist deshalb so auszuzeichnen:

[Anfang Überschrift]Inhalt[Ende Überschrift]

Listen mit Unterelementen (Listenpunkten) werden ähnlich erstellt:

[Anfang der Liste]
    [Anfang Punkt 1]Inhalt Punkt 1[Ende Punkt 1]
    [Anfang Punkt 2]Inhalt Punkt 2[Ende Punkt 2]
    [Anfang Punkt 3]Inhalt Punkt 3[Ende Punkt 3]
    ...
    [Anfang Punkt n]Inhalt Punkt n[Ende Punkt n]
[Ende der Liste]

Web-Browser enthalten unterschiedliche Parser und Interpreter. Parser (*parse:* zerlegen, analysieren, grammatisch erklären) analysieren, ob Daten zur Sprache einer bestimten Grammatik gehören. Interpreter (Übersetzer) lesen, analysieren und übersetzen Skriptcode von Programmiersprachen und führen deren Anweisungen aus. Der HTML-Parser überprüft die Syntax der HTML-Datei, löst die HTML-Auszeichnungsmarkierungen auf und stellt die Elemente in optisch zu unterscheidenden Formen am Bildschirm dar.

Ein Hauptproblem für Gestalter(innen), die pixelgenaues Arbeiten gewohnt sind, ist die unterschiedliche Darstellungsweise verschiedener Browser. Nur durch sehr aufwändiges HTML und Stilvorlagen (CSS) lässt sich eine nahezu einheitliche Darstellung in allen Browsern bewerkstelligen.

Entscheidendes Merkmal und wahrscheinlich wichtigste Eigenschaft von HTML sind die Verweise. Das ist der wesentliche Unterschied gegenüber einem Buch: Es gibt keine lineare Abfolge von Seiten, die nacheinander betrachtet werden müssen; der „Surfer" ist vielmehr frei in in der Nutzung von Navigationsmöglichkeiten, die auf der jeweiligen Seite geboten werden.

Durch speziell hervorgehobenen Text (HyperText) lassen sich „anklickbare" Verweise (Hyperlinks) erstellen, die zu anderen Seiten im eigenen Projekt, beliebigen Adressen im Word Wide Web (WWW) oder anderen Internet-Diensten (zum Beispiel E-Mail, FTP) führen. Das Navigieren zwischen verschieden Internet-Seiten wird somit auf Mausklicks reduziert. Das gesamte World Wide Web besteht letzten Endes aus der Grundidee der weltweiten Vernetzung von Informationen.

10.2.2 Allgemeine Regeln

10.2.2.1 Auszeichnungen (Tags)

Die darzustellenden Inhalte von Webseiten werden durch Auszeichnung (*markup*) strukturiert. Die Auszeichnung erfolgt in der Regel durch Anfangs- und End-Tags, die den auszuzeichnenden Inhalt umschließen. Tags stehen in spitzen Auszeichnungsklammern. Die jeweils zusammengehörenden Tags bilden ein Element.

Um zum Beispiel eine Überschrift erster Ordnung mit dem Wortlaut „HTML: allgemeine Informationen" darzustellen, lautet die Notierung:

`<h1>HTML: allgemeine Informationen</h1>`

Das Anfangs-Tag `<h1>` (*heading*, Überschrift) leitet die Überschrift erster Ordnung ein, es folgt der darzustellende Inhalt im Gültigkeitsbereich der Tags und das abschließende End-Tag `</h1>`. Der Schrägstrich kennzeichnet immer ein abschließendes Tag (End-Tag). `<h1>...</h1>` bezeichnet hier das Element für eine Überschrift erster Ordnung. In HTML können die Tags in Klein- oder Großbuchstaben notiert werden (`<h1>` oder `<H1>`), XHTML schreibt jedoch Kleinbuchstaben vor. Deshalb wird in der Praxis zunehmend alles ausschließlich in Kleinbuchstaben notiert.

Es gibt auch HTML-Elemente, die nur aus alleinstehenden Tags bestehen, also kein End-Tag haben. Das Tag `<br>` (*break*) leitet einen Zeilenumbruch ein. In XHTML bestehen dagegen alle Auszeichnungen aus Anfangs- und End-Tag. Ein Zeilenumbruch in XHTML wird mit `<br></br>` (ohne Inhalt zwischen den Tags) oder besser `<br/>` gekennzeichnet.

Aufbau einer einfachen HTML-Datei

```
<!DOCTYPE HTML PUBLIC "-//W3C//DTD HTML 4.01 Transitional//EN">
<html>
<head>
<title>Web-Technologien</title>
</head>
<body>
<h1>HTML: <i>allgemeine Informationen</i></h1>
<p>In diesem Kapitel werden Sprachen und Technologien vorgestellt,<br>
um Informationen im Internet bereitzustellen.</p>
</body>
</html>
```

HTML besteht aus einer Vielzahl von Elementen, die durch Verschachtelung der Tags voneinander unterschieden werden. Dabei muss sehr strukturiert vorgegangen werden, sodass es nicht zu Überlappungen kommt (strukturiertes Markup):

```
<h1>HTML: <i>allgemeine Informationen</i></h1>
```


<i> (*italic*) bedeutet, dass der Text „allgemeine Informationen" innerhalb der Überschrift <h1> kursiv dargestellt wird. Es ist stets auf die Reihenfolge der abschließenden Tags zu achten: erst die inneren, dann die äußeren Tags. Also *nicht* überlappend:

```
<h1>Achtung: <i>falsch!</h1></i>
```

In den vom W3-Konsortium festgelegten Dokumenttyp-Definitionen (DTD, *document type definitions*) ist festgelegt, welche Elemente in HTML vorkommen, ob und in welcher Reihenfolge sie ineinander verschachtelt werden dürfen. Die meisten Elemente haben elementspezifische Eigenschaften (Attribute). Die Attribute und deren erlaubte Wertzuweisungen sind ebenfalls abschließend festgelegt. Die Sprache für Elemente und deren Eigenschaften ist Englisch. Durch Validatoren (*validate*, für gültig erklären), die in HTML-Editoren oft schon integriert sind, lässt sich nach dem Erstellen einer Seite prüfen, ob die Syntax des notierten HTML-Codes konform zur angegebenen DTD ist.

10.2.2.2 Grundstruktur der HTML-Datei

Jede gültige HTML-Datei besteht aus drei Teilen:
- Angabe der Dokumenttyp-Definition (gibt die verwendete HTML-Version und deren Variante an)
- Header (Kopf) für allgemeine Angaben zur Datei, zum Beispiel Titel, Autor, Datum, Zeichensatz
- Body (Körper), in dem der darzustellende Inhalt beschrieben wird, also Text, Grafiken usw.

Der Text wird in einem Texteditor (zum Beispiel Notepad oder Simple Text) erstellt, unter einem Dateinamen mit der Endung .htm oder .html gespeichert und in einem gängigen Web-Browser lokal geöffnet. Um mit möglichst vielen Web-Servern kompatibel zu sein, sollten Dateinamen folgende Anforderungen erfüllen:
- Maximal 256 Zeichen
- Ausschließlich Kleinbuchstaben
- Keine Sonder-, Satz- oder Leerzeichen (Umlaute, ß, ?, §, % usw; der Unterstrich _ ist zulässig)

Zuerst steht immer die Angabe der verwendeten DTD; es folgt das Anfangs-Tag <html>, auch als Wurzelelement der HTML-Datei bezeichnet, dann der Kopf <head>...</head> mit allgemeinen Angaben über die Datei, zum Beispiel dem Titel <title>...</title>, und anschließend der Körper mit <body> und dem abzubildenden Inhalt. Die End-Tags </body> und </html> schließen die Datei nach den Verschachtelungsregeln.

Innerhalb des Quelltextes der Datei werden Leerzeichen, Zeilenumbrüche und Tabulatoren zur besseren Übersicht eingesetzt. Der HTML-Parser des Web-Browsers fasst diese zusammen und stellt sie als ein einziges Leerzeichen dar. Um mehrere Leerzeichen hintereinander darzustellen, wird eine eine Entität benutzt (vgl. Abschnitt 10.2.2.4).

Auf die Angabe der Dokumenttyp-Definition (DTD) wird häufig verzichtet. Der Browser bildet dann auch nicht regelgerechtes HTML irgendwie annähernd richtig auf dem Bildschirm ab. Wird hingegen eine DTD angegeben, müssen ihre Regeln konsequent eingehalten werden, da die Seite sonst fehlerhaft dargestellt wird.

10.2.2.3 Attribute in einleitenden Tags

Attribute erweitern die HTML-Elemente um zusätzliche, elementspezifische Eigenschaften; sie stehen in den Anfangs-Tags der Elemente. Um beispielsweise eine Überschrift mittig auszurichten, notiert man:

```
<h1 align="center">Allgemeine Informationen</h1>
```

Für das Element h (*heading*, Überschrift) ist in der DTD für HTML 4.01 das Attribut align (Ausrichtung) festgelegt. Attribute können wiederum Wertzuweisungen enthalten. Zur Ausrichtung von Überschriften sind die Wertzuweisungen left, right, center oder justify (Blocksatz) möglich. Wird kein Attribut align angegeben, ist die Grundausrichtung (default) linksbündig. Attribut und Wertzuweisung werden durch ein Gleichheitszeichen voneinander getrennt; Leerzeichen sind nicht erlaubt. Wertzuweisungen für Attribute stehen seit HTML 4.0 immer in Anführungszeichen.

Es gibt auch Universalattribute, die in allen Tags enthalten sein können, zum Beispiel:

```
<h1 id="Allgemeines">Allgemeine Informationen-</h1>
```

Darin steht id (*identifier*) für Bezeichner, um das Tag <h1> eindeutig über seinen Bezeichnerwert (Allgemeines) mittels CSS oder JavaScript zu referenzieren. Stehen mehrere Attribute für ein Element zur Verfügung, so werden sie durch Leerzeichen voneinander getrennt; die Reihenfolge spielt keine Rolle.

HTML-Tags können fünf Arten von Attributen enthalten:

- Attribute ohne Wertzuweisungen
  Beispiel: <td nowrap>...</td> verhindert den automatischen Zeilenumbruch in einer Tabellenzelle.
- Attribute mit festgelegten Wertzuweisungen
  Beispiel: <h1 align="center">...</h1> richtet eine Überschrift mittig aus.
- Attribute mit numerischen Wertzuweisungen
  Beispiel: <table width="240">...</table> legt die Tabellenbreite auf 240 Pixel fest.
- Attribute mit prozentualen Wertzuweisungen
  Beispiel: <table width="80%">...</table> legt die Tabellenbreite auf 80 % der Breite des Browserfenster fest.
- Attribute mit Namen als Wertzuweisungen
  Beispiel: <font face="Verdana">...</font> legt die Schriftart auf Verdana fest.

10.2.2.4 Entitäten

Aufgrund der internationalen Verwendung von Web-Browsern lassen sich unterschiedliche Zeichensätze im Browser einstellen, zum Beispiel westeuropäisch, kyrillisch, arabisch. Jeder Zeichensatz enthält spezielle Zeichen, die in anderen Zeichensätzen nicht vorkommen. Um eine Webseite mit den richtigen Zeichen darzustellen, kann der Zeichensatz als Meta-Information (vgl. Abschnitt 10.2.4.1) im Kopf der HTML-Datei angegeben werden; für westeuropäische Sprachen ist das der Latin-1-Zeichensatz (ISO 8859-1).

```
<head>
<meta http-equiv="content-type"
content="text/html; charset=ISO-8859-1">
</head>
```

Entitäten und numerische Notationen

Zeichen	Entität	num. Notation
"	"	"
&	&	&
<	<	<
>	>	>
ä	ä	ä
Ä	Ä	Ä
é	é	é
É	É	É
ö	ö	ö
Ö	Ö	Ö
ü	ü	ü
Ü	Ü	Ü
ß	ß	ß
„	„	„
“	“	“
»	»	»
«	«	«
–	–	–
€	€	€
£	£	£
¥	¥	¥
§	§	§
×	×	×
‰	‰	‰

Wenn auf diese Angabe verzichtet wird, müssen bestimmte Zeichen maskiert werden; an die Stelle der jeweiligen Zeichen treten Entitäten oder numerische Notationen. Das gilt insbesondere für spracheigentümliche Buchstaben (ä, ö, ü, ß), Sonderzeichen, typografisch korrekte Anführungszeichen („ “ oder » «) und den Gedankenstrich (Halbgeviertstrich –). Beispiel:

```
K&ouml;che tragen gro&szlig;e Kochm&uuml;tzen
K&#246;che tragen gro&#223;e Kochm&#252;tzen
```

Wenn der Text Zeichen enthält, die in HTML für Auszeichnungen vorbehalten sind (<, >, &, "), sollten in jedem Fall die entsprechenden Entitäten oder numerischen Notationen verwendet werden, um Fehlinterpretationen zu vermeiden. Beispiele: x < 42, Meier & Schulz GmbH

Das geschützte Leerzeichen wird als   (*non breaking space*) bzw.   notiert. Steht es anstelle des normalen Leerzeichens zwischen zwei Wörtern, verhindert es dort den Zeilenumbruch. Dieses Zeichen ermöglicht aber auch, mehrere Leerzeichen hintereinander zu setzen, ohne dass sie in der Browseranzeige zu einem zusammengefasst werden.

Neben den hier aufgeführten gibt es noch eine ganze Reihe weiterer Entitäten, die in entsprechenden Listen nachzuschlagen sind.

10.2.2.5 Farben

Farben werden in HTML durch Namen oder RGB-Werte in Hexadezimalform angegeben. Zurzeit gehören 16 Farbnamen zum offiziellen Standard (Tabelle unten). Es gibt zwar noch zahlreiche weitere Farbnamen; sie werden aber nicht von allen Browsern interpretiert .

Bei Angabe des Wertes in Hexadezimalform werden knapp 16,8 Millionen Farben unterschieden. Die gewünschte Farbe wird aus den Angaben zu den drei Grundfarben Rot, Grün und Blau (RGB-Werte) zusammengestellt. Das Schema der Farbdefinition ist: `#rrggbb`. Vorangestellt ist die Raute #, gefolgt von sechs Ziffern: die Stellen 1 und 2 für den Rot-Wert, die Stellen 3 und 4 für den Grün-Wert, die Stellen 5 und 6 für den Blau-Wert der Farbe. Da eine hexadezimale Ziffer 16 Zustände haben kann und jeder Farbwert aus zwei Ziffern besteht, sind für Rot, Grün und Blau jeweils $16^2 = 256$ Farbwerte möglich. Bei drei Primärfarben ergibt das $256^3 = 16\,777\,216$ Farbwerte.

Farben werden zum Beispiel für Vorder- und Hintergrund, Schriften, Textabsätze, Verweise und Tabellen definiert. Beispiel: Die Hintergrundfarbe des Dokuments ist Grau, der Text wird weiß, Verweise werden schwarz dargestellt.

```
<body bgcolor="gray" text="#ffffff" link="#000000">
```

Die von der Firma Netscape eingeführte Farbpalette mit 216 Farben hat sich im Laufe der Zeit zu einem Quasi-Standard entwickelt, obwohl es heute keinen Grund mehr gibt, sich auf diese Farben zu beschränken. Grafikkarten unterstützten früher nur 256 Farben, was damals natürlich bei der Erstellung von Web-Seiten berücksichtigt werden musste.

Farbnamen in HTML

Farbname	Hex.-Wert	RGB-Dezimalwert
aqua	#00ffff	R000 G255 B255
black	#000000	R000 G000 B000
blue	#0000ff	R000 G000 B255
fuchsia	#ff00ff	R255 G000 B255
gray	#808080	R128 G128 B128
green	#008000	R000 G128 B000
lime	#00ff00	R000 G255 B000
maroon	#800000	R128 G000 B000
navy	#000080	R000 G000 B128
olive	#808000	R128 G128 B000
purple	#800080	R128 G000 B128
red	#ff0000	R255 G000 B000
silver	#c0c0c0	R192 G192 B192
teal	#008080	R000 G128 B128
white	#ffffff	R255 G255 B255
yellow	#ffff00	R255 G255 B000

Diese Farbpalette wird Web-, 6×6×6-, oder browserunabhängige Palette genannt. Sie besteht aus Kombinationen von jeweils sechs möglichen Rot-, Grün- und Blauwerten, sodass sich $6^3 = 216$ Farben ergeben. Die hexadezimalen RGB-Werte sind immer Kombinationen aus den Werten 00, 33, 66, 99, cc, ff (dezimal 0, 51, 102, 153, 204, 255). Die Farben sind also nicht nach gestalterischen, sondern nach rein mathematischen Gesichtspunkten ausgewählt. Beispiel:

```
<body bgcolor="#003333" text="#33cccc"
link="#336699" vlink="#006666" alink="#00cc99">
```

Hier sind die Farben in Hexadezimalform für Hintergrund (`bgcolor`), Text, Links, aktivierte Links (`alink`) und besuchte Links (`vlink`) festgelegt.

10.2.2.6 Kommentare

Kommentare sind interne Anmerkungen zu bestimmten Textstellen; sie werden von Web-Browsern nicht abgebildet. Kommentare beginnen mit der Zeichenfolge <!-- gefolgt vom Kommentartext und der abschließenden Zeichenfolge -->; das gilt sowohl für einzeilige als auch für mehrzeilige Kommentare. Also zum Beispiel: `<!-- Text muss noch überarbeitet werden! -->`

Innerhalb des Kommentars können auch HTML-Tags stehen. Bei der Entwicklung von HTML-Seiten ist es oft sehr nützlich, verschiedene Abschnitte auszukommentieren – also mithilfe <!-- ... --> unwirksam zu machen –, um alternative Darstellungsformen auszuprobieren.

10.2.3 Textstrukturierung und -auszeichnung

10.2.3.1 Überschriften und Absätze

HTML hält sechs verschiede Größen von Überschriften <h[1...6]> bereit, um eine hierarchische Struktur in Dokumenten abzubilden, wobei die größte Überschrift durch <h1>...</h1> und die kleinste durch <h6>...</h6> dargestellt wird. Die Nummern im Anfangs- und im End-Tag müssen identisch sein.

```
<h2>Eine &Uuml;berschrift der zweiten Ordnung</h2>
```

Jedes Element <h[1...6]>...</h[1...6]> wird automatisch als Absatz behandelt. Die Ausrichtung erfolgt über das Attribut `align` mit den vier möglichen Werten: `left`, `center`, `right` und `justify` (Blocksatz). Wird kein Attribut angegeben, ist die Grundausrichtung (default) linksbündig.

```
<h1 align="center">Allgemeine Informationen</h1>
```

Textabsätze dienen der übersichtlichen Gestaltung und somit zur Gliederung von Text. Das Tag <p> (*paragraph,* Absatz) leitet einen Absatz ein, </p> beendet ihn. Die Ausrichtung erfolgt ebenfalls mit dem Attribut align und den Werten left, center, right, justify. Die Grundausrichtung ist auch hier linksbündig.

```
<p align="right">Rechtsb&uuml;ndiger Absatz</p>
```

Textzeilen werden vom Web-Browser automatisch am rechten Rand umbrochen. Durch das alleinstehende Tag
 (*break;* Bruch, hier Zeilenumbruch) kann der Text an jeder beliebigen Stelle umbrochen werden.

10.2.3.2 Listen

Listen dienen zur übersichtlichen Textstrukturierung themenverwandter Argumente (Werte), zum Beispiel Aufzählungen. Listen können ineinander verschachtelt werden. Es gibt drei Arten von Listen.

- Mit ungeordneten Listen <ul> (*unordered list*) lassen sich Aufzählungen übersichtlich darstellen. Alle Listeneinträge <li> (*list item*) werden mit Aufzählungszeichen versehen, deren Form durch das Attribut type im Tag <ul> bestimmt wird. Mögliche Wertzuweisungen sind disc, circle, square für kleine Punkte, Kreise oder Quadrate.
- In geordneten Listen <ol> (*ordered list*) werden den Einträgen automatisch fortlaufende Nummern in arabischen Ziffern vorangestellt. Das Attribut type im Tag <ol> mit dem Wert A oder a stellt auf Groß- bzw. Kleinbuchstaben um, mit dem Wert I auf römische Ziffern. Durch das Attribut start im Tag <ol> lässt sich der Anfangswert festlegen und mit dem Attribut value im Tag <li> neu setzen.
- Definitionslisten <dl> (*definition list*) werden zur Darstellung von Begriffen und ihren Erläuterungen benutzt, zum Beispiel in Glossaren, Bibliographien oder Chroniken. Die Begriffe <dt> (*definition term*) und deren Beschreibungen <dd> (*definition description*) sind ineinander verschachtelt. Es können auch mehrere <dd>-Tags innerhalb eines <dt>-Tags hintereinander folgen.

10.2.3.3 Textauszeichnungen

Durch logische Textauszeichnungen lässt sich fließender Text zum Beispiel „betont" oder „stark" , also der Logik nach, darstellen. Der Browser bestimmt die Darstellung (zum Beispiel fett oder kursiv). Elemente für logische Textauszeichnungen sind zum Beispiel:

- <em>...</em> (*emphasized,* betont) wird meist kursiv dargestellt
- <strong>...</strong> (stark) wird meist fett dargestellt
- <cite>...</cite> (zitieren) wird meist kursiv dargestellt
- <code>...</code> (Programmtext) wird meist als Schreibmaschinenschrift (Courier New) dargestellt.

Durch physische Textauszeichnungen wird fließender Text auf direkten Wege als zum Beispiel fett oder kursiv definiert. Elemente für physische Textauszeichnungen sind zum Beispiel:

- <b>...</b> (*bold,* fett)
- <i>...</i> (*italic,* kursiv)

Ungeordnete Liste

```
<ul type="square">
  <li>Hund</li>
  <li>Katze</li>
  <li>Maus</li>
  <li>Pferd</li>
</ul>
```

- Hund
- Katze
- Maus
- Pferd

Geordnete Liste

```
<ol type="a" start="3">
  <li>Fahrrad</li>
  <li>Motorrad</li>
  <li>Auto</li>
  <li value="7">Bus</li>
  <li>U-Bahn</li>
</ol>
```

c. Fahrrad
d. Motorrad
e. Auto
g. Bus
h. U-Bahn

Definitionsliste

```
<dl>
  <dt>Auguste Renoir</dt>
      <dd>1878 Der erste Ausgang </dd>
  <dt>Emil Nolde</dt>
      <dd>1919 Teufel und Gelehrter</dd>
      <dd>1922 Blumengarten</dd>
      <dd>1926 Die S&uuml;nderin</dd>
  <dt>Pablo Picasso</dt>
      <dd>1932 M&auml;dchen vor einem Spiegel</dd>
      <dd>1937 Weinende Frau</dd>
</dl>
```

Auguste Renoir
    1878 Der erste Ausgang
Emil Nolde
    1919 Teufel und Gelehrter
    1922 Blumengarten
    1926 Die Sünderin
Pablo Picasso
    1932 Mädchen vor einem Spiegel
    1937 Weinende Frau

- <u>...</u> (*underline,* unterstrichen)
- <s>...</s> (*strike,* durchgestrichen)
- <big>...</big> (groß): Text wird größer dargestellt
- <small>...</small> (klein): Text wird kleiner dargestellt
- ^{...} (*supersript,* hoch gestellt, Exponent)
- _{...} (*subscript,* tief gestellt, Index)
- <tt>...</tt> (*teletype,* Fernschreiben): Schreibmaschinenschrift (Courier New)

10.2.3.4 Block- und Inline-Elemente

Elemente für logische und physische Textauszeichnungen werden als Inline-Elemente bezeichnet, da sie Teile des fließenden Text hervorheben – im Gegensatz zu Block-Elementen wie Überschriften <h1>...</h1> oder Textabsätze <p>...</p>, die den Text zwischen den Tags als Absatz behandeln.

Mit dem Block-Element <div>...</div> (*division,* Bereich) wird ein Bereich festgelegt, in dem wiederum andere Element (auch Blockelemente) enthalten sein können. Man spricht hier auch von Containern, die Elemente enthalten. Durch das Attribut align lassen sich somit ganze Bereiche links (Voreinstellung), rechts, mittig oder als Blocksatz ausrichten.

Mit dem Inline-Element <span>...</span> (spannen, hier: überspannter Bereich) wird ein Bereich innerhalb des Textflusses festgelegt, der durch andere Sprachen wie Cascading Style Sheets (CSS) oder JavaScript (vgl. Abschnitte 10.3 und 10.4) seine Eigenschaften verändern kann.

10.2.3.5 Trennlinien

Das Tag <hr> (*horizontal rule,* waagerechte Linie) fügt eine Trennlinie ein. Trennlinen haben die folgenden Attribute:

- noshade (unschattiert) für nicht-schattierte Linien
- width (Breite) für die Breite der Linie im Format Pixel oder in Prozent der Breite des Browserfensters
- size (Größe) für die Dicke der Trennlinie im Format Punkt (Point; 1 pt = 1/72 Inch). Die Voreinstellung beträgt 2 Punkt.
- align für die Ausrichtung links, rechts oder zentriert (left, right, center). Die Ausrichtung ergibt nur Sinn in Verbindung mit dem Attribut width, da die Linie sonst über die gesamte Breite des Browserfensters verläuft.

Beispiel: unschattierte Linie, 300 Pixel breit, 3 pt dick, mittig angeordnet:

```
<hr noshade width="300" size="3" align="center">
```

10.2.3.6 Schriftformatierung

Alle Arten der Schriftformatierung werden ab HTML 4.0 ausschließlich über Cascading Style Sheets (CSS, vgl. Abschnitt 10.3) geregelt. In früheren HTML-Versionen gab es Tags zur Formatierung von Schrift, die heute als *deprecated* (veraltet, missbilligt) gelten. Als es noch keine Stylesheets-Sprache für das Web gab, wurden Struktur und Darstellung gemischt. Heute sollten Struktur (HTML) und Darstellung (CSS) voneinander getrennt werden. Dennoch soll hier der Vollständigkeit halber kurz auf die damaligen Schriftformatierungsmöglichkeiten eingegangen werden.

Das <font>-Element definiert einen Bereich für die Schriftformatierung. Innerhalb des <font>...</font> Elements stehen nur Inline-Elemente, keine Block-Elemente! In jedem Absatz <p> (Block) muss zum Beispiel erneut das Inline-Element <font> mit seinen Attributen angegeben werden. Browser sehen zwar oft locker über Verstöße hinweg, doch mit gültigem HTML hat das nichts mehr zu tun.

Das <font>-Tag hat folgende Attribute:

- size (Größe) bestimmt die Schriftgröße mit einem Wert von 1 bis 7; die Normalschriftgröße hat den Wert 3. Durch +Zahl bzw. –Zahl ist auch eine relative Angabe bezogen auf die Normalschriftgröße möglich. Alle Wertzuweisungen sind relative Angaben zur in den Browsereigenschaften festgelegten Standardschriftgröße. Absolute Angaben in Pixel oder Punkt sind nur mit Cascading Style Sheets (CSS) möglich.
- color (Farbe) bestimmt die Schriftfarbe durch Angabe des Farbnamens oder des RGB-Werts der Farbe in Hexadezimalform als Wertzuweisung.
- face (Gesicht) bestimmt die Schriftart; der Wert wird durch den Namen einer Schriftart festgelegt. Mehrere Schriftarten können durch Trennung mittels Kommata angegeben werden. Der Browser versucht den Text in der zuerst angegebenen Schriftart darzustellen, ist diese beim Anwender nicht installiert, versucht er es automatisch mit der nächsten Angabe usw. Ist keine der angegebenen Schriftarten installiert, wird auf die in den Browsereigenschaften angegebene zurückgegriffen.

Beispiel: Rote Schrift in Größe 7, Schriftart Verdana. Falls die Verdana nicht installiert ist, soll die Arial oder, falls diese ebenfalls fehlt, die Helvetica als Ersatzschrift benutzt werden.

```
<font size="7" color="red"
face="Verdana,Arial,Helvetica">Roter Text 7</font>
```

Das alleinstehende Tag <basefont> definiert die Schriftformatierung für die gesamte Datei bzw. bis zum nächsten <basefont>-Tag. Die Attribute sind dieselben wie beim <font>-Tag.

Beispiel: Schrift um zwei Stufen größer als Normalgröße, Farbe Blau, Schriftart Avalon.

```
<basefont size="+2" color="#0000ff" face="Avalon">
```

10.2.4 Angaben für die gesamte Datei

10.2.4.1 Elemente im Head-Element

Angaben, die die gesamt Datei betreffen, werden als Elemente innerhalb des <head>-Elements und als Attribute im einleitenden <body>-Tag notiert.

Im <head>-Element werden Elemente notiert, die für den Browser, für Suchmaschinen oder Web-Server von Bedeutung sind, also zum Beispiel der Titel. Der Inhalt des Elements <title>...</title> soll 50 Zeichen nicht überschreiten und sollte wohl überlegt sein, da er

- in der Titelzeile des Browserfensters erscheint,
- als Bezeichner der Datei in der Favoritenliste des Browsers abgelegt wird,
- in der Verlaufsliste des Browsers erscheint,
- im Frameset (vgl. Abschnitt 10.2.8) für mehrere Dateien gültig ist,
- für Einträge in Suchmaschinen genutzt wird.

Für beschreibende Inhalte der Datei gibt es Informationen in Meta-Tags. Häufigste Meta-Angaben sind Inhaltsbeschreibung, Autor, Stichwörter und Erstellungsdatum. Roboter von Suchmaschinen, die ständig Webseiten untersuchen, erkennen diese Angaben, lesen sie aus und übermitteln sie an die eigene Suchmaschine (vgl. Abschnitt 10.10.4).

Mit name="description" (Beschreibung) wird beim Auffinden der Seite in Suchmaschinen der entsprechende Text des Attributs Content (Inhalt) angezeigt; name="author" und name="date" geben Aufschluss über den inhaltlich Verantwortlichen und das Erstellungsdatum. Durch name="keywords" sollen Suchmaschinen die Seite auflisten, wenn Anwender(innen) nach diesen Stichwörtern suchen.

```
<head>
<meta name="description" content="Informationen verbreiten, Medien gestalten und herstellen. Ein Buch
f&uuml;r Schule und Ausbildung im Wirtschaftsbereich
Druck und Medien.">
<meta name="author" content="Ein Team aus Lehrern
und Dozenten">
<meta name="keywords" content="Medien, Gestaltung,
Typografie, Bildbearbeitung, Druck, Webdesign">
<meta name="date" content="2010-08-15">
</head>
```

Oft werden abgerufene Seiten auf speziellen Servern (Proxy-Servern) oder im lokalen Speicher (Cache) des Browsers zwischengespeichert, um den Datenverkehr im Web zu minimieren. Anstelle der originalen Datei wird beim nächsten Aufruf die zwischengespeicherte Seite angezeigt. Bei ständig aktualisierten Inhalten wird durch die Angabe

```
<meta http-equiv="expires" content="0">
```

erreicht, dass die Seite vom Original-Server geladen wird und nicht aus einem Zwischenspeicher. Nach Ablauf expires (fällig werden) wird sie vom Original-Server erneut geladen, hier nach content="0", also sofort (nach null Sekunden).

Der Wert für content wird entweder in Sekunden angegeben oder als Datum und Uhrzeit im internationalen Format UTC (*Universal Time Coordinated*, koordinierte Weltzeit, Mitteleuropäische Zeit minus eine Stunde), auch GMT (*Greenwich Mean Time*) genannt.

```
content="Sat, 1 May 2010 12:00:00 GMT"
```

Häufig verweisen mehrere Domainnamen auf gleiche Inhalte, die sich auch nur auf einem Server befinden. Die sofortige Weiterleitung von einer Domain zu einer anderen wird zum Beispiel so erreicht:

```
<meta http-equiv="refresh"
content="0; url=http://www.meinehauptdomain.de/">
```

Die Null steht für null Sekunden Verzögerung, url gibt die aufzurufende Adresse an. Achten Sie bitte auf die besondere Schreibweise der Anführungszeichen!

Vollständiges Beispiel für sofortige Weiterleitung:

```
<!DOCTYPE HTML PUBLIC "-//W3C//DTD HTML 4.01
Transitional//EN">
<html>
<head>
<meta http-equiv="refresh"
content="0; url=home/index.php">
<!-- weitere Angaben des Kopfes der HTML-Datei -->
</head>
<body></body>
</html>
```

Neben den hier angeführten gibt es noch eine Reihe weiterer Meta-Angaben für spezielle Aufgaben des Browsers bzw. Servers.

10.2.4.2 Attribute im Body-Tag

Im einleitenden <body>-Tag werden Attribute für die Darstellung von Elementen innerhalb der Datei angegeben. Das <body>-Tag hat folgende Attribute.

- Hintergrund- und Textfarbe:
  bgcolor (*background color,* Hintergrundfarbe) legt die Farbe des gesamten Hintergrundes der HTML-Datei fest.
  text legt die Farbe für Überschriften, Fließtext und Listen fest.
- Verweise:
  link (Verweis) definiert die Farbe für Verweise zu noch nicht besuchten Zielen

`alink` (*activated link,* aktivierter Verweis) definiert die Farbe für Verweise, während sie angeklickt sind.
`vlink` (*visited link,* besuchter Verweis) definiert die Farbe für Verweise zu bereits besuchten Stellen.

- Hintergrundgrafik:
  `background` (Hintergrund) definiert eine Grafik im Hintergrund. Die Grafik wird über den gesamten Anzeigebereich des Browserfensters wiederholt dargestellt (Wallpaper-Effekt). GIF und JPEG sind geeignete Datenformate (vgl. Abschnitt 10.2.6.1).
- Seitenränder:
  `topmargin` (oberer Rand) bestimmt den Abstand zwischen oberem bzw. unterem Fensterrand und dem darzustellenden Inhalt der Datei.
  `leftmargin` (linker Rand) bestimmt den Abstand zwischen linkem bzw. rechtem Fensterrand und dem darzustellenden Inhalt der Datei.
  `marginheight` (Randhöhe) und `marginwidth` (Randbreite) wie `topmargin` bzw. `leftmargin`; die Angabe ist zusätzlich für ältere Netscape-Browser nötig.

Für Farb-Wertzuweisung gelten die allgemeinen Regeln zu Farben. Bei Grafikdateien müssen die Pfadangaben zur jeweiligen Datei berücksichtigt werden. Die Seitenränder werden in Pixel angegeben und sind für den linken und rechten Rand gleich groß, ebenso für den oberen und unteren Rand. Beispiel:

```
<body bgcolor="#003333" text="#33cccc"
link="#336699" vlink="#006666" alink="#00cc99"
background="background.jpg" topmargin="20"
leftmargin="10" marginheight="20" marginwidth="10">
```

Hier sind Farben für Hintergrund, Text, Links, aktivierte und besuchte Links festgelegt, eine Grafikdatei ist als Hintergrundbild eingebunden und die Seitenränder sind definiert.

Hinweis: Alle Attribute gelten als *deprecated* (veraltet, missbilligt) und sollten besser mit Cascading Style Sheets (CSS) umgesetzt werden! Beispiel zur Realisierung der obigen Angaben mittels CSS (vgl. auch Abschnitt 10.3):

```
<style type="text/css">
body {  background-color:#003333;
  background-image:url(background.jpg);
  color:#33cccc;
  margin-left:10px;
  margin-right:10px;
  margin-top:20px;
  margin-bottom:20px
}
a:link { color:#336699 }
a:visited { color:#006666 }
a:active { color:#00cc99 }
</style>
```

10.2.5 Verweise

10.2.5.1 Grundlagen

Verweise (Links) führen zu anderen Seiten im eigenen Projekt, zu beliebigen anderen Adressen im Word Wide Web oder auch zu anderen Internet-Diensten. Die Navigation innerhalb eines strukturierten Internet-Projekts wird durch Verweise realisiert. Erst durch „Verlinkung" der Seiten untereinander entsteht die Internet-Präsenz. Jedes Projekt beginnt mit der Einstiegsseite – der Homepage – und führt über Verweise zu untergeordneten Sachgebieten, die wiederum aus HTML-Seiten bestehen. Von den untergeordneten Seiten geht es meist wieder zurück zur Einstiegsseite.

Das Internet lebt von seinen Verweisen; zu viele Verweise führen aber oft zu großer Verwirrung. Jedem Projekt sollte ein „gesundes" Navigationskonzept mit logischer Strukturierung und Benutzerführung zugrunde liegen (vgl. auch Abschnitt 9.7). Aussagekräftige Verweistexte sollen den Anwender(inne)n zeigen, wohin es geht; auch Symbole oder Grafiken können Auskunft geben, um welche Art von Verweis es sich jeweils handelt

Der Aufbau von Verweisen zu beliebigen Zielen ist einheitlich. Ob es sich um Verweise zu Seiten im eigenen Projekt oder zu externen Webadressen handelt, immer wird das Tag <a>...</a> (*anchor,* Anker) benutzt. Der eigentliche Verweis entsteht in Verbindung mit dem Attribut `href` (*hypertext reference*) und der Wertzuweisung zum Verweisziel. Zwischen Anfangs- und End-Tag <a>...</a> steht der Text (oder eine Grafik), der den Anwender(inne)n als Verweis angezeigt wird, oft farblich hervorgehoben oder unterstrichen.

10.2.5.2 Absolute und relative Pfadangaben

Ein Verweis zu einer beliebigen Stelle im internen oder externen Web-Projekt ist nur ausführbar, wenn das Verweisziel angegeben ist. Hierfür wir eine Referenzierung in HTML benötigt. Man unterscheidet zwischen absoluten und relativen Pfadangaben auf das Verweisziel. Im HTML-Standard werden Web-Adressen als URIs bezeichnet (*Universal Resource Identifier,* universelle Quellenbezeichnung).

Verweise auf externe Web-Projekte erfolgen mit absoluten Pfadangaben, hier dem vollständigen URI. Also zum Beispiel:

`http://www.externe-domain.de/allgemeines/index.html`

Verweise innerhalb des eigenen Web-Projekts können zwar ebenfalls mit vollständigen URIs notiert werden. Ändert sich aber irgendwann einmal der Domain-Name, müssten auch alle Verweisziele umgeschrieben

Verweise in Web-Projekten

Verweisziel innerhalb derselben HTML-Datei

Innerhalb einer HTML-Datei lässt sich beliebig zu einem anderen Ziel in der gleichen Datei navigieren. Man benötigt ein Verweisziel und einen Verweis zu diesem Ziel. Das Verweisziel wird mit dem Anker
`<a name="Ziel">Verweisziel</a>`
definiert. Der Inhalt zwischen Anfangs- und End-Tag kann leer sein; einige ältere Browser führen aber dann den Verweis nicht aus. Den Verweis auf das Ziel notiert man mit der Adressierung
`<a href="#Ziel">Verweis zum Ziel</a>`
Die Wertzuweisung des Attributs `href` (Hypertext Referenz) beginnt mit der Raute # gefolgt vom Namen des zuvor definierten Ankers. Hierbei ist auf gleiche Schreibweise (Groß- und Kleinbuchstaben) zu achten. Es kann auch von anderen Projektseiten direkt zum definierten Anker referenziert werden, zum Beispiel
`<a href="info/kapitel3.html#Ziel">`

Verweisziel ist eine HTML-Datei im selben Web-Projekt

Die unterschiedlichen relativen Pfadangaben hängen von der Verzeichnishierarchie des Web-Projekts ab.

Verzeichnishierarchie	*mit den enthaltenen Dateien*
projekt	datei1.html
service	datei2.html, datei3.html
info	datei4.html
produkte	datei5.html

- Verweis von datei1.html zu datei2.html:
  `<a href="service/datei2.html">Datei 2: ein Verzeichnis unterhalb</a>`
- Verweis von datei2.html zu datei3.html:
  `<a href="datei3.html">Datei 3: im selben Verzeichnis</a>`
- Verweis von datei1.html zu datei5.html:
  `<a href="info/produkte/datei5.html">Datei 5: zwei Verzeichnisse unterhalb</a>`
- Verweis von datei4.html zu datei1.html:
  `<a href="../datei1.html">Datei 1: ein Verzeichnis oberhalb</a>`
- Verweis von datei5.html zu datei1.html:
  `<a href="../../datei1.html">Datei 1: zwei Verzeichnisse oberhalb</a>`
- Verweis von datei2.html zu datei4.html:
  `<a href="../info/datei4.html">Datei 4: ein Verzeichnis oberhalb, dann ein Verzeichnis unterhalb</a>`
- Verweis von datei5.html zu datei3.html:
  `<a href="../../service/datei3.html">Datei 3: zwei Verzeichnisse oberhalb, dann ein Verzeichnis unterhalb</a>`

Verweisziel ist eine beliebige WWW-Adresse

Bei externen Verweiszielen benutzt man die absolute Adressierung mit vollständigem URI. Hierbei sollte in regelmäßigen Zeitabständen kontrolliert werden, ob die Adresse noch gültig ist.
`<a href="http://www.externe-domain.de">Startseite Externe Domain</a>`
`<a href="http://www.externe-domain.de/allgemeines/index.html">Allgemeines Externe Domain</a>`

Verweisziel ist eine beliebige FTP- oder Newsgroup-Adresse

Bei Verweisen auf andere Dienste wie zum Beispiel FTP (*File Transfer Protocol,* Dateiübertragungs-Protokoll) oder Newsgroups (Diskussionsforen) ist auf die Angabe des Protokolls und die exakte Schreibweise des URI zu achten.
`<a href="ftp://ftp.uni-hamburg.de">FTP-Server der Universität Hamburg</a>`
`<a href="news:de.comp.lang.javascript">Diskussionsforum zu JavaScript</a>`

(Fortsetzung auf der folgenden Seite)

Verweise in Web-Projekten (Fortsetzung)

Verweisziel ist eine E-Mail-Adresse

Oftmals wird auf Internetseiten eine Kontakt- oder Feedback-Adresse in Form einer E-Mail-Adresse angegeben. Beim Aktivieren des Verweises öffnet sich automatisch das als Standard eingerichtete E-Mail-Programm, wobei der Empfänger bereits eingetragen ist. Auch der Text in der Betreffzeile (subject) lässt sich vordefinieren.

```
<a href= " mailto:info@meine-domain.de " >info@meine-domain.de</a>
<a href= " mailto:info@meine-domain.de?subject=Anmeldung " >info@meine-domain.de</a>
```

Verweisziel ist eine Download-Datei

HTML bietet keinen Befehl, um Dateien als Download anzubieten. Es hängt ausschließlich von der Dateinamensendung – dem Suffix – ab, wie der Browser die Datei interpretiert. Ist ein Parser, Interpreter oder Plug-In für den entsprechenden Dateityp vorhanden, übernimmt der Browser die Darstellung. Kann der Browser die Datei nicht interpretieren, wird sie automatisch als Download, also zum Speichern angeboten.

```
<a href= " download.zip " >Download</a>
<a href= " dokument.pdf " >PDF-Dokument</a>
```

Öffnen des Verweisziels im neuen Browser-Fenster

Das Attribut target (Ziel) des <a>-Tags ist ist zwar eigentlich für die Verwendung innerhalb von Frames (vgl. Abschnitt 10.2.8) gedacht. Durch die Angabe target= " _blank " wird jedoch erreicht, dass sich die HTML-Seite des referenzienden Verweises in einem neuen Browser-Fenster öffnet.

```
<a href= " ../hilfe/kapitel1.html " target= " _blank " >Hilfe zu Kapitel 1</a>
```

werden. Besser ist die Referenzierung entweder mit absoluten Pfadangaben relativ zur Basis des URI oder mit relativen Pfadangaben.

Wenn der vollständige URI zum Beispiel
http://www.meine-domain.de/allgemeines/index.html
lautet, so besteht die Basis aus Internet-Protokoll und Domain-Namen (http://www.meine-domain.de). Der hintere Teil (/allgemeines/index.html) ist eine absolute Pfadangabe relativ zur Basis. Absolute Pfadangaben relativ zum Basis-URI beginnen immer mit einem Schrägstrich unmittelbar nach dem Domain- oder Subdomain-Namen. Beispiele: /, /info/, /help/chapter3.htm, /img/products/cam.gif

Innerhalb der meisten Web-Projekte wird aber mit relativen Pfadangaben gearbeitet. Die Referenzierung erfolgt relativ von der im Browser angezeigten Seite. Wenn sich das Verweisziel im selben Verzeichnis (Ordner) befindet, wird nur der Dateiname des Ziels notiert (zum Beispiel adresse.html). Befindet sich das Verweisziel in einem Verzeichnis unterhalb der angezeigten Seite, so wird dessen Name, ein Schrägstrich und der Dateiname des Ziels angegeben (zum Beispiel info/adresse.html). Befindet sich das Verweisziel im Verzeichnis oberhalb der angezeigten Seite, notiert man ../ und den Dateinamen des Zieles (zum Beispiel ../adresse.html). Es gilt also:

- Verzeichnisname plus Schrägstrich für einen Verweis in der Verzeichnishierarchie nach unten.
- Punkt Punkt Schrägstrich (../) für einen Verweis in der Verzeichnishierarchie nach oben.

Durch Referenzierung mit relativen Pfadangaben lassen sich vollständige Web-Projekte problemlos in andere Ordner oder auf andere Rechner portieren – die Verweise funktionieren weiterhin. Auch die Veröffentlichung auf CD, DVD oder anderen Medien ist mit relativen Pfadangaben denkbar.

10.2.6 Grafiken

10.2.6.1 Grafikformate

Die beiden komprimierten, pixelorientierten Dateiformate GIF (*Graphics Interchange Format*) und JPEG (*Joint Photographic Expert Group*) mit den Dateiendungen .gif und .jpg haben sich für die Anzeige von Grafiken im Web durchgesetzt (vgl. auch 1.2.6 und 1.3.3.1). Moderne Browser unterstützen außerdem PNG (Portable Network Graphics), Dateiendung .png. Andere für das Internet geeignete Grafik-Dateiformate wie LuraWave oder SVG (Scalable Vector Graphics) benötigen in den meisten Browsern einen vorher zu installierenden Interpreter und werden hier nicht behandelt.

Grafiken für Web-Seiten werden immer im RGB-Modus erstellt. Hohe Auflösungen wie im Print-Bereich sind nicht erforderlich, da Grafiken am Monitor normalerweise „Eins-zu-Eins" dargestellt werden – ein Pixel der Bilddatei wird durch ein Monitorpixel abgebildet. Um schnelle Ladezeiten von Internetseiten zu erhalten, sollten auch die darin integrierten Grafiken kleine Dateigrößen haben. Klein bedeutet hier etwa zehn Kilobyte und weniger. Ständig wird nach einem Kompromiss zwischen Qualität der Grafik und kurzer Ladezeit, also kleiner Dateigröße, gesucht.

Das GIF-Format eignet sich am besten für Grafiken mit wenigen, großflächig eingesetzten Farben (Buttons, Symbole, Cliparts). Aufgrund seiner hohen Komprimierungsdichte hat sich der Substandard GIF89a für Grafiken im Internet durchgesetzt. Die wichtigsten Eigenschaften sind:

- Die Anzahl der Farben ist auf maximal 256 begrenzt (indizierte Farben, Farbpaletten, vgl. auch die Abschnitte 1.2.6, 1.3.3.1 und 2.6.4). Um die Dateigröße noch weiter zu reduzieren, sind geringere Anzahlen von Farben möglich (128, 64, 32, 16, 8, 4, 2).
- Eine Farbe lässt sich als transparent definieren, sodass Darstellungen anderer Elemente, die unter der Grafik liegen, durchscheinen.
- Verlustfreie Kompression (nonlossy, lossless)
- Schichtweiser Aufbau der Grafik (interlaced): Während des Ladens der Grafik wird diese immer deutlicher und feiner am Bildschirm sichtbar.
- Animation: Mehrere Grafiken können zeitgesteuert nacheinander abgebildet werden (animierte GIFs).

Das JPEG-Format ist am besten für Bilder mit vielen Farben und feinen Farbübergängen (Verläufen) geeignet. Es werden rund 16,8 Millionen Farben (Datentiefe 24 Bit) gespeichert. Die Komprimierung ist immer verlustbehaftet (lossy). Die Kompressionsdichte ist variabel (skalierbar); höhere Kompressionsfaktoren führen zu kleineren Dateien, aber auch zu schlechterer Bildqualität. Verluste entstehen vor allem an scharfen Konturen; in Verläufen werden Artefakte sichtbar. JPEG-Bilder benötigen bei der Darstellung im Browser länger als GIF-Grafiken mit gleicher Dateigröße, da sie erst vom Interpreter dekomprimiert werden müssen.

Das PNG-Format wurde eigens für den Einsatz im Web konzipiert. Die wichtigsten Eigenschaften:

- Verlustfreie Kompression
- Wahlweise bis zu 256 indizierte Farben, Graustufen mit 1, 2, 4, 8 oder 16 Bit und RGB mit 24 oder 48 Bit Datentiefe
- Alphakanal zur Speicherung abgestufter Transparenzinformationen
- Leistungsfähige Interlaced-Funktion: Bereits nach Übertragung von 1–2 % der Bilddaten wird ein grobes Vorschaubild angezeigt.
- Gammakorrektur und eingebettetes Profil ermöglichen gleiche Darstellung mit unterschiedlichen Bildschirmen und Betriebssystemen.
- Textfelder erlauben das Abspeichern von Informationen, wie zum Beispiel Autor, Bildbeschreibung, Copyright, Erstellungsdatum, Erstellungs-Software, Datenquelle.
- Animierte Grafiken sind nicht möglich.

Das größte Problem bei der Durchsetzung des PNG-Formats ist die uneinheitliche und nicht vollständige Unterstützung durch unterschiedliche Browser.

10.2.6.2 Grafiken referenzieren

Mit dem Tag <img> (*image*, Bild, Grafik) und dem Attribut `src` (*source*, Quelle) wird auf eine Grafik-Datei referenziert (Bezug genommen), um sie an einer gewünschten Stelle innerhalb der HTML-Datei einzubinden, zum Beispiel <img src= "grafik.gif" >. Ähnlich wie bei Verweisen werden auch bei der Referenzierung auf Grafikdateien absolute oder relative Pfadangaben verwendet. Beispiel:

<img src= "../images/grafik.jpg " >

Das <img>-Tag hat neben dem `src`-Attribut noch eine Reihe weiterer Eigenschaften.

- `alt` (*alternative*): Text erscheint anstelle der Grafik, wenn sie nicht angezeigt werden kann, weil zum Beispiel die Verbindung unterbrochen oder die Option „Grafiken anzeigen" in den Browsereigenschaften deaktiviert ist.
  <img src="grafik.gif" alt="Beschreibung der Grafik">
  HTML schreibt die Angabe des `alt`-Attributs vor. Soll kein Text gezeigt werden, wird `alt= " "` notiert.
- `border`: Definiert die Rahmendicke um eine Grafik. Um standardmäßig von Browsern angezeigte Rahmen zu unterdrücken, wird sie auf 0 Pixel gesetzt.
  <img src= "grafik.gif" border= "0" >
- `width`, `height` (Breite, Höhe): Durch die Angaben von Breite und Höhe wird dem Browser beim Laden der Seite mitgeteilt, an diesen Stellen entsprechenden Platz für die Grafik zu reservieren und damit den Ladevorgang zu optimieren. Bei fehlender Größenangabe erfolgt nach dem Laden ein ungewollter, korrigierter Neuaufbau des Bildschirminhalts. Werden andere Werte als die tatsächlichen Maße der Grafik eingetragen, kommt es zu Verzerrungen.
  <img src="grafik.gif" width="100" height="60">
- `align` (Ausrichtung), zur vertikalen Ausrichtung des nachstehenden Textes, wenn die Grafik höher ist als der Text. Mögliche Werte sind `top` (oben), `middle` (mittig) und `bottom` (unten).
  <img src="grafik.gif" align="middle">Text zum Bild
  Um den Text links oder rechts um die Grafik fließen zu lassen, notiert man die Wertzuweisung `left` (links) bzw. `right` (rechts). Beispiel:
  <img src="grafik.gif" align="left">Text zum Bild

- hspace, vspace (*horizontal space, vertical space,* horizontaler bzw. vertikaler Leerraum): Erzeugt einen Abstand zwischen Grafik und Text.
```
<img src="grafik.gif" align="left" hspace="10">Text
```

10.2.6.3 Transparente Grafik („blind.gif")

Um pixelgenaue Abstände zwischen Elementen oder Leerräume zu schaffen, bedient man sich häufig einer unsichtbaren Grafik. Zu diesem Zweck wird mit einem Grafikprogramm ein 1 × 1 Pixel großes transparentes GIF-Bild erzeugt, ein „blind.gif". Die tatsächliche Größe des Leerraums wird dann durch width und height definert.
Beispiel: Leerraum, 40 Pixel breit, 20 Pixel hoch:
```
<img src="blind.gif" alt="" border="0" width="40"
height="20">
```

10.2.6.4 Grafiken als Verweise

Oft werden Grafiken anstelle von Verweistexten eingesetzt. Das lässt sich ganz einfach mit einem Verweis um eine Grafik realisieren. Beispiel:
```
<a href="../startseite.html"><img src="grafik.gif" alt=""
border="0" width="152" height="48"></a>
```

Mithilfe von Image-Maps lassen sich innerhalb von Grafiken auch einzelne Flächen definieren, die beim Anklicken mit der Maus einen Verweis ausführen (klicksensitive Flächen). Dadurch wird Anwender(innen) eine intuitivere Navigation ermöglicht.

Innerhalb des Elements <map>...</map> (Landkarte) werden die <area>-Elemente für die einzelnen sensitiven Flächen festgelegt. Es lassen sich Flächen in Form von Rechtecken, Kreisen oder Polygonen (Vielecken) definieren.

Das <map>-Tag erhält mit dem Attribut name einen Namen, um die Karte der Grafik zuzuweisen. Innerhalb des <area>-Tags wird die Form mit dem Attribut shape, dessen Koordinaten mit dem Attribut coords und der Verweis mit href festgelegt.

Mögliche Wertzuweisungen der Attribute shape und coords:

- rect (*rectangle*) für ein Rechteck mit den Koordinaten der oberen linken (x_1,y_1) und unteren rechten (x_2,y_2) Ecke (coords=" x_1,y_1,x_2,y_2 ").
```
<area shape="rect"
coords="96,0,170,32" href="sattel.html">
```
- circle für einen Kreis mit den Koordinaten für Mittelpunkt (x,y) und Radius (r) (coords=" x,y,r ").
```
<area shape="circle"
coords="323,161,84" href="vorderrad.html">
```
- poly (*polygon*) für ein Vieleck mit den Ecken (x,y) als Koordinaten (coords="$x_1,y_1,x_2,y_2,x_3,y_3,...,x_n,y_n$"). Die letzte Ecke ($x_n,y_n$) schließt das Polygon mit der ersten Ecke (x_1,y_1).
```
<area shape="poly"
coords=67,144,196,128,218,156,200,186,82,205,
76,188,50,170" href="antrieb.html">
```

Grafik mit klicksensitiven Flächen

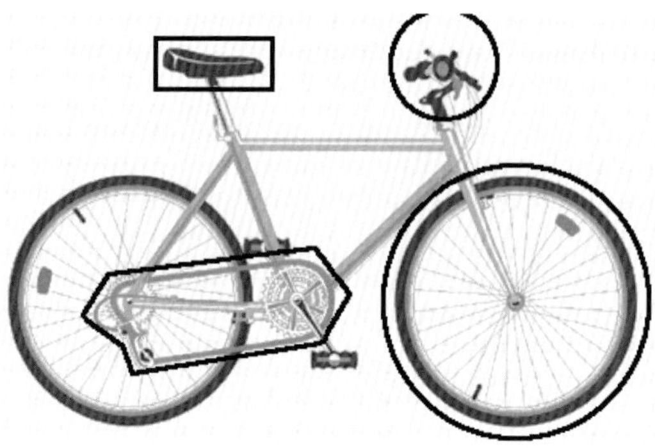

```
<!DOCTYPE HTML PUBLIC "-//W3C//DTD
HTML 4.01 Transitional//EN">
<html>
<head>
<title>Fahrrad</title>
</head>
<body>
<map name="Fahrrad">
	<area shape="rect" coords="96,0,170,32" href="sattel.html" alt="Sattel">
	<area shape="circle" coords="277,16,34" href="lenker.html" alt="Lenker">
	<area shape="circle" coords="323,161,84" href="vorderrad.html" alt="Vorderrad">
	<area shape="poly" coords="67,144,196,128,218,156,200,186,82,205,76,188,50,170" href="antrieb.html"
	alt="Antrieb">
</map>
<img src="fahrrad.gif" width="412" height="249" border="0" alt="Das Fahrrad im Detail" usemap="#Fahrrad">
</body>
</html>
```

Um der Grafik mitzuteilen, welche Karte auf sie projiziert werden soll, erhält das <img>-Tag das Attribut usemap mit der Wertzuweisung des Namens der Karte und vorangestellter Raute #.

```
<img src="fahrrad.gif" width="412" height="249"
border="0" alt"" usemap="#Fahrrad">
```

10.2.6.5 Favicon

Favicon (ausgesprochen „fav-eye-con", *favourite icon,* Favoriten-Zeichen) ist eine 16×16 oder 32×32 Pixel große Grafik mit bis zu 256 Farben, die in der Adresszeile des Browsers links neben der URL angezeigt wird. Favicons steigern den Wiedererkennungswert einer Website deutlich. In Abhängigkeit von Betriebssystem und Browser erscheinen sie auch auf Titelleiste und Registerkarten (Tabs) des Browsers, in der Lesezeichenliste (Favoriten), beim Speichern einer Seite auf dem Desktop und in der Taskleiste.

Um mit allen Browsern kompatibel zu sein, wird die Grafik im ICO-Format gespeichert. Firefox unterstützt auch Formate wie BMP, PNG oder GIF für die Favicon-Datei. Bei einem 32x32 Pixel großen Icon ist zu beachten, dass es im Browser meist kleiner dargestellt wird. Es sollte dehalb so gestaltet sein, dass es auch in der Größe 16x16 Pixel gut erkennbar ist.

Es gibt zwei Möglichkeiten, das Favicon in die Seite einzubinden:

- Die Datei wird mit dem Namen „favicon.ico" im Basisverzeichnis oder einem Unterverzeichnis der Domain gespeichert.
- Die Datei wird unter einem beliebigen Dateinamen mit der Endung .ico gespeichert und über ein HTML-Element im Header der HTML-Seite relativ oder absolut referenziert. Auf diese Weise können unterschiedliche Favicons für Seiten derselben Webpräsenz verwendet werden.
  Beispiel für Referenzierung: <link rel="shortcut icon" type="image/x-icon" href="/projekt/img/icon1.ico" />.

Die gängigsten Browser suchen nach dem Seitenaufruf in dieser Reihenfolge nach einem verfügbaren Favicon:

- Der HEAD-Bereich wird nach Informationen über ein referenziertes Favicon durchsucht.

Favicon links neben URL in der Adresszeile und im Tab

- Das Verzeichnis, in dem sich die aufgerufene HTML-Datei befindet, wird nach der Datei „favicon.ico" durchsucht.
- Das Basisverzeichnis wird nach der Datei „favicon .ico" durchsucht.

Wenn sich die Datei „favicon.ico" im Basisverzeichnis befindet, wird das Favicon für alle Seiten der Site verwendet. Befindet sie sich in einem Unterverzeichnis, so wird das Icon für alle Seiten verwendet, die im selben Unterverzeichnis gespeichert sind.

10.2.7 Tabellen

Tabellen wurden eingeführt, um logische Beziehungen zwischen Daten übersichtlich abzubilden. Tabellen bestehen aus Zeilen und Spalten, die unterschiedliche Höhen und Breiten haben können und sich mit oder ohne Gitternetzlinien darstellen lassen.

„Blinde" Tabellen ohne sichtbare Gitternetzlinien wurden lange Zeit auch zur Gestaltung des pixelgenauen Seitenlayouts (Layout-Tabellen) verwendet, da

Grundstruktur einer einfachen Tabelle

```
<table border=" 1 ">
<tr>
    <td>Zelle 1.1</td>
    <td>Zelle 1.2</td>
    <td>Zelle 1.3</td>
</tr>
<tr>
    <td>Zelle 2.1</td>
    <td>Zelle 2.2</td>
    <td>Zelle 2.3</td>
</tr>
<tr>
    <td>Zelle 3.1</td>
    <td>Zelle 3.2</td>
    <td>Zelle 3.3</td>
</tr>
<tr>
    <td>Zelle 4.1</td>
    <td>Zelle 4.2</td>
    <td>Zelle 4.3</td>
</tr>
</table>
</body>
</html>
```

Zelle 1.1	Zelle 1.2	Zelle 1.3
Zelle 2.1	Zelle 2.2	Zelle 2.3
Zelle 3.1	Zelle 3.2	Zelle 3.3
Zelle 4.1	Zelle 4.2	Zelle 4.3

HTML nur unzureichende Formatierungsmöglichkeiten bietet. Cascading Stylesheets (CSS) schaffen hier zwar Abhilfe, ihre Eigenschaften zur Formatierung werden jedoch von älteren Browsern nicht vollständig unterstützt. In Zukunft sollte auf Layout-Tabellen als Gestaltungsmittel möglichst verzichtet werden, da sie die Gebote des barrierefreien Webdesigns (vgl. 10.11) und der klaren Abgrenzung zwischen Struktur und Gestaltung mittels (X)HTML und CSS nicht erfüllen.

Mit dem Element <table>...</table> (Tabelle) wird die Tabelle erzeugt. <tr>...</tr> (*table row*) erzeugt eine Tabellenzeile und <td>...</td> (*table data*) die Tabellenzellen, die den eigentlichen Inhalt abbilden. Die Inhalte von Tabellenzellen bestehen aus Text oder beliebigen HTML-Elementen; sogar Tabellen in Tabellenzellen sind möglich. Alle Zeilen einer Tabelle enthalten gleich viele Zellen. Auch Zellen ohne Inhalt <td></td> sind zulässig, werden allerdings von manchen Browsern nicht interpretiert. In der Praxis wird deshalb ein Leerzeichen oder ein „blind.gif" eingesetzt. Beispiel: <td> </td> oder:
<td><img src="blind.gif" alt=" "
width="30" height="1"></td>

Die wichtigsten Attribute des <table>-Tags:

- border (Rand) für den Außenrahmen der Tabelle; mit border="0" werden unsichtbare Tabellenränder erzeugt.
- cellspacing (Zellenleerraum) für den Abstand zwischen den einzelnen Zellen, oftmals auch als Dicke der Gitternetzlinien bezeichnet
- cellpadding (Zellenrandabstand) für den Abstand zwischen Zelleninhalt und Zellenrand
- width für die Breite der Tabelle, wobei die Wertzuweisung in Prozent oder Pixel erfolgt. Die Angabe height im <table>-Tag ist kein HTML-Standard und sollte vermieden werden.
- background (Hintergrund) für eine Hintergrundgrafik der gesamtenTabelle
- bgcolor (*background color*) legt die Hintergrundfarbe fest

Tabellen: Verbinden benachbarter Zellen

Zellen innerhalb einer Zeile verbinden

```
<table border="1">
<tr>
    <td colspan="3" align="center"><b>Haustiere</b></td>
</tr>
<tr>
    <td>Hund</td>
    <td>Katze</td>
    <td>Maus</td>
</tr>
</table>
```

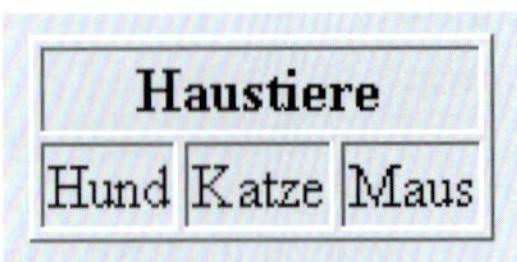

Zellen innerhalb einer Spalte verbinden

```
<table border="1">
<tr>
    <td rowspan="3"><b>Haustiere</b></td>
    <td>Hund</td>
</tr>
<tr>
    <td>Katze</td>
</tr>
<tr>
    <td>Maus</td>
</tr>
</table>
```

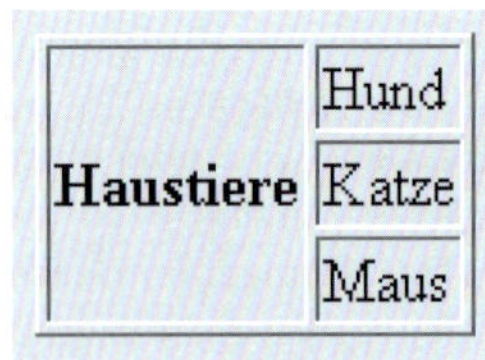

Zellen mehrerer Zeilen und Spalten verbinden

```
<table border="1" cellpadding="10" cellspacing="5">
<tr>
    <td>Zelle 1.1</td>
    <td>Zelle 1.2</td>
    <td>Zelle 1.3</td>
</tr>
<tr>
    <td>Zelle 2.1</td>
    <td rowspan="2" colspan="2">Zelle &uuml;ber zwei Zeilen<br>und zwei Spalten<br>(2.2, 2.3, 3.2, 3.3)</td>
</tr>
<tr>
    <td>Zelle 3.1</td>
</tr>
</table>
```

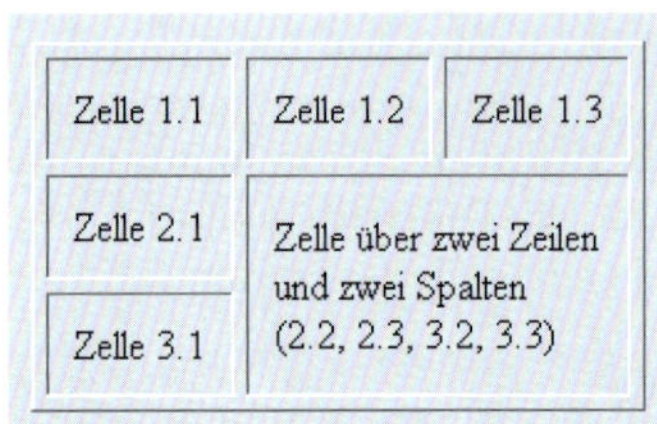

Beispiel einer komplexen Layout-Tabelle

```
<!DOCTYPE HTML PUBLIC "-//W3C//DTD HTML 4.01 Transitional//EN">
<html>
<head>
	<title>Tabellen</title>
</head>
<body bgcolor="#000000">
<br>
<table border="0" cellspacing="0" cellpadding="0" width="600" bgcolor="#ffffff" align="center">
<tr>
	<td colspan="2" width="200" height="100" bgcolor="#b92e2b" style="font-family:Verdana,Arial,Helvetica;
	font-size:28pt; color:#ffffff; text-align:center">Apfel</td>
	<td rowspan="2" width="100"> </td>
	<td width="100" bgcolor="#bfbd47"> </td>
	<td rowspan="2" width="100" valign="bottom"><div style="font-family:Verdana,Arial,Helvetica;
	font-size:8pt; padding:12px">Rezepte:<br><a href="apfelkuchen.html">Apfelkuchen</a><br>
	<a href="apfelmus.html">Apfelmus</a><br><a href="apfeltee.html">Apfeltee</a><br>
	<a href="apfeltorte.html">Apfeltorte</a><br><a href="apfelwein.html">Apfelwein</a></div></td>
	<td rowspan="2" width="100" bgcolor="#bcbec0"> </td>
</tr>
<tr>
	<td width="100" height="100"><img src="apfel1.jpg" alt="" width="100" height="100" border="0"></td>
	<td width="100"> </td>
	<td bgcolor="#b92e2b"> </td>
</tr>
<tr>
	<td height="100"> </td>
	<td><img src="apfel2.jpg" alt="" width="100" height="100" border="0"></td>
	<td bgcolor="#f9cb46"> </td>
	<td colspan="2" bgcolor="#00040e"> </td>
	<td rowspan="2" bgcolor="#bfbd47"> </td>
</tr>
<tr>
	<td colspan="2" rowspan="2" height="200" bgcolor="#bcbec0" valign="top">
	<div style="font-family:Verdana,Arial,Helvetica; font-size:10pt; padding:12px">Im Fr&uuml;hjahr
	erwacht die Natur wieder zum Leben. Die Obstwiesen stehen in der Apfelbl&uuml;te! Am Ende des
	Sommers kann geerntet werden. Von Jonagold bis Golden Delicious werden viele Apfelsorten bereits
	ab August gepfl&uuml;ckt.</div></td>
	<td bgcolor="#00040e"> </td>
	<td bgcolor="#b92e2b"> </td>
	<td><img src="apfel3.jpg" alt="" width="100"
	height="100" border="0"></td>
</tr>
<tr>
	<td width="100" height="100"> </td>
	<td colspan="2" width="100"
	bgcolor="#f9cb46"> </td>
	<td width="100"> </td>
</tr>
</table>
</body>
</html>
```

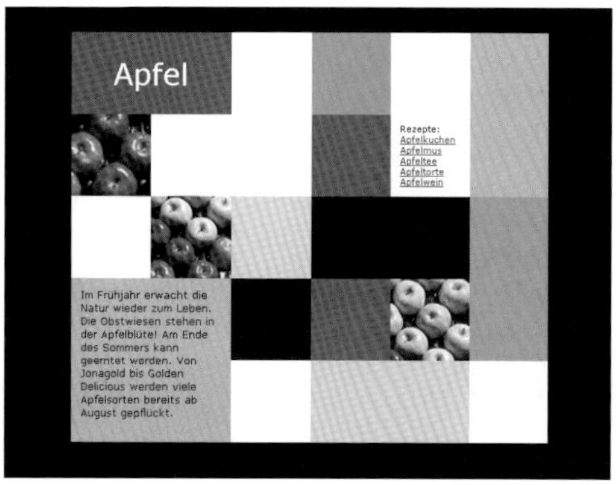

Die wichtigsten Attribute des <td>-Tags:
- width und height für Breite und Höhe der Zelle
- align zur horizontalen Ausrichtung von Inhalt mit den Werten left (links), center (mittig), right (rechts) und justify (Blocksatz)
- valign (*vertical align*) zur vertikalen Ausrichtung von Inhalt mit den Werten top (oben), middle (mittig) und bottom (unten)
- background für eine Hintergrundgrafik
- bgcolor für die Hintergrundfarbe der Zelle

Mit dem Attribut colspan (*column span,* Spalten überspannen) wird durch die Wertzuweisung die Anzahl von Zellen einer Zeile bestimmt, die zu einer Zelle verbunden werden. Im ersten Beispiel (vgl. Kasten auf der übernächsten Seite) werden drei Zellen der ersten Zeile zu einer Zelle verbunden. In allen Zeilen sollte die Zellenanzahl gleich sein.

Mit dem rowspan-Attribut (Zeilen überspannen) wird durch die Wertzuweisung die Anzahl von Zellen bestimmt, die über mehrere Zeilen einer Spalte zu einer Zelle verbunden werden. Im Beispiel werden die ersten drei Zellen über drei Zeilen in der ersten Spalte zu einer Zelle verbunden. In allen Zeilen sollte die Zellenanzahl gleich sein.

Es lassen sich auch Zellen definieren, die über mehrere Zeilen und Spalten verbunden sind. Dazu verwendet man sowohl das rowspan- als auch das colspan-Attribut im einleitenden <td>-Tag.

10.2.8 Frames

10.2.8.1 Allgemeines

Der Anzeigebereich des Browsers lässt sich durch Frames (Rahmen, Fenster) in mehrere Bereiche unterteilen. In jedem Bereich wird eine eigene HTML-Datei angezeigt. Bei Verweisen in HTML-Seiten, die in Frames abgebildet werden, kann der Inhalt des gleichen oder eines anderen Frames ausgetauscht werden. Mithilfe von Frames lassen sich die inhaltlichen Informationen schnell auswechseln, während Navigation und Logo bestehen bleiben. Langes Suchen und Rücksprünge auf zuvor angesehene Seiten werden vermieden, da die Navigation immer sichtbar ist.

Leider wird bei „Treffern" in Suchmaschinen nur der direkte Verweis einer Seite gespeichert, sodass nur die gesuchte Information angezeigt wird, nicht aber das vollständige Frameset. JavaScript bietet hier zwar Abhilfe; das funktioniert aber nur, wenn JavaScript im Browser aktiviert ist.

In heutigen Web-Seiten wird durchweg auf Frames verzichtet, da die Vorteile von schnelleren Ladezeiten und schnellerem Bildschirmaufbau kaum noch eine Rolle spielen. Schwierigkeiten beim Indizieren von Seiten durch Suchmaschinen oder durch deaktivierte JavaScript-Ausführung treten nur bei Framesets auf.

Ein Klassiker ist die Aufteilung in drei Bereiche: Logo, Name und ggf. weiteren Angaben zum Unternehmen im oberen Bereich, Navigation im linken Bereich und der eigentliche Inhalt im Hauptbereich (Abbildung auf der nächsten Seite). Beim Navigieren werden immer nur Seiten im Hauptbereich ausgetauscht, Logo und die Navigationselemente bleiben bestehen.

10.2.8.2 Grundstruktur

Framesets legen die einzelnen Frames, deren Inhalte und die Fensteraufteilung fest. Die Framesets werden in einer zusätzlichen speziellen HTML-Datei erzeugt, also zum Beispiel so:

```
<!DOCTYPE HTML PUBLIC "-//W3C//DTD HTML 4.01
Frameset//EN">
<html>
<head>
<title>Titel des Frameset</title>
</head>
<frameset ...>      <!-- Definition des Framesets -->
<frame ...>         <!-- Definition der einzelnen Frames -->
<frame ...>
<noframes>
Alternativtext, falls der Browser keine Frames anzeigt
</noframes>
</frameset>
</html>
```

Da es sich um eine spezielle HTML-Datei zur Aufteilung des Browserfensters handelt, wird die HTML-Variante in der Dokumenttyp-Angabe auf "Frameset" statt "Transitional" geändert. Dateien, die Framesets definieren, haben kein <body>-Element; stattdessen wird das Element <frameset> notiert. Innerhalb des Framesets sind die einzelnen Frames oder weitere Framesets definiert. Der Titel im <title>-Element wird angezeigt, bis das Frameset aufgelöst wird. Mit dem Element <noframes> wird ein alternativer Text angezeigt, wenn der Browser keine Frames unterstützt oder ihre Anzeige deaktiviert ist.

10.2.8.3 Aufteilung in Frames

Die Aufteilung in einzelne Rahmen erfolgt im Tag <frameset> durch die Attribute rows und cols.
- rows zur Aufteilung in Reihen. Die Anzahl der Werte in der Wertzuweisung bestimmt die Anzahl der Reihen. Numerische Angaben erfolgen absolut in Pixel (ohne Einheit) oder in Prozent (%).

- cols (*columns*) zur Aufteilung in Spalten. Die Anzahl der Werte in der Wertzuweisung bestimmt die Anzahl der Spalten, numerische Angaben erfolgen in Pixel oder Prozent.

Frames können durch weitere Framesets ersetzt werden. Beispiel: Aufteilung in zwei Spalten mit Breiten von 30% und 70% des Browserfensters; der rechte Frame wird durch ein Frameset ersetzt, in dem sich zwei Frames mit den Höhen 20% und 80 % befinden.

Die Anzeige der Rahmen um die einzelnen Frames wird mit diesen Attributen gesteuert:

- border (Rand) zur Festlegung der Rahmendicke für Netscape-Browser
- framespacing (Leerraumbreite des Rahmen) zur Festlegung der Rahmendicke für Microsoft-Browser
- frameborder (Rahmenrand) erzeugt in Browsern von Microsoft einen 3D-Rahmen (1) oder nicht (0).

Die Anzeige der Rahmen in Microsoft- und Netscape-Browsern lässt sich nur durch Angabe der drei Attribute frameborder="0", framespacing="0" und border="0" unterdrücken.

Die wichtigsten Attribute zur Veränderung der Darstellung von Frames:

- scrolling (Rollen): Die Bildlaufleisten werden immer angezeigt (yes), immer unterdrückt (no) oder bei Bedarf angezeigt (Standardeinstellung auto).
- marginheight (Randhöhe): Abstand des oberen und unteren Rahmens zum Inhalt
- marginwidth (Randbreite): Abstand des rechten und linken Rahmens zum Inhalt

Aufteilung in Frames

Aufteilung in drei Reihen; obere und untere haben feste Höhen in Pixel, die mittlere (*) wird automatisch berechnet (Höhe des Browseranzeigebereichs abzüglich obere und untere Reihe).

```
<frameset rows="120,*,40">
   <frame ...>
   <frame ...>
   <frame ...>
</frameset>
```

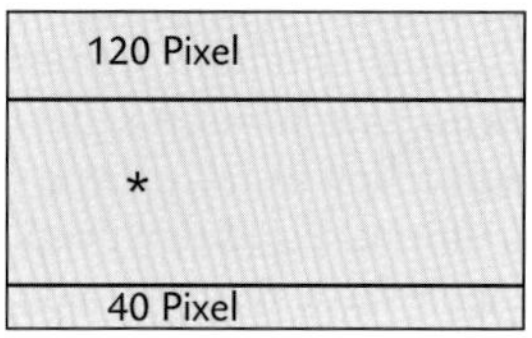

Aufteilung in zwei Spalten mit Breiten von 30% bzw. 70% des Browserfensters.

```
<frameset cols="30%,70%">
   <frame ...>
   <frame ...>
</frameset>
```

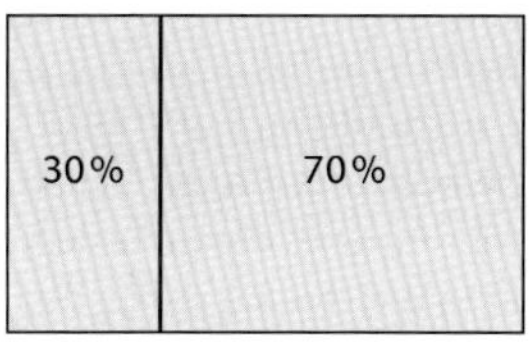

Der rechte Frame wird durch ein weiteres Frameset ersetzt, in dem sich wiederum zwei Frames mit Höhen von 20% bzw. 80% befinden.

```
<frameset cols="30%,70%">
   <frame ...>
   <frameset rows="20%,80%">
      <frame ...>
      <frame ...>
   </frameset>
</frameset>
```

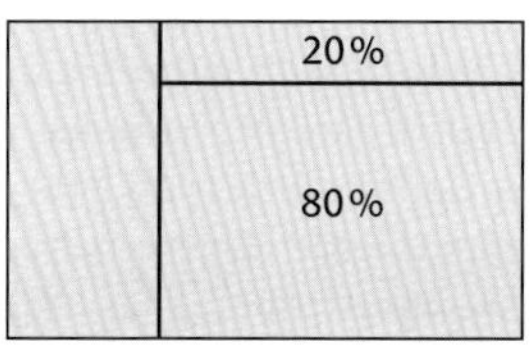

„Klassisches" Frameset

Aufteilung in drei Frames für Logo und Name des Unternehmens, Navigation und Inhalt

```
<!DOCTYPE HTML PUBLIC
"-//W3C//DTD HTML 4.01 Frameset//EN">
<html>
<head>
   <title>Frames</title>
</head>
<frameset rows="100,*">
   <frame src="titel.html" name="oberesFenster"
   scrolling="no" noresize>
   <frameset cols="160,*">
      <frame src="navigation.html"
      name="linkesFenster" scrolling="no">
      <frame src="inhalt.html"
      name="rechtesFenster" scrolling="yes">
   </frameset>
   <noframes>
      Dieser Text wird angezeigt, wenn der Browser
      keine Frames anzeigt.
   </noframes>
</frameset>
</html>
```

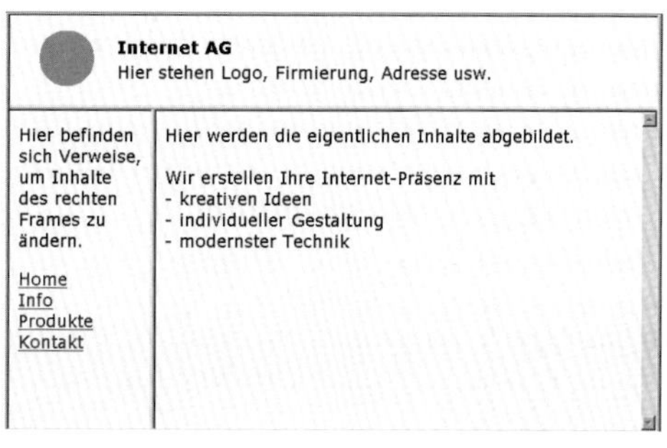

- noresize (*no resize,* keine Größenänderung): Größe des Frames sowie aller benachbarten Frames können vom Anwender nicht verändert werden.
- name: Die Frames erhalten Namen, um eindeutige Verweise auf Frames zu ermöglichen.

Weitere Eigenschaften – zum Beispiel Bildlaufleisten, Abstände, Anzeige des Rahmens – werden ähnlich wie die Eigenschaften von Frames festgelegt. Bei Verwendung des Element iframe in einer HTML-Datei wird die HTML-Variante „Transitional" verwendet.

10.2.8.4 Frames und Verweise

Verweise in HTML-Seiten wechseln bekanntlich den Inhalt des Browserfensters oder den Inhalt des jeweiligen Frames. Bei Framesets sind aber auch Verweise möglich, mit denen Inhalte anderer Frames gewechselt werden.

Durch das Attribut target (Ziel) im Tag <a> mit der Wertzuweisung eines in einem anderen Frame definierten Namens wird der Inhalt dieses Frames durch die referenzierte Datei ersetzt. Achtung: Bei der Referenzierung ist auf genaue Schreibweise zu achten, Klein- und Großschreibung werden unterschieden!

Beispiel: Der Inhalt des Frames mit dem Namen hauptFenster wird durch die Datei inhalt2.html ersetzt.

```
<a href= " inhalt2.html "
target= " hauptFenster " >Inhalt 2</a>
```

Durch Angabe des Attributs target= " _top " im Verweis werden Framesetes aufgelöst. Der neue Inhalt erscheint im gesamten Browserfenster ohne Frames.

```
<a href= " neu.html "
target= " _top " >Frameset beenden</a>
```

10.2.8.5 Eingebettete Frames

Eingebettete Frames erzeugen Bereiche an beliebiger Stelle innerhalb von HTML-Dateien, in denen andere HTML-Dateien oder Datenquellen angezeigt werden können. Mit dem Element <iframe ...>...</iframe> (*inline frame*, Rahmen im Textfluss) wird der eingebettete Frame erzeugt.

Das Attribut src legt fest, welche Quelle angezeigt wird; height und width legen die Größe des Rahmen fest. Das Attribut name bestimmt den Namen des Frames, um Verweise zum eingebetteten Frame definieren zu können. Zwischen Anfangs- und End-Tag können alternativer Text und andere Elemente stehen; sie werden angezeigt, wenn der Browser keine eingebetteten Frames unterstützt. Beispiel:

```
<iframe src="grafik.jpg" name="Kunstgallerie"
width="360" height="240" align="left" scrolling="yes"
marginheight="0" marginwidth="0" frameborder="0">
  <p>Ihr Browser zeigt leider keine eingebetteten
  Frames an.</p>
</iframe>
```

10.2.9 Multimedia – externe Objekte

Um Videos, Sounds, Spiele oder einfache Textdateien auf einer Web-Seite zu repräsentieren, werden sie in HTML als Objekte eingebunden. Alle Dateiformate werden durch das Element <object> oder <embed> referenziert, ähnlich wie Grafiken.

Für jedes Dateiformat ist ein Interpreter erforderlich – dem Browser muss eine Verknüpfung zwischen dem Objekttyp und einem Interpreter bekannt sein. In der Praxis treten oft Schwierigkeiten auf: Die verschiedenen Interpreter für gleiche Objekttypen führen zu unterschiedlichen Darstellungsweisen. Insbesondere ist hier auf unterschiedliche Plattformen zu achten.

Falls ein Objekttyp nicht unterstützt wird, erscheint die Aufforderung zum Download und zur Installation des entsprechenden Plug-Ins. Um Anwender(innen) nicht zu überfordern, werden meist nur sehr gängige Dateiformate benutzt, in der Hoffnung, dass die Interpreter schon installiert sind. Gängige Interpreter für Dateiformate sind zum Beispiel:

- Apple Quicktime für Audio und Video (.mov)
- Adobe Reader für PDF-Dokumente (.pdf)
- Adobe Flash Player für Animation, Spiele (.swf) und Video (.flv)
- RealPlayer für Streaming-Media (.rm, .smi)
- Microsoft Media Player für Audio und Video (.wma, .wmv)

Die Attribute im Tag <object> bzw. <embed> veranlassen die Interpreter, bestimmte Eigenschaften auszuführen, doch deren Auslegung ist leider nicht immer gleich. Weisen Sie daher den Betrachter auf die entsprechenden Interpreter und die Version bei Verwendung von Multimedia-Objekten hin, um keine Überraschungen zu erleben!

Das Beispiel auf der nächsten Seite zeigt die Einbindung eines Videos im Quicktime-Format mit Quellenangabe, Breiten- und Höhenangaben, Anzeige von Bedienelementen, automatischem Start des Films und Verweis auf den automatischen Download des Plug-Ins, falls es nicht installiert ist. Um unterschiedlichen Browsern gerecht zu werden, steht das <embed>-Element innerhalb des <object>-Elements; zu beiden Elementen werden Eigenschaften notiert.

Welche Attribute zum <object>-Tag zur Verfügung stehen, wird durch den zu verwendenden Interpreter bestimmt. Informieren Sie sich deshalb beim Herstel-

Beispiel zur Einbindung einer Videodatei mit Quicktime

```
<!Doctype HTML PPUBLIC "-//W3C//DTD HTML 4.01 Transitional//EN">
<html>
<head><title>Video</title></head>
<body>
    <object classid="clsid:02BF25D5-8C17-4B23-BC80-D3488ABDDC6B" width="160"
    height="144" codebase="http://www.apple.com/qtactivex/qtplugin.cab">
        <param name="SRC" value="sample.mov">
        <param name="AUTOPLAY" value="true">
        <param name="CONTROLLER" value="true">
        <embed src="sample.mov" width="160" height="144" autoplay="true"
        controller="true" pluginspage="http://www.apple.com/quicktime/download/">
        </embed>
    </object>
</body></html>
```

ler des Interpreters, wie die Datei korrekt in HTML eingebunden wird! Entsprechende Hinweise und Beispiele sind bei allen Herstellern zu finden.

Frei zur Verfügung stehende oder eigene, hochgeladene Videos auf dem Videoportal YouTube lassen sich einfach in die eigene Website einbinden. Nach Rechtsklick auf das Video in der YouTube-Seite wird im Kontextmenü die Option „Copy embed html" gewählt und per Einfügen in den Quelltext der eigenen HTML-Seite eingebunden. Voraussetzung ist der Adobe Flash-Player im Browser des Nutzers. Für die Einbindung von Videos, die auf dem eigenen Webserver gehostet sind, ist der JW FLV Media Player (www. longtailvideo.com) geeignet, der ebenfalls den Flash-Player voraussetzt.

10.2.10 Formulare

10.2.10.1 Allgemeines

Formulare werden zur Eingabe von Daten erstellt, um Informationen vom Anwender zu erfassen. Formulare können zahlreiche Aufgaben haben, zum Beispiel Suchanfragen, Bestellungen oder Adresseinträge für Datenbanken. Die Daten werden nach Eingabe an den Server gesendet; ein serverseitiges Skript legt dort die Weiterverarbeitung fest. Daten können so in eine Datenbank gelangen oder direkt an eine Email Adresse weitergeleitet werden.

Mit dem <form>-Element wird ein Formular definiert. Innerhalb der Tags <form>...</form> werden Elemente für die Datenerfassung, zum Beispiel Eingabefelder, Textfelder, Auswahllisten und Buttons definiert. Die Elemente lassen sich durch andere HTML-Elemente beschriften und positionieren. Das <form>-Tag hat folgende wichtige Attribute:

- action legt fest, wie die Daten nach dem Anklicken eines Sende-Buttons weiterverarbeitet werden. Die Wertzuweisung ist oft eine CGI-Skript-Datei (vgl. Abschnitt 10.9.1) oder eine E-Mail-Adresse mit vorangestelltem mailto:. Beim Versenden eines Formulars direkt an eine E-Mail-Adresse kommt es allerdings häufi zu Problemen; serverseitiger Versand mittels CGI-Skript ist die bessere Lösung ist.
- method legt die Übertragungsmethode der Daten fest. Mögliche Wertzuweisungen sind get (bekommen) und post (versenden). Mit get werden die Daten als Parameter an die im action-Attribut angegebene Adresse angehängt und auf dem Server in der Umgebungsvariablen QUERY-STRING gespeichert. Mit post werden die Daten als „Datenpaket" an den Server gesendet und in der Umgebungsvariablen CONTENT-LENGTH gespeichert.
- enctype (*encode type,* Art des Codierens): Der Versand von Daten an eine E-Mail-Adresse erfolgt mit der Methode post. Um dem Empfänger das Lesen zu erleichtern, werden Formatierungszeichen, die beim Senden von Formulardaten entstehen, durch die Angabe enctype="text/plain" entfernt.

10.2.10.2 Eingabefelder

Für die Datenerfassung stehen verschiedene Eingabefelder zur Verfügung. Alle Eingabefelder erhalten das Attribut name, um sie eindeutig zu bezeichnen. Die Daten werden als Name-Wertepaare an den Server übertragen. Achtung: Gleiche Benennungen von Feldern führen oft zu Fehlern bei der Datenauswertung!

Durch das <input>-Tag werden unterschiedliche Arten von Eingabefeldern definiert, die durch das Attribut type festgelegt werden.

- type="text" für einzeilige Eingabefelder zur Erfassung von wenigen Wörtern oder Zeichen. Mit dem Attribut size wird die Anzahl der im Eingabefeld sichtbaren Zeichen festgelegt; maxlength definiert, wie viele Zeichen höchstens eingegeben werden können. Mit dem value-Attribut lässt sich der Inhalt des Textfelds vorbelegen.
```
<input type="text" name="Ort" size="30"
maxlength="30" value="Hamburg">
```
- type="password": Der eingegebene Text wird durch Platzhalter – meist das Asterisk-Zeichen (*) – dargestellt, um zum Beispiel Passwörter oder Pins vor Personen zu verbergen, die sich im selben Raum befinden. Die Daten werden aber unverschlüsselt über das http-Protokoll übertragen. Für die verschlüsselte Datenübertragung gibt es zum Beispiel das Protokoll https *(hypertext transfer protocol secure)*.
```
<input type="password" name="Pin" size="5"
maxlength="5">
```
- type="radio" für eine Gruppe von abhängigen beschrifteten Buttons (Radiobuttons), wovon einer ausgewählt werden kann, dessen Wert (value) übertragen wird. Die Abhängigkeit wird durch die Wertzuweisung gleicher Namen erreicht.
```
<input type="radio" name="Geschlecht"
value="Herr">Herr
<input type="radio" name="Geschlecht"
value="Frau">Frau
```
- type="checkbox" für anzukreuzende, beschriftete Felder. Haben Felder die gleichen Namen, werden alle Werte der angekreuzten Felder übertragen.
```
<input type="checkbox" name="Zimmer"
value="Doppelbett">Doppelbett
<input type="checkbox" name="Zimmer"
value="Vollbad">Bad und WC
<input type="checkbox" name="Zimmer"
value="Kueche">K&uuml;che
```

Das Element <textarea> (Textbereich) dient zur Erfassung von mehrzeiligen Texten. Das Attribut rows definiert die Anzahl der Zeilen und cols die Anzahl der Spalten für den Textbereich. Die Vorbelegung für Text steht zwischen dem Anfangs- und End-Tag.
```
<textarea name="Anmerkung" rows="8" cols="60">
Bitte notieren Sie hier Ihre Nachricht.</textarea>
```

Zur Auswahl aus einer Liste festgelegter Einträge dient das Element <select> mit den enthaltenen Elementen für unterschiedliche Optionen. Nur der Wert (value) des ausgewählten Eintrags wird gesendet. Eine Mehrfachauswahl wird durch das Attribut multiple ermöglicht. Das Attribut size legt die Anzahl der sichtbaren Einträge fest. Ist der Wert von size kleiner als die Anzahl der Optionen, erscheint eine Scrollbar; wird size="1" gesetzt, so erscheint eine Drop-Down-Liste. Durch die Angabe selected in einer Option wird das Feld vorgewählt.
```
<select name="Tier" size="3">
<option value="1">Hund</option>
<option value="2">Katze</option>
<option value="3" selected>Maus</option>
<option value="4">Tiger</option>
<option value="5">Affe</option>
</select>
```

Einfaches Bestellformular zum Senden an eine E-Mail-Adresse

```
<!DOCTYPE HTML PUBLIC "-//W3C//DTD HTML 4.01 Transitional//EN">
<html>
<head><title>Formular</title></head>
<body bgcolor="#cccccc">
<div align="center">
<form action="mailto:info@meine-domain.de?subject=Formularauswertung" method="post" enctype="text/plain">
<table border="0">
<tr>
    <td>Vorname:</td>
    <td><input type="text" name="Vorname" size="30" maxlength="40"></td>
</tr>
<tr>
    <td>Nachname:</td>
    <td><input type="text" name="Nachname" size="30" maxlength="40"></td>
</tr>
<tr>
    <td>Stra&szlig;e, Hausnummer:</td>
    <td><input type="text" name="Strasse" size="30" maxlength="40"></td>
</tr>
```
(Fortsetzung auf der nächsten Seite)

Einfaches Bestellformular zum Senden an eine E-Mail-Adresse *(Fortsetzung)*

```
<tr>
    <td>PLZ, Ort:</td>
    <td><input type="text" name="PLZ" size="5" maxlength="5"> 
    <input type="text" name="Ort" size="22" maxlength="40"></td>
</tr>
<tr>
    <td colspan="2"> </td>
</tr>
<tr>
    <td valign="top">Bestellnummer:</td>
    <td><select name="Bestellnummer">
    <option value="1000">HQX-1000-2004</option>
    <option value="1112" selected>HQX-1112-2004</option>
    <option value="1230">HQX-1230-2004</option>
    <option value="1270">HQX-1270-2004</option>
    <option value="1280">HQX-1280-2004</option>
    </select></td>
</tr>
<tr>
    <td colspan="2"> </td>
</tr>
<tr>
    <td valign="top">Was halten Sie von unserem Service?</td>
    <td>
    <textarea name="Kommentar" rows="10" cols="40">Bitte schreiben Sie uns Ihren Kommentar.</textarea>
    </td>
</tr>
<tr>
    <td colspan="2"> </td>
</tr>
<tr>
    <td valign="top">Geben Sie Ihre Zahlungsweise an:</td>
    <td><input type="radio" name="Zahlmethode" value="Vorkasse">Vorkasse<br>
    <input type="radio" name="Zahlmethode" value="Nachnahme">Nachnahme<br>
    <input type="radio" name="Zahlmethode" value="Kreditkarte">Kreditkarte</td>
</tr>
<tr>
    <td colspan="2"> </td>
</tr>
<tr>
    <td> </td>
    <td><input type="submit" value="Absenden"> 
<input type="reset" value="Zur&uuml;cksetzen"></td>
</tr>
</table>
</form>
</div>
</body>
</html>
```

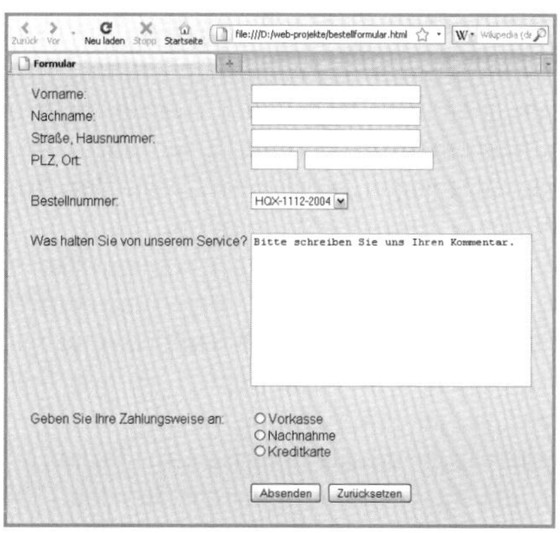

Um die erfassten Daten an die im action-Attribut angegebene Adresse zu senden, wird im Formular ein Sende-Button erstellt. Meist folgt ein Rücksetz-Button, um die Eingaben im gesamten Formular zu löschen. Mit dem Attribut value wird die Aufschrift der Buttons bestimmt.

```
<input type="submit" value="Senden">
<input type="reset" value="R&uuml;cksetzen">
```

10.3 Cascading Stylesheets (CSS)

10.3.1 Grundlagen

Das Aussehen der Elemente kann mit HTML nicht genau festgelegt werden. Man kann zwar zum Beispiel die Ordnung einer Überschrift (<h3>...</h3>) in HTML angeben, aber nicht die genaue Größe in Punkt oder Pixel. Hier setzt CSS an.

CSS ist eine Ergänzungssprache, vorwiegend zu HTML. Für HTML-Elemente lassen sich beliebige Stilvorlagen festlegen; Schriftgröße, Schriftfarbe sowie Textabstand und Textausrichtung können punkt- oder pixelgenau angegeben werden. Es ergeben sich neue Darstellungsmöglichkeiten wie zum Beispiel die Angabe einer Schriftgröße von 80 Punkt. Auch pixelgenaues Platzieren von Elementen ist möglich. CSS erlaubt also größere Kontrolle über das visuelle Erscheinungsbild des Layouts. Die Darstellung in unterschiedlichen Browsern auf verschiedenen Plattformen und Ausgabegeräten wird nahezu vereinheitlicht.

Mit CSS werden Formate in den drei Definitionsbereichen festgelegt:

- Zentrale Definition in externen Dateien und Import in die HTML-Datei
- Notierung im Kopf der HTML-Datei
- Notierung innerhalb von HTML-Elementen

Die Kaskadierung vollzieht sich von außen nach innen: Zuerst wird die Darstellung des HTML-Elements von der externen Vorlage bestimmt, danach von der Angabe im Kopf der HTML-Datei und zuletzt durch die Angabe innerhalb der eigenen Auszeichnung. Es ist darauf zu achten, dass es zu keinen oder zumindest möglichst wenigen „Kollisionen" zwischen den drei Definitionsbereichsangaben kommt.

Am sinnvollsten ist die Angabe in einer externen Datei, die für alle Seiten des gesamten Web-Auftritts zuständig ist. Auf diese Weise lassen sich Angaben über HTML-Elemente jederzeit zentral ändern. Soll zum Beispiel die Schrift auf allen Seiten des Webauftritts eine andere Farbe erhalten, muss sie im Idealfall nur einmal in der externen Datei geändert werden.

Auch CSS verwendet Unicode (UTF-8 oder ASCII-Zeichen), sodass ein einfacher HTML- oder Texteditor zur Erstellung und Bearbeitung ausreicht. Browser benötigen zur Darstellung einen CSS-Parser.

CSS ist eine vom W3- Konsortium standardisierte Sprache, die in den Spezifikationen CSS 1 (Dezember 1996, überarbeitet 1999) und CSS 2 (Mai 1998) frei und ohne Lizenz benutzt werden kann. Zwei neue Versionen sind zurzeit in Arbeit: CSS 2.1 soll Unstimmigkeiten korrigieren und Techniken streichen, die von Browsern nicht korrekt implementiert wurden, während CSS (Level) 3 eine vollständige Weiterentwicklung von CSS 2 ist.

10.3.2 CSS und HTML verbinden

Cascading-Stylesheets-Definitionen können auf drei unterschiedliche Arten in HTML-Dateien integriert werden: durch Einbindung externer Dateien, Festlegung eines CSS-Bereichs im Kopf der HTML-Datei oder inline im Anfangs-Tag von HTML-Elementen. Die Stilformate beziehen sich zum Beispiel auf Schrift, Text, Farbe und Positionierung der Elemente.

Um ein einheitliches Design dateiübergreifend zu erzeugen, werden die Formate in einer externen CSS-Datei definiert, die in die betreffenden HTML-Seiten eingebunden wird. Das Einbinden geschieht nach HTML-Syntax mit dem Element <link> oder in einer CSS-spezifischen Syntax nach XHTML mit @import url im Kopf der HTML-Datei. Änderungen in der CSS-Datei wirken sich unverzüglich in allen HTML-Dateien mit der eingebundenen CSS-Datei aus.

Syntax zur Einbindung einer externen Datei und eines CSS-Bereichs im Kopf der HTML-Datei:

```
<!DOCTYPE HTML PUBLIC "-//W3C//DTD
HTML 4.01 Transitional//EN">
<html>
<head>
<title>Titel der Datei</title>
<link rel="stylesheet" type="text/css"
href="formate.css">
<style type="text/css">
<!--
/* CSS-Definitionen, die sich nur auf diese
Datei beziehen */
-->
</style>
</head>
<body>
<!-- Darzustellender Inhalt der Datei -->
</body>
</html>
```

Durch das <link>-Tag (verbinden) im Kopf der HTML-Datei wird die externe Datei eingebunden; rel="stylesheet" (*relation,* Bezug) und type= "text/css" geben an, dass es sich um die Einbindung von Stylesheets handelt, die im Textformat vom Typ CSS vorliegen. Durch href="formate.css" wird auf die eigentliche Datei referenziert. Hier sind wieder absolute oder relative Pfadangaben möglich (vgl. Abschnitt 10.2.5.2). CSS-Dateien haben gewöhnlich die Dateiendung .css und liegen im reinen ASCII-Format vor.

Die Stilvorlage in einer externen Datei kann zum Beispiel so aussehen:

```
body { background-color:#ffffff }
h1 { font-size:48pt;
     color:blue;
     font-style:italic }
```

Die Hintergrundfarbe für das <body>-Element wird hier auf #ffffff (Weiß) festgelegt. Der Inhalt des <h1>-Elements in der HTML-Datei wird in der Schriftgröße 48 pt, blau und kursiv dargestellt.

Stildefinitionen bestehen aus einem Selektor, der die Elemente auswählt, und einer Aufzählung von Eigenschaften mit den ihnen zugewiesenen Werten.

```
Selektor { Eigenschaft1:Wert1; Eigenschaft2:Wert2; ...}
```

Die Kombination aus Eigenschaft und Wert wird als Deklaration bezeichnet. Die Eigenschaften und ihre Werte werden in geschweiften Klammern notiert; Eigenschaft und Wert sind durch einen Doppelpunkt voneinander getrennt. Weitere Eigenschaft:Werte-Paare werden jeweils mit einem Semikolon vom vorangehenden getrennt.

Stildefinitionen, die sich nur auf eine HTML-Datei beziehen sollen, können im Kopf dieser Datei zwischen <style>...</style> mit type="text/css" festgelegt werden. Sind Formatangaben sowohl in der externen CSS-Datei als auch im Kopf der HTML-Datei definiert, werden die Angaben des Kopfes dargestellt, da sie räumlich näher am Element definiert sind. Beispiel für eine Stilvorlage im Kopf der HTML-Datei:

```
<style type="text/css">
<!--
     h1 { font-size:24pt;
          color:blue;
          font-style:italic }
     p,ul { font-family:verdana,arial;
            font-size:10pt;
            line-height:14pt }
-->
</style>
```

Die HTML-Kommentar-Zeichen <!-- ... --> sind nötig, weil Browser, die keine Stylesheets interpretieren können, sonst die Zeichen abbilden würden. CSS-Parser ignorieren diese Angabe. Kommentare in Stylesheets werden mit /* eingeleitet und enden mit */.

Zuletzt können die Formate direkt im Anfangs-Tag eines HTML-Elements durch das Attribut style und dessen Wertzuweisungen definiert werden. Damit die CSS-Formatierungen angezeigt werden, müssen die HTML-Elemente mit Anfang- und End-Tag notiert sein. Eine solche Inline-Stilvorlage kann zum Beispiel so aussehen:

```
<h3 style="font-style:italic; color:#0000ff">Text</h3>
```

Die Wertzuweisung des Attributs style besteht immer aus zwei Teilen: der Eigenschaft, gefolgt von einem Doppelpunkt, und dem Wert. Weitere Wertzuweisungen werden jeweils mit einem Semikolon von der vorangegangenen getrennt.

Klassen: Definition von Schriftgrößen *(zu Abschnitt 10.3.3 auf der folgenden Seite)*

```
<!DOCTYPE HTML PUBLIC "-//W3C//DTD HTML 4.01 Transitional//EN">
<html>
<head>
<title>CSS Klassen</title>
<style type="text/css">
<!--
     p { font-family: "trebuchet ms",arial,sans-serif }
     .klein { font-size:8pt }
     .normal { font-size:12pt }
     .gross { font-size:18pt }
-->
</style>
</head>
<body>
<p class="normal">Klassen f&uuml;r normale, <span class="klein">kleine,</span> und
<span class="gross">gro&szlig;e</span> Schriften</p>
</body>
</html>
```

Klassen für normale, kleine, und **große** Schriften

Achtung: Schriftnamen, die Leerzeichen enthalten (Times New Roman, Courier New), sollen grundsätzlich in Anführungszeichen gesetzt werden, also zum Beispiel `"times new roman"`. Innerhalb des `style`-Attributs, dessen Wertzuweisung ja bereits in Anführungszeichen steht, werden stattdessen Hochkommata (`'...'`) verwendet:
`<p style="font-family:'times new roman'">`

10.3.3 Formate für HTML-Elemente

Formate für einzelne HTML-Elemente werden durch Angabe des HTML-Elements und Aufzählung der Formatdefinitionen in geschweiften Klammern definiert, zum Beispiel `p { font-family:arial; color:black }`. Sind mehrere, durch Kommata voneinander getrennte HTML-Elemente angegeben, gelten die definierten

Klassen: Schrift mit Schlagschatten

```
<!DOCTYPE HTML PUBLIC "-//W3C//DTD HTML 4.01 Transitional//EN">
<html>
<head>
<title>Schlagschatten und Rahmen</title>
<style type="text/css">
<!--
    .rahmen { font-family:tahoma,sans-serif; font-size:36pt; font-weight:normal; position:absolute;
    top:20px; left:50px; color:#000066 }
    .schatten { position:absolute; top:2px; left:3px; color:#cccccc }
    .schrift { position:absolute }
-->
</style>
</head>
<body>
<h1 class="rahmen">
    <span class="schatten">Schlagschatten</span>
    <span class="schrift">Schlagschatten</span>
</h1>
</body>
</html>
```

Individuelle Formate und Bezeichner: Blaues, rotes und grünes Quadrat

```
<!DOCTYPE HTML PUBLIC "-//W3C//DTD HTML 4.01 Transitional//EN">
<html>
<head>
<title>CSS Bezeichner</title>
<style type="text/css">
<!--
    #rot  { position:absolute;left:160px; top:120px; width:80px; height:80px; background-color:#ff0000 }
    #gruen { position:absolute; left:220px; top:140px; width:80px; height:80px; background-color:#00ff00 }
    #blau  { position:absolute;  left:100px; top:100px; width:80px; height:80px; background-color:#0000ff }
-->
</style>
</head>
<body>
<div id="blau"></div>
<div id="rot"></div>
<div id="gruen"></div>
</body>
</html>
```

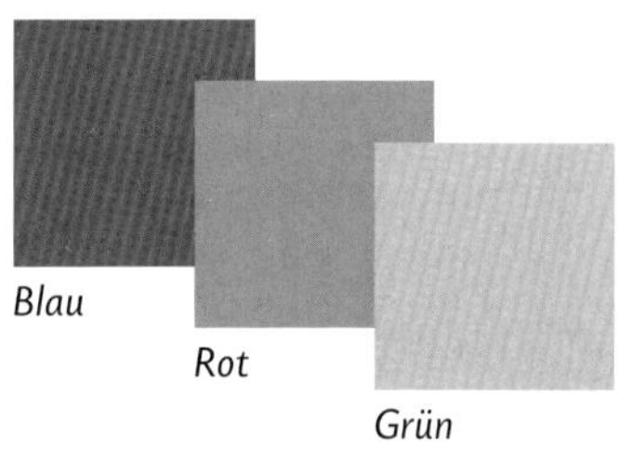

Formate für jedes der aufgezählten Elemente. Beispiel: h1,h2,p,td { font-family:arial; color:black }

Sind die HTML-Elemente dagegen nur durch Leerzeichen voneinander getrennt aufgelistet, treten die Formate nur dort auf, wo diese Elemente ineinander verschachtelt sind: h1 i { color:red }

Durch Klassen lassen sich Formate vorab definieren, die im Nachhinein den Elementen zugeordnet werden. Klassen werden durch einen Namen mit vorangestelltem Punkt erzeugt, also zum Beisspiel .normal. Mit dem class-Attribut wird die Klasse dem Element zugeordnet, hier also class= "normal".

Ähnlich den Klassen gibt es ein individuelles Format, wobei Elemente durch einen Bezeichner eindeutig angesprochen werden können. Individuelle Formate werden durch einen Namen mit vorangestelltem # erzeugt, zum Beispiel #gruen. Der Bezeichner wird den Elementen durch das id-Attribut (*identifier*, Bezeichner) zugeordnet, zum Beispiel id= "gruen". Bezeichner sind auch für Programmiersprachen wie JavaScript von Bedeutung, um das entsprechende Element eindeutig zu referenzieren.

Ab CSS 2.0 können individuelle Formate mit speziellen Selektoren definiert werden. Vor dem # wird ein HTML-Element notiert, zum Beispiel h2#Rot. Die Formatdefinition wird hier nur auf Überschriften zweiter Ordnung (<h2>) mit dem Attribut id= "Rot" angewandt. Andere Elemente mit dem gleichem id-Attribut werden ignoriert.

Pseudoformate:
Farben für nicht besuchten, besuchten und aktiven Verweis

```
<!DOCTYPE HTML PUBLIC "-//W3C//DTD
HTML 4.01 Transitional//EN">
<html>
<head>
<title>Pseudoformate</title>
<style type="text/css">
<!--
   body { font-family:arial,sans-serif; font-size:12pt }
   a:link { color:#ff0000; text-decoration:none }
   a:visited { color:#ff00ff; text-decoration:none }
   a:active { color:#ff0000; text-decoration:none }
-->
</style>
</head>
<body>
<p>Informationen zu CSS:
<a href="csspseudo.html">Pseudoformate</a></p>
</body>
</html>
```

Auch die Definition ul#Navigation a ist zulässig. Hier werden Formatdefinitionen nur für Verweise (<a>) innerhalb von ungeordneten Listen (<ul>) mit dem Bezeichner id= "Navigation" angewandt.

Wie die Beispiele links zeigen, können Elemente einander auch überdecken. Das ist allein mit HTML nicht möglich, sondern nur durch CSS realisierbar.

Pseudoformate gibt es für Elemente mit mehreren Erscheinungsweisen. Verweise können unterschiedliche Zustände haben, zum Beispiel nicht besuchter Verweis, besuchter Verweis, aktivierter Verweis (a:link, a:visited, a:active). Die Angaben der Pseudoformate und deren Reihenfolge sind für die Elemente fest vorgegeben.

10.3.4 CSS-Eigenschaften

Die wichtigsten Eigenschaften von Cascading Stylesheets lassen sich grob in die Bereiche Schrift, Text, Farbe und Hintergrund, Rahmen sowie Positionierung unterteilen (vgl. Übersicht auf den folgenden Seiten).

Maße und Positionen werden absolut – zum Beispiel in Punkt, Pica, Milimeter, Zentimeter – oder relativ zu anderen Größen angegeben. Zwischen Zahl und Einheit steht kein Leerzeichen, Dezimalstellen werden durch einen Punkt abgetrennt, also zum Beispiel 12pt, 0.4in, 1.2em. Die numerische Werte können folgende Einheiten haben:

- pt (Punkt, Point, Big Point; 1 pt = 1/72 Inch; vgl. auch Abschnitt 4.5.1)
- pc (Pica = 12 pt)
- in (Inch = 6 Pica = 72 pt = 25,4 mm)
- mm (Millimeter)
- cm (Zentimeter)
- em (Elementeigene Schrifthöhe – relative Angabe, bezogen auf die Schriftgröße des jeweiligen Elements bzw. dessen font-size-Definition oder des übergeordneten Elements – zum Beispiel <body> – oder letztlich der Voreinstellung im Browser. Wenn die elementeigene Schriftgröße zum Beispiel 12 pt ist, ergibt font-size=1.5em die Schriftgröße 18 pt und font-size=2em die Schriftgröße 24 pt.)
- ex (Elementeigene Höhe des Buchstaben x – relative Angabe)
- px (Pixel – relative Angabe wegen unterschiedlicher Monitorauflösungen)
- % (Prozent – relative Angabe)

Farben können in CSS auf gleiche Weise wie in HTML gekennzeichnet werden, also durch Farbnamen oder Hexadezimalwerte. Neben der sechstelligen Hexadezimalschreibweise #rrggbb gibt es die Kurzschreibweise #rgb. Die drei Ziffern werden intern verdoppelt, #30f steht also für #3300ff.

Wichtige CSS-Eigenschaften im Überblick

Eigenschaft	CSS	mögliche Wertzuweisung
Schrift		
Schriftfamilie	font-family	Schriftname, z. B. font-family:arial,helvetica,sans-serif
Normal/kursiv	font-style	normal | italic | oblique
Normal/Kapitälchen	font-variant	normal | small-caps
Schriftgröße	font-size	Numerischer Wert, z. B. font-size:14pt
Schriftfette	font-weight	normal | bold | bolder | lighter | 100 | 200 | 300 | 400 | 500 | 600 | 700 | 800 | 900 normal entspricht 300, bold entspricht 500
Schrift allgemein	font	Zusammenfassung der obigen Eigenschaften; die Reihenfolge ist beliebig, z. B. font:12pt bold arial
Text		
Wortabstand	word-spacing	Numerischer Wert, z. B. word-spacing:1.8mm
Zeichenabstand	letter-spacing	Numerischer Wert, z. B. letter-spacing:0.5em
Zeilenhöhe	line-height	Numerischer Wert, z. B. line-height:12mm
Textdekoration	text-decoration	none | underline | overline | line-through | blink
Texttransformation	text-transform	none | capitalize | uppercase | lowercase
Texteinrückung	text-indent	Numerischer Wert, z. B. text-indent:50px
horizontale Ausrichtung	text-align	left | center | right | justify
vertikale Ausrichtung	vertical-align	baseline | sub | super |top | text-top | middle | bottom | text-bottom oder num. Wert in Prozent
Farbe und Hintergrund		
Schriftfarbe	color	Farbe, z. B. color:#3399ff
Hintergrundfarbe	background-color	Farbe, z. B. color:#6666cc
Hintergrundbild	background-image	Grafik, z. B. background-image:url(images/bg.jpg)
Kacheleffekt	background-repeat	repeat | repeat-x | repeat-y | no-repeat
Rahmen		
Abstand des Rahmens zum Rand	margin-top margin-left margin-bottom margin-right	Numerischer Wert, z. B. margin-top:10px
	margin	Gleiche Abstände an mehreren oder allen Seiten
Abstand des Inhalts vom Rahmen	padding-top padding-left padding-bottom padding-right	Numerischer Wert, z. B. padding-top:2px
	padding	Gleiche Abstände an mehreren oder allen Seiten
Rahmendicke	border-top-width border-left-width border-bottom-width border-right-width	thin | medium | thick oder numerischer Wert, z. B. border-top-width:4px
	border-width	Rahmendicke an mehreren oder allen Seiten
Rahmengröße	width, height	Numerischer Wert, z. B. width:200px; height:140px
Rahmenfarbe	border-color	Farbe, z. B. border-color:#3399cc
Rahmentyp	border-style	none | dotted | dashed | solid | double | groove | ridge | inset | outset

(Fortsetzung auf der nächten Seite)

Wichtige CSS-Eigenschaften im Überblick (Fortsetzung)

Eigenschaft	CSS	mögliche Wertzuweisung
Positionierung		
Art der Positionierung	position	absolute | relative | static
Abstand zum Bezugspunkt	left, top	Numerischer Wert, z. B. left:20px; top:124px
Größe	width, height	Numerischer Wert, z. B. width:100px; height:40px
Eingrenzen des sichtbaren Bereichs	clip	Als Rechteck mit rect (oben, rechts, unten, links) z. B. clip:rect(10px 130px 100px 0px)
Verhalten bei Überfüllung	overflow	visible | hidden | scroll | auto z. B. overflow:hidden
Position der Ebene	z-index	Ganzzahl, z. B. z-index:10
Sichtbarkeit für dynamisches HTML	visibility	visible | hidden z. B. visibility:hidden
Textumfluss (Element wird vom nachfolgenden Elemente umflossen)	float	left | right | none
Umfluss abbrechen/unterhalb des umflossenen Elements fortsetzen	clear	left | right | both | none

Eine weitere Möglichkeit bietet das rgb-Schema. Die Farbwerte werden hier dezimal (0 bis 255) oder als Prozentzahlen in der Form rgb(rot,grün,blau) angegeben, also zum Beispiel rgb(51,0,255) oder rgb(20%,0%,100%).

```
<style type="text/css">
body { color:rgb(30%,60%,90%);
background-color:rgb(51,255,153) }
h1 { color:#33ffcc; background-color:#000 }
p { color:#345; background-color:white }
</style>
```

10.3.5 Layouts mit CSS

10.3.5.1 Grundlagen

Nach dem Konzept der Trennung von strukturiertem Inhalt einerseits und Gestaltung andererseits werden Layouts konsequent mit CSS erzeugt. (X)HTML dient zur Strukturierung des Inhalts, Stylesheets dienen der Präsentation, also Formatierung und Layout. Layout-Tabellen oder Frames zur Aufteilung des Browserfensters gehören damit der Vergangenheit an.

CSS eröffnet neue Möglichkeiten der Seitengestaltung und -bearbeitung. CSS-Definitionen werden in separate Dateien ausgelagert, sodass sich Änderungen des Layouts sofort und einheitlich auf alle Seiten der Website auswirken. Sinnvolle und logische Verwendung von (X)HTML-Elementen, schlüssige Anordnung der Inhalte und Festlegung von Formatierung und Positionierung mittels CSS verbessert die Zugänglichkeit. Die Pflege der Seiten wird einfacher und übersichtlicher; von Formatierungs- und Layoutangaben freier (X)HTML-Quellcode verkürzt zudem die Ladezeiten.

10.3.5.2 Block-Elemente, Boxen

Die (X)HTML-Block-Elemente und ihre CSS-Eigenschaften float, width und margin spielen für CSS-Layouts eine zentrale Rolle.

Mit Block-Elementen werden unsichtbare Kästen (Boxen) ohne Formatierung, Positionierung oder andere Gestaltung erzeugt. Sie nehmen entweder die gesamte Breite des Browserfensters oder eine durch width zugewiesene Breite ein. Neben Elementen, die nicht die gesamte Breite des Browserfensters einnehmen, können mittels float weitere Elemente platziert werden.

Mit margin kann der Box ein Abstand zugewiesen werden. Das verhindert den Textumfluss um ein zuvor abgebildetes Element. Die pixelgenaue Platzierung von Elementen mittels position sollte vermieden werden, da dies bei Änderung der Schriftgrößen zur Überlagerung von Elementen führen kann. (X)HTML-Block-Elemente wie form, h[1...6], hr, ol, p, table, ul sollten zur Strukturierung des Inhalts eingesetzt werden. Das Block-Element div dient ausschließlich zur Gruppierung von Elementen.

Aufgrund unterschiedlicher Endgeräte und Schriftgrößenanpassungen durch die Benutzer(innen) müssen sich Schrift und Layout entsprechend skalierbar darstellen lassen. Um Skalierbarkeit zu gewährleisten, werden relative statt absoluter Größenangaben für die Gestaltung von Layout, Text und anderen Elementen benutzt.

Durch flexible Positionierung und relative Größenangaben in Prozent oder em werden beliebige Anpassungen an Endgeräte und nutzerseitige Einstellungen erreicht. Für Layouts werden Prozentangaben, für Schriftgrößen wird die Einheit em bevorzugt.

10.3.5.3 Zwei- und dreispaltige Layouts

Die Beispiele auf den folgenden Seiten zeigen einfache zwei- und dreispaltige Layouts. Die Spaltenbreiten sind in der Einheit em angegeben, damit sie sich an benutzerdefinierte Schriftgrößen anpassen. Bei Einstellung einer größeren oder kleineren Schrift wird die Spalte ebenfalls breiter bzw. schmaler. Nachteilig ist diese Flexibilität allerdings in sehr schmalen Fenstern oder bei sehr großer Schrifteinstellung, da sich die Elemente dann untereinander statt nebeneinander platzieren können.

Bei „gefloateten" Boxen besteht die Gefahr, dass sie höhenversetzt angezeigt werden. Abhilfe schafft hier die Angabe von Außenabständen (margin) in den CSS-Eigenschaften der entsprechenden Boxen. Dabei kann die Größe des Außenabstands auch mit Null angegeben sein, zum Beispiel: `<p style="float:left; width:21em; border:1px dashed; margin:0;">`

CSS-basierte Float-Layouts sind heute Standard. Aufgrund der vielfältigen Möglichkeiten erfordern Erstellung und Pflege aber viel Tüftelei und Zeit. Hilfreich sind updatefähige CSS-Frameworks wie YAML (Yet Another Multicolumn Layout, www.yaml.de), die durch geschickte Kombination von Layout und Hacks browserübergreifend funktionieren. Sehr komplexe Layouts lassen sich auch online mit dem YAML-Builder (builder.yaml.de) erzeugen.

10.3.5.4 CSS-Browserweichen

Korrekte, standardkonforme CSS-Definitionen werden von Browsern oft unzureichend umgesetzt; je nach Browsertyp und -version treten unterschiedliche Darstellungsmängel auf. Beim zweispaltigen Layout auf der folgenden Seite gibt es ein Problem bei der Darstellung mit dem Internet Explorer bis Version 6 unter Windows: Die Zeilen der rechten Textspalte werden teilweise etwas nach rechts eingerückt.

Mithilfe von Browserweichen lassen sich die Darstellungsformen für die unterschiedlichen Browserversionen anpassen. Zu den Browserweichen gehören:

- Einbindungsmethoden externer CSS-Dateien (link, @import), mit der ältere Browser ausgeschlossen werden
- Alternative CSS-Dateien für unterschiedliche Browserversionen
- Spezielle Selektoren und Schreibweisen für bestimmte Browser
- Conditional Comments, die ausschließlich von Microsoft Browsern interpretiert werden

Kleinere Korrekturen von CSS-Eigenschaften werden über spezielle Selektoren oder Schreibweisen innerhalb der Style-Definitionen hinzugefügt. Dadurch werden diese CSS-Eigenschaften nur vom gewünschten Browsertyp interpretiert und vor den anderen versteckt bzw. von ihnen übergangen.

Solche Verfahren werden als Hacks bezeichnet. Bekannte, häufig verwendete Hacks für den Internet Explorer sind Star-HTML-Hack (bis Version 6) und Star-Plus-HTML-Hack (für Version 7). Das Beispiel auf der übernächsten Seite (dreispaltiges Layout) zeigt eine Anwendung des Star-HTML-Hacks, das Beispiel auf der darauf folgenden Seite (Navigationsspalte) zeigt Star-HTML- und Star-Plus-HTML-Hack.

Beispiele für valide CSS-Hacks:

- `* html` (Internet Explorer bis Version 6)
- `*+html` (Internet Explorer Version 7 und Opera)
- `*:first-child+html` (nur Internet Explorer Vers. 7)
- `html>body` (moderne Browser, Internet Explorer nur Version 7)
- `html>/**/body` (moderne Browser außer Internet Explorer Version 7)

Das Box-Modell für Block-Elemente

Beispiel:

Außenabstand links (margin-left)	3.0em
Rahmendicke links (border-left-width)	0.4em
Innenabstand links (padding-left)	0.8em
Breite des Elementinhalts (width)	18.0em
Innenabstand rechts (padding-right)	0.8em
Rahmendicke rechts (border-right-width)	0.4em
Außenabstand rechts (margin-right)	3.0em
Gesamtbreite	26.4em

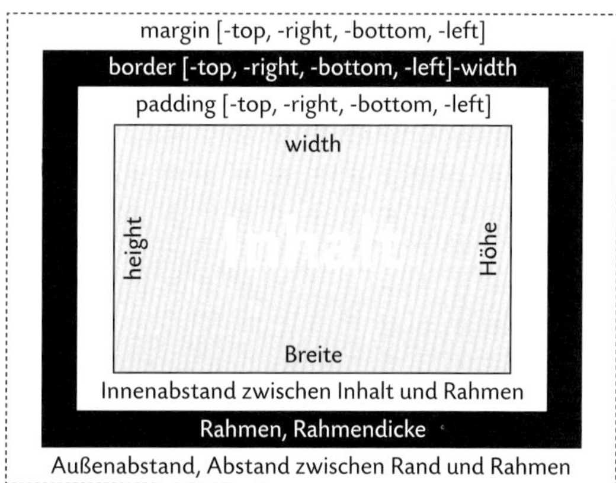

Zweispaltiges Layout

Bei diesem zweispaltigen Layout wird die linke Spalte mit `float` ausgerichtet und die Breite in der Einheit `em` festgelegt. Der linke Rand der rechten Spalte (`margin-left:22em`) ist etwas breiter angegeben als die Breite der linken Spalte (`width:21em`); auf diese Weise wird ein Textumfluss verhindert. Die Breite der rechten Spalte passt sich automatisch ans Browserfenster an.

```
<!DOCTYPE HTML PUBLIC "-//W3C//DTD HTML 4.01//EN"
"http://www.w3.org/TR/html4/strict.dtd">
<html>
<head>
<title>Zweispaltiges Layout</title>
</head>
<body>
<p style="float:left; width:21em; margin:0; border:1px dashed;">
    Die Spalte (Box) wird mit float links ausgerichtet und ihre Breite in em passend zur l&auml;ngsten Zeile
    angegeben, wodurch sie sich an eine Schriftgrad&auml;nderung anpassen kann.
</p>
<p style="margin-left:22em; border:1px dashed;">
    F&uuml;r die rechte Spalte (Box) wird &uuml;ber margin-left ein Abstand zum linken Seitenrand definiert,
    der etwas gr&ouml;&szlig;er als die Breite der linken Spalte ist. Die Breite der Spalte passt sich an die Breite
    des Browserfensters an. Die gestrichelten Rahmen dienen lediglich zur Veranschaulichung.
</p>
</body>
</html>
```

Darstellung im Internet Explorer 6, Schriftgrad „Mittel"

Die Spalte (Box) wird mit float links ausgerichtet und ihre Breite in em passend zur längsten Zeile angegeben, wodurch sie sich an eine Schriftgradänderung anpassen kann.

Für die rechte Spalte (Box) wird über margin-left ein Abstand zum linken Seitenrand definiert, der etwas größer als die Breite der linken Spalte ist. Die Breite der Spalte passt sich an die Breite des Browserfensters an. Die gestrichelten Rahmen dienen lediglich zur Veranschaulichung.

Schriftgrad „Sehr klein"

Die Spalte (Box) wird mit float links ausgerichtet und ihre Breite in em passend zur längsten Zeile angegeben, wodurch sie sich an eine Schriftgradänderung anpassen kann.

Für die rechte Spalte (Box) wird über margin-left ein Abstand zum linken Seitenrand definiert, der etwas größer als die Breite der linken Spalte ist. Die Breite der Spalte passt sich an die Breite des Browserfensters an. Die gestrichelten Rahmen dienen lediglich zur Veranschaulichung.

Schriftgrad „Sehr groß"

Die Spalte (Box) wird mit float links ausgerichtet und ihre Breite in em passend zur längsten Zeile angegeben, wodurch sie sich an eine Schriftgradänderung anpassen kann.

Für die rechte Spalte (Box) wird über margin-left ein Abstand zum linken Seitenrand definiert, der etwas größer als die Breite der linken Spalte ist. Die Breite der Spalte passt sich an die Breite des Browserfensters an. Die gestrichelten Rahmen dienen lediglich zur Veranschaulichung.

Die Abbildungen zeigen einen Darstellungsmangel des Internet Explorers bis Version 6: Die Zeilen der rechten Spalte sind teilweise etwas nach rechts eingerückt.

Layout mit Kopf- und Fußzeile, Star-HTML-Hack

Navigation

Die Spalte wird mit float links ausgerichtet und ihre Breite in em passend zur längsten Zeile angegeben, wodurch sie sich an eine Schriftgradänderung anpassen kann.

Hauptüberschrift: Dreispaltiges Layout mit Kopf- und Fußzeile

Für die mittlere Spalte werden mit margin-left und margin-right Abstände zum linken und rechten Seitenrand definiert, die etwas größer sind als die Breiten von linker und rechter Spalte. Die Breite der Spalte passt sich entsprechend der Breite des Browserfensters an.

Werbung

Die Spalte wird mit float rechts ausgerichtet und ihre Breite in em angegeben, wodurch sie sich an eine Schriftgradänderung anpassen kann.

Die CSS-Eigenschaft clear erzwingt den Textumfluss unterhalb der mit float definierten Boxen.

```
<!DOCTYPE HTML PUBLIC "-//W3C//DTD HTML 4.01//EN"
"http://www.w3.org/TR/html4/strict.dtd">
<html>
<head>
   <title>Layouts mit CSS</title>
   <style type="text/css">
      body { font-family:Verdana,Arial,Helvetica,sans-serif; font-size:1em; }
      h1 { font-size:1.5em; text-align:center; }
      div#Navigation { float:left; width:14em; }
      div#Navigation h3 { font-size:1.1em; margin:0; }
      div#Inhalt { margin: 0 11em 0 15em; }
      * html div#Inhalt /* Star-HTML-Hack */
      { height: 1em; /* Ausgleich abweichend berechneter Innen-Abstände im Internet Explorer bis Vers. 6 */ }
      div#Inhalt h2 { font-size:1.3em; margin:0; }
      div#Werbung { float:right; width:10em; }
      div#Werbung h3 { font-size:1.1em; margin:0 }
      p#Fusszeile { clear:both; font-size:0.8em; text-align:center; }
   </style>
</head>
<body>
   <h1>Layout mit Kopf- und Fu&szlig;zeile, Star-HTML-Hack</h1>
   <div id="Navigation">
      <h3>Navigation</h3>
      <p><!--Text der linken Spalte--></p>
   </div>
   <div id="Werbung">
      <h3>Werbung</h3>
      <p><!--Text der rechten Spalte--></p>
   </div>
   <div id="Inhalt">
      <h2>Haupt&uuml;berschrift: Dreispaltiges Layout mit Kopf- und Fu&szlig;zeile</h2>
      <p><!--Text der mittleren Spalte--></p>
   </div>
   <p id="Fusszeile">Die CSS-Eigenschaft clear erzwingt den Textumfluss unterhalb der mit float
   definierten Boxen.</p>
</body>
</html>
```

Navigationsspalte mit Rollover-Effekt
Star-HTML-Hack und Star-Plus-HTML-Hack

```
<!DOCTYPE HTML PUBLIC "-//W3C//DTD HTML 4.01//EN"
"http://www.w3.org/TR/html4/strict.dtd">
<html>
<head>
<title>Einfache Navigationsspalte mit CSS</title>
<style type="text/css">
body, a {
    font: normal 100.01% Arial,Helvetica,sans-serif;
    /* 100.01%, um Anzeigefehler bei Schriftgradänderungen im Internet Explorer zu vermeiden */
 }
ul#Navigation {
    padding-left:0; width:6em; border:1px solid black; background-color:#c0c0c0;
}
ul#Navigation li {
    list-style:none; margin:0.5em;
}
ul#Navigation a {
    display:block; padding:0.2em; text-decoration:none; font-weight:bold;
    border:1px solid black; border-left-color:white; border-top-color:white; color:black; background-color:#ccc;
}
* html ul#Navigation a {
    /* Star-HTML-Hack mit Breitenangaben fuer Internet Explorer bis Vers. 6 */ width:100%; w\idth:6em;
}
*:first-child+html ul#Navigation {
/* Star-Plus-HTML-Hack mit Angaben zum Abstand nur fuer Internet Explorer Version 7 */
padding-bottom:0.5em;
}
ul#Navigation a:hover {
    border-color:white; border-left-color:black; border-top-color:black; color:white; background-color:#808080;
}
</style>
</head>
<body>
<ul id="Navigation">
    <li><a href="home.html">Home</a></li>
    <li><a href="info.html">Info</a></li>
    <li><a href="produkte.html">Produkte</a></li>
    <li><a href="kontakt.html">Kontakt</a></li>
</ul>
</body>
</html>
```

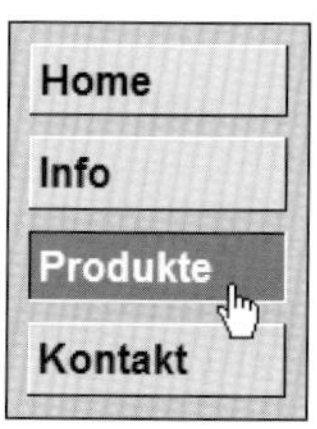

Links: Darstellung in zahlreichen Browsern; im Internet Explorer, Version 6 und 7, jedoch nur mithilfe der oben notierten Hacks
Rechts: Darstellung ohne Star-Plus-HTML-Hack im Internet Explorer 7
Ganz rechts: Darstellung ohne Star-HTML-Hack im Internet Explorer 6

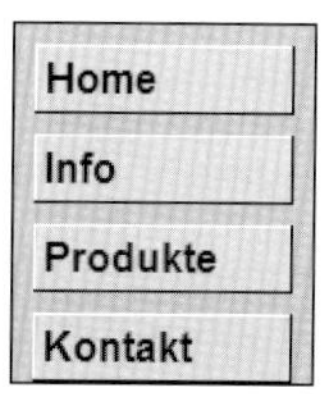

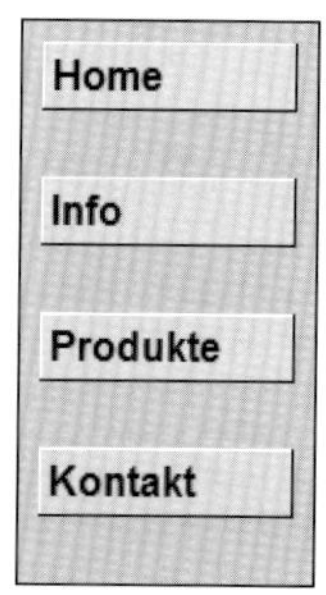

Allgemeine Schreibweise:

```
Element { Regeln für alle Browser }
*:first-child+html Element { Regeln für IE7 }
* html Element { Regeln für IE bis Version 6 }
```

Beispiel:

```
.text { color: #000000; }
* html .text { /*nur IE bis Version 6*/ color:blue; }
*:first-child+html .text { /*nur IE7*/ color:red; }
<p class="text">Dieser Text wird im IE6 blau, im IE7
rot und in allen anderen Browsern einschließlich IE8
schwarz dargestellt.</p>
```

Die mit speziellen Selektoren und Schreibweisen erzielten Korrekturen gelten nur für die zurzeit verwendeten Browser. Hacks sind zwar valide, ergeben aber nicht für alle Browser einen Sinn. Da sie nicht als Standard festgelegt sind, können sie in zukünftigen Browserversionen möglicherweise zu unerwünschten Darstellungsformen führen; Hacks müssen also ständig an neue Versionen angepasst werden.

10.3.5.5 Webseiten validieren

Grundvoraussetzung für die korrekte Anzeige von Webseiten sind fehlerfreier, valider (X)HTML- und CSS-Quelltext; schon kleine Fehler oder Nachlässigkeiten können zu ungewollten Ergebnissen führen. Webseiten sollten daher mit möglichst vielen Browsertypen, -versionen und -einstellungen auf mehreren Plattformen getestet und mit Hilfswerkzeugen wie Validatoren, Link-Checkern und Barriere-Testern auf Mängel überprüft werden.

Mit Validome (www.validome.org), Validation Service des W3C (validator.w3.org) und WDG HTML Validator (www.htmlhelp.com/tools/validator) lassen sich bereits gehostete Webseiten, Dateien auf der Festplatte oder direkt in ein Webformular eingefügter Quelltext auf Verstöße gegen (X)HTML-Standards prüfen. Zusätzlich können individuelle Optionen angegeben werden. Als Ergebnis werden Fehlermeldungen, Warnungen und Hinweise auf Ungereimtheiten aufgelistet.

Mit dem Offline-Klassiker Tidy (tidy.sourceforge .net) lässt sich Quelltext prüfen und gleichzeitig übersichtlich neu formatieren. Im „Optimized HTML" sind die Fehler der „Original HTML"-Version behoben; wechselndes Betrachten der Versionen ist möglich. Sehr komfortabel ist auch die auf HTML-Tidy basierende Firefox-Erweiterung HTML-Validator (www.html-validator.de). Ein Icon in der Statusleiste des Browsers weist auf Fehler und Warnungen hin; beim Doppelklick auf das Icon erscheinen Seitenquelltext, Mängelliste und Hilfe.

CSS-Code lässt sich mit dem Online-Dienst des W3C (jigsaw.w3.org/css-validator) auf ähnliche Weise überprüfen. Die Firefox-Erweiterung CSS-Validator (addons.mozilla.org/de/firefox/addon/2289) zeigt bei Rechtsklick in der geöffneten Seite den Eintrag „CSS validieren", dessen Ergebnis in einem neuen Tab erscheint.

Die Firefox-Erweiterung Web-Developer (addons.mozilla.org/de/firefox/addon/60) ist eine weitere komfortable Arbeitshilfe, mit der eine Vielzahl von Tests durchgeführt werden kann. Ein Allzweckwerkzeug zur Fehlersuche ist die Firefox-Erweiterung Firebug (addons.mozilla.org/de/firefox/addon/1843).

Mit den Entwicklertools des IE8 (Extras > Entwicklertools, Taste F12) kann der Quelltext einer HTML-Seite überprüft und geändert werden. Die Änderungen werden dabei sofort im Browserfenster angezeigt. Mit einem Mausklick kann man Stile abschalten und sieht sofort das Ergebnis. Auch Debuggen von JavaScript ist möglich. Zwischen den Browsermodi IE7, IE8 und der IE8-Kompatibilitätsansicht kann gewechselt werden.

Auch Tools zur Link-Überprüfung (validator.w3.org/checklink) und zum Test auf Barrierefreiheit (z.B. wob11.de/apromptkomplett.html; www.cynthiasays.com; vgl. auch Abschnitt 10.11) sollten regelmäßig eingesetzt werden.

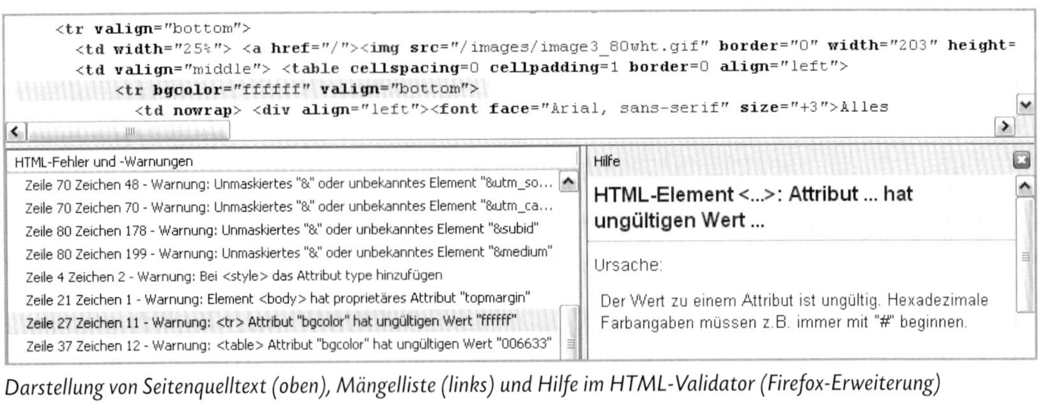

Darstellung von Seitenquelltext (oben), Mängelliste (links) und Hilfe im HTML-Validator (Firefox-Erweiterung)

10.4 JavaScript und DOM

10.4.1 Grundlagen

JavaScript (JS) ist eine einfache Programmiersprache, mit der sich interaktive, dynamische Effekte wie zum Beispiel Bildwechsel, Animationen, aufklappbare Menüs, Dialogboxen, Berechnungen, Auswertungen oder einfache Spiele (PacMan, Tetris) in Web-Seiten integrieren lassen. Durch JavaScript verlieren Web-Seiten, die mit strukturiertem Text (HTML) und Stilvorlagen (CSS) gestaltet sind, ihren statischen Charakter. Sie reagieren auf Maus- oder Tastatureingaben mit dynamischen Änderungen der angezeigten Seite.

Ähnlich wie CSS ist auch JavaScript eine Ergänzung zu HTML, läuft in einer Umgebung, dem Web-Browser, ab und verwendet dessen Funktionalität, hier den JavaScript-Interpreter. Es wurde Ende 1995 von Netscape unter dem Namen LiveScript vorgestellt und kurz darauf in Zusammenarbeit mit der Firma Sun als JavaScript weiterentwickelt, eingeführt und lizenziert.

Auf Initiative von Netscape wurde JavaScript von der ECMA (European Computer Manufacturers Association, www.ecma-international.org) unter der Bezeichnung ECMAScript als Industriestandard deklariert. ECMAScript definiert, was eine Skriptsprache enthalten soll; die Spezifikation ECMA-262 legt diesen Standard fest. Durch ständiges Erweitern wurden die JavaScript-Versionen 1.1 bis 1.5 standardisiert.

Microsoft entwickelte zunächst VisualBasicScript (VBS), das sich aber aufgrund seiner Browserabhängigkeit (nur Microsoft Internet Explorer) nicht durchsetzen konnte. Es folgte die Sprache JScript, die JavaScript fast vollständig implementiert und zusätzlich zahlreiche spezielle Befehle für den Zugriff auf das Datei- und Betriebssystem unter Windows (Windows Scripting Host) zulässt. JScript liegt zurzeit in der Version 5.0 vor, ist wesentlich komplexer als JavaScript und für andere bzw. darüber hinausgehende Aufgaben gedacht. Die Weiterentwicklung von JavaScript und JScript liegt in den Händen der Lizenznehmer.

Um dem Gerangel zwischen JavaScript (Netscape) und JScript (Microsoft) abzuhelfen, wurde vom W3-Konsortium das Document Object Model (DOM) entwickelt, ein allgemeines Modell für Objekte eines Dokuments. Das DOM definiert den Zugriff auf beliebige Objekte, Elemente sowie deren Eigenschaften. Es ist also keine Skript- oder Programmiersprache, sondern ein Schema für alle Skriptsprachen, die XML-gerechte Auszeichnungssprachen erweitern.

Das DOM legt fest, wie Skriptsprachen auf Objekte und Elemente innerhalb von HTML, XHTML oder anderen XML-basierten Dokumenten zugreifen können und welche Veränderungen möglich sind. Es gibt die Versionen DOM 1.0 (1998) und DOM 2.0 (2000); DOM 3.0 ist in Arbeit. Im Rahmen der Arbeiten an HTML5 wird die neue Spezifikation DOM5 entwickelt.

Die heutige Praxis zeigt, dass die DOM-gerechte JavaScript-Programmierung allen anderen Varianten vorzuziehen ist. Die Skripte werden ebenso wie Cascading Stylesheets mittels ASCII-Zeichen direkt in die HTML-Dateien notiert oder wahlweise als separate Datei(en) eingebunden.

In vielen älteren Web-Seiten wird JavaScript für dynamische Effekte eingesetzt, die aber der eigentlichen Informationsverbreitung eher hinderlich sind. Daher wird es auf vielen modernen Seiten gar nicht mehr oder nur noch zu Zwecken eingesetzt, die deutlich erkennbare Vorteile für Anwender(innen) bringen.

Oft können bereits vorhandene Skripte an eigene Anforderungen angepasst werden. Im Internet gibt es zahlreiche frei verfügbare JavaScript-Beispiele. Einfaches Kopieren und Einsetzen von Code-Schnipseln genügt aber in der Regel nicht. Anpassungen von Variablen und selbst kleine Änderungen an der Funktionalität erfordern ein komplexes Verständnis der Sprache.

10.4.2 Funktionen: JS und HTML verbinden

Eine Folge von Anweisungen wird in JavaScript mit geschweiften Klammern zu einem Block zusammengefasst. Dieser Anweisungsblock erhält einen Namen und wird als Funktion bezeichnet. Die Funktionen werden durch Ereignisse (*Events*) aufgerufen. Funktionen werden in separaten Dateien mit der Dateiendung .js oder üblicherweise im Kopf der HTML-Datei zwischen den Tags <script> und </script> notiert. Kurze Anweisungen können auch direkt – als Wertzuweisung eines Events – im HTML Anfangs-Tag stehen.

Beim Aufruf von Funktionen können ihnen Parameter übergeben und deren Werte in den Anweisungen weiterverarbeitet werden. Die Funktionen können nach Ausführung ihrer Anweisungen auch Werte an die sie aufrufende Instanz zurückgeben.

Die Definition einer JavaScript-Funktion im Kopf der HTML-Datei erfolgt nach der Syntax:

```
<script type="text/javascript" language="JavaScript">
<!--
    function Funktionsname(Parameter_1,
    Parameter_2, ...){
        Anweisung_1;
        Anweisung_2;
        ...
        return Rückgabewert;
    }
//-->
</script>
```

Die Tags <script ...> und </script> legen den JavaScript-Bereich fest. Das Attribut language weist die Skriptsprache zu, das Attribut type legt das Textformat vom Typ JavaScript fest. Die Angabe des Typs ist seit HTML 4.0 Pflicht, das language-Attribut wird meist weggelassen. Die HTML-Kommentarzeichen sind nötig, weil Browser, die JavaScript nicht interpretieren können, sonst die Zeichen abbilden würden.

Der Interpreter für JavaScript erlaubt die Angabe des einleitenden HTML-Kommentarzeichens <!-- und ignoriert alle weiteren Zeichen bis zum Zeilenende. Um das abschließende HTML-Kommentarzeichen --> am Ende des Skript-Bereichs vor dem Interpreter zu verbergen, werden die einzeiligen JavaScript-Kommentarzeichen // vorangestellt, also //-->.

Parameter werden durch Kommata voneinander getrennt. Werden keine Parameter übergeben, müssen trotzdem leere Klammern gesetzt werden. Alle Anweisungen werden mit einem Semikolon abgeschlossen. Wenn kein Wert zurückgegeben wird, entfällt die Anweisung return. Die Umbrüche und Einzüge innerhalb der Funktion dienen lediglich der besseren Übersicht.

Bei Verwendung von gleichen Funktionen in mehreren HTML-Dateien sind externe Dateien sehr nützlich. Es wird im Header nur auf die externe Datei referenziert, also zum Beispiel:

```
<script src="bildwechsel.js" type="text/javascript">
```

Durch src= "bildwechsel.js " wird auf die eigentliche Datei referenziert. Hier sind wieder absolute oder relative Pfadangaben möglich (vgl. Abschnitt 10.2.5.2).

10.4.3 Notationsregeln

Groß- und Kleinschreibung wird streng unterschieden *(case-sensitiv)*! Selbstvergebene Namen, wie der Funktionsname oder Namen von Variablen, dürfen keine Umlaute, ß, Sonderzeichen oder Leerzeichen enthalten. Erlaubt sind Buchstaben, Ziffern und lediglich der Unterstrich. Namen beginnen mit Buchstaben, sind maximal 32 Zeichen lang und dürfen nicht mit von JavaScript reservierten Wörtern identisch sein.

Bei umfangreichen Programmteilen dienen Kommentare zur Erklärung der Funktionsweise – sie werden vom JavaScript-Interpreter ignoriert. Mehrzeilige Kommentare beginnen mit der Zeichenfolge /* und enden mit */. Einzeilige Kommentare beginnen mit der Zeichenfolge // und enden ohne weitere Angabe am Ende der Zeile. Zu Testzwecken lassen sich damit auch Programmteile bequem ausblenden.

Werden Anführungszeichen innerhalb von Anführungszeichen benötigt, sind anstelle der inneren Anführungszeichen Hochkommata ('...') zu notieren. Um Anführungszeichen innerhalb von Zeichenketten abzubilden, die grundsätzlich in Anführungszeichen stehen, werden diese mit \" notiert. Beispiel:

```
var Text= "Die Katze macht \"miau\"!";
```

10.4.4 Event-Handler

Event-Handler (Ereignis-Behandler) beschreiben Ereignisse, mit denen eine Verknüpfung zu einer Skriptsprache hergestellt wird. Ereignisse werden durch Interaktion ausgelöst, zum Beispiel Mausklick oder Tastendruck. Event-Handler werden als Attribute in HTML Anfangs-Tags notiert. Die Wertzuweisung besteht aus einer Skript-Anweisung. Dem Event-Handler onMouseover wird zum Beispiel der Aufruf einer Funktion zugewiesen. Beim Überrollen des Anzeigebereichs des HTML-Elements mit der Maus wird das Ereignis ausgelöst und die Funktion ausgeführt.

```
<a href= "datei.html"
onMouseover= "Bildwechsel();">Hund</a>
```

Beim Überrollen der Textstelle Hund wird die Funktion mit dem Namen Bildwechsel aufgerufen. Bildwechsel(); ist eine JavaScript-Anweisung zum Aufrufen der Funktion mit dem Namen Bildwechsel, die zum Beispiel im Kopf der Datei definiert ist. Bei Übergabe von Parametern an die Funktion werden deren Werte, durch Kommata getrennt, in die Klammern eingetragen.

In JavaScript sind folgende Event-Handler festgelegt, die wiederum nur in bestimmten HTML-Elementen zulässig sind:

- onAbort (bei Abbruch, wenn der Anwender den Stop-Button im Browser anklickt)
- onBlur (beim Verlassen eines zuvor aktiven Elements)
- onChange (bei erfolgter Änderung von Werten in Eingabefeldern)
- onClick (beim Anklicken eines Elements)
- onDblclick (beim doppelten Anklicken eines Elements)
- onError (im Fehlerfall beim Laden von Grafiken)
- onFocus (beim Aktivieren eines Elements)
- onKeydown (wenn eine Taste gedrückt wird)
- onKeypress (bei gedrückt gehaltener Taste)
- onKeyup (beim Loslassen einer Taste)
- onLoad (unmittelbar nach dem Laden einer Datei)
- onMousedown (bei gedrückt gehaltener Maustaste)
- onMousemove (beim Weiterbewegen der Maus)
- onMouseover (wenn der Mauszeiger auf das Element bewegt wird)
- onMouseout (wenn der Mauszeiger das Element verlässt)

- onMouseup (beim Loslassen der Maustaste)
- onReset (beim Zurücksetzen von Formulareinträgen)
- onSelect (beim Auswählen von Text in Eingabefeldern)
- onSubmit (beim Senden von Formulareinträgen)
- onUnload (beim Verlassen der Seite)

Um JavaScript-Code als Verweisziel zu referenzieren, wurde die spezielle Syntax javascript: bei HTML-Verweisen eingeführt. Beispiel:

<a href="javascript:neuesFenster('kat.html');">Katze</a>

Hier wird ein Wert, bestehend aus der Zeichenkette kat.html, an die Funktion neuesFenster übergeben. Die Zeichenkette steht in Hochkommata (vgl. Notationsregeln, Abschnitt 10.4.3).

10.4.5 Variablen und Variablentypen

Mit Variablen sind Speicherbereiche bezeichnet, in denen Inhalte hinterlegt werden. Der Inhalt einer Variablen lässt sich jederzeit ändern und wird auch als Wert der Variablen bezeichnet. Die Speicherbereiche lassen sich durch zuvor definierte Variablennamen ansprechen.

Variablen können unterschiedliche Variablentypen enthalten: Zahl *(number)*, Zeichenkette *(string)*, Wahrheitswert *(boolean)*, Funktion *(function)*, Objekt *(object)* – oder sie sind undefiniert. Es gibt globale und lokale Variablen, die sich durch ihre Gültigkeitsbereiche unterscheiden. Globale Variablen haben ihre Gültigkeiten über alle Skript-Bereiche innerhalb der gesamten Datei, während lokale Variablen nur innerhalb jeweils einer Funktion gültig sind. Globale Variablen werden in der Regel am Anfang des Skript-Bereichs deklariert, lokale mit dem Schlüsselwort var innerhalb von Funktionen. Werden Variablen ohne das Schlüsselwort var innerhalb von Funktionen deklariert, sind sie global. Bei der Deklaration von globalen Variablen außerhalb von Funktionen ist das Schlüsselwort var optional. Beispiele:

- var Tier="Der Hund bellt";
  Mit var wird eine Variable mit dem Variablennamen Tier definiert, deren Wert aus der Zeichenkette "Der Hund bellt" besteht. Zeichenketten stehen immer in Anführungszeichen. Die Variable Tier ist vom Typ *string*.
- x=10;
  Hier wird der globalen Variablen x der Zahlenwert 10 zugewiesen. Die Variable x ist von Typ *number*.
- var LichtLeuchtet=true;
  Wahrheitswerte haben zwei Zustände: true (wahr, zutreffend) oder false (falsch, unzutreffend). Die Variable LichtLeuchtet ist von Typ *boolean*.
- var Grafik=new Image();
  Mit dem Schlüsselwort new wird eine Instanz des vordefinierten Image-Objekts erzeugt. Die Variable Grafik ist vom Typ *object*.

Die Variablentypen werden in JavaScript nicht ganz so streng gehandhabt, wie es in anderen Programmiersprachen üblich ist. Variablen vom Typ *number* lassen sich zum Beispiel direkt im Browser anzeigen, ohne sie vorher in Zeichenketten zu konvertieren.

Eingaben aus Formulareinträgen werden immer wie Zeichenketten *(strings)* behandelt. Um Rechenoperationen mit Zahlenwerte aus Formulareinträgen durchzuführen, müssen sie erst in den Variablentyp *number* konvertiert werden. Für die Typumwandlung gibt es vordefinierte, objektunabhängige Funktionen.

Mit x=12.4; *(number)* lassen sich sofort Rechenoperationen durchführen, mit x="12.4"; *(string)* dagegen nicht. Die objektunabhängige Funktion parseFloat() wandelt die Zeichenkette in eine Zahl um und gibt diese als numerischen Wert zurück. Berücksichtigt werden auch Gleitkommazahlen mit Dezimalpunkt. Beispiel: var Zahl=parseFloat("12.4");

10.4.6 Operatoren

Operatoren werden für Berechnungen, Vergleiche, Verknüpfungen und Wertzuweisungen benötigt. Eine Operation kombiniert in der Regel zwei Operanden und ermittelt den Ergebniswert. Operatoren gibt es zum Beispiel für:

- Wertzuweisungen (=)
  Beispiele: z=137; Titel="Informationen verbreiten";
- Berechnungen: Addition (+), Subtraktion (-), Multiplikation (*), Division (/), Modulo-Division (%)
  Beispiele: x=a+b/c; z=12*(a+b);
  Für Additionen und Subtraktionen gibt es verkürzte Notationen:
  i++; steht für i=i+1;
  k--; steht für k=k-1;
  x+=5; steht für x=x+5;
  z-=2; steht für z=z-2;
  Bei der Modulo-Division werden zwei Werte dividiert; das Ergebnis ist der Restwert der Division.
  Beispiele:
  17%5=2 (17 geteilt durch 5 gleich 3 Rest 2)
  10%2=0 (10 geteilt durch 2 gleich 5 Rest 0)
- Vergleiche: gleich (==), ungleich (!=), kleiner (<), größer (>), kleiner oder gleich (<=), größer oder gleich (>=)
  Beispiele: A<B; Z=="Hamburg";
  Achtung: Um Werte auf Gleichheit zu prüfen, werden zwei Gleichheitszeichen notiert; bei nur einem Gleichheitszeichen erfolgt eine Wertzuweisung!

- Logische Verknüpfungen: UND (&&), ODER (||), NICHT (!); Beispiel:
  `Fluessig=(Wassertemp>0)&&(Wassertemp<100);`
- Zeichenkettenverknüpfungen (+); Beispiel:
  `var Name="Pablo"+" "+"Picasso";`
  Die drei Zeichenketten "Pablo", " " (Leerzeichen) und "Picasso" werden zu einer Zeichenkette verknüpft. Die Zeichenkettenverknüpfung liefert als Ergebnis die Zeichenkette "Pablo Picasso".
- Typenbestimmung: Der Typ einer Variablen lässt sich mit dem Operator typeof ermitteln.
  Beispiel: `alert(typeof PLZHamburg)`

10.4.7 Objekte, Eigenschaften und Methoden

Die objektorientierte Programmierung betrachtet die physische Welt als Sammlung von Objekten. Objekte haben bestimmte Eigenschaften und Fähigkeiten (Methoden) und stehen miteinander in Beziehung. In objektorientierten Programmiersprachen werden die Objekte mit ihren Eigenschaften, Methoden und Beziehungen nachgebildet.

JavaScript unterscheidet drei Arten von Objekten: Elemente von HTML, vordefinierte (eingebaute) JavaScript-Objekte und eigendefinierte Objekte. Zusätzlich gibt es vordefinierte objektunabhängige Funktionen. Diese zum Teil sehr komplexen Befehle sind keine JavaScript-Objekte, können aber auf Objekte angewandt werden.

Die in JavaScript vordefinierten Objekte von HTML sind hierarchisch geordnet. Das hierarchisch höchste Objekt ist das Browserfenster (window-object). Innerhalb des Browsers wird das HTML-Dokument (document-object) angezeigt. Im HTML-Dokument gibt es weitere untergeordnete Objekte, zum Beispiel Grafiken (image-object), Formulare (form-object) und Verweise (link-object).

Im klassischen JavaScript kann nur auf bestimmte vordefinierte Objekte des Dokuments zugegriffen werden. Im neueren DOM (Document Object Modell) ist der Zugriff auf alle Elemente des Dokuments möglich. Hier wird wiederum zwischen der HTML-Variante und der XML-Variante des DOM auf ein beliebiges Element unterschieden. Der Zugriff nach DOM-Syntax erfolgt durch bestimmte Methoden des Objekts document, durch HTML-Elementobjekte und durch das Objekt node (Knoten).

Um ein Objekt innerhalb der Objekthierarchie des klassischen JavaScript anzusprechen, werden die benötigten Objekte der Hierarchie durch Punkte getrennt nacheinander notiert. Um zum Beispiel die Anzahl der Grafiken in einem Dokument zu ermitteln, lautet die Notation: `window.document.images.length` Dabei ist length Eigenschaft des Objekts images.

Die verschiedenen Modelle und Varianten sorgen leider immer wieder für Verwirrung, doch die neueren Modelle bieten Programmierer(innen) mehr Möglichkeiten.

Die eingebauten JavaScript-Objekte beziehen sich auf keine Hierarchie. Sie stehen zum Beispiel für Datums- und Zeitangaben, Berechnungen und zur Bearbeitung von Zeichenketten zur Verfügung. Zusätzlich lassen sich auch eigendefinierte Objekte erstellen. Beispiele hierfür sind Telefonbücher, Adresslisten, Kraftfahrzeuge.

Allen Objekten gemeinsam ist ihr Bestand aus Eigenschaften und Methoden. Eigenschaften beschreiben den Zustand des Objekts und werden als statisch bezeichnet. So wird zum Beispiel ein Browserfenster durch die Eigenschaften Größe, Position, Anzeige von Menüleiste, Adresszeile und Statuszeile beschrieben.

Methoden werden auf das Objekt angewendet, um Werte von Eigenschaften bzw. dessen Zustände zu ändern. Methoden werden als dynamisch bezeichnet. Ein Browser wird zum Beispiel durch seine Methoden

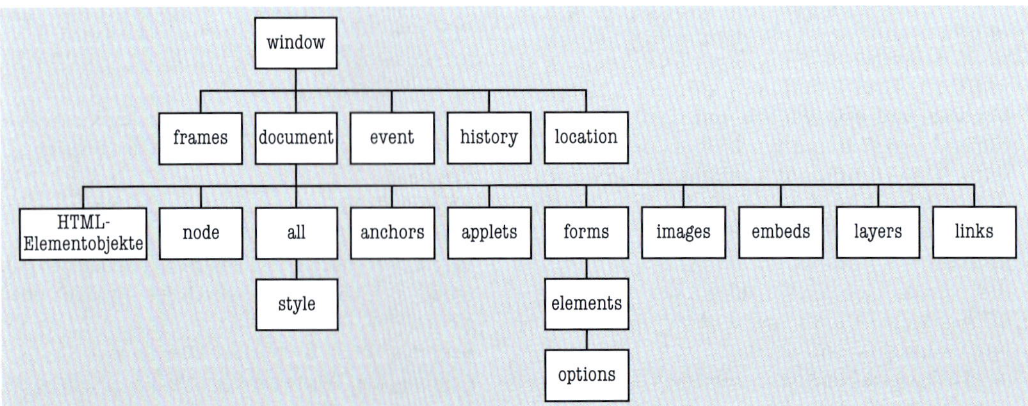

Hierarchie der Objekte in JavaScript

open() (neues Fenster öffnen), moveTo() (zu einer anderen Position bewegen), resizeTo() (verändern der Größe), close() (Fenster schließen) verändert.

10.4.8 Schleifen

Mit Schleifen werden Reihen von Anweisungen wiederholt ausgeführt. Die Anzahl der Durchläufe unterliegt einer Bedingung. Jede Schleife besteht aus einem Schleifenrumpf mit den darin enthaltenen Anweisungen. In Schleifen muss es mindestens eine Möglichkeit geben, sie zu beenden. Sonst entstehen Endlosschleifen, die nur durch Beendigung des Tasks enden.

JavaScript kennt for-Schleifen und while-Schleifen sowie Unterarten davon. Die for-Schleife lässt sich durch die while-Schleife ersetzen und umgekehrt, es besteht nur ein anderes syntaktisches Konzept. Programmierer(innen) können sich also die Syntax aussuchen (syntactical sugar). Syntax der for-Schleife:

```
for (Startwert der Laufvariablen;
Bedingung; Änderung der Laufvariablen) {
  Anweisung1;
  Anweisung2;
  ...
}
```

Das Ergebnis der Bedingung entscheidet, ob ein Schleifendurchlauf stattfindet (true) oder nicht stattfindet (false). Ist das Ergebnis der Bedingung true, so werden die Anweisungen innerhalb der geschweiften Klammern ausgeführt.

Für das Zählen der Schleifendurchgänge ist die Laufvariable zuständig. Sie wird am Anfang auf einen Startwert festgesetzt. Nach jedem Schleifendurchlauf wird der Wert der Laufvariablen so geändert, dass die Bedingung entweder weiterhin erfüllt ist (true) oder nicht (false). Beispiel:

```
<!DOCTYPE HTML PUBLIC "-//W3C//DTD
HTML 4.01 Transitional//EN">
<html>
<head><title>Schleifen</title></head>
<body>
<script type="text/javascript">
for (var i=1; i<=10; i++) {
  document.write("Das Quadrat von
  " + i + " ist " + i*i + "<br>");
}
</script>
</body>
</html>
```

Der Startwert der Laufvariablen i wird auf 1 gesetzt. Mit i<=10; wird die Bedingung überprüft und mit i++ die Laufvariable i nach jedem einzelnen Schleifendurchgang um 1 erhöht (i++ ist die kürzere Notation für i=i+1). Die Schleife wird zehnmal durchlaufen, da bei i=11 die Bedingung i<=10 nicht mehr erfüllt ist (false).

Mit jedem Schleifendurchgang wird durch die Anweisung (Methode) document.write(); eine Zeichenkette ausgegeben, in der das Quadrat der Laufvariablen berechnet wird. Anzeige im Browser:

Das Quadrat von 1 ist 1
Das Quadrat von 2 ist 4
...
Das Quadrat von 10 ist 100

Das Beispiel kann alternativ mit der while-Schleife realisiert werden. Syntax der while-Schleife:

```
Startwert der Laufvariablen;
while (Bedingung) {
  Anweisung1;
  Anweisung2;
  ...
  Änderung der Laufvariablen;
}
```

Beispiel:

```
<!DOCTYPE HTML PUBLIC "-//W3C//DTD
HTML 4.01 Transitional//EN">
<html>
<head>
<title>Schleifen</title>
</head>
<body>
<script type="text/javascript">
var i=1;
while (i<=10) {
    document.write("Das Quadrat von
    " + i + " ist " + i*i + "<br>");i++;
  }
</script>
</body>
</html>
```

Zuerst wird die globale Variable i auf den Wert 1 gesetzt. Am Anfang der while-Schleife wird die Bedingung i<=10 überprüft. Solange das Ergebnis der Bedingung true ist, wird mit jedem Schleifendurchlauf die Zeichenkette mit dem Quadrat von i im Dokument ausgegeben und mit i++; die Variable i um 1 erhöht.

10.4.9 Bedingte Ausführungen

JavaScript kennt Wenn-Dann-Bedingungen (if/else), Entweder-Oder-Abfragen und Fallunterscheidungen (switch). Die Ausführung von Anweisungen ist immer von einer Bedingung abhängig. Ist die Bedingung erfüllt (true), so werden die Anweisungen ausgeführt, ist sie nicht erfüllt (false), können alternative Anweisungen ausgeführt werden.

Die Wenn-Dann-Bedingung unterscheidet zwischen zwei Fällen. Wenn (if) die Bedingung erfüllt ist, werden die Dann-Anweisungen ausgeführt; ist sie nicht erfüllt (else, andernfalls), werden die alternativen Anweisungen ausgeführt. Der else-Zweig ist optional, es geht also auch ohne alternative Anweisungen. Syntax der if/else-Anweisung:

```
if (Bedingung) {
   Dann-Anweisungen
} else {
   Alternative Anweisungen
}
```

Beispiel:

```
<!DOCTYPE HTML PUBLIC "-//W3C//DTD HTML 4.01
Transitional//EN">
<html>
<head>
<title>if-else-Anweisung</title>
<script type="text/javascript">
function test() {
   var Eingabe=window.prompt("Wieviel ergibt das
   Quadrat von 12?", "???");
   if (Eingabe=="144") {
      alert("Richtig, Super!");
   } else {
      alert("Leider falsch!");
   }
}
</script>
</head>
<body onLoad="test();">
<a href="javascript:test();">Wiederholen</a>
</body>
</html>
```


Nach dem Laden der Datei wird mit dem Event-Handler onLoad die Funktion test() aufgerufen. Mit der Methode prompt() des Objekts window wird ein Dialogfenster mit einem Eingabefeld angezeigt. Nach erfolgter Eingabe und betätigen des OK-Button wird der Inhalt des Eingabefelds der Variablen Eingabe zugewiesen. Die Variable ist vom Typ Zeichenkette (string). In der if-Bedingung wird der Inhalt der Variablen Eingabe mit der richtigen Antwort "144" verglichen (Vergleichsoperator ==, Prüfung auf Gleichheit). Ist das Ergebnis der Bedingung wahr (true), so erscheint das Meldefenster (alert()) mit der Antwort "Richtig, Super!". Bei allen anderen Eingaben wird der else-Zweig mit der Meldung "Leider falsch!" ausgeführt; im Browserfenster erscheint ein Verweis, um die Funktion erneut aufzurufen.

Alternativ lässt sich das Beispiel auch mit einer Entweder-Oder-Abfrage und einem Formular realisieren. Syntax der Entweder-Oder-Abfrage:

```
(Bedingung) ? true-Wert : false-Wert;
```

Die Entweder-Oder-Abfrage beginnt mit der in runden Klammern stehenden Bedingung, gefolgt von einem Fragezeichen. Danach wird der Wert für den Fall angegeben, dass die Bedingung erfüllt ist, gefolgt von einem Doppelpunkt. Dahinter steht der Wert für den alternativen Fall. Da es sich nicht um Anweisungen, sondern um Werte handelt, wird die Abfrage meist einer Variable zugewiesen, die den Wert der Abfrage enthält: Variable = (Bedingung) ? true-Wert : false-Wert;
Beispiel:

```
<!DOCTYPE HTML PUBLIC "-//W3C//DTD HTML 4.01
Transitional//EN">
<html>
<head>
<title>Entweder-Oder-Abfrage</title>
<script type="text/javascript">
function test() {
   var Ergebnis=(document.Formular.Eingabe.value
   =="144") ?
   "Richtig, Super!" : "Leider falsch!";
   document.Formular.Eingabe.value=Ergebnis;
}
</script>
</head>
<body>
<p>Wieviel ergibt das Quadrat von 12?</p>
<form name="Formular" action="javascript:test();">
<input type="text" name="Eingabe">
<input type="submit" value="OK">
</form>
</body></html>
```

Nach Eingabe und Absenden des Formulars wird die Funktion test() aufgerufen. In der Bedingung wird der Formularinhalt mit der Zeichenkette "144" verglichen. Ist die Bedingung wahr, so wird die Zeichenkette "Richtig, Super!" der Variablen Ergebnis zugewiesen, andernfalls die Zeichenkette "Leider falsch!". Danach erfolgt die Ausgabe der Variablen Ergebnis im Eingabefeld des Formulars.

Die Fallunterscheidung mit switch bietet sich an, um mehr als zwei Fälle zu unterscheiden. Das lässt sich zwar auch mit ineinander verschachtelten if/else-Bedingungen erreichen, wird aber sehr schnell unübersichtlich. Syntax der Fallunterscheidung:

```
switch (Variable oder Ausdruck) {
   case Wert1:
      Anweisung1; Anweisung2; ...; break;
   case Wert2:
      Anweisung1; Anweisung2; ...; break;
   ...
      ...
   default:
      Anweisung1; Anweisung2; ...; break;
}
```

Die Fallunterscheidung beginnt mit dem Befehl switch (Schalter), gefolgt von einer in runde Klammern eingeschlossenen Variablen oder einem Ausdruck, von dessen Wert die Auswertung abhängig ist. Innerhalb der geschweiften Klammern findet die eigentliche Fallunterscheidung statt. Mit case (Fall) und der Angabe eines zu prüfenden Wertes wird ermittelt, ob die Werte gleich sind. Bei Gleichheit werden die Anweisungen ausgeführt, bei Ungleichheit wird der nächste Fall überprüft. Mit break (abbrechen) am Ende des Falls wird die Fallunterscheidung beendet; ohne die Anweisung break werden auch alle weiteren Fälle ausgeführt. Mit default: lassen sich Anweisungen ausführen, für die keine Übereinstimmung in einer case-Anweisung gefunden wurde, wenn also keiner der Fälle zutrifft.

Bedingte Ausführung: Fallunterscheidung mit switch

Mit der Wahl eines Auswahlfelds (onChange) wird die Funktion test aufgerufen. In Abhängigkeit von der Indexnummer der Auswahl wird bei der eigentlichen Fallunterscheidung der entsprechende Text der Variablen Ergebnis und danach dem Formularfeld Ausgabe zugewiesen und darin angezeigt.
Achtung: Der Index beginnt mit der Zahl 0.

```
<!DOCTYPE HTML PUBLIC "-//W3C//DTD HTML 4.01 Transitional//EN">
<html>
<head>
<title>Fallunterscheidung mit switch</title>
<script type="text/javascript">
  function test() {
    switch (document.Formular.Eingabe.selectedIndex) {
      case 0:
        Ergebnis="Zwei Reifen"; break;
      case 1:
        Ergebnis="Drei Reifen"; break;
      case 2:
        Ergebnis="Vier Reifen"; break;
      case 3:
        Ergebnis="Mehr als vier Reifen"; break;
      case 5:
        Ergebnis="Keine Reifen"; break;
      default:
        Ergebnis="Bitte waehlen Sie!"; break;
    }
    document.Formular.Ausgabe.value=Ergebnis;
  }
</script>
</head>
<body bgcolor="#e0e0e0">
<form name="Formular">
<select name="Eingabe" size="7" onChange="test();">
  <option>Fahrrad</option>
  <option>Dreirad</option>
  <option>PKW</option>
  <option>LKW</option>
  <option selected>-----</option>
  <option>Schiff</option>
  <option>-----</option>
</select>
<p><input type="text" name="Ausgabe"></p>
</form>
</body></html>
```

10.4.10 Beispiele

Diese und die folgenden Seiten zeigen einige einfache, mit JavaScript realisierte Beispiele:
- dynamische Grafik
- dynamische Textänderung
- Auswertung eines Auswahlfelds und Verlinkung zu dessen Inhalt
- neues Browserfensters mit festgelegter Größe und Position

Ein weiteres Beispiel findet sich im ersten Kapitel dieses Buchs (Abschnitt 1.7).

Dynamische Grafik

Beim Laden der Datei werden gleich zu Beginn mit `new Image()` zwei Instanzen von Grafik-Objekten erzeugt. Durch die Zuweisung der Dateien `hund.gif` und `katze.gif` als dessen Quellen (`src`) werden die beiden Grafiken noch vor dem Anzeigen der Seite im Browserfenster in den Speicher geladen. Im Browserfenster erscheint die Grafik `hund.gif`, die im <img>-Tag festgelegt wurde.
Da die Ereignisse `onMouseover` und `onMouseout` im <img>-Tag von einigen älteren Browser nicht interpretiert werden, sind sie hier in einem Verweis um die Grafik herum definiert.
Tritt das Ereignis `onMouseover` ein, wird die Funktion `Bildwechsel` aufgerufen. Die Funktion hat zwei Parameter, `Bildnummer` und `Bildobjekt`. Beim Ansprechen von Objekten wird mit 0 begonnen. Beim Aufruf werden die Werte `0,Hervorgehoben` an die Funktion übergeben. Der Wert von `Bildnummer` beträgt dann 0 und der Wert von `Bildobjekt` ist `Hervorgehoben`. Damit wird der `src`-Eigenschaft des ersten Grafik-Objekts (`window.document.images[0].src`) der Wert der Grafikinstanz `Hervorgehoben.src` zugewiesen und angezeigt.

Bei `onMouseout` verhält sich die Funktion entsprechend, da sie nur mit anderen Werten aufgerufen wird.
Ein Klick auf die Grafik führt zur Datei `index.html`.

```
<!DOCTYPE HTML PUBLIC "-//W3C//DTD HTML 4.01 Transitional//EN">
<html>
<head>
<title>Dynamische Grafik</title>
<script type="text/javascript">
<!--
Normal = new Image();
Normal.src = "hund.gif";
Hervorgehoben = new Image();
Hervorgehoben.src = "katze.gif";
function Bildwechsel(Bildnummer,Bildobjekt){
        window.document.images[Bildnummer].src = Bildobjekt.src;
}
//-->
</script>
</head>
<body>
<a href="index.html" onMouseover="Bildwechsel(0,Hervorgehoben);"
onMouseout="Bildwechsel(0,Normal);"><img src="hund.gif" width="110" height="80"
border="0" alt="Tier"></a>
</body>
</html>
```

Dynamische Textänderung

Angezeigt wird die Zeichenkette Die Katze tritt die Treppe krumm, ... , die sich innerhalb des Elements <p id=" Frage ">...</p> mit dem Identfier-Attribut befindet. Beim Anklicken des Verweises „Lösung" wird die Funktion loesung() aufgrufen.
Über das node-Objekt im DOM können alle Elemente, Attribute und Inhalte einer Datei angesprochen werden. Entsprechend der HTML-Variante des DOM wird die Zeichenkette Die Katze tritt die Treppe krumm, ... mit dem node-Objekt (document.getElementById(" Frage ").firstChild) angesprochen; mit der Methode appendData() wird die Zeichenkette " der Kater tritt sie gerade. " dem Objekt hinzugefügt.
Um zu vermeiden, dass bei einem erneuten Aufruf der Funktion die Zeichenkette nochmals angehängt wird, wird mit einer Bedingung der Zustand abgefragt. Am Anfang des Skripts wird der globalen Variable x der Wert 0 zugewiesen. Beim ersten Aufruf der Funktion wird mit der if-Anweisung und der Bedingung x==0 der Wert x auf Gleichheit mit 0 überprüft. Das Ergebnis der Bedingung 0==0 ist wahr (*true*) und die Zeichenkette wird ergänzt. In der nächstem Anweisung wird der Variablen x der Wert 1 zugewiesen. Bei erneutem Aufruf der Funktion ist das Ergebnis der Bedingung 1==0 falsch *(false)* und die Anweisungen innerhalb der if-Anweisung werden nicht ausgeführt.
Interessant sind in diesem Zusammenhang auch die komplexeren Methoden insertData()
und replaceData() des node-Objekts.

```
<!DOCTYPE HTML PUBLIC "-//W3C//DTD HTML 4.01 Transitional//EN">
<html>
<head>
<title>R&auml;tsel</title>
<script type="text/javascript">
<!--
var x=0;
function loesung() {
        if(x==0){
                document.getElementById("Frage").firstChild.appendData("der Kater tritt sie gerade.");
                x=1;
        }
}
//-->
</script>
</head>
<body>
<p>Bitte erg&auml;nzen Sie folgenden Satz:</p>
<p id="Frage">Die Katze tritt die Treppe krum, ... </p>
<p><a href="javascript:loesung();">L&ouml;sung</a></p>
</body>
</html>
```

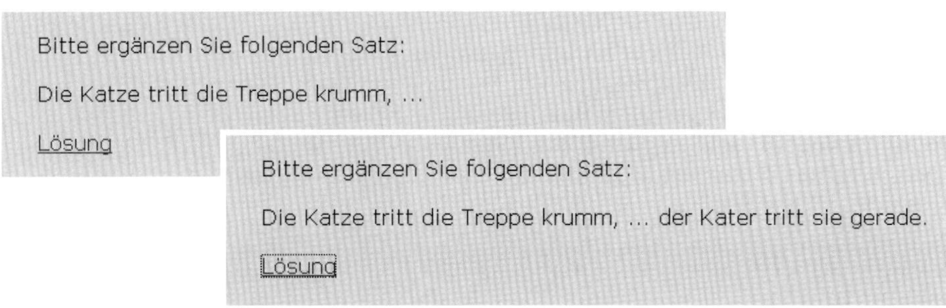

Auswertung eines Auswahlfelds und Verlinkung zu dessen Inhalt

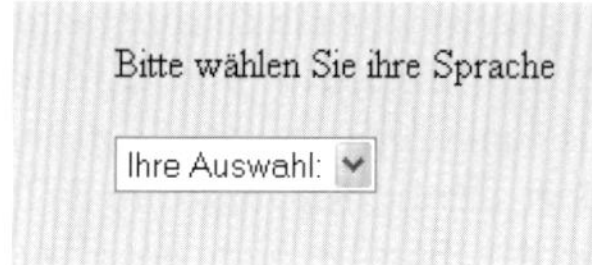

Mit dem Auswahl-Eingabefeld stehen vier Optionen zur Verfügung. Die erste Option („Ihre Auswahl") wird nach dem Aufruf der Seite angezeigt. Durch Auswahl einer der drei anderen Optionen wird das Ereignis onChange ausgelöst und die Funktion Auswahl() aufgerufen. Mit der lokalen Variablen Element wird auf das Auswahl-Eingabefeld-Objekt referenziert.
Die Verkettung window.document.forms[0].elements[0]; ist so zu verstehen: im Browserfenster (window), im angezeigten Dokument (document), das erste Formular (forms[0]) und darin das erste Element (elements[0]); damit ist das erste Eingabefeld gekennzeichnet.
In JavaScript werden Objekte in Listen verwaltet, den Arrays. Das erste Element innerhalb eines Arrays wird zum Beispiel mit Name_des_Arrays[0] angesprochen, das zweite mit Name_des_Arrays[1] usw. In der folgenden if-Abfrage wird ermittelt, ob die Auswahl ungleich der ersten Option („Ihre Auswahl") ist (Element.selectedIndex !=0). Die Abfrage ist nötig, falls man von einer anderen Seite zurückkehrt und sich die Auswahl bereits vorher geändert hat.
Mit Änderung der Eigenschaft href des Objekts location wird dem Browser eine neue Adresse zugewiesen. Die Adresse steht im value-Attribut des Elements options, sie wird aus Element.options[Element.selectedIndex].value ermittelt.

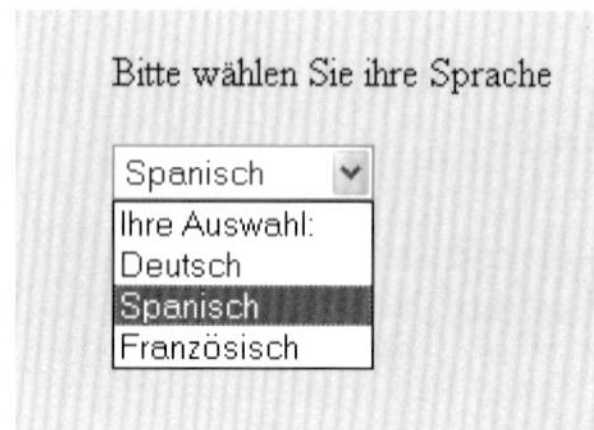

Wird zum Beispiel Spanisch gewählt, ist 2 der Wert von selectedIndex. Mit window.location.href = Element.options[2].value wird der Wert der zweiten Option, also index_spanish.html, als Adresse zugewiesen und im Browser angezeigt.

```
<!DOCTYPE HTML PUBLIC
"-//W3C//DTD HTML 4.01 Transitional//EN">
<html>
<head>
<title>Auswahlfeld</title>
<script type="text/javascript">
<!--
function Auswahl() {
	var Element = window.document.forms[0].elements[0];
	if(Element.selectedIndex != 0) {
		window.location.href = Element.options[Element.selectedIndex].value;
	}
}
//-->
</script>
</head>
<body bgcolor="#cccccc">
<p>Bitte w&auml;hlen Sie ihre Sprache</p>
<form>
<select name="Sprache" onChange="Auswahl()">
<option>Ihre Auswahl:</option>
<option value="index_german.html">Deutsch</option>
<option value="index_spanish.html">Spanisch</option>
<option value="index_francais.html">Franz&ouml;sisch</option>
</select>
</form>
</body>
</html>
```

Neues Browserfenster

Beim Anklicken des Verweises Katze wird die Funktion neuesFenster() aufgerufen. Die Methode open() des window-Objekts öffnet darauf hin ein neues Browserfenster.
Durch die drei Paramater der Methode werden dessen Eigenschaften festgelegt. Alle Parameter stehen in Anführungszeichen. Der erste Parameter steht für die Zieladresse, die angezeigt werden soll, hier die Datei katze.html. Es sind relative und absolute Pfadangaben möglich.
Der zweite Parameter legt den Namen des Fensterrahmens fest. Durch die Angabe des Attributs target in Verweisen kann zum Beispiel die Adresse aus Seiten des ursprünglichen Browsers geändert werden. Beispiel:
<a href= "hund.html" target= "Tiere">Hund</a>
Der dritte Parameter ist optional und bestimmt das Aussehen. Hier können Eigenschaften wie Fenstergröße (400 × 300 Pixel), Position (100 Pixel von links, 100 Pixel von oben), Anzeige von Menüleisten, Scrollbars und Statuszeile festgelegt werden. Mehrere Angaben werden ohne Leerzeichen durch Kommata voneinander getrennt.

```
<!DOCTYPE HTML PUBLIC "-//W3C//DTD HTML 4.01 Transitional//EN">
<html>
<head>
<title>Neues Browserfenster</title>
<script type="text/javascript">
<!--
function neuesFenster(){
        window.open("katze.html","Tiere","top=100,left=100,width=400,height=300");
}
//-->
</script>
</head>
<body>
<a href="javascript:neuesFenster();">Katze</a>
</body>
</html>
```


10.5 XML und XHTML

10.5.1 XML/XSL und XML-Derivate

XML (*Extensible Markup Language*) ist eine Sprache zur Beschreibung von Auszeichnungssprachen. XML hat keine feste Anzahl von Auszeichnungselementen (Tags) und zugehörigen Attributen; mit XML werden vielmehr Tags und Attribute in neuen Auszeichnungssprachen definiert. Die visuelle Darstellung der Daten wird mit XSL (*Extensible Stylesheet Language*), einer Sprache zur Formatierung von Daten, realisiert.

XML und auch HTML sind durch SGML festgelegt (*Standard Generalized Markup Language*). Die 1986 als ISO 8879 standardisierte Meta-Sprache SGML beschreibt das Definieren von Auszeichnungssprachen mithilfe von DTDs (*Document Type Definitions*). Mit SGML, der Muttersprache aller Auszeichnungssprachen, werden Sprachen für den international standardisierten Dokumentenaustausch erstellt. Da die hoch entwickelte Sprache SGML jedoch sehr kompliziert ist, entschloss man sich zur Entwicklung einer reduzierteren Variante unter dem Namen XML, die 1998 vom W3-Konsortium standardisiert wurde. Ebenso wie SGML erlaubt auch XML das Definieren von Auszeichnungssprachen mithilfe von DTDs.

HTML enthält feste Elemente, die durch SGML definiert sind und für die meisten Web-Seiten völlig ausreichen. Doch es kommt immer wieder vor, dass Inhalte wiederkehrende, anwendungsspezifische Datenstrukturen aufweisen. Telefonbücher enthalten zum Beispiel wiederkehrende Strukturen aus Vorname, Nachname, Adresse, Telefonnummer sowie deren eigentliche Inhalte. Natürlich ist es möglich, diese Daten durch Textabsätze in HTML darzustellen. Durch speziell für Telefonbücher entwickelte Auszeichnungselemente (wie zum Beispiel <vorname> <nachname> <adresse> <telefonnummer>) würde jedoch die logische (semantische) Datenstruktur erhalten bleiben.

Hier wird der Unterschied von XML gegenüber HTML deutlich. Es lassen sich unbegrenzt eigene Auszeichnungselemente (Tags), zugehörige Attribute mit

Wertzuweisungen und Verschachtelungsregeln in eigenen Dokumenttyp-Definitionen (DTDs) oder XML-Schemata festlegen. Außerdem können Sprachen innerhalb anderer Sprachen – ausgezeichnet durch ihre Namensräume – verwendet werden.

HTML ist eine Anwendung von SGML, da alle Auszeichnungen und deren Attribute schon vorhanden und vordefiniert sind. Dasselbe gilt zum Beispiel für die Auszeichnungssprache DocBook, die sich als offener Standard vor allem für technische Dokumentationen, Bücher und Artikel eignet.

XML ist dagegen eine Vorschrift von SGML, mit der Auszeichnungen und deren Eigenschaften definiert werden. Diese Definitionen finden sich entweder in einer DTD oder sind nach neuerem Standard in einem XML-Schema nachzuschlagen. Eine neue Auszeichnungssprache unterliegt bestimmten Konventionen (Konzepte und Regeln), die wiederum nach einem vorgeschriebenen Schema definiert werden. XML liefert genau dieses Schema.

Durch XML werden Elemente und deren grundsätzlichen Eigenschaften definiert, jedoch keine Aussagen über die visuelle Darstellung getroffen. Hier greift dasselbe Prinzip wie bei HTML und CSS. Zur Darstellung benötigt XML die Stylesheet-Sprache XSL (*Extensible Stylesheet Language*). Ein XSL-Stylesheet besteht aus einer Reihe von Regeln und Formatierungsanweisungen, die auf XML-Elemente anzuwenden sind. Neben den Standardformatierungen von Schrift, Farbe, Hintergrund usw. werden auch erweiterte Aufgaben wie die Sortierung oder Nummerierung von Aufzählungen unterstützt.

Die Transformationssprache XSLT *(XSL Transformation)*, Bestandteil von XSL, definiert Mechanismen, mit denen bestehende XML-Dokumente in neue transformiert werden. Bei der XSL-Transformation liest ein XSL-Prozessor das XML-Dokument sowie das entsprechende XSL-Stylesheet und erzeugt aufgrund der enthaltenen Anweisungen das neue Dokument.

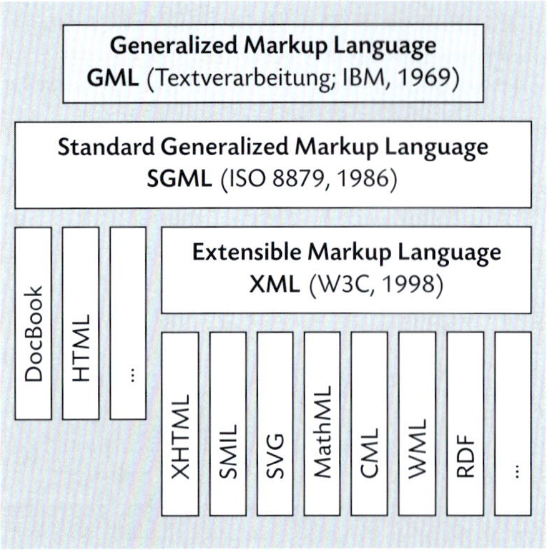

SGML- und XML-Familienstammbaum

Mit XSLT lassen sich XML-basierte Daten serverseitig – also bevor die Daten an den Browser gesendet werden – in andere Auszeichnungssprachen überführen, zum Beispiel HTML. Das hat den Vorteil, dass die Browser der Anwender(innen) nicht XML/XSL-fähig sein müssen, die Daten auf dem Server aber strukturiert und getrennt vom Layout erhalten bleiben.

In der Praxis hat sich XML bei Web-Designer(inne)n nicht durchgesetzt, da HTML und CSS zur Gestaltung von Webseiten meist völlig ausreichen. XML wird vor allem eingesetzt, um große Mengen anwendungsspezifischer Daten logisch (semantisch) strukturiert getrennt vom Layout zu speichern.

Mit XML erstellte Auszeichnungssprachen werden als XML-Derivate oder XML-Ableger bezeichnet. Bekannte XML-Derivate sind:

- XHTML *(Extensible HyperText Markup Language)*, die Neudefinition von HTML mit XML
- SMIL *(Synchronized Multimedia Integration Language)*, zur besseren Integration von Grafiken, Sounds und Videos
- SVG *(Scalable Vector Graphics)* zur Erzeugung von Vektorgrafiken
- MathML *(Mathematical Markup Language)* zur Darstellung mathematischer Formeln und Gleichungen für wissenschaftliche Anwendungen
- CML *(Chemical Markup Language)* zur zwei- und dreidimensionalen Darstellung von Molekülen
- WML *(Wireless Markup Language)* für Internet-Inhalte auf dem Handy-Display
- RDF *(Resource Description Framework)* als grundlegende Technologie zum Datenaustausch im Semantic Web (vgl. unten, Abschnitt 10.12)

10.5.2 Extensible HTML (XHTML)

Die Entwicklung von neuen Sprachen durch XML, ihre vereinfachte, übersichtliche Strukturierung sowie die Trennung von Inhalt und Formatierungsanweisungen gingen auch an HTML nicht vorbei.

Eine weitere HTML-Version auf SGML-Basis sollte es nicht geben. Stattdessen beschloss das W3C eine Neuformulierung von HTML 4 auf Basis von XML. Das neue HTML erhielt den Namen XHTML *(Extensible HyperText Markup Language)*; Version 1.0 wurde im Januar 2000, Version 1.1 im Mai 2001 verabschiedet.

Mit XHTML ist die Kompatibilität zu anderen XML-basierten Sprachen wie zum Beispiel SMIL oder SVG gegeben. Eine Sprache kann innerhalb anderer Sprachen als Dateninsel eingebunden werden. So kann zum Beispiel eine SVG-Grafik als Dateninsel zum Bestandteil einer XHTML-Datei werden. Auch DOM-orientierte Skriptsprachen (vgl. Abschnitt 10.4) können mit ihren Eigenschaften und Methoden Elemente verschiedener XML-basierter Sprachen einheitlich ansprechen. Durch die Trennung von strukturierten Daten und deren Formatierung mittels Stylesheets ist die Portabilität auf alternative Plattformen (Mobiltelefon, PDA, Spielkonsole, WebTV) einfacher, da nur die entsprechenden gerätespezifischen Stylesheets erstellt werden müssen.

Für Web-Designer ändert sich durch die Neuformulierung nur wenig. XHTML 1.0 enthält alle Elemente von HTML 4. Mittelfristig sollen alle Angaben zur Formatierung in Stilvorlagen (CSS) ausgelagert werden. In der modulbasierten Version XHMTL 1.1 wurde dagegen die Abwärtskompatibilität aufgegeben: Die in HTML 4 als *„deprecated"* (veraltet) bezeichneten Tags und Attribute kommen nicht mehr vor. Einige Elemente sind ersatzlos entfallen (`<applet>` `<font>` `<basefont>` `<center>` `<dir>` `<isindex>` `<menu>` `<s>` `<strike>` `<u>`); das Attribut `name` wurde durch `id` ersetzt.

Um HTML-Code in XHTML zu wandeln, sind einige Grundregeln zu beachten:

- Das W3-Konsortium empfiehlt XHTML-Dateien mit einem XML-Kopf zu beginnen, der auch die Zeichencodierung enthält. Die Angabe einer DTD *(Document Type Definiton)* ist Pflicht. Das einleitende `<html>`-Tag enthält als Attribute die Angaben von Namensraum und Sprache.
- Für Elemente und Attributnamen muss Kleinschreibung verwendet werden.
- Elemente mit Inhalt haben immer Anfangs- und End-Tags, zum Beispiel `<p>Inhalt</p>`, leere Elemente dagegen einen Schrägstrich am Ende des Anfangs-Tags, zum Beispiel `<br />`, `<img ... />`.
- Wertzuweisungen von Attributen stehen in Anführungszeichen.
- Jedes Attribut muss einen Wert haben. Die Wertzuweisung von leeren Attributen ist stets der Name des Attributs.

10.6 Flash

Adobe Flash (früher Macromedia Flash) ist eine verbreitete Autoren-Software für die Produktion umfangreicher Animationen in Websites und komplexer interaktiver Web-Anwendungen. In der Praxis wird sie leider häufig zur Realisierung primitiver Effekthaschereien wie fliegende Schriftzüge oder Blink- und Blitz-Effekte missbraucht, die von der Mehrzahl der Besucher(innen) eher als nervig empfunden werden. Mit Flash ist sehr viel mehr und Besseres möglich – von zum Beispiel animierten Grafiken, Navigationselementen für Websites und Simulationen über Anwendungen wie Animationsfilme mit synchronem Sound, Spiele oder Folienpräsentationen bis hin zu vollständigen multimedialen Websites.

SWF-Dateien, so genannte Flash-Filme *(movies)*, bestehen in erster Linie aus Vektorgrafiken, Texten und interaktiven Elementen, die an einer Zeitleiste positioniert werden. Videos, Bitmapgrafiken und Sounds lassen sich ebenfalls einbinden. Mit ActionScript, der Skriptsprache von Flash, werden Filme interaktiv gestaltet. ActionScript ist sehr stark an die Programmier-

Beispiel einer XHTML-Datei

```
<?xml version="1.0" encoding="UTF-8"?>
<!DOCTYPE html PUBLIC "-//W3C//DTD XHTML 1.0 Transitional//EN"
"http://www.w3.org/TR/xhtml1/DTD/xhtml1-transitional.dtd">
<html xmlns="http://www.w3.org/1999/xhtml" xml:lang="de" lang="de">
<head>
    <title>XHTML: Neuformulierung von HTML mit XML</title>
</head>
<body>
<h3><a id="top">XHTML: Neuformulierung von HTML mit XML</a></h3>
<p>Elemente mit Inhalt haben ein End-Tag, <br />
leere Elemente haben dagegen am Ende des Anfangs-Tag einen Schr&auml;gstrich.</p>
<!-- weitere Textabsätze -->
<hr noshade="noshade" />
<p><a href="#top">Verweis zum Anfang</a> aufgrund des id-Attributs.</p>
</body>
</html>
```

sprache JavaScript (vgl. Abschnitt 10.4) angelehnt. Es stellt Elemente wie Aktionen, Operatoren und Objekte bereit, die in Skripts zur Steuerung des Films zusammengefügt werden. Diese Skripts werden durch bestimmte Ereignisse ausgelöst und gestartet.

Wesentliche Vorteile der Flash-Filme sind vergleichsweise kleine Dateien und entsprechend kurze Ladezeiten. Zum Abspielen im Browser oder in eigenständigen Anwendungen wird der Flash-Player gebraucht, der kostenlos von der Adobe-Website geladen werden kann.

Flash ist kein offener Internet-Standard, sondern ein kommerzielles Software-Produkt. Die standardisierten, frei verfügbaren XML-basierte Sprachen SVG und SMIL könnten in Verbindung mit JavaScript/DOM ähnliches leisten, doch leider ist deren Verarbeitung auch in modernen Browsern immer noch unzureichend.

10.7 Java und ActiveX

Die von Sun Microsystems entwickelte plattformunabhängige, objektorientierte Programmiersprache Java ist in Aufbau und Syntax der Sprache C/C++ sehr ähnlich. Im Web wird Java in den Bereichen Banking, Broking, Charts und zu speziellen Animationszwecken eingesetzt.

Zur Ausführung von Java-Programmen wird aufgrund der Plattformunabhängigkeit eine so genannte Java Virtual Machine benötigt, die meist beim Installieren von Browsern mit installiert wird, aber auch separat im Downloadbereich bei Sun erhältlich ist. Um in Java zu programmieren, wird mindestens ein Texteditor und das Java-Developer-Kit benötigt. Es gibt aber auch ausgereifte Java-Entwicklungsumgebungen von Sun, Microsoft und Borland.

Java-Programme zur Ausführung in Web-Browsern heißen Applets und haben die Dateiendung .class. Sie werden in HTML mit dem Element <applet> eingebunden und auf deren Datei referenziert. Java-Programme können sowohl auf Clients als auch auf Servern ausgeführt werden. Online-Chats nutzen diese Technik, wobei Java-Applets auf mehreren Clients laufen, die alle mit einem serverseitigem Java-Programm (Servlets) kommunizieren.

ActiveX ist der Oberbegriff einer von Microsoft entwickelten Technologie für ausführbaren Programmcode im Web, die eine Konkurrenz zu Java darstellt. Sie besteht aus unterschiedlichsten Software-Komponenten, die alle auf dem COM *(Component Object Model)* basieren. ActiveX ist kein Internet-Standard, sondern versucht, spezifische Eigenschaften des Microsoft-Betriebssystems Windows in Web-Seiten zu integrieren. ActiveX-Controls sind Programme, die sich – ähnlich wie Java-Applets – in HTML-Dateien als Objekt einbinden lassen. Mit ActiveX-Controls können unterschiedlichste Anwendungen realisiert werden. Microsoft empfiehlt die Programmiersprachen Visual Basic und C++ für ActiveX-Code. Der Compiler (Übersetzer des Quellcodes) muss das *Component Object Model* (COM) unterstützen. ActiveX wird nur vom MS Internet Explorer ausgeführt; für einige andere Browser gibt es Plugins. Viele Funktionalitäten sind nur unter dem Betriebssystem Windows ausführbar.

10.8 Streaming Media (Audio und Video)

Um Audio- oder Video-Daten zu senden, muss zunächst das Übertragungs-Protokoll festgelegt werden. Im einfachsten Fall wird das HyperText Transfer Protocol (HTTP) verwendet. Die Media-Dateien sind – ähnlich wie Webseiten – auf dem Webserver gespeichert. Beim Abruf über einen Media-Player werden die eintreffenden Daten zwischengespeichert und zeitversetzt, noch während der restlichen Übertragung, wiedergegeben. Dieses Verfahren ist für kurze Audio- und Videosequenzen recht gut geeignet – hohe Qualität darf allerdings nicht erwartet werden.

Beim Streamen mit echten Streaming-Protokollen wie RTSP (*Real Time Streaming Protocol*) oder MMS (*Microsoft Media Stream Broadcast Distribution*), die auf UDP oder TCP *(User Datagramm Protocol, Transmission Control Protocol)* aufsetzen, werden einzelne Datenströme zu den Anwendern aufgebaut. Das Protokoll UDP ist broadcast- und multicastfähig, eignet sich also sowohl für Live-Übertragungen (broadcast) als auch

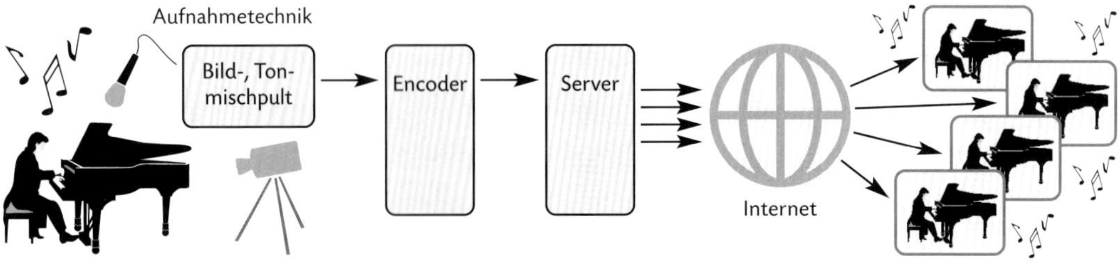

für Abfragen „on demand" (multicast). Der Streaming-Server sendet die je nach Höhe der Übertragungsrate angemessene Qualitätsstufe. Die Bandbreiten reichen von 28 kbit/s für Videos im Briefmarkenformat bei Übertragung per Modem bis zum bildschirmfüllenden 1-Megabit-Stream für Highspeed-Zugänge über DSL, Satellit oder Kabelmodem.

Die Streaming-Technologie wird vorrangig von Unternehmen zur Übertragung von Informations- und Unterhaltungsangeboten – also großer Datenmengen – im Inter- und in Intranets eingesetzt. Business-Modelle wie Pay-per-View und Video-on-Demand (TV, Film) sowie Live-Übertragungen (Konzerte, Sportereignisse) sind eher Medienkonzernen vorbehalten.

Da für jede Anfrage ein eigener Stream bereitgestellt werden muss, ist der technische Aufwand bei gleichzeitigen Anfragen entsprechend hoch. Zur flüssigen Wiedergabe in der Auflösung 160 x 120 Pixel für ISDN ist eine Streamrate von etwa 50 kBit/s erforderlich, für die Vollbilddarstellung in VHS-Qualität etwa 500 kBit/s.

Die erforderliche Bandbreite für Übertragungen ist in Intranets weniger problematisch. Im Internet kann es dagegen schnell eng werden: Schon zwanzig gleichzeitige Nutzer(innen) beanspruchen bei einer Streamrate von gerade einmal 50 kbit/s eine Bandbreite von 1 Mbit/s; bei zweihundert gleichzeitigen Abfragen und 500 kbit/s Streamrate und sind es 100 Mbit/s. Auf die Übertragung von Videodaten für große Benutzerzahlen haben sich deshalb einige wenige Unternehmen spezialisiert.

Jede Streaming-Technologie besteht im wesentlichen aus den Kernkomponenten Encoder, Server und Player. Mit Authoring Tools werden Media-Streams um Zusatzinformationen ergänzt.

- Der Media-Encoder konvertiert und komprimiert Videodateien oder Live-Aufnahmen in ein für den Server passendes Streaming-Format. In den Optionseinstellungen des Encoders werden die Komprimierungsgrade in Abhängigkeit von den Zielbandbreiten festgelegt. Das Programm komprimiert die Dateien dabei mehr oder weniger stark und passt die Bildgröße entsprechend an. Die Ausgabe erfolgt als Datei oder Media-Stream; darin können jeweils mehrere Audio- und Video-Streams mit unterschiedlichen Bit- und Frameraten enthalten sein.
  Entscheidend für die endgültige Bildqualität sind die verwendeten Komprimierungsroutinen (Codecs) des Encoders. Hierin liegt bei den Softwareherstellern auch das Geheimnis, noch bessere Qualität mit noch geringeren Datenmengen zu erzielen. Bei Live-Übertragungen findet das Codieren auf einem eigenen Rechner vor Ort statt. Dieser sendet die Daten über ein Netzwerk, ISDN, DSL oder Satellit an den Server. Die Daten werden dann entweder als Datei in das angegebene Media-Verzeichnis des Servers kopiert oder als andauernder Live-Stream direkt zum Media-Server geschickt.
- Der Media-Server liefert auf Anfragen die an die Bandbreite angepassten Datenströme an Endbenutzer(innen) aus. Beim Absinken der Bandbreite während des Sendens wird automatisch auf einen höher komprimierten Datenstrom umgeschaltet, beim Ansteigen der Bandbreite entsprechend umgekehrt. Die Auslastungswerte von Server, Bandbreite, Speicher und Festplatten richten sich nach der Anzahl der gleichzeitigen Nutzer und der Bitrate der gesendeten Streams. Bandbreite und Anzahl gleichzeitiger Nutzer lassen sich beschränken. Ein Echtzeit-Monitoring dient der Überwachung und Analyse der Auslastungswerte.
- Der Media-Player wird auf dem Client-Rechner ausgeführt und spielt den Media-Stream ab. Neben der Media-Steuerung mittels Standard-Bedienelementen und einer Bibliotheksverwaltung muss er in der Lage sein, die entsprechend komprimierten und codierten Streaming-Formate wiederzugeben.
- Mit dem Authoring-Tool werden Video- und Audio-Streams um Zusatzinformationen ergänzt. Untertitel, Indexpunkte, Bannereinblendungen, Hotspots (URL-Referenzen), Standbilder, Flash-Filme, Scripting und interaktive Funktionen können integriert und kombiniert werden. Die XML-basierte Integrationssprache SMIL *(Synchronized Multimedia Integration Language)* beschreibt den neu entstehenden Stream und seine Formatierung. Sie ermöglicht eine einfache textgesteuerte Synchronisation multimedialer Anwendungen.

Der Wettbewerb im Bereich der Streaming-Media-Software beschränkt sich auf drei große Anbieter:

- Real Network mit dem Encoder und Authoring-Tool Real Producer sowie Helix Server und Real Player
- Microsoft mit Windows Media Encoder, Windows Media Server, Windows Media Player sowie den Authoring-Tools Windows Media Author und Media on Demand Producer
- Apple mit dem Encoder Quicktime Plus, einer Erweiterung des Quicktime Players, dem Server Quicktime Streaming und der Authoring-Software Quicktime VR.

Einige Webspace-Provider bieten in Ihren Paketen Unterstützung von Streaming Media an, wobei es sich jedoch häufig um schlichte http-Downloads handelt, die ohnehin bei jedem Provider möglich sind. Entscheidend ist vielmehr, ob überhaupt ein Streaming-Server vorhanden ist, wie viele Streams und welche Bandbreite zur Verfügung stehen und ob Live-Streams möglich sind.

10.9 Dynamische Webseiten

10.9.1 Grundlagen

Nur wenige Websites bestehen heute aus einfachen, statischen HTML-Seiten. Der zunehmende Anspruch an Inhalte und Funktionen – zum Beispiel Formularauswertung, laufende Aktualisierung, Gästebücher, Foren, Volltextsuche, Webportale, Shopsysteme, Anbindung an Warenwirtschaftssysteme, Content-Management-Systeme und Verwaltungsprogramme – erfordert dynamische Webseiten, die mittels komplexerer Techniken und aufwändiger serverseitiger Programmierung erzeugt werden.

Web-Applikationen sind Programme, die mit Webbrowsern über das Internet oder ein Intranet bedient werden. Vorteile liegen in der clientseitigen Plattformunabhängigkeit, der Nutzung bestehender Netzwerkstrukturen und der für Anwender(innen) vertrauten Benutzerschnittstelle Webbrowser.

HTML-Seiten werden mithilfe von Webservern veröffentlicht. Der Webserver sendet Daten zurück, die von einem Browser (Client) angefordert wurden. Das gilt sowohl für einfache, statische HTML-Seiten als auch für Seiten mit dynamisch erzeugten Inhalten.

Die Schnittstelle CGI *(Common Gateway Interface)* bietet die Möglichkeit, Webseiten dynamisch zu generieren. CGI ist eine Standard-Schnittstelle zur Kommunikation zwischen Webservern und externen Programmen, die dynamische Inhalte liefern. Programme, die über die CGI Schnittstelle kommunizieren, können in beliebigen Programmier- oder Skriptsprachen geschrieben sein und werden auch als CGI-Programme oder CGI-Skripte bezeichnet.

Das CGI-Programm wird durch Anforderung einer URL-Adresse im Browser aufgerufen. Der Webserver startet es daraufhin über die Schnittstelle, übergibt einen HTTP-Header und vorhandene Übergabeparameter, zum Beispiel Daten aus einem Formular.

Das CGI-Programm verarbeitet die erhaltenen Daten und erzeugt die Antwort in Form einer HTML-Datei. Die HTML-Datei wird über die Schnittstelle und den Webserver an den aufrufenden Browser gesendet.

Oft werden vom CGI-Programm noch Anforderungen an weiterführende Anwendungen geleitet. So lassen sich Anfragen an Datenbanken formulieren, die eine Ergebnisliste entsprechender Datensätze liefern, die wiederum in der vom CGI-Programm generierten HTML-Datei enthalten sind. E-Mails werden versendet – zum Beispiel zur Bestätigung einer Bestellung im Online-Shop – oder PDF-Dokumente automatisch generiert und im Dateisystem abgespeichert.

Zur Programmierung werden durchweg interpretierbare Skriptsprachen wie Perl, TCL und Python bevorzugt. Skripte lasssen sich relativ schnell und einfach erstellen, bearbeiten und ändern; der aufwändige Kompiliervorgang höherer Programmiersprachen entfällt. Mit SSI-Befehlen *(Server Side Includes)* können kleinere dynamische Informationen eingebunden werden, zum Beispiel Datum und Uhrzeit des Servers. Der Nachteil wird bei umfangreichen Anwendungen und hohen Benutzerzahlen deutlich: Durch jeden Zugriff auf ein CGI-Skript wird ein neuer Prozess auf dem Server gestartet, ausgeführt und beendet. Bei vielen gleichzeitigen Zugriffen führt das zu einem deutlichen Performance-Verlust. Zusätzliche Datenbankzugriffe verschärfen dieses Problem noch.

Um den Performance-Verlust von CGI-Programmen einzudämmen, wurden Erweiterungen für den Webserver entwickelt. Damit laufen Programme nicht extern, sondern innerhalb der Webserver-Prozesse ab; das aufwändige Starten und Beenden des Prozesses bei jedem Skript-Zugriff entfällt. Die Erweiterungen werden beim ersten Aufruf in den Speicher geladen; für alle weiteren Abrufe wird dann dieselbe Instanz verwendet. Webserver-Erweiterungen sind Programme, die auf dem API *(Application Programming Interface)* des jeweiligen Webservers basieren. Sie werden in höheren Programmiersprachen – meist C, C++, VB, Rexx oder Java (Servlets) – geschrieben und sind aufgrund der unterschiedlichen APIs nicht direkt auf andere Server-Systeme übertragbar.

Einen Mittelweg zwischen Portierbarkeit, kurzer Entwicklungszeit und hoher Performance liefern die Web-Applikationssprachen. Technisch gesehen sind das Webserver-Erweiterungen, die HTML-Code mit-

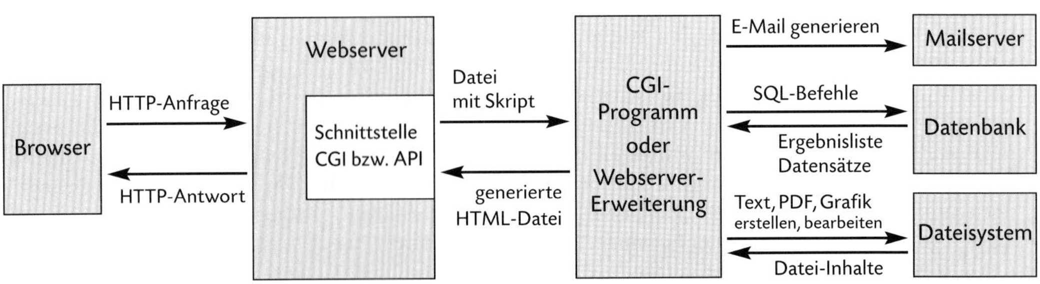

Funktionsweise dynamischer Webseiten

hilfe von Skriptsprachen generieren, die in HTML-Seiten eingebettet sind. Die Skript-Befehle dieser Sprachen stehen in speziellen Auszeichnungs-Elementen direkt in den HTML-Seiten. Der Übergang zwischen codiertem und dynamisch erzeugtem HTML ist fließend. Zentraler Ausgangspunkt ist nicht das Programm, sondern die Webseite.

Bekannte Web-Applikationssprachen sind das Open-Source-Projekt PHP (früher *Personal Home Page*, heute *PHP Hypertext Preprocessor*), ASP *(Active Server Pages)* und der Nachfolger ASP.NET von Microsoft, JSP *(Java Server Pages)* der Firma Sun, Cold Fusion und Ruby. Auch die aus dem CGI-Bereich bekannten Sprachen Perl und Python liefern mit Embed Perl und Python Server Pages entsprechende Lösungen.

Um die heutigen Anforderungen an Web-Anwendungen zu erfüllen, müssen Web-Applikationssprachen folgende Kriterien erfüllen:

- Allgemeine Spracheigenschaften: Unterstützung von Objektorientierung, Funktions- und Klassenbibliotheken, Spracherweiterungen bzw. deren Module
- Generierung von Grafiken, PDF-Dokumenten und Flash-Filmen bei Abfrage
- Unterstützung von XML, XSL und Web Services
- Authentifizierung und Sicherheit: Unterstützung des HTTP-Basic-Authentifizierungsprozesses und Schnittstellen zur Systembenutzerdatenbank, zu externen Datenbanken sowie allen Systemen, die mittels LDAP *(Ligthweight Directory Access Protocol)* kommunizieren
- Auswerten von Formulardaten, Zugriff auf und Weiterverarbeitung von post- und get-Variablen aus versendeten Formularen
- Lesen und Schreiben von Cookies als bequeme Technik, um Benutzer(innen) gezielt wiederzuerkennen und benutzerspezifische Daten in serverseitigen Datenbanken zu speichern
- Session-Management zum Wiedererkennen von Benutzer(inne)n innerhalb einer Zeitspanne
- Datenbanktreiber zur Unterstützung der Programmierschnittstelle ODBC bzw. JDBC und direkte Unterstützung der wichtigsten Datenbanksysteme (Oracle, Sybase, IBM DB2, MS-SQL, MS-Access, MySQL, Interbase, Informix); Unterstützung von objektorientierten und XML-Datenbanksystemen
- Datenbankzugriff und Weiterverarbeitung von erhaltenen Resultaten, gezielter Zugriff auf Datensätze in erhaltenen Resultaten
- Versenden von E-Mail-Nachrichten

Alle gängigen Sprachen erfüllen die genannten Kriterien weitgehend; eine in jeder Hinsicht optimale Web-Applikationssprache gibt es nicht. PHP liefert einen für Web-Anwendungen abgestimmten Funktionsumfang. In der Technologie ASP.NET können Entwickler(innen) ihre bevorzugte Programmiersprache wählen. Als Standards haben sich Visual Basic.NET und C# etabliert. ASP.NET basiert auf .NET Framework, einer umfangreichen Bibliothek mit Klassen. ASP.NET ist gut für die Erstellung von Web- und Desktop-Systemen unter Windows geeignet; die Entwicklungsumgebung Visual Web Developer steht kostenlos zur Verfü-

Wichtige Sprachen und Technologien für das World Wide Web

Client (Webbrowser)	Server (Webserver)
• HTML/XHTML • CSS • JavaScript/DOM • DHTML (dynamisches HTML) • XML/XML-Derivate • XSL • Java (Applets) • Visual Basic Script • ActiveX-Controls • Medien für Plug-Ins – Flash – Streaming Media	**Interpretersprachen (plattformübergreifende Skriptsprachen) über CGI (Common Gateway Interface)** • Perl • TCL • PHP • Python **Webserver-Erweiterungen mit Compilersprachen über API (Application Programming Interface)** • C/C++ • Visual Basic • Rexx • Java (Servlets) **Webserver-Erweiterungen mit Web-Applikationssprachen über API** • PHP (PHP Hypertext Preprocessor) • ASP.NET, ASP (Active Server Pages), ActiveX-Server-Komponenten • JSP (Java Server Pages) • Cold Fusion • Ruby mit dem Framework Rails (Ruby on Rails, RoR) • Python Server Pages mit einer in Java geschriebenen Python-Engine • Embed Perl • XML/XSLT • Web Services (.NET, Websphere, Sun One)

gung. JSP haben einen großen Sprachumfang und eignen sich gut für plattformunabhängige Desktop- und Web-Anwendungen. Als Entwicklungsumgebung hat sich Eclipse zum Quasi-Standard etabliert.

Auch die übrigen Sprachen haben spezifische Vor- und Nachteile. Oft sind Vorkenntnisse in der Programmierung und vorhandene Serverarchitekturen entscheidend für die Wahl. Insbesondere ist darauf zu achten, welche Sprachen auf welchem Betriebssystem vom bevorzugten Provider angeboten werden.

Die Weiterentwicklung von Web-Applikationssprachen sind eigenständige Applikations-Server (*Web Application Server*). Diese speziellen Ausführungsumgebungen sind getrennt und unabhängig vom Webserver. Ihre Aufgabe besteht in der Abwicklung von mehreren hundert parallelen Zugriffen oder der Ausführung von kritischen Transaktionen. Meist erfolgt der Einsatz als dreischichtige Systemarchitektur. Benutzerschnittstelle und Anwendungslogik sind voneinander getrennt; als Mittelstück zwischen Browser und Datenbank fungiert der Applikations-Server, auf dem die komplette Geschäftslogik implementiert ist. Transaktions- und Sicherheitskonzepte, Lastausgleich und Fehlerbehandlungen sorgen für weitgehend störungsfreien Betrieb. Der Server steuert alle Zugriffe auf verteilte Backend-Systeme und Datenbanken.

Der Vorteil gegenüber einfachen Skriptsprachen-Umgebungen liegt in skalierbaren und ausfallsicheren Anwendungen. Außerdem bieten sie höheren Komfort und umfangreichere Features. Bekannte Web-Application-Server sind BEA Weblogic, IBM Websphere und Cold Fusion. Cold Fusion hat sich allerdings in Europa nicht durchgesetzt und wird nach der Übernahme von Macromedia durch Adobe voraussichtlich durch Serverlösungen abgelöst, die auf ActionScript basieren.

10.9.2 PHP

10.9.2.1 Systemumgebung mit PHP

Wer sich ernsthaft mit der Erstellung dynamischer Webseiten beschäftigen will, kommt um die Installation und Einrichtung einer lokalen Systemumgebung nicht herum. Da in diesem Abschnitt nicht auf alle Webapplikationssprachen eingegangen werden kann, wird exemplarisch und stellvertretend PHP eingesetzt. Das Programm ist kostenlos als Open Source im Internet erhältlich, Lizenzgebühren fallen nicht an. PHP gibt es für Windows und Linux; es ist weit verbreitet und relativ leicht erlernbar. Viele Provider bieten es in ihren Komplett-Paketen ebenfalls an (vgl. 10.10.2).

Die PHP-Engine gibt es als CGI-Programm und als Webserver-Erweiterung (Webservermodul, SAPI-Modul) für die gängigsten Webserver (Apache, Internet Information Server, Personal Webserver, Netscape Server, OmniHTTPd Server, Xitami Server). Die Webservermodul-Version ist deutlich leistungsfähiger; einige Funktionen werden nur in Verbindung mit dem Apache-Webserver unterstützt.

Die meisten Provider bieten das PHP-Modul unter Linux/Unix mit dem Webserver Apache und der Datenbank MySQL an. Diese Kombination – auch LAMP genannt (Linux, Apache, MySQL, PHP) – ist die Standard Systemumgebung für PHP und bietet höchste Stabilität und Performance. Viele Entwickler(innen) arbeiten allerdings mit dem Betriebssystem Windows. Bekannte Kombinationen sind hier WAMP (Windows, Apache, MySQL, PHP) und WIMP (Windows, Internet Information Server, MySQL, PHP). Das PHP-Modul unter Windows ist leider noch nicht stabil genug, während die CGI-Variante mit dem bekannten Performance-Verlust problemlos läuft, jedoch leider nicht alle PHP-Modul-Erweiterungen unterstützt.

Die folgenden Erläuterungen beziehen sich auf das PHP-Modul der WAMP Systemumgebung, lassen sich aber auch leicht an andere Umgebungen anpassen.

10.9.2.2 Installation von Apache und PHP unter Windows

Apache Webserver wird aus dem Internet geladen (httpd.apache.org) und mit den Standardeinstellungen des Installationsprogramms installiert. Unter Windows XP und Vista ist der Server nach der Installation bereits gestartet. Nach Eingabe von http://localhost/ erscheint der Text „It Works!" im Browser. Die Konfiguration des Servers kann in der Datei httpd.conf angepasst werden; sie befindet sich im Verzeichnis C:\Program Files\Apache Software Foundation\Apache 2.2\conf und ist auch über das Startmenü erreichbar.

PHP gibt es in den Versionen Package und Installer (www.php.net/downloads.php). Die Package-Version ist vorzuziehen, weil sie zahlreiche Erweiterungen enthält. Nach dem Entpacken der ZIP-Datei wird ihr Inhalt nach C:\php kopiert. Dann ist noch die Konfigurationsdatei php.ini-dist ins Windows-Verzeichnis zu kopieren und in php.ini umzubenennen.

Um Apache Webserver mit dem Modul von PHP zu erweitern, ist eine Änderung in der Datei httpd.conf des Apache Servers nötig (vgl. install.txt im PHP Verzeichnis, Abschnitt: Apache 2.0.x on Microsoft Windows; Installing as an Apache modul). Unter der Zeile

```
#LoadModule ssl_module modules/mod_ssl.so
```

werden folgende Zeilen hinzugefügt:

```
LoadModule php5_module c:/php/php5apache2_2.dll
AddType application/x-httpd-php .php
```

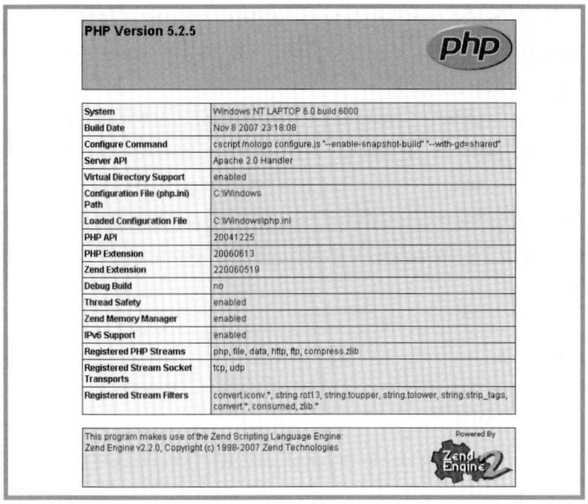

PHP-Infoseite

Apache Webserver wird durch Restart über das Startmenü neu gestartet. Ein abschließender Test stellt die korrekte Installation und Einrichtung sicher: Das einzeilige Skript `<?php phpinfo(); ?>` wird mit einem Texteditor geschrieben und im Rootverzeichnis des Webservers unter dem Dateinamen phpinfo.php gespeichert. Rootverzeichnis ist nach der beschriebenen Installation C:\Program Files\Apache Software Foundation\Apache2.2\htdocs. Mit dem URL-Aufruf http://localhost/phpinfo.php wird das Skript im Browser getestet. Bei fehlerfreier Installation erscheint die PHP-Infoseite (Bild oben) und gibt Auskunft über das komplette lokal aufgesetzte PHP-System.

Einsteiger(inne)n ist das Komplettpaket XAMPP (www.apachefriend.org) zu empfehlen, das die Umgebung aus Apache, MySQL, PHP und phpMyAdmin vollständig und automatisiert installiert.

10.9.2.3 Notationsregeln

PHP ist eine vollwertige objektorientierte Programmiersprache, mit der sich eine Vielzahl von Anwendungen im Internet realisieren lässt. Die Sprache verfügt über alle gängigen Befehle und Strukturen wie Bedingungen, Schleifen, Funktionen, Objekte, Eigenschaften und Methoden, Arrays usw., deren Erklärung den Rahmen dieses Buchs sprengen würde. Dazu sei auf die Fachliteratur verwiesen. Eine umfangreiche Skripte-Sammlung für Web-Applikationssprachen ist unter http://www.hotscripts.de zu finden.

PHP-Dateien sind HTML-Dateien mit speziell integrierten Auszeichnungs-Elementen, die Befehle der Programmiersprache PHP enthalten; sie haben die Dateiendung .php. Der PHP-Programmcode sollte im zukunftsorientierten XML-Stil in die HTML-Datei eingebunden werden: `<?php ...Befehle... ?>`

Beim Schreiben von PHP-Skripten sind unter anderem folgende Notationsregel zu beachten:

- PHP-Befehle werden mit einem Semikolon am Ende abgeschlossen: `echo "Guten Morgen!";`
- Kommentare in PHP-Skripten dienen als Zusatzinformationen für Entwickler(innen) und werden bei der Ausführung des Programmcodes nicht berücksichtigt. Einzeilige Kommentare beginnen mit zwei Schrägstrichen und enden automatisch am Ende der Zeile. Mehrzeilige Kommentare beginnen mit /* und enden mit */.
- Variablen sind Speicherbereiche für Inhalte, auf die über einen zugewiesenen Variablennamen zugegriffen werden kann. Variablen enthalten zum Beispiel Zahlen oder Zeichenketten. Variablennamen beginnen mit einem vorangestellten Dollarzeichen; Groß- und Kleinschreibung werden streng unterschieden: `$Vorname="Paula"; $Preis=12.98;`
- Mit Operatoren lassen sich Berechnungen durchführen. Dabei ist auf den Variablentyp zu achten. PHP erwartet keine explizite Typzuweisung, sondern weist den Variablentyp automatisch zu.
  Addition: `$summe = $a + $b;`
  Multiplikation: `$x = $y * 100;`
- Zeichenketten werden durch Punkte (.) verknüpft. `$Name = $Vorname . " ". $Nachname;`

10.9.2.4 Beispiele

Die folgenden Beispiele sollen das Funktionsprinzip zur Generierung dynamischer Webseiten verdeutlichen. Zuerst ein ganz kurzes Skript:

```
<!DOCTYPE HTML PUBLIC "-//W3C//DTD HTML 4.01
Transitional//EN">
<html>
<head><title>Guten Morgen mit PHP</title></head>
<body>
<p><?php echo "Guten Morgen!"; ?></p>
</body></html>
```

Die Datei wird unter dem Namen gutenmorgen.php im Rootverzeichnis des Servers (C:\Programme\Apache Group\Apache2\htdocs) gespeichert und dann mit http://localhost/gutenmorgen.php im Browser aufgerufen.

Der vom Browser empfangene Quelltext (Hauptmenü > Ansicht > Quelltext) sieht so aus:

```
<!DOCTYPE HTML PUBLIC "-//W3C//DTD HTML 4.01
Transitional//EN">
<html>
<head><title>Guten Morgen mit PHP</title></head>
<body>
<p>Guten Morgen!</p>
</body></html>
```

Der Befehl echo gibt Werte an den Browser aus; der PHP-Prozessor generiert also die Zeichenkette „Guten Morgen!" an der Stelle, wo der echo-Befehl steht.

Zu den wichtigsten Anwendungsgebieten für Web-Applikationssprachen gehört die Auswertung von Eingaben in Formularen. Im Beispiel auf dieser Seite wird zunächst ein HTML-Formular im Browser aufgerufen, vom Anwender ausgefüllt und an ein PHP-Skript gesendet. Der PHP-Prozessor generiert daraufhin eine HTML-Seite mit den zuvor eingetragenen Werten und sendet sie über den Webserver als Bestätigung zum Anwender zurück.

Um das Skript möglichst unkompliziert zu halten, ist die Variable register_globals in der Datei php.ini auf den Wert on gesetzt (register_globals=on). Dadurch sind Variablen, die mit den Methoden get und post gesendet werden, global verfügbar.

Formular zur Datenabfrage (formularauswertung.html)

```
<!DOCTYPE HTML PUBLIC "-//W3C//DTD HTML 4.01 Transitional//EN">
<html>
<head><title>Formularauswertung</title></head>
<body>
<h4>Bitte f&uuml;llen Sie das Formular aus:</h4>
<form action="formularauswertung.php" method="get">
<table><tr>
    <td> </td>
    <td><input type="radio" name="Geschlecht" value="Herr"> Herr
    <input type="radio" name="Geschlecht" value="Frau"> Frau </td>
</tr><tr>
    <td>Vorname:</td>
    <td><input type="text" name="Vorname"></td>
</tr><tr>
    <td>Nachname:</td>
    <td><input type="text" name="Nachname"></td>
</tr><tr>
    <td> </td>
    <td><input type="submit" value=" OK "><input type="reset"></td>
</tr></table>
</form></body></html>
```

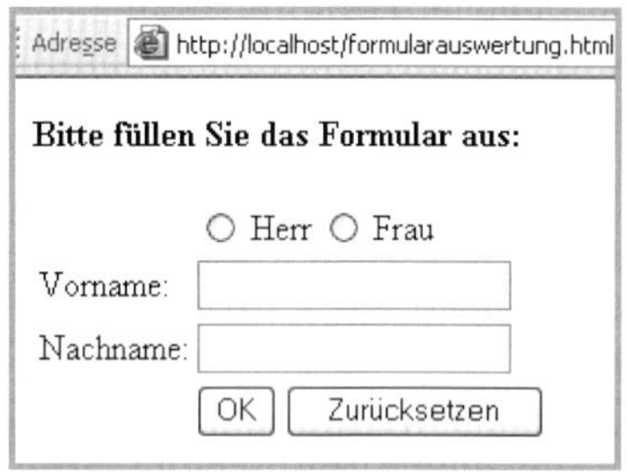

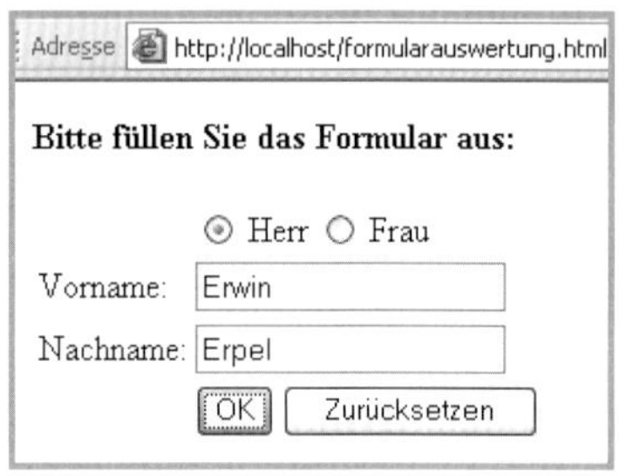

Auswertung der Formulardaten (formularauswertung.php)

```
<!DOCTYPE HTML PUBLIC "-//W3C//DTD HTML 4.01 Transitional//EN">
<html>
<head><title>Formularauswertung</title></head>
<body>
<p>Vielen Dank f&uuml;r Ihre Angaben<br><?php echo $Geschlecht." ".$Vorname." ".$Nachname; ?>!</p>
</body>
</html>
```

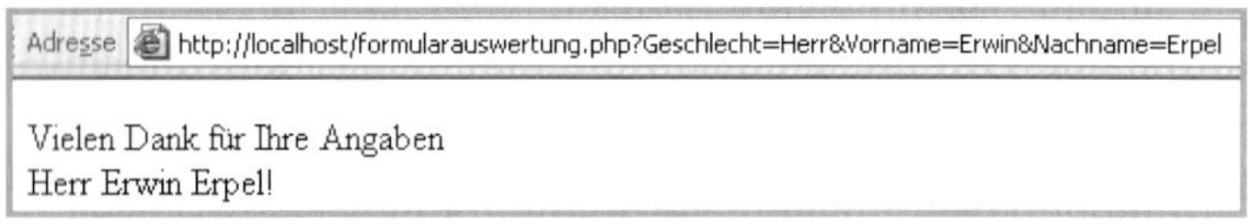

Durch Eingabe der Adresse http://localhost/formularauswertung.html wird das Eingabeformular aufgerufen. Nach dem Ausfüllen der Formularfelder und Klicken des Sendebuttons wird eine HTML-Seite mit den zuvor eingetragenen Werten dynamisch generiert und im Browser abgebildet. Falls das nicht funktioniert, überprüfen Sie bitte, ob in der Datei php.ini die Variable register_globals=on ist.
Nach dem Senden der Formulareinträge mit der Methode get erscheinen die Übergabeparameter in der Adresszeile des Browsers. URL und Daten sind durch das Fragezeichen voneinander getrennt, die einzelnen Variablen-/Wertepaare durch das &-Zeichen:
http://localhost/formularauswertung.php?Geschlecht=Herr&Vorname=Erwin&Nachname=Erpel

10.9.3 PHP und die Datenbank MySQL

10.9.3.1 Grundlagen

MySQL gehört zur Gruppe der relationalen Datenbanken, den RDBMS (*Relational Database Management System;* zum Thema Datenbanken vgl. auch Abschnitt 1.2.8). MySQL ist eine relationale SQL-Datenbank, die Daten in Tabellen und Beziehungen zwischen Tabellen verwaltet. Durch die Beziehungen lassen sich Datenbankabfragen mit wenigen einfachen Befehlen ausführen.

SQL (*Structured Query Language*) ist eine Abfragesprache für relationale Datenbanken, die plattformübergreifend verwendet werden kann. Mit SQL-Anweisungen können alle Vorgänge in einer Datenbank programmiert werden, die mit der Bearbeitung von Daten (Manipulation, zum Beispiel Anfügen, Ändern, Löschen, Abfragen) oder der Erzeugung von Tabellen (Datendefinition) zusammenhängen.

10.9.3.2 Installation und Konfiguration von MySQL-Server unter Windows

MySQL-Server steht zum Download unter http://dev.mysql.com/downloads/ zur Verfügung. Zum Programmpaket für Windows gehören zahlreiche Hilfsprogramme. Mit den kommandozeilenorientierten Tools „mysql" für Clients und „mysqladmin" als Administrationstool können MySQL-Datenbanken und -Tabellen eingerichtet werden. Zum komfortablen Anlegen und Verwalten von Datenbanken und Tabellen sind die Tools MySQL Administrator (dev.mysql.com) und das komplett in PHP geschriebene Tool phpMyAdmin zu empfehlen (www.phpmyadmin.net).

Eine einfache Installation von MySQL erfolgt mit der Konfiguration „Typical", „Configure the MySQL Server now", „Standard Configuration", „Install As Windows Service" und der Eingabe eines Passwortes für den Benutzer „root", der über alle administrativen Rechte verfügt. Nach der Installation wird die Datenbank automatisch gestartet; ihre Funktion kann mit entsprechenden Tools getestet werden.

Um die Tools zu starten, wird im Betriebssystem das Fenster „Eingabeaufforderung" geöffnet (Start>Alle Programme>Zubehör>Eingabeaufforderung). Durch Eingabe von `cd C:\Program Files\MySQL\MySQL Server 5.0\bin` erfolgt der Wechsel in dieses Verzeichnis. Mit `mysqlshow -u root -p` werden die bei der Installation angelegten Datenbanken angezeigt; „mysql" verwaltet zum Beispiel die Benutzerdaten. Beim Aufruf mit `mysqladmin -u root -p version` wird die genaue Versionsbezeichnung des Servers angezeigt. Die Parameter `-u` und `-p` stehen für Benutzer (*user*) und Passwort (*password*).

10.9.3.3 Datenbank anlegen und anbinden

Um eine Datenbank anzulegen, wird das Programm „mysql" im Fenster „Eingabeaufforderung" mit der Anweisung `mysql -u root -p` gestartet. Die Datenbank in diesem und in allen folgenden Beispielen hat den Namen „unternehmen". Sie wird mit der Anweisung `create database unternehmen;` angelegt. Mit `show databases;` lassen sich alle Datenbanken anzeigen. Die Anweisung `quit;` beendet das Programm. Mit `drop database unternehmen;` könnte die Datenbank gelöscht werden – die Anweisung `drop` ist allerdings mit größter Vorsicht zu verwenden, da alle mit der Datenbank verbundenen Ressourcen wie Tabellen und Daten ohne Bestätigungsabfrage endgültig gelöscht werden.

Seit Version PHP 5 wird MySQL nach der Installation nicht mehr automatisch unterstützt. Hierfür muss die PHP-Erweiterung php_mysql.dll und der Pfad zur Erweiterung in der Datei php.ini des Windows-Verzeichnisses angegeben werden.

- Die Datei php.ini wird in einem Texteditor (Notepad) geöffnet und im Abschnitt „Paths and Directories" die Variable `extension_dir = "c:\php\ext"` gesetzt.
- Im Abschnitt „Dynamic Extensions" ist das als Kommentarzeichen dienende Semikolon vor dem Eintrag `;extension =php_mysql.dll` zu entfernen. Außerdem benötigt PHP Zugriff auf die MySQL Client Library (libmysql.dll), die aber auch bereits in der PHP Distribution enthalten ist.
- Eventuell muss dem Windows-System-Pfad noch das PHP-Verzeichnis hinzugefügt werden (Anleitung unter http://www.php.net/faq.php).
- Falls beim Start des Webservers eine Fehlermeldung wie „Unable to load dynamic library php_mysql.dll" erscheint, wurden die Dateien php_mysql.dll oder libmysql.dll vom System nicht gefunden.

PHP-Seiten, die auf Datenbanken zugreifen, müssen zuerst eine Verbindung zur Datenbank herstellen. Da das auf jeder Seite erforderlich ist, wird am Seitenanfang mit dem include-Befehl ein kleines, speziell dafür vorgesehenes Skript eingebunden. In diesem Skript sind die Variablen von Server, Benutzer und Passwort definiert. Die Verbindung zum Server wird mit mysql_connect hergestellt, die Datenbank "unternehmen" mit mysql_select_db ausgewählt. Tritt während der Verbindung ein Fehler auf, gibt das Skript eine entsprechende Meldung aus. Die Datei wird unter dem Namen db.inc.php im Rootverzeichnis gespeichert.

Administrator: Eingabeaufforderung

```
     Microsoft Windows [Version 6.0.6000]
     Copyright (c) 2006 Microsoft Corporation. Alle Rechte vorbehalten.

(1)  C:\Users\Laptop>cd C:\Program Files\MySQL\MySQL Server 5.0\bin

(2)  C:\Program Files\MySQL\MySQL Server 5.0\bin>mysqlshow -u root -p
     Enter password: *******
     +--------------------+
     |     Databases      |
(3)  +--------------------+
     | information_schema |
     | mysql              |
     | test               |
     +--------------------+

(4)  C:\Program Files\MySQL\MySQL Server 5.0\bin>mysqladmin -u root -p version
     Enter password: *******
(5)  mysqladmin  Ver 8.41 Distrib 5.0.45, for Win32 on ia32
     Copyright (C) 2000-2006 MySQL AB
     This software comes with ABSOLUTELY NO WARRANTY. This is free software,
     and you are welcome to modify and redistribute it under the GPL license

     Server version          5.0.45-community-nt
     Protocol version        10
     Connection              localhost via TCP/IP
     TCP port                3306
     Uptime:                 1 hour 33 min 45 sec

     Threads: 1  Questions: 18  Slow queries: 0  Opens: 14  Flush tables: 1  Open tables: 1
     Queries per second avg: 0.003

(6)  C:\Program Files\MySQL\MySQL Server 5.0\bin>mysql -u root -p
     Enter password: *******
     Welcome to the MySQL monitor.  Commands end with ; or \g.
     Your MySQL connection id is 9
     Server version: 5.0.45-community-nt MySQL Community Edition (GPL)

     Type 'help;' or '\h' for help. Type '\c' to clear the buffer.

(7)  mysql> create database unternehmen;
     Query OK, 1 row affected (0.02 sec)

     mysql> show databases;
     +--------------------+
     | Database           |
(8)  +--------------------+
     | information_schema |
     | mysql              |
     | test               |
     | unternehmen        |
     +--------------------+
     4 rows in set (0.01 sec)

(9)  mysql> quit;
     Bye

     C:\Program Files\MySQL\MySQL Server 5.0\bin>
```

(1) Wechsel ins Verzeichnis C:\Programme\MySQL\MySQL Server 5.0\bin
(2) Programmaufruf mit mysqlshow
(3) Anzeige der Datenbanken
(4) Programmaufruf mit mysqladmin version
(5) Anzeige von Version, Verbindung, Port, Laufzeit
(6) Programmaufruf mit mysql
(7) Einrichten der Datenbank „unternehmen"
(8) Anzeige der Datenbanken
(9) Beenden des Programms mit dem Befehl quit;

Datei db.inc.php zur Herstellung der Verbindung zur Datenbank

```
<?php
$server = "localhost";        // MySQL-Server (localhost oder der Name des Rechners)
$user  = "root";              // MySQL-Nutzer (Benutzername mit entsprechenden Zugriffsrechten)
$pass  = "PHP4242";           // MySQL-Kennwort (Passwort des Benutzernamens)
$dbconn = mysql_connect($server, $user, $pass)or die("Verbindung zum DBMS gescheitert!");
$select = mysql_select_db("unternehmen",$dbconn)or die("Die Datenbank &bdquo;Unternehmen&ldquo;
konnte nicht ausgewaehlt werden!");
?>
```

10.9.3.4 Beispiele

Die folgenden Beispiele zeigen Datendefinitionen und -manipulationen in der MySQL-Datenbank mithilfe von PHP-Skripten:
- Erstellen einer neuen Tabelle
- Eintragen von Inhalten in die Tabelle
- Anzeigen der Tabelle
- Löschen einzelner Datensätze aus der Tabelle
- Löschen einer Tabelle

Beim Schreiben und Testen von PHP-Skripten ist es wichtig, dass der Browser immer die aktuelle Version der Seite anzeigt. Im Internet Explorer wird im Menü „Extras > Internetoptionen > Allgemein (Browserverlauf) Einstellungen > Temporäre Internetdateien > Neuere Versionen der gespeicherten Seiten suchen:" die Option „Bei jedem Zugriff auf die Webseite" eingestellt. Bei Verwendung anderer Browser ist die Einstellung ggf. entsprechend zu verändern; im Firefox-Browser ist keine besondere Einstellung erforderlich.

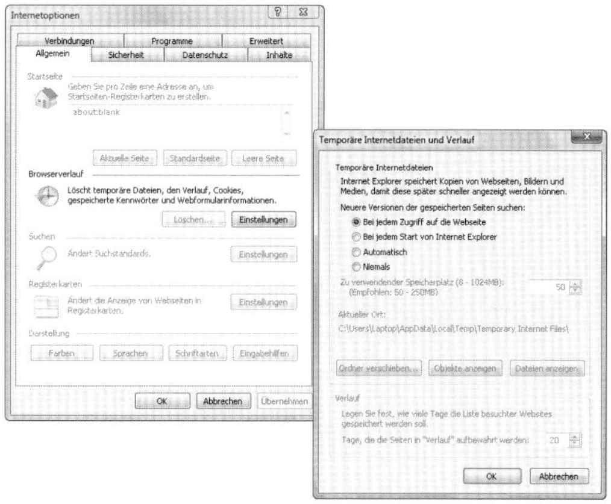

Einstellung im Internet-Explorer

Erstellen einer neuen Tabelle in der Datenbank

Mit der Datei db_create_table.php wird die Tabelle mit dem Namen events erstellt. Sie besteht aus den Feldern events_id, event, ort und email. Nach dem Einbinden der Datei db.inc.php wird eine Zeichenkette $sql mit dem SQL-Befehl CREATE TABLE erstellt. Die Angaben hinter den Feldnamen geben den Datentyp und den dafür reservierten Speicherbedarf an. Im Feld events_id erfolgt automatisch eine eindeutige Indizierung, um schneller auf die Daten zugreifen zu können. Mit mysql_query($sql) wird die Anfrage ausgeführt.

Das Skript wird mit der Adresse http://localhost/db_create_table.php aufgerufen. Ein erneuter Aufruf des Skripts führt zur Fehlermeldung, da die Tabelle bereits existiert. Hierzu muss sie im Bedarfsfall erst gelöscht werden.

Datei db_create_table.php

```
<!DOCTYPE HTML PUBLIC "-//W3C//DTD HTML 4.01 Transitional//EN">
<html>
<head>
    <title>Tabelle erzeugen</title>
</head>
<body>
<?php
include( "db.inc.php" );
$sql = "CREATE TABLE events (event_id INT(4) NOT NULL AUTO_INCREMENT PRIMARY KEY, ";
$sql .= "event VARCHAR(50), ";
$sql .= "ort VARCHAR(50), ";
$sql .= "email VARCHAR(50))";
// echo $sql;
$result = mysql_query($sql)or die("Fehler beim erstellen der Tabelle &bdquo;Events&ldquo;!");
echo "<p>Tabelle &bdquo;Events&ldquo; wurde in der Datenbank &bdquo;Unternehmen&ldquo; erstellt!</p>";
?>
</body>
</html>
```

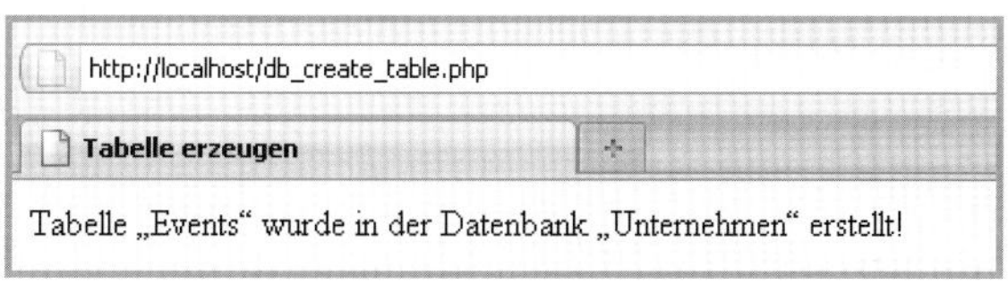

Inhalte in die Tabelle eintragen

Beim Aufruf der Datei wird durch eine Bedingung geprüft, ob die Variablen $event, $ort und $email existieren und nicht leer sind (&& entspricht einer UND-Verknüpfung). Da die Variablen beim ersten Aufruf noch nicht existieren, ist die Bedingung nicht erfüllt. Durch Ausführung des else-Zweigs wird ein Formular zur Eingabe der Daten erzeugt.
Nach dem Ausfüllen der Felder wird dieselbe Datei durch Klicken des Sende-Buttons erneut aufgerufen (action="db_insert_data.php"). Beim Aufruf werden die Variablen-/Wertepaare durch die Methode post als Datenpaket angefügt.
Jetzt existieren zwar die Variablen; die Bedingung ist jedoch nur erfüllt, wenn alle Variablen ausgefüllt wurden, also nicht leer sind. Der SQL-Befehl INSERT bewirkt, dass die Daten in die entsprechenden Felder der Tabelle eingefügt werden, der Tabelle also ein Datensatz hinzugefügt wird.

Datei db_insert_data.php

```
<!DOCTYPE HTML PUBLIC "-//W3C//DTD HTML 4.01 Transitional//EN">
<html>
<head><title>Werte hinzuf&uuml;gen</title></head>
<body>
<?php
if( isset($event) && $event != "" && isset($ort) && $ort != "" && isset($email) && $email != "")
{
   include( "db.inc.php" );
   $sql = "INSERT INTO events( event, ort, email )
   VALUES('" . $event . "','" . $ort . "','" . $email . "')";
   // echo $sql;
   $result = mysql_query($sql) or die("Fehler beim Eintragen der Werte in die Tabelle &bdquo;Events&ldquo;!");
   echo "<p>Eintrag $event $ort $email wurde der Tabelle &bdquo;Events&ldquo; hinzugef&uuml;gt.</p>";
} else {
?>
<form action="db_insert_data.php" method="post">
<p>Bitte f&uuml;llen Sie alle Felder aus!<br>Nur dann erfolgt der Eintrag in die Datenbank.</p>
<table>
<tr>
   <td>Event:</td>
   <td><input type="text" name="event" size="30"></td>
</tr>
<tr>
   <td>Ort:</td>
   <td><input type="text" name="ort" size="30"></td>
</tr>
<tr>
   <td>E-Mail:</td>
   <td><input type="text" name="email" size="30"></td>
</tr>
<tr>
   <td> </td>
   <td><input type="submit" value="senden"> <input type="reset" value="l&ouml;schen"></td>
</tr>
</table></form>
<?php
}
?>
</body></html>
```

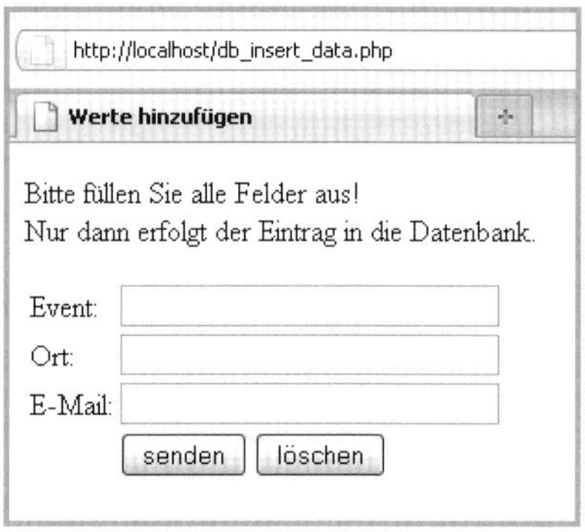

Tabelle anzeigen

Um die eingetragenen Datensätze anzuzeigen, werden sie mit dem SQL-Befehl `SELECT` in die Datensatzobjekt-Variable `$result` eingelesen. Das Asterisk-Zeichen (*) bewirkt das Einlesen aller Felder.
Durch eine `if`-Bedingung wird geprüft, ob überhaupt Datensätze vorhanden sind. Falls nicht (`$number == 0`), erscheint der Text „Es sind keine Einträge vorhanden!" Falls ja, erscheint der Text „Es sind xx Einträge vorhanden:" und die Datensätze werden mittels `while`-Schleife nacheinander in tabellarischer Form generiert und so zur Anzeige gebracht.

Datei db_show_table.php

```
<?php
include( "db.inc.php" );
$sql = "SELECT * FROM events";
$result = mysql_query($sql) or die ("Die Tabelle &bdquo;Events&ldquo; wurde nicht gefunden!");
?>
<!DOCTYPE HTML PUBLIC "-//W3C//DTD HTML 4.01 Transitional//EN">
<html>
<head><title>Tabelle anzeigen</title></head>
<body>
<table cellspacing="0" cellpadding="5" border="1">
<?php
$number = mysql_num_rows($result);
if( $number == 0 )
{
    echo( "<tr><td>Es sind keine Eintr&auml;ge vorhanden!</td></tr>" );
} else {
    echo( "<tr>\n<td colspan=\"4\">Es sind $number Eintr&auml;ge vorhanden:</td>\n</tr>\n" );
    echo(
    "<tr>\n<td>Events-ID</td>\n<td>Event</td>\n<td>Ort</td>\n<td>E-Mail</td>\n</tr>\n" );
    while( $row = mysql_fetch_array( $result ) )
    {
        echo( "<tr>\n<td>" . $row[ "events_id" ] . "</td>\n" );
        echo( "<td>" . $row[ "event" ] . "</td>\n" );
        echo( "<td>" . $row[ "ort" ] . "</td>\n" );
        echo( "<td><a href=\"mailto:" . $row[ "email" ] . "\">" . $row[ "email" ] . "</a></td>\n</tr>\n" );
    }
}
?>
</table>
</body>
</html>
```

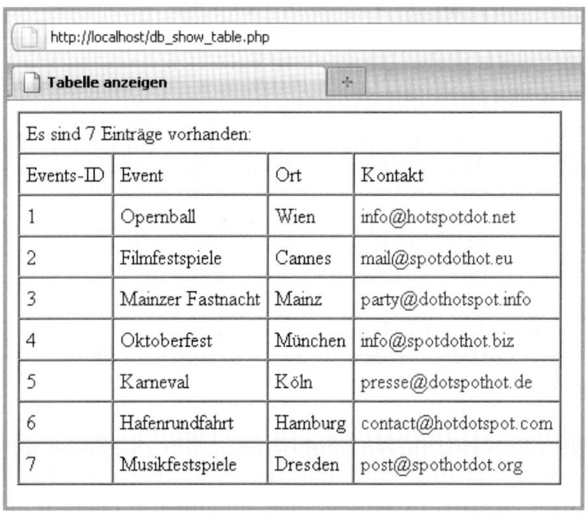

Es sind 7 Einträge vorhanden:			
Events-ID	Event	Ort	Kontakt
1	Opernball	Wien	info@hotspotdot.net
2	Filmfestspiele	Cannes	mail@spotdothot.eu
3	Mainzer Fastnacht	Mainz	party@dothotspot.info
4	Oktoberfest	München	info@spotdothot.biz
5	Karneval	Köln	presse@dotspothot.de
6	Hafenrundfahrt	Hamburg	contact@hotdotspot.com
7	Musikfestspiele	Dresden	post@spothotdot.org

Löschen einzelner Datensätze

Eine Bedingung am Anfang entscheidet, ob ein Formular generiert oder ein Datensatz gelöscht wird. Im Formular wird die zu löschende Events-ID eingetragen. Damit ist der zu löschende Datensatz eindeutig ausgewählt. Das Formular ruft nach dem Absenden wieder dieselbe Seite auf. Der SQL-Befehl DELETE löscht den entsprechenden Datensatz.

Datei db_delete_data.php

```
<!DOCTYPE HTML PUBLIC "-//W3C//DTD HTML 4.01 Transitional//EN">
<html>
<head><title>Datens&auml;tze l&ouml;schen</title></head>
<body>
<?php
if(isset($events_id) && $events_id != "") {
    include( "db.inc.php" );
    $sql  = "DELETE FROM events WHERE events_id=$events_id";
    // echo $sql;
    $result = mysql_query($sql) or die ("Fehler beim l&ouml;schen von Datens&auml;tzen!");
    echo "<p>Der Datensatz mit der Events-ID $events_id wurde gel&ouml;scht.</p>";
} else {
?>
<form action="db_delete_data.php" method="get">
<table>
    <tr><td>Events-ID des zu l&ouml;schenden Datensatzes:</td></tr>
    <tr><td><input type="text" name="events_id"></td></tr>
    <tr><td><input type="submit" value="senden"> <input type="reset" value="r&uuml;cksetzen"></td></tr>
</table>
</form>
<?php
}
?>
</body></html>
```

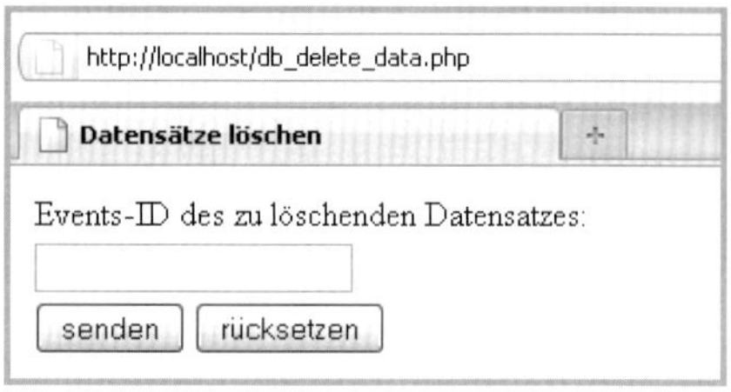

Löschen einer Tabelle in der Datenbank

In Abhängigkeit davon, ob die Variable $tabelle existiert und mit Inhalt gefüllt ist, wird entweder der SQL-Befehle DROP TABLE zum Löschen der Tabelle ausgeführt oder ein Formular generiert, in das der Name einer zu löschenden Tabelle einzutragen ist. Das Formular ruft die gleiche Seite nach dem Absenden wieder auf. Achtung: So manchem sind hierdurch schon ungewollt Tabellen abhanden gekommen!

Datei: db_drop_table.php

```
<!DOCTYPE HTML PUBLIC "-//W3C//DTD HTML 4.01 Transitional//EN">
<html>
<head>  <title>Tabelle l&ouml;schen</title></head>
<body>
<?php
if(isset($tabelle) && $tabelle != "") {
    include( "db.inc.php" );
    $sql  = "DROP TABLE " . $tabelle;
    // echo $sql;
    $result = mysql_query($sql) or die ("Fehler beim l&ouml;schen der Tabelle &bdquo;$tabelle&ldquo;!");
    echo "<p>Die Tabelle &bdquo;$tabelle&ldquo; wurde gel&ouml;scht.</p>";
```

(Fortsetzung auf der nächsten Seite)

Löschen einer Tabelle in der Datenbank, Datei: db_drop_table.php (Fortsetzung)

```
} else {
?>
<form action="db_drop_table.php" method="post">
<table>
    <tr><td>Name der zu l&ouml;schenden Tabelle:</td></tr>
    <tr><td><input type="text" name="tabelle" value="events"></td> </tr>
    <tr><td><input type="submit" value="senden"> <input type="reset" value="r&uuml;cksetzen"></td></tr>
</table>
</form>
<?php
}
?>
</body>
</html>
```

10.9.4 Ajax

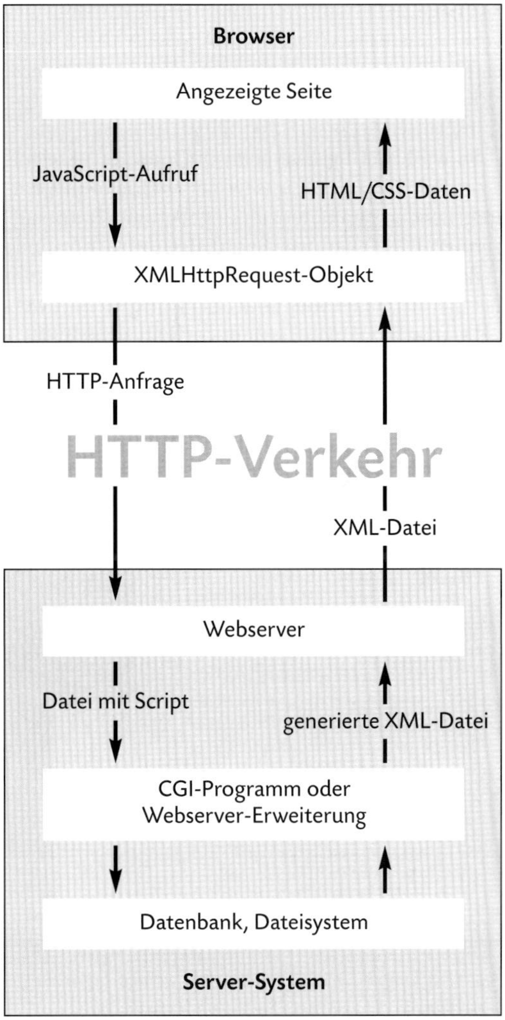

Ajax *(Asynchronous JavaScript and XML,* bis 2005 als *XmlHttpRequest* bezeichnet) ermöglicht das Nachladen neuer Daten in geöffnete HTML-Dateien ohne erneuten Seitenaufbau. Durch Maus-Aktion oder Tastatureingabe ausgelöst, werden Daten vom Webserver geladen und vom Browser in der geöffneten Seite dargestellt. Beispiele: Bei der Eingabe von Buchstaben in ein Formularfeld erscheint eine Liste mit Ergänzungsvorschlägen; beim Positionieren des Mauszeigers auf einer Landkarte erscheint eine Liste mit Sehenswürdigkeiten.

Ajax arbeitet mit den Techniken HTML, JavaScript/DOM, XML sowie dem XMLHttpRequest-Objekt. Serverseitig kann jede Skriptsprache verwendet werden, mit der sich XML-Daten erzeugen lassen (zum Beispiel PHP, ASP oder JSP). Mithilfe des XMLHttp-Request-Objekts werden Anfragen an einen Webserver gesandt, der die Resultate in einer XML-Struktur zurückliefert. Die einzelnen Schritte:

- Die Benutzeraktion (Tastatureingabe, Mausaktion) in der geöffneten Seite bewirkt einen JavaScript-Aufruf, der über das XMLHttpRequest-Objekt die HTTP-Anfrage an den Webserver auslöst.
- Die HTTP-Anfrage verweist meist auf eine serverseitige Skriptsprache (PHP, ASP, JSP usw.)
- Serverseitig wird eine XML-Datei generiert und an das XMLHttpRequest-Objekt gesendet.
- Der XML-Code wird mittels JavaScript und XML-HttpRequest-Objekt ausgewertet; das Ergebnis erscheint im Browser.

Der Vorteil dieser Technik liegt im Nachladen von Daten ohne erneuten Seitenaufbau. Der Quelltext des geöffneten Dokuments wird nicht nochmals übertragen; die Serverlast ist erheblich reduziert, Reaktionen auf Benutzeraktionen erfolgen sehr schnell. Nachteilig ist die vergleichsweise komplexe und komplizierte Programmierung. Abhilfe versprechen die in der Entwicklung befindlichen Ajax-Librarys (Ajax-Bibliotheken), die auf serverbasierte Techniken wie PHP, ASP.NET und JSP aufbauen. Die Funktionen von Zurück-Button und Favoriten bereiten zusätzliche Probleme, die sich nur mit aufwändiger Programmierung beheben lassen.

In der Praxis wird der Austausch von XML-Daten über das XMLHttpRequest-Objekt wenig genutzt, da die Browser XML sehr unterschiedlich und teilweise ungenügend verarbeiten. Wesentlich gebräuchlicher ist der Austausch von Text in Listenform (Arrays). Bei komplexen Textdaten wird häufig das JSON-Format (*JavaScript Object Notation*, www.json.org) verwendet. Im JSON-Format können Objekte und Arrays als String (Zeichenkette) abgespeichert werden.

Als Alternative zum XMLHttpRequest-Objekt können neue Daten auch mithilfe eines unsichtbaren eingebetteten Frames (iframe, vgl. Abschnitt 10.2.8.5) dynamisch in die angezeigte Webseite geladen werden:


```
<iframe name="Auswertung" style= "display:none">
</iframe>
```

So wird zum Beispiel beim onChange()-Ereignis eines Textfelds die Adresse einer Webseite mit entsprechenden Parametern im eingebetteten Frame aufgerufen. Die aufgerufene Seite liefert JavaScript-Code in den eingebetteten Frame; der neue Inhalt, der zum Beispiel aus einer Datenbank über PHP generiert wurde, wird in ein HTML-Element der Seite eingefügt.

Ajax: Bei Eingabe in ein Formularfeld werden Ergänzungsvorschläge in die geöffnete Seite geladen(www.bahn.de).

10.10 Websites veröffentlichen

10.10.1 Software

Wer Websites professionell produzieren, verwalten und pflegen will, braucht professionelle Software-Tools, alle gängigen Webbrowser und einen lokalen Webserver als Probeplattform.

Professionelle Web-Editoren enthalten die für Design und Verwaltung komplexer Websites erforderlichen Funktionen, bis hin zum grafischen Design dynamischer Applikationen. Die großen Softwarehersteller setzen auf Alleinstellungsmerkmale unter eigener Technik. Daneben gibt es zahlreiche weitere Editoren, Tools, Share- und Freeware-Programme, mit denen sehr gut gearbeitet werden kann.

Adobe und Microsoft offerieren Pakete aus einzelnen Programmen, die nahezu reibungslos miteinander agieren. Die Web-Editoren enthalten Editierfunktionen, Code-Validierung, Site- Management, Dateiverwaltung, JavaScript-Funktionen, DHTML-Funktionen sowie Funktionen zur Erzeugung dynamischer Webseiten mit Datenbankanbindung.

Die Adobe Creative Suite 4 Web Premium besteht aus dem grafischen Webeditor Dreamweaver, dem Bildbearbeitungsprogramm Photoshop Extended sowie den Programmen Flash Professional, Illustrator, Fireworks, Soundbooth, Contribute und Acrobat Professional. Dreamweaver ermöglicht die einfache Einbindung und Verwaltung von Inhalten aus den anderen Programmen.

Die Softwarefamilie Microsoft Expression besteht aus vier Programmen. Expression Web dient zur Entwicklung von Webprojekten mit (X)HTML, CSS, Microsofts ASP.NET Technik und PHP für dynamische Webinhalte; es enthält einen graphischen WYSIWYG-Editor und einen Quellcode-Editor. Mit Expression Blend werden Benutzeroberflächen erzeugt, Expression Design ist das Programm zur Bearbeitung von Vektor- und Pixelgrafik, Expression Encoder ist eine Umgebung zur Codierung von Video-Daten.

Die am weitesten verbreiteten Browser sind Microsoft Internet Explorer, Mozilla Firefox, Opera von Opera Software, Safari von Apple und Konqueror. Vor der Veröffentlichung sollte die Visualisierung der Seiten in mehreren Browsern und auf unterschiedlichen Plattformen überprüft werden – Ziel ist die nahezu gleiche Darstellung.

Bei der Entwicklung komplexer oder dynamischer Webseiten sind ein lokaler Webserver und dessen Erweiterungen als Probeplattform unumgänglich. Bevor die Dateien zum Webhosting-Provider hochgeladen werden, kann ihre Darstellung und Funktionalität im Browser geprüft werden. Um realitätsnah zu testen, sollte die Entwicklungsumgebung auf dem lokalen Server der des Providers mit den entsprechenden Software-Versionen entsprechen. Am weitesten verbreitet sind die Webserver Apache, Microsoft Internet Information Server (IIS) und Xitami. Bekannte Systemumgebungen sind LAMP (Linux, Apache, MySQL, PHP), WAMP (Windows, Apache, MySQL, PHP) und WIMP (Windows, IIS, MySQL, PHP; vgl. Abschnitt 10.9.2.1).

10.10.2 Internetanbindung und Webspace

Die Anbindung des Rechners ans Internet erfolgt über einen Internet-Service-Provider (ISP, vgl. Abschnitt 1.15.7). Die Wahl des Providers hängt meist von Konditionen wie Tarif, Volumen- oder Zeitbeschränkung und der Übertragungstechnik ab.

Um eine Website zu veröffentlichen, ist Webspace, also Speicherplatz für die Daten auf einem Webserver erforderlich. Webserver sind Computer mit Server-Software, die über die Internetprotokolle HTTP und FTP auf Anfragen von Client-Programmen in einem TCP/IP-Netzwerk antworten. Der Server muss permanent und schnell mit dem Internet verbunden sein, verschiedene Internet-Dienste wie WWW, FTP und E-Mail unterstützen und für viele gleichzeitige Zugriffe ausgelegt sein.

Die hohen technischen Anforderungen (Administration, Internetanbindung, Stabilität, Sicherheit) machen einen eigenen Web-Server relativ kostspielig, sodass überwiegend ganz auf Dienstleistungen von Webhosting-Providern zurückgegriffen wird. Die Provider bieten optimal konfigurierte Komplett-Pakete für unterschiedliche Bedarfe an, bis hin zum dedizierten Root-Server (gemieteter Server mit voller Verfügungsgewalt und voller Verantwortung für Betrieb und Sicherheit). Bekannte Webhosting-Provider sind zum Beispiel Strato AG, 1&1, 1blu, Domainfactory; viele Internet-Service-Provider sind zugleich auch als Webhosting-Provider tätig, bieten also neben dem Internet-Zugang auch Webspace an.

Bei der Auswahl des Webhosting-Providers spielen folgende Kriterien eine Rolle:

- Solide Backbone-Anbindung des Webservers mit nationalen und internationalen Peering-Points in andere Netze
- Störungs- und fehlerfreier Betrieb, Ausfallsicherheit, hohe Verfügbarkeitszeit (Uptime); bei einer Verfügbarkeit von 99,9 % beträgt die jährliche Ausfallzeit (Downtime) schon fast neun Stunden!
- Bandbreite (Übertragungskapazität) und Auslastung
- Performance-Engpässe beim „Shared Webhosting", Zusicherung von hohen Serverressourcen, sodass auch Performance-intensive Anwendungen (CMS) problemlos ausgeführt werden können.
- Hostet der Provider selbst, oder ist er nur Untermieter einer Serverfarm?
- Eigenständiges Bearbeiten des zur Domain gehörenden DNS-Records (DNS Einstellungen), Subdomains, Domain-Umleitung
- Betrieb eigener CGI-Skripte und vorhandener CGI-Bibliotheken: Professionelle Webseiten werden oft dynamisch mittels Skriptsprache generiert; manche Provider erlauben aus Sicherheitsgründen nur ihre eigenen Standard-CGI-Skripte.
- Web-Applikationssprachen (zum Beispiel PHP, ASP, JSP)
- Datenbankzugriff: Umfangreiche Datenbestände – zum Beispiel von Shop-Systemen – werden in Datenbanken organisiert und hinterlegt und sollten über den Webserver zugänglich sein.
- Content-Management-System (Joomla, Mambo, Typo3)
- Plattform: Gibt es Gründe für ein bestimmtes Betriebssystem des Webservers (Windows, Linux, Unix, Mac OS)?
- Größe des Festplattenspeicherplatzes für die Daten
- Verschlüsselte Datenübertragung (wichtig bei Bestellvorgängen)
- Kosten für Einrichtung und Verwaltung von .de-, .com-, .org- oder .net-Adressen
- E-Mail-Funktionalität und Weiterleitung, Autoresponder, enthaltene E-Mail-Adressen und Kosten für zusätzliche Postfächer, Größe der Postfächer (Mailspace pro Mailbox), Webmailer, POP, IMAP, AntiSpam, ServerSide AntiVirus, Filterregeln
- Server-Logfiles, tägliche Protokolldateien zur Auswertung von Zugriffsstatistiken, Webstatistiken, webbasierte Auswertungs-Tools
- Sicherung des gesamten Datenbestands einschließlich Datenbanken (meist Aufgabe des Kunden), WebDAV-Schnittstelle, Backup-Möglichkeit
- Vollwertiger FTP-Zugang, also FTP mit Zugangsdaten zum Speicherplatz und anonymes FTP zum Anbieten von Downloads
- Vollwertiges E-Shop-System (Shoperstellung, Marketing-Features, Kunden- und Bestellverwaltung, Bestellablauf und Sicherheit)
- Streaming-Server für Einbindung von Sound und Video
- Web-Anwendungen, zum Beispiel Homepage-Baukasten, Fotoalbum, Weblog, Feeds, Kalender, Website-Search
- Einfach zu installierende Anwendungen, zum Beispiel für Blogs (WordPress, Blogdesk), Wikis, Webforen, Online-Shops (osCommerce)
- Kurze Vertragslaufzeit

- 24-Stunden-Service, gut erreichbare, kostenlose oder preisgünstige Hotline
- Komplett-Paketpreise für Einrichtung und monatliche Gebühr
- Im Paketpreis enthaltenes Transfervolumen und Kosten für zusätzliches
- Server-Standort Deutschland: Wichtig bei Rechtsstreitigkeiten, da sonst oft unklar ist, welcher Gerichtsstand und welches nationale Recht gelten.

Der Webhosting-Provider übernimmt normalerweise auch die Anmeldung der Domain bei der zuständigen Vergabestelle. Beim Wechsel des Providers muss ein KK-Antrag (Konnektivitäts-Koordinations-Antrag) gestellt werden, um die Registrierung der Domain durch einen Dritten im Zeitraum zwischen Kündigung des alten und Inkrafttreten des neuen Vertrags zu verhindern. KK-Anträge sind ebenfalls bei der zuständigen Vergabestelle zu stellen. Normalerweise wird das vom neuen Webhosting-Provider im Auftrag des Domain-Inhabers erledigt.

Alle Dateizugriffe auf einen Webserver werden automatisch in Logfiles protokolliert. Logfile-Analyseprogramme *(Logfile-Analyzer)* sammeln diese Daten, setzen sie zueinander in Beziehung und zeigen die Ergebnisse anschaulich als Grafiken oder Tabellen an.

- Transfer-Log-Dateien protokollieren Seitenaufrufe.
- Error-Log-Dateien zeichnen Fehler und Trennungen der Verbindung auf.
- Referrer-Dateien protokollieren, wie der jeweilige Besucher die Site gefunden hat.
- Agent-Log-Dateien geben Auskunft über die Art des jeweils verwendeten Browsers.

Die Analyse dieser Daten erlaubt Rückschlüsse auf das Nutzerverhalten und gibt damit wichtige Hinweise zum Optimieren und Bewerben der Website. Große Webhoster stellen ihren Kunden neben den Logfiles webbasierte Auswertungs-Tools zur Verfügung, die aus Analyse- und Anzeigekomponenten bestehen.

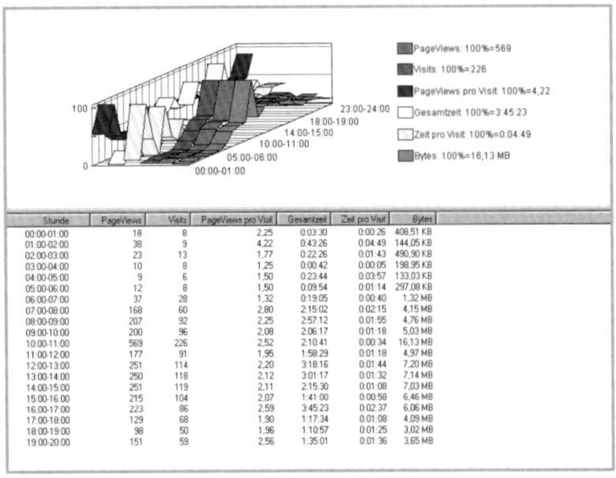

Stunde	PageViews	Visits	PageViews pro Visit	Gesamtzeit	Zeit pro Visit	Bytes
00:00-01:00	18	8	2,25	0:03:30	0:00:26	408,51 KB
01:00-02:00	38	9	4,22	0:43:26	0:04:49	144,05 KB
02:00-03:00	23	13	1,77	0:22:26	0:01:43	490,90 KB
03:00-04:00	10	8	1,25	0:00:42	0:00:05	198,95 KB
04:00-05:00	9	6	1,50	0:23:44	0:03:57	133,03 KB
05:00-06:00	12	8	1,50	0:09:54	0:01:14	297,08 KB
06:00-07:00	37	28	1,32	0:19:05	0:00:40	1,32 MB
07:00-08:00	168	60	2,80	2:15:02	0:02:15	4,15 MB
08:00-09:00	207	92	2,25	2:57:12	0:01:55	4,76 MB
09:00-10:00	200	96	2,08	2:06:17	0:01:18	5,03 MB
10:00-11:00	569	226	2,52	2:10:41	0:00:34	16,13 MB
11:00-12:00	177	91	1,95	1:58:29	0:01:18	4,97 MB
12:00-13:00	251	114	2,20	3:18:16	0:01:44	7,20 MB
13:00-14:00	250	118	2,12	3:01:17	0:01:32	7,14 MB
14:00-15:00	251	119	2,11	2:15:30	0:01:08	7,03 MB
15:00-16:00	215	104	2,07	1:41:00	0:00:58	6,46 MB
16:00-17:00	223	86	2,59	3:45:23	0:02:37	6,06 MB
17:00-18:00	129	68	1,90	1:17:34	0:01:08	4,09 MB
18:00-19:00	98	50	1,96	1:10:57	0:01:25	3,02 MB
19:00-20:00	151	59	2,56	1:35:01	0:01:36	3,65 MB

So oder ähnlich stellen Logfile-Analyse-Programme die Ergebnisse ihrer Auswertungen dar.

Bekannte Logfile-Analyser sind Websuxess (Exody), Webtrends Analysis Suite (Net IQ), Mescalero (Rendle Software), Sawmill (Flowerfire). Mit Google Analytics lassen sich webbasiert Erkenntnisse über Zugriffe und Wirkung von Marketingstrategien gewinnen.

10.10.3 FTP und WebDAV

FTP (*File Transfer Protocol*, vgl. auch Abschnitt 1.15.4.4) ist der klassische Internet-Dienst zum Übertragen von Dateien und Verzeichnissen und für ihre Verwaltung (anlegen, löschen, kopieren, verschieben umbenennen) auf entfernten Rechnern. Wie alle Internet-Dienste, arbeitet auch FTP nach dem Client-Server-Prinzip – das FTP-Client-Programm eines Rechners kommuniziert mit dem FTP-Server-Programm eines anderen. Beim Hochladen *(Upload)* werden eigene Dateien an den Server übertragen, beim Herunterladen *(Download)* ist es umgekehrt.

Anonyme FTP-Server bieten öffentlichen Zugriff auf Dateien zum Download. Zur Anmeldung an den Server dient normalerweise der Benutzername „anonymous" und als Passwort die eigene E-Mail-Adresse.

Beim benutzerauthentifizierenden FTP liefert der Provider benutzerspezifische Zugangsdaten, bestehend aus Benutzernamen (User-ID) und Passwort für den gemieteten Speicherplatz. Professionelle Web-Editoren und neuere Webbrowser enthalten bereits die FTP-Software zum Übertragen und Verwalten von Websites. Daneben gibt es zahlreiche FTP-Client-Programme mit Website-Verwaltung, zum Beispiel WS-FTP (Ipswitch), Cute FTP (GlobalSCAPE), FilleZilla (FilleZilla-Project), FTP Voyager (RhinoSoft).

WebDAV *(Distributed Authoring and Versioning)* ist eine Erweiterung des Protokolls HTTP zum Publizieren, Bearbeiten und Verwalten von Dateien auf entfernten Webservern. Die Dateien lassen sich direkt bearbeiten, also ohne umständliches Herunter- und Hochladen. WebDAV enthält außerdem spezielle Locking-Mechanismen, Namespace-Management, Versionsmanagement und Zugriffskontrolle für die Teamarbeit von unterschiedlichen Orten aus. Content-Management-Systeme sowie die Programmpakete von Adobe und Microsoft unterstützen diese Technik.

10.10.4 Suchdienste

Nach der Veröffentlichung der Website muss ihre Adresse im Web bekannt gemacht werden. Einfachste und zumeist kostenlose Möglichkeit ist die Aufnahme in Suchdienste – die meisten Internetnutzer(innen) suchen mithilfe von Suchmaschinen und Web-Katalogen nach den gewünschten Informationen. Die Suchdienstbetreiber stellen Formulare zur Anmeldung von Websites oder einzelner Seiten bereit. Die zu indizierende Webadresse und eine E-Mail-Adresse werden abgefragt und in einer Datenbank gespeichert.

Die meisten Suchdienste greifen auf Kernkompetenzen anderer zurück, aufwändig angelegte Verzeichnisse und Datenbanken werden untereinander geteilt. Google, AOL, Exite und Bing verwenden zum Beispiel die Einträge des Verzeichnisses DMOZ (*Directory Mozilla* oder *Open Directory Project*). Die zehn größten Suchmaschinen und Web-Kataloge bearbeiten mehr als 90 % der Suchanfragen.

Es ist also nicht nötig, die Website bei möglichst vielen Suchdiensten einzutragen. Entscheidend ist vielmehr, bei den „Zentralen" hohe Positionen zu erzielen und zu halten. Die meisten Benutzer(innen) von Suchmaschinen sehen sich nur die ersten zwanzig Ergebnisse oder die ersten beiden Ergebnisseiten an. Suchdienstbetreiber legen deshalb größeren Wert auf die Qualität als auf die Menge der Ergebnisse.

Bei den Suchdiensten ist zwischen Suchmaschinen (zum Beispiel Google, Lycos, Altavista) und Webkatalogen (zum Beispiel Yahoo, Dino Online, Web.de) zu unterscheiden.

Suchmaschinen verzeichnen die einzelnen Seiten der Websites. Auf den Computern der Betreiber laufen Programme mit den Bezeichnungen Robot, Spider oder Crawler. Sie laden die in der Datenbank eingetragenen Webadressen und speichern deren Inhalte im Verzeichnis der Suchmaschine. Links werden verfolgt und die Inhalte ebenfalls gespeichert, sodass nur eine Adresse im Anmeldeformular eingetragen werden muss und nicht alle Seiten.

Ein „geheimer" Ranking-Algorithmus, der von Betreiber zu Betreiber unterschiedlich ist, entscheidet über die Wichtigkeit der Seiten und damit über die Reihenfolge, in der Suchergebnisse angezeigt werden, sowie den Zeitpunkt einer erneuten Analyse. Zurzeit spielen Positionen und Häufigkeiten von Stichwörtern und Stichwortkombinationen sowie die „Link Popularity" bei fast allen Suchmaschinen die entscheidende Rolle. Beim Bewertungskonzept „Link Popularity" geht es um Anzahl und Qualität von Verlinkungen anderer Seiten auf die betreffende Seite. Außerdem werden dem dargestellten Text, dem Titel der Seite, Meta-Tags, Auszeichnungen wie Links oder Überschriften und der Häufigkeit, mit der Benutzer(innen) ein Ergebnis anklicken, unterschiedliche Werte beigemessen. Mit einfachen Tricks – zum Beispiel langen, „unsichtbaren" Keyword-Listen in der Hintergrundfarbe am Ende der Seite oder überschwänglichen Meta-Tags – lassen sich keine hohen Posititonen mehr erzielen; solche Seiten werden heute ausgefiltert.

Der Vorgang von der Anmeldung bis zur Eintragung kann von wenigen Tagen bis zu mehreren Monaten dauern. Ein mehrmaliges oder erneutes Anmelden ist eher kontraproduktiv, da der neue Eintrag jeweils am Ende der Datenbank steht und alle vorherigen Einträge derselben Adresse automatisch gelöscht werden.

Web-Kataloge (Web-Verzeichnisse, Web-Guides) werden von Menschen redaktionell erstellt und betreut. Thematisch ähnliche Seiten sind in Ober- und Unterkategorien eingeteilt. Über eine Stichwortsuche in den entsprechenden Kategorien oder über die Hierarchie der Unterthemen im entsprechenden Themenbereich gelangt man zu den gewünschten Ergebnissen. Webkataloge nehmen Websites als ganzes auf, verzeichnen also nur die Webadresse der jeweiligen Startseite. Die angemeldeten Websites werden von Redakteure(inne)n mit Kurzbeschreibungen versehen und katalogisiert; ihre Qualitätsbeurteilung ist maßgeblich für das Ranking.

Die Bearbeitung von Seiten mit dem Ziel, sie in der Ergebnisreihenfolge von Suchmaschinen in möglichst hohe Positionen zu bringen, wird auch Suchmaschinen-Optimierung *(Search Engine Optimization, SEO)* genannt. Im Internet gibt es zahlreiche Tipps (zum Beispiel www.suchmaschinentricks.de) und – zum Teil kostenlose – Hilfsprogramme. Die wichtigsten Funktionen dieser Werkzeuge:

- „Keyword-Check"-Funktionen betrachten Websites aus der Sichtweise von Suchmaschinen und analysieren die vorhandenen Keywords (Stichwörter) der Seiten. Auswahl und Positionierung von Stichwörtern am Anfang der Seite, in der Titelzeile, in Überschriften- und Link-Tags tragen maßgeblich zur Optimierung bei.
- „Key-Phrase-Search"-Programme enthalten Datenbanken und ermitteln Kombinationen aus zwei bis drei Stichwörtern. Die eigentliche Kunst besteht im Aufspüren dieser Stichwortkombinationen.
- „Keywords"-Listen sind Sammlungen von Suchbegriffen, die in den letzten Monaten bei Anfragen an Suchmaschinen am häufigsten gestellt wurden.
- „Ranking-Check"-Programme ermitteln die derzeitige Position in wichtigen Suchmaschinen.

Jede Seite sollte mindestens 250 Worte reinen Text enthalten. Wichtige Stichwörter und Stichwortkombinationen sollten mehrfach vorhanden sein und immer in der Grundform stehen.

Bei Suchmaschinen kann mit Stichwörtern experimentiert werden, da die Robots wiederkehren. Webkataloge erlauben dagegen nur einen Versuch. Änderungen sind hier nur schwer möglich, was die vorherige Optimierung umso wichtiger macht. Durch gezielte Anpassung von Stichwörtern, Positionierung und Stichwortdichte sowie den Einsatz von Stichwortkombinationen lassen sich gute Voraussetzungen für hohe Positionen schaffen. Die einmal erreichte Top-Position ist aber meist nicht von langer Dauer. Um den Erhalt zu sichern, sind ständige Überprüfung und Überarbeitung unabdingbar. Seiten mit aktuellen, sich laufend ändernden Inhalten haben Vorteile bei Suchmaschinen, da die Robots stets neue Inhalte finden. Die Konkurrenten schlafen nicht und versuchen, ihre eigenen Adressen noch besser zu platzieren. Außerdem werden die Ranking-Algorithmen der Suchmaschinen immer wieder verändert und die Keyword-Datenbanken laufend aktualisiert.

Der lästige Zwang zur laufenden – und nicht immer erfolgreichen – Optimierung führt in letzter Zeit vermehrt zum Kauf von Top-Positionen und Anzeigenplätzen. Viele Suchmaschinen stellen bezahlte Einträge, Anzeigen und gesponserte Websites in den Suchergebnislisten an obere Positionen. Dagegen hilft natürlich auch die beste Optimierung nicht. Suchdienste wie Overture und Espotting beliefern andere mit kommerziellen Einträgen. Das Ranking wird nach dem Auktionsprinzip bestimmt: Auf Platz eins steht, wer am meisten pro Klick und Stichwort zahlt. Google bietet zum Beispiel ein Adwords-Angebot, bei dem bezahlte Einträge farblich unterlegt und eindeutig als Anzeige gekennzeichnet neben den im Index gefundenen Einträgen dargestellt werden. Außerdem stehen maximal zwei Anzeigen aus dem Premium-Sponsorship-Angebot über der Suchergebnisliste.

10.10.5 Content-Management-Systeme

Hauptaufgaben von Content-Management-Systemen (CMS) sind Veröffentlichung von Content als Webseiten und dessen Export in andere Dateiformate (XML, PDF, Druckvorstufe). Content steht hier für beliebige Inhalte in elektronischen Systemen, Management für Verwaltung, Verarbeitung und Kontrolle von Systemen. Die Datenhaltung erfolgt meist in Datenbanken.

Die Aufgaben von Content-Management-Systemen reichen von der Erstellung einfacher Homepages über Website-Baukästen bis hin zur Integration betrieblicher Arbeitsprozesse. Wesentliche Merkmale aller Content-Management-Systeme sind Trennung von Inhalt (Content) und Gestaltung (Layout, Design) sowie Bedienbarkeit ohne Programmier-, HTML- bzw. XML-Kenntnisse.

Zu den entscheidenden Erfolgsfaktoren professioneller und kommerzieller Websites gehören – neben Besucherzahlen und erzielten Umsätzen – auch die Kosten ihrer Realisierung und kontinuierlichen Pflege. Die „klassische" Arbeitsweise, Seite für Seite mit Webeditoren zu erzeugen und ihre Inhalte von Fall zu Fall zu aktualisieren, ist zeit- und kostenaufwändig. Große Webauftritte lassen sich nur durch klare Trennung von Layout und Inhalt mittels CMS effizient gestalten und pflegen.

Content-Management-Systeme bestehen im Wesentlichen aus folgenden Komponenten:

- Editor, zum Erstellen, Ändern, Pflegen und Verwalten des Contents
- Asset-Management zur Verwaltung aller digitalen Assets (Güter) wie Bilder, Sounds, Videos, Dokumente, Animationen und Multimedia-Komponenten; die eigentlichen Inhalte von Webseiten werden getrennt vom Layout verwaltet.
- Workflow-Management ermöglicht die gleichzeitige Arbeit mehrerer Personen mit den verwalteten Assets; der Zugriff wird durch definierte Zugriffsrechte gesteuert.
- Zugriffs- und Benutzerverwaltung stellen den Benutzer(innen) Rechte entsprechend der ihnen zugewiesenen Rollen zur Verfügung; Redakteure erhalten zum Beispiel nur Zugriff auf Beiträge ihres jeweiligen Bereichs.
- Import- und Exportschnittstellen

Nach Aufgaben und Arbeitsweisen wird zwischen folgenden Arten von Content-Management-Systemen unterschieden:

- Enterprise Content Management (ECM) dient zur Erfassung, Verwaltung, Speicherung, Sicherung und Bereitstellung von Content zur Unterstützung organisatorischer Prozesse in Betrieben.
- Web Content Management Systeme (WCMS) dienen im Unterschied dazu ausschließlich zur Veröffentlichung in Form von Webseiten. Sie sind als Komponenten des ECM anzusehen.
- Website Management Systeme (WMS), auch kurz Web-Manager genannt, dienen zur Pflege von Websites. Die Gestaltung wird mittels Vorlagen (Templates) realisiert, deren Änderung sich auf alle Inhalte auswirkt, die diese Vorlage benutzen. Bei Änderungen der Site-Struktur passt sich die Navigation automatisch an. Inhalte lassen sich über einen Browser hinzufügen und pflegen. Der Unterschied gegenüber WCMS liegt in der Arbeitsweise: WCMS generieren die gesamte Website aus Content und Templates, während WMS die bereits bestehende Website durch Einfügen von Content verändert.
- Kleinere CMS mit dem Einsatzzweck Redaktion werden Redaktionssysteme genannt.

Eine umfangreiche Marktübersicht findet sich unter www.contentmanager.de. Neben kommerziellen Content-Management-Systemen gibt es leistungsfähige Open-Source-Alternativen (Contenido, Digital Workroom, DotNetNuke, EZ Publish, Magnolia, Mambo/Joomla, PhpCMS, Papaya CMS, Post Nuke, Typo 3).

10.11 Barrierefreiheit, Zugänglichkeit

10.11.1 Grundlagen und Anforderungen

Der Begriff Barrierefreiheit ist in § 4 des Gesetzes zur Gleichstellung behinderter Menschen (Behindertengleichstellungsgesetz – BGG) definiert: Barrierefrei sind bauliche und sonstige Anlagen, Verkehrsmittel, technische Gebrauchsgegenstände, Systeme der Informationsverarbeitung, akustische und visuelle Informationsquellen und Kommunikationseinrichtungen sowie andere gestaltete Lebensbereiche, wenn sie für behinderte Menschen in der allgemein üblichen Weise ohne besondere Erschwernis und grundsätzlich ohne fremde Hilfe zugänglich und nutzbar sind.

Nach § 11 BGG müssen Dienststellen und Einrichtungen der Bundesverwaltung ihre Inter- und Intranetauftritte und -angebote sowie öffentlich zugängliche Programmoberflächen so gestalten, dass sie ohne Einschränkung von behinderten Menschen genutzt werden können. Einzelheiten zur Umsetzung sind in der Verordnung zur Schaffung barrierefreier Informationstechnik nach dem Behindertengleichstellungsgesetz (Barrierefreie Informationstechnik-Verordnung – BITV) geregelt. Das Aktionsbündnis für barrierefreie Informationstechnik (ABI, wob11.de) unterstützt die praktische Umsetzung der BITV auch außerhalb der Bundesverwaltung.

Der vom W3-Konsortium verwendete und international verbreitete Begriff *Accessibility* (Zugänglichkeit) bedeutet in diesem Zusammenhang etwa dasselbe wie Barrierefreiheit. Die vom W3C gegründete Web Accessibility Initiative (WAI) verabschiedete am 5. Mai 1999 Web Content Accessibility Guidelines (WCAG) 1.0 (Zugänglichkeitsrichtlinien für Web-Inhalte 1.0; www.w3.org/TR/WAI-WEBCONTENT/; www.w3c.de/Trans/WAI/webinhalt.html). Am 11. Dezember 2008 folgten die WCAG 2.0 (Richtlinien für barrierefreie Webinhalte 2.0; www.w3.org/TR/WCAG20/; www.w3.org/Translations/WCAG20-de/).

Die Richtlinien erläutern, wie Web-Inhalte für Behinderte zugänglich gemacht werden können. Zugleich wird darauf hingewiesen, dass die Befolgung der Richtlinen das Web für alle Nutzer(innen) verbessere und zum schnelleren Auffinden von Informationen im Web beitrage.

Den 14 Richtlinien (*Guidelines*) nach WCAG 1.0 von 1999 sind zwei Oberthemen vorangestellt:

- Geschmeidige Anpassung (*Graceful Transformation*) an individuelle Bedürfnisse der Nutzer(innen) und die von ihnen benutzte Hard- und Software (Richtlinien 1 bis 11)
- Verständlichkeit und Navigierbarkeit des Inhalts (Richtlinien 12 bis 14)

Zu den 14 Richtlinien gehören jeweils mehrere Checkpunkte (*Checkpoints*). Jedem Checkpunkt ist eine Prioritätsstufe zugeordnet:

- Priorität 1: Der Checkpunkt *muss* erfüllt sein, da es sonst für eine oder mehrere Gruppen *unmöglich* ist, auf die Informationen im Dokument zuzugreifen. Die Erfüllung dieses Checkpunkts ist grundlegendes Erfordernis, damit bestimmte Gruppen Web-Dokumente verwenden können.
- Priorität 2: Der Checkpunkt *sollte* erfüllt sein, da es sonst für eine oder mehrere Gruppen *schwierig* ist, auf die Informationen im Dokument zuzugreifen. Die Erfüllung dieses Checkpunkts beseitigt signifikante Hindernisse für den Zugriff auf Web-Dokumente.
- Priorität 3: Der Checkpunkt *kann* erfüllt sein; sonst ist es für eine oder mehrere Gruppen *etwas schwierig*, auf die Informationen im Dokument zuzugreifen. Die Erfüllung dieses Checkpunkts erleichtert den Zugriff auf Web-Dokumente.

Aus der Erfüllung einer oder mehrerer Prioritäten ergibt sich die Konformitätsstufe des Dokuments.

- Stufe A: Alle Checkpunkte der Priorität 1 sind erfüllt.
- Stufe Double-A: Alle Checkpunkte der Prioritäten 1 und 2 sind erfüllt.
- Stufe Triple-A: Alle Checkpunkte der Prioritäten 1, 2 und 3 sind erfüllt.

Die WCAG 2.0 von 2008 benennen vier übergeordnete Prinzipien (*Principles*) als Grundlagen der Barrierefreiheit im Web.

- Prinzip 1: Wahrnehmbar – Informationen und Bestandteile der Benutzerschnittstelle müssen den Benutzern so präsentiert werden, dass diese sie wahrnehmen können.
- Prinzip 2: Bedienbar – Bestandteile der Benutzerschnittstelle und Navigation müssen bedienbar sein.
- Prinzip 3: Verständlich – Informationen und Bedienung der Benutzerschnittstelle müssen verständlich sein.
- Prinzip 4: Robust – Inhalte müssen robust genug sein, damit sie zuverlässig von einer großen Auswahl an Benutzeragenten einschließlich assistierender Techniken interpretiert werden können.

Diesen Prinzipien sind insgesamt 12 Richtlinien (*Guidelines*) zugeordnet. Zu jeder Richtlinie gibt es eine Reihe von Erfolgskriterien (*Success Criteria*), die durch die Dokumentation ausreichender und empfohlener Techniken (*Sufficient and Advisory Techniques*) ergänzt werden.

Die Erfolgskriterien sind mit den Konformitätsstufen A (niedrigste), AA und AAA (höchste) gekennzeichnet. Damit die gesamte Webseite eine der drei Konformitätsstufen A, AA bzw. AAA erfüllt, müssen alle Erfolgskriterien der entsprechenden Stufe erfüllt sein; ersatzweise kann auch eine Alternativversion zur Verfügung gestellt werden, die die entsprechenden Anforderungen erfüllt.

Die Barrierefreie Informationstechnik-Verordnung (BITV) basiert zurzeit noch auf den WCAG 1.0 aus dem Jahre 1999. Ein konkreter Termin für die Verabschiedung der aktualisierten, an die WACG 2.0 von 2008 angepassten Verordnung stand bei Redaktionsschluss dieses Buchs noch nicht fest.

Die 14 Anforderungen in der BITV-Anlage entsprechen inhaltlich den Richtlinien nach WCAG 1.0, die Bedingungen zu den einzelnen Anforderungen entsprechen den Checkpunkten. Die BITV unterscheidet zwei Prioritätsstufen (§ 3):

- Alle informationstechnischen Angebote sind so zu gestalten, dass sie die Anforderungen und Bedingungen der Priorität I erfüllen.
- Bei der Gestaltung zentraler Navigations- und Einstiegsangebote sind zusätzlich die Anforderungen und Bedingungen der Priorität II zu berücksichtigen.

Der vollständige, aktuelle Text der BITV findet sich zum Beispiel unter www.gesetze-im-internet.de/bitv oder wob11.de/bitv.html.

10.11.2 Barrierefreie Webseiten

Aufgrund der Vielzahl individuell geprägter Barrieren ist es nicht einfach, Webseiten so zu gestalten, dass sie für jeden zugänglich sind, gelesen und genutzt werden können. Da absolut barrierefreie Webseiten schwer zu realisieren sind, wird auch einschränkend von barrierearmen Angeboten gesprochen.

Barrierefreie (oder barrierearme) Gestaltung erleichtert zugleich das Auffinden von Informationen im World Wide Web. Robots von Internet-Suchmaschinen bewerten nur Text (Inhalt und Auszeichnung) – Bilder, Animationen und andere aktive Inhalte bleiben ihnen verborgen. Sie nehmen Seiten also ähnlich wie Surfer(innen) wahr, die sich den Text vorlesen oder in Braille-Schrift ausgeben lassen.

Das Ziel, barrierefreie oder barrierearme Angebote bereitzustellen, muss bereits Bestandteil der Konzeption von Websites sein. Es geht nicht nur um technische Details – Barrieren lassen sich nicht durch nachträgliche kleine Reparaturen am HTML-Quelltext oder an Skripten beseitigen.

Um Wahrnehmbarkeit (Prinzip 1 nach WCAG 2.0) zu garantieren, müssen diese Kriterien erfüllt sein:

- Textalternativen für alle Nicht-Text-Inhalte
- Alternativen für zeitbasierte Medien (Audio, Video)
- Darstellbarkeit auf verschiedene Arten ohne Verlust von Informationen oder Struktur
- Leichte Seh- und Hörbarkeit von Inhalten

Bedienbarkeit (Prinzip 2 nach WCAG 2.0) wird erreicht durch:

- Zugänglichkeit aller Funktionalitäten per Tastatur
- Ausreichende Zeit zum Lesen und benutzen von Inhalten
- Verzicht auf Gestaltungen, von denen bekannt ist, dass sie zu Anfällen führen
- Mittel zur Unterstützung beim Navigieren und zum Finden von Inhalten

Voraussetzungen für Verständlichkeit (Prinzip 3 nach WCAG 2.0) sind:

- Lesbarkeit und Verständlichkeit von Inhalten
- Vorhersehbares Aussehen und Funktionieren von Webseiten
- Hilfestellung bei der Eingabe zur Vermeidung von Fehlern und Möglichkeit zur Fehlerkorrektur

Robustheit (Prinzip 4 nach WCAG 2.0) bedeutet, dass Inhalte von einer großen Auswahl an Benutzeragenten einschließlich assistierender Techniken interpretiert werden können.

Viele Aspekte lassen sich relativ leicht mit den üblichen Werkzeugen umsetzen. Durch konsequenten und standardkonformen Einsatz von HTML/XHTML und CSS wird die Site logisch und sauber strukturiert, ohne dass Kompromisse beim Design erforderlich sind.

Mit CSS können Elemente ausgerichtet und pixelgenau platziert werden; auch Überdeckungen (Vorder- und Hintergrundelemente) sind möglich. Auf Tabellen zur Definition des Layouts kann also verzichtet werden. Durch solche Tabellen wird der Quelltext unnötig umfangreich, denn sie enthalten in der Regel Bereiche, die gar nicht genutzt, aber dennoch definiert werden müssen. Mit CSS werden dagegen nur die benötigten Elemente definiert.

Vorteilhaft ist auch die Unabhängigkeit der angezeigten Position des Elements im Browser von der im Quelltext der HTML-Datei. So lassen sich zum Beispiel Werbebanner am Ende des Quelltextes definieren, aber am Anfang der Seite darstellen. Screenreader können so direkt auf den relevanten Inhalt zugreifen, ohne zuvor die Werbeblöcke auszugeben.

Valides HTML verlangt für jedes `img`-Tag ein `alt`-Attribut (vgl. Abschnitt 10.2.6.2), das allerdings auch leer sein kann: `<img src="bild.jpg" alt="">`. Um Seiten barrierefrei zu gestalten, sollten leere `alt`-Attribute jedoch vermieden werden. In jedes `alt`-Attribut gehört ein Alternativtext, der die Bildaussage so gut wie möglich wiedergibt.

Für rein dekorative Bilder ohne Informationsgehalt lässt sich allerdings kein sinnvoller Alternativtext formulieren. Sie sollten deshalb nicht mit dem `img`-Tag eingebunden werden, sondern als Hintergrundbilder (`background-image`), zum Beispiel mittels CSS im body-Tag (vgl. Abschnitt 10.2.4.2). Bei Hintergrundbildern ist das alt-Attribut nicht erforderlich.

Auf transparente Grafiken (blind.gif) zur Positionierung oder als Abstandhalter kann verzichtet werden, indem Positionen konsequent durch CSS definiert werden.

Navigationselemente mit interaktiven Schaltflächen können mittels CSS anstelle von JavaScript erzeugt werden. Auf diese Weise werden Quelltext und Ladezeit kurz gehalten und keine Nutzer(innen) ausgesperrt, die die JavaScript-Unterstützung deaktiviert haben.

Weiterführende Tipps, Hilfsmittel zur Umsetzung und Beispiele gibt es unter www.barrierefreiesinternet.de, www.barrierefreies-webdesign.de. Zur Überprüfung von Webseiten auf Barrierefreiheit: wob11.de/apromptkomplett.html; www.cynthiasays.com.

10.12 Web Services, XML, Semantic Web

Klassische Dienste im Internet stellen in erster Linie Schnittstellen für Interaktionen durch Menschen bereit, zum Beispiel HTML-Formulare. Bei der Entwicklung von Web Services geht es dagegen um automatisierte Internet-Dienste, die ohne menschliche Eingriffe untereinander kommunizieren.

Grundgedanke ist die Interoperabilität (etwa: Bearbeitungsfähigkeit über Grenzen hinweg). Web Services basieren auf Software-Bausteinen, die in standardisierter Weise in einem Netzwerk zur Verfügung stehen, unabhängig von Betriebssystem und Programmiersprache zusammenarbeiten und zur Kommunikation zwischen Maschinen genutzt werden.

Wesentlicher Unterschied gegenüber älteren Entwicklungsstandards ist die Unabhängigkeit von lokalen Netzwerken. Die Kommunikation zwischen den Komponenten erfolgt durch XML-Dokumente über das HyperText Transfer Protocol (HTTP) oder andere Internet-Protokolle.

Der automatische Datenaustausch zwischen den verteilt verfügbaren Software-Bausteinen wird durch Web-Services-Standards ermöglicht. Die Software-Module haben Schnittstellen nach dem SOAP-Standard, sind durch die Sprache WSDL beschrieben und können über UDDI automatisch in Netzwerken gefunden werden.

- SOAP *(Simple Object Access Protocol)* ist das zentrale Protokoll zum Austausch von Nachrichten und Funktionsaufrufen zwischen den einzelnen Komponenten.
- WSDL *(Web Services Description Language)* legt fest, wie Nachrichten über SOAP aufzubauen sind, um andere Web Services nutzen zu können.
- UDDI *(Universal Description, Discovery and Integration)* standardisiert den Aufbau von Verzeichnissen und findet heraus, wo und wie welche Web Services von wem benutzt werden können. Die Funktion innerhalb der Web Services ist also mit Suchdiensten für Informationen im Internet vergleichbar.

Web Services werden in Websites eingesetzt für Such- und Shop-Funktionalitäten, zur Berechnung mathematischer Funktionen, in Abfragen von Finanzinformations- und Wetterdiensten sowie für Tracking-Informationen bei Bestell- und Auslieferungsvorgängen. Ein bekanntes Beispiel aus dem Bereich Business-to-Business sind Marktplätze der Automobilindustrie für den automatisierten Einkauf: Web Services finden schnell das günstigste Angebot der teilnehmenden Zulieferer und erledigen den Bestell- und Abrechnungsvorgang. Der Suchdienst Google stellt seine Suchfunktionen in einem Web Service für den Privatgebrauch zur Verfügung. Fluggesellschaften bieten die Möglichkeit zum Suchen und Buchen von Flügen über einen Web Service. Reiseveranstalter können in ihrer Website über UDDI die aktuellen Angebote verschiedener Fluggesellschaften dem Kunden zugänglich machen. Der Kunde kann Preise und Termine vergleichen und direkt buchen.

Die Metasprache XML *(Extensible Markup Language,* vgl. Abschnitt 10.5.1) und die dazugehörigen Erweiterungen, Sprachen und Module erleichtern semantische Strukturierung, Speicherung und Zugriff auf anwendungsspezifische Daten und deren Präsentation in den unterschiedlichsten Medien. Wäre es nur darum gegangen, die Darstellungsmöglichkeiten von Daten im Web zu verbessern oder zu erweitern, hätte auch eine Weiterentwicklung von HTML ausgereicht. Ziel der neuen Standards ist vielmehr, die täglich anfallenden großen Datenmengen aus Unternehmen, Forschung und Entwicklung in einem einheitlichen Format bereitzustellen, sodass sie von anderen Programmen – unabhängig von Betriebssystem und Hersteller – genutzt und bearbeitet werden können.

Da XML-Dokumente medienunabhängig sind, lassen sie sich durch geeignete Transformationen für unterschiedlichste Ausgabeverfahren aufbereiten. Unabhängig von der jeweiligen Ausgabetechnik kann also immer auf dieselbe Datenquelle zurückgegriffen werden *(Single-Source-Publishing)*.

Für die visuelle Darstellung im Web werden zum Beispiel XML-Dokumente mit XSL-Formatierungen *(Extensible Stylesheet Language)* durch XSLT-Mechanismen *(XSL Transformation)* in XHTML-Dokumente umgewandelt. XLink erweitert XML-Dokumente um Hyperlinks, XPointer stellt die Syntax bereit, um auf Teile eines XML-Dokuments zu verweisen. Programmiersprachen können über das DOM *(Document Object*

Model) gezielt XML-Elemente und deren Daten verändern.

Auch die Kombination aus XML und PDF (*Portable Document Format*, vgl. Abschnitt 1.12.4), einem weiteren wichtigen Standard in der Dokumentenverarbeitung, gewinnt zunehmend an Bedeutung. XML dient dabei zur Archivierung von Dokumenten, PDF zur Ausgabe. PDF ist das geräte- und herstellerunabhängige Dokumenten-Endformat mit der heute weltweit größten Verbreitung.

Das Semantische Web *(Semantic Web)* ist eine Erweiterung des Word Wide Web. Ziel ist es, Informationen durch beschreibende Daten eine genaue Bedeutung zu geben, um eine bessere Zusammenarbeit zwischen Maschinen und Menschen zu ermöglichen. Durch eine Metaebene (Bedeutungsebene) soll die Bedeutung von Daten in eine auch für Maschinen lesbare Form gebracht werden. Das Web mit seinem riesigen Datenbestand wird so erweitert, dass es neben dem interaktiven Gebrauch durch Menschen künftig auch besser durch Computerprogramme nutzbar ist.

Technologien für das Semantic Web sind RDF *(Resource Description Framework)* und OWL *(Web Ontology Language)*. RDF ist die Basistechnologie; es definiert ein einfaches Datenmodell zur Beschreibung unterschiedlicher Objekte. Die OWL setzt auf RDF auf und wird genutzt, um die genaue Bedeutung eines Ausdrucks zu beschreiben.

Die Ontologie ist im technischen Sinne ein Sprachschatz mit den zugehörigen semantischen Beziehungen, Regeln und Konzepten, um Inhalte und deren Beziehungen zu beschreiben. Wenn diese Beschreibung für Maschinen lesbar ist, können Maschinen sich untereinander verstehen. RDF und OWL bilden die Basis für eine robuste und skalierbare Technologie, die sich zur Beschreibung riesiger Datenbestände im Web eignet. Die Daten im Web werden durch die entstehenden Standards und Technologien neu definiert und miteinander verknüpft, um sie für Mensch und Maschine nutz- und bearbeitbar zu machen. Ziel sind effektivere Such-, Automatisierungs- und Integrationsprozesse und die Wiederverwendbarkeit von Daten über mehrere Anwendungen hinweg.

10.13 Web 2.0

Der Begriff Web 2.0 entstand im Jahr 2004 als Titel einer Reihe jährlicher Konferenzen, die vom O'Reilly Verlag und dem Veranstalter MediaLive International durchgeführt werden. Web 2.0 ist keine technische Spezifikation, sondern ein Marketingbegriff, der neue Entwicklungen bei Wahrnehmung und Nutzung des World Wide Web kennzeichnen soll.

Wichtige Charakteristika der unter dem Begriff Web 2.0 zusammengefassten Entwicklung:

- Durch browsergestützte, netzbasierte Anwendungen können Nutzer(innen) ohne besondere technische Kenntnisse eigene Inhalte über das WWW publizieren und vorhandene Inhalte kommentieren, ergänzen oder verändern. Rollen- und Rechtesysteme legen fest, welche Beiträge von welchen Nutzer(inne)n erstellt oder bearbeitet werden können.
- Neue Inhalte entstehen durch (Re-)Kombination bestehender Inhalte (Mashups). Webinhalte verschiedener Dienste werden über offene Programmierschnittstellen zu neuen Diensten kombiniert. Geografische Daten werden beispielsweise mit Inhalten wie Fotos, Wettervorhersagen, Verkehrsmeldungen oder Kleinanzeigen verknüpft.
- Der Internet-Browser dient als zentrale und universelle Benutzerschnittstelle für unterschiedliche Anwendungen.
- Webanwendungen werden kontinuierlich weiterentwickelt und erst dann komplett freigeschaltet, wenn sie in einer Beta-Phase von den Nutzer(inne)n angenommen wurden (Perpetual beta).
- Lokale und netzbasierte Anwendungen wachsen zusammen; sie aktualisieren sich selbständig über das Internet, Software-Module werden im Bedarfsfall automatisch nachgeladen und -installiert.
- Seiten und Oberflächen können personalisiert und individuell gestaltet werden; die Konfiguration erfolgt nach eigenen Vorstellungen und Vorlieben der Nutzer(innen).
- Die Speicherung von Daten (Text, Bild, Audio, Video) wird zunehmend ins Internet verlagert.

Die verwendeten Technologien wurden zwar bereits in der zweiten Hälfte der 1990er Jahre entwickelt, lassen sich aber erst durch die zunehmende Anzahl breitbandiger Internetzugänge (DSL) allgemein nutzen und miteinander kombinieren. Häufig eingesetzte Techniken sind Web Service APIs, Ajax (Asynchronous JavaScript and XML) und Abonnement-Dienste wie RSS und ATOM.

- Web Services (vgl. Abschnitt 10.12) dienen zum automatischen und standardisierten Austausch von Informationen im Netz und ermöglichen die Integration von Diensten verschiedener Anbieter zu neuen Diensten.
- Mit Ajax (vgl. Abschnitt 10.9.4) lassen sich Internet-Anwendungen erstellen, die hinsichtlich Gestaltung und Bedienung klassischen Desktop-Anwendungen ähneln.
- RSS (Really Simple Syndication, wirklich einfache Verbreitung) ist ein XML-Format und einer der einfachsten Webservices für Abonnement-Dienste. Mittels RSS können Informationen zwischen Web-

sites ausgetauscht und Inhalte einer Website oder Teile davon abonniert werden (Feeds).
- Atom ist eine Weiterentwicklung von RSS 2, dem derzeitigen Nachfolger von RSS. Der XML-Standard für den plattformunabhängigen Austausch von Informationen fasst die unterschiedlichen RSS-Formate in einem neuen Format zusammen und ergänzt sie um neue Elemente.

Typische Anwendungen, die üblicherweise Web 2.0 zugeordnet werden, sind Blogs, Feeds, Wikis, Bild- und Video-Portale sowie Filesharing-Programme, auch Social Software genannt.

- Weblogs, kurz Blogs genannt, sind im World Wide Web veröffentlichte Tagebücher von Einzelpersonen oder Gruppen. Der Inhalt wird meist als lange, umgekehrt chronologisch sortierte Liste von Einträgen der Herausgeber(innen) (Blogger) und Kommentaren der Leser(innen) angezeigt. Weblog Publishing Systeme wie zum Beispiel Serendipity, WordPress, Movable Type oder Textpattern sind einfache Content-Management-Systeme; die Gestaltung lässt sich mithilfe von Templates (Vorlagen, Musterseiten) anpassen.
- Feeds, auch als RSS-Feeds, Webfeeds oder XML-Feeds bezeichnet, enthalten Schlagzeilen (Title) und Kurzbeschreibungen (Teaser) aktueller, auf Websites veröffentlichter Inhalte sowie Verweise auf die vollständigen Texte. RSS-Dateien werden in der Regel automatisiert mit Content-Management- oder Weblog-Systemen erstellt und in die Website eingebunden. Nutzer(innen) können die so verlinkten RSS-Feeds mithilfe von speziellen Feedreadern, modernen Webbrowsern oder E-Mail-Programmen abonnieren und die aktualisierten Inhalte regelmäßig auf Computer, PDA oder Mobiltelefon laden. Das RSS-Icon weist auf die Möglichkeit zum Abonnieren hin und wird zum Beispiel als Schaltfläche in der Adress- oder Statusleiste des Webbrowsers angezeigt. Feeds dienen auch zur Verbreitung von Bild-, Audio- und Videodaten; Serien von Audio- oder Videoepisoden (Podcasts) können über Feeds automatisch bezogen werden.

  Durch das standardisierte XML-Format sind RSS-Dateien auch für die maschinelle Weiterverarbeitung geeignet. Texte einer Webseite lassen sich automatisch mithilfe eines RSS-Parsers in andere Seiten integrieren. Das Aufbereiten und Zusammenfassen von Informationen in einem standardisierten Austauschformat wird als Aggregation bezeichnet. RSS zählt zu den ersten Anwendungsgebieten des semantischen Webs (vgl. Abschnitt 10.12).

  RSS-Dateien haben die Dateiendung .rss oder .xml. Mit dem <link>-Element im <head>-Bereich lässt sich eine RSS-Datei in der HTML-Seite, deren Inhalte sie maschinenlesbar enthält, verlinken:

  ```
  <link rel="alternate" type="application/rss+xml"
  title="RSS" href="http://www.beispiel.de/news.rss" />
  ```

  Aggregatorprogramme wie Feedreader können dadurch selbständig die Adresse des RSS-Feeds herausfinden (auto-discovery).
- Wiki, auch als WikiWiki oder WikiWeb bezeichnet, ist ein Informationssystem im Bereich Wissensmanagement. Es besteht aus einer Sammlung von Seiten, die von Benutzer(inne)n gelesen, kommentiert und auch online geändert werden können. Die einzelnen Seiten und deren Artikel sind durch Querverweise (Links) miteinander verbunden. Wikis ähneln einfachen Content-Management-Systemen; die Texte lassen sich über eine Editierfunktion in einem Formular kommentieren und bearbeiten. Das zurzeit weltgrößte Wiki ist die 2001 gegründete Wikipedia, eine freie Enzyklopädie.
- Videoportale stellen Videos zum Streamen in einer Website bereit. Sie bieten Plattformen für Film- und Fernsehausschnitte, Musikvideos und selbstgedrehte Kurzfilme. Die Inhalte werden überwiegend von den Benutzer(inne)n dieser Portale geliefert (User Generated Content). Video-Feeds können in Blogs gepostet oder über eine Programmierschnittstelle (API) in Webseiten eingebunden werden. Dateigröße und Länge der Videos sind begrenzt, sodass sie vor dem Hochladen kräftig komprimiert werden müssen, was zur Verminderung der Qualität führt. Videoportale gehören zu den meistbesuchten Websites; bekannte Beispiele sind Youtube und MyVideo. Wegen Urheberrechtsverletzungen, fragwürdigen Inhalten und zweifelhafter Authentizität stehen sie in der Kritik.
- Bildportale stellen digitale Bilder bereit. Nutzer(innen) versehen diese mit Kommentaren und Notizen für andere Nutzer(innen). Fotos werden in Kategorien eingeordnet und können über Sachgebiete oder Stichwörter gefunden werden. Die Bilder werden per Upload, E-Mail oder vom Fotohandy aus übertragen und können anschließend von anderen Websites aus verlinkt werden. Bekannte Beispiele sind Flickr und Zooomr.
- Filesharing bezeichnet das Bereitstellen und Weitergeben von Dateien zwischen Benutzern im Internet. Daten können von Servern heruntergeladen oder

Feed-Icon (im Original orange)

über Peer-to-Peer-Netzwerke (P2P, vgl. Abschnitt 1.14.3.2) verteilt werden. Bei P2P-Netzwerken, die ohne zentrale Server funktionieren, ist prinzipiell jeder Teilnehmer Client und Server, also Nutzer und Anbieter zugleich. Um auf P2P-Netzwerke (zum Beispiel Kademlia, Gnutella, FastTrack) zuzugreifen, werden spezielle Programme gebraucht (eMule, Bearshare, Kazaa Lite). Die meisten Tauschbörsen arbeiten aber nach dem Client-Server-Prinzip; ein Indexserver lokalisiert die einzelnen Dateien und ihre Anbieter und ermöglicht so das gezielte Suchen und Kopieren von Dateien. Kommerzielle Anbieter (zum Beispiel Napster, Musicload) stellen Filme, Musik, Computerprogramme und Dokumente zum Download auf ihren Webservern bereit.

11

Fachbezogenes Rechnen

11.1 Maßstab und Seitenverhältnis

11.1.1 Maßstab (Skalierungsfaktor)

Maßstab (Skalierungsfaktor) ist das Verhältnis von neuer und alter Seitenlänge (Seitenlänge nach und vor der Größenänderung).

$Maßstab = Seitenlänge_{NEU} : Seitenlänge_{ALT}$

Der Maßstab kann auf drei Arten angegeben werden: numerisch, prozentual oder als Quotient in der Form $x : 1$ bzw. $1 : x$.

Für alle Maßstabsberechnungen gilt: Die Seitenlängen können zwar in beliebigen Einheiten angegeben sein, zum Beispiel Millimeter, Zentimeter, Point oder auch in Pixeln. Alte und neue Seitenlänge müssen aber gleiche Einheiten haben. Sollte das nicht der Fall sein, ist die alte oder die neue Seitenlänge vorab in die Einheit der jeweils anderen umzuwandeln.

Zur Berechnung des numerischen bzw. prozentualen Maßstabs wird die neue durch die alte Seitenlänge dividiert.

Beispiel 1: Ein 60 mm breites Bild wird auf 210 mm vergrößert.

Numerisch: 210 mm : 60 mm = 3,5

Prozentual: 210 mm : 60 mm · 100 % = 350 %

Beispiel 2: Ein 300 mm hohes Bild wird auf 120 mm verkleinert.

Numerisch: 120 mm : 300 mm = 0,4

Prozentual: 120 mm : 300 mm · 100 % = 40 %

Um den Maßstab als Quotient in der Form x : 1 bzw. 1 : x auszurechnen, werden neue und alte Seitenlänge durch den jeweils kleineren der beiden Werte dividiert.

Beispiel 3: Ein 60 mm breites Bild wird auf 210 mm vergrößert.

(210 mm : 60 mm) : (60 mm : 60 mm) = 3,5 : 1

Beispiel 4: Ein 300 mm hohes Bild wird auf 120 mm verkleinert.

(120 mm : 120 mm) : (300 mm : 120 mm) = 1 : 2,5

Um die neue Seitenlänge auszurechnen, wird die alte Seitenlänge mit dem Maßstab multipliziert.

Beispiel 5: Ein 60 mm breites Bild wird mit dem Maßstab 3,5 (350 %; 3,5 : 1) skaliert. Neue Breite?

60 mm · 3,5 = 210 mm

60 mm · 350 % : 100 % = 210 mm

60 mm · 3,5 : 1 = 60 mm · 3,5 = 210 mm

Beispiel 6: Ein 300 mm hohes Bild wird mit dem Maßstab 0,4 (40 %; 1 : 4) verkleinert. Neue Höhe?

300 mm · 0,4 = 120 mm

300 mm · 40 % : 100 % = 120 mm

300 mm · 1 : 2,5 = 300 mm : 2,5 = 120 mm

Beim Zurückrechnen von der neuen auf die alte Seitenlänge wird durch den Maßstab dividiert.

Beispiel 7: Die Vergrößerung mit dem Maßstab 3,5 (350 %; 3,5 : 1) ergibt die Breite 210 mm. Alte Breite?

210 mm : 3,5 = 60 mm

210 mm : 350 % · 100 % = 60 mm

210 mm : (3,5 : 1) = 210 mm : 3,5 = 60 mm

Beispiel 8: Die Verkleinerung mit dem Maßstab 0,4 (40 %; 1 : 2,5) ergibt die Höhe 120 mm. Alte Höhe?

120 mm : 0,4 = 300 mm

120 mm : 40 % · 100 % = 300 mm

120 mm : (1 : 2,5) = 120 mm · 2,5 = 300 mm

11.1.2 Proportionales Skalieren

Beim proportionalen Skalieren bleibt das ursprüngliche Seitenverhältnis (*Breite : Höhe*) erhalten; Breite und Höhe werden im gleichen Verhältnis (mit gleichem Maßstab) vergrößert oder verkleinert.

$Breite_{NEU} : Höhe_{NEU} = Breite_{ALT} : Höhe_{ALT}$

$Breite_{NEU} : Breite_{ALT} = Höhe_{NEU} : Höhe_{ALT}$

Wenn ursprüngliches Format und neue Höhe oder Breite vorgegeben sind, kann die fehlende neue Breite bzw. Höhe ausgerechnet werden.

Beispiel 1: Ein Bild im Format 60 mm × 90 mm wird auf 225 mm Höhe skaliert. Neue Breite?

$Breite_{NEU} = Breite_{ALT} : Höhe_{ALT} \cdot Höhe_{NEU}$

$Breite_{NEU}$ = 60 mm : 90 mm · 225 mm = 150 mm

Beispiel 2: Ein Bild im Format 60 mm × 90 mm wird auf 150 mm Breite skaliert. Neue Höhe?

$Höhe_{NEU} = Höhe_{ALT} : Breite_{ALT} \cdot Breite_{NEU}$

$Höhe_{NEU}$ = 90 mm : 60 mm · 150 mm = 225 mm

Umgekehrt kann auf die alte Breite bzw. Höhe zurückgeschlossen werden, wenn neues Format und eine der ursprünglichen Seitenlängen vorgegeben sind.

Beispiel 3: Ein Bild wurde auf 150 mm × 225 mm skaliert, die alte Höhe betrug 90 mm. Alte Breite?

$Breite_{ALT} = Breite_{NEU} : Höhe_{NEU} \cdot Höhe_{ALT}$

$Breite_{ALT}$ = 150 mm : 225 mm · 90 mm = 60 mm

Beispiel 4: Ein Bild wurde auf 150 mm × 225 mm skaliert, die alte Breite betrug 60 mm. Alte Höhe?

$Höhe_{ALT} = Höhe_{NEU} : Breite_{NEU} \cdot Breite_{ALT}$

$Höhe_{ALT}$ = 225 mm : 150 mm · 60 mm = 90 mm

Die in den Beispielen 1 bis 4 gezeigten Berechnungen funktionieren auch, wenn alte und neue Seitenlängen in unterschiedlichen Einheiten angegeben sind. Vorherige Umwandlung ist also nicht erforderlich.

Beispiel 5: Ein Bild im Format 24 cm × 18 cm wird auf die Höhe 150 pt skaliert. Neue Breite?

24 cm : 18 cm · 150 pt = 200 pt

11.1.3 Skalieren mit Wegfall oder Ergänzung

Wenn ein Bild proportional skaliert wird, die Seitenverhältnisse von ursprünglichem und gewünschtem Format aber nicht gleich sind, fällt entweder etwas vom Bild weg – oder ein fehlendes Stück muss durch Retusche ergänzt werden.

Beispiel 1: Ein Bild im Format 90 mm × 120 mm soll durch Skalieren und anschließenden Beschnitt auf das Format 150 mm × 220 mm (Zielformat) gebracht werden. **Wie viel entfällt von welcher Seite des skalierten Bilds?**
Zuerst wird ausgerechnet, welche Breite sich ergibt, wenn die Höhe auf 220 mm skaliert wird, und welche Höhe sich ergibt, wenn die Breite auf 150 mm skaliert wird.

Breite = 90 mm : 120 mm · 220 mm = 165 mm
Höhe = 120 mm : 90 mm · 150 mm = 200 mm

Die beiden errechneten Seitenlängen werden mit den Seitenlängen des Zielformats verglichen. Da etwas entfallen soll, wird die errechnete Seitenlänge ausgewählt, die größer ist als die entsprechende Seitenlänge des Zielformats.

Breite = 165 mm > 150 mm

Zum Schluss wird die Differenz ausgerechnet:

165 mm – 150 mm = 15 mm

Lösung:

Von der Breite des skalierten Bilds entfallen 15 mm.

Beispiel 2: Ein Bild im Format 90 mm × 120 mm soll durch Skalieren und anschließende Ergänzung auf das Format 150 mm × 220 mm (Zielformat) gebracht werden. **Um wie viel muss welche Seite des skalierten Bilds ergänzt werden?**
Wie in Beispiel 1 wird ausgerechnet, welche Breite sich ergibt, wenn die Höhe auf 220 mm skaliert wird, und welche Höhe sich ergibt, wenn die Breite auf 150 mm skaliert wird. Zur Berechnung siehe Beispiel 1.
Da das skalierte Bild ergänzt werden soll, wird die errechnete Seitenlänge ausgewählt, die kleiner ist als die entsprechende Seitenlänge des Zielformats.

Höhe = 200 mm < 220 mm

Zum Schluss die Differenz:

220 mm – 200 mm = 20 mm

Lösung:

Die Höhe des skalierten Bilds ist um 20 mm zu ergänzen.

Beispiel 3: Ein Bild im Format 90 mm × 120 mm soll durch Beschnitt und anschließendes Skalieren auf das Format 150 mm × 220 mm gebracht werden. **Wie viel entfällt von welcher Seite des ursprünglichen, nicht skalierten Bilds?**
Zuerst wird ausgerechnet, welche Breite bzw. Höhe das unskalierte Bild haben müsste, damit sich beim Skalieren das Zielformat 150 mm × 220 mm ergibt.

Breite = 150 mm : 220 mm · 120 mm ≈ 81,8 mm
Höhe = 220 mm : 150 mm · 90 mm = 132 mm

Da etwas vom ursprünglichen Bild entfallen soll, wird die errechnete Seitenlänge ausgewählt, die kleiner ist als die tatsächliche Seitenlänge des unskalierten Bilds.

Breite = 81,8 mm < 90 mm

Differenz aus tatsächlicher und errechneter Breite:

90 mm – 81,8 mm = 8,2 mm

Lösung:

Von der Breite des ursprünglichen, nicht skalierten Bilds entfallen 8,2 mm.

Beispiel 4: Ein Bild im Format 90 mm × 120 mm soll durch Ergänzung und anschließendes Skalieren auf das Format 150 mm × 220 mm gebracht werden. **Um wie viel muss welche Seite des ursprünglichen Bilds ergänzt werden?**
Wie in Beispiel 3 wird ausgerechnet, welche Breite bzw. Höhe das unskalierte Bild haben müsste, damit sich beim Skalieren das Zielformat 150 mm × 220 mm ergibt. Zur Berechnung siehe Beispiel 3.

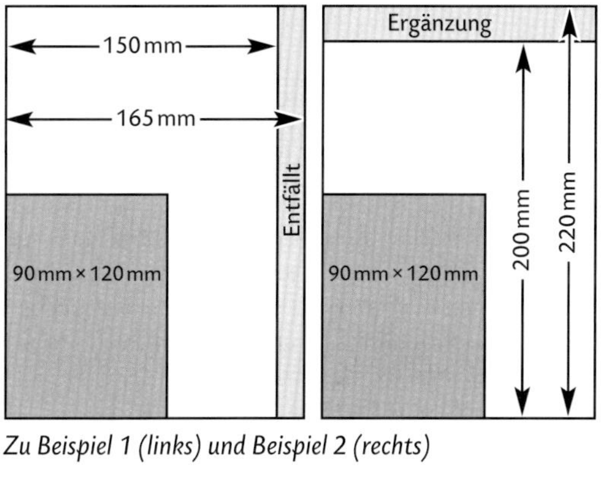

Zu Beispiel 1 (links) und Beispiel 2 (rechts)

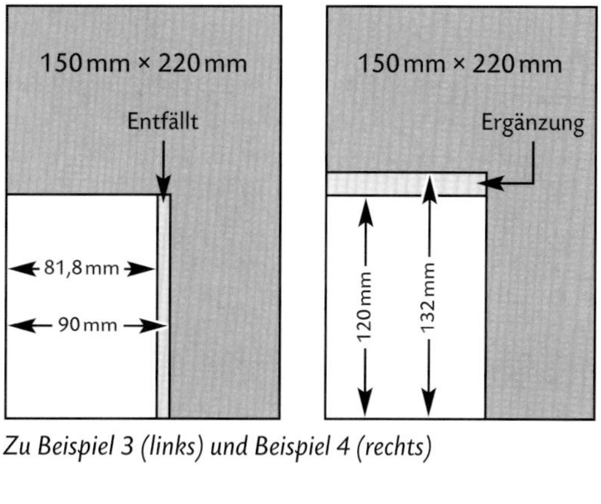

Zu Beispiel 3 (links) und Beispiel 4 (rechts)

Da das ursprüngliche Bild ergänzt werden soll, wird die errechnete Seitenlänge ausgewählt, die größer ist als die tatsächliche Seitenlänge des unskalierten Bilds.

Höhe = 132 mm < 120 mm

Differenz aus errechneter und tatsächlicher Höhe:

132 mm − 120 mm = 12 mm

Lösung:

Das ursprüngliche, nicht skalierte Bild ist in der Höhe um 12 mm zu ergänzen.

11.1.4 Seitenverhältnis

Seitenverhältnisse werden meist als Quotienten angegeben. Bei vergleichsweise „glatten" Verhältnissen sind Dividend und Divisor üblicherweise ganze Zahlen (zum Beispiel 4 : 3 oder 5 : 8), bei „krummen" Verhältnissen ist einer der beiden Werte gleich 1 und der andere eine gebrochene Zahl größer als 1 (zum Beispiel 1 : 1,618 oder 1,414 : 1).

Wie bei der Angabe von Formaten steht auch hier der linke Wert für die Breite und der rechte für die Höhe. Das Seitenverhältnis 4 : 3 kennzeichnet ein Querformat, dessen Breite 4/3 der Höhe und dessen Höhe 3/4 der Breite entspricht. Das Seitenverhältnis 3 : 4 kennzeichnet ein Hochformat, dessen Breite 3/4 der Höhe und dessen Höhe 4/3 der Breite entspricht.

Um die Breite auszurechnen, wird die Höhe mit dem Seitenverhältnis multipliziert.

Beispiel 1: Welche Breite hat ein 180 mm hohes Bild, wenn das Seitenverhältnis 4 : 3 beträgt?

180 mm · 4 : 3 = 240 mm

Um die Höhe auszurechnen, wird die Breite durch das Seitenverhältnis dividiert.

Beispiel 2: Welche Höhe hat ein 240 mm breites Bild, wenn das Seitenverhältnis 4 : 3 beträgt?

240 mm : (4 : 3) = 240 mm : 4 · 3 = 180 mm

Das Seitenverhältnis des **goldenen Schnitts** beträgt rund 1 : 1,618 bzw. 1,618 : 1 (genau $1 : (0{,}5 + \sqrt{1{,}25})$ bzw. $(0{,}5 + \sqrt{1{,}25}) : 1$), das Seitenverhältnis der **DIN-Formate** rund 1 : 1,414 bzw. 1,414 : 1 (genau $1 : \sqrt{2}$ bzw. $\sqrt{2} : 1$).

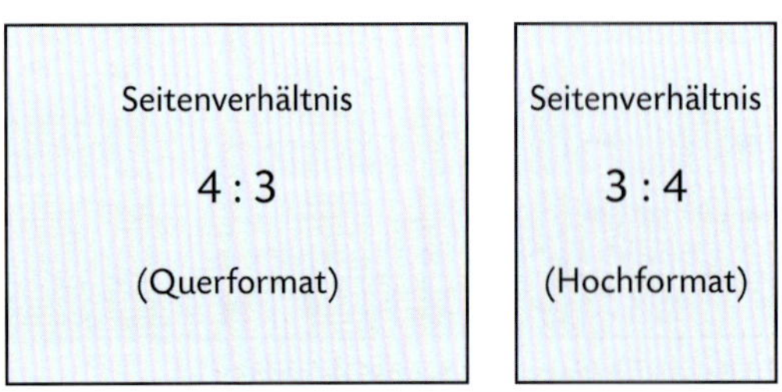

Beispiel 3: Welche Breite hat eine 230 mm hohe Buchseite (Hochformat) beim Seitenverhältnis des goldenen Schnitts?

230 mm · 1 : 1,618 = 230 mm : 1,618 ≈ 142,2 mm

Beispiel 4: Welche Höhe hat ein querformatiges Bild mit der Breite 180 mm beim Seitenverhältnis der DIN-Formate?

180 mm : (1,414 : 1) = 180 mm : 1,414 ≈ 127,3 mm

11.2 Auflösungen

11.2.1 Pixelauflösung digitaler Bilder

Pixelauflösung ist die Ortsfrequenz der Pixel, also die Anzahl der Pixel je Längeneinheit, normalerweise Zentimeter oder Inch. Einheit der Pixelauflösung ist der Kehrwert der Längeneinheit, also 1/cm (cm^{-1}) oder 1/inch ($inch^{-1}$).

Die Pixelauflösung ergibt sich rechnerisch, indem die absolute Anzahl der Pixel in der Breite oder Höhe des Bilds durch die entsprechende, in einer Längeneinheit angegebene Seitenlänge dividiert wird.

Beispiel 1: In der Breite von 16 cm liegen 1920 Pixel. Pixelauflösung?

1920 : 16 cm = 120/cm

Die absolute Anzahl der Pixel in Breite oder Höhe ergibt sich durch Multiplikation von Pixelauflösung und Breite bzw. Höhe des Bilds in einer Längeneinheit.

Beispiel 2: Wie viele Pixel liegen bei der Pixelauflösung 120/cm in der Breite eines 16 cm breiten Bilds?

120/cm · 16 cm = 1920

Die Breite oder Höhe in einer Längeneinheit ergibt sich durch Division von absoluter Pixelzahl in Breite bzw. Höhe des Bilds durch die Pixelauflösung.

Beispiel 3: Welche Breite in Zentimeter ergibt sich, wenn die Pixelauflösung 120/cm beträgt und 1920 Pixel in der Breite des Bilds liegen?

1920 : 120/cm = 16 cm

Wenn es um Bilder für den autotypisch gerasterten Druck geht, werden anstelle der Pixelauflösung häufig Rasterfrequenz im Druck und Qualitätsfaktor (Sampling-Faktor) angegeben. Pixelauflösung ist hier das Produkt aus Rasterfrequenz und Qualitätsfaktor.

Beispiel 4: In der Breite des Bilds liegen 1920 Pixel. Welche Breite in Zentimeter ergibt sich, wenn mit der Rasterfrequenz 60/cm grdruckt und der Qualitätsfaktor 2 eingehalten werden soll?

1920 : (60/cm · 2) = 1920 : 120/cm = 16 cm

11.2.2 Umwandlung von Auflösungen

Auflösungen werden in Pixel pro Zentimeter oder Pixel per Inch angegeben.
Für die Umwandlung der Längeneinheiten Zentimeter und Inch in die jeweils andere gilt:
Strecke [cm] : 2,54 [cm/inch] = *Strecke* [inch]
Strecke [inch] · 2,54 [cm/inch] = *Strecke* [cm]
Für die Umwandlung von Auflösungen in Pixel per Inch und Pixel pro Zentimeter in die jeweils andere Einheit gilt entsprechend umgekehrt:
Auflösung [1/cm] · 2,54 [cm/inch] = *Aufl.* [1/inch]
Auflösung [1/inch] : 2,54 [cm/inch] = *Aufl.* [1/cm]

Beispiel 1: In der Breite von 16 cm liegen 1920 Pixel. Auflösung in Pixel per Inch?
Die Auflösung in Pixel pro Zentimeter beträgt:
1920 : 16 cm = 120/cm
Umwandlung in Pixel per Inch:
120/cm · 2,54 cm/inch = 304,8/inch
Beide Rechenschritte zusammengefasst:
1920 : 16 cm · 2,54 cm/inch = 304,8/inch
Beispiel 2: Wie viele Pixel liegen bei der Pixelauflösung 400/inch in der Breite eines 20 cm breiten Bilds?
Umwandlung der Auflösung von Pixel per Inch in Pixel pro Zentimeter:
400/inch : 2,54 cm/inch ≈ 157,48/cm
Anzahl der Pixel bei 20 cm Breite:
157,48/cm · 20 cm ≈ 3150
Beide Rechenschritte zusammengefasst:
400/inch : 2,54 cm/inch · 20/cm ≈ 3150
Beispiel 3: Welche Breite in Zentimeter ergibt sich, wenn die Pixelauflösung 400/inch beträgt und 2400 Pixel in der Breite des Bilds liegen?
Breite in Inch:
2400 : 400/inch = 6 inch
Umwandlung in Zentimeter:
6 inch · 2,54 cm/inch = 15,24 cm
Beide Rechenschritte zusammengefasst:
2400 : 400/inch · 2,54 cm/inch = 15,24 cm

11.2.3 Abtastauflösung

Die Abtastauflösung beim Scannen von Bildern ist immer auf die Vorlage bezogen. Sie gibt also an, wie viele Pixel der Scanner pro Zentimeter oder Inch in Breite oder Höhe der Vorlage (oder eines Ausschnitts davon) aufnimmt.

Im einfachsten Fall wird die absolute Anzahl der abzutastenden Pixel in Breite oder Höhe durch die entsprechende Seitenlänge der Vorlage dividiert.

Beispiel 1: Die 12 cm hohe Vorlage wird so abgetastet, dass das digitale Bild 600 Pixel hoch wird.
Abtastauflösung in Pixel pro Zentimeter:
600 : 12 cm = 50/cm

Wenn die Zielgröße nicht in Pixeln, sondern einer Längeneinheit angegeben ist, muss auch die Pixelauflösung des zu erzeugenden digitalen Bilds bekannt sein.
Beispiel 2: Die 8 cm hohe Vorlage soll so abgetastet werden, dass sich ein 25 cm hohes digitales Bild mit der Auflösung 120/cm ergibt.
Anzahl der Pixel in der Höhe des digitalen Bilds:
25 cm · 120/cm = 3000
Abtastauflösung:
3000 : 8 cm = 375/cm
Zusammenfassung der beiden Rechenschritte:
25 cm · 120/cm : 8 cm = 375/cm
Beispiel 3: Die 8 cm hohe Vorlage soll so abgetastet werden, dass sich ein 25 cm hohes digitales Bild mit der Auflösung 600/inch ergibt.
25 cm · 600/inch : 8 cm = 1875/inch

Anstelle der Zielgröße (Breite oder Höhe) kann auch der Maßstab (Skalierungsfaktor) vorgegeben sein.
Beispiel 4: Die 8 cm hohe Vorlage soll auf 350 % vergrößert werden, das digitale Bild soll die Auflösung 120/cm haben.
Die Abtastauflösung ergibt sich durch Multiplikation der Bildauflösung mit dem Maßstab. Die Höhe der Vorlage wird für die Berechnung gar nicht gebraucht.
120/cm · 350 % : 100 % = 420/cm

11.2.4 Skalieren digitaler Bilder

Digitale Bilder können ohne Neuberechnung oder mit Neuberechnung von Pixeln skaliert werden. Beim Skalieren ohne Pixelneuberechnung bleibt die absolute Anzahl der Pixel in Breite und Höhe des Bilds unverändert, die Auflösung verändert sich antiproportional zu Breite und Höhe. Beim Skalieren mit Pixelneuberechnung bleibt die Auflösung unverändert, die absolute Anzahl der Pixel verändert sich proportional zu Breite und Höhe des Bilds.

In den folgenden Beispielen geht es um Skalierung bzw. Änderung der Auflösung ohne Pixelneuberechnung.
Beispiel 1: Ein 25 cm breites Bild mit der Auflösung 300/inch wird ohne Pixelneuberechnung auf 30 cm Breite skaliert.
Breite (oder Höhe) und Auflösung stehen im umgekehrt proportionalen Verhältnis. Je größer die Breite, umso geringer die Auflösung (und umgekehrt).
300/inch · 25 cm : 30 cm = 250/inch

Beispiel 2: Die Auflösung eines 25 cm hohen Bilds wird ohne Pixelneuberechnung von 72/inch auf 150/inch erhöht.
Umgekehrt proportionales Verhältnis – je höher die Auflösung, desto geringer die Höhe.
25 cm · 72/inch : 150/inch = 12 cm

In den folgenden drei Beispielen geht es um Skalierung bzw. Veränderung der Auflösung mit Pixelneuberechnung.
Beispiel 3: Die Breite 1536 Pixel entspricht 16 cm. Wie viele Pixel ergeben sich, wenn das Bild mit Pixelneuberechnung auf 24 cm Breite skaliert wird?
Proportionales Verhältnis: Je größer die Breite in Zentimeter, desto mehr Pixel.
1536 : 16 cm · 24 cm = 2304
Beispiel 4: Die Höhe 960 Pixel entspricht 20 cm. Welche Höhe in Zentimeter ergibt sich beim Skalieren mit Pixelneuberechnung auf 576 Pixel?
Proportionales Verhältnis: Je weniger Pixel, desto kleiner die Höhe in Zentimeter.
20 cm : 960 · 576 = 12 cm
Beispiel 5: Das Bild mit der Auflösung 600/inch ist 4800 Pixel hoch. Wie viele Pixel ergeben sich, wenn die Auflösung mit Pixelneuberechnung auf 72/inch reduziert wird?
Proportionales Verhältnis: Je geringer die Auflösung, desto weniger Pixel.
4800 : 600/inch · 72/inch = 576

11.3 Bilddaten

11.3.1 Bilddatenmenge

In diesem Abschnitt geht es ausschließlich um die Berechnung von Datenmengen, die sich aus der unkomprimierten Speicherung der Pixelwerte digitaler Bilder ergeben. Dateiheader, eingebettete Profile, Ebenen oder Alphakanäle sind also nicht berücksichtigt. Zur Datenkompression vgl. Abschnitt 11.5.
Kleinere Datenmengen werden üblicherweise in Kibibyte (KiB = 2^{10} Byte =1024 Byte) angegeben, größere in Mebibyte (MiB = 2^{20} Byte = 2^{10} KiB = 1024 KiB).

Beispiel 1: Bildgröße 2400 × 1800 Pixel, RGB, Datentiefe 16 Bit pro Farbkanal; Datenmenge in Mebibyte?
Zuerst wird ausgerechnet, aus wie vielen Pixeln das Bild besteht:
2400 · 1800 = 4 320 000
Datentiefe in Byte (8 bit = 1 Byte):
3 · 16 bit : 8 bit/Byte = 6 Byte
Datenmenge in Byte (Pixel mal Datentiefe in Byte):
4 320 000 · 6 Byte = 25 920 000 Byte
Umwandlung in Kibibyte (1024 Byte = 1 KiB):
25 920 000 Byte : 1024 Byte/KiB = 25 312,5 KiB
Umwandlung in Mebibyte (1024 KiB = 1 MiB)
25 312,5 KiB : 1024 KiB/MiB ≈ 24,7 MiB
Die Umwandlung von Byte in Mebibyte kann in einem Rechenschritt erledigt werden:
25 920 000 Byte : 1024^2 Byte/MiB ≈ 24,7 MiB
Beispiel 2: Format 20 cm × 28 cm, Auflösung 120/cm, CMYK, Datentiefe 8 Bit pro Kanal
Hier müssen zuerst Breite und Höhe des Bilds in Pixeln ausgerechnet werden.
20 cm · 120/cm = 2400
28 cm · 120/cm = 3360
Dann geht es weiter wie in Beispiel 1:
2400 · 3360 = 8 064 000
4 · 8 bit : 8 bit/Byte = 4 Byte
8 064 000 · 4 Byte = 32 256 000 Byte
32 256 000 Byte : 1024^2 Byte/MiB ≈ 30,8 MiB
Beispiel 3: Format 8 cm × 10 cm, Auflösung 2400/inch, Strich, Datentiefe 1 Bit
Umwandlung der Auflösung in Pixel pro Zentimeter:
2400/inch : 2,54 cm/inch ≈ 944,882/cm
Weiter wie in Beispiel 2:
8 cm · 944,882/cm ≈ 7559
10 cm · 944,882/cm ≈ 9449
7559 · 9449 = 71 424 991
1 bit : 8 bit/Byte = 0,125 Byte
71 424 991 · 0,125 Byte ≈ 8 928 124 Byte
8 928 124 Byte : 1024^2 Byte/MiB ≈ 8,5 MiB

11.3.2 Datenmenge bei Bildmodifikationen

Die Bilddatenmenge hängt von Datentiefe, Bildgröße und Auflösung ab. Änderung der Datentiefe führt in jedem Fall zu größerer oder kleinerer Datenmenge, Skalieren oder Änderung der Auflösung nur bei Pixelneuberechnung. Beim Skalieren oder Verändern der Auflösung ohne Pixelneuberechnung bleibt die Datenmenge dagegen unverändert.

Beispiel 1: Ein RGB-Bild, Datentiefe 16 Bit pro Kanal, Datenmenge 25 MiB, wird in CMYK, Datentiefe 8 Bit pro Kanal transformiert.
Zuerst die beiden Datentiefen:
RGB-Bild 3 · 16 bit = 48 bit
CMYK-Bild 4 · 8 bit = 32 bit
Datentiefe und Bilddatenmenge stehen im proportionalen Verhältnis. Je geringer die Datentiefe, desto kleiner die Bilddatenmenge – und umgekehrt.
25 MiB : 48 bit · 32 bit ≈ 16,7 MiB

Beim proportionalen Skalieren bleibt das Seitenverhältnis erhalten, Breite und Höhe werden im gleichen

Verhältnis verändert. Durch die Pixelneuberechnung verändert sich die Datenmenge quadratisch zur Seitenlänge (Breite oder Höhe) des Bilds.

Beispiel 2: Breite 250 mm, Datenmenge 42 MiB, proportionale Skalierung auf 125 mm Breite

$42\,\text{MiB} \cdot (125\,\text{mm} : 250\,\text{mm})^2$
$= 42\,\text{MiB} \cdot (0{,}5)^2 = 42\,\text{MiB} \cdot 0{,}25 = 10{,}5\,\text{MiB}$

Beispiel 3: Datenmenge 25 MiB, proportionale Skalierung, Skalierungsfaktor 60 %

$25\,\text{MiB} \cdot (60\,\% : 100\,\%)^2$
$= 25\,\text{MiB} \cdot 0{,}6^2 = 25\,\text{MiB} \cdot 0{,}36 = 9\,\text{MiB}$

Beim Verändern der Auflösung mit Pixelneuberechnung verändert sich die Datenmenge quadratisch zur Auflösung.

Beispiel 4: Datenmenge 36 MiB, Reduzierung der Auflösung von 300/inch auf 72/inch

$36\,\text{MiB} \cdot (72/\text{inch} : 300/\text{inch})^2$
$= 36\,\text{MiB} \cdot (0{,}24)^2 = 36\,\text{MiB} \cdot 0{,}0576 \approx 2{,}1\,\text{MiB}$

11.4 Audio- und Videodaten

11.4.1 Datenrate Audio

Datenrate ist die Menge der Daten pro Sekunde Aufnahme- oder Abspieldauer. Sie ergibt sich hier aus Samplingfrequenz, Datentiefe sowie Anzahl der Kanäle und wird meist in Kilobit pro Sekunde angegeben.

Beispiel: Samplingfrequenz 44 100 Hertz, Stereo (d. h. zwei Kanäle), Datentiefe 16 Bit pro Kanal

Die Einheit Hertz (Hz) steht für Ereignisse (Messungen, Schwingungen usw.) pro Sekunde. Anstelle von 44 100 Hz kann deshalb auch 44 100/s geschrieben werden.

Die Gesamt-Datentiefe beträgt

$2 \cdot 16\,\text{bit} = 32\,\text{bit}$

Datenrate in Bit pro Sekunde:

$44\,100/\text{s} \cdot 32\,\text{bit} = 1\,411\,200\,\text{bit/s}$

Umwandlung in Kilobit pro Sekunde:

$1\,411\,200\,\text{bit/s} : 1000\,\text{bit/kbit} = 1\,411{,}2\,\text{kbit/s}$

11.4.2 Datenmenge Audio

Die Datenmenge von Audio-Aufzeichnungen kann aus Datenrate und zeitlicher Länge (Aufnahme- oder Abspieldauer) errechnet werden.

Beispiel 1: Datenrate 1536 kbit/s, Abspieldauer drei Minuten (= 180 s)

Die Datenrate wird in Byte pro Sekunde umgewandelt:

$1536\,\text{kbit/s} \cdot 1000\,\text{bit/kbit} : 8\,\text{bit/Byte}$
$= 192\,000\,\text{Byte/s}$

Durch Multiplikation mit der Abspieldauer in Sekunden ergibt sich die Datenmenge in Byte.

$192\,000\,\text{Byte/s} \cdot 180\,\text{s} = 34\,560\,000\,\text{Byte}$

Umwandlung in Mebibyte:

$34\,560\,000\,\text{Byte} : 1024^2\,\text{Byte/MiB} \approx 33{,}0\,\text{MiB}$

Wenn die Datenrate nicht angegeben ist, kann alternativ mit Samplingfrequenz und Datentiefe gerechnet werden.

Beispiel 2: Sampling-Frequenz 48 000 Hz, Stereo, Datentiefe 16 Bit pro Kanal, Abspieldauer 270 s

Zuerst wird die Datenrate in Bit pro Sekunde ausgerechnet (vgl. Beispiel in Abschnitt 11.4.1).

$2 \cdot 16\,\text{bit} = 32\,\text{bit}$

$48\,000/\text{s} \cdot 32\,\text{bit} = 1\,536\,000\,\text{bit/s}$

Umwandlung in Byte pro Sekunde:

$1\,536\,000\,\text{bit/s} : 8\,\text{bit/Byte} = 192\,000\,\text{Byte/s}$

Multiplikation mit der Abspieldauer und Umwandlung in Mebibyte:

$192\,000\,\text{Byte/s} \cdot 270\,\text{s} = 51\,840\,000\,\text{Byte}$

$51\,840\,000\,\text{Byte} : 1024^2\,\text{Byte/MiB} \approx 49{,}4\,\text{MiB}$

11.4.3 Datenrate Video

Die Video-Datenrate ergibt sich aus Bildgröße (Frame-Size) in Pixeln, Anzahl der Bilder pro Sekunde (Bildfrequenz, Frame-Rate) und Datentiefe.

Beispiel: Bildgröße 400 × 300 Pixel, 25 Bilder pro Sekunde, Gesamt-Datentiefe 24 Bit

Anzahl der Pixel pro Bild:

$400 \cdot 300 = 120\,000$

Datenmenge eines Bilds in Bit:

$120\,000 \cdot 24\,\text{bit} = 2\,880\,000\,\text{bit}$

Bit pro Bild mal Bilder pro Sekunde = Datenrate in Bit pro Sekunde

$2\,880\,000\,\text{bit} \cdot 25/\text{s} = 72\,000\,000\,\text{bit/s}$

Umwandlung in Megabit pro Sekunde:

$72\,000\,000\,\text{bit/s} : 1\,000\,000\,\text{bit/Mbit} = 72\,\text{Mbit/s}$

11.4.4 Datenmenge Video

Die Datenmenge von Video-Aufzeichnungen kann aus Datenrate und zeitlicher Länge errechnet werden.

Beispiel 1: Datenrate 26 Mbit/s, Abspieldauer 40 s

Umwandlung in Byte pro Sekunde:

$26\,\text{Mbit/s} \cdot 1\,000\,000\,\text{bit/Mbit} : 8\,\text{bit/Byte}$
$= 3\,250\,000\,\text{Byte/s}$

Multiplikation mit der Abspieldauer und Umwandlung in Mebibyte:

$3\,250\,000\,\text{Byte/s} \cdot 40\,\text{s} = 130\,000\,000\,\text{Byte}$

$130\,000\,000\,\text{Byte} : 1024^2\,\text{Byte/MiB} \approx 124{,}0\,\text{MiB}$

Wenn die Datenrate nicht angegeben ist, muss auf Bildgröße, Bildfrequenz und Datentiefe zurückgegriffen werden.

Beispiel 2: 480 × 360 Pixel, 25 Bilder pro Sekunde, Gesamt-Datentiefe 24 Bit, Abspieldauer 30 Sekunden

Zuerst die Datenrate in Bit pro Sekunde (vgl. Abschnitt 11.4.3):

$480 \cdot 360 = 172\,800$

$172\,800 \cdot 24\,\text{bit} = 4\,147\,200\,\text{bit}$

$4\,147\,200\,\text{bit} \cdot 25/\text{s} = 103\,680\,000\,\text{bit/s}$

Umwandlung in Byte pro Sekunde:

$103\,680\,000\,\text{bit/s} : 8\,\text{bit/Byte} = 12\,960\,000\,\text{Byte/s}$

Multiplikation mit der Abspieldauer und Umwandlung in Mebibyte:

$12\,960\,000\,\text{Byte/s} \cdot 30\,\text{s} = 388\,800\,000\,\text{Byte}$

$388\,800\,000\,\text{Byte} : 1024^2\,\text{Byte/MiB} \approx 370{,}8\,\text{MiB}$

11.5 Datenkompression

11.5.1 Kompressionsfaktor

Kompressionsfaktor ist der Quotient aus Datenmenge oder Datenrate der komprimierten Daten und Datenmenge bzw. Datenrate der unkomprimierten Daten. Er kann numerisch, prozentual oder als Quotient in der Form 1 : *x* angegeben werden.

Beispiel 1: Die Datenmenge 40 MiB wird durch Kompression auf 5 MiB verringert.

$5\,\text{MiB} : 40\,\text{MiB} = 0{,}125$

$5\,\text{MiB} : 40\,\text{MiB} \cdot 100\,\% = 12{,}5\,\%$

$(5\,\text{MiB} : 5\,\text{MiB}) : (40\,\text{MiB} : 5\,\text{MiB}) = 1 : 8$

Die Datenmenge oder -rate der komprimierten Daten ergibt sich durch Multiplikation von Datenmenge bzw. -rate der unkomprimierten Daten und Kompressionsfaktor.

Beispiel 2: Datenrate unkomprimiert 72 Mbit/s, Kompressionsfaktor 0,05 (5 %, 1 : 20)

$72\,\text{Mbit/s} \cdot 0{,}05 = 3{,}6\,\text{Mbit/s}$

$72\,\text{Mbit/s} \cdot 5\,\% : 100\,\% = 3{,}6\,\text{Mbit/s}$

$72\,\text{Mbit/s} \cdot (1 : 20) = 72\,\text{Mbit/s} : 20 = 3{,}6\,\text{Mbit/s}$

11.5.2 Kompressionsrate

Kompressionsrate ist der Kehrwert des Kompressionsfaktors, also der Quotient aus Datenmenge oder Datenrate der unkomprimierten Daten und Datenmenge bzw. Datenrate der komprimierten Daten. Sie wird üblicherweise in der Form *x* : 1 angegeben.

Beispiel 1: Die Datenmenge 40 MiB wird durch Kompression auf 5 MiB verringert.

$(40\,\text{MiB} : 5\,\text{MiB}) : (5\,\text{MiB} : 5\,\text{MiB}) = 8 : 1$

Die Datenmenge oder -rate der komprimierten Daten ergibt sich, indem die Datenmenge bzw. -rate der unkomprimierten Daten durch die Kompressionsrate geteilt wird.

Beispiel 2: Datenrate unkomprimiert 72 Mbit/s, Kompressionsfaktor 20 : 1

$72\,\text{Mbit/s} : (20 : 1) = 72\,\text{Mbit/s} : 20 = 3{,}6\,\text{Mbit/s}$

11.6 Datenübertragung

Die Geschwindigkeit der Datenübertragung wird als Übertragungsrate in der Einheit Bit pro Sekunde oder einem Vielfachen (Kilobit, Megabit pro Sekunde) angegeben. Um die Übertragungsdauer auszurechnen, wird die Datenmenge in Bit (Kilobit, Megabit) durch die Übertragungsrate in der entsprechenden Einheit dividiert.

Beispiel 1: Übertragungsrate 4 Mbit/s; wie lange dauert die Übertragung einer 48 Mbit großen Datei?

$48\,\text{Mbit} : 4\,\text{Mbit/s} = 12\,\text{s}$

Umgekehrt kann die Übertragungsrate ausgerechnet werden, indem die übertragene Datenmenge in Bit oder einem Vielfachen (Kilobit, Megabit) durch die Übertragungsdauer in Sekunden geteilt wird.

Beispiel 2: Die Übertragung von 60 Mbit dauert 25 s.

$60\,\text{Mbit} : 25\,\text{s} = 2{,}4\,\text{Mbit/s}$

Datenmengen werden aber in der Regel nicht in Bit, Kilobit oder Megabit angegeben, sondern in Kibibyte oder Mebibyte (2^{10} bzw. 2^{20} Byte). Um Übertragungsdauer oder -rate auszurechnen, muss also vorab entsprechend umgewandelt werden.

Beispiel 3: Wie lange dauert das Herunterladen eines 20 MiB großen Software-Updates, wenn die Übertragungsrate 3 Mbit/s beträgt?

Umwandlung der Datenmenge von MiB in Mbit:

$20\,\text{MiB} \cdot 1024^2\,\text{Byte/MiB} = 20\,971\,520\,\text{Byte}$

$20\,971\,520\,\text{Byte} \cdot 8\,\text{bit/Byte} = 167\,772\,160\,\text{bit}$

$167\,772\,160\,\text{bit} : 1\,000\,000\,\text{bit/Mbit} = 167{,}8\,\text{Mbit}$

Übertragungsdauer:

$167{,}8\,\text{Mbit} : 3\,\text{Mbit/s} \approx 55{,}9\,\text{s}$

Beispiel 4: Das Hochladen einer 4,5 MiB großen Datei dauert 120 Sekunden. Übertragungsrate in Kilobit pro Sekunde?

Umwandlung der Datenmenge von Mib in kbit:

$4{,}5\,\text{MiB} \cdot 1024^2\,\text{Byte/MiB} = 4\,718\,592\,\text{Byte}$

$4\,718\,592\,\text{Byte} \cdot 8\text{bit/Byte} = 37\,748\,736\,\text{bit}$

$37\,748\,736\,\text{bit} : 1000\,\text{bit/kbit} \approx 37\,748{,}7\,\text{kbit}$

Übertragungsrate in Kilobit pro Sekunde:

$37\,748{,}7\,\text{kbit} : 120\,\text{s} \approx 314{,}6\,\text{kbit/s}$

11.7 Rasterung

11.7.1 Rasterzelle

Die Größe der Rasterzelle ergibt sich aus Aufzeichnungsfeinheit des Recorders und Rasterfrequenz. Bei den folgenden Berechnungen wird der Einfachheit halber der Rasterwinkel 0° unterstellt, sodass die Begrenzungen der Rasterzellen parallel zur Aufzeichnungsrichtung der Recorder-Elemente liegen (Bild unten). Berechnungen für andere Rasterwinkel würden zu gleichen oder nur geringfügig abweichenden Ergebnissen führen, sind aber erheblich komplizierter.

Um die Anzahl der in einer Rasterzelle liegenden Recorder-Elemente auszurechnen, wird zunächst die Aufzeichnungsfeinheit des Recorders durch die Rasterfrequenz geteilt. Ergebnis ist die Anzahl der in der Breite (= Höhe) der Rasterzelle liegenden Recorder-Elemente. Dieses Ergebnis ist ggf. ganzzahlig zu runden – Recorder-Elemente sind nicht teilbar! Durch Quadrieren ergibt sich dann die Anzahl der Recorder-Elemente innerhalb der Rasterzelle.

Beispiel 1: Aufzeichnungsfeinheit 2400/inch, Rasterfrequenz 150/inch

Recorder-Elemente in der Breite der Rasterzelle:

2400/inch : 150/inch = 16

Recorder-Elemente innerhalb der Rasterzelle:

$16^2 = 256$

Beispiel 2: Aufzeichnungsfeinheit 3000/inch, Rasterfrequenz 70/cm

Hier wird vorab die Rasterfrequenz in die Einheit der Aufzeichnungsfeinheit umgewandelt (alternativ kann die Aufzeichnungsfeinheit in die Einheit der Rasterfrequenz umgewandelt werden).

70/cm · 2,54 cm/inch = 177,8/inch

Weiter wie in Beispiel 1; das Divisionsergebnis wird ganzzahlig gerundet.

3000/inch : 177,8/inch = 16,87289... ≈ 17

$17^2 = 289$

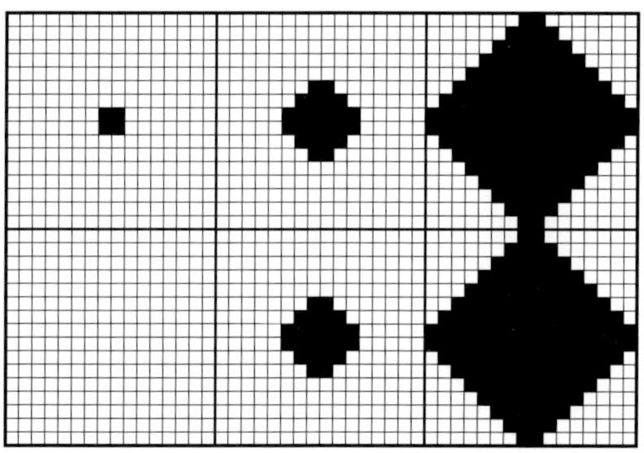

6 Rasterzellen mit jeweils 16^2 = 256 Recorder-Elementen

Umgekehrt kann die Rasterfrequenz ausgerechnet werden, indem die Aufzeichnungsfeinheit durch die Anzahl der in der Breite der Rasterzelle liegenden Recorder-Elemente geteilt wird.

Wenn bei der Berechnung der Recorder-Elemente gerundet wurde, ergibt sich eine kleine Abweichung von der ursprünglich gewünschten oder eingestellten Rasterfrequenz.

Beispiel 3: Aufzeichnungsfeinheit 3000/inch; in der Breite der Rasterzelle liegen 17 Recorder-Elemente (ganzzahlig gerundetes Ergebnis aus Beispiel 2).

3000/inch : 17 ≈ 176,5/inch

11.7.2 Tonwertstufen

Die Anzahl der möglichen Tonwertstufen ist um Eins höher als die Anzahl der Recorder-Elemente innerhalb der Rasterzelle.

Beispiel 1: Aufzeichnungsfeinheit 3000/inch, Rasterfrequenz 200/inch

Anzahl der Recorder-Elemente in der Rasterzelle:

3000/inch : 200/inch = 15

$15^2 = 225$

Anzahl Tonwertstufen:

225 + 1 = 226

Durch Umkehrung des Rechenwegs kann ermittelt werden, welche Rasterfrequenz höchstens möglich oder welche Aufzeichnungsfeinheit mindestens erforderlich ist, um eine bestimmte Anzahl von Tonwertstufen darzustellen.

Beispiel 2: Aufzeichnungsfeinheit 2400/inch; es sollen rund 200 Tonwertstufen dargestellt werden.

Um die Anzahl der mindestens erforderlichen Recorder-Elemente innerhalb der Rasterzelle zu ermitteln, wird die Anzahl der Tonwertstufen um Eins verringert.

200 – 1 = 199

Die Quadratwurzel daraus ist Anzahl der in der Breite der Rasterzelle liegenden Recorder-Elemente. Das Ergebnis wird ganzzahlig gerundet.

$\sqrt{199}$ = 14,1067... ≈ 14

Um die höchstmögliche Rasterfrequenz auszurechnen, wird die Aufzeichnungsfeinheit durch die Anzahl der Recorder-Elemente dividiert:

2400/inch : 14 ≈ 171,4/inch

Bei dieser Rasterfrequenz sind $14^2 + 1 = 197$ Tonwertstufen möglich, also – wie gefordert – rund 200.

Der Lösungsweg lässt sich etwas abkürzen: Da das Ergebnis der Quadratwurzel ohnehin ganzzahlig gerundet wird, kann auf den ersten Schritt (Anzahl Tonwertstufen minus 1) verzichtet werden.

$\sqrt{200}$ = 14,1421... ≈ 14

2400/inch : 14 ≈ 171,4/inch

Beispiel 3: Rasterfrequenz 135/inch; es sollen rund 200 Tonwertstufen dargestellt werden.
Recorder-Elemente in der Breite der Rasterzelle (vereinfachter Lösungsweg, vgl. Beispiel 2):

$\sqrt{200} = 14{,}1421... \approx 14$

Mindestens erforderliche Aufzeichnungsfeinheit:

$14 \cdot 135/\text{inch} = 1890/\text{inch}$

11.8 Densitometrie

11.8.1 Fotografische Dichte

Fotografische Dichte *(D)* ist der dekadische Logarithmus (Zehnerlogarithmus, Logarithmus zur Basis 10) des Kehrwerts des Transmissions- oder Reflexionsfaktors *(T* bzw. *R)*. Transmissions- und Reflexionsfaktoren können numerisch oder prozentual angegeben sein.

$D = \lg(1 : T)$ $\quad D = \lg(100\,\% : T\,\%)$

$D = \lg(1 : R)$ $\quad D = \lg(100\,\% : R\,\%)$

532

Beispiel 1: Transmissions- oder Reflexionsfaktor 0,05
Berechnung in Einzelschritten: Zuerst wird der Kehrwert des Transmissions- oder Reflexionsfaktors ausgerechnet.

$1 : 0{,}05 = 20$

Dann wird logarithmiert:

$\lg 20 \approx 1.30$

Zusammenfassung der beiden Schritte:

$D = \lg(1 : 0{,}05) = \lg 20 \approx 1.30$

Beispiel 2: Transmissions- oder Reflexionsfaktor 2 %
Berechnung in Einzelschritten:

$100\,\% : 2\,\% = 50$

$\lg 50 \approx 1.70$

Beide Schritte zusammengefasst:

$D = \lg(100\,\% : 2\,\%) = \lg 50 \approx 1.70$

Um Dichten in Transmissions- oder Reflexionsfaktoren umzuwandeln, werden die Rechenwege entsprechend umgekehrt:

$T = 1 : 10^D$ $\quad T\,\% = 100\,\% : 10^D$

$R = 1 : 10^D$ $\quad R\,\% = 100\,\% : 10^D$

Beispiel 3: Dichte 0.90
Berechnung des Transmissionsfaktors in Einzelschritten: Zuerst wird entlogarithmiert, also eine Potenz mit der Basis 10 ausgerechnet, deren Exponent (Hochzahl) die Dichte ist.

$10^{0.90} \approx 7{,}943$

Der Kehrwert davon ist der Transmissionsfaktor:

Numerisch: $1 : 7{,}943 \approx 0{,}126$

Prozentual: $100\,\% : 7{,}943 \approx 12{,}6\,\%$

Zusammenfassung der einzelnen Rechenschritte:

$T = 1 : 10^{0.90} \approx 1 : 7{,}943 \approx 0{,}126$

$T\,\% = 100\,\% : 10^{0.90} \approx 100\,\% : 7{,}943 \approx 12{,}6\,\%$

11.8.2 Kontrastverhältnis, Dichteumfang

Das Kontrastverhältnis von lichtdurchlässigen (transmittierenden) Medien, zum Beispiel Diapositiven, ist der Quotient aus höchstem und niedrigstem Transmissionsfaktor (Transmissionsfaktor im Weiß und im Schwarz). Das Kontrastverhältnis reflektierender Medien, zum Beispiel fotografischer Papierbilder, ist entsprechend der Quotient aus höchstem und niedrigstem Reflexionsfaktor.
Bei selbstleuchtenden Medien, also insbesondere Monitoren, wird die höchste durch die niedrigste Leuchtdichte dividiert. Der Rechenweg ist also in allen drei Fällen gleich:

$K = T_{max} : T_{min}$

$K = R_{max} : R_{min}$

$K = L_{max} : L_{min}$

Dekadische Logarithmen, Rechenzeichen lg oder $\log_{10}$, sind Exponenten (Hochzahlen) von Potenzen mit der Basis (Grundzahl) 10. Beim Logarithmieren wird also eine Zahl in eine Potenz mit der Grundzahl 10 umgewandelt – der Exponent ist der Logarithmus, die Basis 10 wird weggelassen. Die dekadischen Logarithmen „glatter" Zehnerpotenzen lassen sich durch Abzählen der Nullen ermitteln:

$\lg 1 = 0$ $\quad (1 = 10^0)$

$\lg 10 = 1$ $\quad (10 = 10^1)$

$\lg 100 = 2$ $\quad (100 = 10^2)$

$\lg 1000 = 3$ $\quad (1000 = 10^3)$

Entsprechend bei „glatten" Dezimalbrüchen:

$\lg 0{,}1 = -1$ $\quad (0{,}1 = 10^{-1})$

$\lg 0{,}01 = -2$ $\quad (0{,}01 = 10^{-2})$

$\lg 0{,}001 = -3$ $\quad (0{,}001 = 10^{-3})$

Dekadische Logarithmen „krummer" Zahlen werden mit dem Taschenrechner ermittelt (log-Taste); sie haben meist sehr viele Dezimalstellen und werden deshalb gerundet angegeben. Zum Beispiel:

$\lg 176 = 2.245\,512\,67... \approx 2.25$

Zahlen, die größer als 1 sind, haben positive Logarithmen. Die Zahl 1 hat den Logarithmus 0, positive Zahlen, die kleiner als 1 sind, haben negative Logarithmen. Negative Zahlen und die Zahl 0 können nicht logarithmiert werden.
Bei der umgekehrten Rechnung, dem Anti- oder Entlogarithmieren (antilg oder antilog_{10}), wird einfach eine Potenz mit der Basis 10 ausgerechnet, deren Exponent der Logarithmus ist.

$\text{antilg}\, 3.00 = 10^{3.00} = 1000$

$\text{antilg}\, 1.65 = 10^{1.65} = 44{,}668\,359... \approx 44{,}67$

Das Kontrastverhältnis wird entweder rein numerisch (zum Beispiel 200) oder als Quotient mit dem Divisor 1 angegeben (zum Beispiel 200 : 1).

Beispiel 1: Diapositiv, Transmissionsfaktor im Weiß 50 %, im Schwarz 0,1 %

$K = 50\,\% : 0{,}1\,\% = 500 = 500 : 1$

Beispiel 2: Papierbild, Reflexionsfaktor im Weiß 0,75, im Schwarz 0,015

$K = 0{,}75 : 0{,}015 = 50 = 50 : 1$

Beispiel 3: TFT-Display, Leuchtdichte bei der Anzeige von Weiß 200 cd/m^2, Leuchtdichte bei der Anzeige von Schwarz 0,25 cd/m^2

$K = 200\,cd/m^2 : 0{,}25\,cd/m^2 = 800 = 800 : 1$

Bei transmittierenden und reflektierenden Medien wird anstelle des Kontrastverhältnisses häufig der Dichteumfang angegeben. Dichteumfang (ΔD) ist die Differenz aus höchster und geringster Dichte (Dichte im Schwarz und Dichte im Weiß).

$\Delta D = D_{max} - D_{min}$

Beispiel 4: Dia, Dichte im Schwarz 3.00, im Weiß 0.30

$\Delta D = 3.00 - 0.30 = 2.70$

Kontrastverhältnis und Dichteumfang kennzeichnen denselben Sachverhalt. Kontrastverhältnisse werden durch Logarithmieren in Dichteumfänge umgewandelt, Dichteumfänge durch Entlogarithmieren in Kontrastverhältnisse.

$\Delta D = \lg K$

$K = 10^{\Delta D}$

Beispiel 5: Kontrastverhältnis 400 : 1

$\Delta D = \lg(400 : 1) = \lg 400 \approx 2.60$

Beispiel 6: Dichteumfang 1.70

$K = 10^{1.70} \approx 50 = 50 : 1$

11.8.3 Dynamikumfang

Der Dynamikumfang kennzeichnet die Spanne zwischen stärkstem und schwächstem optischen Signal, die vom Sensor eines Bildaufnahmegeräts (Scanner, Digitalkamera) gerade noch fehlerfrei verarbeitet werden. Bei Scannern wird diese Kenngröße als Dichteumfang *(ΔD)* angegeben, bei Digitalkameras häufig auch als Anzahl der Blendenstufen.

ΔD wird als Logarithmus zur Basis 10 berechnet, die Anzahl der Blendenstufen dagegen als Logarithmus zur Basis 2, denn eine Blendenstufe entspricht der Verdoppelung bzw. Halbierung des auf den Sensor treffenden Lichtstroms. Die Umwandlung der einen in die jeweils andere Angabe entspricht also der Umwandlung des dekadischen Logarithmus (Logarithmus zur Basis 10) in einen Logarithmus zur Basis 2 – oder umgekehrt.

Das ist glücklicherweise einfacher, als es sich zunächst anhört, denn:

$\log_2 x = \lg x : \lg 2$

$\lg x = \log_2 x \cdot \lg 2$

Beispiel 1: Der Dynamikumfang $\Delta D = 2.40$ soll in Blendenstufen umgewandelt werden.

ΔD wird durch den dekadischen Logarithmus der Zahl 2 dividiert.

$2.70 : \lg 2 \approx 2.40 : 0.301 \approx 8$

Beispiel 2: Der Dynamikumfang von 12 Blendenstufen soll in ΔD umgewandelt werden.

Die Anzahl der Blendenstufen wird mit dem dekadischen Logarithmus der Zahl 2 multipliziert.

$12 \cdot \lg 2 \approx 12 \cdot 0.301 \approx 3.61$

Zur Vereinfachung kann in beide Berechnungen für lg 2 der gerundete Wert 0.3 eingesetzt werden.

11.8.4 Rastertonwert auf Film

Bei Tonwertmessungen auf Kopiervorlagen (Filmen) wird das Densitometer auf einer bildfreien („klaren") Stelle des Films auf die Dichte Null kalibriert („genullt"). Der ungeschwärzte, bildfreie Film hat hier also definitionsgemäß den Transmissionsfaktor 100 % und damit die Dichte Null. Die geschwärzten Rasterpunkte haben eine sehr hohe Dichte; vereinfachend kann unterstellt werden, dass sie gar kein Licht durchlassen (Transmissionsfaktor 0 %).

Unter diesen Voraussetzungen entspricht der im Raster gemessene Transmissionsfaktor dem nicht geschwärzten Anteil der Messfläche. Ein Transmissionsfaktor von zum Beispiel 25 % bedeutet also, dass die gemessene Fläche zu 25 % transparent und folglich zu 75 % geschwärzt ist.

Im Negativfilm entspricht der ungeschwärzte Flächenanteil dem Rastertonwert *(A)*, im Positivfilm dagegen der geschwärzte.

Für Negativfilme gilt daher: $A\,\% = T\,\%$

Für Positivfilme dagegen: $A\,\% = 100\,\% - T\,\%$

Bei Angabe numerischer Transmissionsfaktoren sind diese vorab in Prozent umzuwandeln, also mit 100 zu multiplizieren.

Beispiel 1: Negativfilm, Transmissionsfaktor 40 %

Hier muss gar nicht gerechnet werden; Rastertonwert *(A)* gleich Transmissionsfaktor *(T)*: $A\,\% = T\,\% = 40\,\%$

Beispiel 2: Positivfilm, Transmissionsfaktor 40 %

Der Transmissionsfaktor wird von 100 % subtrahiert.

$A\,\% = 100\,\% - T\,\% = 100\,\% - 40\,\% = 60\,\%$

Die Umrechnung wird etwas komplizierter, wenn anstelle des Transmissionsfaktors die Dichte als Messergebnis angegeben wird.

Negativ: $A\,\% = T\,\% = 100\,\% : 10^D$

Positiv: $A\,\% = 100\,\% - T\,\% = 100\,\% - 100\,\% : 10^D$

Beispiel 3: Negativfilm, Dichte 0.20

Die Dichte wird zum Transmissionsfaktor umgewandelt (vgl. Abschnitt 11.8.1, Beispiel 3); Rastertonwert gleich Transmissionsfaktor.

$10^{0.20} \approx 1{,}585$

$100\,\% : 1{,}585 \approx 63\,\%$

Zu einem Ausdruck zusammengefasst:

$A\,\% = T\,\% = 100\,\% : 10^{0.20} \approx 63\,\%$

Beispiel 4: Positivfilm, Dichte 0.20

Zunächst wird – wie im vorigen Beispiel – der Transmissionsfaktor ausgerechnet; Ergebnis 63 %. Die Subtraktion von 100 % ergibt den Rastertonwert.

$A\,\% = 100\,\% - T\,\% = 100\,\% - 63\,\% = 37\,\%$

Alle Rechenschritte zusammengefasst:

$A\,\% = 100\,\% - T\,\% = 100\,\% - 100\,\% : 10^{0.20} \approx 37\,\%$

11.8.5 Rastertonwert im Druck

Bei Tonwertmessungen auf Drucken wird das Densitometer auf einer bildfreien, unbedruckten Stelle des Druckbogens auf die Dichte Null kalibriert („genullt"). Das unbedruckte Papier hat hier also definitionsgemäß den Reflexionsfaktor 100 % und die Dichte Null.

Auch das mit Druckfarbe bedeckte Papier reflektiert noch einen ganz erheblichen Anteil des auftreffenden Lichts; sein Reflexionsfaktor liegt in der Größenordnung von mehreren Prozent. Der bei einer Rastermessung vom Densitometer erfasste Lichtstrom enthält also nicht nur vom unbedruckten Papier reflektiertes Licht, sondern auch einen Anteil, der von den gedruckten Rasterpunkten reflektiert wird. Aus diesem Grund ist eine korrigierende Berechnung erforderlich.

Wegen der geringen Größe der Rasterpunkte kann ihr Reflexionsfaktor nicht mit praxisüblichen Densitometern gemessen werden. Stattdessen wird der Reflexionsfaktor einer Volltonfläche gemessen, also einer gedruckten Fläche mit dem Rastertonwert 100 %.

Der Rastertonwert wird dann aus den beiden Messwerten – Reflexionsfaktor oder Dichte der gerasterten Fläche und Reflexionsfaktor oder Dichte der Volltonfläche – errechnet.

Beispiel 1: Reflexionsfaktor im Raster 25 %, Reflexionsfaktor im Vollton 4 %

Zuerst wird der im Raster gemessene Reflexionsfaktor in einen vorläufigen, unkorrigierten Rastertonwert umgewandelt. Die Vorgehensweise entspricht der Berechnung des Rastertonwerts im Positivfilm (vgl. Abschnitt 11.8.4, Beispiel 2).

$100\,\% - 25\,\% = 75\,\%$

Dann folgt die entsprechende Berechnung mit dem im Vollton gemessenen Reflexionsfaktor.

$100\,\% - 4\,\% = 96\,\%$

Die Volltonfläche hat aber den Rastertonwert 100 %. Das Verhältnis von tatsächlichem und errechnetem Rastertonwert im Vollton (100 % : 96 %) wird zur Korrektur des vorläufigen, unkorrigierten Rastertonwerts (75 %) verwendet.

$75\,\% \cdot 100\,\% : 96\,\% = 78{,}125\,\% \approx 78\,\%$

Beispiel 2: Dichte im Raster 0.70, Volltondichte 1.30

Hier müssen die jeweiligen Dichten zunächst in Reflexionsfaktoren umgerechnet werden (vgl. Abschnitt 11.8.1, Beispiel 3).

$100\,\% : 10^{0.70} \approx 100\,\% : 5{,}012 \approx 20\,\%$

$100\,\% : 10^{1.30} \approx 100\,\% : 19{,}953 \approx 5\,\%$

Weiter wie in Beispiel 1:

$100\,\% - 20\,\% = 80\,\%$

$100\,\% - 5\,\% = 95\,\%$

$80\,\% \cdot 100\,\% : 95\,\% \approx 84\,\%$

Die Murray-Davies-Formel fasst die in den Beispielen gezeigten Rechenschritte zu einem Ausdruck zusammen.

$$A\,\% = \frac{(100\,\% - R_{\text{Raster}}\,\%) \cdot 100\,\%}{100\,\% - R_{\text{Vollton}}\,\%}$$

$$A\,\% = \frac{(100\,\% - 100\,\% : 10^{D_{\text{Raster}}}) \cdot 100\,\%}{100\,\% - 100\,\% : 10^{D_{\text{Vollton}}}}$$

Durch Einsetzen der Werte aus Beispiel 1 bzw. 2 ergibt sich:

$$A\,\% = \frac{(100\,\% - 25\,\%) \cdot 100\,\%}{100\,\% - 4\,\%} \approx 78\,\%$$

$$A\,\% = \frac{(100\,\% - 100\,\% : 10^{0.70}) \cdot 100\,\%}{100\,\% - 100\,\% : 10^{1.30}} \approx 84\,\%$$

11.8.6 Geometrischer Rastertonwert

Der im vorigen Abschnitt berechnete Rastertonwert im Druck ist der optisch wirksame Tonwert, enthält also den auf Lichtfang zurückzuführenden Anteil der Tonwertzunahme (vgl. Abschnitt 2.5.3.4). Bei der Messung von Rastertonwerten auf Offset-Druckplatten geht es, anders als bei Messungen auf Druckbogen, nicht um den *optisch wirksamen*, sondern um den *geometrischen* Rastertonwert. Gefragt ist hier also nach dem prozentualen Flächenanteil, der von Rasterpunkten bedeckt ist (relative Flächenbedeckung).

Gerechnet wird mit der Yule-Nielsen-Formel. Sie entspricht im Wesentlichen der Murray-Davies-Formel, enthält aber den zusätzlichen Korrekturwert n. Mithilfe dieses Korrekturwerts wird die Wirkung des Lichtfangeffekts rechnerisch entfernt.
Wenn mit den Reflexionsfaktoren von Raster und Vollton gerechnet wird, lautet die Yule-Nielsen-Formel:

$$A\,\% = \frac{(1 - R_{Raster}{}^{1:n}) \cdot 100\,\%}{1 - R_{Vollton}{}^{1:n}}$$

Um die Formel möglichst kompakt zu halten, wird hier mit numerischen Reflexionsfaktoren gearbeitet. Prozentual angegebene Reflexionsfaktoren sind vorab umzuwandeln, also durch 100 zu dividieren.
Wenn mit Dichten gerechnet wird, lautet die Yule-Nielsen-Formel entsprechend:

$$A\,\% = \frac{(1 - 1 : 10^{D_{Raster} : n}) \cdot 100\,\%}{1 - 1 : 10^{D_{Vollton} : n}}$$

Beispiel 1: Reflexionsfaktor im Raster 25 %, im Vollton 10 %; Korrekturwert $n = 2{,}0$
In die Formel werden die numerischen Reflexionsfaktoren 0,25 und 0,1 eingesetzt.

$$A\,\% = \frac{(1 - 0{,}25^{1:2}) \cdot 100\,\%}{1 - 0{,}1^{1:2}} \approx 73{,}1\,\%$$

Beispiel 2: Dichte im Raster 0.60, Volltondichte 1.00; Korrekturwert $n = 2{,}0$

$$A\,\% = \frac{(1 - 1 : 10^{0.60:2}) \cdot 100\,\%}{1 - 1 : 10^{1.00:2}} \approx 73{,}0\,\%$$

Ohne Berücksichtigung des Korrekturwerts $n = 2{,}0$ hätte sich der Rastertonwert 83,3 % bzw. 83,2 % ergeben. Je höher der Korrekturwert, desto geringer der geometrische Rastertonwert.

11.9 Gammawert und -korrektur

Der Gammawert (γ) charakterisiert den Zusammenhang zwischen Stärke des Eingangssignals und daraus resultierender Leuchtdichte des Monitors.
Beim Rechnen mit analogen Signalwerten werden schwächstes und stärkstes Eingangssignal sowie geringste und höchste Leuchtdichte des Monitors gleich 0 bzw. 1 gesetzt. Dann gilt die Gleichung:

$Leuchtdichte = Eingangssignal^{\gamma}$

Beispiel 1: Eingangssignal 0,4, Gamma 2,2

$0{,}4^{2{,}2} \approx 0{,}133$

Ist die Stärke des Eingangssignals als digitaler Wert angegeben, so ist dieser Wert vorab durch das bei der jeweiligen Datentiefe mögliche Maximum zu dividieren, also durch 255 bei 8 Bit, durch 65 535 bei 16 Bit. Die relative Leuchtdichte kann auch prozentual angegeben werden; 0 % steht dann für die minimale, 100 % für die maximale Leuchtdichte des Monitors.
Beispiel 2: Digitales Eingangssignal 153 (8 Bit, Maximum 255), Gamma 2,2

$153 : 255 = 0{,}6$
$0{,}6^{2{,}2} \approx 0{,}325$
$0{,}325 \cdot 100\,\% = 32{,}5\,\%$

Um diesen Effekt auszugleichen, werden RGB-Bilddaten entsprechend gegensinnig korrigiert. Für analoge RGB-Signale mit Minimum = 0 und Maximum = 1 gilt:

$Signal_{korrigiert} = Signal_{unkorrigiert}{}^{1:\gamma}$

Es wird also eine Potenz ausgerechnet, deren Exponent (Hochzahl) der Kehrwert des Gammawerts ist.
Beispiel 3: Unkorrigiertes Signal 0,4, Gamma 2,2

$0{,}4^{1:2{,}2} \approx 0{,}659$

Digitale RGB-Farbwerte werden vor dem Potenzieren durch das bei der jeweiligen Datentiefe mögliche Maximum dividiert, also durch 255 bei 8 Bit, durch 65 535 bei 16 Bit Datentiefe. Das Ergebnis wird dann wieder mit dem jeweiligen Maximum multipliziert.
Beispiel 4: Farbwert 153 (Datentiefe 8 Bit, Maximum 255), Gamma 2,2

$153 : 255 = 0{,}6$
$0{,}6^{1:2{,}2} \approx 0{,}793$
$0{,}793 \cdot 255 \approx 202$

11.10 YC_BC_R

Analoge RGB-Signale werden mit diesen drei Formeln in YC_BC_R umgerechnet.

$Y = 0{,}299 \cdot R + 0{,}587 \cdot G + 0{,}114 \cdot B$
$C_B = 0{,}564 \cdot (B - Y)$
$C_R = 0{,}713 \cdot (R - Y)$

Die Farbwerte für Rot, Grün und Blau liegen in der Spanne von 0 bis 1. Der Luminanzwert Y liegt ebenfalls in der Spanne von 0 bis 1, die Chrominanzwerte C_B und C_R dagegen in der Spanne von −0,5 bis +0,5.
Formeln zur Rück-Umrechung von YC_BC_R in RGB:

$R = Y + 1{,}402 \cdot C_R$
$G = Y - 0{,}344 \cdot C_B - 0{,}714 \cdot C_R$
$B = Y + 1{,}772 \cdot C_B$

Beispiel 1: $R = 1{,}0$ $G = 0{,}8$ $B = 0{,}2$

$Y = 0{,}299 \cdot 1{,}0 + 0{,}587 \cdot 0{,}8 + 0{,}114 \cdot 0{,}2 \approx 0{,}791$
$C_B = 0{,}564 \cdot (0{,}2 - 0{,}791) \approx -0{,}333$
$C_R = 0{,}713 \cdot (1{,}0 - 0{,}791) \approx 0{,}149$

Beispiel 2: Die in Beispiel 1 errechneten YC_BC_R-Werte ($Y = 0{,}791$ $C_B = -0{,}333$ $C_R = 0{,}149$) werden in RGB zurückgewandelt.

$R = 0{,}791 + 1{,}402 \cdot 0{,}149 \approx 1{,}000$

$G = 0{,}791 - 0{,}344 \cdot (-0{,}333) - 0{,}714 \cdot 0{,}149 \approx 0{,}799$

$B = 0{,}791 + 1{,}772 \cdot (-0{,}333) \approx 0{,}201$

Es ergeben sich also wieder die ursprünglichen RGB-Farbwerte ($R = 1{,}0$ $G = 0{,}8$ $B = 0{,}2$); die geringfügigen Abweichungen sind rundungsbedingt.

Die analogen YC_BC_R-Werte werden mit diesen Formeln in digitale Codierungen ($D_Y\, D_{CB}\, D_{CR}$) mit 8 Bit Datentiefe umgerechnet:

$D_Y = Y \cdot 219 + 16$

$D_{CB} = C_B \cdot 224 + 128$

$D_{CR} = C_R \cdot 224 + 128$

Beispiel 3: Die in Beispiel 1 errechneten YC_BC_R-Werte ($Y = 0{,}791$ $C_B = -0{,}333$ $C_R = 0{,}149$) werden digital codiert, Datentiefe 8 Bit.

$D_Y = 0{,}791 \cdot 219 + 16 \approx 189$

$D_{CB} = (-0{,}333) \cdot 224 + 128 \approx 53$

$D_{CR} = 0{,}149 \cdot 224 + 128 \approx 161$

11.11 HSB und HSL

11.11.1 HSB: Brightness und Saturation

Zur Angabe der Brightness wird im HSB-System einfach der höchste der drei RGB-Farbwerte verwendet. Er wird normalerweise prozentual angegeben, bei 8 Bit Datentiefe entspricht der RGB-Wert 255 also 100 %.

Beispiel 1: R 200 G 240 B 60

Brightness = 240 : 255 · 100 % ≈ 94 %

Die Saturation (Sättigung) kann, wie im folgenden Beispiel gezeigt, in zwei Schritten ausgerechnet werden.

Beispiel 2: R 200 G 240 B 60

Zuerst wird das prozentuale Verhältnis von kleinstem und größtem der drei RGB-Farbwerte ausgerechnet.

60 : 240 · 100 % = 25 %

Dieses Zwischenergebnis steht für die prozentuale *Entsättigung* der Farbe. Um die Sättigung auszurechnen, muss es noch von 100 % subtrahiert werden.

Saturation = 100 % − 25 % = 75 %

Beide Rechenschritte zusammengefasst:

Saturation = 100 % − 60 : 240 · 100 % = 75 %

Oder:

Saturation = (240 − 60) : 240 · 100 % = 75 %

11.11.2 HSL: Lightness und Saturation

Lightness im HSL-System ist das arithmetische Mittel (der Durchschnitt) aus größtem und kleinstem RGB-Farbwert. Die Lightness wird entweder auf der Skala von 0 bis 255 oder in Prozent angegeben.

Beispiel 1: R 200 G 240 B 60

Lightness = (240 + 60) : 2 = 150

Umwandlung in Prozent:

150 : 255 · 100 % ≈ 59 %

Die Berechnung der Saturation ist etwas komplizierter. Zuerst wird die Differenz aus größtem und kleinstem der drei RGB-Farbwerte ermittelt. Falls sie kleiner oder gleich 127 ist, wird durch den verdoppelten Lightness-Wert dividiert. Falls sie größer oder gleich 128 ist, wird durch [2 · (255 − *Lightness*)] geteilt.

Beispiel 2: R 160 G 70 B 120

Zuerst die Lightness, denn sie wird zur Berechnung der Saturation gebraucht.

Lightness = (160 + 70) : 2 = 115

Die Berechnung der Saturation beginnt mit der Differenz aus größtem und kleinstem RGB-Farbwert.

160 − 70 = 90

Diese Differenz wird durch die verdoppelte Lightness dividiert (weil 110 < 127).

90 : (2 · 115) = 90 : 230 ≈ 0,3913

Wenn die Saturation auf der Skala von 0 bis 255 angegeben werden soll, wird das Divisionsergebnis mit 255 multipliziert.

Saturation = 0,3913 · 255 ≈ 100

Um alternativ einen prozentualen Wert zu erhalten, wird das Divisionsergebnis mit 100 % multipliziert.

Saturation = 0,3913 · 100 % ≈ 39 %

Beispiel 3: R 200 G 240 B 60, Lightness = 150 (Lösung aus Beispiel 1)

Differenz aus größtem und kleinstem RGB-Farbwert:

240 − 60 = 180

Diese Differenz wird durch [2 · (255 − *Lightness*)] dividiert (weil *Lightness* = 150 > 128).

180 : [2 · (255 − 150)] = 180 : 210 ≈ 0,8571

0,8571 · 255 ≈ 219

0,8571 · 100 % ≈ 86 %

Beide Rechenwege zu Formeln zusammengefasst:

Für *Lightness* ≤ 127

$Saturation = (RGB_{max} - RGB_{min}) : (2 \cdot Lightness) \cdot 255$

$Saturation = (RGB_{max} - RGB_{min}) : (2 \cdot Lightness) \cdot 100\,\%$

Für *Lightness* ≥ 128

$Sat. = (RGB_{max} - RGB_{min}) : [2 \cdot (255 - Lightn.)] \cdot 255$

$Sat. = (RGB_{max} - RGB_{min}) : [2 \cdot (255 - Lightn.)] \cdot 100\,\%$

RGB_{max} und RGB_{min} stehen hier für den größten bzw. kleinsten der drei RGB-Farbwerte.

Durch Einsetzen in die jeweils richtige Formel ergibt sich für Beispiel 2 und 3:

$Saturation = (160 - 70) : (2 \cdot 115) \cdot 255 \approx 100$

$Saturation = (160 - 70) : (2 \cdot 115) \cdot 100\,\% \approx 39\,\%$

$Sat. = (240 - 60) : [2 \cdot (255 - 150)] \cdot 255 \approx 219$

$Sat. = (240 - 60) : [2 \cdot (255 - 150)] \cdot 100\,\% \approx 86\,\%$

11.11.3 HSB und HSL: Bunttonwinkel

Der Bunttonwinkel (Hue) ist im HSB- und im HSL-System identisch definiert. Die Berechnung ist allerdings nicht ganz unkompliziert. Neben dem hier erläuterten Verfahren gibt es weitere, im Detail etwas davon abweichende, die aber ausnahmslos zu gleichen Ergebnissen führen.

Zuerst wird der Hilfswert H' ausgerechnet:

$H' = (RGB_{max+1} - RGB_{max-1}) : (RGB_{max} - RGB_{min}) \cdot 60°$

In der Formel stehen RGB_{max} und RGB_{min} für den größten bzw. kleinsten der drei Farbwerte R, G und B. RGB_{max+1} und RGB_{max-1} sind die im Bunttonkreis links bzw. rechts von RGB_{max} stehenden Primärfarben.

Je nach Lage der Farbe im Bunttonkreis wird dann der endgültige Bunttonwinkel H ausgerechnet.

Bunttöne zwischen Rot und Yellow:
$RGB_{max} = R$ $RGB_{min} = B$ $H = H'$

Bunttöne zwischen Yellow und Cyan:
$RGB_{max} = G$ $H = 120° + H'$

Bunttöne zwischen Cyan und Magenta:
$RGB_{max} = B$ $H = 240° + H'$

Bunttöne zwischen Magenta und Rot:
$RGB_{max} = R$ $RGB_{min} = G$ $H = 360° + H'$

Beispiel 1: R 200 G 240 B 60

Zuerst werden die RGB-Werte zugeordnet und in die Formel zur Berechnung von H' eingesetzt.

$RGB_{max} = G = 240$ $RGB_{max+1} = B = 60$

$RGB_{min} = B = 60$ $RGB_{max-1} = R = 200$

$H' = (60 - 200) : (240 - 60) \cdot 60° \approx -47°$

$RGB_{max} = G$; der Buntton liegt also im Farbkreis zwischen Yellow und Cyan:

$H = 120° + H' = 120° + (-47°) = 73°$

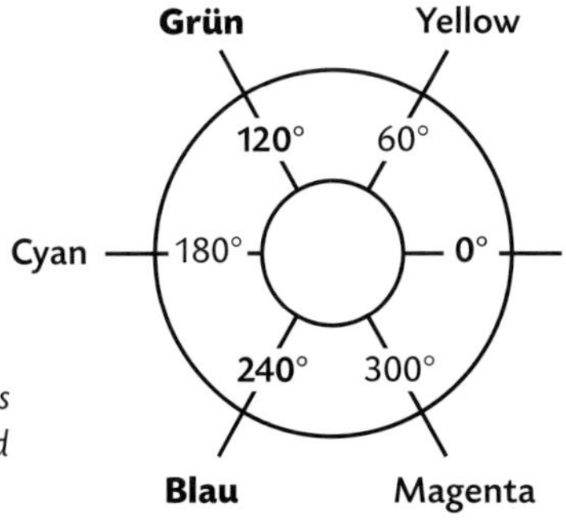

Bunttonkreis im HSB- und HSL-System

Beispiel 2: R 160 G 70 B 120

$RGB_{max} = R = 160$ $RGB_{max+1} = G = 70$

$RGB_{min} = G = 70$ $RGB_{max-1} = B = 120$

$H' = (70 - 120) : (160 - 70) \cdot 60° \approx -33°$

$RGB_{max} = R$, $RGB_{min} = G$; der Buntton liegt also im Farbkreis zwischen Magenta und Rot.

$H = 360° + H' = 360° + (-33°) = 327°$

Der Rechenweg funktioniert nicht, wenn die drei Farbwerte für R, G und B gleich sind. Das ist aber kein Problem, weil es sich in diesen Fällen um unbunte Farben handelt, also gar kein sinnvoller Bunttonwinkel angegeben werden kann.

11.12 CIELAB

11.12.1 Buntheit und Bunttonwinkel

Der Buntheitswert C^*_{ab} wird mithilfe des Pythagorassatzes ausgerechnet:

$C^*_{ab} = \sqrt{a^{*2} + b^{*2}}$

Beispiel 1: $a^* = 65$ $b^* = -23$

Negative Vorzeichen von a^* und b^* können bei der Berechnung weggelassen werden, da ja die Quadrate ohnehin positiv sind.

$C^*_{ab} = \sqrt{65^2 + 23^2} = \sqrt{4754} \approx 68{,}9$

Der Bunttonwinkel h_{ab} wird mit Arkustangens, der Umkehrung der Tangensfunktion, ausgerechnet.

$h_{ab} = \arctan(b^* : a^*)$

Beim Rechnen mit dem Taschenrechner ist zu beachten, dass dieser nicht unmittelbar den gesuchten Winkel (arctan), sondern seinen Hauptwert (Arctan) anzeigt. Der Hauptwert kann positiv oder negativ sein; sein absoluter Betrag ist immer kleiner als 90°. Wie dann weiter zu verfahren ist, hängt von der Größe des gesuchten Winkels ab.

Es gilt für Winkel

- zwischen 0° und 90°: $h_{ab} = \mathrm{Arctan}(b^* : a^*)$
- zwischen 90° und 180°: $h_{ab} = 180° + \mathrm{Arctan}(b^* : a^*)$
- zwischen 180° und 270°: $h_{ab} = 180° + \mathrm{Arctan}(b^* : a^*)$
- zwischen 270° und 360°: $h_{ab} = 360° + \mathrm{Arctan}(b^* : a^*)$

Die Größe des Winkels ergibt sich aus der Lage des Farborts im a^*-b^*-Koordinatensystem; sie ist an den Vorzeichen der Farbwerte a^* und b^* zu erkennen (vgl. Gafik auf der folgenden Seite).

Beispiel 2: $a^* = 65$ $b^* = 23$

a^* und b^* haben positive Vorzeichen. Der Farbort befindet sich im ersten Quadranten des Koordinatensystems, der Bunttonwinkel liegt zwischen 0° und 90°.

$h_{ab} = \arctan(23 : 65) = \mathrm{Arctan}(23 : 65) \approx 19{,}5°$

Beispiel 3: $a^* = -65 \quad b^* = 23$

a^* ist negativ, b^* ist positiv. Der Farbort befindet sich im zweiten Quadranten des Koordinatensystems, der Bunttonwinkel liegt zwischen 90° und 180°.

$$h_{ab} = \arctan[23 : (-65)] = 180° + \mathrm{Arctan}[23 : (-65)] \approx 180° + (-19{,}5°) = 160{,}5°$$

Beispiel 4: $a^* = -65 \quad b^* = -23$

a^* und b^* haben negative Vorzeichen. Der Farbort befindet sich im dritten Quadranten des Koordinatensystems, der Bunttonwinkel liegt zwischen 180° und 270°.

$$h_{ab} = \arctan[(-23) : (-65)] = 180° + \mathrm{Arctan}[(-23) : (-65)] \approx 180° + 19{,}5° = 199{,}5°$$

Beispiel 5: $a^* = 65 \quad b^* = -23$

a^* ist positiv, b^* ist negativ. Der Farbort befindet sich im vierten Quadranten des Koordinatensystems, der Bunttonwinkel liegt zwischen 270° und 360°.

$$h_{ab} = \arctan[(-23) : 65] = 360° + \mathrm{Arctan}[(-23) : 65] \approx 360° + (-19{,}5°) = 340{,}5°$$

Im Sonderfall $a^* = 0$ und $b^* \neq 0$ funktionieren die gezeigten Rechenwege nicht. Der Quotient $b^* : a^*$ lässt sich nicht berechnen, weil die Division durch Null mathematisch nicht definiert ist. In diesem Fall gilt:

$h_{ab} = 90°$ für $a^* = 0$ und $b^* > 0$

$h_{ab} = 270°$ für $a^* = 0$ und $b^* < 0$

Beispiel 6: $a^* = 0 \quad b^* = 23$

$h_{ab} = 90°$

Beispiel 7: $a^* = 0 \quad b^* = -23$

$h_{ab} = 270°$

Im Sonderfall $a^* \neq 0$ und $b^* = 0$ gibt es kein mathematisches Problem, die Rechenwege sind anwendbar.

Beispiel 8: $a^* = 65 \quad b^* = 0$

$h_{ab} = \arctan(0 : 65) = \mathrm{Arctan}\,0 = 0°$

Beispiel 9: $a^* = -65 \quad b^* = 0°$

$$h_{ab} = \arctan[0 : (-65)] = 180° + \mathrm{Arctan}\,0 = 180° + 0° = 180°$$

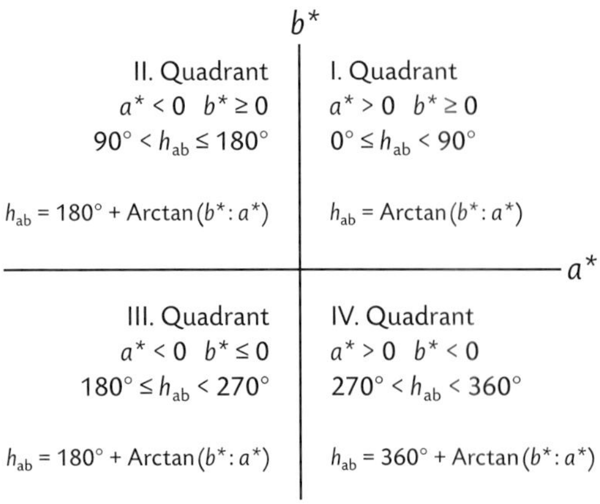

Zur Berechnung des CIELAB-Bunttonwinkels h_{ab}

Im Sonderfall $a^* = 0$ und $b^* = 0$ ist keine Berechnung möglich, weil der Quotient 0 : 0 nicht definiert ist. In diesem Fall kann aber ohnehin kein sinnvoller Bunttonwinkel angegeben werden. Farben mit den Farbwerten $a^* = 0$ und $b^* = 0$ sind unbunt, haben also gar keinen Buntton, der sich durch einen Winkel kennzeichnen ließe.

11.12.2 CIELAB-Farbabstand und Beiträge

Zur Berechnung des CIELAB-Farbabstands ΔE^*_{ab} werden zunächst die drei Differenzen ΔL^*, Δa^* und Δb^* der Farbwerte von Probe und Bezugsfarbe ermittelt:

$\Delta L^* = L^*_{Probe} - L^*_{Bezug}$

$\Delta a^* = a^*_{Probe} - a^*_{Bezug}$

$\Delta b^* = b^*_{Probe} - b^*_{Bezug}$

Dann wird der Farbabstand mithilfe eines „räumlichen Pythagorassatzes" ausgerechnet:

$$\Delta E^*_{ab} = \sqrt{\Delta L^{*2} + \Delta a^{*2} + \Delta b^{*2}}$$

Beispiel 1: $L^*_{Bezug} = 47{,}3 \quad L^*_{Probe} = 45{,}7$

$a^*_{Bezug} = 15{,}2 \quad a^*_{Probe} = 16{,}0$

$b^*_{Bezug} = -46{,}4 \quad b^*_{Probe} = -42{,}5$

Zuerst werden die drei Differenzen ausgerechnet.

$\Delta L^* = 45{,}7 - 47{,}3 = -1{,}6$

$\Delta a^* = 16{,}0 - 15{,}2 = 0{,}8$

$\Delta b^* = (-42{,}5) - (-46{,}4) = 3{,}9$

Negative Vorzeichen von ΔL^*, Δa^* und Δb^* können bei der Berechnung von ΔE^*_{ab} weggelassen werden, da die Quadrate ohnehin positiv sind.

$$\Delta E^*_{ab} = \sqrt{1{,}6^2 + 0{,}8^2 + 3{,}9^2} = \sqrt{18{,}41} \approx 4{,}3$$

Zur Kennzeichnung von Art und Richtung des Farbunterschieds werden Helligkeitsbeitrag ΔL^*, Buntheitsbeitrag ΔC^*_{ab} und Bunttonbeitrag ΔH^*_{ab} berechnet. Hier kommt es, anders als beim Farbabstand, nicht nur auf absolute Beträge, sondern auch auf die richtigen Vorzeichen an.

ΔL^* und ΔC^*_{ab} sind die Differenzen der Helligkeiten bzw. Buntheiten von Probe und Bezugsfarbe:

$\Delta L^* = L^*_{Probe} - L^*_{Bezug}$

$\Delta C^*_{ab} = C^*_{ab\,Probe} - C^*_{ab\,Bezug}$

ΔH^*_{ab} wird auf indirektem Weg aus ΔE^*_{ab}, ΔL^* und ΔC^*_{ab} errechnet.

$$\Delta H^*_{ab} = \pm\sqrt{\Delta E^{*2}_{ab} - \Delta L^{*2} - \Delta C^{*2}_{ab}}$$

Um das Vorzeichen von ΔH^*_{ab} zu ermitteln, wird die Bunttonwinkeldifferenz Δh_{ab} ausgerechnet.

$\Delta h_{ab} = h_{Probe} - h_{Bezug}$

Der Bunttonbeitrag ΔH^*_{ab} hat das gleiche Vorzeichen wie die – ansonsten bedeutungslose – Bunttonwinkeldifferenz Δh_{ab}.

Beispiel 2: CIELAB Farbwerte von Probe und Bezug wie Beispiel 1

Der Helligkeitsbeitrag ΔL^* wurde bereits bei der Berechnung des CIELAB-Farbabstands in Beispiel 1 ermittelt:

$\Delta L^* = 45{,}7 - 47{,}3 = -1{,}6$

Um den Buntheitsbeitrag ΔC^*_{ab} zu ermitteln, müssen zunächst die Buntheiten von Bezug und Probe ausgerechnet werden (vgl. Abschnitt 11.12.1, Aufgabe 1)

$$C^*_{ab\,Bezug} = \sqrt{15{,}2^2 + 46{,}4^2} \approx 48{,}8$$

$$C^*_{ab\,Probe} = \sqrt{16{,}0^2 + 42{,}5^2} \approx 45{,}4$$

$$\Delta C^*_{ab} = 45{,}4 - 48{,}8 = -3{,}4$$

Der zur Berechnung des Bunttonbeitrags benötigte CIELAB-Farbabstand ΔE^*_{ab} wurde bereits in Beispiel 1 ausgerechnet:

$$\Delta E^*_{ab} = \sqrt{1{,}6^2 + 0{,}8^2 + 3{,}9^2} \approx 4{,}3$$

Bei der Berechnung des Bunttonbeitrags ΔH^*_{ab} können negative Vorzeichen von ΔL^* *und* ΔC^*_{ab} weggelassen werden, da die Quadrate ja ohnehin positiv sind.

$$\Delta H^*_{ab} = \pm\sqrt{4{,}3^{*2} - 1{,}6^{*2} - 3{,}4^{*2}} = \pm\sqrt{4{,}37} \approx \pm 2{,}1$$

Um das richtige Vorzeichen von ΔH^*_{ab} zu ermitteln, wird die Bunttonwinkeldifferenz Δh_{ab} ausgerechnet.

Zunächst die beiden Bunttonwinkel h_{ab} von Bezug und Probe (vgl. Abschnitt 11.12.1, Beispiel 2ff):

$h_{ab\,Bezug} = \arctan[(-46{,}4) : 15{,}2]$
$\approx 360° + \mathrm{Arctan}(-3{,}053) \approx 288{,}1°$

$h_{ab\,Probe} = \arctan[(-42{,}5) : 16{,}0]$
$\approx 360° + \mathrm{Arctan}(-2{,}656) \approx 290{,}6°$

Die Bunttonwinkeldifferenz beträgt also:

$\Delta h_{ab} = 290{,}6° - 288{,}1° = +2{,}5°$

Der Bunttonbeitrag ΔH^*_{ab} hat das gleiche Vorzeichen wie die Bunttonwinkeldifferenz Δh_{ab}.

$\Delta H^*_{ab} = +2{,}1$

11.13 Fotografie

11.13.1 Gegenstands- und Bildweite

Gegenstandsweite a, Bildweite a' und Brennweite f stehen in festen Beziehungen, die in den Linsengleichungen von Descartes und Newton formuliert sind:

$1 : f = 1 : a + 1 : a'$

$f^2 = (a - f)(a' - f)$

Beide Gleichungen lasssen sich in die jeweils andere überführen. Durch Auflösen nach a, a' bzw. f ergeben sich diese Gleichungen:

$a = a'f : (a' - f)$

$a' = af : (a - f)$

$f = aa' : (a + a')$

Beispiel 1: Brennweite 50 mm, Bildweite 55 mm

Die Gegenstandsweite beträgt:

$a = 55\,\text{mm} \cdot 50\,\text{mm} : (55\,\text{mm} - 50\,\text{mm})$
$= 2750\,\text{mm} : 5\,\text{mm} = 550\,\text{mm}$

Beispiel 2: Brennweite 50 mm, Gegenstandsweite 550 mm

Die Bildweite beträgt:

$a' = 550\,\text{mm} \cdot 50\,\text{mm} : (550\,\text{mm} - 50\,\text{mm}) =$
$27\,500\,\text{mm} : 500\,\text{mm} = 55\,\text{mm}$

Beispiel 3: Gegenstandsweite 550 mm, Bildweite 55 mm

Berechnung der Brennweite:

$f = 550\,\text{mm} \cdot 55\,\text{mm} : (550\,\text{mm} + 55\,\text{mm})$
$= 30\,250\,\text{mm} : 605\,\text{mm} = 50\,\text{mm}$

11.13.2 Normal- und Vergleichsbrennweite, Brennweitenfaktor

Die Normalbrennweite einer Kamera entspricht (annähernd) der Diagonalen ihres Aufnahmeformats.

Beispiel 1: Kompakt-Digitalkamera, aktive Sensorfläche 8 mm × 6 mm

Die Diagonale (= Normalbrennweite) wird mit dem Pythagorassatz errechnet.

$$\sqrt{8^2 + 6^2}\ \text{mm} = 10\,\text{mm}$$

Die Vergleichsbrennweite gibt an, welcher Brennweite bei einem anderen Format – meist dem Kleinbildformat – eine bestimmte Brennweite entspricht.

Beispiel 2: Kompakt-Digitalkamera, aktive Sensorfläche 8 mm × 6 mm, Brennweite 9 mm; gesucht ist die auf das Kleinbildformat (36 mm × 24 mm) bezogene Vergleichsbrennweite.

Für die Berechnung werden die Diagonalen des tatsächlichen Aufnahmeformats und des Kleinbildformats gebraucht.

$$\sqrt{8^2 + 6^2}\ \text{mm} = 10\,\text{mm}$$

$$\sqrt{36^2 + 24^2}\ \text{mm} \approx 43{,}3\,\text{mm}$$

Brennweite und Diagonale des Aufnahmeformats sind proportional.

$9\,\text{mm} : 10\,\text{mm} \cdot 43{,}3\,\text{mm} \approx 39{,}0\,\text{mm}$

Bei Kameras mit auswechselbaren Objektiven wird der Brennweitenfaktor („Brennweitenverlängerung", Formatfaktor, Crop-Faktor) angegeben. Der auf das Kleinbildformat bezogene Brennweitenfaktor ist der Quotient aus den Diagonalen von Kleinbildformat und tatsächlichem Aufnahmeformat.

Beispiel 3: Aktive Sensorfläche 22,5 mm × 15,0 mm

Diagonale des tatsächlichen Aufnahmeformats:

$$\sqrt{22{,}5^2 + 15{,}0^2}\ \text{mm} \approx 27{,}0\,\text{mm}$$

Die Diagonale des KB-Formats ist rund 43,3 mm lang (vgl. Aufgabe 2). Der Brennweitenfaktor beträgt:

43,3 mm : 27,0 mm ≈ 1,6

Tatsächliches Aufnahmeformat und Kleinbildformat haben hier gleiche Seitenverhältnisse (22,5 : 15 = 1,5; 36 : 24 = 1,5). In diesem Fall kann die Berechnung vereinfacht werden: Anstelle der Diagonalen werden Breiten oder Höhen dividiert.

36 mm : 22,5 mm = 1,6

24 mm : 15 mm = 1,6

Um die entsprechende Brennweite beim Kleinbildformat auszurechnen, wird die tatsäche Brennweite mit dem Brennweitenfaktor multipliziert.

Beispiel 4: Tatsächliche Brennweite 80 mm, Brennweitenfaktor 1,6

80 mm · 1,6 = 128 mm

11.13.3 Schärfentiefe

Berechnungen zur Schärfentiefe beginnen mit der Frage, wie groß der Durchmesser der Unschärfekreise höchstens sein darf, damit die Abbildung visuell noch scharf empfunden wird. Üblicherweise wird mit einem Zweitausendstel der Diagonalen des Aufnahmeformats gerechnet.

Beispiel 1: Aktive Sensorfläche 22,5 mm × 15,0 mm, Unschärfekreisdurchmesser 1/2000 der Diagonalen

$u = \sqrt{22{,}5^2 + 15{,}0^2}$ mm : 2000 ≈ 0,014 mm

Die hyperfokale Distanz b ist die Entfernung des am weitesten vorn liegenden, gerade noch ausreichend scharf abgebildeten Gegenstandspunkts bei Einstellung der Kamera auf die Entfernung ∞ (unendlich). Sie hängt von Brennweite f, Blendenzahl k und Durchmesser des Unschärfekreises u ab.

$b = f^2 : (k \cdot u)$

Beispiel 2: Hyperfokale Distanz für f = 30 mm, Blende 8, Unschärfekreisdurchmesser 0,014 mm

$b = (30\,\text{mm})^2 : (8 \cdot 0{,}014\,\text{mm})$

$= 900\,\text{mm}^2 : 0{,}112\,\text{mm} \approx 8036\,\text{mm}$

Bei Einstellung der Kamera auf unendlich wird also der Entfernungsbereich von 8036 mm (rund 8 m) bis unendlich ausreichend scharf abgebildet.

Wenn die Kamera auf die hyperfokale Distanz b eingestellt wird, reicht die Schärfentiefe von der Hälfte der hyperfokalen Distanz bis unendlich. In diesem Fall gilt also für a_v und a_h (Entfernung des vorderen bzw. hinteren gerade noch scharf abgebildeten Gegenstandspunkts):

$a_v = b : 2$

$a_h = \infty$

Beispiel 3: Einstellung der Kamera auf b = 8036 mm

$a_v = 8036\,\text{mm} : 2 = 4018\,\text{mm}$

$a_h = \infty$

Bei Einstellung der Kamera auf die hyperfokale Distanz 8036 mm (rund 8 m) wird also der Entfernungsbereich von 4018 mm (rund 4 m) bis unendlich ausreichend scharf abgebildet.

Für andere Einstellentfernungen a werden a_v und a_h mit diesen Formeln ausgerechnet:

$a_v = b \cdot a : (b + a)$

$a_h = b \cdot a : (b - a)$

Achtung: Die Formel für a_h gilt nur, wenn die eingestellte Entfernung a kleiner ist als die hyperfokale Distanz b. Wenn a gleich oder größer als b ist, gilt in jedem Fall: $a_h = \infty$

Beispiel 4: Einstellung der Kamera auf 5 m (5000 mm), hyperfokale Distanz 8036 mm

$a_v = 8036\,\text{mm} \cdot 5000\,\text{mm} : (8036\,\text{mm} + 5000\,\text{mm})$

$= 40\,180\,000\,\text{mm}^2 : 13\,036\,\text{mm} \approx 3082\,\text{mm}$

$a_h = 8036\,\text{mm} \cdot 5000\,\text{mm} : (8036\,\text{mm} - 5000\,\text{mm})$

$= 40\,180\,000\,\text{mm}^2 : 3036\,\text{mm} \approx 13\,235\,\text{mm}$

Die Schärfentiefe reicht hier also von 3082 mm (rund 3,1 m) bis 13 235 mm (rund 13,2 m).

Beispiel 5: Einstellung der Kamera auf 10 m, hyperfokale Distanz 8036 mm

$a_v = 8036\,\text{mm} \cdot 10\,000\,\text{mm} : (8036\,\text{mm} + 10\,000\,\text{mm})$

$= 80\,360\,000\,\text{mm}^2 : 18\,036\,\text{mm} \approx 4456\,\text{mm}$

$a_h = \infty$ (weil $a > b$)

Die Schärfentiefe reicht hier also von 4456 mm (rund 4,5 m) bis unendlich.

11.14 Manuskript- und Werkumfang

Bei Werkumfangsberechnungen geht es darum, die Umfänge – also die Anzahl der Seiten – von Büchern schon vor dem Umbruch möglichst genau zu schätzen.

Ausgangspunkt ist die Textmenge, also die Anzahl der Zeichen. Wenn anstelle von Daten ein Manu- oder Typoskript oder ein nicht digital erfasstes Buch vorliegt, wird auch die Textmenge rechnerisch geschätzt.

Beispiel 1: Ein Typoskript besteht aus 854 Seiten mit jeweils 30 Zeilen. Die Auszählung einer Stichprobe ergibt durchschnittlich 55 Zeichen pro Zeile.

Die Textmenge in Zeichen ergibt sich durch die Multiplikation von Zeichen pro Zeile mal Zeilen pro Seite mal Seiten.

55 · 30 · 854 = 1 409 100

Die Anzahl der Buchseiten wird im einfachsten Fall durch Division der Textmenge durch die Anzahl der Zeichen pro Zeile und der Zeilen pro Seite errechnet.

Das Ergebnis wird in jedem Fall aufgerundet, auch wenn die erste Nachkommastelle kleiner als 5 ist.
Beispiel 2: Textmenge 1409100 Zeichen; das Buch wird mit 40 Zeilen pro Seite umbrochen, der Probeumbruch einer Seite ergibt durchschnittlich 72 Zeichen pro Zeile.
Die Textmenge wird durch 72 Zeichen pro Zeile und 40 Zeilen pro Seite dividiert.

$1\,409\,100 : 72 : 40 = 489{,}2708... \approx 490$

Wenn neben dem Text zusätzlicher Raumbedarf besteht, zum Beispiel für Überschriften, Bilder, Titelei oder Anhang, wird schrittweise vorgegangen.
Beispiel 3: Textmenge und Umbruch wie Beispiel 2; zusätzlich zum Text sind 42 Überschriften mit einem Raumbedarf von jeweils 4 Textzeilen, 28 Bilder mit einem Raumbedarf von je 16 Textzeilen sowie 8 Seiten Titelei und 12 Seiten Anhang zu berücksichtigen.
Zuerst wird die Anzahl der Textzeilen ausgerechnet (Textmenge geteilt durch Zeichen pro Zeile):

$1\,409\,100 : 72 \approx 19\,571$

Dann kommt der Raumbedarf für Überschriften und Bilder hinzu:

$19\,571 + 42 \cdot 4 + 28 \cdot 16 = 20\,187$

Die Division durch die Anzahl der Zeilen pro Seite ergibt die Anzahl der Seiten.

$20\,187 : 40 \approx 505$

Zum Schluss werden die Seiten für Titelei und Anhang addiert.

$505 + 8 + 12 = 525$

Bei mehrspaltigem Umbruch ist außerdem die Anzahl der Spalten pro Seite zu berücksichtigen.
Beispiel 4: 2 564 800 Zeichen, zweispaltiger Umbruch, 44 Zeilen pro Spalte, durchschittlich 50 Zeichen pro Zeile
Die Textmenge wird durch 50 Zeichen pro Zeile, 44 Zeilen pro Spalte und 2 Spalten pro Seite dividiert.

$2\,564\,800 : 50 : 44 : 2 \approx 583$

Beispiel 5: Textmenge und Umbruch wie Beispiel 4; hinzu kommen 26 zweispaltige Überschriften, vertikaler Raumbedarf jeweils 6 Textzeilen, 125 einspaltige Überschriften, Raumbedarf jeweils 4 Textzeilen, 60 zweispaltige Bilder, vertikaler Raumbedarf jeweils 18 Textzeilen, 248 einspaltige Bilder, Raumbedarf jeweils 12 Textzeilen und 16 Seiten Titelei.
Anzahl der Textzeilen:

$2\,564\,800 : 50 = 51\,296$

Beim Hinzurechnen von Überschriften und Bildern ist der vertikale Raumbedarf der mehrspaltigen Überschriften und Bilder mit der Anzahl der Spalten, hier also 2, zu multiplizieren.

$51\,296 + 26 \cdot 6 \cdot 2 + 125 \cdot 4 + 60 \cdot 18 \cdot 2 + 248 \cdot 12 = 57\,244$

Um die Anzahl der Seiten zu erhalten, wird durch 44 Zeilen pro Spalte und 2 Spalten pro Seite geteilt.

$57\,244 : 44 : 2 \approx 651$

Zum Schluss werden die Seiten für die Titelei addiert.

$651 + 16 = 667$

11.15 Druckbogen

11.15.1 Nutzenberechnung

Bei der Nutzenrechnung geht es um die Frage, wie viele Nutzen sich auf einem Druckbogen unterbringen lassen. Dabei ist zwischen Aufgabenstellungen ohne und mit Berücksichtigung der Papierlaufrichtung zu unterscheiden.

Beim Rechnen ohne Berücksichtigung der Laufrichtung sind zwei Versuche nötig, um die günstigste Ausnutzung zu finden.
Beispiel 1: Bogenformat 70 cm × 100 cm, Nutzenformat 21 cm × 28 cm
Bogen- und Nutzenmaße werden untereinander geschrieben und dividiert; die Ergebnisse sind in jedem Fall abzurunden. Multiplikation der Divisionsergebnisse ergibt die Anzahl der Nutzen.

70 cm		100 cm	
: 21 cm		: 28 cm	
3	·	3	= 9

Dasselbe mit vertauschten Nutzenmaßen:

70 cm		100 cm	
: 28 cm		: 21 cm	
2	·	4	= 8

Der erste Versuch bringt die günstigere Ausnutzung des Bogens, Lösung also 9 Nutzen.

Wenn die Laufrichtungen von Bogen und Nutzen vorgegeben sind, wird nur einmal gerechnet.
Beispiel 2: Bogenformat 61 cm × 86 cm, Schmalbahn (Laufrichtung parallel zur längeren Bogenkante), Nutzenformat 15 cm × 21 cm, Laufrichtung parallel zur kürzeren Kante.
Bogen- und Nutzenmaße werden so notiert, dass die in Laufrichtung liegenden Maße, hier also 86 cm und 15 cm, untereinander stehen.

61 cm		86 cm	
: 21 cm		: 15 cm	
2	·	5	= 10

Aufgabenstellungen zur Nutzenberechnung sind häufig mit zahlreichen Details angereichert. Rechnerisch sind sie in der Regel ganz unproblematisch; es geht vor allem um die fachlich korrekte Einarbeitung der zusätzlichen Informationen in die Berechnung.

Beispiel 3: Achtseitige Faltblätter (Kreuzbruch), Seitenformat 12,5 cm × 17 cm, sollen auf einer Maschine mit dem maximalen Bogenformat 70 cm × 100 cm gedruckt werden.
Die Nutzen werden auf Zwischenschnitt montiert, Beschnittzugabe 3 mm allseitig. An der vorderen und hinteren Bogenkante sind jeweils 2 cm für Greiferrand und Druckkontrollstreifen zu berücksichtigen, an der linken und rechten jeweils 1 cm für Passkreuze und weitere Kontrollelemente.
Bei Falzprodukten wird mit dem ungefalzten Format (Planoformat) gerechnet. Bei acht Seiten im Kreuzbruch stehen auf Vorder- und Rückseite jeweils zwei Seiten neben- und zwei Seiten übereinander. Hinzu kommt noch die Beschnittzugabe an allen Kanten des ungefalzten Produkts.

12,5 cm · 2 + 0,3 cm · 2 = 25,6 cm
17 cm · 2 + 0,3 cm · 2 = 34,6 cm

Das maximale Bogenformat wird um die nicht nutzbaren Ränder verringert.

70 cm − 2 cm · 2 = 66 cm
100 cm − 1 cm · 2 = 98 cm

Da keine Laufrichtig vorgegeben ist, sind bei der Nutzenberechnung zwei Versuche erforderlich.

66,0 cm		98,0 cm	
: 25,6 cm		: 34,6 cm	
2	·	2	= 4
66,0 cm		98,0 cm	
: 34,6 cm		: 25,6 cm	
1	·	3	= 3

Lösung: 4 Nutzen

11.15.2 Seitenberechnung

Bei der Seitenberechnung geht es um die Fragen, wie viele Seiten auf einen Druckbogen passen und aus wie vielen Druckbogen das Buch oder die Broschüre besteht.
Die Vorgehensweise entspricht zwar im Wesentlichen der Nutzenberechnung. Bei fadengehefteten oder -gesiegelten Büchern sowie rückstichgehefteten Broschüren ist aber zu berücksichtigen, dass die Seiten immer paarweise nebeneinander stehen müssen. Es können also 2, 4 oder 8 Seiten nebeneinander stehen, nicht aber 3, 5 oder 7. Bei Klebebindung und Blockdrahtheftung gilt diese Einschränkung nicht.

Beispiel: Fadengeheftetes Buch mit 360 Seiten; maximales Bogenformat nach Abzug von Greiferrand und Raum für Druckkontrollelemente 47 cm × 68 cm, unbeschnittenes Seitenformat 15 cm × 22 cm; Druck alternativ aus jeweils zwei Formen oder zu zwei Nutzen aus einer Form zum Umschlagen.

Vorgehensweise wie bei der Nutzenberechnung (Abschnitt 11.15.1, Beispiel 1); Ergebnis ist die Anzahl der Seiten auf der vorderen Bogenseite. Am Schluss wird mit 2 multipliziert, da der Bogen ja beidseitig bedruckt wird.

47 cm		68 cm	
: 15 cm		: 22 cm	
3	·	3	= 9 · 2 = 18
47 cm		68 cm	
: 22 cm		: 15 cm	
2	·	4	= 8 · 2 = 16

Lösung: 16 Seiten; 18 Seiten sind bei Fadenheftung nicht möglich, weil 3 Seiten nebeneinander stehen.
Alternativ kann mit Seitenpaaren (Doppelseiten) gerechnet werden. Breite des Seitenpaars:

15 cm · 2 = 30 cm

Bei der Berechnung der Seiten pro Bogen wird zum Schluss zusätzlich noch einmal mit 2 multipliziert.

47 cm		68 cm	
: 30 cm		: 22 cm	
1	·	3	= 3 · 2 · 2 = 12
47 cm		68 cm	
: 22 cm		: 30 cm	
2	·	2	= 4 · 2 · 2 = 16

Um die Anzahl der Bogen pro Exemplar beim Druck aus zwei Formen auszurechnen, wird die Seitenzahl des Buchs durch die Anzahl der Seiten pro Bogen geteilt.

360 : 16 = 22,5

Das Ergebnis wird nicht gerundet. Der rechnerisch entstehende halbe (d. h. 8-seitige) Bogen kann zum Beispiel zu zwei Nutzen gedruckt werden.
„Krumme" Ergebnisse (zum Beispiel 0,1875, 0,375) werden in der Regel auf Viertel (0,25) oder Halbe (0,5) aufgerundet.
Beim Druck zu zwei Nutzen aus einer Form stehen zwar ebenfalls 16 Seiten auf einem Bogen; jede Seite ist jedoch doppelt vorhanden. Um die Anzahl der Druckbogen pro Exemplar auszurechnen, wird die Seitenzahl des Buchs durch die halbe Anzahl der Seiten pro Bogen dividiert.

360 : (16 : 2) = 360 : 8 = 45

11.16 Papier

11.16.1 Dicke und Volumen

Das spezifische Volumen ist der Kehrwert der physikalischen Dichte, hat also die Einheit m^3/kg oder eine daraus abgeleitete Einheit. In der Paxis wird es als dimensionslose Verhältniszahl behandelt und kurz „Volumen" genannt. Volumen ist das Verhältnis von Dicke des Papiers in Mikrometer (µm, Tausendstel

Millimeter) und Flächenmasse in Gramm pro Quadratmeter (g/m^2).

Dicke [µm] ≙ *Flächenmasse* [g/m^2] · *Volumen*

Dicke [mm] ≙ *Flächenmasse* [g/m^2] · *Volumen* : 1000

Beispiel 1: Höhe (in Millimeter) eines Stapels aus 2500 Bogen Papier, Flächenmasse 110 g/m^2, Volumen 1,2

110 g/m^2 · 1,2 : 1000 · 2500 ≙ 330 mm

Beispiel 2: Dicke eines Buchblocks mit 480 Seiten, Flächenmasse 90 g/m^2, Volumen 1,75

Die Anzahl der Seiten ist durch 2 zu dividieren (2 Seiten = 1 Blatt Papier).

90 g/m^2 · 1,75 : 1000 · 480 : 2 ≙ 37,8 mm

Beispiel 3: Dicke eines Taschenbuchs mit 280 Seiten, Papier 80 g/m^2, Volumen 1,5, Karton für Umschlag 350 g/m^2, Volumen 1,2

Dicke des Buchblocks:

80 g/m^2 · 1,5 : 1000 · 280 : 2 ≙ 16,8 mm

Die Dicke des Umschlagkartons ist zweifach zu berücksichtigen.

350 g/m^2 · 1,2 : 1000 · 2 ≙ 0,84 mm ≈ 0,8 mm

Dicke des Taschenbuchs:

16,8 mm + 0,8 mm = 17,6 mm

11.16.2 Masse

Um die Masse eines Bogens auszurechnen, wird die Flächenmasse mit der Fläche des Bogens in Quadratmeter multipliziert. Da die Flächenmasse in der Einheit Gramm pro Quadratmeter angegeben ist, hat das Ergebnis die Einheit Gramm.

Beispiel 1: Masse eines Bogens 50 cm × 70 cm, Flächenmasse 130 g/m^2

Da die Fläche in Quadratmeter gebraucht wird, sollten die beiden Seitenlängen des Bogens vorab in Meter umgewandelt werden. Denn bei der Umwandlung der Fläche von Quadratzentimer in Quadratmeter kommt es erfahrungsgemäß häufig zu Stellenfehlern.

Fläche des Bogens:

50 cm : 100 cm/m = 0,5 m

70 cm : 100 cm/m = 0,7 m

0,5 m · 0,7 m = 0,35 m^2

Masse des Bogens:

130 g/m^2 · 0,35 m^2 = 45,5 g

Bei größeren Papiermengen wird des Ergebnis in Kilogramm (= 1000 g) oder – bei sehr großen Mengen – in Tonnen (= 1000 kg) angegeben.

Beispiel 2: 300 000 Bogen 64 cm × 90 cm, 80 g/m^2

80 g/m^2 · 0,64 m · 0,9 m · 300 000 = 13 824 000 g

2 304 000 g : 1000 g/kg = 13 824 kg

2304 kg : 1000 kg/t ≈ 13,8 t

Die Masse von Bogen oder Blättern in DIN-Formaten der Reihe A lässt sich sehr einfach berechnen, da das Ausgangsformat A0 nahezu genau einen Quadratmeter groß ist – die Masse des A0-Bogens entspricht also der Flächenmasse. Um die Masse eines Formats der A-Reihe auszurechnen, wird die Masse des A0-Bogens durch eine Potenz zur Basis 2 dividiert, deren Exponent die Klassennummer des jeweiligen Formats ist.

Beispiel 3: Masse eines A3-Bogens mit der Flächenmasse 300 g/m^2

300 g : 2^3 = 300 g : 8 = 37,5 g

11.16.3 Papierbedarf

Am Anfang der Papierbedarfsberechnung kann eine Nutzen- oder Seitenberechnung stehen (vgl. 11.15). Hier werden nur die darauf folgenden Schritte erläutert, also Berechnung des Netto- und Brutto-Papierbedarfs.

Der Nettobedarf ergibt sich, indem die Auflage durch die Anzahl der Nutzen dividiert bzw. mit der Anzahl der Bogen pro Exemplar multipliziert wird. Hinzu kommt der Papierzuschuss (Einrichte- und Fordruckzuschuss sowie Zuschuss für Weiterverarbeitung), der im einfachsten Fall in Prozent des Nettobedarfs angegeben ist.

Beispie 1: Faltblatt, Auflage 200 000, Druck zu 8 Nutzen, Zuschuss 3 %

Nettobedarf (Bogen):

200 000 : 8 = 25 000

Bruttobedarf (Bogen):

25 000 · 103 % : 100 % = 25 750

Beispiel 2: Broschüre, Auflage 40 000, 12 Bogen pro Exemplar, Druckzuschuss 1,5 %, Weiterverarbeitungszuschuss 2,5 %

Nettobedarf (Bogen):

40 000 · 12 = 480 000

Beide Zuschuss-Prozentsätze beziehen sich auf den Nettobedarf und können deshalb einfach addiert werden. Gesamt-Zuschusssatz:

1,5 % + 2,5 % = 4 %

Bruttobedarf (Bogen):

480 000 · 104 % : 100 % = 499 200

Zuschusssätze können differenzierter angegeben werden als in den beiden ersten Beispielen.

Beispiel 3: Broschüre, Auflage 20 000, 6 Bogen pro Exemplar; 4/4-farbiger Druck aus zwei Formen auf Vierfarben-Druckmaschine; Einrichtezuschuss 50 Bogen je Maschine, 40 Bogen je Druckplatte; Fortdruckzuschuss 1,2 % je Druckgang; Zuschuss für Falzen 1 %, für Sammelheften 1,5 %

Nettobedarf (Bogen):

$20000 \cdot 6 = 120000$

Beim 4/4-farbigen Druck aus zwei Formen werden jeweils 8 Druckplatten für jeden der 6 Druckbogen gebraucht. Zusätzlich zu den 40 Bogen je Druckplatte sind einmal 50 Bogen für die Maschine anzusetzen. Einrichtzuschuss (Bogen) für den Druck insgesamt:

$40 \cdot 8 \cdot 6 + 50 = 1970$

Der Fortdruckzuschuss ist doppelt zu berücksichtigen, da beim beidseitig vierfarbigen Druck auf der Vierfarben-Druckmaschine zwei Druckgänge erforderlich sind. Summe aller Zuschuss-Prozentsätze (Fortdruck, Falzen, Sammelheften):

$1{,}2\,\% \cdot 2 + 1\,\% + 1{,}5\,\% = 4{,}9\,\%$

Bruttobedarf:

$120000 \cdot 104{,}9\,\% : 100\,\% + 1970$
$= 125880 + 1970 = 127850$

11.17 Preisberechnung

11.17.1 Rabatt, Mehrwertsteuer, Skonto

Rabatte sind prozentuale Preisnachlässe, die aus unterschiedlichen Gründen gewährt werden, zum Beispiel für Stammkunden, bei Abnahme größerer Mengen oder Restposten usw. Skonto ist ein prozentualer Nachlass auf den Rechnungsbetrag bei rascher Zahlung, zum Beispiel innerhalb einer Woche nach Rechnungseingang. Listen- oder Katalogpreise des Großhandels enthalten keine Mehrwertsteuer.

Nach kaufmännischer Gepflogenheit und aufgrund steuerrechtlicher Vorschriften wird in dieser Reihenfolge gerechnet:

  Listenpreis
– Rabatt
= Netto-Rechnungsbetrag
+ Mehrwertsteuer
= Brutto-Rechnungsbetrag
– Skonto
= Zahlungsbetrag

Alle Zwischenergebnisse werden auf zwei Nachkommastellen (volle Cent) gerundet.

Beispiel 1: Großhandels-Listenpreis 3790,– Euro, Rabatt 5 %, Skonto 1,5 %, Mehrwertsteuer 19 %

Rabatt

$3790{,}00\,€ \cdot 5\,\% : 100\,\% = 189{,}50\,€$

Netto-Rechnungsbetrag

$3790{,}00\,€ - 189{,}50\,€ = 3600{,}50\,€$

Mehrwertsteuer

$3600{,}50\,€ \cdot 19\,\% : 100\,\% \approx 684{,}10\,€$

Brutto-Rechnungsbetrag

$3600{,}50\,€ + 684{,}10\,€ = 4284{,}60\,€$

Skonto

$4284{,}60\,€ \cdot 1{,}5\,\% : 100\,\% \approx 64{,}27\,€$

Zahlungsbetrag

$4284{,}60\,€ - 64{,}27\,€ = 4220{,}33\,€$

Wenn die Beträge von Rabatt, Mehrwertsteuer und Skonto nicht von Interesse sind, kann der Rechenweg etwas verkürzt werden.

Netto-Rechnungsbetrag

$3790{,}00\,€ \cdot (100\,\% - 5\,\%) : 100\,\% = 3600{,}50\,€$

Brutto-Rechnungsbetrag

$3600{,}50\,€ \cdot (100\,\% + 19\,\%) : 100\,\% \approx 4284{,}60\,€$

Zahlungsbetrag

$4284{,}60\,€ \cdot (100\,\% - 1{,}5\,\%) : 100\,\% \approx 4220{,}33\,€$

Beim Zurückrechnen vom Zahlungsbetrag auf den Listenpreis gilt die umgekehrte Reihenfolge.

Beispiel 2: Zahlungsbetrag 4220,33 Euro, Rabatt 5 %, Skonto 1,5 %, Mehrwertsteuer 19 %

Skonto

$4220{,}33\,€ \cdot 1{,}5\,\% : (100\,\% - 1{,}5\,\%) \approx 64{,}27\,€$

Brutto-Rechnungsbetrag

$4220{,}33\,€ + 64{,}27\,€ = 4284{,}60\,€$

Mehrwertsteuer

$4284{,}60\,€ \cdot 19\,\% : (100\,\% + 19\,\%) \approx 684{,}10\,€$

Netto-Rechnungsbetrag

$4284{,}60\,€ - 684{,}10\,€ = 3600{,}50\,€$

Rabatt

$3600{,}50\,€ \cdot 5\,\% : (100\,\% - 5\,\%) = 189{,}50\,€$

Listenpreis

$3600{,}50\,€ + 189{,}50\,€ = 3790{,}00\,€$

Auch dieser Rechenweg lässt sich verkürzen, wenn die Beträge von Skonto, Mehrwertsteuer und Rabatt nicht von Interesse sind.

Brutto-Rechnungsbetrag

$4220{,}33\,€ \cdot 100\,\% : (100\,\% - 1{,}5\,\%) \approx 4284{,}60\,€$

Netto-Rechnungsbetrag

$4284{,}60\,€ \cdot 100\,\% : (100\,\% + 19\,\%) \approx 3600{,}50\,€$

Listenpreis

$3600{,}50\,€ \cdot 100\,\% : (100\,\% - 5\,\%) = 3790{,}00\,€$

11.17.2 Anzeigenpreis

Millimeter-Preise für Anzeigen in Zeitungen und Zeitschriften beziehen sich auf die Höhe bei einspaltiger Breite der Anzeige. Bei mehrspaltigen Anzeigen ist die Höhe mit der Anzahl der Spalten zu multiplizieren.

Beispiel: Dreispaltige Anzeige, Höhe 82 mm, Millimeter-Preis 5,40 €

$82\,\text{mm} \cdot 3 \cdot 5{,}40\,€/\text{mm} = 1328{,}40\,€$

Falls Preisnachlässe und Mehrwertsteuer zu errechnen sind, wird wie im vorigen Abschnitt vorgegangen. Der hier errechnete Preis entspricht dem Listenpreis.

11.17.3 Papierpreis

Der Preis einer bestimmten Anzahl von Bogen lässt sich sehr leicht ausrechnen, wenn der Tausend-Bogen-Preis bekannt ist.
Beispiel 1: Preis für 25 000 Bogen, Tausend-Bogen-Preis 226,80 €

$25\,000 : 1000 \cdot 226{,}80\,€ = 5670{,}00\,€$

Etwas umfangreicher wird die Berechnung, wenn der Preis pro Kilogramm angegeben ist. Dabei wird in drei Schritten vorgegangen:

- Tausend-Bogen-Masse
- Tausend-Bogen-Preis
- Preis der Papiermenge

Beispiel 2: 50 000 Bogen, Format 61 cm × 86 cm, Flächenmasse 115 g/m², Preis pro Kilogramm 3,20 €
Zuerst wird die Tausend-Bogen-Masse in Kilogramm ausgerechnet (zur Masseberechnung vgl. 11.16.2).

$0{,}61\,m \cdot 0{,}86\,m \cdot 115\,g/m^2 \cdot 1000 : 1000\,g/kg = 60{,}329\,kg$

Die Tausend-Bogen-Masse wird auf halbe Kilogramm gerundet (mehr dazu am Schluss dieses Beispiels):

$60{,}329\,kg \approx 60{,}5\,kg$

Tausend-Bogen-Preis (Tausend-Bogen-Masse mal Kilogramm-Preis):

$60{,}5\,kg \cdot 3{,}20\,€/kg = 193{,}60\,€$

Preis für 50 000 Bogen:

$50\,000 : 1000 \cdot 193{,}60\,€ = 9680{,}00\,€$

Bei der handelsüblichen Berechnung des Tausend-Bogen-Preises wird die Tausend-Bogen-Masse auf halbe Kilogramm auf- oder abgerundet. Die Beispiele zeigen die Rundungsgrenzen:

$47{,}249\,kg \approx 47{,}0\,kg$
$47{,}250\,kg \approx 47{,}5\,kg$
$47{,}749\,kg \approx 47{,}5\,kg$
$47{,}750\,kg \approx 48{,}0\,kg$

Falls bei der Berechnung von Papierpreisen auch Preisnachlässe und Mehrwertsteuer zu berücksichtigen sind, wird wie in Abschnitt 11.17.1 vorgegangen. Die Endergebnisse der beiden Beispiele entsprechen dann jeweils dem Listenpreis.

Register